■材料科学经典著作选译

Taoci Daolun

第二版

陶瓷导论

Introduction to Ceramics

W.D. Kingery　H.K. Bowen　D.R. Uhlmann　著

清华大学新型陶瓷与精细工艺国家重点实验室　译

高等教育出版社·北京

内 容 简 介

本书原为美国麻省理工学院材料科学与工程系高年级学生及研究生的教学参考书。全书共分四部分：第一部分简要叙述陶瓷工业、陶瓷工艺过程及陶瓷制品；第二部分从原子微观尺度上论述陶瓷固体的结构特征；第三部分论述陶瓷材料显微组织的形成过程；第四部分论述陶瓷材料的热、光、形变、强度、热应力、电导、介电、磁等物理、力学性能。本书从陶瓷物理与化学的观点系统阐明了陶瓷材料的组成、结构、制备 、性能、应用及其控制的相互关系，对结构缺陷，表面、界面及晶界，相平衡及相变动力学，烧结机理及模型等陶瓷材料的理论基础进行了系统的论述，是一本内容丰富和比较深入的陶瓷材料科学专著。

本书可供材料科学与工程，特别是陶瓷材料科学与工程领域的科学技术人员及高等院校相关专业的师生参考。

译者序

Introduction to Ceramics 是 W. D. Kingery，H. K. Bowen，D. R. Uhlmann 编写的一本专著，原为美国麻省理工学院材料科学与工程系高年级学生及研究生的教学参考书。本中文译本根据该书于 1976 年出版的第二版译出。全书共分四部分：第一部分简要叙述陶瓷工业、陶瓷工艺过程及陶瓷制品；第二部分从原子微观尺度上论述陶瓷固体的结构特征；第三部分论述陶瓷材料显微组织的形成过程；第四部分论述陶瓷材料的热、光、形变、强度、热应力、电导、介电、磁等物理、力学性能。该书从陶瓷物理与化学的观点系统阐明了陶瓷材料的组成、结构、制备、性能、应用及其控制的相互关系，对结构缺陷，表面、界面及晶界，相平衡及相变动力学，烧结机理及模型等陶瓷材料的理论基础进行了深入系统的论述。

众所周知，自该书出版以来的几十年间，陶瓷材料制备及应用已有了很大的发展，新材料、新工艺、新器件、新原理、新应用不断涌现。但是，由于该书的基础性，它仍是一本内容丰富、比较系统和深入的陶瓷材料科学专著，可供材料科学与工程，特别是陶瓷材料科学与工程领域的科学技术人员及高等院校相关专业的师生参考。

20 世纪 80 年代初，清华大学化学化工系无机非金属材料教研组曾组织了 16 位教师翻译该书，由吴建銧进行校对统稿，庄炳群最后校阅定稿，由中国建筑工业出版社于 1982 年出版发行。经过两次印刷后，译著虽早已脱销，但由于种种原因一直未能重印。现高等教育出版社向 John Wiley & Sons，Inc. 正式购买了版权，并确定由清华大学材料系新型陶瓷与精细工艺国家重点实验室组织该书的翻译。好在，原来翻译该书的无机非金属材料教研组正是现在新型陶瓷与精细工艺国家重点实验室的前身。这次我们也相应组织了十几位教师参加翻译，实际上是对原译文重新进行了译校及必要的修改。现每章译者为两人：前一位是原来的译者，第二位是这次参加的译校者。显然，就全书的翻译来说，前者完成了主要的工作量，作出了主要贡献。

全书的译者名单及分工如下：

胡多闻，李龙土（导言及目录）；江作昭，李龙土（第一章）；张孝文，林元华（第二章、第三章）；刘彤，林红（第四章）；黄兰芳，司文捷（第五章）；郑隆烈，潘伟（第六章）；黄勇，王晓慧（第七章）；陈振刚，唐子龙（第八章）；

刘元鹤，谢志鹏（第九章、第十章）；刘新民，宁晓山（第十一章）；关振铎，汪长安（第十二章、第十六章）；苗赫濯，林红（第十三章）；吴建銧，龚江宏（第十四章、第十五章）；桂治轮，岳振星（第十七章）；李龙土，齐建全（第十八章）；周志刚，周济（第十九章）。

全书译文由龚江宏进行统稿，并由李龙土最后校阅定稿。

李龙土
2009 年 10 月

第二版序

自本书的第一版出版至今的15年里，本书所描述的方法已经被广泛接受并加以实践。然而，考虑到在认识、调控以及开发新的陶瓷工艺及产品方面所取得的进展，需要对本书进行一些实质性的修改，同时增加对大量新材料的介绍。

特别是，第二版中增加了以下一些内容：对非晶态固体的结构以及晶态固体的结构缺陷特性的新的、更深入的理解；对表面和界面的本质的新的认识；对完全不同于传统成核过程的不稳分解过程的认识；对相分离的普遍性的认识；玻璃陶瓷的发展；对烧结现象的某些细节的更清楚的理解；用于观察显微结构的扫描电镜及透射电镜技术的发展；对断裂和热应力的更进一步的理解；与电瓷、介电陶瓷和磁性陶瓷相关的一系列进展。将这些进展所涉及的广度及其重要性完整地编写成一本书已经超出了任何个人的能力。

我们删除了第一版中关于材料制备与加工方法的大多数内容，这是因为第二版中有必要增加与物理陶瓷学相关的材料方面的内容，同时最近也出现了一些关于制备和加工方法方面的优秀著作。这些优秀著作包括：F. N. Norton, *Fine Ceramics*, McGraw - Hill, New York (1970)；F. H. Norton, *Refractories*, McGraw - Hill, New York (1961)；F. H. Norton, *Elements of Ceramics*, second ed., Addison Wesley Publ. Co. (1974)；F. V. Tooley, ed., *Handbook of Glass Manufacture*, 2 Vols., Ogden Publ. Co. (1961)；A. Davidson, ed., *Handbook of Precision Engineering*, *Vol. 3*, *Fabrication of Non - Metals*, McGraw - Hill Publ. Co. (1971)；*Fabrication Science*, Proc. Brit. Ceram. Soc., No. 3 (1965)；*Fabrication Science*, *2*, Proc. Brit. Ceram. Soc., No. 12 (1969)；Institute of Ceramics Textbook Series：W. E. Worrall, *1*: *Raw Materials*；F. Moore, *2*: *Rheology of Ceramic Systems*；R. W. Ford, *3*: *Drying*；W. F. Ford, *4*: *The Effect of Heat on Ceramics*, Maclaren & Sons, London (1964—1967), *Modern Glass Practice*, S. R. Scholes, rev. C. H. Green, Cahners (1974)。遗憾的是，关于陶瓷制备方法到目前为止还没有一本完整的著作。

我们相信，从原子尺度上以及从简单的相堆积角度上对结构的认识已经很成熟，如果本书中对这方面的描述仍有不清楚之处，就只能归因于作者的能力所限了。但是，在某些我们所感兴趣和关心的问题上目前还没有出现合适的、有用的实例。这些问题中，最重要的或许是氧化物系统中晶格的不完整性和杂质与位错、表面和晶界之间的相互作用；其次是陶瓷固溶体和玻璃中的有序化、团簇化和稳定性；第三是对复相多组分体系中出现的那些借助于简单方法无法加以有效评价的更复杂的结构进行表征和处理的方法。本书也提及了许多有发展前景的其他领域。我们希望本书为读者提供的帮助不仅仅局限于如何应用现有知识，同时也能促进现有知识的进一步发展。

最后，本书的主要作者 Kingery 博士要感谢美国原子能委员会物理研究部（现在的能源研究与发展中心）对 MIT 陶瓷科学研究的长期支持。没有这一支持，本书以及本书对陶瓷科学所产生的影响就无从提起。

我们也要感谢我们的很多同事给予的帮助，尤其要感谢 R. L. Coble，I. B. Cutler，B. J. Wuensch，A. M. Alper 和 R. M. Cannon。

W. D. Kingery

H. K. Bowen

D. R. Uhlmann

1975 年 6 月于麻省剑桥

目录

第一篇 导 言

第二篇 陶瓷固体的特征

第三篇 陶瓷材料显微组织的形成

第四篇 陶瓷的性能

第一篇

导　言

本书主要是从物理陶瓷学的观点来了解陶瓷的发展、用途和性能控制。

直到大约10年前，陶瓷在很大程度上还是一种经验性的技艺。为了保持产品的一致性，陶瓷用户们从固定的供应单位或是特定工厂去获得这种材料(有些人至今仍然这样做)。陶瓷生产者过去一直不大愿意改变他们的生产和制造方面的任何细节(有些人至今仍然这样做)，原因在于对所采用的复杂的陶瓷工艺制度缺乏足够的认识，以致不能预测或了解这种变化可能引起的效果。目前我们对复杂的陶瓷工艺制度仍然缺乏足够的认识；不过，陶瓷工艺中盲目经验主义的成分已大大地减少了。

分析表明，陶瓷是一种由若干结晶相和玻璃相组成的混合体，这些相中的多数都具有不同的组成；通常还都含有气孔，气孔的含量及其排列方式在很宽的范围内变化。经验证明，从最广泛的意义上说，从结构的成因及其对性能的影响这两方面出发来关注这种聚集体的结构，是一种重要而有效的探索方式。对结构的成因及其对性能的影响所给予的这种关注就是物理陶瓷学的中心思想。

为了更富有成效，必须从综合而全面的意义上来认识结构。一方面，我们所关心的是原子结构——原子与离子的能级，这对于了解化合物的形成、釉料的色彩、激光的光学性质、电导、磁效应以及陶瓷实用化的许多其他特性都是十分重要的。无论是考虑晶体点阵和理想结构，还是考虑原子排列的不规则性或有序性以及晶格缺陷如空位、间隙原子及固溶体等，晶态固体和非晶态玻璃中原子或离子排列的方式都是同等重要的。这些条件影响着各种性能如热传导、光学性能、扩散、机械形变、劈裂、介电性和磁性等。在被称为位错的线缺陷上以及在各个表面和界面上对结晶完整性的偏离，也严重地影响实际材料的很多甚至于大多数的性质。

从另一个尺度上来说，结晶相、玻璃相和气孔的排列，正像各种相界的性质那样，常常有决定性的影响。千分之一气孔率的变动可使陶瓷从透明变成半透明。气孔形态的变化可使陶瓷从气密型变为能透气的。晶粒尺寸的减小可使陶瓷从弱脆变成强韧。一种具有晶体－晶体键合并且玻璃含量很高的耐火材料可以抵抗高温下的形变；而另一种耐火材料中虽然渗透在晶粒之间的玻璃含量少得多，却在高温下容易变形。改变各种相的排列可以使绝缘体变为导体，反之亦然。通过适当的热处理将一种玻璃分离成两相，可以大大改变它的许多性质，从而增加或减少它的用途。

这些观点不仅有学术上的意义，更重要的是提供了成功制备和使用陶瓷的关键。这种探讨是我们理解最终制品中各种相的来源、组成及其排列的基础，也是我们理解两相或多相混合物的各种性质的基础。这种认识最终肯定能够提供有效地控制和应用陶瓷的理论依据。比起试图去死记硬背成千上万种不同材料的各种各样性能的办法来，这样的探讨不仅更符合理性认识，而且在实践上也更为有用。本书所阐述的方法的另一个优点是：为理解新型陶瓷和传统制品的制备、性能和用途提供一个统一的理论基础。

第一章 陶瓷工艺过程及制品

我们把陶瓷学定义为制造和应用由无机非金属材料作为基本组分组成的固体制品的技艺和科学。这一定义不仅包括陶器、瓷器、耐火材料、结构黏土制品、磨料、搪瓷、水泥和玻璃等材料，而且还包括非金属磁性材料、铁电体、人工晶体、玻璃陶瓷以及几年前还不存在甚至至今尚未出现的其他各种各样的制品。

希腊语中的“陶器(keramos)”所指的是加热土质原料而制成的固体制品。我们这里对陶瓷的定义所覆盖的范围比希腊语中的“陶器”更为广泛，比普通字典中对“陶器”或“精陶”的定义也广泛得多。现代制造方法的发展、对所用材料的严格技术要求以及新的和独特的性能，使得传统的定义对于我们的目标来说是太狭窄了。新颖的陶瓷材料和新的制造方法的出现，要求我们对这种技艺和科学进行基础性的探讨，并且要对相关领域有更广泛的认识。

1.1 陶瓷工业

在美国，陶瓷工业是大型工业之一，1974 年的年产值接近 200

亿美元。

陶瓷工业一个重要的特点在于它是许多其他工业部门得以成功运作的基础。例如，耐火材料是冶金工业的基本组成部分，磨料是机床工业和汽车工业所必需的，玻璃制品对于汽车工业以及建筑、电子和电气工业都是必不可少的，氧化铀燃料对核动力工业也很重要，水泥则是建筑工业的基础材料。具有各种特殊电性能和磁性能的陶瓷对于计算机以及其他许多电子设备的发展至关重要。事实上，几乎每一条工业生产线、每个办公室和家庭都与陶瓷材料有关。新设计出来的各种器件之所以使用陶瓷材料，就是因为陶瓷具有适用的化学、电学、力学、热学和结构性能。

也许，比陶瓷本身的实用性或必要性更为重要的是，一个大的系统是否切实可行或有效，在很大程度上取决于这一系统中所使用的陶瓷组件。例如，建筑砖是一种有用的陶瓷制品，是陶瓷工业中的一个重要部分。对于它们的组成和结构的了解已经导致了在其性能和应用上的改进，这些改进使得最终产品(建筑物)的价值相应增加。然而，用于一台大型电子计算机记忆系统的磁芯所起的作用却与上述情况不同，因为整个设计的关键性的功能要由这些磁芯来实现。一个大型、精密而昂贵的系统的效率主要取决于陶瓷磁性元件的功能。这些磁性元件性能的改进，对于整个计算机的运行是重要的。因此，考虑到计算机这种设备的复杂性和高的造价，对于这些元件性能方面的全面了解和改进都将是极有价值的。有许多类似的例子说明陶瓷元件在很大程度上决定了整个系统的功能甚至它的实际可用性。在很多情况下，陶瓷材料所具有的举足轻重的地位导致了对其进行深入的研究，以便更好地了解它的性能。陶瓷材料的重要性经常远远超过了它们的经济价值。

这就是说，陶瓷之所以重要，首先是由于它们构成了一个大型而基础的产业，其次则因为在许多应用中陶瓷的性能具有关键性的作用。

1.2 陶瓷工艺过程

众所周知，陶瓷的一个主要特点是脆性，在断裂发生时只有很小的形变甚至没有形变。这种属性和能够发生屈服与变形的金属正好相反。因此，陶瓷不能采用一般用于金属的形变工艺来成形。已经发展出两种基本的陶瓷成形工艺。一种是用细颗粒陶瓷原料拌以液体或黏结剂或润滑剂或气体空隙，这样的混合物具有利于成形的流变性质(在经典方法中是黏土 - 水混合物的可塑性)；这些细颗粒经热处理后可以聚结成为黏合的有用制品。这种工艺的要点是首先寻求或制备细小的粉粒，将其成形，然后经焙烧将其黏结在一起。第二种基本工艺是将原料熔融成液体，然后在冷却和固化时成形；这种工艺非常广泛地应用于成形玻璃制品。说得完整一些，我们还应当提到在模型中成形的方法，或是用含有如波特兰水泥或硅酸乙酯这类黏结剂的陶瓷料浆浸涂成形的方法。

原材料　自然界中发现的各种矿物类型主要是由矿物元素的蕴藏量和它们的地质化学特性所决定的。注意到氧、硅、铝三者的总量约占地壳中元素总量的90%（图1.1），因此占优势的矿物是硅酸盐和铝硅酸盐就不足为奇了。这些矿物和其他氧化物矿物一起，构成了天然蕴藏的丰富的陶瓷原材料。

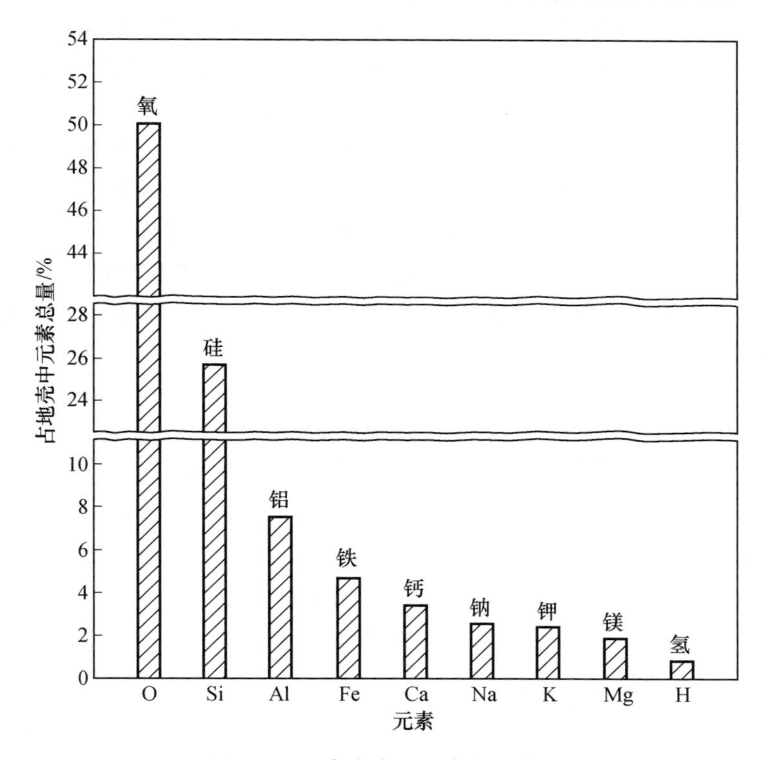

图1.1　地壳中常见元素的蕴藏量

陶瓷工业中所用的矿物原料主要是在复杂的地质变化过程中所形成的无机非金属结晶固体。这些原料的陶瓷性质很大程度取决于其基本成分的晶体结构和化学组成以及共生矿物的性质和含量。由于形成矿床的地质环境以及后来的地质历史过程中所发生的物理和化学变化等方面的差异，不同产地甚至是同一产地的原材料的矿物学特性及其相关的陶瓷性能也会有很大的差异。

由于分布广泛且价格低廉，硅酸盐和铝硅酸盐材料成为陶瓷工业大宗制品的主要原料，并且在相当程度上决定了陶瓷工业的类型。低品位的黏土差不多到处都可以找到，因此建筑砖瓦的制造成为一种地方性工业，这是因为它不要求特殊的性能，也无需对原料进行严格精选。相反，精细陶瓷的制造则要求使用精选的原料，这些原料通常用机械富集、浮选以及其他比较廉价的方法来获得。对于高附加值的材料，例如磁性陶瓷、核燃料材料、电子陶瓷以及特殊耐火材料，化学提纯甚至用化学方法来制备原料则可能是必要且恰当的。

应用最广泛的原料是黏土矿物，即与水混合时能产生可塑性的细颗粒含水铝硅酸盐。这些黏土矿物的化学、矿物学和物理特性变化范围宽广，但一个共同的特点是它们都具有结晶态的层状结构，由电中性的铝硅酸盐层组成，由此导致微细的颗粒尺寸和片状形态，并使这些粒子容易在移动中相互越过，从而表现出一系列物理性质如柔软性、润滑感和易于劈裂等。在陶瓷坯体中黏土起着两个重要的作用。① 黏土的可塑性是许多常用的成形工艺的基础：黏土-水混合物所具有的可成形性以及在干燥和焙烧过程中保持其形状和强度的能力是独特的；② 根据其组成，黏土可以在某一温度范围内熔融，这就使得坯体在能经济地达到的温度下变得密实、坚硬而又不失去其外形。

最普通的以及陶瓷学家所主要关心的黏土矿物是以高岭石[$Al_2(Si_2O_5)(OH)_4$]结构为基础的矿物，这类矿物是高级黏土的主要成分。其他常见的矿物如表 1.1 所示。

表 1.1　一些黏土矿物理想的化学式

高岭石	$Al_2(Si_2O_5)(OH)_4$
多水高岭石	$Al_2(Si_2O_5)(OH)_4 \cdot 2H_2O$
叶蜡石	$Al_2(Si_2O_5)_2(OH)_2$
蒙脱石	$\left(Al_{1.67}\begin{matrix}Na_{0.33}\\Mg_{0.33}\end{matrix}\right)(Si_2O_5)_2(OH)_2$
云母	$Al_2K(Si_{1.5}Al_{0.5}O_5)_2(OH)_2$
伊利石	$Al_{2-x}Mg_xK_{1-x-y}(Si_{1.5-y}Al_{0.5+y}O_5)_2(OH)_2$

另一种相关的矿物是滑石。滑石是一种含水硅酸镁，具有与黏土矿物相类似的层状结构，其理想的分子式为 $Mg_3(Si_2O_5)_2(OH)_2$。它是制造电工、电子元件和瓷砖的重要原料。石棉矿物是一族具有纤维结构的含水硅酸镁。滑石的主要变种是纤蛇纹石 $Mg_3Si_2O_5(OH)_4$。

除了上面讨论的含水硅酸盐以外，无水的二氧化硅和硅酸盐材料是很多陶瓷工业的基本原料。SiO_2 是玻璃、釉料、搪瓷、耐火材料、磨料以及白瓷制品中的主要成分。由于它价廉、质硬、化学稳定性好、比较难熔、能形成玻璃体，因而被广泛采用。二氧化硅存在多种矿物类型，但其中最重要的作为原料使用的是石英。作为原料使用时通常采用的是石英岩、石英砂以及质地很细的*陶器燧石*。这类原料的主要来源是结合得不紧密的石英颗粒组成的砂石。致密的石英岩（即致密硅岩）用于制造耐火砖。大而接近完整单晶的水晶也被应用，但大多已被水热法制造的人工晶体所取代。

与作为耐熔的骨架成分的石英以及提供可塑性的黏土一起组成传统三组分瓷（最初在中国发明）的矿物还有长石。长石是含有 K^+、Na^+ 或 Ca^{2+} 的一种无水铝硅酸盐，其作用是作为助熔剂促进玻璃相的形成。具有商业意义的长石材料主要是钾长石[微斜长石或正长石，$K(AlSi_3)O_8$]、钠长石[$Na(AlSi_3)O_8$]和钙长石[$Ca(Al_2Si_2)O_8$]。有时也采用其他有关原料如霞石正长岩和硅灰石（$CaSiO_3$）；其中霞石正长岩是一种由霞石[$Na_2(Al_2Si_2)O_8$]、钠长石和微斜长石组成的无石英质火成岩。组成为 Al_2SiO_5 的硅线石族则是用于制造耐火材料的一族硅酸盐矿物。

大多数天然蕴藏的非硅酸盐材料主要用于制造耐火材料。氧化铝大多是采用拜耳（Bayer）法从铝土矿中制备的。这种制备方法用苛性钠有选择地滤选氧化铝，然后沉淀出氢氧化铝。有些铝土矿可以直接用于在电解炉中制氧化铝，但大多数需要先进行提纯。氧化镁既可以由天然菱镁矿（$MgCO_3$）制得，也可以由得自海水或盐水的氢氧化镁[$Mg(OH)_2$]制得。白云石是一种碳酸钙和碳酸镁的固溶体，分子式为 $CaMg(CO_3)_2$，用于制造炼钢工业使用的碱性炉砖。另一种广泛用于冶金工业的耐火材料是铬矿，它主要是由一种复杂的尖晶石固溶体 $(Mg, Fe)(Al, Cr)_2O_4$ 组成，这种尖晶石固溶体占铬矿中的大部分，其余部分为各种硅酸镁。

其他广泛采用的矿物基原料包括：主要从氯化钠中制得的苏打灰 Na_2CO_3、作为助熔剂的斜方硼砂 $Na_2B_4O_7 \cdot 4H_2O$ 及硼砂 $Na_2B_4O_7 \cdot 10H_2O$ 等硼酸盐、用作某些釉料及玻璃的强助熔剂的萤石 CaF_2 以及主要从磷灰石 $Ca_5(OH, F)(PO_4)_3$ 中得到的磷酸盐等。

虽然大多数传统陶瓷是以价廉而且容易获得的天然矿物原料为基础配制的，但越来越多的特种陶瓷制品却依赖于化工原料。这些原料有的可以直接用矿物产品制得，有的则不能。这些化工原料的颗粒尺寸特性和化学纯度是严格控制的。作为磨料用的碳化硅是将砂和焦炭的混合物用电加热到 2200 ℃左右，通过反应生成 SiC 及 CO。前面提到的从海水中提取的氧化镁、用拜耳法制备的氧化铝，以及苏打灰都是广泛使用的化工原料。在制造钛酸钡电容器时，以化学纯的二氧化钛及碳酸钡作为原料。品种繁多的磁性瓷的原料是由化学沉淀法制备的氧化铁。核燃料元件的原料是化学方法制备的 UO_2。蓝宝石及红宝石单晶以及无气孔的多晶氧化铝所使用的氧化铝原料则是通过沉淀法以及精心煅烧明矾而得到的，这样的制备工艺可以更好地控制其化学性质和颗粒尺寸。原料制备的特种技术如从溶液微滴获得细小、高纯微粒的冷冻干燥法以及严格控制薄膜材料化学与物理形态的气相沉积法等正愈来愈受重视。总之，原材料的制备正明显地朝着这样一些方向发展，那就是：越来越多地采用机械的、物理的以及化学的提纯办法，提高原材料的等级同时特别控制其颗粒尺寸和粒径分布，把原材料从单纯依赖天然原料的状况中摆脱出来。

成形与烧成　原材料及其制备方法是影响成形和烧成工艺的关键因素。我们必须既关心原料的颗粒尺寸，又关心颗粒尺寸的分布。典型黏土原料的粒径分布范围是0.1～50 μm。用来制备瓷件的燧石与长石组分具有较大的粒径，其范围在10～200 μm之间。细粒组分(对于特种陶瓷来说可以小于1 μm)对成形工艺是很重要的，因为胶态悬浮体、掺有液相黏结剂的塑性混合物及干压工艺均依赖于极细颗粒的相互流动或保持在稳定的悬浮状态。作为悬浮体，其沉降倾向直接与密度及颗粒的大小成正比。对于塑性成形，坯料的黏着力及其屈服点是由颗粒间液体的毛细作用所决定的，这种毛细作用力和颗粒大小成反比。不过，假如所有的原料具有均一的细颗粒尺寸，则不可能形成高密度的固体。当采用两种尺寸的颗粒时，可使细颗粒填入较粗的颗粒间隙中，这样在粗细颗粒的比例分别约为70%和30%时，就可以获得最大的颗粒堆积密度。此外，在干燥过程中，水膜从颗粒之间排出而产生收缩。因为水膜数量随着颗粒尺寸的减小而增加，所以用液体黏结剂且原料全部为细颗粒时所制成的坯体在干燥时就会产生大的干缩，从而导致翘曲与变形等问题。

除了对颗粒尺寸及其分布有一定要求以外，还需要将原料充分混合，以使坯体内具有均匀的性质，同时有利于烧成过程中各个组分之间的相互反应。制备泥浆或细颗粒塑性坯料时常用的方法是将各种原料一同置于球磨或搅拌器中进行湿法混合；在混合过程中产生的剪应力能改善塑性混合料的性质，并保证细颗粒组分的均匀分布。为使湿磨的混合料脱水，可采用压滤或者更为普遍的喷雾干燥。在喷雾干燥中，泥浆的小雾滴被逆方向的热空气流所干燥，在干燥时得以保持均匀的组成。这样形成的粒料大小一般为1 mm左右，在随后的成形中易于流动和变形。

烧成过程也需要借助于由表面能所引起的毛细管作用力来使材料固化和致密，而这个作用力是与颗粒尺寸成反比的，所以为使烧结成功就必须有相当比例的细颗粒材料。黏土矿物的独特作用在于它们的细颗粒尺寸既提供了塑性成形的能力，同时也提供了良好烧成所需的足够的毛细管作用力。为使其他原料也能获得相应的效果，就必须通过化学沉淀或球磨方法制备微米级的颗粒。

或许最简单的陶瓷成形方法是把干的或微湿的粉料(通常加入有机黏结剂)混合在一起，置入金属模，在足够高的压力下压成密实而坚硬的坯件。这种方法广泛地用于耐火制品、瓷砖、特殊的电瓷和磁性瓷、火花塞绝缘子和其他技术陶瓷、核燃料芯块以及形状简单而需求量大的制品。这种方法比较经济而且能成形高精度的坯件，通常采用的压力范围为3000～30000 psi[①]，较硬的材料如纯氧化物和碳化物则采用较高的压力。高速自动干压已经发展成为一种高效的手段。这种方法有一个限制，就是用于长径比大的坯件时，粉末的摩擦力特别是粉末相对于模壁的摩擦力会导致压力梯度，从而使得坯体内部各处的密实度不同。在烧成过程中这些密实度的差异由于材料的流动而消除，但这样一来就必然引起收缩不一致以及不满足原始容许偏差。一种经改进后使密度更为均匀的干压方法是将试样封装在一个橡胶模中，然后置于静水压腔体，通过对橡胶模的静水压来成形坯件，这时压力较为均匀，试样的密度不均匀以及收缩不一致的害处得以减小。这种方法广泛用于制造火花塞绝缘子以及要求产品高度均匀和高质量的特种电气元件。

一种完全不同的成形方法是将硬质塑性混合料通过一个模子的孔口挤出。这种方法通常用于制作砖、排水管、空心瓦管、技术陶瓷、电气绝缘件以及具有垂直于固定截面的轴状制品。最广泛使用的方法是用一个真空搅拌器来消除气泡，用12%～20%的水与坯料充分拌和并将其强制挤过硬钢模或碳化物模的模孔。水力活塞挤压法也被广泛采用。

最早成形黏土坯件且现在仍被广泛采用的方法是加入足够的水（软泥），以便在低压力下也易于成形。这种方法可以在手工的压力下成形，例如泥条成形法、无模成形法或是在陶工辘轳上拉坯。这种工艺可在多孔石膏模间用软塑性加压的办法或用自动辘轳来实现机械化，方法是在熟石膏模的表面放一团软塑性黏土，当石膏模以400 r/min的速度转动时，用样板置于泥料表面以铺展泥料，并使泥料表面成形。

当加入更多水分时，只要水量不是过多，黏土仍然可保持黏稠可塑状态。在显微镜下可以看到这些单个的黏土颗粒集合成团粒或絮状。可是，如果在系统中加入少量硅酸钠，就会发生显著变化：由于各个颗粒被分散开或被反絮凝，流动性就大大增加。通过适当控制，即使液体含量少到只有20%，也能形成流动性的悬浮液，而且液体含量稍有变化就能显著地影响流动性。将这种悬浮体注入多孔的熟石膏模中，石膏从接触面上吸去液体，而在模壁表面形成硬结层。这一过程能继续下去一直到整个石膏模内部被注满（实心注浆）；或者，在形成适当的壁厚以后，将模子翻转，倾出多余的料浆（空心注浆）。

每一种成形工艺都要求有一定的加水量。在干燥过程中，除去水分时必须仔细控制以获得满意的结果，尤其是对于加水量较多的成形法更应如此。干燥时，初始的干燥速率与含水量无关，这是因为这一阶段在颗粒表面上有一层连续水膜。随着液体蒸发，颗粒更紧密地压在一起而发生收缩，一直到各颗粒结

① “psi（磅力/平方英寸）”为压力的非法定计量单位，1 psi＝6.895 kPa，下同。——译者注

合成没有水膜的固体结构为止。在收缩阶段，由于液体含量因局部而异，可能会出现应力、翘曲和开裂，因而必须仔细地控制干燥速率。一旦颗粒互相接触，就可以毫无困难地以更快的速率进行干燥。对于干压或静水压成形工艺来说，干燥阶段产生的困难得以避免，这也是这些成形方法的优点之一。

干燥以后，陶瓷坯件的烧成温度通常在 700～1800 ℃范围内，视其组分和所要求的性能而定。需要施釉或彩绘的坯件可用不同的方法烧成。最普通的做法是将未施釉的坯件烧到足够高的温度，使坯体成瓷，然后施釉并在低温下烧成。另一种方法是首先将坯件在低温焙烧(即素烧)，然后施釉，再在较高温度下将坯体与釉一起烧成。第三种方法是施釉于未经焙烧的坯件上，然后将釉与坯体一次烧成。

在烧成过程中，或者形成黏滞的液体，或者在固体中有足够的原子迁移，以促进化学反应、晶粒长大和烧结。烧结过程中，表面张力的作用可以使坯体固结并减少气孔率。坯体的体积收缩，正好等于气孔率的减少，其体积分数在百分之几到 30% 或 40% 之间，随成形方法和烧成瓷件的最后密度而异。某些特殊的用途要求瓷件完全密实而无气孔，而对于另一些用途，一定程度的残余气孔是可取的。如果在烧结时收缩速率不均匀，或是瓷件某些部位与支承材料之间的摩擦力使收缩受到约束，就会产生应力、翘曲及开裂，因此坯体必须细心放置以避免摩擦力。升温速率及温度的均匀性必须加以控制，以避免气孔及收缩的变动。烧结时发生的各种过程的本质将在第十一章及第十二章中详细讨论。

烧成窑有几种不同形式。最简单的是无顶窑，它有砖砌的窑室，下方为燃烧室。直焰式或倒焰式的室式窑广泛用于温度控制和均匀性要求不严格的间歇性烧成。为了获得均匀的温度和最大限度利用燃料，室式窑中燃烧用的空气由毗连的室内冷却瓷件加以预热，这是古代中国所用的方法，现在仍被采用。为了能更精确地控制燃气、燃油和电热窑的温度以及保证制品质量均一，隧道窑得到了越来越多的采用。在隧道窑中，温度分布保持恒定，在能对精确的烧成制度进行有效控制的窑道里，对推行穿过窑道的坯体进行烧成。

熔融与固化 大多数陶瓷材料在固化时会产生大的体积变化，加之陶瓷的导热性差及其固相是脆性的，因此不宜采用像金属铸造那样的熔融与固化工艺。近年来发展了单向固化技术，可以有效地避免固化工艺上的许多困难。单向固化主要用来成形结构受到控制的金属合金，这些合金由于应用于高温燃气轮机的透平叶片而特别引起人们的注意。就我们所知，尚没有大规模采用这种方法来生产陶瓷；但是我们预料，在今后 10 年中陶瓷单向固化技术将发展成为一个活跃的研究领域。

不受上述限制的一种情况是形成玻璃的材料。在固化时，这些材料的黏度在很宽的温度范围内增加而没有急剧的体积突变，因此可以调节成形过程，以适应玻璃的流动性。在高温黏滞状态下，玻璃制品的成形通常有5种方法：① 吹制；② 压制；③ 拉制；④ 辊压；⑤ 铸造。这些工艺的采用很大程度上取决于玻璃的黏滞流动特性及其与温度之间的关系。通常是使表面冷却以形成稳定的外形而内部仍然保持足够的流动性，以避免生成危险的应力。冷却时产生的应力可以通过一定温度下的退火来消除；在退火温度下，重力不足以产生形变。退火通常在退火窑或炉中进行，对于许多硅酸盐玻璃来说，退火温度在400～500 ℃范围内。

工业玻璃成形工艺最引人注目的特点是成形的快速性及实现自动化的程度。事实上，这种发展是技术上的进步影响工业的典型实例。在玻璃成形机械出现以前，大部分生产容器的工业是以炻器为基础的。大量的小规模的炻器制造者专为制造容器而存在。自动化玻璃成形机械的发展，允许在连续生产的基础上快速而有效地生产容器，从而把炻器从普通应用中淘汰了。

特殊工艺 除了已经讨论过的那些广泛适用且大量采用的工艺以外，还有各种各样的特殊工艺对原来的工艺方法进行了新增、改进、扩展或取代，包括釉料、搪瓷及涂层的应用，压力和温度同时作用的热压材料，金属与陶瓷封接方法，玻璃的结晶，精修及机械加工，单晶制备以及气相沉积工艺。

许多陶瓷器皿是施釉的。搪瓷釉一般是施于钢片或铸铁底坯上以及用于特种装饰物。釉料和搪瓷通常使用湿法研磨混合料，然后用刷、喷或浸的办法来施加涂层。在连续作业中，喷涂最为常用，但某些应用中用浸或刷的办法能获得更为满意的涂层。对于铸铁搪瓷，则是在炉中加热大型铸件，将干的搪瓷釉粉末均匀地撒在铸件的表面，搪瓷釉就在表面熔融并黏结。除了这些广为采用的工艺以外，已经采用火焰喷涂来获得耐热且密实的涂层，以适应技术瓷件的特殊要求；采用蒸发或阴极溅射来获得真空沉积涂层；采用化学气相沉积以获得涂层；电泳沉积也被采用；还有其他特种技术也已在某些限定的范围内得到了应用。

为了获得高密度、细晶粒的制品，特别是像碳化物和硼化物这样的材料，采用压力与高温结合是一种有效技术，这一技术主要用于制作外形简单且尺寸较小的制品。在较低温度下用这种工艺制成的由玻璃黏结的云母是一种价廉的绝缘材料。要得到在应用上很成功且质量很高的制品，烧结工艺要求原材料具有高度均匀性，而热压工艺的主要优点之一就是对于原材料的制备不像烧结工艺中那样严格。热压技术的主要困难在于制造大型制品，而且加热模具和试件所需的时间使得这种方法缓慢而费钱。

对于要装配成件的许多产品，黏结工艺是必要的。例如制造茶杯时，手把通常是分开成形的，然后浸一点泥浆，粘在茶杯的主体上。造型复杂的卫生洁具，同样也是由分开成形的组件装配而成。要求密封的许多电子器件，必须在金属与陶瓷之间进行封接。玻璃与金属的熔封面临的主要问题是玻璃的热膨胀系数要与金属相匹配，并应设计好封接以免在应用时产生大的应力。为此已经设计出特种金属合金及焊接玻璃。对于多晶陶瓷，应用最广的方法是采用一种铂－锰层，在部分氧化条件下烧成时生成一种氧化物，它与陶瓷反应而生成黏结层。在某些情况下，已采用了含有钛或锆的活性金属铜焊。

陶瓷成形最重要的发展之一是采用这样的组成，它能作为玻璃而成形，然后把它转变为所含晶粒大小与数量都受控制的晶体制品。典型的例子是引人注目的金－红玻璃，其色彩由于形成胶态金粒而获得。在快速的初始冷却中，金属粒子发生成核作用，随后重新加热到晶体生长温度区，长大成为晶粒尺寸适合于胶态红宝石色彩的微晶粒。在过去的10年中已经广泛地发展了各类玻璃，其中所形成晶体的体积远比残留的玻璃体积多。通过控制成核和生长，制造了玻璃陶瓷，这种产品把自动化玻璃成形工艺的优点和高度结晶体的某些合乎需要的性能结合起来。

对于大多数成形作业，需要一定程度的精修或机械加工，加工的范围从清除注浆件上的模型条痕到用金刚石研磨出硬质瓷的最后轮廓。对于硬质材料如氧化铝，应尽可能在烧结前或预烧后进行机械加工，而在坚硬密实的陶瓷件上只进行最后精修。

直接从气相形成陶瓷的许多工艺已得到发展。由四氯化硅氧化可以得到氧化硅。硼纤维和碳化硅纤维是用一种含有还原剂的挥发性氯化物通过加热区，并在此区域内分解沉积在一根细钨丝上而形成的。热解石墨是通过将含碳的气体高温热分解，使石墨层沉积在底材表面而制得。许多碳化物、氮化物及氧化物也已由类似的工艺制得。对于电子器件的制造，由这类技术而发展起来的单晶薄膜将有很多潜在的用途。

薄膜基片大多数为氧化铝制品，可以通过一些技术制得。一种广泛发展的技术是用有机黏结剂制备一种液体，使其均匀铺展在一条移动而无气孔的带上，用刮浆刀制成薄而坚韧的薄膜。此后可将薄膜切成一定形状，也可用高速冲孔机冲孔。

由于特殊的光学、电学、磁性或强度的要求，有越来越多的应用必须或希望使用单晶陶瓷。制作单晶的最常用的方法是 Czochralski 法。该方法是从熔融液中缓慢提拉单晶，适用于氧化铝、红宝石、石榴石及其他单晶材料。Verneuil 法则是在一个生长着的晶球上端保持一层熔融液体的顶盖，用固定的速率将粉料撒到球面液体上。从气相中外延生长形成的单晶薄膜能适合磁性和光学应用上的要求。从溶液中生长晶体的水热生长法广泛用于制备石英晶体，后者已大大取代了天然矿物晶体而作为器件应用。

1.3 陶瓷制品

陶瓷制品是多种多样的，从微细的单晶晶须、细小的磁芯和衬底基片到几吨重的耐火炉体砌块，从严格控制其组成的单相制品到多相多组分的砖瓦，从无气孔而透明的各类晶体和玻璃到轻质绝缘的泡沫制品。品种如此之多以至于没有一种简单的分类方法是恰当的。从历史的发展和生产的吨位来看，把以矿物为原料的制品(大多数是硅酸盐)与新型的非硅酸盐制品分别加以考虑是比较合适的。

传统陶瓷 可以把传统陶瓷定义为组成硅酸盐工业的那些陶瓷制品，主要是黏土制品、水泥以及硅酸盐玻璃。

在最早的文化中，人类就已经采用成形和焙烧黏土的方法从事制陶技艺。实际上，对陶器碎片的研究已成为考古学家最好的工具之一。已经发现从大约公元前 6500 年起就有焙烧过的黏土器皿，而大约在公元前 4000 年左右，陶器就已经作为商品而得到了发展。

同样，硅酸盐玻璃的制造也是一种古老的技艺。早在石器时代，人类就已经使用天然玻璃(黑曜岩)；大约在公元前 1500 年左右，埃及就有了稳定的玻璃工业。

相比之下，波特兰水泥的制造大约只有 100 年的实践。罗马人用煅烧过的石灰和火山灰相结合制成一种天然的水硬性胶凝物，这一技术后来似乎失传了。但是，大约于公元 1750 年在英国重新发现了轻烧的黏土质石灰的水硬性质，并在此后 100 年里发展出了水泥制造工艺，它和现代所采用的工艺基本上一样。

硅酸盐陶瓷工业最大的一个分支是各类玻璃制品的制造业，绝大多数是制造钠钙硅酸盐玻璃。陶瓷工业第二大分支是石灰及水泥制品，在这一门类中最大的一组材料是用于建筑结构的水硬性胶凝材料。白瓷这一分类中所包括的制品类别更为形形色色，有陶器、瓷器和类似细晶瓷的制品，后者涉及多种多样的特种制品和特殊用途。传统陶瓷的另一个分类是搪瓷，它主要是覆盖在金属上的硅酸盐玻璃质涂层。另外一组是结构用的黏土制品，主要由砖和瓦组成，但也包括多种类似的制品如排水管等。传统陶瓷工业中特别重要的一族是耐火材料，大约有 40% 的耐火材料工业是烧制黏土制品，另外 40% 是重质地非黏土耐火材料，如镁砖、铬砖以及其他类似的组成物；此外，还有需求量很大的各种特殊耐火制品。磨料工业主要是生产碳化硅和氧化铝磨料。最后，陶瓷工业还有一个分支，它并不生产上述陶瓷制品，而是和陶瓷及其原料的矿物制备有关。

可以很恰当地把绝大多数传统陶瓷工业称为硅酸盐工业，这种描述与1899年向美国陶瓷学会提出的建议是一致的。硅酸盐工业仍然包括了整个陶瓷工业中最庞大的一部分，从这一点看来，可以把硅酸盐工业看成是这一领域中的骨干。

新型陶瓷 尽管陶瓷工业是古老的，但它并没有停滞不前。虽然传统陶瓷或硅酸盐陶瓷无论在产量上还是产值上都占陶瓷材料生产的大部分，但多种多样的新型陶瓷已在近20年中得到了发展。这些新型陶瓷具有独特的或卓越的性能，因而引起人们的特别注意。它们或是为了满足耐高温、优越的机械性能、特殊的电性能和较高的抗化学腐蚀性等方面的特殊需要而加以发展，或者或多或少是偶然发现而成为陶瓷工业中的一个重要部分。为了说明这种发展的活跃状况，简单地叙述其中几种新型陶瓷是有益的。

纯氧化物陶瓷已经发展到了高度均匀并具有优良性质的水平，适用于特种电器元件和耐火元件。最常用的氧化物有氧化铝（Al_2O_3）、氧化锆（ZrO_2）、氧化钍（ThO_2）、氧化铍（BeO）、氧化镁（MgO）、尖晶石（$MgAl_2O_4$）和镁橄榄石（Mg_2SiO_4）。

以二氧化铀（UO_2）为主的核燃料已经得到广泛应用。这种材料具有作为燃料材料在核反应堆中长期使用以后仍保持其良好性质的独特能力。

像铌酸锂（$LiNbO_3$）和掺镧改性锆钛酸铅（PLZT）这样的电光陶瓷是一类可用以将电信息转变为光信息、或是在电信号指令下执行光学功能的材料。

已经发展出了具有多种组成和用途的磁性陶瓷。这类陶瓷构成了大型计算机中磁性记忆元件的基础。这种陶瓷独特的电性能在高频微波电子技术中特别有用。

目前正在制备种类繁多的单晶，目的在于取代无法获得的天然晶体或者使用其本身具有的独特性能。红宝石和石榴石激光晶体以及蓝宝石管和基片是从熔体中生长出来的；大尺寸的水晶则是用水热法生长出来的。

具有特殊用途和优异性能的氮化物陶瓷已经出现。这类陶瓷包括实验室炼铝用的耐火材料氮化铝，以及已经商品化的重要新型耐火材料和可能发展成燃气轮机部件的氮化硅和赛隆（SiAlON），还有一种很有用的耐火材料氮化硼。

铝搪瓷已经发展成为建筑工业的一个重要部分。

金属陶瓷复合材料已经得到了发展并成为机械切削加工工业的一个重要部分，作为耐火材料具有重要的用途。这一族中最重要的成员是用金属黏结的各种碳化物以及铬合金和氧化铝的混合物。

具有独特性能的碳化物陶瓷得到了发展，其中碳化硅和碳化硼是极为重要的研磨材料。

已经发展出了具有高温强度和抗氧化等独特性能的硼化物陶瓷。

诸如钛酸钡一类的铁电陶瓷得到了发展，它具有极高的介电常数，作为电子元件特别重要。

非硅酸盐玻璃得到了发展，特别适用于红外透射、特殊光学性能和半导体器件。

已经制成了组成和天然沸石相似、但其组成能得到更好控制的分子筛。其结构也可以进行调控，使它的晶格间距（这些化合物的晶格间距很大）可用以分离不同尺寸分子的化合物。

玻璃陶瓷是一类新材料。首先以玻璃的方式成形，然后使它成核并晶化而成为一种高度结晶的陶瓷材料。自从康宁（Corning）玻璃公司最先推出耐热玻璃 Pyroceram 以来，这一概念已经在几十种组成物中获得了应用。

已经在氧化铝、氧化钇、尖晶石、氧化镁、铁氧体等为基础的组成物中制备出了无气孔多晶氧化物。

许许多多其他新型的陶瓷材料在一二十年前还不为人知，而今天却在生产和应用。具有新奇而有用性质的新产品正在不断出现。从这一点上说，陶瓷工业是变化最快的工业之一。这些陶瓷材料之所以得到发展，是因为需要新材料来使目前有用的设计变成切实可用的产品。很多新的、在工艺上合理的结构与系统发展的最主要障碍就是缺乏令人满意的材料，而新型陶瓷正在不断地弥补这些不足。

陶瓷的新用途　对新的、更优良性能的需求导致了新型材料的发展；同样，基于它们的特性，这些新材料的出现又开辟了许多新用途。对陶瓷及其性能的深入理解加速了“新型陶瓷—新的用途—新型陶瓷”这一循环的发展。

在磁性陶瓷领域可以看到陶瓷新用途的一个发展实例。这类材料具有典型铁磁材料的磁滞回线。某些铁磁材料具有很近似方形的磁滞回线，特别适用于电子计算机的记忆电路。陶瓷这种新用途促进了对材料和工艺的广泛研究和发展。

另一个实例是核能的发展对铀（有时用钍）浓度很高、具有抗腐蚀稳定性和经受大量铀原子裂变而不变质的能力的含铀燃料提出了需求。从许多应用来看，作为核燃料的 UO_2 是一种特别好的材料。因此，氧化铀陶瓷已成为反应堆技术中的一个重要部分。

在火箭和导弹的发展中，鼻锥和火箭喷管是两个关键部件，它们需要经受极高的温度并具备良好的抗冲蚀性能。陶瓷材料在这两个部件上得到了应用。

在金属的高速切削方面，人们长期以来已熟知氧化物陶瓷作为切削刀具在许多方面所表现出来的优越性，但是较低且不稳定的强度却阻碍了其正常的使用。强度高且稳定的氧化铝陶瓷的发展使其在金属切削中得到了应用，从而为陶瓷材料开辟了一个新的应用领域。

1946年发现钛酸钡的介电常数比其他绝缘材料大100倍，从此，一类新型铁电材料得到了发展。用这类铁电材料做成的电容器比其他电容器尺寸小而容量大，从而改进了电子线路，开辟了陶瓷材料的一个新用途。

在喷气式飞机和其他应用上，金属部件不得不用昂贵且在战争时期难以得到的合金来制造，以便经受住中等程度的高温。当采用一种陶瓷保护涂层后，温度极限得以提高，这就使得使用温度得以提高，或者可以使用成本较低又不太紧缺的合金作为替代品。

还可以举出甚至几年前还不存在的陶瓷的许多新用途。我们还可以期待现在不能预料的一些新用途将会不断出现。

推荐读物

1. F. H. Norton, *Elements of Ceramics*, 2d ed., Addison Wesley Publishing Company, Inc., Reading, Mass., 1974.
2. F. H. Norton, *Fine Ceramics*, McGraw – Hill Book Company, New York, 1970.
3. F. H . Norton, *Refractories*, 4th ed., McGraw – Hill Book Company, New York, 1968.
4. Institute of Ceramics Textbook Series:
   (a) W. E. Worrall, *Raw Materials*, Maclaren & Sons, Ltd., London, 1964.
   (b) F. Moore, *Rheology of Ceramic Systems*, Maclaren & Sons, Ltd., London, 1965.
   (c) R. W. Ford, *Drying*, Maclaren & Sons, Ltd., London, 1964.
   (d) W. F. Ford, *The Effect of Heat on Ceramics*, Maclaren & Sons, Ltd., London, 1967.
5. "Fabrication Science", *Proc. Brit. Ceram. Soc.*, No. 3 (September, 1965).
6. "Fabrication Science: 2", *Proc. Brit. Ceram. Soc.*, No. 12 (March, 1969).
7. J. E. Burke, Ed., *Progress in Ceramic Science*, Vols. 1 – 4, Pergamon Press, Inc. , New York, 1962 – 1966.
8. W. D. Kingery, Ed., *Ceramic Fabrication Processes*, John Willey & Sons, Inc., New York, 1958.
9. F. V. Tooley, Ed., *Handbook of Glass Manufacture*, 2 Vols., Ogden Publishing Company, New York, 1961.
10. A. Davidson, Ed., *Fabrication of Non – metals: Handbook of Precision Engineering*, Vol. 3, McGraw – Hill Book Company, New York, 1971.

第二篇

陶瓷固体的特征

我们所涉及的陶瓷材料可以是单晶、完全玻璃体或者两种或多种结晶相或玻璃相的混合物。在大多数陶瓷材料中，气孔也是一种主要的相。作为理解实际陶瓷性质的基础，有必要对单晶和非晶态固体的性质有所了解。在第二篇中，我们讨论的是作为单相的陶瓷固体的性质，不考虑其来源或与其他材料结合时的效应。

在第二章中我们讨论晶态陶瓷的结构。原子排列的特性、原子间作用力以及原子在晶格中的位置等都是决定晶体性质的重要参数。在第三章我们讨论非晶态固体。这类材料的原子结构与晶体很不一样，它们的许多性质与原子排列的非晶特征密切相关。

实际的晶态和非晶态材料在很多情况下都与理想结构偏离。它们的某些性质强烈地依赖于它们偏离完整结晶态或完全无序态的程度。因而，在第四章我们讨论结构的不完整性及其起源和性质。在第五章我们将表面和界面作为一类独立的特性加以讨论。最后，在第六章我们讨论原子迁移能力的问题，它和固体的结构密切相关，对固体的很多性质有重要影响。熟悉这 5 章内容是理解更复杂的陶瓷性质所必不可少的。

在描述陶瓷固体的特征时，通常采用两种不同的方法。第一种方法是从原子的观点来考察它们，尽可能准确地确定原子间的相互位置关系、原子间的相互作用、原子间的相互运动以及条件变化(如温度升高)对原子行为的影响。这种方法导致了对结构的了解以及对原子间相互作用的深入理解，这些知识对于我们为希望了解的复杂现象建立模型和进行概括是非常必要的。这种方法从大约60 年前发现了晶体的 X 射线衍射效应之后才开始得以使用，并且一直在很大程度上依赖于对辐射与物质相互作用的观察。

第二种同样有效的方法是考察物质的宏观性质，而不对原子的特性及其相互作用的细节作推测。这一方法(即热力学方法)取决于对处于平衡时的物质状态的观察：无论是气体、液体还是晶体，其状态是由描述这个系统的热力学参数(温度、体积、压力、组成)所决定的。这些参数与系统状态的相互关系在热力学原理中得到了描述。热力学原理的基础是三个基本定律。第一定律指出系统的内能 E 必须守恒。第二定律提出另一个标志混乱程度的函数——熵 S，它决定了一切自发过程的方向，孤立体系的熵趋向于最大值，即在任何过程中系统和环境的熵变总是倾向于更大的混乱程度：

$$dS_{系统} + dS_{环境} \geq 0 \tag{1}$$

在平衡时熵的变化为零，因此这个方程可以用于定义热力学平衡。第三定律提出了物质在绝对零度时的零点熵：理想晶体在 0 K 时熵值为 0。

从这三个基本定律和关于内能及熵的定义出发可以定义其他一些有用的状态函数：焓或热函 H、吉布斯(Gibbs)自由能 G 和亥姆霍兹(Helmholtz)自由能 F。吉布斯自由能($G = E + PV - TS = H - TS$)是描述系统平衡态最常用的状态函数。例如在平衡状态(0 ℃，1 atm①)下冰和水可以共存，此时水和冰的自由能是相等的。根据实验，我们知道这一系统有一个焓变(即熔融热)，并且在平衡反应中也伴随有熵变：

$$\Delta G = 0 = \Delta H - T_e \Delta S \tag{2}$$

$$\Delta S_{冰 \to 水} = \frac{\Delta H_{熔融}}{T_e(273\ \mathrm{K})} \tag{3}$$

考虑相组成(气体、液体或固溶体)可变的情况，吉布斯自由能不仅是温度和压力的函数，而且还是组成的函数。若第 i 组分的摩尔分数为 X_i，则

$$dG = -SdT + VdP + \sum_i \mu_i dX_i \tag{4}$$

式中，μ_i 为化学势，定义为恒温恒压下第 i 组分的浓度变化引起的系统自由能的变化：

$$\mu_i = \left(\frac{\partial G}{\partial X_i}\right)_{T,P,X_{j \neq i}} \tag{5}$$

若系统处于平衡状态，则式(4)中每一项均不随时间和空间而变化，即该系统处于恒温(热平衡)、恒压(机械平衡)状态且每个组分的化学势相同(化学平衡)。在多相体系中，这意味着任一特定组分在每一相中的化学势必须是相等的。

在后续章节中我们将越来越清楚地看到，无论是在原子尺度还是在宏观尺度上，能量与物质之间的相互关系都是与陶瓷直接有关的知识领域。这方面有许多很好的著作可以参阅，我们特别推荐 C. Kittel 的著作《*Introduction to Solid State Physics*》和 R. A. Swalin 的著作《*Thermodynamics of Solids*》。

---

① 1 atm = 1.01325 × 10^5 Pa，下同。——译者注

第二章 晶体结构

本章我们研究晶态固体的结构，即以原子有规则周期性排列为特征的固体结构。物质的三态——气态、液态、固态——可以用图2.1来表示。在气态中，原子或分子是很散乱的，并迅速地运动着，原子间平均距离很大，其相互作用是近似弹性的，因而在较低或中等压力下可以应用众所周知的理想气体定律作为良好的近似。而在液态和固态中，原子则是紧密联系在一起的。作为一级近似，可以把这些原子处理为球体，它们相互之间以弹簧相连来表示原子间的作用力。在液体中有足够的热能使原子作无规则运动，因而不存在长程有序。在晶体中，原子间键合引力克服了企图破坏规则排列的热效应，这样就形成了原子的有序排列(第三章将指出，玻璃甚至在低温下也能够保持无序排列)。本章只涉及原子作有规则周期性排列的晶体结构，也就是说本章所研究的是理想的晶体结构。以后在第四章和第五章中我们将研究某些比较重要的与理想状态偏离的情况。

为了弄清晶体结构的本质和形成机制，必须对原子结构有一定的了解。在2.1节我们将给出量子理论中关于原子结构的一些结

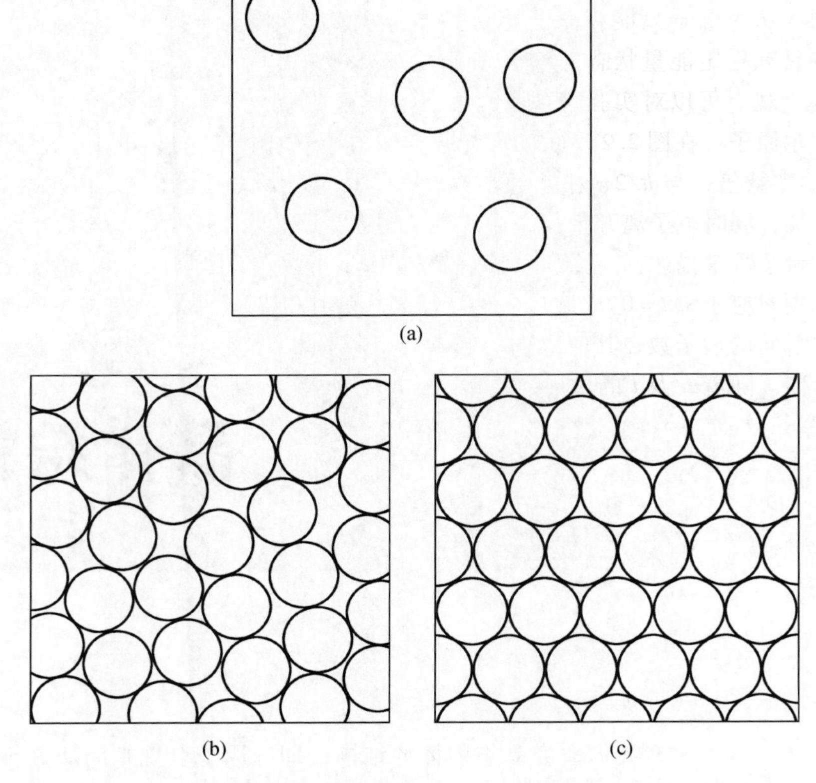

图 2.1 (a) 分子广为散乱的气体结构；(b) 不存在长程有序的液体结构；(c) 原子或分子作规则排列的晶体结构

果。其他一些量子理论的概念我们将在以后需要时(尤其是在讨论电性质和磁性质时)引入。近代原子物理知识是更好地理解陶瓷材料的基础，因此我们强烈建议没有学过这方面知识的学生要尽可能多地掌握它。

2.1 原子结构

目前，我们对原子结构的理解建立在量子理论和波动力学发展的基础上。大约在1900年以前，大量由各种原子发射的具有一系列特征谱线的光谱资料、热辐射对频率的依存关系以及光电子发射现象的特点都不能用经典连续介质物理给出满意的解释。普朗克(Planck)在1900年对热辐射作了成功的解释，他提出辐射是以能量子或光子为单位不连续发射的，光子具有的能量为 $h\nu$，其中 ν 为频率，$h=6.623\times10^{-34}$ J·s 是一个普适常数。爱因斯坦(Einstein)在

1905 年用同一个概念解释了光发射现象。1913 年，玻尔(Bohr)提出了一个原子模型，认为电子只能在某些稳定的轨道中运动(没有辐射)，并假设当电子在这些具有稳定能量状态的轨道之间跃迁时就会发射或吸收光量子而产生光谱线。这个观点可以对实验中观察到的光谱线系列给出满意的解释。

玻尔原子　在图 2.2 所示的玻尔原子中，量子理论要求电子的角动量必须是 $h/2\pi$ 的整数倍，与 $h/2\pi$ 相乘的整数 n 称为主量子数。随着 n 的增加，电子的能量增加，同时电子离开带正电荷的原子核也更远。除了主量子数，电子还由其他一些量子数来描述：l 是衡量轨道偏心度的量子数，其值可在 0 到 $n-1$ 之间变动，分别对应于 $s(l=0)$、$p(l=1)$、$d(l=2)$ 和 $f(l=3)$ 轨道；m 是衡量椭圆轨道的空间取向的量子数，其值取 $-l$ 到 $+l$ 之间的整数；s 标志电子自旋的方向是正向或反向。随着 n 及 l 的增加，通常电子轨道的能量也增加。

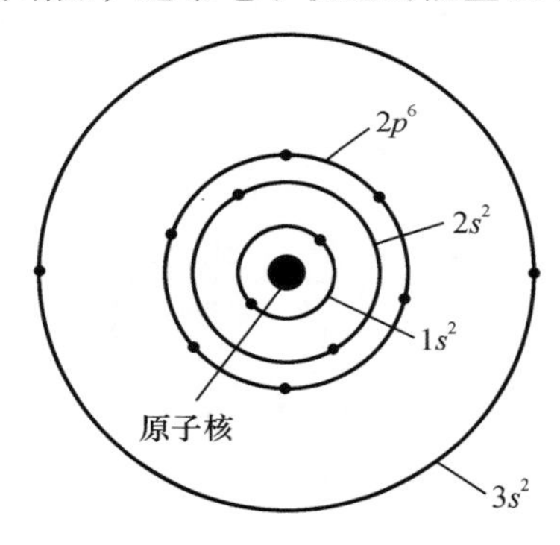

图 2.2　玻尔原子结构(镁)

对原子结构的另一个限制是泡利(Pauli)不相容原理，即在任何一个原子中任意两个电子不可能具有完全相同的量子数。当原子中电子数增加时，增加的电子就去填充主量子数较大的较高能态的轨道。按照泡利不相容原理可以依次确定各轨道所能安置的电子数，从而决定元素的周期分类。

电子的排布是由主量子数(1，2，3，…)、轨道量子数(s，p，d，f)以及根据泡利不相容原理在每个能级所能容纳的电子数表征出来的(在 s 轨道最多容许有两个电子，p 轨道为 6，d 轨道为 10，f 轨道为 14)。表 2.1 给出了元素周期表中各元素的电子排布结果。

电子轨道　虽然在定量解释很多光谱数据方面取得了成功，玻尔原子模型仍然不能说明一些电子轨道的稳定性和光谱线的精细结构。德布罗意(de Broglie)在 1924 年提出的光的二象性是普遍适用的。所谓光的二象性，指的是所观察到的光现象既可以从波动性也可以从光子的能量和动量出发加以讨论。根据普朗克方程和德布罗意方程，任何粒子的运动都和一定频率及波长的波动现象相联系，

表 2.1　元素的

族 I　II　III　IV　V

1
H
1s

3	4	5	6	7
Li	Be	B	C	N
$2s$	$2s^2$	$2s^2 2p$	$2s^2 2p^2$	$2s^2 2p^3$

11	12	13	14	15
Na	Mg	Al	Si	P
$2p^6 3s$	$2p^6 3s^2$	$3s^2 3p$	$3s^2 3p^2$	$3s^2 3p^3$

过渡元素

19	20	21	22	23	24	25	26	27	28
K	Ca	Sc	Ti	V	Cr	Mn	Fe	Co	Ni
$3p^6 4s$	$3p^6 4s^2$	$3d4s^2$	$3d^2 4s^2$	$3d^3 4s^2$	$3d^4 4s^2$	$3d^5 4s^2$	$3d^6 4s^2$	$3d^7 4s^2$	$3d^8 4s^2$

37	38	39	40	41	42	43	44	45	46
Rb	Sr	Y	Zr	Nb	Mo	Tc	Ru	Rh	Pd
$4p^6 5s$	$4p^5 5s^2$	$4d\,5s^2$	$4d^2 5s^2$	$4d^4 5s$	$4d^5 5s$	$4d^6 5s$	$4d^7 5s$	$4d^8 5s$	$4d^{10}$

稀土元素

55	56	57	58	59	60	61	62	63	64	65	66	67	68	69	70	71
Cs	Ba	La	Ce	Pr	Nd	Pm	Sm	Eu	Gd	Tb	Dy	Ho	Er	Tm	Yb	Lu
$5p^6 6s$	$5p^6 6s^2$	$5p^6 5d6s^2$	$4f^2 6s^2$	$4f^3 6s^2$	$4f^4 6s^2$	$4f^5 6s^2$	$4f^6 6s^2$	$4f^7 6s^2$	$4f^7 5ds^2$	$4f^8 5d6s^2$	$4f^{10} 6s^2$	$4f^{11} 6s^2$	$4f^{12} 6s^2$	$4f^{13} 6s^2$	$4f^{14} 6s^2$	$4f^{14} 5d6s^2$

87	88	89	90	91	92	93	94	95	96	97	98
Fr	Ra	Ac	Th	Pa	U	Np	Pu	Am	Cm	Bk	Cf
$6p^2 7s$	$6p^2 7s^2$	$6d\,7s^2$	$6d^2 7s^2$	$5f^2 6d7s^2$	$5f^3 6d7s^2$	$5f^5 7s^2$	$5f^6 7s^2$	$5f^7 7s^2$	$5f^7 6d7s^2$	$5f^8 6d7s^2$	$5f^9 6d7s^2$

周期分类表

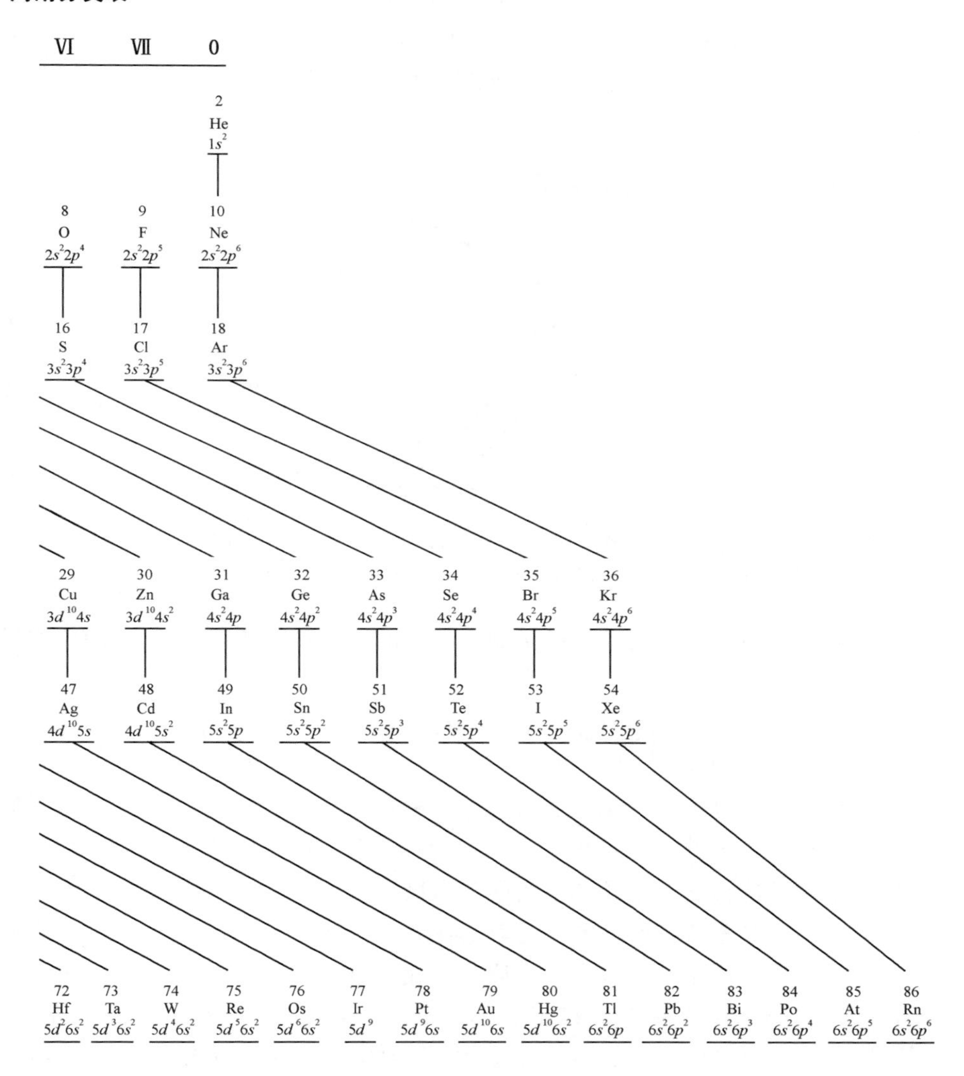

VI
VII
0
2
He
1s2
8
O
2s22p4
9
F
2s22p5
10
Ne
2s22p6
16
S
3s23p4
17
Cl
3s23p5
18
Ar
3s23p6
29
Cu
3d104s
30
Zn
3d104s2
31
Ga
4s24p
32
Ge
4s24p2
33
As
4s24p3
34
Se
4s24p4
35
Br
4s24p5
36
Kr
4s24p6
47
Ag
4d105s
48
Cd
4d105s2
49
In
5s25p
50
Sn
5s25p2
51
Sb
5s25p3
52
Te
5s25p4
53
I
5s25p5
54
Xe
5s25p6
72
Hf
5d26s2
73
Ta
5d36s2
74
W
5d46s2
75
Re
5d56s2
76
Os
5d66s2
77
Ir
5d9
78
Pt
5d96s
79
Au
5d106s
80
Hg
5d106s2
81
Tl
6s26p
82
Pb
6s26p2
83
Bi
6s26p3
84
Po
6s26p4
85
At
6s26p5
86
Rn
6s26p6

$$
\left.\begin{aligned}
\text{能量}: E &= h\nu \\
\text{动量}: mv &= h/\lambda
\end{aligned}\right\} \tag{2.1}
$$

式中：m 是质量；v 是速度；λ 是波长。这些关系已经被 X 射线、电子及中子衍射实验所证实。稳定的电子轨道不应该出现相消干涉，而当轨道的周长为波长整数倍时就会产生驻波(图 2.3)。

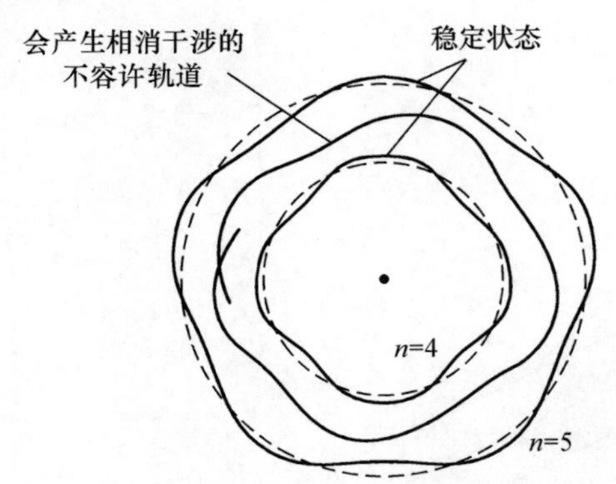

图 2.3　容许电子轨道中的稳定状态及不容许电子轨道中的相消干涉。引自 A. R. von Hippel, *Dielectrics and Waves*, John wiley & Sons, New York, 1954

按照德布罗意方程对波动性的限制，粒子的质量和能量都可包含在薛定谔(Schrödinger)波动方程中，对于一个电子，

$$
\frac{h^2}{8\pi^2 m}\left(\frac{\partial^2\psi}{\partial x^2}+\frac{\partial^2\psi}{\partial y^2}+\frac{\partial^2\psi}{\partial z^2}\right)-P\psi=\frac{h}{2\pi i}\frac{\partial\psi}{\partial t} \tag{2.2}
$$

式中：P 是粒子的势能；$i=\sqrt{-1}$。这个方程的解给出波函数 Ψ 中的空间图样，其绝对值的平方 $|\psi|^2$ 给出了在限定的体积元 $\mathrm{d}V$ 中发现电子的几率。对于一些比较简单的情况，电子在空间的分布已经被论证了。在把电子运动表示为驻波时必须将其看成是弥散开的几率图像。

氢是最简单的原子，它有由一个质子组成的核，在基态时有一个 1s 电子。这个电子具有球形对称性，其最大几率分布在径向距离为 0.5 Å 左右(图 2.4)，这个值接近于玻尔第一轨道半径。对于原子序数较大的原子，1s 电子分布是相似的，只不过较高的核电荷 Ze 使得它们被原子核更牢固而紧密地束缚。2s 电子也是球形对称的，但它在较高的能态，且距带正电的原子核及 1s 电子组成的原子实较远。例如在锂原子中，2s 电子的平均半径为 3 Å，而原子实的平均半径只有 0.5 Å。相反，p 轨道为哑铃形(图 2.5)，它的 3 个轨道沿着 3 个正交轴伸展。

除了外层的少数几个电子以外，原子中其他电子和原子核一起形成一个密实而稳定的原子实，这意味着元素的很多性质在很大程度上是由少数几个具有

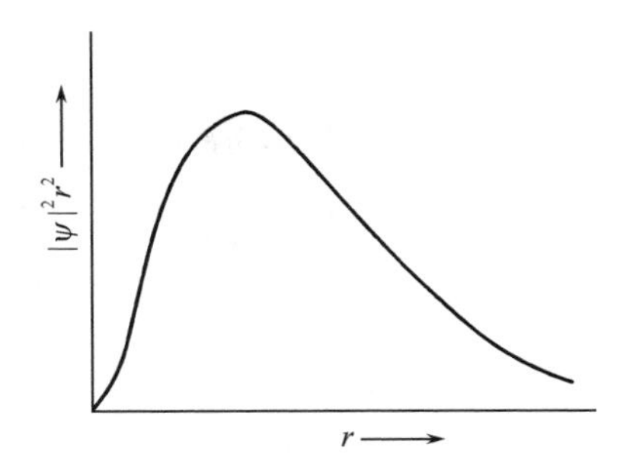

图 2.4　氢原子中在距原子核为 r 处发现 1 s 电子的几率

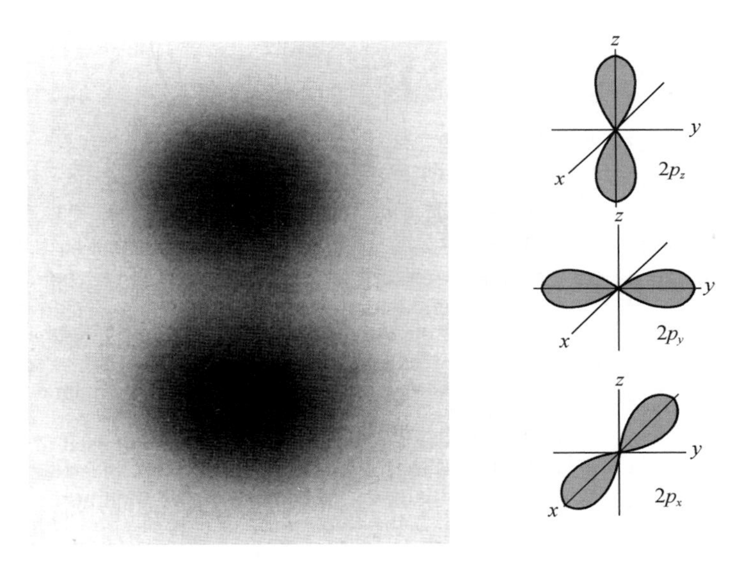

图 2.5　哑铃形 p 轨道的几率密度外形

最高能量的电子决定的，这可以从表 2.1 所示的周期排列上看出来。

0 族元素(He、Ne、Ar、Kr、Xe 和 Rn)的特点是最外层的电子已排满(惰性气体构型)。例如在氦中，$n=1$ 的壳层已完全填满。由于核电荷增加了，移去一个电子比在氢中要困难得多(氢的电离能为 13.6 eV①，而氦的电离能为 24.6 eV)。元素的电离能如表 2.2 所示。由于在 $n=1$ 壳层已无空位，如果再增加一个电子，就需要进入远离中性原子实的 2s 轨道，形成不稳定的排布。因此，氦是惰性最大的元素之一。对其他惰性气体可以进行类似的分析。

① eV(电子伏特)是在讨论原子和分子的性质时常用的一种能量单位，等于 1 个电子经过 1 V 电势加速后所增加的能量。1 eV $=1.6\times10^{-19}$ J。因为电子电荷等于 1.6×10^{-19} C，而 1 eV $=1(\mathrm{V})\times1.6\times10^{-19}(\mathrm{C})=1.6\times10^{-19}$ J。每摩尔电子伏特等于 23.05 kcal/mol。

表 2.2 元素的电离能[1)]

		反应[2)]						反应[2)]			
Z	元素	Ⅰ	Ⅱ	Ⅲ	Ⅳ	Z	元素	Ⅰ	Ⅱ	Ⅲ	Ⅳ
1	H	13.595				36	Kr	13.996	24.56	36.9	
2	He	24.581	54.403			37	Rb	4.176	27.5	40	
3	Li	5.390	75.619	122.419		38	Sr	5.692	11.027		57
4	Be	9.320	18.206	153.850	217.657	39	Y	6.38	12.23	20.5	
5	B	8.296	25.149	37.920	259.298	40	Zr	6.84	13.13	22.98	34.33
6	C	11.256	24.376	47.871	64.476	41	Nb	6.88	14.32	25.04	38.3
7	N	14.53	29.593	47.426	77.450	42	Mo	7.10	16.15	27.13	46.4
8	O	13.614	35.108	54.886	77.394	43	Tc	7.28	15.26		
9	F	17.418	34.98	62.646	87.14	44	Ru	7.364	16.76	28.46	
10	Ne	21.559	41.07	63.5	97.02	45	Rh	7.46	18.07	31.05	
11	Na	5.138	47.29	71.65	98.88	46	Pd	8.33	19.42	32.92	
12	Mg	7.644	15.031	80.12	109.29	47	Ag	7.574	21.48	34.82	
13	Al	5.984	18.823	28.44	119.96	48	Cd	8.991	16.904	37.47	
14	Si	8.149	16.34	33.46	45.13	49	In	5.785	18.86	28.03	54.4
15	P	10.484	19.72	30.156	51.354	50	Sn	7.342	14.628	30.49	40.72
16	S	10.357	23.4	35.0	47.29	51	Sb	8.639	16.5	25.3	44.1
17	Ci	13.01	23.80	39.90	53.5	52	Te	9.01	18.6	31	38
18	Ar	15.755	27.62	40.90	59.79	53	I	10.454	19.09		
19	K	4.339	31.81	46	60.90	54	Xe	12.127	21.2	32.1	
20	Ca	6.111	11.868	51.21	67	55	Cs	3.893	25.1		
21	Sc	6.54	12.80	24.75	73.9	56	Ba	5.210	10.001		
22	Ti	6.82	13.57	27.47	43.24	57	La	5.61	11.43	19.17	
23	V	6.74	14.65	29.31	48	72	Hf	7	14.9		
24	Cr	6.764	16.49	30.95	50	73	Ta	7.88	16.2		
25	Mn	7.432	15.636	33.69		74	W	7.98	17.7		
26	Fe	7.87	16.18	30.643		75	Re	7.87	16.6		
27	Co	7.86	17.05	33.49		76	Os	8.7	17		
28	Ni	7.633	18.15	35.16		77	Ir	9			
29	Cu	7.724	20.29	36.83		78	Pt	9.0	18.56		
30	Zn	9.391	17.96	39.70		79	Au	9.22	20.5		
31	Ga	6.00	20.51	30.70	64.2	80	Hg	10.43	18.751	34.2	
32	Ge	7.88	15.93	34.21	45.7	81	Ti	6.106	20.42	29.8	50.7
33	As	9.81	18.63	28.34	50.1	82	Pb	7.415	15.028	31.93	42.31
34	Se	9.75	21.5	32	43	83	Bi	7.287	16.68	25.56	45.3
35	Br	11.84	21.6	35.9	47.3	84	Po	8.43			

续表

反应[2]						反应[2]					
Z	元素	Ⅰ	Ⅱ	Ⅲ	Ⅳ	Z	元素	Ⅰ	Ⅱ	Ⅲ	Ⅳ
85	At					88	Ra	5.277	10.144		
86	Rn	10.746				89	Ac	6.9	12.1	20?	
87	Fr										

1）以电子伏特为单位，其值来源于下列文献中的电离势：Charlotte E. Moore，*Atomic Energy Levels as Derived from the Analyses of Optical Spectra*（Circular of the National Bureau of Standards 467，Government Printing Office，Washington，D. C.，1949—1958，vol. Ⅲ）。表中的值乘以 23.053 就从电子伏特变换成千卡/摩尔。

2）反应如下：Ⅰ　$m^0(g)=m^+(g)+e^-$，

Ⅱ　$m^+(g)=m^{2+}(g)+e^-$，

Ⅲ　$m^{2+}(g)=m^{3+}(g)+e^-$，

Ⅳ　$m^{3+}(g)=m^{4+}(g)+e^{-1}$。

Ⅰ族元素的特征是在外层具有 s^1 轨道，如图 2.6 所示。在锂($1s^2$，$2s^1$)中，外层电子的平均半径约为 3 Å，很容易把它和原子核及 $1s^2$ 电子的原子实分开(电离势 5.39 eV)，形成 Li^+ 离子。容易电离这个性质使锂在化学反应中有很强的反应能力并有强正电性。移去第二个电子就需要大得多的能量，故锂和其他Ⅰ族元素一样，经常是单价的。

Ⅱ族元素有个 s^2 的外壳层，从这个壳层失去两个电子所费能量差不多。这些元素是正电性和二价的。同样，Ⅲ族和Ⅳ族元素分别有 3 个和 4 个外层电子，这些元素的正电性较弱，其典型的价态是 +3 和 +4 价。Ⅴ族元素的特点是外层电子由 s^2 加上另外 3 个外层电子(p^3 或 d^3)构成并且典型地表现为 +3 或 +5 价。在某些情况下氮和磷会获得外来电子，使 p 轨道充满而形成负离子。

Ⅶ族元素的特征是形成负离子，它的外层 p 轨道有 5 个电子。例如氟，在得到一个电子时就形成稳定的 F^- 离子。氟的这个附加电子的结合能(称为电子亲和势)为 4.2 eV。这个结合能的产生是因为其他电子不能完全屏蔽原子核对 $2p$ 轨道上外加电子的作用，而这个核吸引力超过了邻近电子的斥力。反之，第二个电子就要占据 $3s$ 轨道，这是不稳定的，它将受到负离子 F^- 的静电斥力。同样，在Ⅵ族元素中也有电子亲和势，它们倾向于形成二价负离子。

随着原子序数和电子数的增加，不同轨道能级的相对稳定性差不多相同。轨道填充的次序是 $1s$、$2s$、$2p$、$3s$ 和 $3p$，由于此后的 $4s$ 轨道比较稳定，因而先于 $3d$ 轨道而填充。然而它们差不多处于同一能级，如铬具有 $3d^54s^1$① 构型，

① 原文为 $3d^54s$，疑有误。——译者注

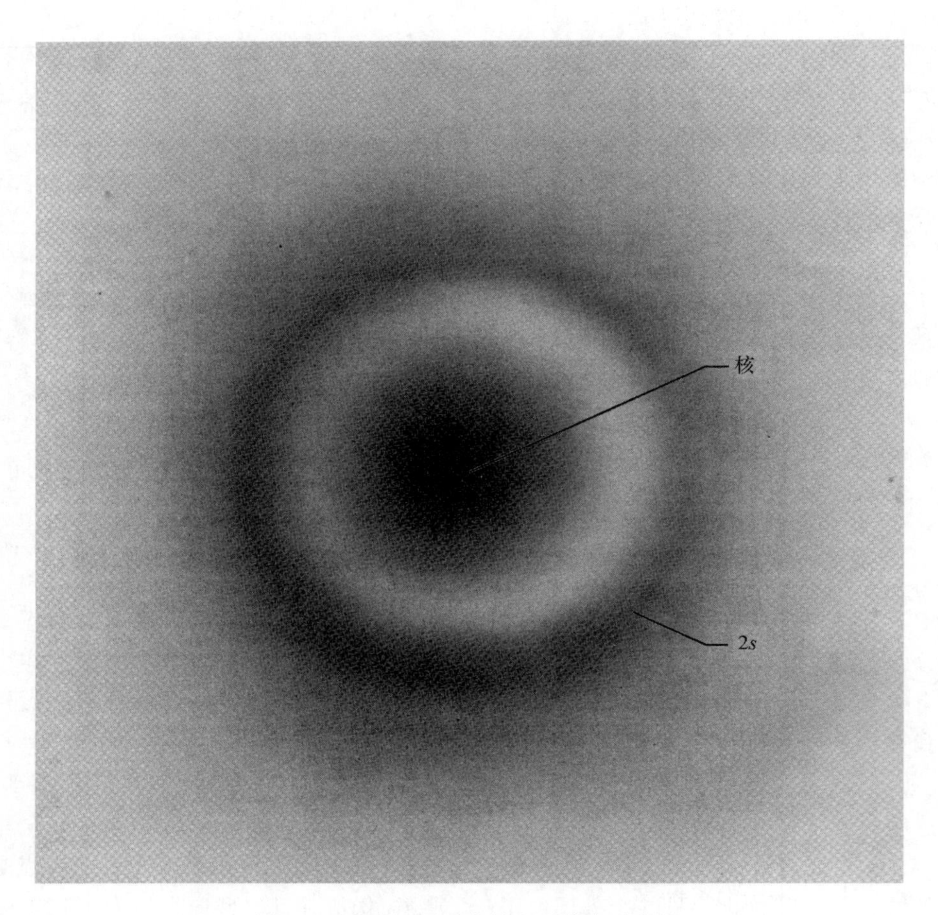

图 2.6　自由锂原子中的电子分布示意图

这两个轨道都没有充满。*d* 壳层没有充满的元素称为过渡元素。因为在填充内层的 3*d* 轨道时对 4*s* 电子的电离电位及性质几乎没有影响，所以它们的化学性质相似。这样的电子结构还使得这些元素能够形成着色离子并且具有特殊的磁性。还有一些过渡元素是 4*d* 或 5*d* 层没有完全填满。类似的甚至更为显著的效应表现在稀土元素上，这类元素的 4*f* 内层没有完全填满。

2.2　原子间的键

形成稳定无机晶体的主要作用力是正负离子间的静电引力(如 KCl)以及由于两个原子间共有电子对而形成的电子结构的稳定性(如 H_2 和 CH_4)。

离子键　离子键的本质可以用 KCl 的生成来说明。当将一个中性的钾原子

电离成 K^+ 时，消耗电离能 4.34 eV。而一个中性的氯原子获得一个电子变为 Cl^- 时，可得到电子亲和势 3.82 eV。这就是说，将两者离子化时需要净消耗 0.52 eV 的能量(图 2.7)。当正负离子靠近时，产生库仑(Coulomb)引力能 $E = -e^2/4\pi\varepsilon_0 R$(J)，这里 e 是电子电荷，ε_0 是真空介电常数。随着离子靠拢，分子就更加稳定。然而，当互相接近的离子的电子层开始重叠在一起时就会产生强大的斥力。这种斥力的产生是由于泡利不相容原理只容许每一种量子态容纳一个电子，互相接近的电子壳层的重叠会使电子进入较高的能态。此外，当离子靠近时波函数会改变，故随着离子间距离的减小，每个量子态的能量均连续地增加。当电子壳层相互重叠时，这种排斥能迅速增加；而在离子相距较远时，这部分能量的作用很小。假设这一项能量按 $1/R^n$ 变化就能满意地描述这

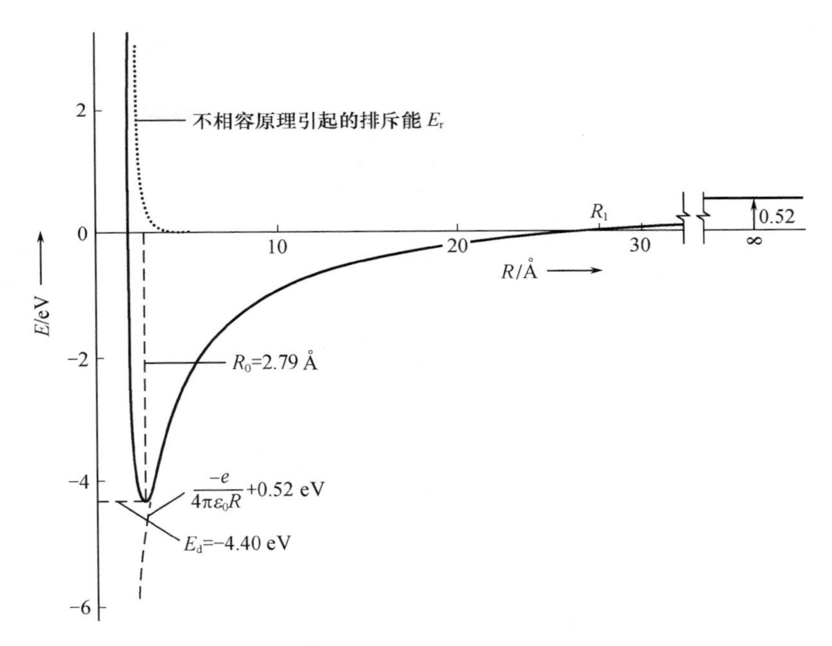

图 2.7　K^+ 和 Cl^- 的总能量是核间距 R 的函数(推荐读物 2)

种行为，n 的典型值是 10。这样，KCl 分子的总能量为

$$E = -\frac{e^2}{4\pi\varepsilon_0 R} + \frac{B}{R^n} + 0.52\ \text{eV} \tag{2.3}$$

稍后我们将看到经验常数 B 及指数 n 可以通过物理性质来计算。库仑引力项是降低能量的，而斥力项是增加能量的，综合结果就有一个能量的最低值(图 2.7)。这样，当从孤立的原子合成 KCl 分子时，生成能约为 −4.4 eV。

碱金属卤化物主要是离子型的，Ⅱ族元素和Ⅵ族元素的化合物也是这样。大多数其他无机化合物的特点是部分离子－部分共价型的。

共价键 稳定氢分子 H_2 的形成情况和刚才讨论过的 KCl 的情况很不一样，这里我们考虑当两个氢原子靠近时的情况。每个氢原子有一个 1s 电子。当电子远离质子时势能为 0，而在每个质子附近有最小值。沿两个质子间连线，电子的势能增加，但它总是较自由电子时的势能为低[图 2.8(a)]。当核靠近时，沿两个质子间连线发现电子的几率较大，而最稳定的情况为哑铃状分布。当两个质子更加接近时，质子间由于电子云密度增大而导致的能量增益进一步增加，但是同时斥力也增加了，从而导致了一个能量最小值，这与图 2.7 所描述的一般形状类似。导致总能量最小的这一电子分布或波函数是系统的稳定态。一对电子形成一个稳定的键，因为只有两个电子可以列入能量最低的波函数(不相容原理)。第三个电子就要进入能量较高的量子态，结果系统就不稳定。

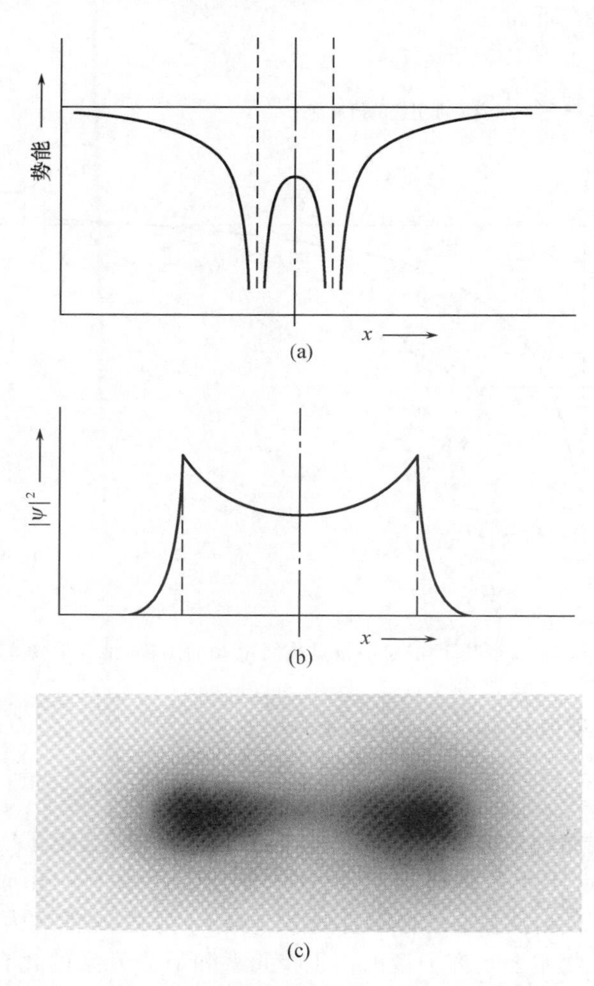

图 2.8 氢分子中沿质子间连线的势能(a)和电子密度(b、c)

共价键在有机化合物中尤其普遍存在。碳具有4个价电子，形成4个电子对键，它们在4个等价的 sp^3 轨道上按四面体取向，每一轨道的电子分布形状类似图2.8(c)所示的图像。共价键的这种强方向性是很显著的。

范德瓦耳斯键 在原子间或分子间另外一种弱的静电力称为范德瓦耳斯(van der Waals)力或色散力。任何原子或分子都存在一个波动着的偶极矩，它随着电子的瞬时位置而变动。这个偶极矩的电场会诱导邻近原子产生偶极矩，这个诱导偶极矩与原始偶极矩的相互作用产生一种吸引力。这种情况下的键能比较弱(约0.1 eV)，但在惰性气体及没有其他结合力的分子间，这种力就变得重要起来了。

金属键 金属原子间的内聚力是由原子聚集体中的量子力学效应产生的。这种类型的键将在下面关于固体中的原子键一节(2.3节)中讨论。

中间键型 虽然KCl结构可以看成近乎是完全离子型的，而 H_2 是完全共价型的，但还有很多中间型。这种中间型的特点是既具有离子的电子构型，又在沿原子中心间的连线上具有较大的电子浓度。

鲍林(Pauling)曾经导出一种按电负性作为参量来估计键类型的半经验方法。电负性是原子吸引电子的能力的量度，大体上与电子亲和势(加进一个电子所需能量)与电离势(移去一个电子所需能量)之和成正比。元素的电负性值如图2.9所示。电负性差别很大的原子所形成的化合物主要是离子型的，如图2.10所示；而所含原子的电负性差不多的化合物则主要是共价型的。

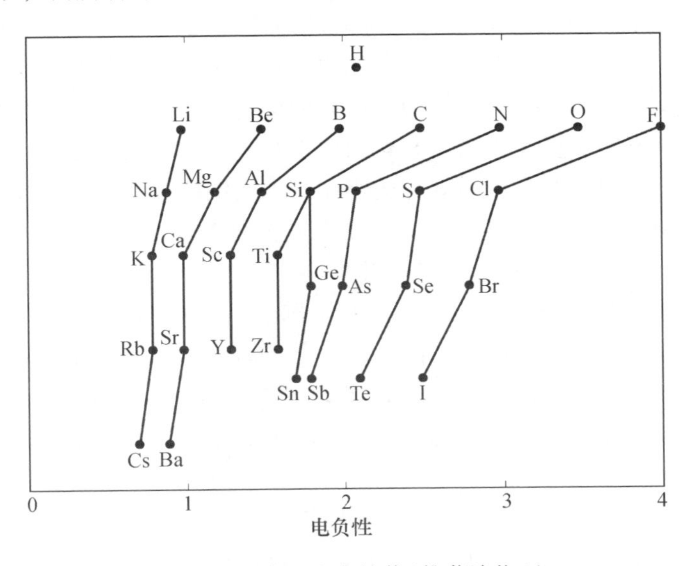

图2.9 元素的电负性值(推荐读物3)

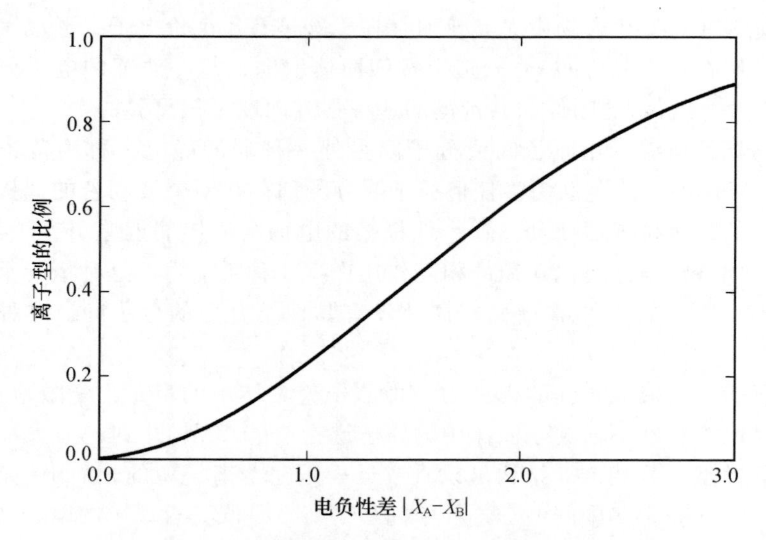

图 2. 10　A—B 键中离子型的比例与 A、B 原子的电负性差 X_A-X_B 的关系(推荐读物 3)

2. 3　固体中的原子键

固体中原子间的作用力与上面讨论过的情况类似，只是还要考虑一个因素，即晶态固体中那些复杂的结构单元周期性地配合在一起时，这种周期性将使静电斥力减到最小，并使固体的键所取的键角及空间排布从能量角度来看是有利的。从成键的主要作用角度来对固体键合进行分类研究是有益的。然而与分子中的情况一样，中间型的键普遍存在。决定键能和键型的主要特征是原子和分子周围的电子分布。通常我们可以把固体分为离子型结构、共价型结构、分子型结构、金属型结构和氢键型结构。

离子晶体　在离子晶体中，电子在离子之间的分布和上面讨论过的单一离子键的情况是一样的。然而在晶体中，每个正离子的周围有几个负离子，每个负离子的周围则有几个正离子。例如在氯化钠结构(图 2. 11)中，每个离子周围有 6 个异号的离子，晶体的能量随离子间距变化的方式和图 2. 7 所示的情况大体相同。

在晶体(例如 NaCl)中，一个电荷为 Z_ie 的离子的能量可以通过对它与晶体中其他 j 个离子的相互作用势能[由式(2. 3)给出]进行求和来得到：

$$E_i = \sum_j \left(\frac{Z_ieZ_je}{4\pi\varepsilon_0 R_{ij}} + \frac{B_{ij}}{R_{ij}^n} \right) \qquad (2.4)$$

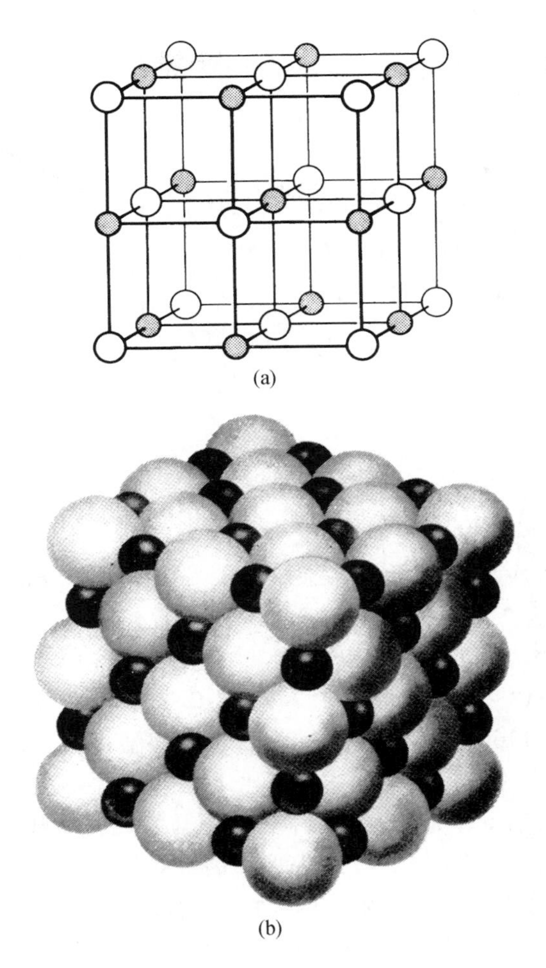

图 2.11　氯化钠的晶体结构

式中，R_{ij}是所考虑的离子和与其邻近的电荷为 $Z_j e$ 的第 j 个离子之间的距离。经验常数 B 也加了下标，这是因为不同种类离子之间的相互作用能不同。为了简化，我们忽略了电离势和电子亲和势之间的差值，这个差值是常数项(这实际上相当于，定义一组离子而不是中性原子之间距离为无限远时能量为 0)。把由式(2.4)所表示的晶体中每个离子的贡献加起来，就可以得到晶体的总能量，但其结果必须乘以 1/2，因为 ij 离子对的相互作用与 ji 离子对的相互作用是一样的，而简单地对晶体中全部离子按式(2.4)加和就会把每一相互作用计算两次。

我们可以认为在氯化钠结构中每个离子的能量是相同的，故在 $2N$ 个离子

或 N 个 NaCl“分子” 范围内，式(2.4)的求和只要把式(2.4)乘以 $2N \times \frac{1}{2}$ 即可：

$$E = \frac{1}{2}\sum_i E_i = \frac{1}{2}(2NE_i) = N\sum_j\left(\frac{Z_iZ_je^2}{4\pi\varepsilon_0R_{ij}} + \frac{B_{ij}}{R_{ij}^n}\right) \tag{2.5}$$

这个总和值取决于离子间距与原子排列状况。令 $R_{ij} = R_0x_{ij}$(这里 R_0 是某个特征间距，通常取作离子间距)，那么

$$E = N\left(-\frac{|Z_1||Z_2|e^2}{4\pi\varepsilon_0R_0}\alpha + \frac{C}{R_0^n}\right) \tag{2.6}$$

式中：

$$\alpha = \sum_i\left(-\frac{(Z_i/|Z_i|)(Z_j/|Z_j|)}{x_{ij}}\right) \tag{2.7}$$

$$C = \sum_i\left(\frac{B_{ij}}{x_{ij}^n}\right) \tag{2.8}$$

其中的参数 α 称为马德隆(Madelung)常数。从其定义可知，马德隆常数的值仅仅取决于晶体结构的几何特征，因而对某一特定的结构类型，马德隆常数可以计算出来。对 NaCl 型结构，$\alpha = 1.748$；CsCl 结构为 1.763；闪锌矿结构为 1.638；纤锌矿为 1.641。从物理意义上看，马德隆常数是晶体中离子对的库仑能与孤立离子对的库仑能之比，α 值比 1 大些但并不大很多。还可以注意到，NaCl 型结构(有 6 个最邻近异号离子)的马德隆常数比 CsCl 型结构(有 8 个最邻近异号离子)小不到 1%。纤锌矿和闪锌矿结构(4 个最邻近异号离子)只在次邻近离子的排列上有区别，两者的马德隆常数更为接近。因此可以看出，晶体中离子不同排列方式的库仑能之间的差别比较小。

因为离子的相互作用能中的斥力项是短程性的，所以可以预期式(2.8)中 C 值的级数应该很快收敛。遗憾的是，这个值不仅取决于结构类型，而且还与所考虑的具体化合物有关，这是因为不同种类的离子其 B_{ij} 不同。注意到当离子间距为 R_0 时晶体能量最小，据此即可计算出 C 值。将式(2.6)对 R_0 求导并令其结果等于 0，则可解得 C：

$$C = \frac{\alpha|Z_i||Z_j|e^2}{4\pi\varepsilon_0 n}R_0^{n-1} \tag{2.9}$$

因此式(2.6)可以写成

$$E = -\frac{N\alpha|Z_i||Z_j|e^2}{4\pi\varepsilon_0}\frac{1}{R_0}\left(1 - \frac{1}{n}\right) \tag{2.10}$$

其次，n 值可以通过测量晶体的压缩系数而求得，它的值通常在 10 左右，故斥力项对晶体总能量的贡献仅为库仑能的 10% 左右。

离子晶体的特点是具有强烈的红外吸收，对可见光透明，低温下电导率低，但高温下离子导电性良好。金属离子和第Ⅶ族阴离子的化合物有强离子性($NaCl$、LiF 等)。金属氧化物主要是离子性的(MgO、Al_2O_3、ZrO_2 等)。含有原子量较大的Ⅵ族元素(S、Se、Te)的化合物中，离子键的程度较弱，这是因为Ⅵ族元素的电负性较低(参见图 2.9 和图 2.10)。离子键的强度随着电价的增加而增加[式(2.6)]。离子中的电子分布近似呈球形，由于原子间键是由库仑力产生的，故本质上它是无方向性的。于是，离子化合物所能达到的稳定结构都倾向于保证每一个离子的邻近异号离子数量(即配位数)尽可能多；这种稳定结构的细节取决于如何获得最大的离子堆积密度。

共价晶体　共价晶体中每一个单键的情况和 2.2 节讨论过的氢原子间的键类似。有一对电子集中在原子之间。当按照共价键的强方向性建立起一种具有重复性的结构时，就可以形成共价晶体。例如，碳能形成四面体的键。在甲烷 CH_4 中，这些四面体键都用于形成分子，没有电子可用于形成其他的共价键，因而也不可能形成共价晶体。相反，碳自己形成了共价晶体金刚石，它具有周期性排列的共价键。在金刚石结构中，每一个碳原子周围有 4 个其他的碳原子(图 2.12)，这个结构有四面体(四重)配位，它不允许原子在空间密堆而得到可能的最大键数，而是按照键的方向性的要求，形成开放的结构。

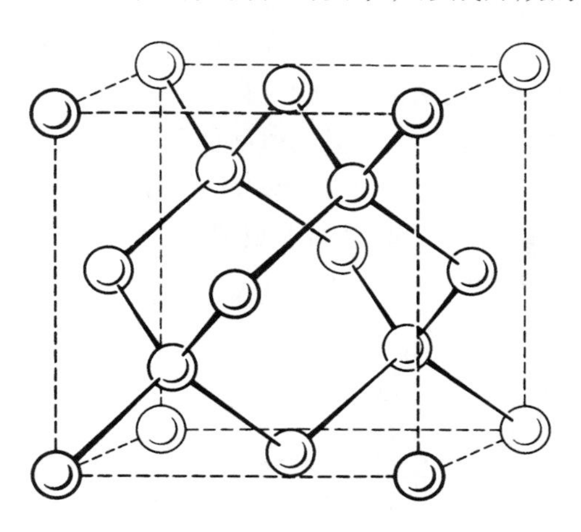

图 2.12　金刚石的晶体结构

像金刚石和碳化硅这样的共价晶体具有高硬度、高熔点以及低温下的低电导率(当试样纯净时)。电负性相当且电子结构不接近惰性气体构型的原子(即 C、Ge、Si、Te 等)可以形成共价晶体。除了纯共价晶体外，大多数其他晶体中也存在较为明显的共价键性质，如图 2.10 所示。虽然图 2.10 中的经验曲线可以作为指导，但要据此很有把握地分析出中间型的状况则是困难的。

分子晶体 在固相中，像甲烷这样的有机分子以及惰性气体原子是依靠微弱的范德瓦耳斯力结合在一起的，因此这些晶体很弱，容易被压缩，具有低熔点和低沸点。虽然范德瓦耳斯力在所有晶体中都存在，但只有当其他类型的力不存在的情况下这种力才是重要的。在陶瓷中，这种力起作用的一个例子是将黏土中的硅酸盐层状结构结合在一起。

氢键晶体 在无机晶体中，一种特殊但常见的键是氢离子在两个阴离子之间形成的一种较强的键，即氢键。氢键主要是离子性的，而且只与高电负性的阴离子 O^{2-} 和 F^{-} 形成。可以认为质子在 O—H—O 和 O—H—O 之间共振。这种键在水、冰和很多含氢、氧的化合物（如水合盐类）的结构中是重要的。氢键导致了 HF 和某些有机酸的聚合以及很多对无机黏结剂和水泥很重要的无机聚合物的形成。

金属晶体 金属的突出特点是高电导率，这意味着载流子（可以自由运动的电子）的浓度高。这些电子称为*电导电子*。作为粗略的一级近似，可以把金属看成是规则排列的正离子浸泡在均匀的*电子云*中。这样的近似与碱金属晶体的实际情况相差并不太远，例如这些金属中的键能比离子型碱金属卤化物晶体的要小得多。而在过渡金属中，内层电子轨道会沿原子中心的连线方向对电子浓度（配对电子键）产生影响，从而导致较强的键合。

金属中电子迁移的特性可以通过研究大量原子结合在一起形成晶体时电子能态的变化而得到很好的说明。把原子结合到一起时，在量子数一定的情况下，量子态的总数并不发生变化，但轨道间的相互作用会使得具有同一量子数的电子的数量增加，能级变宽并变成*允许带*，在允许带中各个分立的电子能级相 互间是如此接近，以致可以把它们看成是连续的允许能带（图2. 13）。在金

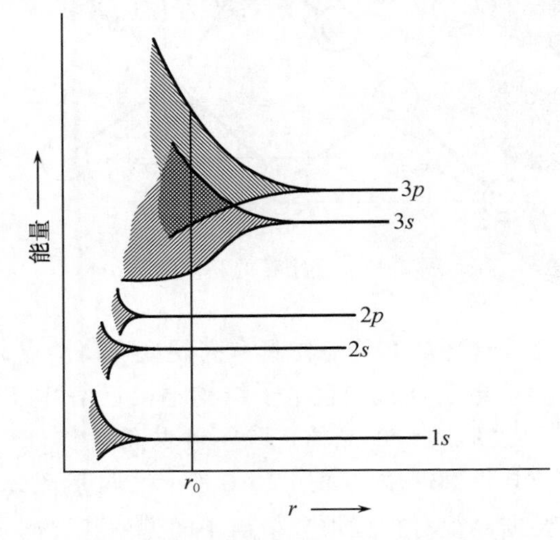

图 2. 13 在镁晶体中当原子聚集在一起时，能级展宽成能带（示意图）

属中能量较高的允许带或允许能级发生重叠，而且没有完全被电子填满。这就允许电子在原子之间进行比较自由的运动，而不像在电介质中那样需要很大的能量；在电介质中电子要参与导电首先必须使其能量提高到新的能带水平。

2.4 晶体结构

晶体是由原子或分子的周期性阵列组成的。了解了晶体获得这种周期性的方式，我们就能很快地认识晶体的性质。最稳定的晶体结构是这样的：原子堆积最紧密，并同时满足每个原子的价键数、原子大小和价键的方向等要求。作为进一步讨论的基础，有必要弄清怎样把球形原子堆积在一起。最好用像乒乓球、软木球或其他可以在三维空间中进行研究的模型来做一些实际的实验。

简单立方结构 把球堆积在一起的一种方式是简单立方阵列(图 2.14)。每个球在纸面内有 4 个邻近的球，再加上面一个和下面一个，总共有 6 个最邻近的球。此外在 8 个球中间有间隙，这种间隙也是立方排列的，平均每个球都有这样一个间隙。这种类型的堆积并不很紧密，其空隙体积占到了总体积的 48%。

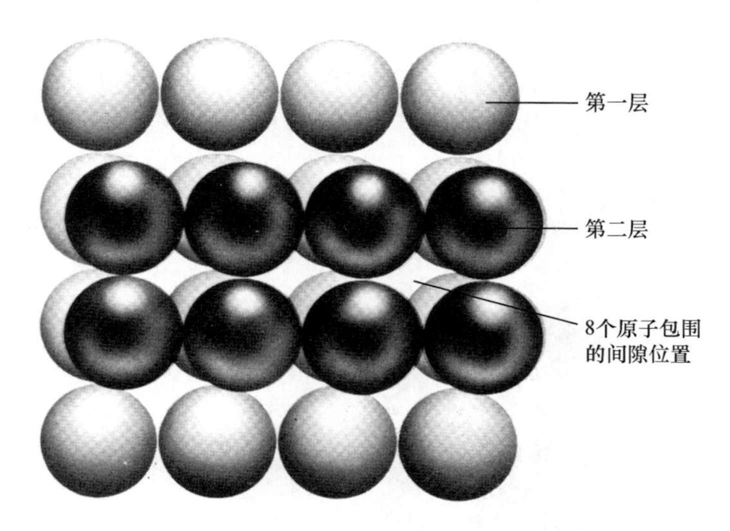

图 2.14 球体的简单立方堆积

立方密堆结构 图 2.15(a)示出了球体的另一种排列方式：每一层球的排列仍旧是立方形式，但第二层放在底层的空隙上；当将第三层置于第一层的上方时，就形成一种密堆结构的基础。每个球有 12 个最邻近的球：4 个在纸面内，4 个在上，4 个在下。这种类型的堆积比简单立方结构要致密，空隙体积仅为总体积的 26%。把每层球排列成六角形也可得到相同的结构，这样在纸面内就有 6 个最邻近的球，再加 3 个在上，3 个在下，总数仍是 12 个，如图 2.15(b)所示。图 2.15(c)及(d)表示从其他角度看出这种排列有立方对称。这个结构可以由图 2.15(f)所示的最简单的面心立方单胞周期重复而得到。

与简单立方堆积不一样，面心立方排列中有两种类型的间隙，即由 6 个原子包围起来的八面体间隙和由 4 个原子包围起来的四面体间隙[图 2.15(e)]。每个单胞中有 4 个原子、4 个八面体间隙和 8 个四面体间隙，它们也都按立方对称排列，如图 2.15(f)所示。它在直观上不容易看出，但比较一下图 2.15(a)、(b)和(f)，间隙位置的分布及其特点就很清楚了。

六角密堆结构　在立方密堆结构中，原子最密排面[图 2.15(d)所示的截面]内每个原子周围有 6 个其他原子，形成六角对称。如果我们从这样密堆的原子层开始加上第二层，在继续加第三层时可以有两种方法：如果第三层不是正对着早先两层原子而加上去，我们就得到面心立方点阵[图2.15(f)]；但是如果把第三层对正第一层加上去[图 2.16(a)]，这样的堆积密度是一样的，但结构却不一样，这就是六角密堆。从侧面看，面心立方点阵相当于把密堆层按 a、b、c、a、b、c 堆叠，而六角密堆结构的堆叠次序则为 a、b、a、b[图 2.16(b)]。虽然这两种排列有同样的密度，但原子和间隙的排列是不同的。像对面心立方结构作出图 2.15 那样作出六角密堆晶格结构特点的图解是非常有益的。

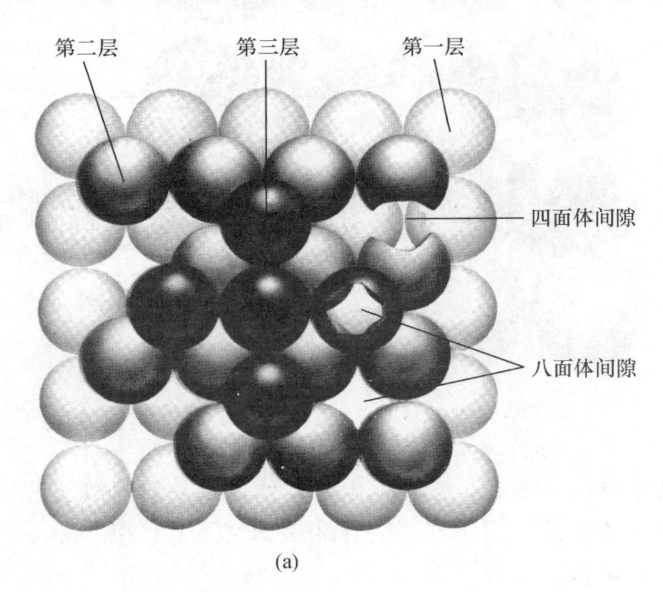

(a)

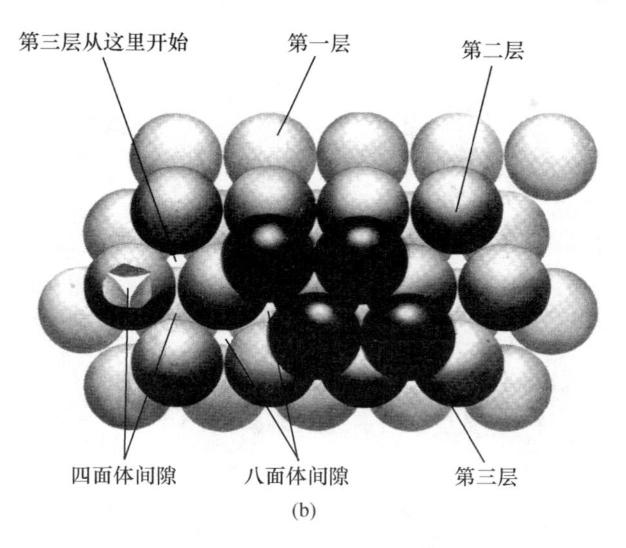

(b)

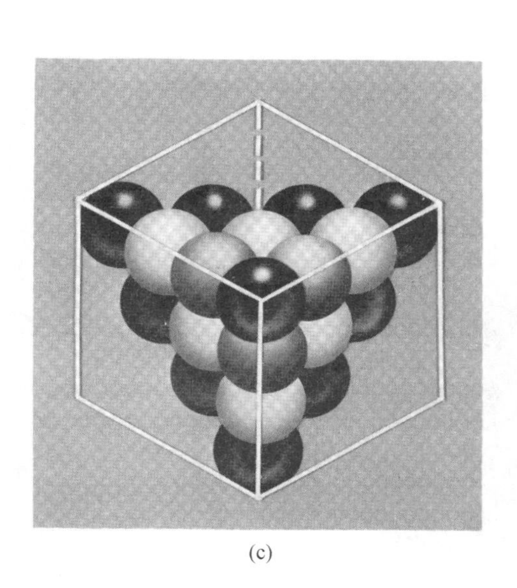

(c)

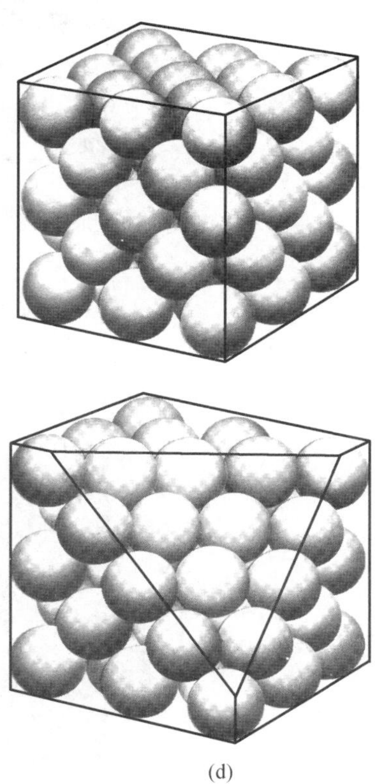

(d)

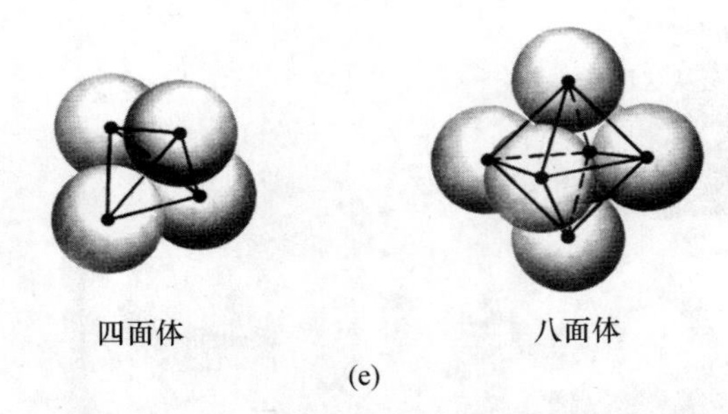

(e)

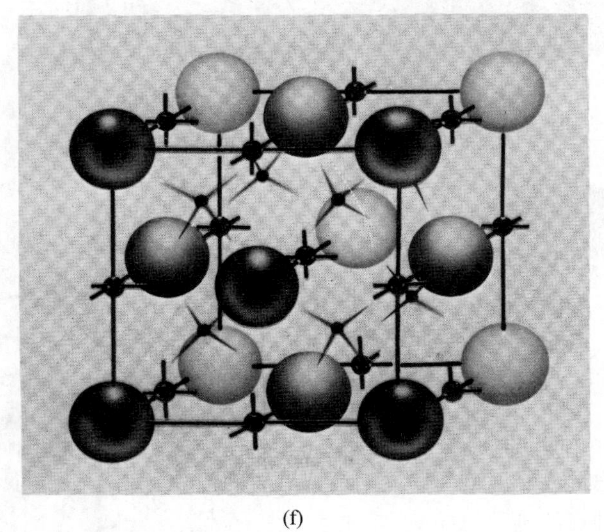

(f)

图 2.15　从不同方位看球的面心立方密堆，讨论见正文

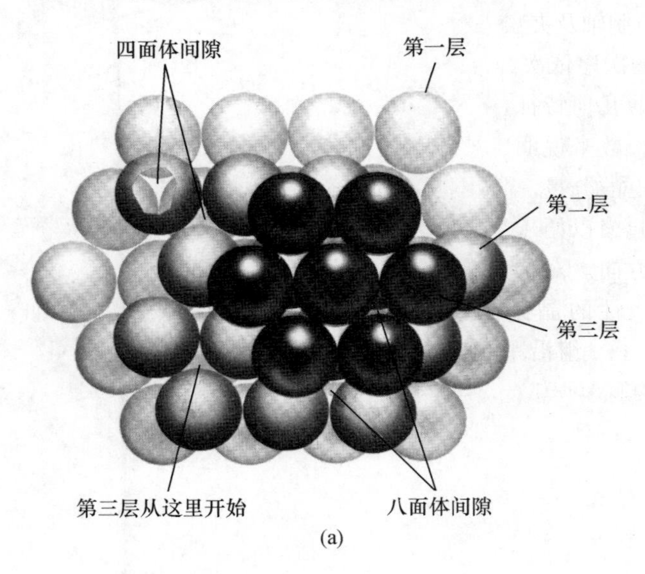

(a)

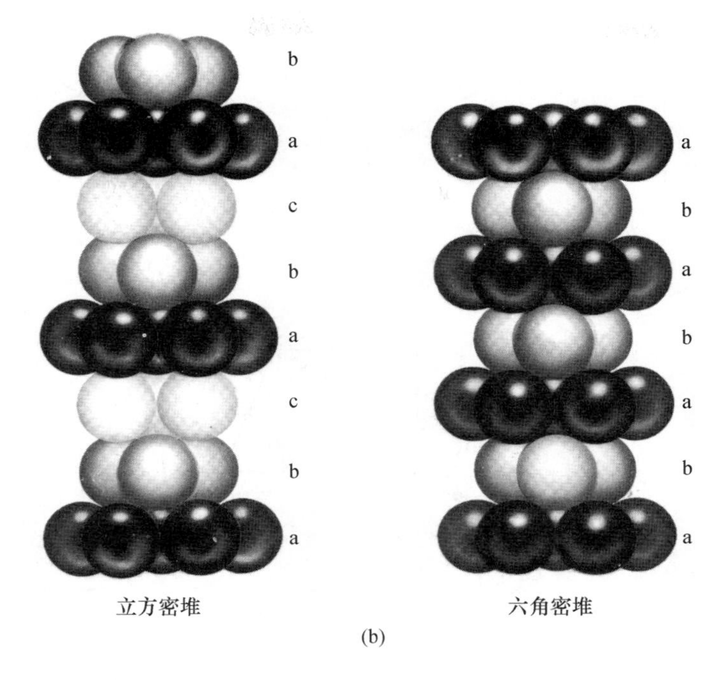

图 2.16 六角密堆的形成

空间点阵 前面的叙述意味着只有某些几何形状可以周期重复出现，充满空间。系统地考虑形成充满空间的周期结构所需的各种对称操作，可以发现：围绕一个中心点，各种点的排列只能有 32 种可能的情况，它们属于 14 种不同的布拉维(Bravais)点阵或空间点阵，如图 2.17 所示。从这些空间点阵所得到的通称的单胞可以借助于单胞轴及夹角来描述(图 2.18)。这 14 种点阵可归入 6 个晶系①，按对称程度增加的次序依次为：三斜、单斜、斜方、四方、六角和立方。

点阵中的几何特征(如方向和面)用相对于单胞棱的关系来描述最为方便。晶向用 3 个指数来说明，这 3 个指数都是单胞棱的整倍数，它就是给定方向在单胞 3 条棱上的分量。负方向的分量由指数上面加上一个横线表示。3 个指数用方括号括起来以便于把晶向与其他几何特征如点和面区别开来。图 2.19 中示出了几个方向。对称点阵中的一些晶向是等同的。一组等同的晶向可以用其中一个有代表性的晶向指数加上符号“ < > ”来表示。例如在立方晶系中 <100>代表了一组沿单胞的棱的 6 个等同的晶向：[100]、[010]、[001]、$[\bar{1}00]$、$[0\bar{1}0]$、$[00\bar{1}]$。

① 一般晶体学书籍中将晶系分为 7 个，即还有一个菱形晶系。但菱形晶系可与六角晶系相互转换，故也可列入六角晶系。——译者注

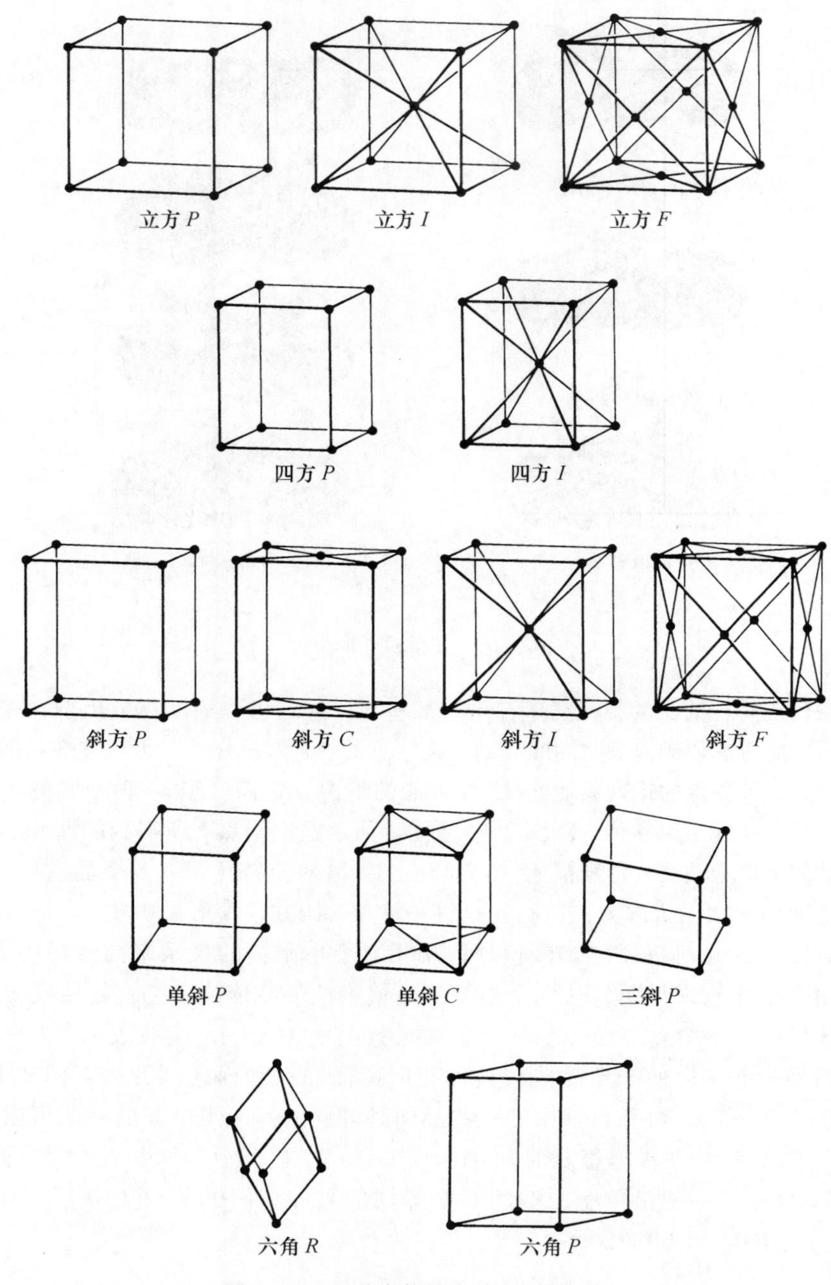

图 2.17　14 种布拉维点阵(空间点阵)

晶 系	晶系内的点阵数	晶胞轴及夹角特点	标定用的长度及角度
三 斜	1	$a \neq b \neq c$ $\alpha \neq \beta \neq \gamma$	a, b, c α, β, γ
单 斜	2	$a \neq b \neq c$ $\alpha=\gamma=90^\circ \neq \beta$	a, b, c β
斜 方	4	$a \neq b \neq c$ $\alpha=\beta=\gamma=90^\circ$	a, b, c
四 方	2	$a=b \neq c$ $\alpha=\beta=\gamma=90^\circ$	a, c
六 角	2	$a=b \neq c$ $\alpha=\beta=90^\circ$, $\gamma=120^\circ$	a, c
立 方	3	$a=b=c$ $\alpha=\beta=\gamma=90^\circ$	a

(a)

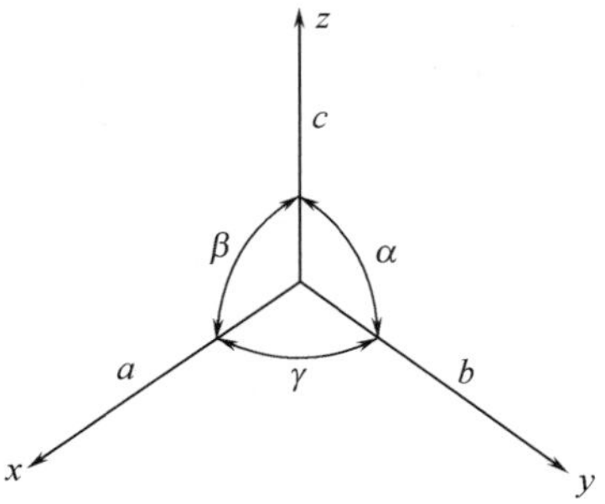

(b)

图 2.18　(a)包含 14 种布拉维点阵(或称空间点阵)及晶胞的 6 个晶系；(b)晶胞的长度及角度标定法

晶面是通过它们在晶胞的棱上的截距来定义的。因为当一个晶面与晶胞某条棱平行时截距为无穷大(∞)，所以不是直接采用截距值而是采用一组称为米勒(Miller)指数的整数来表示晶面。这组整数是通过把截距的倒数乘以一个因子而得到的。晶面指数放在圆括号里以便把它们与晶向区别开来。例如图 2.19(b)中的晶面，截距分别为 1、∞、∞，其倒数为 1、0、0，用米勒指数就可以表示为(100)；图 2.19(d)中的晶面截距分别为∞、2、4，其倒数为 0、1/2、1/4，故米勒指数为(021)。一组完全等同的晶面可以用其中一个代表性晶面的米勒指数加上大括号来表示。这样，在立方晶系的晶体中，{100} 就代

表 6 个立方面：(100)、(010)、(001)、($\bar{1}$00)、(0$\bar{1}$0)和(00$\bar{1}$)。在立方晶系中，[hkl] 晶向总是垂直于同指数晶面，但这一关系在其他晶系中并不普遍适用。

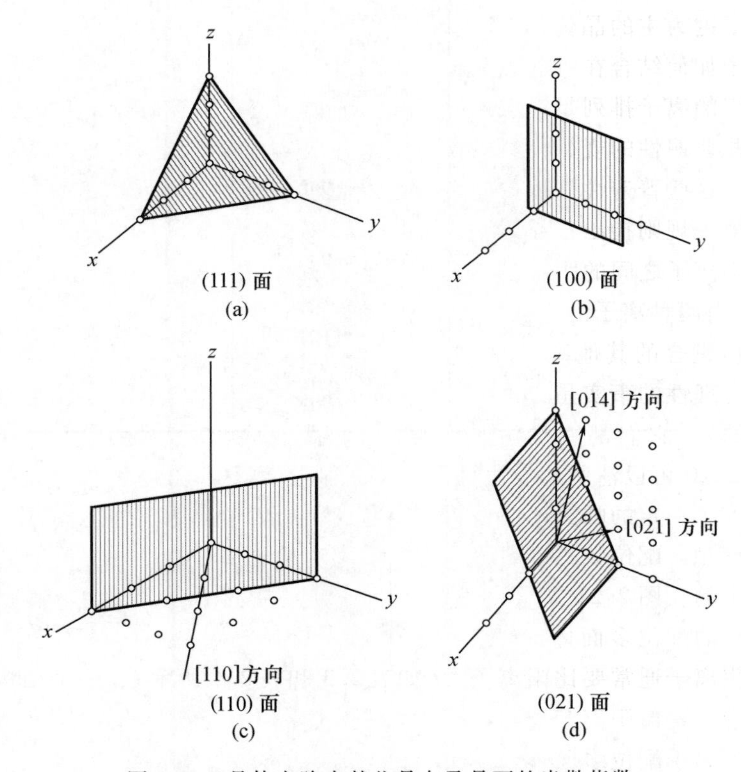

图 2.19　晶体点阵中某些晶向及晶面的米勒指数

从上面所举的关于等晶面及等晶向的例子中可以看出，同一等同组中所有晶面或晶向的指数相互之间构成排列的关系。这是因为联系等同特征的对称操作使晶胞的棱也可以互换。而在六角晶系中就不是这样，例如 6 个六角棱柱面的指数为(110)、($\bar{1}$20)、($\bar{2}$10)、($\bar{1}\,\bar{1}$0)、(1$\bar{2}$0)和(2$\bar{1}$0)，它们相互之间没有明显的关系。这种情况可以再定义一个外加的第四个轴来补救，其轴向为 a 和 b 矢量和的反方向。这个轴的米勒指数为前两个数字之和的负值，因此在六角晶系中米勒指数(hkl)就变成 h、k、$-(h+k)$、l。有些作者喜欢省略掉这个外加的指数，这样六角晶系的晶面有时就表示为($hk\cdot l$)。读者可自行验证：包含了第四指数以后，6 个六角棱柱面的晶面指数可用相同整数的符号和位置的排列得到。

2.5　离子的组合和鲍林规则

以离子键为主的晶体(一般为卤化物、氧化物及硅酸盐)的结构主要取决于正负离子如何结合在一起以获得最大的静电引力及最小的静电斥力。在晶体结构中稳定的离子排列是能量最低的状态，但不同的排列之间能量的差别通常很小。一些普遍性的规律已经被揭示出来并成功地解释了大多数已知的离子型晶体结构。这些普遍性规律集中表现在人们熟知的5条鲍林规则中。

鲍林第一规则指出：晶体结构中每个阳离子周围的阴离子形成一个配位多面体；阴阳离子之间的距离由它们的半径之和决定，配位数(阳离子周围的阴离子数)则由两种离子的半径比决定。“离子具有确定的‘半径’，而这一‘半径’与它所键合的其他离子的性质无关”这一观点完全是经验性的，证明这一观点的合理性的事实是：可以设计出不止一套离子半径数据(每套数据本身是自协调的)，它们都能成功地预测离子间距，预测的误差不超过几个百分点。由图2.20可以清楚地看出为什么两种离子的半径比会影响到配位数。阴离子半径大于一定的临界值时，给定尺寸的中心阳离子就不可能与周围所有的阴离子都接触。配位数一定时，只有当阳离子与阴离子半径比大于某个临界值时才是稳定的。图2.21中给出了这些临界值。在晶体结构中，阴离子的周围也有阳离子的配位多面体；临界半径比同样也控制着阴离子周围阳离子的配位。因为阴离子通常要比阳离子大(如表2.3和表2.4所示)，一个结构的临界半径比几乎总是由阳离子周围的阴离子配位情况来决定的，所以鲍林第一规则强调的是阳离子配位多面体。就一对给定的离子来说，其半径比给出了阳离子配位数的上限。一般情况下，形成比这个配位值小的任何结构类型在几何上是允许的。然而，最稳定的结构总是具有最大容许的配位数，因为晶体的静电能会随着相互接触的异号离子数的增多而明显地降低。图2.21中给出的临界半径比是很有用的，但经常也会出现一些例外，这是因为在上述关于几何排列的讨论中把离子看成了刚性的球体。假如增加配位数使静电能的增益超过了周围

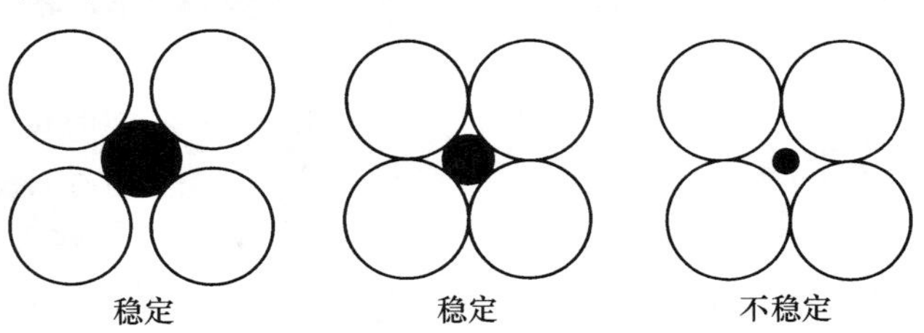

图2.20　稳定与不稳定的配位构型

离子形变而消耗的能量，那么配位数也可以大于离子半径比的限制。当中心阳离子的荷电量较大或周围阴离子的原子序数高、尺寸大且容易形变时，上述情况就显得特别重要。同样，有方向性的共价键的贡献也有影响。表 2.5 将实验所测定的一些配位数与预计值进行了对比。

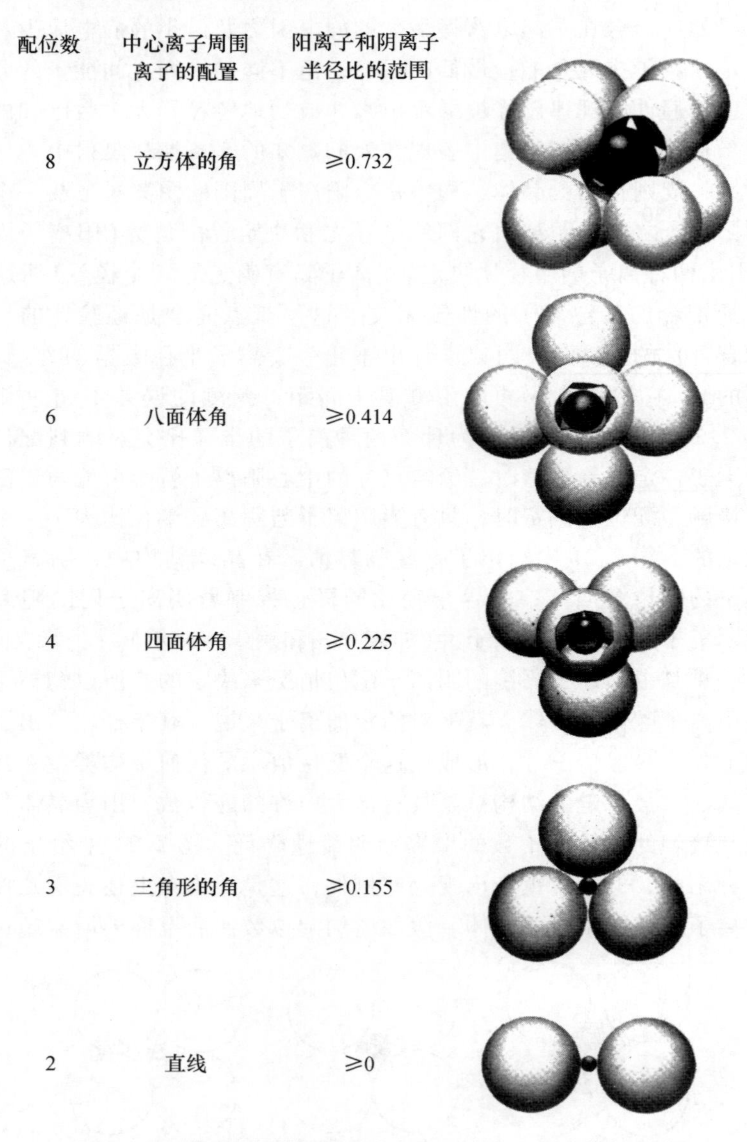

图 2.21　不同配位数的临界半径比。半径比所允许的最大配位数的结构通常就是最稳定的结构

表 2.3　离子晶体半径(配位数 =6)

Ag^{1+}	Al^{3+}	As^{5+}	Au^{1+}	B^{3+}	Ba^{2+}	Be^{2+}	Bi^{5+}	Br^{1-}	C^{4+}	Ca^{2+}	Cd^{2+}	Ce^{4+}
1.15	0.53	0.50	1.37	0.23	1.36	0.35	0.74	1.96	0.16	1.00	0.95	0.80
Cl^{1-}	Co^{2+}	Co^{3+}	Cr^{2+}	Cr^{3+}	Cr^{4+}	Cs^{1+}	Cu^{1+}	Cu^{2+}	Dy^{3+}	Er^{3+}	Eu^{3+}	F^{1-}
1.81	0.74	0.61	0.73	0.62	0.55	1.70	0.96	0.73	0.91	0.88	0.95	1.33
Fe^{2+}	Fe^{3+}	Ga^{3+}	Gd^{3+}	Ge^{4+}	Hf^{4+}	Hg^{2+}	Ho^{3+}	I^{1-}	In^{3+}	K^{1+}	La^{3+}	Li^{1+}
0.77	0.65	0.62	0.94	0.54	0.71	1.02	0.89	2.20	0.79	1.38	1.06	0.74
Mg^{2+}	Mn^{2+}	Mn^{4+}	Mo^{3+}	Mo^{4+}	Na^{1+}	Nb^{5+}	Nd^{3+}	Ni^{2+}	O^{2-}	P^{5+}	Pb^{2+}	Pb^{4+}
0.72	0.67	0.54	0.67	0.65	1.02	0.64	1.00	0.69	1.40	0.35	1.18	0.78
Rb^{1+}	S^{2-}	S^{6+}	Sb^{5+}	Sc^{3+}	Se^{2-}	Se^{6+}	Si^{4+}	Sm^{2+}	Sn^{2+}	Sn^{4+}	Sr^{2+}	Ta^{5+}
1.49	1.84	0.30	0.61	0.73	1.98	0.42	0.40	0.96	0.93	0.69	1.16	0.64
Te^{2-}	Te^{6+}	Th^{4+}	Ti^{2+}	Ti^{4+}	Tl^{1+}	Tl^{3+}	U^{4+}	U^{5+}	V^{2+}	V^{5+}	W^{4+}	W^{6+}
2.21	0.56	1.00	0.86	0.61	1.50	0.88	0.97	0.76	0.79	0.54	0.65	0.58
Y^{3+}	Yb^{3+}	Zn^{2+}	Zr^{4+}									
0.89	0.86	0.75	0.72									

引自 R. D. Shannon and C. T. Prewitt, *Acta Cryst.*, **B25**, 925(1969)。

表 2.4　离子晶体半径(配位数 =4)

Ag^{1+}	Al^{3+}	As^{5+}	B^{3+}	Be^{2+}	C^{4+}
1.02	0.39	0.34	0.12	0.27	0.15
Cd^{2+}	Cr^{4+}	Cu^{2+}	F^{1-}	Fe^{2+}	Fe^{3+}
0.84	0.44	0.63	1.31	0.63	0.49
Ga^{3+}	Ge^{4+}	Hg^{2+}	Li^{1+}	Mg^{2+}	N^{5+}
0.47	0.40	0.96	0.59	0.49	0.13
Na^{1+}	Nb^{5+}	O^{2-}	P^{5+}	Pb^{2+}	S^{6+}
0.99	0.32	1.38	0.33	0.94	0.12
Se^{6+}	Si^{4+}	V^{5+}	W^{6+}	Zn^{2+}	
0.29	0.26	0.36	0.41	0.60	

表 2.5　不同阳离子对氧的配位数和键强度

离子	半径(配位数 =6)	预计的配位数	实测的配位数	静电键强度
B^{3+}	0.16	3	3, 4	1 或 3/4
Be^{2+}	0.25	4	4	1/2
Li^{+}	0.53	6	4	1/4
Si^{4+}	0.29	4	4, 6	1
Al^{3+}	0.38	4	4, 5, 6	3/4 或 1/2
Ge^{4+}	0.39	4	4, 6	1 或/2/3
Mg^{2+}	0.51	6	6	1/3
Na^{+}	0.73	6	4, 6, 8	1/6

续表

离子	半径(配位数=6)	预计的配位数	实测的配位数	静电键强度
Ti^{4+}	0.44	6	6	2/3
Sc^{3+}	0.52	6	6	1/2
Ar^{4+}	0.51	6	6，8	2/3 或 1/2
Ca^{2+}	0.71	6，8	6，7，8，9	1/4
Ce^{4+}	0.57	6	8	1/2
K^{+}	0.99	8，12	6，7，8，9，10，12	1/9
Cs^{+}	1.21	12	12	1/12

引自推荐读物3。

第一规则把注意力集中在阳离子的配位多面体上，把它看成是离子晶体结构的基本单元。在稳定的结构中，这样的基本单元在三维空间的排布应使次近邻的互作用最为有利。一个稳定的结构不仅在宏观范围内是电中性的，在原子尺度上也必须是电中性。鲍林第二规则是计算局部电中性的基础。我们把阳离子价电荷数除以其配位数所得到的商值定义为从阳离子给予一个配位阴离子的静电键强度。例如，四面体配位的四价硅的键强度为4/4=1，八面体配位的Al^{3+}的键强度为3/6=1/2(不论配位阴离子是否为同一化学种类，这种计算都适用。例如，图14.28所示的Al_2O_3结构中Al^{3+}周围是6个O^{2-}阴离子，图2.35所示的高岭石结构中Al^{3+}周围的阴离子是4个OH^-和2个O^{2-}，但这两种情况中Al^{3+}的键强度都是1/2)。第二规则指出：在稳定的结构中，从所有最邻近的阳离子到一个阴离子的键强度的总和应该等于该阴离子的电价数。例如，图2.22(a)所示的Si_2O_7单元中，从周围两个硅离子到一个共用氧离子的键强度分别为1，故总的键强度是2，等于氧离子的电价(注意，这就是说在以Si_2O_7为基元的硅酸盐中，不能再有更多的阳离子与这个共用氧键合了)。同样，在图2.25所示的尖晶石$MgAl_2O_4$结构中，每个O^{2-}周围是一个Mg^{2+}(给出的键强度为2/4)和3个Al^{3+}(共给出3个3/6的键强度)。

鲍林第三规则进一步涉及阳离子配位多面体之间的相互连接。在稳定的结构中，多面体倾向于共角而不是共棱，尤其不会倾向于共面。如多面体共棱，则多面体之间距离就缩短了。这个规则的基础仍是从几何角度考虑。多面体中阳离子之间的距离按共角、共棱、共面的次序依次减小，而阳离子之间的互斥力则相应依次增加。鲍林第四规则指出，由高电价及低配位数阳离子形成的多面体特别倾向于共角连接。其理由可以这样来认识：因为一对阳离子之间的互斥力是按电荷数的平方增加的，且配位多面体中阳离子之间的距离随配位数降低而减小。鲍林第五规则指出，在一个结构中不同类的构型的数目倾向于最小，这是因为不同尺寸的离子及配位多面体很难有效地堆积成一个单一结构。

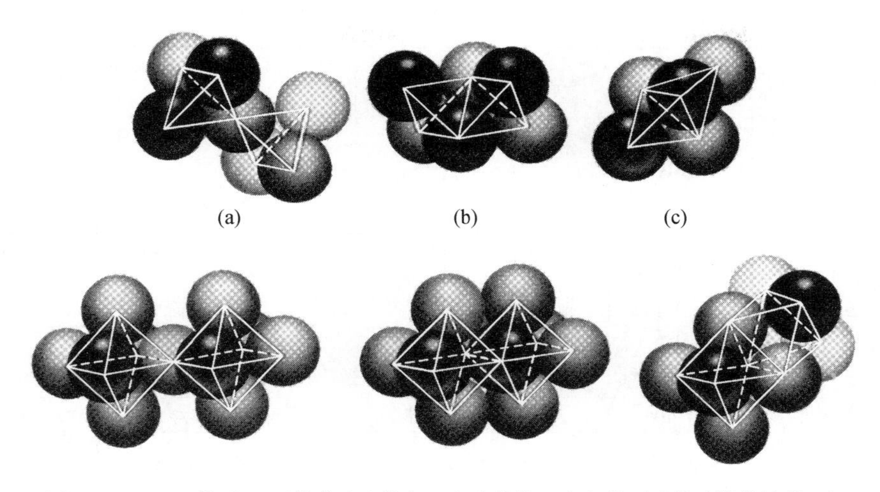

图 2.22 四面体及八面体的(a)共角，(b)共棱，(c)共面连接(推荐读物 3)

2.6 氧化物结构

大多数简单的金属氧化物结构可以在氧离子作近似密堆的基础上形成，而阳离子则配置于合适的间隙中。表 2.6 列出的很多结构说明了这一共性，在讨论通常的结构时要着重指出这一点。

表 2.6 简单离子型结构按照阴离子排列情况分类

阴离子的堆积	M 和 O 的配位数	阳离子位置	结构名称	举例
立方密堆	6:6 MO	全部八面体间隙	岩盐	NaCl，KCl，LiF，KBr，MgO，CaO，SrO，BaO，CdO，VO，MnO，FeO，CoO，NiO
立方密堆	4:4 MO	1/2 四面体间隙	闪锌矿	ZnS，BeO，SiC
立方密堆	4:8 M_2O	全部四面体间隙	反萤石	Li_2O，Na_2O，K_2O，Rb_2O，硫化物
畸变了的立方密堆	6:3 MO_2	1/2 八面体间隙	金红石	TiO_2，GeO_2，SnO_2，PbO_2，VO_2，NbO_2，TeO_2，MnO_2，RuO_2，OsO_2，IrO_2

续表

阴离子的堆积	M和O的配位数	阳离子位置	结构名称	举例
立方密堆	12:6:6 ABO_3	1/4 八面体间隙(B)	钙钛矿	$CaTiO_3$[1)]，$SrTiO_3$，$SrSnO_3$，$SrZrO_3$，$SrHfO_3$，$BaTiO_3$
立方密堆	4:6:4 AB_2O_4	1/8 四面体间隙(A) 1/2 八面体间隙(B)	尖晶石	$FeAl_2O_4$，$ZnAl_2O_4$，$MgAl_2O_4$
立方密堆	4:6:4 $B(AB)O_4$	1/8 四面体间隙(B) 1/2 八面体间隙(A，B)	尖晶石(倒反型)	$FeMgFeO_4$，$MgTiMgO_4$
六角密堆	4:4 MO	1/2 四面体间隙	纤锌矿	ZnS，ZnO，SiC
六角密堆	6:6 MO	全部八面体间隙	砷化镍	NiAs，FeS，FeSe，CoSe
六角密堆	6:4 M_2O_3	2/3 八面体间隙	刚玉	Al_2O_3，Fe_2O_3，Cr_2O_3，Ti_2O_3，V_2O_3，Ga_2O_3，Rh_2O_3
六角密堆	6:4:4 ABO_3	2/3 八面体间隙(A，B)	钛铁矿	$FeTiO_3$，$NiTiO_3$，$CoTiO_3$
六角密堆	6:4:4 A_2BO_4	1/2 八面体间隙(A) 1/8 四面体间隙(B)	橄榄石	Mg_2SiO_4，Fe_2SiO_4
简单立方	8:8 MO	全部立方体间隙	CsCl	CsCl，CsBr，CsI
简单立方	8:4 MO_2	1/2 立方体间隙	萤石	ThO_2，CeO_2，PrO_2，UO_2，ZrO_2，HfO_2，NpO_2，PuO_2，AmO_2
互连的四面体	4:2 MO_2	……	硅石型	SiO_2，GeO_2

1）原文为 $CoTiO_3$，恐系笔误。——译者注

岩盐结构 很多卤化物及氧化物晶体具有如图 2.11 所示的立方岩盐结构。在这种结构中，较大的阴离子呈立方密堆，而阳离子则填充了所有的八面体间隙。具有这种结构的氧化物有 MgO、CaO、SrO、BaO、CdO、MnO、FeO、CoO 和 NiO。阴阳离子的配位数都为 6。为了稳定，离子半径比要在 0.732 到 0.414 之间，并且阴阳离子的电价必须相等。所有的碱金属卤化物除了 CsCl、CsBr 和 CsI 外都具有这一结构，碱土金属硫化物也是如此。

纤锌矿结构 氧化铍晶体中，半径比是 0.25，这就要求每个铍离子的周围有 4 个氧离子以形成四面体配位；相应地，静电键强度为 1/2，每个氧必须有 4 个阳离子配位。这些要求可以这样来满足：尺寸较大的氧离子按六角密堆方式排

列，而其中的一半四面体间隙由铍离子填充，以获得最大的阳离子间距（图 2.23）。这样的结构在纤锌矿 ZnS 中也观察到了，因此通常称为纤锌矿结构。

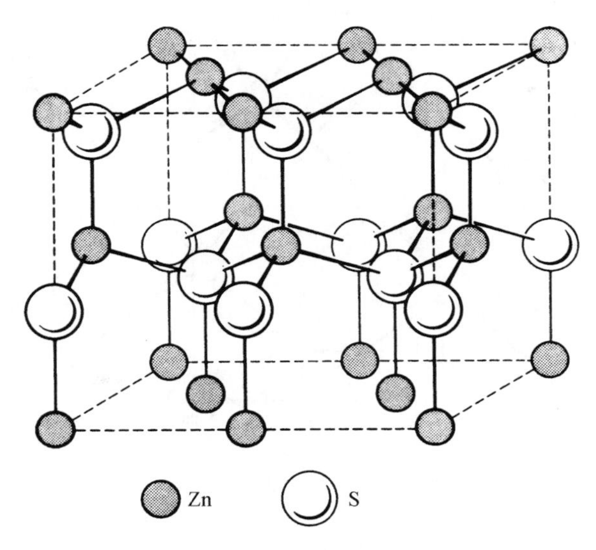

图 2.23　纤锌矿（ZnS）结构（BeO 及 H_2O 中的氧位置也如此）

闪锌矿结构　另外一种四面体配位的结构是闪锌矿结构，如图 2.24 所示。这一结构是在阴离子呈立方密堆的基础上形成的。在高温下观察到 BeO 也具有这种结构。

尖晶石结构　以 AB_2O_4 为通式的很多氧化物具有立方结构，如铝酸镁（尖晶石，$MgAl_2O_4$）。该结构可以看成是岩盐结构和闪锌矿结构的组合。氧离子作面心立方密堆。如图 2.15（f）所示，这个结构的一个子晶胞有 4 个原子、4 个八面体间隙和 8 个四面体间隙。这样，总共 12 个间隙中填充了 3 个阳离子，其中一个是二价的，两个是三价的。在每个原胞中都填充了两个八面体间隙和一个四面体间隙。8 个这样的原胞排在一起就形成了一个如图 2.25 所示的晶胞，共包含有 32 个氧离子、16 个八面体间隙阳离子及 8 个四面体间隙阳离子。

尖晶石有两种类型。在正尖晶石结构中，A^{2+} 离子在四面体位置上而 B^{3+} 离子在八面体位置上。（$ZnFe_2O_4$、$CdFe_2O_4$、$MgAl_2O_4$、$FeAl_2O_4$、$CoAl_2O_4$、$NiAl_2O_4$、$MnAl_2O_4$ 和 $ZnAl_2O_4$ 就是这样的结构）。在倒反尖晶石结构中，A^{2+} 离子和半数的 B^{3+} 离子在八面体位置上，而其余一半 B^{3+} 在四面体位置上，成为 B（AB）O_4。这是一种更为普遍的结构，在 $FeMgFeO_4$、$FeTiFeO_4$、Fe_3O_4、$ZnSnZnO_4$、$FeNiFeO_4$ 以及很多其他因为磁性能而显得重要的铁氧体中都可以观察到。

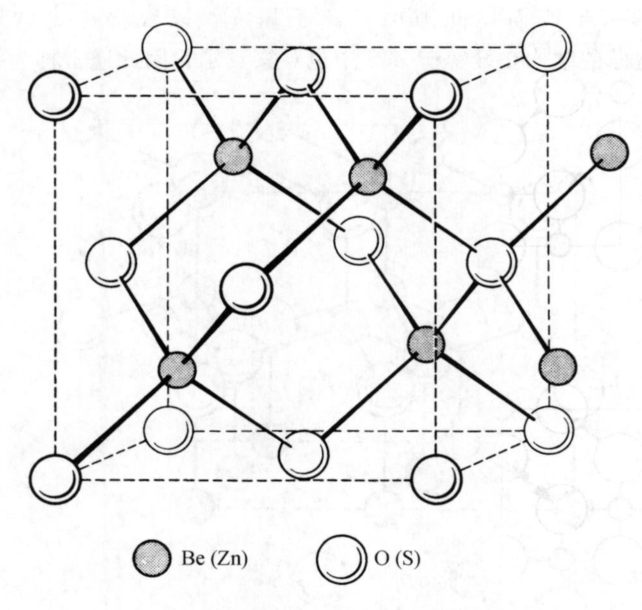

图 2.24　闪锌矿(ZnS)结构

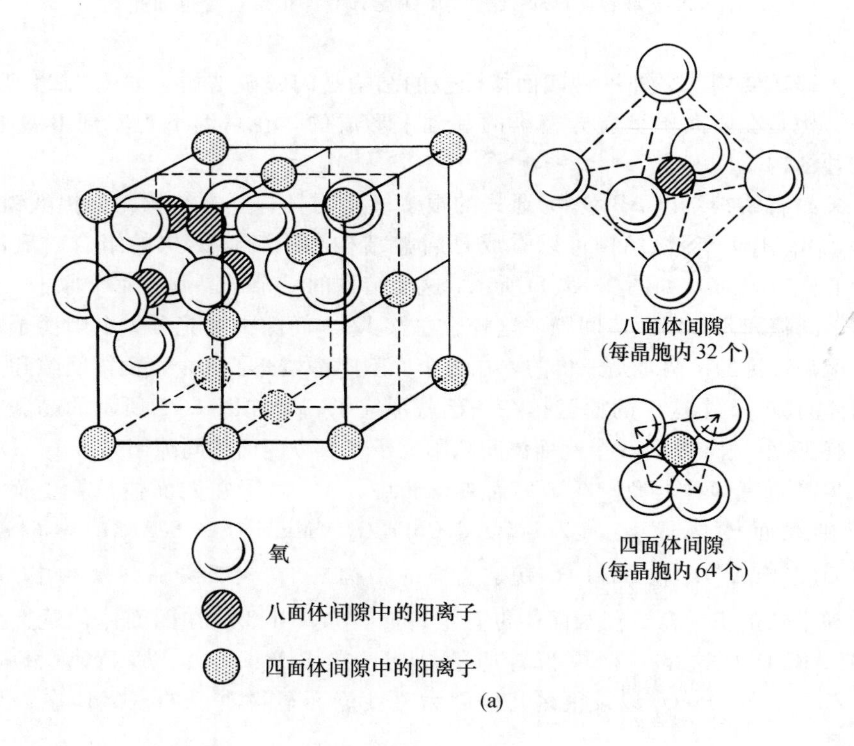

(a)

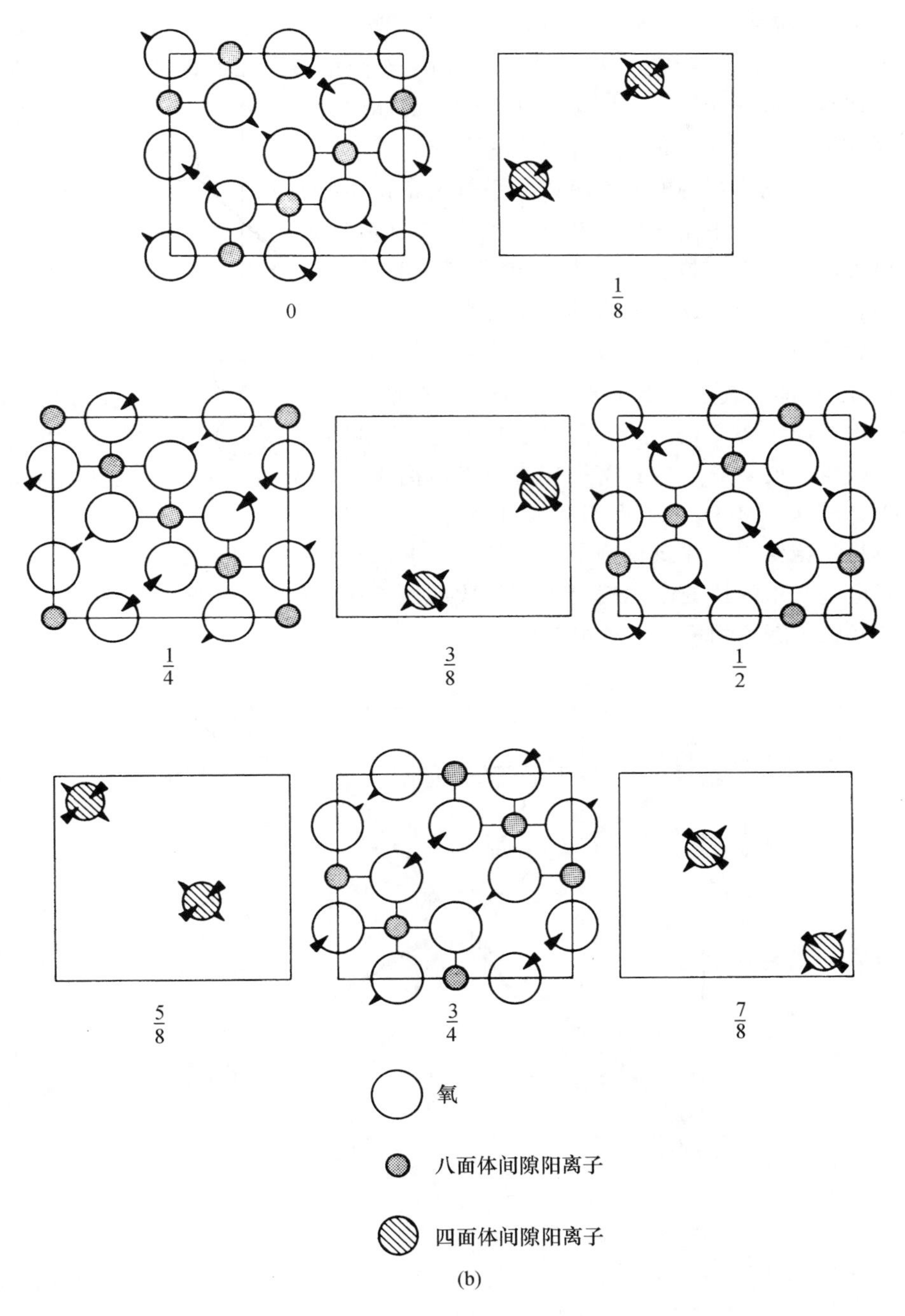

图 2.25 (a) 尖晶石结构；(b) 平行于(001)面的原子层。引自 A. R. von Hippel, *Dielectrics and Waves*, John Wiley & Sons, New York, 1954

刚玉结构　在 Al_2O_3 中，铝的择优配位数是 6；因为它是三价的，故键强度为 1/2，这就要求每个 O^{2-} 要与 4 个 Al^{3+} 直接相邻。这一要求可通过氧离子作近似六角密堆而铝离子则填充 2/3 的八面体位置来实现。随后，层与层的排列要使得 Al^{3+} 离子之间获得最大间距。

上述氧化物结构的共性可以从平行于密排面的截面中很好地看出，这个密排面在六角密堆中是基面，在立方密堆中是(111)面。在 MgO 和 Al_2O_3 中每个阳离子均在八面体位置，在 BeO 中阳离子是规则地分布在四面体位置上，在尖晶石中则是由上述两种密排层组合在一起。

金红石结构　在金红石(TiO_2)中，+4 价的 Ti 的配位数是 6，故键强度为 2/3，因此每个氧离子周围要求有 Ti^{4+} 的三重配位。这个结构和前面讨论的那些结构比起来要复杂一些。阳离子只填充了可利用的八面体位置数的一半。填充了阳离子的氧离子的紧密堆积将使得氧离子近似密堆晶格发生畸变。GeO_2、PbO_2、SnO_2、MnO_2 和几种其他氧化物晶体都是这种结构。

氯化铯结构　在氯化铯中，半径比要求八重配位。因为键强度是 1/8，因此氯也是八重配位的。这就要求在形成的结构中，Cl^- 离子排成简单立方，而所有间隙位置均由 Cs^+ 离子填充(图 2.26)。

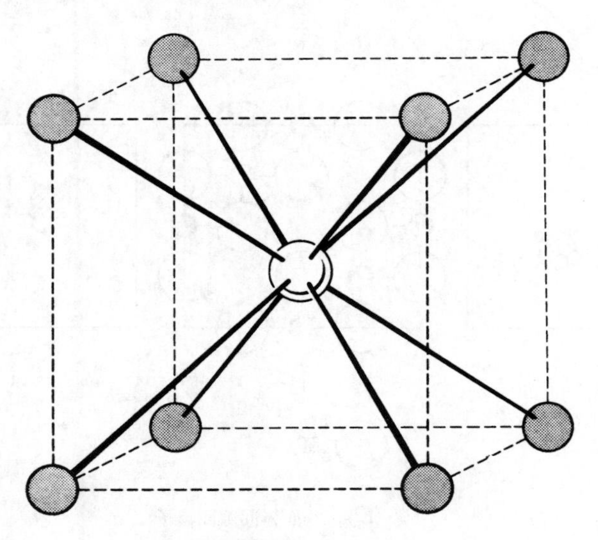

图 2.26　氯化铯结构

萤石结构　在 ThO_2 中，钍离子的尺寸较大，需要配位数为 8，形成的键强度为 1/2；每个氧有 4 个价键。这种结构中氧离子具有简单的立方排列，而 Th^{4+} 占据了具有八重配位的可利用位置的一半。这个结构与氯化铯结构相似，但阳离子的位置只有一半被填充。萤石(CaF_2)就是这样的结构，这个结构也就以它来命名。从图 2.27 可以看出，其晶胞是以阳离子的面心立方排列为基础的。这一结构的一个显著特点是在晶胞中心有一个很大的空位（即排成简单立方的氟离子中间那个未被填充的位置）。除了 ThO_2 以外，TeO_2 和 UO_2 也具有这种结构。ZrO_2 具有畸变的（单斜）萤石结构。大量空位的存在使 UO_2 成为极好的核燃料，在其中裂变产物不致引起很大困难，因为它们可以被晶格空位所容纳。

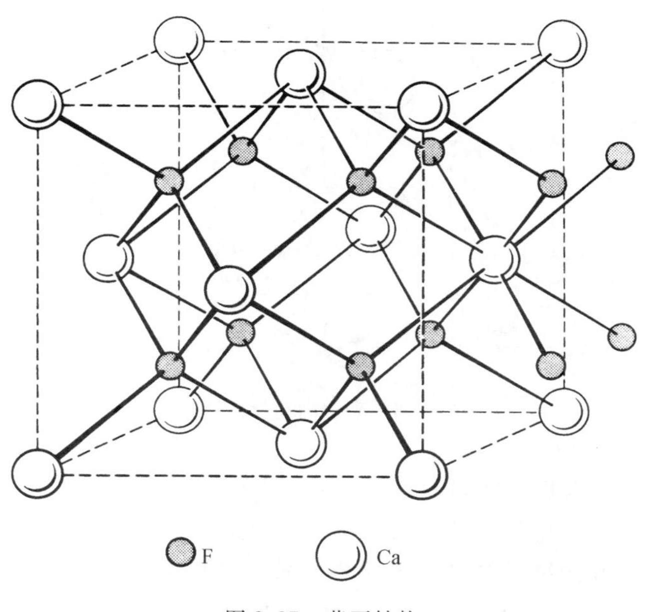

图 2.27　萤石结构

反萤石结构　在这种氧化物结构中，氧原子作立方密堆，而阳离子在四面体位置上，其正负离子位置恰好与萤石晶格中相反（图 2.27）。Li_2O、Na_2O 和 K_2O 具有这种结构。

钙钛矿结构　前面介绍的氧化物结构都是以阴离子密堆为基础的。当存在大的阳离子时，结构就会有所不同，这些阳离子可以与氧离子一起形成密堆结构。钙钛矿（$CaTiO_3$）就是这种情况，其中 Ca^{2+} 和 O^{2-} 离子联合形成立方密堆结构，而尺寸较小、电价较高的 Ti^{4+} 离子则处于八面体间隙中。这个结构如图 2.28 所示。在每一个 O^{2-} 周围有 4 个 Ca^{2+} 和 8 个 O^{2-}；而每个 Ca^{2+} 周围有 12 个 O^{2-}。在面心立方晶胞中心，尺寸小而电价高的 Ti^{4+} 离子与 6 个 O^{2-} 构成八面体配位。

我们可以应用鲍林规则计算出键强度和配位数。Ti—O 键的强度是 2/3，而每个 Ca—O 键是 1/6。每个氧有两个 Ti^{4+} 和 4 个 Ca^{2+} 配位，故总键强度是 $\frac{4}{3}+\frac{4}{6}=2$，这等于氧的电价数。

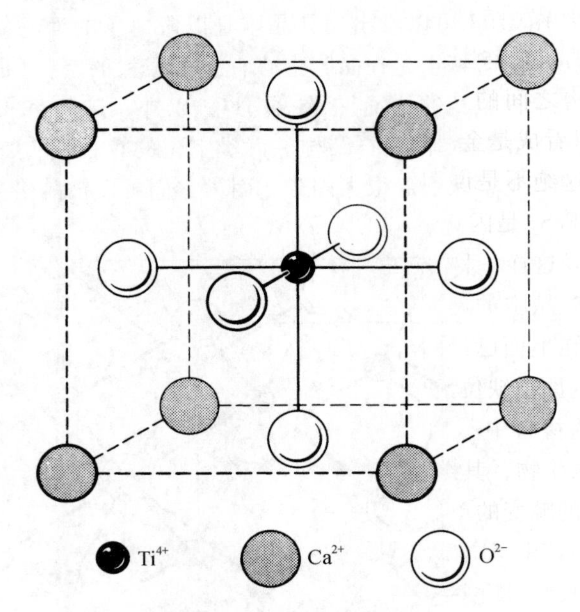

图 2.28 理想的钙钛矿结构

在 $CaTiO_3$、$BaTiO_3$、$SrTiO_3$、$SrSnO_3$、$CaZrO_3$、$SrZrO_3$、$KNbO_3$、$NaNbO_3$[①]、$LaAlO_3$、$YAlO_3$、$KMgF_3$ 及其他化合物中都观察到了钙钛矿结构。类似的结构(即大的阳离子和阴离子共同形成密堆而较小的阳离子在间隙位置上)还见于其他化合物如 K_2SiF_6($KSi_{1/2}F_3$)中。

钛铁矿结构 钛铁矿($FeTiO_3$)是 Al_2O_3 或 Fe_2O_3 结构的派生，其中一半阳离子位置被 Fe^{2+} 占据，而另一半被 Ti^{4+} 占据；一层内的阳离子全部是 Fe^{2+}，另一层内全部是 Ti^{4+}，这两种层交替排列。已发现 $MgTiO_3$、$NiTiO_3$、$CoTiO_3$ 和 $MnTiO_3$ 均为这种结构。$LiNbO_3$ 是另一种派生结构，其中每一阳离子层含有规则排列的 Li 和 Nb。

派生结构 在对晶体结构进行相互对比时，人们常常发现复杂的晶体结构和某些比较简单的原子排列惊人地相似。某些简单结构的对称性及规则程度常常受到干扰，从而导致比较复杂的原子排布。可能的机理包括：几种不同类原子的有序取代、一些有规则的原子缺位、在空位上加入原子(填隙)以及原子排布上的畸变。这些机理中的几个或全部可以同时出现在一个结构中。Buerger[②]将这种结构称为派生结构。超结构就是派生结构的一种特殊类型，在

① 原文为“$KNBO_3$，$NaNBO_3$”，疑有误。——译者注

② *J. Chem. Phys.*，**15**，1(1947)。

超结构中扰动使派生结构的晶胞大于原结构的晶胞。

派生结构的机理与固溶体的机理十分相像，但必须指出的是派生的概念仅仅涉及两种结构之间的几何关系，而丝毫不涉及派生的起源。例如，闪锌矿(ZnS)结构可以看成是金刚石结构的派生，其中 Zn 和 S 代替了金刚石结构中的 C 原子；但这绝不是说闪锌矿晶体是由等量的 Zn 和 S 溶解在金刚石中形成的。黄铜矿 $CuFeS_2$ 是闪锌矿派生结构的一个例子，它形成一种超结构：有序的 Cu 和 Fe 层以这样一种方式置换 Zn，使得最后的结构为四方晶系而其点阵常数 c 是闪锌矿晶胞的两倍。另一些置换型派生结构的例子是钛铁矿 $FeTiO_3$ 和 $LiNbO_3$，这在上面已经讨论过了，它们是以 Al_2O_3 结构为基础的。

含有规则的原子缺位的派生结构和超结构常常出现在具有很高空位浓度的非化学计量比的材料中。在 Cr－S 系统中，Cr_2S_3、Cr_3S_4、Cr_5S_6、Cr_7S_8 相均为砷化镍结构的派生物，其组成反映了不同数量的空位及其序列。化学计量的 CrS 是由 NiAs 派生的畸变的单斜结构。一些硅酸盐是高温型二氧化硅网络结构的填隙型派生结构，其中 Al^{3+} 部分取代了 Si^{4+}，而其他原子填充在空隙中以维持电荷的平衡。填隙原子使网络稳定化。在纯的二氧化硅中，这种网络在低温时将转变为一种开放性较小的骨架。三斜霞石($NaAlSiO_4$)、六方钾霞石($KAlSiO_4$①)和高温锂霞石($LiAlSiO_4$)分别是高温型方石英、鳞石英及石英结构的填隙派生物。二氧化硅填隙型派生物常常是硅酸盐玻璃反玻璃化时形成的结晶相。

氧化物结构的共同特征　毫无疑问，上面所讨论过的氧化物结构的最显著特点是：结构与氧的密堆有密切关系，而且取决于氧的密堆。在这个基础上进行观察，结构之间的相似性就很醒目，否则这种相似性是很难识别的。因此，学生们必须很好地掌握这些密堆系统，特别应该透彻熟悉立方密堆结构及其中八面体间隙和四面体间隙的分布。

2.7　硅酸盐结构

种类繁多、化学组成复杂的硅酸盐中，原子的排列就其基本结构来说是很简明且有条理的。同时，很多硅酸盐结构的细节却是很复杂的，没有立体的模型就难以说明。本书并不打算给出它们的精细结构的资料(可阅读推荐读物 9)。

Si—O 的半径比是 0.29，对应于四面体配位，以硅为中心在其周围排布 4 个氧离子，这几乎是不变的。键强度为 1，故在硅石中氧离子只能与两个硅原子配位。这样低的配位数使 SiO_2 中不可能形成密堆结构，因此一般硅酸盐的结构比前面讨论过的结构更为开放。在化合物中，SiO_4 四面体可以有多种方式

① 原文为“$KAlSiO_5$”，疑有误。——译者注

作共角连接(图 2.22)，其中的几种如图 2.29 所示。有 4 种较为普遍的类型。在正硅酸盐中，SiO_4^{4-} 四面体相互之间是独立的；在焦硅酸盐中，$Si_2O_7^{6-}$ 离子由共用一个角的两个四面体组成；在偏硅酸盐中，SiO_3^{2-}—$(SiO_3)_n^{2n-}$ 两个角被共用而形成各种环状或链状结构；在层状结构中，$(Si_2O_5)_n^{2n-}$ 层由共用 3 个角的四面体组成；在硅石的各种晶型中，SiO_2 的 4 个角都是共用的。

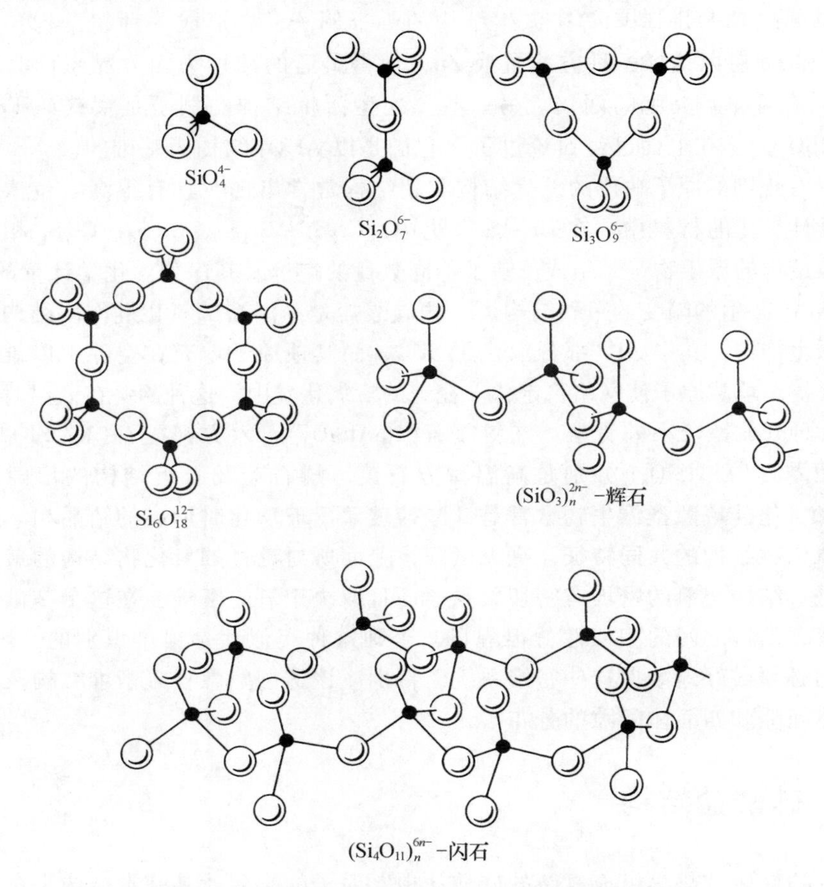

图 2.29　某些硅酸盐离子和链状结构。平面型结构在下一节中讨论

硅石　结晶态硅石(SiO_2)有几种不同的晶型，它们和所有角都被共用的四面体群的不同组合方式相对应。有 3 种基本结构——石英、鳞石英和方石英，每一个都有两种或 3 种变体。最稳定的晶型是：573 ℃以下为低温石英，573～867 ℃之间为高温石英，867～1470 ℃之间为高温鳞石英，1470～1710 ℃为高温方石英，1710 ℃以上成为液体。低温型的变体是基本的高温型经畸变后产生的衍生结构(在这里衍生结构的意思是指这个结构可以从对称性

较高的基本结构经畸变而产生，而不是指不同类型化学物质的置换）。我们的讨论将限于基本的高温型结构。

如图 2.30 所示，可以把高温石英结构看成是由相互连接的硅氧四面体组成。与上一节所讨论过的密堆结构相比，这是一种比较开放的结构。例如，石英的密度是 2.65 g/cm^3，而 MgO 为 3.59 g/cm^3，Al_2O_3 为 3.96 g/cm^3。然而，石英的密度及密排程度高于高温鳞石英(ρ = 2.26 g/cm^3)和图 2.31 所示的高温方石英(ρ = 2.32 g/cm^3)。

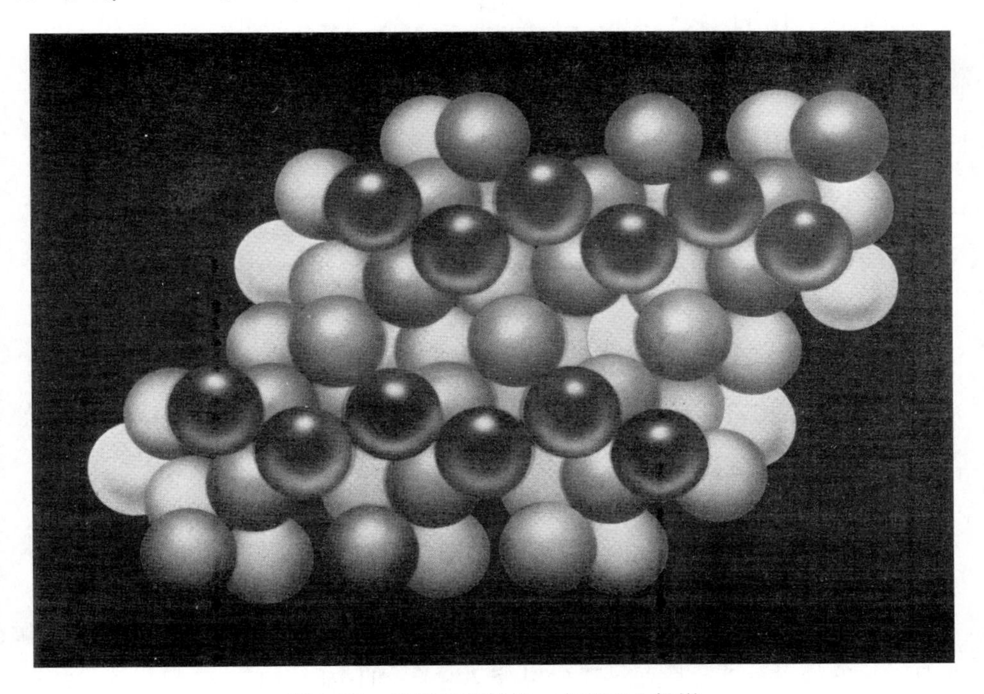

图 2.30　高温石英结构，在基面上投影

正硅酸盐　这类硅酸盐包括橄榄石矿物(镁橄榄右 Mg_2SiO_4 及其与 Fe_2SiO_4 的固溶体)、石榴石、锆英石和铝硅酸盐(蓝晶石、硅线石、红柱石和莫来石)。镁橄榄石(Mg_2SiO_4)的结构和金绿宝石(Al_2BeO_4)的结构是相似的，其氧离子呈近乎六角密堆结构，而 Mg^{2+} 则处于八面体间隙，硅处于四面体间隙(从配位的角度看，也可以把这个结构看成是 SiO_4^{4-} 形成四面体排列，Mg^{2+} 离子在八面体间隙中)。每个氧离子与一个 Si^{4+} 和 3 个 Mg^{2+} 配位或与两个 Si^{4+} 配位。

蓝晶石(Al_2SiO_5)的结构由近似立方密堆的氧离子以及在四面体间隙中的 Si^{4+} 和在八面体间隙中的 Al^{3+} 组成。然而，蓝晶石的同质多象体红柱石和硅线石

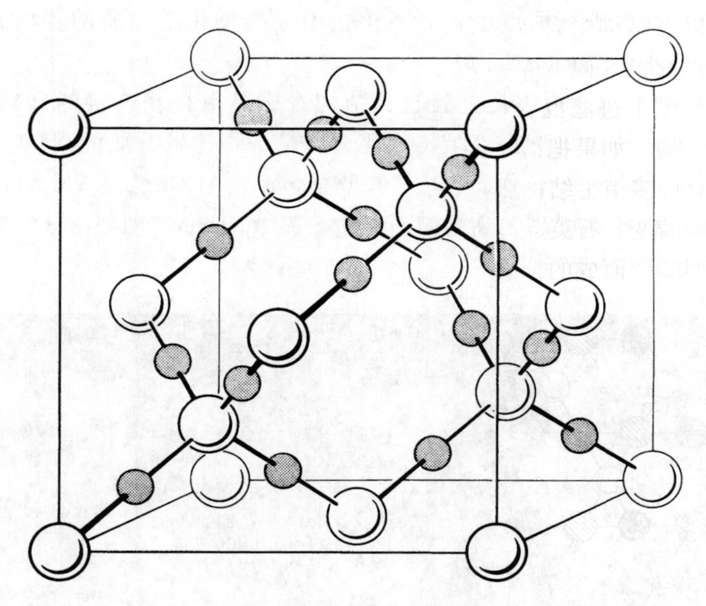

图 2.31　高温方石英结构

有更为开放的结构，具有 SiO_4 四面体及 AlO_6 八面体配位。莫来石 $Al_6Si_2O_{13}$ 是烧土制品的共同组分，其结构和硅线石类似(可比较 $Al_{16}Si_8O_{40}$ 和 $Al_{18}Si_6O_{39}$)。

焦硅酸盐　含有 $Si_2O_7^{6-}$ 离子的晶态硅酸盐极为少见。

偏硅酸盐　含有 $(SiO_3)_n^{2n-}$ 离子的硅酸盐有两种类型：硅氧四面体的环状或链状排列。观察到的几种分立的环状离子是 $Si_3O_9^{6-}$(如在硅灰石 $CaSiO_3$ 中)和 $Si_6O_{18}^{12-}$(在绿柱石 $Be_3Al_2Si_6O_{18}$ 中)。有一大类矿物具有链状结构。具有单链结构 $(SiO_3)_n^{2n-}$ 的是辉石类，具有双链结构 $(Si_4O_{11})_n^{6n-}$ 的是闪石类。硅酸盐链状结构的构成如图 2.29 所示。辉石类包括顽辉石 $MgSiO_3$、透辉石 $MgCa(SiO_3)_2$、锂辉石 $LiAl(SiO_3)_2$ 和翡翠。闪石类包括透闪石 $(OH)_2Ca_2Mg_5(Si_4O_{11})_2$，其中存在大量的同型置换。石棉矿物就属于闪石类。

骨架结构　许多重要的硅酸盐结构是以无限的三维硅氧骨架为基础形成的，其中包括长石及沸石。长石的特点是由 Al^{3+} 取代硅氧骨架中的某些 Si^{4+} 从而形成铝硅酸盐骨架，由于取代而导致的负电荷由在间隙位置上的大尺寸正离子予以平衡。例如钠长石 $NaAlSi_3O_8$、钙斜长石 $CaAl_2Si_2O_8$、正长石 $KAlSi_3O_8$、钡长石 $BaAl_2Si_2O_8$ 等。这一网络结构本质上与图 2.31 中的方石英结构相似，但在间隙位置中填充有碱金属或碱土金属离子。只有大的正离子可以形成长石，较小的正离子则因为具有八面体配位而形成链状或层状硅酸盐。

在沸石和群青中的铝氧－硅氧骨架更为开放。由于这些化合物中骨架足够开放，所以在结构中有较大的通道。这些矿物所含碱金属和碱土金属离子可在水溶液中被交换，因此它们可用做水的软化剂。此外，这些通道可以用做分子筛在分子尺度上过滤混合物。网络中通道的尺寸取决于成分。

衍生结构　如果把衍生结构定义为从比较简单的基本结构中派生出来的结构，那么有许多衍生结构是与硅石结构密切相关的。产生这种结构的一种方式是使基本结构畸变。石英、鳞石英及方石英就是这种情形，它们都具有由对称性较高的高温型畸变而成的低温型。这种畸变是由离子位移引起的，如图 2.32 所示。

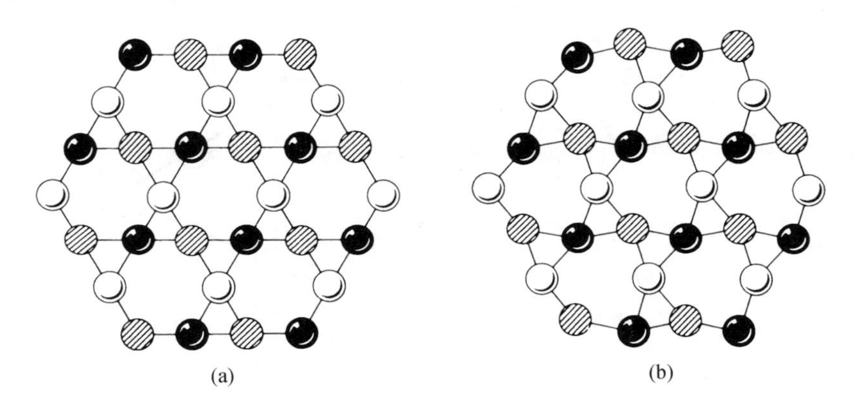

图 2.32　石英的高温型(a)与低温型(b)之间的关系示意图

形成衍生结构的另一种方式是置换不同类的化学物质。当这种置换伴随有电价变化时，就需要有附加离子的参与，这样就形成很多种类的填隙型硅酸盐结构①，在这些结构中 Al^{3+} 取代 Si^{4+}，而其他原子填充到间隙中去，以维持电荷平衡。在石英结构中这种间隙相对来说比较小，所以只适合于 Li^{+} 或 Be^{2+} 离子。锂霞石 $LiAlSiO_4$ 是石英的填隙衍生结构。

鳞石英及方石英中存在较大的间隙，有很多结构就是在这个基础上派生出来的。鳞石英的填隙衍生物最为普遍，包括霞石 $KNa_3Al_4Si_4O_{16}$、几种 $KAlSiO_4$ 的晶型和其他许多结构。方石英的填隙衍生物包括三斜霞石 $NaAlSiO_4$。

2.8　黏土矿物

黏土矿物由细颗粒、通常呈小片状的含水铝硅酸盐组成。黏土矿物的本质和性能在很大程度上由它们的结构决定，许多黏土结构已经得到了详细的描述（推荐读物 6）。

---

①　M. J. Buerger, *Am. Miner.*, **39**, 600(1954)。

由 SiO_4 四面体组成的$(Si_2O_5)_n$层和由铝氧八面体组成的 $AlO(OH)_2$ 层相互以顶角连接起来就构成了普通黏土矿物的晶体结构的基础，这些层状结构如图 2.33 所示。如果氧离子从 Si_2O_5 面凸出来而进入并衔接 $AlO(OH)_2$ 面，那么这样两层就能组合成为 $Al_2(Si_2O_5)(OH)_4$。这就是最普通的黏土矿物高岭石，其结构如图 2.34 所示。另一种基本的黏土矿物结构是蒙脱石，其代表是叶蜡石 $Al_2(Si_2O_5)_2(OH)_2$，这种结构中 AlO(OH)层在中间，上下分别为 Si_2O_5 层。

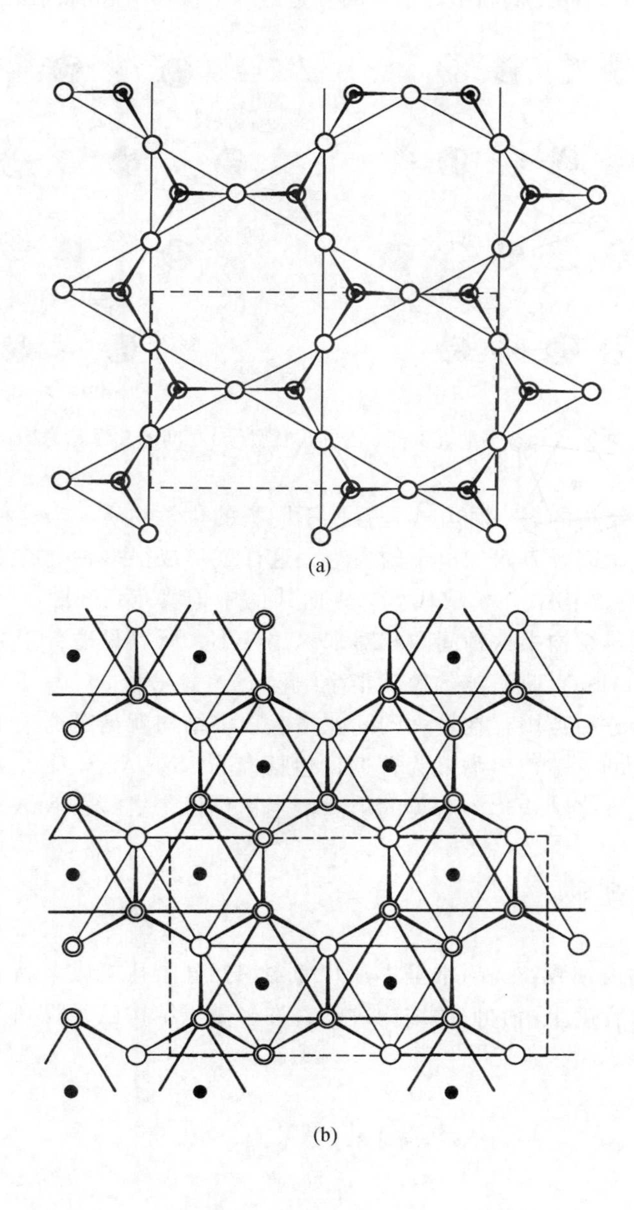

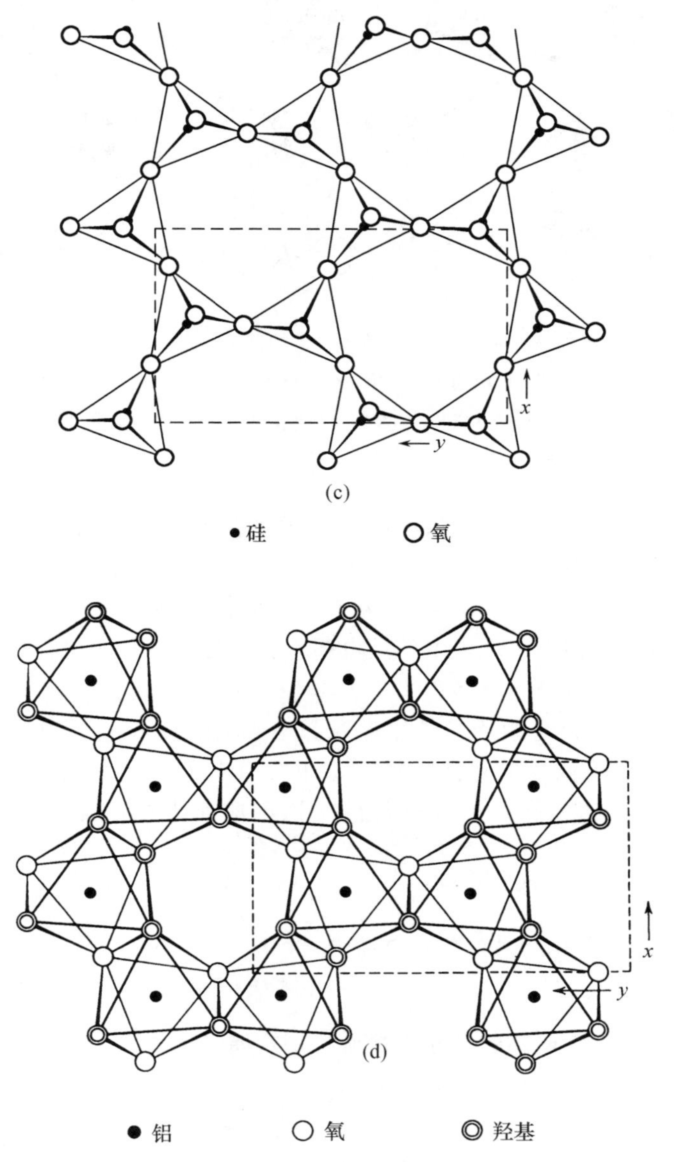

图 2.33　Si_2O_5 和 $AlO(OH)_2$ 层的原子排列。(a)和(b)是理想情况；(c)和(d)是在高岭土和迪开石中发现的畸变了的排列［R. E. Newnham and G. W. Brindley, *Acta Cryst.*, **9**, 759 (1956); **10**, 89 (1957)］。引自 G. W. Brindley, in *Ceramic Fabrication Processes*, W. D. Kingery, Ed., Technology Press, Cambridge, Mass., and John Wiley & Sons, New York, 1958

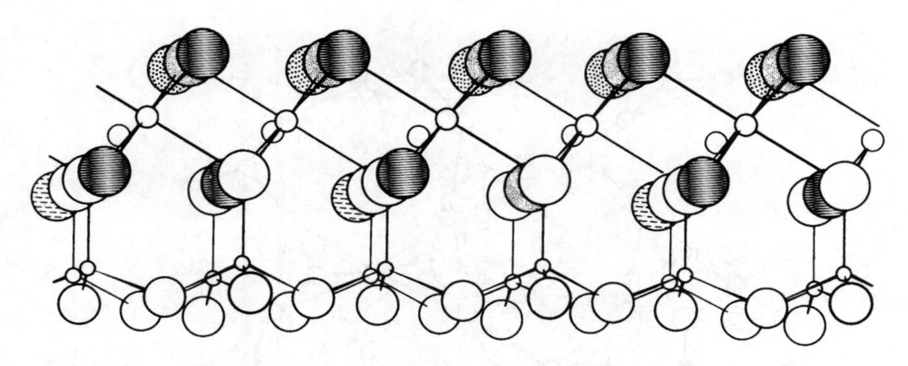

图 2.34　高岭石的透视图，下半部是 Si—O 的四面体层，上半部是 Al—O，OH 八面体层。引自 G. W. Brinkley，in *Ceramic Fabrication Processes*，W. D. Kingery，Ed.，Technology Press，Cambridge，Mass.，and John Wiley & Sons，New York，1958

不同的黏土矿物是由不同层的组合及含有不同的阳离子而形成的。阳离子的同形置换普遍存在。Al^{3+}（有时是 Fe^{3+}）可以置换四面体网络中的某些 Si^{4+} 离子，而 Al^{3+}、Mg^{2+}、Fe^{2+} 和其他离子在八面体网络中也可以相互置换。这些同形置换导致结构中出现多余的负电荷。在云母中这种负电荷由钾离子来平衡，这些钾离子位于 Si_2O_5 层内大的开口空腔中。在黏土矿物中，偶然性的置换而引起的负电荷是由松弛地镶嵌在黏土颗粒表面或夹层中的正离子来平衡的。这些离子或多或少易被交换，这也是其具有交换能力的原因。例如，一种吸收了 Ca^{2+} 的天然黏土可以与硅酸钠反应而生成不能溶解的硅酸钙和钠黏土：

$$\text{黏土} - Ca^{2+} + Na_2SiO_3 = \text{黏土}\begin{matrix} \diagup Na^{+} \\ \\ \diagdown Na^{+} \end{matrix} + CaSiO_3 \qquad (2.11)$$

这些反应对决定黏土矿物的悬浮液性质特别重要。

黏土矿物的几种层状结构如图 2.35 所示。

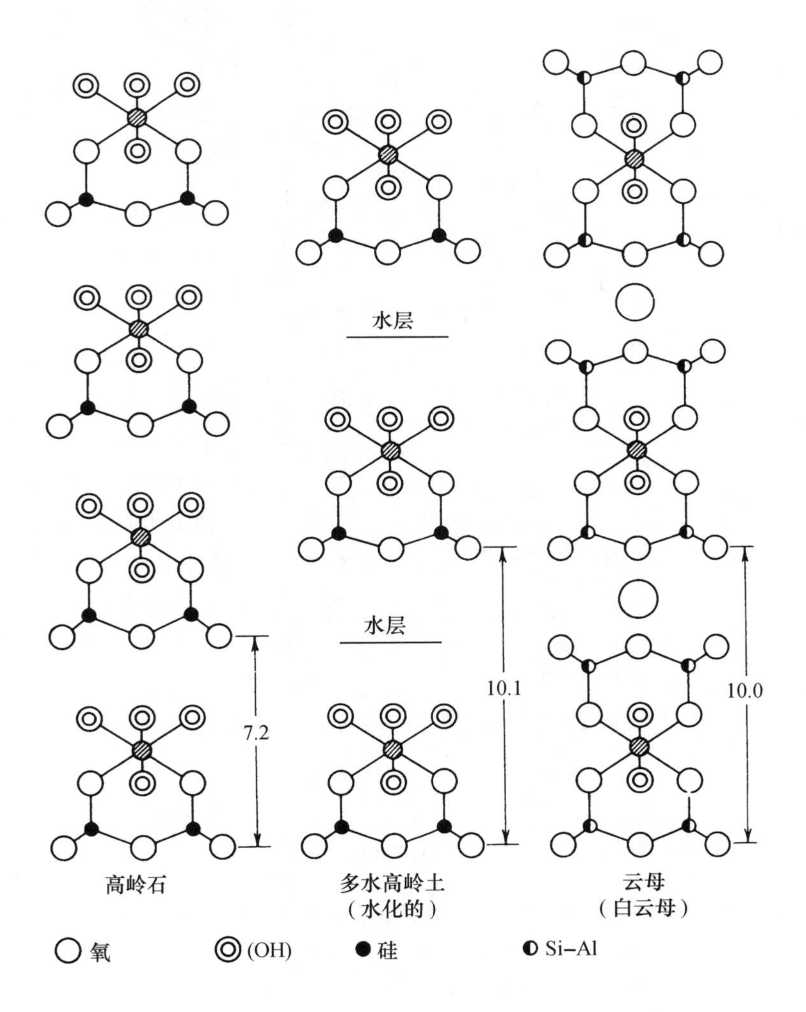

水层
水层
7.2
10.1
10.0
高岭石
多水高岭土
（水化的）
云母
（白云母）
氧
(OH)
硅
Si–Al

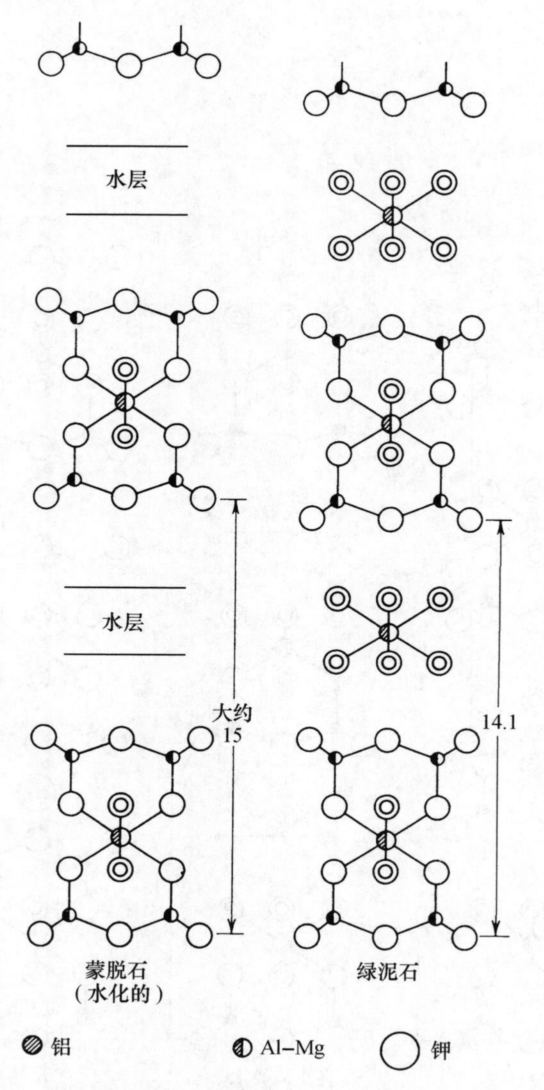

图 2.35　黏土和类似材料的层结构。引自 G. W. Brindley, in *Ceramic Fabrication Processes*, W. D. Kingery, Ed., Technology Press, Cambridge, Mass., and John Wiley & Sons, New York, 1958

2.9　其他结构

陶瓷中其他大多数重要的晶体结构是和上述氧化物结构或各种硅酸盐的结构密切相关的。我们感兴趣的有如下几种。

三水铝矿　三水铝矿[$Al(OH)_3$]结构是一种每个 Al^{3+} 周围有 6 个 OH^- 的层状结构。水镁石[$Mg(OH)_2$]的结构与此类似，区别在于后者中所有的八面体间隙都是填满的。

石墨　石墨(图 2.36)具有层状结构，其中基面上的碳原子由强的定向共价键结合在一起形成六角排列。相形之下，层与层之间的键是微弱的范德瓦耳斯力，故这个结构有很强的方向性。例如在层平面方向线膨胀系数是 $1\times10^{-6}/℃$，而在垂直方向则达到 $27\times10^{-6}/℃$。氮化硼(BN)具有类似的结构。

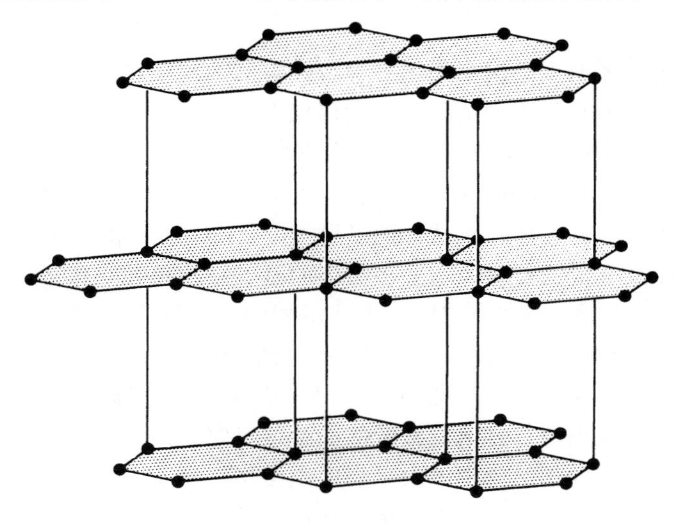

图 2.36　石墨结构

碳化物　碳化物的结构主要是由碳原子的小尺寸决定的。尺寸小的碳原子很容易插入间隙位置，结果大多数过渡金属的碳化物具有密堆的金属原子，而碳原子在其间隙位置上。在这些结构中，金属与碳的键合是介乎共价键和金属键的中间型。碳和电负性相似的原子所形成的碳化物如 SiC 则纯粹是共价的。SiC 的一种较普通的晶型与纤锌矿有相似的结构(图 2.23①)。

氮化物　氮化物结构与碳化物相似，但金属—氮键与金属—碳键相比，前者金属键的性质较少。

2.10　同质多象

同质多象是指同一种化学物质具有不同的晶型。同质多象这个词用以描述同一物质几个相之间的一般关系，而不考虑所研究的相的数目。关于同质多象

① 原文为“图 2.24”，疑有误。——译者注

的结晶学方面的问题，Buerger 曾进行过较为详细的研究（推荐读物 5）。很多材料的晶型不止一种。如氧化锆（ZrO_2）在室温下的稳定晶型是单斜的，在 1000 ℃左右向四方晶型转变。这种转变伴随有很大的体积变化，使得纯二氧化锆制得的陶瓷体碎裂。虽然六角晶系的 α－氧化铝在所有温度下都是热力学稳定的 Al_2O_3 晶型，但是在某些情况下也能形成立方晶型的 γ－氧化铝。其他许多重要的陶瓷材料都有不同的同质异构体（C、BN、SiO_2、TiO_2、As_2O_3、ZnS、FeS_2、$CaTiO_3$、Al_2SiO_5 等）。二氧化硅是具有特别多的同质异构体的陶瓷材料。

多型现象 多型现象用来表示一种特殊类型的同质多象现象，在这一现象中同一种化合物的几种不同结构的区别仅仅在于二维层的堆垛次序不一样。例如纤锌矿和闪锌矿（ZnS）是多型体，因为它们的区别仅在于四面体层排列次序不同。ZnS 中还发现了其他多型体。这种现象在层状结构中是普遍存在的（如 MoS_2、CdI_2、石墨及层状硅酸盐如黏土矿物）。SiC 这一相当重要的陶瓷材料被誉为多型体最丰富的材料。这些多型体的基本结构单元是像 ZnS 中那样的四面体层。在 SiC 晶体中至少发现了 74 种不同的堆垛序列，其中有些结构的点阵常数（即堆垛序列重复时所跨的距离）可达到 1500 Å。

热力学关系 在一定温度范围内一组同质异构体中哪一种晶型是稳定的，这由它们的自由能决定。自由能最低的晶型最稳定，而其他的晶型趋向于转变成这种晶型。每一种相的自由能由下列关系给出：

$$G = E + PV - TS \tag{2.12}$$

式中：E 是内能（主要由结构能决定）；P 是压力；V 是体积；T 是绝对温度；S 是一定晶型的熵。PV 乘积很小而且在温度变化及晶型转变时变化不大，在讨论中可以忽略不计。在绝对零度时自由能由内能决定，然而随着温度的升高，TS 项就变得越来越重要了。在温度足够高时，具有较大熵值的一些晶型尽管内能较高，但自由能可能较低。图 2.37 示出了各种同质异构体晶型之间的热力学关系以及它们的稳定区域。

$E_2 - E_1$ 和 $E_3 - E_2$ 代表晶型转变时的定容比热，从低温型向高温型转变时这个值通常是正的。此外，可以证明高温型的熵值一定比低温型的熵值大。高温型结构的内能和熵值同时增加必然导致更为开放的结构。

晶型转变的结构特征 按晶体中发生变化的类型，同质异构转变可以分成两大类。也可以按转变速度将其分成两大类。如果最邻近的配位数没有变化或化学键没有破坏，只是由于结构畸变引起次近邻配位的变化，那么这种转变称为高低温型转变。这种转变只要原子从其原先的位置上稍加位移即可实现。这种转变是迅速的而且是在确定温度下进行的。反之，其他一些转变则牵涉到次近邻配位的重大改变，需破坏化学键而重建新的结构。化学键的断裂及重新形

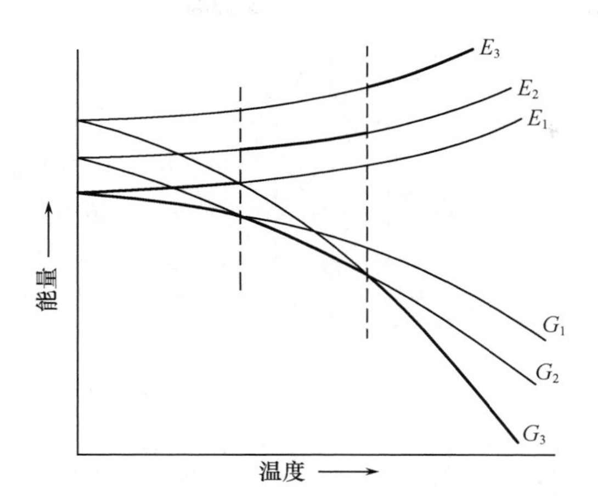

图 2.37　各种晶型的内能 E 和自由能 G 的关系。$E_3 > E_2 > E_1$ 和 $S_3 > S_2 > S_1$

成需要较大能量，因而这种转变进行缓慢。常常可以使高温型冷却到室温成为亚稳态，而完全不伴随有晶型转变的发生。

位移型转变　这种晶型转变从结构上来说是变动最不剧烈的，这是一种原子的一次配位无需发生变化的转变。能量的变化由二次配位的变化引起。如果原先的结构是一种具有高对称性的结构，如图 2.38(a)所示，那么将它转变成如图 2.38(b)或(c)的形式时只要使结构发生畸变而不需破坏化学键或改变其基本结构。这种畸变结构是原始材料的衍生结构。这类转变称为位移型转变，其特点是转变发生得很快。有时也称之为高低温型转变。

如果我们研究图 2.38 所示的结构间的能量关系，称 2.38(a)为开放型，那么经位移型转变得到图 2.38(b)所示的畸变型后，系统的结构能显然有所降低，这是因为二次配位圈的距离缩短了。因此，畸变型是结构内能较低的低温型。

在硅酸盐中与位移型转变有关的同质多象晶型有一系列特点。其中包括：① 高温型通常是开放型；② 高温型有较大的比体积；③ 高温型有较大的热容量及较高的熵值；④ 高温型有较高的对称性——实际上低温型是高温型的衍生结构；⑤ 由于低温型有正反两种畸变结构，故向低温型转变时常常导致孪生。

在金属中得到广泛研究的一种特殊的位移型转变称为马氏体相变。这种转变不伴随有扩散，只要通过母相结构的剪切即可得到新相，因此转变在任何温度下几乎都是瞬时发生的。钢中的奥氏体(立方晶系) - 马氏体(四方晶系)转变、陶瓷中的立方 $BaTiO_3$ - 四方(铁电)$BaTiO_3$ 转变和 ZrO_2 中的四方 - 单斜转变都属于这种情况。图 2.39 示出了氧化锆的这种转变。图 2.39(a)表示在孪生的基体内有两块孪生的马氏体条状物。这种转变不需要热激活的扩散，在单

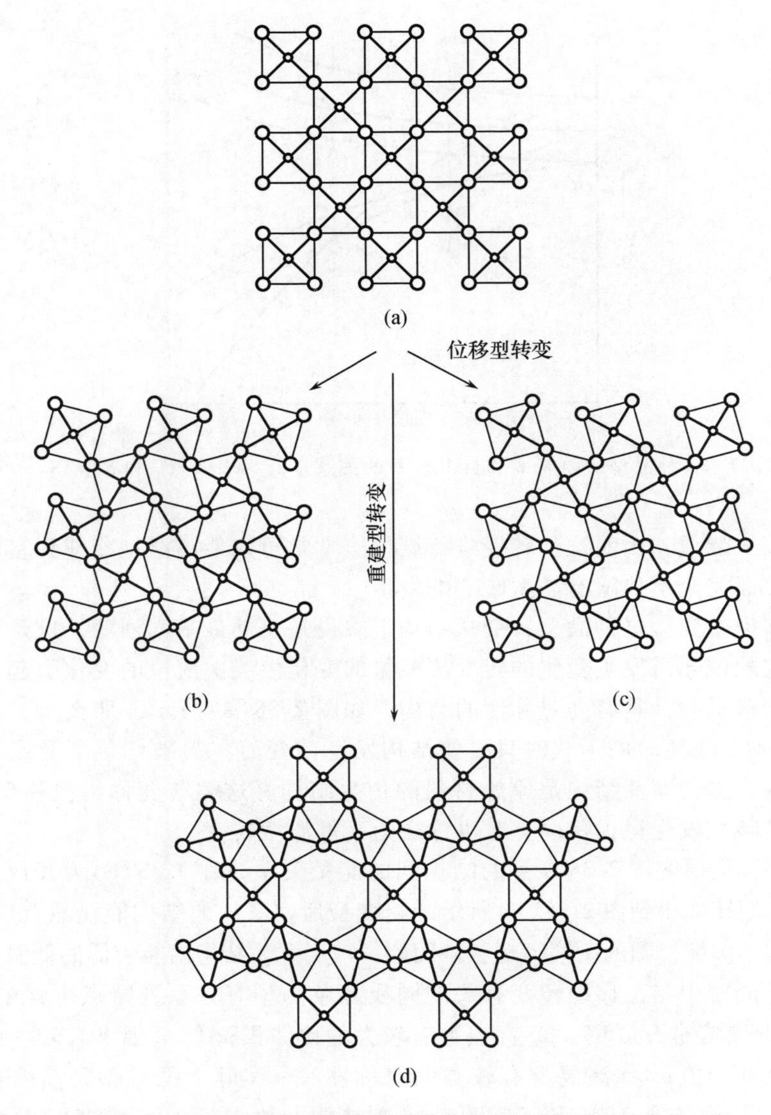

图 2.38　开放型结构(a)经位移型转变成为畸变型(b)和(c)，以及经重建型转变成为与原结构根本不同的类型(d)(推荐读物 5)

斜相和四方相的交界面的剪切设想是由一系列位错来调节的。转变温度有很大的滞后，这是由于两种相的比体积有很大差别的缘故。图 2.39(b)表示从侧面观察时看到的另一种类型的马氏体板状物，在这个图像中无论是基体还是板状物均无孪生现象。

重建型转变　另一种改变二次配位的途径是使结构关系完全变样，如图

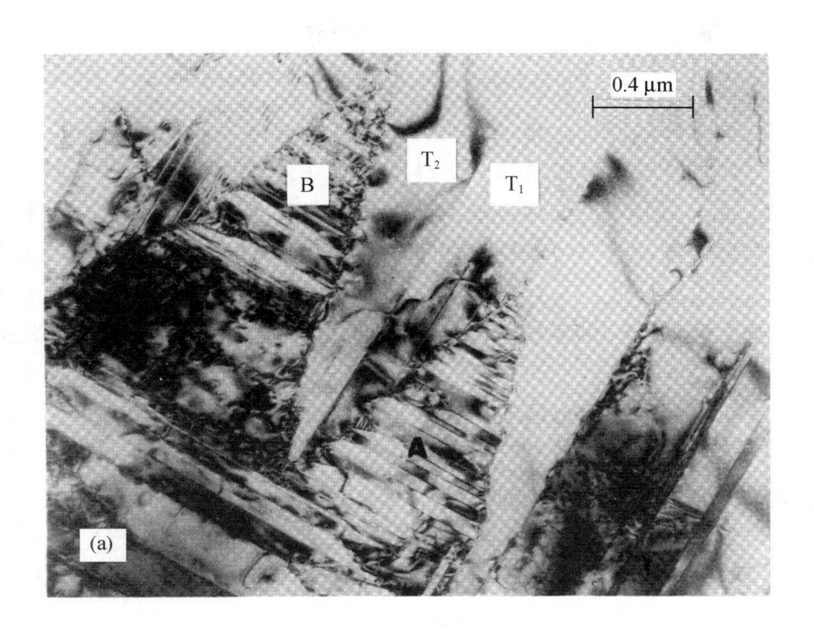

图 2.39　ZrO_2 中的马氏体相变。(a) A 和 B 是单斜相的板状物，在板中有精细的孪生结构，两条板状物之间也是孪生体(T_1 和 T_2)；(b) 从侧面看四方相基体内的单斜相板状物(没有孪生现象)。引自 Bansal and Heuer, *Acta Met.*, **20**, 1281(1972)

2.38 所示的由(a)到(d)的变化。这种结构变化不能简单地通过原子位移来达到，而必须破坏原子间的键合。破坏结构所需要的能量在新的结构形成时又释放出来。反之，对于位移型转变来说没有激活能的势垒。相应地，这一结构类型转变通常比较迟缓，高温型常常可以冷却到转变温度以下仍不回到热力学的稳定状态。这种类型的转变称为重建型转变。

重建型转变可以通过几种途径来实现。一种方式是在固态中新相成核及生长。此外，如果有相当大的蒸气压，那么不稳定晶型就能蒸发并凝聚成比较稳定的低蒸气压的晶型。类似地，许多转变由于存在液相而加速，因为不稳定的晶型有较大溶解度，可以溶解到液相中，然后作为更稳定的晶型析出(这种方法可用来制造耐火硅砖，在其中加入少量石灰作为煅烧温度下的助熔剂溶解石英，而后析出鳞石英。希望得到的是鳞石英，因为在高低温型转变时其体积变化远小于石英高低温型转变时的体积变化)。通过外加机械能也可使重建型转变加速。从结构变化情况可以很清楚地看出重建型转变要求有高的活化能，因此除非借助熔剂的存在、机械功或其他克服激活能势垒的方法，否则这种结构变化通常不可能发生。

二氧化硅 二氧化硅的晶型转变(表 2.7)在硅酸盐工艺中得到了特别的重视。室温下的稳定晶型是低温型石英，它在 573 ℃通过位移型转变而成为高温型石英。在 867 ℃石英缓慢地变成稳定的鳞石英。实际上有证据显示：在没有其他杂质存在的情况下石英几乎不可能转变成鳞石英。直到 1470 ℃以下鳞石英仍然是稳定的，在 1470 ℃时鳞石英转变成方石英，这是又一次重建型转变。从高温冷却下来时，方石英及鳞石英都有位移型转变。高温型方石英在 200 ~ 270 ℃时通过畸变转变成低温型方石英。高温型鳞石英在 160 ℃时转变成中间型鳞石英，后者在 105 ℃时再转变成低温型鳞石英。二氧化硅的晶型转变共有 7 种不同的同质异构晶型，其中 3 种结构是基本的。这些基本结构间的转变是缓慢的重建型转变，这种转变即使发生也只是缓慢的，为了在适当的时间内实

表 2.7 二氧化硅的晶型转变

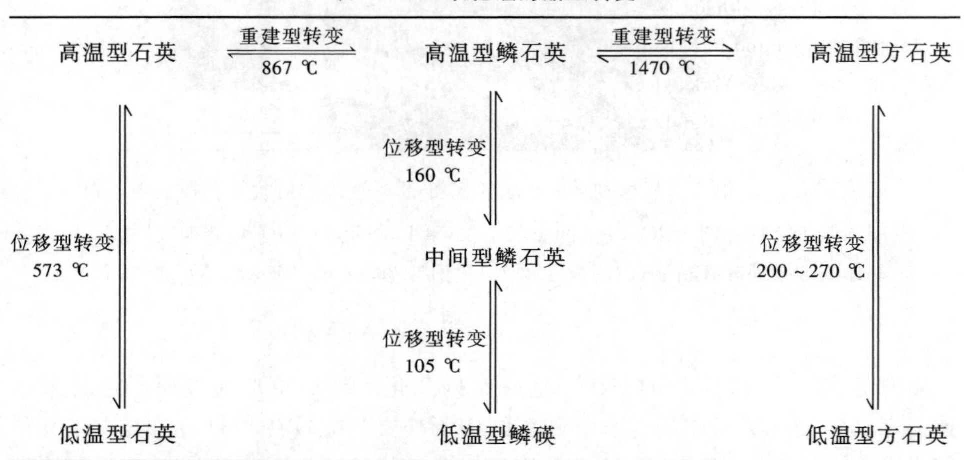

现这种转变，就要加入外加剂作为溶剂。相反，每种基本结构的高低温型转变均为位移型转变，这种转变进行得很快而且无法阻止。这对于高低温石英的转变特别重要，因为这种转变伴随有巨大的体积变化。当陶瓷体中存在有大量石英时则可能导致陶瓷体中的石英晶粒破裂，结果使陶瓷体强度降低。

推 荐 读 物

1. C. Kittel, *Introduction to Solid State Physics*, 4th ed., John Wiley & Sons, Inc., New York, 1971.
2. R. Sproull, *Modern Physics: A Textbook for Engineers*, John Wiley & Sons, Inc., New York, 1956.
3. L. Pauling, *Nature of the Chemical Bond*, 3d ed., Cornell University Press, Ithaca, N. Y., 1960.
4. A. F. Wells, *Structural Inorganic Chemistry*, 3d ed., Clarendon Press, Oxford, 1962.
5. M. J. Buerger, "Crystallographic Aspects of Phase Transformations", *Phase Transformations in Solids*, R. Smoluchowski, J. E. Mayer, and W. A. Weyl, Eds., John Wiley & Sons, Inc., New York, 1951, p. 183.
6. G. W. Brindley, Ed., *X – Ray Identification and Crystal Structures of the Clay Minerals*, Mineralogical Society, Londn, 1951.
7. R. C. Evans, *An Introduction to Crystal Chemistry*, 2nd ed., Cambridge University Press, London, 1964.
8. R. W. G. Wyckoff, *Crystal Structures*, Vols. 1 – 4, Interscience Publications, New York, 1948 – 1953.
9. L. Bragg, G. F. Claringbull, and W. H. Taylor, *Crystal Structure of Minerals*, Cornell University Press, Ithaca, N. Y., 1965.
10. Ajit R. Verma and P. Krishna, "Polymorphism and Polytypism in Crystals", John Wiley & Sons, Inc., New York, 1966.
11. W. B. Pearson, "Handbook of Lattice Spacings and Structures of Metals and Alloys", Pergamon Press, Oxford, 1958; Vol. Ⅱ, 1967.
12. *Structure Reports*, Published for the International Union of Crystallography, Oosthoek Publishing Company, Utrecht. Each volume contains critical summation of all crystal structures determined in a given year (presently complete through Vol. 29, 1967).

习 题

2.1 配位数为6时，K^+的半径为1.38 Å，而氧的离子半径为1.40 Å。最近一些测量表明在钾硅酸盐玻璃中K—O半径之和可能为2.4 Å。你能提出一个可以解释这个情况的推测吗？说明你的推测怎样与离子晶体结构的鲍林规则一致或不一致。

2.2 石墨、云母和高岭石具有相似的结构。说明它们结构上的区别及由此引起的性质上的差异。

2.3 氧化锂的结构是阴离子呈立方密堆，而 Li^{+} 离子占据所有四面体空位。

(a) 计算其点阵常数；

(b) 计算 Li_2O 的密度；

(c) 阴离子阵列的空隙所能容纳的最大阳离子半径为多大?

(d) 计算含有 0.01 mol% SrO 的 Li_2O 固溶体的密度。

2.4 画出 MgO(110) 及(111)晶面上的原子排布图，示出其密排方向，指出四面体及八面体间隙所在的位置。

2.5 (a) 在氧离子立方密堆中，画出适合于阳离子位置的间隙类型及位置。八面体间隙位置数与氧离子数之比是多少？四面体间隙位置数与氧离子数之比是多少?

(b) 用键强度及鲍林规则解释对于以下各种情况，获得稳定的结构分别需要何种价离子，并针对每一种情况分别举出一个例子。

① 所有八面体间隙位置均填满；

② 所有四面体间隙位置均填满；

③ 填满一半八面体间隙位置；

④ 填满一半四面体间隙位置。

2.6 简明地说明下列名词的含义：类质同晶现象；同质多象现象；多型现象；反结构(如反萤石结构)；倒反结构(如反尖晶石结构)。

2.7 Si 和 Al 的原子量非常接近(分别为 28.09 和 26.98)，但 SiO_2 及 Al_2O_3 的密度相差很大(分别为 2.65 及 3.96)。应用晶体结构及鲍林规则说明这一差别。

2.8 钛酸钡($BaTiO_3$)是一种重要的铁电陶瓷，其晶型是钙钛矿结构，试问：

(a) 属于什么点阵?

(b) 这个结构中离子的配位数是多少?

(c) 这个结构遵守鲍林规则吗？请作充分讨论。

2.9 试画出叶蜡石、滑石及蒙脱石结构的草图，指出它们之间的区别，并说明这些区别如何与阳离子交换能力的差异有关。

2.10 (a) 计算三重配位时阳离子与阴离子半径比的下限。

(b) 对于 B^{3+} ($r_c=0.20$ Å)和 O^{2-} ($r_a=1.40$ Å)，试预言其配位数。

(c) 通常实验中观察到的是三角配位，试作出解释。

2.11 石棉矿物如透闪石[$(OH)_2Ca_2Mg_5(Si_4O_{11})_2$]具有纤维状结晶习性，而滑石[$(OH)_2Mg_2(Si_2O_5)_2$]具有片状习性，试用 O/Si 比及硅氧四面体间的连接来解释这种区别。

2.12 对下列现象给以解释：

(a) 许多陶瓷具有层状硅酸盐结构，其中有一层八面体配位的 Al 和一层四面体配位的 Si。在这些结构中 Al 经常取代 Si，但 Si 从来不会取代 Al(Si^{4+}、Al^{3+}

和 O^{2-} 的离子半径分别为 0.41 Å、0.50 Å 和 1.40 Å)。

(b) 许多氧化物是以阴离子的立方密堆为基础的，而较少以六角密堆为基础，尽管两者排列的密度相等。

(c) 硅酸盐结构由 SiO_4^{4-} 四面体共顶连接成链状、环状、层状等结构。在磷酸盐(PO_4^{3-})及硫酸盐(SO_4^{2-})中也有相似的四面体，但常常是孤岛状结构。不过 $AlPO_4$ 却具有与石英(SiO_2)类似的结构。

(d) 碱土金属氧化物 MgO、SrO、BaO 均为岩盐结构。这些化合物的硬度及熔点是按上述的次序降低的。

(e) MgO(岩盐结构)和 Li_2O(反萤石结构)均以氧的立方密堆为基础，而且阳离子都在这种排列的间隙中。但 MgO 中主要的点缺陷是肖特基(Schottky)型，而在 Li_2O 中是弗仑克尔(Frenkel)型。

2.13 与 Fe_2SiO_4 和 Mg_2SiO_4 之间的关系一样，石榴石 $Mg_3Al_2(SiO_4)_3$ 和 $Fe_3Al_2(SiO_4)_3$ 是类质同晶体，它们与 $Ca_3Al_2(SiO_4)_3$ 不是同晶型的。而 Mg_2SiO_4 或 Fe_2SiO_4 均与 Ca_2SiO_4 为不同晶型。试用离子尺寸和配位数加以解释。根据你的说法，请分别预言一种本题中未提到的与 Mg_2SiO_4、Ca_2SiO_4、$Mg_3Al_2(SiO_4)_3$ 和 $Ca_3Al_2(SiO_4)_3$ 同晶型的矿物。

2.14 要求某工程师鉴定从一种玻璃熔体中结晶出来的某些片状晶体。X 射线衍射图案指出它是单相的(只有一种晶体结构)，但化学分析结果表明它具有复杂的化学式 KF · AlF_3 · BaO · MgO · Al_2O_3 · 5$MgSiO_3$[①]。假设他请你做顾问，你能告诉他这是与白云母(钾云母)、滑石或叶蜡石相关的晶体吗？指出这个晶体是在滑石或叶蜡石中进行了何种置换而形成的。

① 原文为“KF · AlF · BaO · MgO · Al_2O_3 · 5$MgSiO_3$”，疑有误。——译者注

第三章 玻璃结构

虽然大多数天然及人造的固体在本质上都是晶态的，但是如第二章中所述，非晶态材料对传统陶瓷或新发展起来的陶瓷来说也十分重要。非晶态材料的一个重要门类是液态硅酸盐，其性质在陶瓷学家配制玻璃、釉及搪瓷时是很重要的知识。固体玻璃(其中在技术上最重要的一族是硅酸盐玻璃)的结构通常比形成它的液体的结构更为复杂，虽然粗略的结构特征似乎相当清楚了，但近来的研究却发现了一些至今尚未完全弄明白的复杂情况。新近发展起来的一类材料是气相沉积的非晶态固体薄膜，关于这类材料的结构细节了解得更少。在所有这些类别的陶瓷材料中，任何一个原子最近邻的短程有序亦即一级配位仍然保存着，而理想晶体所具有的长程有序特点就消失了，其消失的情况在不同系统中不一样，而且难于给出精确的描述。

我们的注意力将集中于玻璃，它是无机非晶态固体中最重要的一族。玻璃的结构可以在 3 种尺度上进行讨论：① 在 2 ~ 10 Å 的尺度或原子排布的范围；② 在 30 Å 到几千埃的尺度或亚微结构范围；③ 在微米到毫米或其以上的尺度，即在显微组织或宏观结构的范围。在本章我们将讨论玻璃的原子结构和亚微结构，关于其显微组织的特点将放到第十一章中去研究。

3.1 玻璃的形成

玻璃通常由熔体固化而形成。玻璃的结构可以明显地和液体区别开来，因为玻璃结构实际上与温度无关。这可以从晶体、液体和玻璃的比体积随温度的变化曲线上得到最好的说明(图 3.1)。在液体冷却时如果发生了结晶，则在熔点处会有不连续的体积变化。然而不发生结晶时，液体的体积将以同样的速率(像在熔点以上那样)继续变小，直到达到被称为玻璃转变区的温度范围，膨胀系数开始降低。在这个温度范围以下，玻璃结构在所采用的冷却速率下不再弛豫。玻璃态的膨胀系数通常与晶态固体的膨胀系数大致相同。若冷却速度较慢，以致用于结构弛豫的时间增加，则过冷液体可以持续到一个比较低的温度，从而得到密度较高的玻璃。同样，把玻璃态材料在退火温度范围加热也可以发生缓慢的弛豫，同时玻璃结构的密度就趋近于这个温度下的过冷液体的密度。

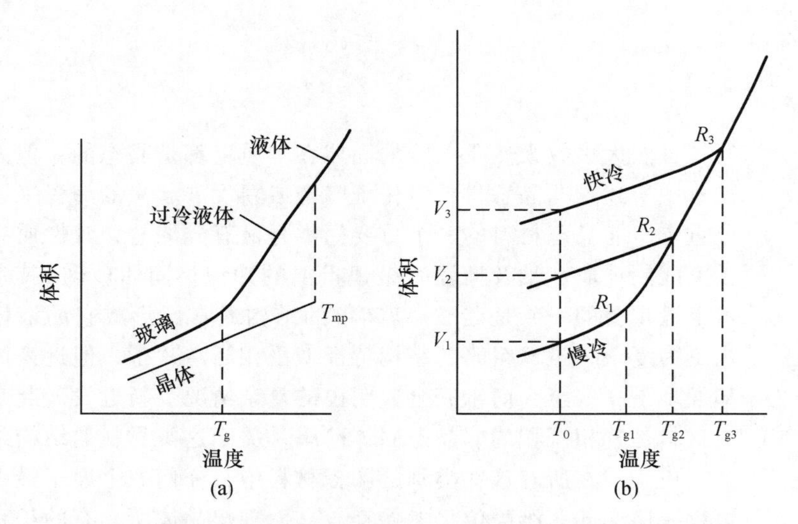

图 3.1　比体积和温度关系示意图。(a) 液体、玻璃和晶体的关系；(b) 在不同冷却速率下形成的玻璃，$R_1 < R_2 < R_3$

在讨论玻璃性质时，一个有用的概念是玻璃转变温度 T_g，这个温度相当于玻璃态曲线和过冷液体曲线相交处的温度(图 3.1)。不同的冷却速率对应于不同的弛豫时间，从而产生不同的玻璃态结构，这些结构对应于过冷液体曲线上的不同点。在转变范围，结构重排所需的时间与实验观察到的量值相似。在这个温度范围内，玻璃的结构随时间的变化必然是很慢地趋于平衡；而在稍微高一点的温度下，达到任何温度的平衡结构则是很快的。在温度足够低时，玻璃的结构可以在长时间内保持稳定。

在讨论玻璃态的结构特征时，常常考虑的是特定玻璃材料的结构。然而必须注意，任何玻璃结构的确定只有在图 3.1 所示的体积 - 温度关系曲线范围内才是有意义的。当液体从高温冷却下来而不发生结晶，到达一定温区时体积 - 温度曲线就出现转折。在这个区域内材料的黏度增大到一个足够高的值(典型值为 $10^{12} \sim 10^{13}$ P①，以致试样呈现固体状的性质。如图 3.1(b)所示，玻璃转变温度随着冷却速率的增大而升高，所形成的玻璃的比体积也是这样变化的。如图所示，在温度 T_0 时玻璃的比体积可以是 V_1、V_2 或 V_3，这取决于形成玻璃时所用的 3 种不同冷却速率。冷却速率变化时可获得的比体积的最大差额的典型值是百分之几。假使不对其形成的模式作特殊说明，那么说到玻璃结构时就仅指这一范围内的结构。

除了从液态冷却以外，非晶态固体也可以通过别的途径来形成，而它们的结构可能会与从液态冷却所形成的玻璃有着显著的不同。在这些方法中，对那些难于形成非晶态固体的材料，应用最广且最有效的方法是把蒸气冷凝到冷的基板上。当由电子束蒸发、溅射或热蒸发形成的蒸气流碰到冷的基板时，原子中的热能很快被吸收，因此它们都来不及迁动以达到最低能量的构形(即晶态)。

另一种形成玻璃的方法是通过电沉积。Ta_2O_5、Ge 和某些 Ni - P 合金就是用这种方法制备的实例。非晶态固体也可以通过化学反应来形成。例如硅胶可以用乙基硅酸盐制造，其反应为

$$Si(O\ Eth)_4 \xrightarrow[\text{触媒}]{H_2O} Si(OH)_4 \xrightarrow{-H_2O} SiO_2 \tag{3.1}$$

这个反应中从硅酸凝固所得到的产物 SiO_2 是非晶态的。硅酸钠和酸的反应也可以生成类似的硅胶，这种反应在有氢键结构的含水介质中特别有效。例如下列反应

$$Al_2O_3 + 6H_3PO_4 \rightleftharpoons 2Al(H_2PO_4)_3 + 3H_2O \tag{3.2}$$

形成非晶态胶，其中氢键是主要的，它与硅酸一样是良好的无机胶凝材料。

在原子结构尺度上，玻璃结构的特点是像液体那样(多数玻璃正是从液体得到的)不存在原子的周期排列或长程有序。然而，缺乏这种周期性并不意味着不存在大小为几个埃的短程有序。作为某一给定玻璃或液体的特点的短程有序，可以用原子中心坐标系统来描述，通常用径向分布函数表示。

---

① $1\ P = 1\ dyn \cdot s/cm^2 = 10^{-1}\ Pa \cdot s$，下同。——译者注

在液体或玻璃中，从任选的一个原子中心作一半径为 R 的球壳，在球壳上的原子密度定义为径向分布函数 $\rho(R)$。图 3.2 是用 X 射线衍射分析测定的 Se 玻璃的径向分布函数。可以看出，在原子间距为几个埃的范围内观察到了径向密度的起伏，而在距离较大时，所观察到的原子密度则接近于平均值 ρ_0。距离较大时径向密度函数达到原子平均密度的事实，反映了在这一范围内不存在有序结构，因此可以精确描述所观察到的短程有序的尺度，亦即从径向密度函数的显著起伏中看出来的尺度，其大小为几个埃。

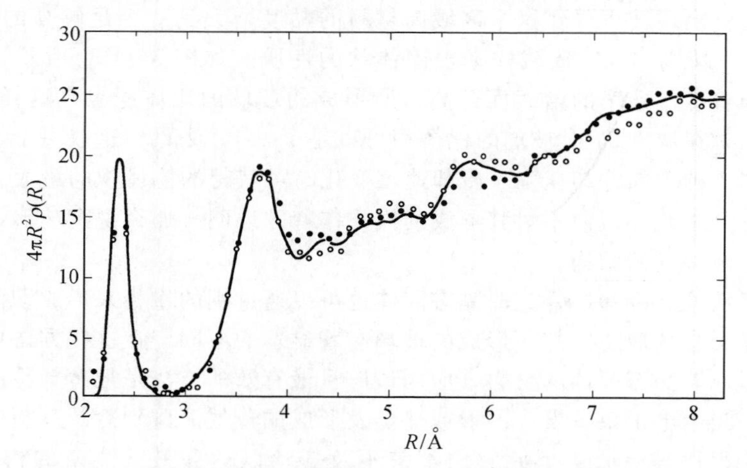

图 3.2　玻璃态硒的径向分布函数。引自 R. Kaplow，T. A. Rowe，and B. L. Averbach，*Phys. Rev.*，**168**，1068(1968)

3.2　玻璃结构模型

曾经提出过很多模型用于描述玻璃的结构。

晶子模型　玻璃的 X 射线衍射图通常呈现宽阔的衍射峰，其中心位于与该玻璃材料相应的晶体的衍射图案中那些峰值所在的区域中。图 3.3 示出 SiO_2 的情况。诸如此类的实验结果导致如下的提法：玻璃由一些被称为晶子的很小的晶体的集合体所组成，而玻璃衍射线变宽是由粒子尺寸的展宽效应所引起的。在粒子或晶粒尺寸小于约 0.1 μm 时，X 射线衍射峰要发生可测的展宽是毫无疑问的；衍射线的展宽随着粒子尺寸的减小而线性增加。这个模型曾经应用到单组分和多组分玻璃中(在后一种情况下，把玻璃的结构看成是由该系统中相应的化合物成分的晶子所组成)。但是现在这个模型已经不再保持其原来的形式了，其理由将在下一节讨论。

无规网络模型　按照这个模型，玻璃被看成是缺乏对称性及周期性的三维

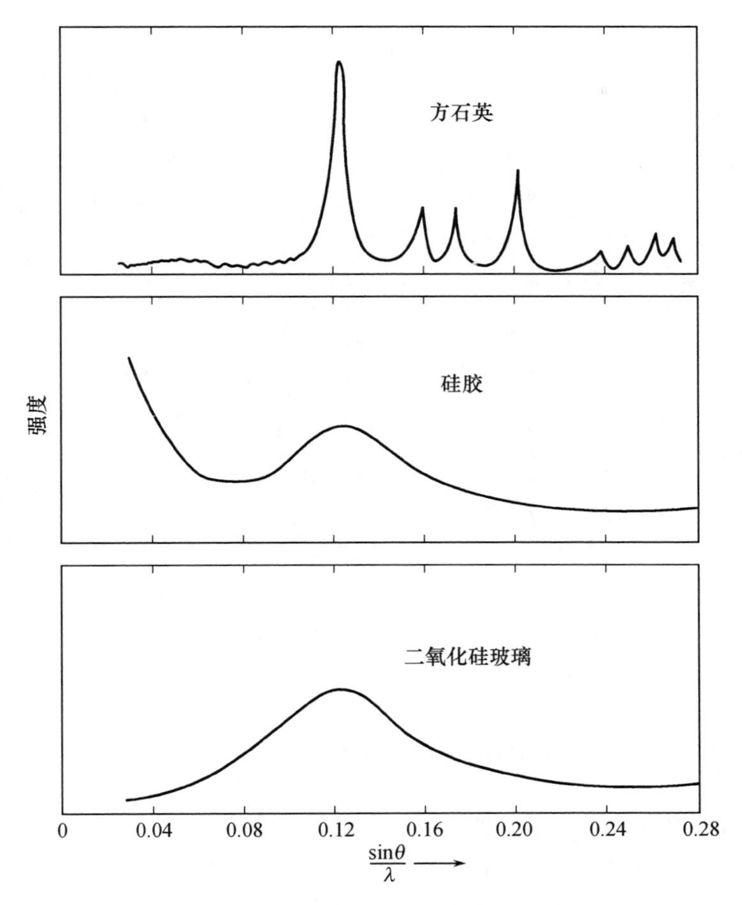

图 3.3　方石英、硅胶及二氧化硅玻璃的 X 射线衍射图。引自 B. E. Warren and J. Biscal，*J. Am. Ceram. Soc.*，**21**，49(1938)

网络或阵列，其中的结构单元不作规律性重复出现。在氧化物玻璃中，这些网络由氧的多面体组成。

W. H. Zachariasen① 假定玻璃和其相应的晶体具有相似内能，考虑了形成如图 3.4 所示的无规网络的条件，提出了形成氧化物玻璃的 4 条规则：

（1）每个氧离子应与不超过两个阳离子相连；

（2）在中心阳离子周围的氧离子配位数必须是小的，即为 4 或更小；

（3）氧多面体相互共角而不共棱或共面；

① *J. Am. Chem. Soc.*，**54**，3841(1932)。

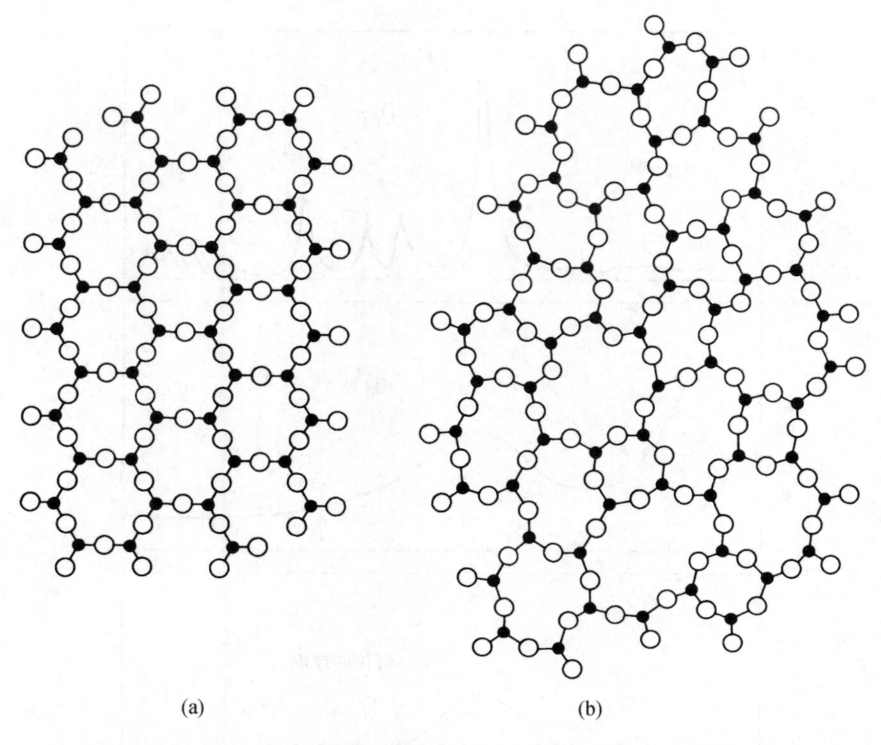

图 3.4　同一种成分的有序结晶态构型(a)和无规网络玻璃态构型(b)

(4) 每个多面体至少有 3 个顶角共用。

实际上形成玻璃的氧多面体是三角形和四面体，能导致形成这样配位多面体的阳离子称为网络形成体。碱金属硅酸盐容易形成玻璃，碱金属离子被假定占据了分布在整个结构中的随机位置，以保持局部地区的电中性(图 3.5)。因为它们的主要作用是提供额外的氧离子从而改变网络结构，故称它们为网络变形体(或网络改变体)。比碱金属和碱土金属化合价高而配位数低的阳离子可以部分地参加网络结构，故称为网络中间体。阳离子的作用通常取决于化合价、配位数以及单键强度的大小，如表 3.1 所示。

无规网络模型当初提出来是为了说明玻璃的形成是由于氧化物的结晶态与玻璃态在结构和内能方面的相似性。虽然这仍是一个应该考虑的因素，然而现在我们认为，在冷却过程中阻碍结晶的动力学因素却更为重要。但是这个模型仍然是许多硅酸盐玻璃最好的通用图像，而且很容易作为无规阵列模型推广。在这个模型中，结构元素是无规堆积的，并且在三维空间内结构单元也没有规则的周期重复性。这个模型可以用来描述各种不可能有三维空间网络存在的氧化物及非氧化物的液体和玻璃结构。

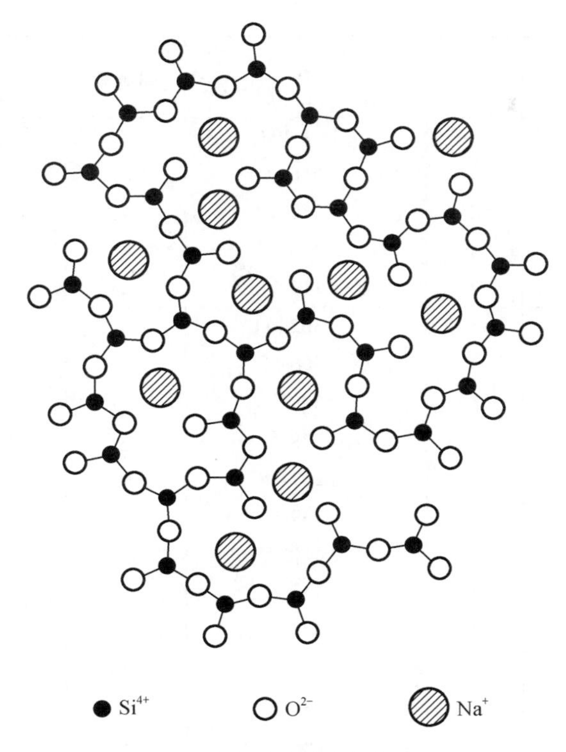

图 3.5 钠硅酸盐玻璃结构示意图

表 3.1 氧化物的配位数和键强度

在 MO_x 中的 M	价	单位 MO_x 的解离能（kcal[1]/g－原子）	配位数	单键强度（kcal/g－原子）
玻璃形成体 B	3	356	3	119
Si	4	424	4	106
Ge	4	431	4	108
Al	3	402～317	4	101～79
B	3	356	4	89
P	5	442	4	111～88
V	5	449	4	112～90
As	5	349	4	87～70
Sb	5	339	4	85～68
Zr	4	485	6	81
中间体 Ti	4	435	6	73
Zn	2	144	2	72
Pb	2	145	2	73

续表

在 MO_x 中的 M	价	单位 MO_x 的解离能 (kcal[1]/g - 原子)	配位数	单键强度 (kcal/g - 原子)
Al	3	317 ~ 402	6	53 ~ 67
Th	4	516	8	64
Be	2	250	4	63
Zr	4	485	8	61
Cd	2	119	2	60
改变体 Sc	3	362	6	60
La	3	406	7	58
Y	3	399	8	50
Sn	4	278	6	46
Ga	3	267	6	45
In	3	259	6	43
Th	4	516	12	43
Pb	4	232	6	39
Mg	2	222	6	37
Li	1	144	4	36
Pb	2	145	4	36
Zn	2	144	4	36
Ba	2	260	8	33
Ca	2	257	8	32
Sr	2	256	8	32
Cd	2	119	4	30
Na	1	120	6	20
Cd	2	119	6	20
K	1	115	9	13
Rb	1	115	10	12
Hg	2	68	6	11
Cs	1	114	12	10

1）1 cal = 4. 1868 J，下同。——译者注

其他结构模型 关于玻璃结构还提出了其他几种模型。其中之一称为正五角十二面体模型，它把硅酸盐玻璃看成是由 SiO_4 四面体的正五边形环组成的。从一个四面体出发，这些环向包括 6 条棱的 6 个方向扩展以形成有 12 个界面的十二面体空隙。因为它们是五次对称的，故这样的十二面体笼状结构不可能既在三维空间扩展而又不伴生形变，这种形变最终将使硅—氧键难于保持。虽

然 SiO_4 四面体的五边形环确实可能存在(像熔融石英中那样)，但很难使人相信整个结构都是由这样的单元组成的。

按照另一种模型，玻璃是由许多胶态分子团或次晶组成的，其特点是有序度介于完整晶体及无规阵列之间。这些次晶晶粒本身可能以不同有序度排列。晶粒内的有序度应大到在电子显微镜下能分辨出它们相互之间的错乱取向，同时又要小到在 X 射线衍射图形中不出现尖锐的布拉格(Bragg)反射。这个模型似乎有道理，但这种结构存在的证据至少在氧化物玻璃中是有限的。

3.3 氧化物玻璃的结构

在讨论氧化物玻璃结构时必须强调的是，对这些玻璃结构的了解从任一方面来说都不像在第二章讨论过的、已被测定的晶体结构那样可靠。实验技术及数据处理方法的进步已经开辟了玻璃结构研究的新时代，而且未来的 10 年将取得对玻璃结构认识的重大进展。但是，要建立一个给定玻璃的任何具体的模型，即使最好的实验技术也是不够用的。我们宁可把玻璃结构的研究结果看成是提供了一些信息，而提出来的任何结构模型必须与这些信息一致。

二氧化硅 早期在玻璃结构晶子模型的拥护者和无规网络模型的拥护者之间发生的争论是以赞成无规网络模型而平息下来的，其主要的结论由 B. E. Warren① 提出。从玻璃衍射图案中主要衍射峰的展宽度来看，对于 SiO_2 来说晶子尺寸估计为 7 ~ 8 Å。因为方石英的晶胞尺寸在 8 Å 左右，这样一个晶子就只有一个晶胞那样大，这个结果似乎与晶子排列的概念相抵触。即使在测定晶子尺寸时准确度因子在 2 以内，这也始终是一个有力的论点。此外，与硅胶相反，熔融石英试样没有明显的小角度散射(图 3.3)。这就说明玻璃结构是连续的，它不像硅胶那样由分散粒子组成。因此，如果有适当尺寸的晶子存在，就必须有连续的空间网络把它们连接起来，而这个网络的密度与晶子的相似。

最近，采用先进的实验技术及数据处理方法对熔融石英进行了 X 射线衍射的研究②，测定了硅—氧—硅键角的分布[图 3.6(a)]。如图 3.6(b)所示，这些角度分布在宽阔的范围内，从约 120°到约 180°，其中心在 145°左右。玻璃的这个分布范围比相应的晶态方石英要宽得多。相反，硅—氧和氧—氧距离在玻璃中的均匀性几乎同在相应的晶体中一样。

因此，SiO_2 玻璃结构的无规性主要是硅—硅距离(硅—氧—硅键角)变动的结果。除了直接连接的四面体有一定的 Si—O—Si 角度范围之外，熔融石英

---

① B. E. Warren, *J. Appl. Phys.*, **8**, 645(1937)。

② R. L. Mozzi and B. E. Warren, *J. Appl. Cryst.*, **2**, 164(1969)。

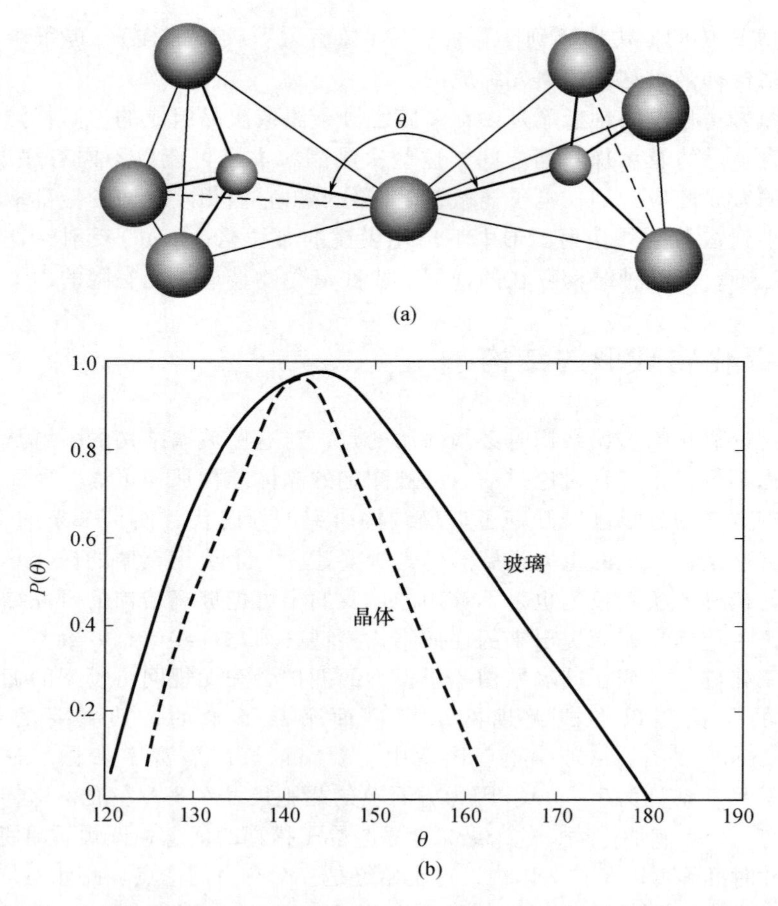

图 3.6 (a) 相邻 SiO_4 四面体的 Si—O—Si 键角示意图，小圆为 Si，大圆为 O；(b) 熔融石英和晶态方石英的 Si—O—Si 键角分布。引自 R. L. Mozzi, Sc. D. thesis, MIT, 1967

的结构看来是完全无规的。G. G. Wicks 所作的 X 射线衍射研究①提供了关于一个四面体对另一个四面体转角无规分布的有力证据。看来在熔融石英中四面体以棱向面的排列并不显著，而这在晶态硅酸盐中是经常被发现的。

所以，熔融石英的结构看来可以很好地用 SiO_4 四面体的无规网络来描述，其中硅—氧—硅键角有很大的可变性。但这样一个无规网络不一定是均匀一致的，可以料想在密度和结构上会有局部的起伏。

B_2O_3 玻璃态 B_2O_3 的 X 射线衍射及核磁共振研究清楚地指出其结构是由 BO_3 三角形组成的，但在结构中这些三角形是如何连接在一起的却不大清楚。

① 麻省理工学院科学博士论文，1974。

三角形的无规网络模型不能很好地说明衍射数据①。所提出的一个能够较好地描述这个结构的模型是三角形连接成硼氧基构型(图 3.7)。能更好地说明实验数据的一种模型则是把玻璃结构看成是晶体结构的畸变，其中三角形相连成带状。这种畸变只是破坏了晶体基本的对称性，不能把它看成是分立的晶子镶嵌在基质中。

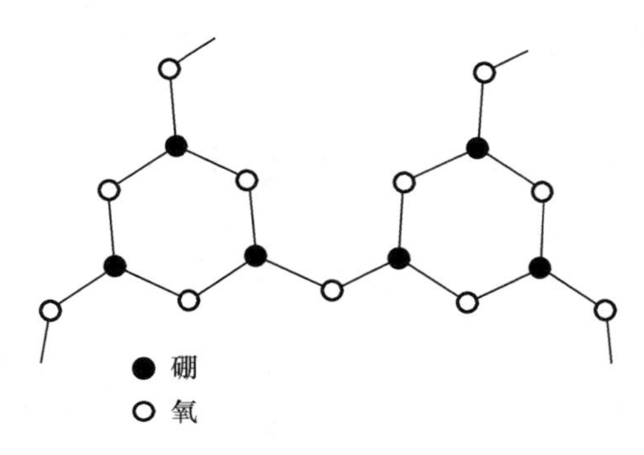

图 3.7　硼氧基构型示意图

硅酸盐玻璃　把碱金属或碱土金属氧化物加到 SiO_2 中去就会增加氧硅比，使其值超过 2，且破坏了三维网络而形成了只以一个键与 Si 相连的单向键合氧，这个氧不再参加网络(图 3.8)。在晶态硅酸盐中发现的不同氧硅比的结构单元如表 3.2 所示。为了保持局部的电中性，网络改变体阳离子配置在单向键合氧的附近。对二价阳离子，每个阳离子就要求有两个单向键合氧；对单价碱金属离子只要一个这样的氧原子。

表 3.2　在晶态硅酸盐中观察到的结构单元

氧硅比	硅氧团	结构单元	实例
2	SiO_2	三维网络	石英
2.5	Si_4O_{10}	片	滑石
2.75	Si_4O_{11}	链	闪石
3	SiO_3	链	辉石
		环	绿柱石
3.5	Si_2O_7	共一个氧离子的四面体	焦硅酸盐
4	SiO_4	孤岛状正硅酸盐四面体	正硅酸盐

G. G. Wicks② 对一系列 K_2O-SiO_2 玻璃所进行的 X 射线衍射研究指出，当

① R. L. Mozzi and B. E. Warren, *J. Appl. Cryst.*, **3**, 251(1970)。

② 见之前所引用的文献。

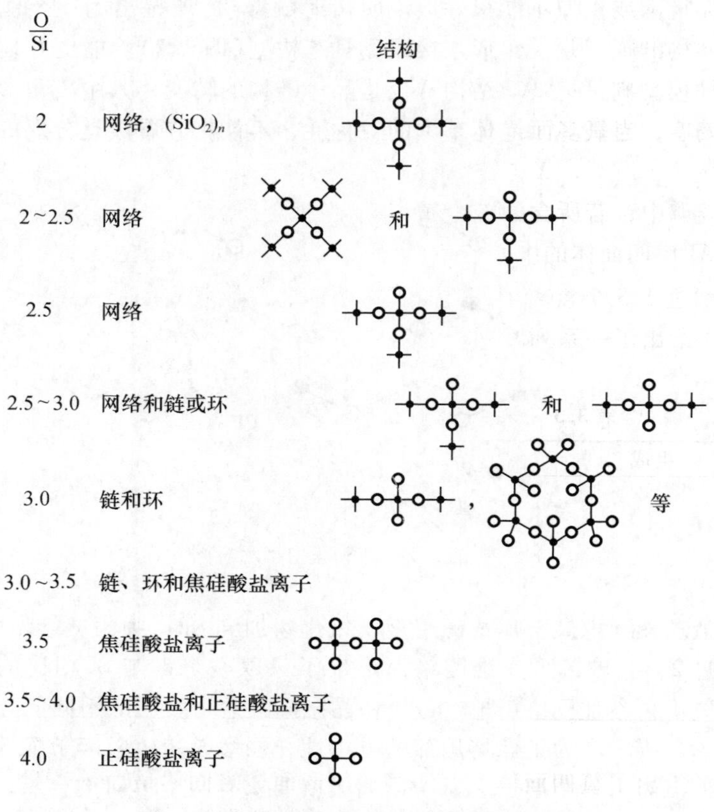

图 3.8　氧硅比对硅酸盐网络结构的影响

SiO_2 中加入了碱金属氧化物后结构会发生系统的变化。实验数据说明它们是无规网络结构，而碱金属离子是成对地无规分布在整个结构中，且位于单向键合氧的邻近。Blair 和 Milberg① 认为，在 Tl_2O 含量为 29.4 mol% 的 Tl_2O-SiO_2 玻璃中，网络改变体阳离子是聚集成团的，该聚集团的平均直径约为 20 Å。

用每个网络形成离子占有的氧离子平均数 R（即通常所说的氧硅比）来描述硅酸盐玻璃网络的特征有时是很方便的。例如对 SiO_2，$R=2$，而对于含 12 mol% Na_2O、10 mol% CaO 和 78 mol% SiO_2 的玻璃，则有

$$R=\frac{12+10+156}{78}=2.28$$

根据 Stevels 的分析②，如果玻璃中只包含一种类型的网络形成阳离子，其周围

① *J. Am. Ceram. Soc.*，**57**，257（1974）。

② J. M. Stevels，*Handb. Phys.*，**20**，350（1957）。

有 Z 个氧($Z=3$ 或4)，而每个多面体中有 X 个非桥氧(即单向键合氧)及 Y 个桥氧，则可写出

$$X+Y=Z \text{ 和 } X+0.5Y=R \tag{3.3}$$

对硅酸盐玻璃，当氧多面体是 SiO_4 四面体时，$Z=4$，则式(3.3)变成

$$X=2R-4 \quad \text{和} \quad Y=8-2R$$

在硅酸盐玻璃中，若所含的碱金属和碱土金属氧化物比 Al_2O_3 多，则 Al^{3+} 被认为是占据 AlO_4 四面体的中心位置。因此，在这种情况下附加的 Al_2O_3 中的每个 Al^{3+} 只引进1.5个氧离子，此时结构中的非桥氧就被用掉并由此而转变为桥氧。表3.3给出了一系列不同玻璃组成的 X、Y 和 R 值。

表3.3　一些代表性玻璃的网络参数 X、Y 和 R 值

组成	R	X	Y
SiO_2	2	0	4
$Na_2O \cdot 2SiO_2$	2.5	1	3
$Na_2O \cdot \frac{1}{2}Al_2O_3 \cdot 2SiO_2$	2.25	0.5	3.5
$Na_2O \cdot Al_2O_3 \cdot 2SiO_2$	2	0	4
$Na_2O \cdot SiO_2$	3	2	2
P_2O_5	2.5	1	3

参数 Y 给出了氧四面体及其邻接的氧四面体之间的氧桥平均数。Y 值小于2的硅酸盐玻璃构不成三维网络，因为四面体与四面体之间共用的氧离子数小于2。此时可以预期其结构特征将是不同长度的四面体链。

如表3.2所示，晶态硅酸盐中 SiO_4 四面体以各种构型存在，这些构型随氧硅比而变。这样的构型也可在和表3.2所列组成相当的玻璃中发现，而在中间组成的玻璃中则可以发现这些构型的混合物。在结晶相中发现这些构型说明这些结构单元代表低能量的构型。然而，因为玻璃是由过冷液体获得的，过冷液体中排列是比较无规的，因而有较大的熵值并起着支配作用，因此在研究晶态和玻璃态之间的结构单元的相似性时要谨慎。

在多种釉和搪瓷中发现氧与网络形成体之比的典型值是2.25～2.75，如表3.4所示。通常钠钙硅玻璃中氧与网络形成体之比约为2.4，其化学组成及其他工业玻璃的化学组成均列在表3.5中。

表 3.4 某些釉和搪瓷的组成（摩尔分数，$RO + R_2O = 1.00$）

种类	熔制温度/℃	$\begin{bmatrix} Na \\ K \end{bmatrix}_2 O$	$\begin{bmatrix} Mg \\ Ca \end{bmatrix} O$	PbO	Al_2O_3	B_2O_3	SiO_2	其他	氧与网络形成体之比[1)]
无铅粗瓷釉，有光泽	1250	0.3	0.7		0.4		4.0		2.46
无铅粗瓷釉，有光泽	1250	0.3	0.7		0.6		3.0		2.75
高温釉，有光泽	1465	0.3	0.7		1.1		14.7		2.25
窑釉，有光泽	1200	0.35	0.35		0.55		3.30	0.3ZnO	2.65
金星釉（析晶）	1125	1.0			0.15	1.25	7.0	$0.75Fe_2O_3$	2.56
含铅熔块釉，有光泽	1080	0.33	0.33	0.33	0.13	0.53	1.73		2.61
含铅熔块釉，有光泽	930	0.17	0.22	0.65	0.12	0.13	1.84		2.25
含铅熔块釉，有光泽	1210	0.05	0.50	0.45	0.27	0.32	2.70		2.30
粗铅釉，有光泽	1100	0.1	0.3	0.6	0.2		1.6		2.30
粗铅釉，无光泽	1100	0.1	0.35	0.55	0.35		1.5		2.50
粗铅釉，不透明	1100	0.1	0.2	0.7	0.2		2.0	$0.33SnO_2$	2.68
用于铜上的珠宝搪瓷	950	0.5		0.5	0.1	0.1	1.5		2.40
铁片搪瓷底釉	850	1.0			0.3	1.0	3.6	$0.3CaF_2$ 0.06CoO + NiO $0.08MnO_2$	2.28
铸铁搪瓷面釉，不透明	820	0.73		0.27			1.4	$0.18SnO_2$	2.72
铁中搪瓷面釉，不透明	800	0.76				1.05	3.3	$0.24Na_2SiF_6$ $1.05TiO_2$	2.46

1）$Si + B + \frac{1}{3}Al + \frac{1}{2}Pb$（这是颇为任意的）。

硼酸盐玻璃 已经确认[①]在 B_2O_3 中加入碱金属或碱土金属氧化物就会导致 BO_4 四面体的形成。图 3.9 表明，四配位硼的分数随碱金属氧化物的浓度而变化。图中的平滑曲线表示随着碱金属离子而加入的每一个氧使两个三角形变成四面体。碱金属氧化物的浓度直到约 30 mol% 为止时，差不多所有的网络变型体氧化物都有使三角形 BO_3 转变成 BO_4 的作用。超过这个组分范围后，由实验测得的四配位硼的分数就明显地偏离所示曲线，这表示产生了数量相当可观的单相键合氧。这些单相键合氧被认为是与 BO_3 三角形结合而不是与 BO_4 四面体结合，因为呈三角形排列时由网络变型体阳离子来补偿局部电荷是比较简单的。

① P. J. Bray，in：A. Bishay Ed.，*Interaction of Radiation with Solids*，Plenum Press，Plenum Publishing Corporation，New York，1967。

表 3.5 某些工业玻璃的典型的近似组成（wt%）

玻璃	SiO_2	Al_2O_3	Fe_2O_3	CaO	MgO	BaO	Na_2O	K_2O	SO_3	F_2	ZnO	PbO	B_2O_3	Se	CdO	CuO
无色瓶罐玻璃	72.7	2.0	0.06	10.4		0.5	13.6	0.4	0.3	0.2						
琥珀色瓶罐玻璃	72.5	2.0	0.1	10.2		0.6	14.4	0.2	S−0.02	0.2						
无色瓶罐玻璃	71.2	2.1	0.05	6.3	3.9	0.5	15.1	0.4	0.3	0.1						
无色瓶罐玻璃	70.4	1.4	0.06	10.8	2.7	0.7	13.1	0.6	0.2	0.1						
绿色窗玻璃	71.7	0.2	0.1	9.6	4.4		13.1		0.4							
窗玻璃	72.0	1.3		8.2	3.5		14.3	0.3	0.3							
平板玻璃	71.6	1.0		9.8	4.3		13.3		0.2							
乳白色瓶玻璃	71.2	7.3		4.8			12.2	2.0		4.2						
白色照明玻璃	59.0	8.9		4.6	2.0		7.5			5.0	12.0	3.0				
硒红玻璃	67.2	1.8	0.03	1.9	0.4		14.6	1.2	S−0.1	0.4	11.2		0.7	0.3	0.4	
红宝石玻璃	72.0	2.0	0.04	9.0			16.6	0.2		Tr[1]						0.05
硼硅酸盐玻璃	76.2	3.7		0.8			5.4	0.4					13.5			
硼硅酸盐玻璃	74.3	5.6		0.9		2.2	6.6	0.4					10.0			
硼硅酸盐玻璃	81.0	2.5					4.5						12.0			
纤维用玻璃	54.5	14.5	0.4	15.9	4.4		0.5			0.3			10.0			
含铅餐具玻璃	66.0	0.9		0.7		0.5	6.0	9.5				15.5	0.6			
含铅技术玻璃	56.3	1.3					4.7	7.2				29.5	0.6			
灯泡玻璃	72.9	2.2		4.7	3.6		16.3	0.2	0.2				0.2			
吸热玻璃	70.7	4.3	0.8	9.4	3.7	0.9	9.8	0.7		Tr[1]			0.5			

引自 F. V. Tooley，*Handbook of Glass Manufacture*，Ogden Publishing Co.，New York，N. Y。

1）痕量。

锗酸盐玻璃和磷酸盐玻璃 玻璃态 GeO_2 是由 GeO_4 四面体组成的，其锗—氧—锗键角平均约为138°。对这个材料来说，氧四面体无规网络的结构模型看来是合理的。然而与熔融石英不一样，玻璃态氧化锗的四面体交角(即Ge—O—Ge)的分布范围是很狭窄的。玻璃态 GeO_2 的无规度显然主要是由四面体之间相对旋转角的无规分布引起的，这是生成无规四面体网络的第二模式①(补充了以四面体之间夹角的宽度分布为基础的那种模式)。

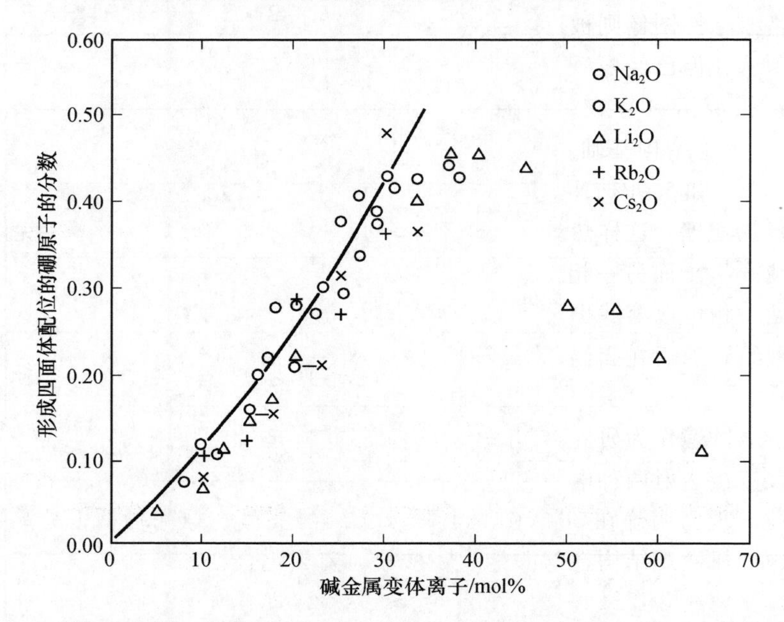

图 3.9 在碱金属硼酸盐玻璃中，硼原子以 BO_4 四面体构造存在的分数和碱金属氧化物的摩尔百分比的关系图。引自 P. J. Bray，in：*Interaction of Radiation with Solids*，Plenum Press，New York，1967

对密度等物理性质的测量表明，把碱金属氧化物加到 GeO_2 中，在加入量为(15～30) mol%时可以形成 GeO_6 八面体。当碱金属氧化物加入量更多时就迅速回复到四面体构型，估计伴生着很多单相键合氧。然而这些结构上的变化还有待于衍射分析的证实。

磷酸盐玻璃的结构状况主要是由色谱分析测定的。与硅酸盐和大多数锗酸盐玻璃一样，磷酸盐玻璃是由氧四面体组成的；但不像硅酸盐及锗酸盐那样，一个 PO_4 四面体至多只能与3个其他类似的四面体键合。在磷酸盐玻璃中，最为人们熟知的结构单元是 PO_4 四面体的链和环。色谱分析结果表明，当磷酸盐

① G. G. Wicks，见之前所引用的文献。

中 P_2O_5 浓度变化时，链的平均长度会随着变化[1]。利用其他加入物如氧化铝后，有可能模拟以网络为基础的硅酸盐及锗酸盐玻璃的特征。

3.4 玻璃的亚微观结构特点

从 Warren 的开创性工作开始，几十年来玻璃一直被认为是均质材料，而无规网络概念性图像则被广泛接受为玻璃结构的最好模型。尽管这一点得到了普遍的承认，但已经发现对于几种玻璃系统（如碱土金属硅酸盐系统），在相图中有不相混溶区存在，此外也已知道不均匀性为高硅氧玻璃工艺（Vycor process）提供了结构基础。在这一玻璃工艺过程中，把大约含有 75 wt% SiO_2、20 wt% B_2O_3 和 5 wt% Na_2O 的玻璃料熔融，按需要成形，再在 500 ~ 600 ℃ 范围内进行热处理。这样热处理的结果使玻璃分成两个截然不同的相，其中一相几乎是纯 SiO_2，而另一相则富含 Na_2O 和 B_2O_3；在适中的温度下浸入合适的溶剂中，后一相可以溶滤出来，而留下来的富 SiO_2 骨架则含有尺寸为 40 ~ 150 Å 的气孔网络；随后在高温（900 ~ 1000 ℃）下紧缩形成了含 SiO_2 为 96 wt% 的透明玻璃。

电子显微镜作为研究材料的工具的使用使得玻璃结构领域发生了革命。采用复型及直接透射两种电子显微镜技术观察到了许多玻璃中几百埃范围内的亚微观特征。现已明确在 30 Å 到几百埃范围内的亚微观结构是很多玻璃系统的特征。这种亚微观结构在硅酸盐、硼酸盐、硫族化合物和熔盐玻璃中均已观察到。已经发现这些亚微观结构是相分离的结果，即在高温时均匀的液相在冷却时分成两个或更多个液相。

为了弄清楚这个现象，可观察图 3.10（a）所示的 $MgO-SiO_2$ 相图中的不相混溶区域。如相应的图 3.10（b）中自由能与组成曲线所示，在 2300 ℃ 高温下对于任何组成来说，均质的溶液均具有最小的自由能，因而在热力学上是稳定的相。在这个温度，自由能与组成曲线的曲率在任何地方都是正的。当温度从 2300 ℃ 开始降低时，自由能增加的值与熵成正比，这是因为

$$\frac{\partial G}{\partial T}=-S \tag{3.4}$$

对于简单的溶液来说，溶液熵在组成的某些中心区域最大，而纯组分和化合物熵最小。因此，可以料想在温度降低时自由能曲线将变平，到某个较低温度

---

① A. E. R. Westman, in: J. D. Mackenzie, Ed., *Modern Aspects of the Vitreous State*, Vol. 1, Pergamon Press, NewYork, 1961。

(如 2000 ℃)时，自由能－组成曲线将出现负曲率区，此时自由能最小的构型将是两相混合物而不是单相的了。这些相可由自由能曲线中的公切线得到，如图 3.10(b)所示。

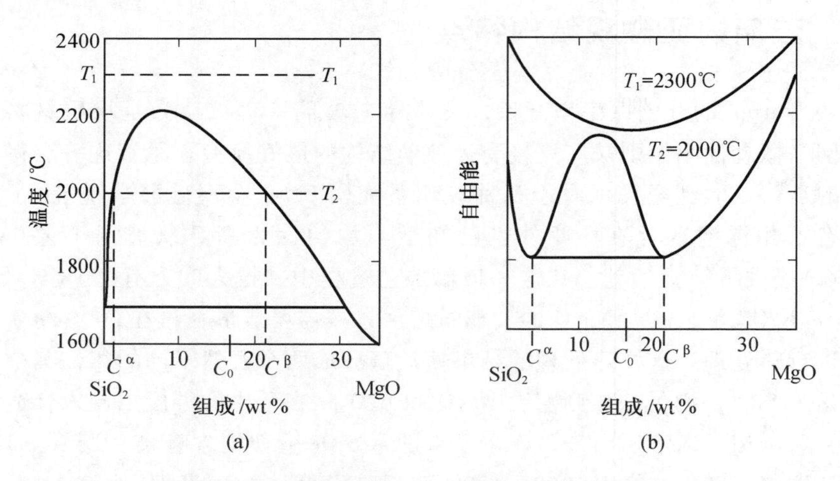

图 3.10 (a) 在 $MgO-SiO_2$ 系统相图中富 SiO_2 部分的不相混溶区，引自 Y. I. Ol'shanskii, *Dokl. Akad. Nauk. SSSR*, **76**, 95(1951)；(b)在图(a)的 T_1 及 T_2 温度时组成与自由能的关系(示意图)

对 C_0 组成，在温度 T_2 时最低自由能的构型含有组成分别为 C^α 及 C^β 的两相混合物，其比例 $X_{\alpha,\beta}$ 由我们熟知的杠杆规则得到(见第七章)：

$$\frac{X_\alpha}{X_\beta} = \frac{C^\beta - C_0}{C_0 - C^\alpha} \tag{3.5}$$

在某些情况(例如图 3.11 所示的四硼酸钠－二氧化硅系统)下，不相混溶区是亚稳定的，即在某个温度(如 T_1)，组成为 C_0 时的最小自由能的组合包括组成为 C^C 的晶体相和组成为 C^L 的均匀液相。但如果由于动力学的原因晶相不能形成，则在 T_1 时组成为 C_0 的均匀液相的自由能可以通过分解为两个液相而降低，这两个液相是 C^α 及 C^β。这两个液相的混合物的比例由杠杆规则决定，体现了在 T_1 时自由能最低的液相构型。

根据这些情况，让我们来看一下 $BaO-SiO_2$ 玻璃的亚微观结构特征。如图 3.12(a)所示，已测得该系统的不相混溶区是亚稳定的。图 3.12(b)～(d)所示的直接透射电子显微镜照片示出 BaO 浓度分别为 4 mol%、10 mol% 和 24 mol% 时的特点。4 mol% BaO 组成处于不相混溶区的富二氧化硅一边，其亚微观结构是在连续的富 SiO_2 基质相中嵌有分离的球状富 BaO 相粒子。同样，对处于不相混溶区的富氧化钡一边的组成(如 24 mol% BaO)来说，其亚微观结

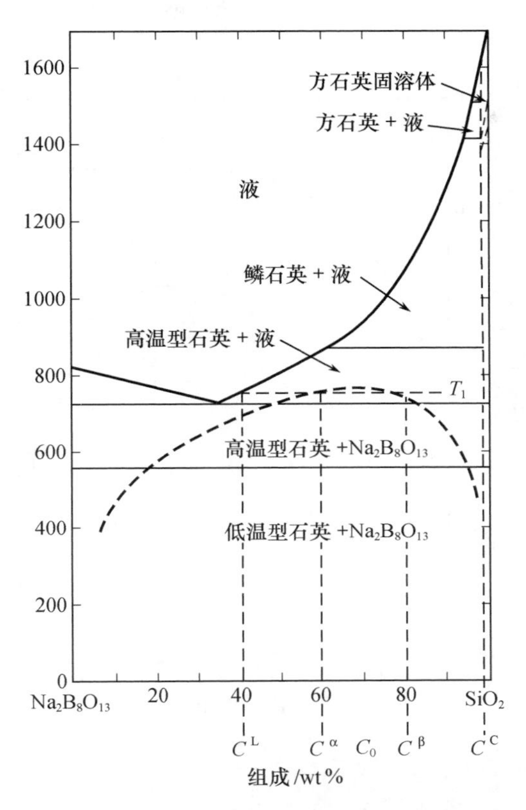

图 3.11　$Na_2B_8O_{13}-SiO_2$ 系统中亚稳定的液－液不相混溶性。引自 T. J. Rockett and W. R. Foster, *J. Am. Ceram. Soc.*, **49**, 31(1966)

构是在连续的富 BaO 基质相中嵌有球状的富 SiO_2 粒子。对近于不相混溶区中心部分(如 10 mol% BaO)的组成，如图 3.12(c)所示，通常观察到的亚微观结构由两相组成，每一相是三维内在相连的。经电子衍射测定，以上所示的每一张电子显微镜照片中的两相都是无定形的。

在许多方面，亚微观结构最令人感兴趣的特征与内在连通的结构形式有关，如图 3.12(c)所示。类似的亚微观结构在许多玻璃中均报道过，并且似乎普遍地以两相都具有大的体积分数为特征。在随后加热时，某些情况下这种连通亚微观结构会粗化而同时还保持高度的连通性，而在另一些情况下则发生粗化，颈部断开而变成球状。在有的系统中，在组成近乎不相混溶区的中心部分观察到了分离的粒子结构，图 3.13 所示的 $PbO-B_2O_3$ 系统就是一个例子。

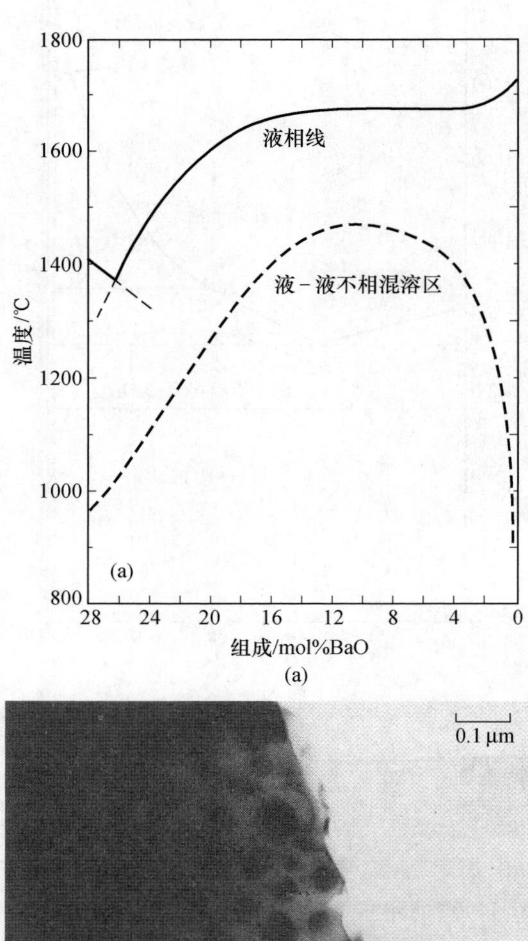
1800
1600
1400
1200
1000
800
温度/℃
液相线
液－液不相混溶区
(a)
28
24
20
16
12
8
4
0
组成/mol%BaO

(a)

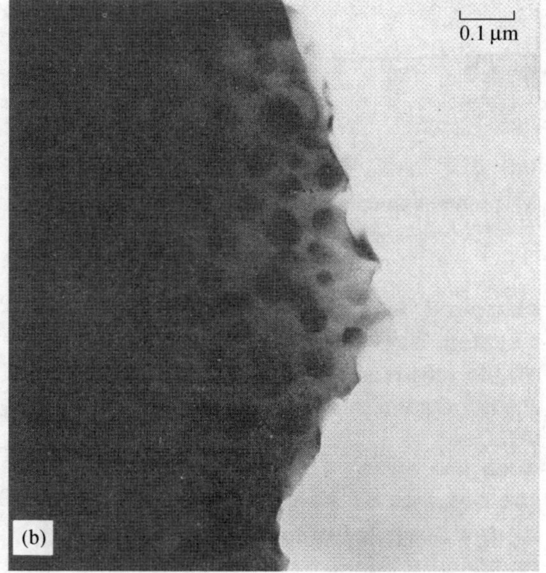
0.1 μm
(b)

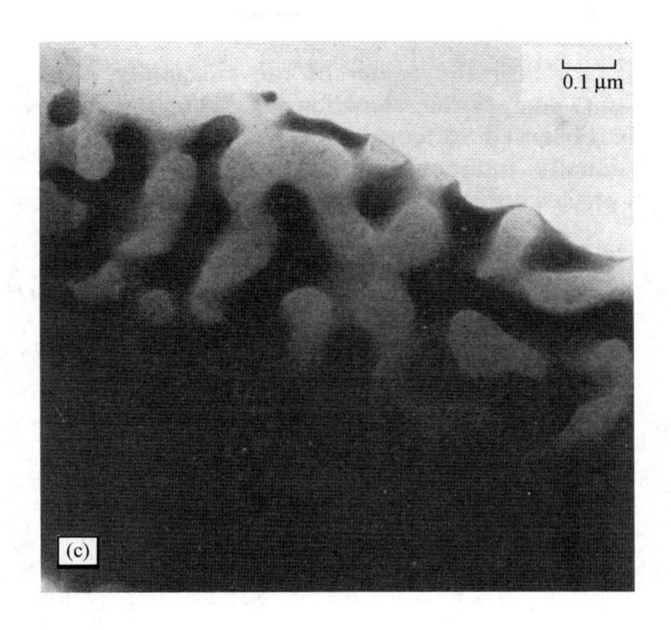

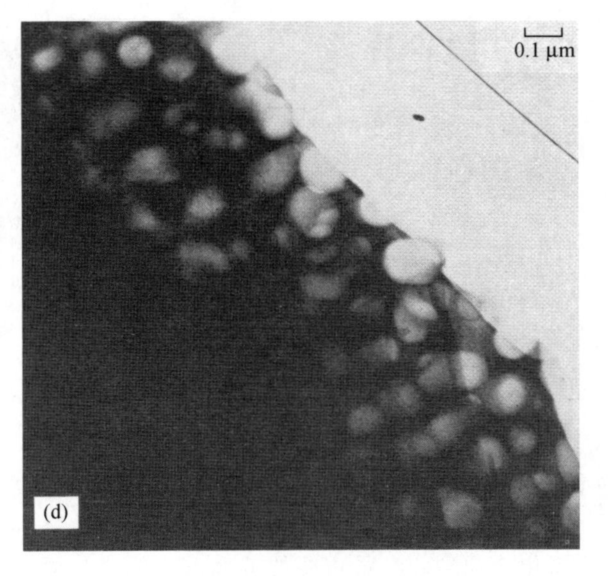

图 3. 12 （a）$BaO-SiO_2$ 系统中的液相线及不相混溶区；（b）0. 04 BaO - 0. 96SiO_2玻璃的直接透射电子显微镜照片；（c）0. 10BaO - 0. 90SiO_2 玻璃的直接透射电子显微镜照片；（d）0. 24BaO - 0. 76SiO_2 玻璃的直接透射电子显微镜照片。引自 T. P. Seward，D. R. Uhlmann，and D. Turnbull，*J. Am. Ceram. Soc.*，**51**，278(1968)

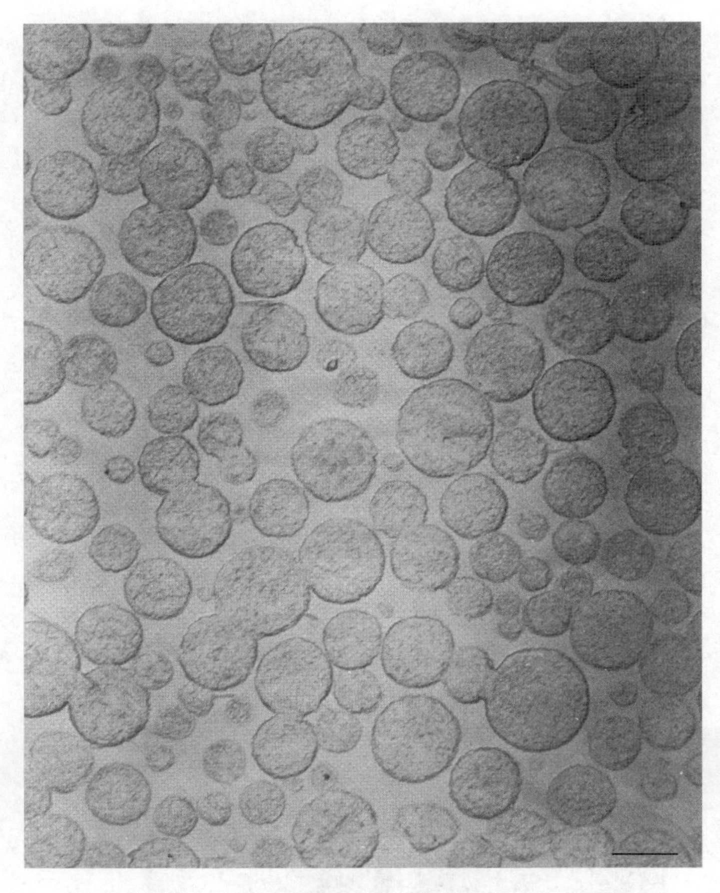

图 3.13　$11PbO - 89B_2O_3$ 样品的断面，示出富 B_2O_3 的分离的粒子在富 PbO 基质中，铂/碳 - 阴影复型，横道表示 1 μm。引自 R. R. Shaw and D. R. Uhlmann，*J. Non - Cryst. Solids*，**1**，474(1969)

3.5　氧化物系统的不相混溶区

把网络改变体氧化物加到两种最重要的玻璃形成体氧化物 SiO_2 和 B_2O_3 中常常导致液相分离。各种类型的不相混溶区的例子在 $MgO - SiO_2$ 系统[图 3.10(a)]及 $BaO - SiO_2$ 系统[图 3.12(a)]中已经说明过了。在硅酸盐及硼酸盐系统中广泛存在的不相混溶倾向可从图 3.14 ~ 3.16 及表 3.6 中看出。如图 3.14 所示，当 MgO、FeO、ZnO、CaO、SrO 或 BaO 加到 SiO_2 中时会出现不相混溶区，而且只有加 BaO 时不相混溶区才是亚稳的。在碱金属硅酸盐中，Li_2O -

SiO_2 和 Na_2O-SiO_2 系统(图 3.15)有亚稳不相混溶区。在 K_2O-SiO_2 系统中亚稳不相混溶区的存在也被提出来了，但在玻璃转变温度范围及此范围以下的任何组成，由于温度低，这种不相混溶性的可能存在被有效地阻止，因而观察不到。在所有的碱土金属硼酸盐系统中都发现稳定的不相混溶区，而在所有碱金属硼酸盐系统中都发现亚稳的不相混溶区(表 3.6)。

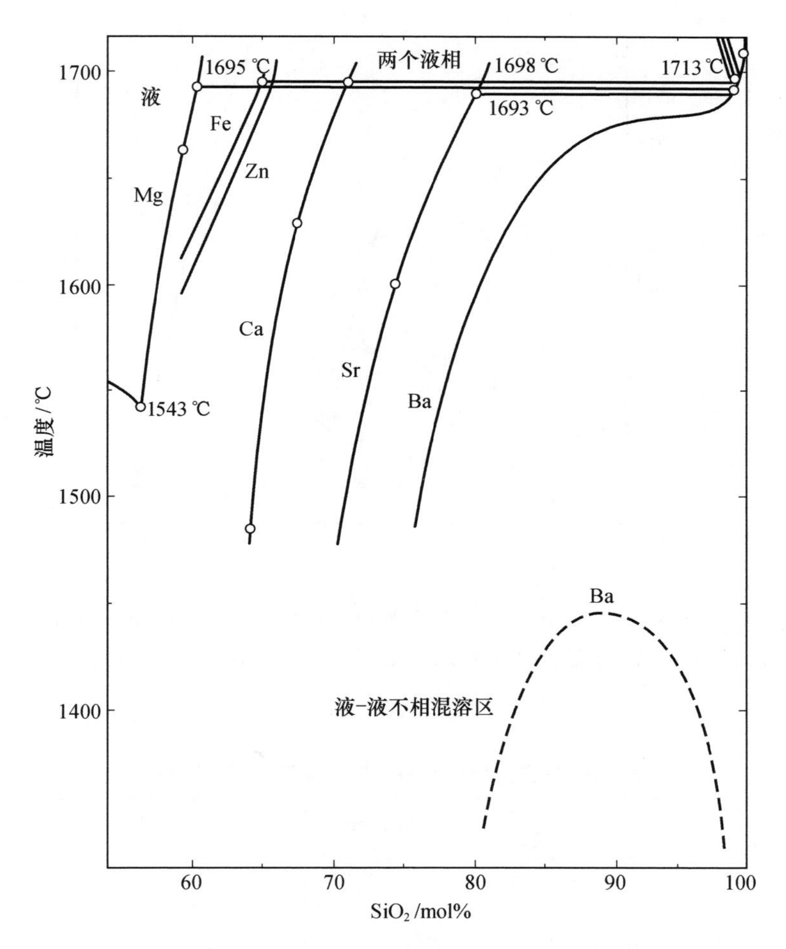

图 3.14　各种两价氧化物和二氧化硅系统的不相混溶区。对 $BaO-SiO_2$ 系统，其不相混溶区是亚稳的，液相线及不相混溶区均在图中示出

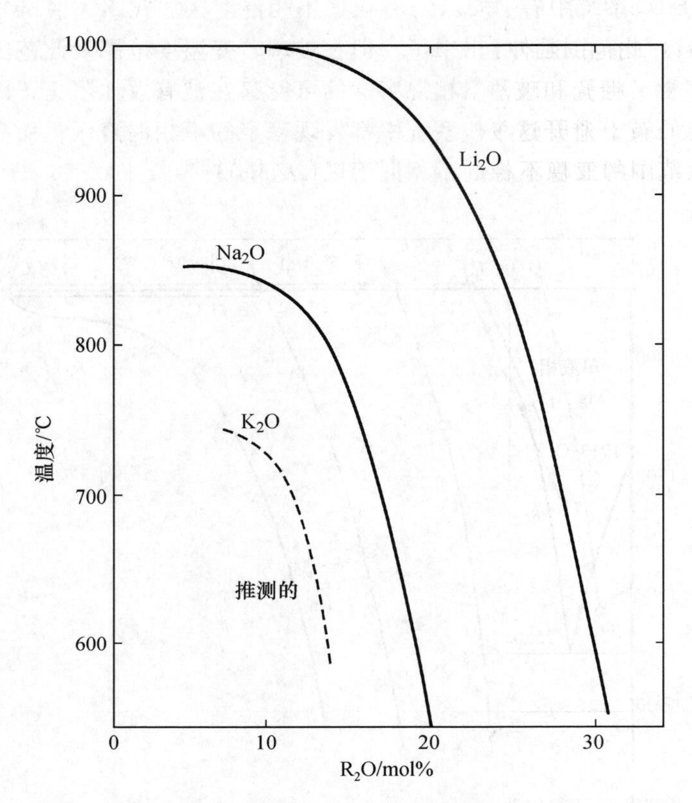

图 3.15　Li_2O-SiO_2 及 Na_2O-SiO_2 系统中的亚稳不相混溶区和推测的 K_2O-SiO_2 系统的不相混溶区。引自 Y. Moriya, D. H. Warrington, and R. W. Douglas, *Phys. Chem. Glasses*, **1**, 19(1967)

表 3.6　碱金属硼酸盐系统的亚稳不相混溶区特征

系统	共溶温度/℃	共溶组成(碱金属氧化物 mol/%)	不相混溶区的大致范围(碱金属氧化物 mol%)
$Li_2O-B_2O_3$	660	10	2~18
$Na_2O-B_2O_3$	590	16	7~24
$K_2O-B_2O_3$	590	10	2~22
$Rb_2O-B_2O_3$	590	10	2~16
$Cs_2O-B_2O_3$	570	10	2~20

引自 R. R. Shaw and D. R. Uhlmann, *J. Am. Ceram. Soc.*, **51**, 377(1968)。

TiO_2-SiO_2 系统中有一个大的不相混溶区，它在宽阔的组成范围内保持稳定(图 3.16)。此范围延伸到三元系统。这在实际应用中是十分重要的，因为 TiO_2 是许多釉、搪瓷和玻璃陶瓷系统的成核剂。为了制造膨胀系数很低的含 TiO_2 的熔融石英，避开这个不相混溶区是重要的。在 $Al_2O_3-SiO_2$ 系统中也发现了一个大范围的亚稳不相混溶区，其扩展范围从 Al_2O_3 的摩尔浓度小于 10% 到大于 50% 。

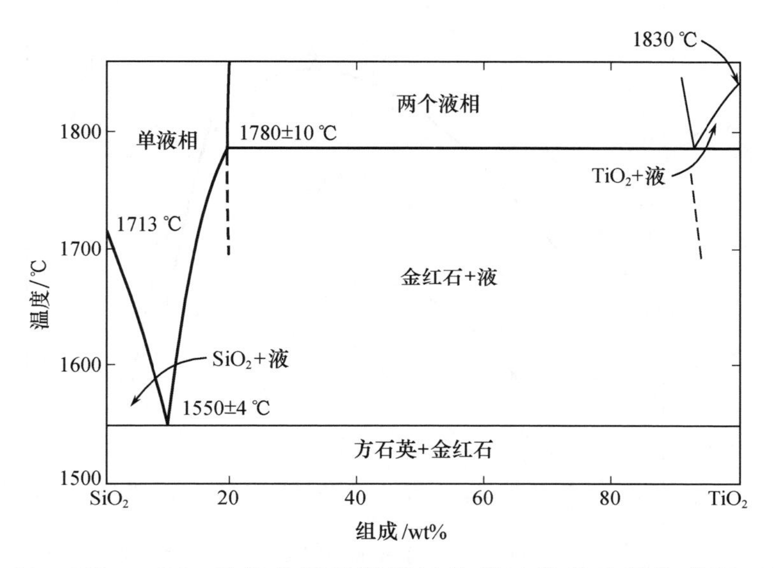

图 3.16 TiO_2-SiO_2 系统的不相混溶区及其亚稳定的延伸范围。引自 R. C. DeVries, R. Roy, and E. F. Osborn, *Trans. Brit. Ceram. Soc.*, **53**, 531(1954)

加入 TiO_2 及碱金属氧化物会增强复杂系统中的不相混溶性；加 Al_2O_3 则起抑制作用。后者的一个明显的例子是如图 3.17 所示的 $BaO-SiO_2-Al_2O_3$ 系统。

对 $Na_2O-B_2O_3-SiO_2$ 和 $Na_2O-CaO-SiO_2$ 这两个工业上重要的系统中的不相混溶区已经进行了深入的研究。如图 3.18 所示，$Na_2O-B_2O_3-SiO_2$ 系统中有 3 个不相混溶区，图中分别标记为 Ⅰ、Ⅱ、Ⅲ。Pyrex 型玻璃和高硅氧玻璃处在这个系统的第Ⅱ不相混溶区的不同部位。Pyrex 玻璃以小尺度表现其相分离，其典型值小于 50 Å。对不相混溶区的尺度及其连通性的控制程度是制造高硅氧玻璃的基础。对 $Na_2O-CaO-SiO_2$ 系统玻璃来说，在标准的工业玻璃组成中 3 种主要组分的含量比大体上落在图 3.19 所示的不相混溶区的边界上。Al_2O_3 的含量通常在 2 wt% 左右，其作用很可能是使得不相混溶区的范围显著缩小，可能与图 3.17 所示的把 Al_2O_3 加到 $BaO-SiO_2$ 组成中的作用相似，

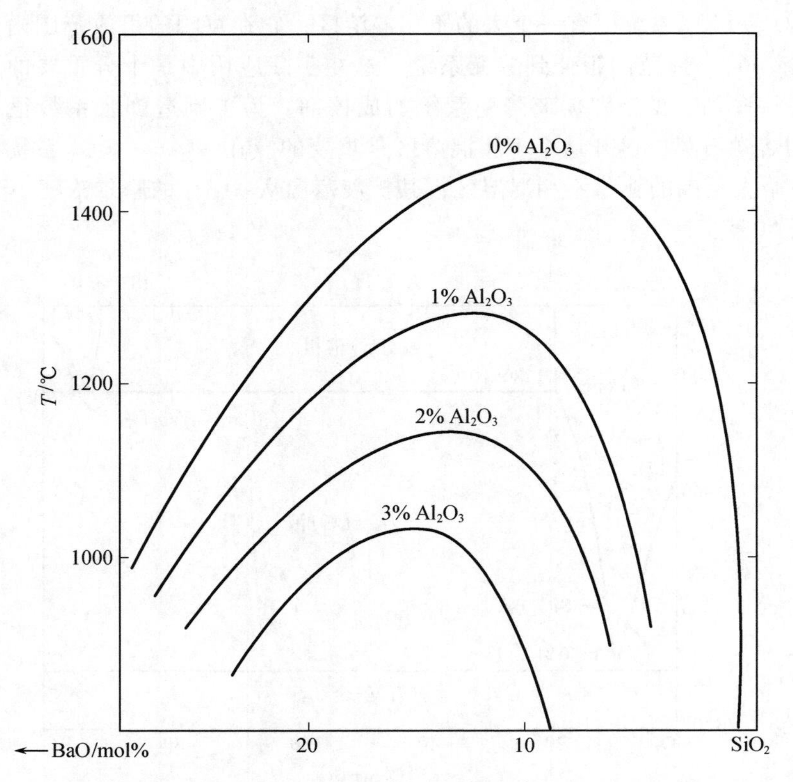

图 3.17　加入 Al_2O_3 对 $BaO-SiO_2$ 系统亚稳定液－液不相混溶性的影响。
T. P. Seward and D. R. Uhlmann 提供

这样就可以生产出均质的玻璃。

在图 3.10 和图 3.11 中曾讨论过，不相混溶区的产生和系统中可能形成的各相的自由能的相对值有关。B. E. Warren 和 A. G. Pincus [①]最先提出过这样的观点：液－液相分离的产生是由于阳离子之间互相竞争，以使周围氧离子具有最低能量构型，但受到二氧化硅网络形成倾向的限制。改变体和中间体阳离子置换网络中硅[②]的能力是有限的，因为硅—氧键的强度高，在低能量构型中系统不可能容纳很大浓度的这种离子，否则会过分破坏网络。然而，当系统分离成两个液相时，就能形成最低能量的构型，即一相倾向于形成网络(高二氧化硅相)，另一相则趋于形成能量为最低的改变体构型。

因为没有对各种系统中所观察到的不相混溶区的性质作充分的描述，所以

① *J. Am. Ceram. Soc.*, **23**, 301(1940)。

② 原文为"silica"，但从内容看应该是指二氧化硅网络中的硅。——译者注

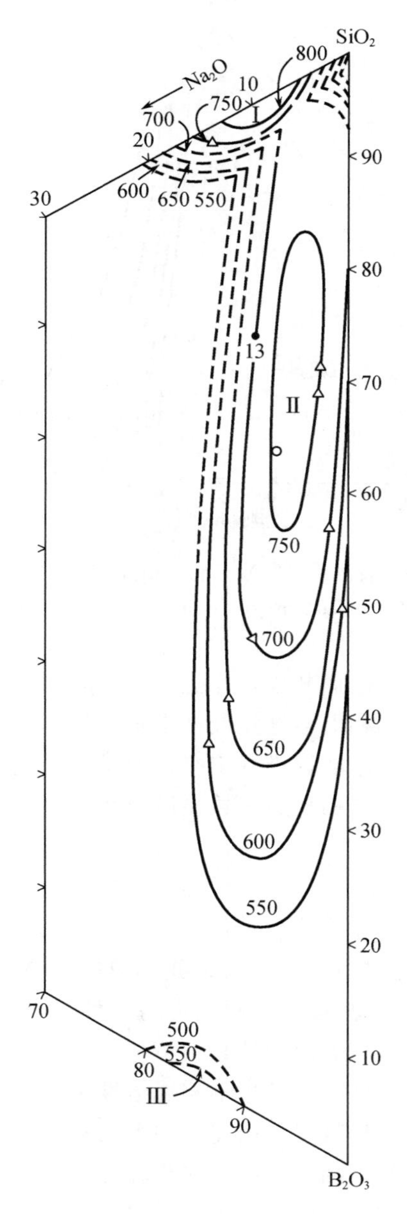

图 3.18　$Na_2O-B_2O_3-SiO_2$ 系统中的 3 个液 - 液不相混溶区（wt%）。引自 W. Haller，D. H. Blackburn，F. E. Wagstaff，and R. J. Charles，*J. Am. Ceram. Soc.*，**53**，34（1970）

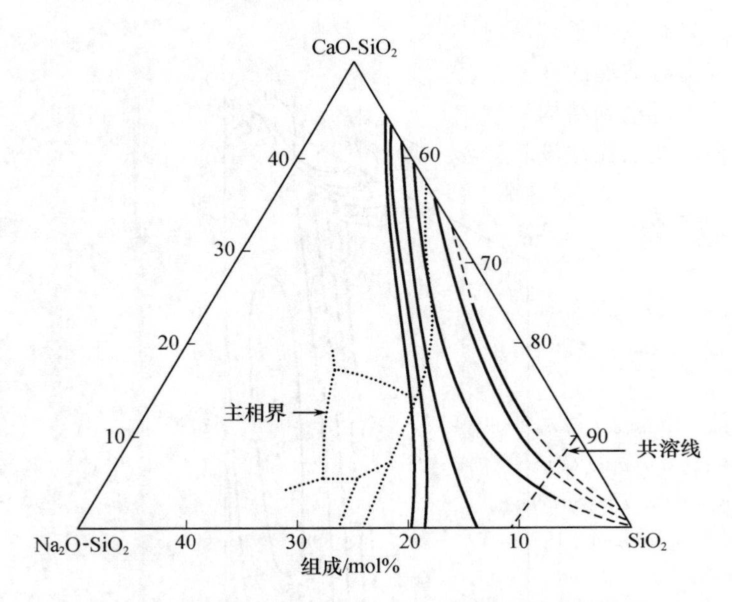

图 3.19　钠钙硅酸盐系统的液－液不相混溶区。引自 D. G. Burnett and R. W. Douglas，*Phys. Chem. Glasses*，**11**，125(1970)

上面的讨论只是初步的，然而却集中注意了这个问题的某些显著的特点；这些特点对进一步详细研究不相混溶性无疑都是重要的。只要有数据，不相混溶区的位置就可以从热力学活度数据推断出来，但是对于我们感兴趣的氧化物系统来说，溶液的活度和各种结构特点的关系尚有待进一步研究。

3.6　总论

大约 15 年以前撰写本书第一版时，我们只能说玻璃的详细结构是很复杂的，而且有“某种迹象”表明其结构的不均匀性；当然对于碱金属氧化物和二氧化硅系统平衡态的不相混溶性还是很清楚的。主要借助于更有效的电子显微技术进行的直接观察，证明了亚稳不相混溶性及相分离在玻璃系统中是十分普遍的，同时也使玻璃结构特点的描述问题大大复杂化。除了考虑冷却速率对玻璃转变温度的影响以及单相玻璃的比体积存在百分之几的波动问题以外，还必须考虑可能有相分离这个问题。

关于相分离的可能性问题，仅仅考虑相平衡图是不够的，因为我们经常发现亚稳定的相分离以及快速冷却对相分离的抑制。在很多情况下，从玻璃中分离出玻璃相来常常会导致不透明，这容易被误认为是析晶。另一些情况下，因为亚微观结构的尺度(几十埃)太小，以致用波长大得多(7000 Å)的光学方法测不出来，只有以电子显微镜或小角度 X 射线散射作仔细研究才能发现它。

很清楚，对玻璃的性质及结构的任何描述都必须考虑它是单相还是多相的系统。因此，讨论到结构和结构与性能的相互关系时应谨慎地进行评定，尤其是一些较早的文献往往没有说明详细的热历史及相组成情况。

推 荐 读 物

1. R. H. Doremus, *Glass Science*, John Wiley & Sons, Inc., New York, 1973.
2. R. W. Douglas and B. Ellis, Eds., *Amorphous Materials*, John Wiley & Sons, Inc., New York. 1972.
3. M. B. Volf, *Technical Glasses*, Pitman, London, 1961.
4. H. Rawson, *Inorganic Glass – Forming Systems*, Academic Press, Inc., New York, 1967.
5. G. M. Bartenev, *The Structure and Mechanical Properties of Inorganic Glasses.* Walters – Noordhoff, Groningen, 1970.
6. G. O. Jones, *Glass.* 2d ed., Chapman & Hall, Ltd., London, 1971.
7. L. D. Pye, H. J. Stevens, and W. C. LaCourse, Eds., *Introduction to Glass Science*, Plenum Press, New York, 1972.
8. J. E. Stanworth, *Physical Properties of Glass*, Oxford University Press, Oxford, 1953.

习 题

3.1 正硅酸铅型的玻璃密度为 7.36 g/cm^2，求这个玻璃中氧的密度。试把它与熔融石英（密度为 2.2 g/cm^2）中的氧密度进行比较，指出铅离子在什么位置。

3.2 已经发现很多多组分氧化物玻璃在 50 ~ 500 Å 尺度范围内的结构是不均匀的。

(a) 如何才能探测并观察到这种不均匀性？

(b) 试讨论玻璃结构的这种不均匀性与无规网络结构模型之间的关系。

(c) 怎样用液 – 液不相混溶性来解释这种不均匀结构？试给出一个假设的温度 – 组成图和在几种温度下的自由能 – 组成图。

3.3 说明怎样能用实验的方法来区分结晶态 SiO_2、SiO_2 玻璃、硅胶和熔融二氧化硅，并从结构角度来解释这些同质异构体。

3.4 在近代地质构造中发现的一种玻璃含有较高的 SiO_2（70 + %）和 Al_2O_3（11.5 + %），碱金属氧化物（Na_2O 和 K_2O）是少量的组分（5%），碱土金属氧化物也很少（MgO + CaO = 2%）。在加热到大约 900 ℃以上时有 10% 的重量损失，与失重有关的挥发性组分是水。这个玻璃在 850 ℃时有一种反常和不可逆的软化性质，到 950 ~ 1100 ℃时变硬，而后在 1150 ℃左右又变软。在冷却过程中，只在 1150 ℃有一个假想温度范围，这个温度范围与大多数工业玻璃相似但较高。试对 850 ℃出现的不可逆软化进行解释。这里给出钠钙玻璃的组成以供参考：72% SiO_2，1%

Al_2O_3，9% CaO，4% MgO，13% Na_2O，1% K_2O。

3.5 (a) 什么是玻璃的假想温度？

(b) 为什么在假想温度以上玻璃的膨胀系数更接近于液体，而在假想温度以下更接近于晶体？

(c) 试指出在二氧化硅中加入 Na_2O 后假想温度会发生怎样的变化？加入 NaF 呢？

3.6 (a) 假设要求在800 ℃时得到一种具有最高的二氧化硅摩尔百分比的玻璃(液态)，而且又只能在二氧化硅中加入一种别的氧化物，那么你选什么材料作为外加剂？说明理由。

(b) 为什么石英的熔融温度比方石英的熔融温度低？

3.7 (a) 试绘出 B_2O_3 中可能的键结构示意图，按照鲍林规则配位数 $CN_B=3$。

(b) 列举 Zachariasen 的玻璃形成规则，你所绘制的示意图满足这些要求吗？

(c) 试述玻璃为了适应碱金属氧化物(如 Na_2O)的加入而发生结构变化的两种截然不同的方式。

3.8 典型钠钙硅窗玻璃的组成是________% Na_2O，________% CaO，________% SiO_2。

3.9 按照它们在形成氧化物玻璃中的作用，把下列元素区分为网络改变体、中间体或网络形成体(玻璃形成体)：Si、Na、B、Ca、Al、P、K、Ba。

第四章 结构的不完整性

前面两章中我们研究了理想晶体的结构及一些非晶态玻璃的结构。有许多性质是明显和偏离理想结构的情况有关的，所以只有在偏离理想结构的基础上我们才能很好地探讨这些结构敏感的性质。

如果我们把一个完整的晶体看成是完全有序的结构，它的原子是静止不动的（除了在绝对零点振荡以外），并且电子分布于最低的能量状态，那么就可能有几种偏离或不完整的类型。首先，当温度升高时，原子围绕它固定的平衡位置的振幅随之增加［由于原子间力近似服从胡克（Hooke）定律，这些弹性振动接近于简谐振动；原子运动的波动解是可以量子化的，与弹性振动的单位量子激发相关的能量为 $h\nu$，称为声子。声子和振动频率间的关系等同于光子和光波振动频率间的关系］。在电子能级上也有不完整性：电子可以被激发到较高的能级，而在通常呈充满状态的电子能带中留下空位，后者称为电子空穴。如果这个被激发的电子仍然同电子空穴紧密地结合在一起，这个电子－电子空穴对就称为激子。激子也可以看成是处于激发态的原子或离子。此外还有很多原子尺度上的缺陷，包括由一个不正常的原子或一个外来的原子置换一个正常的原子、填隙原子、原子空位和称为位错的线缺陷。最后我们也应该把晶体表面或晶体间界面看成是一种不完整性，但是这些将在下一章中另外讨论。

我们必须首先意识到溶质、原子缺陷、电子缺陷、位错和表面之间有大量的组合、交换和相互作用。本章中我们将分别叙述这些结构不完整性，并简单地指出它们可能在什么时候产生以及怎样产生。在此后讨论到一些特殊的陶瓷工艺或性质时，这些缺陷的作用将很重要，我们将更充分地研究它们的特征。我们对所有陶瓷材料的知识都还是不完全的，要更深入地研究结构不完整性，可以参考本章所引用的参考文献。

4.1 原子缺陷的标记

陶瓷材料中肯定存在几类结构不完整性。有一种偏离理想结构的类型就是原子从正常位置到填隙位置的运动，如图 4.1(a)所示。这种导致等浓度的晶格空位和填隙原子的缺陷，称为弗仑克尔缺陷①。另一类不完整性是同时产生阳离子空位和阴离子空位，如图 4.1(b)所示，称为肖特基缺陷②。没有杂质的陶瓷系统是极为少见的。溶质原子可以取代处于正常晶格位置的基质原子(如在置换型固溶体中)，或结合于基质点阵中通常是空着的间隙位置(如在填隙型固溶体中)。这两种结构如图 4.1(c)和(d)所示。除原子位置外还必须描述原子缺陷的价态，或者更严格地说是晶体中的电子的能级。在高于绝对零度的任何温度下，电子能级是偏离完全有序态的，这些偏离也受到原子的不完整性和溶质原子的影响。

要了解某一种陶瓷材料中可能同时存在的各种缺陷，就需要有一套适当的符号系统来描述陶瓷中的点缺陷。应用最广泛的是 Kroger - Vink 符号体系(推荐读物 1 和 2)。在这套符号体系中，在晶体中增加或减少元素时我们采用增加或减少电中性原子的做法，这样就可避免涉及键型。而为了适用于离子系统，我们就需要分别增加或减少电子。设想有一个二元化合物 MX，我们来介绍一下各种可能存在的缺陷的符号。

(1) 空的晶格位置(空位)。当出现晶格空位时，对于 M 和 X 位置分别用 V_M 和 V_X 表示。在原子记号中，下标 M 表示缺了一个 M 原子。对于像氯化钠型这样的离子晶格，这个记号的意思是缺了一个 Na^+ 离子以及一个电子；同样，V_{Cl} 表示缺了一个 Cl^- 离子同时增加一个电子。

(2) 填隙原子。除了正常被占据的晶格外，晶体中还有填隙位置。当原子占有这些填隙位置时，以 M_i 和 X_i 表示。

---

① J. Frenkel, *Z. Phys.*, **35**, 652(1926)。

② C. Wagner and W. Schottky, *Z. Phys. Chem.*, **B11**, 163(1931)。

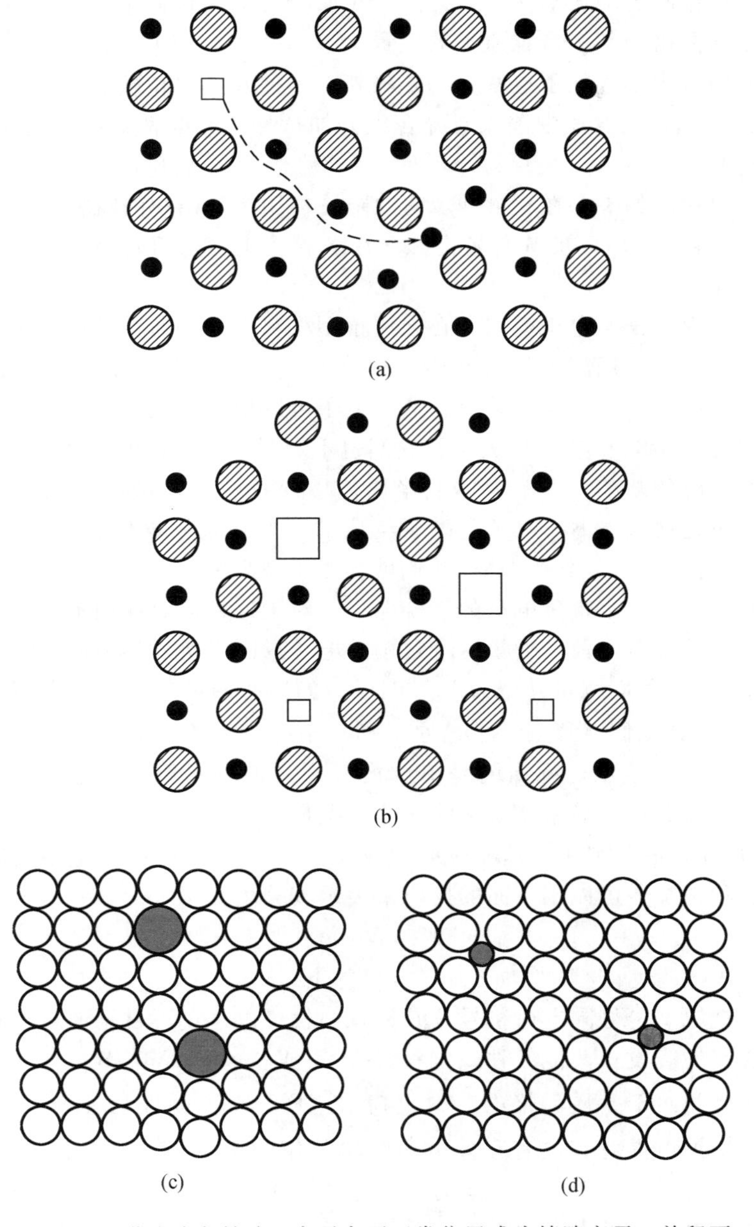

图 4.1 （a）弗仑克尔缺陷：离子离开正常位置成为填隙离子，并留下一个空位；（b）肖特基缺陷，产生相等的阴离子和阳离子空位；（c）置换型固溶体；（d）填隙型固溶体

（3）错位原子。在某些化合物中，M 原子处于 X 位置上（M_X）也是可能的。下标总是指晶格中某个特定原子的位置。

（4）缔合中心。除了这些单一缺陷外，一种或多种晶格缺陷可能互相缔合（即集聚在一起）。这些缺陷用对缔合组分加括号的办法来表示，例如（$V_M V_X$）或（$X_i X_M$）。

（5）溶质。如果存在，可和原有缺陷一样用在晶格中的位置来作标记。L_M 和 S_X 表示溶质原子 L 在 M 位置上和 S 在 X 位置上。L_i 表示溶质 L 处于填隙位置上。

（6）自由电子、电子空穴。在强离子型材料中电子通常是局限于一个特定的原子位置，这可用离子价来描述。然而如第二章所述，情况并不总是这样，某些电子可能不处于特定位置上，这些电子可以用 e' 来表示。同样也可能缺少电子，这可以用电子空穴 $h^{\cdot}$ 表示，它们也不局限于特定位置。

（7）带电的缺陷。在绝缘体或半导体中，我们常常把有关的物质看成离子。例如氯化钠是由 Na^+ 和 Cl^- 离子构成的。如果我们设想从 NaCl 结构中移去一个正电荷的 Na^+ 离子，那么我们就移去了缺少电子的钠原子；因此，这个空位必然伴随有一个带负电荷的额外电子。对于这种情况我们不记做 e'，这里上标指的是单位负电荷。如果这个过剩的电子局限于空穴（如在 NaCl 中通常就是这种情况），我们就将其记为 V'_{Na}。同样，如果我们设想移去一个带负电荷的 Cl^- 离子，那么我们就移去一个氯原子和一个缔合电子，而留下一个正的电子空穴，记为 $h^{\cdot}$，这里上标指的是单位正电荷。如果这个过剩的正电荷局限于空位（如在 NaCl 中通常就是这种情况），我们就可将其记为 $V^{\cdot}_{Cl}$。在某些离子性不如 NaCl 强的材料中，这些过剩的或缺少的电子 e' 或 $h^{\cdot}$ 可能不局限于空位上，在这种情况下可以用下面的反应来表示其分离：

$$V'_{Na} = V_{Na} + e' \quad (4.1)$$

$$V^{\cdot}_{Cl} = V_{Cl} + h^{\cdot} \quad (4.2)$$

由于把原子符号同电荷符号分开，我们就可以避免不自觉地对缺陷性质作出事先既定的假设。其他各种缺陷符号 —— V_M、V_X、M_i、M_X、（$V_M V_X$）—— 也可能带有相对于基质晶格的有效电荷。这样，$Zn_i^{\cdot\cdot}$ 就表示一个 Zn^{2+} 离子在一个通常未被占据的和没有有效电荷的填隙位置上。当一个二价的 Ca^{2+} 离子代替在钠位置上的一个 Na^+ 离子时，产生了一种局部的电子结构，即添加了一个额外的正电荷，可表示为 $Ca^{\cdot}_{Na}$。注意，上标“+”和“-”是用来表示实际的带电离子，而上标“·”和“′”则表示相对于基质晶格位置上的有效正、负电荷。另外，非化学计量比也可能引起电荷缺陷。例如在 FeO 中，除正常的 Fe^{2+} 离子外可能还有 Fe^{3+} 离子，在这种情况下 Fe^{3+} 离子则表示为 $Fe^{\cdot}_{Fe}$。

4.2 缺陷反应方程式

材料中每种缺陷及其浓度均可用有关的生成能和其他热力学性质来描述，因此可以把所有的不完整性当做化学实物来看待，并以缺陷化学的方式来处理。描述缺陷相互作用时，可运用质量作用平衡概念，这样就能够用缺陷方程来表示这些相互作用。下列规则必须遵守：

(1) 位置关系。在化合物 M_aX_b 中 M 的位置数永远必须与 X 的位置数成正确的比例(在 MgO 中是 1:1，在 UO_2 中是 1:2，等)。但在保持这个比例下，每种位置的总数可以变化。

(2) 位置产生。某些缺陷变化如引入或消除一个 M 位置上的空位 V_M，就相当于增加或减少点阵位置数。重要的是在完成这种变化时规则(1)所述的位置关系要保持不变。表示位置产生的缺陷有 V_M、V_X、M_M、M_X、X_M、X_X 等。不产生位置的缺陷有 e'、$h^{\bullet}$、M_i、L_i 等。

(3) 质量平衡。像在任何化学方程中一样，必须保持质量平衡。缺陷符号的下标只表示所研究的位置，对于质量平衡没有意义。记住这点是有益的。

(4) 电中性。晶体必须保持电中性。只有中性原子或分子才能和所研究的晶体外面的相进行交换；在晶体内部，中性粒子能产生两个或更多的电荷相反的缺陷。电中性要求缺陷反应方程两边具有相同数目的有效电荷，但不一定是零。

(5) 表面位置。不需要特别的标记来表示表面位置。当一个 M 原子从晶体内迁移到它的表面时，M 位置数增加。

在这里我们提前研究一下下节中将要讨论的 $CaCl_2$ 溶解到 KCl 中的问题，从中看看这些规则是如何应用的。

在 KCl 中有相同数目的阳离子和阴离子位置。把 $CaCl_2$ 的两个氯原子引入 KCl 的阴离子位置上，我们就必须使用钾的位置以及两个氯的位置。因为只有一个 Ca，我们可以暂时假定有一个钾位置是空的。只考虑原子的置换时，可能的溶解过程是

$$CaCl_2(s) \xrightarrow{KCl} Ca_K + V_K + 2Cl_{Cl} \qquad (4.3)$$

对于强离子型的材料如 $CaCl_2$，我们可以进一步假设这一置换是完全电离的，于是就得到另一种更真实的溶解过程：

$$CaCl_2(s) \xrightarrow{KCl} Ca_K^{\bullet} + V_K' + 2Cl_{Cl} \qquad (4.4)$$

这就保持了电中性、质量平衡和位置关系。同样也有第三种可能性，即形成填隙的带电 Ca^{2+} 离子，氯在氯离子的位置上而钾离子空着。对此我们可以写出

$$CaCl_2(s) \xrightarrow{KCl} Ca_i^{\cdot\cdot} + 2V_K' + 2Cl_{Cl} \tag{4.5}$$

这也保持了电中性、质量平衡和位置关系。从这些可能的过程中来作出判断是缺陷化学的事情，也是下几节中要讨论的主要内容。

4.3 固溶体

在偏离理想晶体的各种类型中，最容易想象的一种是在基体中夹杂有外来的原子，如图 4.1(c)和(d)所示。材料在外来原子参与下结晶，如果外来原子显著地增加了晶型的能量，那么就几乎会完全被晶体抛弃。另一方面，如果它们以规则的方式加入基质结构中而导致系统能量的大大降低，则一个新的晶型就会形成。介于其间的情况是，当晶体形成时外来原子以无规则的方式与结构相适应；在这种情况下，晶胞尺寸通常随组成而变化。如果按照费伽德(Vegard)定律，晶胞尺寸是随所加溶质的浓度呈直线变化的。

当混溶的晶体的自由能低于形成两个不同成分的晶体或形成含有外来原子处于有序位置的新结构的自由能时，固溶体是稳定的。前面提到，自由能由下面关系给出：

$$G = E + PV - TS \tag{4.6}$$

式中的 E 在很大程度上由结构能所决定，而熵则是结构的无规度(几率)的量度。如果无规地增加一个原子就会增加结构能，则固溶体是不稳定的，结果会形成两种晶体结构。另一方面，如果一个外来原子的加入大大降低结构能，系统就趋于形成一个有序的新相。如果能量没有多大变化，熵就会由于无规添加物而增加，使得固溶体具有最低的能量，因而也是稳定的结构。判断在特定系统中固溶体能否稳定有一些不同的规律，这些不同的规律就是上述一般原理在特定情况的应用。

图 4.2 和图 4.3 分别给出了两个稳定的固溶体的例子。MgO - NiO 系统两端的组成都具有氯化钠晶体结构，因而出现了一个完整系列的固溶体。图 4.2(b)是 1500 ℃时的自由能 - 组成曲线示意图。在 1500 ℃对所有组成来说自由能最低的相是固溶体而不是任何其他的有序结构或液体。图 4.3 所示的 MgO - Al_2O_3 系统两端的组成具有不同的晶体结构，第三种可能性是形成一个中间化合物。实验发现，对于 50∶50 的 MgO 和 Al_2O_3 混合物，尖晶石相具有最低的自由能；而在 1750 ℃在 $a-b$ 和 $c-d$ 两端有两种组成固定而数量不同的固溶体彼此处于平衡态[平衡时的组成具有相同的化学势，$\mu = (\partial G/\partial X)_{T,P}$，亦即自由能 - 组成曲线有相等的斜率即公共的切线]。在 MgO - a、$b-c$ 和 d - Al_2O_3 各区域内，成分不同的固溶体是自由能最低的平衡结构。

在后续的几节中将讨论一些用于预测固溶体性质的规则和概念。

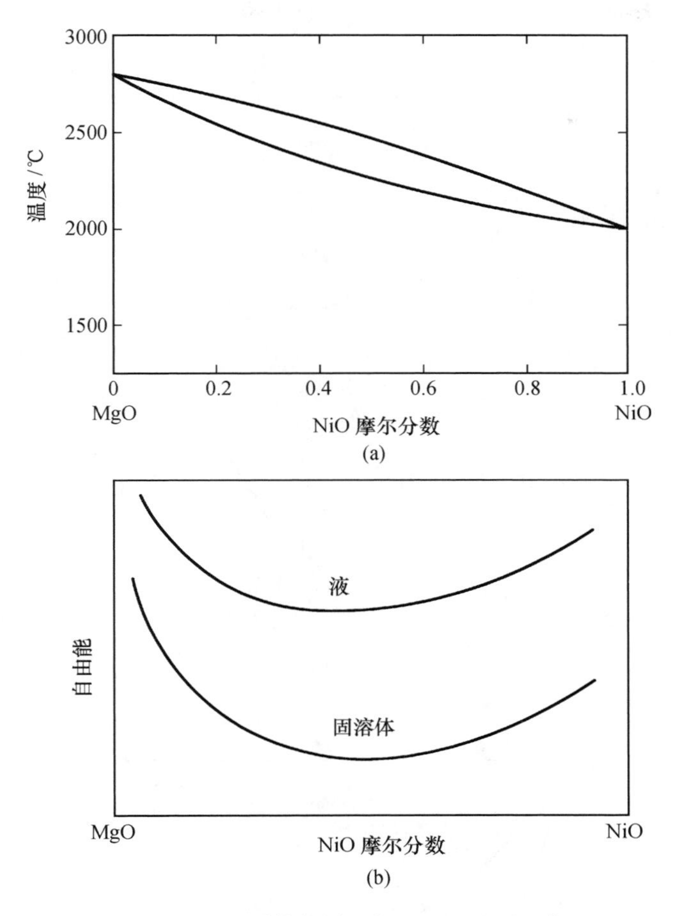

图 4.2 （a）MgO－NiO 系统相图；（b）$T<2000$ ℃时 MgO－NiO 系统的自由能－组成示意图

置换型固溶体 陶瓷晶体的形成过程中一个离子置换另一个离子的现象是很普遍的。图 4.2 和图 4.3 中所示的各种固溶体相就是这种置换的例子。例如，氧化镁晶体中常常包含相当数量的 NiO 或 FeO，Ni^{2+} 或 Fe^{2+} 离子无规分布在晶体中以置换 Mg^{2+}，因此晶体最后的组成可以写成 $Mg_{1-x}Ni_xO$，如图 4.2 中相图所示。在 Al_2O_3－Cr_2O_3（红宝石是含有 0.5% ～ 2% Cr_2O_3 的 Al_2O_3）、ThO_2－UO_2、钠长石－钙斜长石系统和许多尖晶石中可以看到一系列固溶体的存在。在某些系统中，两端组成之间会形成一个连续的固溶体系列（图 4.2），然而在大多数系统中只有有限数目的外来原子能进入置换型固溶体中（图 4.3）；在给定温度下超过固溶度极限时，会导致第二相的形成。

有几个因素决定着固溶体中发生置换的程度，也提出了许多考虑这些因素

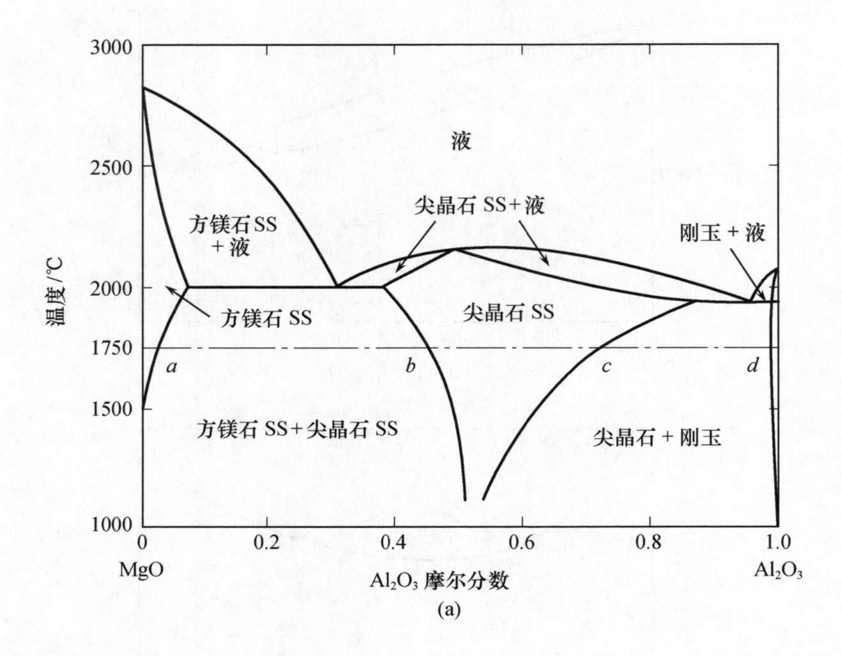

(a)

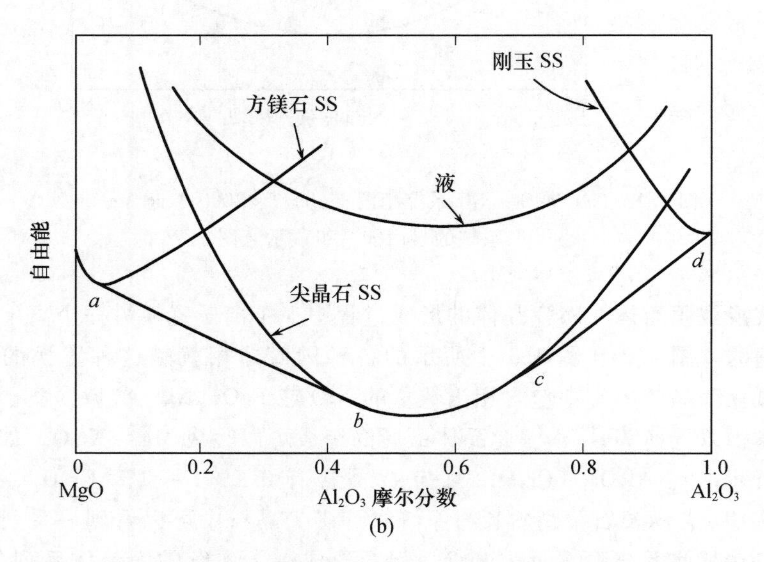

(b)

图 4.3 （a）$MgO-Al_2O_3$ 系统相图；（b）$T=1750$ ℃时 $MgO-Al_2O_3$ 系统的自由能-组成示意图

的规则。这些规则反映了包括有若干项的自由能的变化。因为自由能是温度的函数，对每一个温度都可以绘出一系列的自由能对组成的曲线，类似图 4.2 及图 4.3。由于熵增加可使自由能降低，所以外来原子在任何结构中至少都会有一些微小的溶解度。能导致高度置换的因素如下：

（1）尺寸因素。两个离子尺寸相差小于 15% 对于形成置换型固溶体来说是有利的条件。如果离子尺寸相差大于 15%，置换一般是有限的而且通常小于 1%。这个因素对离子化合物是最重要的。

（2）原子价因素。如果外加离子的原子价与基质原子的原子价不同，置换是有限的。下面将提到，置换还是能够发生的，只是要求同时有其他的结构变化发生以保持总的电中性。

（3）化学亲和性。两种晶体材料之间发生化学反应的趋势越强，固溶度就越受限制，因为新相常常更为稳定。对于氧化物来说，这个限制通常已包含在离子价和尺寸的因素之中。

（4）结构类型。为了形成无限固溶体，两端的组成必须具有相同的晶体结构类型。例如 TiO_2 显然不能同 SiO_2 形成一个连续的固溶体系列（参见第二章对这些结构的描述）。但是，对有限固溶体来说就没有这个限制。

考虑了这些因素之后通常就能够对固溶体的置换程度作出估计。对于氧化物，主要因素是离子的相对尺寸和原子价。虽然不同的离子尺寸显然不能形成高固溶度的固溶体，但原子价不同却能以别的方式来补偿。例如在具有蒙脱石结构的黏土矿物中，Mg^{2+}、Al^{3+} 和 Fe^{2+} 离子相互间的高固溶度是常见的。用二价的 Mg^{2+} 或 Fe^{2+} 置换三价的 Al^{3+} 而引起的电荷不足是由吸附在微小的黏土颗粒表面上的可交换离子来补偿的。同样，在高岭石的四面体配位中心处 Si^{4+} 被 Al^{3+} 离子置换而引起的电荷差也是由吸附在颗粒表面的可交换离子来补偿的。这些固溶体置换效应在很大程度上可以解释所观察到的阳离子交换性质以及黏土矿物形成稳定悬浮体的能力。许多铝硅酸盐结构是衍生结构，在这种结构中，晶体内的一个 Al^{3+} 以大致类似的方式置换一个 Si^{4+}，而一个碱金属或碱土金属离子嵌入一个被胀大了的间隙位置上。有些固溶体常常有许多不同的离子置换。

在另外一种方式中，等电价的条件是通过留下一个随机分布的原子空位来实现的。第二章曾描述过镁铝尖晶石（$MgAl_2O_4$）结构。这种材料和 Al_2O_3 之间有范围很宽的置换型固溶体存在，这对应于 Al^{3+} 置换一部分 Mg^{2+} 离子。为了保持电中性，每加两个 Al^{3+} 必须置换 3 个 Mg^{2+} 离子，留下一个晶格空位。整个这个系列的端部成分是 $\gamma-Al_2O_3$，它具有如尖晶石那样的氧离子的面心立方堆积，对应于 $Al_{8/3}O_4$，其中阳离子位置总数的 1/9 是空的。

这种由不同的离子加上一定比例的原子空位以得到电中性组成的固溶体并

不罕见。例如在 ZrO_2 中加 CaO 外加剂形成立方萤石结构固溶体，其中 Ca^{2+} 替代 Zr^{4+}。每进行一次这种置换，就留下一个氧离子空位，以保持阳离子和阴离子位置为 1:2 的关系。

$$CaO(s) \xrightarrow{ZrO_2} Ca''_{Zr} + O_O + V_O^{\cdot\cdot} \tag{4.7}$$

同样，La_2O_3 加到 CeO_2 或 ZrO_2 中和 CdO 加到 Bi_2O_3 中也导致阴离子点阵中产生许多空位。相反，在 LiCl 中加 $MgCl_2$、在 $MgAl_2O_4$ 中加 Al_2O_3，以及在 FeO 中加入 Fe_2O_3 则导致了阳离子点阵的空位。虽然在上述系统中这些效应很明显，但在有些试样中，类似固溶度的产生是有极限的。例如 $CaCl_2$ 溶解在 KCl 中，这个系统的固溶度小于 1%。

在具有密堆晶体结构的难熔氧化物中，溶解度对温度的依存关系很大(见图 4.3)。虽然 Al_2O_3 在 MgO 中的溶解度在 2000 ℃ 时达百分之几，但在 1300 ℃ 就减少到只有 0.01%。在高温时 TS 乘积控制着溶体的自由能；但当温度降低时，大的点阵空位的生成焓项($E + PV$)就占优势了[式(4.6)]。

通过测定晶体结构的点阵常数来比较理论密度与测得的晶体密度，可以直接地证明空位的形成。下面举几个例子。

组成为 $Zr_{0.85}Ca_{0.15}O_{1.85}$ 的晶体具有萤石结构。X 射线衍射表明在边长为 5.131 Å 的单位晶胞中有 4 个阳离子位置和 8 个阴离子位置。如果阳离子位置全部被充满，并且具有一定比例关系的氧离子空位，在 135.1 $Å^3$ 体积中有 $4 \times 0.15 \times 40.08/6.03 \times 10^{23}$ g Ca、$4 \times 0.85 \times 91.22/6.03 \times 10^{23}$ g Zr 和 $8 \times 1.85/2 \times 16.0/6.03 \times 10^{23}$ g O，那么单位体积的总重为 5.556 $g/cm^3$①[单位晶胞中每种离子的重量为：(该离子位置数)×(所占的百分数)×(原子量)/阿伏伽德罗(Avogadro)常量]。这个值非常接近于直接测得的 5.477 g/cm^3。

图 4.4(a)对由 X 射线衍射测得的点阵常数计算所得密度的变化与直接测出的密度进行了比较。上面一条曲线是按另一种可能的模型——外来阳离子占有填隙位置——计算出来的。可以看出，阴离子空位结构[式(4.7)]与这些计算相符合。然而对于从 1800 ℃ 淬火的试件，图 4.4 (b)中的数据表明较高温度下的平衡状态具有不同类型的结构缺陷(这也许是首次提醒我们在室温下和在高温平衡状态下观测所得可能有差别)。式(4.4)和图 4.5(a)说明，当 KCl 中添加 $CaCl_2$ 时密度的变化与阳离子空位的形成一致；而图 4.5(b)指出，当 MgO 中添加 Al_2O_3 时，密度变化也与阳离子空位形成一致。

4.8 节和 4.9 节中的讨论将指出，电荷平衡也可以通过电子结构的变化而实现。

---

① 原文为“5.480 g/cm^3”，疑有误。——译者注

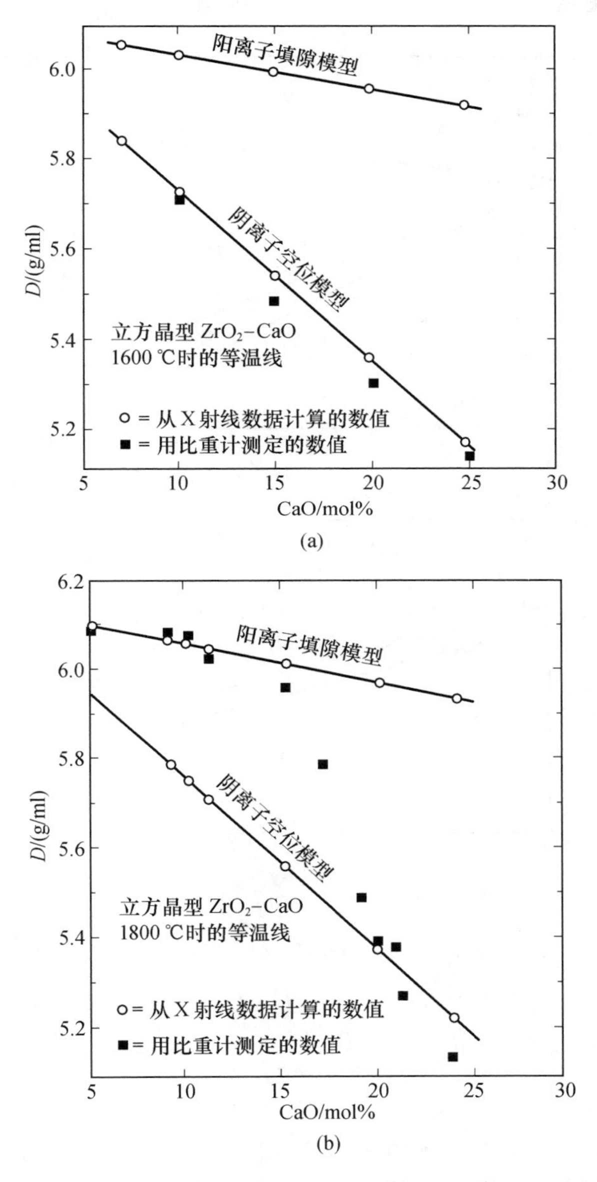

图 4.4　从 1600 ℃(a)和 1800 ℃(b)淬火，添加 CaO 的 ZrO_2 固溶体中的密度变化。在 1600 ℃ 每添加一个 Ca^{2+}，同时形成一个晶体空位。在 1800 ℃ 缺陷类型随组成有明显的改变。引自 A. Diness and R. Roy, *Solid State Communication*, **3**, 123(1965)

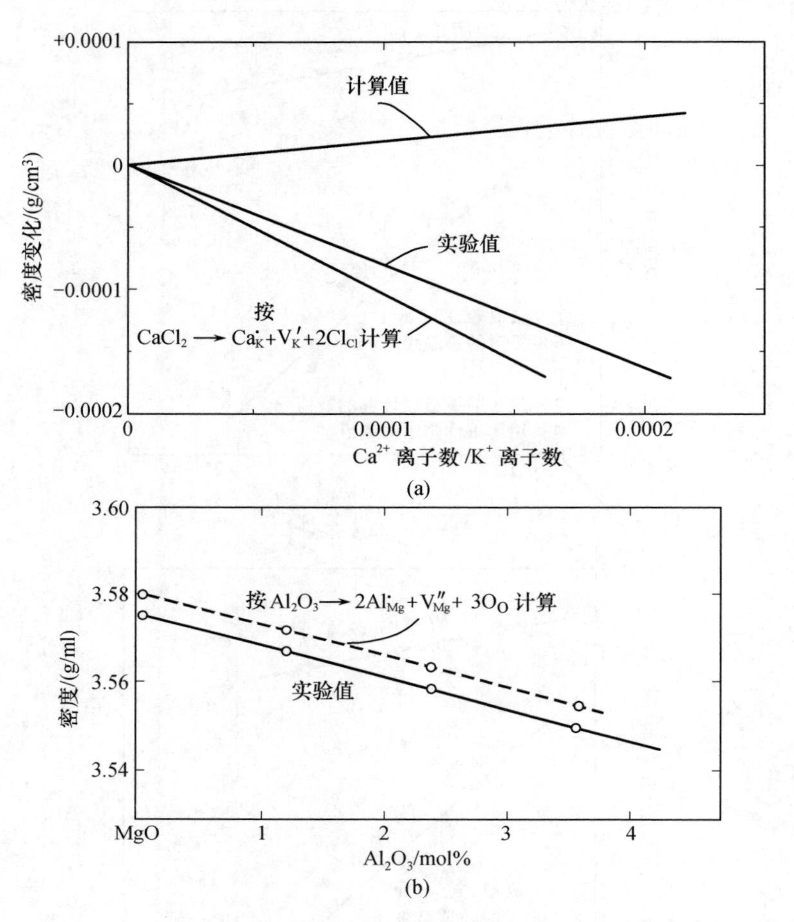

图 4.5　当（a）KCl 中添加 $CaCl_2$［引自 H. Pick and H. Weber，*Z. Physik*，**128**，409(1950)］，（b）MgO 中添加 Al_2O_3 时，形成阳离子晶格空位。引自 V. Stubican and R. Roy，*J. Phys. Chem. Solids*，**26**，1293(1965)

填隙型固溶体　如果外加原子很小，它们就能进到晶体的填隙位置而形成固溶体。这种类型的固溶体在金属键合的材料中特别普遍，在其中添加的 H、C、B 和 N 很易于进入间隙位置。

除了结构类型条件以外，形成填隙型固溶体的能力与置换型固溶体取决于同样的因素—— 尺寸、原子价和化学亲和力。尺寸效应与原始基质的晶体结构有关。在面心立方结构如 MgO 中，能利用的填隙位置仅仅是被 4 个氧离子包围的四面体位置，在 TiO_2 中通常有空着的八面体间隙，在萤石结构中有八重配位的较大的间隙，在像沸石那样的一些网状硅酸盐结构中间隙位置非常大。因此，我们预期易于形成填隙型固溶体的顺序是沸石 $>ThO_2>TiO_2>MgO$，实际情况也是这样。

离子添加在间隙位置上需要有相应的电荷平衡来保持电中性，这可以通过形成空位、置换型固溶体或电子结构的变化来实现。所有这些都可以找到实例。例如，当 YF_3 或 ThF_4 加到 CaF_2 中时形成一种 Th^{4+} 或 Y^{3+} 替代 Ca^{2+} 的固溶体，同时 F 离子被置于填隙的位置上以保持电中性[图 4.6(a)]。

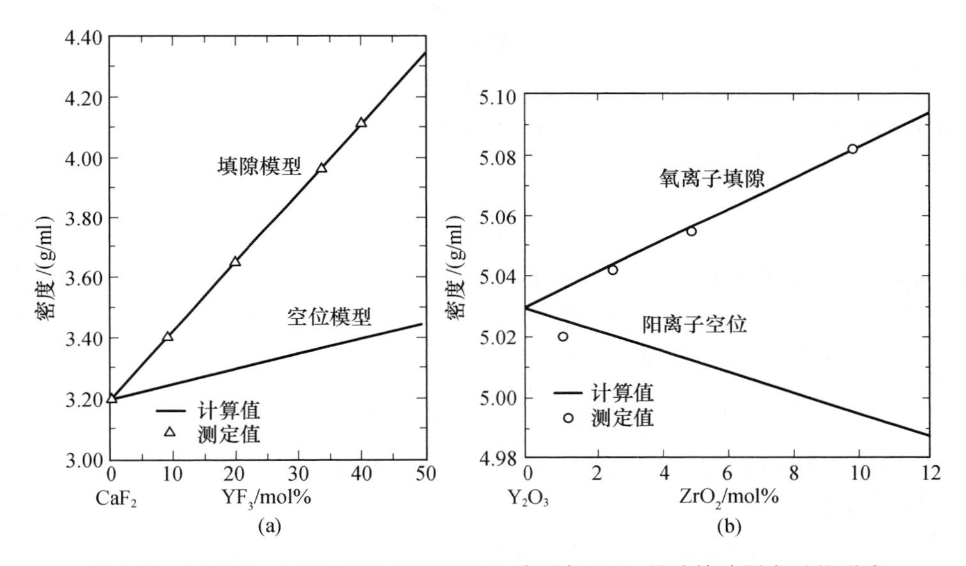

图 4.6 (a) CaF_2 中添加 YF_3 和(b) Y_2O_3 中添加 ZrO_2 导致填隙阴离子的形成

同样，ZrO_2 加到 Y_2O_3 中时会产生氧离子填隙以保持一定的位置关系和电中性。图 4.6(b) 中给出的实测密度数据符合式(4.8)(氧离子填隙)而不符合式(4.9)(Y 空位)。

$$密度增加：2ZrO_2(s)\xrightarrow{Y_2O_3}2Zr_Y^{\cdot}+3O_O+O_i'' \qquad (4.8)$$

$$密度减少：3ZrO_2(s)\xrightarrow{Y_2O_3}3Zr_Y^{\cdot}+6O_O+V_Y''' \qquad (4.9)$$

在许多硅酸盐结构中，由于填隙的 Be^{2+}、Li^+ 或 Na^+ 引起的附加电荷是通过固溶体中 Al^{3+} 取代 Si^{4+} 而得到平衡的。

4.4 弗仑克尔缺陷

不添加任何外来原子，晶体中也可能出现几种不同类型的缺陷。其中一种特殊类型是同等数目的晶格空位和填隙原子同时出现，这种缺陷叫做弗仑克尔(Frenkel)缺陷①[图4.1(a)]。这种缺陷出现的程度加剧会导致结构的能量增加，但同时熵(结构无规度)也增加。较高温度下具有较高的熵值，因此缺陷的形成对于达到热力学稳定性所需要的最小自由能是有利的。

晶体的自由能可写成完整晶体的自由能 ΔG_0 加上产生 n 个填隙和空位所需的自由能变化 $n\Delta g$ 减去由缺陷排列的各种可能方式而产生的熵的增加量 ΔS_c：

$$\Delta G = \Delta G_0 + n\Delta g - T\Delta S_c \tag{4.10}$$

位形熵 ΔS_c 正比于缺陷排列方式数 W，并由下式给出：

$$\Delta S_c = k\ln W \tag{4.11}$$

对于完整晶体，N 个原子本身是不能区分的，只能以一种方式排在 N 个不同的晶格位置上。其位形熵为

$$\Delta S_c = k\ln\frac{N!}{N!} = k\ln 1 = 0 \tag{4.12}$$

然而，如果有 N 个正常的位置和相等数目的填隙位置，则填隙原子 n_i 能以 $N!/[(N-n_i)!\,n_i!]$ 个方式排列，空位 n_v 则能以 $N!/[(N-n_v)!\,n_v!]$ 个方式排列。对于这些无规(没有相互作用的)排列缺陷，相应的位形熵为

$$\Delta S_c = k\ln\left[\frac{N!}{(N-n_i)!\,n_i!}\right]\left[\frac{N!}{(N-n_v)!\,n_v!}\right] \tag{4.13}$$

在数值很大时，根据斯特林(Stirling)近似得到 $\ln N! = N\ln N - N$。由于 $n_i = n_v = n$，所以

$$\Delta S_c = 2k\ln[N\ln N - (N-n)\ln(N-n) - n\ln n] \tag{4.14}$$

而总的自由能变化是

$$\Delta G = \Delta G_0 + n\Delta g - 2kT\left[N\ln\left(\frac{N}{N-n}\right) + n\ln\left(\frac{N-n}{n}\right)\right] \tag{4.15}$$

在平衡状态下，与缺陷数量有关的自由能取得最小值，因此 $(\partial\Delta G/\partial n)_{T,P} = 0$。对式(4.15)微分并使它等于零，然后取 $N - n \approx N$ 可以得到 $\Delta g = 2kT\ln(N/n)$，或

$$\frac{n}{N} = \exp\left(-\frac{\Delta g}{2kT}\right) = \exp\left(\frac{\Delta s}{2k}\right)\exp\left(-\frac{\Delta h}{2kT}\right) \tag{4.16}$$

在应用式(4.16)时，有时认为除了位形熵以外其他的熵变是可以忽略的，因此

$$\frac{n}{N} \approx \exp\left(-\frac{\Delta h}{2kT}\right) \tag{4.17}$$

---

① Frenkel，见之前所引用的文献。

其他的熵增量 Δs 主要来源于晶格变形以及伴随缺陷而发生的振动频率的变化。对这一数值进行的理论估算结果之间没有取得完全一致；而实验观测则指出，虽然在绝大多数情况下 $\exp(\Delta s/2k)$ 值出现在 10 ~ 100 之间，但小到 10^{-4} 及大到 10^4 的值也有报道。因此，对缺陷浓度绝对值的估计是有一定的不确定性的。相反，缺陷浓度随温度的相对变化以及相应的 Δh 则与实测结果比较吻合。

对溴化银已经进行了很深入的研究。在适当温度下，溴化银的阳离子亚点阵上会形成弗仑克尔缺陷：

$$\mathrm{Ag_{Ag}} \rightleftharpoons \mathrm{Ag_i^{\bullet}} + \mathrm{V'_{Ag}} \tag{4.18}$$

定义 $[\mathrm{V'_{Ag}}]$ 为带电的银空位的百分数，$[\mathrm{V'_{Ag}}] = n_v/N$，而填隙银的百分数则为 $[\mathrm{Ag_i^{\bullet}}] = n_i/N$，

$$[\mathrm{V'_{Ag}}][\mathrm{Ag_i^{\bullet}}] = \exp\left(-\frac{\Delta g}{kT}\right) \tag{4.19}$$

对于化学计量比的 AgBr，$[\mathrm{V'_{Ag}}] = [\mathrm{Ag_i^{\bullet}}]$，于是得到

$$[\mathrm{Ag_i^{\bullet}}] = \exp\left(-\frac{\Delta g}{2kT}\right) \tag{4.20}$$

考察少量缺陷形成的另一种常用方法是应用质量作用定律。在离子晶体中产生一个空位和一个填隙离子可写成化学方程

（正常离子）+（间隙位置）=（填隙离子）+（空位）

$$\mathrm{Ag_{Ag}} + \mathrm{V_i} = \mathrm{Ag_i^{\bullet}} + \mathrm{V'_{Ag}} \tag{4.21}$$

这一方程的质量作用常数是

$$K_F = \frac{[\mathrm{Ag_i^{\bullet}}][\mathrm{V'_{Ag}}]}{[\mathrm{V_i}][\mathrm{Ag_{Ag}}]} \tag{4.22}$$

在缺陷浓度很小时，$[\mathrm{V_i}] \approx [\mathrm{Ag_{Ag}}] \approx 1$，所以①

$$[\mathrm{Ag_i^{\bullet}}]\ [\mathrm{V'_{Ag}}] = K_F \quad 或 \quad [\mathrm{Ag_i^{\bullet}}] = \sqrt{K_F} \tag{4.23}$$

弗仑克尔缺陷浓度由式(4.16)中给出的形成空位和填隙离子的能量及温度决定。如果生成能在 1 ~ 6 eV 范围内及温度在 100 ~ 1800 ℃之间，缺陷浓度则可能在百分之几到 $1/10^{41}$ 之间，如表 4.1 所示。室温下平衡浓度通常很小。如果缺陷的生成能不太大，高温下的平衡浓度就相当可观。

虽然形成弗仑克尔缺陷的位形熵的变化可以从统计热力学计算，但如上一节所述，将一个原子放到一个填隙位置中所导致的能量变化在很大程度上取决于结构和离子的特性。计算这种能量是困难的，因为离子极化需要一个很大的校正项。对碱金属卤化物进行计算很困难，而对氧化物进行这种计算则几乎是

① 原文式(4.23)中最后一项为 $\sqrt{K}$，疑有误。——译者注

表 4.1 不同温度下的缺陷浓度

$$\frac{n}{N}=\exp\left[-\frac{\Delta g}{2kT}\right]=\exp\left[\frac{\Delta s}{2k}\right]\exp\left[-\frac{\Delta h}{2kT}\right]\approx\exp\left(-\frac{\Delta h}{2kT}\right)$$

缺陷浓度	1 eV[1)]	2 eV	4 eV	6 eV	8 eV
n/N 在 100 ℃	2×10^{-7}	3×10^{-14}	1×10^{-27}	3×10^{-41}	1×10^{-54}
n/N 在 500 ℃	6×10^{-4}	3×10^{-7}	1×10^{-13}	3×10^{-20}	8×10^{-27}
n/N 在 800 ℃	4×10^{-3}	2×10^{-5}	4×10^{-10}	8×10^{-15}	2×10^{-19}
n/N 在 1000 ℃	1×10^{-2}	1×10^{-4}	1×10^{-8}	1×10^{-12}	1×10^{-16}
n/N 在 1200 ℃	2×10^{-2}	4×10^{-4}	1×10^{-7}	5×10^{-11}	2×10^{-19}
n/N 在 1500 ℃	4×10^{-2}	1×10^{-3}	2×10^{-6}	3×10^{-9}	4×10^{-12}
n/N 在 1800 ℃	6×10^{-2}	4×10^{-3}	1×10^{-5}	5×10^{-8}	2×10^{-10}
n/N 在 2000 ℃	8×10^{-2}	6×10^{-3}	4×10^{-5}	2×10^{-7}	1×10^{-9}

1) 1 eV = 23.05 kcal/mol。

不可能的。下节将讨论这种计算的一个例子。

对于具有氯化钠结构的碱金属卤化物晶体，形成一个填隙加一个空位所需的能量为 7 ~ 8 eV，所以这种缺陷很少出现。具有氟化钙结构的晶体，由于结构中有很大的间隙位置，所以形成填隙所需要的能量较低。对于 CaF_2，$\Delta h=2.8$ eV，且 $\exp(\Delta s/2k)$ 约为 10^4，因而弗仑克尔缺陷是常见的。只有当晶体中的离子具有高极化率、能很好地被纳入填隙位置时，弗仑克尔缺陷才起主要作用。例如 AgBr 就是这样。AgBr 中许多填隙 Ag^+ 离子与相应的空位一起发生。弗仑克尔缺陷形成能为 $\Delta h=1.1$ eV；指数前项 $\exp(\Delta s/2k)$ 约在 30 ~ 1500范围内。

形成弗仑克尔缺陷的一种氧化物系统是 Y_2O_3，这一系统的缺陷反应为

$$O_O+V_i=O_i^{\cdot\cdot}+V_O'' \quad 或 \quad K_F=[O_i^{\cdot\cdot}][V_O''] \tag{4.24}$$

把这个关系与掺入了氧化锆的氧化钇固溶体所表现的固溶行为[式(4.8)]相结合，则填隙氧的浓度将由溶质浓度决定，同时氧空位浓度则必须减少。也就是说，由填隙浓度和空位浓度的乘积所描述的弗仑克尔平衡保持不变。

4.5 肖特基缺陷

在离子晶体中存在的另一类特殊缺陷是在热平衡条件下有阳离子和阴离子两种空位[图 4.1(b)]。和弗仑克尔缺陷一样，形成空位必须消耗能量，但是熵的增加导致当温度升高时有限的空位浓度会使自由能减小①。

① Wagner and Schottky，见之前所引用的文献。

考虑像 NaCl 这样的晶体中的肖特基(Schottky)缺陷，采用与式(4. 10)～(4. 16)中对弗仑克尔缺陷所用的完全相同的方式，我们可以导出空位的浓度。如果 Δg 是将两个离子移动到表面而形成一对空位所需的能量，则

$$\frac{n_v}{N}=\exp\left(-\frac{\Delta g}{2kT}\right)=\exp\left(\frac{\Delta s}{2k}\right)\exp\left(-\frac{\Delta h}{2kT}\right)\approx\exp\left(-\frac{\Delta h}{2kT}\right) \tag{4.25}$$

缺陷浓度随温度呈指数增加，空位浓度在表 4. 1 中给出。

离子晶体中产生点缺陷所需要的热焓原则上可以用玻恩－哈伯（Born－Haber）循环计算，这包括：① 由于离子气化而在晶体中产生带电的不完整性；② 气体的离子转变为原子；③ 从气态原子形成化合物。对 NaCl 进行计算所得到的结果与实验数据之间符合得很好①：

$$\Delta h_{calc}=2.12\ \mathrm{eV}\qquad \Delta h_{obs}=(2.02\sim 2.19)\,\mathrm{eV}$$

碱金属卤化物在高温下通常产生肖特基缺陷。

对于氧化物，包括库仑相互作用、玻恩斥力和极化效应的计算会有很大的不确定性。然而，氧化物中的空位生成能是碱金属卤化物中的 2 ～ 3 倍；这说明要在很高的温度时平衡肖特基缺陷在氧化物中才变得重要起来。因此，如同在有关固溶体和非化学计量比的章节中所讨论过的那样，由热效应产生的本征缺陷的数目通常少于固溶体。表 4. 2 给出了肖特基缺陷和弗仑克尔缺陷生成能的一些实验值和估计值。

表 4. 2　一些晶体中的缺陷生成能

化合物	反应	生成能 Δh/eV	指数前项 = exp（$\Delta s/2k$）
AgBr	$Ag_{Ag}\longrightarrow Ag_i^{\bullet}+V_{Ag}'$	1. 1	30 ~ 1500
BeO	无缺陷态 $\rightleftharpoons V_{Be}''+V_O^{\bullet\bullet}$	~ 6	?
MgO	无缺陷态 $\rightleftharpoons V_{Mg}''+V_O^{\bullet\bullet}$	~ 6	?
NaCl	无缺陷态 $\rightleftharpoons V_{Na}'+V_{Cl}^{\bullet}$	2. 2 ~ 2. 4	5 ~ 50
LiF	无缺陷态 $\rightleftharpoons V_{Li}'+V_F^{\bullet}$	2. 4 ~ 2. 7	100 ~ 500
CaO	无缺陷态 $\rightleftharpoons V_{Ca}''+V_O^{\bullet\bullet}$	~ 6	?
CaF_2	$F_F\rightleftharpoons V_F^{\bullet}+F_i'$	2. 3 ~ 2. 8	10^4
	$Ca_{Ca}\rightleftharpoons V_{Ca}''+Ca_i^{\bullet\bullet}$	~ 7	?
	无缺陷态 $\rightleftharpoons V_{Ca}''+2V_F^{\bullet}$	~ 5. 5	?
UO_2	$O_O\rightleftharpoons V_O^{\bullet\bullet}+O''_i$	3. 0	?
	$U_U\rightleftharpoons V_U''''+U_i^{\bullet\bullet\bullet\bullet}$	~ 9. 5	?
	无缺陷态 $\rightleftharpoons V_U''''+2V_O^{\bullet\bullet}$	~ 6. 4	?

① F. G. Fumi and M. P. Tosi, *Discuss. Faraday Soc.*, **23**, 92(1957)。

在对特定温度下填隙离子和点阵空位浓度进行研究时必须记住最后一条重要的原则：平衡缺陷浓度是在平衡条件下导出的，而要达到平衡必须有足够时间，因为通常包括要越过许多个原子尺度的扩散过程，故在低温时平衡实际上无法达到。这样，高温缺陷浓度可以在晶体冷却时被淬留在晶体中，如图 4.4 所示。

肖特基缺陷和弗仑克尔缺陷间一个重要的区别是肖特基缺陷的形成需要一个晶格扰动区域，如晶界、位错或自由表面。例如在 MgO 中，Mg^{2+} 必须离开它们的晶格位置而迁移到表面或晶界，这样，

$$Mg_{Mg} + O_O \rightleftharpoons V''_{Mg} + V^{\cdot\cdot}_O + Mg_{surf} + O_{surf} \tag{4.26}$$

因为迁移到表面的镁离子和氧离子在原来表面离子之上形成了一个新的表面层，故这个方程和下面一般形式的肖特基方程等价：

$$无缺陷态 \rightleftharpoons V''_{Mg} + V^{\cdot\cdot}_O \tag{4.27}$$

并且只影响动力学而不影响平衡态。

和弗仑克尔缺陷一样，在肖特基平衡中空位浓度的乘积也是固定不变的。由式(4.27)，

$$K_s = [V''_{Mg}][V^{\cdot\cdot}_O] \tag{4.28}$$

Al_2O_3 作为溶质加入 MgO 中时产生阳离子空位，如图 4.5(b)所示。这效应与肖特基平衡[式(4.28)]结合就要求同时减少阴离子空位浓度。

4.6 有序－无序转变

在理想晶体中，原子周期性地排列在规则的位置上。在实际晶体中，我们却看到外来原子、空位和填隙原子干扰了这种完全的有序。偏离有序的另一种类型是在结构中不同种类位置间的原子交换，导致一部分原子处于“错位”上。这种无序类似于我们讨论的其他类型的结构不完整；它提高结构能但也增加无规性或熵，所以高温时无序变得愈加重要。这导致一种在低温有序和高温无序之间的有序－无序转变。这种转变在金属合金中经常观察到，在离子系统中也能遇到。但离子系统中更多的可能是或者完全有序或者完全无序，而有序－无序转变只是偶尔才观测到。有序－无序转变和高－低温的同质多象转变(2.10 节)之间有某些相似性，也有些区别。

有序的程度可以从长程的角度以“错位”原子的百分比来描述，也可以从短程的角度用最邻近及次邻近配位圈中“错位”原子的百分比来描述。长程有序的描述对于我们来说已经足够了。让我们研究在有两种位置 α 和 β 的点阵中的两种原子 A 和 B，原子总数等于位置数 N。令 R_α 是被“正位”A 原子占有的 α 位置的百分数，R_β 是被 B 原子占有的 β 位置的百分数。在完全有

序的晶体中，所有原子处在“正位”上，$R_\alpha = R_\beta = 1$。如果 A 原子和 B 原子以及 α 位置和 β 位置的数目相等，那么对于一个完全无序的排列，只有半数 A 原子在 α 位置上，$R_\alpha = 1/2$，只有半数 B 原子在 β 位置上，$R_\beta = 1/2$。我们可以定义一个有序参数 S，它是 α 位置被 A 原子填充程度的量度。按这种方法，对于完全有序，$S = 1$；对于完全无序，$S = 0$，即

$$S = \frac{R_\alpha - \frac{1}{2}}{1 - \frac{1}{2}} = \frac{\frac{1}{2} - W_\alpha}{1 - \frac{1}{2}} \tag{4.29}$$

式中：W_α 是在 α 位置上含有“错位”B 原子的百分数。

如果只有微小程度的无序发生，则按照式(4.11)～(4.16)中对弗仑克尔缺陷所用的完全相同的方法，就可以导出有序度与温度以及交换一对原子所需的能量 E_D 之间的关系，结果为

$$\frac{W_\alpha}{R_\alpha} = \frac{W_\beta}{R_\beta} = \exp\left(-\frac{E_D}{2kT}\right) \tag{4.30}$$

然而，随着无序程度的增加，一个“错位”原子附近更多原子也将是“错位”的。因此，当无序总量增加时，再发生无序就更容易了(即需要的 E 值较低)。在最简单且还算令人满意的无序理论[①]中，假定使一对离子无序所需的能量与有序度直接成比例，即

$$E_D = E_0 S \tag{4.31}$$

这有点过于简单化，因为即使长程有序是常数，E_D 的值还取决于短程有序。比较合理的关系可以通过考虑短程有序对无序能量的影响而导出[②]。在两种情况下，由于现象的协同性，当无序随着温度增加时，无序的速率也在增加，直到某个转变温度时(图 4.7)达到完全无序。通常 A 原子和 B 原子的数目是不相等的，因此导出的关系也必须包括这个变量。F. C. Nix 和 W. Shockley 关于这方面的问题曾进行过卓越的评论[③]。

如果在能量变化不大的情况下 AB 型合金中最邻近原子可以有序或无序，通常就可以观察到金属中的无序转变。在离子型材料中，把一个阳离子和配位体中的一个阴离子交换，在能量上是非常不利的，所以永远不会发生。所有有序－无序现象都是相对于阳离子亚结构中的阳离子位置或阴离子亚结构中的阴离子位置而言的。在这种情况下，能量的变化是二次配位的变化；而一次配位保持不变。如果原子尺寸和电荷差不多相同，则来自同号电荷离子组成的二次

① W. L. Bragg and E. J. Williams, *Proc. R. Soc.* (*London*), **145A**, 699(1934)。

② H. A. Bethe, *Proc. R. Soc.* (*London*), **15A**, 552(1935)。

③ *Rev. Mod. Phys.*, **10**, 1(1938)。

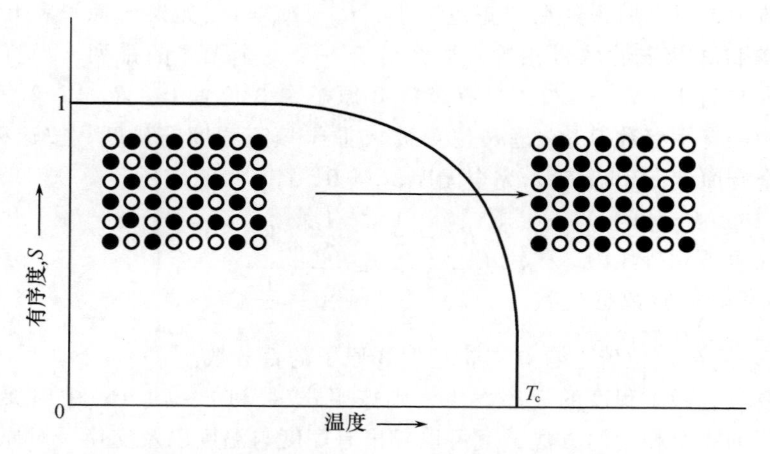

图 4.7　无序度作为温度的函数。在临界温度 T_c 达到完全无序

配位环的能量几乎全部是库仑性质。如果在结构中所有阳离子的位置都等价，那么无序的能量变化就很小，并且所发生的无序形式也只有这一种。例如在 NiO - MgO 和 Al_2O_3 - Cr_2O_3 的固溶体中就是这种情况[但是在足够低的温度下，式(4.6)中的 TS 乘积足够小，则如第八章中所述，在几乎所有系统中都会出现相分离]。此外，尽管原子价不同，如果只考虑一种离子位置，则许多材料都几乎是完全无序的。例如 $Li_2Fe_2O_4$ 和 Li_2TiO_3 都具有氯化钠结构，其阳离子在阳离子位置上作无规分布。这两种化合物不仅彼此间而且也同 MgO 形成连续的固溶体。同样在 $(NH_4)_3MoO_3F_3$ 化合物中，O^{2-} 和 F^- 离子位置是不可辨别的；即在这个化合物中，在阴离子位置上存在着无序。这些化合物的有序形式尚未观察到。

陶瓷系统中最重要的有序 - 无序转变的例子发生在具有两种不同类型阳离子位置的材料中。例如，尖晶石结构中有些阳离子在八面体位置上，有些则在四面体位置上。阳离子位置会发生不同程度的有序化，这取决于热处理。几乎在所有的具有尖晶石结构的铁氧体中均已发现：高温时阳离子是无序的，而低温时稳定的平衡态是有序的。有序度随温度的变化服从图 4.7 所示的关系。

在有序结构中，当有未被占据的可利用的位置时会发生一种无序。Ag_2HgI_4 就是这种情况：在有序的低温态中，有 3/4 的位置被有序填充；在 500 ℃左右发生一个典型的有序 - 无序转变；超过这个温度就完全无序，有一个 Hg 和两个 Ag 离子无规则地排列在 4 个可利用的阳离子位置上。

4.7 缺陷缔合

离子晶体中存在肖特基缺陷或弗仑克尔缺陷时，具有相反有效电荷的各个缺陷间作用有库仑引力。具有相反电荷的缺陷间的静电相互作用可以用德拜 - 休克尔(Debye - Hückel)的电解质理论描述(推荐读物 2 和 7)。然而，实用的理论还要考虑到排斥力、附近的原子的重新排列和极化效应。在这种理论的精度内(并考虑实验数据的贫乏)，在距离很小时可以主要考虑静电相互作用，并把缔合看成是形成复杂缺陷的原因。例如在含有肖特基缺陷的材料中，最邻近位置上的一个阴离子空位和一个阳离子空位组成空位对。可以把这种空位对的形成写成

$$V'_{Na} + V^{\bullet}_{Cl} = (V'_{Na}V^{\bullet}_{Cl}) \tag{4.32}$$

空位对的摩尔浓度由下式给出，

$$\frac{[(V'_{Na}V^{\bullet}_{Cl})]}{[V'_{Na}][V^{\bullet}_{Cl}]} = Z\exp\left(-\frac{\Delta g_{vp}}{kT}\right) = Z\exp\left(\frac{\Delta s_{vp}}{k}\right)\exp\left(-\frac{\Delta h_{vp}}{kT}\right) \tag{4.33}$$

式中：Z 是对位形熵有贡献的空位对的取向系数(对于 $V^{\bullet}_{Cl}V'_{Na}$空位对，$Z=6$)。根据肖特基平衡，钠离子和氯离子的空位乘积是不变的，于是得到

$$[V'_{Na}][V^{\bullet}_{Cl}] = \exp\left(\frac{\Delta s_s}{k}\right)\exp\left(-\frac{\Delta h_s}{kT}\right) \tag{4.34}$$

和

$$[(V'_{Na}V^{\bullet}_{Cl})] = Z\exp\left(\frac{\Delta s_s}{k}\right)\exp\left(\frac{\Delta s_{vp}}{k}\right)\exp\left(-\frac{\Delta h_s + \Delta h_{vp}}{kT}\right) \tag{4.35}$$

空位对浓度是晶体的热力学特征(温度的函数)且与溶质浓度无关。

带相反电荷的缺陷间的库仑吸引能为

$$-\Delta h_{vp} \approx \frac{q_i q_j}{\kappa R} \tag{4.36}$$

式中：$q_i q_j$ 是有效电荷(电子电荷 × 原子价)；κ 是静态介电常数；R 是缺陷间距离。这个关系显然是很近似的，但是它几乎可以得出正确的数值并且有助于作深入理解。对于氯化钠，阳离子 - 阴离子距离是 2.82 Å，介电常数是 5.62，因此分离一对空位需要的能量是

$$-\Delta h_{vp} \approx \frac{(4.8\times10^{-10}\,\text{esu})^2 \times 6.24\times10^{11}\,\text{eV/esu}^2/\text{cm}}{5.62\times2.82\times10^{-8}\,\text{cm}} \approx 0.9\ \text{eV} \tag{4.37}$$

式中：4.8×10^{-10} esu 是电子电荷。更精确的计算[①]给出了稍低一些的值，

① Fumi and Tosi，见之前所引用的文献。

0.6 eV。由于两个空位结合形成一个空位对，因此有理由假定指数项 $\exp(\Delta s_{vp}/k)$ 接近于 1。这一假定已获得一些实验数据的支持。

氧化物材料中的空位具有较大的有效电荷，空位对的形成所导致的能量增益较大（表 4.3）。因此，在氧化物陶瓷中空位对应该比已充分研究过的碱金属卤化物更为重要。我们在推理的基础上计算出了氯化钠和氧化镁中肖特基缺陷和空位对的期望浓度，结果如图 4.8 所示。

表 4.3　由式(4.36)计算得到的库仑缺陷缔合能的近似值

（这种简单的计算结果偏高，比正确值可能大 50% ~100% 不定）

	κ	R/Å	$-\Delta h$[1] $\approx q_i q_j/\kappa R$/eV
NaCl	5.62		
$V'_{Na}-V^{\bullet}_{Cl}$		2.82	0.9
$Ca^{\bullet}_{Na}-V'_{Na}$		3.99	0.6
CaF_2	8.43		
$F'_i-V^{\bullet}_F$		2.74	0.6
$Y^{\bullet}_{Ca}-V''_{Ca}$		3.86	0.9
$Y^{\bullet}_{Ca}-V''_{Ca}-Y^{\bullet}_{Ca}$		3.86	0.4
MgO	9.8		2.8
$V'_{Mg}-V^{\bullet}{}_{\bullet o}$		2.11	2.8
$Fe^{\bullet}_{Mg}-V''_{Mg}$		2.98	1.0
$Fe^{\bullet}_{Mg}-V''_{Mg}-Fe^{\bullet}_{Mg}$		2.98	0.5
NiO	12.0		
$V''_{Ni}-V^{\bullet\bullet}_O$		2.09	2.3
$V''_{Ni}-Ni^{\bullet}_{Ni}$		2.95	0.8
$Ni^{\bullet}_{Ni}-V''_{Ni}-Ni^{\bullet}_{Ni}$		2.95	0.4
$Li'_{Ni}-Ni^{\bullet}_{Ni}$		2.95	0.4
VO_2	~15		
$O''_i-V^{\bullet\bullet}_O$		2.09	0.5

1) $esu^2/cm \times 6.242 \times 10^{11} = eV$。

带相反电荷的缺陷的静电相互作用也引起溶质和晶格缺陷间的缔合。氯化钙掺入氯化钠后有下面的反应：

$$CaCl_2(s) \xrightarrow{NaCl} Ca^{\bullet}_{Na} + V'_{Na} + 2Cl_{Cl} \tag{4.38}$$

缔合反应使系统的自由能减少，

$$Ca^{\bullet}_{Na} + V'_{Na} = (Ca^{\bullet}_{Na}V'_{Na}) \tag{4.39}$$

对此我们可以写出质量作用常数

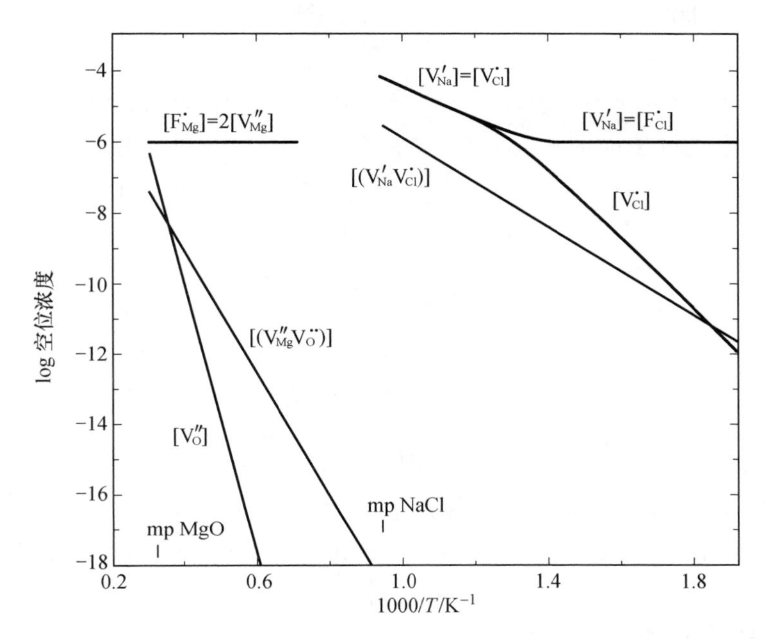

图 4.8　对于含有 1 ppm 不等价溶质的样品计算的（对 NaCl）和估计的（对 MgO）个别缺陷和缔合缺陷浓度

$$\frac{[(Ca^{\bullet}_{Na}V'_{Na})]}{[Ca^{\bullet}_{Na}][V'_{Na}]}=Z\exp\left(\frac{\Delta g_a}{kT}\right)=Z\exp\left(\frac{\Delta s_a}{k}\right)\exp\left(-\frac{\Delta h_a}{kT}\right)\approx Z\exp\left(-\frac{\Delta h_a}{kT}\right) \tag{4.40}$$

式中：Z 是溶质－空位对的取向系数（在 NaCl 晶格中对于邻近阳离子位置 $Z=12$），并有理由假设包含振动熵的指数项接近于 1。表 4.3 中给出了许多系统缔合能的估算值，这个估算以库仑引力为基础［式(4.36)］。与空位对的本征性质不同，溶质－空位缔合的浓度强烈取决于溶质浓度。

当温度进一步降低而达到了溶解度极限时，含有溶质的晶体中就会发生溶质的淀析。当温度低于这个极限时，晶体内留在固溶体中溶质的浓度由淀析反应的自由能决定。对于含有 $CaCl_2$ 的 NaCl，可写成

$$Ca^{\bullet}_{Na}+V'_{Na}\rightleftharpoons CaCl_2(ppt)^{①} \tag{4.41}$$

$$\frac{CaCl_2(ppt)}{[V'_{Na}][Ca^{\bullet}_{Na}][Cl_{Cl}]^2}=\exp\left(-\frac{\Delta g_{ppt}}{kT}\right)\propto\exp\left(-\frac{\Delta h_{ppt}}{kT}\right) \tag{4.42}$$

或

① 这里的“ppt”是淀析物的意思。——译者注

$$[V'_{Na}] \propto \exp\left(+\frac{\Delta h_{ppt}}{2kT}\right) \tag{4.43}$$

同样，从图4.3中我们看到 Al_2O_3 在MgO中的溶解度从2000 ℃时的约为10%下降到1500 ℃时的0.1%以下，相当于大约3 eV的溶解热。对淀析反应可写出

$$Mg_{Mg} + 2Al^{\bullet}_{Mg} + V''_{Mg} + 4O_O \rightleftharpoons MgAl_2O_4(ppt) \tag{4.44}$$

$$[V''_{Mg}][Al^{\bullet}_{Mg}]^2 \propto \exp\left(+\frac{\Delta h_{ppt}}{kT}\right) \tag{4.45}$$

因为

$$[Al^{\bullet}_{Mg}] \approx 2[V''_{Mg}] \tag{4.46}$$

$$[V''_{Mg}] \propto \left(\frac{1}{4}\right)^{1/3} \exp\left(+\frac{\Delta h_{ppt}}{3kT}\right) \tag{4.47}$$

故晶体中的缺陷浓度近似地由这些方程所确定的淀析热决定。因为总的溶解度也包括缺陷缔合，式(4.43)及式(4.47)所给出的 Δh_{ppt} 并不等于溶解热的负值。

4.8 电子结构

在理想晶体中，除了所有原子处于正确位置且所有位置均被填满以外，电子应处在最低能量状态。根据泡利不相容原理，电子能级被限制在一些能带中，在0 K时有一个最大的截止能量，这一最大截止能就是我们熟知的费米(Fermi)能 $E_F(0)$。在较高温度下，热激发导致在某些较高能量状态的平衡分布，因此在费米能级附近有一个 $E_F(T)$ 的分布，费米能级就是发现一个电子的几率等于1/2时的能量。总的电子能量状态中只有一小部分受热能的影响，这与电子能带图有关。

在金属、半导体和绝缘体中所观测到的温度的不同影响与电子能带水平有关(图4.9)。在金属中，这些能态是相互交叠的，这样电子激发到较高的能量状态时不存在势垒。在半导体和绝缘体中，完全填满的能带与电子能量状态较高的完全空着的导带之间被禁带隔开。在本征半导体中，满带和空带的能量差同热能相比不是很大，因此少数电子被激发进入导带而在满带中留下电子空位(电子空穴)。在完全绝缘体中，能带之间的间隙很大以致热激发不足以改变电子的能量状态，且在所有温度下，导带完全没有电子而其次的较低能带则是完全填满而没有空的状态。

在本征半导体中，每一个由于能量增加而进入导带的电子会留下一个电子空穴，因此空穴数等于电子数，$p = n$。通常用 p 表示带正电的电子空穴浓度，即 $p = [h^{\bullet}]$；用 n 表示带负电的过剩的电子浓度，即 $n = [e']$。这种情况下，

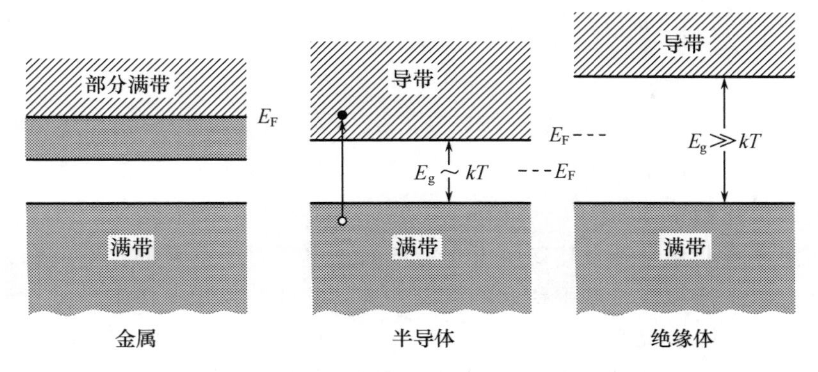

图 4.9　具有部分填满的导带的金属、具有窄禁带的本征半导体和具有高 E_0 值的绝缘体的电子能带水平

费米能级 E_F 是在满带上限及导带下限的中间。

本征电子缺陷浓度可用类似于计算弗仑克尔缺陷和肖特基缺陷浓度的方式计算。在这个计算中，电子的热无序性是和满带中具有足够能量以跳过能量间隙 E_g 而进入导带的价电子几率有关。由于泡利不相容原理，电子的分布需要用费米统计来计算。自由电子的浓度是

$$n = [e'] = \frac{n_e}{N_c} = \frac{1}{1 + \exp[(E_c - E_F)/kT]} \tag{4.48}$$

式中：n_e 是每立方厘米的电子数；N_c 是导带中实际起作用的态密度，

$$N_c = 2\left[\frac{2\pi m_e^* kT}{h^2}\right]^{3/2} \approx 10^{19}/\text{cm}^3 \quad (T = 300\ \text{K}) \tag{4.49}$$

E_c 是导带底部的能级；E_F 是费米能，如图 4.9 所示。费米能量表示电子的化学势，在 0 K 时费米能量在禁带中心。

对于价带中的电子空穴有类似的关系，且当电子和电子空穴浓度很小时，表达式可以简化成

$$n = [e'] = \frac{n_e}{N_c} = \exp\left(-\frac{E_c - E_F}{kT}\right) \tag{4.50}$$

$$p = [h^{\bullet}] = \frac{n_p}{N_v} = \exp\left(-\frac{E_F - E_v}{kT}\right) \tag{4.51}$$

式中：N_v 是在价带中的电子－空穴态密度，

$$N_v = 2\left[\frac{2\pi m_h^* kT}{h^2}\right]^{3/2} \approx 10^{19}/\text{cm}^3 \quad (T = 300\ \text{K}) \tag{4.52}$$

每立方厘米电子浓度与每立方厘米空穴浓度的乘积由下式给出：

$$n_e n_p = 4\left[\frac{2\pi kT}{h^2}\right]^3 (m_e^* m_h^*)^{3/2} \exp\left(-\frac{E_g}{kT}\right) = 10^{38} \exp\left(-\frac{E_g}{kT}\right)/\text{cm}^6 \quad (T = 300\ \text{K}) \tag{4.53}$$

式中：$E_g \equiv E_c - E_F$；h 是普朗克常量；m_e^*、m_h^* 是晶格中自由电子和电子空穴的有效质量，通常略大于自由电子质量（在氧化物中 m^* 近似于 2 ~ 10 m，在碱金属卤化物中 m^* 近似于 $1/2m$）。在纯净晶体中电子浓度等于电子空穴浓度。当溶质或非化学计量比影响电子能级时，电子对于空穴的比率改变，但是同弗仑克尔平衡和肖特基平衡时的情况一样，它们的乘积保持不变。

禁带的范围是很宽的，从如 PbS 的 0.35 eV 这样比较小的数值到稳定氧化物如 MgO 和 Al_2O_3 的大约 8 eV。表 4.4 列出了纯净材料中禁带间隙的某些特征值和所对应的电子和空穴的浓度。

表 4.4　在纯净的、化学计量比固体中能带间隙[1]及电子和空穴的近似浓度

$$n \approx 10^{19} \exp\left[-\frac{E_a}{2kT}\right] \text{电子/cm}^3$$

晶体	E_g/eV	室温	1000 K	熔点	温度/K
KCl	7	10^{-40}	20	150	1049
NaCl	7.3	10^{-43}	4	70	1074
CaF_2	10	10^{-66}	10^{-6}	10^3	1633
UO_2	5.2	10^{-25}	10^6	10^{15}	3150
NiO	4.2	10^{-16}	10^8	10^{13}	1980
Al_2O_3	7.4	10^{-44}	2.0	10^{11}	2302
MgO	8	10^{-49}	0.01	10^{12}	3173
SiO_2	8	10^{-49}	0.01	10^8	1943
AgBr	2.8	10^{-5}	10^{12}	10^9	705
CdS[2]	2.8	10^{-5}	10^{12}	10^{15}	1773
CdO[2]	2.1	20	10^{13}	10^{16}	1750
ZnO[2]	3.2	10^{-8}	10^{11}	10^{14}	1750
Ga_2O_3	4.6	10^{-20}	10^7	10^{13}	2000
LiF	12		10^{-11}	10^{-8}	1143
Fe_2O_3[2]	3.1	10^{-7}	10^{11}	10^{14}	1733
Si	1.1	10^{10}	10^{16}	10^{17}	1693

1）大多数数据是光禁带值，可能大于电子禁带。

2）升华或分解。

点阵缺陷、原子空位、填隙原子和溶质原子使能带的能量状态受到扰动，并导致在禁带中产生局域态，如图4.9所示。

如果一个添加的电子或空穴同一个杂质的位置结合是松散的，则可以假设电子是以一种类似于氢原子的方式和缺陷结合，所不同的是电子具有有效质量 m_e^*，并且浸在介电常数为 κ 的介质中，这样就能够近似地计算添加或移去一个电子所需的能量。假设此能量与氢原子中第一个激发能级成比例：

$$E = 13.6\left(\frac{m_e^*}{m}\right)\left(\frac{z}{\kappa}\right)^2 \text{eV} \tag{4.54}$$

式中：z 是缺陷的离子化状态。对于碱金属卤化物，m_e^* 大约为 $\frac{1}{2}m$，介电常数大约为5。因此，在NaCl中电离一个钠或氯原子空位，或从中性钙溶质原子中激发一个电子大约需要0.3 eV的能量。如果假设过剩电子被局限于最近邻的距离上，就能够像计算离子缔合一样[式(4.36)]来计算电离能，即

$$E = \frac{q_1 q_2}{\kappa R}$$

这给出在NaCl中电离一个钠或氯离子空位所需的能量大约是0.9 eV。最后，在电子被束缚于窄的轨道的情况下，价电子和杂质中心的相互作用起决定性作用，并且中心的电离能是由一些特殊的量如电离能或电子亲和力、极化、局部静电势等所决定。通常事先并不知道这些条件中哪一个起作用。

在表示禁带内缺陷处的电子能级时，我们总是遵守惯例，就像能级被占据那样来标定它，以此说明能级的性质。接近导带的中性能级可以被离子化而给出一个电子，叫做电子施主能级。接近价带的中性能级能够接收一个电子而被离子化，叫做受主能级。在氯化钾试样中(图4.10)，空着的氯位置可以用大约1.8 eV的能量使其离子化；置换到钾位置上的钙原子可以用大约1 eV使其离子化。当像钾原子空位这一类的中性位置被电离时，约需1 eV。氯化钾是一种宽禁带的材料，$E_g \approx 7$ eV。其最低的施主能级和最高的受主能级间的能量差是4.2 eV；这就是将中性氯原子空位离子化并把它的电子转移到钾空位时所得的能量，钾空位于是就带有负的有效电荷。因而对于KCl，未电离的原子尺度缺陷的肖特基平衡由下式给出：

$$[V_K][V_{Cl}] \approx \exp\left(-\frac{\Delta G_{s,a}}{kT}\right) \approx \exp\left[-\frac{\Delta G_{s,i}}{kT} + \frac{(E_g - E_A - E_D)}{kT}\right] \approx \exp\left(-\frac{6.4 \text{ eV}}{kT}\right) \tag{4.55}$$

和

$$[V_K'][V_{Cl}^{\bullet}] \approx \exp\left(-\frac{\Delta G_{s,i}}{kT}\right) \approx \exp\left[-\frac{2.2 \text{ eV}}{kT}\right]$$

也就是说,纯净材料中未电离的空位和电离的空位之比可以由下式给出：

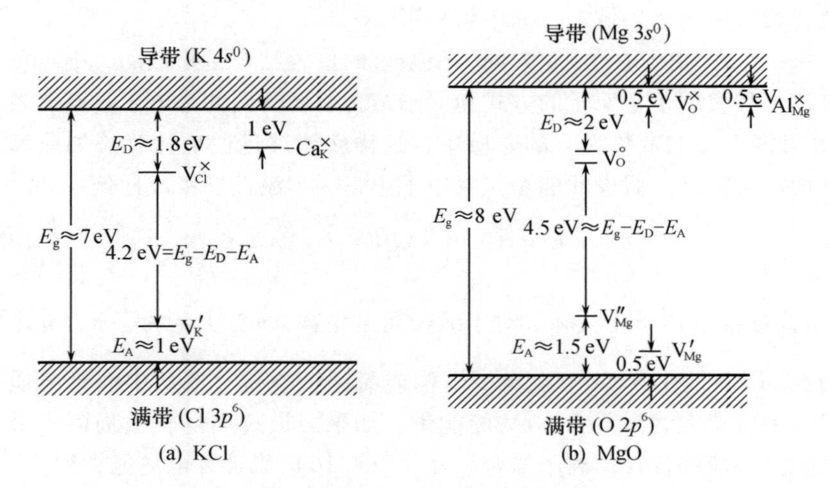

图 4.10　KCl 和 MgO 中估计的电子能级

$$\frac{[V_K][V_{Cl}]}{[V_K'][V_{Cl}^{\cdot}]} \approx \exp\left(-\frac{4.2\ \text{eV}}{kT}\right) \tag{4.56}$$

因此在宽禁带材料中，中性缺陷的浓度比离子化的缺陷浓度小许多个数量级。这也就是我们在 4.2 ~ 4.6 节中所假设的情形。对于具有较窄禁带的材料，特别是有未充满的 d 轨道的过渡元素和较高原子量的元素，缺陷能级接近禁带中心，接近费米能级，出现未电离的或部分电离的缺陷，这两者的电子能级就更加复杂，且常常是有更多争议的。

4.9　非化学计量比固体

在普通化学和许多分析化学技术中，我们总是认为化合物是由固定比例的某些成分所组成的。从结构空位和填隙离子考虑，我们已经看到这仅仅是特殊的情况，而且我们也已看到了阴离子和阳离子之间不存在简单比例的化合物(即非化学计量比化合物)是普遍存在的。非化学计量比的一个例子是方铁矿，其近似组成为 $Fe_{0.95}O$。这个材料具有氯化钠型结构。E. R. Jette 和 F. Foote[1] 研究了不同组成的试样，测定了不同组成试样的单位晶胞尺寸和晶体密度，其结果如表 4.5 所示。化学计量比的偏离可以用填隙位置上的氧离子(例如形成 $FeO_{1.05}$)或阳离子空位来说明。因为当氧对铁的比例减少时密度增加，所以这种结构改变一定是由阳离子空位导致的。当产生更多铁空位时，密度减小，单

① E. R. Jette and F. Foote, *J. Chem. Phys.*, **1**, 29(1933)。

位晶胞尺寸也减小。

表 4.5　方铁矿的组成和结构

组成	Fe/atom%	单位晶胞棱长/Å	密度/(g/cm³)
$Fe_{0.91}O$	47.68	4.290	5.613
$Fe_{0.92}O$	47.85	4.293	5.624
$Fe_{0.93}O$	48.23	4.301	5.658
$Fe_{0.945}O$	48.65	4.310	5.728

引自 E. R. Jette and F. Foote, *J. Chem. Phys.*, **1**, 29(1933)。

为了补偿阳离子数量的不足以及由此而产生的正电荷的损失，每形成一个空位两个 Fe^{2+} 就必须转变成 Fe^{3+} 离子。从化学的观点来看，我们可以把它简单地看成是 Fe_2O_3 在 FeO 中的固溶体，这种固溶体中为了保持电中性，3 个 Fe^{2+} 离子被两个 Fe^{3+} 离子和一个晶格空位所置换，也就是 $Fe_2^{3+}V_{Fe}O_3$ 置换了 Fe_3O_3，其中 V_{Fe}表示阳离子空位。作为一级近似，可以把 Fe^{2+} 看成无规分布。在 FeS 和 FeSe 中观察到了与此类似的结构。在这些化合物中，化学计量比的范围和阳离子的晶格空位相对应。其他例子有 $Co_{1-x}O$、$Cu_{2-x}O$、$Ni_{1-x}O$、$\gamma-Al_2O_3$和 $\gamma-Fe_2O_3$。同样也有阴离子晶格中具有空位的化合物如 ZrO_{2-x}和 TiO_{2-x}。也有填隙阳离子的氧化物如 $Zn_{1+x}O$、$Cr_{2+x}O_3$ 和 $Cd_{1+x}O$。具有填隙阴离子的化合物较少，但 UO_{2+x}却是一例。

从化学的观点来看，所有这些结构都可以看成是较高和较低氧化态的固溶体，也就是 Fe_2O_3 在 FeO 中、U_3O_8 在 UO_2 中以及 Zr 在 ZrO_2 中的固溶体。然而与不同电价相联系的电子常常不是固定在一个特定的离子位置上，而是很容易从一个位置迁移到另一个位置。这一电子与任何固定的离子位置无关，此概念可以在非化学计量比化合物的形成反应中用单独表示的办法来说明。对于 TiO_2 形成 TiO_{2-x}加$\frac{x}{2}O_2(g)$的反应，

$$2Ti_{Ti}+O_O=2Ti'_{Ti}+V_O^{\cdot\cdot}+\frac{1}{2}O_2(g) \tag{4.57}$$

等价于

$$O_O=V_O^{\cdot\cdot}+\frac{1}{2}O_2(g)+2e' \tag{4.58}$$

式中：e′ 是在结构中附加的电子。同样，化学计量比结构中少一个电子就相当于有一个电子空穴或者一个失去的电子 $h^{\cdot}$，

$$2Fe_{Fe}+\frac{1}{2}O_2(g)=2Fe_{Fe}^{\cdot}+O_O+V_{Fe}'' \tag{4.59}$$

$$\frac{1}{2}O_2(g) = O_O + V_{Fe}'' + 2h^{\cdot} \tag{4.60}$$

由于化学计量比范围的存在，通常氧化物的组成随氧压而变化。所含阳离子采取单一价态(高电离势)的稳定氧化物如 Al_2O_3 和 MgO 只有很有限的非化学计量比范围，并且在这些材料中非化学计量比效应常常和杂质含量有关。阳离子具有低电离势的氧化物表现出很宽的非化学计量比范围。对于式(4.57)~(4.60)所表示的那些反应，可以写出质量作用式和平衡常数，把气氛压力和观测到的非化学计量比数量联系起来。例如氧化钴形成阳离子空位：

$$\frac{1}{2}O_2(g) = O_O + V_{Co}'' + 2h^{\cdot} \tag{4.61}$$

这个方程的平衡常数由下式给出：

$$K = \frac{[O_O]\ [V_{Co}'']\ [h^{\cdot}]^2}{P_{O_2}^{1/2}} \tag{4.62}$$

因为晶体中氧离子的浓度没有显著变化($[O_o] \approx 1$)，且电子空穴浓度等于空位浓度的两倍 $2[V_{Co}''] = [h^{\cdot}]$，

$$[V_{Co}''] \sim P_{O_2}^{1/6} \tag{4.63}$$

同样，当 ZnO 在锌蒸气中加热时，我们得到一个含有过剩锌的非化学计量比组成 $Zn_{1+x}O$，对此可写出

$$Zn(g) = Zn_i^{\cdot} + e' \tag{4.64}$$

$$K = \frac{[Zn_i^{\cdot}]\ [e']}{P_{Zn}} \tag{4.65}$$

$$[Zn_i^{\cdot}] \sim P_{Zn}^{\ 1/2} \tag{4.66}$$

或对氧压的关系$[Zn(g) + \frac{1}{2}O_2 \rightleftharpoons ZnO]$可类似地写出

$$[Zn_i^{\cdot}] \sim P_{O_2}^{-1/4} \tag{4.67}$$

在各种情况中，一个基本的考虑是缺陷的本质(置换、填隙、空位)和电离化程度。例如，在 ZnO 中填隙锌可能双倍电离：

$$Zn(g) = Zn_i^{\cdot\cdot} + 2e' \tag{4.68}$$

这将给出不同的浓度－分压关系：

$$[Zn_i^{\cdot\cdot}] \propto [e'] \propto P_{Zn}(g)^{1/3} \propto P_{O_2}^{-1/6} \tag{4.69}$$

正确选择模型需要实验数据。因为电导率和自由电子浓度成比例，因而也和荷电的填隙锌的浓度成比例。图 4.11 中的电导率数据说明单电荷填隙锌[式(4.64)~(4.67)]是实际的缺陷机理。

迄今我们只研究了有限的化学计量比范围内出现的主要类型。对于缺陷结构的更完全的描述需要写出空位、电子能级和化学组成(包括溶质和杂质的影

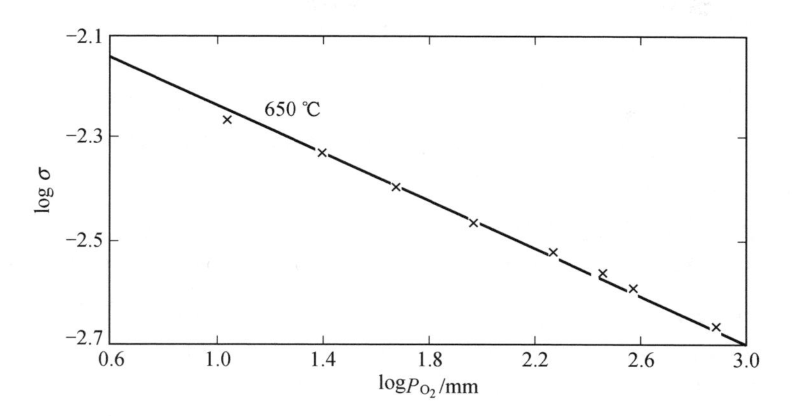

图 4.11　650 ℃时 ZnO 的电导率随氧分压的变化关系。引自 H. H. Baumbach and C. Wagner, *Z. Phys. Chem.*, **B22**, 199(1933)

响)之间的相互作用的所有平衡式，并与电荷平衡、位置平衡和质量平衡的关系式一起解出这一组方程。根据 Brouwer① 提出的近似方法，我们可用对数形式写出质量作用方程，使各项之间有线性关系，并且假设在电中性方程的每一边一个浓度占压倒优势以致其他浓度可以忽略。在给定温度下可绘制图解，以每类缺陷的浓度对数作为氧压对数的函数，这样可以得到一条直线，其斜率和给定电中性条件下的氧压关系相对应。

考虑一种具有氧的弗仑克尔缺陷的氧化物材料，氧含量在化学计量比左右范围内变化，并且电子和电子空穴浓度是可观的。可以写出

$$O_O = O_i'' + V_O^{\bullet\bullet} \qquad [O_i''][V_O^{\bullet\bullet}] = K_F'' \tag{4.70}$$

$$O_O = \frac{1}{2}O_2(g) + V_O^{\bullet\bullet} + 2e' \qquad [V_O^{\bullet\bullet}][e']^2 P_{O_2}^{1/2} = K_1 \tag{4.71}$$

$$\text{无缺陷状态} = e' + h^{\bullet} \qquad [e'][h^{\bullet}] = K_i \tag{4.72}$$

$$\frac{1}{2}O_2(g) = O_i'' + 2h^{\bullet} \qquad \frac{[O''_i][h^{\bullet}]}{P_{O_2}^{1/2}} = K_2 \tag{4.73}$$

实际上这 4 个方程只需要 3 个，因为两个表示外加的氧的方程是等价的，也就是 $K_1K_2 = K_i^2K_F''$。电中性方程式是

$$2[O_i''] + [e'] = 2[V_O^{\bullet\bullet}] + [h^{\bullet}] \tag{4.74}$$

但是，如果能隙使得在化学计量比组成下电子缺陷的浓度远远大于弗仑克尔缺陷浓度，我们可用比较简单的条件即 $n = p$ 来代替这种表示法。当电子浓度固定时，根据式(4.71)，氧空位浓度和 $P_{O_2}^{-1/2}$ 成比例。同样，固定电子空

① *Philips. Res. Rep.*, **9**, 366(1954)。

穴浓度，氧的填隙浓度就和 $P_{O_2}^{+1/2}$ 成比例。在化学计量比组成下氧填隙和氧空位浓度是相等的。

在足够高的氧压下，填隙氧的浓度一直增加到电中性条件能近似写成为 $[O_i'']=p/2$。在足够低的氧压下具有正的有效电荷的氧空位浓度一直增加到平衡条件近似写为 $[V_O^{\cdot\cdot}]=n/2$。

当弗仑克尔缺陷浓度实质上大于本征电子缺陷浓度时就产生另一种可能性，这相当于 $\Delta g_F'' < E_g$。缺陷浓度随氧压的变化关系如图 4.12 所示。

图 4.12 为了简化而忽略了缺陷的缔合及杂质的影响。而在真实陶瓷材料中，这些影响实际上常常是起决定性作用的。对于氧化物 MO，在纯净材料中肖特基平衡占优势，由于杂质的引入而产生的重大变化如图 4.13 所示。用我们早先的讨论来仔细阐释图4.12和图4.13是很值得读者一试的。虽然这些 Brouwer 图清楚地说明了非化学计量比的强烈影响以及缺陷结构与氧压之间的预期关系，但应该再次提醒大家这些图只是示意图。对于任何氧化物系统来说，所有必要的平衡常数的精确值都还未获得。

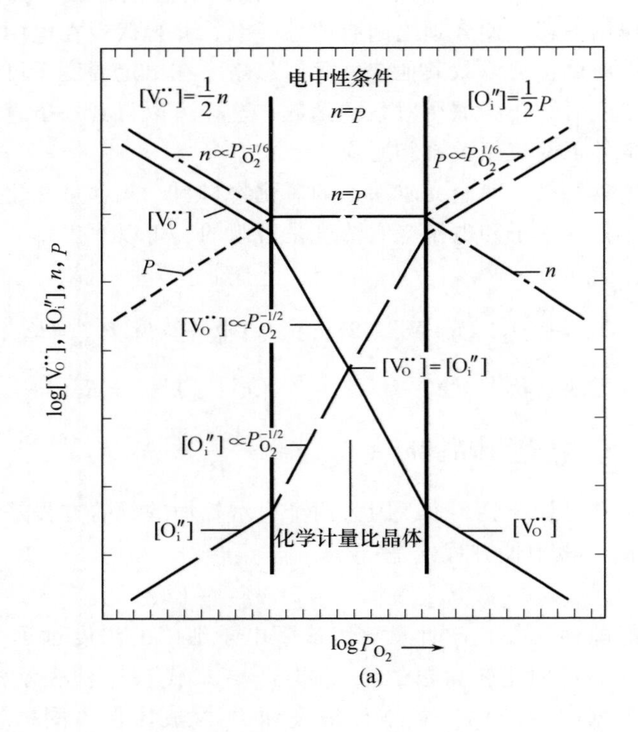

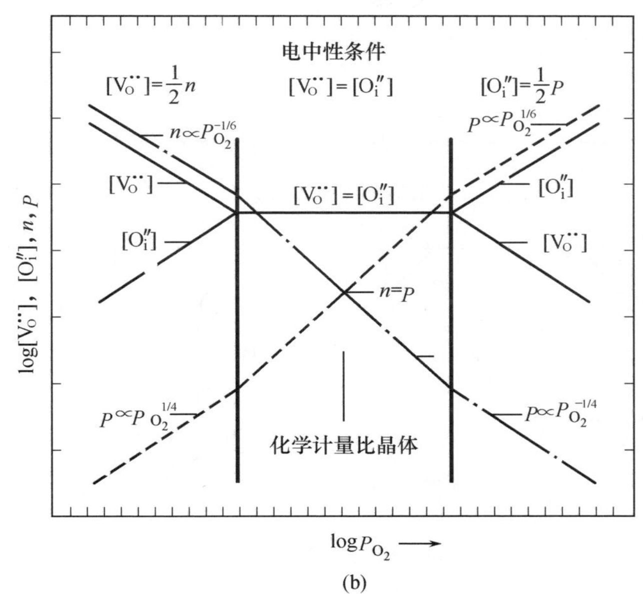

(b)

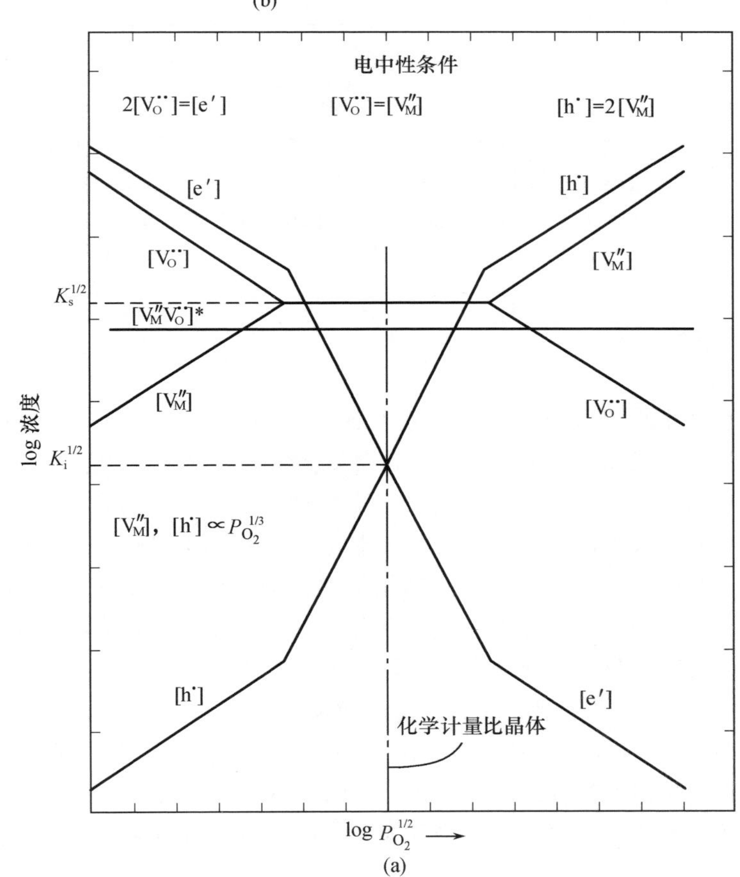

(a)

图 4.12　氧化物中氧的点缺陷浓度和电子的缺陷浓度作为氧压的函数的示意图（浓度取决于氧的分压，可能有氧的过剩或不足）：(a) $K_i > K_F''$；(b) $K_F'' > K_i$（推荐读物 9）

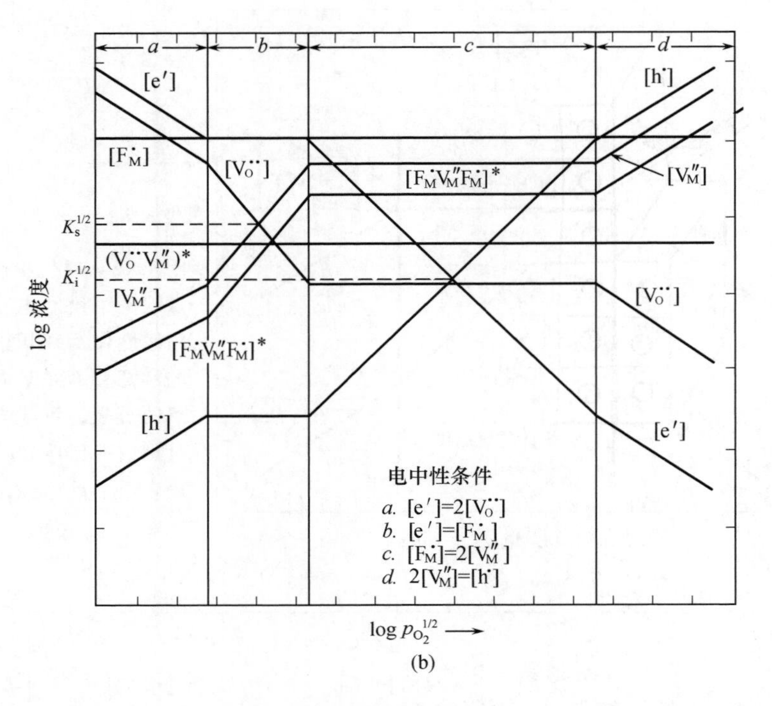

(b)

图 4.13　作为氧压的函数的缺陷浓度示意图。(a) 纯净的氧化物，在化学计量比组成下肖特基缺陷占优势；(b) 形成肖特基缺陷但也含有阳离子杂质的氧化物(从推荐读物 8 修改而得)

4.10　位错

到目前为止我们所研究过的不完整性都是点缺陷。另一种在实际晶体中存在的不完整性是线缺陷，叫做位错。这些缺陷的独特之处在于它们决不是作为平衡态出现的不完整性。对于平衡态不完整性，其浓度可由热力学进行计算。位错可由不同方式形成，但是或许最好是通过如图 4.14 所示的晶体的塑性形变来设想。晶体的两部分沿着一个称做滑移面的平面相对剪切时就发生形变。滑移面与晶格中的一个平面平行。如果滑移面上的所有原子同时发生跳跃以实现这一切变过程，那就需要很大的能量，这样塑性形变所需要的应力就会比实际观察到的高得多(大约 10^6 psi)。与此相反，人们认为形变是通过一种波状运动来实现的(图 4.14)，晶格畸变限于一个狭小的区域。晶体的已滑移部分与未滑移部分之间的分界线叫位错线。位错线垂直于滑移方向的位错称为*刃位错*；位错线平行于滑移方向的位错称为*螺位错*。刃位错的结构相当于在晶体中

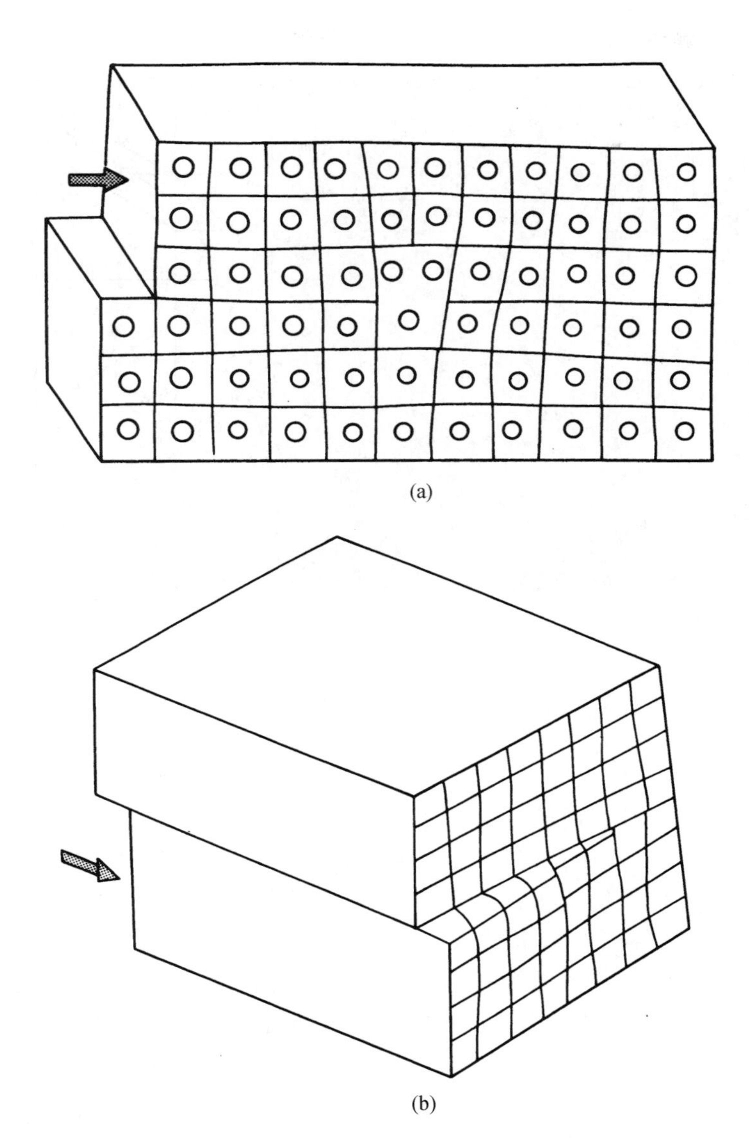

图 4.14　塑性形变时产生的纯刃位错(a)和纯螺位错(b)

插入了一个额外的原子平面，这可以用皂泡筏来说明(图 4.15)。

位错的一个特征是具有伯格斯(Burgers)矢量 **b**，它是位错的单位滑移距离并且总是平行于滑移方向。围绕位错沿一回路计算晶格位置上的原子数就可决定伯格斯矢量。图 4.16 就两类位错说明了这种方法。如果我们从 A 点开始，沿一个方向数出一定数量的单位晶格长度，再沿另一方向数出另一数量的单位

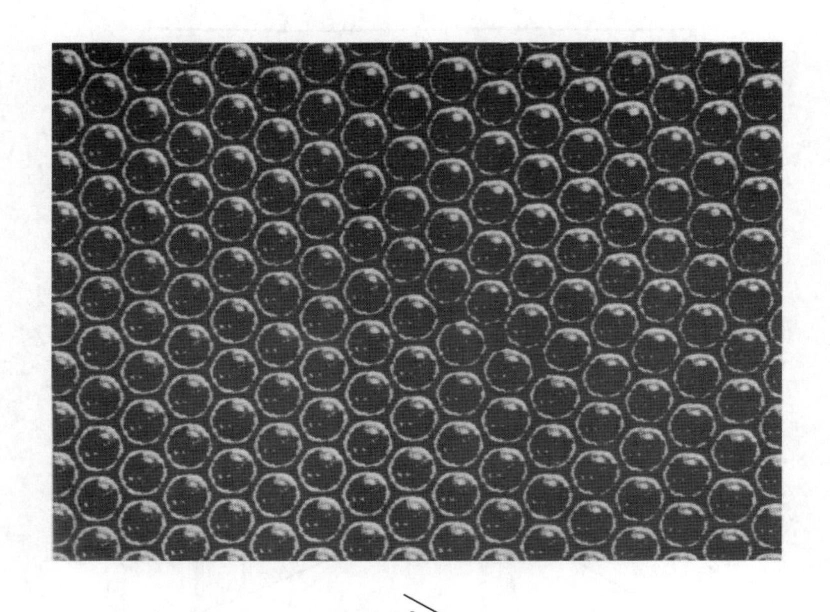

图 4.15　皂泡筏中的位错。引自 W. L. Bragg and J. F. Nye，*Proc. R. Soc.* (*London*)，**A190**，474(1947)

晶格长度，如此继续，做成一个完整的回路。如果这个晶格是完整的，我们会终止在始发点；如果有位错存在，我们就会终止在一个不同的位置。这种回路的起点与终点间的矢量就是伯格斯矢量。刃位错的伯格斯矢量总是和位错线垂直，螺位错的伯格斯矢量和位错线平行。

但是，线缺陷或位错通常并不限于这两种形式而可能是它们的各种结合(图 4.16)。伯格斯矢量既不平行也不垂直于位错线的位错叫做混合位错，它具有刃位错和螺位错两者的特征。位错可能在晶体表面终止，但是永远不会在晶格内部终止。这样它们必须同另一些位错形成节点或在晶体内形成一个闭合环。这样的位错环和节点经常可以观察到(图 4.17)。在节点上伯格斯矢量总和必须是零。

晶体中位错的起源还不完全清楚。在平衡态时不应该有位错存在，因为位错的能量比起由它们引起的熵的增加来说要大得多。位错必然是在固化、冷却或加工时以不平衡的方式引入的。可能的来源包括热应力、机械应力、冷却时空位的沉积和在第二相粒子上的生长。

晶体位错的假定首先是在 1934 年由 Orowan、Taylor 和 Polanyi 各自独立提出来用以说明塑性形变的，直到1953年还未能在真实晶体中直接看到。

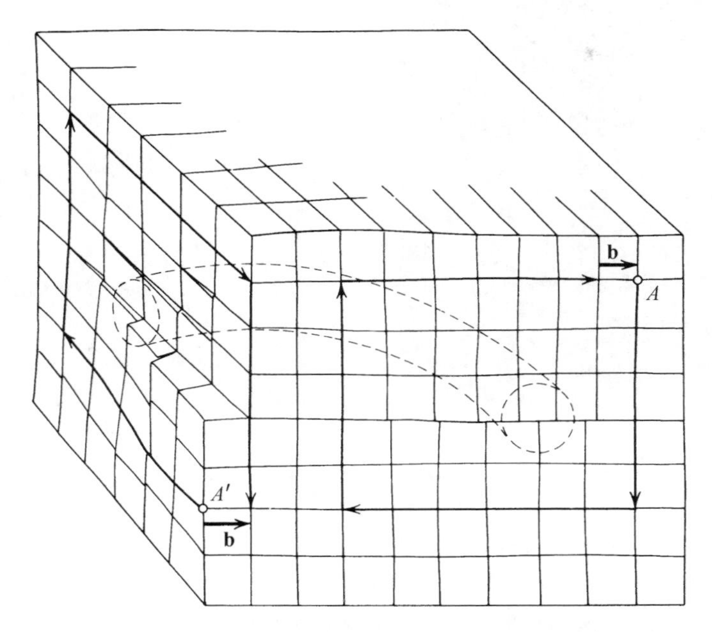

图 4.16 刃位错和螺位错的结合。伯格斯矢量 **b** 表示纯螺位错和纯刃位错，图中示出了连接这两种位错的位错线

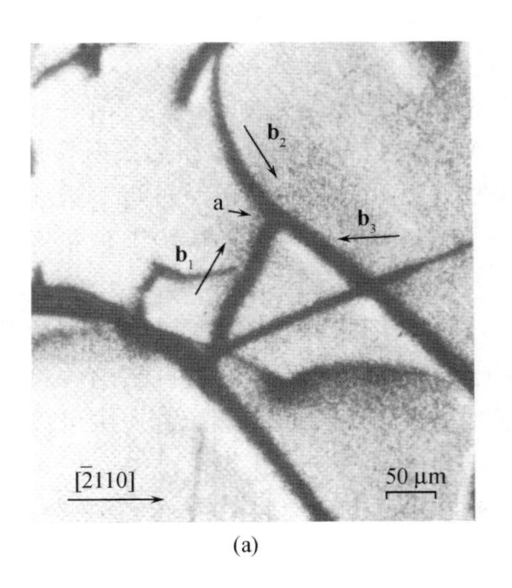

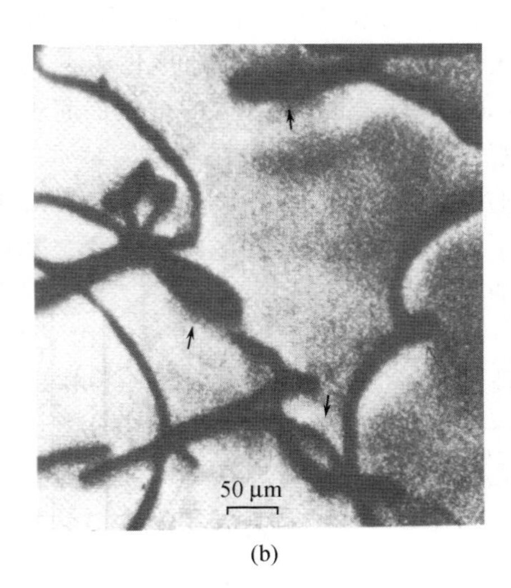

(a) (b)

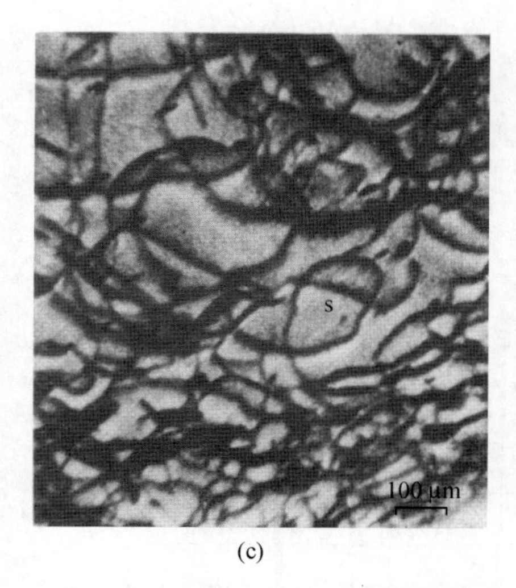

(c)

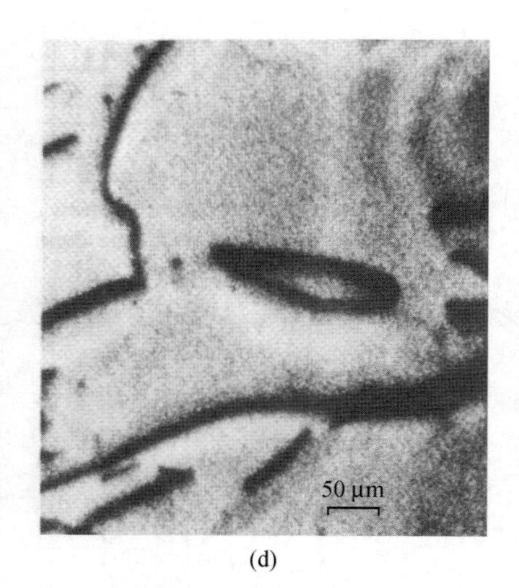

(d)

图 4.17 蓝宝石样品的 X 射线形貌照片。(a) 由 3 个基本位错形成的节点，箭头表示伯格斯矢量的方向；(b) 由箭头表示的几个单个的螺状环线；(c) 字母 S 周围为单个的螺旋环线，这种类型的环线常比(b) 中所示的单个螺状环线大；(d) 由闭合的单个螺状环线形成的位错环和尖顶位错。$2\bar{1}\bar{1}0$ 反射、铜 $K\alpha$ 辐射(2110) 面迹线是垂直的。样品厚度：(a)、(b)和(d)为 185 μm；(c)为 125 μm。引自 J. L. Caslavsky and C. P. Gazzara, *Philos. Mag.*, **26**, 961(1972)

1953 年，在红外线照射下，在硅中观察到沿着位错形成的沉积(这一技术叫做缀饰)。在位错线到达晶体表面的地方用化学腐蚀形成的腐蚀坑也在这一年首次用来研究位错。在 20 世纪 50 年代后期发展出了各种 X 射线形貌技术(Lang and Berg - Barrett)。同时期发展起来的透射电子显微镜技术也许是目前最好的观测手段。在透射电子显微镜技术中，如果电子束的波矢量 $\mathbf{g}$ 和伯格斯矢量 $\mathbf{b}$ 的点积满足 $\mathbf{g}\cdot\mathbf{b}=0$，就会看到位错线消失，从而可定出伯格斯矢量。透射电子显微镜和腐蚀坑技术已经用于显示位错的特征并量测在外加应力下位错运动的速度。

位错密度是用与单位面积相交的位错线的数量来衡量的。仔细制备的晶体，每平方厘米可能有 10^2 个位错，但是已经制备出了几乎没有位错的大块晶体和晶须。在塑性形变后位错密度大为增加，在某些严重变形的金属中可以达到每平方厘米 $10^{10}\sim10^{11}$ 个。

在形变过程中，位错移动时会发生增殖。图 4.18 中所示的位错由于杂质、晶界或其他位错而在两点被钉住，通过作用应力能够导致位错运动而形成一个环，最后断开形成一个新的位错和原来被钉住的一段位错线。像这种两端被钉住的位错线叫做 Frank - Read 源。

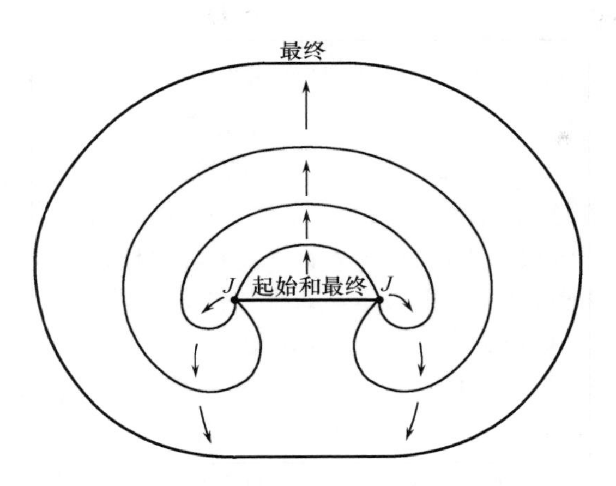

图 4.18　Frank - Read 的位错增殖机制。图中示出由一段钉住的位错线 $J-J$ 形成位错环的几个相继阶段。此过程可无限重复

另一种称为复交叉滑移的增殖机制假定 Frank - Read 源是由交叉滑移导致的。图 4.19 表示面心立方晶体中交叉滑移的示意图。这一过程假设沿着 AB 的一个螺位错能够交叉滑移到平行滑移面 CD 的位置上。组合割阶 AC 和 BD 是相对固定的。但是，位于两个滑移面上的线段可自由扩展且能够起到 Frank - Read 源的作用。复交叉滑移比起简单的 Frank - Read 源是一种更为有效的机制，因为它能够导致位错更快地增殖。

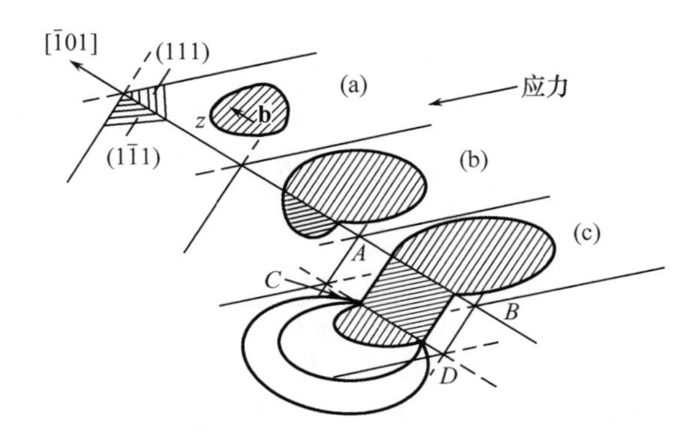

图 4.19　面心立方晶体中的交叉滑移。[$\bar{1}$01] 方向对(111)和(1$\bar{1}$1)密堆平面是共同的。螺位错 z 在这两平面之一中随意滑动。交叉滑移产生一个非平面的滑移表面。在(c)中交叉滑移在 $C-D$ 处引起一个位错源(同图 4.18 比较)

正如我们认为单位面积的表面有过剩能量一样，也可用单位长度的过剩能量来描述位错。和肥皂泡要尽可能减小其总表面积和表面能的行为相似，弯曲

的位错如果能自由运动就要伸直以减小其长度；一个位错环趋向于减小其半径并且最终消失。可以认为位错具有线张力，其值等于它的单位长度的能量。

在晶体的位错中心，由于原子从它们的正常位置移开而具有高度的应变，即使离开位错中心一段距离也会有程度较低的应变。离位错中心大于几个原子间距的地方，可用弹性理论来得到位错的一些有用的性质。我们可以把图 4.20 所示的那种螺位错近似看成一个半径为 r 的圆柱体的畸变。如图 4.20 所示，剪应变 γ 近似等于 $\tan\gamma=\mathbf{b}/2\pi r$。如果弹性剪切服从胡克定律，则 $\tau=G\gamma$，G 是剪切弹性模量；剪应力就等于 $\tau=G\mathbf{b}/2\pi r$。也就是说剪应力的大小与 $1/r$ 成比例，r 是离开位错中心的距离。在某一极限值 r_0 以内，胡克定律不适用，因而剪切应力不能计算。在应变区域内的应变能等于 $G\gamma^2/2$。也就是单位体积应变能 $E=(G/2)(\mathbf{b}/2\pi r)^2$。如果受应变的圆柱壳体的厚度为 $\mathrm{d}r$，长度为 l，则其体积为 $2\pi r\mathrm{d}rl$，且

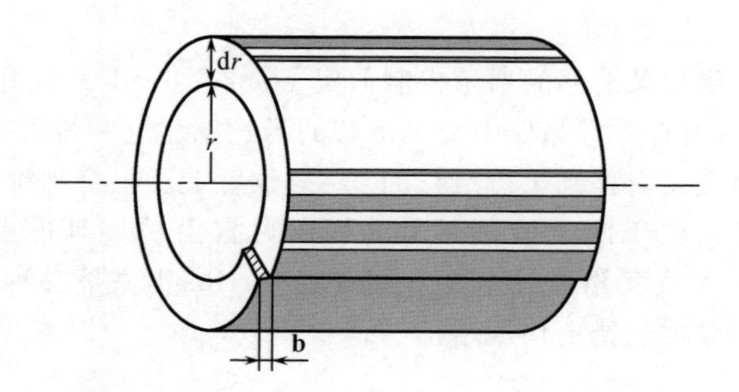

图 4.20　具有伯格斯矢量 **b** 的螺位错周围的弹性畸变

$$\frac{\mathrm{d}E'}{l}=\frac{1}{2}G\left(\frac{\mathbf{b}}{2\pi r}\right)^2\times 2\pi r\mathrm{d}r=\frac{G\mathbf{b}^2}{4\pi}\frac{\mathrm{d}r}{r} \tag{4.75}$$

$$E=\int_{r_0}^{r_1}\frac{\mathrm{d}E'}{l}=\frac{G\mathbf{b}^2}{4\pi}\ln\left(\frac{r_1}{r_0}\right) \tag{4.76}$$

式中：E 是单位长度应变能。对刃位错和混合位错(刃位错和螺位错组成)的应变能的计算可得出本质上相同的函数关系，因此可写出单位长度应变能的近似关系：

$$E=\alpha G\mathbf{b}^2 \tag{4.77}$$

式中，$\alpha\approx 0.5\sim 1.0$。

一个重要的结论是位错的应变能与伯格斯矢量 **b** 的平方成正比。这个结论之所以重要，是因为它提供了一个判据，即什么样的位错能在给定的晶体中形成。伯格斯矢量最小的螺位错应变能最低，因而最可能形成。类似的关系也适

用于刃位错，但因为刃位错是不对称的，所以更复杂些。若考虑刃位错中有一附加原子面，那就很清楚：在位错线以上存在压应力，而在位错线以下存在张应力。

许多普通的陶瓷系统中含有氧原子的密堆结构。在这些氧化物系统中通常观察到滑移是沿这些密堆方向中的一个进行的。这同引起应变的能量一致［式(4.76)］，因为密堆方向上伯格斯矢量小，$\mathbf{b}^2$ 小，因而应变能也小。

离子型材料中的位错比单质或金属系统中的更复杂。图 4.21(a) 对金属和氯化钠中的刃位错进行了比较。注意到为了保持滑移面上面和下面离子的规则性，氯化钠中需要两个额外的半片原子平面。如同点缺陷(空位、填隙、杂质)一样，位错也可以带有有效电荷，这在图 4.21(b) 中作了说明，其中位错的割阶导致负离子的不完全键合，结果产生 $-e/2$ 的有效电荷。

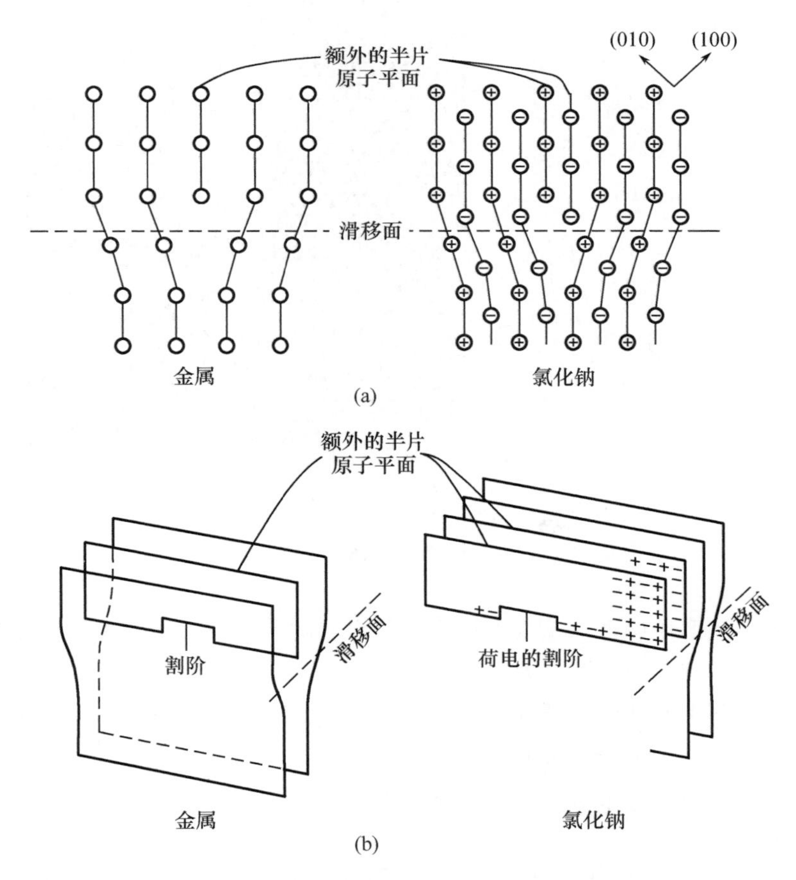

图 4.21　(a) 氯化钠中的刃位错示意图；(b) 说明离子晶体中位错割阶如何能产生有效电荷

位错理论特别成功的地方是描述小角度晶界的结构。如图 4. 22 所示，在一个刃位错的上部嵌入一片额外的原子平面而存在压应力，在位错下部存在张应力，因此相同符号(在滑移平面上部嵌入原子平面的位错为正)的位错在滑移面上倾向于互相排斥。同样，相同符号的位错在不同滑移面上趋向于彼此上下排列成行而形成小角度晶界(图 4. 22)。退火后位错线排成小角度晶界网络，形成一个镶嵌结构(图 4. 23)。

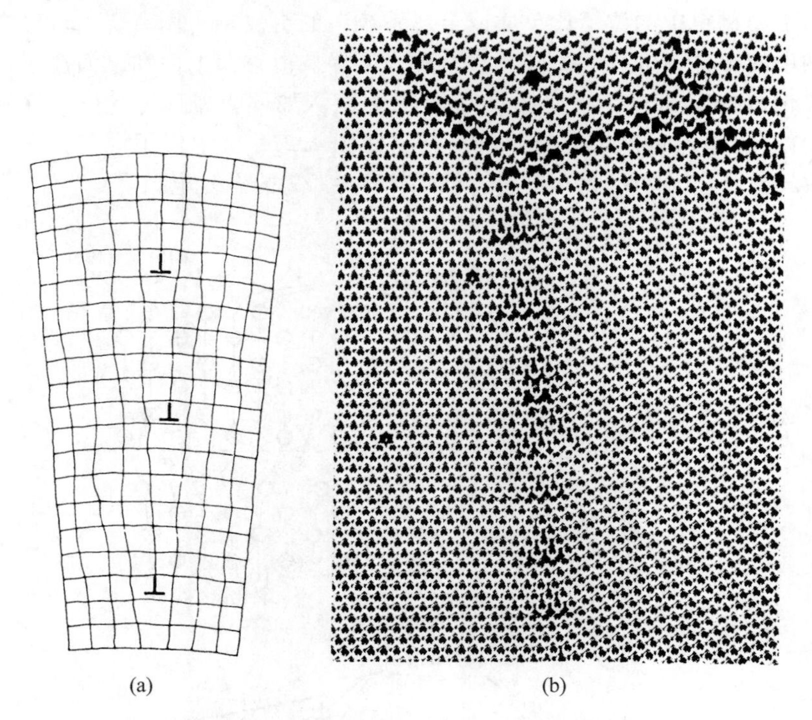

图 4. 22　位错结构。(a)小角度晶界；(b)皂泡模型。引自 C. S. Smith，*Metal. Prog.*，**58**，478(1950)

晶体塑性形变后再退火，由形变过程引起的一些位错在一种叫做多边形化的过程中趋于排成小角度晶界。在 Al_2O_3、H_2O 和许多金属中已经观察到这种多边形化。图 4. 24 所示为高温下弯曲一个氧化铝单晶(蓝宝石)的结果，形成的正位错要比负位错多。退火导致过剩的正位错彼此上下排列成行而形成小角度晶界，这可用腐蚀坑技术或在偏振光下观察到，因为受弯晶体具有不同的光学性质。

位错与塑性形变(第十四章)的关系特别重要，与晶体生长(第八章)的关系也非常重要，这些现象将得到更详细的讨论。

图 4.23　用银离子缀饰的 KCl 中的三维位错网络(495×)。由 S. Amelinckx 提供

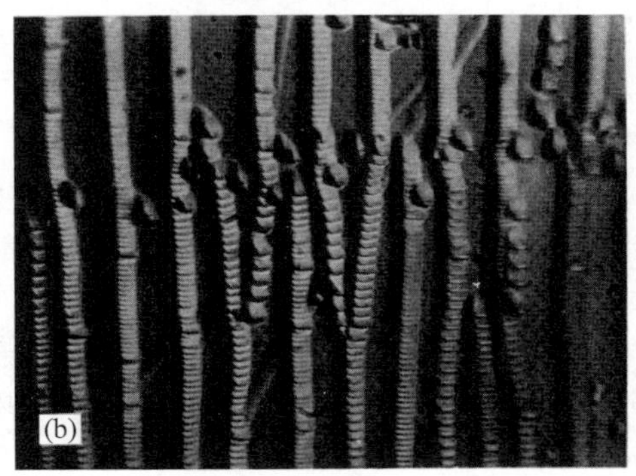

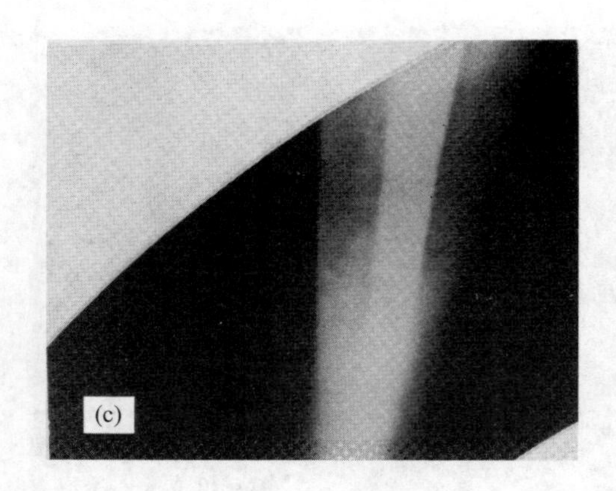

图 4.24　Al_2O_3 的多边形化。(a) 弯曲杆中的位错腐蚀坑(由 P. Gibbs 提供)；(b) 退火后位错线排列成多边形晶界(由 P. Gibbs 提供)；(c) 在偏振光中看到的受弯晶体中的多边形(由 M. Kronberg 提供)

推 荐 读 物

1. F. A. Kröger and V. J. Vink, "Relations between the Concentrations of Imperfections in Crystalline Solids", *Solid State Physics*, Vol. 3, F. Seitz and D. Turnbull, Eds., Academic Press, Inc., New York, 1956, pp. 307 – 435.
2. F. A. Kröger, *The Chemistry of Imperfect Crystals*, North – Holland Publishing Company, Amsterdam, 1964.
3. N. F. Mott and R. W. Gurney, *Electronic Processes in Ionic Crystals*, 2d ed., Clarendon Press, Oxford, 1950.
4. D. Hull, *Introduction to Dislocations*, Pergamon Press, New York, 1965.
5. F. R. N. Nabarro, *Theory of Crystal Dislocations*, Clarendon Press, Oxford, 1967.
6. H. G. Van Bueren, *Imperfections in Crystals*, North – Holland Publishing Company, Amsterdam, Interscience Publishers, Inc., New York, 1960.
7. L. W. Barr and A. B. Lidiard, "Defects in Ionic Crystals", in *Physical Chemistry*, Vol. 10, W. Jost, Ed., Academic Press, New York, 1970.
8. R. J. Brook, "Defect Structure of Ceramic Materials", Chapter 3, in *Electrical Conductivity in Ceramics and Glass*, Part A, N. M. Tallen, Ed., Marcel Dekker, Inc., New York, 1974.
9. P. Kofstad, *Nonstoichiometry, Electrical Conductivity, and Diffusion in Binary Metal Oxides*, John Wiley & Sons, Inc., New York, 1972.

习　题

4.1　假定空位周围没有晶格弛豫，如何预测 P_{O_2} 和 T 与(a) $Fe_{1-\delta}O$、(b) UO_{2+x} 及(c) $Zn_{1+x}O$ 的密度之间的关系。

4.2　估计 1000 ℃时含有 12 mol% CaO 的 ZrO_2 中缔合物的浓度($\kappa \approx 30$)。

4.3　Al_2O_3 在 MgO 中将形成有限固溶体。在低共熔温度(1995 ℃)下约 18 wt% 的 Al_2O_3 溶解在 MgO 中，导致了 MgO 单位晶胞尺寸的减小。试预计下列情况下的密度变化：(a) Al^{3+} 为填隙离子；(b) Al^{3+} 为置换离子。

4.4　将晶态固体中发生的结构不完整性列成表格。不必考虑由两个或更多基本缺陷相互作用而引起的二次不完整性，如 F 中心。在表格中用一句话写出其定义以使教员能评估你对不完整性的理解程度。在第三栏指出该不完整性在热力学上是否稳定。

4.5　(a) 假设两个同号平行刃位错出现在同一滑移面上(即其半片原子平面是平行的)，并终止在垂直于半片原子平面的同一平面上，它们之间是否会有引力或斥力？

(b) 这是压力、张力还是剪力作用的结果？

(c) 假若它们之间距离增加 10 倍，则相互作用力会减少或增加多少？

(d) 假若刃位错中的一个被螺位错取代，试描述两个线缺陷的相互作用。

4.6　估计 500 ℃时 $1cm^3$ 的(a) 纯 AgBr 和(b) AgBr + 10^{-4} mol% CdBr 中自由空位、填隙和缔合缺陷的数量。

4.7　用习题 4.6 中 AgBr 的数据绘制一类似图 4.8 的图解。

4.8　估计在金红石 TiO_2 中 $Ti_{Ti} + e' = Ti'_{Ti}$ 反应的电子结合能($\kappa \approx 100$)。

4.9　在图 4.13(b)中的示意数据上叠加非中性缔合曲线($V''_M F^{\bullet}_M$)。假定形成阳离子填隙，($V''_M F^{\bullet}_M$)缔合的数量将比($V''_M M^{\bullet}_i$)大吗？

4.10　岩盐结构中普通的刃位错如图 4.21 所示。试用草图表示出 CaF_2 中的刃位错。

4.11　在大多数简单氧化物中观察到了位错，事实上也难以制作出位错密度不大于$10^4/cm^2$的晶体。然而，石榴石(例如钇铝石榴石 $Y_3Al_5O_{12}$、钆镓石榴石 $Gd_3Ga_5O_{12}$)这样的较复杂的氧化物却易于制成无位错的单晶，为什么？

第五章 表面、界面和晶界

表面和不同晶粒及相之间的界面是很重要的，它们决定着许多性质及过程。一方面，可以把它们当作是二维缺陷或对于理想晶体点阵结构的偏离；另一方面，晶体的表面也完全可以看成是理想晶体结构与各种特定环境的边界。这两种情况下都需要了解固体、液体的边界以及相界面的结构、组成及性质，因为它们对于许多力学性质、化学现象和电性能都有强烈的影响。

5.1 表面张力和表面能

实验观察表明扩展流体的表面需要有作用力。因此，表面张力或界面张力 γ 可定义为增加单位面积的液体表面所需的可逆功 w_γ：

$$\mathrm{d}w_\gamma = \gamma \mathrm{d}A \tag{5.1}$$

定义了表面功的条件就可以把表面张力与体系的其他热力学性质联系起来。考虑如图 5.1 所示的一个两相多组分体系。根据热力学第一和第二定律，体系从一种平衡状态转变到另一种平衡状态时，其内能 E 或吉布斯自由能 G 的变化由下式给出：

$$dE = TdS - PdV + \gamma dA + \sum \mu_i dn_i \tag{5.2}$$

$$dG = -SdT + VdP + \gamma dA + \sum \mu_i dn_i \tag{5.3}$$

这些关系适用于各相之间以平面界面分开的体系；表面曲率的影响将在下节讨论。我们可以把表面张力与内能及自由能的关系定义为

$$\gamma = \left(\frac{\partial E}{\partial A}\right)_{S,V,n_i} = \left(\frac{\partial G}{\partial A}\right)_{P,T,n_i} \tag{5.4}$$

下标表示当增加单位表面积时必须保持恒定的那些独立变量。式(5.4)也适用于包括一个固相的体系。由于液体不能承受剪应力，其表面张力可由现存表面的可逆扩展或者由建立新表面的可逆过程来获得。但是，固体能承受剪应力，因而能够抵抗使表面收缩的表面张力。所以固体的表面张力 γ 是通过向表面上增加附加原子以建立新表面时所做的可逆功来定义的。使固体表面变形所需要的功是表面应力的一种量度，这种表面应力可以是压应力或张应力，但通常不等于 γ。对液体来说，表面张力和表面应力在数值上是相等的(dyn/cm = erg/cm²)①。

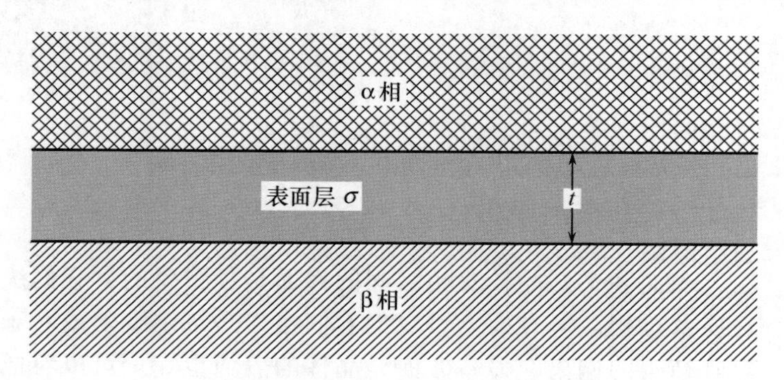

图 5.1　相间厚度为 t 的表面层 σ

液体倾向于形成具有最小表面积的低能状态，这或许是表面张力最为人们熟知的一种表现。例如肥皂泡总是球形的。如图 5.2 所示，比较表面上的原子和内部原子所处的环境，就可以看出表面自由能的来源。在表面上每个原子只是部分地被其他原子所包围。若将内部的原子移到表面上，则结合键必须受到破坏或畸变，因而有能量的增加。每单位面积新表面所增加的自由能[式(5.4)]就定义为表面能。在 P、T 和 n_i 恒定的情况下，对于表面积的有限变化来说，有

① “达因(dyn)”是力的非法定计量单位，1 dyn = 10^{-5} N；“尔格(erg)”是功的非法定计量单位，1 erg = 1 dyn · cm = 10^{-7} J。——译者注

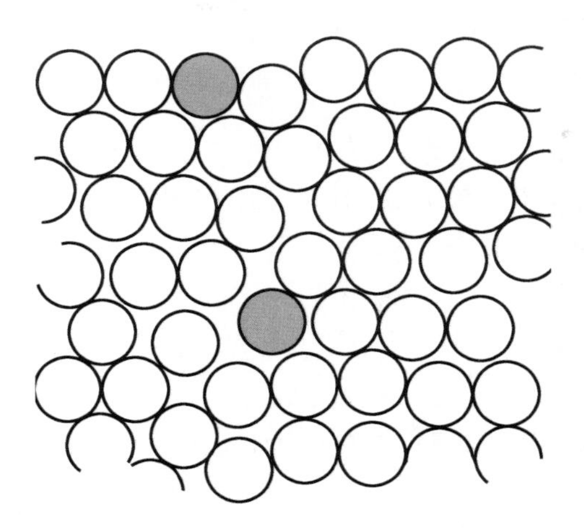

图 5.2　显示表面原子和内部原子不同环境的液体断面图

$$\Delta G = \int_{A_1}^{A_2} \gamma \mathrm{d}A = \gamma(A_2 - A_1) \tag{5.5}$$

对晶态固体表面进行这个积分时，不言而喻的是新产生的表面在结晶取向上必须与原来的表面一致，因为对于晶体来说，γ 与取向有关。虽然固体的表面张力和表面自由能通常是不相等的，但只要内部的应变能不变(也就是说只要固体是不可压缩的且不产生塑性形变)，就能确定经受表面力的那个表面平衡条件。例如由溶解、蒸发、表面扩散、体积扩散和晶粒生长过程引起的表面形态的改变就是这种情况。上述过程归结为形态的改变，而形态又由表面自由能确定。对于晶态固体来说，表面能也以图 5.2 所示的那种方式产生。形成新表面时化学键断裂或畸变引起能量增加。通常，不同结晶面有不同的表面能；原子最密堆积的那些表面也就是表面能最低的面，因而也常常是最稳定的面。

界面的热力学性质　综合热力学第一、第二定律，如果以图 5.1 中的表面层代替式(5.2)中的总体系，那么表面热力学量(也称热力学过剩量)可以表述如下：

$$\mathrm{d}E = T\mathrm{d}S + \gamma \mathrm{d}A - P\mathrm{d}V + \sum \mu_i \mathrm{d}n_i \tag{5.6}$$

式中：$\mathrm{d}V$ 是界面层的体积(厚度 $\times\, \mathrm{d}A$)；$\mathrm{d}S$ 是由界面引起的过剩熵；$\mathrm{d}n_i$ 是在边界内第 i 种组分的过剩摩尔数。

在不改变组成的条件下进行积分可得

$$E = TS + \gamma A - PV + \sum \mu_i n_i \tag{5.7}$$

$$\gamma = \frac{1}{A}(E - TS + PV - \sum \mu_i n_i) \tag{5.8}$$

因此，平界面的表面张力就是单位面积的过剩吉布斯自由能。对式(5.7)微分并与式(5.6)比较可得

$$A\mathrm{d}\gamma = -S\mathrm{d}T + V\mathrm{d}P - \sum n_i \mathrm{d}\mu_i \tag{5.9}$$

对于单位面积有

$$\mathrm{d}\gamma = -s\mathrm{d}T + v\mathrm{d}P - \sum \Gamma_i \mathrm{d}\mu_i \tag{5.10}$$

式中：Γ_i 是单位面积界面层中第 i 种组分的过剩摩尔数；s 和 v 是单位面积的过剩熵和体积。对于恒温、恒压变化，有

$$\mathrm{d}\gamma = -\sum \Gamma_i \mathrm{d}\mu_i \tag{5.11a}$$

对于二组分而言，就成为

$$\mathrm{d}\gamma = -\Gamma_1 \mathrm{d}\mu_1 - \Gamma_2 \mathrm{d}\mu_2 \tag{5.11b}$$

$\mathrm{d}\mu_1$ 和 $\mathrm{d}\mu_2$ 项不是独立的，而是由吉布斯－杜安(Gibbs－Duhem)方程联系在一起：

$$x_1 \mathrm{d}\mu_1 + x_2 \mathrm{d}\mu_2 = 0 \tag{5.12}$$

式中：x_1 和 x_2 是所研究的相中两个组分的摩尔分数。由此

$$-\mathrm{d}\gamma = \left[\Gamma_2 - \frac{x_2}{x_1}\Gamma_1\right]\mathrm{d}\mu_2 \tag{5.13}$$

这就是吉布斯吸附等温方程，通常写成

$$-\mathrm{d}\gamma = \Gamma_{2(1)}\mathrm{d}\mu_2 \approx \Gamma_{2(1)} RT\mathrm{d}(\ln c_2) \tag{5.14}$$

式中，$\Gamma_{2(1)}$ 定义为

$$\Gamma_{2(1)} = \left(\Gamma_2 - \frac{x_2}{x_1}\Gamma_1\right) \tag{5.15}$$

而 c_2 是所研究的相中组分 2 的浓度，且假定在低浓度下活度系数近于常数。因此，在界面层中组分 2 的过剩量与表面张力的变化有关：

$$\Gamma_{2(1)} = -\frac{\mathrm{d}\gamma}{\mathrm{d}\mu_2} = -\frac{\mathrm{d}\gamma}{RT\mathrm{d}(\ln a_2)} \approx -\frac{\mathrm{d}\gamma}{RT\mathrm{d}(\ln c_2)} \tag{5.16}$$

杂质的影响 物质的分布强烈地趋于使表面自由能最小。如果加入少量低表面张力的组分，那么它将在表面层富集，这样虽然加入量很少却能使表面能大为降低。若将高表面能的组分加入到低表面能组分中，前者在表面层的浓度将低于体积内部的浓度，而对表面张力只有轻微的影响。所以表面能并不是随着端点组分间的组成而线性改变的，如图 5.3 所示。在低浓度下以 γ 对 $\ln c_2$ 作图并量出斜率，则可以确定每平方厘米的摩尔数 $\Gamma_{2(1)}$。对于许多高表面活性材料来说，这个斜率在相当大的范围内保持不变，这个范围的最大值大约相当于表面吸附了一层单分子层。尤其对于高表面能

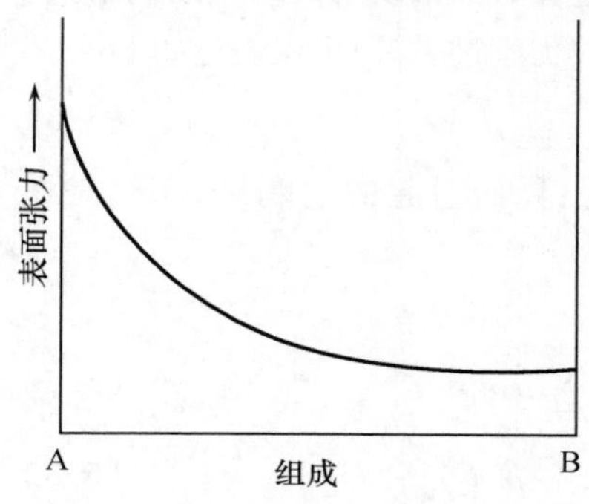

图 5.3　二组分体系的表面张力

的材料(如金属)，表面活性物质的影响是很大的。例如氧和硫能够减小铁水的表面张力，只要加 0.05% 的微量就使表面张力从 1835 dyn/cm 降到 1200 dyn/cm。氧对固态金属、碳化物和氮化物的表面也会产生同样的影响。这些表面活性组分的巨大影响就是文献报道数据出现许多差异的原因。

对于钠钙硅酸盐熔体来说，添加氧化铝使表面张力增加。熔融玻璃(包括钠钙硅酸盐玻璃)的表面张力既与整体的玻璃组成有关，也与气氛有关。这一效应的程度甚至作用方向还与测量时的温度有关，因为表面张力的温度系数是随温度变化的。

表面能数值　已经观察到的表面能数值范围很大。室温下水的表面能大约是 72 erg/cm^2，而像金刚石和碳化硅这类材料则为几千。表 5.1 列出了一些材料的实验结果。具有很大表面积的材料，其过剩自由能为陶瓷工艺中若干重要的过程提供了充分的驱动力。这种过剩自由能是粉块烧结为致密制品的驱动力。

表 5.1　各种材料在真空或惰性气氛中的表面能测得值

材料	温度/℃	表面能/（erg/cm^2）
水(液态)	25	72
铅(液态)	350	442
铜(液态)	1120	1270
铜(固态)	1080	1430
银(液态)	1000	920
银(固态)	750	1140
铂(液态)	1770	1865
氯化钠(液态)	801	114
NaCl 晶体(100)	25	300
硫酸钠(液态)	884	196
磷酸钠，$NaPO_3$（液态）	620	209
硅酸钠(液态)	1000	250
B_2O_3(液态)	900	80
FeO(液态)	1420	585
Al_2O_3(液态)	2080	700
Al_2O_3(固态)	1850	905
$0.20Na_2O-0.80SiO_2$	1350	380
$0.13Na_2O-0.13CaO-0.74SiO_2$（液态）	1350	350
MgO（固态）	25	1000
TiC（固态）	1100	1190
CaF_2 晶体（111）	25	450
$CaCO_3$ 晶体（1010）	25	230
LiF 晶体（100）	25	340

能量的梯度项 在图 5.1 中我们曾将表面层视做组成逐步变化的区域。但是在通常的情况下我们应该预料界面会有某种程度的扩散，如图 5.4 所示。采用 R. Becker① 建议的计算键能的方法就能导出扩散界面过剩能 E_s 的简单概念模型。这个模型和理想溶液的模型相似，只不过是用于界面。对于包含组分 A 和 B 的体系，若 A—A 键的键能为 ε_{AA}，B—B 键的键能为 ε_{BB}，而 A—B 键的键能为 ε_{AB}，那么只要 $2\varepsilon_{AB} > \varepsilon_{AA} + \varepsilon_{BB}$，纯相就都是稳定相。如果规定原子平面平行于界面，界面的组成(A 的原子分数)为 x_p，x_{p+1}，等，就可首先算出一个原子平面和同组成相邻面结合时的键合能，即

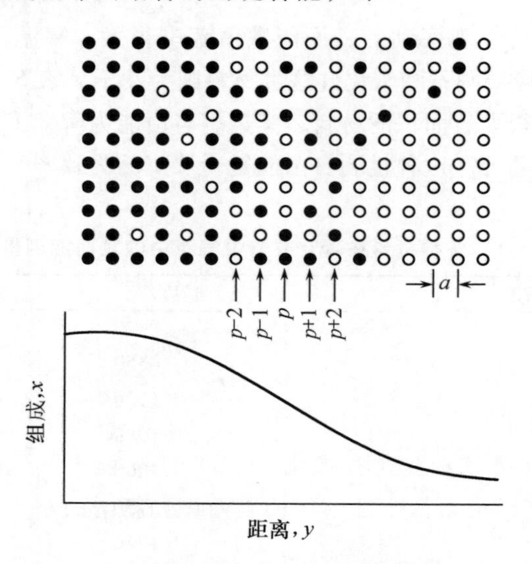

图 5.4 扩散界面截面的组成变化

$$E_{x_p} = z\left(\frac{m}{2}\right)[x_p x_p \varepsilon_{AA} + (1 - x_p)(1 - x_p)\varepsilon_{BB} + 2x_p(1 - x_p)\varepsilon_{AB}] \tag{5.17a}$$

式中：z 是原子面之间每个原子的键数；m 是单位界面面积的原子密度。对于 x_{p+1} 原子面也有相似的式子。组成各为 x_p 和 x_{p+1} 的原子面间的键合能总和为

$$E_{x_p - x_{p+1}} = z\left(\frac{m}{2}\right)\{x_p x_{p+1}\varepsilon_{AA} + (1 - x_p)(1 - x_{p+1})\varepsilon_{BB} + [x_p(1 - x_{p+1}) + x_{p+1}(1 - x_p)]\varepsilon_{AB}\} \tag{5.17b}$$

和均匀组成的平均值比较，由组成梯度而引起的额外能量由下式表示：

$$E_s = 2E_{x_p - x_{p+1}} - (E_{x_p} + E_{x_{p+1}}) = z\left(\frac{m}{2}\right)(2\varepsilon_{AB} - \varepsilon_{AA} - \varepsilon_{BB})(x_p - x_{p+1})^2 \tag{5.18}$$

① *Ann. Phys.*, **32**, 128(1938)。

若$(x_p - x_{p+1})/a_0$表示组成梯度$\partial c/\partial y$，而$\nu = (2\varepsilon_{AB} - \varepsilon_{AA} - \varepsilon_{BB})$是互作用能，则过剩表面能为

$$E_s = z\left(\frac{m}{2}\right)a_0^2\nu\left(\frac{\partial c}{\partial y}\right)^2 \tag{5.19}$$

式中：a_0 为面间距。

经过严格且更广义的推导，Cahn 和 Hilliard① 求出非均匀溶液小体积的自由能是以下两项的总和：一项是具有同等体积的均匀溶液的自由能 g_0，另一项是与局部组成有关的梯度能：

$$G = N_v\int[g_0 + \kappa(\nabla c)^2 + \cdots]\mathrm{d}V \tag{5.20}$$

式中：N_v 是单位体积中的分子数；$\nabla c = \frac{\partial c}{\partial x} + \frac{\partial c}{\partial y} + \frac{\partial c}{\partial z}$；$\kappa$ 与自由能对组成的导数有关。也就是说，扩散界面对能量所作的贡献是随着浓度梯度值的平方$(\nabla c)^2$而增加的。

5.2 弯曲表面

弯曲表面内外的压差 表面和界面产生的许多重要影响起因于表面能所引起的弯曲表面内外的压差。如图 5.5 所示，当把一根毛细管插到液槽中并经过此管吹出气泡时就可以看到上述事实。如果忽略密度差(也就是重力作用)，那么阻止气泡扩张的阻力仅仅是新增的表面积和新增的总表面能。平衡时膨胀功 $\Delta P\mathrm{d}v$ 必然等于增加的表面能 $\gamma\mathrm{d}A$，故

$$\Delta P\mathrm{d}v = \gamma\mathrm{d}A \tag{5.21}$$

$$\mathrm{d}v = 4\pi r^2\mathrm{d}r \qquad \mathrm{d}A = 8\pi r\mathrm{d}r \tag{5.22}$$

$$\Delta P = \gamma\frac{\mathrm{d}A}{\mathrm{d}v} = \gamma\frac{8\pi r\mathrm{d}r}{4\pi r^2\mathrm{d}r} = \gamma\left(\frac{2}{r}\right) \tag{5.23}$$

对于一般形状，即当表面不是球形时，同理可以导出

$$\Delta P = \gamma\left(\frac{1}{r_1} + \frac{1}{r_2}\right) \tag{5.24}$$

式中：r_1 和 r_2 为曲率的主半径。

正是这种压差引起了毛细管中液体的上升。如图 5.6 所示，表面能所产生的压差和液柱的静压强相平衡。若毛细管的半径为 R，则

$$\Delta P = \gamma\left(\frac{2}{r}\right) = \gamma\left(\frac{2\cos\theta}{R}\right) = \rho gh \tag{5.25}$$

---

① *J. Chem. Phys.*, **28**, 258(1958)。

$$\gamma = \frac{R\rho gh}{2\cos\theta} \tag{5.26}$$

如果知道接触角 θ，那么从毛细管中液体的升高就可算出表面能。我们将在第十一章和第十二章中看到，陶瓷体在热处理时烧结和玻璃化速率的公式正是从这种压差导出的，压差与晶粒长大现象也有密切关系。

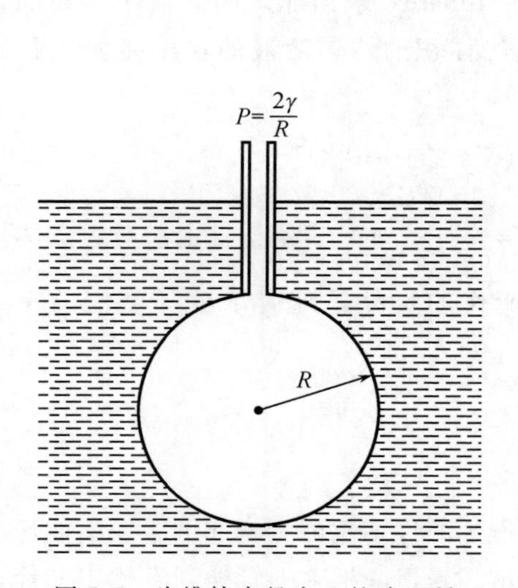

图 5.5　为维持半径为 R 的球面所需的平衡压力的确定

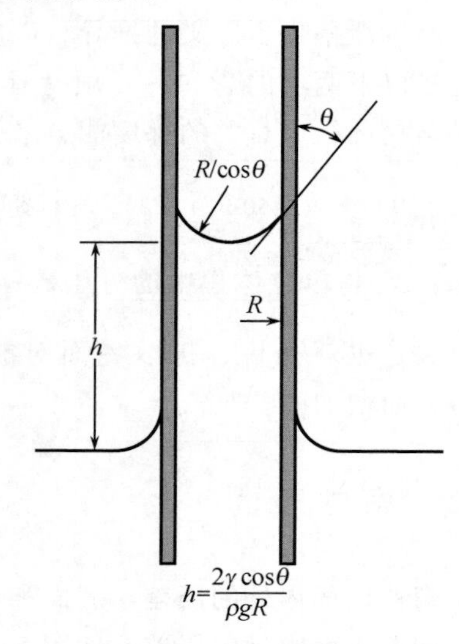

图 5.6　毛细管中液体的上升（液面曲率半径为 $R/\cos\theta$）

弯曲表面的蒸气压　曲面内外压差产生的一个重要影响是在表面曲率大的地方蒸气压或可溶性增加。由相应的压差 ΔP 引起的蒸气压增加为

$$V\Delta P = RT\ln\left(\frac{P}{P_0}\right) = V\gamma\left(\frac{1}{r_1} + \frac{1}{r_2}\right) \tag{5.27}$$

式中：V 是摩尔体积；P 是曲面上的蒸气压；P_0 是平面上的蒸气压。从而

$$\ln\left(\frac{P}{P_0}\right) = \frac{V\gamma}{RT}\left(\frac{1}{r_1} + \frac{1}{r_2}\right) = \frac{M\gamma}{\rho RT}\left(\frac{1}{r_1} + \frac{1}{r_2}\right) \tag{5.28}$$

式中：R 是气体常数；T 是温度；M 是分子量；ρ 是密度。

这一关系还可以这样推导出来：从平表面经过气相输运 1 mol 物质到球形表面上所作的功必等于表面能和表面积的改变，即

$$RT\ln\left(\frac{P}{P_0}\right) = \gamma \mathrm{d}A = \gamma 8\pi r\mathrm{d}r \tag{5.29}$$

因为体积变化是 $\mathrm{d}v = 4\pi r^2\mathrm{d}r$，输运 1 mol 时，半径变化为 $\mathrm{d}r = V/4\pi r^2$，所以

$$\ln\left(\frac{P}{P_0}\right) = \frac{V\gamma}{RT}\left(\frac{2}{r}\right) \tag{5.30}$$

这和前面得到的结果相同。在曲面内外的压力变化及其引起的蒸气压或可溶性的增加对于微小颗粒的材料是非常重要的，如表 5.2 所示。

表 5.2　表面弯曲对曲面上的压力及相对蒸气压的影响

材料	表面半径/μm	压差/psi	相对蒸气压 p/p_0
氧化硅玻璃(1700 ℃) $\gamma=300\ erg/cm^2$	0.1	1750	1.02
	1.0	175	1.002
	10.0	17.5	1.0002
液态钴(1450 ℃) $\gamma=1700\ erg/cm^2$	0.1	9750	1.02
	1.0	975	1.002
	10.0	97.5	1.0002
水(25 ℃) $\gamma=72\ erg/cm^2$	0.1	418	1.02
	1.0	41.8	1.002
	10.0	4.18	1.0002
固态 Al_2O_3 (1850 ℃) $\gamma=905\ erg/cm^2$	0.1	5250	1.02
	1.0	525	1.002
	10.0	52.5	1.0002

在陶瓷工艺中使用黏土的原因之一就是颗粒尺寸在上述关系中发挥了显著作用。黏土的微小颗粒尺寸因为导致了可塑性而有助于制造过程。此外，这种微小颗粒能产生表面能驱动力，在烧成时促进致密化。本来不是细粒的非黏土材料必须经过磨细或其他方法处理使颗粒尺寸达到微米级，这是良好的烧成所必需的。

5.3　晶界

一种最简单的界面是同种材料的两个晶粒之间的边界。如果把位向完全相同的两个晶粒放在一起，它们将完全配合。可以这样来证明：在真空中将云母片劈开，然后再将它们叠合在一起；所叠成的晶体和未经这种处理的晶体无法区别。但是，如果将这些晶体稍微放歪一点叠合在一起，那么在界面上就会出现错合，这相当于插入一排位错，如第四章所述。这排位错可由腐蚀法实验观察到。

假如错合的角度很小(小角度晶界)，那么晶界由完全配合部分与失配部分组成，它们形成了位错(图 5.7)。研究图 5.7 可知，位错数与位向偏差的角度 θ 有简单的关系。在小角度倾斜晶界(刃位错)或小角度扭转晶界(螺位错)的情况下就是这样。图 5.7 中倾斜晶界的几何关系为

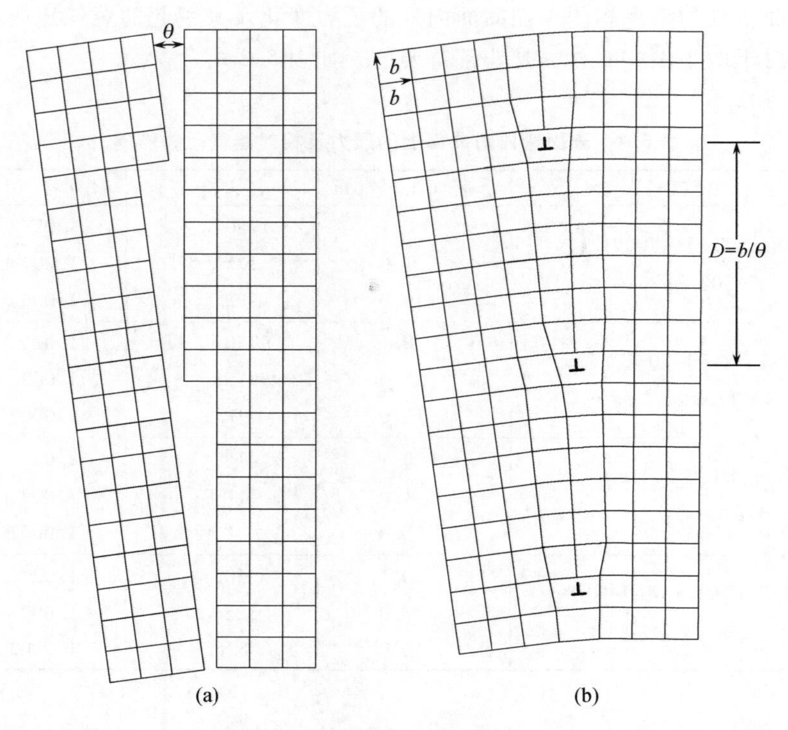

图 5.7　小角度倾斜晶界。引自 W. T. Read, *Dislocations in Crystals*, McGraw－Hill Book Company, New York, 1953

$$D=\frac{\mathbf{b}}{\sin\theta}\approx\frac{\mathbf{b}}{\theta}\quad(\text{对小}\ \theta\ \text{而言})\tag{5.31}$$

式中：D 是位错间距；$\mathbf{b}$ 是伯格斯矢量；θ 是错向角。位错的应变能是弹性能和位错芯的能量这两项的和($E=E_{el}+E_{core}$)。在第四章中我们计算了弹性能，现在再加上位错芯的能量 B，

$$E_{edge}=\frac{G\mathbf{b}^2}{4\pi(1-\nu)}\ln\frac{R}{\mathbf{b}}+B\tag{5.32}$$

式中：E_{edge}是刃位错线单位长度上的能量。因为 R 是从位错芯开始向外扩展的弹性场的距离，它等于位错间距 D。这样，纯倾斜晶界的应变能[①]就是单位面积的位错应变能 E/D：

$$\frac{E}{D}=E'=\frac{G\mathbf{b}^2}{D4\pi(1-\nu)}\ln\frac{D}{\mathbf{b}}+\frac{B}{D}=\frac{G\mathbf{b}\theta}{4\pi(1-\nu)}\ln\frac{1}{\theta}+\frac{B\theta}{\mathbf{b}}=E_0(A-\ln\theta)\theta\tag{5.33}$$

式中，E_0 和 A 是由下式决定的常数：

---

① 原文为弹性项(elastic term)，但从内容上看应为总的位错应变能 E。——译者注

$$E_0 = \frac{G\mathbf{b}}{4\pi(1-\nu)} \qquad A = \frac{4\pi(1-\nu)B}{G\mathbf{b}^2} \tag{5.34}$$

对扭转晶界(螺位错)可以得到与式(5.33)相同的方程，但 E_0 和 A 为

$$E_0 = \frac{G\mathbf{b}}{2\pi} \qquad A = \frac{2\pi B}{G\mathbf{b}^2} \tag{5.35}$$

图 5.8 是 NiO 的相对晶界能随倾斜角的变化关系曲线，实线由式(5.33)给出。直到 22°附近的数据都具有可复验性，且晶界能随倾斜角增加而迅速增加。超过 22°后晶界能几乎表现为常数。式(5.33)是从小角度晶界推导出来的，而且只有在位错间距相当大时才适用；虽然大角度晶界也可看成由位错组成，但是位错与位错之间的距离只有一两个原子间距，因而其性质比较特殊以致这种模型不再适用了。

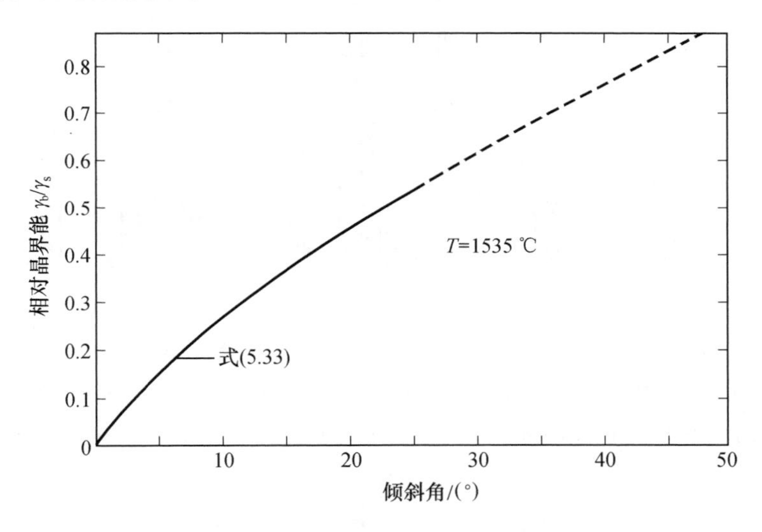

图 5.8　NiO 中对称[001]倾斜晶界的倾斜角与相对晶界能的关系。引自 D. W. Readey and R. E. Jech，*J. Am. Ceram. Soc.*，**51**，201(1968)

关于陶瓷体系中大角度晶界的资料比较稀少。当在空气中燃烧金属镁时，其氧化物烟尘的粒子所形成的扭转晶界表现出强烈的择优取向，在某些方向有部分晶格位置是两晶粒所共有的，如图 5.9 所示。凡晶界具有这种晶格关系的称为共格晶界。对于像氧化镁这样的离子晶体来说，一种可能的共格晶界倾斜角为 36.8°，{310} 孪晶，如图 5.10 所示。该晶界由几个原子间距大小的重复结构单元组成。偏离完全的共格关系的晶界可用重复的共格结构单元及在晶界的共格点阵上的位错来描述，如图 5.11 所示。

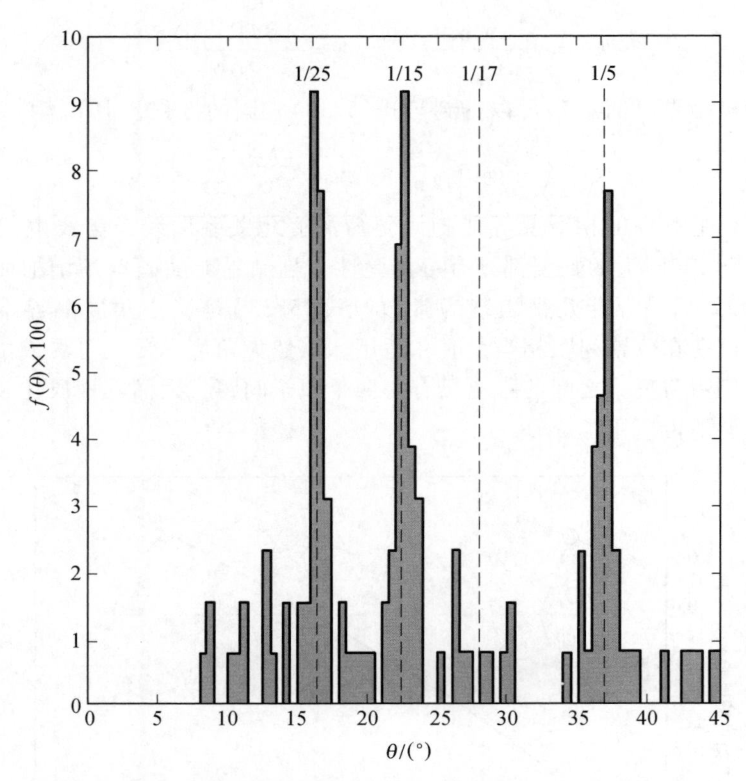

图 5.9 $f(\theta)$对θ的矩形图。$f(\theta)$是角差为θ的扭转晶界的分数，收集快速燃烧镁条时的 MgO 烟尘粒子所得。$\theta=0$的扭转晶界未包括在内。矩形图按间距 1/2° 画出。引自 P. Chandhari and I. W. Matthews，*J. Appl. Phys.*，**42**，3063(1971) ①

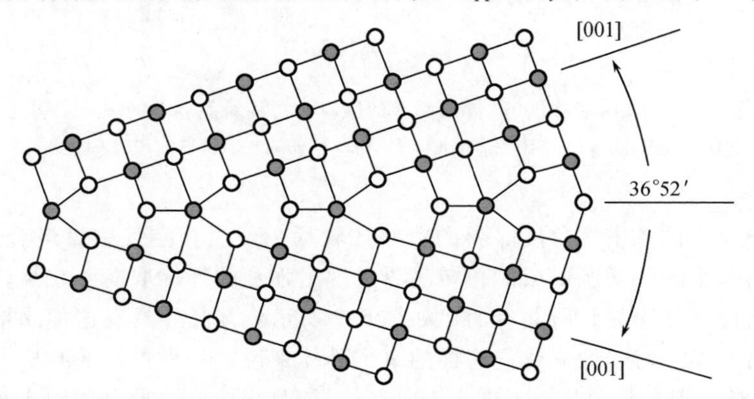

图 5.10 表示 NaCl 或 MgO 中可能的 36.8°倾斜晶界(310)孪晶

① 图中虚线上的数字为晶界共格位置比例。例如 36.8°线上的 1/5 表示有 1/5 晶格位置是两个晶粒晶格所共有。——译者注

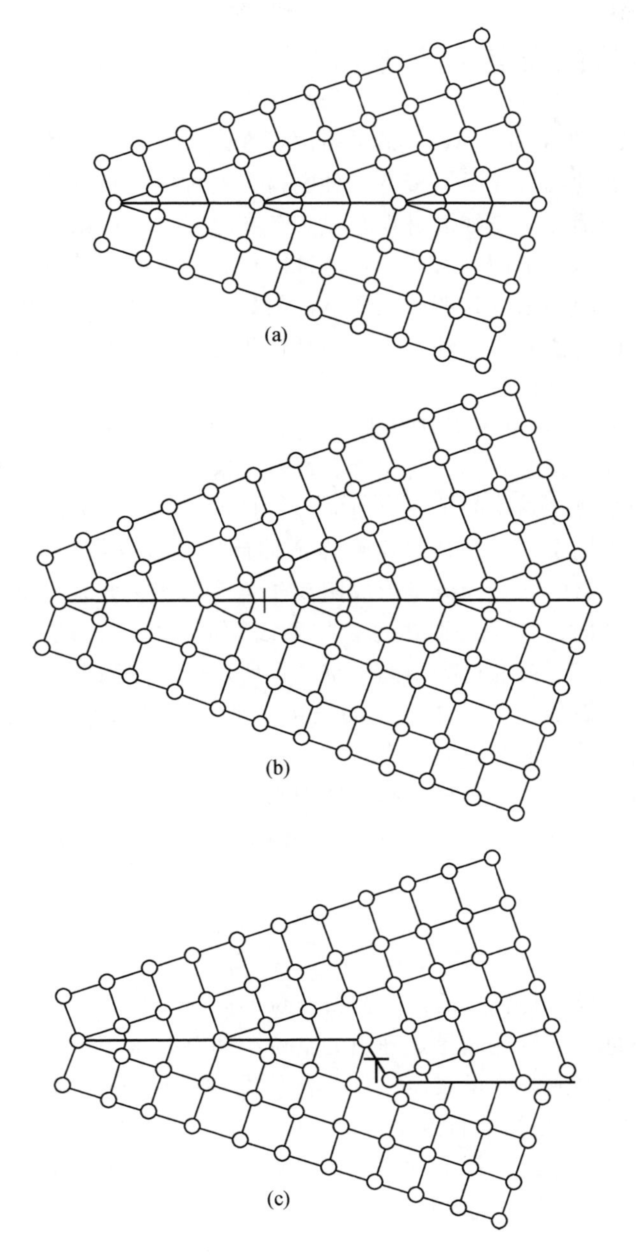

图 5.11　在简单立方晶体中：(a) 36.8°完全的倾斜晶界的(310)孪晶；(b) 在略有旋转的界面上的晶界位错；(c) 在晶界棱边上的晶界位错

5.4 晶界势能及其空间电荷

J. Frenkel[①] 和 K. Lehovec[②] 最早指出了在热力学平衡时离子晶体的表面和晶界由于有过剩的同号离子而带有一种电荷，这种电荷正好被晶界邻近的异号空间电荷云所抵消。对于纯的材料来说，若在晶界上形成阳离子和阴离子的空位或填隙离子的能量不同，就会产生这种电荷；如果有不等价溶质存在，它会改变晶体的点阵缺陷浓度，那么晶界电荷的数量和符号也会改变。有很多报道涉及了采用不同方法对这一理论进行的延伸研究。这个理论应用于陶瓷氧化物时也得到了相似的结论。

在最简单的表述（然而其细节肯定是有错的）中，假定表面和晶界相当于一个无限均匀的空位源及壑。对于含有肖特基缺陷的理想纯净材料，在晶界上阴离子空位和阳离子空位的生成自由能通常是不同的。遗憾的是，对于氧化物我们不可能分别测定这些数值甚至可靠地估计这些数值。对于 NaCl 来说，形成阳离子空位所需的能量大概是形成阴离子空位所需能量的 2/3。可以把这一结果看成一种倾向，就是当加热时在晶界或其他空位源的地方（表面、位错）会产生带有有效负电荷的过剩阳离子空位；所产生的空间电荷会减缓阳离子空位的进一步发生而加速阴离子空位的发生。平衡时（与设想的过程无关）在晶体体内是电中性的，但在晶界上带正电荷，这些正电荷被电量相同而符号相反的空间负电荷云平衡，后者渗入到晶体内某个深度。

在像 NaCl 这样的晶体中，晶格离子和晶界互相作用而形成空位的过程可以写成

$$\mathrm{Na_{Na}} = \mathrm{Na^{\bullet}_{晶界}} + \mathrm{V'_{Na}} \tag{5.36}$$

$$\mathrm{Cl_{Cl}} = \mathrm{Cl'_{晶界}} + \mathrm{V'^{\bullet}_{Cl}} \tag{5.37}$$

也就是说，在形成一种符号的过剩晶格空位的同时，被占据的晶界位置的比例也改变了。再进一步假定晶界是理想的空位源和壑，这相当于假定过剩钠离子与氯离子有无限多的等能量表面位置。各种试验观察（例如纯扭转晶界难以腐蚀）明确指出上述假定并非普遍正确。

在晶体的任一点处，每个点阵位置的阳离子空位与阴离子空位数由本征生成能（$g_{\mathrm{V'_M}}$、$g_{\mathrm{V_X^{\bullet}}}$）、有效电荷 z 及静电势 ϕ 决定，即

$$[\mathrm{V'_M}] = \exp\left(-\frac{g_{\mathrm{V'_M}} - ze\phi}{kT}\right) \tag{5.38}$$

---

① *Kinetic Theory of Liquids*, Oxford University Press, Fair Lawn, N. J., 1946, p. 37。

② *J. Chem. Phys.*, **21**, 1123(1953)。

$$[V_X^{\cdot}] = \exp\left(-\frac{g_{V_X^{\cdot}} + ze\phi}{kT}\right) \tag{5.39}$$

在远离表面的地方，电中性要求 $[V_M']_\infty = [V_X^{\cdot}]_\infty$，而空位浓度由总的生成能决定：

$$[V_M']_\infty = [V_X^{\cdot}]_\infty = \exp\left(-\frac{1}{2}\frac{g_{V_M'} + g_{V_X^{\cdot}}}{kT}\right) \tag{5.40}$$

$$[V_M']_\infty = \exp\left(-\frac{g_{V_M'} - ze\phi_\infty}{kT}\right) \tag{5.41}$$

$$[V_X^{\cdot}]_\infty = \exp\left(-\frac{g_{V_X^{\cdot}} + ze\phi_\infty}{kT}\right) \tag{5.42}$$

因而晶体内的静电势为

$$Ze\phi = \frac{1}{2}(g_{V_M'} - g_{V_X^{\cdot}}) \tag{5.43}$$

空间电荷的扩展深度取决于介电常数，从晶界起这个深度的典型值为 20 ~ 100 Å。对于 NaCl，估计 $g_{V_M'} = 0.65$ eV，$g_{V_X^{\cdot}} = 1.21$ eV，因而 $\phi_\infty = -0.28$ V；对于 MgO，相应的(可能是不正确的)估计值则为 $\phi_\infty \approx -0.7$ V。可见所讨论的静电势并不是无关紧要的。从物理意义上说，这相当于(对 NaCl，$g_{V_M'} < g_{V_X^{\cdot}}$)在晶界上有过剩正离子使晶界带正电，同时在空间电荷区有过剩的阳离子空位而缺少阴离子空位，如图 5.12(a)所示。因此，即使在最纯的材料中，平衡晶界也需要晶体内部空位或间隙离子的平衡。

当有浓度为 C_s 的不等价溶质存在(例如 NaCl 中掺入了 $CaCl_2$ 或 MgO 中掺入了 Al_2O_3)时，会形成附加的阴离子空位。在附加空位相对于热释空位具有高值的情况下，式(5.41)仍适用，而且

$$\ln C_s \approx \ln [V_M']_\infty = -\frac{g_{V_M'}}{kT} + \frac{ze\phi_\infty}{kT} \tag{5.44}$$

由式(5.44)可知，晶界静电势的符号和数值由溶质浓度及温度所决定，如图 5.13(a)所示。

就 NaCl 中掺入 $CaCl_2$ 这个典型例子而言，将不等价溶质产生的空位浓度

$$CaCl_2 \xrightarrow[NaCl]{} Ca_{Na}^{\cdot} + V_{Na}' + 2Cl_{Cl} \tag{5.45}$$

与肖特基平衡

$$\text{无缺陷态} \rightleftharpoons V_{Na}' + V_{Cl}^{\cdot} \tag{5.46}$$

及式(5.36)和式(5.37)相结合，同样可以得出由式(5.44)所示的结果。根据式(5.46)，添加钙使 $[V_{Na}']$ 增加的同时会使 $[V_{Cl}^{\cdot}]$ 减少，根据式(5.36)，$[V_{Na}']$ 的增加会使 $[Na_{晶界}^{\cdot}]$ 减少，而根据式(5.37)，$[V_{Cl}^{\cdot}]$ 的减少使 $[Cl_{晶界}']$ 增加，结果就是产生了负的晶界电荷(正的 ϕ_∞)。

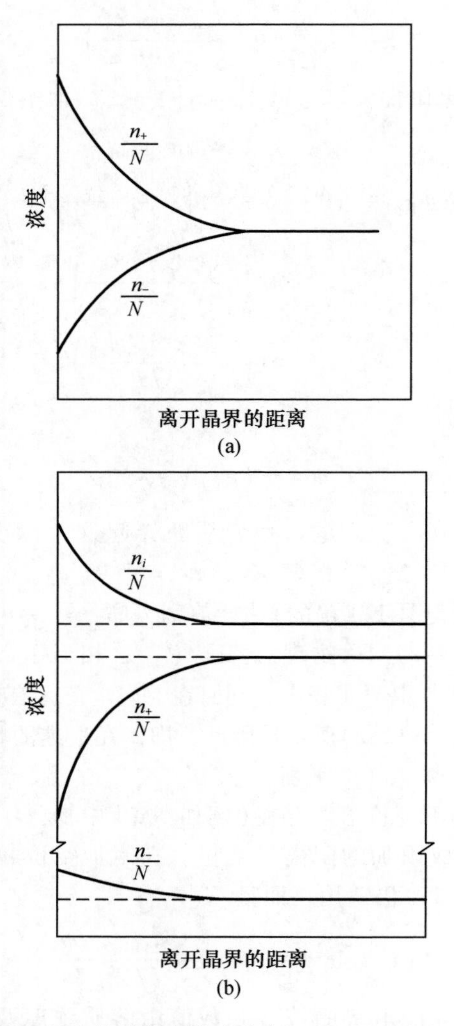

图 5.12　晶界空间电荷及带电缺陷浓度。(a) 纯 NaCl；(b) NaCl，含有带有效正电荷的不等价溶质。引自 K. L. Kliewer and J. S. Koehler, *Phys. Rev.*, **140**, **4A**, 1226(1965)

由于氧化物体系中溶质浓度远大于热释空位的浓度，因此可以预料，对所有的实际体系来说，即使在高温下也都是溶质起着控制作用。图 5.12(b)为预期的 NaCl 杂质与空位浓度的分布图。在由杂质控制的情况下，晶界电荷除了改变符号以外还与温度有关，但与 $g_{V'_M}$ 及 $g_{V^{\cdot}_X}$ 相对值无关。

对于氯化钠，假定阳离子空位与二价溶质间的结合能的合理值为 0.4 eV，则其晶界电势与空间电荷层厚度随温度的变化关系如图 5.13 所示。在晶界迁

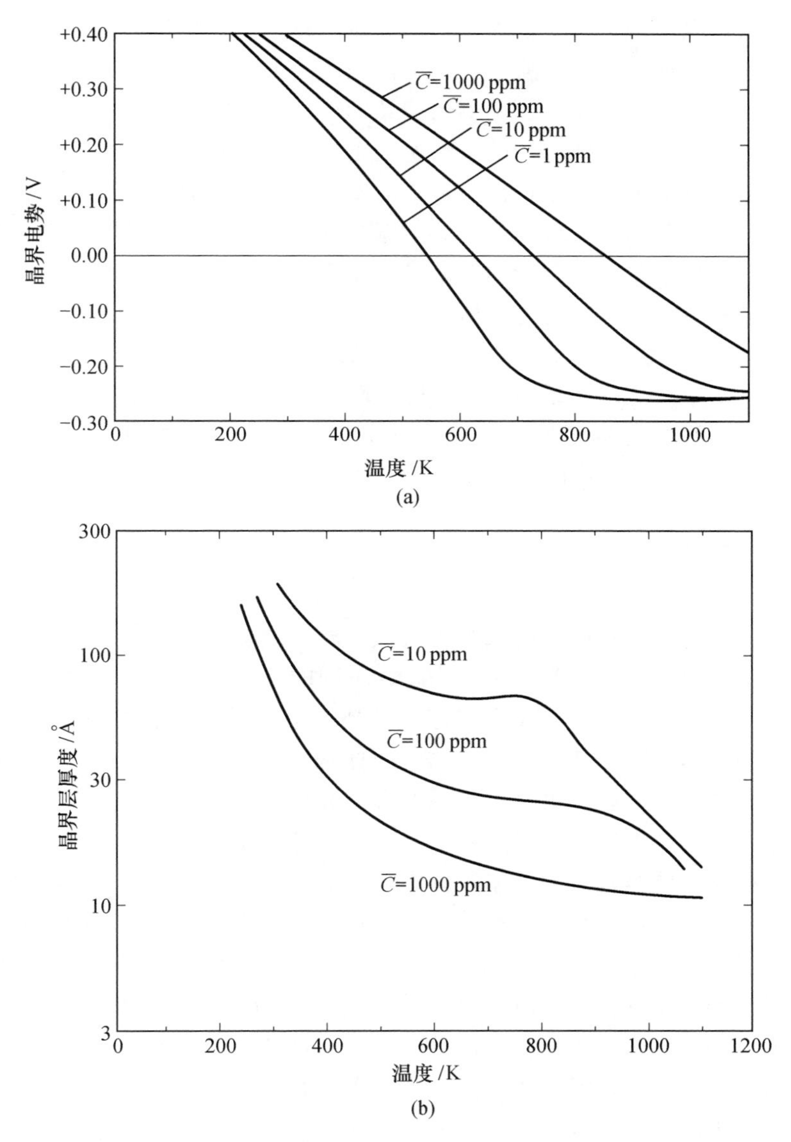

(a)

(b)

图 5.13 （a）含有不同浓度不等价溶质的 NaCl 晶界电荷与温度的关系；（b）含有不同浓度不等价溶质的 NaCl 空间电荷层厚度与温度的关系。引自 K. L. Kliewer and J. S. Koehler, *Phys. Rev.*, **140**, **4A**, 1226(1965)

移过程的温度范围以及优质陶瓷的恰当组成范围内，空间电荷层的厚度为 20 ~ 100 Å，温度降低时这一厚度会增加。

由于电场只影响带电空位而不影响空位－空位对或空位与溶质缔合而成的中性对，因此形成空位－溶质对的结合能是重要的参数。此外，在表面、晶界以及各个方向上各种类型的位错等处空位的形成自由能不一定相等，在界面或位错上的电荷由该界面或位错的特性所决定。对于氧化物材料来说，单独形成阴离子及阳离子缺陷的能量还没有可靠的实验数据或计算值，形成空位－空位对或空位－溶质对也没有可靠的实验数据或计算结果。在高温下对大多数体系进行研究时，用电测方法测量的缺陷电离程度结果值得怀疑；这当然影响到任何一个与晶界有关的电场行为。所以，上述理论的定量应用看来还很遥远。

NaCl、Al_2O_3 和 MgO 的晶界电势及有关的空间电荷的存在及其表述在本节做了阐述。由于氧化物体系的热释点阵缺陷浓度低（表 4.1 及表 4.2），晶界电势及有关的空间电荷由不等价溶质浓度决定（含 MgO 溶质的 Al_2O_3 晶界带正电，含 Al_2O_3 或 SiO_2 溶质的 MgO 晶界带负电）。

5.5 晶界应力

在大多数陶瓷体系中，粉末组成物在高温下煅烧以增加强度和密度，然后冷却到使用温度即室温。若使用膨胀系数不同的两种材料，冷却时两相之间就会产生应力，有时在晶界上还会引起裂纹或破裂。单相材料如石墨、氧化铝、TiO_2、Al_2TiO_5 及石英，其不同结晶学方向的热膨胀系数不同，也有同样的现象发生。这种晶界应力可用以破碎石英岩：加热岩石时，由于热膨胀系数不同而产生足够大的晶界应力，使晶粒之间裂开而易于粉碎。

层状物中的晶界应力 上述晶界应力的来源可以通过研究层状物中的各种效应来说明。层状物由两种材料以薄片形式交替叠置而成，这两种材料的线膨胀系数分别为 α_1 和 α_2，弹性模量分别为 E_1 和 E_2，泊松（Poisson）比分别为 μ_1 为 μ_2。设在温度 T_0 时层状物内无应力，当温度从 T_0 变化到另一个均匀温度 T 时，令 $T - T_0 = \Delta T$，一种材料要膨胀 $\alpha_1\Delta T$，而同时另一种材料要膨胀 $\alpha_2\Delta T$。这两个膨胀值不一致，因此体系必须采取中间的膨胀值，以使一种材料中的净压力等于另一材料中的净拉力（图 5.14）。这一中间膨胀值取决于每种材料的弹性模量及所占的比例。设 σ 是应力，V 为体积分数（等于截面积分数），ε 为实际的应变，则有

$$\sigma_1 V_1 + \sigma_2 V_2 = 0 \tag{5.47}$$

$$\left(\frac{E_1}{1-\mu_1}\right)(\varepsilon - \varepsilon_1)V_1 + \left(\frac{E_2}{1-\mu_2}\right)(\varepsilon - \varepsilon_2)V_2 = 0 \tag{5.48}$$

若 $E_1 = E_2$，$\mu_1 = \mu_2$ 而 $\alpha_1 - \alpha_2 = \Delta\alpha$，则

$$\Delta\alpha\Delta T = \varepsilon_1 - \varepsilon_2 \tag{5.49}$$

$$\sigma_1 = \left(\frac{E}{1-\mu}\right) V_2 \Delta\alpha\Delta T \tag{5.50}$$

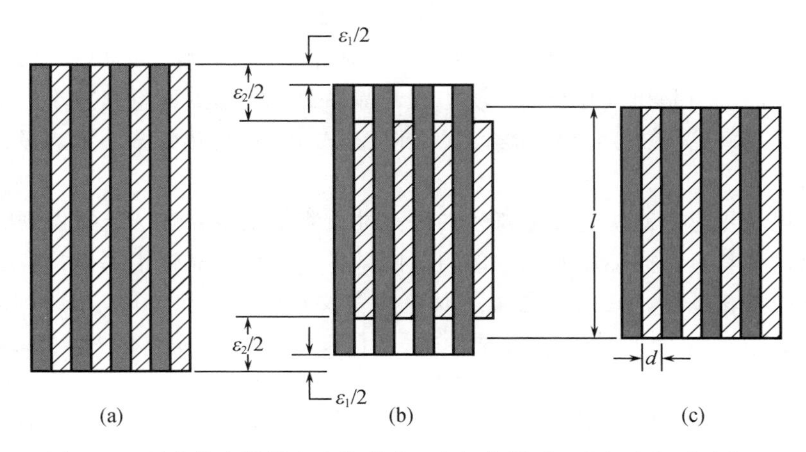

图 5.14　层状物中晶界应力的形成。(a) 高温下；(b) 冷却后无应力；(c) 冷却后层与层仍结合在一起

上述应力是令合力(等于每相的应力乘以每相的截面积之和)等于零而算得的，因为在个别材料中正力和负力是平衡的。这种力可经过晶界传递。经过晶界传给一个单层的力为 $\sigma_1 A_1 = -\sigma_2 A_2$，合力 $\sigma_1 A_1 + \sigma_2 A_2$ 产生一个平均晶界剪应力 $\tau_{平均}$，

$$\tau_{平均} = \frac{(\sigma_1 A_1)_{平均}}{局部的界面面积} \tag{5.51}$$

层状物的晶界面积正比于 v/d，d 为薄片的厚度或棱长，v 为薄片的体积。对于层状物可写为

$$\tau \approx \frac{\left(\frac{V_1 E_1}{1-\mu_1}\right)\left(\frac{V_2 E_2}{1-\mu_2}\right)}{\left(\frac{V_1 E_1}{1-\mu_1}\right)+\left(\frac{V_2 E_2}{1-\mu_2}\right)} \Delta\alpha\Delta T \frac{d}{l} \tag{5.52}$$

式中：l 是层状物的长度(图 5.14)。

三维结构中的晶界应力　在三维等轴晶结构中，由晶界剪应力传递合力的分数比层状物中的要小，这是因为晶界正应力的作用也开始重要起来。对于一个处于无限大基体中的球形粒子这么一种简单的情况，该球受到均匀的等静压应力 $\bar{\sigma}$，

$$\bar{\sigma} = \frac{(\alpha_m - \alpha_p)\Delta T}{(1+\mu_m)/2E_m + (1-2\mu_p)/E_p} \tag{5.53a}$$

式中：m 表示基体，而 p 表示粒子。基体中的应力为

$$\sigma_{rr} = \frac{\bar{\sigma} R^3}{r^3} \tag{5.53b}$$

$$\sigma_{\phi\phi} = \sigma_{\theta\theta} = -\frac{\bar{\sigma} R^3}{2r^3} \tag{5.53c}$$

式中：R 是粒子半径；r 是距中心的距离。对各向异性热膨胀的单相材料来说，晶界附近的应力是比较复杂的，随着离开晶界距离的增加而急剧减小。最大的应力和式(5.50)与式(5.53)所给出的相似，式中 $\Delta\alpha$ 是热膨胀系数的极大值与极小值之差。

上述晶界应力对决定多晶陶瓷的许多性质都是很重要的。通常发现，对于像细瓷这种具有不同热膨胀系数的组分的试样，或者像氧化铝那样具有各向异性膨胀的单相试样，其应力之大足以导致裂纹并可使晶粒分离。图 5.15 为氧化铝大晶粒试样的照片，它清楚地显示了来自各分离晶界的反射。虽然如式(5.53)所示，应力与晶粒尺寸无关，但自发的裂纹主要发生于大晶粒的试样中，因为内应变能的降低与颗粒尺寸的立方成比例，而由断裂引起的表面能增加却是与颗粒尺寸的平方成比例。这些晶界的分离意味着大晶粒制品由于大的晶界应力而脆弱，通常其物理性能也较差。

图 5.15　大晶粒 Al_2O_3 的显微照片(30×，透射光)，显示来自各分离晶界的反射(R. L. Coble 提供)

5.6 晶界上和晶界附近的溶质偏析与相分离

用透射电子显微镜对陶瓷晶界进行的直接观察表明，在晶界上的亚微淀析是很普遍的。图 5.16 示出了在小角度位错网晶界上和在大角度晶界上的这种淀析。除淀析之外，在晶界附近还总是观察到溶质偏析，这一现象在缓慢冷却到室温的试样中尤为常见(图 5.17)。采用近代分析技术(如俄歇光谱仪)对断裂晶界附近薄层进行分析所得到的结果表明：偏析和淀析一样的确是很普遍的。

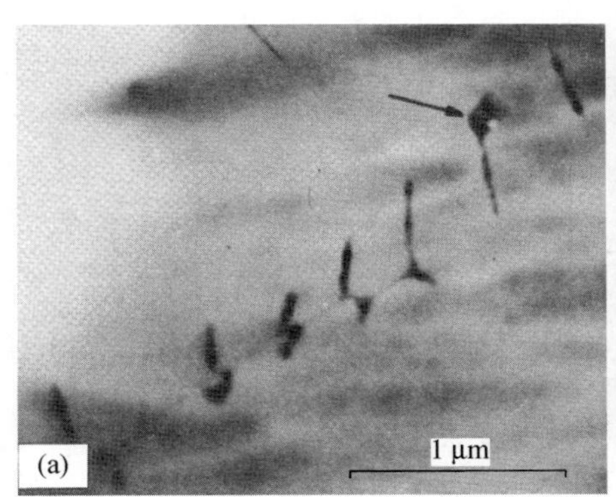

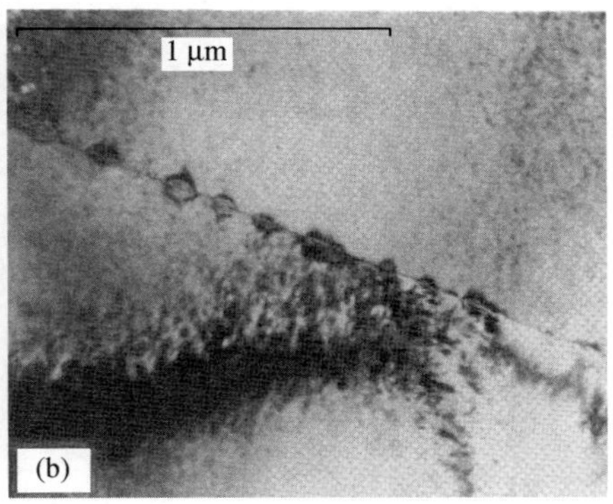

图 5.16 (a) 在 MgO 亚晶界的位错上的淀析颗粒；(b) 沿 $ZrO_2 + Y_2O_3$ 晶界的淀析颗粒。引自 N. J. Tighe and J. R. Kreglo, *Bull. Am. Ceram. Soc.*, **49**, 188(1970)

在讨论晶界的静电势及有关的空间电荷时我们已经发现，在界面附近点阵缺陷浓度和不等价溶质的浓度有增有减。图 5.13(a)表明，晶界上的静电荷随温度降低而增加。NaCl 中的 Ca^{2+} 表面浓度(表 5.3)也有同样的规律。

表 5.3 NaCl 中 Ca^{2+} 的体浓度与表面浓度之差

温度	Ca^{2+} 在整体中的位置分数	Ca^{2+} 在表面上的位置分数
500 ℃	1.9×10^{-3}	6.4×10^{-2}
400 ℃	1.7×10^{-3}	7.1×10^{-2}
300 ℃	1.8×10^{-3}	1.2×10^{-1}
250 ℃	1.6×10^{-3}	1.3×10^{-1}

引自 A. R. Allnatt, *J. Phys. Chem.*, **68**, 1763(1964)。

除了静电势以外，晶界应力场也影响溶质的分布。在氧化物体系中许多溶

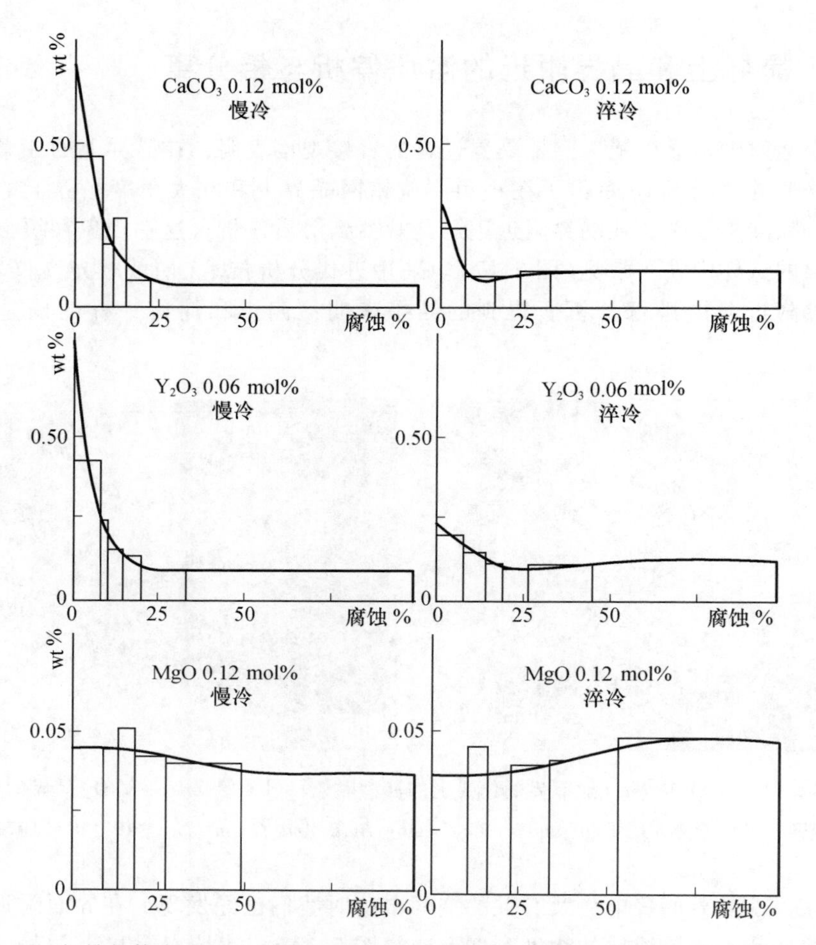

图 5.17　把铁氧体磨细到平均晶粒尺寸大小的细度，进行化学腐蚀后将所得溶液进行化学分析，分析钙、钇、镁。以溶质离子的含量对铁氧体粉粒被腐蚀的百分比作图。引自 M. Paulus, *Materials Science Research*, Vol. 3, Plenum Press, N. Y. p. 31

质的溶解热较高，正如第四章所讨论过的，部分原因是应变能，而部分原因是由于电中性要求形成伴生的空位或填隙而需要能量。若晶界的某些未知部分包括已经畸变的位置，而在这些位置上加入一个溶质原子并伴生空位或间隙所引起的附加应变能较小，那么通过优先填充这些低能位置可使样品的总自由能降到最小值。若规定填充这些特殊位置的比例为晶界浓度 C_b，在这些特殊位置和在晶格中的溶质原子的能量差为 $E-e$，则对于溶质浓度 C 较小的情况，

$$C_b = \frac{AC\exp[(E-e)/kT]}{1+AC\exp[(E-e)/kT]} \tag{5.54}$$

式中：A 是常数，用来修正晶界振动熵的减少①。这种方法十分通用但很不精确。如图 5.18 所示，它说明随溶质浓度的增加和温度的降低，晶界偏析的趋势增大。氧化物的溶解热通常为 15 ~ 90 kcal/mol，可以预料晶界上这种特殊低能位置会饱和。

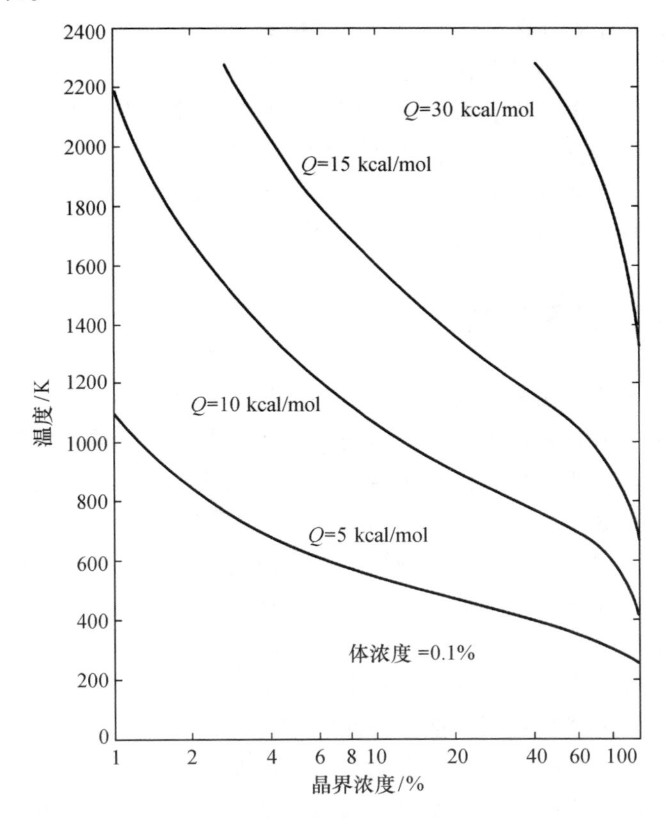

图 5.18　按照式(5.54)，在各种溶质浓度和溶解热条件下溶质占据低能晶界位置的分数

正如前一节所讨论的，温度降低时许多陶瓷的晶界处会产生很大的应力。由于应变能的降低会在边界核心部分引起溶质偏析，所以冷却时在伴随的应力场中就有溶质偏析的趋势。这种应力场效应可以认为是造成下列作用的原因：锰铁氧体中二氧化硅的淀析促进了氧化钙在晶界上的偏析。这种效应也可能是由于氧化铝中的偏析与晶粒的相对取向密切相关。这种应力场效应对许多常见的、弹性常数和热膨胀系数的各向异性很显著的氧化物陶瓷如氧化铝、氧化钛、氧化铍、氧化锆、莫来石和石英来说可能很重要。

---

①　推荐读物 5。

高溶解热会引起晶界偏析，这也使得晶体在中等温度下的溶解度很低。例如，1300 ℃时 Al_2O_3 在 MgO 中的溶解度只有 100 ppm，1550 ℃时 MgO 在 Al_2O_3 中的溶解度是 100 ppm，1000 ℃时 CaO 在 MgO 中的溶解度为 100 ppm。因而，冷却时形成过饱和，并且如图 5.16 所示在降温或在中等温度下延长热处理时，在晶界上(如第八章所述，这是优先成核的位置)形成微细淀析，通常是亚微淀析。与此有关的现象是，当改变非化学计量比氧化物的温度或氧压时会引起化学组成的改变，如第四章所述。通常，晶界上氧的扩散比晶格中要快，所以晶界组分建立平衡也快于体内建立平衡。

晶界层的厚度受各种瞬时变化的影响，可达到几十微米，这取决于时间、温度和原子迁移率。这一重要问题将在第九章中讨论。

5.7 表面和界面结构

如 5.1 节所述，相表面及相间界面对于相体来说是一个高能区域。为了使体系的总能量最低，表面形态会自动使其过剩能量降低到最小值。能降低表面能的溶质会在表面浓集，且偶极子自行按表面能最低的方式取向。

表面组成、吸附 表面的组成和结构在很大程度上与形成条件及随后的处理有关。例如，已经发现新断裂的氧化物表面比在空气中存放以后或经高温加热以后的同一表面具有更高的化学活性。在真空中劈裂的云母，其表面能比在空气中劈裂的同一表面要高得多。同样，在液体汞表面之下断开的铁条是银白色的，而在空气中断开并立即投入汞中的铁条却不是银白色的。还有，新断裂的二氧化硅表面是强氧化剂，但这个性质随时间而消失。这些现象表明，表面要经过原子迁移或吸附其他组分来调整其结构以达到低能态。

只有高度可极化的离子才能以较低的能量处于表面位置，因为电子壳层能够畸变以使形成表面所增加的能量降低到最小。因此，高度可极化的离子趋于成为表面层的主要部分(图 5.19)，组成具有相同数量的阳离子和阴离子的结晶学表面。

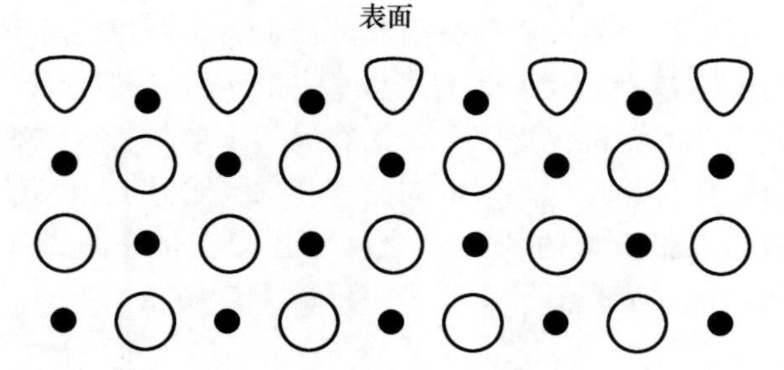

图 5.19 以大的阴离子为主的氧化物或硫化物的表面结构

像二氧化硅这类氧化物在低温下断裂时，其断面并不顺随任何特定的结晶学方向，而是大量的 Si—O 键被破坏，并在表面留下带有不饱和价的 Si^{4+} 和 O^{2-} 离子。这是一种高能的且活性很强的表面，它会从空气中吸附氧以形成较低能量的表面；这种反应的发生很迅速。同样，在金属和碳化物表面上也常吸附一层氧。吸附层一旦形成就很难除去。在高温加热玻璃和氧化物时，离子有足够的活动能力，因而常常导致这种低能的表面形态，这就是通常见到的表面形态。甚至那些氧亲和力不大的体系在表面上也会吸附氧，如图 5.20 所示的银的情形：在含氧的气氛中固态银的表面能大大降低，相当于吸附了单层的氧。如图 5.21 所示，高表面能液态铁也有相似的但更显著的效应。在液态铁中添加氧或硫会形成一个单层而大为降低表面能。对较小的离子如碳和氮，这种效应很小或完全没有。

熔融氧化硅的表面能约为 300 erg/cm^2，和图 5.19 所示的情形相似，其表面主要是氧离子，所以表面添加物对二氧化硅表面能的影响不如对钨的影响那样强烈。在高表面能的液态氧化物(如氧化铁和氧化钙)中添加二氧化硅，其影响就较大。图 5.22 说明了这类二元体系的表面能关系。

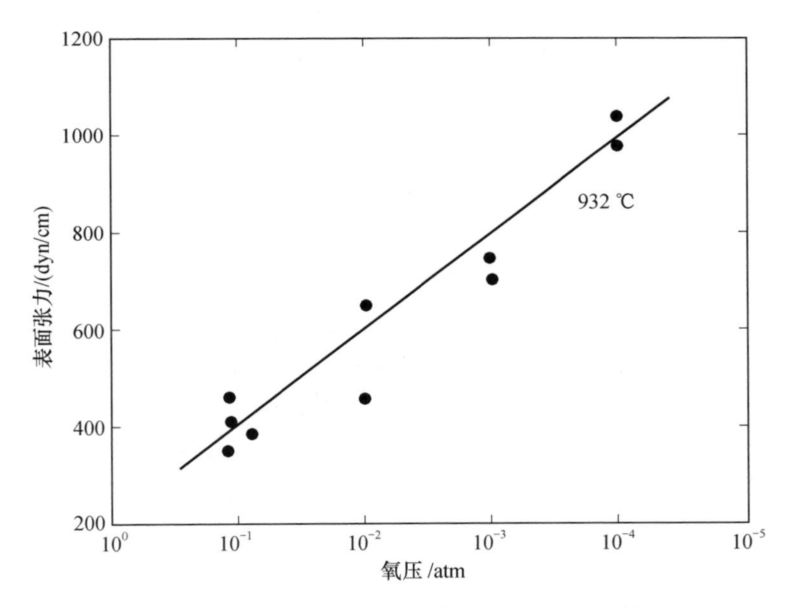

图 5.20　氧压对固态银表面能的影响。引自 F. H. Buttner, E. R. Funk and H. Udin. *J. Phys. Chem.*, **56**, 657(1952)

两相体系的界面　同一材料的自由表面和两晶粒之间的界面都以同样方式具有伴生的能量，两相(固－固、液－液、固－液、固－气、液－气)之间的

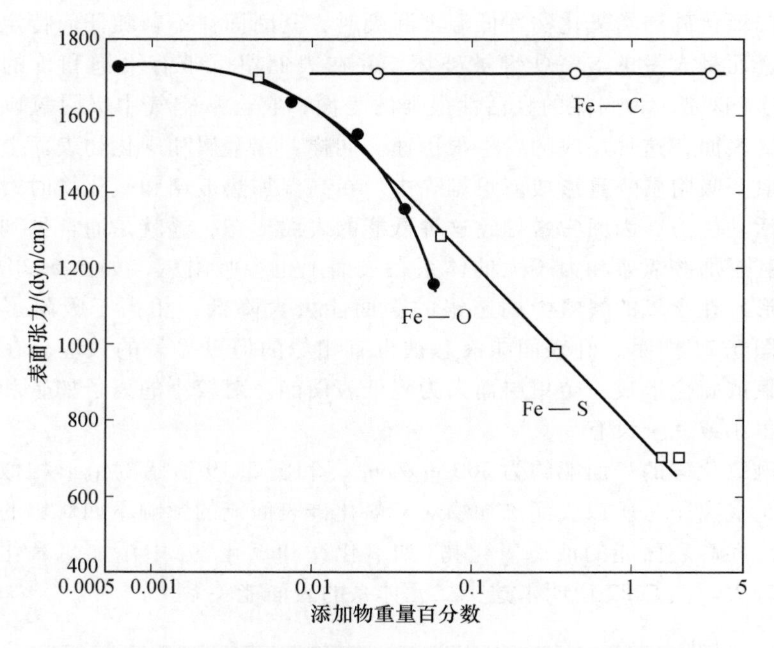

图 5.21　各种添加物对液态铁表面张力的影响。引自 F. H. Halden and W. D. Kingery, *J. Phys. Chem.*, **59**, 557(1955)

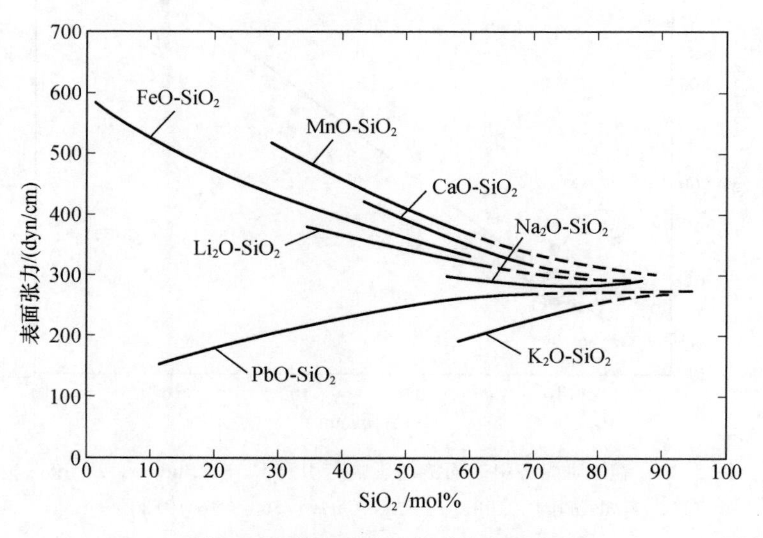

图 5.22　某些硅酸盐体系的表面张力

界面也同样以界面能为特征，此界面能相当于体系中形成单位面积新界面所需要的能量。界面能总是小于两相各自的表面能之和，这是因为两相之间总有一些吸附能。界面能可以比上述总和小任一数值，这取决于两相间的互相吸引。事实上，当混合两个互溶相时，有时可以观察到表面的自行扩展；也就是说，在完全混合的初始阶段面积增大(呈现所谓负表面能)。

通常，化学性质相似的相间界面能比表面能总和要低。也就是说，液态氧化物在氧化铝或其他固态氧化物上通常具有低的界面能；液态金属在固态金属上的情形也是这样。同理，当有强烈的化学吸引力时界面能也是低的。事实上因为经常发生某种程度的化学互作用与互溶，这些引力对确定界面能造成了某些困难。也就是说，不饱和相间的初始界面能经常不同于饱和组成间的平衡界面能。表 5.4 给出某些互饱和体系的界面能数值。

表 5.4　界面能

体系	温度/℃	界面能/ (erg/cm^2)
Al_2O_3(固) - 硅酸盐釉(液)	1000	< 700
Al_2O_3(固) - Pb(液)	400	1440
Al_2O_3(固) - Ag(液)	1000	1770
Al_2O_3(固) - Fe(液)	1570	2300
SiO_2(玻璃) - 硅酸钠(液)	1000	< 25
SiO_2(玻璃) - Cu(液)	1120	1370
Ag(固) - Na_2SiO_3(液)	900	1040
Cu(固) - Na_2SiO_3(液)	900	1500
Cu(固) - Cu_2S(液)	1131	90
TiC(固) - Cu(液)	1200	1225
MgO (固) - Ag (液)	1300	850
MgO (固) - Fe (液)	1725	1600

在界面上发生的吸附现象和表面上的吸附相同。金属在氧化物上的吸附广泛应用润湿剂以显著降低界面能。这种作用如图 5.23 所示。图中示出了添加钛对液态镍和 Al_2O_3 间界面能的影响。氧化物界面强烈地吸引钛，并且由于钛对氧有高的化学活性而在界面上浓集。通常，当非氧化物如碳化硅、硅化物、氮化物和金属的表面上有了一层氧化物时界面现象会变得复杂。除非在还原气氛中加热或用活性熔剂来除去氧化物薄层，否则这层固态氧化物会使得非氧化

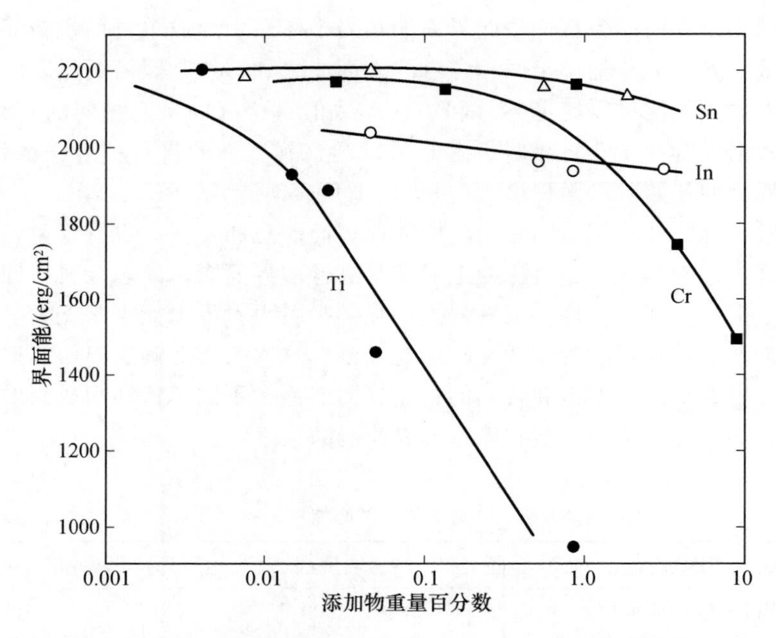

图 5.23　添加钛或铬对 1475 ℃时 Ni – Al_2O_3 界面能的影响

物的行为像氧化物一样。在碳化物表面上形成的氧化物薄层使碳化物的行为像氧化物；但是在真空中这层表面氧化物在约 1200 ℃蒸发，从而使材料的金属性质变得明显起来。

5.8　润湿和相分布

表面能和界面能之间的关系在很大程度上决定了液体在固体表面上的润湿行为以及两相或多相混合物的相的形态。

液体对固体表面的润湿　如果考虑液体放在固体表面上的稳定形态，其平衡状态对应于所有各相界的总界面能最小。若固 – 液界面能(γ_{SL})高，液体趋于形成界面积小的球形，如图 5.24(a)所示。相反，若固 – 气界面能(γ_{SV})高，液体趋于无限扩展以消除这个界面，如图 5.24(c)所示。介于二者之间的液滴形状如图 5.24(b)所示。

固体表面与接触点上的液体表面的切线之间的夹角(即接触角)可在 0°与 180°之间变化。接触角按下式确定最低能量条件，即

$$\gamma_{LV}\cos\theta = \gamma_{SV} - \gamma_{SL} \tag{5.55}$$

式中：γ_{SV}、γ_{SL}和 γ_{LV}是体系在测量时实际存在的各相之间的界面能，通常这些界面不是纯净的表面。可以规定 $\theta = 90°$为“不润湿”［$\theta > 90°$，液体在毛细管中

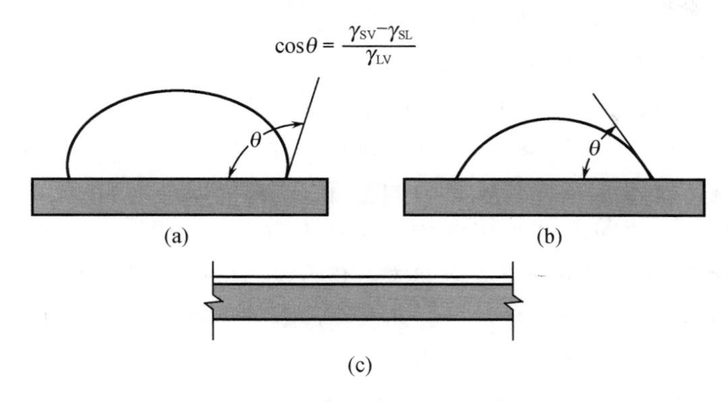

图 5.24 (a) 不润湿($\theta>90°$)；(b) 润湿($\theta<90°$)；(c) 液体在固体上扩展($\theta=0$)的图解

下降，图 5.24(a)]和“润湿”[$\theta<90°$，液体在毛细管中上升，图 5.24(b)]之间的界限。铺展就是液体完全盖住固体的表面的情况[$\theta=0°$，图 5.24(c)]。表面能之间的关系决定了润湿行为和铺展趋势。定义铺展系数 S 为

$$S_{LS} = \gamma_{SV} - (\gamma_{LV} + \gamma_{SL}) \tag{5.56}$$

要使液体铺展，则 S_{LS} 必须是正值。相应地，必要但不是充分的铺展条件是：液-气界面能应小于固-气界面能($\gamma_{LV}<\gamma_{SV}$)。这个条件对于要求屏蔽的情况来说有时是有用的。

表 5.5 列出了 MgO 单晶表面上几种金属和碱性熔渣的实测接触角。如前所述，固体的表面能与结晶学方向有关，这已由 MgO 各结晶学平面的润湿角不同所证实。

表 5.5　MgO 单晶上液体的接触角测量值

液体	温度/℃	在 MgO 晶面上接触角测得值		
		(100)	(110)	(111)
Cu	1300	106	159	149
Ag	1300	136	141	147
Co	1600	114	153	144
Fe	1600	59	110	90
碱性熔渣[1)]	1400	9	17	32

1) 40% SiO_2，20% Al_2O_3，40% CaO。

对润湿行为的全面分析要比式(5.55)及式(5.56)所表示的复杂些，因为过程中各相的组成通常要发生变化。通常都讨论纯相的*初始铺展系数*和互饱和相的*最终铺展系数*。在某些特殊条件下一系列中间的铺展系数也可能是重要

的。一般说来，所有各种界面能都受到组分变动的影响，已经知道会发生两种情况，即滞后润湿及开始铺展继之以不润湿。只要 γ_{SV}、γ_{SL} 和 γ_{LV} 对应于测量时的条件，则式(5.55)总可适用。此外还常常观察到液体向固体表面进展的角度和液体从已润湿表面退出的角度有相当大的差别。这种差别有时可能是由于表面洁净度引起的；有时可能是固体表面在润湿之后发生了不可逆的变化。通常，液体退出的角度小于进展的角度，而且表面一旦润湿就趋于维持润湿状态。这一事实在添加黏结剂于釉组成使液体一开始就均匀分布到整个表面这一过程中得到应用。如果一开始就发生裂纹，那么在熔融时釉将不能完全润湿表面。

通常，氧化物釉能润湿氧化物陶瓷，虽然不可能完全铺展到整个表面，尤其当接触角是进展性时更是如此。在许多情况下，润湿没有截然分明的定义，因为一部分瓷体趋于溶入液态釉层之中。图 5.25 示出这种釉 - 瓷界面的显微结构。尽管釉能润湿表面，但在低的烧成温度下流动的黏性阻力也会妨碍釉流畅地铺展。

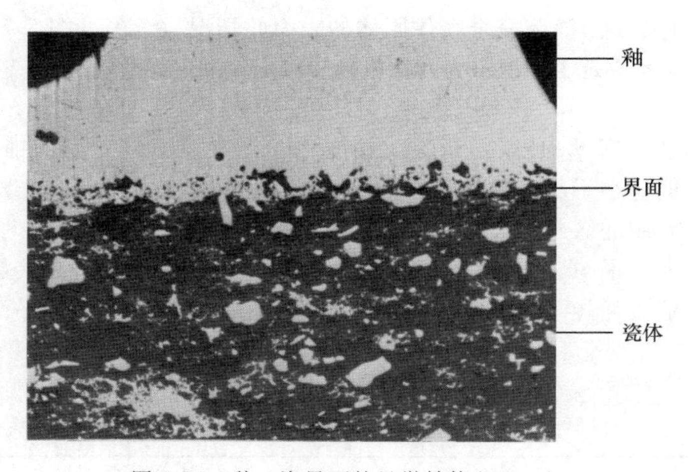

图 5.25　釉 - 瓷界面的显微结构(150 ×)

液态氧化物的表面能比固态金属低得多，因此淀积在金属上的氧化物趋于润湿金属，接触角介于 0°与 50°之间；这就是说搪瓷可以容易地遍布在诸如铜或铁的表面上。液态氧化物或搪瓷与不同金属件间的黏着力是不同的，这和润湿行为无关而取决于其他因素。相反，液态金属的表面能比大多数陶瓷氧化物高得多，且界面能也高，所以除非采取特别的措施，否则液态金属是不会润湿和展布的。已有两种通用的办法来形成金属与氧化物的钎焊。方法之一是将钛或锆等活性金属加到金属中；由于这些活性金属与氧化物间的强烈化学引力有效地降低了界面能从而促进了润湿行为。在另一种方法中，利用钼 - 锰结合物发生反应而在界面上生成流动的液态氧化物，它既润湿固体金属层又润湿下面的氧化物陶瓷。这种方法可产生满意的黏着力并形成坚固的金属化覆盖层，然后这种覆盖层又可为金属钎焊所润湿。

晶界构型 固–液体系达到平衡构型的方式取决于表面能，两个固体颗粒间的界面在高温下经过充分的时间使原子迁移或气相传质以后达到平衡。晶界能和表面能的平衡如图5.26(a)所示。在平衡时，

$$\gamma_{SS} = 2\gamma_{SV}\cos\frac{\psi}{2} \tag{5.57}$$

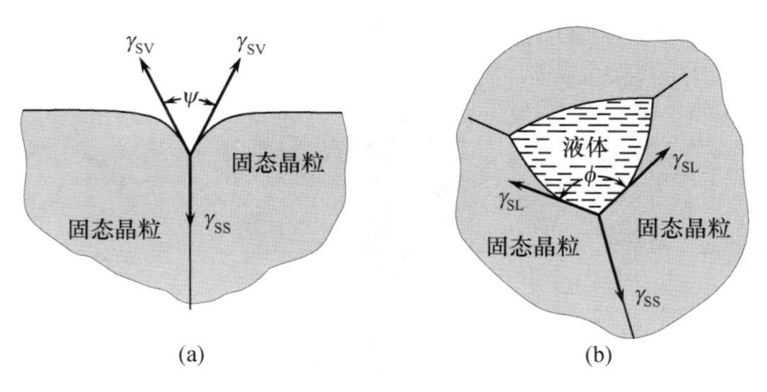

图5.26 (a)热蚀角；(b)固–固–液平衡的二面角

这种类型的沟槽通常是多晶样品在高温下加热时形成的，而且在许多体系中曾观察到热腐蚀现象。通过测量热蚀角可以决定晶界能与表面能之比。同样，在没有气相存在时，如果固相和液相处于平衡状态，则平衡条件如图5.26(b)所示，

$$\gamma_{SS} = 2\gamma_{SL}\cos\frac{\phi}{2} \tag{5.58}$$

式中：ϕ 为二面角。对于两相体系，二面角取决于界面能与晶界能的关系：

$$\cos\frac{\phi}{2} = \frac{1}{2}\frac{\gamma_{SS}}{\gamma_{SL}} \tag{5.59}$$

若界面能 γ_{SL} 大于晶界能，ϕ 就大于120°，从而在晶粒交界处形成孤立的袋状的第二相；若 γ_{SS}/γ_{SL} 比值介于1和$\sqrt{3}$之间，ϕ 就介于60°与120°之间，第二相在三晶粒交角沿晶粒相交线部分地渗透进去；若 γ_{SS} 与 γ_{SL} 之比大于$\sqrt{3}$，ϕ 就小于60°，第二相稳定地沿着各个晶粒边长方向延伸，在三晶粒交界处形成三角棱柱体。当 γ_{SS}/γ_{SL} 等于或大于2时，ϕ 等于零，则平衡时各晶粒的表面完全被第二相所隔开。上述结构如图5.27所示。

上述关系在粉末压块的烧结过程中有重要意义。若有液相存在，只有 ϕ 等于零使固体晶粒由液态薄膜所隔开才能有效地加速致密化过程；例如添加少量高岭土或滑石到氧化镁中就会发生这种情况。上述关系对于决定产品的性质也很重要。相分布对性质的影响几乎是不言而喻的。复杂混合物的电导、热

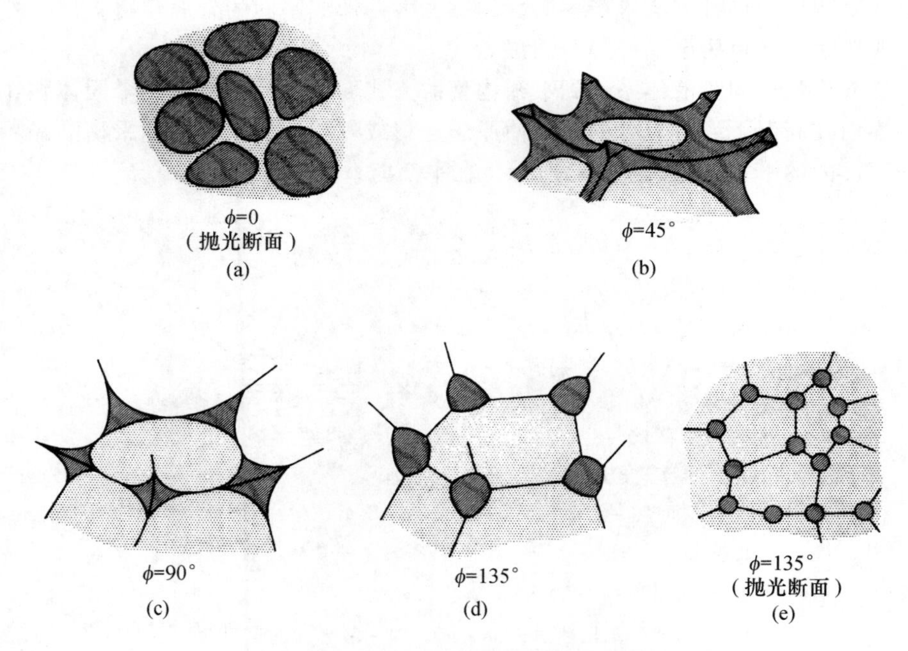

图 5. 27　不同二面角情况下的第二相分布

导、应力作用下的形变以及化学活性都不仅与各个相的性质有关，还和各相的相对分布有关。

推 荐 读 物

1. N. K. Adam, *The Physics and Chemistry of Surfaces*, Oxford University Press, New York, 1941; also in paperback, Dover Publications, Inc., New York, 1968.
2. W. D. Kingery, "Role of Surface Energies and Wetting in Metal – Ceramic Sealing", *Bull. Am. Ceram, Soc.*, **35**, 108(1956).
3. C. S. Smith, "Some Elementary Principles of Polycrystalline Microstructures", *Metall, Rev.*, **9**, 1(1964).
4. W. D. Kingery, "Plausible Concepts Necessary and Sufficient for the Interpretation of Ceramic Grain Boundary Phenomena", *J. Am. Ceram. Soc.*, **57**, 1 – 8, 74 – 83(1974).
5. D. McLean, *Grain Boundaries in Metals*, Clarendon Press, Oxford, 1957.
6. H. Gleiter and B. Chalmers, *Progress in Materials Science*, Vol. 16, Pergamon Press, New York, 1972.
7. H. Hu, Ed., *The Nature and Behavior of Grain Boundaries*, Plenum Press, New York, 1972.

8. P. Chaudhari and J. W. Matthews, Eds., *Grain Boundaries and Interfaces* (*Surface Science*, Vol. 31), North - Holland Publishing Company, Amsterdam, 1972.
9. *Metal Surfaces: Structure, Energetics and Kinetics*, ASM, Metals Park, Ohio, 1963.

习　　题

5.1　真空中 Al_2O_3 的表面张力估计为 900 erg/cm^2，液态铁的表面张力为 1720 erg/cm^2。同样条件下界面张力(液态铁 - 氧化铝)约为 2300 erg/cm^2。试问：接触角有多大？液态铁能润湿氧化铝吗？怎样才能减小接触角？

5.2　表面张力为 500 erg/cm^2 的某液态硅酸盐与某种多晶氧化物表面相接触，接触角 $\theta=45°$；若与此氧化物相混合，则在三晶粒交界处形成液态小球。平均的二面角 ϕ 为 90°。假定没有液态硅酸盐时，氧化物 - 氧化物界面的界面张力为 1000 dyn/cm①，计算该氧化物的表面张力。

5.3　下列数据为铁的表面张力和组成的关系。从这些涉及表面过剩量的数据中可得出什么结论？试述 Fe - S 和 Fe - C 两个体系的表面组成。

表面张力 /(erg/cm^2)	添加剂 /ppm	表面张力 /(erg/cm^2)	添加剂 /ppm
1670	100 硫	1710	10 碳
1210	1000 硫	1710	100 碳
795	10000 硫	1710	1000 碳
		1710	10000 碳

5.4　在小角度晶界上测得位错腐蚀坑的间距平均为 6.87 μm。X 射线衍射表明晶界间角为 30 秒(弧度)，问伯格斯矢量的长度是多少？注：1 秒 = 0.00028°。

5.5　已经确定，在距刃位错 20 Å 的某点处剪应力为一定值 S。经此点的某一直线与材料的滑移面呈 30°角。

(a) 以 S 来表示离位错 100 Å 处的剪应力。

(b) 离位错 100Å 处的最大张应力是多少？

5.6　氟化锂晶体经多边形化、抛光和腐蚀后，观察到沿某一直线的位错腐蚀坑的间距为 10 μm，在外加剪应力作用下观察到小角度晶界垂直于晶界平面移动，为什么会发生这种现象？若伯格斯矢量为 2.83 Å，穿过晶界的倾斜角是多少？

5.7　在高温下将某金属熔于 Al_2O_3 片上。

(a) 若 Al_2O_3 的表面能估计为 1000 erg/cm^2，此熔融金属的表面能也与之相似，界面能估计为 300 erg/cm^2，问接触角是多少？

① 原文为“dyn”，恐系印刷错误。——译者注

(b) 若液相表面能只有 Al_2O_3 表面能的一半，而界面能是 Al_2O_3 表面张力的两倍，试估计接触角的大小。

(c) 在(a)所述条件下，混合30%金属粉末与 Al_2O_3 成为金属陶瓷并加热到此金属熔点以上。试描述并作图示出金属与 Al_2O_3 之间的显微结构。

5.8 在0 ℃时冰－水体系的固－液界面能为28 erg/cm^2，晶界能为70 erg/cm^2，液相表面能为76 erg/cm^2，并且液态水能完全润湿冰的表面。

(a) 估计冰在空气中及冰在水中的晶界腐蚀角。

(b) 将酒精加入液相中，则观察到固－液界面能降低。若要使晶界腐蚀角降低到零度，需使界面能降低到什么程度？

(c) 怎样比较冰与① SiO_2(固相)－硅酸盐液，及② MgO(固相)－硅酸盐液体系的晶界腐蚀？解释后面两个体系如何及为什么相异或相同。

5.9 B在A的稀溶液中结晶时析出四方晶体。在能发生气相传质的条件下久置后，晶体形成平行六面体，其晶面分别垂直于 c 轴和 a 轴。当B的摩尔分数为0.05时，c 轴长度与 a 轴长度之比为1.78:1。试计算 a 面和 c 面的表面张力之比，并指出哪一晶面的B原子密度相对较高。

5.10 半径为 R、密度为 ρ 的一个固体圆球支撑着一个圆球，其间有液体作桥。液相完全润湿固相，并且液相表面所受重力作用可以忽略不计。试建立一个式子，用给定的物理和几何参数来表示摆动液环的蒸气压。可以认为液体的表面是一个圆弧。令温度 T 时横过平坦表面的液相蒸气压力为 P_0。

5.11 反应堆中的辐照使某一金属内产生填隙He。退火时，He形成气泡，它使金属膨胀并使金属密度降低到原值的0.9。将此金属溶解于酸，则每立方厘米的金属产生3.95 cm^3 的He气(在标准温度和压力下的气体体积)。显微镜观察表明气泡尺寸均匀，其半径约为1 μm。试算出金属的表面能数值。此值合理吗？如何判断此值是否为平均值？

第六章 原子迁移

要在凝聚相内发生微观结构变化或进行化学反应，不可缺少的因素就是在晶态或非晶态固体中原子能够移动。有许多可能的机理来说明晶体结构中的原子能够从一个位置移动到另一个位置。其中之一是两个原子之间直接交换位置，更可能的或许是环形机理，即一个封闭的原子环转位(仅仅两个原子直接交换在能量上是不可能的，因为使两个原子相互挤过对方换位时需要很高的应变能。特别是在离子型固体中，根本不可能设想阳离子和阴离子互换位置)。如图 6.1(b) 说明的环形机理是可能的,但还没有证明它存在于任何实际体系中。另一种在能量上比较有利的过程是原子从正常位置移动到相邻空位上。如第四章中所述，温度在绝对零度以上时每种晶态固体中都有空位。由这种过程引起的原子扩散速率取决于原子从正常位置移动到空位的难易程度，同时也取决于空位的浓度。以这种空位机理进行的迁移可能是引起原子移动的最普遍的过程，这个过程相当于空位向相反方向移动，因此有时我们也称之为空位扩散。第三种可能发生的过程是原子在间隙位置上的运动。假如原子能够从正常位置移动到间隙位置，和形成弗仑克尔缺陷一样，则这

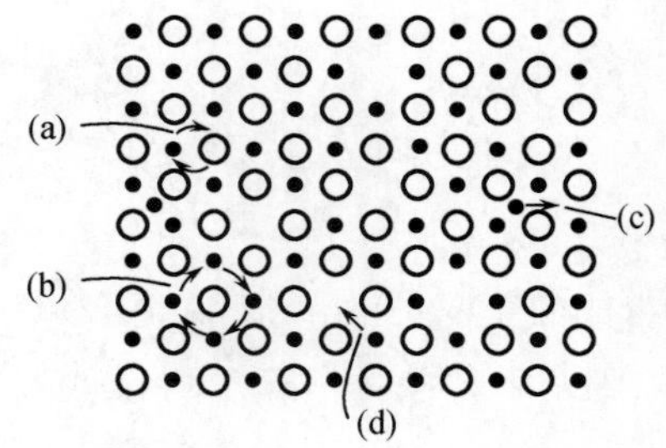

图 6.1　原子扩散机制：(a) 交换；(b) 环形旋转；(c) 填隙；(d) 空位

些填隙原子容易穿过晶格而移动，这也是原子移动的一种机制。高迁移率也是填隙型固溶体中第二组分原子的一个特征。这个过程派生的一种形式是推填式机制，这个机制是填隙离子从它的间隙位置移动到点阵位置，将点阵位置上的原子撞离点阵位置而进入一个新的间隙位置。尽管原子从一个间隙位置直接移动到另一个间隙位置在能量上是不利的，但上述这种过程还是可能发生的。这些机制如图 6.1 所示。在任一个特定体系中会出现哪种机理，取决于与不同的过程有关的能量。

图 6.2 以微观尺度说明原子迁移和扩散的效应。如果将两种可混溶组分放在一起，它们将逐渐互混直到形成一种平衡结构，在这个结构里，A 和 B 是均匀分布的。达到这种终态的速率取决于各个组分原子的扩散速率。同样，如果在 A、B 之间形成新的化合物，这一反应的继续进行要求材料通过中间层进行扩散。这一扩散过程的速率限制着反应速率。除了达到均匀组成的速率和固态反应速率以外，许多其他过程(例如耐火材料的腐蚀、烧结、氧化以及气体渗

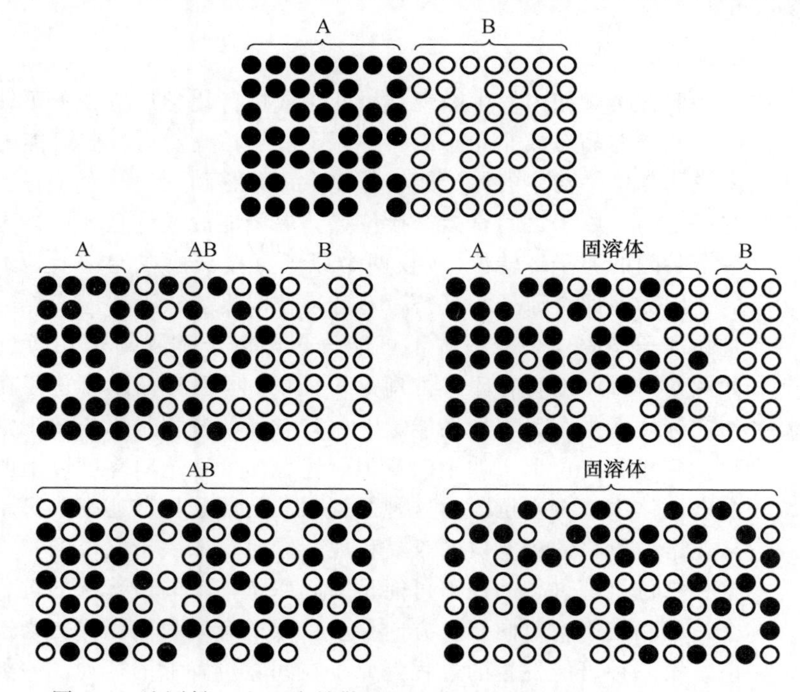

图 6.2　纯原料 A 和 B 由扩散过程形成新的化合物 AB 或无规固溶体

透)都受扩散性质的影响。

6.1 扩散和菲克定律

菲克定律 如果考虑在恒温恒压下单相组成的单向扩散，那么传质是沿着浓度梯度(化学势梯度)减小的方向进行的。这类体系可以由两个可混溶的固体(例如 MgO 和 NiO)的相互接触来说明。菲克(Fick)第一定律说明，上述体系中单位时间内通过垂直于扩散方向的单位面积上扩散的物质数量和浓度梯度成正比，可用下式表示：

$$J = -D\frac{\partial c}{\partial x} \tag{6.1}$$

式中：c 是单位体积浓度；x 是扩散方向；J 是流量(单位时间单位面积上的量)。因数 D 为扩散系数，在式中是一个比例系数，通常用 cm^2/s 作为量纲。这个关系在形式上和欧姆(Ohm)定律相似，欧姆定律中电流和电势梯度成正比；也和傅里叶(Fourier)定律相似，在傅里叶定律中热流速率和温度梯度成正比。

通过测定给定的体积单元中流进和流出的流量差，可以确定扩散过程中任一点的浓度随时间的变化。考虑两个相距为 dx 的平行平面，如图 6.3 所示，通过第一个平面的流量为

$$J = -D\frac{\partial c}{\partial x} \tag{6.2}$$

通过第二个平面的流量为

$$J + \frac{\partial J}{\partial x}\mathrm{d}x = -D\frac{\partial c}{\partial x} - \frac{\partial}{\partial x}\left(D\frac{\partial c}{\partial x}\right)\mathrm{d}x \tag{6.3}$$

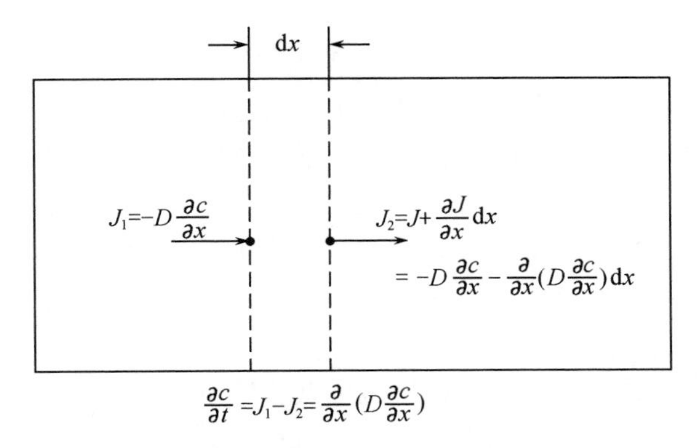

图 6.3 菲克第二定律的推导

相减得

$$\frac{\partial J}{\partial x} = -\frac{\partial}{\partial x}\left(D\frac{\partial c}{\partial x}\right) \tag{6.4}$$

流量随距离的变化等于 $-\frac{\partial c}{\partial t}$，由此得到菲克第二定律：

$$\frac{\partial c}{\partial t} = \frac{\partial}{\partial x}\left(D\frac{\partial c}{\partial x}\right) \tag{6.5}$$

若 D 是常数并和浓度无关，上式可写成

$$\frac{\partial c}{\partial t} = D\frac{\partial^2 c}{\partial x^2} \tag{6.6}$$

Nernst－Einstein **方程**　式(6.1)～(6.6)是用浓度表示的，由 Einstein 首先提出、后来一直被其他的人所确认的一个观点是：作用在一个扩散着的原子或离子上的虚力，即化学势或偏摩尔自由能的负梯度。如果一个原子的绝对迁移率，即原子在单位力的作用下的速度为 v_i，则化学势梯度的作用力将引起的漂移速度为 B_i，而合成通量：

$$-B_i = \frac{\text{速度}}{\text{力}} = \frac{v_i}{\frac{1}{N}\frac{\mathrm{d}\mu_i}{\mathrm{d}x}} \tag{6.7}$$

$$J_i = -\frac{1}{N}\frac{\mathrm{d}\mu_i}{\mathrm{d}x}B_i c_i \tag{6.8}$$

式中：μ_i 为第 i 组分的偏摩尔自由能或化学势；N 为阿伏伽德罗常量。如果假定第 i 组分的活度系数为1，则化学势的变化由下式给出：

$$\mathrm{d}\mu_i = RT\mathrm{d}\ln c_i \tag{6.9}$$

将上式代入式(6.7)并和式(6.1)比较，可以发现扩散系数和原子迁移率成比例：

$$J_i = -\frac{RT\mathrm{d}c_i}{N\mathrm{d}x}B_i \tag{6.10}$$

$$D_i = kTB_i \tag{6.11}$$

式中：k 为玻尔兹曼(Boltzmann)常量。更普遍的情况下需要用活度梯度来定义上面两个方程式，或者在式(6.9)中包括一个活度系数项。上面的表达式称为 Nernst－Einstein 关系式。这个关系式在研究带电粒子的迁移率以及扩散系数和电导率之间的关系时特别有用。表6.1列出了由化学力和电场力引起的迁移率的量纲单位。

无规行走扩散过程　在讨论扩散机制及其数学处理方法之前，先探讨一个比较简单的情况。对此情况不必考虑其扩散机制的细节。我们将讨论一维无规

表 6.1 迁移率的量纲单位(迁移率 ＝速度/单位力)

$B=\dfrac{\text{cm/s}}{\text{dyn}}=\dfrac{\text{cm/s}}{\text{dyn}\cdot\text{cm/cm}}=\dfrac{\text{cm/s}}{\text{erg/cm}}=\dfrac{\text{cm/s}}{10^{-7}\text{ J/cm}}$	
$B_i=\dfrac{V_i}{(1/N)(\partial\mu_i^-/\partial x)}=\dfrac{\text{cm}^2}{\text{erg}\cdot\text{s}}$ = 绝对迁移率	V_i = cm/s μ_i = erg/mol = 10^7 J/mol N = 阿伏伽德罗常量 = 原子数/mol x = cm
$B'_i=\dfrac{V_i}{\partial\mu_i/\partial x}=\dfrac{\text{mol}\cdot\text{cm}^2}{\text{J}\cdot\text{s}}$ = 化学迁移率	V_i = cm/s μ_i = J/mol x = cm
$B''_i=\dfrac{V_i}{\partial\phi/\partial x}=\dfrac{\text{cm}^2}{\text{V}\cdot\text{s}}$ = 电学迁移率	V_i = cm/s ϕ = V x = cm
$B_i=NB'_i$	
$B''_i=z_iFB'_i$	z_i = 原子价 = 等效电价/mol F = 法拉第(Faraday)常数 = 96500 J/V · 等效电价
$\dfrac{\partial\mu_i}{\partial x}=z_iF\dfrac{\partial\phi}{\partial x}$	

1J = 1C · V = 10^7 erg = 0.2389 cal = 6.243×10^{18} eV。

行走过程以获得扩散系数的近似值，这个值与跃迁频率和跃迁距离有关。设晶体沿 z 轴具有一个组成梯度(图 6.4)，原子沿晶体 z 轴方向向左或向右移动时每一跳跃的距离为 λ，观察某两个相邻的点阵面(分别记为 1 和 2)，两面相距 λ。平面 1 上单位面积扩散溶质原子数为 n_1，平面 2 上为 n_2，跃迁频率 Γ 是一个原子每秒内离开平面的跳跃次数的平均值。因此，在 δt 时间内跃出平面 1 的原子数为 $n_1\Gamma\delta t$。这些原子中一半跃迁到右边的平面 2 上，另一半则向左边。同样，在时间间隔 δt 内从平面 2 跃迁到平面 1 的原子数为 $\frac{1}{2}n_2\Gamma\delta t$，由此得出从平面 1 到平面 2 的流量为

$$J=\frac{1}{2}(n_1-n_2)\Gamma=\frac{\text{原子数}}{(\text{面积})(\text{时间})} \tag{6.12}$$

注意到 $n_1/\lambda=c_1$，$n_2/\lambda=c_2$ 和 $(c_1-c_2)/\lambda=-\partial c/\partial z$，可以将量 (n_1-n_2) 和浓度或单位体积原子数联系起来。因此流量为

$$J=-\frac{1}{2}\lambda^2\Gamma\frac{\partial c}{\partial z} \tag{6.13}$$

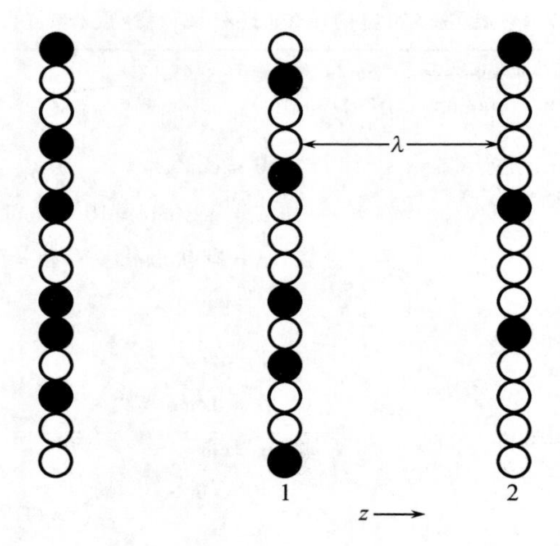

图 6.4　一维扩散

如果把扩散系数写成如下形式：

$$D = \frac{1}{2}\lambda^2\Gamma \tag{6.14}$$

则式(6.13)和菲克第一定律相同。若跳跃发生在 3 个方向，则上述值将减少为 1/3；严格推导的三维无规行走过程给出

$$D = \frac{1}{6}\lambda^2\Gamma \tag{6.15}$$

必须记住这个结果对于无规行走过程是精确的，而且在全过程中不曾设有会导致择优方向扩散的偏向因素或驱动力。此外，对于特定的扩散机制(空位、填隙)和晶体结构，必须包括一个几何因素 γ，这个因子的数量级为 1，它与最近邻的跃迁位置数和原子跳回到它原来位置的几率有关。其次还应考虑原子跃迁时可供利用的空位数。如果仅考虑填隙原子，那么实际上所有邻近位置都是空位；同样，如果仅研究晶格空位的移动，那么这种空位的移动相当于和一个邻近的被占据的位置互换，实际上所有邻近位置都是被占据的，因而也都是可以利用的。结果

$$D_i = \gamma\lambda^2\Gamma \qquad D_v = \gamma\lambda^2\Gamma \tag{6.16}$$

对于处在晶格节点上的原子的扩散，它的运动是通过跃迁到一个相邻的空位来进行的，这就必须包括相邻位置成为空位的几率，这个几率等于空位分数 n_v，其值根据第四章讨论的方法确定，

$$D_1 = \gamma\lambda^2 n_v\Gamma \tag{6.17}$$

边界条件　要测量和应用扩散系数，就要求求解不同边界条件的偏微分方程［式(6.1)和式(6.6)］。在固定浓度梯度、保持稳定态扩散的条件下，可应

用菲克第一定律［式(6.1)］确定扩散通量。气体通过玻璃或陶瓷隔膜的扩散就是这种情况。求解菲克第二定律［式(6.6)］可得浓度 $c(x, t)$，它是位置和时间的函数。一般情况下，当扩散系数为常数时，这些解符合以下两种形式：① 如果扩散路程相对于初始不均匀性的尺度来说是短小的，则浓度分布作为时间和距离的函数可用误差函数很简单地表示出来；② 接近于完全均匀时，$c(x, t)$可用无穷三角级数的第一项表示。更普遍的是以短时和长时的解来描述这两种形式。

首先考虑浓度梯度不变的稳态扩散的情况，以便由式(6.1)来确定通量。用一薄板作为隔膜，如在板的一边保持压力 p_1，另一边保持较低的均匀气压 p_0，则达到一种稳定状态，此时气体以恒定速率通过隔膜进行渗透。膜两边任一表面上的浓度由气体的溶解度决定。对于许多双原子气体，溶解度通常和压力的平方根成比例，这就说明气体(如氧)是作为两个独立的离子而溶解的。所以浓度正比于压力的平方根($c = b\sqrt{p}$)，因而通量可以用压力表示：

$$J = -D\frac{\partial c}{\partial x} = -Db\frac{\sqrt{p_1} - \sqrt{p_0}}{\Delta X} \qquad (6.18)$$

式中：ΔX 为薄膜的厚度；b 为常数。

在实际应用中经常需要探讨的一种边界条件是进入半无限固体或液体时的边界条件，即在扩散方向上这种固体或液体的尺寸很大。可以考虑开始时体系组成均匀，在时间为零时表面上有某一组分的比表面浓度 C_s，并且在整个扩散过程中该表面浓度保持不变。与此相应的例子是附着在表面上的银扩散到玻璃样品内部。如果 $t=0$ 时，在 $x>0$ 处 $C=C_0$，而在 $x=0$ 处 $C=C_s$，则在一段时间以后，材料的分布由以下的关系式给出：

$$\frac{C(x,t) - C_0}{C_s - C_0} = 1 - \frac{2}{\sqrt{\pi}}\int_0^{x/2\sqrt{Dt}} e^{-\lambda^2}d\lambda \qquad (6.19)$$

上式右边是1减去误差函数，即 $1 - \mathrm{erf}(z)$，此处 $z = x/2\sqrt{Dt}$：

$$C(x,t) - C_0 = (C_s - C_0)\left[1 - \mathrm{erf}\left(\frac{x}{2\sqrt{Dt}}\right)\right] \qquad (6.20)$$

上述积分(误差函数)常常出现在扩散和传热问题中。$x/2\sqrt{Dt}$ 值从0变到3左右时，它从0变到1。对于一定的时间和距离，组成的变化 $C(x, t)$ 如图6.5所示。也可以证明 $\mathrm{erf}(\infty)=1$ 和 $\mathrm{erf}(-z) = -\mathrm{erf}(z)$。

对于半无限固体和液体的其他边界条件也可以容易地应用这个方法。例如，一个起始溶质浓度为零的试样，在 $t>0$ 的所有时间内保持其表面浓度为 C'_s，则试样中的溶质浓度随时间和距离的变化关系为

$$C(x,t) = C'_s\left[1 - \mathrm{erf}\left(\frac{x}{2\sqrt{Dt}}\right)\right] \qquad (6.21)$$

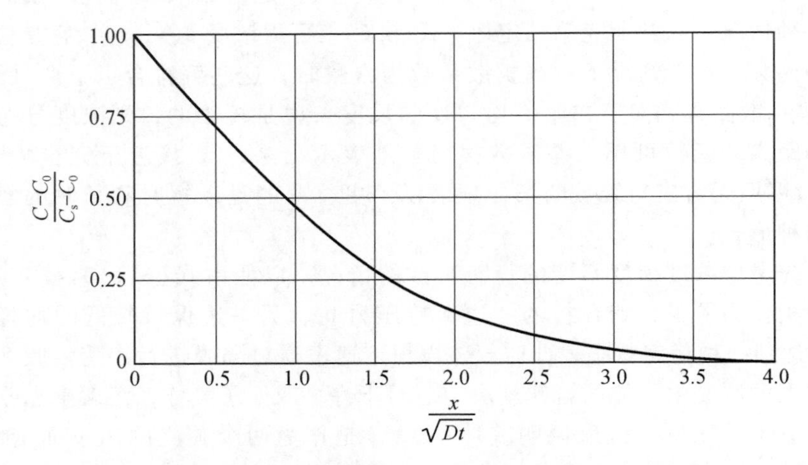

图 6.5　在表面浓度 C_s 恒定、起始浓度为 C_0 的半无限均匀介质中一维扩散的渗透曲线。C_0 是在 x 处和 t 时的浓度

同样，如果周围环境浓度保持 $C_s=0$，而试样起始浓度为 C_0，方程的解变为 $\mathrm{erf}(-z)=-\mathrm{erf}(z)$：

$$C(x,t)=C_0\mathrm{erf}\left(\frac{x}{2\sqrt{Dt}}\right) \tag{6.22}$$

现在来考虑菲克第二定律的长时解，即均匀化趋于完成的情况。这种情况发生在溶质扩散出厚度为 L 的板、并且从板的两个表面消失的情形。如果板内溶质起始浓度为 C_0，而当 $t>0$ 时表面浓度保持在 C_s，则板中的平均浓度 C_m 的可靠近似解由下式给出：

$$C_m-C_s=\frac{8}{\pi^2}(C_0-C_s)\exp\left(-\frac{\pi^2}{L^2}Dt\right) \tag{6.23}$$

上式在 $\frac{C_m-C_s}{C_0-C_s}<0.8$ 时是有效的，此即为长时解。图 6.6 示出了平板和其他几何形体的平均浓度随时间的变化关系。图中利用了无量纲参数 $\sqrt{Dt}/L$，L 是球体半径、圆柱体半径或 1/2 板厚。从数量级上考虑可以看出，对于平板，当 $\sqrt{Dt}=0.75L$ 时交换或均匀化将近完成(超过 98%)。这些近似方法可以迅速估计给定条件下由扩散控制的过程的进行程度。

据以测出大多数扩散系数的实验技术是在基质材料上涂放射性材料的薄膜。如果在时间 t 时，放射性示踪物质扩散入半无限棒中的量为 α，则菲克定律的薄膜解为

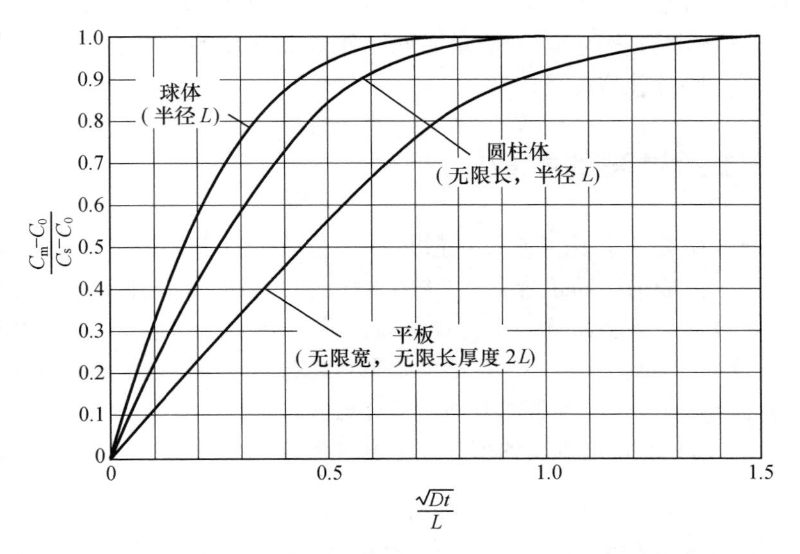

图 6.6　板、圆柱体和球体的相对饱和度。起始浓度为均匀的 C_0；表面浓度为常数 C_s；C_m 为在 t 时的平均浓度

$$C = \frac{\alpha}{2\sqrt{\pi D t}}\exp\left(\frac{-x^2}{4Dt}\right) \tag{6.24}$$

(初始条件为：当 $|x| > 0$ 时，$t = 0$，$c = 0$)测量从表面到不同深度处放射性原子的浓度，从所得到的函数关系可直接求得扩散系数(图 6.7)。参数 $x \approx \sqrt{Dt}$表示近似的 t 时间内的扩散距离，再次说明了 $x \approx \sqrt{Dt}$是重要的参数。

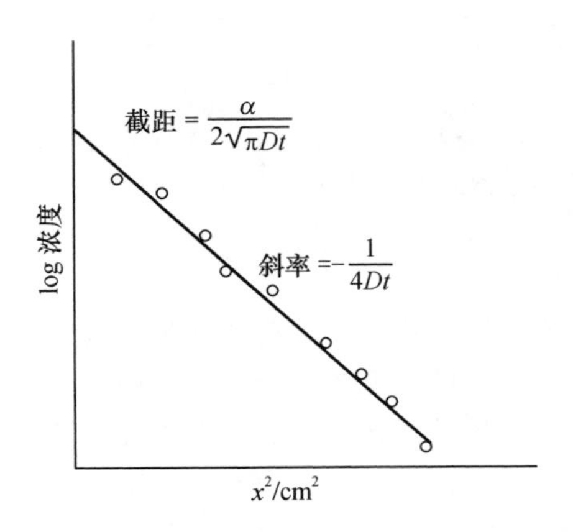

图 6.7　时间 t 时，扩散到半无限介质中的放射性示踪物的渗透曲线

扩散系数常常是扩散入固体的距离的函数，也是浓度的函数，故必须求解方程(6.5)而不是方程(6.6)来确定时间－距离和浓度的关系。推荐读物1、3和6给出了一些特殊情况下的解。

6.2 热激活过程的扩散

如果我们研究一个原子通过扩散从一个位置跃迁到另一个位置的能量变化，则有一个高能的中间位置存在(图6.8)。在晶格中只有部分原子具有足够的能量来克服这个势垒而从一个位置移动到另一个位置。克服这个势垒所需的能量称为过程的激活能，许多过程都以始态和终态之间存在势垒为其特征，扩散就是这类过程之一。随着温度的升高，具有足够的能量克服势垒的原子比会按指数规律增加，所以扩散对温度的依存关系可表示为 $D = D_0\exp(-\Delta G^\dagger/RT)$。

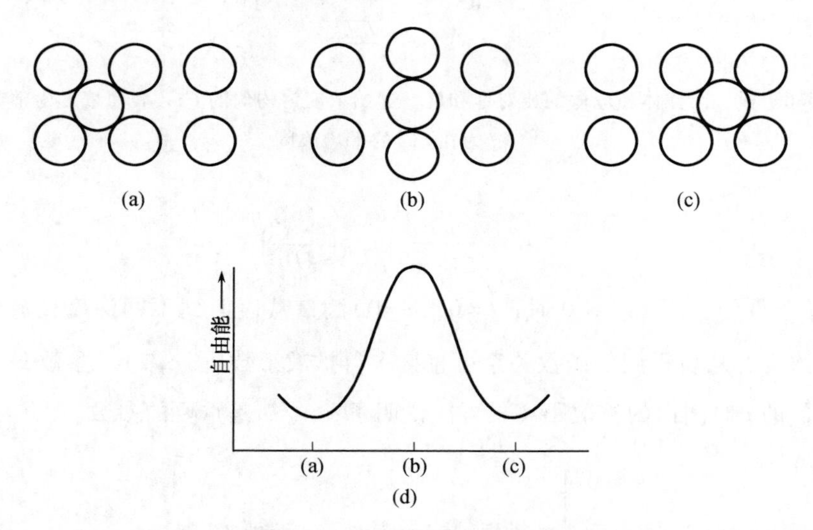

图6.8 (a)、(b)和(c)为示意图，表示原子从一个正常位置跃迁到一个邻近位置时的组态关系；(d)说明了在扩散原子可逆地从(a)到(b)再到(c)这一运动过程中整个晶格的自由能的变化

也可以把扩散看成是更一般的反应速率理论的特例①。

研究速率时一般要考虑两个基本条件。① 速率过程中的每一个单独步骤必须比较简单。例如一次扩散跃迁，虽然整个过程常常是复杂的，并且需要分

① S. Glasstone, K. J. Laidler, and H. Eyring, *The Theory of Rate Processes*, McGraw－Hill Book company, Inc., New York, 1941。

成一系列单元步骤，但每一个单独步骤却是简单的：原子从一个已占据的位置到一个未占据的位置的运动具有代表性。② 每一步反应路程(例如在扩散中单独原子的跳跃、分子分解形成新的化学键)都牵涉到反应路程中能量最大的活化络合态或过渡状态。在所有可能的平行反应路程中，具有最低势垒的路程反应最快，且在全部过程中起主要作用。这个活化络合物理论为速率过程方程提供了一个通用的形式，并且是对简单过程进行半经验计算的模型。活化络合态的概念相应于能量最大值，即原子位置的初始态与最终态中间的马鞍点(图 6.8)，已经被普遍接受为研究反应速率的基础。

有两个主要原理构成了活化过程反应速率理论的基础。① 可以把活化络合物当作其他任何种类的原子来处理，即使其寿命短促，但它和反应物处于平衡状态。也就是说，能用一个平衡常数 $K^{\dagger}$ 来描述活化络合物的形成。如果生成自由能是 $\Delta G^{\dagger}$，则 $\Delta G^{\dagger} = -RT \ln K^{\dagger}$。② 活化络合物转变成反应生成物的速率正比于频率因子 ν。对于固体，这个值约为 $10^{13}/\mathrm{s}$。反应速率 $\mathbf{k}$ 是频率和活化络合物浓度的乘积。

对于形成活化络合物的单独的反应步骤，如 $A + B = AB^{\dagger}$，假设单位活度系数 $K^{\dagger} = C_{AB}^{\dagger}/C_A C_B$，则反应速率或单位时间内分解的活化络合物数可由下式表示：

$$\text{反应速率} = \nu C_{AB}^{\dagger} = (\nu K^{\dagger}) C_A C_B \tag{6.25}$$

式中浓度的系数是比反应常数，因此

$$K^{\dagger} = \exp\left(-\frac{\Delta G^{\dagger}}{RT}\right) = \exp\left(-\frac{\Delta H^{\dagger}}{RT}\right)\exp\left(\frac{\Delta S^{\dagger}}{R}\right) \tag{6.26}$$

于是得到比反应速率常数为

$$\mathbf{k} = \nu \exp\left(-\frac{\Delta H^{\dagger}}{RT}\right)\exp\left(\frac{\Delta S^{\dagger}}{R}\right) \tag{6.27}$$

为了将这个一般的理论应用于扩散过程，可以把扩散的基本步骤看成是一个溶质原子由正常的或填隙的位置到相邻的空位或间隙位置的运动。在两个位置之间的中点处，原子处于激活状态，如图 6.8 所示。如果扩散物质的浓度为 c,则原子由一个位置移到另一个位置的速率为 $\nu K c^{\dagger}$，且由于浓度梯度而产生一个净原子流。更一般的方法是把驱动力看成是对激活势垒的扰动力。驱动力可以是化学位梯度(浓度梯度)、电场或其他类似因素。这样就可以作如下处理。图 6.9 是能量与距离之间的关系曲线，每个原子的自由能(化学势)梯度是

$$\chi = -\frac{1}{N}\frac{\mathrm{d}G}{\mathrm{d}x} = -\frac{1}{N}\frac{\mathrm{d}\mu}{\mathrm{d}x} \tag{6.28}$$

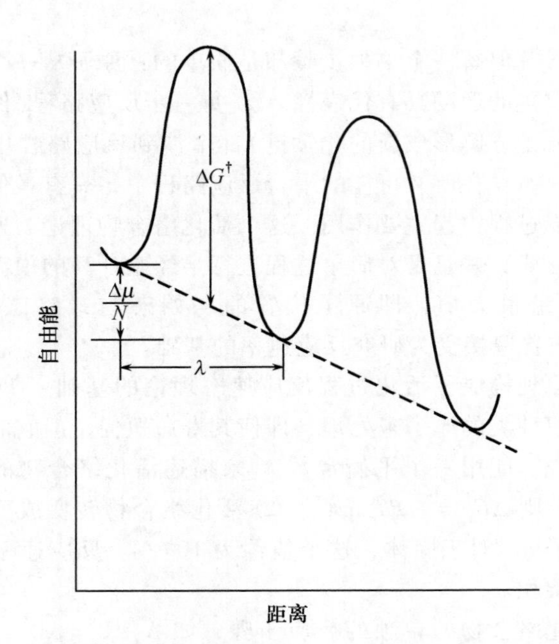

图 6.9 势梯度为 $\Delta\mu$ 时的扩散。$\Delta G^{\dagger}$ 为激活能，λ 为跳跃距离

因此，对于一次跳跃，

$$\Delta\mu = -N\lambda\chi \tag{6.29}$$

跃迁方向的速率和该方向激活能有关，对于正向跃迁，$\Delta G_{\text{forward}}^{\dagger} = \Delta G^{\dagger} - \frac{1}{2}\chi\lambda$，

$$\mathbf{k}_{\text{forward}} = \nu\exp\left(-\frac{\Delta G^{\dagger} - \frac{1}{2}\chi\lambda}{kT}\right) \tag{6.30}$$

由于势垒高度不同，反向反应具有不同的几率：

$$\mathbf{k}_{\text{backward}} = \nu\exp\left(-\frac{\Delta G^{\dagger} + \frac{1}{2}\chi\lambda}{kT}\right) \tag{6.31}$$

净速率为

$$\mathbf{k}_{\text{net}} = \mathbf{k}_{\text{forward}} - \mathbf{k}_{\text{backward}} = \nu\exp\left(-\frac{\Delta G^{\dagger}}{kT}\right)\left[\exp\left(\frac{\chi\lambda/2}{kT}\right) - \exp\left(-\frac{\chi\gamma/2}{kT}\right)\right]$$

$$= 2\nu\exp\left(-\frac{\Delta G^{\dagger}}{kT}\right)\sinh\left[\frac{1}{2}\frac{\chi\lambda}{kT}\right] \tag{6.32}$$

在扩散的情况下，化学势梯度和热能 kT 相比通常比较小($\Delta\mu/kT \ll 1$)，电势也同样比热能小($ze\lambda/kT \ll 1$)，这样式(6.32)可以近似写成

$$\mathbf{k}_{\text{net}} = 2\nu\exp\left(-\frac{\Delta G^{\dagger}}{kT}\right)\left[\frac{\chi\lambda}{2kT}\right] \tag{6.33}$$

将$\chi = -\frac{1}{N}\frac{d\mu}{dx}$代入上式得到

$$\mathbf{k}_{net} = 2\nu\exp\left(-\frac{\Delta G^{\dagger}}{kT}\right)\left[-\frac{\lambda d\mu/dx}{2NkT}\right] = -\frac{\lambda\nu}{NkT}\exp\left(-\frac{\Delta G^{\dagger}}{kT}\right)\frac{d\mu}{dx} \tag{6.34}$$

质量流量和反应速率常数的关系可由下面的置换得到：

$$\lambda\mathbf{k}_{net} = 速度$$

$$J_{流量}\left(\frac{mol}{s\cdot cm^2}\right) = \lambda\mathbf{k}_{net}c\left(\frac{mol}{cm^3}\right) = \lambda\mathbf{k}_{net}c = -\frac{\lambda^2\nu c}{NkT}\exp\left(-\frac{\Delta G^{\dagger}}{kT}\right)\frac{d\mu}{dx} \tag{6.35}$$

与式(6.8)比较，得

$$B \equiv \frac{\lambda^2\nu}{kT}\exp\left(-\frac{\Delta G^{\dagger}}{kT}\right)\frac{d\mu}{dx}$$

对于理想溶液$\mu = \mu_0 + NkT\ \ln c$和$\frac{d\mu}{dx} = \frac{NkT}{c}\frac{dc}{dx}$，和菲克第一定律比较，有

$$J_{流量} = -\lambda^2\nu\exp\left(-\frac{\Delta G^{\dagger}}{kT}\right)\frac{dc}{dx} = -D\frac{dc}{dx} \tag{6.36}$$

式中：

$$D = \lambda^2\nu\exp\left(-\frac{\Delta G^{\dagger}}{kT}\right) = \lambda^2\nu\exp\left(\frac{\Delta S^{\dagger}}{k}\right)\exp\left(-\frac{\Delta H^{\dagger}}{kT}\right) \tag{6.37}$$

上式不包括几何因素，或者说不包括邻近位置是空位的几率，但和式(6.16)相比较可得

$$D = \gamma\lambda^2\nu\exp\left(-\frac{\Delta G^{\dagger}}{kT}\right) = \gamma\lambda^2\Gamma \tag{6.38}$$

这说明：$\nu\exp(-\Delta G^{\dagger}/kT)$ 就是跳跃频率。

根据反应速率的一般理论及活化过程对扩散所作的这种分析，为与温度有关和与温度无关的项(与温度无关的项包括活化络合物的熵)给出了一个合理的依据。式(6.38)中忽略了活度系数和扩散系数随组成的变化。通常，活度系数保持不变，而在多组分系统中扩散系数随成分有很大变化。式(6.38)的重要结果之一是表明了扩散系数和温度之间有指数关系。在实验测量的精度范围内，几乎都能用下式来表示扩散系数：

$$D = D_0\exp\left(-\frac{Q}{RT}\right) \tag{6.39}$$

与式(6.38)比较，式(6.39)中指数前的D_0可分解成更基本的项。式中的Q有时称为实验激活能。

6.3 原子过程的术语和概念

表6.2列举了文献中用来说明扩散系数的一些专门名词。自扩散这个名词

是指没有化学浓度梯度的扩散；示踪物扩散系数指的是没有空位或原子的净流动而只有放射性离子的无规则运动时测得的常数。严格地说，当 A 放在 B 或 AB 固溶体上面时总是有浓度梯度的，但是由于所加的具有放射性示踪物的溶质的量很小，以致组成的变化可以忽略不计。

表 6.2　扩散系数的通用符号和名词

示踪物扩散系数或自扩散系数仅仅表示无规则行走扩散过程，即没有化学势梯度的过程：
D^{T}，D^*，$D_{\text{自}}$
晶格扩散系数指晶体体内或者晶格内的任何扩散过程：
D_1
表面扩散系数表示沿表面扩散：
D_s
界面扩散沿界面或边界(如沿晶界)发生；此名词也可包括位错的扩散(位错管扩散)：
D_b
化学扩散系数、有效扩散系数或互扩散系数是指化学势梯度中的扩散：
$\widetilde{D}$
本征扩散是指仅仅由本身的点缺陷(热引起的)作为迁移载体的扩散。
非本征扩散指的是非热能引起的(例如由杂质引起的)缺陷而进行的扩散。
表观扩散系数是指由若干扩散途径的贡献合成的一个净扩散系数：
D_a
缺陷扩散系数是指特定点缺陷的扩散能力，通常除了无规则运动外，还有浓度梯度偏移的影响。一般认为空位扩散系数指研究中的缺陷扩散能力：
D_v

高温反应时所发生的扩散过程常常是由组成梯度引起的，其扩散系数由下式确定：

$$\widetilde{D} = -\frac{J}{\mathrm{d}c/\mathrm{d}x} \tag{6.40}$$

$\widetilde{D}$ 称为*化学扩散系数*或*互扩散系数*。在允许 $\widetilde{D}$ 随距离或组成变化时，可用分析的方法求得化学扩散系数。例如在 MgO 和 NiO 的互扩散中，阳离子在固定的氧基质中扩散；因此，有效扩散、化学扩散或互扩散系数的过分简化的方式表示为镁和镍离子的反向扩散，这两种离子的反向扩散分别和它们的示踪物扩散系数有关，用 Darken 方程式表示为①

$$\widetilde{D} = (X_2 D_1^{\mathrm{T}} + D_2^{\mathrm{T}} X_1)\left(1 + \frac{\mathrm{d}\ln\gamma_1}{\mathrm{d}\ln X_1}\right) \tag{6.41}$$

式中：X_1 和 X_2 是扩散物质(如 Ni 和 Mg)的摩尔分数；γ_1 是组分 1 的活度系

---

① L. Darken, *Trans. A. I. M. E.*, **174**, 184(1948)。

数。对于理想的或稀释的溶液 $\frac{\mathrm{dln}\gamma_1}{\mathrm{dln}X_1} \to 0$，互扩散系数正好是示踪物扩散系数的加权平均数①。

缺陷扩散系数通常有详细定义。例如，间隙扩散系数指的是通过间隙机制进行的扩散；而空位扩散系数则指空位的扩散。当通过空位机制发生扩散时，示踪物的扩散系数 D_1^{T} 等于空位扩散系数 D_{v} 和晶格空位的分数 V_1 的乘积：

$$[V_1]D_{\mathrm{v}} = D_1^{\mathrm{T}} \tag{6.42}$$

对于许多非化学计量比的陶瓷(例如 UO_{2+x}、FeO_{1+x}、MnO_{1+x})，可以通过测量材料从一种阴 - 阳离子比率到另一种比率的氧化或还原作用来确定式(6.41)中的化学扩散系数。例如，如果晶体被氧化，则氧离子扩散进体内，同时阳离子扩散到表面并和氧反应。通常一种离子(阳离子或阴离子)具有更高的扩散能力(如 O 在 UO_2 中、金属离子在 FeO、CoO、MnO 中)。在这种特殊情况下，当由空位机制发生扩散时，化学扩散系数近似为

$$\tilde{D} \approx (1 + Z)D_{\mathrm{v}} \tag{6.43}$$

式中：Z 是最快的离子的有效电荷数。

其他常用的专有名词用来区别晶格内部扩散和沿线缺陷或面缺陷的扩散。晶格扩散系数或体扩散系数用来表示前者，并且可能指的是示踪物扩散或化学扩散。另一类扩散系数称为位错扩散系数、晶界扩散系数和表面扩散系数，指的是在指定区域内原子或离子的扩散，这些区域常常是高扩散能力途径，这将在 6.6 节中讨论。

4.7 节中讨论了缺陷的缔合(例如空位对以及溶质和晶格缺陷之间的缔合)。这些缔合对原子过程的进行和由此得到的扩散系数有重要影响。例如，如果置换型固溶体中溶质离子的大小和基质晶格离子相近，且相对于缺陷作无规分布，那么溶质离子的扩散系数就和基质离子的相似。然而，如果溶质和空位缔合，它常常有一个邻近的位置可以跳入［式(6.17)］，则上述溶质的扩散系数就和空位扩散系数相似，而不同于晶格扩散系数；就是说增大了若干数量级。4.9 节②中提到的方铁体的缔合就是一例，实验观察到在 300 ℃这样低的温度下，方铁体中的扩散过程能引起相分离。

6.4　扩散与温度、杂质的关系

我们知道，温度、周围气氛、杂质以及 6.6 节中将讨论的高扩散能力途径

---

① 实验数据常常可以用 Darken 方程式或者用 Nernst - Planck 方程式表示，后者通过内电场将两种离子流耦联在一起，其中一种离子比另一种离子更易活动。参见第九章。

② 原文为 4.8 节，恐系印刷错误。——译者注

都强烈地影响离子向陶瓷内扩散或者从陶瓷内扩散出来。凝聚态物质中离子的运动是热激活过程［式(6.38)］。扩散系数通常写作 $D=D_0\exp(-Q/kT)$。现在我们来研究其中各项。我们选择氯化钾为代表，对氯化钾曾进行过仔细的测定。选这个系统来模拟一些重要的陶瓷材料是恰当的，因为很多氧化物也具有密堆的阴离子晶格。

在氯化钾中钾离子的扩散是通过钾离子和阳离子空位的交换而发生的。由第四章得知，纯晶体中的空位浓度由肖特基生成能给出：

$$[V_K'] = \exp\left(-\frac{\Delta G_s}{2kT}\right) \tag{6.44}$$

将缺陷浓度结合到运动项［式(6.38)］中，得到

$$\begin{aligned} D_K &= [V_K']\gamma\lambda^2\nu\exp\left(-\frac{\Delta G^\dagger}{kT}\right) = \gamma\lambda^2\nu\exp\left(-\frac{\Delta G_s}{2kT}-\frac{\Delta G^\dagger}{kT}\right) \\ &= \gamma\lambda^2\nu\exp\left(\frac{\Delta S_s}{2}+\Delta S^\dagger\right)\exp\left[\frac{-\Delta H^\dagger-(\Delta H_s/2)}{kT}\right] \end{aligned} \tag{6.45}$$

由此可见无规行走扩散过程可以用 $D=D_0\exp(-Q/kT)$ 表示。在将扩散模型应用到具体材料以前，D_0 和 Q 两项应当是合理的值。对纯化学计量比化合物，指数前项可估计为

$$D_0(\text{空位}) = \gamma\lambda^2\nu\exp\left(\frac{\Delta S^\dagger+\Delta S_s/2}{k}\right) = 10^{-2}-10^{+1}$$

$$D_0(\text{间隙}) = \gamma\lambda^2\nu\exp\left(\frac{\Delta S^\dagger}{k}\right) = 10^{-3}-10^{+1}$$

上面的估计值是在假设 $\lambda\approx 2\ \text{Å}=2\times10^{-8}\ \text{cm}$、$\gamma\approx0.1$，$\nu=10^{13}/\text{s}$，以及 $\Delta S^\dagger/k$ 和 $\Delta S_s/k$ 是小的正数的基础上得到的。对于 KCl，式(6.45)中的激活熵和焓两项的值如表 6.3 所示。

表 6.3　KCl 中扩散的焓和熵值

肖特基缺陷生成：	
焓　ΔH_s/eV	2.6
熵　$\Delta S_s/k$	9.6
钾离子迁移：	
焓　$\Delta H_1^\dagger$/eV	0.7
熵　$\Delta S_1^\dagger/k$	2.7
氯离子迁移	
焓　$\Delta H_2^\dagger$/eV	1.0
熵　$\Delta S_2^\dagger/k$	4.1

引自 S. Chandra and J. Rolfe, *Can. J. phys.*, **48**, 412(1970)。

由于杂质含量以及过去的热历史的影响，大多数晶体中的扩散更为复杂。图 6.10 的高温区域代表纯 KCl 的本征特性，在这个区域内 ln$D$ 对 $1/T$ 曲线的斜率为

$$\left(\frac{\Delta H^{\dagger}}{k}+\frac{\Delta H_{s}}{2k}\right)$$

对于 KCl 来说，这包括了钾离子迁移焓和钾空位生成焓。对于本征晶体，$1/T=0$时的截距给出 D_0^{in}。表 6.4 列出某些卤化物的肖特基缺陷生成焓和运动焓。

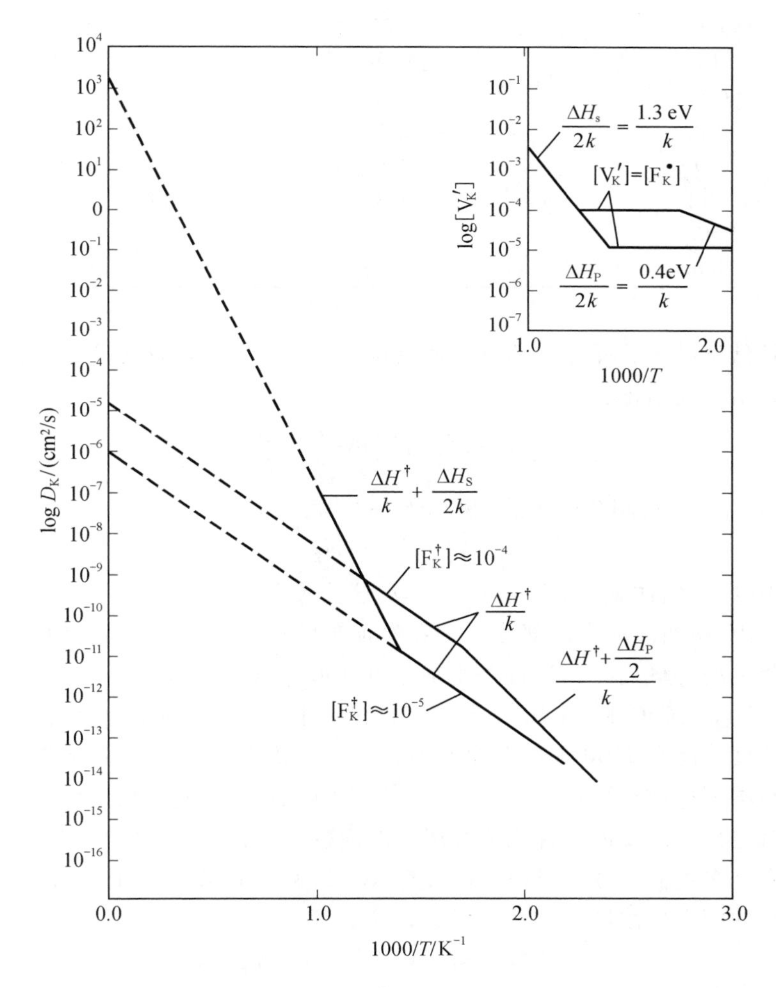

图 6.10　二价阳离子杂质为 10^{-4} 和 10^{-5} 原子分数时 KCl 的扩散－温度关系曲线。插入的图表示$[V_K']$随温度的变化

表 6.4 某些卤化物的肖特基生成焓 ΔH_s 和阳离子跃迁焓 $\Delta H^\dagger$ 值

物 质	ΔH_s/eV	$\Delta H^\dagger$/eV
LiF	2.34	0.70
LiCl	2.12	0.40
LiBr	1.8	0.39
LiI	1.34, 1.06	0.38, 0.43
NaCl	2.30	0.68
NaBr	1.68	0.80
KCl	2.6	0.71
KBr	2.37	0.67
KI	1.60	0.72
CsCl	1.86	0.60
CsBr	2.0	0.58
CsI	1.9	0.58
TlCl	1.3	0.5
$PbCl_2$	1.56	
$PbBr_2$	1.4	

在较低温度区，晶体内的杂质使空位浓度保持不变。这是非本征区域，其扩散系数由下式给出：

$$D_K = \gamma\lambda^2\nu[F_K^{\cdot}]\exp\left(-\frac{\Delta G^\dagger}{kT}\right) \tag{6.46}$$

式中：$[F_K^{\cdot}]$是二价阳离子杂质(例如钙)的浓度，且

$$[V_K'] = [Ca_K^{\cdot}]$$

在图 6.10 中我们注意到 $D_0^{ex} \ll D_0^{in}$ ①，和这些关系是一致的。

图 6.10 中曲线的弯曲部分发生在本征缺陷浓度和由杂质引起的非本征缺陷浓度相近的区域内。当肖特基生成焓在 150 kcal/mol(6 eV)左右(这个值对于 BeO、MgO、CaO 和 Al_2O_3 是有代表性的)时，晶体必须具有小于 10^{-5} 的异价杂质浓度才能在 2000 ℃时观察到本征扩散。因此，在这些氧化物中不大可能观察到本征扩散；而百万分之几的杂质含量就足以控制空位浓度。

当有空位和溶质的缔合或者有溶质的淀析物存在时，所观察到的扩散激活能可能有许多不同的数。以掺 $CaCl_2$ 的 KCl 为例，如果 $Ca_K^{\cdot}$ 和 V_K' 之间发生缔合，则总的钾空位浓度 $[V_K']_{总}$ 增大，

$$[V_K']_{总} = [V_K'] + (Ca_K^{\cdot}V_K')$$

① D_0 的上角标“in”和“ex”的意思是“本征”和“非本征”。——译者注

这里包括由式(4.39)确定的那些与杂质缔合的空位在内。对 $NiO-Al_2O_3$ 系统[①]中的互扩散行为进行的测量表明，当 Al 离子迁移到 NiO 中时产生明显的缔合。最快的扩散络合物似乎是 $[Al_{Ni}^{\bullet}V_{Ni}'']'$，它形成时有 6 ~ 9 kcal/mol 的缔合焓(比较表 4.3)，而且空位和扩散离子耦合在一起导致了高的扩散系数。

当温度降低时，溶质的最终淀析也会影响扩散能力。图 6.10 所示斜率上的第二个变化表明含有 10^{-4} mol% Ca 溶质时 K 在 KCl 中的扩散能力。由式(4.43)我们注意到 $[V_K']$ 和溶解热或者和淀析焓有关，

$$[V_K'] = [CaCl_2]^{1/2}_{\text{溶解度极限}} \exp\left(-\frac{\Delta g_p}{2kT}\right) \tag{6.47a}$$

所以扩散系数变成

$$D^{ex}_{(ppt)} = \gamma\nu\lambda^2 [CaCl_2]^{1/2}_{\text{溶解度极限}} \exp\left(-\frac{\Delta S^{\dagger}+\Delta S_p/2}{k}\right)\exp\left(-\frac{\Delta H^{\dagger}+\Delta H_p/2}{kT}\right) \tag{6.47b}$$

Al_2O_3 作为杂质在 MgO 中的情况同样可以应用这个推理。当 Al_2O_3 开始形成尖晶石淀析时，空位浓度和 Al_2O_3 在 MgO 中的溶解热 ΔH_p 有关。因此，镁离子的扩散激活能将是 $Q=\Delta H^{\dagger}+\Delta H_p/2$。实际材料中还可能出现另外一些更为复杂的情况。

6.5 晶态氧化物中的扩散

晶态氧化物的扩散特征首先可根据它们是不是化学计量比(即是否有显著的电子或电子-空穴浓度)来分类；其次也根据扩散特性是本征的还是和杂质浓度有关的来分类。我们将讨论的氧化物的扩散特征分类如下：

(1) 化学计量比：① 本征扩散系数；② 受杂质控制的扩散系数。

(2) 非化学计量比：① 本征扩散系数；② 受杂质控制的扩散系数。

虽然这样分类是合理的，而且每一类的意义也很明确，所有可利用的数据应该适用于某一类，但实际上根据现有的一些实验数据却不容易定出其特征。常常分不清楚扩散特征是本征的还是与杂质有关的，有时也分不清在有限的组成范围内组成究竟是化学计量比的还是非化学计量比的。图 6.11 收集了一些氧化物中扩散的实验数据。

化学计量比氧化物 实测的氧化物扩散系数与温度的关系曲线显示断裂或弯折的现象并不普遍。这种断裂或弯折相当于从受杂质控制扩散到本征扩散的变化，这种变化通常出现在碱金属卤化物中(图 6.10)。氧化物中不出现这种变化，可能是因为测量的温度范围不够大的缘故。

---

① W. J. Minford and V. S. Stubican, *J. Am. Ceram. Soc.*, **57**, 363(1974)。

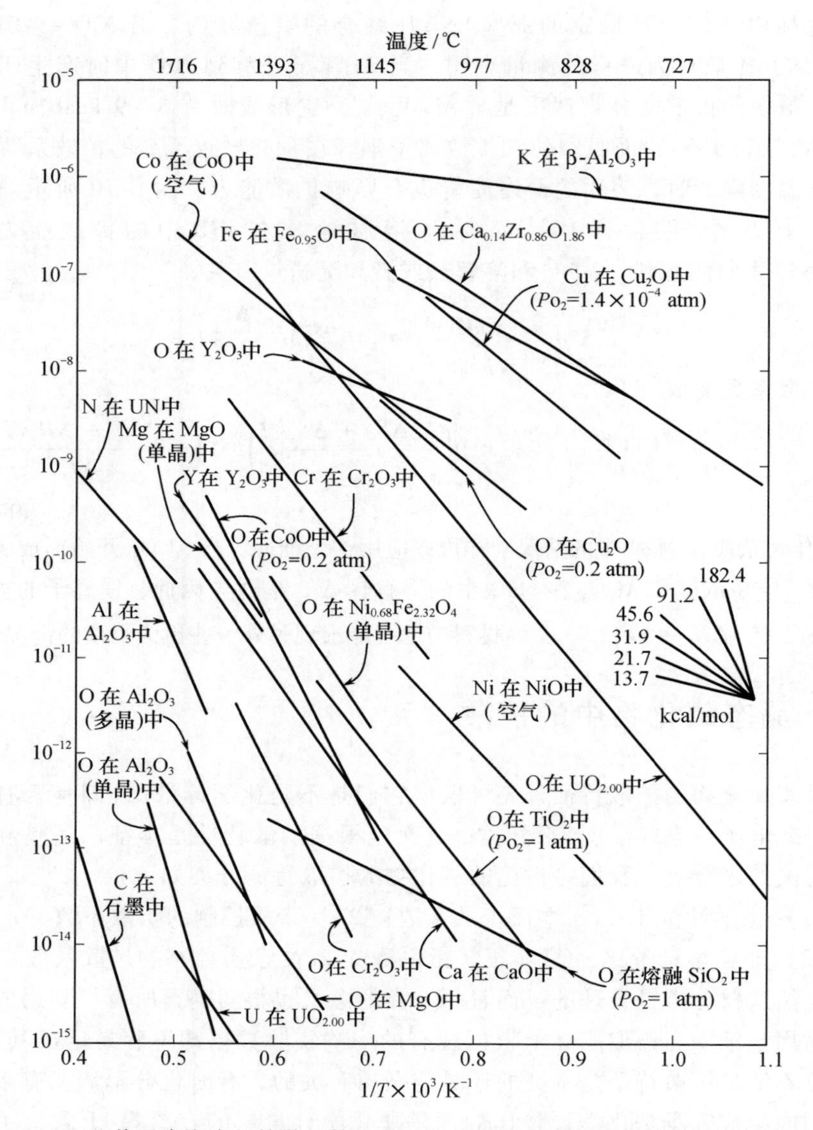

图 6.11　一些普通陶瓷中的扩散系数。激活能 Q 可由斜率和插入法估计，例如氧在 $Ca_{0.14}Zr_{0.86}O_{1.86}$ 中 $Q \approx 29$ kcal/mol

有很多化学计量比氧化物的数据明显地是和受组分控制的扩散系数相符。在这些氧化物中有一组具有萤石结构，如 UO_2、ThO_2 和 ZrO_2。加入二价的或三价的阳离子氧化物如 La_2O_3 和 CaO 就形成固溶体，由 X 射线和电导率的研究得知，所形成的结构中氧离子空位浓度是由组成确定的且与温度无关(见第四章)。例如，在 $Zr_{0.85}Ca_{0.15}O_{1.85}$ 中氧离子空位浓度高且和温度无关。因此，氧离子扩散系数和温度的关系完全由氧离子迁移所需的激活能来确定(29 kcal/mol)。同样，在化学计量比和非化学计量比的两种 UO_2 中发现，氧离子低温扩散是由推填式机制引起的，填隙离子运动到正规的晶格位置上而将晶格离子撞到邻近的间隙位。这时，激活能是 28 kcal/mol。在氧化锆 - 氧化钙系统中，氧离子扩散系数随着氧离子空位浓度的增加而增加(氧对金属之比减少)。反之，在 UO_2 推填式机制中，氧离子扩散系数随着填隙氧离子浓度的增加而增加(氧对金属之比增加)，至少对于低浓度的间隙氧离子是这样的。

对化学计量比化合物的阳离子扩散系数进行确切分类更为困难。诸如氧化镁、氧化钙和尖晶石系统中扩散的高激活能表明，在高温下测得的数值可能是本征扩散系数而与少量杂质无关。然而，对“高温”和“低温”的行为缺乏专门的数据，也缺少其他证实性测量，所以上述的结论只是暂且的。

非化学计量比氧化物 许多氧化物材料的最普遍行为是作为本征非化学计量比半导体与氧化或还原气氛处于平衡状态。这种行为的典型例子是在氧化锌中形成填隙锌离子和在氧化钴中形成阳离子空位。正如第四章已讨论过的，在还原气氛中加热氧化锌时，锌蒸气与填隙锌离子及过剩电子保持平衡关系：

$$Zn(g) = Zn_i^{\bullet} + e' \tag{6.48a}$$

填隙锌离子浓度和锌蒸气压有关：

$$C_{Zn_i^{\bullet}} = [Zn_i^{\bullet}] \approx P_{Zn}^{1/2} \tag{6.48b}$$

锌离子扩散通过间隙机制而发生，因此扩散系数随 P_{Zn} 而增加(图 6.12)。与此相似的一种类型是在非化学计量比 UO_2 中进行的氧的间隙扩散。

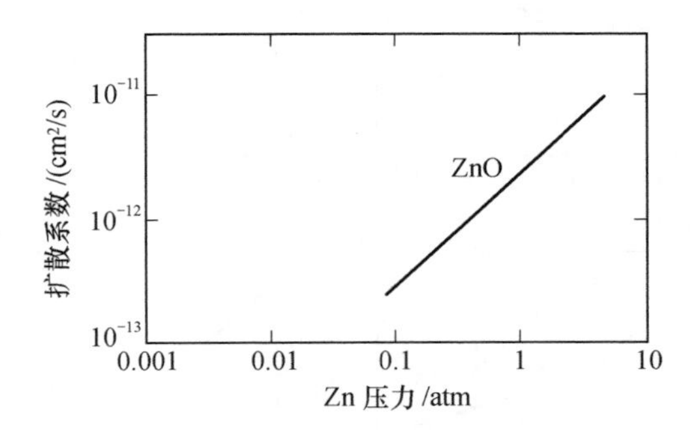

图 6.12 气氛对 ZnO 中扩散系数的影响

一般将非化学计量比氧化物中的空位扩散分为缺金属的氧化物和缺氧的氧化物。

(1) 缺金属的氧化物(例如 FeO、NiO、CoO、MnO)。许多非化学计量比化合物特别是过渡金属氧化物因为有变价阳离子，所以阳离子空位浓度很大，例如 $Fe_{1-x}O$ 含有 5% ~15% 的铁空位。简单的缺陷反应为

$$2M_M + \frac{1}{2}O_2(g) = O_O + V''_M + 2M^{\cdot}_M \tag{6.49a}$$

式中：$M^{\cdot}_M$ 表示阳离子位置上束缚了一个电子空穴（例如 $M^{\cdot}_M = Co^{3+}$，Fe^{3+}，Mn^{3+}）。式(6.49a)是氧溶解在金属氧化物 MO 中的溶解反应，平衡时由溶解自由能 ΔG_0 来控制：

$$\frac{4[V''_M]}{P_{O_2}^{1/2}} = K_0 = \exp\left(-\frac{\Delta G_0}{kT}\right) \tag{6.49b}$$

在由上述溶解反应控制缺陷浓度的温度范围内，阳离子的扩散由下式给出：

$$D_M = \gamma\upsilon\lambda^2[V''_M]\exp\left(-\frac{\Delta G^{\dagger}}{kT}\right) = \gamma\upsilon\lambda^2\left(\frac{1}{4}\right)^{1/3}P_{O_2}^{1/6}\exp\left(-\frac{\Delta G_0}{3kT}\right)\exp\left(-\frac{\Delta G^{\dagger}}{kT}\right) \tag{6.50}$$

图 6.13 是表示压力和温度影响的示意图。实际的缺陷平衡是更为复杂的、缺陷可能是电中性的、带单电荷的或是带双电荷的。图 6.14 给出了三价阳离子杂质浓度 $[F^{\cdot}_M]$ 为 400 ppm 时 CoO 在 1100 ℃下可能的缺陷浓度；所测得的钴的示踪扩散系数和总的空位浓度 $[V^{\dagger}_{tot}]$ 是相符合的。图 6.15 给出了其他氧化物的数据。

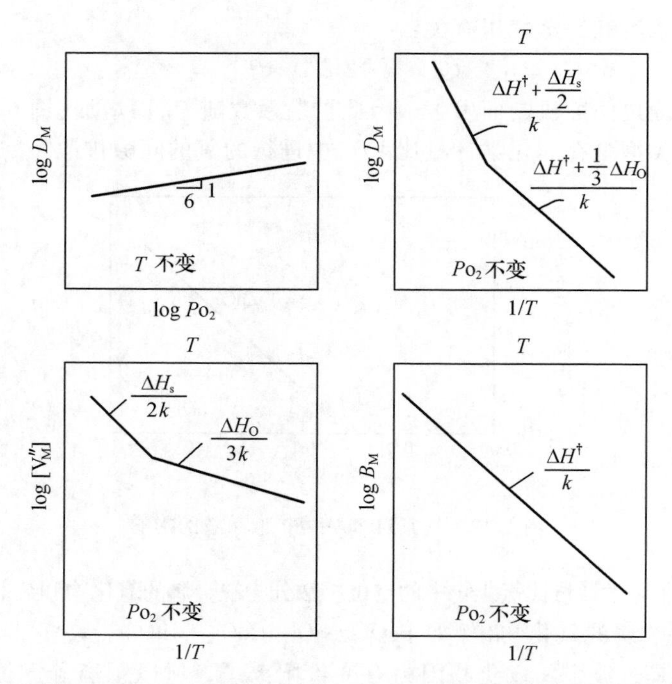

图 6.13 扩散率 D_M、缺陷浓度 $[V''_M]$ 和迁移率 B_M 随温度和氧压变化的示意图

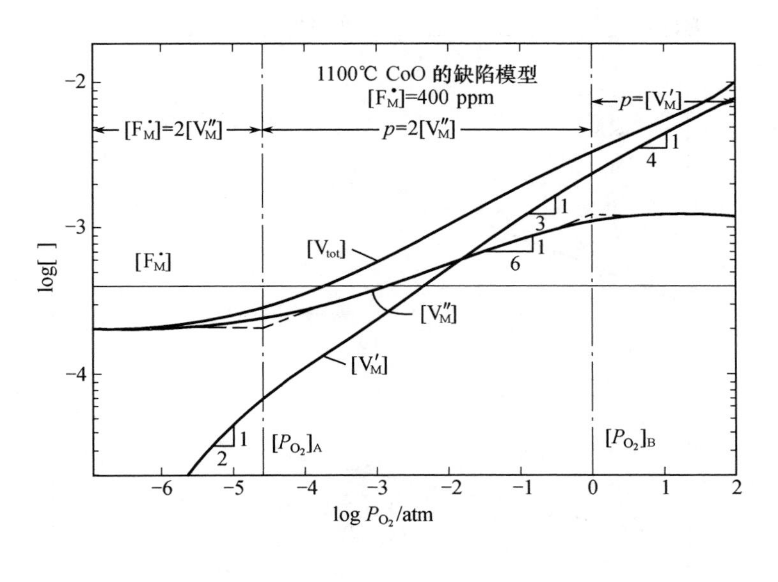

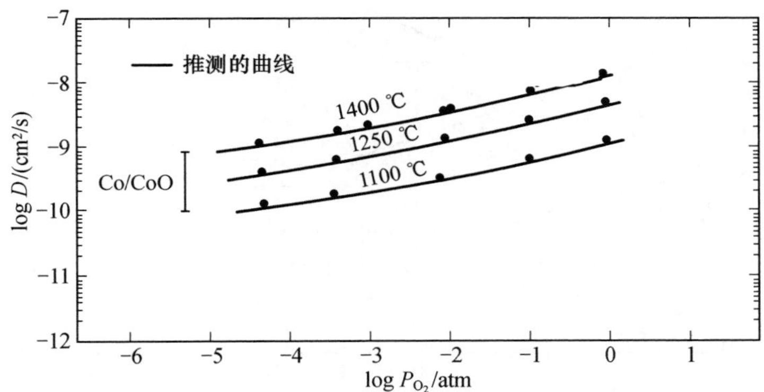

图 6.14　氧分压对 CoO 中缺陷浓度和钴示踪物扩散率的影响。引自 W. B. Crow, Aerospace Res. Labs.

(2) 缺氧的氧化物。对于有阴离子空位的结构缺陷，存在着另一组相似的关系：

$$O_O = \frac{1}{2}O_2(g) + V_O^{\cdot\cdot} + 2e' \tag{6.51}$$

$$[V_O^{\cdot\cdot}] \approx \left(\frac{1}{4}\right)^{1/3} P_{O_2}^{-1/6}\exp\left(-\frac{\Delta G_0}{3kT}\right) \tag{6.52}$$

因此，氧的扩散系数是

$$D_O = \gamma v\lambda^2[V_O^{\cdot\cdot}]\exp\left(-\frac{\Delta G^\dagger}{kT}\right) = \gamma v\lambda^2\left(\frac{1}{4}\right)^{\frac{1}{3}}P_{O_2}^{-\frac{1}{6}}\exp\left(-\frac{\Delta G_0}{3kT}\right)\exp\left(-\frac{\Delta G^\dagger}{kT}\right) \tag{6.53}$$

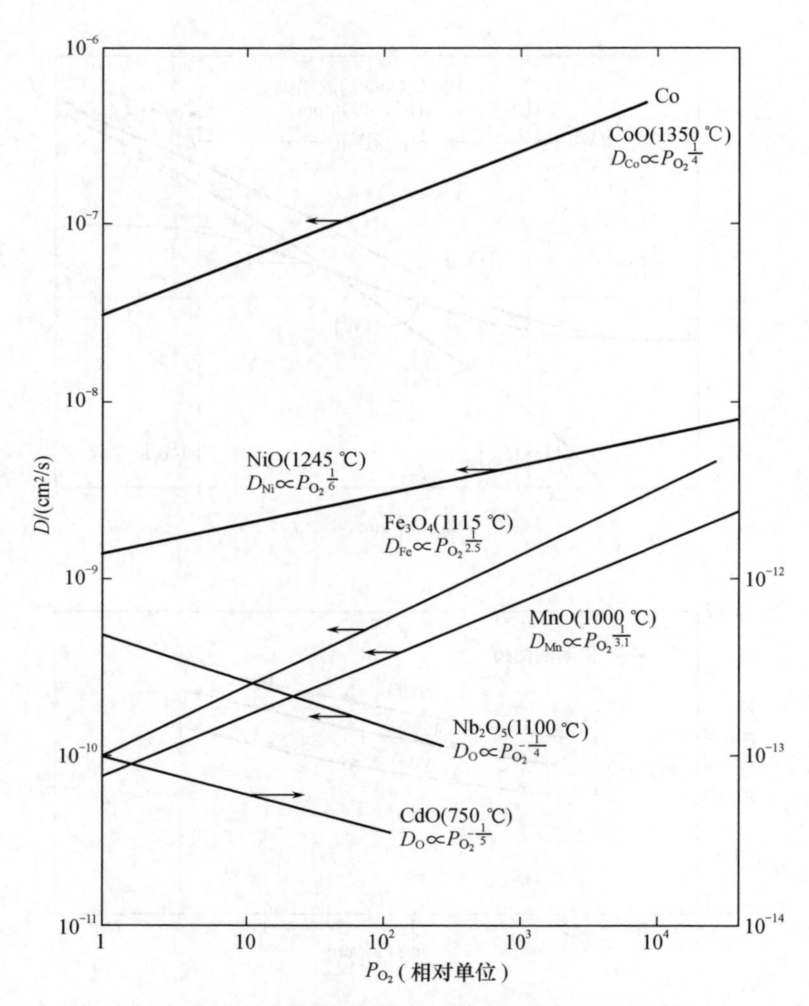

图 6.15　一些氧化物中阳离子和氧扩散率与 P_{O_2} 的函数关系

压力和温度的影响如图 6.16 所示。图 6.15 给出了 CdO 和 Nb_2O_5 的实际数据。图 6.16 示出了 3 种可能的温度范围：① 低温区，此时氧空位浓度由杂质控制；② 中温区，由于氧的溶解度随温度而变化(非化学计量比)，所以此时氧空位浓度发生变化；③ 高温区，此时占支配地位的是热空位。

我们再举出二氧化铀作为非化学计量比氧化物中缺陷平衡和扩散的最后一个例子。高温时它可以以缺氧的 UO_{2-x} 或氧过剩的 UO_{2+x} 形式存在。对 U 和 O 的缺陷反应，H. Matzke① 已作了专题评论。

① *J. de Physique*，**34**，C9-317(1973)。

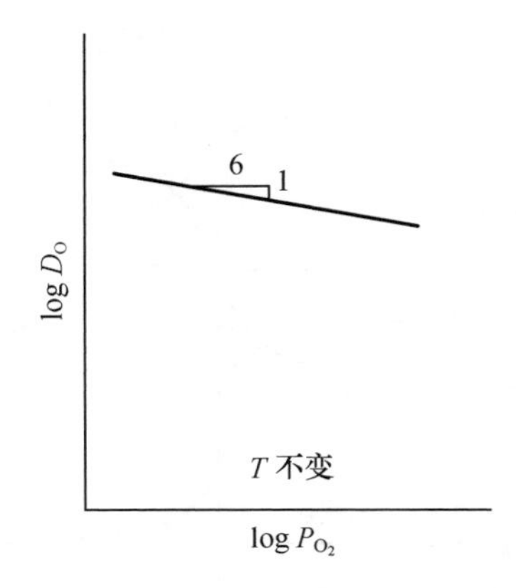

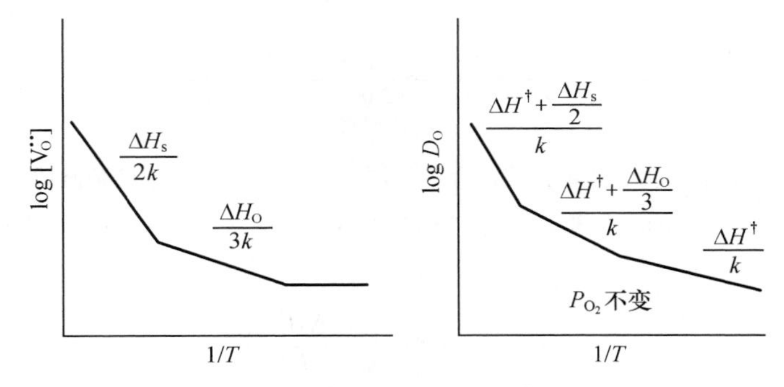

图 6.16 缺氧的氧化物中的扩散示意图

$$\text{无缺陷态} = 2V_O^{\cdot\cdot} + V_u'''' \qquad K_s \approx \exp\left(-\frac{6.4}{kT}\right) \tag{6.54}$$

$$O_O = O''_i + V_O^{\cdot\cdot} \qquad K_{F_O} \approx \exp\left(-\frac{3.0}{kT}\right) \tag{6.55}$$

$$U_U = U_I^{\cdot\cdot\cdot\cdot} + V_u'''' \qquad K_{F_U} \approx \exp\left(-\frac{9.5}{kT}\right) \tag{6.56}$$

$$O_2(g) = 2O_O + V_U'''' + 4h^{\cdot} \qquad K_{O_2} \approx P_{O_2}^{1/4}\exp\left(-\frac{\Delta H_{O_2}}{4kT}\right) \tag{6.57}$$

预测的氧和铀在 1600 ℃时的填隙和空位浓度如图 6.17 所示，它们是非化学计量比比值 O/M 的函数。在与化学计量比有很大偏离时，氧缺陷随 O/M 的变化就不明显了，就是说晶体是非本征的。在化学计量比的比值 O/M = 2 附近，因为热缺陷的产生［式(6.54)～(6.56)］变成起决定作用的因素，每一种缺陷浓度均随 O/M 值而迅速地变化。主要的扩散过程取决于空位移动相对于填隙离子移动的难易和缺陷浓度。在 UO_{2+x}区域，$\Delta H_{O,i}^{\dagger}$ 大约与 $\Delta H_{O,v}^{\dagger}$ 相同，但填隙离子的浓度高得多，故其扩散系数用下式表示：

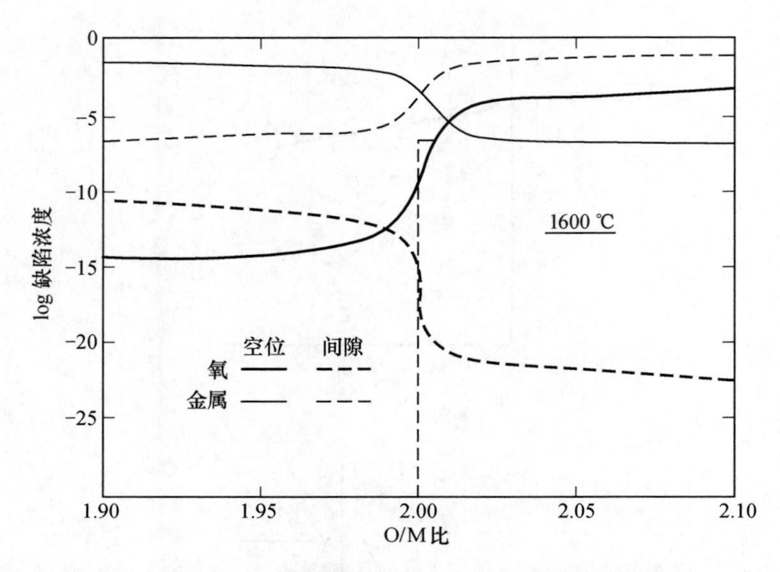

图 6.17　1600 ℃下，化学计量比偏离程度不同的 UO_2 中的缺陷浓度预测值。用于计算的一组生成能为：$\Delta G_{F_O}=3.0$ eV，$\Delta G_s=6.4$ eV，$\Delta G_{F_U}=9.5$ eV。由 H. Matzke 提供

$$D_{O,i} = D_0\exp\left(-\frac{\Delta H^{\dagger}_{O,i}}{kT}\right) \tag{6.58}$$

在缺氧区域 UO_{2-x} 内，氧空位是更普遍的，

$$D_{O,v} = D_0\exp\left(-\frac{\Delta H^{\dagger}_{O,v}}{kT}\right) \tag{6.59}$$

因为铀的缺陷浓度是通过肖特基方程与氧缺陷浓度耦合的，铀在 UO_{2+x}中的扩散用下式表示：

$$D_{U,v} = D_0\exp\left(-\frac{(\Delta G_s - 2\Delta G_{F_O} + \Delta H^{\dagger}_{U,v})}{kT}\right) \tag{6.60}$$

在 UO_{2-x} 中则为

$$D_{U,v} = D_0\exp\left(-\frac{\Delta G_s - \Delta H^{\dagger}_{U,v}}{kT}\right) \tag{6.61}$$

组成接近化学计量比时，氧缺陷是由热平衡产生的，

$$D_{O,i} = D_0\exp\left(-\frac{\Delta G_{F_O} - \Delta H^{\dagger}_{O,i}}{2kT}\right) \tag{6.62}$$

$$D_{U,v} = D_0\exp\left(-\frac{\Delta G_s - \Delta G_{F_O} + \Delta H^{\dagger}_{U,v}}{kT}\right) \tag{6.63}$$

这些在 UO_{2+x}中扩散的表达式与实验观察到的结果通常是一致的，如图 6.18

所示。

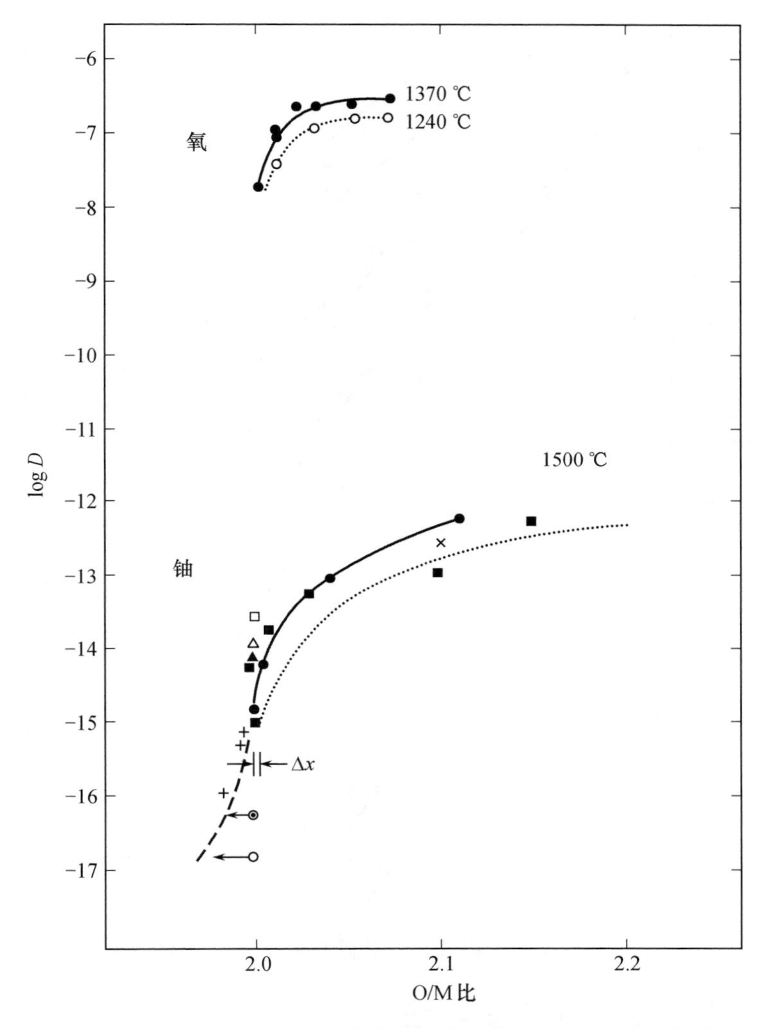

图 6.18　O 和 U 在 UO_{2+x}中扩散的实验数据。由 H. Matzke 提供

化学影响　图 6.19 说明了扩散的化学本质。该图给出了某些二价和三价阳离子在 MgO 中的扩散系数的测量值，在各种情况下阳离子比氧的扩散均快得多。其次，相似的阳离子如 Ca、Mg、Ni、Co 的扩散速率是不同的。如果假设每个扩散实验都是在相似的晶体和相似的条件下进行的，则上述区别应归因于 MgO 晶体中扩散物质化学本质的不同。这可以和化学势、活度[见式(6.41)]以及迁移率(跳跃几率)联系起来。同时从点缺陷的原子论观点来说也很清楚，即离子半径和电价的不同会导致所测量的扩散系数不同。

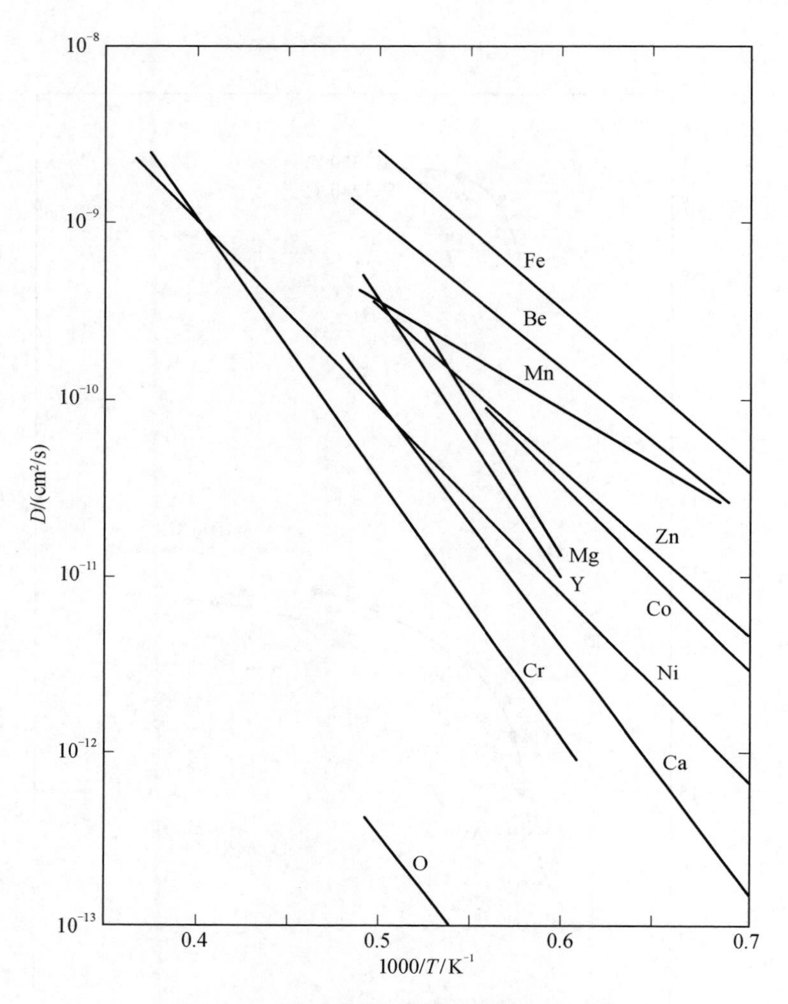

图 6.19　MgO 中示踪物扩散系数的实测值

6.6　位错、晶界和表面扩散

在相表面上一个原子由一个位置移到另一个位置时并不受制于周围各原子的挤压，像图 6.8 和图 6.1 所示的那样。因此，表面原子可在激活能比较低的条件下具有较大的能动性。类似地，在较小的范围内，晶界和位错核区域内的原子堆积密度较低，通常会使得这些区域的原子迁移率比晶格原子的要大且扩散激活能比晶格原子的低。但是，杂质和溶质的影响常常是很重要的。对现有的数据有着不同的解释。虽然表面扩散的激活能通常约为晶格扩散激活能的一半，晶界和位错扩散的激活能的数值也是中等的，但有时并不是这样，甚至不能说接近正确，因此在归纳和外推时需要谨慎。在陶瓷中应用最广的一些工艺过程(烧结、形变、淀析、氧化及形成新相的反应)中，最重要的过程是晶界扩散，我们将集中研究这一现象。

晶界扩散的数学处理是把晶界看成宽度为 δ 的均匀且各向同性的板状材料，在板中发生的扩散遵守菲克定律，但其扩散速率与体扩散不同，晶界扩散系数和晶界宽度的乘积($D_b\delta$)可以通过测量浓度对时间的函数关系或者测量从表面到不同深度的平均浓度对时间的函数关系来确定；对大多数用氧扩散进行的实验，则通过测量交换总量对时间的函数关系来确定。图 6.20 给出了计算所确定的模型和所得到的渗透分布。Fisher① 给出了一个简单的近似解，此解

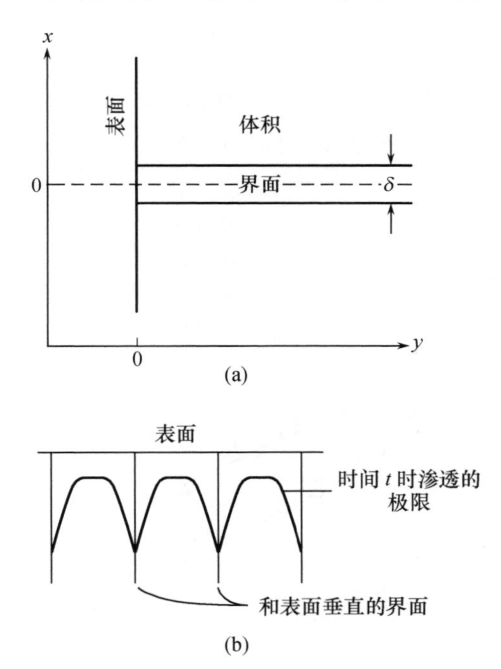

图 6.20 (a) 晶界扩散模型；(b) 晶界和晶体晶格扩散联合引起的渗透分布图

表明，当晶界扩散占支配地位时，沿 x 轴方向扩散组元的对数浓度的平均值随离开表面的距离而线性地减少。在体扩散占支配地位时，则对数浓度值随着离开表面的距离的平方而减少［式(6.24)］。Fisher 方程为

$$c(x,y,t) = C_0\exp\left[\frac{-\sqrt{2}y}{(\pi D_1 t)^{1/4}(\delta D_b/D_1)^{1/2}}\right]\times \operatorname{erf} c\left(\frac{x-\frac{1}{2}\delta}{\sqrt{2Dt}}\right) \qquad (6.64)$$

沿 x 轴的平均浓度 $\bar{c}$ 为

① *J. Appl. Phys.*, **22**, 74(1951)。

$$\ln\bar{c}(y,t)=\frac{-\sqrt{2}}{(\pi D_1 t)^{1/4}(\delta D_b/D_1)^{1/2}}\times y+\text{常数} \quad (6.65)$$

在恒定的表面浓度以及在有限源的情况下，Whipple[①] 和 Suzuoka[②] 分别求得了更精确但较复杂的解。他们的解所得到的对数渗透值与深度的关系也是接近线性的。利用这些方程式就可由扩散实验得到晶界扩散系数和界面厚度的乘积 $D_b\delta$。如果我们定义无量纲参数 β 如下：

$$\beta=\frac{D_b}{D_1}-\frac{\frac{1}{2}\delta}{\sqrt{D_1 t}} \quad (6.66)$$

则当 β 大于 1 时晶界扩散就变得突出。图 6.21 是在多晶 UO_2 中铀离子自扩散的 $\ln\bar{c}$ 随 y 的变化关系曲线。在深渗透范围内的线性关系表明晶界扩散占支配地位；由于体扩散的影响，在接近表面的区域出现偏离。

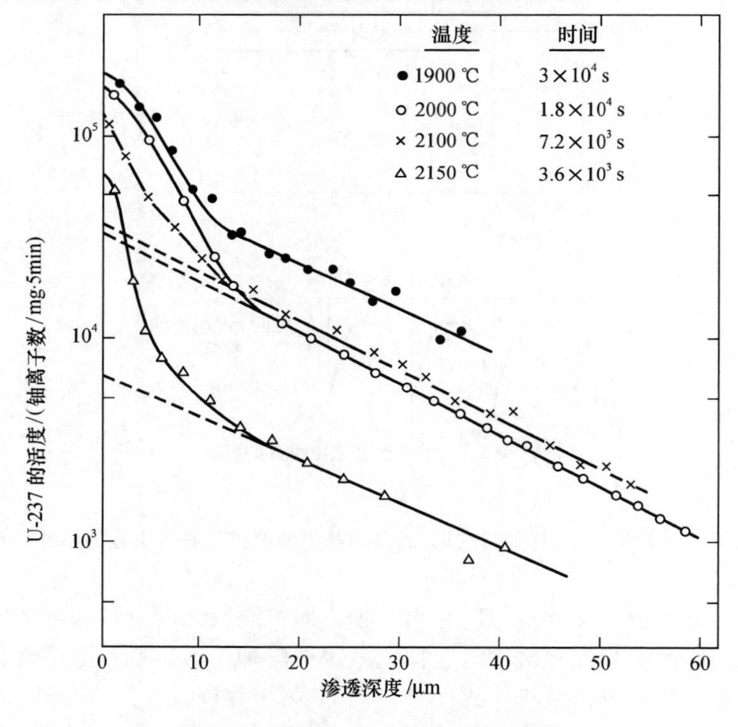

图 6.21 铀在 UO_2 中扩散的渗透曲线

在某些多晶离子晶体中没有观察到 $\ln\bar{c}-y$ 的线性关系，而是像体扩散那样 $\ln\bar{c}$ 随 y^2 变化，但表观扩散系数比单晶中的大。这使得在体积扩散渗透时 Dt

① *Phil. Mag.*, **45**, 1225(1954)。

② *Trans. Jap. Inst. Metal.*, **2**, 25(1961)。

比晶粒尺寸大得多的情况下，所有扩散原子扩散入体内足够深，并留下大量的晶界区域[①]。因此晶界增强是中等的，而只是表观扩散系数 D_a 增大了，

$$D_a = D_l(1 - f) + fD_b \tag{6.67}$$

式中：f 是一个扩散着的原子在晶界区域内消耗的平均时间分数。

对于位错增强扩散，一种与 Fisher 解相应的解是 Smoluchowski[②] 给出的，另一个与 Suzuoka 解相应的解是由 Mimkes 和 Wuttig[③] 给出的。当位错间距小于扩散渗透长度时，Hart 的表观扩散关系也可以用于位错增强扩散。

Laurent 和 Benard[④] 用干压和低于熔点 20～30 ℃的温度下烧结 100 h 的方法制备出多晶碱金属卤化物的试样，他们发现阴离子有很明显的晶界扩散，而阳离子却没有（CsCl 中的 Cs 除外）。这种扩散遵循体扩散的菲克定律关系（$\ln c \sim x^2$），晶界扩散的增强与晶粒大小成反比（和晶界面积成正比），如图 6.22 所

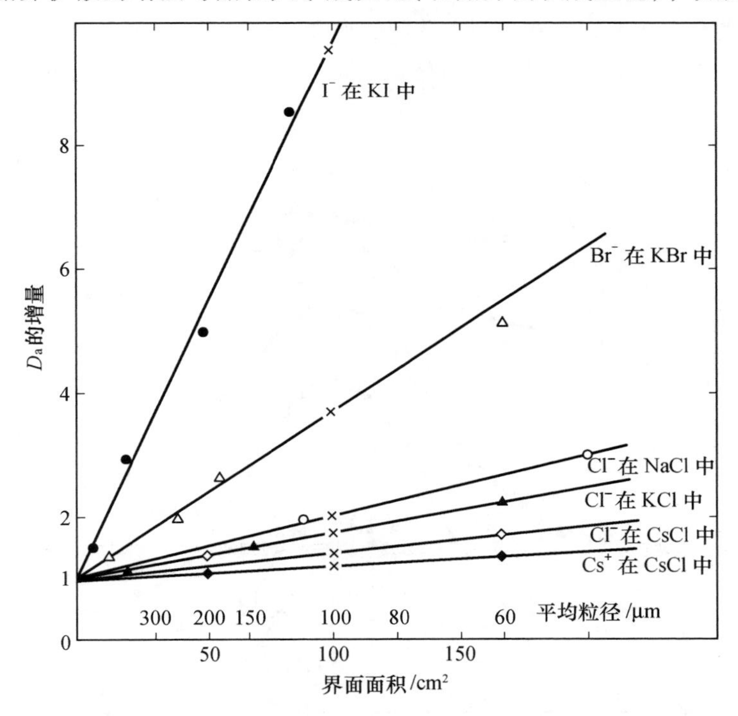

图 6.22　在“湿”的多晶碱金属卤化物中表观扩散的增强与晶粒尺寸和晶界面积的函数关系。引自 J. F. Laurent and J. Benard, *J. Phys. Chem. Solids*, **7**, 218(1958)

---

① Hart, *Acta Met.*, **5**, 597(1957)。

② *Phys. Rev.*, **87**, 482(1952)。

③ *J. Appl. Phys.*, **41**, 3205(1970)。

④ *J. Phys. Chem. Solids*, **7**, 218(1958)。

示。在同一实验室里进行的进一步实验表明，在精心制备的无水试样中这种效应消失了。用上述关系无法解释“湿”试样的动力学特点，除非假设其晶界厚度很宽(>1μm)。和“干”试样相反，“湿”试样的边界腐蚀较快，残留气孔率也较大(将近5%，而干试样则是1%～0.5%)。Wuensch 和 Tiernan[①]同样也发现了Tl在“干”的KCl双晶体中没有增强的晶体扩散，但在“湿”的KCl双晶体中却有大的增强。为了对这些结果进行解释，看来需要弄清楚水的特征和所起的作用、它的分布以及它对缺陷的结构、偏析、淀析(在潮湿的大气中加热 CaF_2 而后冷却下来，在晶界出现淀析，推断为CaO)和内应力的影响。在干的碱金属卤化物试样中，低温时观察到的晶界扩散的激活能比体扩散的要低。

在氧化物系统中，1000～1300 ℃温度范围内阳离子在MgO双晶和多晶试样中扩散的数据表明，存在有很大范围的增强渗透（图6.23)。每一种增强扩散的情况中，有证据表明在晶界上有溶质(通常是Ca、Si)的淀析或偏析。在不存

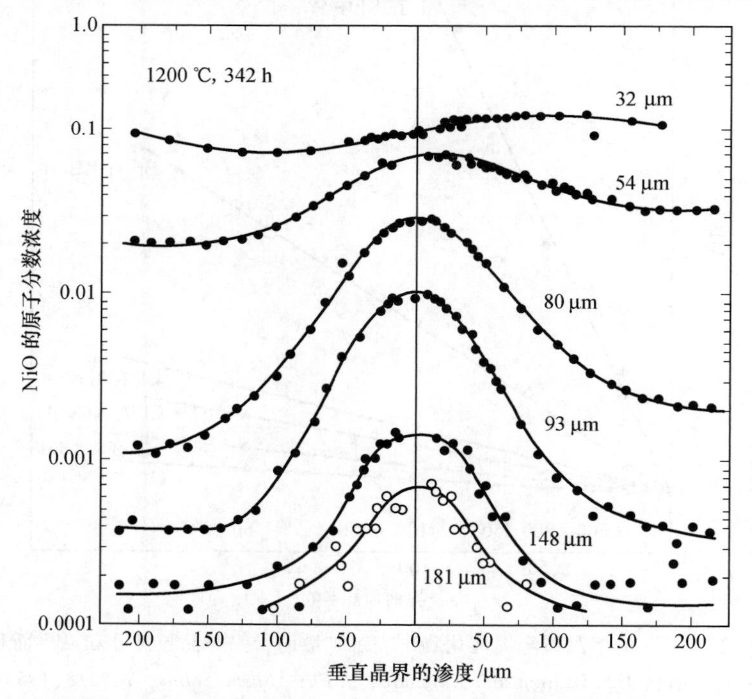

图6.23 Ni^{2+} 浓度与垂直于晶界方向上、距试样表面不同距离的渗透之间的函数关系。用天然MgO双晶制备的夹层构造，显微电子探针数据。Ni Kα 荧光辐射。引自 B. J. Wuensch and T. Vasilos, *J. Am. Ceram. Soc.*, **49**, 433(1966)

① Ph. D thesis, MIT, 1970。

在可检测的晶界杂质的情况下则没有增强扩散发生。如果对试样杂质、溶质溶解度、淀析物形态和详细的热历史都不了解，又没有合适的测量方法，那么除定性地研究在微米级宽度范围内观察到的增强扩散以外，详细地分析扩散速率和边界宽度是没有意义的。对于化学计量比范围较宽的氧化物如 ZnO(大多数测量方法都可利用)，其数据的特点是相当分散。除了与杂质有关的问题以外，要保证和平衡值相应的均匀化学组成也是很困难的。预期会有不稳定的组成变化，这和在长时间退火时观察到的晶界扩散系数有个数量级的变化是一致的。

大多数氧扩散测试是通过与富含 O^{18} 的气相进行交换而进行的，其结果与图 6.24所示的相似。交换量与时间的关系符合菲克定律。在解释这种行为时，

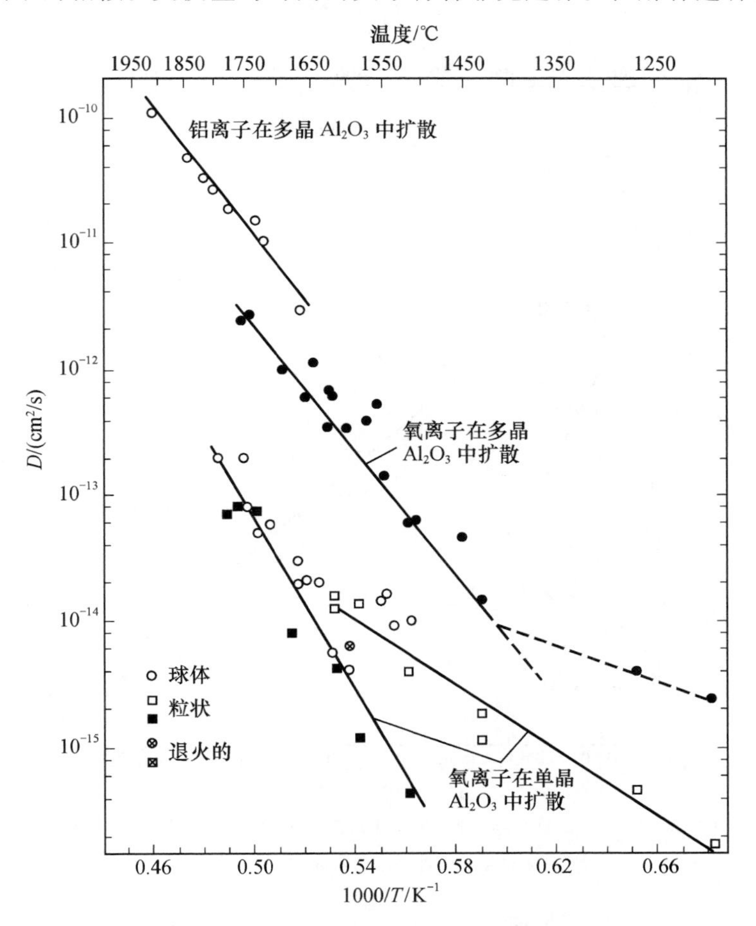

图 6.24　在氧化铝中铝离子自扩散系数和氧离子自扩散系数的比较。引自 Y. Oishi and W. D. Kingery, *J. Chem. Phys.*, **33**, 905(1960)

最合理的推测是晶界渗透足够快以致晶界接近饱和，而所测量到的主要是从晶界到晶粒内部的交换。根据这个假设，只要在菲克定律计算时使用多晶晶粒的尺寸，则单晶和多晶所得到的数据应该是一致的。图 6.25 所示的 Al_2O_3 和 MgO 的数据就是这方面的两个例子。曾报道过 Fe_2O_3、CoO 和 $SrTiO_3$ 沿晶界或位错有增强的氧扩散。尽管希望在 BeO、UO_2、Cu_2O、$(ZrCa)O_2$ 和钇铝石榴石中也发现类似的现象，但却始终没有发现。也曾报道过 UO_2、$SrTiO_3$、$(ZrCa)O_2$ 等氧化物中增强的阳离子扩散，在 Al_2O_3、Fe_2O_3、NiO 和 BeO 中也曾希望发现但未发现。在许多情况下这些报道是不一致的甚至是矛盾的，这是因为和所预料的一样，测量方法方面有一些困难，此外还有杂质和非化学计量比的影响。

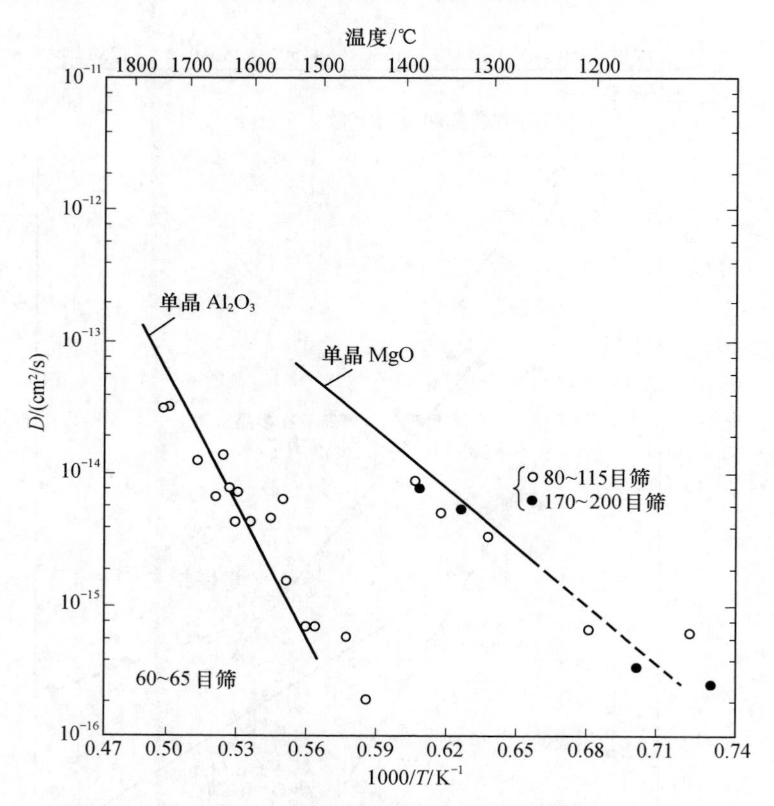

图 6.25　以 a 作为晶粒半径计算得到的单晶和多晶氧扩散数据。
引自 Kingery, *J. Am. Ceram. Soc.*,（1974）

要对“湿”的碱金属卤化物的行为以及对在测量另一些材料的非平衡状态时所发现的相分离和在晶界处大范围偏析的现象进行解释，需要对淀析物或偏析物的分布作详细的说明，这还有待于提供。对于纯的干燥的碱金属卤化物试样以及对于在组成恒定的范围内确定了试样浓度分布的情况下进行的测试，晶界扩散的激活能小于体扩散的激活能。这一行为是在金属系统中发现的，从晶界结构角度来考虑这也是可以预料的。这些资料数据可以借助于几个原子间距宽度的晶界扩散以及比体扩散系数要大 $10^3 \sim 10^6$ 倍的晶界扩散系数来作出恰当的解释。

至少对于一些只有一种离子的晶界扩散显得比较突出的材料［如 O 在 Al_2O_3 和 MgO 中，U 在 UO_2 中，Ca 和 Zr 在 $(ZrCa)O_2$ 中］来说，具有很高晶界迁移率的离子的电荷与所研究的组成中预期的晶界电荷具有相同的符号；也就是说，这种离子在晶界核心处可能是过量的。这表示在核心处过量离子迁移的机理可能是造成增强的晶界迁移的原因。如果真是这样的话，对电荷有影响的异价杂质的浓度以及在晶界上的外加离子的浓度将有显著的效果。

6.7 玻璃中的扩散

前面各节中介绍的物理原理同样也可用来讨论非晶态固体中的扩散。在这方面，最简单的情况是气体在简单硅酸盐玻璃中的扩散。这方面的大量数据是以渗透率的形式而不是以扩散系数的形式表示的，两者之间的关系可用下式表示：

$$K = DS \tag{6.68}$$

式中：K 为渗透率（每秒通过玻璃单位面积的标准状态的气体体积，玻璃厚度为 1 cm，两面压差为 1 atm）；S 为溶解度（在外部气体压力为 1 atm 时溶解在单位体积玻璃内的标准状态气体的体积）。

溶解度随温度而增加，即

$$[S] = [S_0]\exp\left(-\frac{\Delta H_s}{RT}\right) \tag{6.69}$$

式中：ΔH_s 是溶解热。因此可以推测渗透率也与温度呈指数关系：

$$K = K_0\exp\left(-\frac{\Delta H_k}{RT}\right) \tag{6.70}$$

式中，$\Delta H_k = \Delta H_s + \Delta H^{\dagger}$。

图 6.26 给出了 He 通过不同玻璃时的渗透率。如图所示，在室温下 He 在不同玻璃中的渗透率有显著的差别（例如，7440 Pyrex 玻璃和 X 光防护玻璃的数据之间存在 5 ~ 6 个数量级的差别）。这些差别在某些应用方面可能是重要的。例如，尽管某种专用玻璃在常规的高真空中可能十分适用，但如果要求真空度达到 10^{-10} torr[①]，或者要求在不用泵抽情况下长期保持真空度 10^{-7} torr 时，就必须选用一种更难渗透的玻璃了。

作为一级近似，各种玻璃渗透率之间的差异可以在考虑变体阳离子能堵塞

① 1 torr = 1 mmHg = 1.33322×10^2 Pa，下同。——译者注

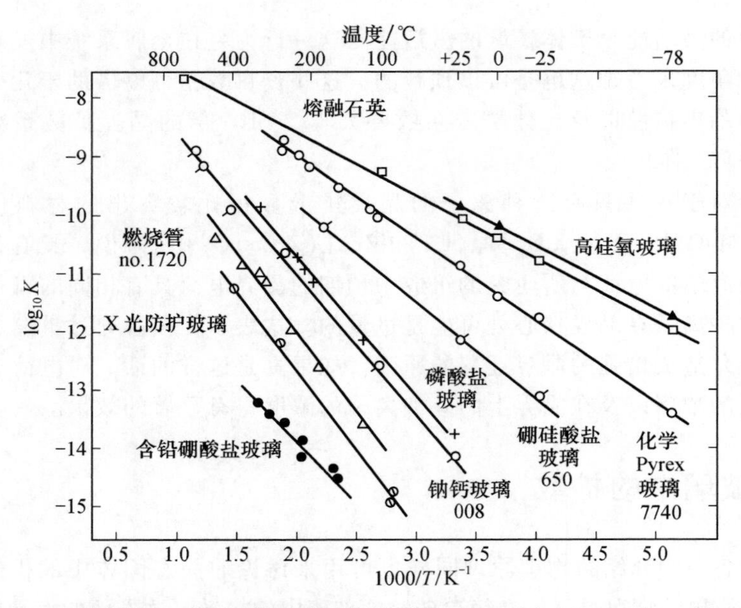

图 6.26　Norton 测得的 He 通过不同玻璃的渗透系数。引自 *J. Am. Ceram. Soc.*, **36**, 90(1953)

玻璃网络中的空隙的基础上加以说明。基于这个认识，随着网络形成体浓度的增加，可以预期渗透率也将随之增加。图 6.27 所示的数据证实了这一点。

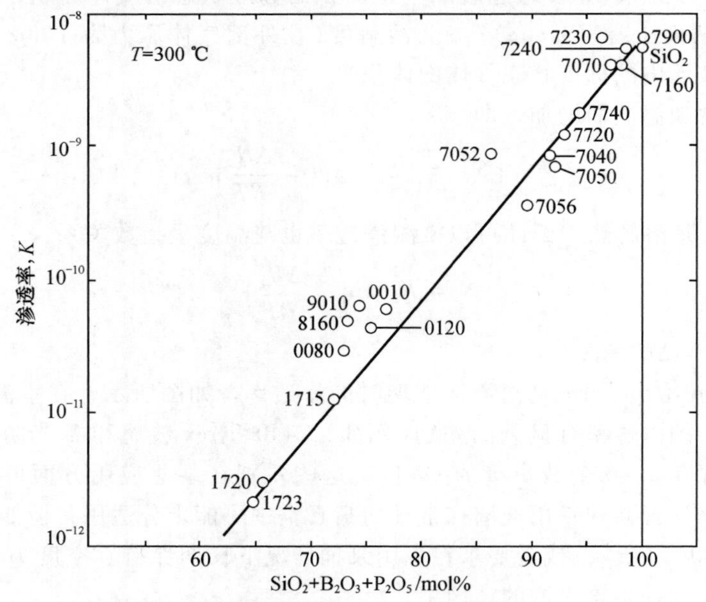

图 6.27　玻璃渗透率与网络形成体(SiO_2、B_2O_3、P_2O_5)浓度之间的关系。引自 V. O. Altemose, in *Seventh Symposium on the Art of Glassblowing*, American Scientific Glassblowers Society, Wilmington, 1962

许多研究已经分别测定了不同气体在熔融石英中的扩散系数。He、Ne、H_2 和 N_2 的 D_0 值均在 $10^{-4} \sim 10^{-3}\ \mathrm{cm^2/s}$ 范围内。如图 6.28 所示，激活能随气体分子尺寸的增大而增大。这些激活能主要反映的应该是为使玻璃结构中的空腔胀大以便气体传输所需要的应变能。从图 6.28 的数据可得到关于熔融石英结构特征的有用信息。使一个椭球状的空腔从半径为 r_d 胀大到 r 所需要的弹性

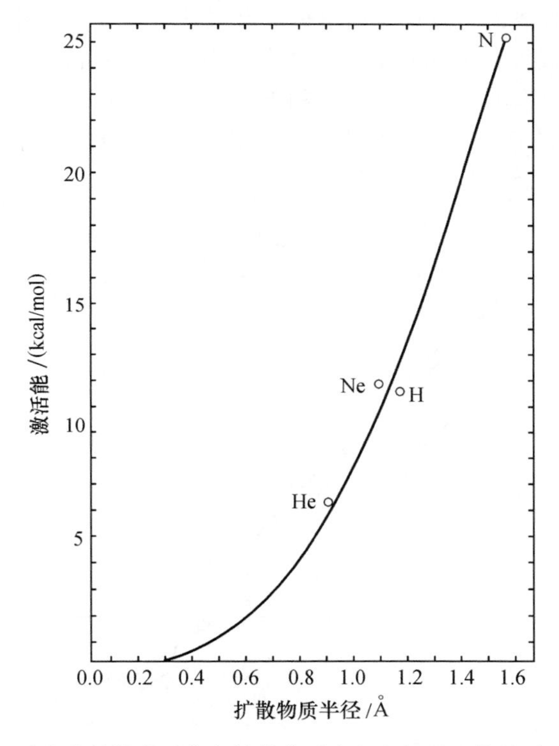

图 6.28　二氧化硅玻璃中扩散激活能与扩散物质半径之间的函数关系。引自 R. M. Hakim and D. R. Uhlmann, *Phys. Chem. Glasses*, **12**, 132(1971)

能为

$$E_{st} = 8\pi G(r - r_d)^2 E\left(\frac{c}{a}\right) \tag{6.71}$$

式中：G 是周围介质的剪切模量；$E(c/a)$ 是由椭球短轴 c 及长轴 a 之比所决定的因子。把这个式子用于图 6.28 所示的数据，可得到 $r_d = 0.31$ Å 和 $E(c/a) = 0.4$。图 6.27 中的实线就是用这些参数值以及式(6.71)绘制的。由此看来，SiO_2 网络间隙之间的那些空腔的尺寸量级为 0.3 Å，而且与球状差得很远。

氧的迁移或以分子扩散进行，或以网络扩散进行。关于氧在熔融石英中扩散的各种研究已提供了上述两种情况存在的证据。一方面，低的激活能表明分子的迁移：$D = 2.8 \times 10^{-4} \exp(-2.7 \times 10^4/RT)$；另一方面，$D = 1.2 \times 10^{-2}$

$\exp(-7.05\times10^{4}/RT)$看来是网络扩散的作用。可见，在1000 ℃时，分子扩散比网络扩散大约快7个数量级。

稀有气体(He、Ne等)在玻璃中的扩散看来在玻璃转变区附近的行为变化很小(对图6.26所示的某些玻璃，其数据是跨越玻璃转变范围的)。与此相反，通常可以观察到网络修饰体离子的扩散有明显的变化。图6.29表示的Na^{+}在不同组成的钠钙硅酸盐玻璃中扩散就是这种行为的一个例子。图中数据中断处所对应的温度比玻璃转变温度范围稍高一点。在液态中迁移的激活能在23 ~ 27 kcal/mol范围内，而在相应的玻璃中则是15 ~ 20 kcal/mol。在另一些体系中也观察到了在通过玻璃转变区时阳离子扩散激活能有类似的变化，但其变化的原因还有待于满意地说明。

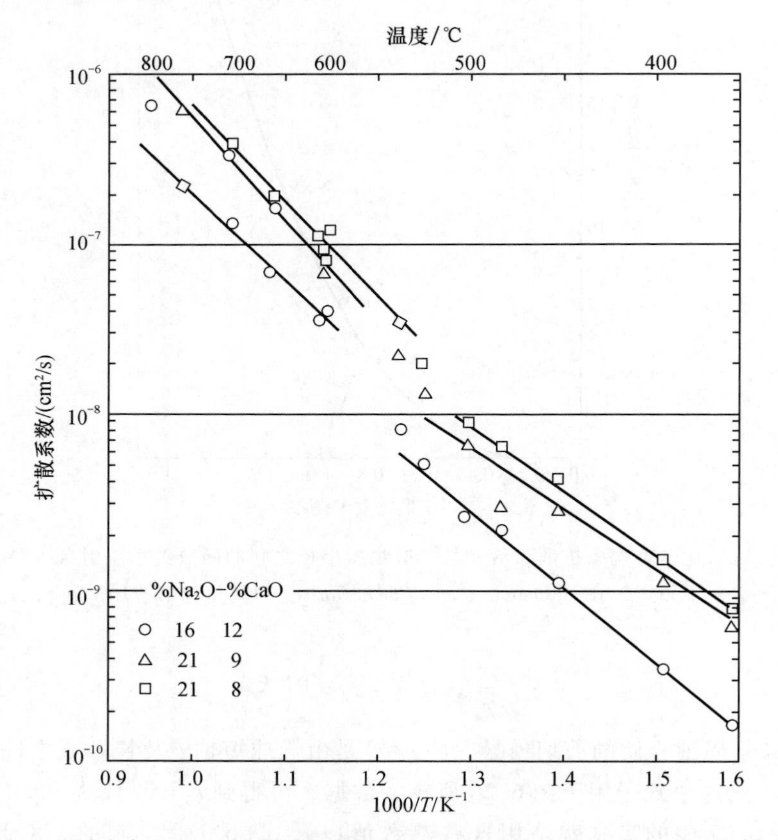

图6.29 钠在各种三元钠钙硅酸盐玻璃中的扩散系数。由Johnson测定(Thesis, Ohio State University，1950)

随着硅酸盐玻璃中变体阳离子总量的增加，其扩散迁移的激活能减小而扩散系数增大。这些变化被设想为是由于网络断裂和离子间平均距离减小所致。在给定的温度下，二价阳离子的扩散比单价阳离子慢得多，通常其激活能也大得多。在所有情况下，看来变体阳离子的迁移和材料流动性之间没有什么直接关系。例如，和图 6.29 所示的组成相同的钠钙硅酸盐玻璃的黏性流动激活能在 100 kcal/mol 左右；而钠离子扩散的激活能则小得多，在 25 kcal/mol 左右。这种差别并非意料之外，因为黏性流动和变体阳离子扩散是两种很不相同的原子过程。黏性流动的数据和网络形成体(阳离子)的扩散很好地联系起来(在本例中，网络形成体阳离子是 Si；图 6.30 对 Na、Ca、Si 在玻璃中的扩散行为进行了对比)。

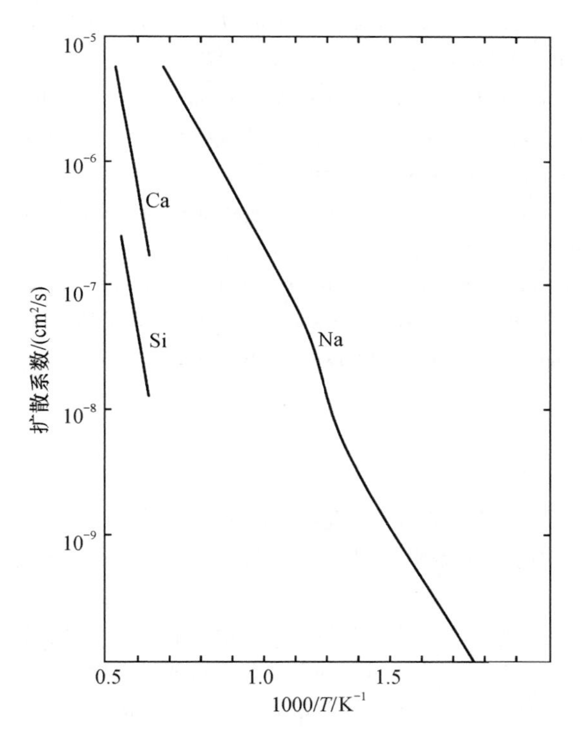

图 6.30 硅酸钠玻璃中 Na^+ 的扩散及 40CaO－20Al_2O_3－40SiO_2 矿渣中 Ca^{2+} 和 Si^{4+} 的扩散。前者引自 J. R. Johnson, R. H. Bristow, and H. H. Blau, *J. Am. Ceram. Soc.*, **34**, 165(1951)；后者引自 H. Towers and J. Chipman, *Trans. A. I. M. E.*, **209**, 709(1957)

在通过玻璃转变区域时急冷的玻璃中变体阳离子的扩散系数一般高于相同组分但是经充分退火的玻璃中的扩散系数，可以相差一个数量级或更多。这很可能反映了玻璃的比体积不同，比体积较大则结构较开放，因而有较强的扩散能力。

在某些玻璃结构中，很多单价阳离子能相互置换。以 Ag 离子为例，即使温度低于玻璃转变区也能完全置换 Na 离子。在相似条件下，Li 和 K 离子至少能部分地取代 Na 离子，但此时如果交换过分则会在玻璃中产生大的应力，足以使玻璃破裂。一种离子置换另一种离子，已广泛用在离子交换强化玻璃的技术上。这将在第十五章中讨论。

推荐读物

1. P. G. Shewmon, *Diffusion in Solids*, McGraw – Hill Book Company, New York, 1963.
2. P. Kofstad, *Nonstoichiometry*, *Diffusion*, *and Electrical Conductivity in Binary Metal Oxides*, John Wiley & Sons, Inc., New York, 1972.
3. J. Crank, *Mathematics of Diffusion*, Clarendon Press, Oxford, 1956.
4. W. D. Kingery, Ed., *Kinetics of High – Temperature Processes*, Technology Press, Cambridge, Mass., and John Wiley & Sons, Inc., New York, 1959.
5. R. E. Howard and A. B. Lidiard, "Matter Transport in Solids", *Rep. Prog. Phys.*, **27**, 161 – 240(1964).
6. W. Jost, *Diffusion in Solids*, *Liquids*, *Gases*, Academic Press, Inc., New York, 1952.
7. R. H. Doremus, "Diffusion in Non – Crystalline Silicates", in *Modern Aspects of the Vitreous State II*, J. D. Mackenzie, Ed., Butterworth, Washington, 1962.

习　　题

6.1 (a) 如果对于一种给定的陶瓷氧化物，你希望查明：

① 在给定的温度范围内，扩散速率究竟是由本征机制还是由非本征的机制产生的。

② 在给定的多晶陶瓷中，扩散突出地沿着晶界还是通过晶格进行。

③ 扩散究竟是通过空位机制还是通过互换的环形机制产生。

请充分叙述和讨论你要进行的实验以及你希望得到的结果的特点。

(b) 为使 Mg^{2+} 在 MgO 的阳离子扩散直到 MgO 熔点都是非本征扩散，要求三价杂质离子有什么样的浓度？试对你在计算中所作的各种特性值的估计作充分说明。

6.2 曾发现使用压力(不一定是静压力)可以影响一些被认为是扩散控制的过程。试对① 空位扩散及② 间隙扩散给出几种压力能影响自扩散系数的方法，并指出随着压力的增加预期的 D 的变化方向。

6.3 在一定温度下，若扩散退火的时间加倍，那么扩散物质的平均渗透深度将增加几倍？

6.4 试讨论从室温到熔融温度范围内，氯化锌添加剂(10^{-4} mol%)对 NaCl 单晶中所有离子(Zn、Na 和 Cl)的扩散能力的影响。

6.5 根据 ZnS 烧结的数据测定了扩散系数。在 563 ℃时测得扩散系数为 3×10^{-4} cm^2/s；在 450 ℃时为 1.0×10^{-4} cm^2/s。

(a) 确定激活能和 D_0。

(b) 根据你对结构的了解，请从运动的观点和缺陷的产生来推断激活能的性质。

(c) 基于 ZnS 和 ZnO 之间的相似性，预测 D 随硫分压的变化关系。

6.6 图 6.30 给出了离子在钠钙硅酸盐玻璃中的扩散系数。

(a) 为什么 Na^+ 比 Ca^{2+} 和 Si^{4+} 扩散得快?

(b) Na^+ 扩散曲线的非线性部分的原因何在?

(c) 将玻璃淬火，其曲线将如何变化?

(d) Na^+ 在液态玻璃中扩散的激活能(实验的)是多少?

6.7 (a) 试推测在贫铁的 Fe_3O_4 中氧分压和铁离子扩散的关系。

(b) 试推测在铁过剩的 Fe_3O_4 中氧分压和氧扩散的关系。

6.8 一位学生决定研究 Ca 在 NaCl 中的扩散。已知 Ca 通过空位机制在 Na 的亚晶格上扩散，并知在整个试验范围内 $[Ca_{Na}^{\cdot}] = [V_{Na}']$。试证明 D_{Ca} 是 $[Ca_{Na}^{\cdot}]$ 的函数，因而 $\partial c/\partial t \neq D\partial^2 c/\partial x^2$。

第三篇

陶瓷材料显微组织的形成

陶瓷的性质是由其中每一相的性质以及这些相的排列方式所决定的，这些相包括气孔，在许多情况下还包括界面在内。在第二篇中我们已经讨论了晶态材料的结构、玻璃的结构、这些结构内的不完整性、界面的特性以及原子的迁移性和这些结构特性的关系。这是我们能够了解更复杂的陶瓷中存在的各相性质的基础。在第三篇中，我们要对决定相分布的因素和它们在陶瓷系统中所起的作用作进一步深入研究和了解。

显微组织的形成从两方面进行。首先是发生化学变化并倾向于达到各相的平衡浓度，以使系统自由能降到最低。相平衡图是一种描述相组成所倾向的最终状态的经济实用的方法。我们对相图的讨论以三组元系统为限，所采用的热力学基础知识也仅仅局限于最低且必需的水平。在许多实际系统中，多于三组元的相图是重要的，我们对这种更复杂的情况进行的处理仍然采用已经描述和讨论过的同样原理。处理多组元问题的主要困难不是在概念上，而在于如何以简明的图解形式把大量的数据简易地表达出来。对于陶瓷专业学生来说，我们认为关于多元系统的最有用的导论是 A. Muan 和 E. F. Osborn 所著的《炼钢中氧化物间和氧化物内的相平衡》(*Phase Equilibria in and among Oxides in Steelmaking*)①。

决定显微组织形成过程中各种变化进程的因素除了化学成分和存在的相数外，物理因素也很重要。在烧结、玻璃化和晶粒长大过程中，随着表面和界面面积的减少，系统将达到自由能更低的状态。此外，应变能和表面能跟新相的形成也有关，它们对新相的形态和出现的趋势都有影响。在显微组织形成过程中，驱动力要使系统的自由能减到最小，这方面的问题

---

① Addison - Wesley Publishing Company, Inc., Reading, Mass., 1965。

将在关于相变的第八章中和在关于晶粒长大和烧结的第十章中进行讨论。过程中发生的物理变化如气孔的减少、气孔的分布和相的形态与在第七章中讨论的和相平衡相关的化学过程和在第九章中讨论的化学平衡是同等重要的。

实际的陶瓷系统中只有很少的一部分是在到达平衡的条件下来研究的。特别是，对于与表面和界面能相关的驱动力较小以及原子迁移率低的系统(这包括许多硅酸盐系统和几乎所有中、低温下的系统)来说，趋近平衡的方式和趋近平衡的速度与即将达到的平衡状态同样重要。在我们主要涉及的凝聚相系统中，物质传递过程可以通过晶格、边界或表面的扩散，也可以通过黏滞流动或气相传输过程来进行。由于速率和动力学的作用，这些传质过程对显微结构的演变有着重要的影响。所以在关于相变的第八章、关于固态反应的第九章和关于晶粒长大和烧结的第十章中都讨论了速率和动力学问题。全面理解系统在趋向平衡的过程中改变其显微组织的方式对了解陶瓷制品的显微组织及相应的性能是绝对必要的。

第十一章对描述许多实际体系的显微组织所必需的一些特征测试和陶瓷显微组织的典型实例进行了讨论和说明。除了在第十一章中描述的典型体系外，全书都直接或间接地涉及显微组织的形成问题。因此对显微组织特性的论述将贯穿始终。实际上，显微组织的形成及其对陶瓷性能的影响以及通过组成和工艺变化对其进行控制是这一部分的中心论题。

第七章 陶瓷相平衡图

在平衡时，在组成、温度、压力和所施加的其他条件确定的条件下系统处于最低自由能状态。当给定的一组系统参数确定后，相的混合物只有一种表现形式，而且这些相中的每一相的组成也是确定的。相平衡图提供了一种清楚而简明的描述这种平衡状态的方法，是描述陶瓷系统的非常宝贵的工具。相图显示出在平衡时存在的每一个相的组成、相数和每一相的含量。

从任意的起始点到达这种平衡状态所需的时间变化极大，且和最后平衡状态以外的很多因素有关。特别是对于富硅系统，液相的高黏滞性导致了低的反应速度和非常漫长的建立平衡的时间；平衡是很难达到的。对这些系统和其他系统来说，亚稳平衡就变得特别重要，在亚稳平衡中该系统能达到较低但不是最低的自由能状态。

很明显，在分析、控制、改进和发展陶瓷材料时，相的存在及相的组成是基本的要素。相图被用来确定当改变氧或其他气体的分压时发生的相及其组成的变化，用来判断热处理对结晶和淀析过程的影响，设计新的组成及用于其他许多方面。在讨论单相系统时，我们已经看到热力学平衡的重要性：晶态固溶体（第二章）、结晶的不完整性(第四章)、玻璃结构(第三章)及表面和界面(第五章)。在本章中，我们将注意力集中到两相或更多相的平衡。

7.1 吉布斯相律

当一个系统呈平衡时，整个系统内的温度和压力必须是均匀的，并且每一个相中每个组分的化学势和蒸气压也必须相同；否则将会产生从系统的一个部分向另一个部分传热或传质的倾向。1874 年 J. Willard Gibbs[①] 指出，只有当满足下面关系式时才能出现平衡：

$$P + V = C + 2 \tag{7.1}$$

这就是通常所说的相律。式中：P 是平衡时存在的相数；V 为变度或自由度数目；C 为组分数。这个关系式是制作和使用相平衡图的基础。

系统中的任何一部分，如果它具有物理上的均匀性并被一表面所包围，可以用机械方法将其与系统的其他部分分离，这一部分就定义为相。相不一定是连续的；例如一杯水中的两块冰是一个相。自由度的数目或变度是指能够独立地和任意地改变而不引起相的消失或新相产生的外部变量(压力、温度、组分)的数目。组分数是为表示出系统所含各个相的组成所必需和充分的、独立变化的化学成分的最小数目。当这些术语应用于下面章节的具体体系中时，其含义将变得更加清楚。

平衡时，任一组分 i 在所有各相中的化学势 μ_i 相同。相律则可以根据这一点直接导出。化学势等于偏摩尔自由能 $\bar{G}_i$，

$$\bar{G}_i = \left(\frac{\partial G}{\partial n_i}\right)_{T,P,n_1,n_2,\cdots}$$

也即恒温恒压下在系统中增加一摩尔组分 i 所引起的系统自由能的变化。这里我们所考虑的系统是一个很大的系统，以至于一摩尔组分 i 的加入并不会引起明显的浓度变化。在具有 C 个组分的系统中，每一个组分都有一个独立的方程用于表示化学势相等。对含有 P 个相的系统来说，我们有

$$\mu_1^a = \mu_1^b = \mu_1^c = \cdots = \mu_1^P \tag{7.2}$$

$$\mu_2^a = \mu_2^b = \mu_2^c = \cdots = \mu_2^P \tag{7.3}$$

$$\vdots$$

这构成 $C(P-1)$ 个用来确定 $C(P-1)$ 个变量的独立方程。由于每个相的组成是由 $C-1$ 个独立浓度项确定的，所以完全确定 P 个相的组成要求有 $P(C-1)$ 个浓度项，和施加的温度与压力条件一起可以给出

$$\text{变量的总数} = P(C-1) + 2 \tag{7.4}$$

---

① *Collected Works*, Vol. 1, Longmans, Green & Co., Ltd., London, 1928。

$$由化学势相等而确定的变量 = C(P-1) \tag{7.5}$$

$$尚待确定的变量 = P(C-1)+2-C(P-1) \tag{7.6}$$

所以

$$V = C - P + 2 \tag{7.7}$$

这就是吉布斯(Gibbs)相律[式(7.1)]。

相律主要的局限性在于它只能应用于平衡状态，要求在各相内部达到均相平衡而各相间达到多相平衡。虽然一个平衡的系统总是遵循相律(不符合相律则证明平衡不存在)，反之却不一定正确。也就是说，与相律相符的系统不一定就处于平衡状态。

7.2 一元相图

单组分系统中能够出现的相是蒸气、液体和各种同质多象的固体(2.10 节中已经讨论过与温度和晶体结构有关的各种同质多象体的能量。因为这些知识和本节有密切关系，读者应很好地加以复习)。引起相的出现和消失的独立变量是温度和压力。例如，把水加热时它就沸腾，把水冷却时它就结冰。假如把水放到真空室中，则水的蒸汽压很快就到达某个平衡值。这些变化可以借助于一个描述不同温度和压力下出现的各个相的图形表示出来(图 7.1)。

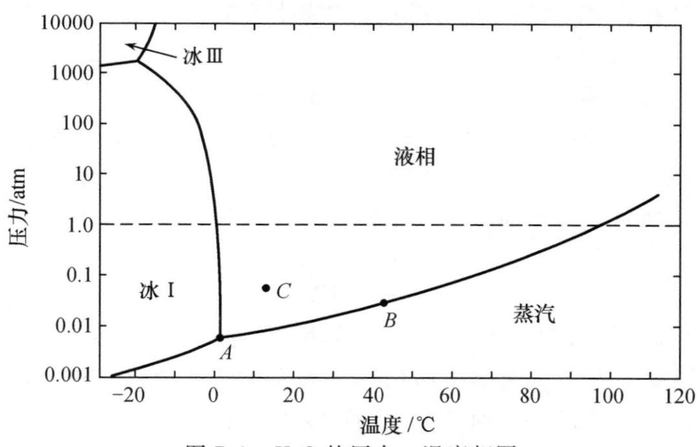

图 7.1 H_2O 的压力 - 温度相图

因为这是一个一元系统，所以连空气相也被排除在外，图 7.2(a) ~ (c)示出了不同的相分布情况。在实际测试中，如果蒸气相并不重要，测量通常是采用和图 7.2(d)所示相似的方法在恒定的大气压下进行的。虽然这不是一个理想的封闭系统，但只要蒸气压比大气压低(因此我们可以忽略这个不重要的蒸气相，这个蒸气相在一个封闭系统中是根本不存在的)或者等于或者大于大气压(因此气相具有的分压可由相图预测出来)，就很接近于一个封闭系统。很多重要的凝聚态系统都满足第一个判据。

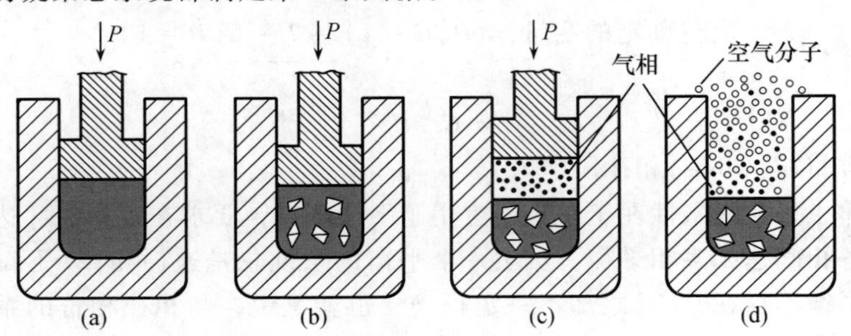

图 7.2 单组分系统的试验条件。(a) 单相；(b) 两相；(c) 三相；(d) 普通条件，具有暴露在空气中的凝聚相

当自由度为零时，一元系统在平衡条件下能够出现的相数最大。由相律可得：$P+V=C+2$，$P+0=1+2$，$P=3$。当存在三相(冰、水、气)平衡(图 7.1 中 A 点)时，温度或压力的任何变化都会引起一个相的消失。相图各曲线表示平衡时两相共存的情况。例如当液相和气相共存(如 B 点)时，$P+V=C+2$，$2+V=1+2$，$V=1$，即自由度为 1。这意味着温度或者压力可以任意变化而不带来相的消失，但两个变量不能同时任意变化。假如温度从 T_1 改变到 T_2，如果要保持具有两相，则 P_1 也必须相应变化到 P_2。假如只存在一个相，如在 C 点，

$$P+V=C+2 \qquad 1+V=1+2 \qquad V=2$$

则压力和温度两者都可以任意改变而不会出现新相。

如图 7.1 所示，在一个大气压下固、液相之间的平衡出现在 0 ℃(即冰点)。液、气相共存的平衡出现在 100 ℃(即沸点)。这些相界线上任意一点处的斜率都可以通过克劳修斯 - 克拉珀龙(Clausius - Clapeyron)方程得到：

$$\frac{\mathrm{d}p}{\mathrm{d}T}=\frac{\Delta H}{T\Delta V} \tag{7.8}$$

式中：ΔH 是摩尔熔融热、摩尔气化热或者摩尔晶型转变热；ΔV 是摩尔体积变化；T 是温度。由于从低温型向高温型转变时 ΔH 总是正的，ΔV 也经常是正的，所以这些曲线的斜率通常是正的。对凝聚相晶型转变，由于 ΔV 常常很小，所以固相间的线通常几乎是垂直的。

在陶瓷中，一元相图有很多应用。其中最引人注目的或许是研制出了由石墨合成的人造金刚石制品。图 7.3 表明这需要在高温和高压条件下实现。此外，为了使反应在一个有实效的速率下进行，需要掺加一类像镍这样的液体金属催化剂或矿化剂。另一个在高温和高压下广泛研究过的系统是 SiO_2：在 30 ~ 40 kbar① 以上的

① “巴(bar)”为压强的非法定计量单位，1 bar = 10^5 Pa。——译者注

压力下出现了新相柯石英。已经在自然界中发现了由陨石碰撞产生的这种矿物的存在。在 100 kbar 以上这样更高的压力下，发现了另一个新相超英石。

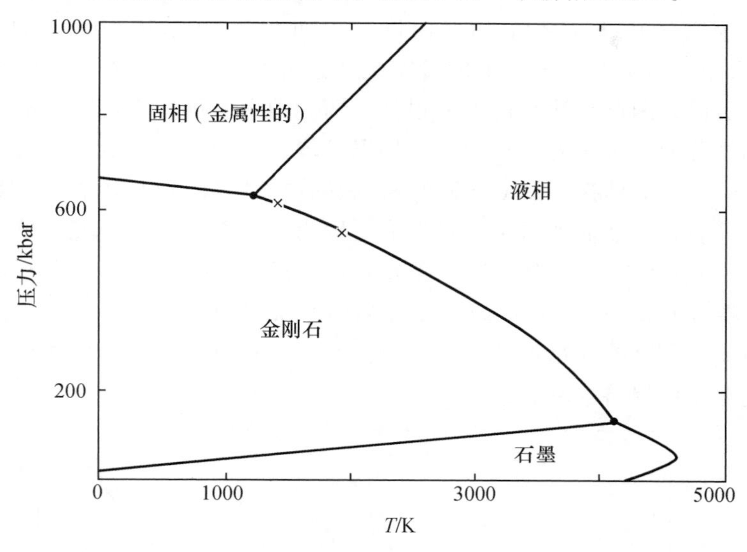

图 7.3　碳的高温高压相平衡图。引自 C. G. Suits，*Am. Sci.*，**52**，395(1964)

对陶瓷应用更有意义的是如图 7.4 所示的二氧化硅的各种低压相，关于少

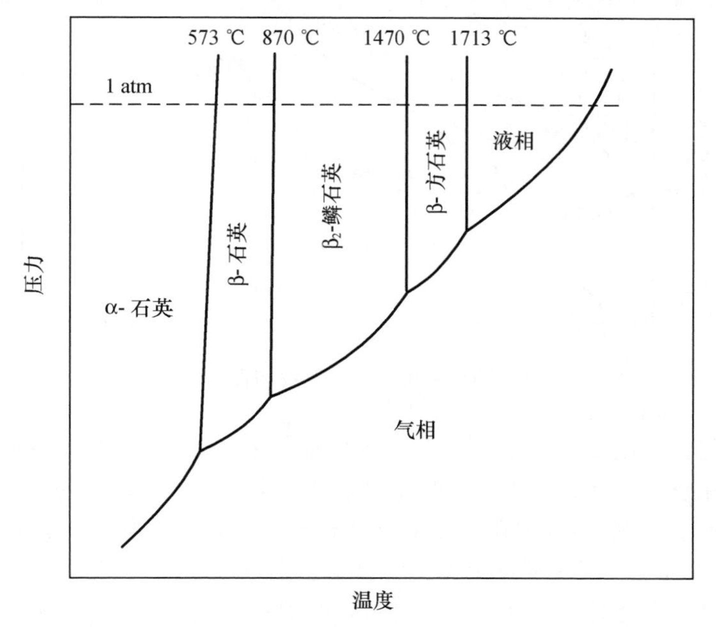

图 7.4　SiO_2 相平衡图

量杂质对这一相平衡关系的作用仍然存在有某些争议。在平衡时有5个凝聚相出现——α-石英、β-石英、β_2-鳞石英、β-方石英和液态二氧化硅。图中示出了一个大气压下的各个相变温度。正如在2.10节中所讨论过的那样，α-石英和β-石英在573 ℃下的转变是快速而且可逆的。图中示出的其他相变则较为缓慢，因此到达平衡需要很长时间。图中所示的蒸气压是不同相中二氧化硅化学势的一种量度，这种图可加以扩展，以便包含可能出现的亚稳型二氧化硅(图7.5)。具有最低蒸气压的相(相图中的粗线)在任何温度下都是最稳定的相即平衡相。然而方石英一旦形成，因为它和石英之间的转变很缓慢，以致β-方石英在冷却过程中通常转变为α-方石英。同样，β_2-鳞石英通常转变为α-鳞石英和β-鳞石英而不转变为平衡状态的石英形态。例如在耐火氧化硅砖中就存在这些亚稳形态。同样，液相被冷却时形成二氧化硅玻璃，它在室温下能够长期保持这种状态。

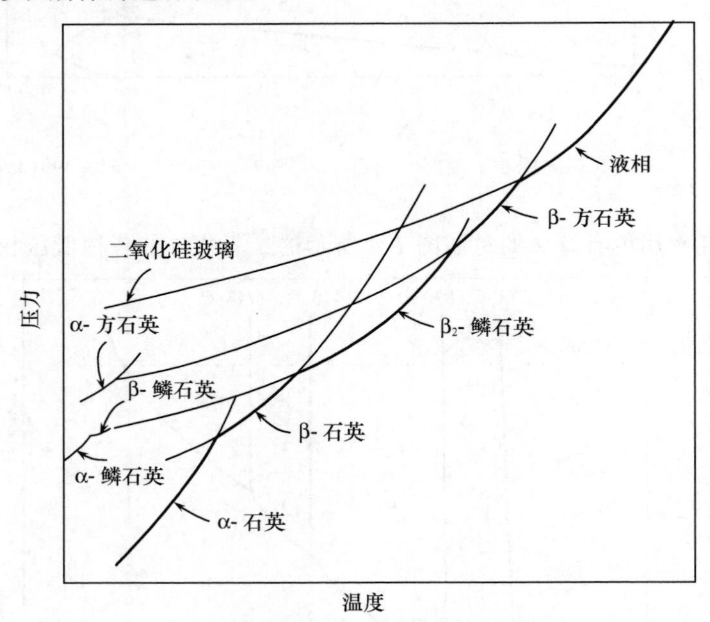

图7.5 SiO_2系统中包含亚稳相在内的相图

在任何恒定温度下，总有向较低自由能(较低蒸气压)的另一个相转变的趋势，而相反的转变在热力学上是不可能的。但是也不一定转变成图中所示的最低能量形态。例如在1100 ℃二氧化硅玻璃有可能转变为β-方石英、β-石英或β_2-鳞石英，到底哪一个相变将会发生则取决于这些变化的动力学条件。实际上，当二氧化硅玻璃在这个温度被长时间加热时，它将结晶或反玻璃化而形成方石英，方石英并不是最低的能量形态，但结构上和二氧化硅玻璃是最相似的。冷却时，β-方石英转变为α-方石英。

二氧化硅系统说明，相平衡图是用图解方法来表达系统中最小自由能的状态；将相图扩展以包含亚稳态，也能够对可能的非平衡性状作某些推断。然而，可能的非平衡途径几乎总是有多种，而平衡的可能性却只有一种。

7.3 测定相平衡图的技术

在上节和本章的其余部分所讨论的相平衡图是在各种温度和压力条件下对出现的相进行实验研究的产物。在使用相平衡图时记住这个实验基础是很重要的。例如在关键场合，如果没有提供有关原始实验人员对平衡图制作情况和测量细节的确切说明时，则该相图不能采用。经常会进行一些补充实验从而对相图进行不断的修正。

有大量文献描述了测定相平衡的各种方法。一般说来，相与相之间的任何物理的或化学的差异或者在一个相出现或消失时所发生的效应都可以用来测定相平衡。有两种通用的方法：动态法考虑的是相出现或消失时系统性质的变化；静态法则是将样品保持在恒定条件下直至平衡，然后测定所存在的相的组成和数量。

动态法 最常用的动态法是热分析法。热分析法通过加热或冷却速率的变化确定相变温度，这些变化是由反应热引起的。其他性质如电导率、热膨胀性质和黏滞性等也已经被采用。在所采用的实验条件下，在平衡温度时相变必须迅速和可逆地发生而不带来过冷、偏析或其他非平衡效应。在硅酸盐体系中趋向平衡的速率是缓慢的，因此，相比起其他系统如金属来说，热分析法对硅酸盐系统并不太适用。

动态法适合于测定相变温度，但不能给出所发生的反应的确切信息。因而，除了测量温度变化之外，在相变前后还要进行相的鉴别。这种分析通常通过组成的化学测定、光学特性的测定、晶体结构的X射线测定以及相含量和相分布的显微镜观察来实现。

静态法 与动态测量不同，静态测量通常由3个步骤组成。在高温或高压下保持平衡条件，以足够快的速度将试样淬冷到室温以防止在冷却期间发生相变，然后对试样进行检测以确定其中存在的相。在许多不同的温度、压力和组成条件下重复这些步骤就可以确定完整的相图。有时，高温X射线和高温显微镜观察能够测定高温下存在的相，这样就没有必要淬冷了。

对硅酸盐系统来说，在测定相平衡图时遇到的主要问题是实现平衡比较缓慢并且难于确保达到了平衡。对大多数系统来说，这意味着静态测量是必要的。常用的技术是将比例正确的组分仔细地混合在一起，以便最后得到我们所期望的组成；将混合物保持在恒定温度的铂箔内，在迅速冷却以后将混合物用研钵和研杵再次磨细，然后进行第二次加热和淬冷；检测存在的相，将试样混合物重新混合、重新加热，再一次进行淬冷；然后对所得到的材料再进行检测以确保相的组成没有变化。

这个过程需要大量的时间和工作，由于一个三元相图可能需要几千次上述的独立试验，由此可知为什么已被完全彻底地研究过的只有少数几个系统。

相图的可靠性　一般来说，研究一个特定相图的最初实验者常常只关注组成、温度和压力的某些有限区域。他将精力集中于这个区域，而在测定该相图的其他部分时在精度和细节上都要差很多。正如总结说明(如本章所列出的那些)中指出的那样，我们无法评估相图中哪一部分是最可靠的。因此，虽然给定相图的总的构形是可信赖的，但相图上个别线或者点所对应的确切温度和组成应该而且只能慎重采用。这些结果都是在实验技术和分析方法都有困难的情况下取得的。

这些注意事项特别适用于高温下有限的晶体溶液区，因为对许多体系来说在冷却过程中会快速发生脱溶作用，并且在许多体系中这并不是实验人员感兴趣的特征。类似地，在中等温度和低温下相分离常常导致亚显微相的产生，这些亚显微相只能用电子显微镜和电子衍射来辨认，而这些手段尚未被广泛地用来研究晶态固溶体。

7.4　二元系统

二元系统中增加了一个变量——组成，因此假如只存在一个相，则自由度为3：$P+V=C+2$，$1+V=2+2$，$V=3$。表示单相的压力、温度和组成的稳定区域必须采用三维相图。然而，对许多凝聚相系统来说，压力的影响不大，并且我们最经常涉及的是在大气压或近于大气压时的系统。因此可以用温度和组成作为变量绘制恒压下的相图。图7.6给出了一个这种类型的相图。

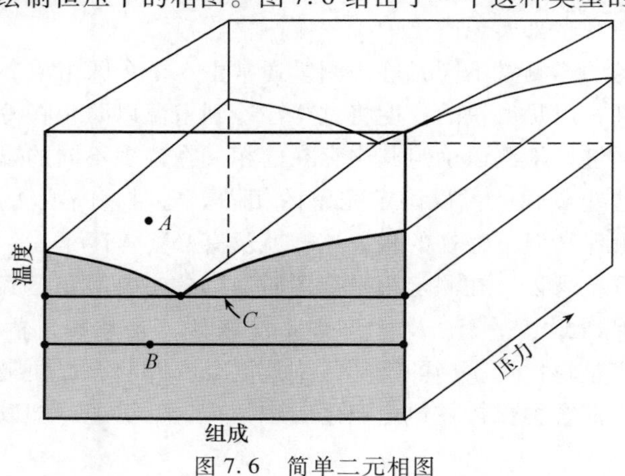

图7.6　简单二元相图

假如只有一个相，如图中 A 点所示，则温度和组成二者都可以任意改变。在两个相平衡共存的区域内，每一相的组成由相图上的线表示(在二元相图中，两相区域常常画上阴影线，而单相区则不画)。恒温“结线”与相界面相交给出在温度 T 时平衡的相组成。当存在两个相时，$P+V=C+2$，$2+V=2+2$，$V=2$。在任意固定的压力下，在存在的相中，一个相的组成或温度的任意变化都要求另一个变量有相应的变化。在对压力加以任意固定的场合($V=1$)，可能存在的最大相数是

$$P+V=C+2 \qquad P+1=2+2 \qquad P=3$$

当存在 3 个相时，每个相的组成和温度都被固定，如 C 处的水平实线所示。

气相不重要的系统 那些只包含固定价态阳离子的稳定氧化物体系构成了陶瓷领域的大部分重要系统，可以在恒定的总压力为 1 atm 的情况下适当地表示这些系统。平衡时，各组分的化学势在各相中必须相等。因此，化学势随组成的变化是热力学所要考虑的基本问题，它决定着相的稳定性。设想一种由两个纯组分组成的简单机械混合物，该混合物的自由能 G^{M} 为

$$G^{M}=X_{A}G_{A}+X_{B}G_{B} \tag{7.9}$$

考虑一种最简单的情况，即混合热和振动熵两项为零的理想溶液，无规混合导致混合位形熵 ΔS_{m}，这已在式(4.14)中推导出来；故该理想溶液的自由能为

$$G^{id,S}=G^{M}-T\Delta S_{m} \tag{7.10}$$

因而在所有的情况下，理想溶液的自由能总是小于机械混合物的自由能；固溶体和溶液的自由能曲线及所得到的相平衡图类似于图 4.2 中示出的情况。由于很稀的溶液才接近理想行为，所以式(7.10)要求当任何溶质加到任何纯物质中去时至少总会有一些微小的溶解度。

大多数浓溶液不是理想溶液，但许多溶液可以很好地描述为超额熵可以忽略而超额焓或混合热 $\Delta H^{X,S}$ 很显著的*常规溶液*。在这种情况下，常规溶液的自由能为

$$G^{r,s}=G^{M}+\Delta H^{X,S}-T\Delta S_{m} \tag{7.11}$$

图 7.7 给出了理想溶液和具有正、负超额焓的常规溶液的自由能－组成曲线的典型形式。在图 7.7(c)中，组成在 α 和 β 之间时系统的最小自由能是由 α 相和 β 相构成的混合物得到的，混合物中溶液的组成使每个组分在各相中具有相同的化学势且总自由能也将比中间单相组成的更低；这就是说产生了相分离。当晶体结构不同时(如第二章所讨论过的)，两组分之间不可能形成连续固溶体，因而溶液的自由能由于混合位形熵的缘故在开始时有些下降，之后又急速增加。图 7.7(d)说明了这种情况，图中自由能最低的系统仍然是由两种溶液 α 和 β 的混合物组成的。

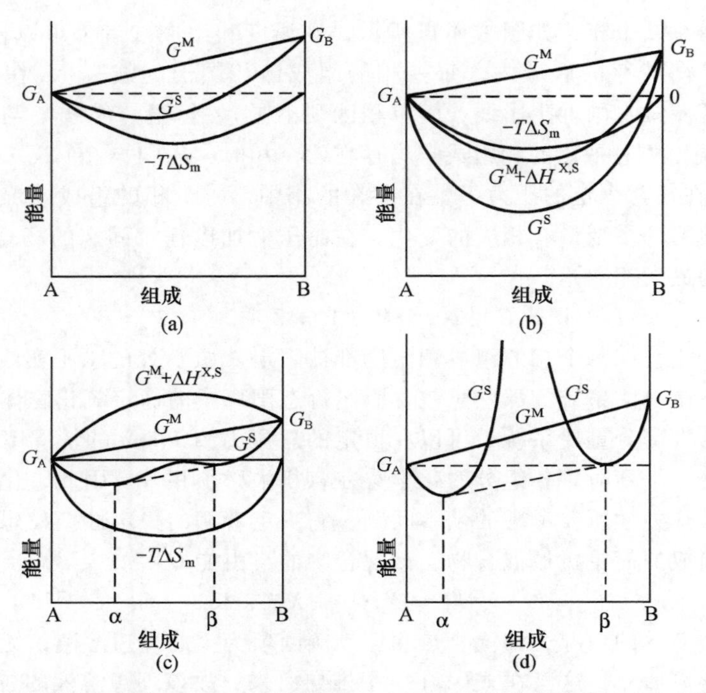

图 7.7　自由能 - 组成图：(a) 理想溶液；(b) 和(c) 常规溶液；(d)有限固溶体

对于任何的温度和组成，如果已知如图 7.7 所示的可能存在的每个相的自由能曲线，则平衡时实际存在的相是使系统自由能最低的相，并且符合各组分在每一相中的化学势相等这一规律。这一点在图 4.2 所示的理想溶液、图 4.3 所示的化合物形成和图 3.10 所示的相分离中已经作过说明；图 7.8 则给出了一个低共熔系统在一系列温度下的情况。

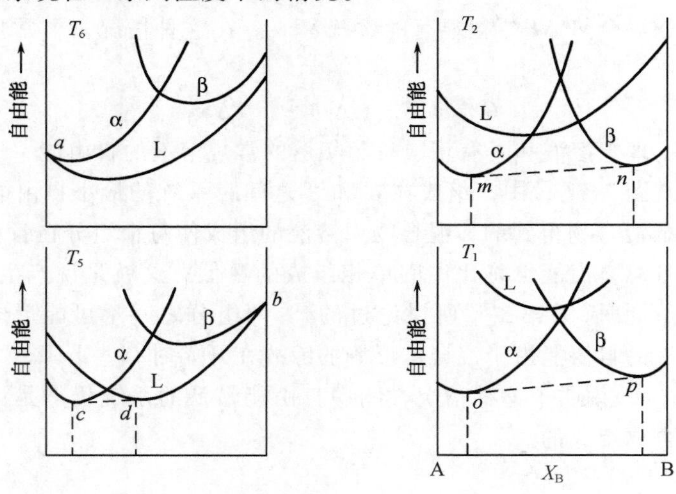

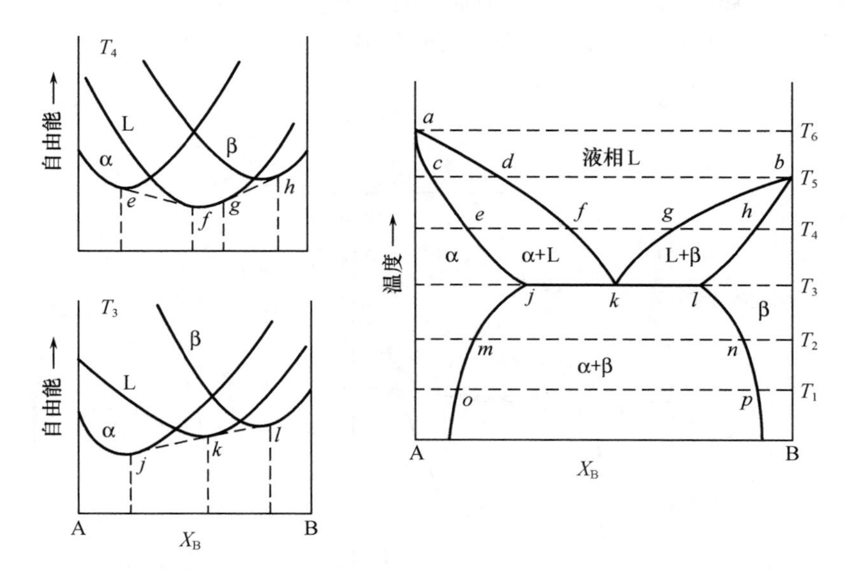

图 7.8　低共熔系统自由能－组成曲线和温度－组成相平衡图。引自 P. Gordon，*Principles of Phase Diagrams in Materials Systems*，McGraw－Hill Book Company，New York，1968

气相重要的系统　调整实验系统中的氧压时，采用下面的平衡式通常是方便的：

$$CO + \frac{1}{2}O_2 = CO_2 \tag{7.12}$$

$$H_2 + \frac{1}{2}O_2 = H_2O \tag{7.13}$$

在这种情况中，不存在凝聚相，$P+V=C+2$，$1+V=2+2$，$V=3$。为了固定氧分压，就必须固定温度、系统总压力和气相组成即 CO_2/CO 或 H_2/H_2O 的比例。假如一个凝聚相（如石墨）与含氧的气相处于平衡，此时 $P+V=C+2$，$2+V=2+2$，$V=2$，则固定任意两个独立可变数，系统就可以完全确定。

对于气相重要的二组分系统，可以利用的最丰富的实验数据是 Fe－O 系统，该系统中许多凝聚相可以和气相处于平衡。图 7.9（a）是一个有用的相图，图中粗线是凝聚相稳定区域之间的边界线，点划线是氧等压线。在单一凝聚相区域中（如方铁矿），$P+V=C+2$，$2+V=2+2$，$V=2$。为了确定凝聚相的组成，温度和氧压两者都必须予以固定。在两个凝聚相区域中（如方铁矿和磁铁矿），$P+V=C+2$，$3+V=2+2$，$V=1$，或者固定温度或者固定氧压，系统就能完全确定。由于这个原因，在这些区域内氧分压等压线是水平的（即等温），而在单一凝聚相区域这一等压线则呈对角线方向。

描述在特定氧压下存在的相的另一种可供选择的方法如图 7.9(b)所示。这一描述不采用 O/Fe 比例(即凝聚相组成)这一参数，而是采用了每一个稳定相的压力 - 温度范围。

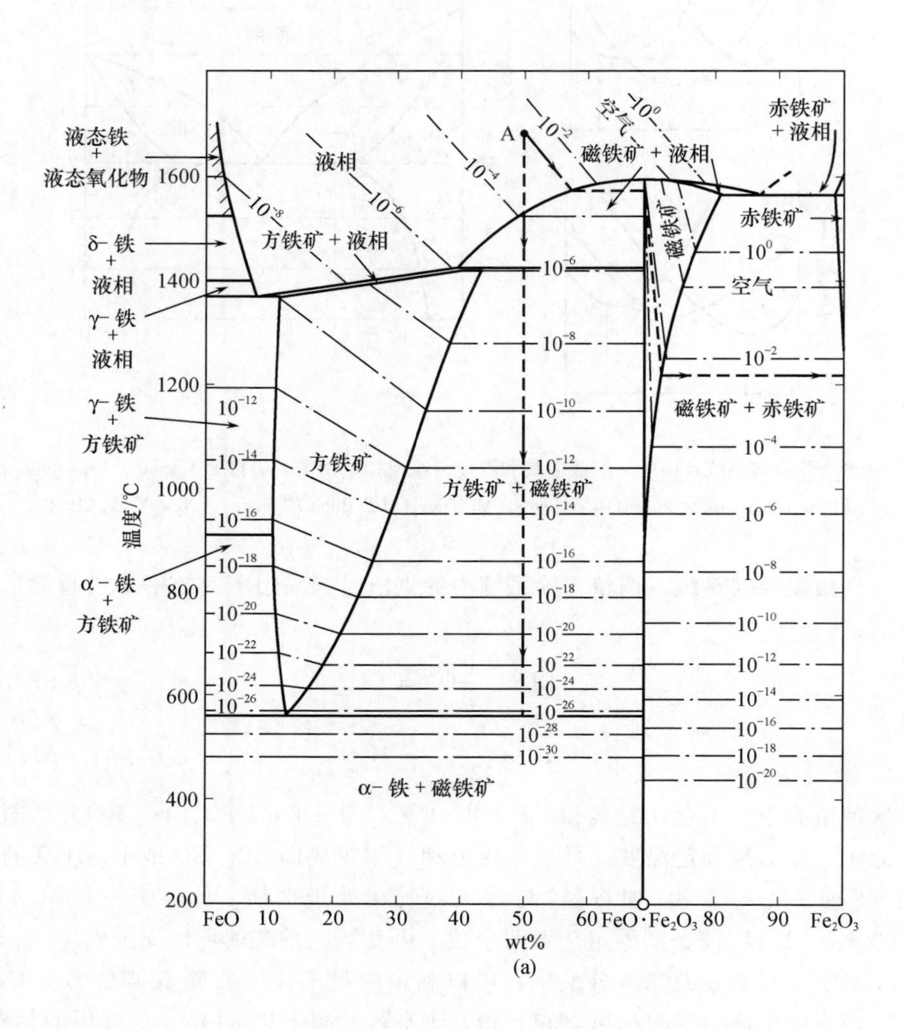

(a)

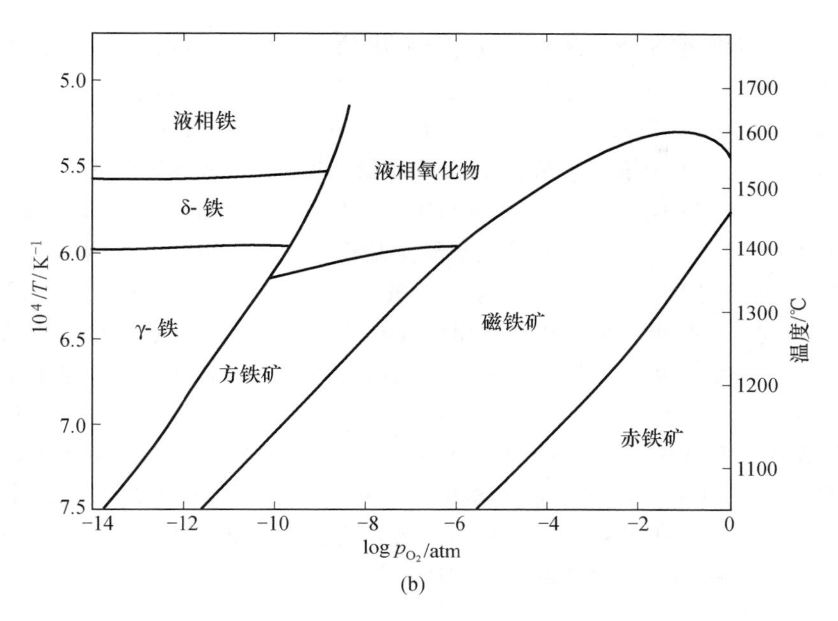

图 7.9 (a) FeO－Fe_2O_3 系统中的相关系。引自 A. Muan and E. F. Osborn, *Phase Equilibria among Oxides in Steelmaking*, Addison－Wesley Publishing Company, Inc., Reading, Mass., 1965。(b) Fe－Fe_2O_3 系统的温度－氧压曲线。引自 J. B. Wagner, *Bull. Am. Cer. Soc.*, **53**, 224(1974)

7.5 二元相图

相平衡图是实验观察结果的图解表示。由美国陶瓷学会出版的两大卷相图集最广泛地收集了陶瓷中颇为有用的相图，对每一个陶瓷工作者来说都是一部重要的工具书①。相图可分成几种一般的类型。

低共熔相图 当将第二种组分加到一种纯材料中时，凝固点常常降低。如图 7.8 所示，一个完整的二元系统中含有从两个端点组元处出发呈下降趋势的液相线。低共熔温度是液相线相交处的温度，也是出现液相的最低温度。低共熔组成就是在这个温度时液相的组成，该液相和两个固相共存。在低共熔温度下存在有 3 个相，所以自由度为 1。因为压力已固定，除非有一个相消失，否则温度不可能发生变化。

在 BeO－Al_2O_3 二元系统中(图 7.10)，必然要出现的固溶体所在的区域尚

① E. M. Levin, C. R. Robbins, and H. F. McMurdie, *Phase Diagrams for Ceramists*, American Ceramic Society, Columbus, 1964, *Supplement*, 1969。

未测定出来，但可推断该区域的范围是有限的，虽然这一点并不确定，而且在相图中也没有表示出来。这个系统可以分成 3 个比较简单的二元系统（$BeO - BeAl_2O_4$、$BeAl_2O_4 - BeAl_6O_{10}$ 和 $BeAl_6O_{10} - Al_2O_3$）；每一个系统中，每一种纯材料的凝固点会由于第二组分的加入而降低。$BeO - BeAl_2O_4$ 子系统中包含有一个化合物 $Be_3Al_2O_6$，下一节中将提到，这是异成分熔融（不一致熔融）的产物。单相区中只有一个相，它的组成显然是整个系统的组成，并包括这个系统的 100%（图 7.10 中 A 点）。在两相区域中所存在的相已在相图中标明（图 7.10 中 B 点）：每个相的组成由恒温结线和相界线交点来表示。每个相的含量也可用这一方法来确定，即组成乘以每相的含量，其总和必须等于整个系统的组成。例如，在图 7.10 中 C 点处，整个系统含有 29% Al_2O_3，并且包括 BeO（不含 Al_2O_3）和 $3BeO \cdot Al_2O_3$（含有 58% Al_2O_3）两个相。由于质量平衡，每个相都必须各占 50% 以给出正确的总组成。这可以利用杠杆原理在相图中用图解法表示出来。根据杠杆原理，从一个相界到系统总组成点的距离除以该相界到第二相界的距离就是存在的第二相所占的百分数，即在图 7.10 中，

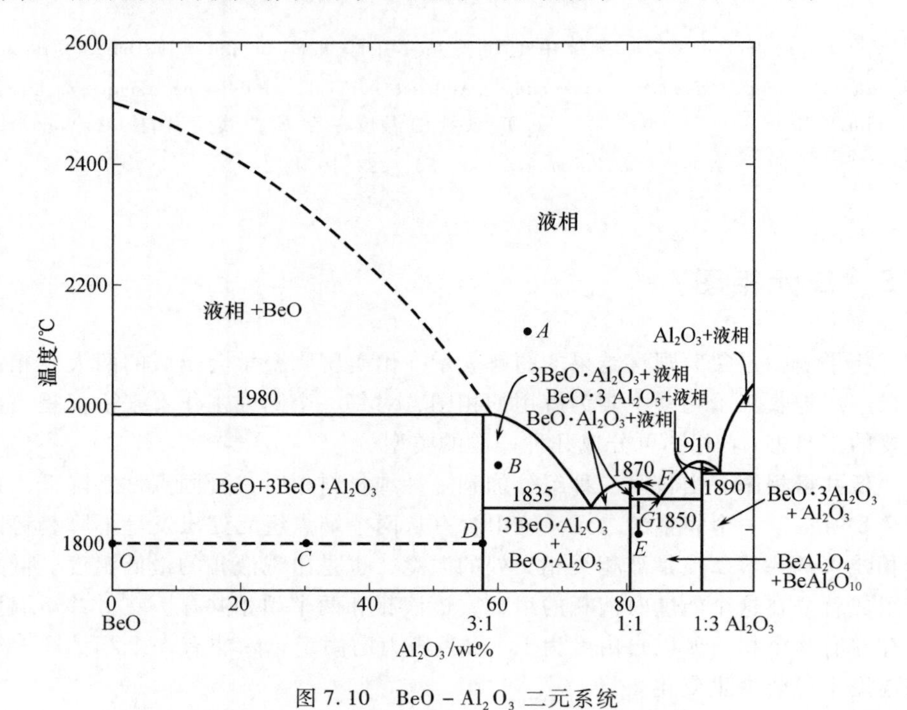

图 7.10　$BeO - Al_2O_3$ 二元系统

$$\frac{OC}{OD}(100) = 3BeO \cdot Al_2O_3(\%)$$

稍加整理可得两相间的比例为

$$\frac{DC}{OC}=\frac{BeO}{3BeO\cdot Al_2O_3}$$

可用同样的方法来确定相图中任一点存在的相的含量。

对 E 点处的 $BeAl_2O_4$ 和 $BeAl_6O_{10}$ 混合物进行加热，并研究一下在存在的相中发生的变化。我们发现，直到 1850 ℃之前系统中只有这两个相存在；而在这个低共熔温度下将发生反应：$BeAl_2O_4+BeAl_6O_{10}=$液相(85% Al_2O_3)，这个反应在恒定温度下持续进行，形成低共熔液体，直到全部 $BeAl_6O_{10}$ 消耗完为止。进一步加热时，更多的 $BeAl_2O_4$ 溶解到液相中，因此液相组成沿 GF①变化，直到在大约 1875 ℃时全部 $BeAl_2O_4$ 消失并且系统完全变成液相为止。对这个液相进行冷却时，在平衡固化期间发生的现象正好相反。

作为一个练习，学生应该计算不同温度和不同系统组成下所存在的各相的比例。

低共熔系统的主要特点之一是液相形成温度的降低。例如在 $BeO-Al_2O_3$ 系统中，纯的端部组分分别在 2500 ℃和 2040 ℃熔化；但是在二元系统中，液相可以在 1835 ℃这么低的温度下就形成。对不同的应用来说，这种现象可能各有利弊。作为耐火材料在最高温度使用时，我们不希望生成液相。即使添加少量的 BeO 到 Al_2O_3 中都能导致在 1890 ℃生成数量可观的流动性液体，这使其不能用做高于这个温度的耐火材料。然而，假如高温应用不是主要的，形成液相用以辅助在较低温度下的烧成则是我们所希望的，因为液相增大了致密化的容易程度。例如 TiO_2-UO_2 系统就是这种情况：引入 1% TiO_2 形成的低共熔液相对在低温下获得高密度起了很大的辅助作用。如图 7.11 所示，这个系统在结构上是由低共熔组成相所包围的 UO_2 晶粒所构成的。

低共熔系统的熔点降低效应在 Na_2O-SiO_2 系统中得到了利用。在该系统中，玻璃组成能够在低温下熔化(图 7.12)。液相线从纯 SiO_2 的 1710 ℃降低到约 75% SiO_2 −25% Na_2O 的低共熔组成的 790 ℃左右。

低熔点的低共熔体形成也导致对耐火材料使用方面的某些严格限制。$CaO-Al_2O_3$ 系统中，由于一系列低共熔体的形成，使液相线大为降低。通常，像 CaO 之类的强碱性氧化物会与两性的或碱性氧化物形成低熔点的低共熔体，虽然这类材料各自都是高度耐火的，但它们却不能互相接触使用。

异成分熔融 有时固态化合物不是熔化成同组成的液体，而是分解成一个新的固相和一个液相。在 1557 ℃时顽辉石($MgSiO_3$)就是这种情况(图 7.13)：这个化合物生成固体 Mg_2SiO_4 和含有约 61% SiO_2 的液体。在这个异成分熔点或转熔温度处存在有 3 个相(两个固相和一个液相)，因此直到反应完成为止

① 原文图 7.10 在低共熔点处漏一字母 G。——译者注

图 7.11 99% UO_2 - 1% TiO_2 陶瓷的结构(228×，HNO_3 腐蚀)。UO_2 是初晶相，由低共熔组成结合在一起(由 G. Ploetz 提供)

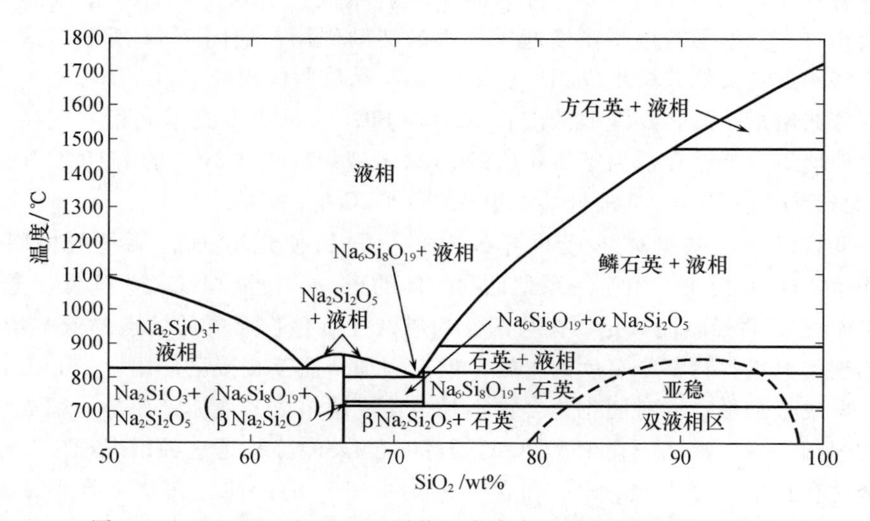

图 7.12 Na_2SiO_3 - SiO_2 二元系统。虚线表示亚稳的液 - 液相分离

温度一直保持不变。钾长石的熔化也是如此(图 7.14)。

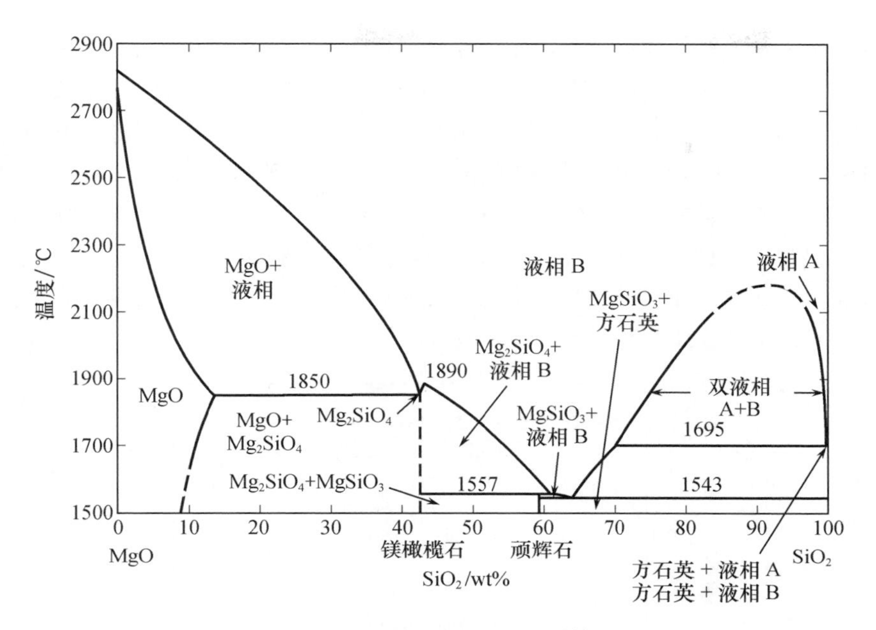

图 7.13　MgO – SiO_2 二元系统

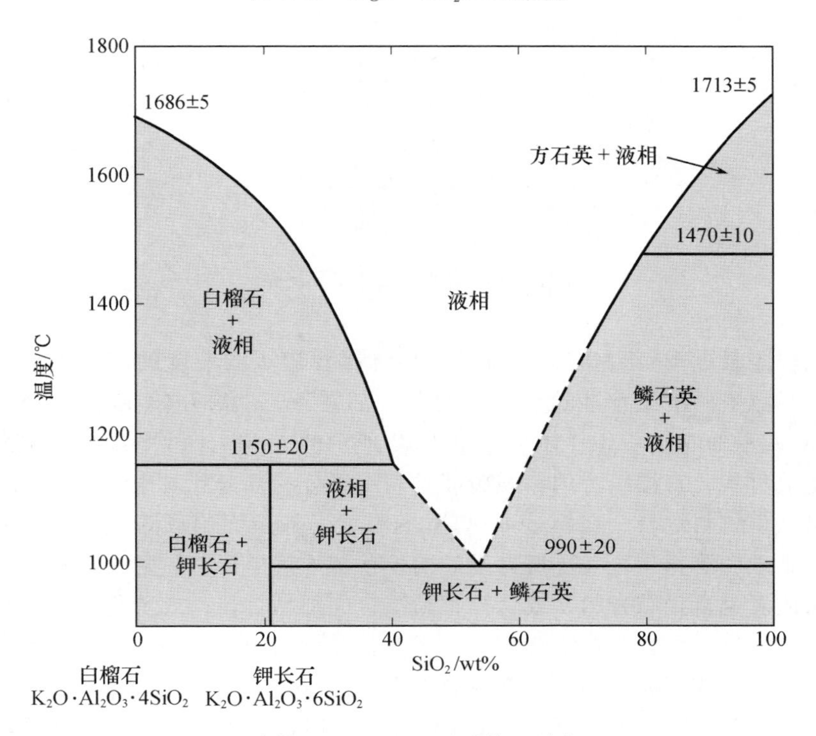

图 7.14　$K_2O \cdot Al_2O_3 \cdot 4SiO_2$（白榴石）– SiO_2 二元系统。引自 J. F. Schairer and N. L. Bowen, *Bull. Soc. Geol. Finl.*, **20**, 74（1947）。图中两相区用阴影表示

相分离　当使液体或结晶溶体冷却时，只要超额焓是正的，在会溶温度处就会分离成两个独立相(图 7.7)。如第三章中所讨论(图 3.11、图 3.12、图 3.14～图 3.19)，这种现象对于玻璃中亚结构的形成特别重要。虽然对晶态氧化物固溶体来说相分离还研究得不够充分，但当它们长时间受到中等温度的作用时，相分离对这些系统可能是同等重要的。图 7.15 给出了 CoO－NiO 系统的相图。

固溶体　第四章和 7.4 节中提到，对于图 4.2 和图 7.15 中所示的一些系统来说，存在着一个完全连续的固溶体；而对所有体系来说，也都存在或多或少的有限固溶体(图 4.3、图 7.13 和图 7.15)。

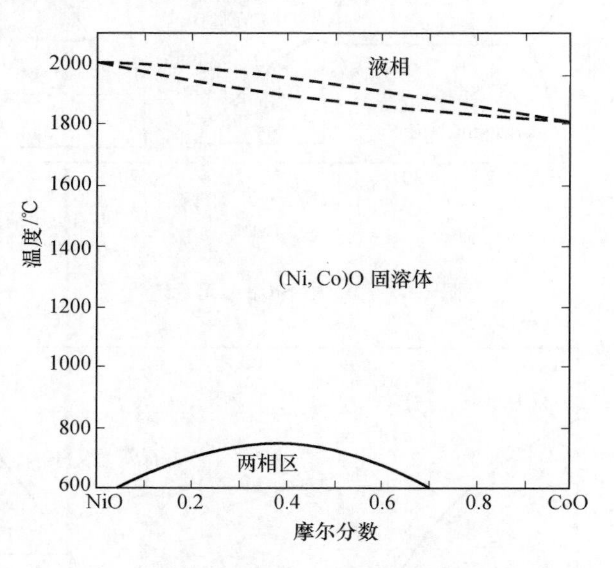

图 7.15　NiO－CoO 二元系统

仅仅是最近 10 年左右，精细的实验才揭示出了固溶度的广阔范围：很多体系在高温下固溶度都能达到百分之几，如图 4.3、图 7.13 和图 7.15，以及图 7.16 所示的 MgO－CaO 体系、图 7.17 所示的 MgO－Cr_2O_3 系统。作为炼钢用的耐火材料，直接结合的铬镁砖就是利用组分的部分互溶这一特点，将氧化镁和铬铁矿材料混合，在超过 1600 ℃ 的温度下加热而制成的；这一材料在冷却时会出现脱溶作用。几乎所有平炉的炉顶都采用了铸铬镁耐火材料，这些耐火材料或者是直接结合的，或者是重新结合的细晶材料，或者是熔铸材料。炼钢用的碱性氧气顶吹转炉工艺广泛采用沥青黏结的 MgO－CaO 耐火材料，高温下的固溶性形成了高温结合。在氧化镁耐火材料中，SiO_2 在 MgO 中的固溶度比 Al_2O_3 在 MgO 中的固溶度低，故要求加入过量的 CaO 以防止形成低熔点的晶粒间的硅酸盐。

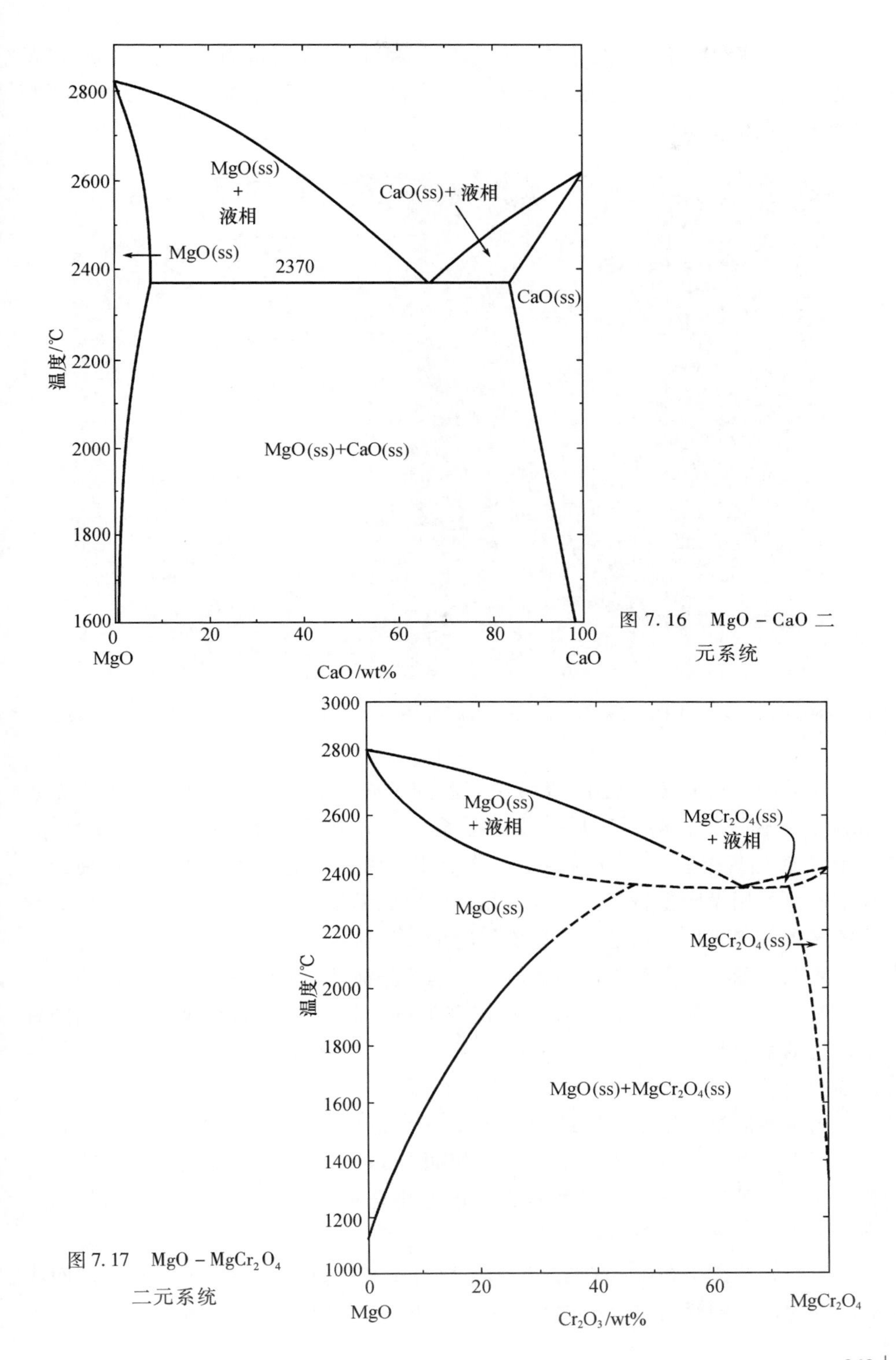

图 7.16 MgO - CaO 二元系统

图 7.17 $MgO - MgCr_2O_4$ 二元系统

$MgO-Al_2O_3$ 系统(图 4.3)中，Al_2O_3 和 MgO 在尖晶石中有大的固溶度。当使尖晶石在这个组成范围中冷却时，固溶度下降，刚玉作为一个分离的固相淀析出来(图 7.18)。

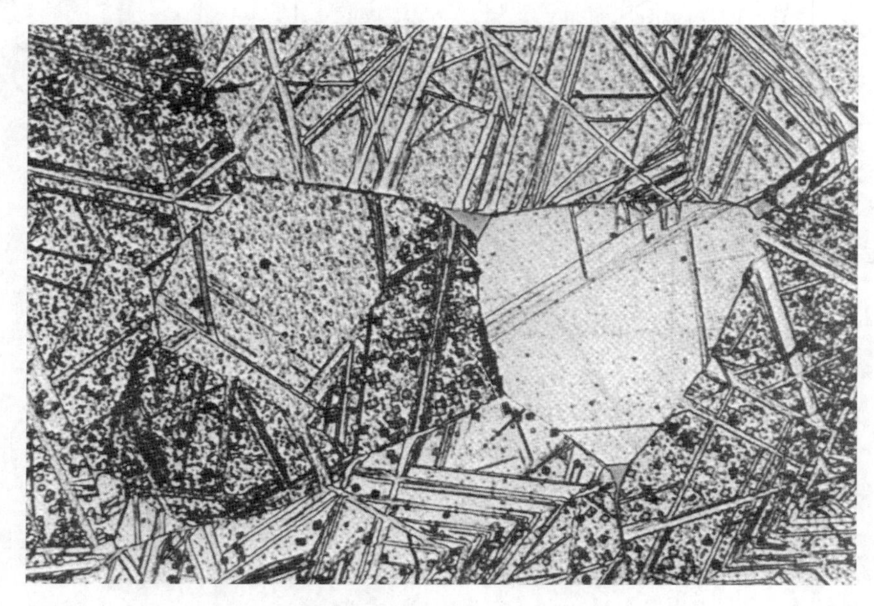

图 7.18　在冷却时 Al_2O_3 从尖晶石固溶体中淀析(400×，H_2SO_4 腐蚀)(由 R. L. Coble 提供)

在 $CaO-ZrO_2$ 系统(图 7.19)中观察到了同类的有限固溶体。在这个系统中有 3 个不同的固溶体区域：四方晶系、立方晶系和单斜晶系。纯 ZrO_2 在 1000 ℃时出现单斜到四方的相变，这个相变引起大的体积变化，因而使纯氧化锆不可能用做陶瓷材料。加入氧化钙以形成无相变的立方固溶体是稳定氧化锆的基础。稳定氧化锆是一种有价值的耐火材料。

复杂相图　二元相平衡图的所有基本部分都已经介绍完了，读者应该能够从任意一个这类相图中，对任何组成和温度，轻易而有把握地鉴别出相的种数、相的组成和相的含量。假如做不到这一点，就应该查阅参考文献中内容更详细的论著。

当一些简单的基本相图结合在同一个系统中时，其复杂性有时非常惊人，但实际上在判读时并没有新的问题。例如在 $Ba_2TiO_4-TiO_2$ 系统(图 7.20)中，我们找到两种低共熔物、三种异成分熔融化合物、$BaTiO_3$ 的同质异构体和一个有限固溶体区域。所有这些都已经讨论过了。

通常，相图是在 1 atm 的总压力下以温度和组成作为独立可变量绘制而成的。因为许多陶瓷的重要平衡条件包含有低的氧分压，所以在固定温度下以氧

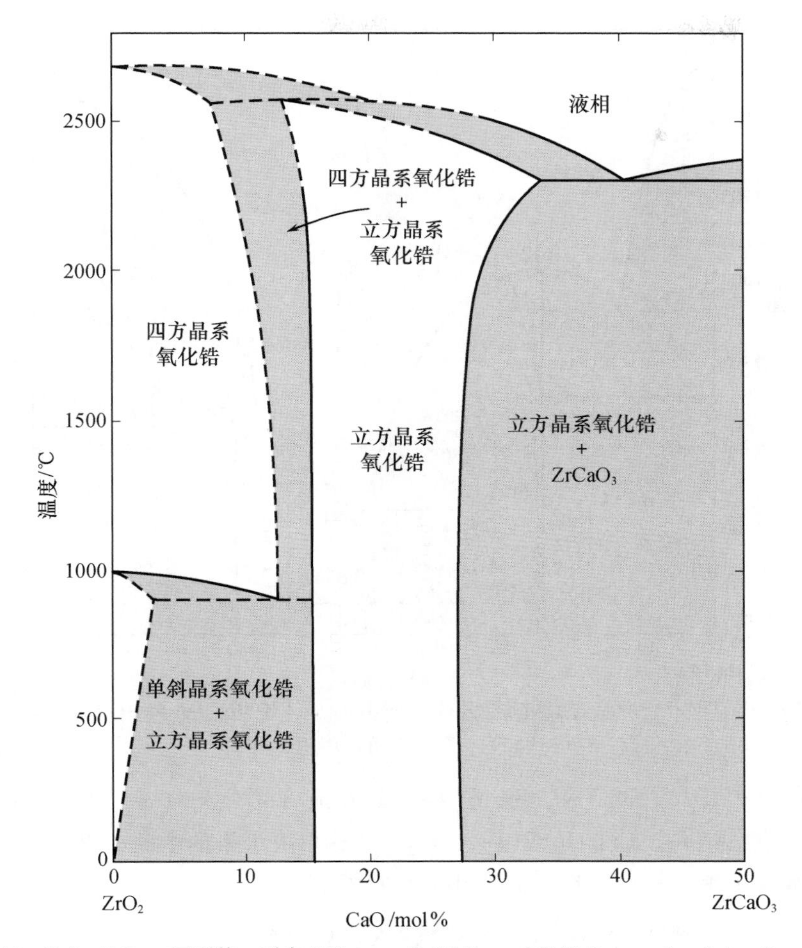

图 7.19　CaO – ZrO_2 二元系统。引自 P. Duwez，F. Odell，and F. H. Brown，Jr.，*J. Am. Ceram. Soc.*，**35**，109(1952)。图中两相区用阴影表示

压和组成作为变量的相图成为描述相平衡的另一种有用的方法，例如图 7.9(b)。图 7.21(a – 1)给出了 1600 K 时 Co – Ni – O 系统的相图。在(Co，Ni)O 和 NiCo 合金之间的凸透镜形的两相区域与在温度 – 组成曲线(图 7.15)中的液态氧化物和(Co，Ni)O 间的两相区域相似。图 7.21(a – 2)给出了金属合金和氧化物固溶体之间的氧等压结线，虚线表示在 $P_{O_2} = 1.5 \times 10^{-7}$ atm 时 $Ni_{0.62}Co_{0.38}O$和 $Ni_{0.9}Co_{0.1}$之间的平衡(结线连接平衡时的相并表明每一个相的组成。图 7.17 中 2600 ℃ 时的恒温结线确定了平衡的相及其组成，即含有 10 wt% Cr_2O_3 的固溶体和含有 40 wt% Cr_2O_3 的液相)。镍的活度作为 P_{O_2}函数的曲线在图 7.21(a – 3)中给出。在形成中间化合物(如尖晶石)的系统中，相图变得更加复杂。1573 K 时 Fe – Cr – O 三元系统的相图如图 7.21(b)所示。在

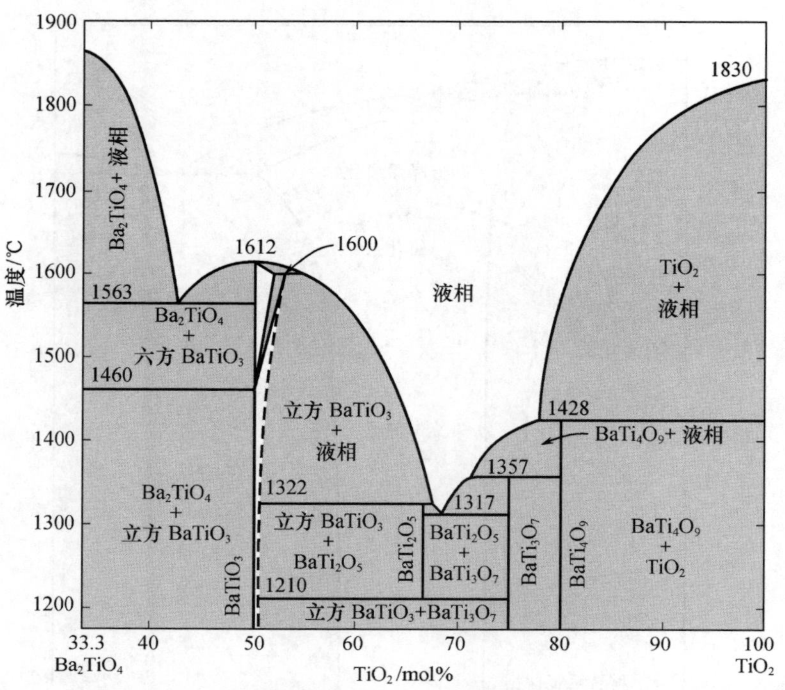

图 7.20 $Ba_2TiO_4-TiO_2$ 二元系统。引自 D. E. Rase and R. Roy, *J. Am. Ceram. Soc.*, **38**, 111(1955)。图中两相区用阴影表示

氧压 $P_{O_2}=10^{-10}$ atm 时，稳定相可以是 FeO、FeO +（Fe，Cr$)_3O_4$、(Fe，Cr$)_3O_4$ +（Fe，Cr$)_2O_3$ 或(Fe，Cr$)_2O_3$，这取决于铬的浓度。图 7.21(b－2)所示的氧等压线是在 1573 K 平衡时组成之间的结线。

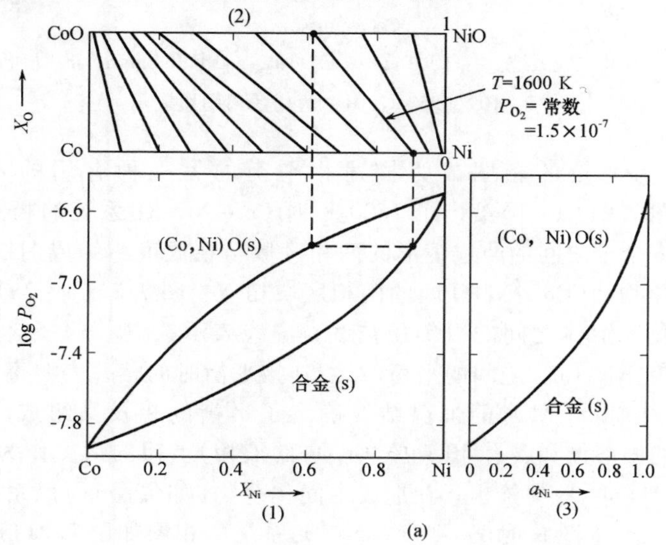

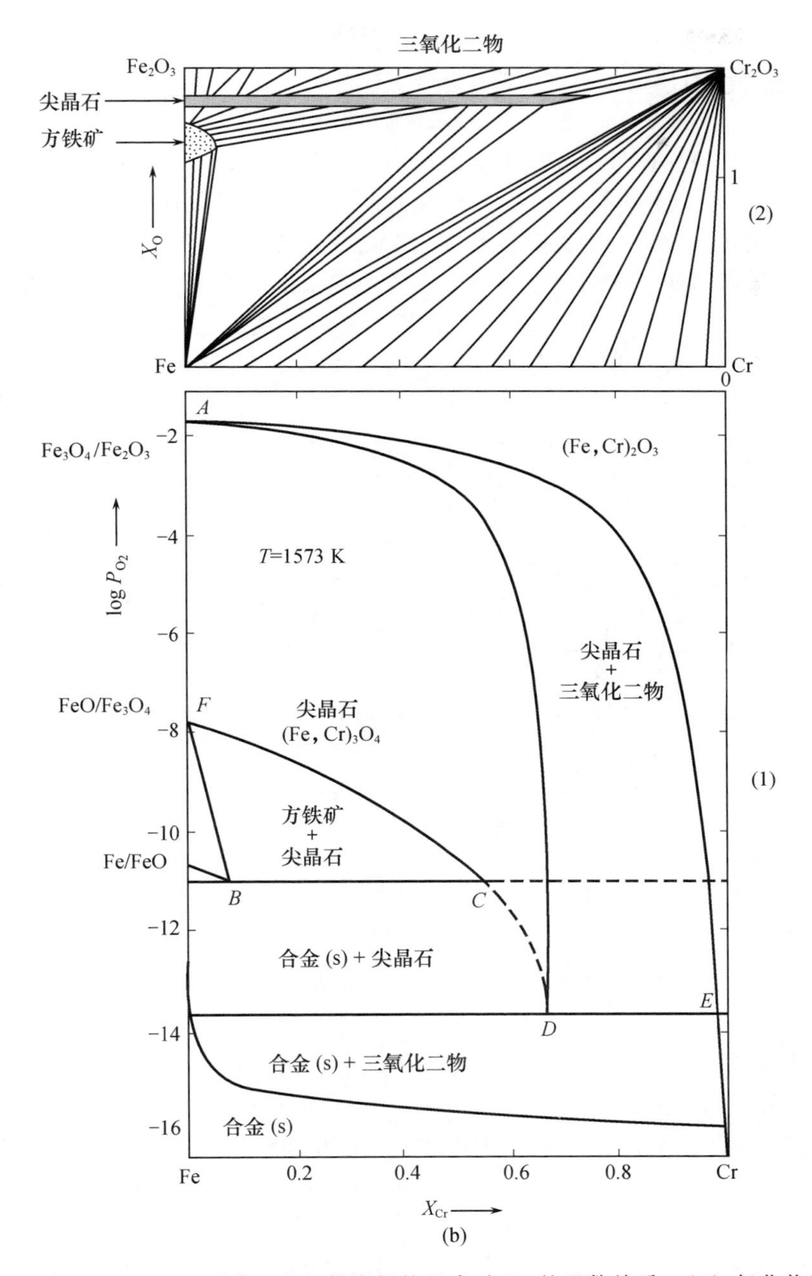

图 7.21 (a) Co-Ni-O 系统：(1) 凝聚相的组成对 P_{O_2} 的函数关系；(2) 氧化物固溶体和合金熔体之间平衡时的氧等压线；(3) Ni 活度对 P_{O_2} 的函数关系。(b) Fe-Cr-O 系统：(1) 组成 - P_{O_2} 相图；(2) 两相间平衡的氧等压线。引自 A. Pelton and H. Schmalzried, *Met. Trans.*, **4**, 1395 (1973)

7.6 三元相图

除了4个独立变量——压力、温度和两个组分浓度（它们确定了第三组分浓度）以外，三元系统和二元系统基本上没有区别。假如任意固定压力，则4个相的出现就导致了一个无变量系统。对三元系统做出完整图示是困难的，但如果压力保持不变，则组成能够表示在等边三角形上，温度表示在垂直的纵坐标上，这样就给出了如图7.22所示的相图。为了在二维平面上表示，可将温度投影到等边三角形上，用等温线表示液相线温度。将相图分为一些表示液相和固相之间平衡的区域。边界曲线表示两个固相和液相之间的平衡，3条边界曲线的交点表示4个相的平衡点（恒压系统中的无变量点）。另一种二维平面表示方法是经过相图截取一恒温剖面，表示在某固定温度下平衡的各个相。

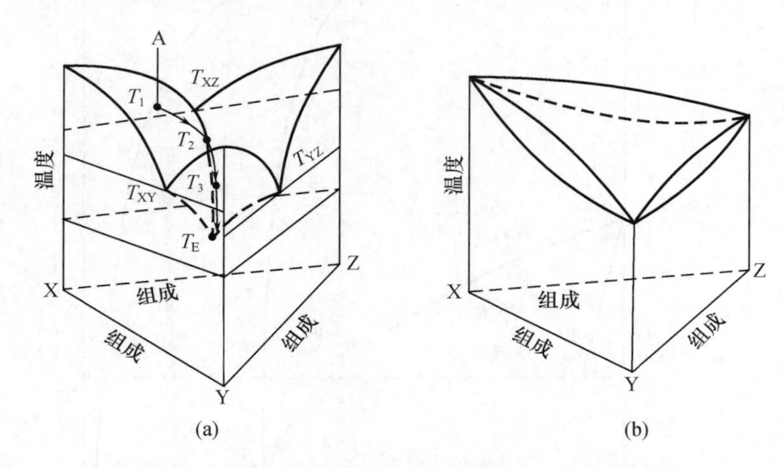

图7.22　立体相图：（a）三元低共熔体；（b）连续固溶体

三元相图的判读和二元相图没有根本上的区别。在任何温度和组成时平衡的各相在图上示出；各相组成由相界面或交点给定；各相的相对量由各个相组成总和必等于整个系统的总组成的原则确定。例如在图7.22和图7.23中，组成A位于X的初晶区。假如我们将液相A冷却，当温度到达T_1时，X从熔体中开始结晶出来。因为X减少，所以液相组成沿AB变化。沿这条线可应用杠杆原理，因此在任意点上出现的X的百分率由100(BA/XB)给定。当温度到达T_2和结晶路线到达表示液相与X和Z两个固相之间平衡的边界时，Z也开始结晶出来，液相组成沿CD路线变化。在L处平衡时的各相是组成为L的液相和固相X与Z，而整个系统的总组成是A。如图7.23(b)所示，总组成相当于A的L、X、Z的唯一的混合物是$xA/xX(100)=\%X$，$zA/zZ=\%Z$，$lA/lL(100)=\%L$。这就是说小三角形 XZL 是一个能够用它的 3 种组分来表示出 A 的组成的三元系统。

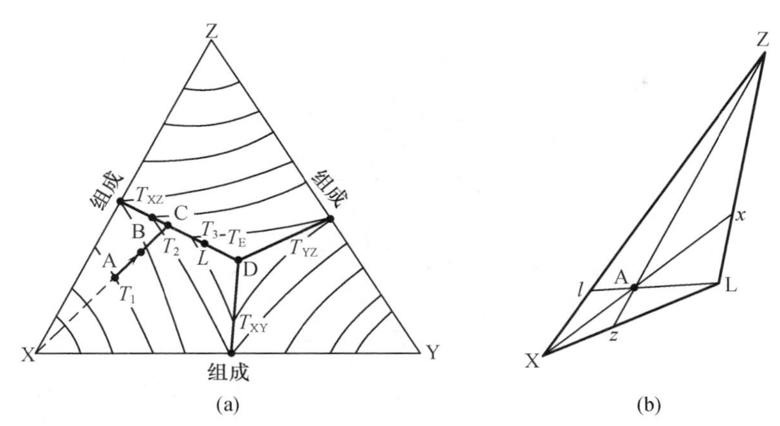

图 7.23 (a) 图 7.22(a) 中结晶路线的说明；(b) 重心法则应用于三元系统

许多三元系统在陶瓷科学与工艺中是很重要的。这些系统中的两个——$K_2O-Al_2O_3-SiO_2$ 和 $Na_2O-CaO-SiO_2$ 分别如图 7.24 和图 7.25 所示。另外一个重要系统即 $MgO-Al_2O_3-SiO_2$ 系统将在 7.9 节[①]讨论。$K_2O-Al_2O_3-SiO_2$ 系统是许多瓷器配方的重要基础。钾长石－二氧化硅－莫来石子系统中的低共熔点决定了许多配合料的烧成性能。第十章中将提到瓷器的配方主要是根据① 易于成形和② 烧成性能来进行调整的。虽然实际系统通常稍微复杂一些，但这个三元相图对采用的配合料组成作出了很好的描述。$Na_2O-CaO-SiO_2$ 系统是玻璃工艺的基础，大多数组成落在沿失透石 $Na_2O\cdot 3CaO\cdot 6SiO_2$ 初相区和 SiO_2 之间的边界上；液相线的温度是 900～1050 ℃。这是一个熔化温度低的组成区域，但是所形成的玻璃含有足够的氧化钙，对化学腐蚀有相当的抵抗能力。当玻璃在转变区域以上长时间加热时，失透石或方石英将作为反玻璃化产物而形成。

恒温相图通常很有用。在图 7.24 和图 7.25 中由平衡时存在的各相间的连线来说明亚固线温度。这些连线形成浓度三角形，其中有平衡存在的 3 个相，有时称这种三角形为共存三角形。在较高温度下的恒温相图是有用的。图 7.26 所示为 $K_2O-Al_2O_3-SiO_2$ 相图的 1200 ℃等温面。这个系统中生成的液相是黏滞的；为了获得玻璃化，在烧成温度下必须存在大量的液相。对于不同的组成，在所选择的温度下产生的液相成分和液相的含量可以很容易地从等温相图上加以确定。通常测定一个等温面而不是整个相图就足够了，显然这要容易得多。

虽然我们对三元相图的讨论很简要，并且根本不讨论四元或更多元系统的平衡行为，但建议学生们应熟悉这些附加的课题。

① 原文为“7.8 节”，疑有误。——译者注

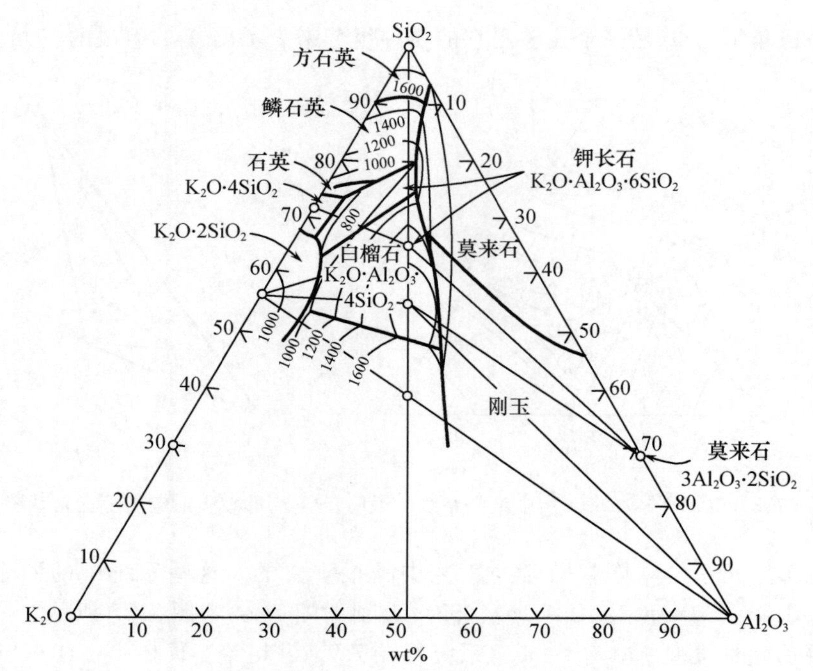

图 7.24　$K_2O - Al_2O_3 - SiO_2$ 三元系统。引自 J. F. Schairer and N. L. Bowen, *Am. J. Sci.*, **245**, 199(1947)

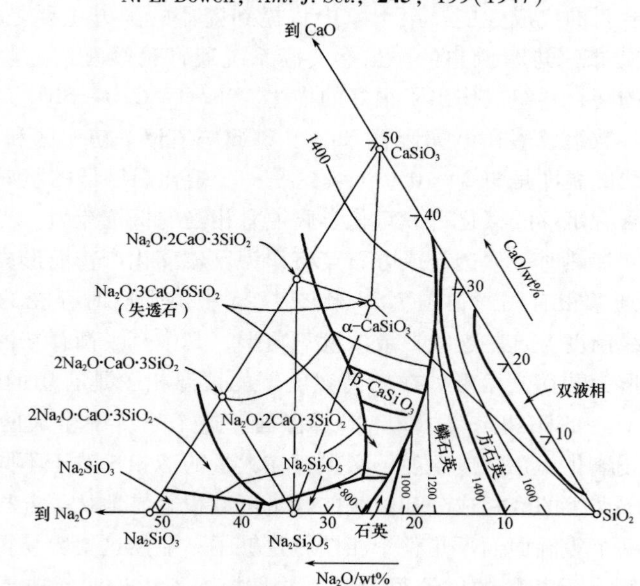

图 7.25　$Na_2O - CaO - SiO_2$ 系统[①]。引自 G. W. Morey and N. L. Bowen, *J. Soc. Glass Technol.*, **9**, 232(1925)

① 原文为"$Na_2O - O - CaO - SiO_2$ 系统"，疑有误。——译者注

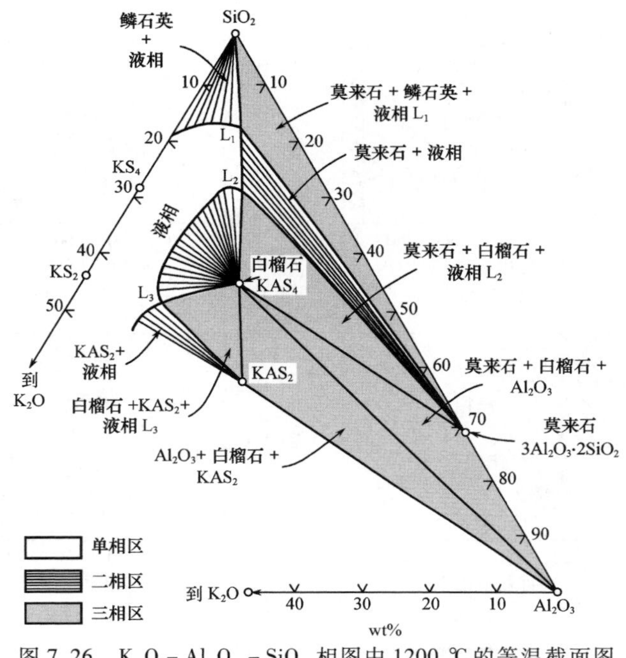

图 7.26　$K_2O-Al_2O_3-SiO_2$ 相图中 1200 ℃的等温截面图

7.7　相组成与温度的关系

相平衡图在陶瓷系统中有效的应用之一是确定不同温度下出现的相。获得这一信息的最容易的方法是建立存在的相的含量对温度的关系曲线。

考察 $MgO-SiO_2$ 系统（图 7.13）这个例子。对 50 wt% MgO－50 wt% SiO_2 的组成来说，平衡时存在的固相是镁橄榄石和顽辉石。当它们被加热时，在 1557 ℃以前没有新相生成。而在这个温度下，顽辉石消失而生成大约 40% 的含有 61% SiO_2 的液相。在进一步加热时，出现的液相量不断增加，直到在接近 1800 ℃的某一温度处到达液相线为止。相比之下，对 60% MgO－40% SiO_2 的组成来说，存在的固相是镁橄榄石 Mg_2SiO_4 和方镁石 MgO。加热到 1850 ℃之前没有新相出现，此时物料几乎全部变成液相，因为在这个温度下接近低共熔组成。这两种物料发生的相变化如图 7.27 所示。

从这个图解说明中可以看出几种明显的情况。一种是对相当小的组成变化来说，液相含量与温度关系的差别很大。对含有大于 42% 二氧化硅的镁橄榄石类物料来说，在相当低的温度下就有液相生成。对二氧化硅含量小于 42% 的配合料，在 1850 ℃以前无液相生成。这一规律被用于处理铬质耐火材料。最常见的杂质是蛇纹石 $3MgO\cdot2SiO_2\cdot2H_2O$，其组成大约含 50 wt% SiO_2。假

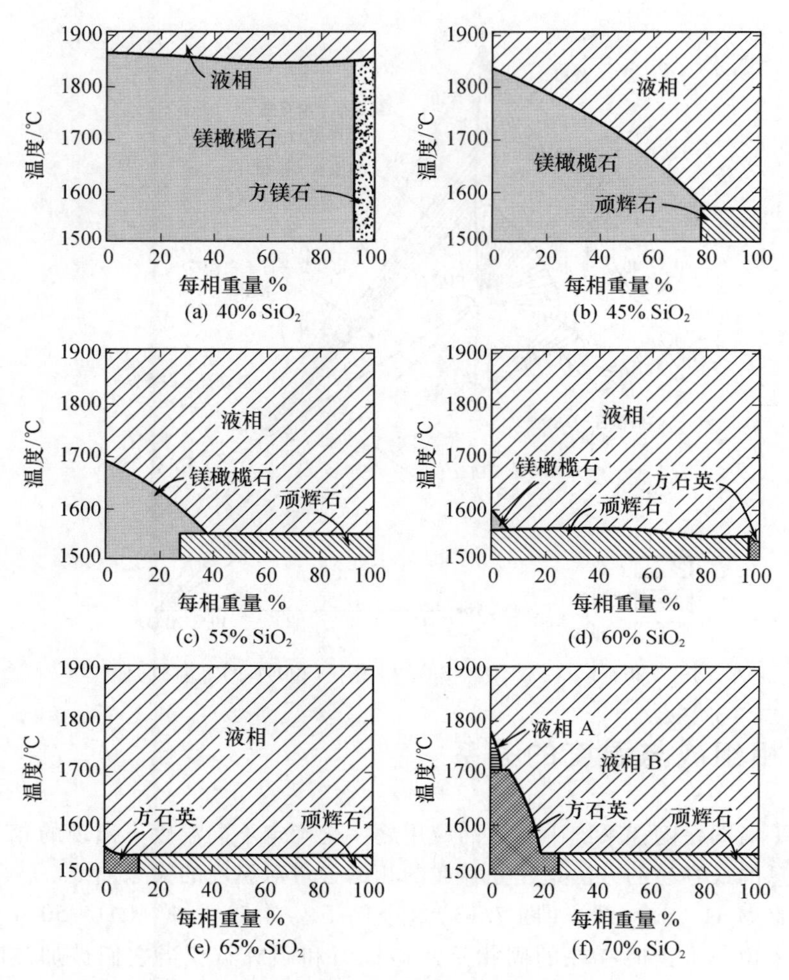

图 7.27 $MgO-SiO_2$ 系统中试样的相组成与温度的关系

如添加足够的 MgO 使其处在 MgO－镁橄榄石区域中，那么它就不再起有害作用。如果没有这样的添加物，则在低温下就能生成液相。

这种相图的另一个应用在于选择具有所要求的烧成特性的组成。有必要获得足够量的液相以实现玻璃化，但液相量也不能过多以致制品在烧成时塌落或变形。所要求的液相限度随液相性质而变化，但是一般在 20 wt% ~50 wt% 范围内。为了具有足够的烧成温度范围，希望液相含量随温度的变化不大。如果镁橄榄石类物料正好含 42% SiO_2，由于 1850 ℃以下没有液相生成，所以在到达很高温度以前无法烧成。在镁橄榄石－顽辉石区域中以镁橄榄石为主的物料 1557 ℃下有液相生成，由于液相线很陡，所以出现的液相数量随温度的变化很小(图7.27)。因此，这些组成具有宽的烧成范围而且容易玻璃化。相反，顽辉石含量很高(55%、60%、65% SiO_2)的配合料在低温时形成大量液相，并且液相量随温度迅速变化。这些物料只有有限的烧成范围，因而造成实际生产难于控制的问题。

对于气相是重要的系统来说，冷却时凝聚相出现的方式和它们的组成变化取决于所施加的条件。分析参考前面图7.9中所述的Fe－O系统，如果总的凝聚相组成保持不变，正如在一个密闭的、无反应的容器内气相量可以忽略时所发生的情况一样，组成A沿着虚线固化，系统的氧压相应降低。可是，如果系统在恒定氧压下冷却，则固化路程沿短划线进行。在第一种情况下，在室温下最后得到的产物是铁和磁铁矿的混合物；在第二种情况下最后得到的产物是赤铁矿。很明显，在这种系统中，冷却期间控制氧压对于控制形成的产物是很重要的。

关于三元系统中结晶路程的详细论述，应查阅相关的文献。下面的概要[①]可以作为一个总结。

(1) 当液相冷却时，出现的第一个相是在系统中表示熔融物组成的那个区域的初晶相。

(2) 结晶曲线沿着连接原始液相组成点和该区域的初晶相组成点的直线并延长到最邻近的边界。初晶区内的液相组成由结晶曲线上的各点表示。这条结晶曲线是一个平面(垂直于底面三角形并通过原始熔融物和初晶相组成点的平面)与液相表面的交线。

(3) 在边界线上将出现一个新相，它是相邻区域的初晶相。随着温度下降，两相都沿这条边界线一起析出。

(4) 两个结晶固相的比例是由边界曲线的切线与连接这两个固相组成点的直线的交点来决定的。可能发生两种情况。如果这条切线位于两个固相组成点之间，那么所出现的这些相中每一相的含量都增加。如果切线相交于固相组成点连线的延长线上，则随着结晶的继续进行，第一相的量减少(第一相被回吸；反应为A＋液相＝B)。在某些系统中，假如第一相完全被回吸而只保留第二相，则结晶曲线离开边界线。通过研究结晶路线上相继各点之间析出固相的平均组成，可以推知会发生该情况的系统。

(5) 结晶曲线总是在无变量点结束，这种无变量点表示液相和三组元的3个固相平衡，原始液相的组成就在此三组元的成分三角形内。

(6) 在边界线的任意点上，正在结晶中的固相的平均组成由该点上的切线和连接正在结晶的两固相组成点的直线的交点表示。

---

① 引自E. M. Levin, H. F. McMurdie, and F. P. Hall, *Phase Diagrams for Ceramists*. American Ceramic Society, Cleveland, Ohio, 1956。

（7）从开始直到结晶曲线上的任意一点，已结晶的全部固相的平均组成通过延长该点和初始液相组成的连线至已析出的两相组成点间的连线来求出。

（8）在边界线上两点间已析出的固相的平均组成可通过这两点的直线和沿边界析出的两固相组成的连线的交点求出。

7.8 $Al_2O_3-SiO_2$ 系统

作为研究陶瓷系统高温现象时相图实用性的例子，$Al_2O_3-SiO_2$ 系统能说明许多特点和所遇到的问题。在这个系统(图 7.28)中出现一个化合物莫来石，它是异成分熔融化合物(莫来石的熔融行为历来有争论；图 7.28 示出了相边界的亚稳延伸。对于我们的目的来说这一延伸很重要，因为它说明了实验技术的困难和极度耗时。这里所包括的和列在标准参考文献中的相图是许多试验数据的概要。根据原来研究人员的需要，这些数据常常包含很多内插和外推，并且被搜集时的仔细程度也各有轻重，因人而异)。莫来石和方石英之间的低共熔物在 1587 ℃下出现，形成大约含 95mol% SiO_2 的液相。莫来石和氧化铝间的固相线温度是 1828 ℃。

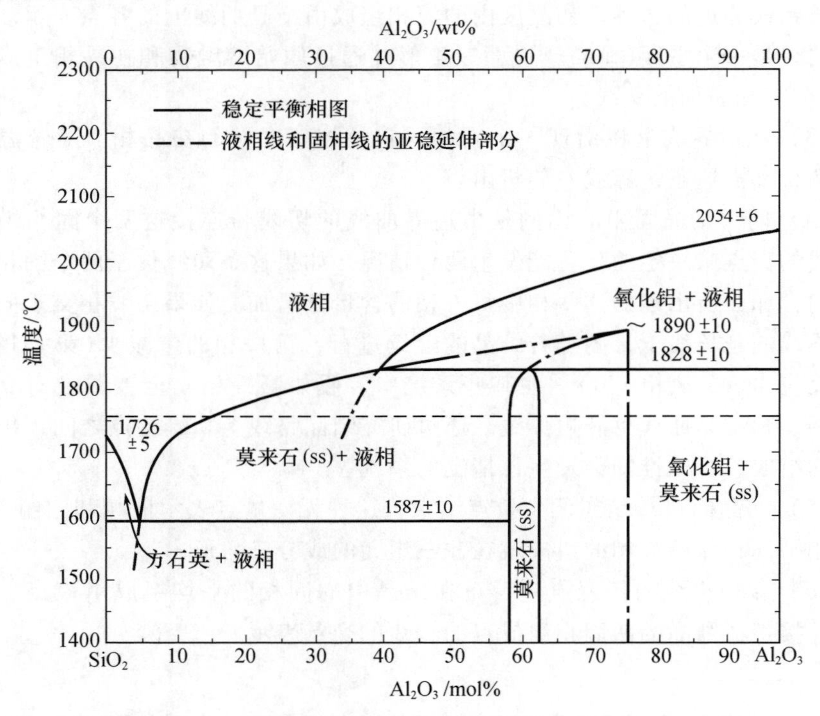

图 7.28　$Al_2O_3-SiO_2$ 二元系统。引自 Aksay and Pask，*Science*，**183**，69(1974)

影响几种耐火材料制品的制造和用途的因素可以和这个相图联系起来。这些耐火材料包括硅砖(0.2 wt% ~1.0 wt% Al_2O_3)、黏土制品(35 wt% ~50 wt% Al_2O_3)、高铝砖(60 wt% ~90 wt% Al_2O_3)、纯熔融莫来石(72 wt% Al_2O_3)和纯熔融或烧结的氧化铝(> 90 wt% Al_2O_3)。

在组成范围的一端是硅砖，它广泛用作炉顶和在高温时要求高强度的类似结构。其主要用途是作为平炉的炉顶砖，其常用的炉内温度为 1625 ~ 1650 ℃。在这个温度下，实际上砖的一部分处于液态。在硅砖的研制中已发现，少量氧化铝对硅砖的性质特别有害，因为低共熔组成靠近相图的氧化硅一端。因此，加入少量氧化铝就意味着在温度超过 1600 ℃时会出现含量显著的液相。由于这个原因，通过用特殊的原料选择或处理方法制成氧化铝含量较低的高硅质硅砖可以用在需要耐高温的结构中。

耐火黏土砖的组成中氧化铝的范围是 35% ~55%。对于没有杂质的组成来说，温度在 1587 ℃以下时存在的平衡相是莫来石和二氧化硅(图 7.29)。存在的这些相的相对含量随组成而变化，砖的性能也有相应的变化。温度超过 1600 ℃时，出现的液相量对氧化铝 - 氧化硅的比值比较敏感，对于这些高温应用来说最好是用含铝较高的砖。

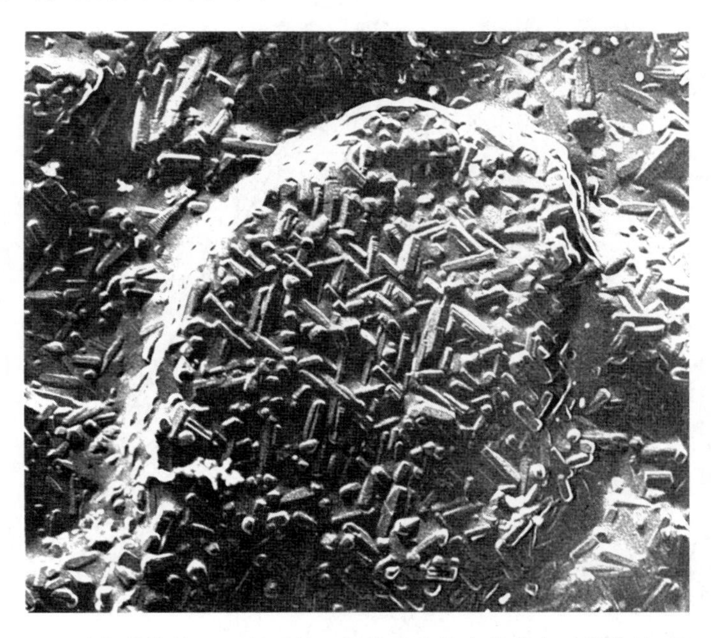

图 7.29　由加热高岭土而得到的二氧化硅基体中的莫来石晶体(37000 ×)
(由 J. J. Comer 提供)

假如加入足够的氧化铝来提高其中的莫来石百分含量，并一直到氧化铝含量大于 72 wt%，使得耐火砖完全成为莫来石或者莫来石和氧化铝的混合物为止，耐火砖的耐火性质能够得到显著的改善。在这些条件下，只要温度低于 1828 ℃就不会出现液相。在一些应用中可采用熔融莫来石砖，它具有优良的抗腐蚀和抗高温形变的能力。用纯氧化铝可获得最高的耐火度。烧结 Al_2O_3 用做实验室器皿，熔铸 Al_2O_3 用做玻璃熔炉耐火材料。

7.9 $MgO-Al_2O_3-SiO_2$ 系统

在了解许多陶瓷组成的性能时，一个重要的三元系统是如图 7.30 所示的 $MgO-Al_2O_3-SiO_2$ 系统。这个系统由几个已描述过的二元化合物以及两个异成分熔融的三元化合物所构成，这两个三元化合物是堇青石 $2MgO\cdot2Al_2O_3\cdot5SiO_2$ 和假蓝宝石 $4MgO\cdot5Al_2O_3\cdot2SiO_2$。最低液相线温度是鳞石英－原顽辉石－堇青石的低共熔点（1345 ℃），但是堇青石－原顽辉石[①]－镁橄榄石的低共熔点在 1360 ℃，几乎同样是低熔点的。

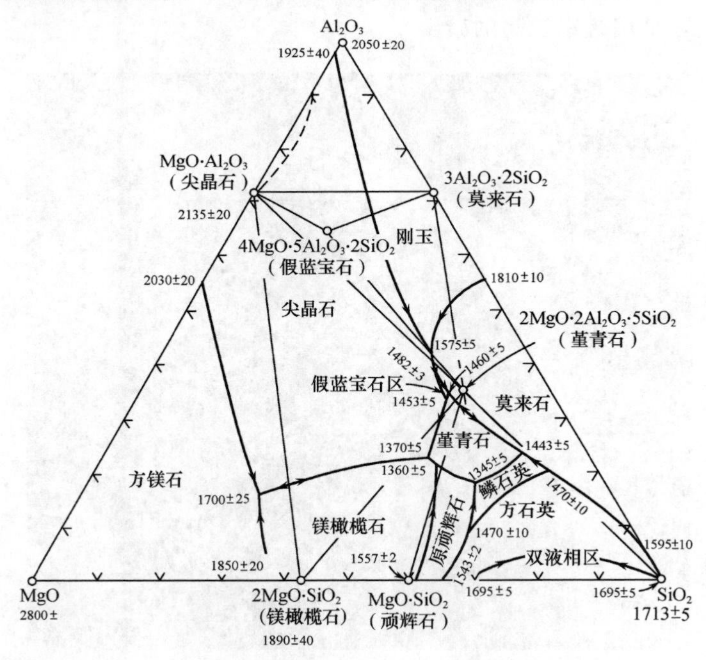

图 7.30 $MgO-Al_2O_3-SiO_2$ 三元系统。引自 M. L. Keith and J. F. Schairer, *J. Geol.*, **60**, 182(1952)。未示出固溶体的区域，参见图 4.3 和图 7.13

① 原文为顽辉石，疑有误。——译者注

这个相图中出现的主要陶瓷组成包括镁质耐火材料、镁橄榄石瓷、滑石瓷、特殊的低损耗滑石瓷和堇青石瓷。这些产品在三元相图上的大概组成区域如图 7.31 所示。除镁质耐火材料外，所有耐火材料都采用黏土和滑石作为原料，这是组成设计的基础。这些材料是有价值的，主要因为它们容易成形；它

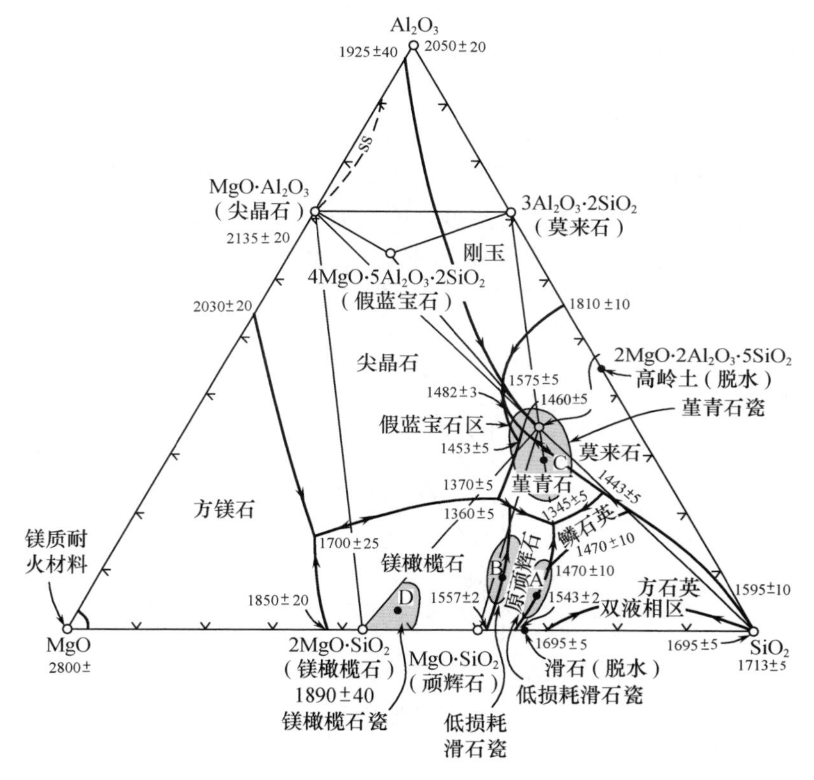

图 7.31　$MgO-Al_2O_3-SiO_2$ 三元系统中的常用组成(其他添加物参见正文)

们是细晶化和片状化的，因而可塑、非耐磨且易于成形。此外，这些材料的细晶特性对烧成工艺来说很重要，这在第十二章中将详细描述。加热时，黏土在 980 ℃分解而在二氧化硅基体内形成细晶莫来石。在大约 1000 ℃时滑石分解而得到类似的混合物，即在二氧化硅基体中生成细晶的原顽辉石 $MgSiO_3$。进一步加热黏土将导致莫来石晶体长大，二氧化硅基体结晶成方石英，并在 1595 ℃形成低共熔组成的液体。进一步加热纯滑石能导致顽辉石晶体长大，并在 1547 ℃形成液相。在此温度下，由于滑石(66.6% SiO_2，33.4% MgO)离 $MgO-SiO_2$ 系统(图 7.13)中的低共熔组成不远，所以几乎所有组成都熔融。

堇青石瓷、滑石瓷和低损耗滑石瓷组成的熔融性能中有代表性的特点是当纯材料部分熔融时所产生的有限烧成范围。一般来说，烧成玻璃化的致密陶瓷

大约需要 20% ~30% 的黏滞性硅酸盐液相。然而对于纯滑石来说，如图 7.32 所示，在 1547 ℃全部物料液化以前没有液相生成。这可以通过采用滑石－黏土的混合物而得到显著改善。例如考虑一下在图 7.31 中 90% 滑石－10% 黏土的组成 A，它和许多商品滑石瓷组成类似。对于这个组成，在液相线温度 1345 ℃处将突然生成约 30% 的液相，且液相数量随温度迅速增加(图 7.32)，这就需要严格控制烧成温度，因为可获得致密玻璃体的烧成范围是狭窄的(这个组成应在 1350 ~1370 ℃烧成)。然而事实上，所采用的原材料含有 Na_2O、K_2O、CaO、BaO、Fe_2O_3 和 TiO_2 等少量杂质，它们既能降低熔化温度又能扩大熔化范围。黏土加入量超过 10% 又会使烧成范围缩小，因而是不适宜的，只有在有限范围内的组成才是切实可行的。加入长石能大大增加烧成范围并易于烧成，过去曾经用做低温绝缘材料的成分。然而，它的电性能并不好。

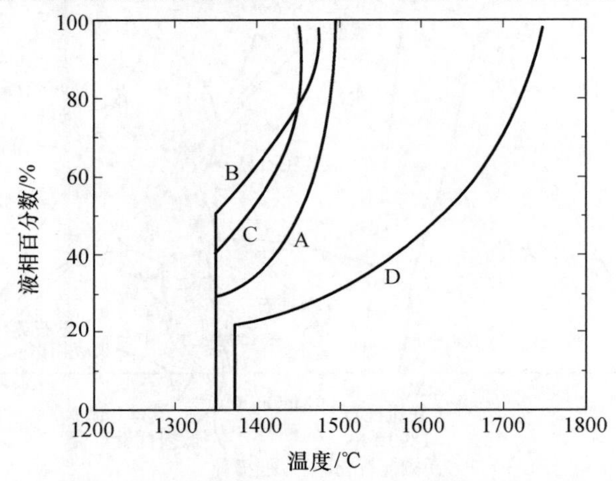

图 7.32　图 7.31 所示的不同组成在不同温度下出现的液相量

对于低损耗滑石瓷来说，加入氧化镁以便与游离二氧化硅结合，使组成更接近镁橄榄石－堇青石－顽辉石的成分三角形。这就改变了熔融性能。因此图 7.31中 B 这样的组成在几度的温度范围内就生成约 50% 的液相，使烧成控制非常困难(图 7.32)。在实践中为使这类组成能烧成玻璃体，必须添加助熔剂。最广泛采用的助熔剂是以碳酸盐形式加入的氧化钡。

堇青石瓷特别有用，因为它们具有很低的热膨胀系数，从而有良好的抗热冲击性能。就烧成性能而言，堇青石组成表现出窄的烧成范围，这是由于平坦的液相线表面导致在窄的温度间隔内形成大量液相。在滑石和黏土组成的混合物中，加入氧化铝使它更接近堇青石的组成，如果将该混合物加热，则在 1345 ℃形成初始液相，如图 7.31 中的组成 C。液相量迅速增加，因此难于形成玻璃体。通常，当不打算在电学上应用这些组成时，可加入长石(3% ~

10%)作为助熔剂来增加烧成范围。

氧化镁和镁橄榄石组成的不同点在于形成低共熔液相的组成远不同于主相，主相具有陡的液相曲线，因此容易获得宽的烧成范围。这可用图 7.31 中的镁橄榄石组成 D 和图 7.32 中相应的曲线来说明。在低共熔点 1360 ℃形成初始液相，液相量主要取决于组成并且随温度没有显著变化。因此与滑石瓷和堇青石瓷相比，镁橄榄石陶瓷在烧成中出现的问题很少。

在所有这些组成中，通常在烧成温度出现一种结晶相和液相的平衡混合物。图 7.33 中给出了用镁橄榄石组成的情况。镁橄榄石晶体出现于液相硅酸盐基体中，该液相和烧成温度下的液相线组成一致。对其他系统来说，在烧成温度下的结晶相是原顽辉石、方镁石或堇青石，并且晶体尺寸和形貌通常也不同。在冷却时液相常常不结晶而是形成玻璃(或者部分玻璃混合物)，因此室温下存在的相不能借助于共存三角形来确定，而必须根据烧成条件和后续的热处理工艺来推断。

图 7.33　镁橄榄石组成的晶体 - 液体结构(150 ×)

7.10　非平衡相

在下面两章中将研究相变动力学和固态反应。然而从我们在第三章中对玻璃结构和在第六章中对原子迁移的讨论中已经很明显地看出，许多实际的系统并没有到达相平衡的最低自由能状态。在一个系统中要发生任何变化都需要使自由能降低。因此，图 3.10、图 4.2、图 4.3、图 7.7 和图 7.8 中所示的这种关于各种可能出现的相的自由能曲线对亚稳平衡仍有重要的指导意义。例如在图 7.8中，如果在温度 T_2 时固溶体 α 由于某种原因而不存在时，液相和固溶体 β

之间的公切线将确定各相的组成，从而各组元在这些相中具有相同的化学势。在硅酸盐系统中，常见的非平衡行为的类型之一是结晶缓慢使得液相过冷。在第三章里讨论过当发生这种过冷现象时，液体的亚稳相分离是十分普遍的。

玻璃 陶瓷系统中最常见的偏离平衡行为之一是很多硅酸盐从液体状态冷却时很容易生成非晶态的产物。这要求液相－晶相的相变驱动力低，且该转变的激活能高。许多硅酸盐系统都能满足这两个条件。

如第八章中所述，液相中形成晶相的成核速率，和晶体和液体间的能量差与形成晶体的组元的迁移率的乘积成正比。在硅酸盐系统中，当二氧化硅含量增加时这两个因素都变得更有利于玻璃的形成。虽然扩散系数的数据大多尚未获得，但限制迁移率的是形成网络的大的阴离子，且与黏度成反比。因此 $\Delta H_f/T_{mp}$ 和 η^{-1} 的乘积可以用做冷却时玻璃生成趋势的一个指标，如表 7.1 所示。

表 7.1 影响玻璃形成能力的因素

组　　成	T_{mp}/℃	$\Delta H_f/T_{mp}$ /cal/mol/K	$(1/\eta)_{mp}$/P	$(\Delta H_f/T_{mp})\times(1/\eta)_{mp}$	注　　解
B_2O_3	450	7.3	2×10^{-5}	1.5×10^{-4}	良好的玻璃形成体
SiO_2	1713	1.1	1×10^{-6}	1.1×10^{-6}	良好的玻璃形成体
$Na_2Si_2O_5$	874	7.4	5×10^{-4}	3.7×10^{-3}	良好的玻璃形成体
Na_2SiO_3	1088	9.2	5×10^{-3}	4.5×10^{-2}	不良的玻璃形成体
$CaSiO_3$	1544	7.4	10^{-1}	0.74	很难形成玻璃
NaCl	800.5	6.9	50	345	不是玻璃形成体

亚稳晶相 陶瓷系统中存在的晶相往往并不是该温度、压力和组成条件下系统的平衡相。由于这些相转变为更稳定的相需要高的激活能，这就使相变的速率很低，所以这些相以亚稳状态继续存在。图 7.34 也许可以用来表示相同组成的 3 个相之间的能量关系。这些相中任何一个一旦形成，那么它要转变为其他更稳定相的速率就缓慢，尤其是转变成该系统最低能量态的速率特别缓慢。

像图 7.34 中所示的这类系统中的相变动力学问题将在第九章中借助于驱动力和势垒的概念进行讨论。这类相变的结构问题已在第二章中讨论过。一般来说，形成亚稳态晶体有两种常见方式：① 假如一个稳定的晶体被放到新的温度或压力范围内而不转变成更稳定的形态，则形成亚稳态晶体；② 淀析或者相变可以形成一个新的亚稳相。例如，如果将图 7.34 中的相 1 冷却并进入相 3 的稳定区域内，则可转变为中间相 2，并以亚稳态晶体的形式保持下来。

最常见的不经历相变的亚稳晶相是各种形态的二氧化硅（图 7.5）。当含有

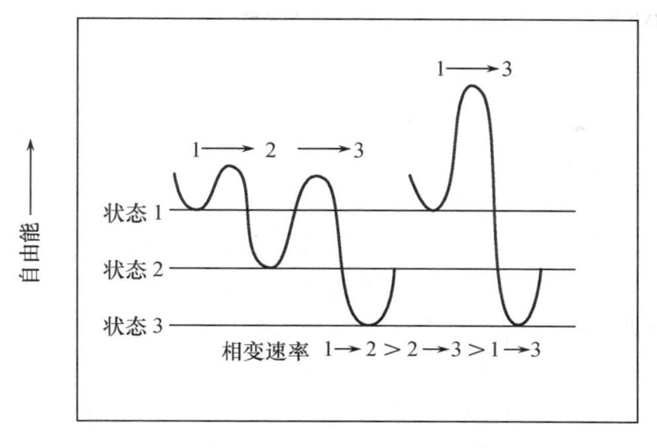

图 7.34 系统中 3 种不同状态之间的势垒图

石英组分的瓷体在 1200 ~ 1400 ℃烧成时，鳞石英是稳定的形态，但它从未被观察到，而石英总是保持其原有形态。在耐火硅砖中，为了使作为原材料使用的石英转变成所需要的鳞石英和方石英，必须加入大约 2% 的氧化钙。氧化钙导致溶解 - 淀析机制，基本上消除了图 7.34 所示的激活能垒，而使稳定相得以形成。总的来说，这就是矿化剂(如氟化物、水和碱金属)在硅酸盐系统中的作用。它们提供流体相，通过流体相使反应能够在不出现激活能垒(存在于固态转变中)的情况下进行。

在陶瓷坯体的烧成期间，当高温结晶相形成后在冷却时通常不会回复到更稳定的形态。鳞石英和方石英尤其是这样，它们从来不会回复到更稳定的石英形态。同样，在滑石瓷坯体中，在烧成温度下的主晶相是 $MgSiO_3$ 的原顽辉石形态。在细晶粒的试样中，在冷却后这种相作为亚稳相保持下来并分散在玻璃质基体中。在大晶粒试样中或者在低温研磨时，原顽辉石就能回复到平衡的斜顽辉石形态。

非平衡行为的一种普通类型是亚稳相的形成。这种亚稳相的能量比母相低，但不是能量最低的平衡相。这对应于图 7.34 中所示的情况。从图中最高能量相向中间能量态转变所需的激活能比向最稳定态所需的激活能要低得多。这可以用二氧化硅玻璃的反玻璃化作为例证。二氧化硅玻璃在 1200 ~ 1400 ℃范围内发生反玻璃化，形成的晶态产物是方石英而不是更稳定的鳞石英形态。其原因通常可在起始材料和最终产物之间的结构关系中找到。通常，高温形态具有比低温晶态更加开放的结构，因此更近似于玻璃质起始材料的结构。这些因素会有利于高温形态从过冷液体或玻璃中结晶出来，甚至在低温变体的稳定温度范围内也会析出高温形态。

在很多系统中已观察到这种现象。例如 J. B. Ferguson 和 H. E. Merwin[①] 曾观察到，当将硅酸钙玻璃冷却到低于 1125 ℃ 的温度时[这个温度下硅灰石($CaSiO_3$)是稳定的结晶形态]，高温变体假硅灰石将首先结晶出来，然后缓慢地转变为更稳定的硅灰石。同样地，对 $Na_2O \cdot Al_2O_3 \cdot 2SiO_2$ 组成进行冷却时，观察到作为反应产物形成的是高温结晶形态(三斜霞石)，甚至在以霞石为稳定相的区域内也是如此；三斜霞石转变为霞石是缓慢的。

任何新相若想得以形成，就必须比起始材料的自由能低，但不必是所有可能的新相中的最低者。这一要求意味着当不形成相平衡图中所指出的相时，就必须延长相图上其他相的液相线来确定在什么条件下某些其他相会变得比初始溶液和一种可能的淀析物更为稳定。这可由图 7.35 所示的二硅酸钾－二氧化硅系统来说明。在这里，化合物 $K_2O \cdot 4SiO_2$ 结晶很困难，因此常常观察不到和这个淀析对应的低共熔点。实际上，二氧化硅和二硅酸钾的液相线将在真正的低共熔点以下约 200 ℃ 处相交。在这个非平衡的低共熔点温度下，二硅酸钾和二氧化硅两者的自由能都比对应于假低共熔点液相组成的低。实际上对这个系统来说情况还要更复杂一些，这是由于方石英通常从熔融体中结晶出来，代

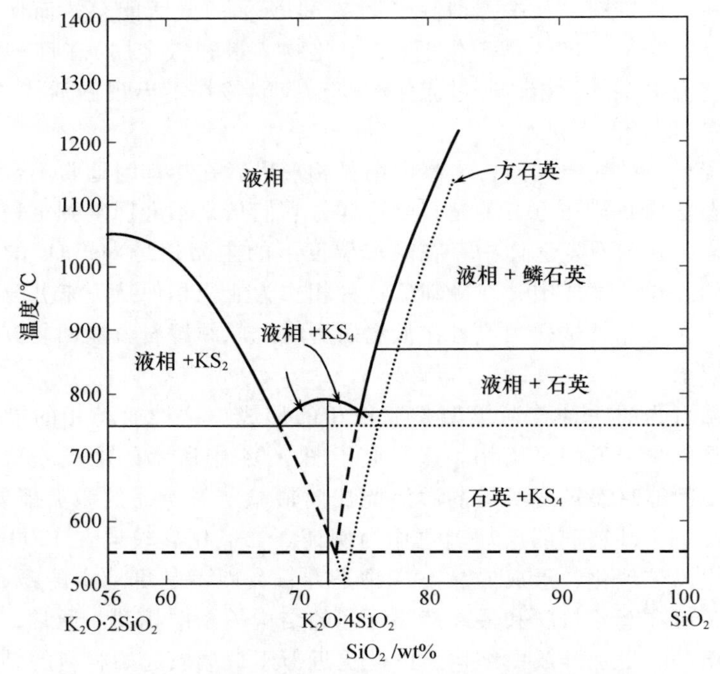

图 7.35　二硅酸钾－二氧化硅系统中平衡和非平衡的液相线

---

① *Am. J. Science*, *Series* 4, **48**, 165(1919)。

替了平衡的石英相。这可能导致附加的一些行为，如图 7.35 中点线所示。

如图 7.35 以及图 7.5 所示的平衡曲线的延长线提供了利用平衡数据来确定可能的非平衡行为的一般方法。它提供了对实验观察非常有用的指导。在任何系统中，实际的行为可能按照几种可能途径的任何一种，因此需要对这些过程(或实验观察)进行动力学分析。

不完全反应 陶瓷系统中非平衡相的最普通来源或许是在烧成或热处理期间在有效的时间内反应不完全。凝聚相中的反应速率问题将在第九章中讨论。观察到的不完全反应的主要类型是不完全溶解、不完全的固相反应和不完全的回吸或者固-液反应。所有这些都起因于起阻挡层作用的反应产物的出现阻止了进一步的反应。也许不完全反应的最明显的实例是整个冶金工业，因为几乎所有金属在大气中都是热力学上不稳定的，但它们的氧化和腐蚀却很缓慢。

不完全溶解的一个特别例子是在瓷器坯体中存在未溶解的石英晶粒，甚至在 1200 ~ 1400 ℃烧成以后也还存在。和石英晶粒接触的高硅液体的扩散系数小，以致没有流体的流动来把边界层机械地移开。这种情况和图 6.5 所示的向无限介质中扩散的情况相似。作为一级近似，在 1400 ℃时处于高硅边界上的 SiO_2 的扩散系数的数量级可能是 $10^{-8} \sim 10^{-9}$ cm^2/s。用这些数据留作一个练习，来估算在这个温度下煅烧 1 h 后扩散层的厚度。

不完全的固相反应能使残存的起始材料作为非平衡相出现，这种非平衡相出现的方式将在第九章的讨论中弄清楚。然而，不是最后的平衡组成的新产物也能够形成。例如，通过加热 $CaCO_3$ 和 SiO_2 的等摩尔混合物来形成 $CaSiO_3$ 时，形成的第一个产物并且经过大多数反应后仍然作为主相保持下来的产物是正硅酸钙 Ca_2SiO_4。同样，从平衡相图(图 7.20)上可以预料，$BaCO_3$ 和 TiO_2 反应生成 $BaTiO_3$ 的同时也生成了大量的 Ba_2TiO_4、$BaTi_3O_7$ 和 $BaTi_4O_9$。在固相反应中，当有一系列中间化合物形成时，每一种中间化合物的生长速率取决于通过它的有效扩散系数。扩散速率高的那些层生长最快。对 $CaO-SiO_2$ 系统来说，生长最快的层是正硅酸钙。对 $BaO-TiO_2$ 系统来说，最快形成的化合物仍是正钛酸盐 Ba_2TiO_4。

解释相平衡图时有关非平衡条件的最后一个重要例子是不完全回吸反应。每当在结晶期间出现 A + 液相 = AB 的反应时，就可能有不完全回吸反应发生。例如在冷却期间，当初始相和液相反应生成一个新的化合物时可能出现这种情况。在原始颗粒表面上生成一个阻挡层，阻碍反应的进一步进行。当温度下降时，最终生成的并不是从相图上所预期的那些产物。图 7.36 示意性地给出了不完全回吸的非平衡结晶路线。

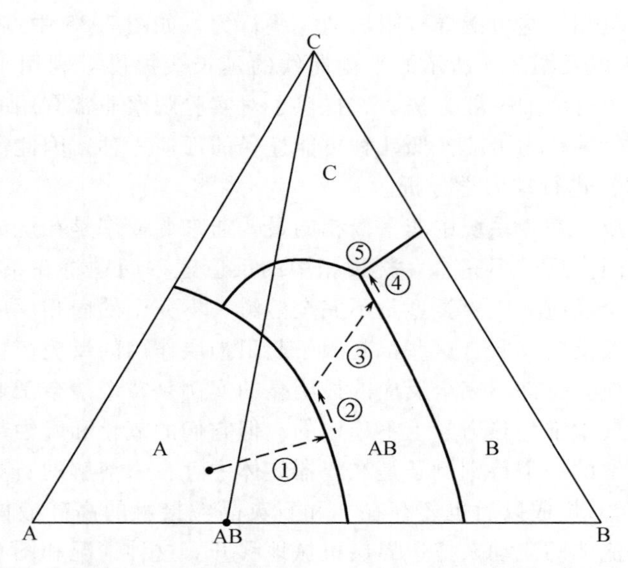

图 7.36　非平衡结晶路线：① 液相→ A；② A + 液相 → AB；③ 液相→ AB；④ 液相→ AB + B；⑤ 液相→ AB + B + C

推荐读物

1. E. M. Levin, C. R. Robbins, and H. F. McMurdie, *Phase Diagrams for Ceramists*, American Ceramic Society, Columbus, Ohio, 1964.
2. E. M. Levin, C. R. Robbins, H. F. McMurdie, *Phase Diagrams for Ceramists, 1969 Supplement*, American Ceramic Society, Columbus, Ohio, 1969.
3. A. M. Alper, Ed., *Phase Diagrams: Materials Science and Technology*, Vol. I, "Theory, Principles, and Techniques of Phase Diagrams", Academic Press, Inc., New York, 1970: Vol. Ⅱ, "The Use of Phase Diagrams in Metal, Refractory, Ceramic, and Cement Technology", Academic Press, Inc., New York. 1970: Vol. Ⅲ, "The Use of Phase Diagrams in Electronic Materials and Glass Technology", Academic Press, Inc., New York, 1970.
4. A. Muan and E. F. Osborn, *Phase Equilibria among Oxides in Steelmaking*, Addison - Wesley, Publishing Company, Inc., Reading, Mass., 1965.
5. A. Reisman, *Phase Equilibria*, Academic Press, Inc., New York, 1970.
6. P. Gordon, *Principles of Phase Diagrams in Materials Systems*, McGraw - Hill Book Company, New York, 1968.
7. A. M. Alper, Ed., *High Temperature Oxides*, Part I, "Magnesia, Lime and Chrome Refractories", Academic Press, Inc., New York, 1970; Part II, "Oxides of Rare Earth,

Titanium, Zirconium, Hafnium, Niobium, and Tantalum". Academic Press, Inc., New York, 1970; Part III, "Magnesia, Alumina, and Beryllia Ceramics: Fabrication, Characterization and Properties", Academic Press, Inc., New York; Part IV, "Refractory Glasses, Glass – Ceramics, Ceramics", Academic Press, New York, Inc., 1971.

8. J. E. Ricci, *The Phase Rule and Heterogeneous Equilibrium*, Dover Books, New York, 1966.

习　题

7.1 由于电力中断，一位研究生做 $K_2O-CaO-SiO_2$ 系统实验时所用的炉子冷却了一夜。出于好奇，他用 X 射线衍射分析了其中的组成。他惊奇地在该试样中发现了 $\beta-CaSiO_3$、$2K_2O\cdot CaO\cdot 3SiO_2$、$2K_2O\cdot CaO\cdot 6SiO_2$、$K_2O\cdot 3CaO\cdot 6SiO_2$ 和 $K_2O\cdot 2CaO\cdot 6SiO_2$。

(a) 他获得的相怎么会多于 3 个？

(b) 你能告诉他其初始组成是在哪一个成分三角形中吗？

(c) 你能否推断电力中断前炉子运行的最低温度？

(d) 起先他认为他也得到了一些 $K_2O\cdot CaO\cdot SiO_2$ 的可疑的 X 射线衍射数据，但在仔细考虑之后，他认为 $K_2O\cdot CaO\cdot SiO_2$ 不应从他的样品中结晶出来，为什么他会得出这样的结论？

7.2 根据 Alper、McNally、Ribbe 和 Doman① 的资料，1995 ℃时 Al_2O_3 在 MgO 中的最大溶解度是 18 wt%，而 MgO 和 Al_2O_3 在 $MgAl_2O_4$ 中的溶解度是 39% MgO 和 51% Al_2O_3。假设 $NiO-Al_2O_3$ 二元系统和 $MgO-Al_2O_3$ 二元系统相似，试建立一个三元系统，画出这个三元系统在 2200 ℃、1900 ℃和 1700 ℃时的等温图。

7.3 在你工作的实验室中，实验室的指导者指定你研究硅酸钙的电学性能。假设你用合成的方法，试给出一个生料配方，所用原料是容易得到的高纯材料。从生产观点出发，10% 的液相可以增加反应和烧结的速率，试据此调整你的配方。预期的烧成温度是多少？如果要你研究降低煅烧温度和保持瓷体白度的可能性，试提出研究进行的方向。在研究上述系统时你将想到哪些同质多晶转变？

7.4 试讨论耐火制品在生产和使用中液相形成的重要性。研究 $MgO-SiO_2$ 系统的相图，试评论 50 MgO – 50 SiO_2 (wt%) 和 60 MgO – 40 SiO_2 (wt%) 两个组成中，哪一个相对较为适用。在耐火制品的使用中，还有哪些重要的特性？

7.5 一种特定组成的二元硅酸盐来自各个氧化物的粉末熔融并按不同方式冷却，同时进行下列观察：

① *J. Am. Ceram. Soc.*, **45**(6), 263 ~ 268(1962)。

条　件	观察结果
(a) 迅速冷却	单相，没有结晶迹象
(b) 熔融 1 h，在液相线以下 80 ℃保温 2 h	从表面结晶，初晶相为 SiO_2，并有玻璃
(c) 熔融 3 h，在液相线以下 80 ℃保温 2 h	从表面结晶，初晶相为化合物 $AO \cdot SiO_2$，并有玻璃
(d) 熔融 2 h，迅速冷到液相线以下 200 ℃保温 1 h，然后迅速冷却	没有结晶迹象，但所得玻璃呈云雾状

所有这些观察结果是一致的吗？你如何解释？

7.6　三组分瓷(燧石 - 长石 - 黏土)具有宽的烧成范围，在烧成温度下平衡相是莫来石和硅酸盐液相；滑石瓷(滑石和高岭土的混合物)具有窄的烧成范围，在烧成温度下平衡相是顽辉石和硅酸盐液相。试根据出现的各相、各相的性质以及相组成和性质随温度的变化对上述差别给予适当的解释。

7.7　试在图 7.30 中对组成 40 MgO - 55 SiO_2 - 5 Al_2O_3 画出平衡结晶路线。假如镁橄榄石的不完全回吸沿镁橄榄石 - 原顽辉石边界发生，试确定结晶路线。对于平衡和非平衡结晶路线，如何比较低共熔组成和温度？两种情况下最后产物中的组成和每一组成的量是什么？

7.8　如果将组成为 13 Na_2O - 13 CaO - 74SiO_2 的均质玻璃加热到 1050 ℃、1000 ℃、900 ℃和 800 ℃，问可能生成的晶态产物将是什么？试予以解释。

7.9　当加热超过 600 ℃时，黏土矿物高岭石 $Al_2Si_2O_5(OH)_4$ 分解为 $Al_2Si_2O_7$ 和水蒸气。假如将这个组成加热到 1600 ℃并保持这个温度直到建立平衡，那么将存在什么相？假如存在的相多于一个，那么它们的重量百分比分别是多少？试对 1585 ℃时的情况进行同样的计算。

第八章
相变、玻璃形成和玻璃陶瓷

相平衡图给出了呈稳定状态的不同相所处的温度、压力和组成的变化范围。如相平衡图所描述的那样，压力、温度或组成的改变会形成新的平衡状态，但要达到新的较低能量状态可能需要较长的时间，在原子迁移率受到限制的固相和液相系统中尤其如此。确实，在许多重要系统中永远也不会达到平衡。总之，达到平衡的速率正像平衡状态的知识一样重要。

正如 J. W. Gibbs① 在一个世纪前所讨论过的那样，一种相可以通过两种典型过程转变成为另一种相：① 开始时的变化程度小但空间范围大，且在相变的早期类似组成波的生长[图 8.1(a)]；② 开始时变化程度大但空间范围小[图 8.1(b)]。第一种类型的相变称为不稳分解；后一种类型的相变称为成核生长。

两者中任何一种类型的动力学过程均可快可慢，这取决于热力学驱动力、原子迁移率以及试样中的非均匀性等因素。

① *Scientific Papers*, Vol. 1, Dover Publications, Inc., New York, 1961。

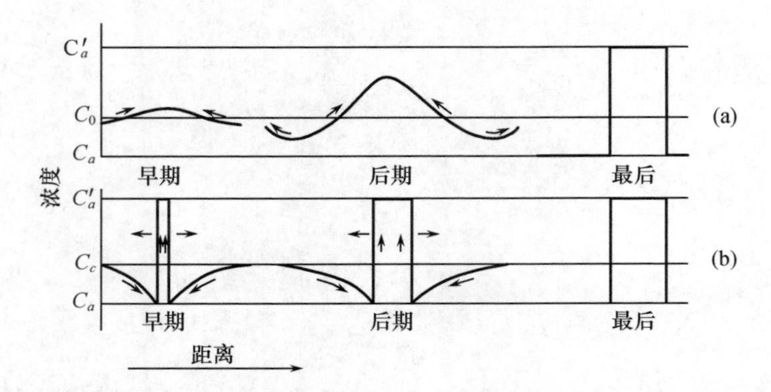

图 8.1　浓度剖面示意图：(a) 不稳分解；(b)成核生长。引自 J. W. Cahn, *Trans. Met. Soc. AIME*, **242**, 166(1968)

在由成核和生长过程引起的相变期间，成核或生长阶段都可能限制整个过程的速率到某种使得平衡不容易达到的程度。例如，成核过程就是过饱和云层中出现淀析的障碍，而将晶种加入云层中就能导致淀析而形成雨或雪。相反，将金红宝石玻璃冷却时，晶核是在冷却期间形成的，但直到将玻璃重新加热时才长大而形成漂亮的红宝石颜色。

本章对两种相变类型都将加以讨论，并应用于玻璃形成材料中的相分离、单向固化、玻璃形成、在玻璃陶瓷材料中所要求的显微组织的发育、光敏玻璃、不透明搪瓷以及光色玻璃。

8.1　相变动力学理论

研究由成核生长过程引起的相变常用的有效方法是，描述给定时间内试样发生相变的体积分数。考虑将一试件迅速升至能使新相稳定的温度，并在该温度保持一段时间 τ，已相变区域的体积以 V^{β} 表示，而剩下的原有相的体积以 V^{α} 表示。在很小的时间间隔 $d\tau$ 内，形成的新相粒子的数目为

$$N_{\tau} = I_{v} V^{\alpha} d\tau \tag{8.1}$$

式中：I_{v} 为成核速率，即单位时间、单位体积内形成的新粒子的数目。如果假定界面上每单位面积的生长速率 u 为各向同性(与方向无关)，则已相变的区域为球形。其次假设 u 与时间无关，则在 τ 时开始相变的材料在 t 时已相变的体积为

$$V_{\tau}^{\beta} = \frac{4\pi}{3} u^{3} (t - \tau)^{3} \tag{8.2}$$

在相变初始阶段，当晶核间距很大时在相邻晶核之间不应有显著的干扰，

并且 $V^{\alpha} \approx V$(V 为试样的体积)。因此在时间 t 时，由 τ 和 $\tau + dt$ 之间成核区产生的相变体积为

$$dV^{\beta} = N_{\tau} V_{\tau}^{\beta} \approx \frac{4\pi}{3} V I_{v} u^{3} (t - \tau)^{3} dt \tag{8.3}$$

于是，在时间 t 时已相变的体积分数为

$$\frac{V^{\beta}}{V} = \frac{4\pi}{3} \int_{\tau}^{\tau + dt} I_{v} u^{3} (t - \tau)^{3} dt \tag{8.4}$$

当成核速率与时间无关时，

$$\frac{V^{\beta}}{V} = \frac{\pi}{3} I_{v} u^{3} t^{4} \tag{8.5}$$

由 M. Avrami① 最早提出的一种更精确的处理方法是把已相变区域的碰撞影响包括进去，而不考虑在已相变材料中的成核。与式(8.4)和式(8.5)相应的关系式为

$$\frac{V^{\beta}}{V} = 1 - \exp\left[- \frac{4\pi}{3} u^{3} \int_{\tau}^{\tau + dt} I_{v} (t - \tau)^{3} dt \right] \tag{8.6}$$②

并且，当 I_{v} 为常数时，

$$\frac{V^{\beta}}{V} = 1 - \exp\left[- \frac{\pi}{3} I_{v} u^{3} t^{4} \right] \tag{8.7a}$$

相变分数较小时，生长核心之间不会有干扰，这时式(8.6)和式(8.7a)可简化为式(8.4)和式(8.5)。对随成核速率和生长速率而变化的其他一些变量，也进行了分析③并导出下面形式的公式：

$$\frac{V^{\beta}}{V} = 1 - \exp(- a t^{n}) \tag{8.7b}$$

式中指数 n 称为 Avrami 指数。这些公式描绘出相变分数对时间的 S 形曲线。

显然，在给定的时间内形成的新相的体积分数取决于描述成核和生长过程的动力学常数 I_{v} 和 u；而 I_{v} 和 u 本身又可能与各种热力学和动力学因素(如相变热、平衡的偏离及原子迁移率)有关。

8.2 不稳分解

不稳分解是一种连续相变形式。在这种相变中，变化是以组成波的形式开始的，开始时波振幅小而空间范围大(图 8.1)。图 8.2 给出了含有混溶间断带

① *J. Chem. Phys.*, **7**, 1103(1939)。

② 式中："dt" 原文为"$d\tau$"，疑有误。—— 译者注

③ 参看 J. W. Christian, *Phase Transformations in Metals*, Pergamon Press, New York, 1965。

的相图中一些温度下的自由能对组成的关系曲线。在共熔温度以下，自由能与组成关系的特点是出现了负曲率区（$\partial^2 G/\partial C^2 < 0$）。转折点（$\partial^2 G/\partial C^2 = 0$）叫做不稳点，其轨迹作为温度的函数确定了不稳点迹线，如图 8.2 所示。

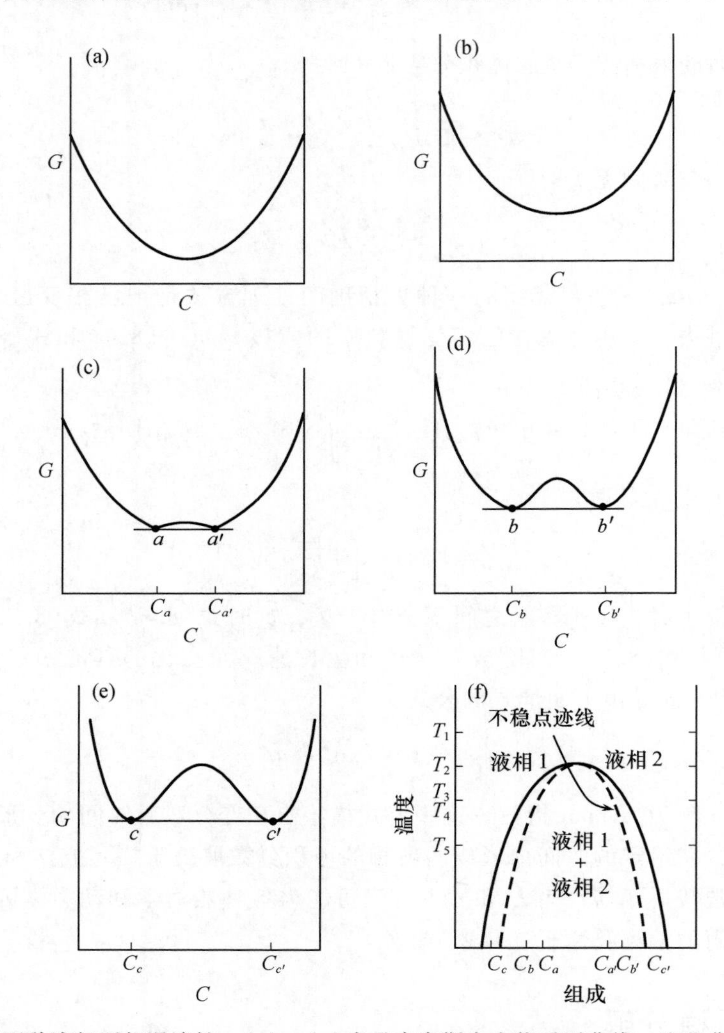

图 8.2　两种液相不相混溶性。(a)～(e)表示吉布斯自由能系列曲线，这些曲线与(f)所示的相图相对应。(a) $T=T_1$；(b) $T=T_2$；(c) $T=T_3$；(d) $T=T_4$；(e) $T=T_5$。引自 T. P. Seward, in *Phase Diagrams*, Vol. 1, Academic Press, Inc., New York, 1970

不稳点迹线确定了化学稳定性的界限。对于在不稳点迹线以外的组成来说，给定成分的化学势随组分的密度而增大，并且均质溶液可以是稳定的或亚稳定的，这取决于给定组成是处在混溶间断带的里面还是外面。如组成在间断带内不稳点迹线以外，则均质溶液对组成无限小的波动是稳定的，但通过成核生长过程能够使这种均质溶液分离成平衡的二相系统。相反，对于在不稳点迹线以内的组成来说，均质溶液对浓度或组成的无限小的波动是不稳定的，并且对新相的生长没有热力学势垒。

不稳分解热力学 对于无限的、不可压缩的、各向同性的二元溶液来说，不均匀溶液的自由能可用下述关系表示到第一级：

$$G = N_v \int_V [g(C) + \kappa(\nabla C)^2] \mathrm{d}V \tag{8.8}$$

式中：$g(C)$为组成 C 的均质溶液中每个分子的自由能；κ 为常数，对于趋向于分离成两相的溶液，κ 为正值；N_v 为单位体积分子数。梯度项 $\kappa(\nabla C)^2$ 已在第五章中［式(5.20)］讨论过。

如果将 $g(C)$ 对平均组成 C_0 展开成泰勒（Taylor）级数，并将其代入式(8.8)中，减去均质溶液的自由能，并注意在展开式中的奇数项对于各向同性的溶液必须等于零，则可得到均质溶液和非均质溶液之间的自由能之差：

$$\Delta G = N_v \int_V \left[\frac{1}{2}\left(\frac{\partial^2 g}{\partial C^2}\right)_{C_0} (C - C_0)^2 + \kappa(\nabla C)^2 \right] \mathrm{d}V \tag{8.9}$$

根据式(8.9)，很显然如果 $(\partial^2 g/\partial C^2)_{C_0} > 0$（即如果 C_0 位于不稳点迹线以外），则 ΔG 为正值。在这种情况下，此系统对所有无限小的组成波动都是稳定的，因为这种波动的形成将导致系统自由能的增加（$\Delta G > 0$）。相反，如果 $(\partial^2 g/\partial C^2)_{C_0} < 0$（即对应于不稳点迹线以内的区域），当

$$\frac{1}{2}\left|\left(\frac{\partial^2 g}{\partial C^2}\right)_{C_0}\right|(C - C_0)^2 > \kappa(\nabla C)^2 \tag{8.10}$$

时，ΔG 为负值。只要波动程度大到足以使梯度项充分小，能满足式(8.10)，则这种波动的形式可能伴随有在不稳点迹线内的系统自由能的降低。所以系统在不稳点迹线区域内对某些波动总是不稳定的。

更深入一步，可考虑组成波动的形式为

$$C - C_0 = A\cos \beta x \tag{8.11}$$

代入式(8.9)，可得到在形成波动时自由能的变化

$$\frac{\Delta G}{V} = \frac{A^2}{4}\left[\left(\frac{\partial^2 g}{\partial C^2}\right)_{C_0} + 2\kappa\beta^2\right] \tag{8.12}$$

这样，对波数 β 在小于临界波数 β_c 的所有波动来说，溶液是不稳定的（$\Delta G < 0$）：

$$\beta_c = \left[-\frac{1}{2\kappa}\left(\frac{\partial^2 g}{\partial C^2}\right)_{C_0}\right]^{1/2} \tag{8.13a}$$

或对波长 $\lambda = 2\pi/\beta$ 大于临界波长 λ_c 的所有波动来说，溶液是不稳定的：

$$\lambda_c = \left[-8\pi^2\kappa \bigg/ \left(\frac{\partial^2 g}{\partial C^2}\right)\right]^{1/2} \tag{8.13b}$$

与式(8.10)一样，从这些公式里可以看出，反映在梯度能项里的起始表面能只能在极小的尺度上阻止溶液分解。因子$(\partial^2 g/\partial C^2)_{C_0}$负值越大，就越能供应梯度能的需要，并且$\Delta G$仍为负值，因而能够发生连续分解的尺度也越小。对于以小于λ_c的尺度的分解，ΔG为正，溶液对于波动是稳定的。在这种情况下，该系统仍然可能分为两个相，但不是按不稳分解的机理。由于不稳分解，系统自由能连续下降(分离将通过成核生长过程而发生)。

总之，给定的温度下，对于处于混溶间断带以内但在不稳点迹线以外的组成来说，相分离的发生只能通过成核生长过程，因为对所有波长，无限小的组成波动的形成都伴随有系统自由能的增加。这样的系统是亚稳定系统。在不稳点迹线以内，系统对某个尺度足够大的组成波动是不稳定的，因为这种波动能降低系统的自由能。然而对于较小尺度的波动，系统实际上是亚稳定的，因为形成不同组成的区域时牵涉到起始的表面能。

不稳分解动力学　不稳分解过程预期的动力学可以通过对式(8.8)所示的自由能公式进行推导和解出广义的扩散方程而得到。考虑初始均匀溶液等温分解的早期阶段，可以得到式(8.11)[①]的正弦组成波动：

$$A(\beta,t) = A(\beta,0)\exp[R(\beta)t] \tag{8.14}$$

式中放大因子$R(\beta)$为

$$R(\beta) = -\frac{\widetilde{M}\beta^2}{N_v}\left[\left(\frac{\partial^2 g}{\partial C^2}\right)_{C_0} + 2\kappa\beta^2\right] \tag{8.15}$$

式中：$A(\beta, t)$是在时间t时波数β的波动振幅；$A(\beta, 0)$是它的初始振幅；$\widetilde{M}$是迁移率。

从式(8.14)、式(8.15)和式(8.12)可以看出，当溶液对给定波长的波动稳定时，则$R(\beta)$为负值，而且波动随时间而衰减。相反，当溶液对这种波动不稳定时，则$R(\beta)$为正值，而且波动随时间而迅速变大。可以预料放大因子随着波数而变化，如图8.3所示。$R(\beta)$的最大值以R_m表示，它与波长λ_m相对应，λ_m随时间极迅速地变大。从式(8.15)可以得到

$$\lambda_m = \sqrt{2}\lambda_c \tag{8.16}$$

$$R_m = -\frac{1}{2}\widetilde{M}\left(\frac{\partial^2 g}{\partial C^2}\right)_{C_0} \quad 或 \quad R_m = 2\widetilde{M}\kappa\beta_m^4 \tag{8.17}$$[②]

当试件从混溶间断带以上的温度急冷到间断带以内的温度时，初始波动的

---

① 见 J. W. Cahn，*Acta Met.*，**9**，795(1961)；*Trans. Met. Soc. AIME*，**242**，166(1968)。

② 原文式(8.17)疑有误。—— 译者注

分布可以采用小角度 X 射线散射和光散射方法来确定。如式(8.14)所指出的，这种分布应当随时间而变化。经过充分的时间以后，分解就由波长为 λ_m 的波动所控制。图 8.4 给出了对这种情况所预期的混溶间断带的中心区的微观组织。图中示出了相的形态，其中两种相都是在三维空间内相互连通的。这种计算出来的微观组织使人想起在许多相分离的实验研究中所看到过的那些结构，其中所有相都占有大的体积分数(参看图 3.12)。

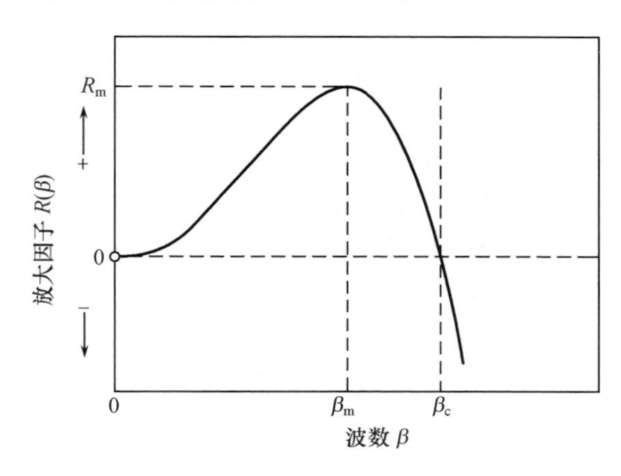

图 8.3　放大因子对波数的关系(示意图)

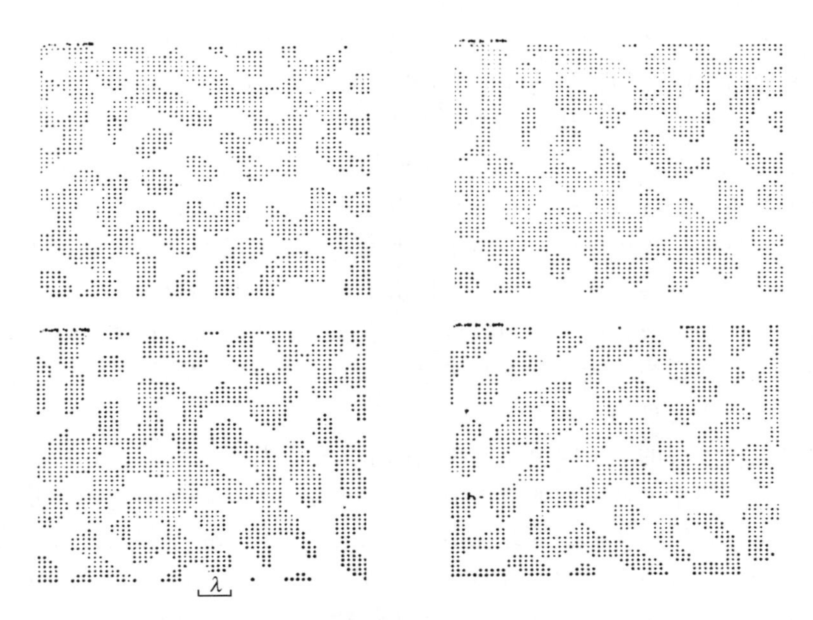

图 8.4　对 100 个正弦波进行计算得到的 50:50 两相结构的一系列断面图。注意，所有粒子都是互相连通的，断面之间的距离为 $1.25/\beta_m$。引自 J. W. Cahn，*J. Chem. Phys.*，**42**，93(1965)

这些形态预测的依据是上面提出的不稳分解的线性化理论，这种理论应当适合于靠近混溶间断带中心区域相分离的早期阶段。但是该理论忽略了导出式(8.14)和式(8.15)所用的扩散方程中的高次项。把这些项中最重要的项包括进去可能会导致分界面的尖锐化和连通性的破坏。此外，虽然对于两种相都有高体积分数的情况，线性理论预测了广大的连通性，但当体积分数约小于15%～20%时，则无法预期这种连通性的存在。

8.3 成核

通过成核生长过程形成新相必然从很小的范围开始，然后增大体积。初始阶段，表面积与体积之比很大，高的表面能使得系统倾向于不稳定。这或许可以用一个小的水蒸气泡来说明。气泡是在沸点时形成的，这时蒸气压正好为 1 atm。正如第五章中所讨论过的，在气泡的表面两边有一个压力差，由下式给出：

$$\Delta P = \frac{2\gamma}{r} \tag{8.18}$$

形成一个稳定的气泡所需要的蒸气压等于大气压加表面能所造成的压力之和，由式(8.18)给出。为使 1 μm 的气泡稳定存在于水中($\gamma = 72$ dyn/cm)，它必须具有约 4 atm 的蒸气压，相应的温度约为 145 ℃，比平衡沸点高出 45 ℃。

既然在沸点时气泡成核需要高度的过饱和，我们就要问为什么通常观察到水在非常接近 100 ℃时能够沸腾。有两种方式使气泡在液体中发生。一种是借助于搅拌而产生涡流；在涡流的中心产生一个很高的负压，使气泡开始形成。更常见的是气泡在已经有气膜的界面上开始生长。当气泡长大并破裂时，为下一个气泡留下初始气核。通常在开水或者含有碳酸气的饮料中可以观察到从同一个点上冒出来一连串气泡。为防止在玻璃容器中煮沸时产生暴沸，实验室通常的办法是加入一些多孔陶瓷片，它提供了有利于成核的位置。

从均匀的相中成核称为均匀成核。当表面、晶界、第二相颗粒以及其他结构上的不连续性作为有利于促进成核的位置时，这种过程则称为非均匀成核。非均匀成核是最常见的。

均匀成核 核的形成需要在两相之间形成一个界面，因此，非常小的颗粒的形成通常需要增加该系统的自由能。一旦颗粒已经达到足够大的尺寸，则界面能就小于体积能的降低，因此在形成新相时自由能总的变化便成为负值。导致新相在微小区域内形成的局部自由能的增大一定是来自均质系统中的波动。成核动力学涉及形成微小区域的自由能(包括其表面能在内)和界面上原子迁移的速率。

我们来考虑这样一个系统，其中 α 相在转变温度 T_0 以上时是稳定相，而 β 相在低于这个温度时是稳定相。转变可能是固化、淀析或者其他的相变化。我们要研究在均匀的 α 相内微小区域 β 相的形成。自由能的总变化可以看成由两个主要部分组成：一部分是由界面的形成所引起的，另一部分是由与 α→β 相变有关的体积自由能变化所引起的(在固相反应中必须把由于体积的变化引起的弹性应变这一项包括在内)。为简化起见，我们假定 β 相的新区域是一个半径为 r 的球形，其自由能变化由下式给出：

$$\Delta G_r = 4\pi r^2\gamma + \frac{4}{3}\pi r^3\Delta G_v \tag{8.19}$$

式中：γ 是界面能；ΔG_v 为相变时单位体积自由能的变化，忽略界面能。

对非常小的颗粒来说，式(8.19)中的第一项起主要作用。当一个胚芽(比稳定的核尺寸更小的颗粒)的尺寸增大时，形成胚芽所需自由能也增加。但是进一步长大时，第二项就会起主要作用。因此一旦胚芽达到某一临界尺寸(图 8.5)，第二项便起主要作用，并且进一步的长大会导致越来越低的自由能和更稳定的系统。但是，将会有一个比临界核尺寸小的胚芽的平衡浓度。着眼于胚芽数，使系统的自由能降到最低时(胚芽和未结合的分子混合时熵有一个增值)，尺寸为 r 的胚芽的平衡浓度可写为

$$\frac{n_r}{n_0} = \exp\left(-\frac{\Delta G_r}{kT}\right) \tag{8.20}$$

临界尺寸的核的浓度为

$$\frac{n^*}{n_0} = \exp\left(-\frac{\Delta G^*}{kT}\right) \tag{8.21}$$

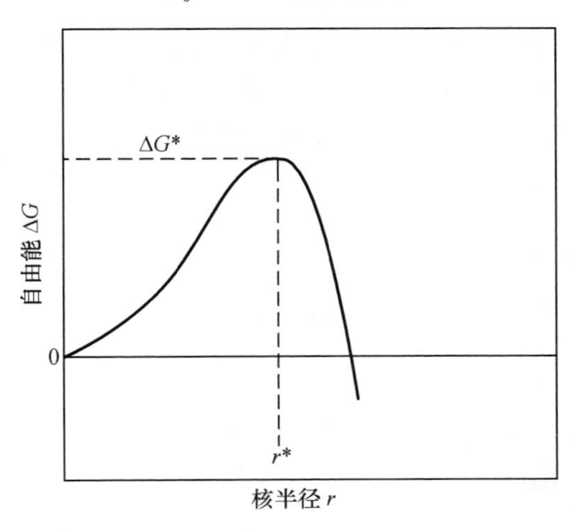

图 8.5　核的自由能与其尺寸的函数关系(在核成为稳定前必须大于某一临界尺寸)

式中：n_r、n^* 以及 n_0 分别为单位体积内尺寸为 r 的胚芽数、临界核数和单个分子数；ΔG_r 和 ΔG^* 分别为形成尺寸为 r 的胚芽和临界尺寸的胚芽的自由能。

具有最大自由能而进一步长大又引起自由能连续下降的团粒的尺寸大小可以由关系式 $\partial(\Delta G_r)/\partial r=0$ 决定，并且由下式给出：

$$r^* = -\frac{2\gamma}{\Delta G_v} \tag{8.22}$$

$$\Delta G^* = \frac{4}{3}\pi r^{*2}\gamma = \frac{16\pi\gamma^3}{3(\Delta G_v)^2} \tag{8.23}$$

半径小于 r^* 的新相 β 所在的区域称为亚临界胚芽；具有半径 r^* 和大于 r^* 的区域称为临界和超临界核。核通常能长得更大，但临界大小的核可能无限地长大或者缩回而消失。两种过程都减小临界核的自由能。

在一个临界尺寸的核中，分子数目通常在 100 个这一范围内。这种晶核的尺寸太大以致不能由单一的波动产生，因此假设成核过程是由分子一个接一个地加到胚芽上去。如果假设临界尺寸的核的浓度代表平衡浓度，并且刚好变成超临界尺寸的所有核都长大到很大的尺寸，则单位体积的平衡成核速率 $(I_v)_{eq}$ 可以表示为

$$(I_v)_{eq} = \nu n_s n^* \tag{8.24}$$

式中：ν 是单个分子同核碰撞的频率；n_s 是在临界尺寸核周界上的分子数目。即单位体积的成核速率等于单位体积临界尺寸的团粒数乘以与临界尺寸的核相接触的分子数再乘以单个分子与临界尺寸的核相撞而附于其上的频率。

当 α 相是理想的蒸气时，则碰撞频率 ν 可以表示为

$$\nu = \frac{\alpha_c p}{n_A(2\pi MkT)^{1/2}} \tag{8.25}$$

式中：α_c 为碰撞在团粒上的分子的凝聚系数（凝聚在团粒上的投射分子的分数）；p 为蒸气压；n_A 为团粒单位面积的原子数；M 是分子量。把这一表达式与式（8.24）和式（8.21）合并，则平衡成核速率为

$$(I_v)_{eq} = \frac{\alpha_c p}{(2\pi MkT)^{1/2}} A^* n_0 \exp\left(-\frac{\Delta G^*}{kT}\right) \tag{8.26}$$

式中：A^* 为临界核的表面积。

对于凝聚相中的成核来说，其碰撞频率常常可以表示为

$$\nu = \nu_0 \exp\left(-\frac{\Delta G_m}{kT}\right) \tag{8.27}$$

式中：ν_0 为分子跳跃频率；ΔG_m 是经过核与基体界面而迁移的激活能。于是平衡成核速率由下式给出：

$$(I_v)_{eq} = \nu_0 n_s n_0 \exp\left(-\frac{\Delta G^*}{kT}\right)\exp\left(-\frac{\Delta G_m}{kT}\right) \tag{8.28}$$

上述的平衡处理忽略了变成亚临界状态的超临界尺寸胚芽的回流量，也忽略了由于核长大到有限大小时导致的胚芽数目的减少。这些因素可以包括在所谓的稳定态分析中，这种分析考虑了经过亚临界状态团粒范围的单个分子的稳定态流动。对稳定态成核速率来说，最后得到的表示式为

$$I_v \approx \frac{\alpha_c p}{n_A(2\pi MkT)^{1/2}} n_0 \exp\left(-\frac{\Delta G^*}{kT}\right) \tag{8.29}$$

和

$$I_v \approx n_0 \nu_0 \exp\left(-\frac{\Delta G^*}{kT}\right) \exp\left(-\frac{\Delta G_m}{kT}\right) \tag{8.30}$$

如果我们考虑在恒定温度下提高过饱和的作用，则相变的自由能变化量由下式决定：

$$\Delta G_v = -\frac{kT}{V_\beta} \ln\left(\frac{p}{p_0}\right) \tag{8.31}$$

式中：p 为实际蒸气压；p_0 为平衡蒸气压；V_β 为 β 相的分子体积。将此值代入式(8.23)，再将所得结果代入式(8.29)，则成核速率为

$$I_v = I_0 \exp\left[-\frac{16\pi\gamma^3}{3kT[kT/V_\beta \ln(p/p_0)]^2}\right] \tag{8.32}$$

因为过饱和比值(p/p_0)的对数作为确定 ΔG^* 的因子进入了式(8.32)的指数项，所以成核速率对过饱和的程度是敏感的。事实上，除了当过饱和接近某临界值以外，成核速率是非常小的，因此相对于过饱和比率临界值的微小变化，I 产生若干数量级的变化。

对于凝聚相中的成核来说，α 相转变为 β 相时单位体积自由能的变化 ΔG_v 可以计算如下。根据吉布斯自由能的定义，

$$\Delta G_v = \Delta H_v - T\Delta S_v \tag{8.33a}$$

式中：ΔH_v 和 ΔS_v 分别为单位体积内相间的焓和熵的差值。在平衡转变温度 T_0 下 $\Delta G_v = 0$，因此，

$$\Delta H_v = T_0 \Delta S_v \tag{8.33b}$$

在离 T_0 不太远的温度下，ΔH_v 和 ΔS_v 接近于它们在 T_0 时的数值，式(8.33a)变为

$$\Delta G_v \approx \frac{\Delta H_v (T_0 - T)}{T_0} \tag{8.33c}$$

式中 ΔH_v 现在可看成和单位体积的相变热相同。将式(8.33c)代入式(8.23)和式(8.30)，我们就得到了成核对温度的依赖关系：

$$I_v = I_0 \exp\left[-\frac{16\pi\gamma^3 T_0^2}{3kT\Delta H_v^2 (T_0 - T)^2}\right] \exp\left(-\frac{\Delta G_m}{kT}\right) \tag{8.34}$$

对于在易流动的液体中发生的结晶过程来说，成核速率随温度的变化是如此敏锐，以致实验观察到的发生均匀成核的温度 T^* 可以看成是该物质的特征性质。对于高黏滞性的液体，稳定态均匀成核速率很小，以致常常不能辨别在试样内部的晶体形成是均匀的还是非均匀的。

表 8.1 列出了对各种各样能从熔体内结晶的易流动液体的实验研究结果。如表中所示，能发生均匀成核的大多数液体的相对过冷度 $\Delta T^*/T_0$ 都处于 0.15～0.25 范围内。根据这些数据，可以从式(8.32)和式(8.34)计算出相应的晶体－液体界面能 γ_{SL} 的大小。用这种方法得到的 γ_{SL} 数值与相应的熔融热有关，即

$$\gamma_{SL} = \beta\Delta H_f \tag{8.35}$$

式中：γ_{SL} 和 ΔH_f 分别为每个原子的晶体－液体表面能和每个原子的熔融热。对金属来说 $\beta\approx1/2$，对非金属来说 $\beta\approx1/3$。

表 8.1　实验的成核温度

	T_0/K	T^*/K	$\Delta T^*/T_0$
汞	234.3	176.3	0.247
锡	505.7	400.7	0.208
铅	600.7	520.7	0.133
铝	931.7	801.7	0.140
锗	1231.7	1004.7	0.184
银	1233.7	1006.7	0.184
金	1336	1106	0.172
铜	1356	1120	0.174
铁	1803	1508	0.164
铂	2043	1673	0.181
三氟化硼	144.5	126.7	0.123
二氧化硫	197.6	164.6	0.167
CCl_4	250.2	200.2 ± 2	0.202
H_2O	273.2	232.7 ± 1	0.148
C_5H_5	278.4	208.2 ± 2	0.252
萘	353.1	258.7 ± 1	0.267
LiF	1121	889	0.21
NaF	1265	984	0.22
NaCl	1074	905	0.16
KCl	1045	874	0.16
KBr	1013	845	0.17
KI	958	799	0.15

续表

	T_0/K	T^*/K	$\Delta T^*/T_0$
RbCl	988	832	0.16
CsCl	918	766	0.17

T_0 为熔点；T^* 为液体可过冷的最低温度；$\Delta T^*/T_0$ 为折算温度单位的最大过冷度。注意 $\Delta T^*/T_0$ 接近常数。

引自 K. A. Jackson in *Nucleation Phenomena*, American Chemical Society, Washington, 1965。

非均匀成核　大多数相变的成核都是非均匀地发生在容器的壁上、杂质颗粒上或结构缺陷上。这些成核底座的一般作用是降低以表面能为代表的成核势垒。当核在底座上形成时，除了产生核-基底界面外，某种高能量的底座-基质表面被较低能量的底座-核表面所代替，从而使总表面能的作用较小。

当 β 相的核以接触角 θ 在一个平的底座上形成时(图 8.6)，形成具有球帽状的临界尺寸的团粒的自由能由下式给出：

$$\Delta G_s^* = \Delta G^* f(\theta) \tag{8.36}$$

式中：

$$f(\theta) = \frac{(2+\cos\theta)(1-\cos\theta)^2}{4} \tag{8.37}$$

ΔG^* 为由式(8.23)给出的均匀成核自由能。式(8.36)表明，在底座上成核的热力学势垒应当随 θ 减少而降低，当 θ 角趋近于零时势垒趋近于零。核和底座界面平面上原子排列相似时有利于有效的成核催化作用。

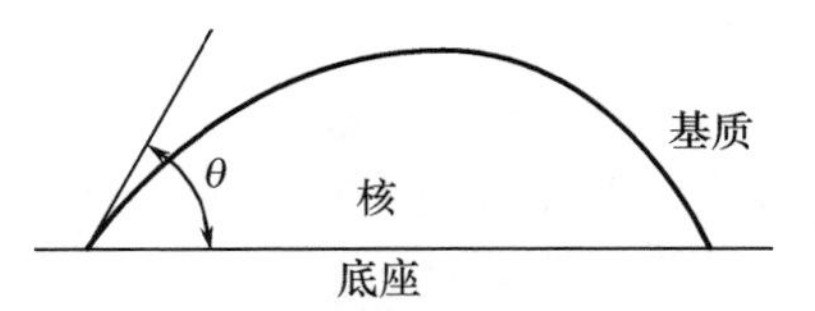

图 8.6　非均匀成核的球帽状模型

在凝聚相中，底座每单位面积上的稳定态非均匀成核速率可写成

$$I_s = K_s \exp\left(-\frac{\Delta G_s^*}{kT}\right) \tag{8.38}$$

式中：

$$K_s \approx N_s^0 \nu_0 \exp\left(-\frac{\Delta G_m}{kT}\right) \tag{8.39}$$

此表达式和均匀成核的对应部分相似，但用 ΔG_s^* 代替了指数内的 ΔG^*，用与底座接触的单位面积的分子数 N_s^0 代替了基质中单位体积的分子数。

对熔体中晶体的非均匀成核进行的研究往往得出一些反常的结果。一方面，在点阵密切匹配(错合度约小于 5%)的情况下，通常发现底座-核界面两边的点阵匹配与得到的成核催化效力之间存在相当好的相关性。与此相反，在点阵匹配较差(错合度在15%的范围内)的情况下，相关性也较差。

应该指出的是，在更一般的情况下，我们几乎不可能事先预测给定材料的给定样品中成核非均匀性的数量和效力。对形成玻璃的液体进行的研究表明，晶体成核几乎总是发生在外表面，有时(但不总是)在内部气泡的表面上。在外表面上的成核与表面上凝聚相杂质有关，有时在内部气泡的表面上观察到的成核，其形成原因很可能是相同的。在没有加入成核剂的氧化物玻璃中很少看到内部成核，而大多数关于这种成核情况的报道都和较低温度下的热处理有关。常常观察到所产生的这种结晶呈玫瑰花状和细长的条纹状，并且常常与熔体中杂质浓度的不均匀有关。

当将许多形成玻璃的材料冷却到玻璃状态、然后再将其重新加热到玻璃转变点和熔点之间的某一温度 T 时，常常看到大量的结晶。相反，当将相同材料的试样从熔点以上的某一温度直接冷却到 T 时，则该试样可能在一个长时间内看不到有结晶形成。这种性状上差别的根源可能与晶核的形成有关，在第一种冷却和重新加热的热处理中能形成这种晶核。在任何情况下都不能确定这种成核是均匀的还是非均匀的。

在熔体中加入经过选择的成核剂，形成玻璃的液体中就能产生大的内部晶核密度。这在玻璃陶瓷材料的制作以及在生产具有必要的结晶度的瓷釉和搪瓷等方面都有重要的用途。这些将在8.6节和8.8节中讨论。

8.4 晶体生长

在稳定的晶核形成以后，其生长速率由温度和过饱和度确定。生长速率取决于材料到达表面的速率以及材料可能长进晶体结构内的速率。将稀溶液或蒸气中的晶体生长与熔体中的晶体生长分开进行研究是比较方便的。

在这两种情况下，晶体与生长晶体的母相之间的界面性质预期对结晶的动力学和形态具有决定性的影响。用于描述结晶的每一种模型都建立在不同的假设上，这些假设涉及界面以及界面上那些可以添加和移去原子的位置的特性。

界面特性与基体的热力学性质即熔融熵有关[①]。对只有微小熵变($\Delta S < 2R$)的结晶过程来说，甚至最密堆的界面平面从原子尺度上来衡量都应该是粗糙的，并且生长速率各向异性(即不同方向生长速率的差别)应该较小。相反，对熵变大($\Delta S > 4R$)的结晶过程，最密堆的面应当是平滑的，而密堆较差的面应当是粗糙的，而且生长速率各向异性也比较显著。在小熵变与大熵变情况之

---

① K. A. Jackson in *Progress in Solid State Chemistry*, Vol. 3, Pergamon Press, New York, 1967。

间的结构特性上的差别可以用图 8.7 所示的二维界面来说明。

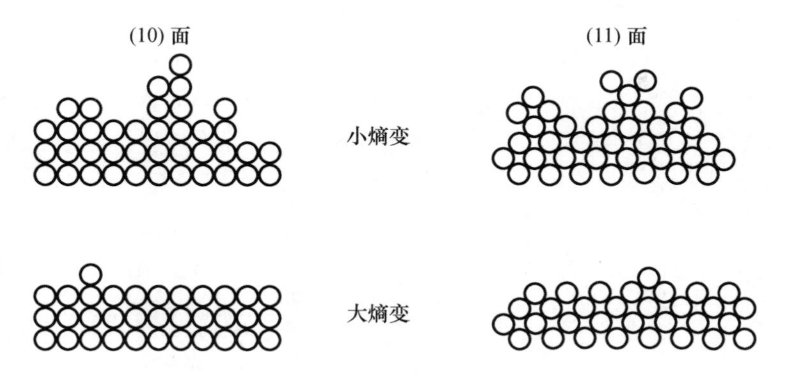

图 8.7　计算出的二维晶体的(10)面和(11)面分界面剖面，表示熵变对界面结构的影响。引自 K. A. Jackson，private communication

从蒸气或稀溶液中生长以及从熔体中生长的大多数有机和无机化合物(包括大多数硅酸盐和硼酸盐)会产生大的熵变。从熔体中生长的金属、SiO_2 和 GeO_2 会产生小的熵变。

Jackson 模型的预测已经被许多实验观察所证实。大熵变的结晶过程的特点在于具有小晶面的界面形貌[图 8.8(a)]；在相同条件下小熵变的结晶过程的特点在于具有非小晶面的界面形貌，这种形貌是近乎各向同性生长的典型代表[图 8.8(b)]。对于具有原子尺度上的粗糙界面(非小晶面界面)的材料来说，界面上的生长位置分数预计约为 1，虽然它通常取决于取向，但它不应当随着过冷而急剧变化。对于具有原子尺度上的光滑界面(带有小晶面界面)的材料来说，生长会显著地受到缺陷的影响。对于足够完整的晶体来说，形成新结晶层的成核势垒应好好加以注意。

晶体生长过程　已经提出了许多描述晶体生长过程的模型。每种模型都基于对界面和有效的生长位置的不同观点。

(1) 正常(粗糙表面)生长。当原子可以从界面上任何位置加进或移开时，生长速率可表示为

$$u = \nu a_0\left[1 - \exp\left(-\frac{\Delta G}{kT}\right)\right] \tag{8.40}$$

式中：u 为单位界面面积上的生长速率；ν 为晶 - 液界面上迁移的频率因子；a_0 为单元动力学过程中界面前进的距离，约为一个分子的直径；ΔG 为结晶过程中自由能的变化。式(8.33)指出 ΔG 可以看成与过冷度成正比。频率因子 ν 可以用式(8.27)表示，或以另一种形式表示为

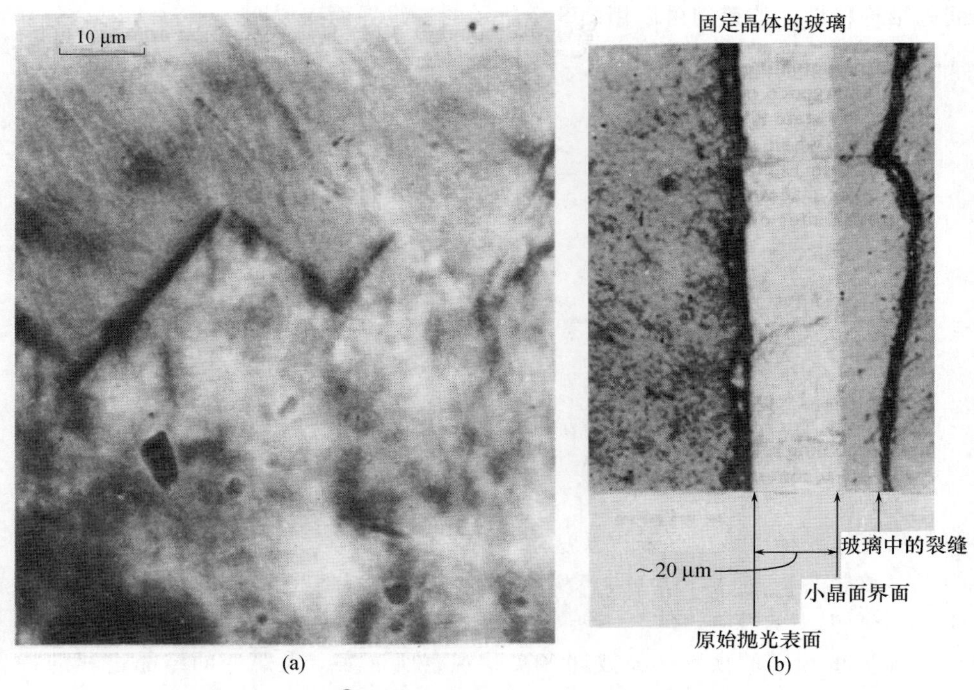

图 8.8 (a) $Na_2O\cdot2SiO_2$[①] 的界面形貌。引自 G. S. Meiling and D. R. Uhlmann, *Phys. Chem. Glasses*, **8**, 62(1967)。(b) GeO_2 的界面形貌。引自 P. J. Vergano and D. R. Uhlmann, *Phys. Chem. Glasses*, **11**, 30(1970)

$$\nu = \frac{kT}{3\pi a_0^3\eta} \tag{8.41}$$

式中：η 为黏度。

对于稍微偏离平衡的情况($\Delta G \ll kT$)，这种模型预言生长速率与驱动力或过冷度之间存在直线关系。对于严重偏离平衡的情况($\Delta G >> kT$)，该模型预言了一个有限的生长速率，

$$u \to \nu a_0 \tag{8.42}$$

对流体材料计算出来的这种有限生长速率在 10^5cm/s 范围内。

为使正常生长模型与实际相符，在原子尺度上界面必须是粗糙的，并以较大比例的台阶状位置为特点，在这些位置上原子能够优先加上和移开。

(2) 螺位错生长。晶体生长可能发生在与界面相交的螺位错所提供的台阶状位置上。随着分子加到晶体上，这些位错提供了一种自身维持的台阶源。达

① 原文为“$Na_2O\cdot SiO_2$”，疑有误。——译者注

到稳定态以前，位错的露出点处有较高的曲率。在稳定态中，螺旋形状保持不变，并且整个螺旋围绕着位错均匀地旋转。图 8.9 示出了这一情况。

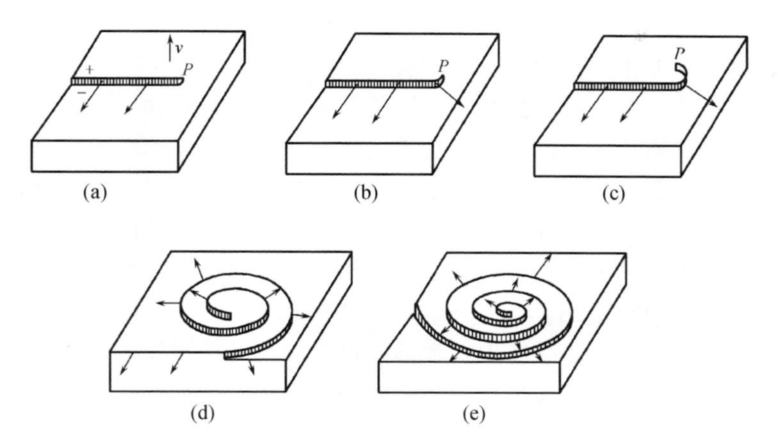

图 8.9 (a)与位错露出点 P 相连的台阶，位错具有与表面垂直的伯格斯矢量。台阶高度 $h=\bar{b}\cdot\bar{\nu}$,式中 $\bar{\nu}$ 为表面上的单位法向矢量。(b) ~(e) 在过饱和的影响下，(a) 中的台阶以 P 为中心绕成螺旋线

假设生长仅仅发生在位错的凸缘上，则晶体从熔体中生长时，其界面上择优生长位置分数 f 可以近似地表示为①

$$f\approx\frac{\Delta T}{2\pi T_{\mathrm{E}}}\tag{8.43}$$

生长速率为

$$u=f\nu a_0\left[1-\exp\left(-\frac{\Delta G}{kT}\right)\right]\tag{8.44}$$

f 随着过冷度而增加，反映为位错绕成更紧的螺旋线；与此同时，位错凸缘之间间隔减小。对于稍微偏离平衡的情况，这种模型预期生长速率随过冷度或驱动力的平方而变化。为使模型能对晶体生长提供有效的说明，界面在原子尺度上必须是十分平滑并且必须是不完整的，晶体生长仅仅发生在由螺位错提供的台阶上。

（3）表面成核生长。在这一过程中，晶体生长发生在界面上形成的二维晶核所提供的台阶处，生长速率可写为

$$u=A\nu\exp\left(-\frac{B}{T\Delta T}\right)\tag{8.45}$$

指数常数 B 取决于分析中所采用的模型，但在所有的情况下，B 与二维晶核的

① W. B. Hillig and D. Turnbull, *J. Chem. Phys.*, **24**, 914(1956)。

边缘表面能的平方成正比。

由式(8.45)所预期的生长速率应当随驱动力而呈指数变化。对小的驱动力来说，生长速率应当低到难以觉察。为使模型能符合实际情况，界面在原子尺度上必须是平滑而完整的(无交截的螺位错)。

蒸气或稀溶液中的晶体生长 当原子从蒸气中被吸附到晶体－蒸气界面上时，这些原子在重新气化以前要横过表面扩散一段相当大的距离。一个正在扩散的原子到达一个台阶时会被紧紧地固定住，同时台阶横过表面而移动；随着晶体继续长大，台阶最后到达晶体的边缘。当出现这种情况时台阶便消失，并且在一个完整的晶体中为继续长大必须成核成一个附加层。对于这种情况，生长动力学由式(8.45)给出。

实验发现，蒸气中的晶体生长常常以可以测量的速率发生，甚至在低的过饱和值时也是如此。这与发生在台阶上的生长有关，这种台阶是由与界面交截的螺位错提供的。

已经观察到晶体生长的各种螺旋形式，它们暗示了螺位错的生长机理。图8.10就是一个例子。生长螺旋线常常具有同晶面一样的对称性，螺旋线就在这种晶面上生长。也常常观察到外观上与 Frank－Read 源相似的双生长螺旋线。在许多研究中观察到螺旋生长的形状，台阶的高度估计为微米量级或更大些。这样大的台阶高度的来源有待于圆满的解释。

晶体在稀溶液或蒸气中的生长速率取决于表面上形成台阶的速率以及台阶经过表面迁移的速率。随着过饱和度的增加，台阶来源的数目也能不断增加。对于非常低的过饱和来说，位错可能是台阶的唯一来源；在高度过饱和的情况下，台阶也可由表面成核作用形成。杂质的存在能从根本上影响晶体生长；随着过饱和度的降低和温度的降低，杂质的影响增大。

在仅仅由一个位错形成单一螺旋斜台的地方会生长出晶须，这种晶须除了中心的位错核心部分之外都是完整的晶体。这些现象是很有趣的，因为晶须具有特殊优越的机械性能。许多晶须表现出相当于每平方英寸数百万磅强度的弹性形变。已经从多种材料中生长出晶须，包括氧化物、硫化物、碱金属卤化物和许多金属。

熔体中的晶体生长 因为难于测量界面温度，界面上晶体生长速率与过冷度之间的实验关系常常难于得到。在许多情况下，生长速率不受界面动力学的限制，但受制于熔融潜热从凝固面上消除的速率(参看8.6节中的讨论)。

许多玻璃形成材料的高黏度导致了低生长速率，因而也导致了低潜热释放速率，甚至在大的过冷度下这些速率也是低的。这样界面的温度就可以取为槽温或炉温，并可在宽的过冷范围内测量生长速率。

典型的玻璃形成系统的生长速率－温度关系曲线如图8.11所示。生长速

图 8.10　从水溶液中生长的碘化镉晶体上的生长螺旋（1025×下的干涉对比显微照片）。引自 Dr. K. A. Jackson，Bell Telephone Laboratories

率在熔点时为零，随着过冷度的增大而增大，升到极大值；然后因为流动性下降，又随着过冷度进一步的增大而下降。晶体生长的界面过程的有关数据可以从折算生长速率 U_R 得到：

$$U_R = \frac{u\eta}{1 - \exp(-\Delta G/kT)} \tag{8.46}$$

只要界面上的迁移过程以与黏度（$\nu \propto 1/\eta$）相同的方式随温度而变化，U_R 与 ΔT 的关系就应当代表界面位置因素与温度的关系。对于正常（粗糙面）生长来

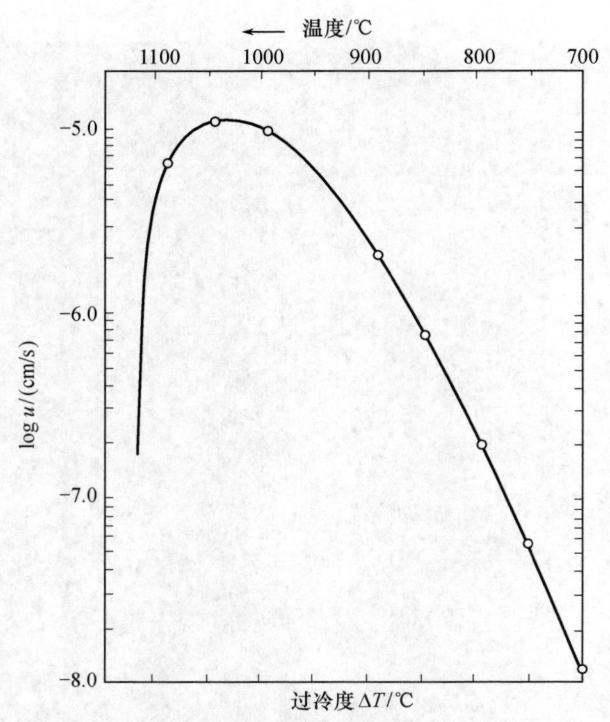

图 8.11 GeO_2 的生长速率与过冷度关系曲线。引自 P. J. Vergano 和 D. R. Uhlmann, *Phys. Chem. Glasses*, **11**, 30(1970)

说，这种关系为一水平线［式(8.40)和式(8.41)］；对于螺位错生长来说应为正斜率线［式(8.43)、式(8.44)和式(8.41)］；而对于表面成核生长来说，则应为上凹的曲线［式(8.45)和式(8.41)］。在最后一种情况下，$\log(u\eta)$ 与 $1/T\Delta T$ 的关系曲线应为负斜率的直线［式(8.45)和式(8.41)］。

GeO_2 这类具有小的熔融熵的材料以非小晶面界面形貌生长和熔融[见图 8.8(b)]，它们的生长速率的各向异性是微小的。如图 8.12(a)所示，它们的结晶过程和熔解过程动力学形式可由正常生长模型［式(8.40)］来预测；在对黏度随温度变化关系进行校正后，它们的结晶和熔解速率在同样小的偏离平衡的情况下也是相等的[图 8.12(b)]。与此相反，像 $Na_2O\cdot 2SiO_2$ 这类具有大的熔融熵的材料，在生长中具有小晶面界面形貌[图 8.8(a)]，而在熔解中具有非小晶面形貌，它们的生长速率的各向异性是大的。式(8.44)或式(8.45)不能很好地描述它们的结晶过程动力学[图 8.13(a)]，并且在熔点附近观察到它们的结晶和熔融速率有显著的非对称性，在同样小的偏离平衡的情况下熔融比生长要快[图 8.13(b)]。

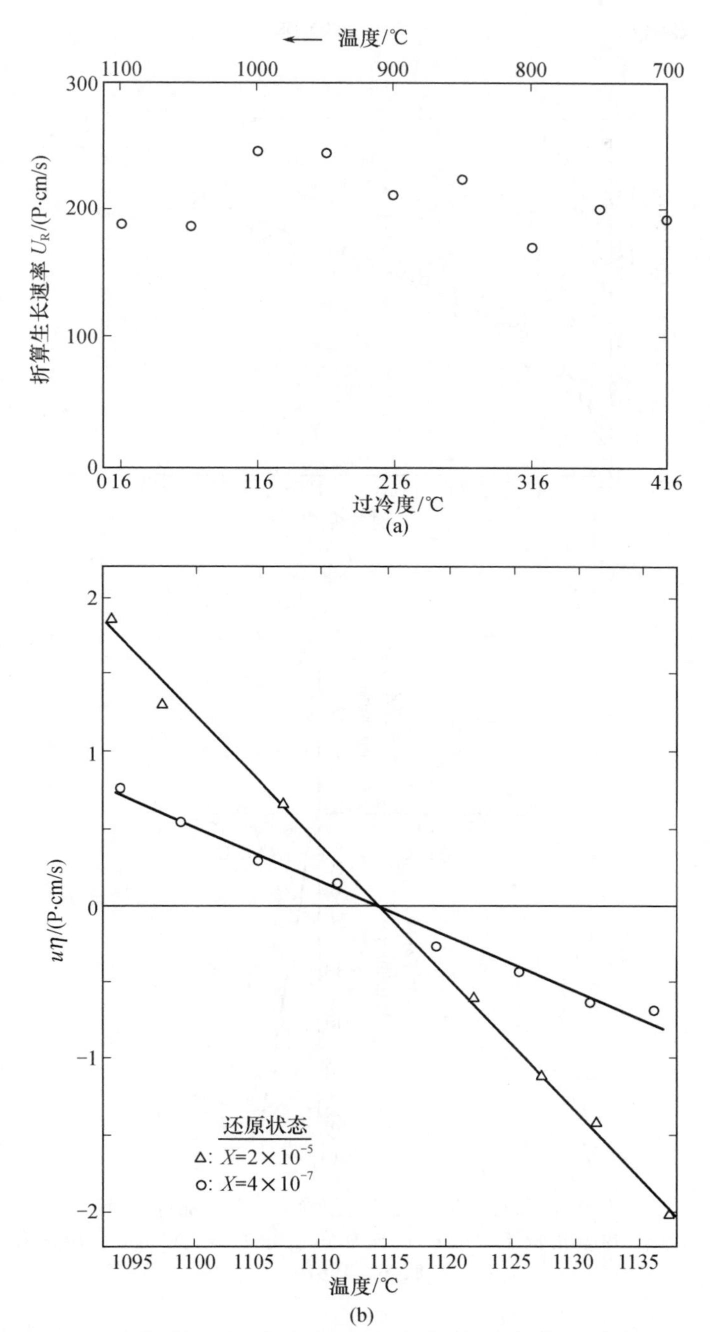

图 8.12 (a) GeO_2 的折算生长速率与过冷度的关系曲线。引自 P. J. Vergano and D. R. Uhlmann, *Phys. Chem. Glasses*, **11**, 30(1970)。(b) GeO_2 玻璃生长和熔融速率与黏度的乘积对温度的关系曲线(这种玻璃具有不同的还原状态，用 GeO_{2-x}中的 x 表示)。引自 P. J. Vergano and D. R. Uhlmann, *Phys. Chem. Glasses*, **11**, 39(1970)

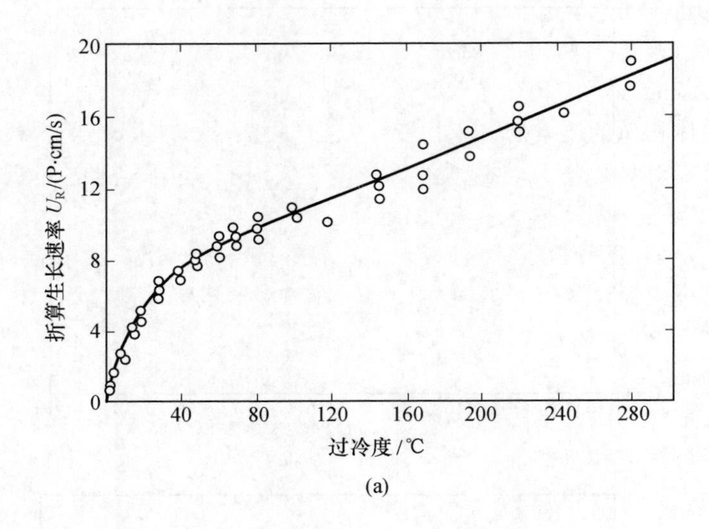

(a)

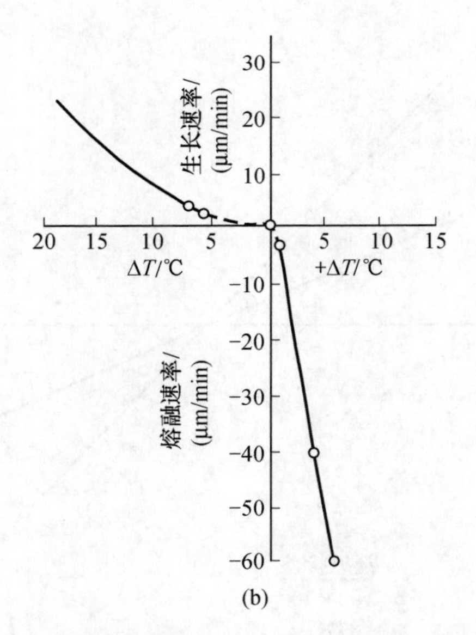

(b)

图 8.13 (a) $Na_2O \cdot 2SiO_2$ 的折算生长速率与过冷度的关系曲线；(b) $Na_2O \cdot 2SiO_2$ 在熔点附近的熔融速率和生长速率。引自 G. S. Meiling 和 D. R. Uhlmann, *Phys. Chem. Glasses*, **8**, 62(1967)

8.5 玻璃形成

W. H. Zachariasen① 提出了氧化物玻璃的形成条件。他考虑了形成具有与所对应的晶体相似的能量的氧化物液体所必需的结构条件。第三章中讨论过的这些条件是专对氧化物玻璃而言的，但是"形成具有与所对应的晶体相似的能量的液体"这一基本概念具有十分普遍的用途。

但是，目前已证实在各类材料中都发现有玻璃形成体，并且如果在低于熔点的温度范围内保持足够长的时间，则任何玻璃形成体都能结晶。由于这种原因，似乎更有成效的办法是研究要以多快速度使给定的液体冷却以避免产生可探测到的结晶，而不是去研究给定的液体是否为玻璃形成体。因而，对必要的冷却速率的估计可以归纳为两个问题：① 埋在玻璃基质中的晶体体积分数有多少时才能被探测和鉴别出来；② 如何才能使晶体的体积分数与描述成核生长过程的动力学常数相联系。

对于混乱地分布在整个液体体积内的晶体来说，正好能探测出来的浓度可取为 10^{-6}(体积分数)。晶体在整个液体中的分布关系提供了一个必要而不是充分的玻璃形成的冷却速率。

在处理该问题时我们利用式(8.5)：

$$\frac{V^{\beta}}{V} \approx \frac{\pi}{3} I_{v} u^{3} t^{4}$$

在利用此关系式时，我们忽略不均匀成核的作用，因而就只考虑能够导致玻璃形成的最小冷却速率。

避免出现给定体积分数的结晶所必需的冷却速率可以根据式(8.5)通过绘制所谓的 T－T－T(时间－温度－转变)曲线来估算。图 8.14 就是一个例子。在绘制这种曲线时，要选择一个特定的结晶分数，在给定温度下形成该体积分数所需的时间可以用成核速率和生长速率来计算，成核速率由式(8.30)给出，生长速率由实验方法测出或从式(8.40)、式(8.44)或式(8.45)求得。计算需要对一系列温度重复进行(也可能对其他结晶分数)。

T－T－T 曲线中的突出部分对应于出现给定体积分数晶体的最短时间，它是由结晶驱动力与原子迁移率之间的竞争所造成的。结晶驱动力随温度的降低而增加，而原子迁移率随温度的降低而降低。为避免形成给定体积分数的晶体所需要的冷却速率可以从下式粗略地估计出来：

---

① *J. Am. Chem. Soc.*, **54**, 3841(1932)。

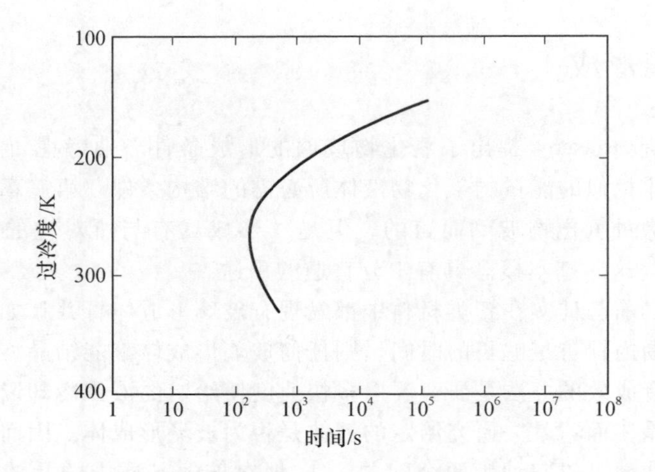

图 8.14　计算出的 $Na_2O \cdot 2SiO_2$ 的 T-T-T 曲线，结晶的体积分数为 10^{-6}。曲线的绘制采用了 G. S. Meiling and D. R. Uhlmann，*Phys. Chem. Glasses*，**8**，62(1967)中计算出的成核速率和生长速率以及黏度数据

$$\left(\frac{dT}{dt}\right)_c \approx \frac{\Delta T_n}{\tau_n} \tag{8.47}$$

式中：$\Delta T_n = T_0 - T_N$，T_N 是 T-T-T 曲线上突出部分所对应的温度；τ_n 是 T-T-T曲线突出部分所对应的时间。对形成玻璃的临界冷却速率的更准确的估计可以按照 Grange 和 Kiefer① 提出的方法、根据 T-T-T 曲线绘制出连续冷却曲线而得到。

由式(8.5)的形式可以清楚地看出，形成玻璃的临界冷却速率不受假设的结晶体积分数影响，因为在 T-T-T 曲线上在任何温度下时间都仅仅随着 $(V^{\beta}/V)^{1/4}$ 而变化。

在绘制给定材料的 T-T-T 曲线时，原则上可以采用测量出的动力学参数的数值。但在实际上，温度与成核频率关系的数据几乎总是不能得到的，仅仅对少数有意义的情况来说，适当的数据可以在生长速率随温度的变化中得到。因此，在几乎所有的情况下都必须对成核频率进行估计。

在估计成核频率时，根据对各类材料的实验结果，在相对过冷度 $\Delta T/T_0$ 为 0.2 时，ΔG^* 的数值通常取作(50～60)kT。在数据不能得到的情况下进行生长速率估计时，对具有小的熔融熵的材料可以假定为正常生长模型(粗糙表面)[式(8.40)]，对于具有大的熔融熵的材料则可以假定为螺位错生长模型［式(8.44)］。

这种分析方法可以很容易地加以推广以考虑对时间有依赖关系的生长速

① *Trans. ASM*，**29**，85(1941)。

率，例如由扩散控制的生长以及在大量液体内或外表面上的非均匀成核。在不同关系中用 N_v(单位体积中有效的非均匀晶核数)代替 $I_v t$ 就包括了这种成核。N_v 通常具有显著的温度依赖性，因为正在进行成核的不同势能的颗粒是在不同的温度范围内变得活泼的。在晶核首先与外表面或玻璃体的中心线相联系的情况下，最小的可观察到的晶体尺寸的标准在某些应用中比现行的可探测出的最小结晶分数的标准更为可取。

成核杂质的作用可以借助于球帽状核模型进行讨论(图 8.6)。以给定接触角 θ 为特征的单位体积内成核杂质的数目可以估计如下：在 8.3 节中讨论过的对各种材料所做的试验表明，把一个样品分为直径在 10 μm 大小范围内的小滴就足以保证约 99% 的颗粒不包含成核杂质。这些结果表明每立方厘米成核颗粒的密度在 10^9 的范围内。利用这个数值连同假设的杂质尺寸(例如 500 Å)就可以得到每单位体积成核表面的总面积。

于是，与杂质有关的成核速率可以用式(8.36)~(8.39)求得。成核杂质的接触角对玻璃形成的影响可以通过计算不同 θ 角的 T-T-T 曲线来估算。$Na_2O \cdot 2SiO_2$ 的典型结果如图 8.15 所示，其中在 $\Delta T/T_0 = 0.2$ 时 ΔG^* 取作 50 kT。可以看出，具有适度的接触角($\theta \leqslant 80°$)的杂质对玻璃形成能力有显著的影响；具有大接触角($\theta \geqslant 120°$)的杂质的影响可以忽略。

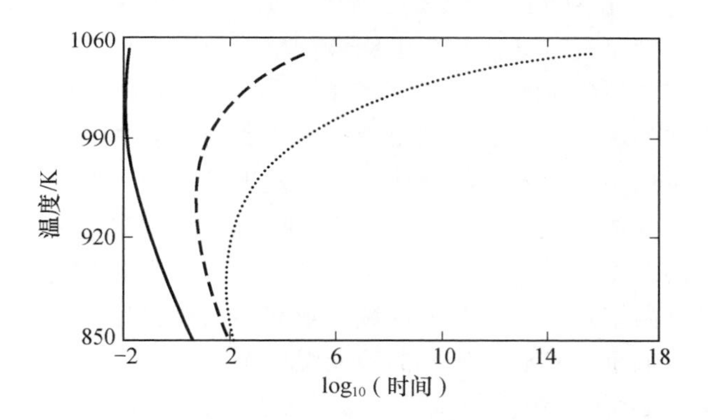

图 8.15　表示成核杂质影响的 $Na_2O \cdot 2SiO_2$ 的 T-T-T 曲线。结晶的体积分数 $=10^{-6}$。实线，接触角 =40°；虚线，接触角 =80°；点线，均匀成核或接触角 =120°和 160°。引自 P. Onorato and D. R. Uhlmann

对于包括氧化物、金属、有机物和水在内的各种材料进行了同样的计算，结果表明具有 $\theta > (90° \sim 100°)$ 的成核杂质对于玻璃形成能力的影响通常可以忽略。表 8.2 比较了假设只有均匀成核的条件下估计出的临界冷却速率和用每立方厘米为 10^9 杂质而估计出的临界冷却速率，估算时采用的杂质尺寸为 500 Å，所有的接触角均为 80°。表中列出的水和金属的结果有相当大的不确定性(尤其是金属)，这是因为在进行计算时黏度的数据必须在一个宽的范围进行外推。结果表明，不论有无杂质，要使纯金属从液态通过冷却的方法形成玻璃的可能性非常小。

表 8.2 估计的玻璃形成的冷却速率

材　　料	dT/dt(K/s)均匀成核 $\Delta G^* = 50\ kT$, $T_r = 0.2$	dT/dt(K/s)非均匀成核 $\theta = 80°$, $\Delta G^* = 50\ kT$, $T_r = 0.2$	dT/dt(K/s)均匀成核 $\Delta G^* = 60kT$, $T_r = 0.2$
$Na_2O \cdot 2SiO_2$	4.8	46	0.6
GeO_2	1.2	4.3	0.2
SiO_2	7×10^{-4}	6×10^{-3}	9×10^{-5}
水杨酸苯酯	14	220	1.7
金属	1×10^{10}	2×10^{10}	2×10^{9}
H_2O	1×10^{7}	3×10^{7}	2×10^{6}

表 8.2 还说明了成核势垒的变化对玻璃形成的影响。在表中，在 $\Delta T/T_0 = 0.2$ 的条件下对 $\Delta G^* = 50\ kT$ 和 $\Delta G^* = 60\ kT$ 时的临界冷却速率进行了对比。显然这些影响也可能很显著。将计算出的不同氧化物的冷却速率与实验室数据进行比较可以发现，在 $\Delta T/T_0 = 0.2$ 时，假定 $\Delta G^* = 50\ kT$ 通常会过高地估计玻璃形成的难度。这就是说，即使忽略了成核杂质，计算得出的冷却速率也始终过高。取稍大一点的 ΔG^* 值[$\Delta T/T_0 = 0.2$ 时，ΔG^* 在 $(60 \sim 65)kT$ 范围内]，则计算出的速率和实验室数据之间能得到相当一致的结果。

将这种分析用于种类不同的液体，可以发现最有助于玻璃形成的材料特性是在熔点时具有高的黏度，并且这个黏度随着温度降低到熔点以下而急剧增大。对有相似的黏度 - 温度关系的材料来说，低熔点或低液线温度有利于玻璃形成。在许多低共熔点附近的组成区域内观察到玻璃容易形成，这可能和进行结晶所需要的组成重分布以及较低的液线温度有关。

由于强调了玻璃形成中结晶速率和黏度的重要性，注意力又集中到决定材料流动性状和晶 - 液界面的本质这样一些特性上。按照这一观点，对一些特定的系统已经提出了玻璃转变温度和液线温度之间的各种相关性$\left(例如\ T_g \sim \frac{2}{3}T_M\right)$，这些从特定系统得出的相关性必须看成是有限制的一般原则。

像 Al_2O_3、H_2O 和 $Na_2O \cdot SiO_2$ 这样一类材料在熔点以下的一段温度范围内还是呈十分流动的状态。这类材料的玻璃体只能通过极快速的冷却方法才能得到。这可以借助于像急冷或从气相淀积到冷基底上这样一类工艺方法来实现。用急冷的方法可以得到 10^6 K/s 范围的冷却速率。利用从蒸气冷凝的办法，可以得到薄膜材料所需要的甚至更高、更有效的冷却速率。

8.6 作为变量的组成、热流以及玻璃中的淀析

在研究以组成为变量的成核生长时，考虑图 8.16 中的自由能与组成的关系示意图。如图所示，平衡组成由自由能曲线与公切线的切点给出，切点用 C^{α} 和 C^{β} 标明。对组成 C_0 来说，朝着平衡相分布方向进行的结晶所导致的自由能变化(即结晶的驱动力)由 ΔG_0 给出。

然而在研究成核时必须注意的是，当一组成为 C^{β} 的簇团形成时，剩余液体的组成需要稍微偏离初始组成 C_0 以保持质量守恒。由于这种原因，驱使成核过程的自由能变化可由下式给出：

$$\Delta G_{\mathrm{v}} = G(C^{\beta}) - G(C_0) - (C^{\beta} - C_0)\left(\frac{\mathrm{d}G}{\mathrm{d}C}\right)_{C_0} \tag{8.48}$$

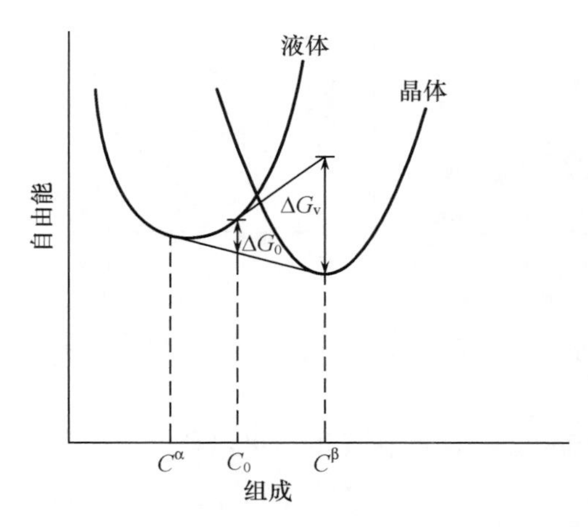

图 8.16 溶液的自由能与组成的关系曲线(示意图)，表明结晶的驱动力(ΔG_0)和成核的驱动力(ΔG_{v})

因此，成核的驱动力可由 C_0 点的切线和在所研究的组成点 C^{β} 形成的相的自由能曲线之间的差给出。如果假定晶核由组成 C^{β} 形成，则可以直接采用 8.3 节中的形式，而 ΔG_{v} 则由式(8.48)给出，同时用单位体积内簇团分子数目代替 n_0。

除了众所周知的氧化物玻璃以外，对大多数材料来说，杂质的存在可能会降低结晶速率，因为一部分驱动力必须用于结晶所需的扩散过程，或者因为界面上的择优生长位置可能被杂质毒害。高熔融熵的材料对杂质的影响应当比低熔融熵的材料更为敏感。

相反，杂质(包括气氛中的杂质和导致化学计量比偏离的杂质)在许多氧化物材料中以及肯定在许多重要的玻璃形成材料中都显著地增加生长速率。已经观

察到的这类例子有 SiO_2 中的水、氧和 Na_2O，GeO_2 中的水和 Na_2O 以及 B_2O_3 中的水。多年来人们就知道用水和其他矿化剂来提高氧化物系统中的结晶速率。可以预料对于具有网状特性的组成和对纯的材料来说，这些作用是最重要的。

众所周知，当晶体在不纯的熔融物内长大时，溶质会发生再分布现象。这是由于在界面上，晶体内溶质的平衡浓度 C_S 和相邻的液体内的平衡浓度 C_L 有所不同。通常用分布系数 k_0 表示：

$$k_0 = \frac{C_S}{C_L} \tag{8.49}$$

在大多数系统中，溶质在晶体中比在液体中溶解得少，因此 k_0 小于 1(见图 8.17 中固线和液线曲线)。

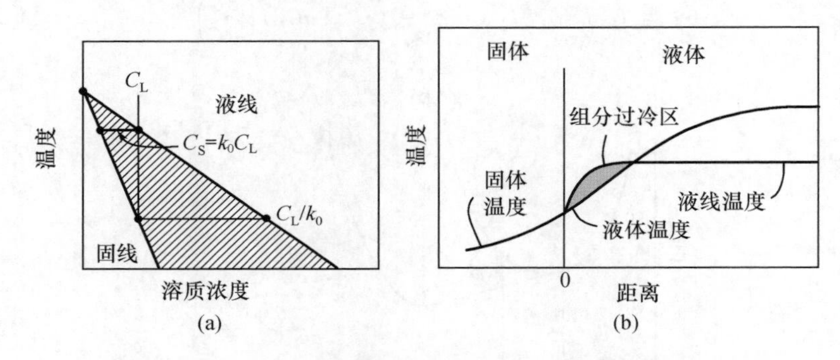

图 8.17 (a)固线和液线曲线；(b)组分过冷趋势

在液体中的对流可以忽略的情况下，可以估计出不同生长阶段的晶体中和液体中的杂质分布。在 k_0 小于 1 的恒定生长速率且适用式(8.49)的情况下(也就是说，对于局部组成 C_L 和 C_S 来说，分界面位于固线温度上)，估计的结果如图 8.18 所示。对液体中起始杂质浓度 C_0 来说，首先形成的晶体应具有浓度 k_0C_0。在稳定态生长的条件下，界面上液体内的浓度应当是 C_0/k_0，而在晶体内的浓度应当是 C_0。

正常凝固时容器壁上的成核很快，而且大量不同取向的晶体环绕着模具的表面形成一层凸起的边缘。这些晶体逐渐倾向于按生长最快方向取向，形成垂直于模具表面的大的柱状晶。这导致熔铸材料中的大晶粒尺寸，对产品性质有相当大的影响。实际的铸模设计中遇到的主要问题之一是凝固时发生的体积变化。通常，在液－固转变期间体积减小 10% ~25%，导致铸件中形成管状缺陷，这种缺陷必须通过合适的铸模设计加以控制。与金属相比，熔铸陶瓷制品时这是一个更大的难题，因为液体的低热导率导致一个固体表面层的形成，因此管状缺陷以大的内部空隙的形式形成而不是连通到敞开的表面。为了形成坚实的铸体，管状缺陷的形成及其位置必须很好地加以控制。这已成为熔铸坚实的小型铸件的难题之一。

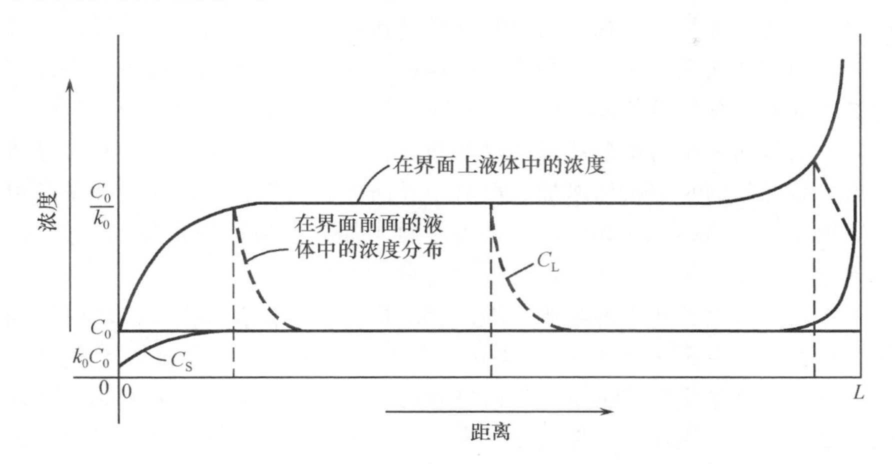

图 8.18　在式(8.49)有效的条件下单向凝固期间的浓度分布，C_L[①] = 在界面前面的液体中的浓度分布。引自 W. A. Tiller，K. A. Jackson，J. W. Rutter，and B. Chalmers，*Acta Met.*，**1**，428(1953)

在向前推进中的晶 - 液界面前面的液体中，浓度分布形式取决于液体内的扩散系数和生长速率。在许多生长条件下，温度梯度是这样分布的：界面前面的材料过冷程度比在界面上的更大；一旦不规则的生长进入这个区域，它就趋向于比平的界面长得更快，并导致不稳定状态。这种不稳定性产生了细胞状组织，这种组织由远离圆滑界面的较大的扩散率以及组分过冷使溶质在扰动逐渐加剧的界面间发生偏析的倾向来决定。例如在海水中冰的生长就是这种情况：沿着正在长大的晶体之间的边界形成了浓缩的海水溶液；当晶体长大时，这种浓缩溶液就被机械地陷在晶体中。在溶化期间，这种陷在晶体中的材料首先溶解，这就是溶解季节期间“烂冰”的原因之一。这种海水的分布对海冰的性能有强烈的影响。

当易流动的液体在固相成核以前过冷时，等温晶体生长的速率很快，但是凝固热使界面的温度高于周围液体的温度。为了使凝固继续进行，凝固热必须通过低温液相扩散开。对于具有小曲率半径的界面，这种扩散发生最为迅速；结果长大成为树枝状晶体，其枝状尖梢上的小曲率半径端部快速向前推进。当沿初始枝晶的侧面具备产生晶体长大的温度条件时，侧面的枝晶就开始形成。

由溶质扩散控制的生长　对由扩散控制的生长所做的处理通常指出晶体尺

① 原文为“C_{LP}”，根据图上所注文字，似应为 C_L。——译者注

寸随时间的平方根成比例地增大(生长速率随时间的平方根而减少)。这种时间变化与下述事实有关,即:在生长进行中,物质必须经过逐渐增大的距离进行传递。然而,如果正在长大的颗粒的尺度比特征扩散距离大,则界面前进的速率应该与时间无关。对于直径不变的棒状体这种特定情况,原子只添加在靠近两端的地方,预期其长度和体积会随时间线性地增加。

如果晶体的大小与扩散范围的尺度相当,则对于扩散控制的生长,晶体尺寸应当随着时间的平方根而增加,而对于界面控制的生长,晶体尺寸则随着时间线性地增加。当在 SiO_2 和 GeO_2 这类材料中加入了浓度逐渐增大的杂质时,可以预料晶体的生长将从界面控制过渡到扩散控制。

能提高晶体生长速率的溶质在界面上的排斥和累积会大大提高随时间而增加的生长速率。在这种情况下,样品可能在保持稳态长大条件之前便完全结晶。这种自催化作用应该更可能在前进着的两个界面之间的区域开始,在这种区域内溶质积聚最为显著。在其他情况下,正在结晶中的材料通过界面上具有高迁移率的溶质区域传输时可能产生类似于从浓溶液中生长的结晶过程。对于不能引起扩散控制生长或自催化生长作用的低溶质浓度来说,对动力学的作用应当通过对黏度和液线温度的综合作用来说明。

$Na_2O-CaO-SiO_2$ 系统中玻璃的结晶行为可以进一步说明上述原理。在百分组成为 $17Na_2O-12CaO-2Al_2O_3-69SiO_2$ 的玻璃中,发现失透石($Na_2O\cdot3CaO\cdot6SiO_2$)晶体的生长速率在试样几乎全部失透之前是相当恒定的[图 8.19(a)]。如图 8.19(b)所示,通过液线温度 1007 ℃时,生长速率和溶解速率表现出了平滑而连续的变化。

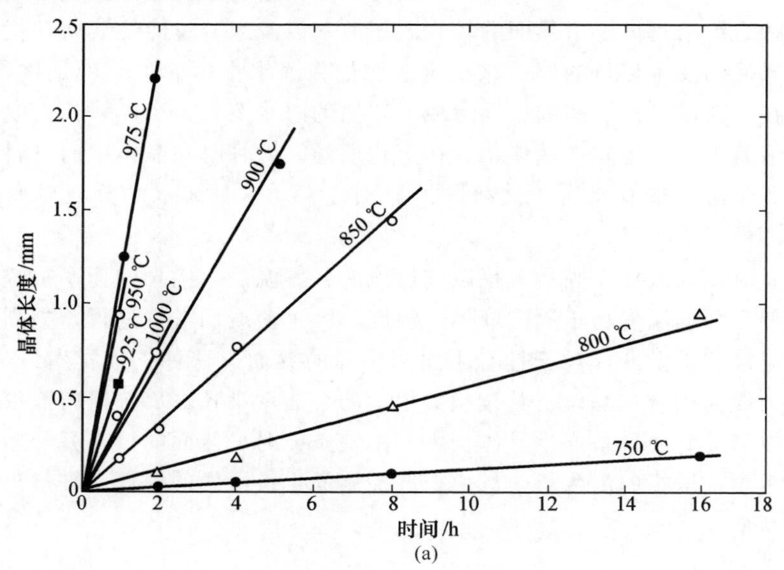

(a)

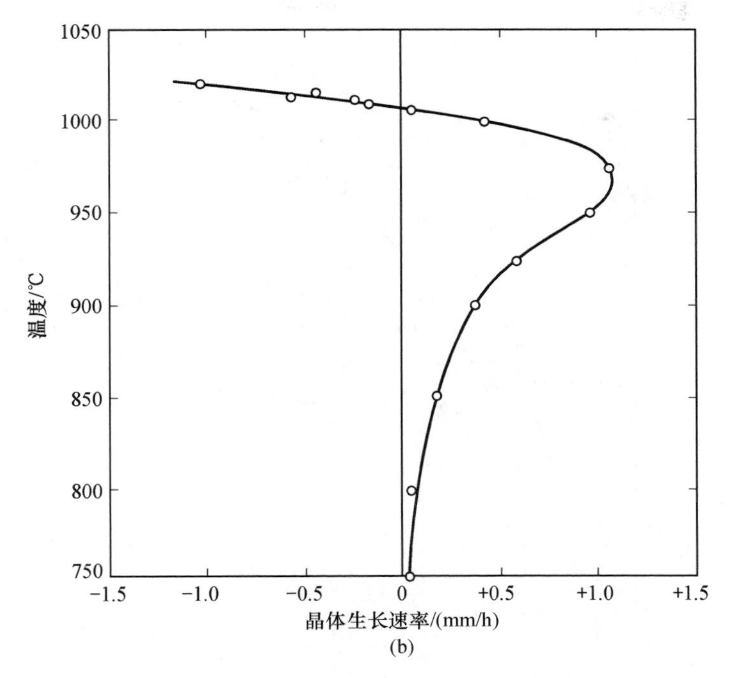

图 8.19 (a) 在组成为 $17Na_2O-12CaO-2Al_2O_3-69SiO_2$ 的玻璃中，时间和温度对失透石晶体生长的影响；(b) 在图 8.19(a) 中所示的同一种玻璃中，失透石晶体的生长速率。引自 H. R. Swift, *J. Am. Ceram. Soc.*, **30**, 165(1947)

考虑到在失透石的结晶过程中包含有 CaO 浓度的大的变化，生长速率与时间无关这一事实可能是无法预料的。然而对这种性状的解释可以从生长中的晶体的形态上得出。这种晶体的特点是呈纤维状，并且其长度比相应的扩散距离大。

Scherer[①] 在很宽的温度范围内测定了 Na_2O-SiO_2 和 K_2O-SiO_2 系统几种组成中晶体的生长速率。对含 1.5%、10%、15%、20%、25% 和 30%(摩尔分数) Na_2O 的组成，测试结果如图 8.20 所示。为了对比，图 8.21 给出了这个系统的相图。含有 1.5%、10%、15% 和 20% Na_2O 的组成中结晶呈枝晶形貌。前三种组成的结晶产物只有方石英；最后一种组成的结晶产物为方石英和 $Na_2O\cdot 3SiO_2$，后者是一种亚稳晶相。在所有情况下，生长速率与时间无关。

① Sc. D. thesis, MIT, 1974。

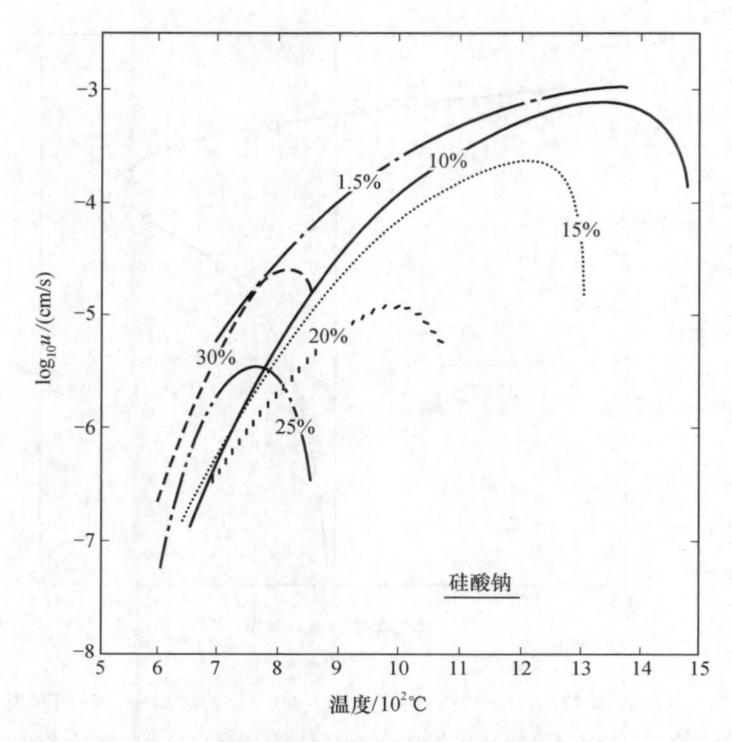

图 8.20　不同 Na_2O-SiO_2 组成的结晶速率与温度的关系曲线，组成用 Na_2O 的摩尔百分数表示。引自 G. W. Scherer，Sc. D. thesis，MIT，1974

在含 10% 和 15% Na_2O 的玻璃中观察到了液－液相的分离，但看不出其对结晶过程动力学有什么影响。这与相分离的程度有关，这种相分离所发生的范围比枝晶扩散的范围小。含 30% Na_2O 的材料结晶成球粒状的 $Na_2O \cdot 2SiO_2$；$0.25\ Na_2O-0.75\ SiO_2$ 的组成结晶时呈小晶面界面形貌。后一组成的晶体生长速率显然受到界面附着动力学的限制，而不是受熔融体中的扩散限制，并且折算生长速率与过冷度的关系(图 8.22)是一条通过原点且具有正斜率的直线。这种形式的关系意味着晶体生长是由螺位错机理(见 8.4 节中的讨论)控制的。对 Na_2O-SiO_2 系统相图(图 8.21)的研究指出，观察到的 $0.25\ Na_2O-0.75\ SiO_2$ 组成的结晶过程是形成同样组成的亚稳晶相，而不是形成 $SiO_2+Na_2O \cdot 2SiO_2$ 组合的平衡相。

K_2O-SiO_2 系统中含 10 mol% 和 15 mol% K_2O 组成的结晶过程导致了方石英枝晶的形成。在所有研究过的温度下，这些晶体的生长速率都与时间无关。对于 $0.10\ K_2O-0.90\ SiO_2$ 组成测得的生长速率和温度的函数关系如图 8.23 所

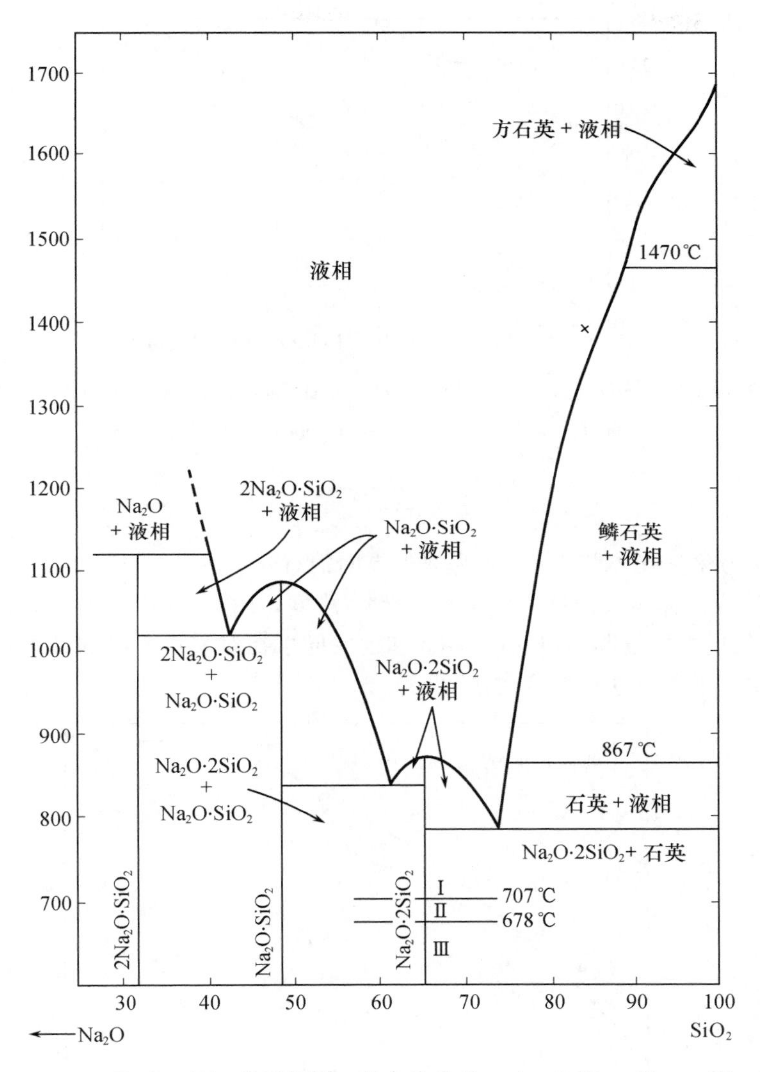

图 8.21　$SiO_2-2Na_2O\cdot SiO_2$ 体系相图。引自 F. C. Kracek，*J. Phys. Chem.*，**34**，1588（1930）和 *J. Am. Chem. Soc.*，**61**，2869（1939）

示。由 Christensen、Cooper 和 Rawal[①] 对这一组成进行的另一项研究证明了在邻近枝晶的地方存在富钾边界层，这意味着晶体的生长是由扩散控制的。如果界面上的组成梯度用整个边界层厚度的平均值近似地表示，则在扩散控制的条件下，晶体生长速率可以近似写成

---

① *J. Am. Ceram. Soc.*，**56**，557（1973）。

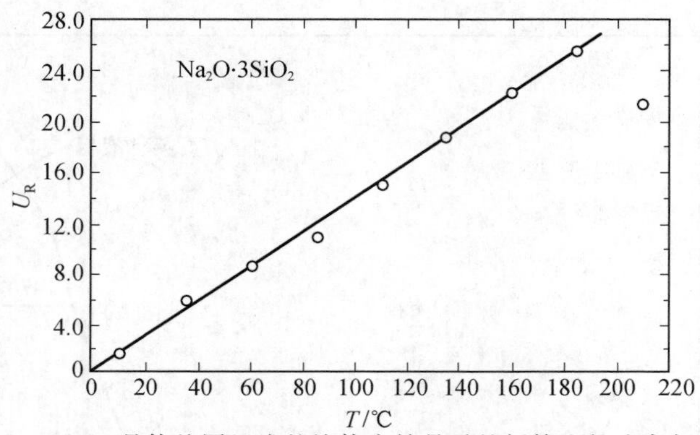

图 8.22　$Na_2O \cdot 3SiO_2$ 晶体从同组成的熔体中结晶时的折算生长速率与过冷度的关系曲线。引自 G. Scherer, Sc. D. thesis, MIT, 1974

$$u = \frac{D}{\delta}\frac{C_0 - C_s}{1 - C_s} \tag{8.50}$$

式中：D 为化学互扩散系数；δ 为邻近界面的有效边界层厚度；C_0 为液体中的浓度；C_s 为晶体生长温度下的平衡(液线)浓度。图 8.23 中的虚线是以恒定的 3 μm 厚的边界层绘制的(Christensen 和他的同事在对 810 ℃时的结晶过程进行研究时测得了具有这一厚度的边界层)。

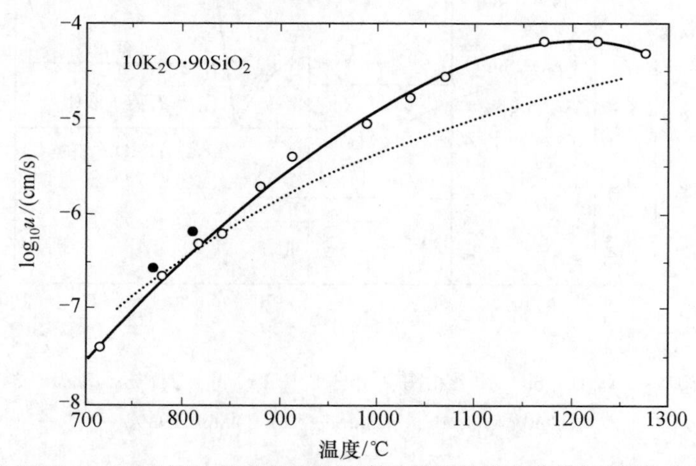

图 8.23　0.10 K_2O – 0.90 SiO_2 组成的生长速率随温度的变化曲线[实线为实验数据，虚线为式(8.50)的预期值]。引自 G. Scherer, Sc. D. thesis, MIT, 1974

可以看出，由式(8.50)的简单模型所得到的预测值与实验数据相当一致。直接求解枝晶的扩散控制生长问题可以得到更好的一致性。对孤立的枝晶[①]来

① G. Horvay and J. W. Cahn, *Acta Met.*, **9**, 695(1961)。

说的确是这样：在枝晶实际上处于孤立生长的条件下所预期的结果和实验数据一致。G. Scherer[①] 所做的近似分析为枝晶在有相邻枝晶存在时进行生长这一更普遍的情况下提供了与实验结果更好的一致性。在这种情况下，在分析中必须包括相邻枝晶扩散范围重叠的作用。

对硅酸盐液体结晶过程进行的大量研究发现，在低于液线大约 300 ~ 500 ℃ 的温度下生长速率可以忽略不计。对于大多数商用玻璃来说，这个温度在退火温度范围以上；而当玻璃长期保持在转变温度以上时就会结晶(反玻璃化)。

结晶釉 玻璃质硅酸盐常常用做陶瓷坯体的釉及铁和铝上的搪瓷。某些釉的组成已列于表 3.4 中。这些釉的制备通常是采用预熔过的玻璃料外加一些黏土和其他组分作为稳定添加剂；稳定添加剂有助于形成稳定的悬浮体，并为顺利施釉提供良好的性能。铅玻璃的熔点特别低；加入氟化钙也有助于形成低熔系统。在艺术陶瓷中，有时需要制备具有可控的晶体含量的釉。

无光泽釉是指在热处理过程中能形成晶体的釉，结晶产物通常是钙斜长石($CaO \cdot Al_2O_3 \cdot 2SiO_2$)或硅灰石($CaO \cdot SiO_2$)。这些釉的特点是它们的氧硅比高于冷却时不结晶的透明釉的氧硅比。许多无光泽釉可以通过过烧和快速冷却形成没有结晶相淀析的透明釉。当碱金属氧化物和碱土金属氧化物含量不变时，通过 Al_2O_3 与 SiO_2 的比值可以确定瓷釉是否透明(图 8.24)。

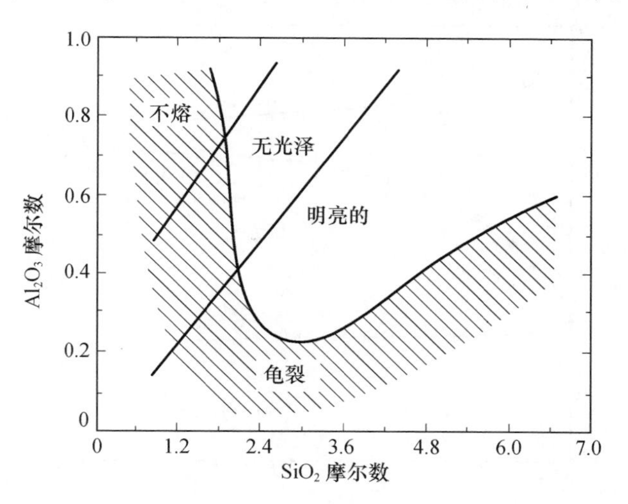

图 8.24 RO(0.3 K_2O - 0.7 CaO)含量固定而 SiO_2 和 Al_2O_3 含量变化的组成中出现的瓷釉区。火锥 11 号 1285 ℃烧成。引自 R. T. Stull and W. L. Howat, *Trans. Am. Ceram. Soc.*, **16**, 454(1914)

---

① 见之前所引用的文献。

在烧成温度下，黏土和三组分瓷（黏土－燧石－长石）在玻璃化期间所形成的液相具有足以在冷却时形成玻璃相的高氧硅比。相反，滑石瓷特别是以碳酸钡作为助熔剂的滑石瓷配合料，在烧成温度下则形成更容易流动的液相，并且常常在冷却时至少要淀析出一些结晶相；但是通常总剩下玻璃质的基体。同样，在碱性耐火材料烧成期间出现的液相通常也在冷却时或在烧成过程中结晶。

对于无光泽的釉，晶体尺寸应该均匀而比较细小。对于其他效用，则希望出现大晶体。已经发现，对形成无光泽釉的组成特别有效的一个系统是含有足够的氧化钙以形成硅酸钙晶体的釉。

为了在薄的釉层内长成大尺寸晶粒，釉的组成必须能使晶体具有平面长大习性。硅锌矿晶体（Zn_2SiO_4）呈六角片状，能在薄的釉层内长成大尺寸晶体。对于 F. H. Norton① 所叙述的一种瓷釉的组成，为了生成大晶体，需要将成核区域和生长区域充分隔开。临界成核温度下的成核速率很高（图 8.25）。为了长成大晶体，必须将组成物加热到约 1200 ℃（这在液线温度以上）并持续足够的时间以溶解初始加热期间所形成的几乎所有的晶核；然后在冷却进入快速生长区域时，在特殊的非均匀成核位置上，大晶体就在剩下的未溶解的晶核上长大，并且能够容易地获得厘米范围大小的晶体。

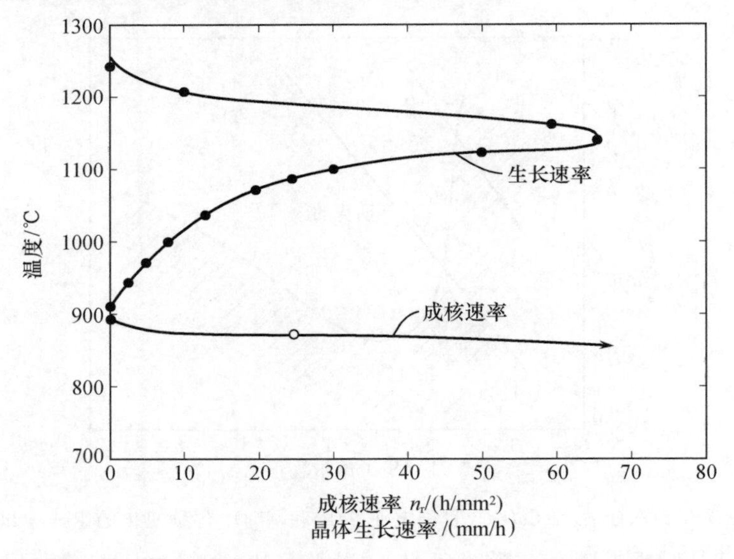

图 8.25 在适于生长大的装饰晶体的釉组成中晶体成核速率和生长速率的关系曲线。引自 F. H. Norton，*J. Am. Ceram. Soc.*，**20**，217（1937）

① *J. Am. Ceram. Soc.*，**20**，217（1937）。

这些晶体是特别吸引人的，因为钴和其他着色添加剂倾向于集中在结晶相中而不在玻璃中，因此在透明基底上能长出光亮的着色晶体。

不透明搪瓷釉　在钢铁上施加搪瓷时常常采用含钴的深蓝色底釉，有时也不用底釉。无论哪一种情况，优良的面层都必须具有高光泽度、高不透明性和洁白度。这些性质靠第二相淀析作用而获得，第二相在玻璃基体中引起光的散射。为了有好的效果，淀析物的颗粒尺寸必须很小，而且淀析物和玻璃基体之间的折射率之差要大。为了不透明，一些最好的搪瓷釉是用 TiO_2 制备的。许多研究者发现：为得到满意的不透明性，最适宜的颗粒尺寸范围为 0.05～0.5 μm（可见光波长范围的 0.1～1 倍）。不透明性是由于分散在玻璃基体内的 TiO_2 晶体对光散射的结果，而 TiO_2 作为不透明剂的效力则是由于它的高折射率和可控的颗粒尺寸范围。这些颗粒通常是由内部成核和晶体生长过程形成的。

在熔化温度（在 1100～1200 ℃范围内）以下，二氧化钛极易溶解于用于搪瓷的硼硅酸盐中。在熔融以后，通常将玻璃在水中淬冷；所得到的熔块和少量悬浮介质与 H_2O 混合形成搪瓷釉浆，再将这种釉浆喷涂在上过底釉的金属基底上。然后把金属件在 700～900 ℃范围内烧成。在烧成期间，熔块的颗粒流到一起而形成有黏附性的玻璃，并且因为 TiO_2 在这些玻璃基体中的溶解度随着温度的降低而显著下降，所以在烧成温度下过饱和度很高，大量 TiO_2 以细晶粒淀析物形式结晶出来。

一些有代表性的搪瓷釉组成已列于表 3.4 中。由于成核曲线和生长曲线的相对位置随温度而变，所以最好是在低温下将搪瓷烧成。这样成核速率高而生长速率低，可以得到细小的二氧化钛颗粒，作为最有效的乳浊剂。

为了形成乳白色玻璃，比较普通的做法是加入磷酸盐或氟化物作为乳浊剂。像 TiO_2 一样，在氟化物乳白玻璃中形成的氟化钠在熔制和工作温度下具有相当大的溶解度，但这一溶解度随温度的降低而迅速下降。在形成玻璃以后，重新加热到成核和生长的温度范围内，使 NaF 晶核在生长速率低的温度下形成，因此可以得到细分散相。这就产生最大的光散射作用，结果形成所要求的光学特性。在成核和生长温度下，高度过饱和常常会产生树枝状雪花晶体。

8.7　胶体着色、光敏玻璃和光色玻璃

金红宝石玻璃或铜红宝石玻璃的研制取决于对金属颗粒在玻璃基体中的成核与生长的控制。当制备玻璃中的这种胶体着色时，将着色金属的化合物加到配料中，加入的金属在开始时溶解成离子。配料中也要加入像锑、锡、硒或铅的氧化物作为还原剂。当将含有这些还原剂的玻璃冷却时，金或铜的离子就还原为中性原子，并且可以形成大量的金属颗粒晶核。随后重新加热到一个合适

的温度范围时，这些晶核就长成胶态尺寸的颗粒。

为了形成漂亮的色彩，出现的颗粒尺寸必须细小(胶态)，并且要有相当大的浓度。这就要求形成大量晶核，既能防止颗粒过分长大，又能提供必要的散射中心浓度。典型的金红宝石玻璃含有 0.01 wt% ~0.1 wt% 的金。

光敏玻璃　用一种敏化剂(铈离子)置换正常红宝石玻璃中的还原离子，就可以制成光敏玻璃。这些玻璃在开始制成并且冷却到室温时是无色透明的。当在紫外线或 X 射线下曝光时，易感光的铈离子吸收光子而由 Ce^{3+} 转变为 Ce^{4+}：

$$Ce^{3+} + h\nu \longrightarrow Ce^{4+} + e^- \tag{8.51}$$

这种玻璃在周围环境温度下可以认为电子被俘获在母体铈离子周围。但随后对玻璃加热，这些电子就能迁移到附近的金离子上面，使金离子变为金原子，然后这些金原子聚集成小的金属颗粒。这些颗粒的密度可通过控制入射辐射的方法加以控制，从每立方厘米很小数值到超过 10^{12} 的数值。含铜和银的玻璃也发生类似的过程，但在这些情况下金属离子本身可以起光敏剂的作用。

光敏现象在商业上得到了很多应用，其中之一是利用小的金属颗粒作为其他组成晶体进一步长大的非均匀晶核。特别是，硅酸锂玻璃适于晶相 Li_2SiO_3 的淀析，Li_2SiO_3 在氢氟酸中的溶解远多于在周围玻璃中的溶解。这就有可能制造出一种可以用化学方法加工的玻璃。先将光敏玻璃按需要形成金属核的图案在紫外线或 X 射线下曝光，然后加热到能够使硅酸锂在玻璃基体中长成图案的温度。用氢氟酸溶解掉玻璃中的这些结晶部分。这就提供了形成所要求的结构的方法，例如形成用其他方法所不能得到的微孔网格结构。用这种技术能够生产出孔的密度高达每平方厘米 5×10^4 的多孔阵列。

光致变色玻璃　有赖于对玻璃形成系统结晶过程加以控制的另一项发展是研制出了稳定的光致变色材料。当这类材料暴露在阳光下或者受到其他适当波长范围的辐照时变成黑色，而当光线移开时又恢复其原来的颜色。

已经出现了大量的光致变色材料，其中包括许多有机化合物以及 Zn、Cd、Hg、Cu 和 Ag 的一些无机化合物在内。所有这些材料的原子或分子都有两种状态，这两种状态的分子或电子组态不同，且在可见光范围内光吸收系数不同。在正常状态下，分子有一种颜色(或者无色)；当暴露在光或其他适当波长范围的辐照下时，它们转入第二种状态，显示出第二种颜色；在光线移开后，它们又回复到原来的状态。

虽然光致变色材料有多种多样的用途，特别是在眼科领域内，但当受到重复明暗循环作用时，大多数材料会因疲劳而受到损害。这种疲劳通常起因于光化学过程中所产生的活性物质与材料中存在的水或氧或其他化合物之间的不可逆化学反应。

与这种疲劳相关联的问题可以用光致变色玻璃来避免。这类玻璃的光色特性起因于细小、分散的卤化银晶体，它们是在玻璃最初冷却时或者随后的热处理中形成的，热处理的温度在基质玻璃的应变点和软化点之间。这些卤化银颗粒可能含有相当大的杂质浓度，例如存在于玻璃中的碱金属离子，而光致变色行为显著地受到玻璃的组成和热过程二者的影响。

基质玻璃通常是碱金属硼硅酸盐；商业上重要的透明玻璃的含银浓度在 0.2 wt% 和 0.7 wt% 之间，而不透明玻璃在 0.8 wt% 和 1.5 wt% 之间。卤素可以是 Cl、Br 和 I 或它们的结合，并且通常加入的浓度为千分之几的重量。配料中也加进约 0.01 wt% 的小浓度的敏化剂，最引人注意的是 CuO，它能显著地提高敏感性并增大光致变色的变暗能力。Cu 离子作为空穴陷阱而防止曝光中产生的电子与空穴重新结合。在典型的情况下，卤化银粒子的平均直径在 100 Å 范围内，而颗粒之间的平均间距约 500 ~ 800 Å，这相当于颗粒体积浓度在每立方厘米 10^{15} ~ 10^{16} 之间。

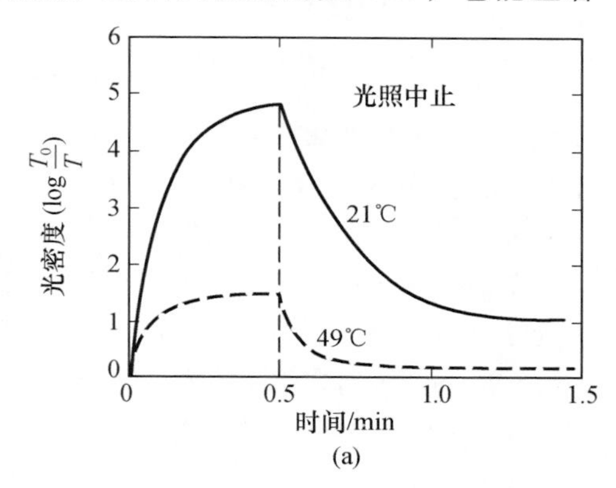

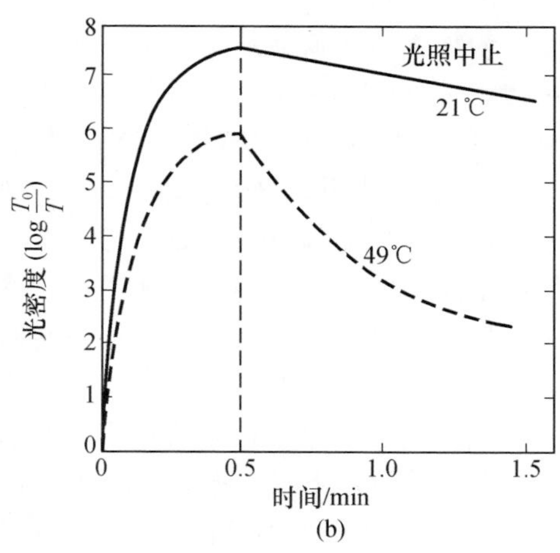

图 8.26　在(a)快速变清玻璃和(b)慢速变清玻璃中，温度对变暗和变清速率的影响。快速变清玻璃中，变暗对温度更为敏感。引自 W. D. Armistead and S. D. Stookey, *Science*, **144**, 150(1964)

导致变暗的波长主要取决于出现的卤化物粒子。含有 AgCl 粒子的玻璃对紫光和紫外光是敏感的，这就是说它们在受到这样的射线辐照时会变暗。添加 Br 或 I 一般使敏感性移向较长的波长。除了暴露在敏化射线时发生变暗的过程外，也发生光的和热的退色过程。在给定的温度和光强下所得到的稳定态着色程度由变暗与退色过程之间的竞争而定。

给定玻璃的变暗和变清过程的动力学通常比建立定态变黑过程的动力学缓慢。变暗速率对于温度不大敏感；变清速率随着温度的增加而显著地增加。所以，定态变暗就随着温度的增高而减少。这种关系如图 8.26 所示。从图中也可以看出，在给定温度下变清速率较快的玻璃对温度的变化显然比变清速率慢的玻璃更为敏感。

在这些玻璃中光致变色过程似乎和人们熟知的照相胶片过程中卤化银的光解作用及中性银原子的形成非常相似。在光致变色玻璃中这个过程是可逆的，而在照相底片乳液中这个过程是不可逆的，因而后者形成了稳定的银粒子。性状上的这种差别主要是由于基质材料(不同于乳胶，玻璃能防止卤化银粒子失去卤素)的气密性和化学惰性的不同。

8.8 玻璃陶瓷材料

玻璃陶瓷材料是通过合适的玻璃中的受控结晶过程制成的。这是一类由大比例的(典型的是 95 vol% ~98 vol%)微小晶体(通常小于 1 μm)和少量残余玻璃相所组成的无孔复合材料。

制造这类材料时，用传统的玻璃成形工艺制成所要求的形状的坯体。如 8.3 节中所述，玻璃常规的结晶过程几乎总是从外表面开始，随后晶体生长进入无定形相而形成大晶粒尺寸的不均匀体。基于种种原因，要求晶粒尺寸要小(小于 1 μm)而均匀。为获得在材料中占有大的体积分数的这些小晶体，每立方厘米必须有 10^{12} ~10^{15}量级的均匀的晶核密度。这种大量成核是通过熔化操作期间往配料中加入经过选择的成核剂和实行可控的热处理而产生的。

最常用的成核剂是 TiO_2 和 ZrO_2，但也可采用 P_2O_5、铂族和贵金属以及氟化物。常用的 TiO_2 浓度为 4 wt% ~12 wt%；ZrO_2 的使用浓度接近其溶解度的极限值(在大多数的硅酸盐熔体中为 4 wt% ~5 wt%)。在某些情况下，将 ZrO_2 和 TiO_2 结合使用，以便在最后结晶体中获得所希望的性能。

铂族和贵金属成核剂似乎是通过在淀析过程中直接形成晶核相来起作用，然后主晶相在晶核相的颗粒上生长。氧化物成核剂也可以按这一过程而起作用。但在许多情况下这些熔融外加剂似乎有效地促进了相分离过程。相分离能够提供第二相材料的细微分散体，然后可以由这些细微的分散体形成晶核相。

在成核过程中相分离的作用与许多因素有关系，包括：① 在结晶驱动力大的温度范围内形成高迁移率的无定形相，在这种无定形相中可以快速发生晶体成核；② 在相分离的区域之间引进第二相界面，在这个界面上可以发生第一晶相的成核；③ 为不存在驱动力的均匀溶液提供结晶驱动力。这几种可能性中最重要和最常见的似乎是第一种。

对于氧化物成核剂的确切作用的直接实验证据是相当不充分的。在关于 TiO_2 成核的 $Li_2O-Al_2O_3-SiO_2$ 玻璃陶瓷的一个研究中，成核阶段包括发生尺度约为 50 Å 的相分离，随后形成结晶的富 TiO_2 成核相。估计这种相大约含有

35 wt% 的 Ti 和 20 wt% 的 Al；初始材料含 TiO_2 低于 5 wt%。然而在其他类似的系统中，在主晶相晶体出现以前，用电子显微镜或用光散射观测都看不到结构不均匀的迹象。这可能反映不同系统中的有效成核方式不同，或者只是表明小尺度不均匀性难以检测。更一般地说，应该注意的是，重要的氧化物成核剂在含有相当大浓度的 SiO_2 以及通常含有相当数量的 Al_2O_3 的许多系统中是非常有用的。相反，对于其他一些系统，例如许多以磷酸盐为基础的系统，氧化物成核剂是完全无效的。这种差别很可能和非混溶行为的差别有关，但是也可能反映可能的结晶相在晶格匹配上的差别。

制造玻璃陶瓷体所采用的步骤如图 8.27 所示的温度－时间循环所示：先把材料在高温下熔化和成形，然后通常冷却到周围环境的温度，在此温度下再完成其余的工艺步骤。在这个阶段材料大部分可能是均匀的，或者可能含有一些相分离的区域，或含有一些很小的成核相的晶体。

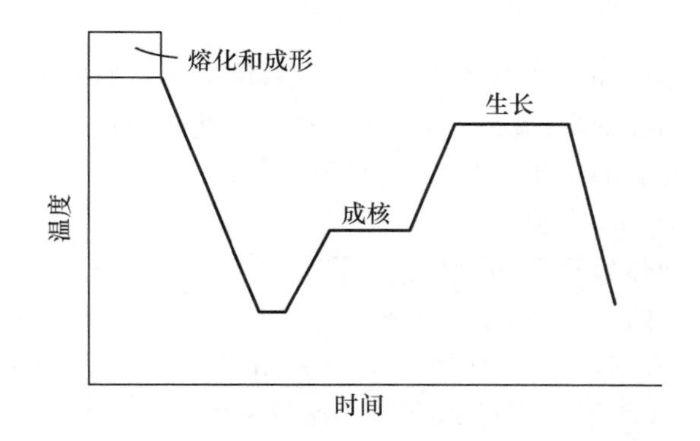

图 8.27　玻璃陶瓷体受控结晶过程的温度－时间循环示意图

其次在不引起热震的速率下将试样加热到一个保温温度，在该温度主晶相能有效地成核。试样一般在这一成核温度保持 1～2 h，此时熔体的黏度通常在 10^{11}～10^{12} P 范围内。初始晶核的形成尺度通常在 30～70 Å 范围内（作为一个例子，参看图 8.28）。

成核过程完成以后，把材料进一步加热使主晶生长。晶体生长的最高温度通常选择在晶体生长速率最大的范围，并且受到下列限制：获得所希望的相组成；避免试样变形；防止晶相中发生不需要的相变；防止某些相的重新溶解。这个温度和材料保持在该温度下的时间（该时间可以很短暂）取决于系统和组成以及在最后产物中所要求的相和性能。

在大多数情况下，结晶过程进行到结晶百分率超过 90%（常常超过 98%）。最终的晶粒尺寸一般在 0.1～1 μm 范围内。这要比第十一章中给出的显微照片所示的普通陶瓷体的晶粒尺寸小得多。

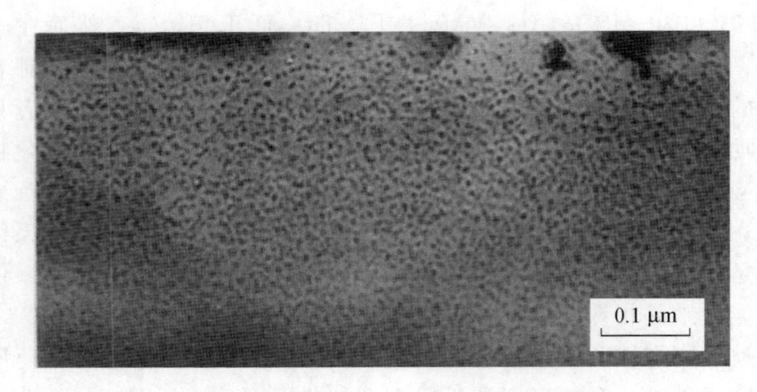

图 8.28　掺有 4% TiO_2 外加剂的 $Li_2O-Al_2O_3-SiO_2$ 组成中的晶核。引自 G. H. Beall in L. L. Hench and S. W. Freiman, Eds., *Advances in Nucleation and Crystallization in Glasses*, American Ceramic Society, 1972, pp. 251－261

在玻璃陶瓷体中晶相和玻璃相的体积分数取决于起始的玻璃组成、晶相的化学计量比以及结晶处理的温度和时间。然而常常碰到亚稳相，并且相的最后组合和显微结构发展的次序通常都取决于结晶过程热处理的细节，并与成核及晶体生长过程的动力学有关。

作为通过不同热处理循环而得到不同晶体尺寸的例子，考虑 Doherty 和他的同事们[①]研究过的一个组成：70 wt% SiO_2 + 18 wt% Al_2O_3 + 3 wt% MgO + 3 wt% Li_2O + 5 wt% TiO_2。估计约含 35wt% Ti 的富 TiO_2 晶核在 725 ℃左右开始形成，在 800～825 ℃之间形成速率达到最大值，而在 850 ℃左右又变得很小。主晶相 β－锂霞石在富 TiO_2 晶核上形成，随后在高于 1000 ℃的温度下转变为 β－锂辉石。在约 825 ℃时，锂霞石晶体的生长速率变得非常大，并在此以上的一个范围内随温度的增加而增加。上述成核与生长的动力学知识可用于控制热处理以便控制显微结构。图 8.29 和图 8.30 就是这种控制的例子。图 8.29 示出快速加热到 875 ℃并保温 25 min 的试件。因为这个试件是快速加热通过快速成核区的，所以形成的晶核比较少，而得到的是几个微米范围大小的锂霞石大晶体。同样的组成在 775 ℃恒温 2 h 然后加热到 975 ℃恒温 2 min，其特点则是晶体尺寸很小，在 0.1 μm 范围内(图 8.30)。

重要的玻璃陶瓷系统　在已经生产出来的那些技术上重要的玻璃陶瓷材料体系中，下列体系似乎最值得注意：

(1) $Li_2O-Al_2O_3-SiO_2$。该体系是非常重要的商用体系，它用于具有很

① P. E. Doherty in R. M. Fulrath and J. A. Pask, Eds., *Ceramic Microstructures*, John Wiley & Sons, Inc., New York, 1968。

图 8.29　快速加热到 875 ℃并恒温 25 min 的 $Li_2O-Al_2O_3-SiO_2$ 玻璃陶瓷亚显微组织。引自 P. E. Doherty in R. M. Fulrath and J. A. Pask, Eds., *Ceramic Microstructures*, John Wiley & Sons, Inc., New York, 1968, pp. 161 ~ 185

低热膨胀系数因而有很高抗热震性能的玻璃陶瓷材料。这一体系中的商业化材料有 Corning 公司的 Corning 制品、Owens – Illinois 公司的 Cer – Vit 以及 PPG 公司的 Hercuvit。该体系的热膨胀系数很低，在某些情况下比石英玻璃还低很多，这与结晶材料中出现了晶态 β – 锂辉石（$Li_2O \cdot Al_2O_3 \cdot 4SiO_2$）或晶态 β – 锂霞石（$Li_2O \cdot Al_2O_3 \cdot 2SiO_2$）有关，因为 β – 锂辉石的膨胀系数很低，而 β – 锂霞石的膨胀系数是较大的负值。这一体系中商业化组成有几个范围，其中的一种为（以重量百分数计）：Li_2O（2.6）、Al_2O_3（18）、SiO_2（70）和 TiO_2（4.5）。对具有不同特性的不同相的系列组合，可采用不同比例的 TiO_2 和 ZrO_2 作为成

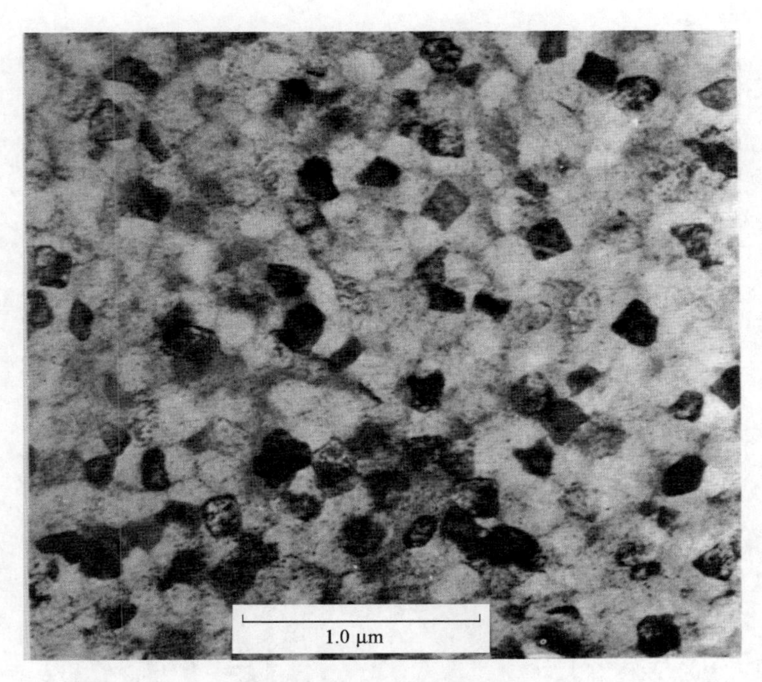

图 8.30　$Li_2O-Al_2O_3-SiO_2$ 玻璃陶瓷的亚显微组织，组成与图 8.29 中所示相同，先在 775 ℃下保持 2 h，然后加热到 975 ℃保温 2 min。引自 P. E. Doherty in R. M. Fulrath and J. A. Pask, Eds., *Ceramic Microstructures*, John Wiley & Sons, Inc., New York, 1968, pp. 161～185

核剂来得到。

（2）$MgO-Al_2O_3-SiO_2$。这一体系中形成的玻璃陶瓷材料具有高电阻率和高机械强度。高强度与晶化材料中出现的晶态 β－堇青石（$2MgO\cdot 2Al_2O_3\cdot 5SiO_2$）有关。在该体系中某些有用的玻璃陶瓷材料的组成包括的范围大约为 MgO(13)、Al_2O_3(30)、SiO_2(47)和 TiO_2(10)。

（3）$Na_2O-BaO-Al_2O_3-SiO_2$。这一体系的商品玻璃陶瓷材料的热膨胀系数为 80×10^{-7}/℃，包括的组成约为 Na_2O(13)、BaO(9)、Al_2O_3(29)、SiO_2(41)和 TiO_2(7)。重要的结晶相为霞石（$Na_2O\cdot Al_2O_3\cdot 2SiO_2$）和钡长石（$BaO\cdot Al_2O_3\cdot 2SiO_2$）。在实用方面，以该体系为基础的商品中最著名的有 Corning 公司的 Centura Ware，采用压缩釉来得到必要的机械强度。这种釉的应用将在第十六章中讨论。

（4）$Li_2O-MgO-Al_2O_3-SiO_2$。这一体系中的玻璃陶瓷材料的特点在于其具有可变的、在某些情况下是低的或负的热膨胀系数、透明度（在某些情况下）以及易于化学强化。重要的晶相是填隙型 β－石英固溶体。

（5）$K_2O-MgO-Al_2O_3-SiO_2$。这一体系的玻璃陶瓷材料是同低浓度的氟化物一起熔制而成，并以可切削的特性著称。这种特性与结晶体中存在有大长径比的云母相有关。

玻璃陶瓷材料的性质 玻璃陶瓷材料优于一般陶瓷之处主要表现在几个方面：成形工序的经济性和精确性；材料中不存在气泡，并且在结晶体内有均匀分散的、很小的晶体，这种小晶体具有所需要的性质。不存在孔隙的原因是体系结晶时体积变化较小，并且体积变化可通过塑性流动进行调节。小的晶体尺寸是由于向熔体加入成核剂而得到大量成核的结果。特定的材料性能在很大程度上可以通过选择合适的组成和结晶处理来设计。后一因素可能构成了玻璃陶瓷概念的基本特征，即通过兼含玻璃相和晶相的材料的化学的和显微结构的系统性变化来获得所需的各种性能。这种变化又可以用控制结晶的处理来实现。这种系统性特色之所以成为可能，是由于在玻璃和陶瓷的组合体中能够实现连续而宽范围的相组合变化（这和变化范围大受限制的晶态陶瓷大不相同）。

在某些情况下，玻璃陶瓷材料不是为结晶状态下的性质而设计的，而是为了结晶后处理的易行性而设计的。实例之一是表面可以通过涂层或离子交换的方法方便地予以强化的一类玻璃陶瓷材料的发展。玻璃陶瓷的离子交换技术特别复杂，因为这不仅包括通过填充过程对（各种）玻璃相进行直接强化（如第十六章中所述），而且还包括牵涉到结晶相的更重要的效应：由一种相转变为具有不同体积和不同膨胀系数的多种相；在已经存在的晶相中形成固溶体，从而改变其体积和膨胀系数。

8.9 玻璃中的相分离

如第三章中所述，相分离在玻璃形成系统中是一种普遍现象。在许多两种相都占有大体积分数的系统中观察到的连通结构的起因是令人特别感兴趣的。在 Cahn 根据不稳分解的线性理论进行计算（这种计算指出一种互相连接的结构，见图 8.4）之前，相分离现象通常是根据成核和生长过程来解释的。例如，在说明碱金属硼硅酸盐和其他玻璃中析出的两相亚显微组织时，假定了连续的第二相是由第二相的高浓度微滴产生的，这些微滴迅速长大并互相连接形成连续的网状组织。

这一观点已经得到了计算的支持。在这种计算中，混乱排列的晶核点以恒定速率同时开始长大，直到它们（次晶相）占有材料的给定体积分数为止。例如在占有 50% 体积分数时，发现每个球平均和 5.5 个其他球相交并且只有 0.4% 的球是不相连的。经过这种球体的组合计算出的横截面如图 8.31 所示。从图中可以看出高度的连接性，使得颗粒间颈部区域内的表面张力作用变得平

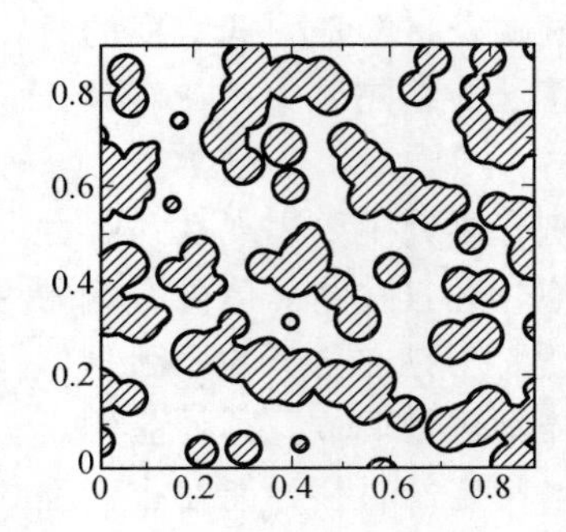

图 8.31 等大球体(半径 $r=0.05$)三维排列的横截面。引自 W. Haller, *J. Chem. Phys.*, **42**, 686(1965)

缓。这种形态和在许多相分离的玻璃中所看到的那些形态非常相似。

然而，两个正在长大的颗粒的接触区域中的重叠扩散范围应该使得向这个区域的扩散流量降低，并使进一步的生长提前结束。当忽略表面张力的作用时，这种颗粒间干涉效应能够彻底防止聚结现象(两个通过扩散控制过程长大的球不应聚结，而只在它们互相接触的区域内变平)。这种干涉效应的临界参数是颗粒间距对半径的比值，大颗粒在较大间距上受到干涉的影响。

尽管存在这种干涉效应，几种可能使颗粒聚结在一起的机理①已经得到了考虑。这些机理包括：① 毛细作用的驱动加强了向变平的逼近区域的扩散，这种扩散或通过颗粒内部或自外部向颗粒进行；② 连接两个颗粒的颈部成核作用；③ 由表面能驱动的颗粒之间区域内的扩散，表面能随颗粒间间距的减小而降低。这些机理中的每一个都能在适当的时间内导致聚结，但只有当颗粒接近到某个小的间距(约在 10 Å 量级)以内时，这种机理才起作用。仅仅由扩散控制的颗粒生长就能引起这种紧密的接近，但在许多情况下第二相颗粒的布朗(Brown)运动可以促进这种生长过程。只有当大量的成核产生的许多小的第二相颗粒(直径为 30～100 Å)在流体系统中占有大的体积分数时，这种布朗运动才可能是有效的。

如第三章中所述，相变后期出现的连通的亚微组织可能来源于不稳分解，或来源于离散颗粒的聚结。对 $BaO-SiO_2$ 系统中相分离进行的电子显微镜研究提供了直接的实验证据，证明了连通组织可以来源于离散的第二相颗粒的形成、长大和聚结。这一发展过程中几个阶段的情况如图 8.32 所示。$Al_2O_3-SiO_2$ 玻璃的数据也说明了相似的聚结过程的出现。在这个系统中，快速淬冷的试样区域内观察到了离散的第二相颗粒，而在冷却较慢的区域则发现了连通的亚微组织。

这些结果的重要特点是把观测到的聚结现象当做连通性的根源。聚结前所看到的离散颗粒可能来源于成核和生长过程，也可能来源于不稳分解过程，在后一过程中，扩散方程中的高次项是重要的。这些可能性之间的鉴别需要相分离的最初始阶段的数据。关于 $BaO-SiO_2$ 玻璃的其他数据表明，在某些退火条

① R. W. Hopper and D. R. Uhlmann, *Discuss. Faraday Soc.*, **50**, 166(1971)。

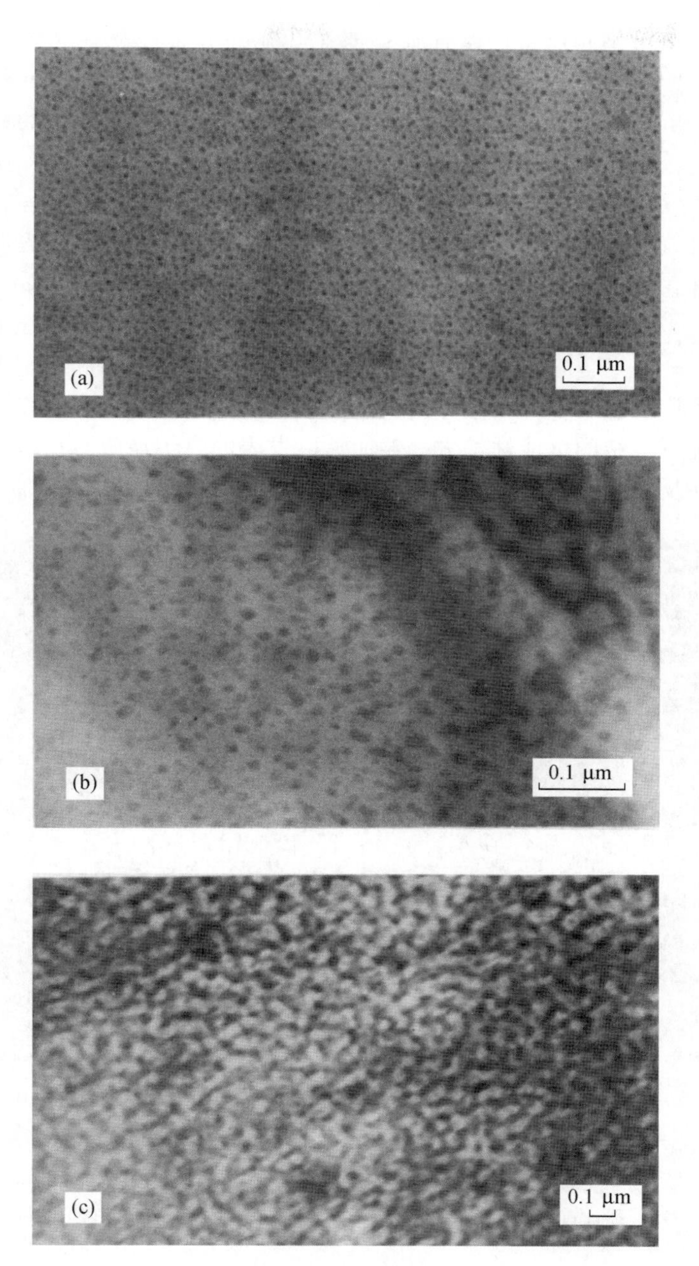

图 8.32　在电子显微镜中采用电子束加热方法观察到的 0.12BaO – 0.88SiO_2 薄膜中连通亚微组织的发展过程：（a）相分离早期出现的孤立、离散颗粒；（b）分离中期出现的颗粒的聚结；（c）分离后期出现的高度连通性。引自 T. P. Seward，D. R. Uhlmann，and D. Turnbull，*J. Am. Ceram. Soc.*，**51**，634(1968)

件下连通组织粗化并保持高度连通；但在其他一些条件下，这些连通结构粗化、破裂而成为离散的颗粒组织并且球粒化。这些观测结果连同那些由离散颗粒聚结而产生连通组织的观测强调了获得有关显微组织发展进程的数据的重要性，而不是以后期的形貌观察推出相分离的机理。

热历程对相分离影响的另一个突出例子是在对含 67.4 wt% SiO_2、25.7 wt% B_2O_3 和 6.9 wt% Na_2O 的硼硅酸盐玻璃进行的研究①所提供的。这种玻璃的试件在冷却到室温并在 750 ℃热处理 3 h 后呈现出了明显的连通性[图 8.33(a)]；将相同的组成直接冷却到 750 ℃并保温 3 h 后出现的连通程度要小得多[图 8.33(b)]。这种性状上的差别可能反映在 750 ℃下和向室温冷却期间不同温度下所形成的第二相颗粒的密度不同，并且反映出在小颗粒占有大体积分数的情况下聚结的可能性增大。然而从已发表的电子显微照片来看，组织的差别也可能反映在不同温度时起始的分离机理不同。

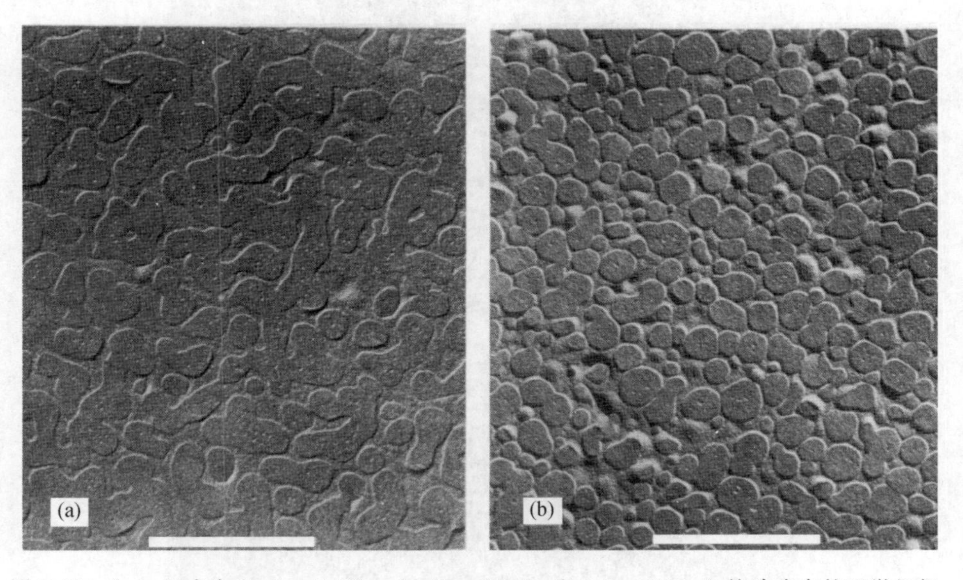

图 8.33 (a) 组成为 67.4 wt% SiO_2、25.7 wt% B_2O_3 和 6.9 wt% Na_2O 的玻璃中的亚微组织。试样先冷却到室温，然后在 750 ℃下热处理 3 h。注意其明显的连通性。(b) 同样组成由熔体直接冷却到 750 ℃并热处理 3 h。注意其连通程度较小。引自 T. H. Elmer, M. E. Nordberg, G. B. Carrier, and E. J. Korda, *J. Am. Ceram. Soc.*, **53**, 171(1970)

① T. H. Elmer, M. E. Nordberg, G. B. Carrier, and E. J. Korda, *J. Am. Ceram. Soc.*, **53**, 171(1970)。

推 荐 读 物

1. D. Turnbull in *Solid State Physics*, Vol. 3, Academic Press, New York, 1956.
2. K. A. Jackson in *Progress in Solid State Chemistry*, Vol. 3, Pergamon Press, New York, 1967.
3. D. R. Uhlmann in *Advances in Nucleation and Crystallization in Glasses*, American Ceramic Society, Columbus, 1972.
4. R. J. Araujo in *Photochromism*, Wiley, New York, 1971.
5. P. W. McMillan, *Glass Ceramics*, Academic Press, New York, 1964.
6. J. W. Cahn, *Trans. Met. Soc. AIME*, **242**, 166(1968).
7. J. E. Hilliard in *Phase Transformations*, American Society for Metals, Metals Park, 1970.
8. J. W. Christian, *The Theory of Transformations in Metals and Alloys*, Pergamon Press, New York, 1965.
9. R. D. Shannon and A. L. Friedberg, *Univ. Ill. Eng. Exp. Sta. Bull.*, **456**(1960).

习 题

8.1 在大多数成形玻璃的液体的结晶过程中观察到了晶体在外表面的择优成核，也观察到了在忽略偏离平衡的情况下自由表面上不均匀地发生熔化。将这两种资料和你的热力学知识结合起来，评论晶体成核的根源(例如是否与液体表面的自由表面有关)。

8.2 试讨论 SiO_2 相变对工艺过程和所得性能或使用范围的影响：① SiO_2 砖；② 普通瓷器。

8.3 对比不稳分解和均匀成核生长这两种相变过程。讨论热力学和动力学特性以及过冷度和时间对产物组织的影响。如何用实验方法区分这两种过程？

8.4 试推导从处于液线温度附近的玻璃基体中晶体均匀成核速率的表达式。此式与非均匀成核有什么不同？在计算室温下玻璃中的成核速率时还应考虑哪些附加因素？后面这种计算是否适合于考古研究中发掘出的玻璃试件？试解释之。

8.5 某氧化物液体的黏度随温度变化如下：

T/℃	黏度/P
1400	10^2
1200	10^3
1000	10^5

该材料的熔点为 1300 ℃，熔融熵约为 2 cal/(mol · ℃)。设想在指定的过冷范围内晶核主要来源是以 $10^6/cm^3$ 浓度出现的凝聚杂质，可以假设这一浓度在过冷度大于 100 ℃时是有效的。试问 1 cm^3 的试件在 1000 ℃加工处理时能保持多久时间

而无显著结晶发生？

8.6 试讨论以钠含量为函数时，硅酸钠玻璃的黏度、密度、熔点和反玻璃化趋势的变化。同样对硼酸钠的黏度、密度的变化进行讨论(请说明硅酸盐和硼酸盐不同性状的原因)。

8.7 阅读 D. Turnbull，*J. Chem. Phys.*，**18**，768(1950)，并评论他测定水银的晶－液表面能的方法。

8.8 测得直径为 20 μm 的微滴的成核速率为 $I_v = 10^{-1}$/(滴·s)。如果锗能够过冷 227 ℃，试计算锗的晶－液表面能。($T_{mp} = 1231$ K，$\Delta H_f = 8.3$ kcal/mol，$\rho = 5.35$ g/cm^3)

8.9 AO－BO 系统在 1000 K 时有一混溶性间断带，其范围是(4～98) mol% BO。一摩尔组成为 6% 的材料全部淀析时自由能的变化如何？形成的淀析物每摩尔的自由能变化如何？在淀析的第一阶段期间，每摩尔淀析物的自由能变化如何？如果摩尔体积为 10 cc，对淀析物(但不是对基体)需要多大压力才能防止初始的淀析物长大？

第九章 与固体的反应及固体间的反应

复相反应中，晶核和基质之间或晶体和熔体等反应相之间存在一个反应界面。进行复相反应必须经过连续的 3 个步骤——物质迁移到界面、在相界上反应、产物迁移离开界面。此外，相界上的反应的放热或吸热会改变边界的温度并限制反应速率。因为总反应速率是由这些连续步骤中最慢的一步决定的，所以任何一个反应步骤都可能决定复相反应的总速率。

在本章中，我们把上述与速率有关的步骤概念应用于陶瓷系统发生的变化中，研究在相界反应速率、传质和热流等限制条件下水化物和碳酸盐的分解、固相反应、氧化、腐蚀以及其他现象。

9.1 复相反应动力学

反应级数 经典的化学反应动力学主要研究单相反应，不能直接应用到许多值得关注的陶瓷现象上，但它能提供认识速率现象的基础。反应速率常常按分子性(即按照参加反应的分子或原子数)分类。总反应速率通常也按反应级数分类——反应级数是指浓度

c_1、c_2 等的幂次的总和。浓度必须自乘到这样的幂次才能使下列速率方程和实验结果相一致：

$$\frac{-\mathrm{d}c}{\mathrm{d}t} = Kc_1^{\alpha}c_2^{\beta}c_3^{\gamma}\cdots \tag{9.1}$$

例如，在一级反应中，

$$\frac{-\mathrm{d}c}{\mathrm{d}t} = Kc \tag{9.2}$$

积分可得

$$\ln\frac{c}{c_0} = K(t - t_0) \tag{9.3}$$

式中：K 为常数；c_0 为 t_0 时刻的起始浓度。对只含一个基本步骤的最简单的总反应来说，反应级数和分子性是相同的。对更复杂的反应（包括几个连续的基本步骤，这些步骤又涉及不同的物质）和一般的复相反应来说，分子性和反应级数是完全不同的，用反应级数来表示特性，纯粹是形式上的经验方法。事实上，有时反应级数为零或分数。虽然反应级数的概念对表示复相反应的数据是有用的，但通常不能只用分子间互相作用来解释复相反应。

激活能和反应速率 温度对所发生的过程的速率通常影响很大。过去对它的了解是根据阿伦尼乌斯(Arrhenius)方程。该方程表明：对许多过程而言，具体的反应速率常数与温度的关系可以是 $\log K \sim 1/T$ 或者 $K = A\exp(-Q/RT)$，式中 Q 为实验激活能。在有关速率过程的一般理论中，这一关系的基础已在第六章中讨论过，讨论时将扩散视为一种激活过程。通常，总速率过程（图 9.1）中的每一个步骤都需要激活能。

对大多数动力学数据的描述往往基于两种广为人知的观点：第一种观点是，速率过程中的每一步必须比较简单，并且每一步的反应路程都涉及反应路程中最大能量的激活络合态或过渡态，如扩散中单个原子的跃迁、分子的分解或新化学键的形成。在所有可能的平行路程中，能量势垒最低的一个（也是速度最快的一个）对总过程起主要作用。该激活－络合理论为速率过程提供了一般的方程形式，并且为简单过程提供了能够进行半经验计算的模型。第二种观点是，最慢的单个步骤的速率决定了包含一系列连续步骤的复杂过程的总速率。

假如沿对应于反应物和产物之间最低能量的反应路程的距离坐标绘制能量曲线，则如第六章中对扩散所讨论过的那样，有一个对应于激活络合态或过渡态的最大能量，实际上是一鞍点。激活络合态这一概念已广为人们所接受。作为研究反应速率的基础，如第六章所述，由该概念得出了反应速率常数，用下式表示：

$$\mathbf{k} = \frac{kT}{h}\exp\left(-\frac{\Delta H^{\dagger}}{RT}\right)\exp\left(\frac{\Delta S^{\dagger}}{R}\right) \tag{9.4}$$

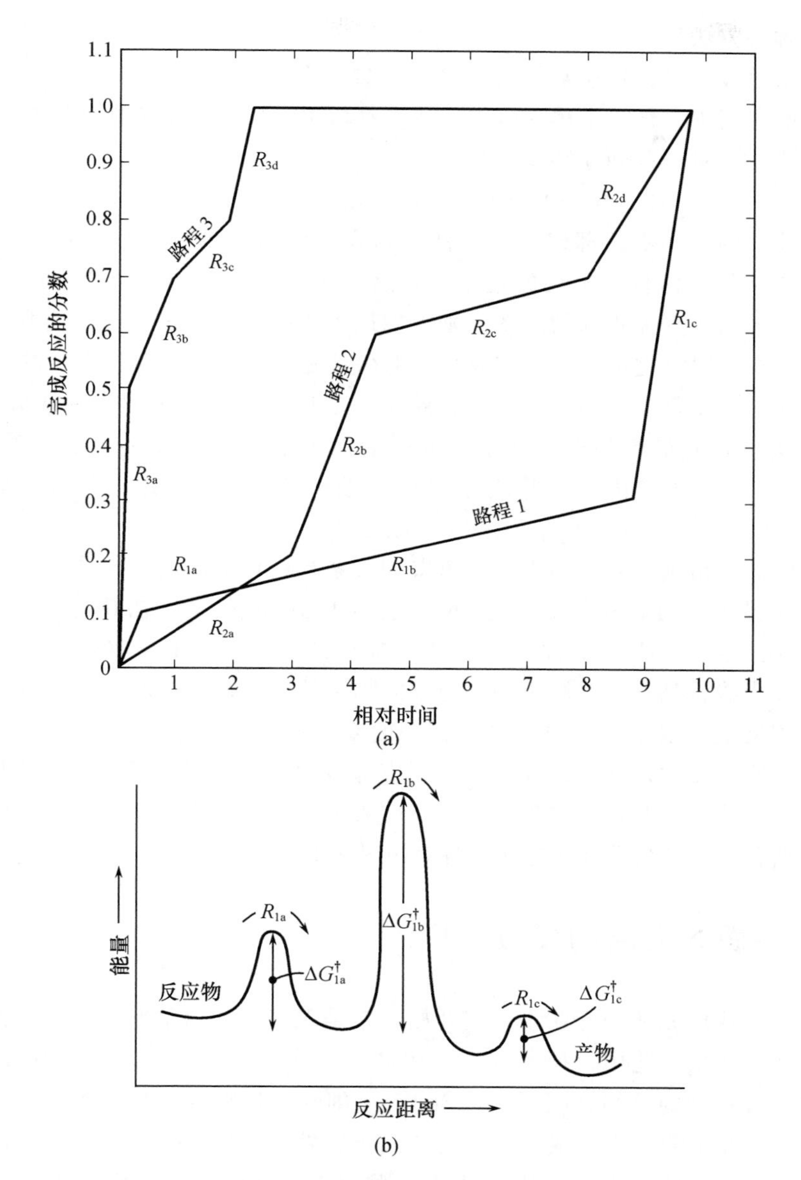

图 9.1 (a) 多路程过程，其中每一个路程都包含几个步骤；该过程受最快路程(路程 3)的控制。(b) 多步骤路程，其中每个步骤都具有一个激活能，沿本路程的总速率由最慢的步骤决定

式中：k 为玻尔兹曼常量；h 为普朗克常量；$\Delta H^{\dagger}$ 和 $\Delta S^{\dagger}$ 分别为激活焓与熵。在总反应过程中，单个反应步骤通常都是简单的，并且可标明为单分子反应或双分子反应。基于激活络合理论的单元步骤的半经验处理为反应过程提供了合理

的理论解决方法。

复杂过程 总过程通常是复杂的，并且需要一系列单独分开的单元步骤。在这样的序列中，任一个单独步骤的速率都取决于反应速率常数及这个步骤的反应物浓度。对一系列连续步骤来说，

$$A_1 = A_2 = \cdots = A_i = A_{i+1} = \cdots = A_n \tag{9.5}$$

假如对前后的所有步骤都建立了平衡，则我们可以为每一个步骤定义一“虚拟最大速率”作为将会出现的速率。在这些条件下，假如一个步骤的虚拟最大速率大大低于其他步骤的速率，则虚拟最大速率最低的这个步骤就控制了总速率。这样，对这之前的所有步骤可以有效地建立平衡，但对这之后的步骤则不一定能建立平衡。如图 9.1 所示，路程 1 的反应速率由过程中的步骤 1b 决定；步骤 lb 具有最慢的速率和最大的激活能势垒，并占总反应时间的 85%；步骤 1a 和 1c 发生较快。反应 R_{1a} 会变慢，慢到给出产物的虚拟平衡浓度；反应 R_{1c} 会变慢，因为 R_{1b} 为 R_{1c} 产生很少的反应物。

我们已经指出：陶瓷中大多数重要的凝聚相过程都涉及复相系统；变化都发生在相界上。总过程涉及：① 反应物迁移到相界；② 在相界进行反应；③ 产物迁移离开相界。只要一个步骤的虚拟最大速率远低于其他步骤，这一系列反应步骤就具有相对简单的动力学。如果情况就是这样的话，则有两种普通的复相反应类型：① 由迁移速率控制的复相反应；② 由相界反应速率控制的复相反应。通常，迁移过程和相界反应都包含许多步骤，其中之一具有最低的虚拟最大速率。对迁移过程和相界反应来说，从反应物到产物都有几种可能的反应路程。3 种不同的可能反应路程如图 9.1(a)所示。

9.2 平面界面层的反应传质

注浆 我们先从陶瓷注浆工艺开始，它是限速步骤用于推导动力学方程的一个实例。注浆工艺中，把含有分散在水中的黏土颗粒的料浆注入石膏模内，石膏模含有很细的毛细管(见图 11.36)，毛细管能从料浆内吸收水分，这样在石膏模与料浆的界面上形成一层致密的黏土颗粒层(图 9.2)。该过程的速率取决于水从料浆向毛细管内传递的速率，限速步骤是水经过密实黏土层时的流动。当该层厚度增大时，因为渗透距离增大，传质的总速率降低(与第六章所讨论过的气体经过玻璃的渗透相似)。

假定为平面沉积(单向流动)方式，并且水的流量 J_{H_2O} 与石膏模毛细管引起的压力梯度成正比，我们首先写出水的流量方程：

$$J = -K\frac{dP}{dx} \tag{9.6}$$

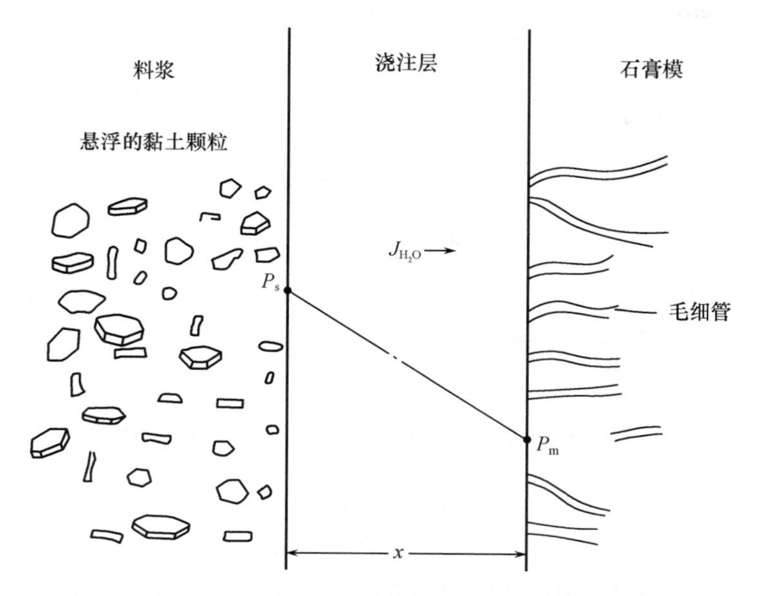

图 9.2　水在石膏模毛细管力作用下流动形成注浆层的示意图

渗透系数 K 与黏土颗粒大小、颗粒堆积方式以及水的黏度有关，并且对温度是敏感的。料浆里的水压 P_s 为 1 atm，石膏模内的水压 P_m 取决于毛细管作用，$\Delta P = P_s - P_m \approx 2\gamma/r$（第五章）。表面张力的大小取决于所用的解凝剂。在毛细管充满水之前，ΔP 近似于一个常数。把流量与浇注层厚度的变化 $\mathrm{d}x/\mathrm{d}t$ 联系起来得到

$$J = \left(\frac{1}{\kappa\rho}\right)\frac{\mathrm{d}x}{\mathrm{d}t} = -K\frac{\mathrm{d}P}{\mathrm{d}x} = -K\frac{\Delta P}{x} \cong -K\frac{2\gamma}{rx} \tag{9.7}$$

式中：ρ 为浇注层密度；κ 为脱掉的水体积转换为沉积的黏土颗粒体积的比例因子。对式(9.7)积分得到

$$x = \left(2K\rho\kappa\frac{2\gamma}{r}\right)^{1/2} t^{1/2}$$

或用普通抛物线方程表示为

$$x = (K't)^{1/2} \tag{9.8}$$

也就是说，平面浇注的壁厚应随时间的平方根的增大而增大(图 9.3)。

动力学过程中，常常观察到这种抛物线速率定律，限制步骤是经过反应层的传质。

固体间的互扩散　对互扩散来说，6.3 节讨论过化学扩散系数和用示踪扩散系数表示的化学扩散系数公式。测量两种陶瓷互扩散的速率时，可以把它们看做是反应产物的形成速率，该反应产物是固溶体而不是不同的或分离的相。

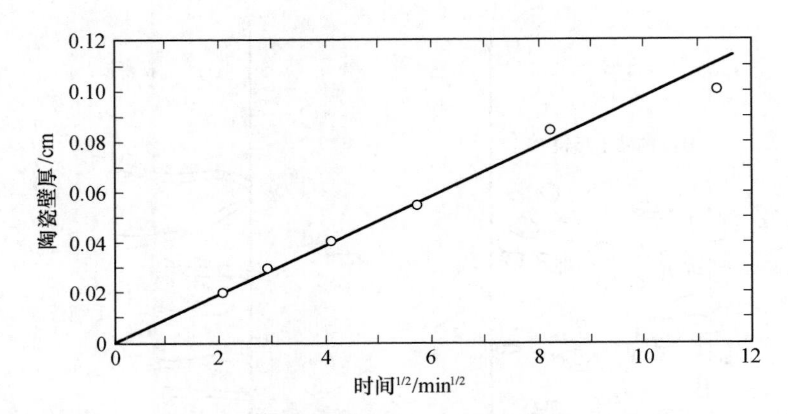

图 9.3　在石膏模内陶瓷料浆注浆速率的抛物线关系曲线

让我们研究一下 NiO 和 CoO 两晶体间在高温时发生的互扩散。形成的固溶体几乎是理想的，因而化学势与组成(浓度)的直接关系是$\mu_i = \mu_i^0 + RT\ \ln\ \gamma c_i$，式中活度系数$\gamma$等于 1。因而式(6.41)变为

$$\tilde{D} = (D_1^T X_2 + D_2^T X_1)\left(1 + \frac{\mathrm{d}\ln\gamma_1}{\mathrm{d}\ln X_1}\right) = D_{Co}^T X_{Co} + D_{Ni}^T (1 - X_{Co}) \tag{9.9}$$

这就是众所周知的 Darken 方程，该方程假定在互扩散区内出现了局部平衡，而陶瓷没有严格地符合这种情况。下面将提到，当一个带电物质比另一个带电物质移动得更快时将产生电化学场，而双极性耦合将会通过电化学场的作用而降低$\tilde{D}$的数值。

图 9.4(a)给出了在 CoO – NiO 系统中测得的互扩散数据。图中的曲线是在假定为理想固溶体的情况下由示踪扩散率[图 9.4 (b)] 和式(9.9)计算出来的。在 NiO – MgO 互扩散的情况下，不能直接利用式(9.9)，因为示踪扩散率为镍浓度的函数。实验测得的互扩散系数[图 9.5(a)]与镍的浓度之间呈指数关系。三价镍离子和阳离子空位缔合在一起(见 4.7 节和 6.4 节)，增大了镍向 MgO 传递的速率。测量是在空气中进行的，因此有足够的三价镍来控制阳离子空位的形成。这就是说，大多数的空位是因 $Ni_{Ni}^{\cdot}$的出现而产生的。正如在 4.7 节和 6.4 节内所讨论过的，大部分的三价镍离子和阳离子空位由于缔合作用而成对出现。某些其他系统的数据如图 9.5 (b)所示。

其次让我们讨论一下以反应层的形式形成化合物的反应，例如 NiO 和 Al_2O_3 形成镍铝尖晶石($NiAl_2O_4$)有许多可能的反应路程，图 9.6 示出了 5 种路程。尖晶石的形成速率可能受 A^{2+} 离子、B^{3+} 离子或 O^{2-} 离子扩散、电子(空穴)的迁移、O_2 迁移或者 $AO - AB_2O_4$ 或 $AB_2O_4 - B_2O_3$ 界面反应控制。

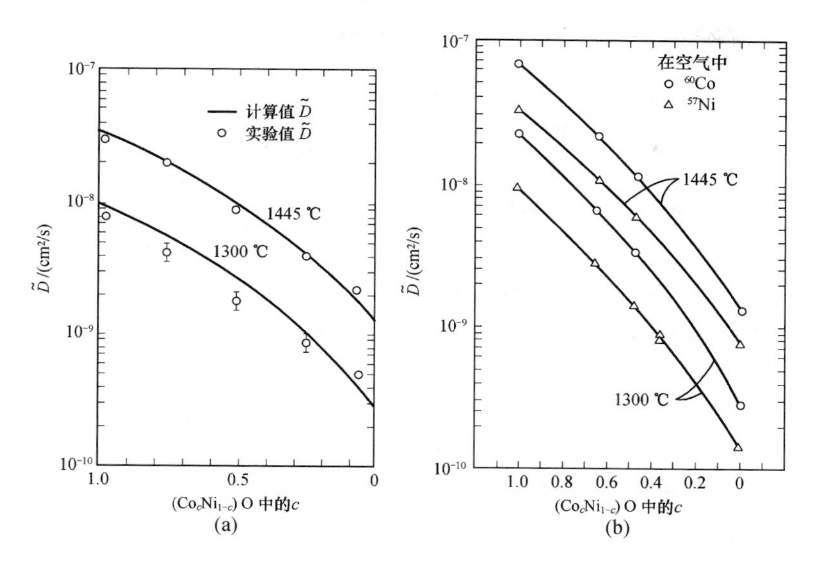

图 9.4 (a) 在 1445 ℃和 1300 ℃下，空气中互扩散系数 $\tilde{D}$ 的计算值和实验值的对比；(b) 在 1445 ℃和 1300 ℃下，空气中^{60}Co 和^{57}Ni 在$(Co_cNi_{1-c})O$ 晶体中的示踪扩散系数，以 log$D$ 对 c 作图。引自 W. K. Chen and N. L. Petersen, *J. Phys. Chem. Soc.*, **34**, 1093(1973)

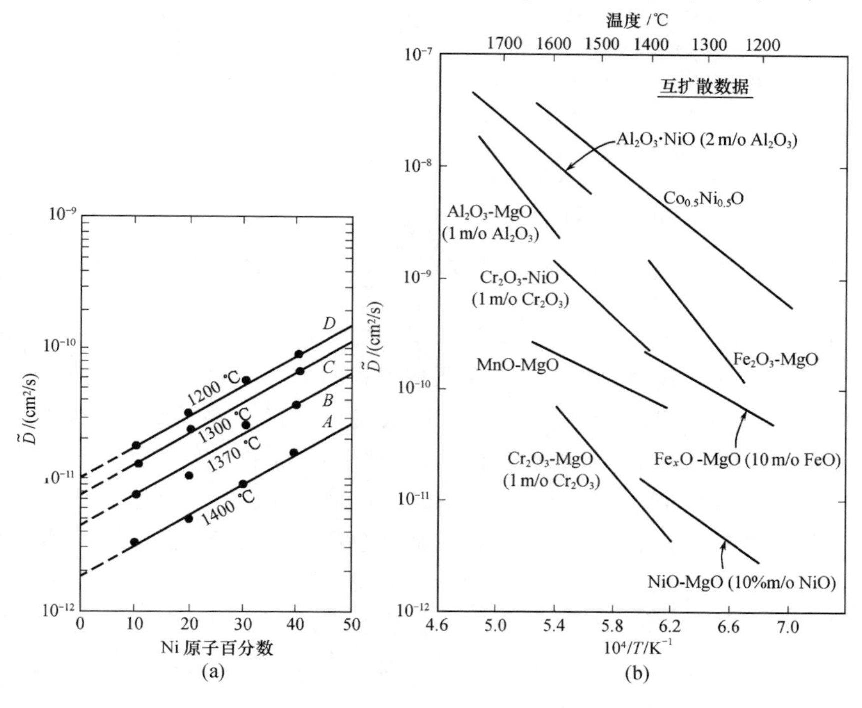

图 9.5 (a) 空气中，在几种温度下 NiO－MgO 系统中扩散与镍浓度的关系曲线，引自 S. L. Blank and J. A. Pask, *J. Am. Ceram. Soc.*, **52**, 669(1969)；(b) 几种特定组成的氧化物中的互扩散系数

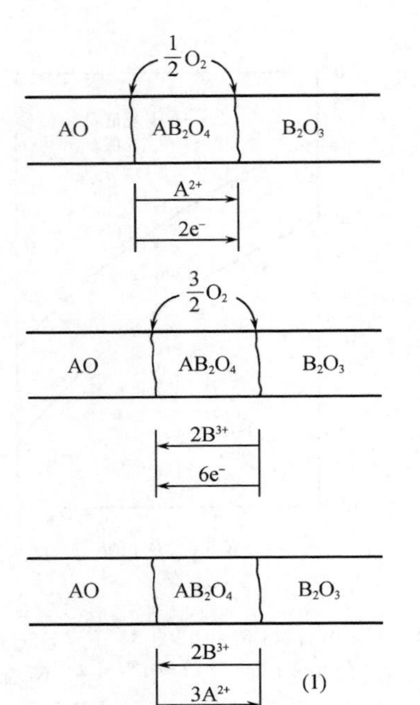

反应发生在 $AB_2O_4-B_2O_3$ 界面：氧通过气相传输；A^{2+} 离子和电子通过 AB_2O_4 传输

$$A^{2+}+2e^-+\frac{1}{2}O_2+B_2O_3=AB_2O_4$$

反应发生在 $AO-AB_2O_4$ 界面：氧通过气相传输；B^{3+} 离子和电子通过 AB_2O_4 传输

$$AO+2B^{3+}+6e^-+\frac{3}{2}O_2=AB_2O_4$$

氧气和阳离子通过 AB_2O_4 传输：

(1) 两种阳离子扩散$\left(J_{B^{3+}}=\frac{2}{3}J_{A^{2+}}\right)$。

反应发生在 $AO-AB_2O_4$ 界面上

$$2B^{3+}+4AO=AB_2O_4+3A^{2+}$$

并发生在 $AB_2O_4-B_2O_3$ 界面上

$$3A^{2+}+4B_2O_3=3AB_2O_4+2B^{3+}$$

(2) A^{2+} 和 O^{2-} 扩散。

反应发生在 $AB_2O_4-B_2O_3$ 界面上

$$A^{2+}+O^{2-}+B_2O_3=AB_2O_4$$

(3) B^{3+} 和 O^{2-} 扩散。

反应发生在 $AO-AB_2O_4$ 界面上

$$AO+2B^{3+}+3O^{2-}=AB_2O_4$$

A^{2+} O^{2-} (2)

$2B^{3+}$ $3O^{2-}$ (3)

图 9.6　控制 AB_2O_4(例如尖晶石)形成速率的几种可能的机理(引自推荐读物 1)

当通过平面产物层的扩散控制反应产物的形成速率时，抛物线速率定律[式(9.8)]成立，式中的扩散系数是限速过程的扩散系数。图 9.7 给出了在两种不同温度下 $NiAl_2O_4$ 的形成与时间之间的抛物线形关系。图 9.8 是在 Al_2O_3 反应平面上形成的尖晶石产物的显微照片(当几种相作为反应产物形成时，情况更加复杂。推荐读物 1 以及 C. Wagner[①]对这种情况进行了讨论。)

离子固体中的电化学势　在讨论点缺陷(第四章)和原子迁移性(第六章)时，我们已经指出离子晶体的显著特点是：在晶体晶格内一种原子可能具有有效电荷。陶瓷内发生传质时，一个带电物质通常是和带相反电荷的离子或缺陷成对地迁移，所以我们必须把电化学势看做是传质的驱动力而不单单是化学势

① *Acta Met.*, **17**, 99(1969)。

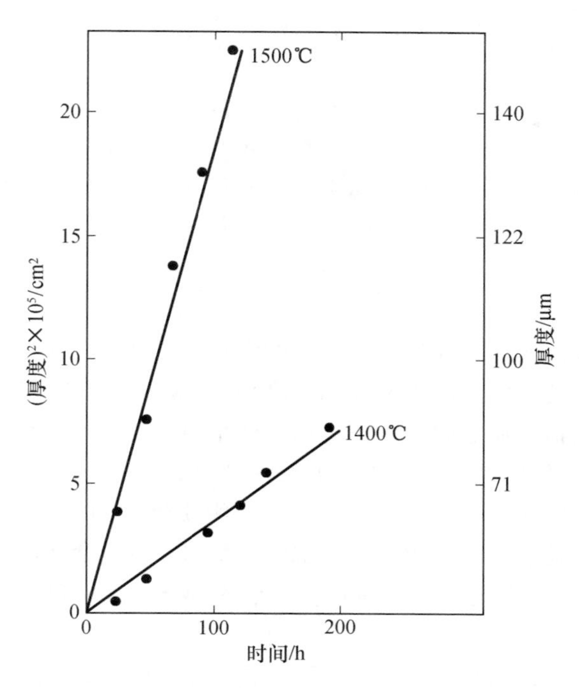

图 9.7 在 1400 ℃和 1500 ℃氩气中加热的条件下，NiO－Al_2O_3 复相中形成的 $NiAl_2O_4$ 厚度与加热时间之间的关系曲线。引自 F. S. Pettit et al., *J. Am. Ceram. Soc.*, **49**, 199(1966)

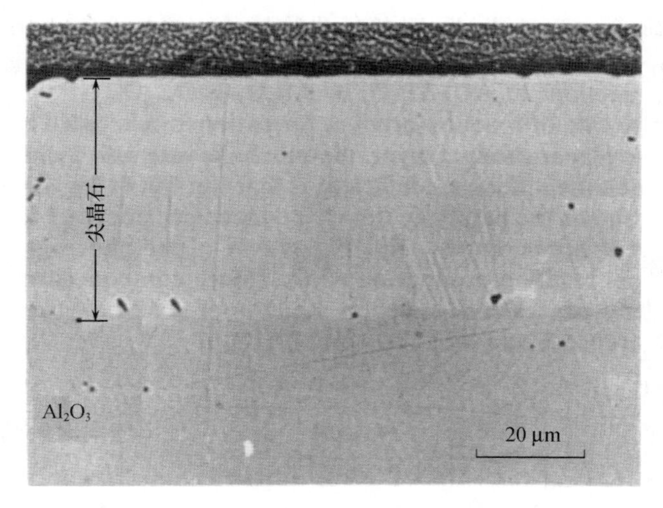

图 9.8 在 1400 ℃下、73 h 之后 NiO－Al_2O_3 两种氧化物中形成的典型 $NiAl_2O_4$ 层的横截面图。引自 F. S. Pettit, et al., *J. Am. Ceram. Soc.*, **49**, 199(1966)

或浓度梯度。第 i 个带电物质的电化学势 η_i 是化学势 μ_i 与作用于它的电势 ϕ 的总和：

$$\eta_i = \mu_i + Z_i F\phi \tag{9.10}$$

式中：Z_i 为有效电荷；F 为法拉第常数。我们已经借助于表 6.1 讨论过用电驱动力和化学驱动力分别表示的迁移率之间的相互关系。因此由电化学势梯度引起的流量为

$$j_i = c_i v_i = -c_i B_i \frac{\partial \eta_i}{\partial x} = -c_i B_i \left(\frac{\partial \mu_i}{\partial x} + Z_i F \frac{\partial \phi}{\partial x} \right) \tag{9.11}$$

研究一下该方程内的两个梯度项就可说明陶瓷离子性质的重要性。例如，在某一方向的浓度梯度(化学势梯度)可能被使离子朝相反方向移动的电场梯度所抵消。带相反电荷物质之间的局部电场能产生另一种效应。例如，大多数密堆氧化物中的阳离子比氧离子扩散得更快，如已讨论过的 NiO－MgO 和 NiO－CoO 的互扩散。假如这种现象首先发生在净物质流动的场合(对用放射性示踪物测量扩散系数的场合不适用)，氧化铝中的 Al^{3+} 离子会产生一个净电场，并且使 Al^{3+} 离子和 O^{2-} 离子成对地运动。现在根据式(9.11)来研究几种固体反应。

金属的氧化 抛物线速率定律(该定律要求过程受通过反应产物的扩散控制)被广泛地用于研究金属上的氧化层。Carl Wagner 从式(9.11)出发发展出了一些分析技术。因为这些分析技术可以用到许多陶瓷问题上，这里对其稍加详述。我们来研究一下金属上黏附的氧化物层的形成。金属周围的氧分压为 $P_{O_2}^{g}$，氧化物－金属界面上的有效氧分压 $P_{O_2}^{i}$ 取决于温度和形成氧化反应的标准自由能(见图 9.9)：

$$2Me + O_2 = 2MeO \qquad \Delta G^{\circ}_{形成} \tag{9.12}$$

$$P_{O_2}^{i} = \exp\left(+ \frac{\Delta G^{\circ}}{RT} \right)$$

跨过氧化物层的氧浓度梯度(化学势)(图 9.10)为氧向金属－氧化物界面的扩散提供了驱动力。金属离子在相反方向上的化学势梯度使得金属离子向氧气氛方向扩散。假如一种原子的流量大于另一种原子，则同样产生一个电子或电子空穴的净流量。净传输由阴离子和阳离子及电子或空穴的流量总和决定。首先我们必须逐个研究这些流量，然后确定由一种物质决定速率时的情况，此时复杂的关系可以化为更简单的形式。

式(9.11)给出的原子形式或电子形式的流量乘以化合价，变为带电粒子的流量：

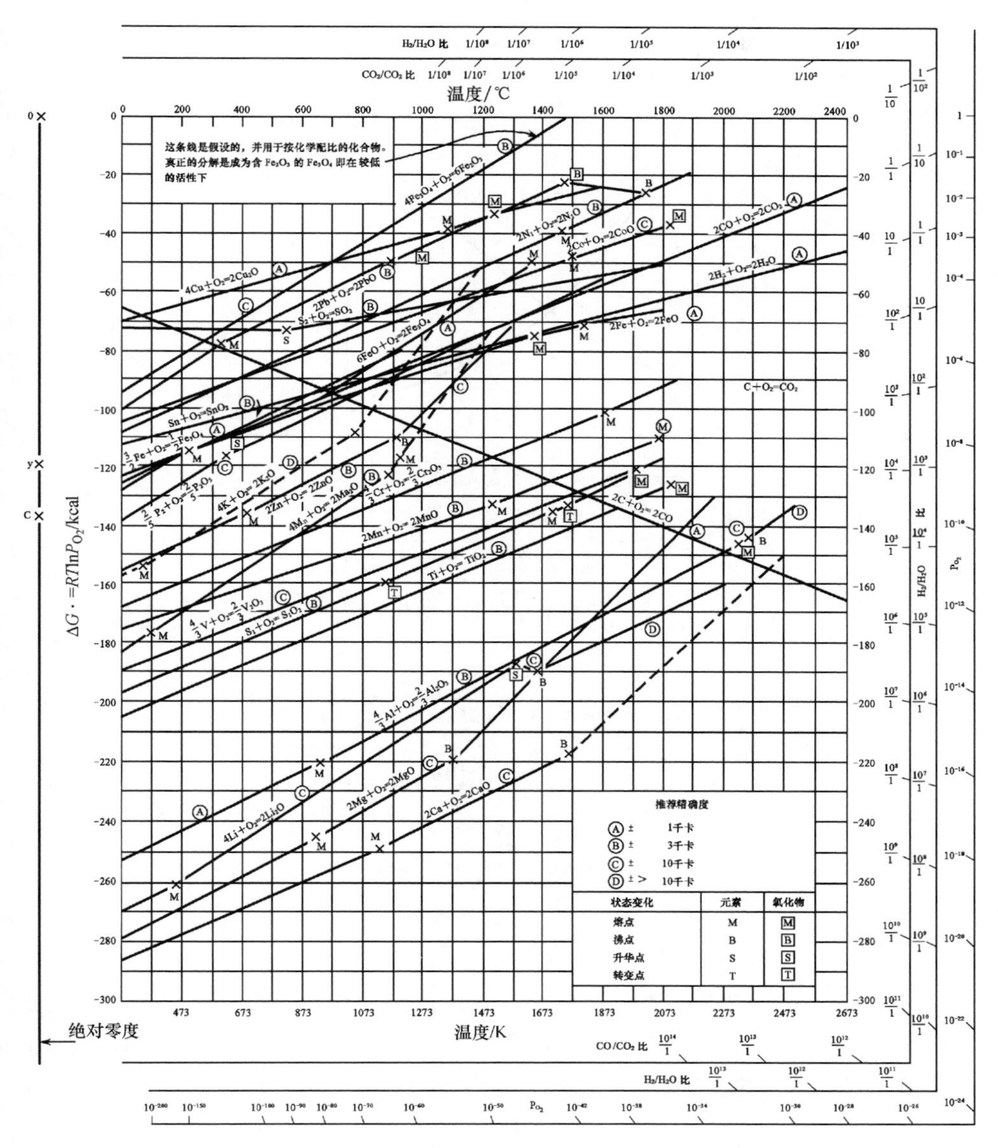

图 9.9 氧化物的标准形成自由能与温度的关系。引自 F. D. Richardson and J. H. E. Jeffes, *J. Iron Steel Inst.*, **160**, 261(1948)；由 L. S. Darken and R. W. Gurry 修改，*Physical Chemistry of Metals*, McGraw－Hill Book Company, New York, 1953

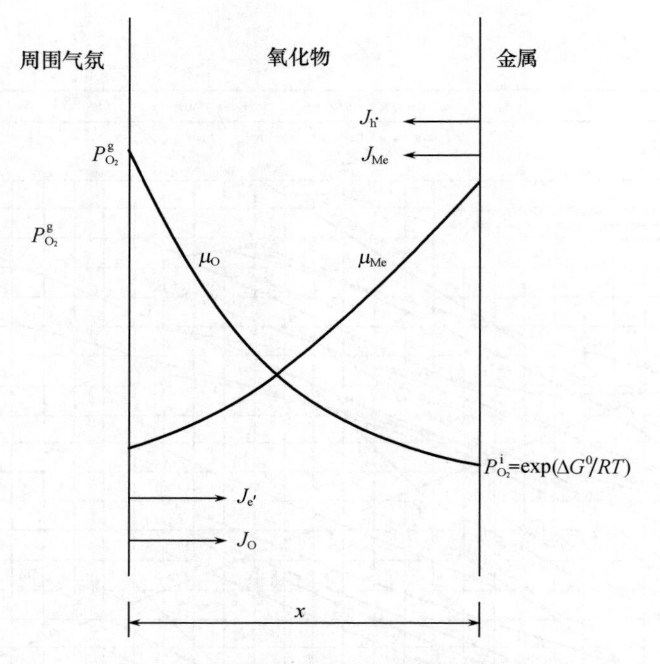

图 9.10 金属氧化物层上的化学势梯度

$$
\begin{aligned}
J_O &= -|Z_0|c_0 B_0 \frac{\partial \eta_0}{\partial x} = |Z_0|j_0 \\
J_{Me} &= -|Z_{Me}|c_{Me} B_{Me} \frac{\partial \eta_{Me}}{\partial x} = |Z_{Me}|j_{Me} \\
J_{e'} &= -nB_{e'} \frac{\partial \eta_{e'}}{\partial x} = |-1|j_{e'} \\
J_{h^\cdot} &= -pB_{h^\cdot} \frac{\partial \eta_{h^\cdot}}{\partial x} = |+1|j_{h^\cdot}
\end{aligned}
\tag{9.13}
$$

对于一个给定的氧化物层来说，不是电子占优势就是空穴占优势，所以最后两个方程中只有一个是必要的。对净流量起制约作用的是电中性。如果我们假定电子是主要的电子缺陷，则这个制约要求

$$J_O + J_{e'} = J_{Me} \tag{9.14}$$

净流量(即氧化的速率)是总和 $J_{ox} = |J_O| + |J_{Me}|$。一般结果可以用电导率 σ 和传递数 t_i 来表示(参看第十七章)。t_i 代表由特定物质携带的总电荷流量的分数：

$$J_{ox} = \frac{\sigma t_{e'}}{|Z_{Me}|F^2}(t_0 + t_{Me})\left|\frac{\partial \mu_{Me}}{\partial x}\right| = \frac{\sigma t_{e'}}{|Z_0|F^2}(t_0 + t_{Me})\left|\frac{\partial \mu_0}{\partial x}\right| \tag{9.15}$$

虽然整个氧化物层的组成是变化的，但可以取 t_i 和 σ 的平均值来简化结果，这样可得出抛物线速率定律：

$$\frac{\mathrm{d}x}{\mathrm{d}t} = \frac{1}{x}\left[\frac{\bar{\sigma}\bar{t}_{e'}}{|Z_{Me}|F^2}(\bar{t}_0 + \bar{t}_{Me})|\Delta\mu_{Me}|\right] = \frac{K}{x} \tag{9.16}$$

根据

$$t_i\sigma = \sigma_i = eZ_ic_i\mu_i = \frac{c_iZ_i^2e^2F^2}{RT}D_i \tag{9.17}$$

可以看出氧化速率受原子迁移率或扩散速率控制。现在考虑一下特定的限速情况：

（1）电流主要由电子缺陷导致，$t_{e'} \approx 1$ 或 $t_{h^\cdot} \approx 1$：

① 如果 $D_0 >> D_{Me}$，则

$$K = \frac{\overline{\sigma}\overline{t}_0}{|Z_{Me}|F^2}|\Delta\mu_{Me}| \tag{9.18}$$

对 $V_0^{\cdot\cdot}$ 缺陷占优势的氧化物来说，上式可近似简化为

$$K \approx \frac{c_0}{2|Z_{Me}|}\int_{\mu_0^i}^{\mu_0^g} D_0\mathrm{d}\mu_0 \tag{9.19}$$

因为 $\mu_0 = \mu_{O_2}/2 = \frac{1}{2}(\mu_{O_2}^0 + RT\ln P_{O_2})$，正如第六章中所讨论过的，如果假定 $[V_0^{\cdot\cdot}] \propto P_{O_2}^{-1/6}$，并假定扩散系数有类似的变化，则

$$D_0 = [V_0^{\cdot\cdot}]D_{V_0^{\cdot\cdot}} = \frac{(K_{V_0^{\cdot\cdot}})^{1/3}}{4^{1/3}}D_{V_0^{\cdot\cdot}}P_{O_2}^{-1/6} \tag{9.20}$$

并且速率常数变成

$$K \approx \frac{3c_0}{4^{1/3}|Z_{Me}|}(K_{V_0^{\cdot\cdot}})^{1/3}D_{V_0^{\cdot\cdot}}[(P_{O_2}^g)^{-1/6} - (P_{O_2}^i)^{-1/6}] \tag{9.21}$$

② 如果 $D_{Me} >> D_0$，并假定金属空穴 V'_{Me} 只带有一个电荷，则速率常数为

$$K \approx 2(K_{V'_{Me}})^{1/2}D_{V'_{Me}}[(P_{O_2}^g)^{-1/4} - (P_{O_2}^i)^{-1/4}]c_{Me} \tag{9.22}$$

要注意 $D_{V'_{Me}}[V'_{Me}] = D_{Me}$。

（2）如果电流主要由离子导致，$(t_0 + t_{Me}) \approx 1$，则根据式(9.16)，速率常数变成

$$K \approx \frac{kT}{8|Z_{Me}|e^2}\int_{P_{O_2}^i}^{P_{O_2}^g}\sigma_{el}\mathrm{d}\ln P_{O_2} \tag{9.23}$$

式中：σ_{el} 是由电子和空穴造成的电导，电子和空穴的迁移率分别为 μ_e 和 μ_h（见表 6.1，$\mu_i = B''_i$）。

$$\sigma_{el} = en\mu_e + ep\mu_h \tag{9.24}$$

如果我们假定在氧化物层内的缺陷浓度变化不大，则

$$K \approx \frac{\sigma_{el} kT}{8|Z_{Me}|e^2}[\ln P^g_{O_2} - \ln P^i_{O_2}] \tag{9.25}$$

说明这一关系适用性的一个例子是氧在用氧化钙稳定氧化锆中的扩散迁移。如图6.11所示，氧扩散系数非常大，说明$t_0 \approx 1$。因此，移动较慢的电子空穴对氧的渗透［式(9.25)］就成为速率限制因素，如图9.11所示。

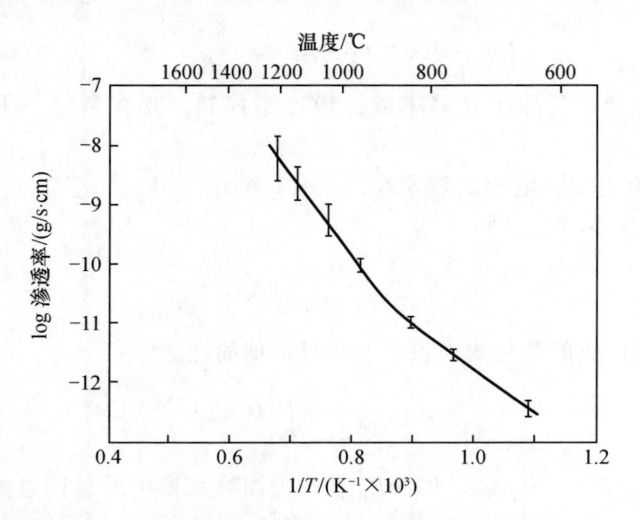

图9.11　氧在氧化钙稳定氧化锆中的渗透与温度的函数关系。氧的传输受电子空穴浓度和迁移率的控制，式(9.25)引自 K. Kitazawa. Ph. D. thesis，MIT，1972

(3) 受氧化的金属中含有一种氧化状态不同的杂质(如Li在Ni内)时，氧化物内的缺陷浓度可以由杂质浓度决定。作为一个例子，考虑和式(9.22)类似的情况，$D_{Me} >> D_0$ 但 $[V'_{Me}] = [F^{\bullet}_{Me}]$。这一非本征层的厚度也取决于式(9.16)所示的抛物线速率定律，但反应常数为

$$K_{ex} = 2D_{V'_{Me}}[V'_{Me}](\ln P^g_{O_2} - \ln P^i_{O_2})c_{Me} \tag{9.26}$$

假如杂质的浓度和氧分压能使缺陷浓度处于中间范围，则在富氧一边(外边)形成本征层而在富金属一边(氧化物-金属界面)形成非本征氧化物层。

短程扩散　在每一个关于金属氧化的例子中都假定晶格扩散D_l决定传质过程的速率。6.6节中对其他更快的扩散路程的重要性进行了讨论。短程作用可以引进抛物线速率方程。例如，式(6.67)中的表观扩散率D_a可以用到式(9.16)中以考虑晶格扩散D_l和界面扩散D_b的作用：

$$\begin{aligned} D_a &= D_l(1-f) + fD_b \\ \frac{dx}{dt} &= \frac{K'D_a}{x} \end{aligned} \tag{9.27}$$

式中扩散系数已从速率常数中消掉而得到另一个常数 K'。可以预测低温氧化和具有细晶粒尺寸的氧化物层会通过界面扩散形成。

非化学计量比氧化物中的化学扩散 对阳离子和阴离子的反扩散来说，化学扩散系数也可以由 Wagner 分析来确定。如果我们假定电导主要是电子传导($t_{el} \approx 1$)，即电荷的移动不是传质(离子)的限速步骤，则可以确定化学扩散系数 $\widetilde{D}$。用扩散系数而不是用传递数表示，式(9.15)变为

$$J_{ox} = \frac{c_0}{|Z_{Me}|}(|Z_{Me}|D_0 + |Z_0|D_{Me})\frac{1}{kT}\frac{d\mu_0}{dx} \tag{9.28}$$

应用菲克第一定律，此方程可改写成

$$J_{ox} = \left[(|Z_{Me}|D_0 + |Z_0|D_{Me})\frac{c_0}{|Z_{Me}|}\left(\frac{1}{kT}\frac{d\mu_0}{d\tilde{c}}\right)\right]\frac{d\tilde{c}}{dx} = \widetilde{D}\frac{d\tilde{c}}{dx} \tag{9.29}$$

式中：$\tilde{c}$ 代表非化学计量比化合物中过剩(或不足)的金属或氧，括号内的项就是化学扩散系数。例如，考虑过渡金属的一氧化物($Fe_{1-\delta}O$，$Ni_{1-\delta}O$，$Co_{1-\delta}O$，…)，对这些一氧化物来说，$\tilde{c} \propto [V_{Me}^{\alpha'}]$（式中 α' 为空穴上的有效电荷），而且 $D_{Me} >> D_0$。由式(9.29)可以把化学扩散系数写成如下形式：

$$\widetilde{D} = \frac{1}{2}\frac{c_{Me}}{[V_{Me}^{\alpha'}]}D_{Me}\frac{d\ln P_{O_2}}{d\ln[V_{Me}^{\alpha'}]} \tag{9.30}$$

推导上面的方程时进行了 $d\mu_0 = \frac{1}{2}kTd(\ln P_{O_2})$ 的替换。根据缺陷平衡反应，质量作用定律给出

$$[h^{\cdot}]^{\alpha}[V_{Me}^{\alpha'}] = K_{V_{Me}^{\alpha'}}P_{O_2}^{1/2} \tag{9.31}$$

现在可以确定式(9.30)中的导数项：

$$\frac{d\ln P_{O_2}}{d\ln[V_{Me}^{\alpha'}]} = 2(\alpha + 1) \tag{9.32}$$

将其代入式(9.30)，并考虑 $c_{Me}D_{Me} = c_V D_V$，则化学扩散系数由下式给出：

$$\widetilde{D} = (\alpha + 1)D_{V_{Me}^{\alpha'}} \tag{9.33}$$

因此对带一个电荷的空位来说，$\widetilde{D} = 2D_{V'_{Me}}$ ①，而对带双电荷的空位来说，$\widetilde{D} = D_{V''_{Me}}$。

如果氧分压从一个数值变为另一个数值，则在非化学计量比氧化物中就建立了一个新的 O/Me 值，而氧化－还原速率取决于式(9.33)形式的扩散系数。这个数值比阳离子或阴离子的扩散率大。图 9.12 所示的化学扩散系数是在 $Fe_{1-\delta}O$ 中通过改变氧分压而确定的，氧分压的变化引起扩散控制的组成变化。当缺陷的平衡关系已知时，化学扩散系数就可以和示踪扩散数值［式(9.30)］建立关系。

① 原文为 $D_{V_{Me}}$，恐系 $D_{V'_{Me}}$ 之误。——译者注

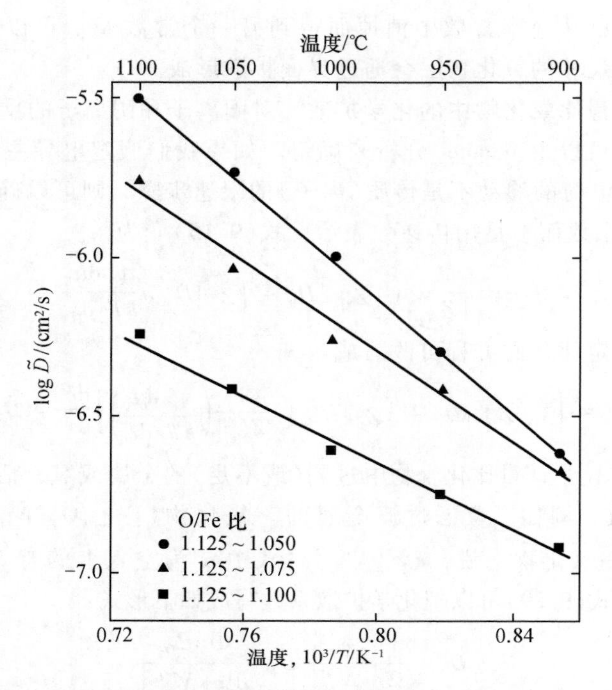

图 9.12　几种不同组成的方铁体的化学扩散系数和温度的关系。引自 R. L. Levin and J. B. Wagner, *Trans. AIME*, **233**, 159(1965)

双极性扩散　当阳离子和阴离子向同一个方向流动时，我们也可以采用推导式(9.11)和式(9.13)的方式来确定有效扩散常数。当电子和空穴的传输比离子的传输慢时，描述原子过程也必须考虑带相反电荷物质之间的耦合作用，这种过程称为双极性扩散。阳离子流量过剩时会形成对阴离子有“牵扯力”的局部内电场。在形成产物的反应过程、响应外加电场的过程以及像烧结和蠕变这种由机械力或表面张力引起形变的过程中，双极性扩散的内电场行为是重要的。

作为一个例子，考虑 $t_{el} \approx 0$ 的一种纯氧化物。对于阴离子和阳离子的传输，可将式(9.11)写成式(9.13)的形式。因为每一个离子的传输方向是相同的，所以当

$$J_T = \frac{J_0}{|Z_{Me}|} = \frac{J_{Me}}{|Z_0|} \tag{9.34}$$

时，就保持电中性。式中 J_T 为总的摩尔流量。令负电荷流量和正电荷流量相等，就可求解出用氧化物的化学势 $\mu(Me_{Z_0}O_{Z_{Me}})$ 来表示的内电场 $\partial\phi/\partial x$，

$$|Z_0|c_0B_0\left[\frac{\partial\mu_0}{\partial x} + Z_0F\frac{\partial\phi}{\partial x}\right] = |Z_{Me}|c_{Me}B_{Me}\left[\frac{\partial\mu_{Me}}{\partial x} + Z_{Me}F\frac{\partial\phi}{\partial x}\right] \tag{9.35}$$

氧化物的化学势是阳离子和阴离子化学势的总和，

$$d\mu(Me_{Z_0}O_{Z_{Me}}) = Z_{Me}d\mu_0 + Z_0 d\mu_{Me} \tag{9.36}$$

由此得出用迁移率、浓度及化学势表示的耦合电场，

$$\frac{\partial\phi}{\partial x} = \frac{[|Z_0|c_0B_0 - |Z_{Me}|c_{Me}B_{Me}]}{F[Z_{Me}|Z_{Me}|c_{Me}B_{Me} - Z_0|Z_0|c_0B_0]}\frac{\partial\mu_{Me}}{\partial x} \tag{9.37}$$

在推导过程中我们假定了局部平衡状态，$|Z_{Me}|dc_{Me} = |Z_0|dc_0$。把式(9.37)代入式(9.34)和式(9.13)得到

$$J_T = \frac{-c_{Me}B_{Me}c_0B_0}{Z_{Me}|Z_{Me}|c_{Me}B_{Me} - Z_0|Z_0|c_0B_0}\frac{\partial\mu(Me_{Z_0}O_{Z_{Me}})}{\partial x} \tag{9.38}$$

这一项是双极性效应对由化学势梯度引起的扩散传质的校正值。作为式(9.38)的一个应用实例，考虑烧结纯 MgO 的情况。此时，$Z_{Mg} = |Z_0| = 2$，$c_{Mg} = c_0 = c$，由式(9.38)得到

$$J_T = -\frac{cB_{Mg}B_O}{[B_{Mg} + B_O]}\frac{\partial\mu_{MgO}}{\partial x} \tag{9.39}$$

因为$\mu_{Mg} = \eta^0_{Mg} + RT\ln a \approx \mu^0_{Mg} + RT\ln c$，式(9.39)可以表示为

$$J_T = -\frac{c_{MgO}B_{Mg}B_ORT}{[B_{Mg} + B_O]}\frac{d\ln c_{MgO}}{dx} = -\frac{B_{Mg}B_ORT}{[B_{Mg} + B_O]}\frac{dc_{MgO}}{dx} \tag{9.40}$$

式中$\frac{dc_{MgO}}{dx}$是由于曲率所造成的浓度梯度（第十章）。根据示踪扩散系数和迁移率之间的关系式(6.11)，

$$J_T \approx -\frac{D^T_{Mg}D^T_0}{[D^T_{Mg} + D^T_0]}\frac{dc_{MgO}}{dx} \tag{9.41}$$

如果扩散率的差别很大（例如 $D_{Mg} >> D_0$；$J_T \propto D_0$），则总摩尔传质会受移动最慢的物质的控制；而当差别不太大（例如 $D_{Mg} = 3D_0$；$J_T \propto D_{Mg}/4$）时，则受中间数值的控制。

因为某些离子在晶界上或沿着位错传输得更快，所以当扩散路径为晶格以外的其他路程时，可以推导出双极性扩散的关系。对稳定状态的晶界和晶格的传质，已经推导出了简单的公式①。必须将晶格内和晶界内的有效传质面积 A^l 和 A^b 引入总物质流量的方程中。对纯 MO 材料来说，有效扩散系数的形式和式(9.41)相似，并由下式给出：

$$D_{有效} \approx \frac{(A^lD^l_{Me} + A^bD^b_{Me})(A^lD^l_0 + A^bD^b_0)}{(A^lD^l_{Me} + A^bD^b_{Me}) + (A^lD^l_0 + A^bD^b_0)} \tag{9.42}$$

式中：D^l 指的是晶格扩散；D^b 指的是晶界扩散。在许多氧化物中，已观察到 $A^bD^b_0 >> A^lD^l_0$ 和 $A^lD^l_{Me} > A^bD^b_{Me}$，因此式(9.42)可化简为

---

① R. S. Gordon, *J. Am. Ceram. Soc.*, **56**, 147(1973)。

$$D_{有效} \approx \frac{A^{l} D_{Me}^{l} A^{b} D_{0}^{b}}{A^{l} D_{Me}^{l} + A^{b} D_{0}^{b}} \tag{9.43}$$

由于杂质和不完整性的关系，实际材料中的扩散传质更为复杂，但也能推导出这类关系，以考虑更复杂的情况①。

9.3 流体相的反应传质

正如在9.1节里所讨论过的那样，高温时的复相反应首先要求物质传输到反应界面，其次在相界进行反应，最后(在有的情况下)产物扩散而离开反应地点。这些步骤的任何一个都可能具有最低的虚拟反应速率，并可能成为整个过程的控速步骤。通常，反应一旦开始，传质就决定了陶瓷中重要的高温系统的总速率。正如上一节中所讨论过的，离子和电子通过金属表面上氧化物膜的稳定扩散决定了反应速率。然而，如果该氧化物膜有裂缝和裂纹，则气体通过这些通道的扩散对反应速率起决定作用。本节内，我们研究陶瓷材料与气体和液体之间互相作用方式的几个重要实例，并确定限速动力学方程。

气体－固体反应：蒸发 最简单的一类固体－气体反应是固体的蒸发或热分解。9.4节讨论了一个固体分解为一种气体和另一种固体的情况。本节我们主要研究固体只形成气体产物的反应。分解速率取决于热力学驱动力、表面反应动力学、反应表面的条件以及周围的气氛。例如，高温时氧化物在真空中比在空气中挥发更快。

在还原气氛下，玻璃和耐火材料中二氧化硅的损耗是限制这类陶瓷产品用途的重要因素。考虑下述可能引起SiO_2挥发的反应：

$$2SiO_2(s) = 2SiO(g) + O_2(g) \tag{9.44}$$

在1320 ℃时平衡常数为

$$K_{eq} = \frac{P_{SiO}^2 P_{O_2}}{a_{SiO_2}^2} = 10^{-25} \tag{9.45}$$

假定二氧化硅的活度为1，很明显周围氧气的分压控制着SiO(g)的压力，因而也就控制着蒸发速率。在$P_{O_2} = 10^{-18}$ atm的还原条件(惰性气氛，H_2或CO气氛)下，SiO压力为3×10^{-4} atm(0.23 torr)。

Knudsen方程②给出了接近平衡时的蒸发速率：

$$\frac{dn_i}{dt} = \frac{AP_i \alpha_i}{\sqrt{2\pi M_i RT}} \tag{9.46}$$

---

① D. W. Readey, *J. Am. Ceram. Soc.*, **49**, 366(1966)。

② M. Knudsen, *Ann. Phys.*, **47**, 697(1915)。

式中：$\frac{dn_i}{dt}$ 为成分 i 的损耗，以单位时间的摩尔数表示；A 为试件面积；α_i 为蒸发系数($\alpha_i \leqslant 1$)、M_i 为 i 的分子量；P_i 为试件上方 i 的压力。如果试样处于一个高速率的气体流动环境或者蒸发进入真空环境中，则不能保持其平衡蒸气压 P_i，蒸发速率由界面反应速率控制。为使气体能和固体保持平衡，气体流动速率 S(mol/s)和总压力 P^{T}(atm)必须满足下面的不等式：

$$\frac{A\alpha_i P^{T}}{S(M_i T)^{1/2}} >> 2.3 \times 10^{-9} \tag{9.47}$$

式中：A 的单位为 cm^2；T 的单位为 K。

当气相内氧的分压受气体混合物 $P_{O_2}^{ext}$控制时，式(9.46)变成

$$J_{O_2} = \frac{(P_{O_2} - P_{O_2}^{ext})\alpha_{O_2}}{(2\pi M_{O_2} RT)^{1/2}} \tag{9.48}$$

式中，P_{O_2}是从分解反应［例如式(9.45)］的标准自由能计算出来的。

对于式(9.44)所示的 SiO_2 的反应，式(9.46)预测在 1320 ℃时损耗速率约为 5×10^{-5} mol $SiO_2/cm^2 \cdot s$。图 9.13 给出了二氧化硅含量不同的耐火材料在氢气中退火时 SiO_2 的实际损耗速率。在本例中整个分解反应是

$$H_2(g) + SiO_2(s) = SiO(g) + H_2O \tag{9.49}$$

从图 9.14 可以看出，在气流中即使几个摩尔百分数的水蒸气也会产生显著的影响。正如式(9.49)所预期的，$H_2O(g)$压力的增加能使 SiO(g)压力降低。

化学气相传质　接下来讨论活泼的传质气体与陶瓷的反应。净效果是增大了气相的传质。某些高温陶瓷和许多薄膜电子装置是用化学气相沉积法制备的。控制反应气体的化学势(浓度)就可以控制沉积速率。通常，沉积速率和沉积温度决定了反应动力学和分解产物在反应表面上“结晶”的速率。如果过饱和度很大，就会发生均匀的气相成核；也就是说不需要复相表面。随着过饱和度的降低，表面附近发生气相反应，形成多晶淀积物。淀积物的完整性、气孔率、晶粒的择优取向等取决于具体的材料和沉积速率。较慢的沉积和较高的温度通常产生更完整的反应产物。最后，当用单晶基底作为复相反应表面时会发生外延沉积。这种情况下形成由基底定向的单晶。

要想充分了解化学气相沉积的动力学，就需要有关热力学平衡的全部知识以及各种动力学过程的知识，如反应物的产生、反应气体的混合、穿过边界层的扩散、分子在界面的化合、气体产物的脱溶、固体产物的表面扩散等。我们选择一个以气相中的扩散作为速率决定步骤的简单系统作为例子。设想图 9.15所示的封闭系统，其中的两个容器保持热平衡。假定每个容器中化学反应都达到了热力学平衡，浓度梯度使得物质由热容器向冷容器扩散流动(传递的方向决定于反应焓的正负号)。

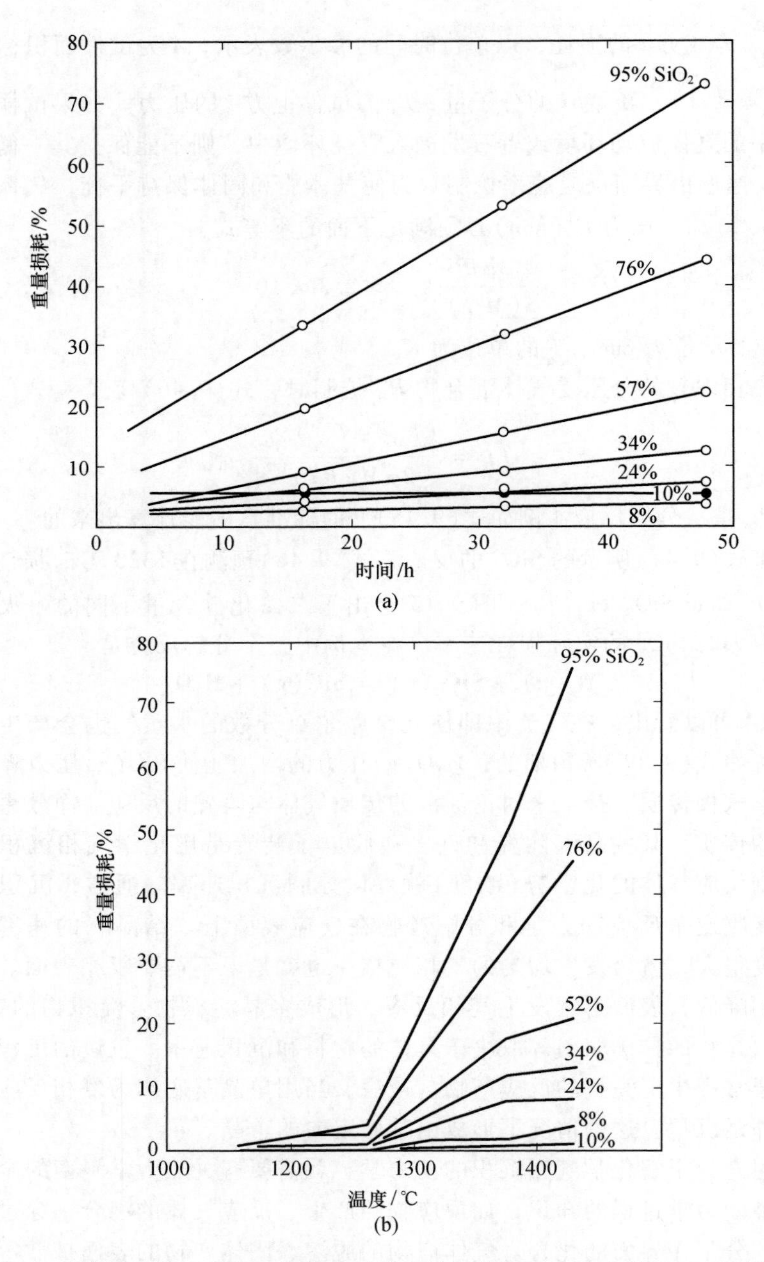

图 9.13 (a) 1425 ℃下 100%氢气中砖的失重；(b) 100%氢气中 50 h 后砖的失重①。引自 M. S. Crowley，*Bull. Am. Ceram. Soc.*，**46**，679(1967)

① 原文横坐标 2000 恐有误，应为 1000。——译者注

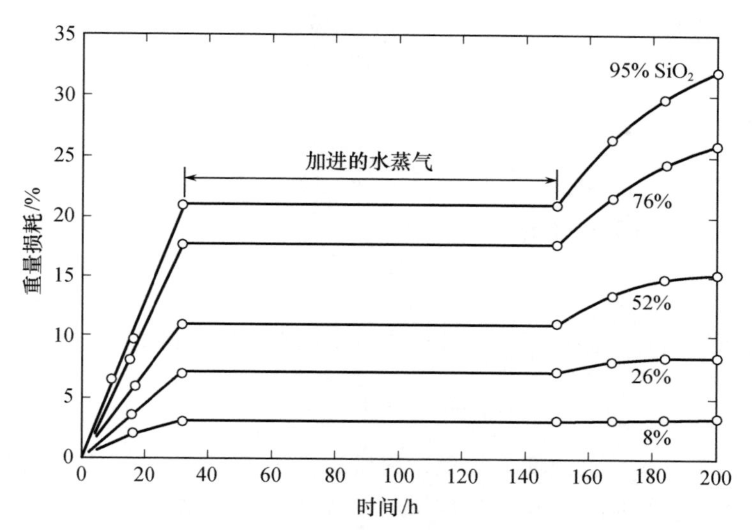

图 9.14　1370 ℃下 75% H_2 −25% N_2 气氛中砖的失重。在 32 h 以后，加入水蒸气至 150 h。引自 M. S. Crowley, *Bull. Am. Ceram. Soc.*, **46**, 679(1967)

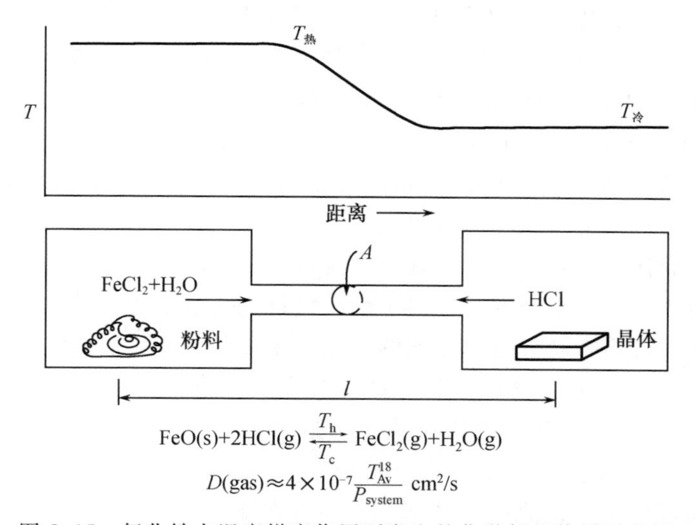

图 9.15　氧化铁在温度梯度作用下发生的化学气相传质示意图

由限速物质［例如 $FeCl_2(g)$］的扩散所决定的传质动力学由菲克定律给出：

$$\frac{dn}{dt}=-AD\frac{\partial c}{\partial x}=-AD\frac{\Delta c}{l}=-AD\frac{(c_h-c_c)}{l} \tag{9.50}$$

式中：n 为传递的摩尔数；A 为连接管的横截面积(cm^2)；D 为限速物质的扩散系数；c 为各个等温容器内的浓度。对于理想气体，

$$c_h = \frac{n_h}{V} = \frac{P_h}{RT_h} \tag{9.51}$$

浓度差为

$$(c_h - c_c) \approx \frac{(P_h - P_c)}{RT_{av}} \tag{9.52}$$

因此，传质速率由下式确定：

$$\frac{dn}{dt} = -\frac{AD}{lRT_{av}}(P_h - P_c) \tag{9.53}$$

平衡压力可以由每一温度下的标准形成自由能来决定。例如高温时，

$$\Delta G_h^0 = -RT_h \ln \frac{P_{FeCl_2} P_{H_2O}}{P_{HCl}^2 a_{FeO}} \tag{9.54}$$

在像石英管这样的封闭系统里，起始压力为 B(atm)的 HCl 通过形成相等摩尔数的 $FeCl_2$ 和 H_2O 来调节形成反应。式(9.54)简化为

$$\Delta G_h^0 = -RT_h \ln \frac{P_{FeCl_2}^2}{(B - 2P_{FeCl_2})^2} \tag{9.55}$$

可对每一个温度求解方程(9.53)，由此得出传质速率的预期值。

通常，限制速率的气相传递与系统总压力有关。极低的压力($P_{total} < 10^{-4}$ atm)下气相分子碰撞的机会少，因此传质直线进行。适中的压力(10^{-4} atm $< P_{total} < 10^{-1}$ atm)下，上面讨论过的扩散限制变得重要。高压($P_{total} > 10^{-1}$ atm)下，对流传质更快。如果对流或强迫流动变快，则通过边界层的气相扩散可能成为决定速率的过程。

液体－固体反应：耐火材料腐蚀　液体－固体反应动力学的一个重要例子是固体在液体中的溶解速率。这对于耐火材料受熔融矿渣和玻璃的腐蚀、玻璃制造工艺中固态配合料成分向玻璃的转化速率以及有液相形成的陶瓷坯体的烧成等都特别重要。固体的溶解不需要成核步骤。相界反应决定整个反应的速率，它由离子跨过界面的迁移所决定，这种迁移方式与晶体生长相同(8.4节)。然而，相界反应使界面上的浓度增加。为了使反应能继续进行，产物必须从界面以扩散的形式离开。传质速率(即溶解速率)受液体内的传质控制。液体内的传质可分为3种方式：① 分子扩散；② 自然对流；③ 强迫对流。

对于在无搅动的液体中或在不因流体动力学不稳定性而流动的液体中的静止试件来说，溶解速率受分子扩散控制。这种动力学和第六章中所讨论的扩散动力学相似。物质的有效扩散长度正比于 $\sqrt{Dt}$，因此与溶解量成正比的试件厚度也随 $t^{1/2}$ 而变化。甚至在因流体动力学的不稳定性而产生对流的体系里，初期的溶解动力学也应受分子扩散的控制。由温度梯度或浓度梯度(由于溶解)所引起的密度梯度造成了这种流体动力学的不稳定性。

溶解动力学的扩散系数必须用与9.2节中相同的观点加以考虑；各种可能的物质的电效应和化学效应也必须考虑在内。例如，Al_2O_3 在硅酸盐炉渣内的溶解可能受 Al_2O_3 中或炉渣中任何阳离子或阴离子的控制，更可能受两者的共同控制［例如式(9.41)］。作为受分子扩散控制的溶解的一个例子，图9.16示出了蓝宝石在含21 wt% Al_2O_3 的 $CaO-Al_2O_3-SiO_2$ 熔体中的溶解情况。

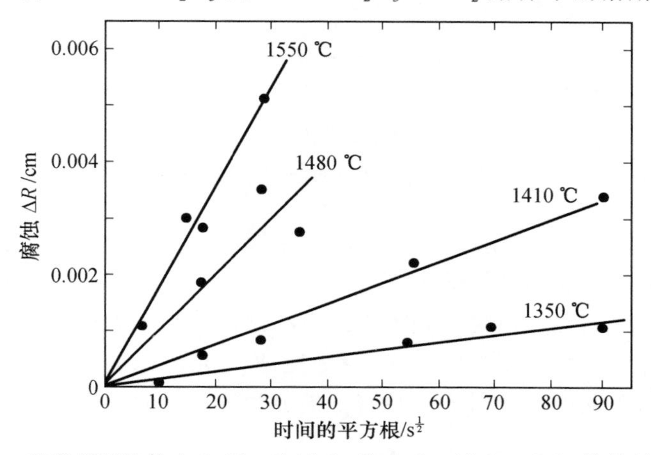

图9.16　蓝宝石圆柱体在含21wt% Al_2O_3 的 $CaO-Al_2O_3-SiO_2$ 熔体里的溶解和时间的平方根的关系(引自推荐读物6)

液体中流体动力学的不稳定性引起越过固体的流体流动，发生自然对流或自由对流。这强化了溶解动力学。溶解的数量与陶瓷是否全部浸在液体里有关，在金属处理过程中常常观察到相同的情况。通常，部分浸入的试样在靠近金属线的液体-气体界面处得到更强烈的溶解。这个界面以下，腐蚀动力学可以用自由对流的原理来分析。很明显，在较短的孕育期内，分子扩散动力学占据了优势，在这以后溶解速率几乎和时间无关。对流期间，传质的一般公式为

$$j=\frac{\mathrm{d}n/\mathrm{d}t}{A}=\frac{D(c_{\mathrm{i}}-c_{\infty})}{\delta(1-c_{\mathrm{i}}\bar{V})} \tag{9.56}$$

式中：j 为每秒每平方厘米迁移的摩尔数；c_∞ 为液体主体中的浓度；c_{i} 为界面上的浓度(饱和浓度)；δ 为界面层厚度；D 为穿过界面层的有效扩散系数；$\bar{V}$ 为偏摩尔体积。界面层如图9.17所示并由下式确定：

$$\delta=\frac{c_{\mathrm{i}}-c_{\infty}}{(\mathrm{d}c/\mathrm{d}y)} \tag{9.57}$$

式中：$(\mathrm{d}c/\mathrm{d}y)$ 为界面上的浓度梯度。界面层的厚度取决于流体流动的动力学条件。黏性液体形成较厚的界面层并导致较慢的传质。较高的液体速度形成较薄的界面层并加快传质。耐火材料在玻璃中和硅酸盐矿渣中溶解时，高黏度和低流速

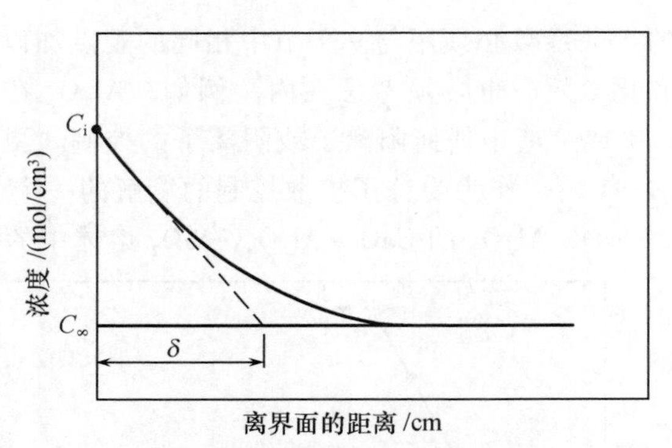

图 9.17　穿过溶液界面的扩散层的浓度梯度

相结合形成了较厚的界面层，界面层厚度可达 1 cm。相比之下，在快速搅动的水溶液中形成的界面层厚度是几分之一毫米。黏性硅酸盐液体中的扩散速率也远低于水溶液，所以反应过程趋于由传质控制而不是由界面反应控制。

针对流体流动的一些特殊情况，我们已推导出界面层厚度的数值。对于由密度差驱动力引起的自然对流，垂直平板上的传质界面层厚度为

$$\delta = 1.835 \times \left[\frac{D\upsilon\rho_\infty}{gx^3(\rho_i - \rho_\infty)}\right]^{1/4} \tag{9.58}$$

式中：x 为从板的前缘起的距离；υ 为动力学黏度 η/ρ；g 为重力常数；ρ_∞ 为液体主体密度；ρ_i 为饱和液体(界面液体)的密度。因此高为 h 的平板的平均溶解速率由下式给出①：

$$j = \frac{\mathrm{d}n/\mathrm{d}t}{A} = 0.726D\left[\frac{g(\rho_i - \rho_\infty)}{\upsilon Dh\rho_\infty}\right]^{1/4}(c_i - c_\infty) \tag{9.59}$$

一个旋转圆盘上传质的界面层厚度为

$$\delta = 1.611\left(\frac{D}{\upsilon}\right)^{1/3}\left(\frac{\upsilon}{\omega}\right)^{1/2} \tag{9.60}$$

式中：ω 为角速度(rad/s)。旋转圆盘上的传质和角速度的平方根成比例：

$$j = \frac{\mathrm{d}n/\mathrm{d}t}{A} = 0.62D^{2/3}\upsilon^{-1/6}\omega^{1/2}\frac{c_i - c_\infty}{1 - c_i\bar{\bar{V}}} \tag{9.61}$$

自由对流和强制流动条件下蓝宝石溶入 $CaO - Al_2O_3 - SiO_2$ 的溶解动力学曲线分别如图 9.18 和图 9.19 所示。在每一种情况下，与式(9.59)和式(9.61)所预期的那样，动力学都是和时间无关的。

① 原文式(9.59)中左边为“J”，疑有误。——译者注

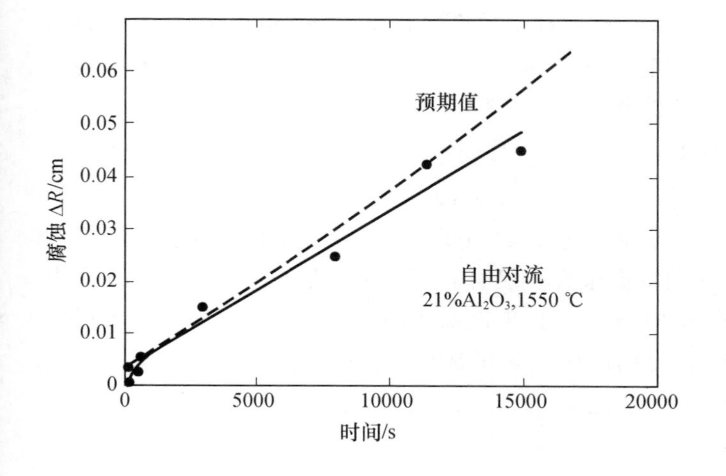

图 9.18 蓝宝石圆柱在含有 21wt% Al_2O_3 的 $CaO-Al_2O_3-SiO_2$ 中较长时间的溶解与时间的关系(引自推荐读物 6)

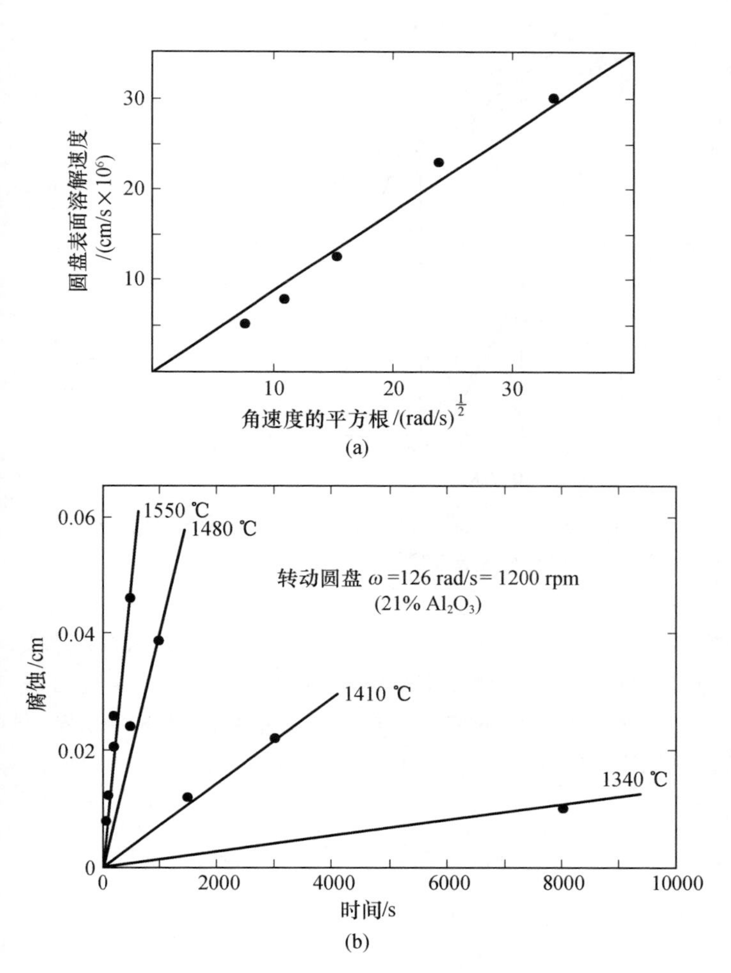

图 9.19 (a) 蓝宝石圆片表面溶解速率与角速度平方根的关系;(b) 蓝宝石圆片表面溶解速率,圆片在含 21wt% Al_2O_3 的 $CaO-Al_2O_3-SiO_2$ 上旋转,速度为 126 rad/s(引自推荐读物 6)

对 1550 ℃下受分子扩散、自由对流和强制对流(126 rad/s)限制的动力学条件下蓝宝石的溶解数据进行对比表明，尺寸变化 ΔR(cm)与时间的关系是

$$
\begin{aligned}
\Delta R(\text{分子扩散}) &= (1.77\times10^{-4}\,\text{cm/s}^{1/2})\,t^{1/2}\\
\Delta R(\text{自由对流}) &= (3.15\times10^{-6}\,\text{cm/s})\,t \qquad (9.62)\\
\Delta R(\text{强制对流}) &= (9.2\times10^{-5}\,\text{cm/s})\,t
\end{aligned}
$$

对流溶解的重要参数是流体速度、动力学黏度、扩散率和组成梯度。

从图 9.16 和图 9.19 的数据来看，很明显溶解速率对温度极为敏感。因为我们已假定了传递限制的动力学，所以温度的影响主要来自扩散与温度的指数关系［式(6.39)］。几种陶瓷的腐蚀速率和温度的关系如图 9.20 所示。

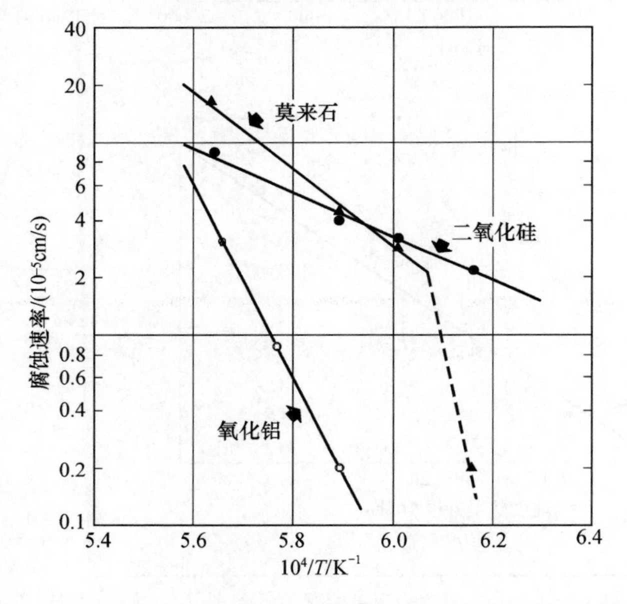

图 9.20　氧化铝、莫来石和熔融二氧化硅在 $40CaO-20Al_2O_3-40SiO_2$ 矿渣中强制对流腐蚀与温度的关系(引自推荐读物 6)

耐火材料的腐蚀常常更为复杂。除了溶蚀液体流体动力学的复杂性之外，耐火材料很少具有理想的表面，其组成也经常是不均匀的。多相体和高气孔率的耐火砖是液体加速腐蚀、剥落和入侵的中心。在致密的单相陶瓷里，晶界上的腐蚀可能是最大的。从图 9.21 的数据可以看出，在 2500 s 后多晶 Al_2O_3 比蓝宝石的腐蚀约大 40%。

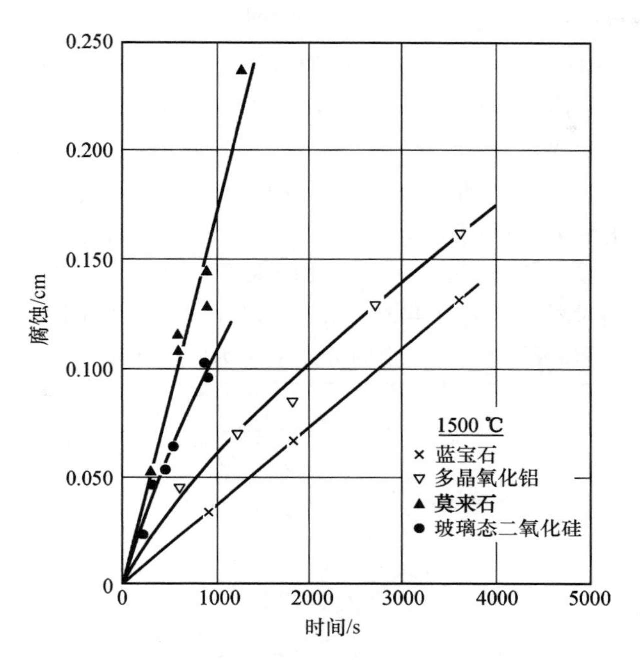

图 9.21　蓝宝石、多晶氧化铝、莫来石和玻璃态二氧化硅试件在 $40CaO-20Al_2O_3-40SiO_2$ 矿渣中强制对流条件下的腐蚀速率（引自推荐读物 6）

9.4　颗粒体系中的反应传质

陶瓷学家特别感兴趣的是颗粒状或粉状原材料所发生的大量变化，如矿物脱水、碳酸盐脱碳以及同质多晶转变。通常涉及的矿物和反应产物的量是很大的。不论这些反应的本质多么复杂，研究少量的例子是很重要的，可借以阐明重要的动力学参数并说明速率限制步骤的概念。

煅烧和脱水反应　煅烧反应是用碳酸盐、氢氧化物、硫酸盐、硝酸盐、醋酸盐、草酸盐、醇盐等生产许多氧化物时常见的反应。通常，这些反应生成氧化物和易挥发的产物（例如 CO_2、SO_2、H_2O 等）。研究最广泛的反应是 $Mg(OH)_2$、$MgCO_3$ 和 $CaCO_3$ 的分解。由于与温度、时间、环境的压力、颗粒大小等特定条件有关，所以反应过程可能受制于：① 表面反应的反应速率；② 通过氧化物产物层的气体扩散或渗透；③ 传热。这些速率限制步骤的动力学要逐一考虑。

首先考虑分解热力学。例如 $CaCO_3$ 的煅烧：

$$CaCO_3(s) \rightarrow CaO(s) + CO_2(g) \qquad \Delta H^{298}_{反应} = 44.3\ \text{kcal/mol} \tag{9.63}$$

标准反应热是 44.3 kcal/mol，即强吸热反应。对于大多数可分解的盐类，这是典型的数值。分解盐类必须提供热量。

$CaCO_3$、$MgCO_3$ 和 $Mg(OH)_2$ 分解的标准自由能曲线如图 9.22 所示。每个反应的气体平衡分压也示于图 9.22 中。当 ΔG^0 为零时，作用于 $MgCO_3$ 和 $CaCO_3$ 上的 P_{CO_2} 和 $Mg(OH)_2$ 上的 P_{H_2O} 为 1 atm；相应的温度分别为 1156 K（$CaCO_3$）、672 K（$MgCO_3$）和 550 K[$Mg(OH)_2$]。图 9.22 还给出了大气中正常的 P_{CO_2} 和空气里的 P_{H_2O}（湿度）范围。从这些数值可以确定盐类在空气中煅烧时不稳定态的温度。例如，$CaCO_3$ 超过 810 K 就不稳定，$MgCO_3$ 超过 480 K 就不稳定。根据相对湿度，超过 445 ~ 465 K，$Mg(OH)_2$ 就不稳定。因为醋酸盐、硫酸盐、草酸盐和硝酸盐气体产物的分压基本为零，很明显它们在室温下就是

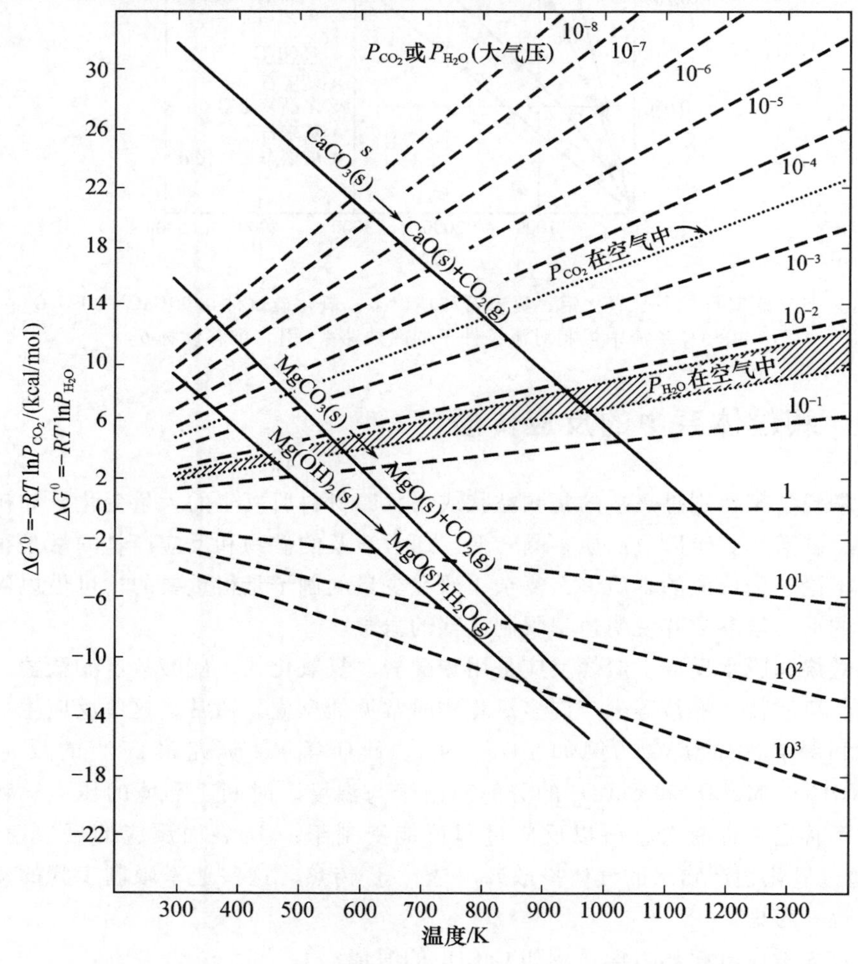

图 9.22 标准反应自由能与温度的关系。虚线为氧化物和碳酸盐（氢氧化物）上气体的平衡压力

不稳定的。它们作为盐类，分解温度约为 450 K，这说明它们的分解是受分子动力学因素的控制，而不是受热力学的控制。

如上所述，动力学可能受制于表面上的反应、从炉子流向反应表面的热流或气体产物从反应表面向炉子周围气氛的扩散（渗透）。这一点如图 9.23 所示，图 9.23 中还列出了适用的热量和物质的流动方程。限速步骤取决于正在分解的特定物质和相对温度。例如不稳定盐类在低温下存在而在较高温度下分解，暗示着起始分解一定是受原子级别过程的控制，因为热量向反应界面的传递或气体产物从界面移开都不受反应产物的干扰。

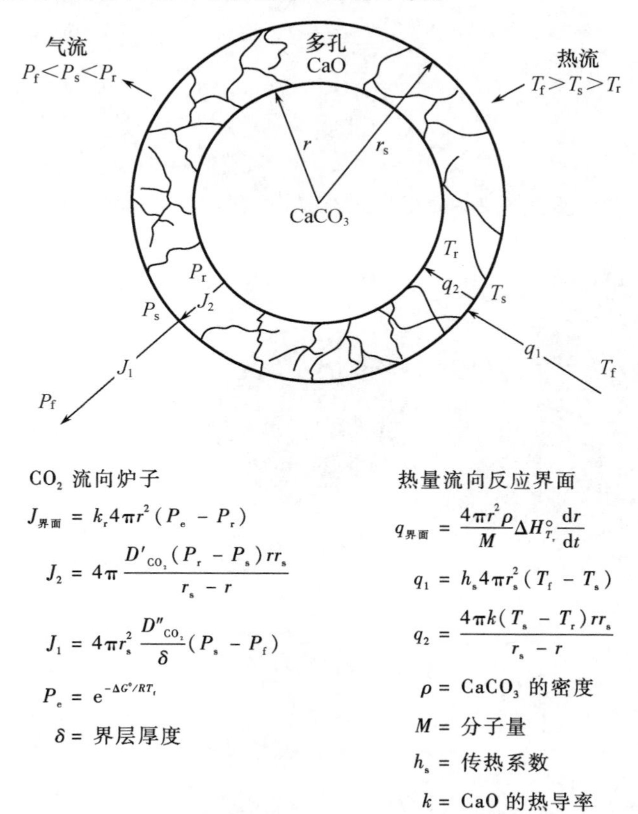

图 9.23 一种盐类（例如 $CaCO_3$）的球形颗粒发生分解的示意图。产物为多孔氧化物（CaO）和气体（CO_2）。这是吸热反应，需要传热。对稳态分解来说，传热和传质的驱动力可以用炉内的温度和压力（T_f、P_f）、颗粒表面上的温度和压力（T_s、P_s）和反应界面上的温度和压力（T_r、P_r）来表示

图 9.23 中所示的反应是复相的，也就是说反应发生在十分确定的反应界面上。图 9.24 示出了 $MgCO_3$ 的界面区域，在这一区域中，反应是从片状

$MgCO_3$ 表面上的成核位置开始进行的。圆柱形界面的分解动力学为

$$(1-\alpha)^{1/2}=1-kt/r_0 \tag{9.64}$$

式中：α 为分解的分数；k 为热激活动力学常数；t 为时间(假定温度一定)；r_0 为原始颗粒半径。$Mg(OH)_2$ 在几种温度下分解的一级反应动力学[式(9.2)]示于图 9.25 中。

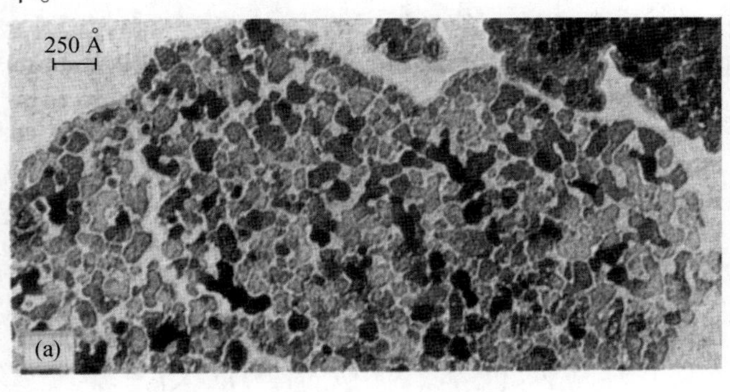

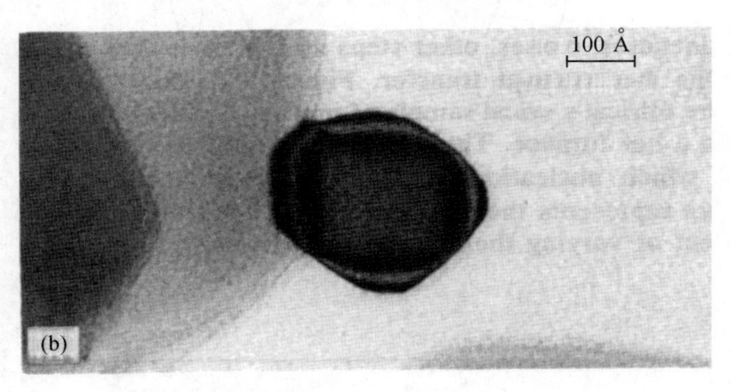

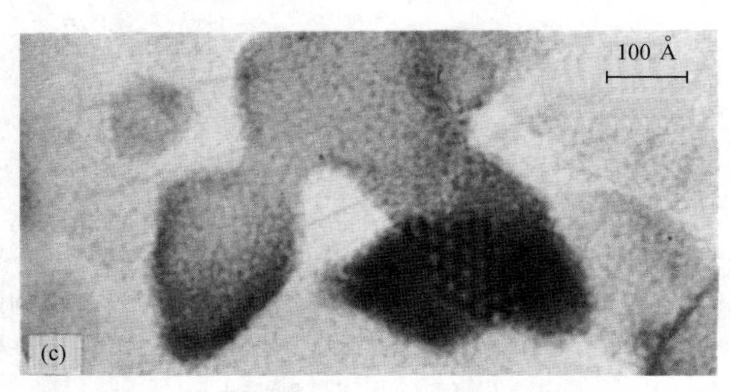

图 9.24　用热分解碱性碳酸镁的方法制备的 MgO 的透射电子显微镜照片。(a) 假晶形 MgO(550 ℃煅烧)；(b) 近于立方形的微晶(900 ℃煅烧)；(c) 重叠微晶的二维莫尔(moiré)条纹花样(550 ℃煅烧)。引自 A. F. Moodie, C. E. Warble, and L. S. Williams, *J. Am. Ceram. Soc.*, **49**, 676(1966)

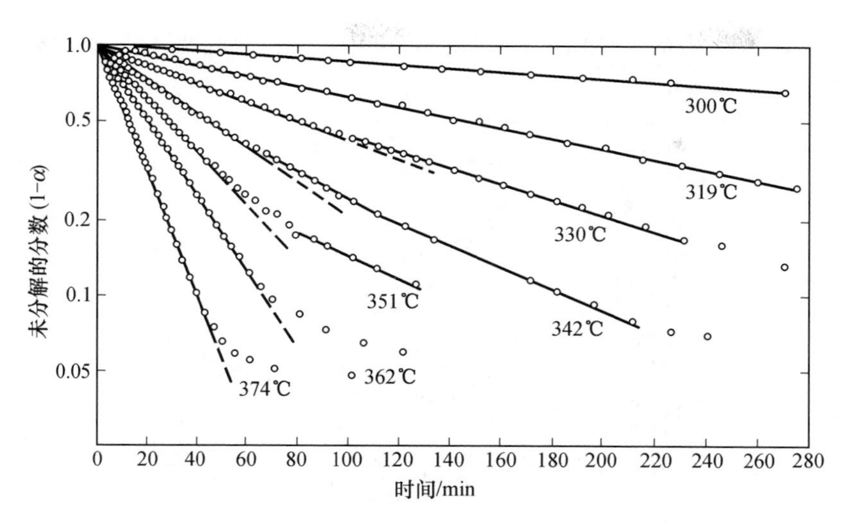

图 9.25　$Mg(OH)_2$ 分解的一级反应动力学。引自 R. S. Gordon and W. D. Kingery, *J. Am. Ceram. Soc.*, **50**, 8(1967)

表面对分解速率的重要性可由分解时间说明，分解(700 ℃)片状解理的方解石晶体($CaCO_3$)所需的时间为 60 h，而分解相等质量呈粉状的同一材料只需 4 h。

低温下晶粒尺寸对分解速率具有重要影响；但在较高温度下，因为化学驱动力增大，同时驱动扩散过程和反应动力学的热能增大，其他步骤也有可能控制速率，例如传热的速率。图 9.26 给出了将 $CaCO_3$ 粉料压成圆柱试样装到已加热的炉子里后其中心线的温度。试件温度达到最高时，CaO 开始成核。温度的下降表示反应吸收了热量。

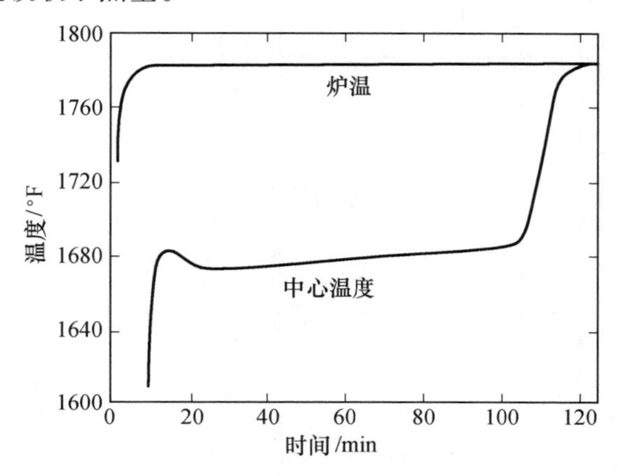

图 9.26　炉温和置于预热炉中的 $CaCO_3$ 圆柱试样中心线的温度。引自 C. N. Satterfield and F. Feales, *A. I. CH. E. J.*, **5**, 1(1959)

周围 CO_2 压力的影响如图 9.27 所示。当 P_{CO_2} 增大时，反应的驱动势下降，因此反应速率下降。

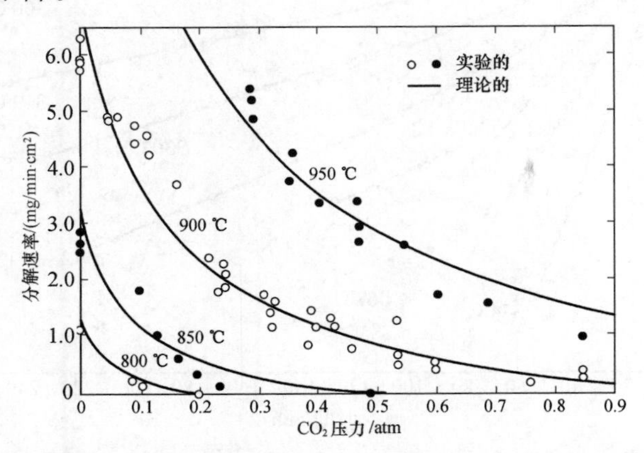

图 9.27　CO_2 气氛中 $CaCO_3$ 的分解速率，$R_{理论} = (1 - P_{CO_2}/P^{\cdot}_{CO_2})/(BP_{CO_2} + 1/R_0)$，式中 $P^{\cdot}_{CO_2}$ 为平衡 CO_2 压力，B 为常数，R_0 为纯中性气氛中的分解速率。引自 E. P. Hyatt, I. B. Cutler, and M. E. Wadsworth, *J. Am. Ceram. Soc.*, **41**, 70(1958)

某些黏土矿物(特别是高岭土)不以图 9.23 所示的方式分解，也就是说它们没有复相反应界面或反应产物不能碎裂成微晶。500 ℃以上结晶水分解，并且假晶形结构一直保持到 980 ℃。该假晶体保持原来晶体的构型，并含有大浓度的阴离子空穴。在 980 ℃以上该结构不可逆地崩解成晶态莫来石和晶态二氧化硅并放出热量(图 9.28)。

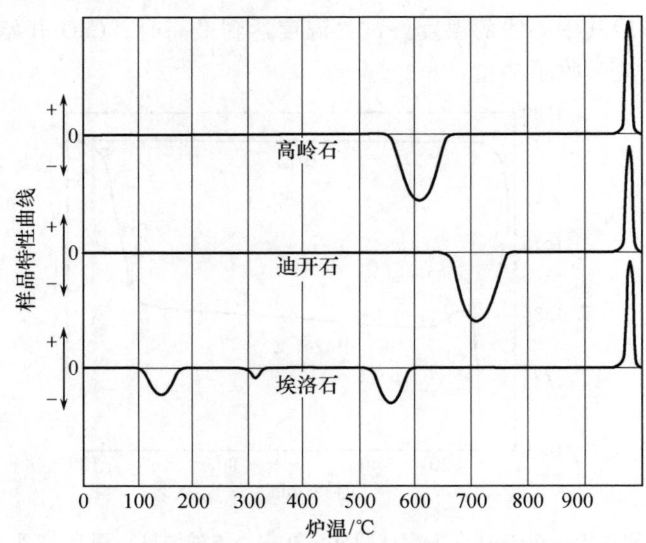

图 9.28　高岭土差热分析曲线。当化学变化开始放热或吸热时，试样的温度超前(+)或滞后(−)于炉温

反应动力学受主体中氢氧离子扩散的控制，而不是受图 9.23 中所示的复相表面分解的控制。因此，该动力学是均质的并且受固体内扩散的控制，该扩散符合抛物线速率定律。不同粒度分布的高岭石脱水动力学如图 9.29 所示。在 $Al(OH)_3$ 的分解中也观察到类似的情况。

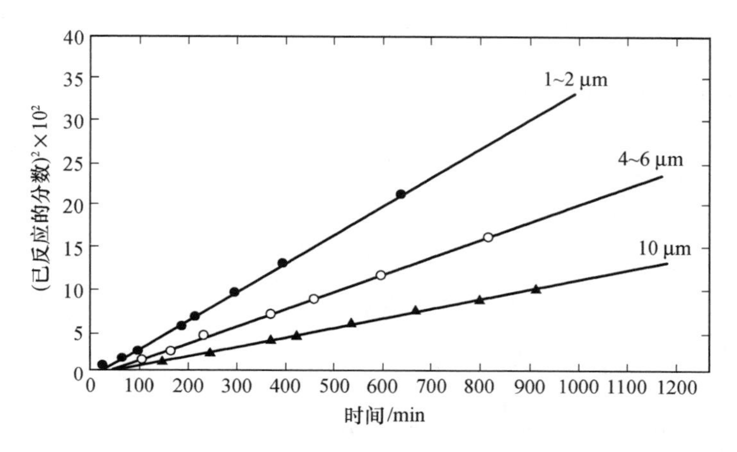

图 9.29　3 种粒度分布的高岭石在真空中 400 ℃时反应的抛物线图。引自 J. B. Holt，I. B. Cutler，and M. E. Wadsworth，*J. Am. Ceram. Soc.*，**45**，133(1962)

粉料反应　在陶瓷生产的大多数过程中，固态反应是通过精细地混合细粉料来实现的。这与图 9.6 中所研究过的情况不同，实际的反应和图 9.30 中所

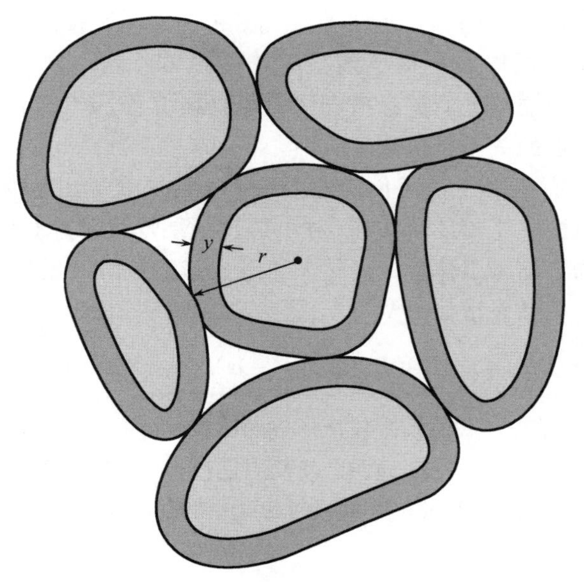

图 9.30　在粉料混合物的颗粒表面上形成的反应产物层示意图

表示的更为相似。

假如该反应是在等温下进行的，则反应区域的形成速率取决于扩散速率。反应初期，界面层的生长速率和式(9.8)所给出的抛物线关系极为相近。假定 V 是在 t 时刻尚未反应的颗粒体积，则

$$V = \frac{4}{3}\pi(r - y)^3 \tag{9.65}$$

未反应的颗粒体积也可以表示为

$$V = \frac{4}{3}\pi r^3(1 - \alpha) \tag{9.66}$$

式中：α 为已经发生反应的体积分数。合并式(9.65)和式(9.66)得到

$$y = r(1 - \sqrt[3]{1 - \alpha}) \tag{9.67}$$

将此式和式(9.8)合并，可给出反应速率

$$(1 - \sqrt[3]{1 - \alpha})^2 = \left(\frac{KD}{r^2}\right)t \tag{9.68}$$

要注意此式适用于球形，而式(9.64)适用于圆柱形。通过绘制 $(1 - \sqrt[3]{1 - \alpha})^2$ 对时间的曲线可以得到反应速率常数等于 KD/r^2，它是反应条件的特征。常数 K 由穿过反应层的扩散物质的化学势差和具体的几何形状确定。

已经发现式(9.68)给出的关系适用于许多固态反应，包括硅酸盐体系、铁氧体的形成、钛酸盐的形成反应以及其他与陶瓷有关的过程。图 9.31 说明二氧化硅和碳酸钡之间的反应与不同变量的关系。从图 9.31(a)可以看出函数 $(1 - \sqrt[3]{1 - \alpha})^2$ 与时间之间存在直线关系。图 9.31(b)所示的与颗粒大小的关系表明，反应速率直接与 $1/r^2$ 成比例，这和式(9.68)是一致的。图 9.31(c)表明，反应速率常数与温度的关系符合阿伦尼乌斯方程，$K' = K'_0\exp(-Q/RT)$，这与它同扩散系数的关系是一致的。

式(9.68)中有两个过于简化的地方限制了公式的应用，限制了其用于预测反应速率的范围。① 式(9.68)只对小的反应层厚度 Δy 才有效；② 没有考虑反应物和产物之间摩尔体积的变化。通过校正上述两种限制条件，反应的体积分数和时间的关系表示如下①：

$$[1 + (Z - 1)\alpha]^{2/3} + (Z - 1)(1 - \alpha)^{2/3} = Z + (1 - Z)\left(\frac{KD}{r^2}\right)t \tag{9.69}$$

式中：Z 为每消耗单位体积球形颗粒所形成的体积，即等效体积的比例。对于反应 $ZnO + Al_2O_3 = ZnAl_2O_4$，图 9.32 说明即使反应进行到 100%，式(9.69)也是有效的。

按绝对基准计算式(9.68)和式(9.69)中的反应速率时，需要知道所有各

---

① R. E. Carter, *J. Chem. Phys.*, **34**, 2010(1961); **35**, 1137(1961)。

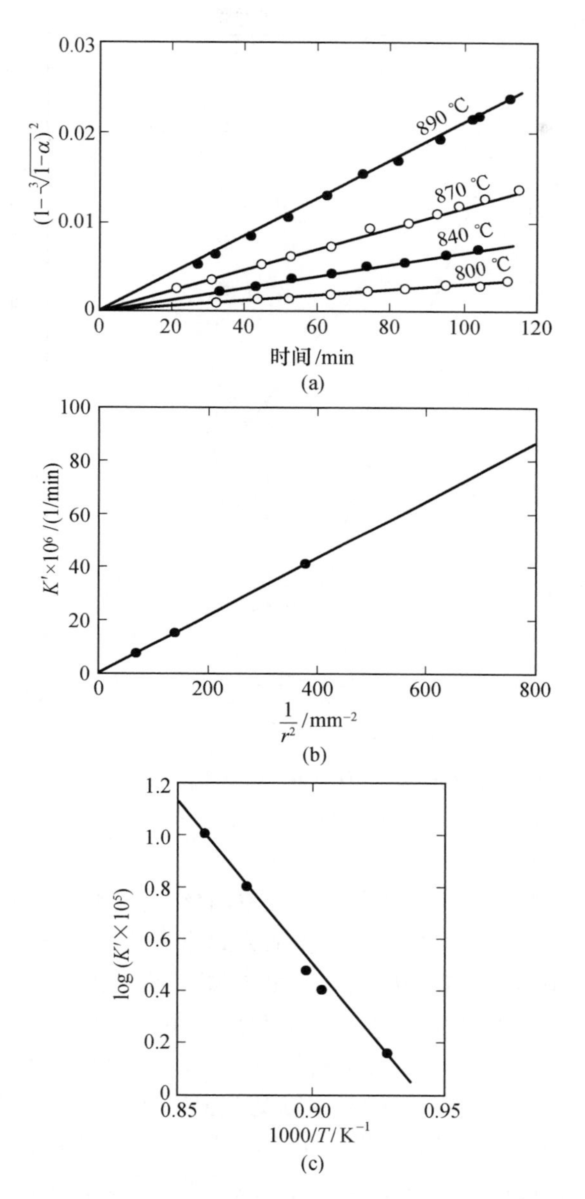

图 9.31　二氧化硅和碳酸钡之间的固态反应中，反应速率和(a) 时间、(b) 颗粒大小以及(c) 温度的关系。引自 W. Jander，*Z. Anorg. Allg. Chem.*，**163**，1(1927)

种离子的扩散系数、体系的几何形状以及每一种物质在反应产物层中不同位置上的化学势。控制反应速率的扩散物质是能够最快迁移到相界面的离子或离子加电子。在 9.2 节内讨论过的所有限制条件都必须加以考虑。

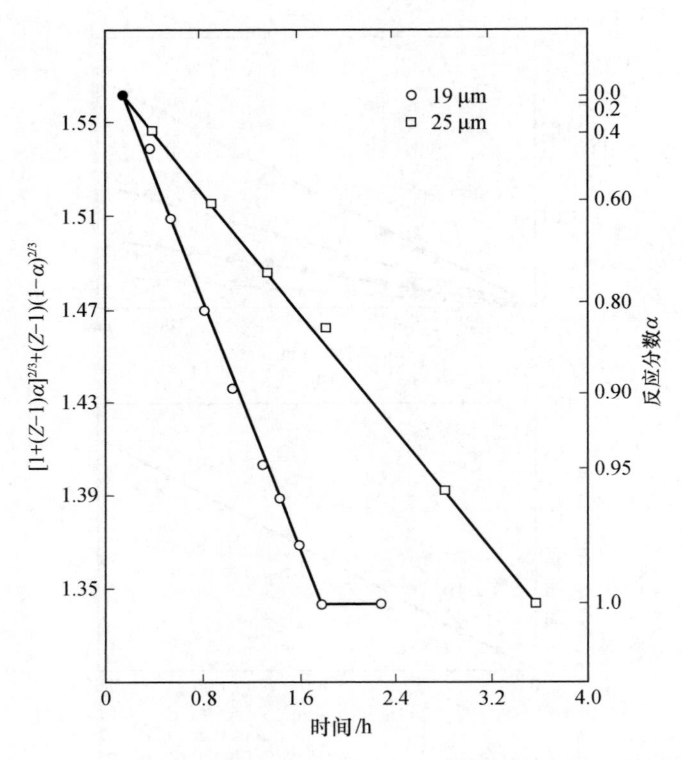

图 9.32　空气中 1400 ℃下 ZnO 和 Al_2O_3 形成 $ZnAl_2O_4$ 的反应(球形颗粒的尺寸有两类)。见推荐读物 1，p. 120

精确定量计算的另一个困难是反应速率与反应产物的结构密切相关。许多情况下，反应产物是以和反应物不共格的方式形成的。由于体积的变化，产物可能带有许多缺陷和裂缝，因此，表面扩散和界面扩散的机会很多，而式(9.68)和式(9.69)中的扩散系数不一定和穿过单晶或致密多晶体的扩散系数相同，这些数值确定了实际扩散系数和可能的反应速率的下限。当新相形成(如碳酸钙的低温分解)时，初始晶格参数强烈趋于某个非平衡的数值。此值与和反应物共格的界面及结构有关，如 8.3 节和 8.4 节中所讨论的成核和生长那样，这种不平衡的晶格扩散系数常大于最后平衡产物的扩散系数。常常观察到在同质多晶转变的温度下，固态反应速率增大(Hedvall 效应)。这种效应与因转变点的体积变化而形成的晶格应变和裂纹有关。例如，在体积变化大的石英内大量存在着这种晶格应变和裂纹。同样，在转变温度下，带有共格界面的两种同质多晶之间倾向于平衡。这会导致晶格应变，增大扩散系数和传质。目前尚无可靠的数据来定量研究这些效应。

颗粒粗化　在固体淀析之后，颗粒可能发生粗化，因为颗粒尺寸的不同意味着颗粒化学活性的不同。Ostwald 生长通常被用来描述分散在固体内或液体内的淀析物。对在介质内具有某些溶解度的分散系统来说，该系统含有不同尺寸的颗粒，较小的颗粒溶解而较大的颗粒长大。驱动力是界面自由能的降低。Thompson – Freundlich 方程(第五章)建立了以平界面溶解度 $c_{\mathrm{p.i.}}$ 为基准的增大的淀析溶解度 c_a 与曲率半径 a 之间的关系式：

$$RT\ln\left(\frac{c_a}{c_{\mathrm{p.i.}}}\right) = \frac{2\gamma}{a}\frac{M}{\rho} \tag{9.70}$$

式中：γ 为界面能($\mathrm{erg/cm^2}$)；M 为分子量；ρ 为淀析颗粒物的密度。这一关系也假定活度由浓度确定。假如 $\frac{2\gamma M}{RTa\rho} < 1$，则增大的溶解度由下式给出：

$$c_a = c_{\mathrm{p.i.}}\left(1 + \frac{2\gamma M}{RTa\rho} + \cdots\right) = c_{\mathrm{p.i.}} + \frac{2\gamma M c_{\mathrm{p.i.}}}{RTa\rho} \tag{9.71}$$

为了简化，假设系统由 a_1 和 a_2 两种尺寸的颗粒组成，$a_1 > a_2$。a_2 颗粒易溶于基质，在浓度驱动力的作用下趋于溶解：

$$c_{a_1} - c_{a_2} = \frac{2M\gamma c_{\mathrm{p.i.}}}{RT\rho}\left(\frac{1}{a_1} - \frac{1}{a_2}\right) \tag{9.72}$$

假定颗粒生长速率受基质即溶剂内扩散的控制，我们就可以根据菲克定律来确定生长速率[见图 9.33(a)]。a_1 的质量增加速率为

$$\frac{\mathrm{d}Q}{\mathrm{d}t} = -D\left(\frac{A}{x}\right)(c_{a_1} - c_{a_2}) \tag{9.73}$$

式中：A/x 代表两个不同颗粒间扩散的面积与长度之比。将式(9.72)代入式(9.73)得到

$$\frac{\mathrm{d}Q}{\mathrm{d}t} = -D\left(\frac{A}{x}\right)\frac{2M\gamma c_{\mathrm{p.i.}}}{RT\rho}\left(\frac{1}{a_1} - \frac{1}{a_2}\right) \tag{9.74a}$$

因为我们已假定颗粒为球形，且有质量守恒，

$$-\frac{\mathrm{d}Q}{\mathrm{d}t} = \rho 4\pi a_2^2\frac{\mathrm{d}a_2}{\mathrm{d}t} = -\rho 4\pi a_1^2\frac{\mathrm{d}a_1}{\mathrm{d}t} \tag{9.74b}$$

则 a_1 的长大表示如下[①]：

$$\rho 4\pi a_1^2\frac{\mathrm{d}a_1}{\mathrm{d}t} = -D\left(\frac{A}{x}\right)\frac{2M\gamma c_{\mathrm{p.i.}}}{RT\rho}\left(\frac{1}{a_1} - \frac{1}{a_2}\right) \tag{9.75}$$

可以在各种近似情况下对式(9.75)进行积分，但用下述近似解法可得到同样的解。假定小颗粒向基质提供溶质比溶质淀析在大颗粒上快，则大颗粒的长大

① 式(9.75)左边原文为 $\rho 4\pi a_1\frac{\mathrm{d}a_1}{\mathrm{d}t}$，恐系印刷错误。——译者注

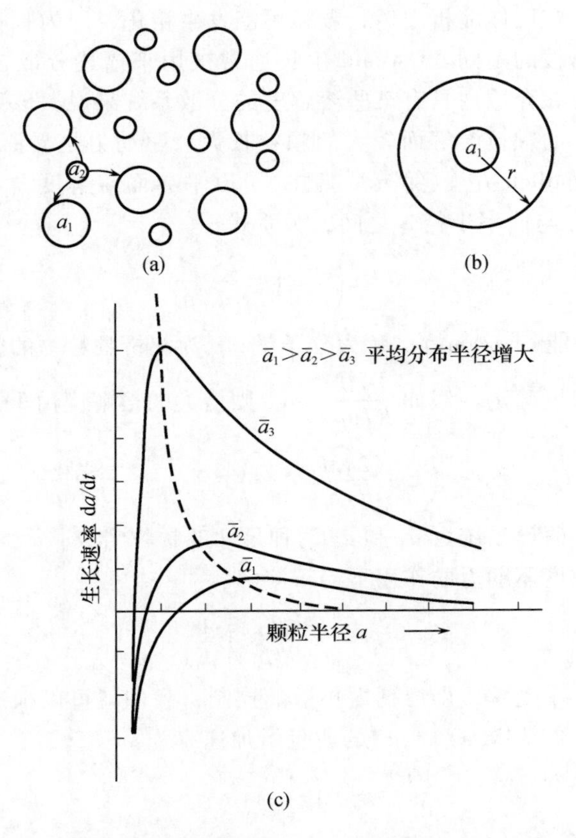

图 9.33 （a）双尺寸颗粒系统中的颗粒粗化；（b）颗粒 a_1 在半径为 r 的扩散范围内的长大；（c）颗粒生长速率随颗粒半径的变化

可看做是扩散限制的长大。假定限速步骤为物质从基质扩散到大颗粒上，并假定在长大的颗粒周围扩散范围为 $r(r \gg a_1)$［图 9.33(b)］，则菲克球形对称第一定律为

$$J = 4\pi D\Delta c\left(\frac{a_1 r}{r - a_1}\right) \tag{9.76}$$

式中，

$$\Delta c = \frac{2M\gamma c_{\text{p.i.}}}{RT\rho a_1}$$

对分散的颗粒来说，$r \gg a_1$，流量可由下式给出：

$$J = \frac{4\pi D 2M\gamma c_{\text{p.i.}}}{RT\rho a_i}\left(\frac{a_1 r}{r - a_1}\right) \approx \frac{4\pi D c_{\text{p.i.}} 2M\gamma}{RT\rho} = \text{常数} \tag{9.77}$$

流量为一常数，与正在长大的颗粒的半径无关，

$$J = 常数 = \rho \frac{dV}{dt} = \rho 4\pi a_1^2 \frac{da_1}{dt} = \frac{4\pi D c_{p.i.} 2M\gamma}{RT\rho} \tag{9.78}$$

积分以后变为

$$a_f^3 - a_i^3 = \frac{6Dc_{p.i.} M\gamma}{\rho^2 RT} \tag{9.79}$$

或

$$\left[\frac{a(t)}{a_i}\right]^3 = 1 + \frac{t}{\tau}$$

其中，

$$\tau = \frac{6Dc_{p.i.} M\gamma}{\rho^2 RT a_i^3} \tag{9.80}$$

更精确的分析得出基本上相同的淀析分布结果①。尺寸不同的颗粒生长速率的变化和平均半径的增大如图 9.33(c)所示。已经观察到在液相烧结期间淀析物和晶粒的扩散控制生长都与时间呈立方关系(图 9.34 和图 9.35)。

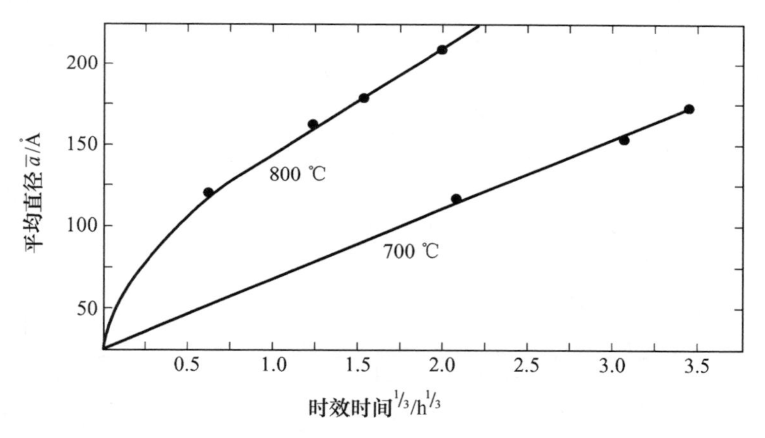

图 9.34　在 MgO 中 $Mg_{1.2}Fe_{1.8}O_{3.9}$淀析物的粗化。引自 G. P. Wirtz and M. E. Fine, *J. Am. Ceram. Soc.*, **51**, 402(1968)

上面关于粗化关系的讨论假定了颗粒为球形。下面的讨论是利用适当定义的 Δc(即浓度差)来说明在颗粒生长的公式内可以涵盖小平面的颗粒生长以及带有不同表面能的颗粒生长。

考虑一种形状恒定、尺寸一致的颗粒，其表面积对体积的比率为 $S_V = S/V$。表面对自由能的贡献为

① C. Wagner, *Z. Electrochem.*, **65**, 581 ~ 591 (1961); G. W. Greenwood, *Acta Met.*, **4**, 243 ~ 248 (1956)。

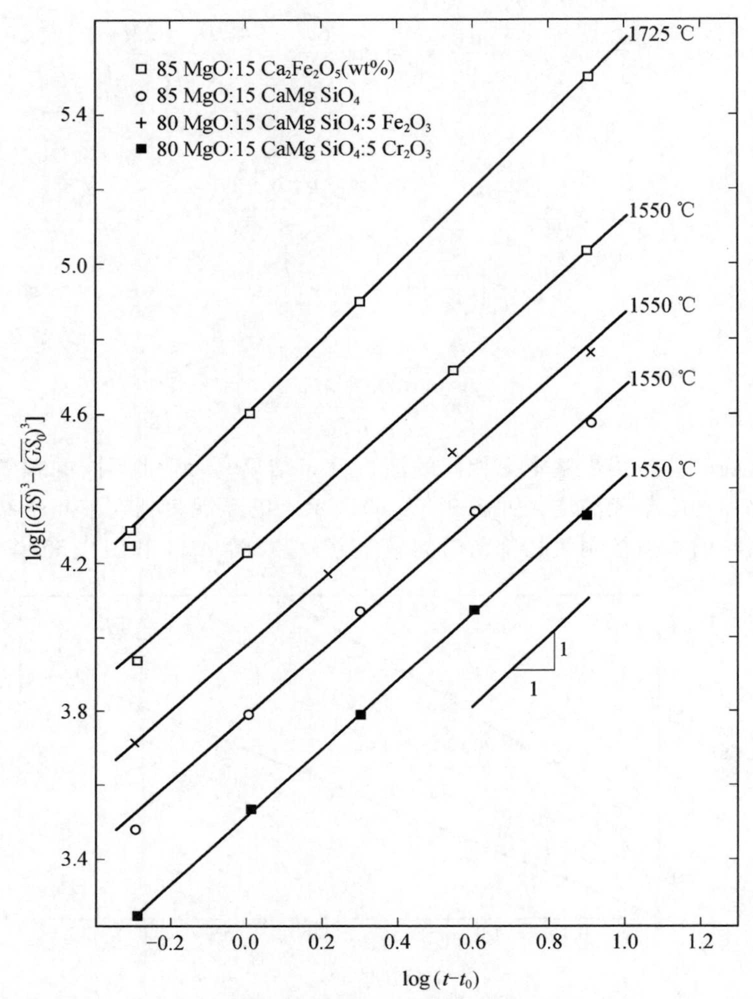

图 9.35 在含 MgO 和液相的系统中的等温晶粒长大。GS 为晶粒尺寸(μm)，t 为时间(h)，$(\bar{G}\bar{S})^3 \propto t$ ①。引自 J. White in *Materials Sci. Research*，Vol. 6，Plenum Publishing Corporation，New York，1973，p. 81

$$G - G_{\mathrm{p.i.}} = \gamma S = \gamma S_{\mathrm{V}} V \tag{9.81}$$

具有小平面的颗粒(μ)和平界面($\mu_{\mathrm{p.i.}}$)之间的化学势差为

$$\mu - \mu_{\mathrm{p.i.}} = \frac{\mathrm{d}}{\mathrm{d}n}(G - G_{\mathrm{p.i.}}) = \gamma \bar{V}\left(\frac{\mathrm{d}S}{\mathrm{d}V}\right)_{S_{\mathrm{V}}} \tag{9.82}$$

式中：$\bar{V}$ 为颗粒相的摩尔体积。令 x 为颗粒尺寸的某种线性参数，使得 $S = ax^2$

① 原文为“$(\bar{G}\bar{S})^3 \alpha t$”，恐系印刷错误。——译者注

$=\alpha V/x$(其中 a 和 α 为形状特征常数)，于是得到

$$\left(\frac{dS}{dV}\right)_{S_V} = S_V \frac{dS/S}{dV/V} = \frac{2}{3}S_V = \frac{2}{3}\frac{\alpha}{x} \tag{9.83}$$

并且，

$$\mu - \mu_{p.i.} = \gamma\bar{V}\frac{2}{3}\frac{\alpha}{x} \tag{9.84}$$

式(9.81)~(9.84)对任何颗粒形状恒定的系统都有效，不论它们是球形的还是具有小平面的颗粒。如果我们用浓度表示活度，则，

$$\Delta c = \frac{(\mu - \mu_{p.i.})c_{p.i.}}{RT} = \frac{\gamma\bar{V}c_{p.i.}}{RT}\left(\frac{2}{3}\frac{\alpha}{x}\right) \tag{9.85}$$

对球体 $\alpha=3$ 和 $x=r$，我们可以得到 Thompson - Freundlich 方程式(9.71)：

$$\Delta c = \frac{2\gamma\bar{V}c_{p.i.}}{rRT} = \frac{2\gamma Mc_{p.i.}}{RTr\rho}$$

式中：$\bar{V}$ 为摩尔体积；M 为分子量；ρ 为密度。对于有不同表面自由能的小平面界面来说，可应用 Wulff 定理：

$$\mu - \mu_{ref} = \frac{2}{3}\bar{V}\sum\left(\frac{\alpha_i\gamma_i}{x_i}\right) \tag{9.86}$$

式中：x_i 为从第 i 个小平面到颗粒中心的距离。

9.5 晶态陶瓷中的淀析

新相的成核和生长已在第八章内讨论过，并应用到液相或玻璃基质内发生的过程。在第二章中讨论过晶态固体内的多晶转变。在晶体基质内发生的淀析过程中，淀析物的组成与原来晶体的组成不同，因此这些过程对许多陶瓷系统的性能都有着重要的影响。随着像透射电子显微术这类能观察和鉴定细小淀析颗粒的技术的充分利用，人们更全面地认识到了淀析过程的广泛存在及其重要性。当相分离(第七章)的驱动力出现时，最初的淀析可能是由不稳分解或离散颗粒的成核(第八章)所引起的；而其生长速率则受原子迁移率限制(第六章)。

对于固体中的成核过程来说，在计算成核自由能变化时，必须考虑淀析物和基质之间体积差引起的应变能。在这种情况下，式(8.19)可用下式代替：

$$\Delta G_r = 4\pi r^2\gamma + \frac{4}{3}\pi r^3(\Delta G_v + \Delta G_\varepsilon) \tag{9.87}$$

式中的单位体积应变能为 $\Delta G_\varepsilon = b\varepsilon^2$，$\varepsilon$ 为应变，b 为常数，此常数取决于晶核的形状，并可从弹性理论计算出来。在 ΔG_r 公式中出现的 ΔG_ε 导致了形成临界晶核的自由能 ΔG^*。它对应于 α 和 β 结构之间确定的结晶关系，当两者都

是晶体相时还对应于它们之间的界面。ΔG_{ε} 的介入极大地影响了稳定晶核的形态，并增大了在非均匀位置上成核的趋向。当分解(淀析)反应发生时，应变能一般能引起平行片晶的形成。淀析物以平行片晶形式出现使晶体长大时应变能的增加最小。通常，厚的或球状颗粒的形成会产生大的应变值，因为应变能正比于 ε^2。当淀析过程的体积变化显著时(情况常常如此)，则择优成为片状晶态的淀析物。应变能也能影响不稳分解，因为应变能增加了不均匀溶液的能量，降低了发生相分离的温度，并在择优结晶方向上导致离析而产生薄片。

如在第五章内所讨论过的，新相的成核能量取决于界面的结构和取向。我们可以定义两种一般类型的淀析。在*共格淀析*中，如图 9.36 所示，原子平面连续地横过界面，因此只改变个别原子的第二配位，与孪晶界面相似。相反，对于*非共格淀析*，原子的平面或其中的某些平面是不连续地横过界面的，在界面层引起位错或杂乱的结构，这种情况在第五章中有所描述。共格界面的界面能比非共格界面的要小一个数量级，所以和基质具有一定结构关系的新相易择优成形。此外，氧离子在氧化物结构内常常移动较慢，所以必须迁移到新位置的这些离子的转移也是缓慢的，因此氧离子晶格的共格特性对成核的驱动力及成核速率和晶体生长速率都是有利的。

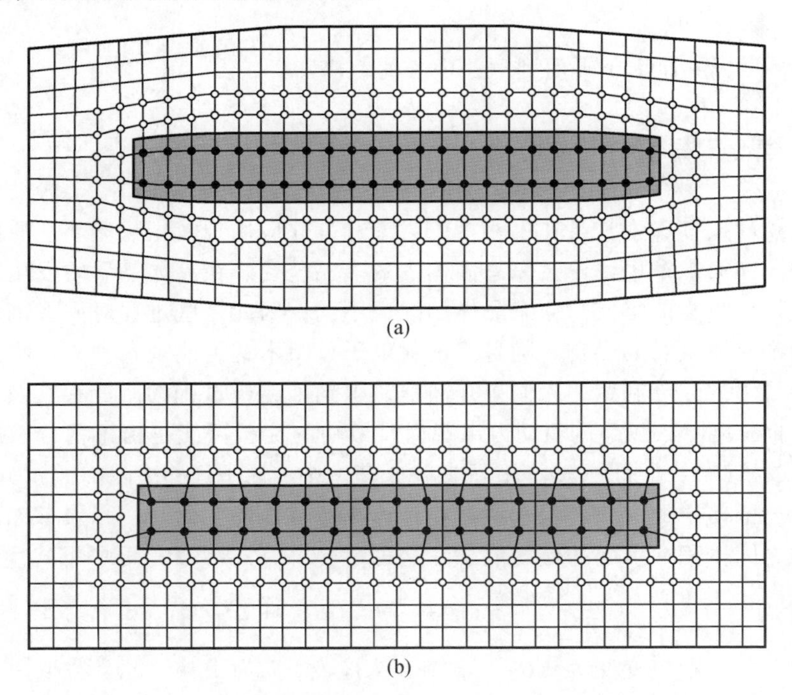

图 9.36 (a) 共格淀析物的原子平面连续地横过界面；(b) 非共格淀析物的原子平面不连续地横过界面

淀析动力学　如第八章中所述，晶态固体中的淀析动力学取决于过程的起始速率或成核速率以及晶体的生长速率。当淀析过程由成核和生长共同组成时，则在明显的孕育期内形成具有 Johnson – Mehl 或 Arrami 关系（第八章）特征的 S 形曲线，如图 9.37 所示。当淀析过程远离平衡的相界面时（这是最常见的情况），则成核速率和生长速率都随温度的升高而增大（图 9.38），以致在较高的温度下孕育时间减少，新相的形成所需的转变时间也减少（图 9.37）。然而，在许多情况下，冷却期间成核迅速发生以致大量的晶核可作生长之用。当不很完整的基质晶体中有非均匀成核位置可以利用时，或共格淀析的界面能很低时，情况尤其如此。如图 9.39 所示的从 MgO 中淀析出 $MgAl_2O_4$ 尖晶石那样，淀析的发生也就是现存晶核生长的过程，通过测量已发生转变的材料的比例是观察不到孕育期的。对从 MgO 内淀析出铁酸镁 $MgFe_2O_4$ 来说，利用超顺磁性测量能够鉴别新形成的平均直径约为 15 Å 的晶体，却没有发现孕育期的迹象；也就是说，对于很低的共格界面能①，临界晶核尺寸非常之小。

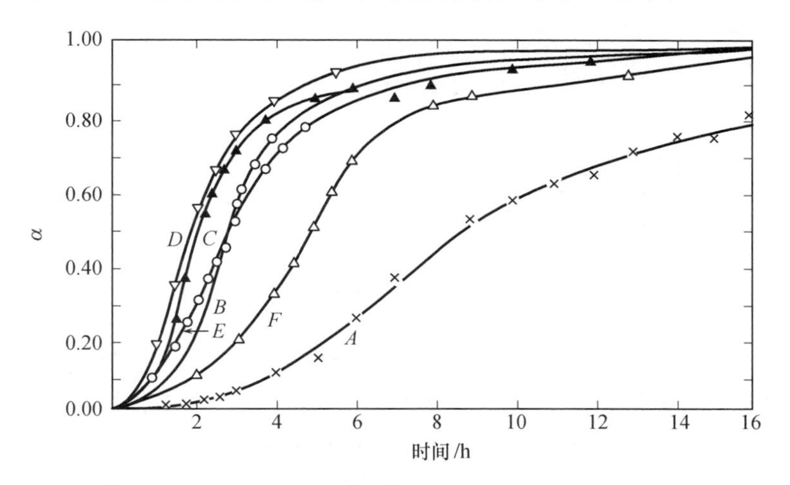

图 9.37　温度对 80 mol% ZrO_2 – 20 mol% MgO 固溶体的分解的影响。固溶体在 1520 ℃经 1 h 制成，然后在不同温度下分解：*A* – 1000 ℃；*B* – 1075 ℃；*C* – 1150 ℃；*D* – 1250 ℃；*E* – 1350℃；*F* – 1375 ℃。引自 V. S. Stubican and D. J. Viechnicki. *J. Appl. Phys.*, **37**, 2751（1966）

淀析物取向　对许多氧化物的淀析过程来说，在应变能和共格界面的作用下，淀析物将高度取向。对第二章所描述的许多以氧离子密堆排列为基础的氧化物结构来说，这些关系特别明显。如果镁铝尖晶石内固溶有过量的氧化铝，

① G. P. Wirtz and M. E. Fine, *J. Am. Ceram. Soc.*, **51**, 402（1968）。

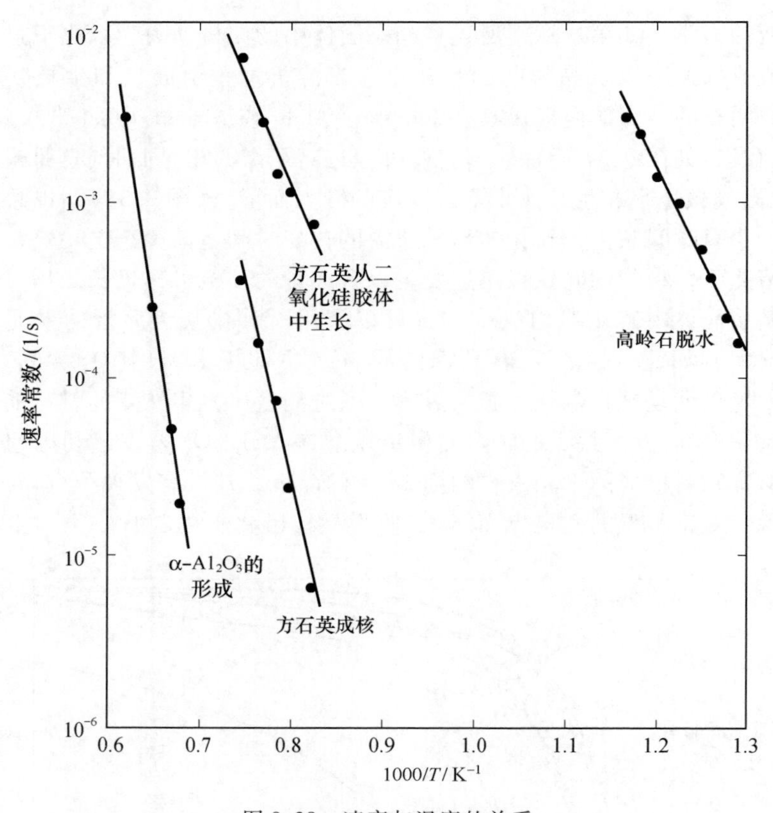

图 9.38 速率与温度的关系

应变能和共格关系的作用将导致亚稳中间产物的优先淀析[①]，结构类似于尖晶石，它比稳定的平衡产物 α－氧化铝更容易成核。事实上，如图 9.40 所示，两种不同类型的亚稳淀析物在初期形成，还有少量的 α－氧化铝。在 850℃ 长时间退火以后，通过消耗亚稳的中间淀析物，α－氧化铝颗粒长大。

人造星状宝石可用从含 0.1% ~0.3% TiO_2 的蓝宝石单晶中淀析出富铝含钛的淀析物的方法制造。当从 c 轴方向观察时，放射状的乳白色使反射光形成轮廓分明的具有六条射线的星形。淀析养护的时间从 1100 ℃约 72 h 到 1500 ℃下 2 h。所形成的条形淀析如图 9.41 所示。当从尖晶石中淀析时，所得淀析物颗粒不是平衡相（Al_2TiO_5）而是亚稳态产物。

在一些被认为存在不稳分解的系统中也观察到明显的取向效应。图 9.42 所示为 SnO_2-TiO_2 系统，其中的薄片状显微组织是在 1000 ℃退火 5 min 后形

① H. Jagodzinski，*Z. Krist.*，**109**，388（1957），and H. Saalfeld，*Ber. Deut. Keram Ges.*，**39**，52（1962）。

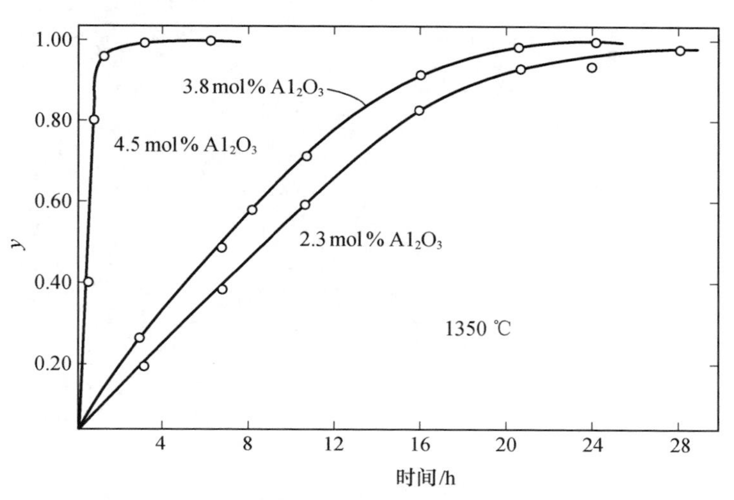

图 9.39　1350 ℃下尖晶石淀析分数 y 与时间的关系。试件在 1950 ℃制得。引自 V. S. Stubican and D. J. Viechnicki，*J. Appl. Phys.*，**37**，2751(1966)

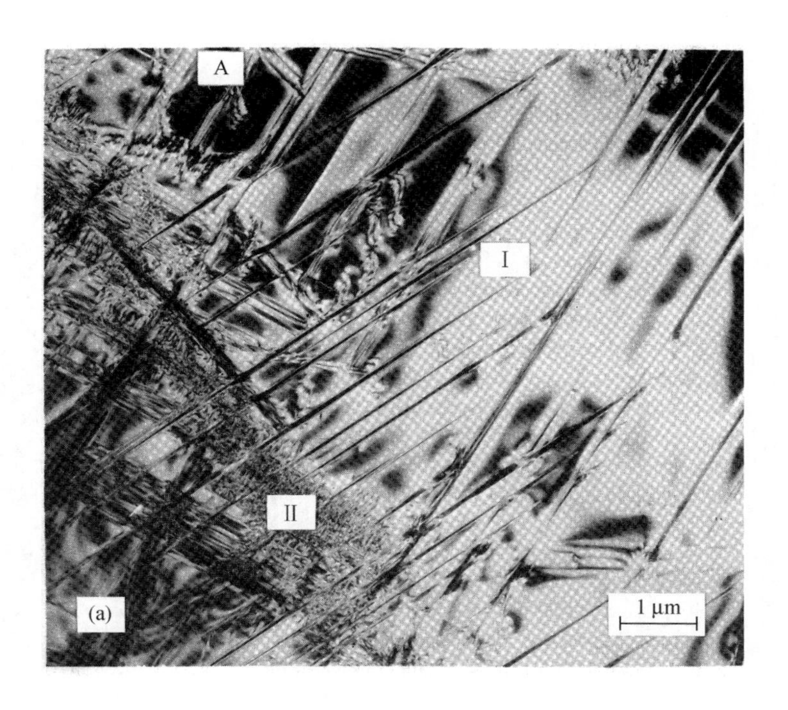

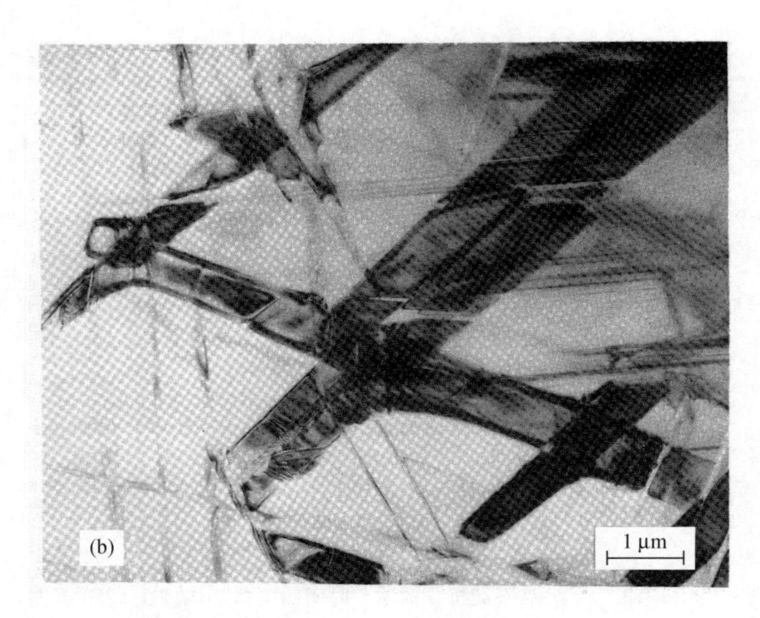

图 9.40　(a) 尖晶石在 850 ℃退火时，亚稳淀析物Ⅰ和Ⅱ首先和 $\alpha-Al_2O_3$(A)一起形成；(b) 长时间以后，$\alpha-Al_2O_3$ 颗粒消耗了中间淀析物而粗化。G. K. Bansal and A. Heuer 提供

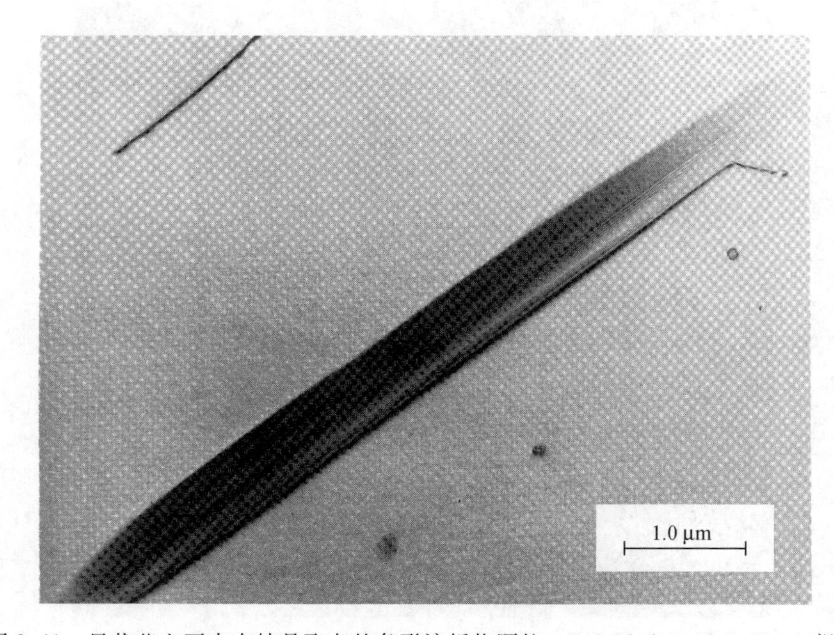

图 9.41　星状蓝宝石内有结晶取向的条形淀析物颗粒。B. J. Pletka and A. Heuer 提供

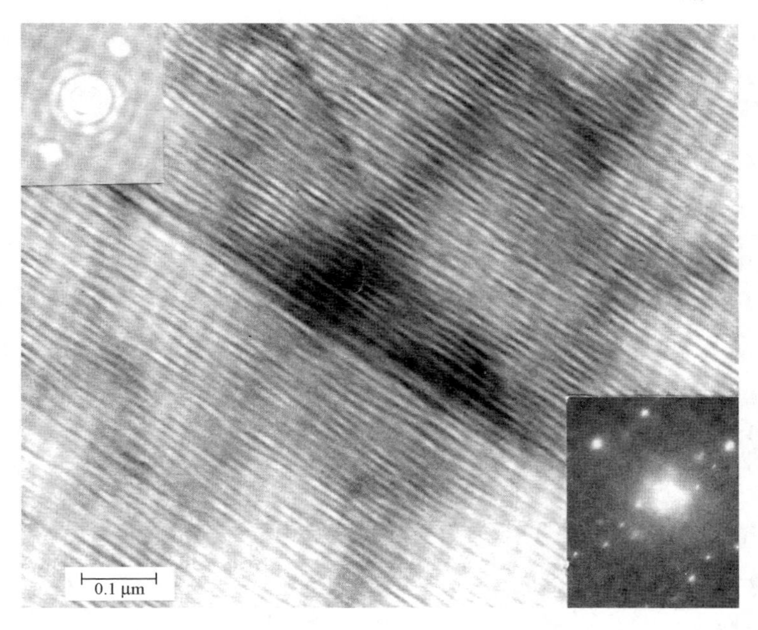

图 9.42　等摩尔 TiO_2-SnO_2 晶体在 1600 ℃均化并在 1000 ℃下退火 5 min。电子衍射花样在右下角，光衍射花样在左上角。M. Park and A. Heuer 提供

成的。示于图 9.42 下角的电子衍射花样是垂直于[001]方向的衍射斑，与不稳分解所形成的周期性结构是一样的。其他晶体系统如 $Al_2O_3-Cr_2O_3$ 和 $CoFe_2O_4-Co_3O_4$ 也被认为是以这种方式进行相分离的。图 9.43 所示的是低温下从 FeO－MnO 固溶体中淀析出的与尖晶石类似的结构。在这种高度非化学计量比的系统中金属大量缺乏(第四章中讨论过)，冷却中会导致缺陷的缔合；缺陷聚集处可成为尖晶石相淀析成核的中心。因为高的缺陷浓度和由此产生的高的阳离子扩散率，上述的非化学计量比系统和有关的系统在很低温度下都会发生淀析过程。上述情况的温度约为 300 ℃。一个样品冷却时不可能避免缺陷的形成，即使极快速的淬冷也如此。

当晶体快速生长或在低温下生长且发生组成变化时，热流速率或物质流动速率限制了生长速率并确定了晶体的形态。在这些条件下，散热速率或物质迁移到正在长大的淀析物上的速率和晶体生长端点处的曲率半径的倒数成正比，结果产生枝晶形状；生长端点处的曲率半径仍保持很小并且侧枝发展成树枝状结构。不同的形成条件形成不同的结构。图 9.44 表明在碱性耐火砖内从氧化镁淀析出的镁铁矿。有时出现一种淀析物的结晶学取向，在此方向上片状 $MgFe_2O_4$ 沿氧化镁母相的(100)平面形成。在较低温度下长期的淀析过程中，

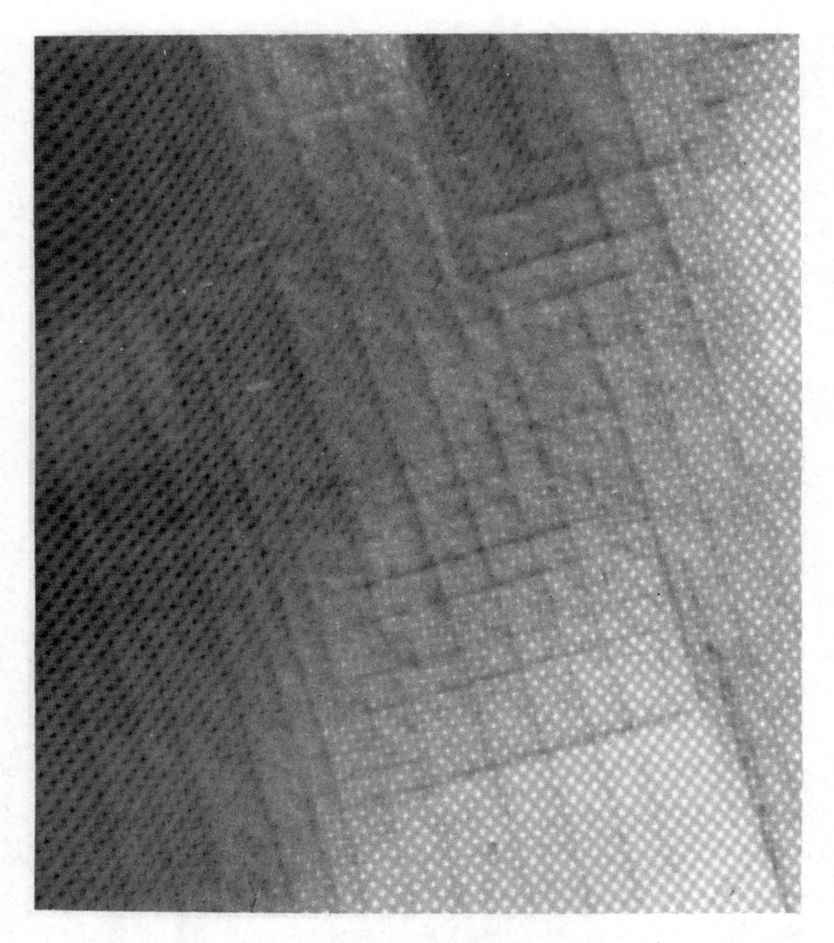

图 9.43　FeO - MnO 固溶体中低温尖晶石相淀析物。引自 C. A. Goodwin, Ph. D. Thesis, MIT, 1973

当扩散有可能决定速率时会形成枝状晶的淀析，它仍具有基质的结晶学取向，但其生长速率受到限制，所以形成星形[图 9.44(b)]；最终，在较高的温度下长时间保持以后，就有发展成球状淀析的趋势，其中的总表面能是一个最小值并且应变能因为塑性流动而消除。

非均匀淀析　常常观察到新相主要是沿晶界淀析[图 9.45(a)]；当大量的淀析发生时[图 9.45(b)]，晶界上有淀析物，且该淀析物周围几乎没有其他淀析。这可能是晶界上的非均匀成核所致，不过在从方铁矿淀析出 Fe_3O_4 时，低倍数下观察到的显微组织主要是由邻近晶界处生长速率的差异引起的，而不是由成核过程引起的。在这个系统中晶界起着高扩散率路径的作用(第六章)，

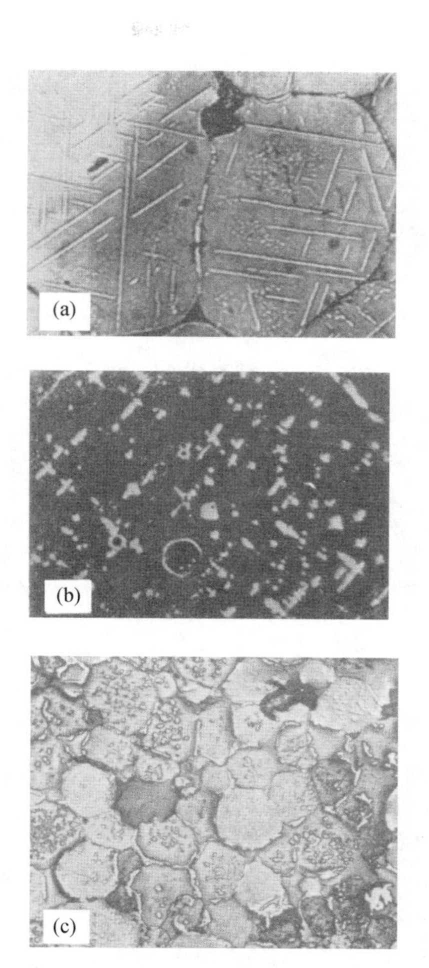

图 9.44　在碱性耐火砖中从 MgO 淀析出的 $MgFe_2O_4$：(a) 平行于 MgO(100) 平面的片状晶体(500 ×)；(b) 枝晶淀析物(975 ×)；(c) 球形晶体(232 ×)。引自 F. Trojer and K. Konopicky, *Radex Rdsch.*, **7**, **8**, 149(1948), and B. Tavasci, *Radex Rdsch.*, **7**, 245(1949)

它使晶界上的晶核开始生长，速率比主体内晶核的要快，它能使近晶界区内的溶质匮乏，因而在淀析后期[图 9.45(b)]，近晶界区基本没有淀析物。在这个系统中，如前面讨论过的许多系统一样，淀析颗粒和基质颗粒共格，并且每个方铁矿晶粒都具有相同的取向。

对溶解度小的样品中的晶界和位错进行的直接观察表明，在这些位置上第二相淀析确实很普遍。特别是对含有微量硅酸盐杂质的许多系统来说，是不会发生共晶格的；较小的成核驱动力和较大的能垒增强了非均匀成核并促进了位

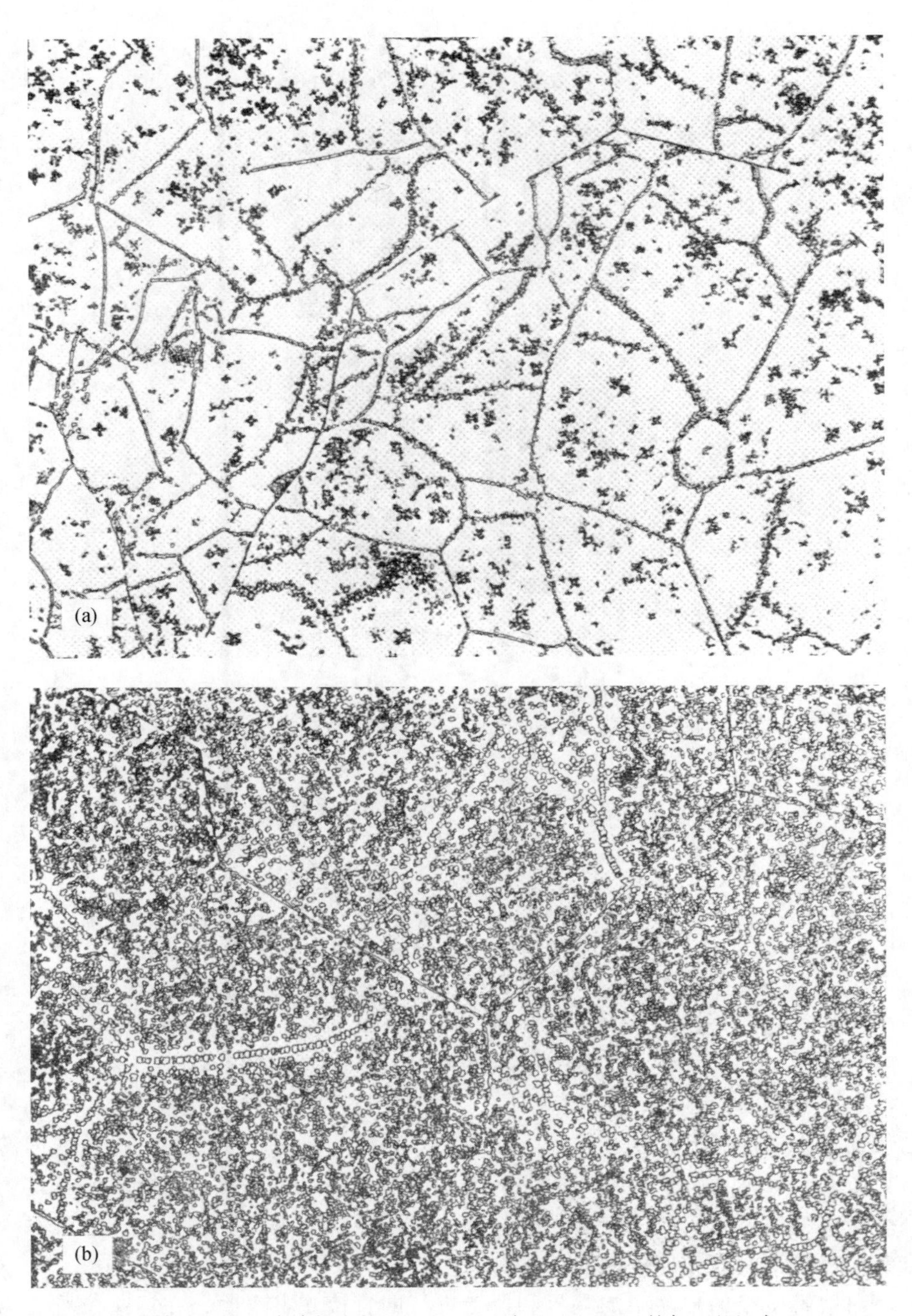

图 9.45　从方铁矿(Fe_xO)中淀析出的 Fe_3O_4：(a) 含 52.67 atm% 的氧；(b) 含 53.10atm% 的氧(95 ×)。L. Himmel 提供

错和晶界上的生长，如图 9.46 所示。

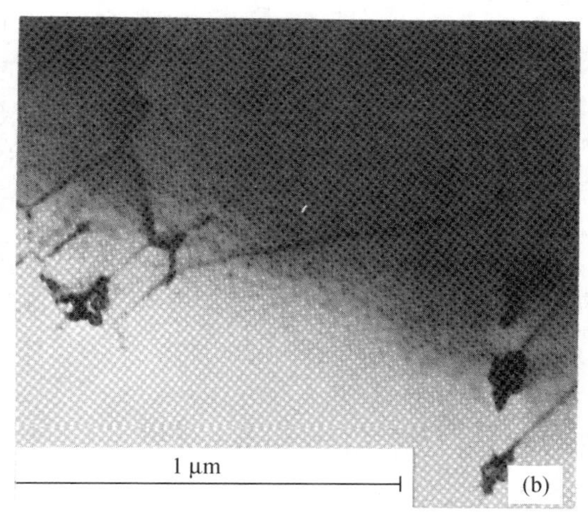

图 9.46 （a）含 0.042% SiO_2 的锰锌铁氧体在 N_2 +1% O_2 中 1200 ℃下加热 4 h，在晶界断口上出现 SiO_2 夹杂物。M. Paulus 提供。（b）在 MgO 中位错上的淀析颗粒。N. J. Tighe 提供

9.6 非等温过程

我们已经考虑了等温条件下发生的扩散过程。然而，许多陶瓷制备过程还包含重要的非等温过程。表明非等温动力学过程作用的一个重要例子是试件从高温冷却时杂质在晶界上的偏析和淀析①。

假定在研究的温度范围内扩散系数由下式给出：

$$D = D_0 e^{-Q/RT}$$

并且假定温度以线性率 α 从 T_1 变到 T_2，则与时间有关的扩散系数为

$$D = D_0 \exp\left[\frac{Q/R}{T_1 - \alpha T}\right] \tag{9.88}$$

通过积分可以估计出近似的扩散长度 l：

$$l^2 = D_0 \int_0^t \exp\left(\frac{-Q/R}{T_1 - \alpha t}\right) dt \tag{9.89}$$

$$\begin{aligned} l^2 &\approx \frac{D_0 R}{\alpha Q}(T_1^2 e^{-Q/RT_1} - T_2^2 e^{-Q/RT_2}) \\ l^2 &\approx \frac{R}{\alpha Q}(D_1 T_1^2 - D_2 T_2^2) \end{aligned} \tag{9.90}$$

式(9.89)应用的一个例子是 MgO 中的 Al_2O_3 杂质。过饱和的铝离子从晶粒内部向晶界的扩散，主要是缺陷(空穴)的扩散，这是趋于形成杂质－空穴对的缘故(见6.4节)。根据杂质向 MgO 内扩散的数据，2～3 eV(50～75 kcal/mol)似乎是合理的空穴扩散激活能。假定高温退火的 MgO 样品中含有 100 ppm Al_2O_3，如果该样品以0.1 ℃/s 的速率冷却，则1300 ℃时的溶解度极限可引发晶界淀析。假定1300 ℃的扩散率为 10^{-8} cm^2/s，激活能为 $Q=2$ eV，则由式(9.89)得出的有效扩散距离为 30 μm。对 Al_2O_3 内含 100 ppm 的 MgO 来说(T_s = 1530 ℃，$Q \approx$ 3 eV，$D \approx 5 \times 10^{-8}$ cm^2/s)，类似的计算得出偏析厚度为 60 μm。

陶瓷制备的非等温退火过程中还有很多其他的例子。当用生产炉制备瓷器和耐火材料时，粒状组分之间的致密化和反应大多发生在加热循环期间。最后，考虑非等温动力学过程中的两个例子。一个已经在9.4节详细讨论过，另一个是10.3节有关等温条件的部分。

首先考虑 $CaCO_3$ 分解成 CaO 和 CO_2 的非等温反应［式(9.63)］。反应速率取决于表面上的分解并且遵循线性动力学。反应速率 R 等于每单位面积 $CaCO_3$ 的重量随时间的变化，$d(\omega/a)/dt$。因此式(9.4)可改写成

① 见 W. D. Kingery，*J. Am. Ceram. Soc.*，**57**，1(1974)。

$$\frac{d(\omega/a)}{dt} = R = \frac{kT}{h}\exp\left(\frac{\Delta S^{\dagger}}{R}\right)\exp\left(-\frac{\Delta H^{\dagger}}{RT}\right) = A\exp\left(-\frac{\Delta H^{\dagger}}{RT}\right) \tag{9.91}$$

假如 $CaCO_3$ 的温度以固定的速率变化，$T = \alpha t$，则随温度而变的重量变化可由下式得到：

$$\frac{d(\omega/a)}{dT} = \frac{A}{\alpha}\exp\left(-\frac{\Delta H^{\dagger}}{RT}\right) \tag{9.92}$$

如果 A 不是温度的强函数，则式(9.92)的积分可给出近似解

$$\frac{\Delta\omega}{\omega_0} \approx \frac{ART^2}{\alpha\Delta H^{\dagger}}\exp\left(-\frac{\Delta H^{\dagger}}{RT}\right) \tag{9.93}$$

该式和式(9.89)相似。$CaCO_3$ 单晶在真空中的非等温分解行为如图 9.47 所示。对这个反应以及其他几个吸热分解反应来说，分解的激活能和反应热相等［式(9.63)］。

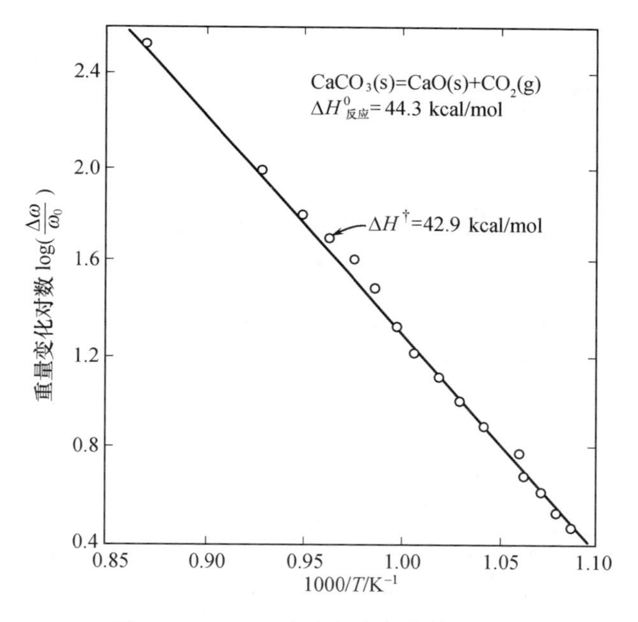

图 9.47　$CaCO_3$ 在真空中的非等温分解

非等温动力学的最后一例是玻璃球的烧结（在第十章中讨论）。收缩率 $\frac{d(\Delta L/L_0)}{dt}$ 是表面张力 γ、黏度 $\eta = Be^{Q/RT}$ 和颗粒半径 a 的函数，可由下面的非等温烧结方程来确定①：

① I. B. Cutler，*J. Am. Ceram. Soc.*，**52**，14(1969)。

$$\frac{\Delta L}{L_0} \approx \left(\frac{\gamma R T^2}{2a\alpha BQ}\right)\exp\left(-\frac{Q}{RT}\right) \tag{9.94}$$

对于在一个大气压的氧和水蒸气气氛下烧结的 25 μm 的钠－钙－硅酸盐玻璃颗粒来说，图 9.48 给出了说明方程(9.94)的动力学数据。

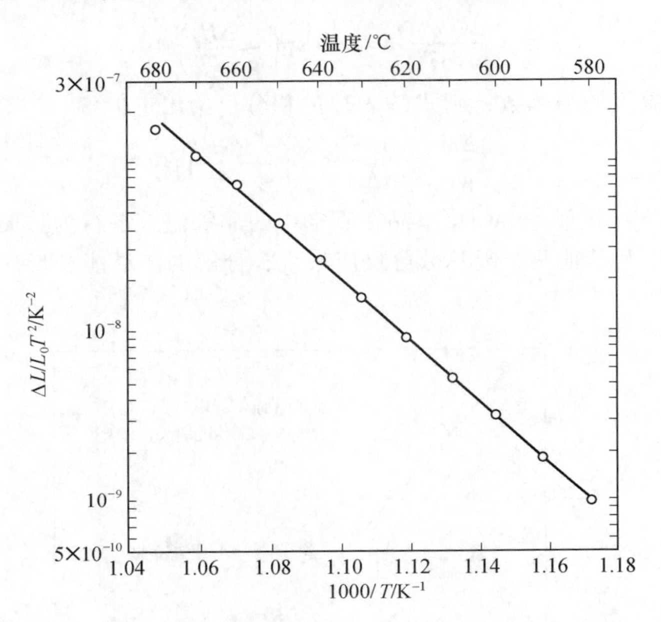

图 9.48　对 25 μm 玻璃颗粒(钠－钙－硅酸盐玻璃)进行非等温烧结的动力学数据。引自 I. B. Cutler, *J. Am. Ceram. Soc.*, **52**, 14(1969)

推 荐 读 物

1. H. Schmalzried, *Solid State Reactions*, Academic Press, New York, 1974.
2. G. C. Kuczynski, N. A. Hooton, and C. F. Gibbon, Eds., *Sintering and Related Phenomena*, Gordon and Breach, New York, 1967.
3. G. C. Kuczynski, Ed., "Sintering and Related Phenomena", *Materials Science Research*, Vol. 6, Plenum Press, New York, 1973.
4. T. J. Gray and V. D. Frechette, Eds., "Kinetics of Reaction in Ionic Systems", *Materials Science Research*, Vol. 4, Plenum Press New York, 1969.
5. P. Kofstad, *Nonstoichiometry, Diffusion, and Electrical Conductivity in Binary Metal Oxides*, John Wiley & Sons, New York, 1972.
6. For a discussion of dissolution kinetics see A. R. Cooper, Jr., B. N. Samaddar, Y. Oishi, and W. D. Kingery, *J. Am. Ceram. Soc.*, **47**, 37(1964); **47**, 249(1964); and **48**, 88(1965).

7. G. M. Schwab, Ed., *Reactivity of Solids*, Elsevier Publishing Company, New York, 1965.
8. W. D. Kingery, Ed., *Kinetics of High Temperature Processes*, John Wiley & Sons, New York, 1959.
9. M. E. Fine, *Introduction to Phase Transformations in Condensed Systems*, McGraw - Hill, New York, 1964; *Bull. Am. Ceram. Soc.*, **51**, 510(1972).

习　　题

9.1 溶解速率的控制可以通过① 在液体内的扩散、② 经过反应层的扩散，或③ 相界反应来实现，如何区别它们？

9.2 一个学生在测量一种氧化铝水化物的分解速率时发现：在等温实验期间，重量损失可以随时间线性增加到50%左右；超出50%时，重量损失的速率就低于线性规律所预期的值。而且线性等温速率随温度的升高呈指数规律增加。温度从451 ℃升高到493 ℃时，速率增大10倍。试计算激活能。这是一个扩散控制的反应、一级反应还是界面控制的反应？

9.3 当速率由通过产物层的扩散控制时，试考虑由 NiO 和 Cr_2O_3 的球形颗粒形成 $NiCr_2O_4$ 的问题。

(a) 仔细绘出假定的几何形状示意图，然后推导出早期的生长速率与几何形状的关系。

(b) 在颗粒上形成产物层时，是什么在对颗粒起作用？

(c) 在1300 ℃，$D_{Cr} > D_{Ni} > D_O$，哪一个控制着 $NiCr_2O_4$ 的生长速率？为什么？

9.4 固体内的多晶转变导致形成小尺寸(细晶)或大尺寸(粗晶)的多晶材料，这取决于成核速率和晶核生长速率。这些速率怎样变化才能产生细晶粒或粗晶粒的产品？试绘出单个晶粒时间与尺寸的关系曲线，并比较细晶粒长大和粗晶粒长大的不同。在时间坐标轴上，以转变的时刻作为时间起点。

9.5 根据 Alper 等人的资料［*J. Am. Ceram. Soc.*，**45**(6)263 ~ 66(1962)］，MgO 中溶解的 Al_2O_3 如以重量计，1500 ℃为0%，1700 ℃为3%，1800 ℃为7%，1900 ℃为12%。他们观察到：慢冷时从固溶体区结晶析出尖晶石晶体，淬冷时在室温下得到单相的固溶体。脱溶的尖晶石均匀出现在特定的平面上，并与方镁石晶粒内的晶界无关。

(a) 方镁石晶粒内尖晶石的成核是均匀的还是非均匀的？

(b) 说明尖晶石晶体沿方镁石晶体特定的平面出现的原因。试推测在0 ~ 1850 ℃的温度范围内，含5% Al_2O_3 的已成核的方镁石固溶体中结晶速率与温度的关系曲线的形状。

9.6 上一题中，我们描述了溶有 Al_2O_3 的 MgO 固溶体。如果一碱性耐火材料制造者采用被 Al_2O_3(5% ~7%)污染了的 MgO，则慢冷耐火材料与快冷耐火材料相比，显微组织会存在什么样的不同？在这种材料里通过自扩散(体扩散)、晶粒长大和阳离子扩散的烧结，与纯 MgO 的烧结之间有不同吗？为什么？

9.7 假定氧化铝和二氧化硅粉末形成莫来石是扩散控制的过程。你如何证明这一点？假如激活能为 50 kcal/mol，并且在 1400 ℃下 1 h 内反应完成 10%，那么在 1500 ℃下 1 h 内,反应会进行到什么程度？在 1500 ℃下 4 h 呢？

9.8 SiC 上形成的一层非晶 SiO_2 膜抑制了 SiC 的进一步氧化。通过测量重量的增加确定氧化程度的比例，发现氧化遵循抛物线定律。下面的数据来自特定颗粒尺寸的 SiC 在纯 O_2 中的氧化。试确定表观激活能，用 kcal/mol 表示。如何说明这是一个扩散控制的反应？

温度/℃	已反应的分数	时间/h
903	2.55×10^{-2}	100
1135	1.47×10^{-2}	10
	4.26×10^{-2}	100
1275	1.965×10^{-2}	10
	6.22×10^{-2}	100
1327	1.50×10^{-2}	5
	4.74×10^{-2}	50

9.9 $BaSO_4$ 从水溶液中淀析的缓慢步骤是界面上增附单个的 Ba^{2+} 和 SO_4^{2-}。假定扩散到表面的速度足够快以致可以忽略液体内的浓度差，并假定 Ba^{2+} 和 SO_4^{2-} 两者的增附速率都是一级反应。

(a) 试用正、逆反应的速率常数和表面积推导趋向平衡的公式。

(b) 过量 Ba^{2+} 的影响是什么？

(c) 为什么可以假设表面积为常数？

(d) 你如何修改你的推导使之能够考虑对扩散的修正？

9.10 为了观察尖晶石的形成，用过量的 MgO 粉包裹 1 μm 的 Al_2O_3 球形颗粒。在恒定温度的实验中，第一个小时内有 20% 的 Al_2O_3 反应生成尖晶石。全部的 Al_2O_3 发生反应需要多长时间？① 根据无球形几何校正、② 用Jander 方程作球形几何校正来计算完全反应的时间。

9.11 在烧成的铬矿耐火材料里，R_2O_3 相以片晶的形式在尖晶石基质内淀析出来。写出这一反应的化学方程，并说明它发生的原因。淀析物的取向使 R_2O_3 相中的基面平行于尖晶石中的(111)面。试用晶体结构说明为什么会发生这种情况。

第十章 晶粒长大、烧结和玻璃化

前面已经讨论了相变、同质多晶转变以及与陶瓷坯体制备无关的或陶瓷坯体制备以后的其他过程。本章主要讨论在使用之前热处理期间发生的过程，它是很重要的。

在常规的陶瓷加工过程中，先将晶态的或非晶态的粉料压实，然后在足以使压实坯体产生有用性质的温度下烧成。由于存在某些相的分解或相变，在烧成过程中可能一开始就会发生一些变化。进一步加热细颗粒的、多孔的压块时，通常发生 3 种主要的变化，即：晶粒尺寸的增大、气孔形状的改变、气孔尺寸和数量的变化(通常使气孔率减小)。许多陶瓷中可能有生成新相的固态反应、同质多晶转变、形成新晶或气体的晶态化合物的分解以及其他各种各样的变化。这些变化在特定情况下常常是极为重要的，但对整个过程来说并不是必不可少。

我们需要研究清楚发生的主要过程。可能发生的事情以及在某些情况下重要的工艺变量是很多的，以至于只列举现象不可能为进一步的研究提供坚实的基础。总之，我们首先关注的是再结晶和晶粒长大现象，其次是单相系统的致密化，最后是更复杂的复相过程。每一种情况都有许多重要的实际应用。

10.1 再结晶和晶粒长大

许多陶瓷文献中都提及再结晶和晶粒长大两个术语，但含义并不一样，有时指包括相变、烧结、淀析、脱溶以及引起显微组织变化的其他现象。我们的讨论主要涉及 3 种截然不同的过程。*初次再结晶*是指在已经发生塑性形变的基质中出现无应变晶粒的成核和长大的过程。*晶粒长大*是指无应变或近于无应变的材料的平均晶粒尺寸在热处理过程中连续增大而晶粒尺寸的分布保持不变的过程。*二次再结晶*有时称为非正常的或不连续的晶粒长大，是指少数大晶粒成核并长大的过程，这种长大是以消耗基本无应变的细晶粒基质来实现的。虽然这些过程都发生在陶瓷材料中，但最重要的是晶粒长大和二次再结晶。

初次再结晶 这个过程的驱动力是已产生塑性形变的基质增大了的能量。储存在形变基质里的能量的数量级为 0.5 ~ 1 cal/g。虽然这个数值和熔融热相比很小(熔融热是这个数值的 1000 倍或更多倍)，但它提供了足够的能量变化使晶界移动和晶粒尺寸发生变化。

如果在起始孕育期以后，测量变形基质内无应变晶体晶粒尺寸的等温变化，则新的无应变晶粒有一个恒定的晶粒生长速率。假定晶粒尺寸为 d，则

$$d = U(t - t_0) \tag{10.1}$$

式中：U 为生长速率(cm/s)；t 为时间；t_0 为孕育期。图 10.1 给出了氯化钠晶体的再结晶数据，试样在 400 ℃下形变，然后在 470 ℃下退火。孕育期是指成核过程所需的时间，因此再结晶总速率可由成核速率和生长速率的乘积来确定。

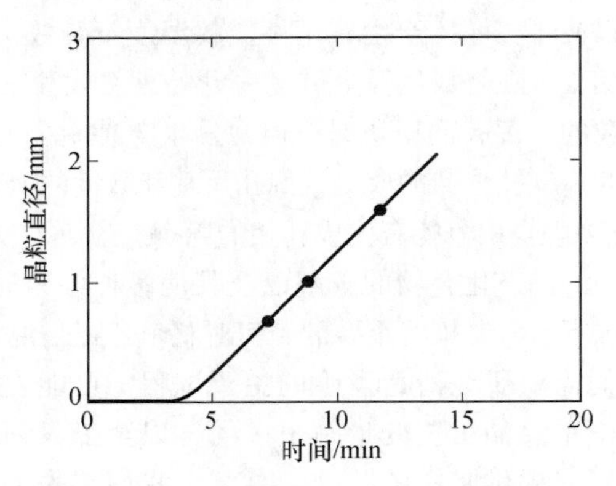

图 10.1 NaCl 的再结晶，在 400 ℃形变(应力 = 4000 g/mm²)，在 470 ℃再结晶。引自 H. G. Müller, *Z. Phys.*, **96**, 279(1935)

成核过程和第八章中讨论过的情况相似。为了形成稳定的晶核，晶核的直径必须大于某一临界尺寸，在该临界尺寸时，新晶粒导致的自由能降低等于增加的表面自由能。孕育期相当于不稳定的晶核长大到稳定晶核的尺寸所需的时间。假如有无数的成核位置可以利用，则在某一起始孕育期后，成核速率就增加到某一恒定速率。实际上，可以利用的有利的成核位置的数量是有限的，并且随着它们被消耗，成核速率就达到一个最大值。例如，H. G. Müller① 观察到氯化钠的晶核趋向于首先在晶粒的角上形成。随着温度的增加，成核速率按指数规律增加②：

$$\frac{dN}{dt} = N_0 \exp\left(-\frac{\Delta G_N}{RT}\right) \tag{10.2}$$

式中：N 为晶核数；ΔG_N 为实验测定的成核自由能。可以看出，当温度升高时，孕育期迅速减短，$t_0 \sim 1/(dN/dt)$。

如式(10.1)所指出，在晶粒开始紧密接触以前生长速率是不变的。恒定的生长速率来自恒定的驱动力(等于有应变的基体与无应变的晶体之间的能量差)。最后的晶粒尺寸由形成的晶核数(即当晶粒最后紧密接触时所存在的晶粒数)决定。晶粒生长所必需的原子过程是原子从界面的一边跃迁到另一边，与界面中的扩散跃迁相似，因此其与温度的关系类似于扩散与温度的关系：

$$U = U_0 \exp\left(-\frac{E_U}{RT}\right) \tag{10.3}$$

式中激活能 E_U 一般在界面扩散激活能和晶格扩散激活能之间。氯化钠再结晶的生长速率 - 温度曲线上有个转折点，这和第六章中所讨论的扩散和电导的数据相似。

因为成核速率和生长速率都与温度紧密相关，所以再结晶的总速率随温度急剧变化。若保温时间不变，则不同温度下的试验趋势表明，不是基本上不发生再结晶就是几乎完全的再结晶。因此，通常是把冷加工量或最终晶粒尺寸作为再结晶温度的函数绘成曲线。因为最后晶粒大小是受晶粒紧密接触的限制，所以它是由成核和生长的相对速率来确定的。随着温度的升高，最终晶粒尺寸要大些，这是因为生长速率比成核速率增加得更快。然而在较高的温度下，再结晶过程完成得更快，所以在固定时间的试验中观察到了较大的晶粒尺寸(图 10.2)，这可能是由于再结晶之后晶粒生长的时间过长。生长速率随着塑性形变量的增加(驱动力的增大)而增加，而最终晶粒尺寸则随着形变的增加而减小。

---

① *Z. Phys.*, **96**, 279(1935)。

② 原文式(10.2)左边为“N/dt”，疑有误。——译者注

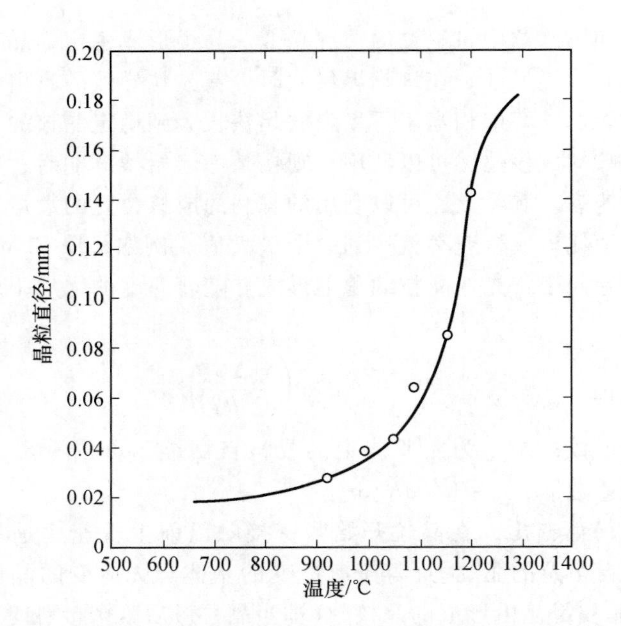

图 10.2 退火温度对 CaF_2 晶粒尺寸的影响。试样受到了 80000 psi 压力的压缩处理，而后在退火温度下处理 10 h 以上。引自 M. J. Buerger，*Am. Mineral.*，**32**，296(1947)

总的说来可以看出：① 再结晶需要某一最小的形变量；② 假如形变程度小，则再结晶需要较高的温度；③ 延长退火时间能降低再结晶的温度；④ 最后晶粒的大小取决于形变的程度、起始晶粒的大小和再结晶温度。此外，当再结晶完成以后，继续加热能导致晶粒的持续长大。

在常规的加工技术中，对于形变很大的金属，初次再结晶是很普遍的。陶瓷材料在加工过程中很少产生塑性形变，所以初次再结晶并不常见。比较软的材料(如氯化钠或氟化钙)中确实有形变和初次再结晶发生，在氧化镁中也直接观察到了这种现象。第四章(见图 4.24)中描述的氧化铝的多边形化过程也有许多相似之处。

晶粒长大 不论初次再结晶是否发生，当在高温下加热时，细粒晶体的平均晶粒尺寸总是要增大。当平均尺寸增大时，某些晶粒会收缩或消失。晶粒消失速率也可作为衡量晶粒长大的方法。因此，过程的驱动力是细晶粒材料和大晶粒产物之间的能量差，这一能量差是由晶界面积的减少和总的界面能的降低引起的。晶粒尺寸由 1 μm 变化到 1 cm，对应的能量变化大约为 0.1～0.5 cal/g。

如第五章所述，界面能与各个晶粒之间的界面有关。此外，弯曲的晶界两边存在着自由能差，由下式给出：

$$\Delta G = \gamma\bar{V}\left(\frac{1}{r_1} - \frac{1}{r_2}\right) \tag{10.4}$$

式中：ΔG 为横过弯曲界面时自由能的变化；γ 为界面能；$\bar{V}$ 为摩尔体积；r_1 和 r_2 为主曲率半径(在第五章中已推导并讨论了这一关系。如对其含意不甚清楚，应复习一下第五章中相关的内容)。晶界两边物质的自由能差是界面向曲率中心移动的驱动力。界面迁移速率与其曲率和原子跃过该界面的速率成正比。

讨论晶粒长大问题可以应用绝对反应速率理论，这一理论已在第六章中讨论过。如果考虑界面的结构(图 10.3)，则总过程的速率是由原子跃过界面的速率决定的。原子位置的能量变化如图 10.3 所示，在前进方向上原子的跃迁频率由下式给出：

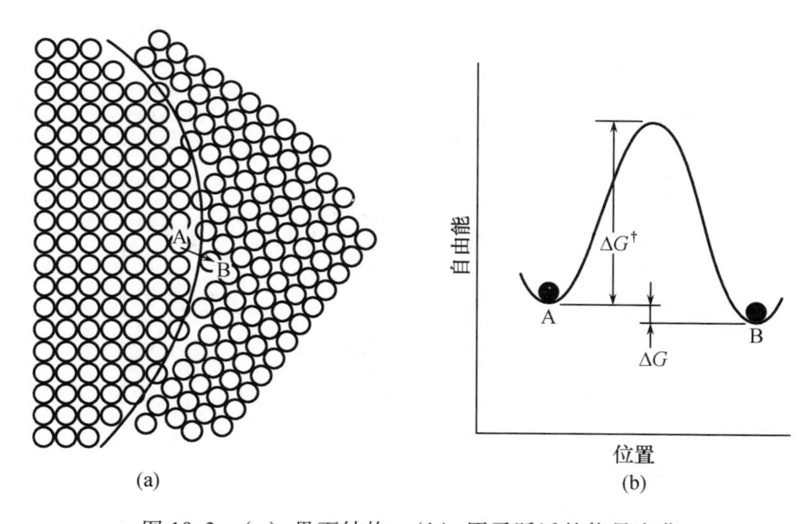

图 10.3 (a) 界面结构；(b) 原子跃迁的能量变化

$$f_{AB} = \frac{RT}{Nh}\exp\left(-\frac{\Delta G^\dagger}{RT}\right) \tag{10.5}$$

相反方向的跃迁频率为

$$f_{BA} = \frac{RT}{Nh}\exp\left(-\frac{\Delta G^\dagger + \Delta G}{RT}\right) \tag{10.6}$$

净成长过程为 $U=\lambda f$(其中 λ 为每一次跃迁的距离)，所以，

$$U = \lambda f = \lambda(f_{AB} - f_{BA}) = \frac{RT}{Nh}(\lambda)\exp\left(-\frac{\Delta G^\dagger}{RT}\right)\left[1 - \exp\left(\frac{\Delta G}{RT}\right)\right] \tag{10.7}$$

因为 $1-\exp\left(\frac{\Delta G}{RT}\right) \cong \frac{\Delta G}{RT}$，而 $\Delta G = \gamma\bar{V}\left(\frac{1}{r_1}+\frac{1}{r_2}\right)$，并且 $\Delta G^\dagger = \Delta H^\dagger - T\Delta S^\dagger$，于是

得到

$$U = \left(\frac{RT}{Nh}\right)(\lambda)\left[\frac{\gamma\bar{V}}{RT}\left(\frac{1}{r_1}+\frac{1}{r_2}\right)\right]\exp\left(\frac{\Delta S^{\dagger}}{RT}\right)\exp\left(\frac{\Delta H^{\dagger}}{RT}\right) \tag{10.8}$$

它和式(10.3)的形式相当。这就是说，生长速率随温度按指数规律增加。所包括的单元步骤是一个原子横过界面的跳跃，所以激活能应近似地相应于界面扩散激活能。

假如所有的晶界能量相等，则界面间交角为120°。以一个二维的例子来说明，只有具有直线边的六边形晶粒才能在晶粒之间形成120°角。边数较少的晶粒，从中心看时其界面为凹形。图10.4示出具有不同边数的晶粒形状；图10.5给出了一个具有均匀晶粒尺寸的试样。因为晶界向曲率中心的方向移动，所以少于6条边的晶粒趋于变小，而多于6条边的晶粒趋于长大。对任何一个晶粒来说，每条边的曲率半径都和晶粒的直径成正比，所以驱动力以及由此引起的晶粒生长速率和晶粒的尺寸成反比：

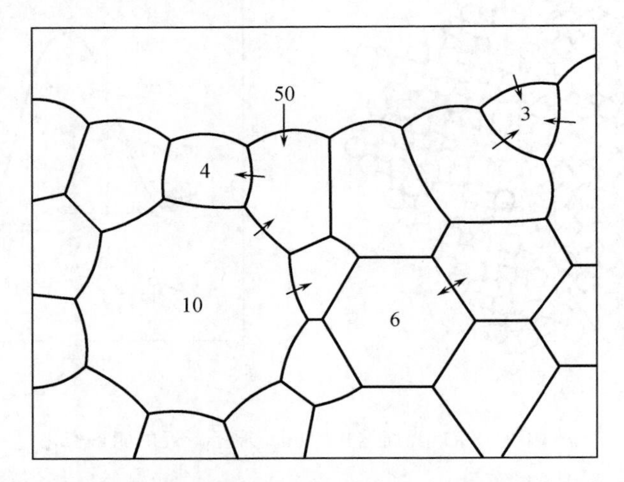

图10.4　多晶试件示意图。当边数从少于6增至多于6时，界面曲率的符号发生变化；并且曲率半径越小，边数与6差得越多。箭头表示界面迁移的方向。J. E. Burke提供

$$\dot{d} = \frac{\mathrm{d}(d)}{\mathrm{d}t} = \frac{k}{d} \tag{10.9}$$

积分得

$$d - d_0 = (2k)^{1/2}t^{1/2} \tag{10.10}$$

式中：d_0是零时刻的晶粒直径。试验发现当$\log d$对$\log t$绘图时可得到一条直线(图10.6)。用这种方法绘出的曲线斜率常常小于1/2，一般在0.1和0.5之间。发生这种情况可能有几种原因，一是d_0不比d小很多，另一个常见的原因是夹杂物、溶质偏析或样品尺寸限制了晶粒长大。

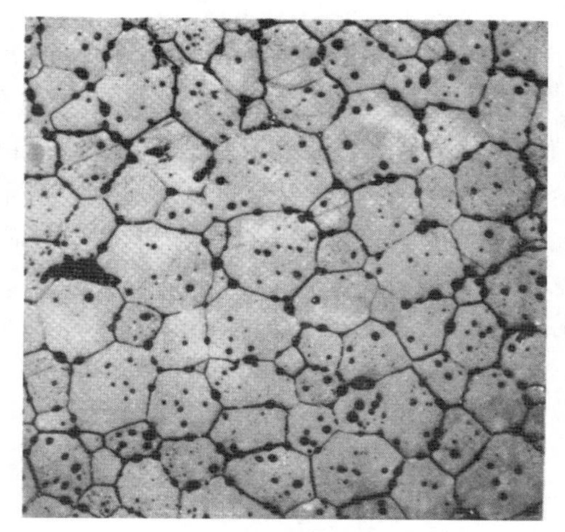

图 10.5　正常长大的多晶 CaF_2。晶粒交界处平均角度为 120°

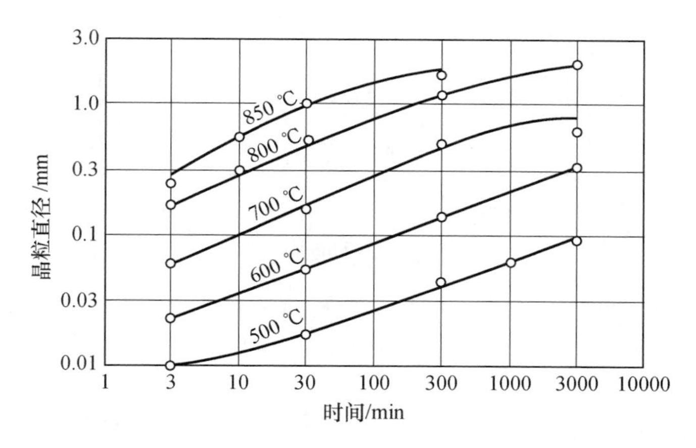

图 10.6　纯 α－铜的晶粒长大过程中晶粒直径与时间的关系曲线图。J. E. Burke 提供

一个多少有些不同的处理方法是定义晶粒界面迁移率 B_i，以使界面速度 v 与由界面曲率产生的驱动力 F_i 成比例：

$$v = B_i F_i \tag{10.11a}$$

对图 10.3 中所示的原子跃迁机理来说，由原子迁移率除以相应的原子数目 n_a 就得到界面迁移率：

$$B_i = \frac{B_a}{n_a} = \left(\frac{D_b}{kT}\right)\left(\frac{\Omega}{Sw}\right) \tag{10.11b}$$

式中：D_b 为晶界扩散系数；Ω 为原子体积；S 为界面面积；w 为界面宽度。因为平均界面速度等于 v 且驱动力和晶粒尺寸成反比，所以得出式(10.9)和式(10.10)所示的晶粒生长定律。但是，如第五章所述，陶瓷晶界的实际结构并不像在推导式(10.8)和式(10.11b)时所设想的那样简单。甚至对完全纯的物质来说，存在一个与界面及溶质偏析有关的晶格缺陷空间电荷环境，如图5.11、图5.12、图5.17和图5.18所示。这种晶格缺陷和杂质环境的效应是在低驱动力水平下显著地降低了晶界速度，如图10.7所示。J. Cahn① 以及K. Lücke和H. D. Stuwe② 对这一问题也进行了分析。当晶粒尺寸增大、溶质偏析浓度增大以及平均界面曲率减小时，这种气氛的影响更为强烈。在Al_2O_3中加入MgO、KCl中加入$CaCl_2$以及Y_2O_3中加入ThO_2(加入的数量在溶解度极限以下)作为晶粒长大的抑制剂已被证明是有效的。

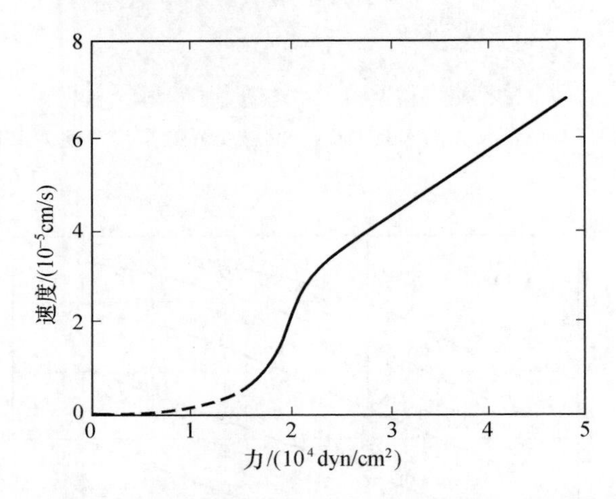

图10.7 在750 ℃下NaCl中20°倾斜晶界上的界面速度 v 随驱动力 F 的变化。引自R. C. Sun and C. L. Bauer, *Acta Met.*, **18**, 639(1970)

当长大到接近试件大小时晶粒停止长大。例如在一个棒形试件中，当晶粒大小等于棒形试件的直径时，则晶界趋于形成垂直于轴的平面，因而界面迁移的驱动力消失，晶粒很少继续长大。同样，夹杂物也能增大晶粒界面迁移所需的能量，从而抑制晶粒的长大。如果我们考虑一个如图10.8所示的界面，当它碰到一个夹杂物时界面能就降低，降低的大小正比于夹杂物的横截面积。为使界面从夹杂物上拉开就必须重新增大界面能。因此，当一个晶界上出现许多夹杂物时，晶粒达到某一极限尺寸之后，界面的正常曲率就不足以使晶粒继续长大。此极限尺寸由下式给出：

---

① *Acta Met.*, **10**, 789(1962)。

② *Acta Met.*, **19**, 1087(1971)。

$$d_l \approx \frac{d_i}{f_{d_i}} \tag{10.12}$$

式中：d_l 为极限晶粒尺寸；d_i 为夹杂物颗粒尺寸；f_{d_i}为夹杂物的体积分数。虽然这种关系只是近似的，但它表明：当夹杂物颗粒尺寸减小和体积分数增大时，夹杂物的效应就增大。

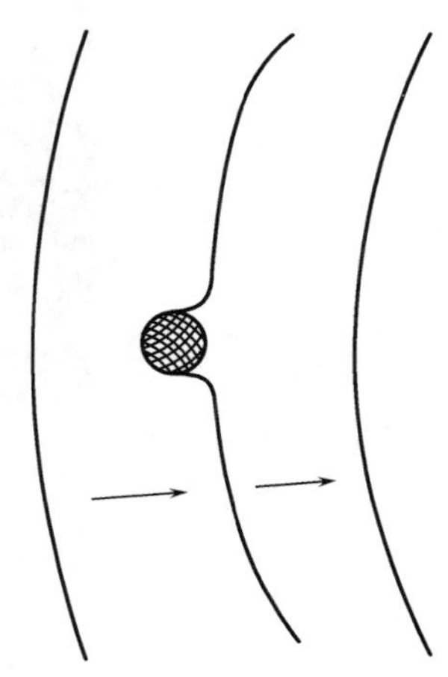

图 10.8　在通过夹杂物时界面形状的变化

对图 10.8 所示的过程来说，晶界先向一个第二相颗粒接近，再与之附着，然后又脱离开。另一种可能是：当晶界移动时，牵着附在其上的夹杂物颗粒一起前进。这需要通过夹杂物颗粒进行传质，这种传质可以通过界面扩散、表面扩散、体积扩散或通过黏滞流动、溶解(在液体或玻璃夹杂物中淀析)、蒸发(在气体夹杂物内凝聚)来进行。我们可以定义夹杂物颗粒迁移率 B_p 并将其与驱动力和颗粒速度联系起来：$v_p = B_pF_p$，这种定义方法与对界面迁移率[式(10.11b)]以及第六章中原子扩散采用的方法是一样的。当夹杂物被界面牵拉时，它们的速度是相同的，在 $B_p \ll B_b$ 的情况下，我们可以忽略本征的界面迁移率，而最后得到的晶界速度是由界面上的驱动力以及每一晶界上夹杂物的迁移率和数目 p 来控制的：

$$v_b = \frac{B_pF_b}{p} \tag{10.13}$$

夹杂物颗粒随着界面移动并逐渐集中在界面交接处，随着晶粒的长大而聚结成较大的颗粒。图 10.9 和图 10.10 说明了气孔聚结这一特殊情况。

这样，第二相夹杂物可能发生以下几种情况：① 与界面一起移动，阻碍很小；② 与界面一起移动，界面速度由夹杂物迁移率控制；③ 很难移动，以致界面从夹杂物上拉开。这些情况取决于界面驱动力(反比于晶粒尺寸)、界面迁移率(图 10.7)以及夹杂物颗粒迁移率的相对数据。夹杂物颗粒迁移率取决于所假定的机理和颗粒形状，可能正比于 r_p^{-2}、r_p^{-3} 或 r_p^{-4}①。当晶粒长大时，驱动力减小，界面牵着的夹杂物的迁移率随其尺寸的增大而降低。所以，第二相夹杂物抑制晶粒长大的确切方式不仅取决于特定系统的性质，而且在晶粒长大过程中也很容易发生变化。要区分这些效应，就需要结合晶粒生长动力学来

---

① P. G. Shewmon, *Trans. A. I. M. E.*, **230**, 1134(1964)；M. F. Ashby and R. M. A. Centamore, *Acta Met.*, **16**, 1081(1968)。

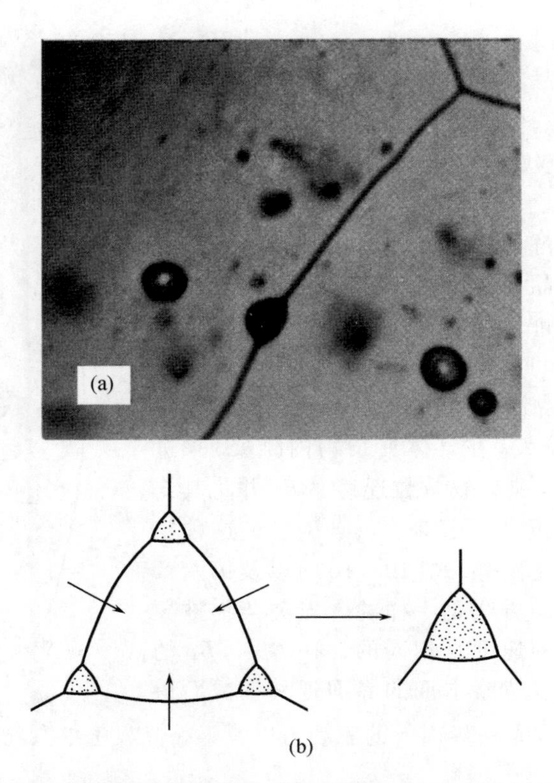

图 10.9 （a）气孔形状被移动的界面扭曲而偏离球形；（b）在晶粒长大期间气孔聚结

仔细评定显微组织的演变，并需要有关系统性能的具体知识。在 MgO 加入到 Al_2O_3、CaO 加入到 ThO_2 以及其他一些系统中已经观察到了固态第二相夹杂物对晶粒长大的抑制作用。

在陶瓷的烧结过程中以及用烧结方法制备的几乎全部的陶瓷产品中总是存在的第二相是残余气孔，它是原始粉料压块内颗粒间的空隙遗留下来的。图 10.5所示的烧结 CaF_2 试件中，在晶界上(晶粒间)和晶粒内部(晶粒内)这种气孔都是明显的。图 10.10 所示的烧结 UO_2 试件中，气孔几乎全出现在晶粒的角落上(晶粒间)。如图 10.9 和图 10.10 所示，气孔作为晶粒界面上的粒状夹杂物，能被移动的界面留在后面，或者和界面一起迁移并逐渐聚集在晶粒角落上。在烧结初期，当界面曲率和迁移驱动力都很高时，气孔常常被留在后面，这样常在晶粒中心观察到小气孔群(见图 10.5)。在烧结后期，当晶粒尺寸较大、界面迁移驱动力较低时，气孔常随界面一起移动，使得晶粒长大变慢。

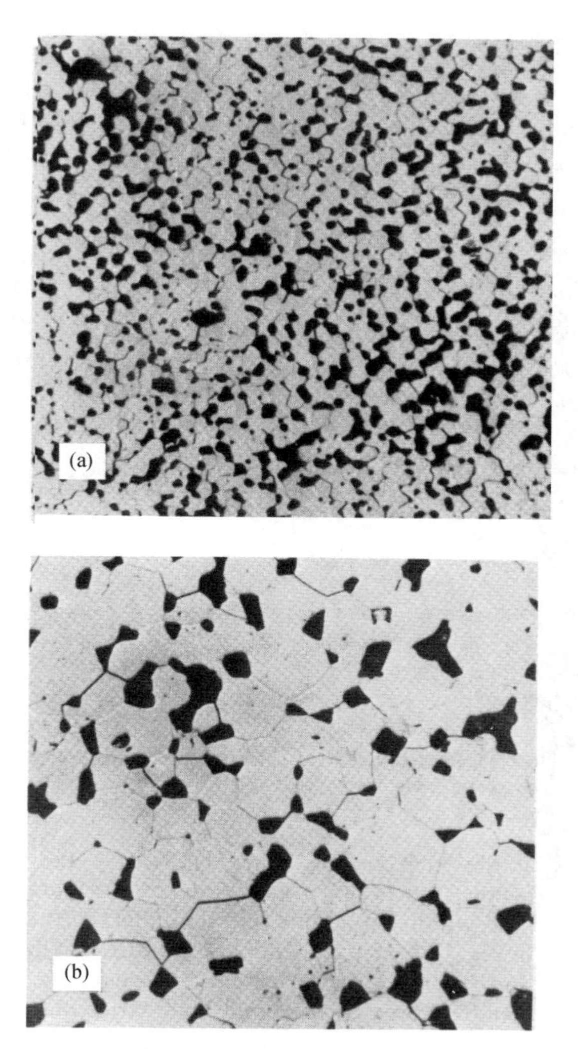

图 10.10　1600 ℃下 UO_2 试件中的晶粒长大和气孔长大：(a) 经 2 min 达到 91.5% 的致密度，(b) 经 5 h 达到 91.9% 的致密度(400×)。Francois and Kingery 提供

抑制晶粒长大的另一个因素是液相的存在。如果形成了少量的界面液体，它将趋于使晶粒长大变慢，因为它降低了驱动力并使扩散路程加长。现在有两个固－液界面，而驱动力为它们之间的差，即$(1/r_1+1/r_2)_A-(1/r_1+1/r_2)_B$，它比任何一个单一界面都小。此外，如果液相润湿界面，则界面能一定比未润湿的晶界能要低。同样，溶解、通过液膜的扩散以及淀析的过程常比跃迁过界面要慢。然而这种情况更为复杂，如 10.4 节所要讨论的，在致密化过程中，

活性液相的出现能促进晶粒的长大。此外，数量非常少的液相也可以促进二次再结晶(下面将要讨论)，而大量的液相则可以引起第九章中所描述过的晶粒生长过程。事实上，已经发现在氧化铝中引入适量硅酸盐液相可以阻止晶粒大幅度生长，而这种大幅度生长在比较纯的氧化铝材料内是经常发生的。

二次再结晶 二次再结晶有时称为不连续的或过分的晶粒长大。它是指少量的晶粒靠消耗晶粒尺寸均匀的基质而生长为大尺寸的过程。一旦某个晶粒长大到这样的尺寸，它就比邻近晶粒有更多条边(如图 10.4 所示的具有 50 条边的晶粒)，每一条边的曲率都增大，并且它的生长比边数较少的小晶粒快。图 10.11表明，大晶粒边上的曲率的增大特别明显，说明大颗粒的氧化铝晶粒是通过消耗颗粒尺寸均匀的基质而生长的。

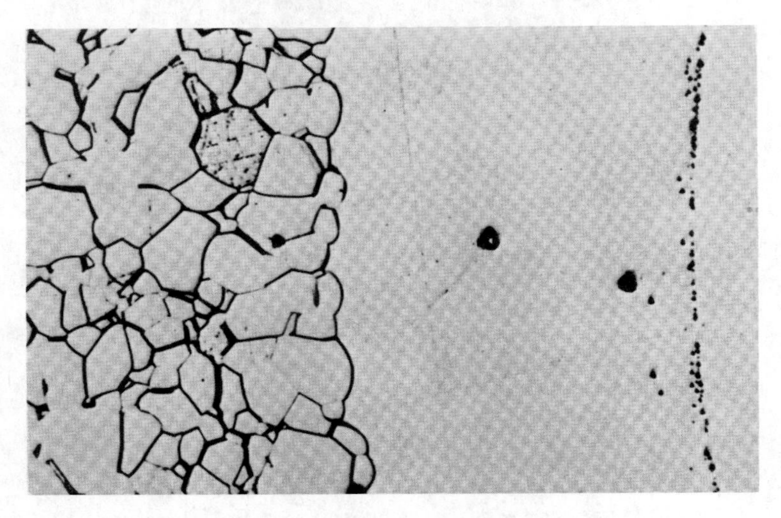

图 10.11 在晶粒尺寸均匀的 Al_2O_3 基质里(495 ×)长大的一个大晶体(与图 10.4 对比)。R. L. Coble 提供

当连续的晶粒长大因杂质或气孔的存在而受到抑制时，很容易发生二次再结晶。在这些情况下，只有那些曲率比平均曲率大得多的界面才能移动；即界面高度弯曲的超大晶粒才能长大，而基质材料仍保持均匀的晶粒尺寸。大晶粒的生长速率开始时取决于边数；当长大到某一点之后，过大的晶粒直径远大于基质晶粒的直径，$d_g \gg d_m$，则曲率由基质晶粒尺寸决定并正比于 $1/d_m$。即存在一个孕育期，在此期间内生长速率增加，并且形成的晶粒很大，以致能消耗晶粒尺寸恒定的基质而长大。所以，只要基质晶粒大小保持不变，则生长速率就恒定。因此，二次再结晶的动力学和初次再结晶是相似的，虽然两者的成核

和驱动力具有本质的不同。

对氧化物、钛酸盐和铁氧体陶瓷来说，二次再结晶是常见的。在这些陶瓷的烧结过程中，晶粒长大常被少量第二相或气孔所抑制。图 10.12 表示钛酸钡的一种典型最终结构，而图 10.13 则表明氧化铝在二次再结晶期间逐渐长大。

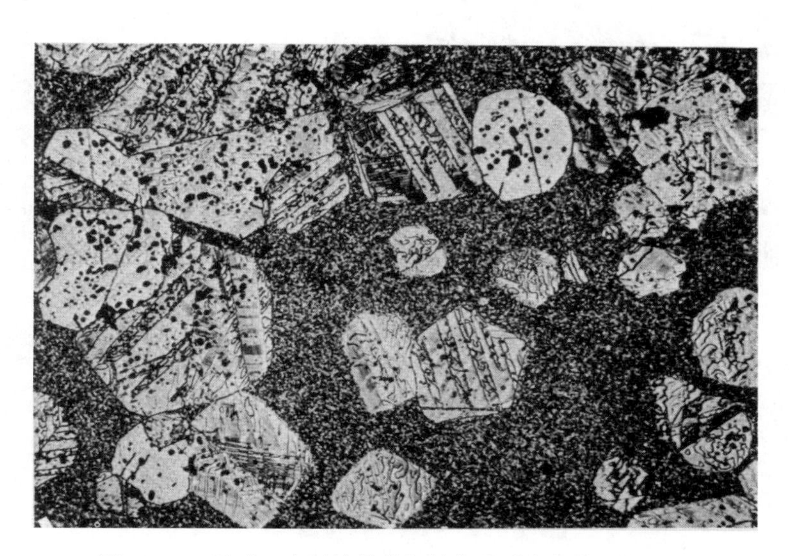

图 10.12　通过二次再结晶从细晶粒基质中长成的钛酸钡大晶粒(250 ×)。R. L. DeVries 提供

当用细粉料制备多晶体时，二次再结晶的程度取决于原料颗粒的大小。如图 10.14 所示的氧化铍，原料越粗其晶粒长大得越少。这是由成核速率和生长速率造成的。在细晶粒的基质中几乎总是要出现少数大于平均尺寸的晶粒；它们可作为二次再结晶的胚芽。因为 $d_g > d_m$，所以它们就以正比于 $1/d_m$ 的速率长大。相反，当起始颗粒尺寸增大时，大于平均尺寸的晶粒出现的机会大为降低，因此二次再结晶的成核就难得多；正比于 $1/d_m$ 的生长速率也就小很多。如图 10.14 所示，起始颗粒尺寸为 2 μm 的材料长大到最终晶粒尺寸约为 50 μm,而起始颗粒尺寸为 10 μm 的材料，最终晶粒尺寸仅为约 25 μm。如果我们不知道有二次再结晶发生，就难以理解为什么较小的起始颗粒尺寸能产生大得多的最终晶粒尺寸。

已经观察到二次再结晶是在大晶粒的界面十分平直的情况下发生的(图 10.15)。在这里，不能直接应用前面关于表面张力和相界曲率的结论。也就是说，界面能并非和晶体的方向无关，而晶体的生长平面是表面能较低的平面。小浓度的杂质产生少量的晶界相，这些结构都可能发生于具有这种低浓度

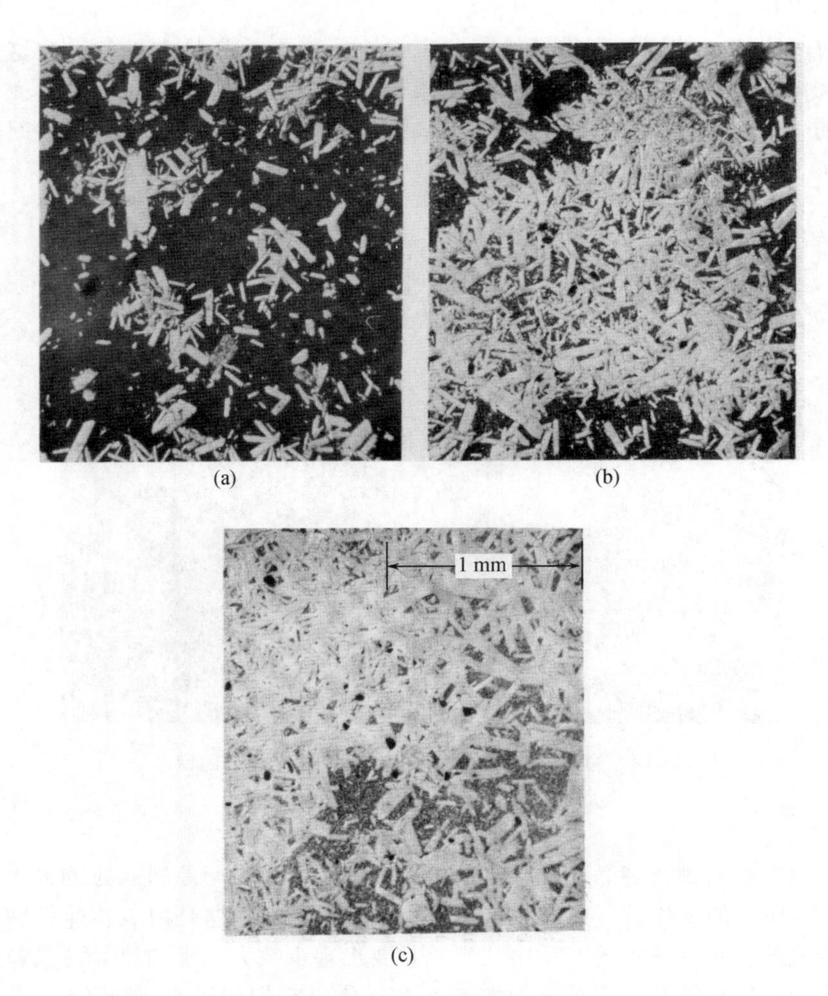

图 10.13　通过二次再结晶从细晶粒基质中长成的 Al_2O_3 大晶粒。
I. B. Cutler 提供，见推荐读物 5

杂质的系统中。与邻近晶粒具有高表面能表面或小曲率半径相比，二次再结晶的驱动力是大晶粒的低表面能。只有当能把大、小晶粒表面分开的中间晶界相存在时，上述条件下的传质才能发生。与系统中其他界面比较，在大晶粒界面上出现的第二相的数量趋于增多，并且大晶粒一旦开始长大就一直继续下去。然而如前所述，如果晶界相的数量增加，则正常的晶粒长大和这种二次再结晶都会受到抑制。

二次再结晶对陶瓷的烧结和最终性质都有影响。异常的晶粒长大常常对机

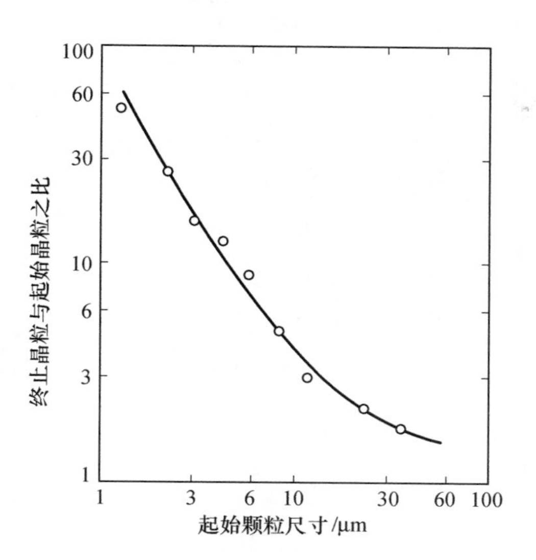

图 10.14　在 2000 ℃加热 2.5 h 的 BeO 在二次再结晶期间晶粒的相对长大。引自 P. Duwez，F. Odell，and J. L. Taylor，*J. Am. Ceram. Soc.*，**32**，1(1949)

械性能不利(见 5.5 和 15.5 节)。对某些电性能和磁性能来说，较大的或是较小的晶粒尺寸会有助于性能的改善。文献中在讨论晶粒长大时，有时把它视为致密化过程不可分割的部分。图 10.16 说明事实上并非如此。将带有原始小气孔分布的氧化铝试件加热到高温，使它发生二次再结晶。这种再结晶几乎将原始压块内所有的气孔都遗留下来。气孔的消除与晶粒长大有关，但这是另外一个课题，在下几节内将要讨论。在硬磁铁氧体 $BaF_{12}O_{19}$ 的烧成中，利用二次再结晶形成择优取向是有益的①。对这种磁性材料来说，也要求烧结产物密度高、择优取向好。在成形时，通过高强磁场的作用，可使粉料的颗粒达到高度的取向。在烧结中，1250 ℃加热后可得到 57% 的定向排列，在 1340 ℃进一步加热时择优取向增加到 93%，这是二次再结晶所引起的结构变化。显然，原料中的少数大晶粒比周围的细晶粒排列得更为整齐。这些大晶粒作为二次再结晶的晶核，产生高度结晶取向的最终产品。

① A. L. Stuijts，*Trans. Brit. Ceram. Soc.*，**55**，57(1956)。

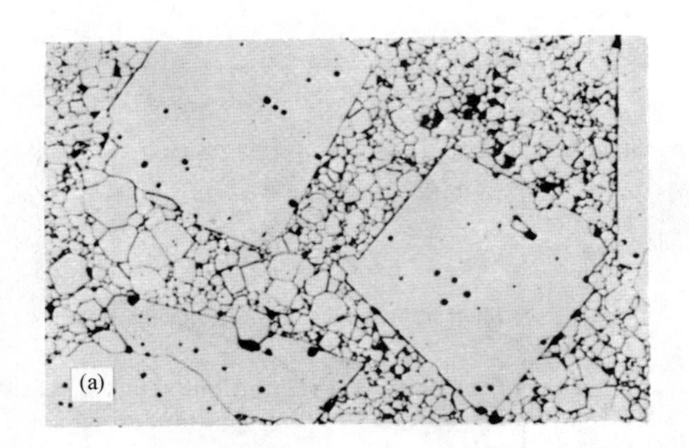
(a)

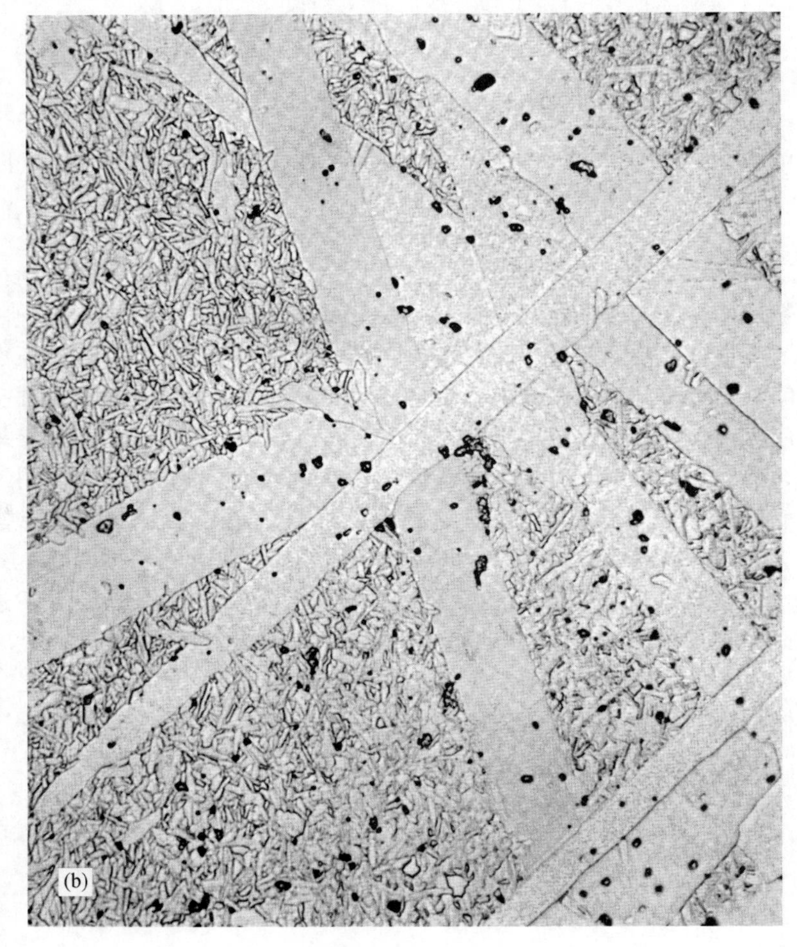
(b)

图 10.15 (a) 多晶尖晶石中的自形晶粒。大晶粒的边很平，而小晶粒的形状受表面张力的控制(350 ×)。R. L. Coble 提供。(b) β - SiC 基质中 α - 6H SiC 的自形晶粒(1000 ×)。(c) 界面的细节(75000 ×)。S. Prochazka 提供

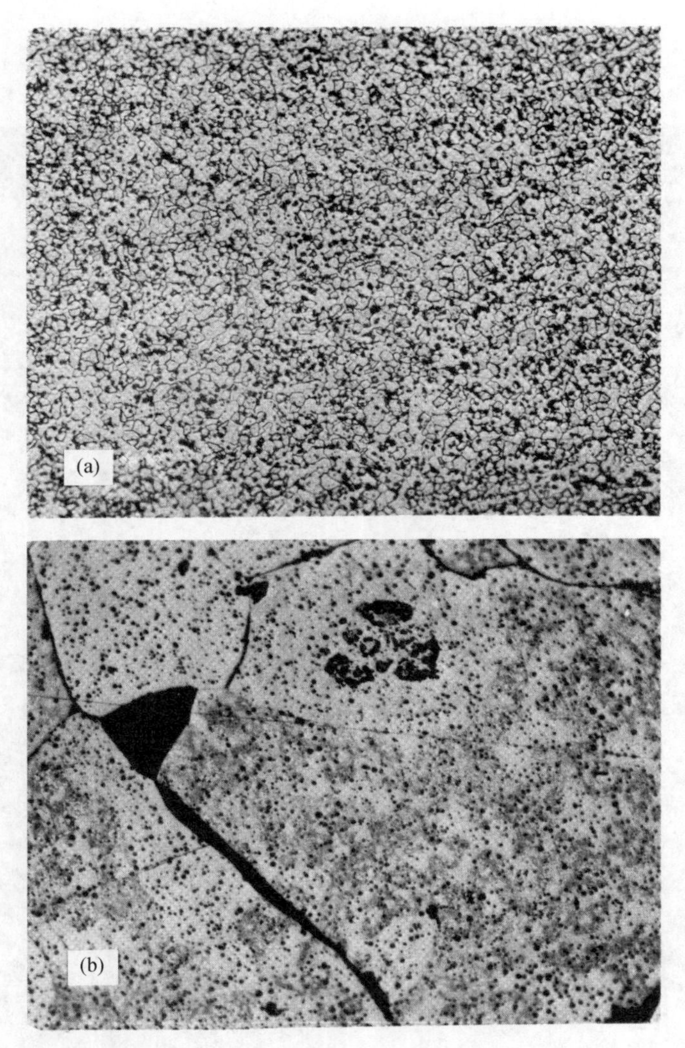

图 10.16　氧化铝试件(a)在 1800 ℃烧结 1 h 及(b)在 1900 ℃烧结 1 h 产生二次再结晶。注意气孔间距没有发生变化。J. E. Burke 提供

10.2　固态烧结

烧成过程中发生的变化包括：① 晶粒尺寸及形状的变化；② 气孔形状的变化；③ 气孔尺寸的变化。在 10.1 节中我们集中讨论了晶粒尺寸的变化。本节和下一节中我们将主要讨论气孔的变化，即由原来的多孔压块转变为高强致密的陶瓷这一过程中所发生的变化。成形后的粉料压块在烧成之前是由许多单

个的晶粒组成的，这些单个晶粒被25%~60%体积的气孔分隔开，气孔率的大小取决于所用的特定材料和成形方法。为了增大强度、半透明性和热导性等性质，必须尽可能消除气孔。对其他用途而言，也可考虑增大强度而不降低透气性。这些效果可通过烧成时坯体内部结构的变化实现。可能发生的这类变化如图10.17所示。起始时存在的气孔的形状可能改变，变成槽状或孤立的球形，而大小不一定改变。然而，更常见的是气孔的大小和形状在烧成过程中都发生变化；当继续烧成时，气孔的形状更接近球形，并且尺寸变得更小。

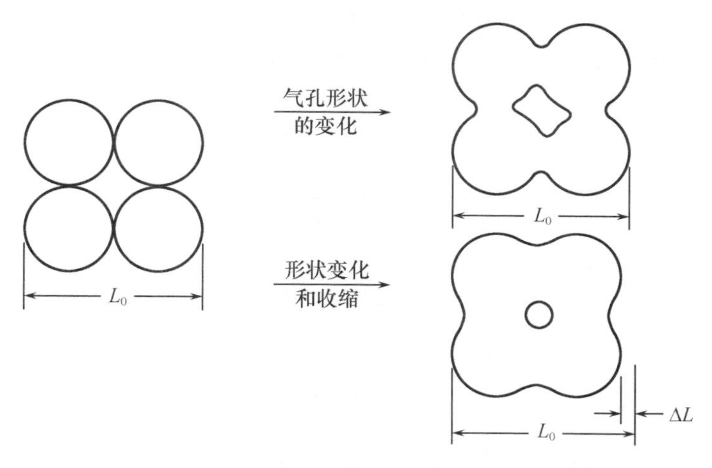

图10.17　气孔形状的变化不一定需要收缩

致密化的驱动力　自由能的变化能够导致致密化，它是通过固-气界面的消除而使表面积减小和表面自由能下降的；与此同时常常形成新的但能量更低的固-固界面。粒度为1 μm的材料在烧结时其降低的绝对自由能约为1 cal/g。在微观尺度上，传质受曲面两边的压差和自由能变化的影响。这些变化起因于表面能，这一点在第五章中已经讨论过并在10.1节中提到。如果颗粒尺寸很小，曲率半径就小，则上述效应可能相当大。如第五章内所指出的，当曲率半径在几个微米以下时影响变大。这就是为什么许多陶瓷工艺基于并取决于所采用的细粒材料的主要原因之一。

关于不同变量对烧结过程的影响的许多见解都来自对简单系统的研究，并把试验数据和简单模型进行对比。因为我们主要是要弄明白传统或新的系统中的不同变量的重要性，所以采用了这种方法。因为所有系统中的驱动力都是相同的(表面能)，所以各种类型系统中性状上的巨大差别必然和不同的传质机理有关。有几种传质机理是可以想象到的：蒸发与凝聚、黏滞流动、表面扩散、晶界或晶格扩散、塑性变形；其中扩散和黏滞流动在大多数系统中是重要的，蒸发-凝聚过程也许是最容易想象的。

蒸发－凝聚　在烧结过程中，表面曲率的不同必然要导致系统的不同部位有不同的蒸气压，于是就产生一种传质趋势。此种传质方式只在少数系统中是重要的，然而它是一种可以进行定量处理的最简单的烧结过程。我们要很细致地推导这种烧结速率，因为这能为理解更复杂的烧结过程打下坚实的基础。

我们先来研究一下这一过程的起始阶段，此时粉料压块刚刚开始烧结。集中注意相邻两个颗粒之间的相互作用(图 10.18)。颗粒的表面有正的曲率半径，因此蒸气压比平面上的多少要大一些。在两个颗粒间连接的地方有一个小的负曲率半径的颈部，该处的蒸气压比颗粒本身的蒸气压要低一个数量级。颈部表面和颗粒表面之间的蒸气压差趋于使物质向颈部表面迁移。

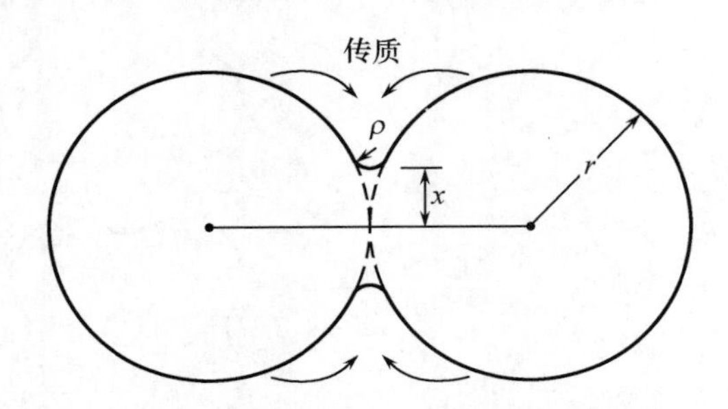

图 10.18　蒸发－凝聚烧结的起始阶段

我们能够计算颗粒间结合面积增大的速率，方法是令物质向两个球体间透镜体表面传输的速率等于透镜体体积的增大速率。根据第五章所讨论过的 Thomson－Freundlich(Kelvin)方程中的表面能关系

$$\ln\left(\frac{p_1}{p_0}\right) = \frac{\gamma M}{dRT}\left(\frac{1}{\rho} + \frac{1}{x}\right) \tag{10.14}$$

(式中，p_1 为小曲率半径上方的蒸气压，M 为蒸气的分子量，d 为密度)可知，小的负曲率半径上方的蒸气压下降。这种情况下，颈部半径 x 远大于表面曲率半径 ρ，并且压差$(p_0 - p_1)$很小。因此，$\ln(p_1/p_0)$很近似地等于 $\Delta p/p_0$，故可得到

$$\Delta p = \frac{\gamma}{d}\frac{Mp_0}{d\rho RT} \tag{10.15}$$

式中：Δp 为小的负曲率半径的蒸气压和近于平面的颗粒表面上平衡饱和蒸气压的压差。凝聚速率正比于平衡蒸气压和大气压之差，并可以很近似地用朗缪尔(Langmuir)方程表示为

$$m = \alpha\Delta p\left(\frac{M}{2\pi RT}\right)^{1/2}\ \mathrm{g/cm^2/s} \tag{10.16}$$

式中：α 为调节系数，其数值近似为 1。于是凝聚速率应等于体积的增加，也

就是说，

$$\frac{mA}{d}=\frac{\mathrm{d}v}{\mathrm{d}t}\quad \mathrm{cm^3/s} \tag{10.17}$$

根据互相接触的两个球的几何形状，对于 $x/r<0.3$ 的情况，接触点处的曲率半径近似地等于 $x^2/2r$；球体间透镜体的表面积近似地等于 π^2x^3/r；透镜状面积内包含的体积近似为 $\pi x^4/2r$。即，

$$\rho=\frac{x^2}{2r}\qquad A=\frac{\pi^2x^3}{r}\qquad v=\frac{\pi x^4}{2r} \tag{10.18}$$

将式(10.16)中的 m 和式(10.18)中的 A 和 v 代入式(10.17)中并积分，可以得到颗粒间结合面积生长速率的关系：

$$\frac{x}{r}=\left(\frac{3\sqrt{\pi}\gamma M^{3/2}p_0}{\sqrt{2}R^{3/2}T^{3/2}d^2}\right)^{1/3}r^{-2/3}t^{1/3} \tag{10.19}$$

这一方程给出了颗粒间接触面积的直径和影响其生长速率的变量之间的关系。

从强度和材料的其他性质来看，重要的因素是与单个颗粒尺寸有关的结合面积，它给出了互相结合的颗粒投影面积分数，是决定强度、传导性以及有关性质的主要因素。由式(10.19)可以看出，颗粒间结合面积的生长速率随时间的1/3次方而变化。以线性比例尺绘出的曲线斜率是下降的，这种曲线描述了对应于某一烧结时间的终点情况的特征。该终点概念是很有用的，因为烧结的时间周期的变化不大。但对全过程来说也观察到了同样的速率规律[图 10.19(b)]。

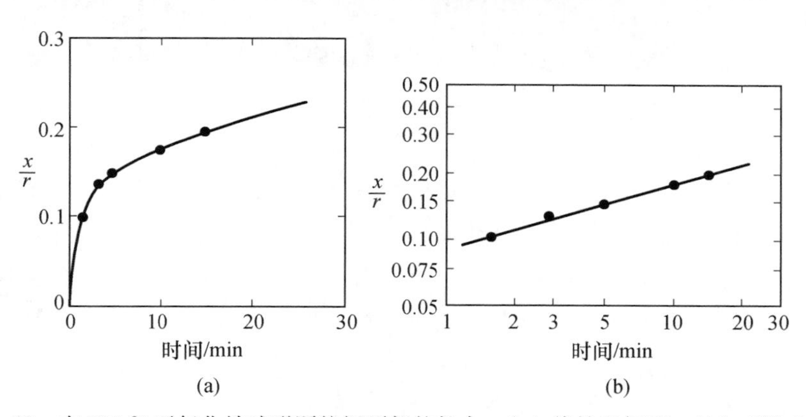

图 10.19　在 725 ℃下氯化钠球形颗粒间颈部的长大：(a) 线性坐标图；(b) 对数坐标图

假如我们考虑这一过程中发生的结构变化，很显然，两个球形颗粒中心之间的距离(图 10.18)并没有受到由颗粒表面向颗粒间颈部的传质的影响。这意味着一排颗粒或一块颗粒压块的总收缩不受气相传质的影响，而只是改变了气孔的形状。气孔形状的这种变化对性质可能有可观的影响，但并不影响密度。

在这个过程中影响气孔变形速率的变量除了时间之外主要是起始颗粒半径

(速率正比于 $1/r^{2/3}$)和蒸气压(速率正比于 $p_0^{1/3}$)。因为蒸气压随温度呈指数增大,所以气相烧结非常依赖于温度。从工艺过程上看,对任何材料都可以控制的两个主要变量是起始颗粒尺寸和温度(温度决定了蒸气压)。其他变量通常不易控制,它们并不十分依赖于所采用的条件。

气相传质的收缩可以忽略,这或许可在图 10.20 中得到更好的说明。图 10.20 示出了一排起始为球形的氯化钠颗粒在加热时发生的形状变化。长时间加热之后,界面接触面积已经增大,颗粒直径实质上已经减小,但颗粒中心间距却没有受到影响;也就是说没有发生收缩。

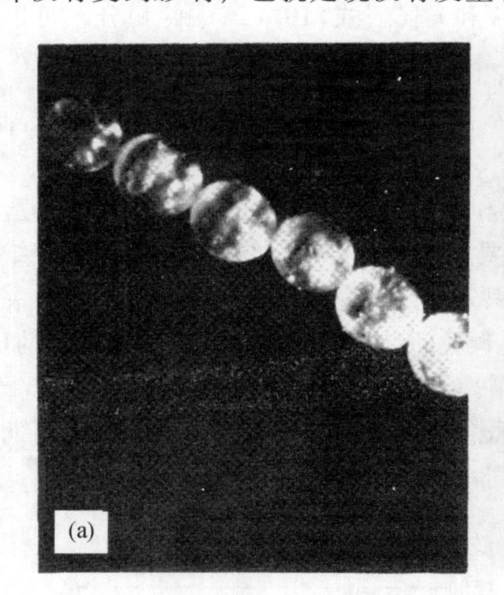

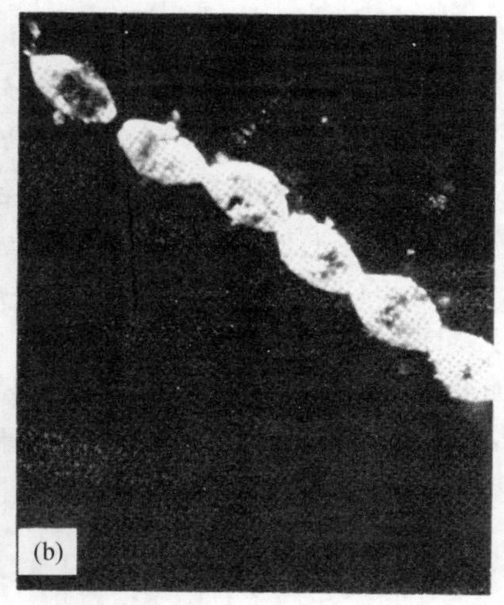

图 10.20　在 750 ℃,氯化钠烧结时的显微照片:(a) 1 min;(b) 90 min

气相传质要求把物质加热到足够高的温度以便有可观的蒸气压。对微米级颗粒尺寸来说,要求蒸气压的数量级为 $10^{-4}\sim10^{-5}$ atm,它高于氧化物或类似的晶相在烧结期间常遇到的压强。在处理像氯化钠这类卤化物期间发生的变化中,气相传质起重要作用。在雪和冰的形状变化中,气相传质也是重要的。

固态过程　颈部区域和颗粒表面之间的自由能或化学势之差提供了驱动力,使传质以可能利用的最快方式进行。如果蒸气压低,则传质更可能通过固态过程产生。有几种固态过程是可以想象到的。如图 10.21 和表 10.1 所示,除了气相传质(过程 3)以外,物质可以通过表面扩散、晶格扩散或晶界扩散从颗粒表面、颗粒主体或从晶界处迁移。在特定的系统中,对烧结工艺真正起显著作用的是哪一种或哪几种过程取决于它们的相对速率,因为每一种传质过程都是降低系统自由能的平行方式(在第九章中已讨论过平行的反应路程)。这些传质路程中最显著的不同是:物质以表面扩散或晶格扩散的方式从表面传递到颈部，像蒸气传质一样，并不引起颗粒中心间距的任何减小。这就是说，这些过程并不导致压块收缩和气孔率降低。只有从颗粒体积内或从颗粒间晶界上传质时，才引起收缩和气孔的消除。

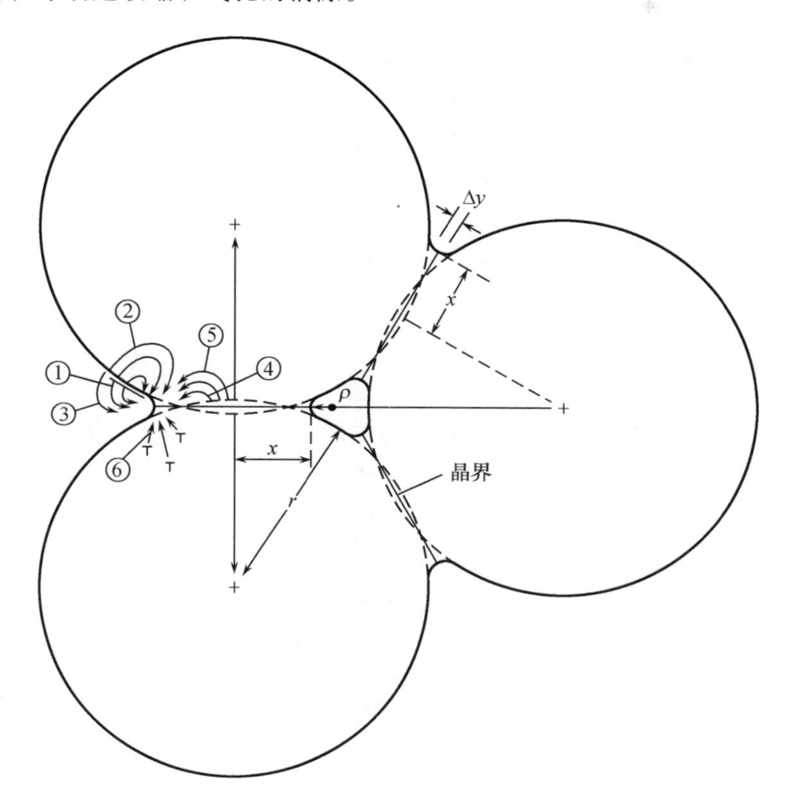

图 10.21　烧结初期可能的传质路程。由 M. A. Ashby 提供(见表 10.1)

表 10.1　烧结初期可能出现的传质路程[1)]

机理编号	传质路程	物质来源	物质壑
1	表面扩散	表面	颈部
2	晶格扩散	表面	颈部
3	气相传质	表面	颈部
4	晶界扩散	晶界	颈部
5	晶格扩散	晶界	颈部
6	晶格扩散	位错	颈部

1）见图 10.21。

我们来考虑机理 5：从晶界通过晶格扩散向颈部传质。这个过程的动力学计算与通过气相过程确定烧结速率的计算完全相似。表面上物质迁出的速率等于使物质体积增加的迁入速率。几何形状稍有不同：

$$\rho = \frac{x^2}{4r} \qquad A = \frac{\pi^2 x^3}{2r} \qquad V = \frac{\pi x^4}{4r} \tag{10.20}$$

考虑空穴迁移速率可使过程更易理解。在大的负曲率表面和近于平的表面之间存在蒸气压差，同样也存在空穴浓度差。令 c 为空穴浓度，Δc 为超过表面浓度 c_0 的过剩浓度，于是得到相当于式(10.15)的下列方程：

$$\Delta c = \frac{\gamma a^3 c_0}{kT\rho} \tag{10.21}$$

式中：a^3 为扩散空穴的原子体积；k 为玻尔兹曼常量。在这一浓度梯度下，每秒内从每厘米周长上扩散离开颈部面积的空穴流量，可以用图解法确定并由下式给出：

$$J = 4D_{\text{v}}\Delta c \tag{10.22}$$

式中：D_{v} 为空穴扩散系数，假如 D^* 为自扩散系数，则 D_{v} 等于 D^*/a^3c_0。把式(10.22)和式(10.21)与相似于式(10.17)的连续方程合并，得到以下结果：

$$\frac{x}{r} = \left(\frac{40\gamma a^3 D^*}{kT}\right)^{1/5} r^{-3/5} t^{1/5} \tag{10.23}$$

除了颗粒之间的接触面积增大之外，随着扩散，颗粒中心也互相靠近。这一靠近的速率可由 $\mathrm{d}(x^2/2r)/\mathrm{d}t$ 给出。根据式(10.23)可以得到

$$\frac{\Delta V}{V_0} = \frac{3\Delta L}{L_0} = 3\left(\frac{20\gamma a^3 D^*}{\sqrt{2}kT}\right)^{2/5} r^{-6/5} t^{2/5} \tag{10.24}$$

这些结果指出：颗粒间结合的生长随着时间的1/5次方而增大(这是许多金属和陶瓷系统实验中观察到的结果)；通过这个过程压块产生的致密化收缩应当正比于时间的2/5次方。如果实验的时间相同，则致密化速率随时间的增加产生一个明显的终点密度。然而以对数坐标绘图时，可以看出会发生如式(10.24)所预期的性质变化。图10.22所示为氟化钠和氧化铝的实验数据。

式(10.23)和式(10.24)所推导出的关系和其他不准备推导的传质过程的类似关系的重要性主要在于：深入了解方程中哪些变量必须加以控制，以便获得能重复的过程和致密化。可以看出随时间的延续烧结速率稳定地下降，因此单纯用延长烧结时间来改善性质是不现实的。时间不是控制过程的主要和关键性的变量。

控制颗粒尺寸是非常重要的，因为烧结速率大致和颗粒尺寸成反比。图10.23说明在1600 ℃烧结100 h后所得到的界面直径和颗粒尺寸的函数关系。对大颗粒来说，即使这样长的加热时间也不能完全烧结，而当颗粒尺寸减小时，烧结速率提高。

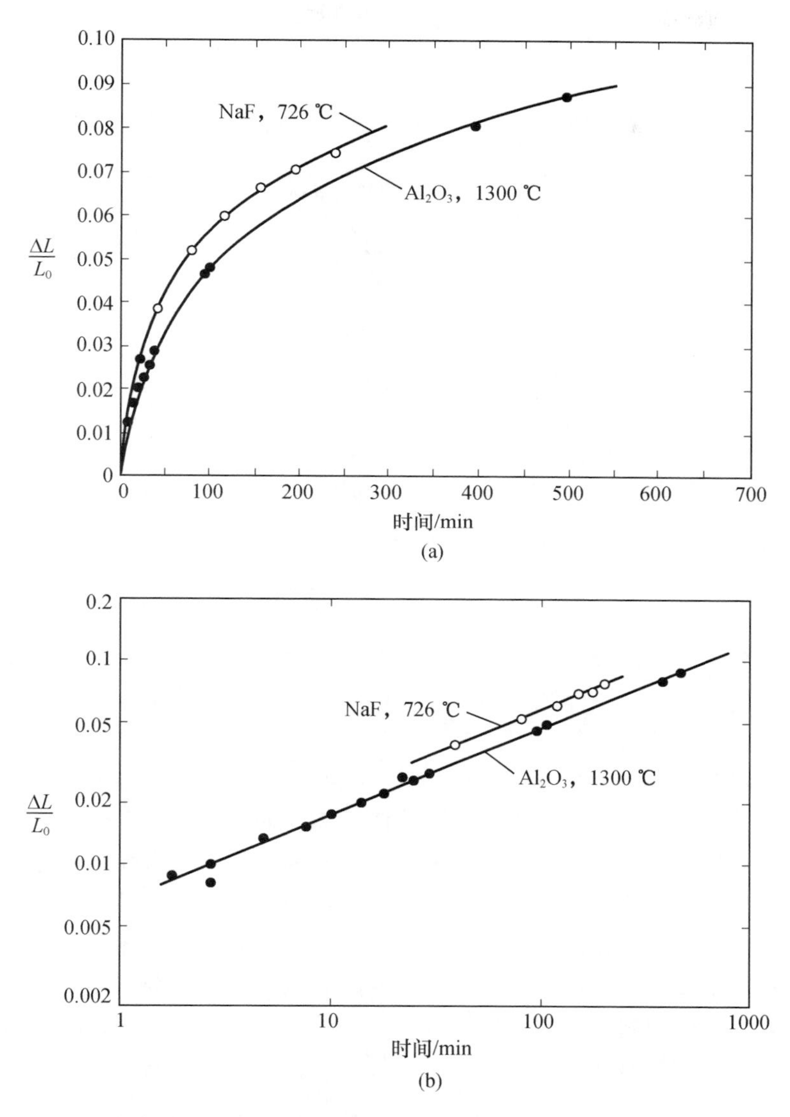

图 10.22　氟化钠和氧化铝压块收缩曲线：(a) 线性坐标；(b) 对数－对数坐标。J. E. Burke and R. L. Coble 提供

在式(10.22)和式(10.24)中出现的、须经分析和控制的另一变量是扩散系数，它受组成和温度的影响；表面、界面和体积作为扩散路程的相对有效性则受到微观结构的影响。已推导出和式(10.23)及式(10.24)相似的许多关系式，并已证明在烧结早期最重要的是表面扩散(这只影响颗粒间的颈部直径，而不影响收缩或气孔率)，随后，晶界扩散和体积扩散变得比较重要。如第九

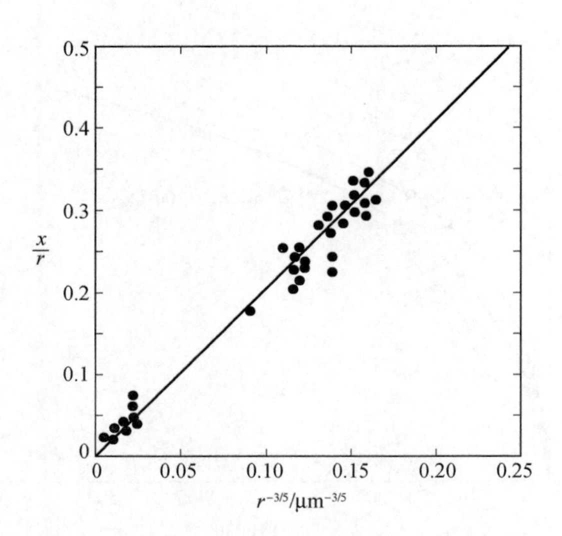

图 10.23 在 1600 ℃加热 100 h 后 Al_2O_3 颗粒尺寸对接触面积长大的影响。R. L. Coble 提供

章所述，在离子性陶瓷中阴离子扩散系数和阳离子扩散系数都必须加以考虑。在研究得最多的 Al_2O_3 材料中，氧沿着晶界迅速扩散，而在晶界上或体积内移动较慢的铝离子控制着整个烧结速率。如第五章所述，晶界结构、组成及静电荷受温度和杂质溶质的影响很大；如第六章所述，晶界扩散的确切机理仍有争论。从烧结数据估计，晶界扩散宽度范围是 50 ~ 600 Å。这些错综复杂的现象要求我们不要用那些特殊的数值结果进行过分的分析，因为烧结对时间或温度的依存关系也许与几种似乎可取的模型一致。通常，能提高晶界扩散系数或体扩散系数的溶质的存在能增大固态烧结的速率。如第六章所述，晶界扩散系数和体积扩散系数都十分依赖于温度，这意味着烧结速率十分依赖于温度。

为了有效地控制发生固态反应的烧结过程，重要的是对材料的起始颗粒尺寸及其分布、烧结温度、组成以及烧结气氛进行严密的控制。作为溶质影响的一个实例，图 10.24 说明了在体积扩散范围内，二氧化钛外加剂对比较纯的氧化铝的烧结速率的影响（体积扩散过程和晶界扩散过程都得到增强）。可以认为 Ti 是作为 Ti^{3+} 和 Ti^{4+} 以置换的方式进入 Al_2O_3 中（Ti_{Al} 和 $Ti_{Al}^{\cdot}$）的。平衡时，

$$3Ti_{Al} + \frac{3}{4}O_2(g) = 3Ti_{Al}^{\cdot} + V_{Al}''' + \frac{3}{2}O_O \tag{10.25}$$

由此，

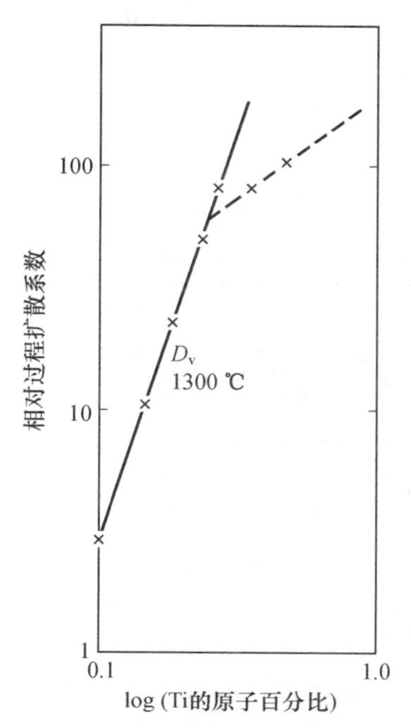

图 10.24　含有 Ti 外加剂的 Al_2O_3 的相对烧结过程扩散系数数据。$D \propto [\mathrm{Ti}]^3$①。引自 R. D. Bagley, I. B. Cutler, and D. L. Johnson, *J. Am. Ceram. Soc.*, **53**, 136 (1970); R. J. Brook, *J. Am. Ceram. Soc.*, **55**, 114(1972)

$$K_1 = \frac{[\mathrm{Ti}_{Al}^{\bullet}]^3[\mathrm{V}_{Al}''']}{[\mathrm{Ti}_{Al}]^3[P_{O_2}]^{3/4}} \tag{10.26}$$

在所用的粉料内，二价杂质(例如镁)在浓度上超过本征缺陷水平，因此在适当的二氧化钛浓度下，整个电中性由下列关系确定：

$$[\mathrm{Ti}_{Al}^{\bullet}] = [\mathrm{Mg}_{Al}'] \tag{10.27}$$

并且在恒定杂质水平和氧分压水平的情况下，合并式(10.26)和式(10.27)得到

$$[\mathrm{V}_{Al}'''] = K_2[\mathrm{Ti}_{Al}]^3 \tag{10.28}$$

因为 Ti 的总加入量($\mathrm{Ti}_{Al} + \mathrm{Ti}_{Al}^{\bullet}$)大大超过杂质水平，所以$[\mathrm{Ti}]_{总} \approx [\mathrm{Ti}_{Al}]$，$[\mathrm{V}_{Al}'''] \approx K_2[\mathrm{Ti}]_{总}^3$。图 10.25 说明了所提出的模型预测的晶格缺陷浓度对二氧化钛浓度的依存关系。如第六章所述，扩散系数正比于空穴浓度；因此这个模型可以预测烧结速率的增大，如试验中观察到的(图 10.24)那样，该烧结速率正比于二氧化钛浓度的三次方。由烧结数据可知，在较高的浓度下，对二氧化钛

① 原文为“$D\alpha[\mathrm{Ti}]^3$”，恐系印刷错误。——译者注

浓度的依存关系变得缓慢一些。

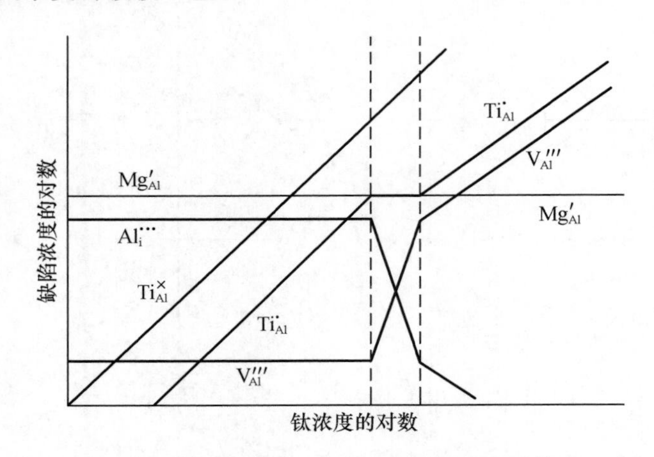

图 10.25 Al_2O_3 中缺陷浓度对 Ti 浓度的依存关系模型。引自 R. J. Brook, *J. Am. Ceram. Soc.*, **55**, 114(1972)

到现在为止，我们对影响烧结过程的变量进行的讨论都是基于过程的起始阶段，此阶段的模型考虑的是接触状态的固体颗粒。随着过程的持续进行，会形成一种气孔和固体都呈连续过渡态的显微组织，接着在后期气孔就被互相隔开而孤立。根据表 10.1 中所列各种传质过程的待定显微组织模型已推导出许多分析表示式。在后期只有两种机理是重要的：晶界为扩散源的晶界扩散和晶界为扩散源的晶格扩散。对于一个近于球形的气孔来说，流向气孔的物质流量可以近似表示为

$$J = 4\pi D_v \Delta c\left(\frac{rR}{R-r}\right) \tag{10.29}$$

式中：D_v 为体积扩散系数；Δc 为过剩空位浓度[式(10.21)]；r 为气孔半径；R 为有效物质源半径。对特定系统进行这种分析时，显微组织显得很重要，这一点可以借助于图 10.26 加以说明。对于晶界上具有大小相同的许多气孔的样品来说，气孔愈多，平均扩散距离愈小，而气孔率较高的样品其气孔消除更快。因此，虽然影响烧结速率的条件——体积扩散系数或晶界扩散系数(因而温度及溶质浓度)、表面能和气孔大小——完全确定，但晶界对气孔的几何关系可能有许多形式，这对于确定实际所发生的情况具有关键作用。

对于细晶材料(例如氧化物)，在热处理的早期通常可以观察到晶粒尺寸和气孔尺寸都增大，如图 10.27 所示的 Lucalox 氧化铝中的情况。出现这种情况的部分原因在于：细颗粒聚结块烧结得很快，从而将聚结块内部的气孔遗留下来。另一部分原因是：由于晶粒快速长大，在此期间气孔随着晶界一起移动

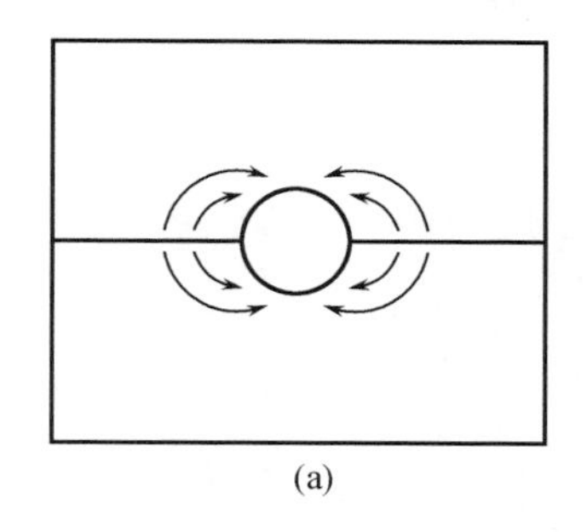

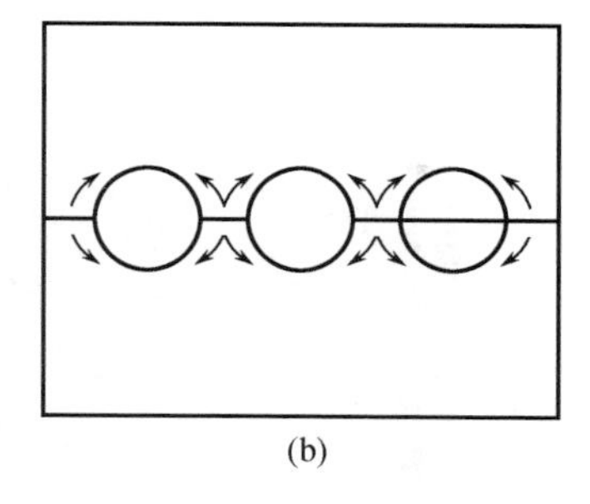

图 10.26　晶界上同样大小的气孔愈多，传质平均扩散距离愈小

而聚结在一起，如图 10.9 所示。在淀析的细颗粒聚结严重的情况下，用球磨破坏聚结块可使烧结速率显著增大。即使是原有颗粒堆积中的细小变化也会在气孔长大过程中被放大；此外还有聚结块之间的空隙以及由颗粒或聚结块的架桥作用产生的少数较大气孔。因此，在烧结中期出现的气孔尺寸有一个范围，较大的气孔消除较慢，使烧结后期的气孔浓度有差异，如图 10.28(c)所示。

除了局部结块和密堆的不同之外，在烧结后期，由于原料颗粒尺寸的不同、由于加压期间模壁摩擦引起的生坯密度的不同，以及由于加热期间温度梯度引起的靠近表面的气孔较快地消除，气孔浓度会发生变化，如图 10.28 所示。气孔浓度的区域性差异的重要性来自这样的事实，即样品中含有气孔的部分趋于收缩，却受到无气孔部分的抑制。这就是说，有效扩散距离不再是从气

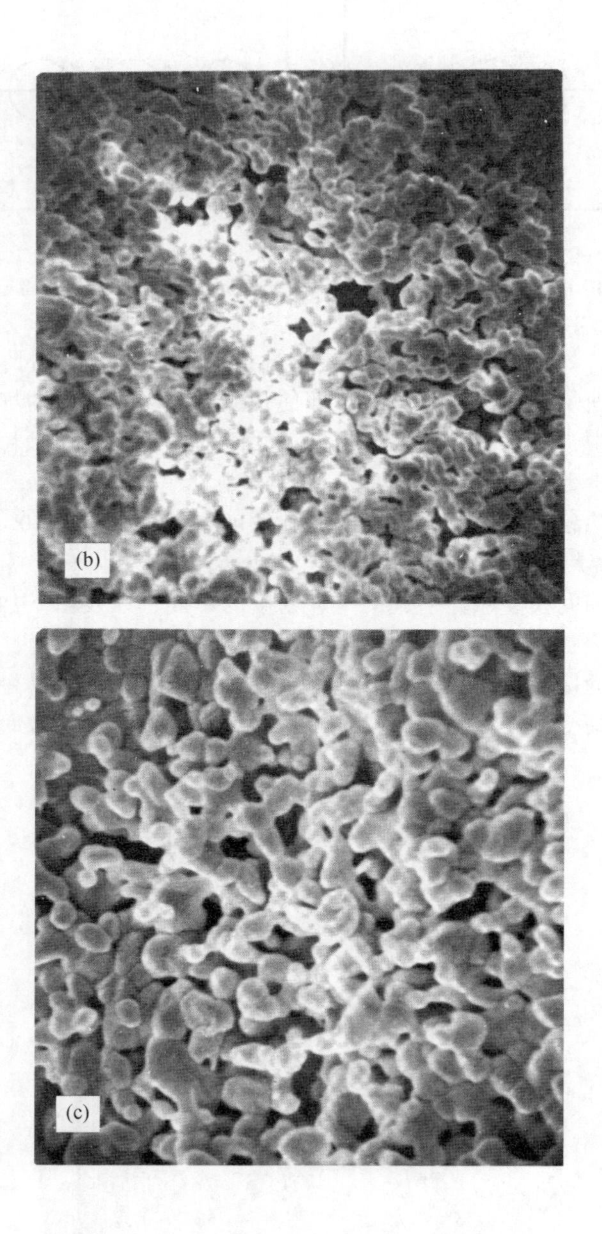
(b)
(c)

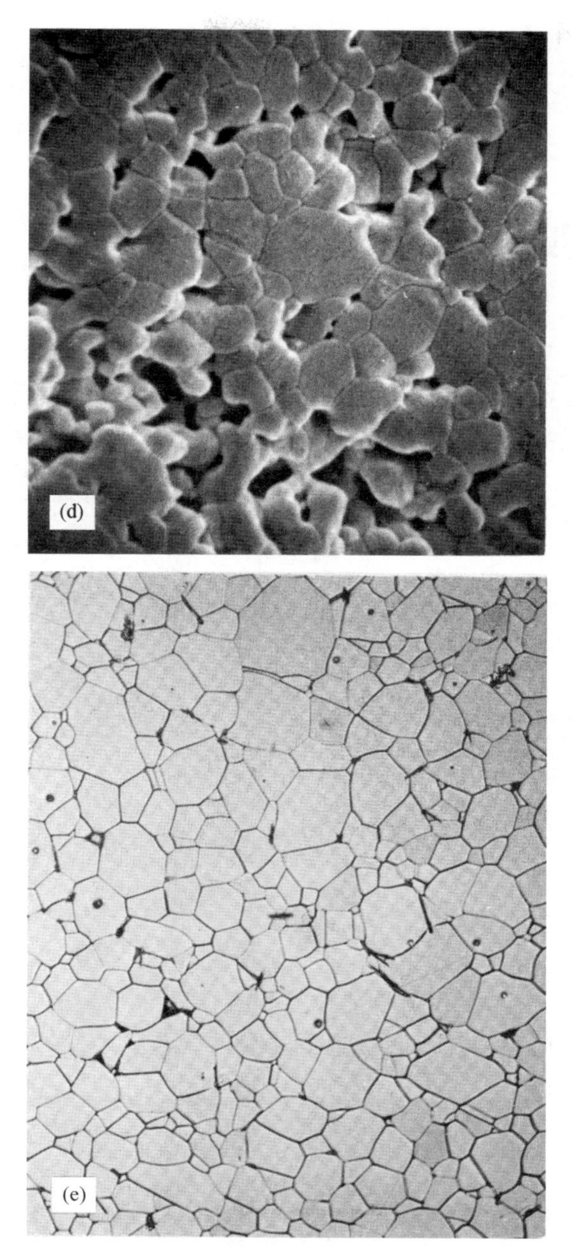

图 10.27 Lucalox 氧化铝中显微组织的逐步发展。扫描电子显微镜照片：(a) 压块中的原始颗粒(5000×)；(b) 在 1700 ℃烧结 1 min 之后(5000×)；(c) 在 1700 ℃烧结 2.5 min 之后(5000×)；(d) 在 1700 ℃烧结 6 min 之后(5000×)。注意气孔和晶粒尺寸都增大，晶粒堆积和气孔尺寸都有不同，气孔仍位于致密晶粒之间。(e) 最后的显微组织几乎没有气孔，只有少许气孔位于晶粒内部(500×)。由 C. Greskovich and K. W. Lay 提供

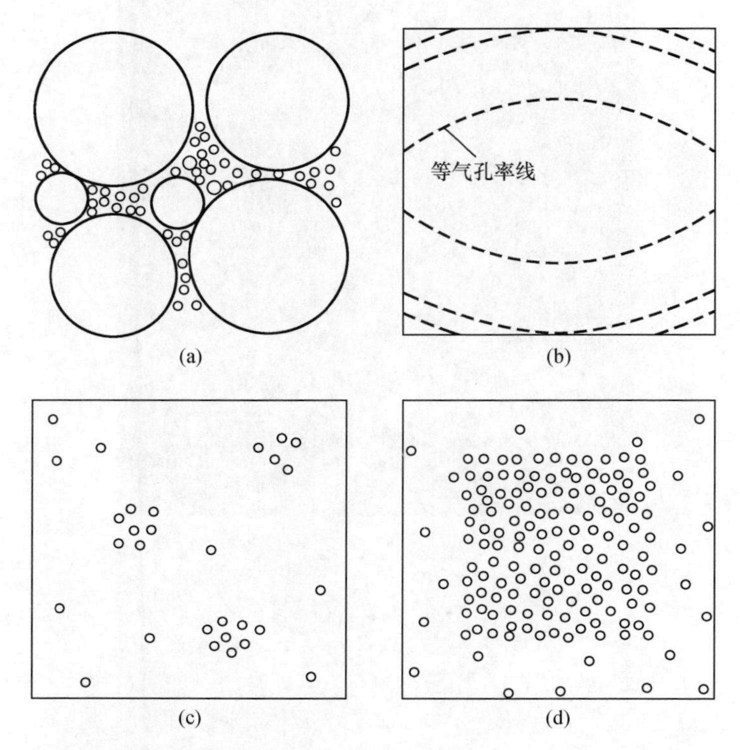

图 10.28　气孔浓度差异来自：(a) 晶粒尺寸的不同；(b) 模具的摩擦；(c) 局部堆积和聚结的不同；(d) 表面附近的气孔消除较快

孔到相邻的晶界，而是气孔-气孔或气孔-表面的距离，后者较前者大许多个数量级。烧结氧化物中残余气孔群的一例如图 10.29 所示。

气孔消除的动力学不仅能够导致"稳定的"和残余的气孔率，而且在某些情况下也可能导致具有热力学上亚稳平衡的气孔形状。在图 10.26 中我们绘出了位于晶界上的球形气孔，这是常用的描述模型。但在第五章关于界面能的讨论中，我们知道在气孔-晶界相交处有一个二面角 ϕ，可由有关的界面能来决定：

$$\cos\frac{\phi}{2}=\frac{\gamma_{gb}}{2\gamma_s} \tag{10.30}$$

在大多数情况下纯氧化物的二面角大约为 150°，球形气孔是很好的近似；但对 Al_2O_3 +0.1% MgO，该值约为 130°；对 UO_2 +30 ppm C，该值为 88°；对不纯的碳化硼，该值约为 60°。对这些材料来说，必须考虑非球形气孔的影响。

正如对不连续的晶粒长大所讨论过的以及图 10.4 和图 10.11 所表明的，

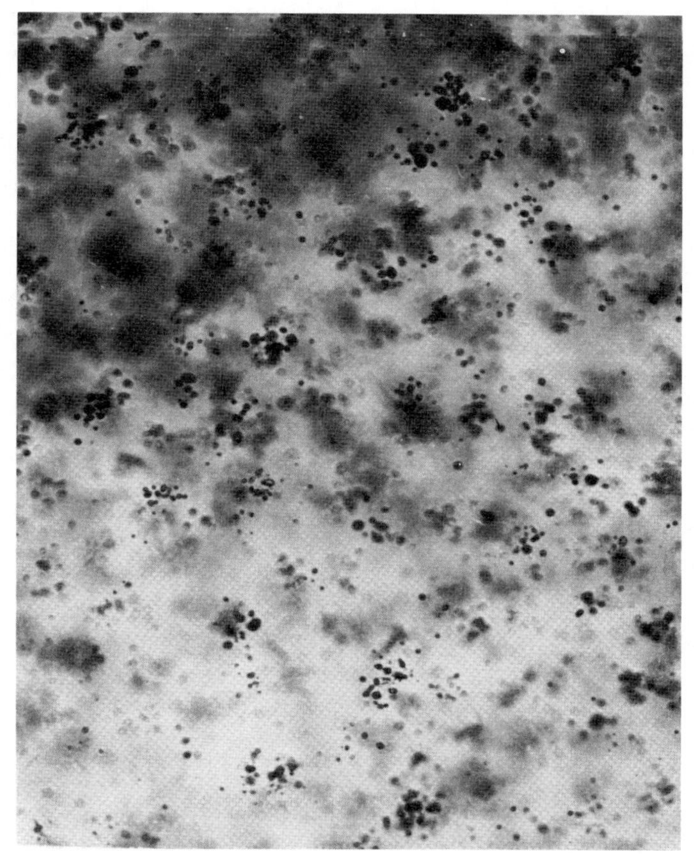

图 10.29　在 90 mol% Y_2O_3 - 10mol% ThO_2 样品中，由于不适宜的粉料工艺而产生的残余气孔群。透射光，137 ×。由 C. Greskovich and K. N. Woods 提供

在晶粒间或相体间的界面曲率既取决于二面角的数值又取决于周围的晶粒数目。如果取 r 作为一外接球体的半径，该球体包围一个由若干晶粒围成的多面气孔，则气孔表面曲率半径 ρ 对该球体半径的比值既取决于二面角又取决于周围的晶粒数目，如图 10.30(a)所示。当 r/ρ 减小到零时，界面成平面并且再无收缩的趋势；当 r/ρ 为负值时，气孔趋于长大。图 10.30(b)说明了这种趋向。对尺寸均匀的晶粒来说，占有空隙形式为十四面体，由 14 个晶粒包围。从周围晶粒数以及气孔直径对晶粒直径的比值之间的近似关系，我们能够推导出气孔稳定性作为二面角和气孔 - 晶粒尺寸比值的函数，如图 10.31 所示。从这一图形我们能够看出，为什么像图 10.32 中所示的模压低劣的粉料压块里所存在的大气孔不仅保持稳定而且能长大。同时也看出晶粒尺寸和气孔尺寸之间巨大

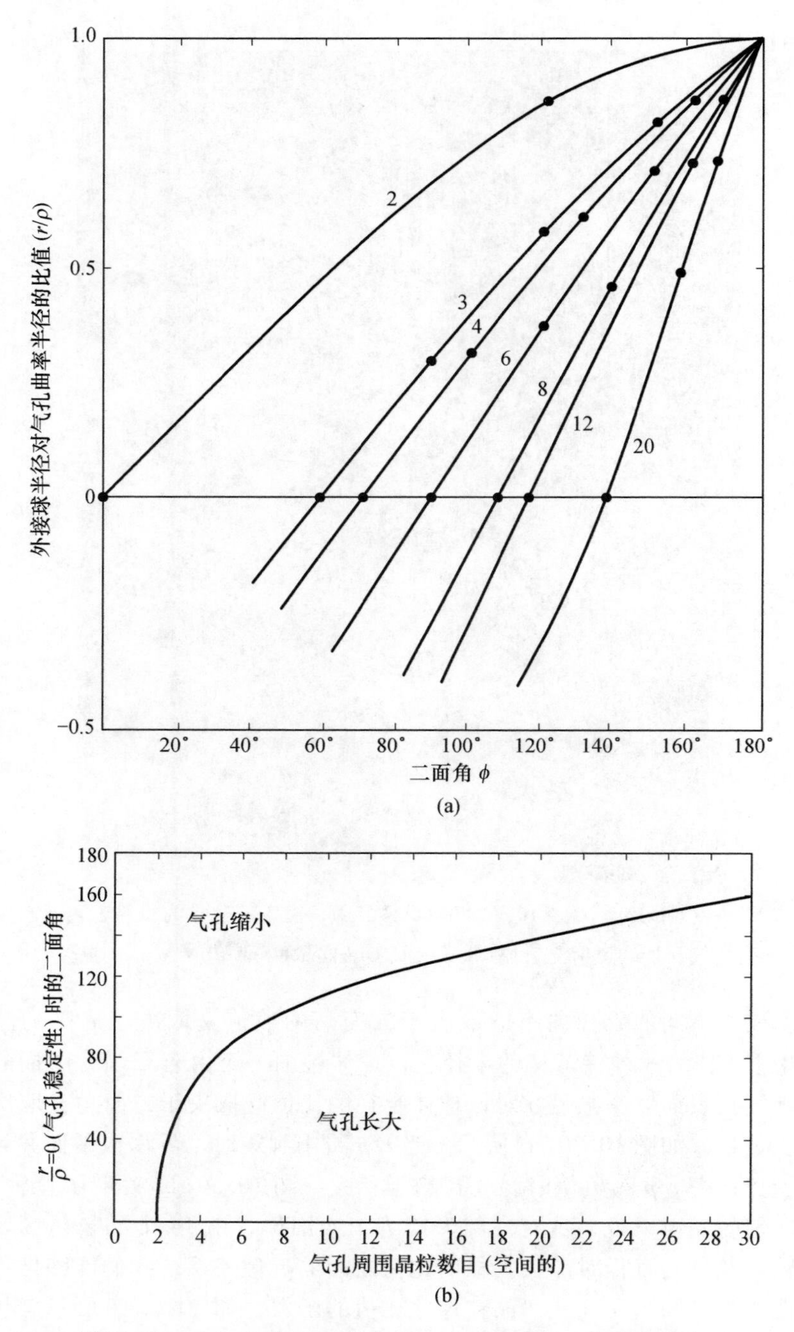

图 10.30 （a）比值(r/ρ)随气孔二面角的变化，每条曲线表示包围气孔的不同晶粒数；（b）气孔稳定条件

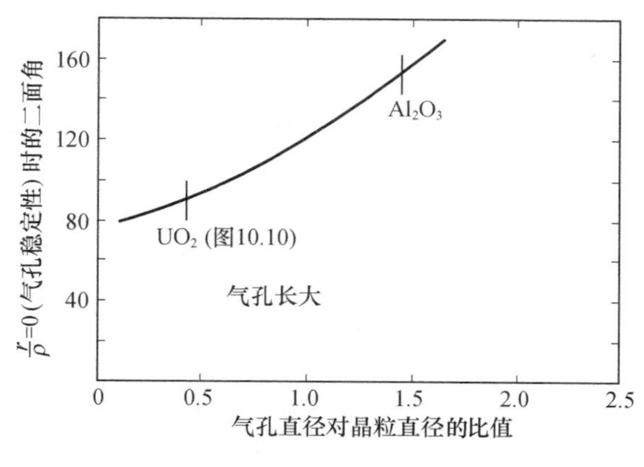

图 10.31　气孔稳定条件

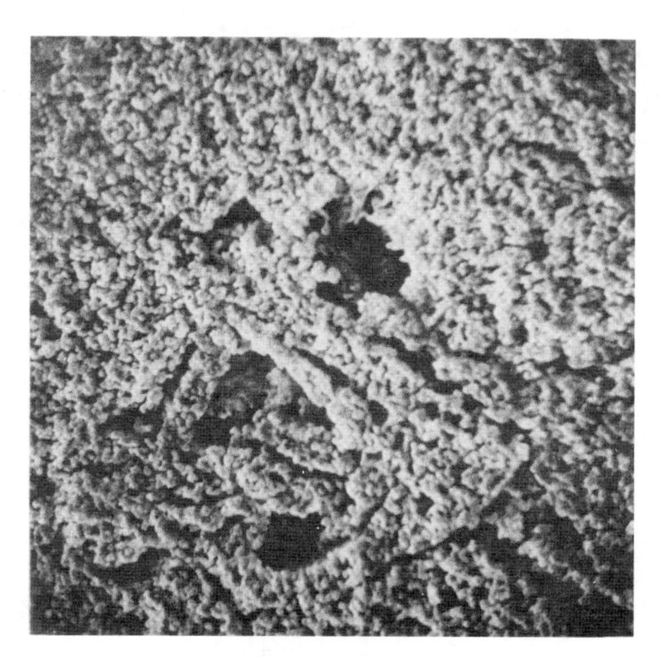

图 10.32　细 Al_2O_3 粉聚结物的架桥作用所形成的大空隙，扫描电子显微镜 2000 × 观察。由 C. Greskovich 提供

的差异对气孔的稳定性是不必要的。也就是说，相对于晶界网络的气孔位置和大小不仅影响扩散所需的距离，也影响扩散过程的驱动力。

当然，晶界和气孔的相互作用是双向的。在烧结初期，当有许多气孔存在时，晶粒长大受抑制。但是，如 10.1 节所讨论过的，一旦气孔率降低到这样的数值以致可能发生二次晶粒长大时，则高的烧结温度可能产生大幅度的晶粒长大。当晶粒长大时，许多气孔就会离开晶界面而孤立存在，并使气孔和晶界间的扩散距离变大，烧结速率降低。这已在图 10.16(b)中说明，在图 10.16(b)所示的情况中，大量的二次再结晶已经发生，晶粒内部具有孤立的气孔，致密化速率降低。同样，图 10.33 所示的氧化铝试样已在高温下烧结，在此温度下晶粒不连续长大。气孔只在靠近晶界处被排除，晶界成为空穴壑。控制晶粒长大是控制烧结不可或缺的部分，对其重要性的估计并不过高。因此，必须对 10.1 节讨论过的晶粒长大加以有效的抑制，以便达到完全致密化。一般致密化可以借助于扩散过程持续进行，直到气孔率达到约 10% 为止；当达到这一点时由于二次再结晶而引起快速的晶粒长大，使致密化的速率急剧下降。为了获得远超过这一水平的致密化，抑制二次再结晶是必要的。要做到这一点，最满意的方法是引入外加剂，它能抑制或减慢晶界的迁移，达到可能消除气孔的程度。已发现 MgO 加入 Al_2O_3、ThO_2 加入到 Y_2O_3 以及 CaO 加入到 ThO_2 等都能减慢晶界迁移，并且能通过固态烧结使这些系统的气孔完全消除。这种多晶陶瓷的无气孔显微组织具有透光性，适于做激光材料，如图 10.34 所示。

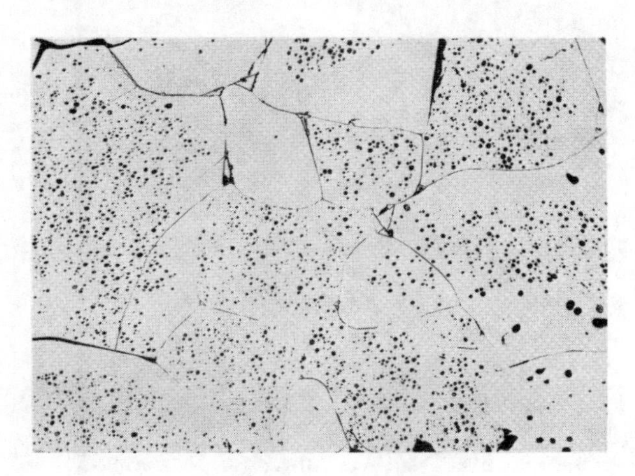

图 10.33　烧结 Al_2O_3 的显微结构：晶界附近气孔消除，残余气孔保留在晶粒内部。由 J. E. Burke 提供

图 10.34 烧结到无气孔状态的 Y_2O_3 + 10mol% ThO_2 材料的抛光截面。100×。由 C. Greskovich and K. N. Woods 提供

10.3 玻璃化

玻璃化即达到玻璃状。玻璃化过程——借助于黏性液相而达到致密化——是大多数硅酸盐体系的主要烧成过程（在现行某些词汇里，把玻璃化的意义和烧成时的致密化等同起来，但最好采用更专业的用法）。在烧成温度下形成的液态黏性硅酸盐起着黏结坯体的作用。为了使烧成符合要求，液相的数量和黏度必须满足要求，使致密化能在适当的时间内完成以避免制品在重力作用下的

坍陷或变形。这两种过程(收缩和形变)的相对和绝对速率在很大程度上决定了能良好烧成的温度和组成。

过程动力学 如果我们考虑两个起始时相接触的颗粒(图 10.21),与颗粒的表面相比,小的负曲率半径 ρ 处有一负压。这个负压导致物质黏滞流动进入气孔区。用与推导扩散过程相似的分析方法,得到颈部初期的生长速率[①],

$$\frac{x}{r}=\left(\frac{3\gamma}{2\eta\rho}\right)^{1/2}t^{1/2} \tag{10.31}$$

接触半径的增大正比于 $t^{1/2}$;两个颗粒间增大的面积直接正比于时间。决定该过程速率的最重要的因素是表面张力、黏度及颗粒尺寸。发生的收缩由颗粒中心的逼近决定,收缩率为

$$\frac{\Delta V}{V_0}=\frac{3\Delta L}{L_0}=\frac{9\gamma}{4\eta r}t \tag{10.32}$$

这就是说,起始收缩率直接正比于表面张力,反比于黏度及颗粒尺寸。

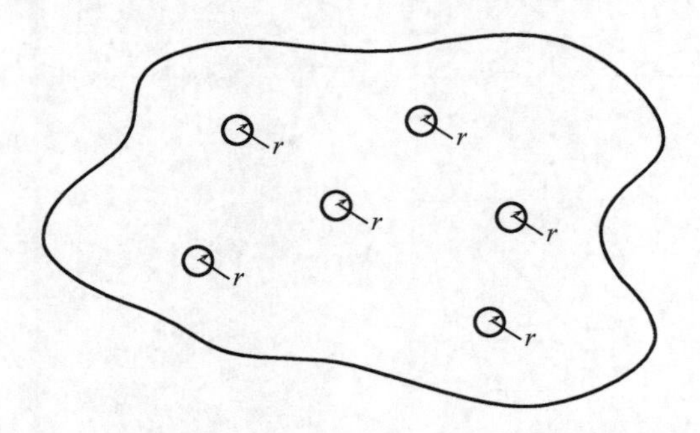

图 10.35 烧结过程接近结束时,带有孤立球形气孔的压块

长时间以后的状态可以很好地用大坯体体内的小球形气孔这一图像来说明(图 10.35)。每一个气孔内存在一个等于 $2\gamma/r$ 的负压;这相当于作用在压块外面使其密实的一个相等的正压。J. K. Mackenzie 和 R. Shuttleworth[②] 已推导出由于黏性体内出现大小相等的孤立气孔而引起收缩的速率关系式。表面张力的作用相当于所有气孔内都存在着 $-2\gamma/r$ 的压力,或者对不可压缩的物质而言相当于在压块上施加一个 $+2\gamma/r$ 的静水压力。实际的问题是从致密材料的气孔率和黏度来推断多孔材料的性质。利用近似法得出的方程形式为

$$\frac{\mathrm{d}\rho'}{\mathrm{d}t}=\frac{2}{3}\left(\frac{4\pi}{3}\right)^{1/3}n^{1/3}\frac{\gamma}{\eta}(1-\rho')^{2/3}\rho'^{1/3} \tag{10.33}$$

式中:ρ'为相对密度(即体密度除以真密度或已达到的真密度的分数);n 为实

---

① J. Frenkel, *J. Phys.* (USSR), **9**, 385(1945)。

② *Proc. Phys. Soc.* (London), **B62**, 833(1949)。

际物质单位体积内的气孔数。气孔数取决于气孔尺寸和相对密度，并由下式给出：

$$n\frac{4\pi}{3}r^{3} = \frac{\text{气孔体积}}{\text{固体体积}} = \frac{1-\rho'}{\rho'} \tag{10.34}$$

$$n^{1/3} = \left(\frac{1-\rho'}{\rho'}\right)^{1/3}\left(\frac{3}{4\pi}\right)^{1/3}\frac{1}{r} \tag{10.35}$$

和式(10.33)合并得到

$$\frac{\mathrm{d}\rho'}{\mathrm{d}t} = \frac{3\gamma}{2r_0\eta}(1-\rho') \tag{10.36}$$ [①]

式中：r_0 为颗粒起始半径。

致密化过程的一般进程可以由相对密度对无量纲时间的曲线最好地表达出来，根据式(10.33)作图得到图 10.36。球形气孔很快形成，达到约 0.6 的相对密度。从这一点到烧结全部完成约需一个单位的无量纲时间。对于完全致密化，

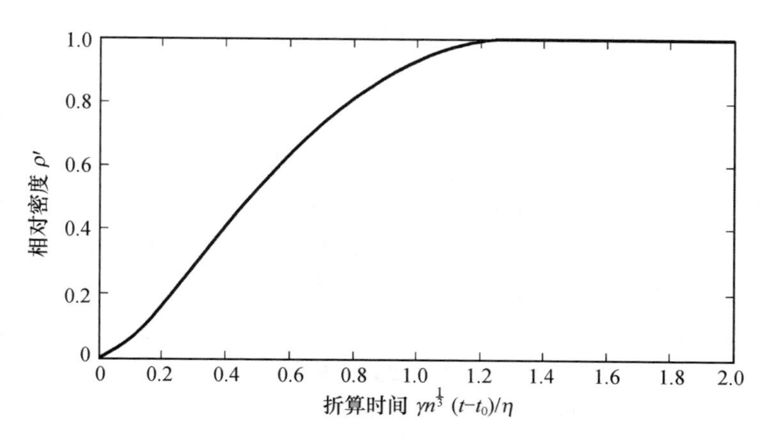

图 10.36　黏性材料压块的相对密度随折算时间增大。引自 J. K. Mackenzie and R. Shuttleworth, *Proc. Phys. Soc.* (London), **B62**, 833(1949)

$$t_{\text{sec}} \sim \frac{1.5r_0\eta}{\gamma} \tag{10.37}$$

一种黏性体致密化的一些试验数据如图 10.37 所示，烧结速率的快速变化说明了温度(也就相当于材料黏度)的强烈影响。图 10.37 中的实线是由式(10.33)计算出来的。起始烧结速率用虚线表示，它们是由式(10.32)计算出来的。这

① 式(10.36)中系数 3/2 和 r_0 与前述方程合并结果不符。——译者注

些关系和试验结果之间很好的一致性使我们相信可在玻璃化过程中广泛应用这些结论。

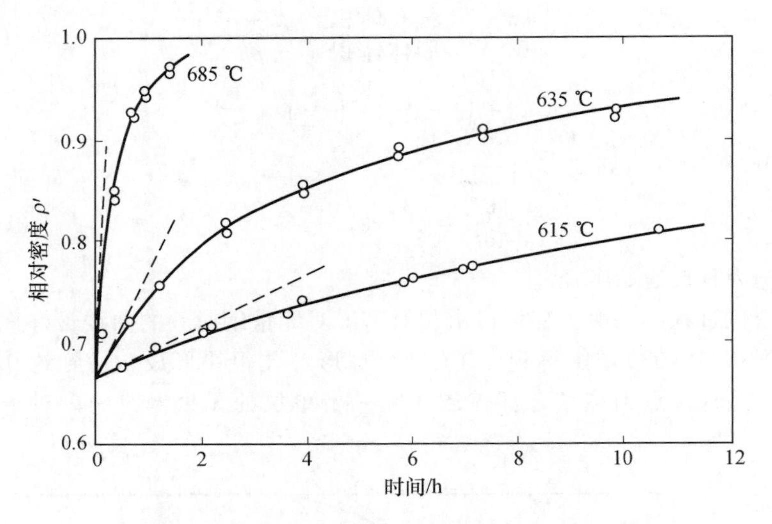

图 10.37 钠－钙－硅酸盐玻璃的致密化

重要变量 式(10.31)～(10.37)的特殊重要性在于它们揭示了致密化速率对颗粒尺寸、黏度及表面张力这3个主要变量的依赖关系。对硅酸盐材料来说，组成改变时表面张力变化不大，尽管如第五章所述有些系统表面能特别低。但是，在组成设计或工艺过程中，表面张力并不是一个难以控制的变量。颗粒尺寸对烧结速率有强烈的影响，欲控制致密化过程则必须严密控制颗粒尺寸。将10 μm的颗粒变为1 μm，则烧结速率就增大10倍。对于控制而言，更重要的是黏度及其随温度的急剧变化。对于典型的钠－钙－硅酸盐玻璃来说，在100 ℃的温度间隔内，黏度变化1000倍，致密化速率也以同样的倍数变化。这意味着必须严格控制温度。黏度也因组成不同而有很大的变化，如第三章所述。因此，通过改变组成以降低玻璃态材料黏度可以提高致密化速率。黏度和颗粒尺寸的相对数值也是重要的，黏度不能太低，否则在致密化所需时间内在重力作用下会产生显著的形变。这就必须控制颗粒尺寸的范围，使得由表面张力所产生的应力明显地大于由重力所产生的应力。在液态下烧结的材料必须加以支撑以免发生形变。为达到致密而无剩余形变的最好方法是采用颗粒非常细且颗粒分布均匀的材料。为什么在硅酸盐体系中效果良好的组成含有大量的滑石和黏土，上述要求就是原因之一。滑石和黏土是天然的细颗粒，它们为玻璃化过程提供了足够的驱动力。

硅酸盐体系 玻璃化过程的重要性在于大多数硅酸盐体系在烧成温度时能

形成黏性玻璃，并且大部分的致密化是黏性流动引起的，该黏性流动起因于细小气孔造成的压力。必然产生的问题是有多少液相出现以及它具有什么性质。让我们考虑一下图 7.26 所示 $K_2O-Al_2O_3-SiO_2$ 体系中 1200 ℃ 的等温截面，这是半玻璃化瓷体较低的烧成温度范围，该瓷体的组成大约是 50% 高岭土 (45% Al_2O_3，55% SiO_2)，25% 钾长石和 25% 二氧化硅。这个组成以及类似的组成在莫来石的初晶区内，并且在 1200 ℃ 时莫来石晶体和液相处于平衡，此液相的组成近于 75% SiO_2、12.5% K_2O 和 12.5% Al_2O_3，与长石 - 二氧化硅系统(图 7.14)中低共熔液的组成相差不太大。在实践中，只有一小部分以燧石出现的二氧化硅进入液相，而该液相的组成取决于粉磨的细度以及总的化学组成。但是，二氧化硅的溶解量对存在的液相量和组成并没有大的影响。该液相含硅并具有高的黏度，组成变化的主要影响是莫来石和液相的相对含量的改变。因为莫来石颗粒非常细，所以其流动性质相当于黏度大于纯液相的液体的流动性质。对某些系统来说，整个流动过程相当于具有屈服点的塑性流动而不是真正的黏滞流动。这就在式(10.33)和式(10.36)中引进了附加项，因而改变了玻璃化过程的动力学，但并不改变不同变量的相对影响。

虽然相图是有用的，但不能表示组成微小变动的全部影响。例如，高岭石组成在 1400 ℃ 时应该呈现莫来石和鳞石英之间的平衡状态而无玻璃态物质，但实验观察到，甚至在 24 h 以后，起始原料体积的 60% 左右还是非晶态的，并且像液体一样变形。以 Li_2CO_3 的形式引入少量氧化锂比以氟化物的形式引入同样的组成能产生较大的玻璃含量。同样，少量的其他矿化剂对特定组成系统的烧成性能也可能有深刻的影响。充分磨细和仔细混合能降低玻璃化温度，这是根据式(10.31)～(10.37)的分析得出的。S. C. Sane 和 R. L. Cook① 发现：球磨 100 h，在同样烧成条件下，可以把黏土 - 长石 - 燧石组成的最终气孔率从 17.1% 降到 0.3%。这种变化一部分是由于增大了熔融平衡和组分混合均匀的趋势，一部分是由于较小的起始颗粒和气孔尺寸。与那些常常达不到熔融平衡的三元(燧石 - 长石 - 黏土)瓷体相反，多种滑石体和类似的组成是由细粒以及混合均匀的材料制备的，它们形成含硅较少的液相，在烧成过程中很早就达到相平衡。

从图 10.38 所示的实验数据也许可以最好地看出时间 - 温度关系以及玻璃化过程对温度的强烈依赖关系。如图所示，温度改变 50 ℃，瓷体达到相等成熟度所需时间几乎变化一个数量级。在烧成期间，玻璃相的数量和黏度都有变化，因此很难阐明该过程的具体激活能，用以与黏性流动的激活能做对比。但是，像这样一种组成(黏土、长石和燧石的混合物)的玻璃化速率对温度的依

---

① *J. Am. Ceram. Soc.*, **34**, 145(1951)。

赖性比单纯的黏度对温度的依赖性要大。这是可以预料的，因为在较高的烧成温度下液相含量增加。

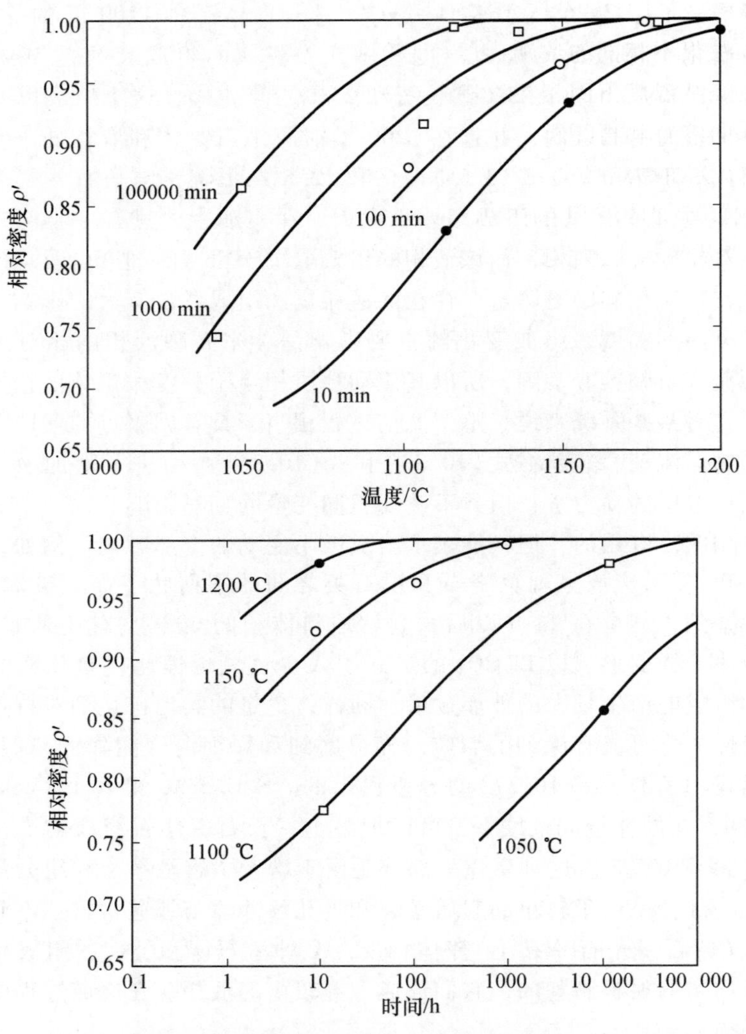

图 10.38　时间和温度对瓷体玻璃化的影响。数据来自 F. H. Norton and F. B. Hodgdon，*J. Am. Ceram. Soc.*，**14**，177(1931)

总之，决定玻璃化速率的因素是气孔尺寸、整个组成的黏度(它取决于液相出现的数量及其黏度)以及表面张力。与此相当的致密化可在同一温度通过较长时间的烧成得到。过程控制对温度的依赖性很大，因为在较高的温度下液相含量增加并且黏度降低。工艺过程的改变和组成的改变都对玻璃化过程有影响，因为工艺过程和组成都影响上述参数。

10.4 具有活性液体的烧结

另一种很不相同的致密化过程是存在有活性液体时的烧结过程。这里我们指的是在烧结温度下固相在液相内有一定溶解度的系统；该烧结过程的主要部分是固体的溶解和再淀析，从而使晶粒尺寸和密度增大。这种过程发生在金属陶瓷系统(例如黏结碳化物)中，也发生在液相呈流体并具有活性的氧化物系统中，例如有少量液相存在的 MgO(图 10.39)，加入了少量 TiO_2 的 UO_2(图 7.11)，以及用碱土硅酸盐作为黏结材料的高铝瓷体。

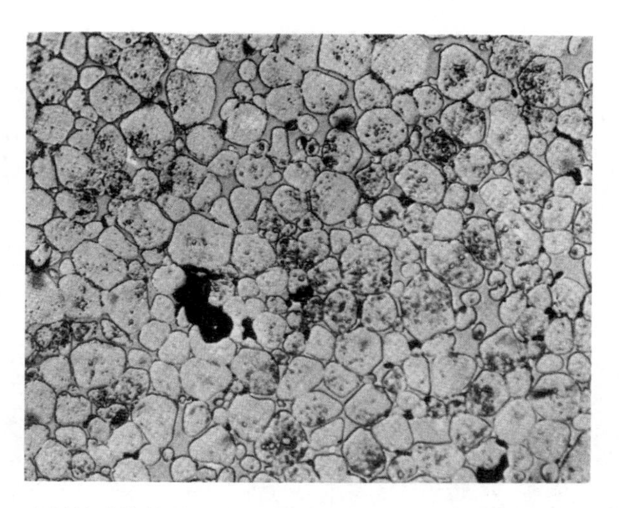

图 10.39 由活性液体烧结而成的 MgO - 2% 高岭土瓷体的显微组织(245 ×)

对大量系统的研究表明，为使致密化迅速发生而必不可少的条件包括：① 显著数量的液相；② 固体在液体内有明显的溶解度；③ 液体能润湿固体。致密化的驱动力来自细固体颗粒间液相的毛细管压力，如图 10.40 所示。当液相润湿固体颗粒时，颗粒间的每一空隙都变成了毛细管，在这种毛细管里产生了巨大的毛细管压力。对于亚微细粒尺寸，直径为 0.1 ~ 1 μm 的毛细管所产生压力的范围，对硅酸盐液体来说为 175 ~ 1750 psi，而对液体钴这样的金属来说则为 975 ~ 9750 psi(见第五章的讨论和表 5.2)。

毛细管压力通过同时发生的几种不同过程导致致密化。① 形成液相时颗粒就重新排列，以达到更有效的密堆。如果出现的液相体积足以填满全部空隙，则这个过程就能导致完全致密化。② 在颗粒间有桥梁的接触点存在高的局部应力，它能导致塑性形变和蠕变，使颗粒进一步重排。③ 在烧结过程中，通过液相进行传质，较小的颗粒溶解而较大的颗粒长大。这种溶解 - 淀析过程

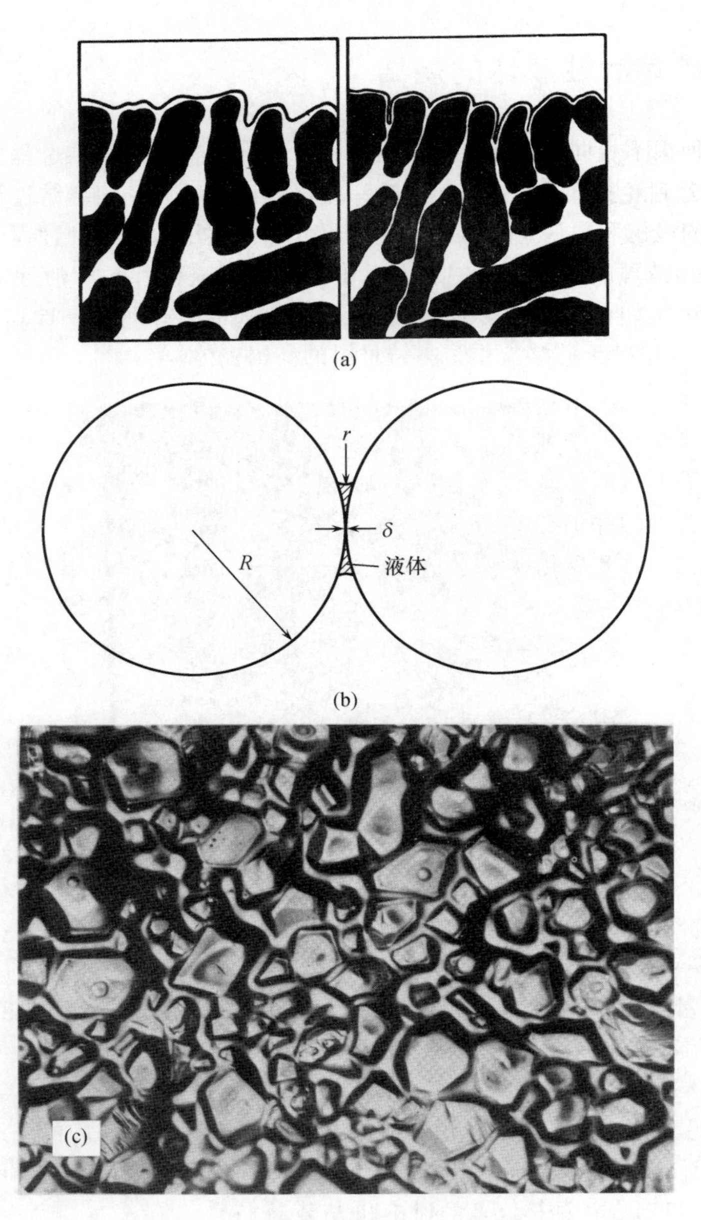

图 10.40 （a）液相量各异的固－液复合物表面；（b）两个固态球体间液滴产生的压力将两球体拉在一起；（c）镁橄榄石陶瓷表面，表明晶体间毛细管液下降

动力学在第九章中已经讨论过。因为施加的毛细管压力是持续不断的，所以在晶粒长大和晶粒形状变化期间，颗粒也不断进行重排并产生进一步的致密化

(像在固态烧结中对气相传质和表面扩散所讨论过的那样，仅仅有溶解－淀析而无施加的毛细管压力，则不会产生致密化)。④ 在颗粒之间渗透液体的情况下，在接触点上增大的毛细管压力导致溶解度增大，致使物质从接触区传递出去，结果使颗粒中心互相靠近并产生收缩；接触压力使溶解度增大的问题在第五章中已经讨论过。⑤ 如果不出现完全润湿，足以形成固体骨架的再结晶和晶粒长大就会发生，从而致密化过程就减慢而后停止。

有液相出现的烧结可能比固态过程更为复杂，因为前者有许多现象同时发生。实验已表明每一种现象都会发生，但是烧结过程中把单一过程孤立起来加以分析的一些实验系统还不能令人信服。有液相出现的烧结过程需要细颗粒固相以产生必要的毛细管压力，该压力与毛细管直径成反比。显然，液体浓度，相对于固体颗粒的密堆，必须在合适的范围内以产生必要的毛细管压力。如果颗粒聚结而形成团体骨架，过程就停止。

一个关键的并仍有争议的问题涉及为使过程能够进行所需要的润湿程度。在像碳化钨－钴和碳化钛－镍－钼这样一类重要的系统中，二面角为零。在其他系统(例如铁－铜及氧化镁－硅酸盐液体)中，平衡时的情况并非如此，只是二面角很小，并且正如产生必要的毛细管压力所要求的，固体被液相润湿。对方镁石颗粒在硅酸盐液体中的晶粒长大来说，二面角对晶粒长大有很大影响，如图 10.41 所示。虽然零二面角不是发生液相烧结所必需的，但当接近这种理想状态时，过程变得更为有效。

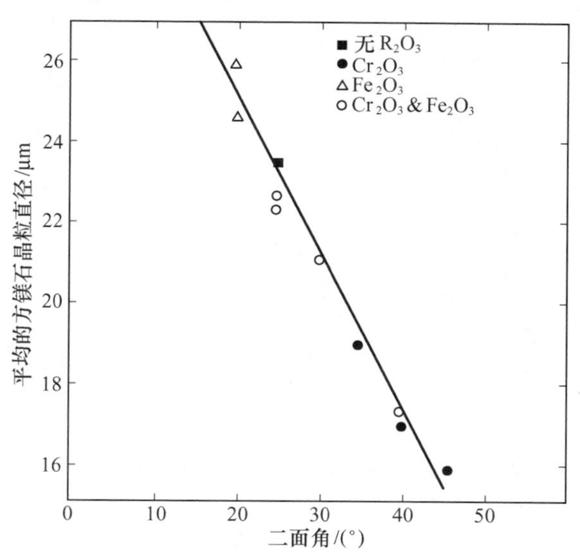

图 10.41　在液相烧结的方镁石－硅酸盐组成中，方镁石的晶粒长大与二面角的函数关系。

引自 B. Jackson, W. F. Ford, and J. White, *Trans. Brit. Ceram. Soc.*, **62**, 577(1963)

10.5 压力烧结及热压

到现在为止，所讨论过的烧结过程都有赖于毛细管压力，它是由表面能产生的，为致密化提供了驱动力。另一种烧结方法是通常在高温下施加一个外压力而不是完全依靠毛细管作用①。这是合乎理想的，因为不需要非常细的颗粒材料，同时也排除了由于不均匀混合造成的大气孔。还有一个优点是：在某些情况下，在不发生大幅度的晶粒长大或不发生二次再结晶的温度下可以获得致密化。因为许多陶瓷系统的力学性质由于高密度和小晶粒而增大，所以最优的性质可以通过热压技术得到。所加的压力对氧化铍瓷体致密化的作用如图10.42所示。热压氧化物瓷体的主要缺点是不容易得到便宜耐用的高温模具，并且难于自动化以达到高速生产。这两种因素使热压成为昂贵的工艺。对于必须在1200 ℃或1300 ℃以上(常常在1800～2000 ℃)的温度下进行热压的氧化物材料来说，石墨是最合适的模具材料，最大应力限制在每平方英寸几千磅以内，模具的使用寿命一般限于七八次。成形每个坯件时，整个模具必须加热和冷却。使模具内的材料得到加热，而模具仍保持冷的状态，这种高温工艺技术在实验室的实验中已证明是有希望的，但还没有发展到生产阶段。

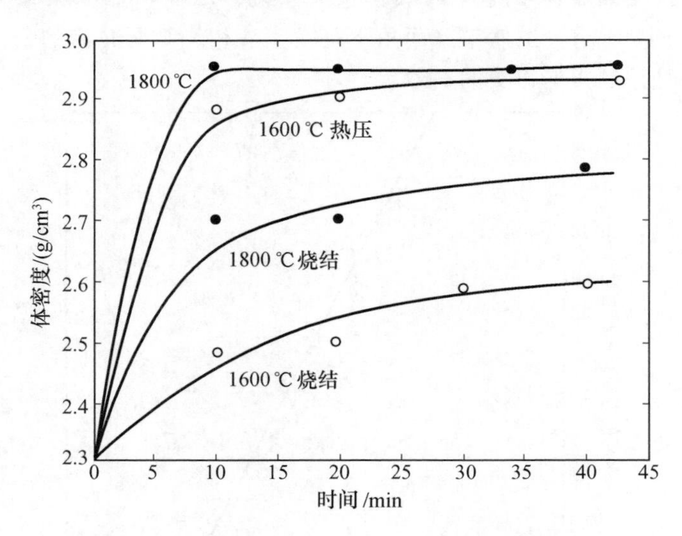

图 10.42 通过烧结和在2000 psi下热压的氧化铍的致密化

对于低温材料(例如玻璃或以玻璃结合的复合材料)来说，可以在低于800～

① R. L. Coble, *J. Appl. Phys.*, **41**, 4798(1970)。

900 ℃的温度下用金属模具进行热压，这样热压过程就可以发展为自动便宜的成形方法。这与平常的玻璃压制成形法相似，只不过该法是为获得必要的形状而不是作为消除气孔的手段而已。

加压烧结期间的致密化可以通过固态烧结、玻璃化以及液相烧结等机理而产生，所有这些机理前面已讨论过。此外，特别在早期，当在颗粒接触点出现高应力时以及对像碱金属卤化物这样的软质材料来说，塑性形变是一种重要的致密化方式。因为晶粒长大过程对压力是不敏感的，所以在高压和适中的温度下，加压烧结的氧化物能够制成高密度、小晶粒的试件，它具有最优的力学性质和近于透明的低气孔率。共价材料如碳化硼、碳化硅及氮化硅可以热压到近于理论密度。加入一小部分液相（如 MgO 中加 LiF，碳化硅中加 B，氮化硅中加 MgO）产生液相烧结或液体薄膜烧结常常是有利的。

10.6 二次现象

如前所述，晶粒长大和致密化是在加热时产生的，而且对于所有陶瓷组成的烧成性能都有重要影响。除了这些变化之外，某些特种组成的烧成中还有许多其他可能的效应，包括化学反应、氧化、相变、封闭气孔中气体的影响、非均匀混合的影响以及加热期间施加的压力等。虽然它们不具有最普遍的重要意义，但在烧成期间它们常常是主要问题的起因，也常常是观察到的主要现象。虽然不能对它们进行详细讨论，但至少应该熟悉其中的某些可能性。

氧化 许多天然黏土中都含有百分之几的有机物，这些有机物必须在烧成期间氧化掉。此外，墨油和树脂等黏结剂、淀粉和其他有机塑化剂也必须在烧成期间氧化掉，否则会带来很多困难。在正常条件下，有机物质在 150 ℃以上变成碳，在 300 ~ 400 ℃的温度范围内燃烧掉。特别是采用低温烧成的组成时，必须在足够缓慢的速率下加热，以便在相当大的收缩之前能完成碳化和燃烧过程。如果在氧化完成之前的玻璃化使碳素物质和空气隔绝，则它在高温下就成为还原剂。有时这可能只影响颜色，使砖和重黏土制品产生黑芯，因为这些制品的内部处于还原状态，呈黑色。一个典型的例子是图 10.43 中所示的炻器，由于加热太快来不及完成氧化而使中心有黑核。通常，存在的杂质（特别是硫化物）如果不在玻璃化之前氧化掉就可能带来很多困难。硫化物通常在 350 ~ 800 ℃和氧反应生成 SO_2 气体，通过开口气孔逸去。

对于铁氧体和氧化钛的配料，在烧成期间控制氧化反应特别重要。如对 $Ti-TiO_2$ 和 $Fe-O_2$ 系统所说明的（第七章），出现的相取决于氧分压。此外，如第四章所述，这些相的组成的化学计量范围很大并取决于氧分压。在铁氧体的制造中，通常的做法是控制烧成期间的氧分压，使存在的每一个相的组成及

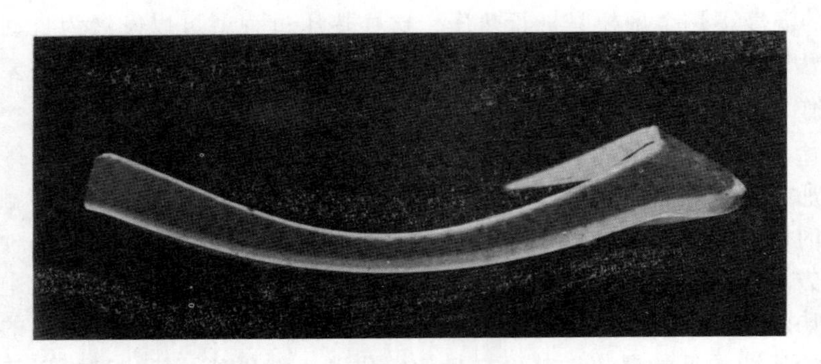

图 10.43　时间不充分而未能完成氧化时所产生的黑芯的例子

坯体总的相组成保持稳定，而使磁性能最佳。

分解反应　许多组分是以碳酸盐或水化物的形式用于陶瓷坯体中；在烧成期间这些组分分解成氧化物和气态产物（CO_2、H_2O）。许多杂质也以碳化物、水化物和硫化物的形式掺杂进来，并在烧成期间分解（见 9.4 节）。

水化物在 100 ~ 1000 ℃这一宽广范围内分解，取决于具体的组成。碳化物分解的温度范围为 400 ~ 1000 ℃，也取决于具体的组成。当然，在每一个温度下都有一个气态产物的平衡压力，如果超过这个平衡压力，就不会发生进一步的分解，而会遇到很大的问题，即在完全分解之前气孔就被封闭起来。随着温度的升高，分解压力增大而产生大气孔、起泡和膨胀现象（当然，这就是用以形成泡沫玻璃制品的方法，即有意在化学反应或分解发生之前使制品表面封闭起来，然后形成气相，气相膨胀而制成泡沫制品）。在加热速率很快的情况下这种缺陷特别普遍，因为这时制品的表面和内部之间存在温度梯度，表面层发生玻璃化而把内部密封起来。这个温度梯度以及组分或杂质氧化所需的时间是烧成期间限制加热速率的两个最重要的原因。

硫酸盐在烧成中的问题很特殊，因为直到 1200 ~ 1300 ℃时硫酸盐才分解。所以在许多黏土坯体的烧成中，硫酸盐仍保持稳定。特别是 $CaSO_4$，它既稳定又微溶于水，因此硫酸盐含量高，烧好的砖内可溶性盐类的浓度就高。这就造成起霜现象——微溶的盐类传递到砖表面，形成不希望有的白色沉积斑。加入碳酸钡能够防止沉积物的形成，这是因为碳酸钡能和硫酸钙反应而淀析出不溶解的硫酸钡。

在某些材料里也能发生分解而形成新的固相。一个实例是用于耐火材料生产的蓝晶石（$Al_2O_3 \cdot SiO_2$）的分解，在 1300 ~ 1450 ℃形成莫来石和二氧化硅。这个反应进行时体积增大，因为形成的莫来石和硅氧玻璃或方石英的密度都比蓝晶石低。在仔细选择其他组分的条件下，蓝晶石加到一个组成中可以抵消大部分烧缩，这个反应是很有用的。同样，MgO 同 Al_2O_3 形成尖晶石的反应体积也增大[①]。将氧化镁和氧化铝混入耐火材料混合物内，或更常见的是混入高温捣打混合物或胶结物内，能够降低加热期间产生的收缩。

相变 多晶相变也许合乎要求，也许不合要求，这取决于特定的组成和预期的用途。假如多晶相变时有大的体积变化，由于产生了应力，就会带来困难。例如，耐火材料不能用纯氧化锆制造，因为在 1000 ℃左右的四方单斜相变产生的体积变化很大，以致制品会受到破坏。这些应力的来源已在第五章讨论由不同晶粒的不均匀热膨胀或收缩所引起的晶界应力问题时涉及。在基质内晶体的膨胀或收缩会导致同类应力而引起开裂，如图 10.44 中所示的瓷体中的石英晶粒。减小晶粒尺寸可以降低单个晶粒内的应力；假如采用的燧石是细粒而不是粗粒，则可以改善瓷体的性质。

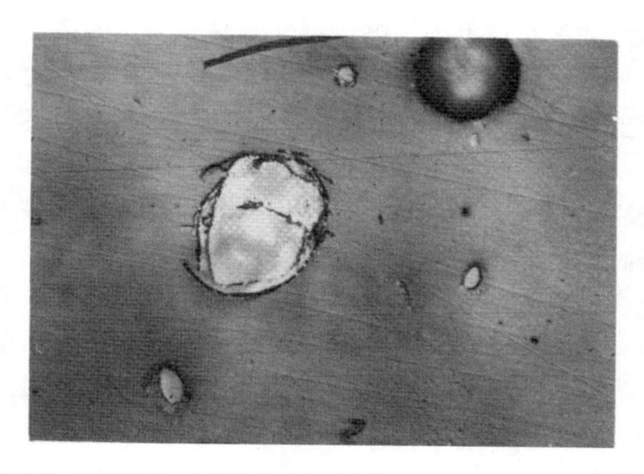

图 10.44 陶瓷体中开裂的石英晶粒和周围的基质。主要是因为 α—β 石英转变引起不同的膨胀，导致较大晶粒的开裂，细晶保持完整(500 ×)

有时，合乎要求的相变进行得很缓慢。例如烧成耐火硅砖时所发生的现象就是这样。从石英原料向所需要的最后组分鳞石英和方石英的转变缓慢。为了提高相变的速率，可以加入氧化钙作为矿化剂。氧化钙的引进可以导致能够溶解二氧化硅的液相形成。因此石英先溶解，然后以更稳定的鳞石英形式淀析出来(第七章)。在这个过程中，某些石英也直接转变成了方石英。通常，矿化剂能促进系统满足平衡时的条件，这是因为它提供了一种传质机理——溶解或蒸发，避开了直接相变的势垒。在硅酸盐体系中，加入氟化物和氢氧离子在这方面特别有帮助，因为它们大幅度地增大了液相的流动性。

包裹气体 除了因分解反应偶尔引起的膨胀之外，包裹在封闭气孔内的气体也限制了烧成期间可以达到的最大密度。像水蒸气、氢和氧(程度小些)这

① 原文为“减小(decrease)”，恐有误。——译者注

类气体能够通过溶解和扩散作用从封闭的气孔内逸出。相反，像一氧化碳、二氧化碳，特别是氮气，它们的溶解度较低，通常不能从封闭的气孔内逸出。例如，假定总气孔率为10%，球形气孔是封闭的，并且氮分压为0.8 atm，当气孔收缩到总气孔率为1%时，氮分压就增加到8 atm(约110 psi)，从而使进一步的收缩受到限制。然而，由于表面张力产生的负压正比于$1/r$而增大，气压正比于$1/r^3$而升高，气压增加的同时，气孔的负曲率半径也将变小。对于在空气中进行的烧结来说，这个因素常常限制了致密化；在要求密度很高的场合(例如要求半透明度高的光学材料和牙瓷)，最好是采用真空或氢气气氛。

非均匀混合 为什么致密化和收缩在气孔没有完全消除的情况下就停止？这个问题在大多数的烧结讨论中还没提到。最重要的原因是：在烧成之前不完善的混合和压实常常引起严重的缺陷。已经观察到典型陶瓷产品的气孔率常在10%以上而且处于毫米尺寸范围(这就是说，气孔比组成内的原料颗粒要大得多)。这些气孔是成形时产生的局部差异造成的，而烧成期间这些气孔也没有消除的趋势，所以成形中必须采取校正处理。

过烧 不论原因如何，较高的烧成温度都会使性能变坏或收缩减小，这通常称为过烧。对固相烧结(如铁氧体和钛酸盐的烧结)来说，常见的过烧原因是气孔消除之前在高温下发生的二次再结晶。因此存在一个最高温度，在该温度下可以获得最大的密度或最优的性能。对玻璃质陶瓷来说，最常见的过烧原因是气孔内包陷气体，或者是放出气体造成了鼓胀或起泡。

10.7 烧结收缩

成形后的陶瓷生坯气孔率在(25 ~ 50) vol %之间，其具体数值取决于颗粒尺寸及分布和成形方法(第一章)。在烧成过程中气孔被排除，体积的收缩等于排除的气孔体积。向配料里加入非收缩材料可以显著地降低烧结收缩(烧缩)量。制造耐火黏土砖时常加入熟料(预烧过的黏土)以减少烧缩。同样这也是燧石在瓷体内的作用之一；在烧成期间燧石提供一种非收缩结构以降低烧缩。陶瓦的组成是熟料和黏土的混合物，这种组成可以做成大的试件，由于原料的大部分经过预烧，所以烧缩很小。

假如烧成进行到完全致密化，则原始的气孔率百分数等于烧成期间产生的收缩。这通常等于35%的体积收缩或12% ~15%的线性收缩，从而给保持高精度公差带来困难。然而，主要的困难还是在于由瓷件不同部位的不同烧缩量所引起的变形或扭曲。非均匀收缩有时甚至能促使裂纹扩大。

变形 烧成期间变形的主要原因是生坯内密度的波动。造成生坯内气孔率不同有许多原因。烧成后的密度几乎是均匀的，因此生坯内低密度部分的收缩大于高密度部分的收缩。在压制的瓷件中，模内压力的不均匀(第一章)使压件的不同部分有不同的压实程度；中心部分的收缩常常大于端部的收缩，起始为圆柱形的样品经收缩成为沙漏状[图 10.45(a)]。

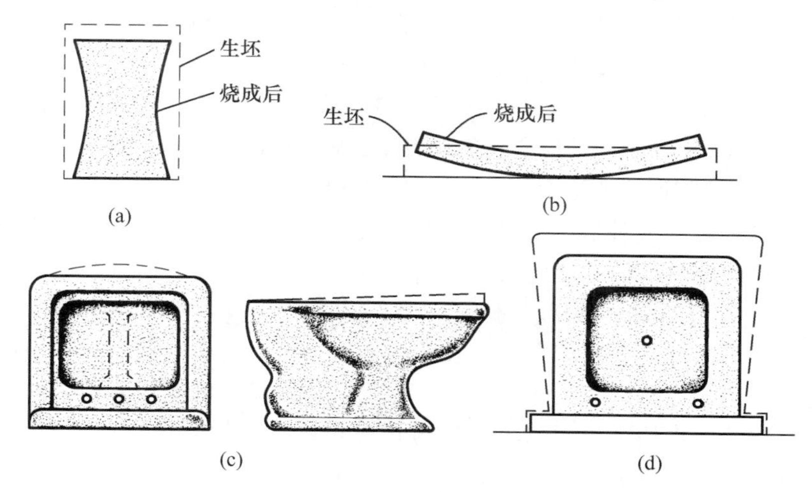

图 10.45　烧成收缩：(a) 压制的坩埚由于生坯密度不均而产生收缩不均；(b) 面砖因温度梯度而产生收缩不均；(c) 由于重力作用，瓷件下沉造成收缩不均；(d) 由于坯体放置的摩擦力造成收缩不均

烧成期间变形的另一个原因是温度梯度的存在。假如坯件是放在平板上并从上面加热，则坯件的顶部和底部之间有一个温差，以致顶部的收缩比底部大，于是产生相应的变形。在某些情况下，即使收缩不均匀，重力应力也可能足以使坯件摊平下来。温度分布、变形及应力作用下产生的形变，这之间的关系错综复杂，并且难于定量分析。另一个造成烧成变形的原因是成形过程中片状黏土颗粒的择优取向。这使干燥收缩和烧成收缩都具有方向性。

玻璃质瓷件在重力作用下由于流动也能产生变形。内部应力显著的大块重型坯件尤其如此。在成形玻璃质卫生瓷件时，马桶[图 10.45(c)]或洗脸盆[图 10.45(d)]的上表面弧度必须设计成比最后产品所需的弧度要大些，以便烧成时下沉后所形成的最终外形能满足要求。最后一个对烧成时的变形起作用的因素是摩擦力或瓷件对定位面的拉力。这就是说，底部表面的收缩比上表面小[图 10.45(d)]。瓷件的设计必须使最后形状经收缩以后成为长方形。

由不均匀烧成收缩引起的变形和扭曲等困难可以通过 3 种方法予以消除：① 改变成形方法以使变形的起因减到最小；② 外形设计要能补偿或抵消变形；③ 利用装窑方法来减小变形的作用。一种得到显著改善的成形方法是在成形的初期获得结构均匀性。这就要求消除压力梯度、偏聚以及其他导致孔隙分布不均的根源。压制试样的长度和模子直径的比值很大时，易造成密度差异。塑性低的配料在挤出和压制时特别容易产生大的压力差和大的生坯密度差。注浆和挤出成形都形成一定程度的偏聚和烧成时的不同密度。注浆过程中可能发生的某些沉降能导致结构不均。在挤出过程中，模具不同部位的压力差或者模具安装的不对称都能引起结构的不均匀性。

有时，烧成收缩的不均匀性和变形所带来的困难可以通过外形补偿的方法来克服。如图 10.45 中的马桶和脸盆以满足最后形状的方式来设计。同样，当盘子在水平位置烧成时，其边缘趋于下沉，可以通过调整原始坯件的外形来补偿。

正确的装窑方法对于克服烧成收缩不均带来的困难是有用的。对需要完全玻璃化以致高度收缩的瓷器组成来说，装窑方法已有了很大的发展。某些标准的装窑方法如图 10.46 所示。杯和碗通常装在匣钵内，如图 10.46(a)所示。因为一个杯子的变形限制着另一个杯子的变形，所以这就能保持杯口边缘呈圆形；此外，这种方法能防止薄的边缘受热过快。对较大的坯件来说，有必要采用未烧过的定位支架来控制收缩并保持边缘呈圆形。根据估算的收缩量大小，组成不同的各类盘件采用不同的装窑方法。对烧成到完全玻璃化的瓷件来说，单个装窑和支撑是非常必要的。对于烧成到部分致密化的瓷件来说，将盘件重叠装窑也无不良影响。通常，大的面砖和砖块的装窑并不难。

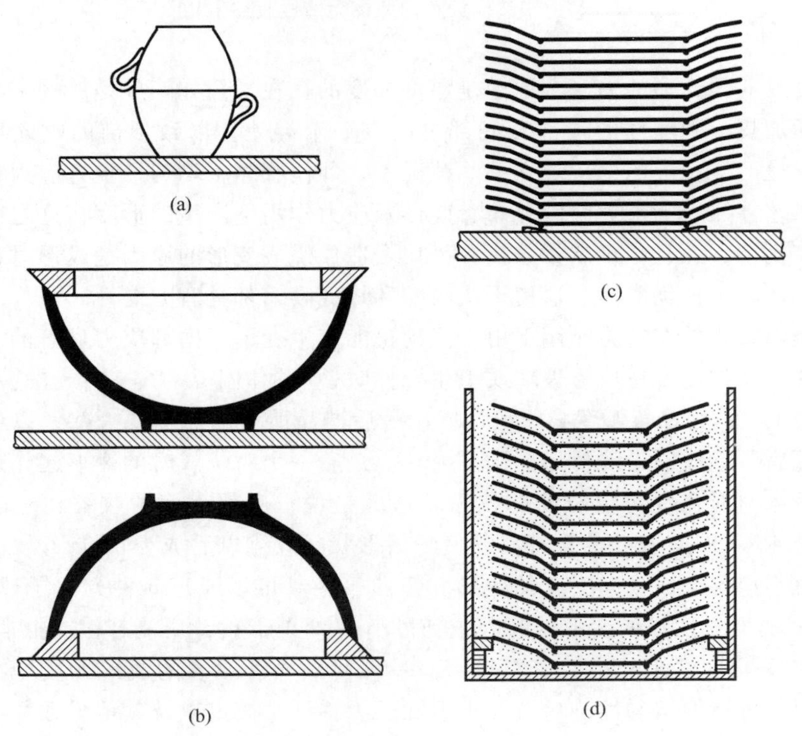

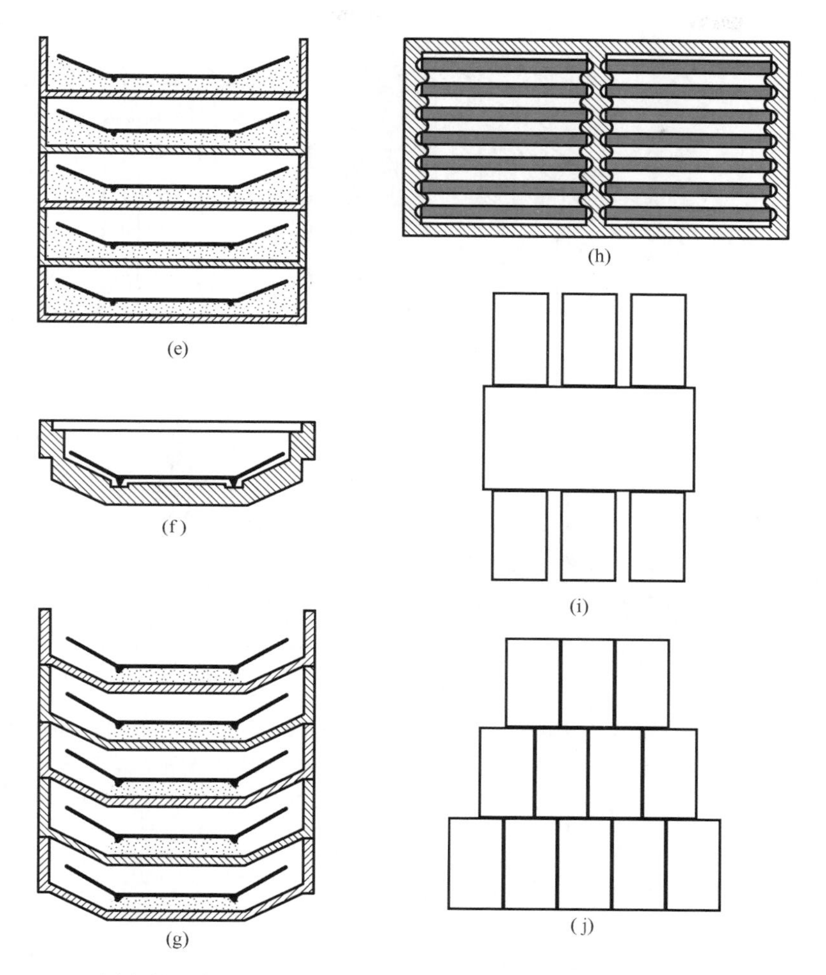

图 10.46　不同瓷件的装窑方法：(a) 杯和碗；(b) 大碗；(c) 陶器；(d) 饭店用瓷盘；(e) 骨质瓷盘；(f) 熔块瓷瓷盘；(g) 硬质瓷盘；(h) 面砖；(i) 砖的格子式放置；(j) 砖的阶梯式装窑。F. H. Norton 提供

特殊形状可能要求特殊的装窑方法，以消除烧成收缩的不利影响。大块耐火面砖可以放在有休止角的平面上[图 10.47(a)]。这使大块面砖收缩时不产生很大的应力。同样，棒状或管状坯体可以放在倾斜的 V 形槽内或者用卡圈支撑坯体上端[图 10.47(b)]。重力作用可使长达数英尺的管坯保持笔直。形状独特的特种样品总是可以支撑在为其设计的特殊装窑架上。为有效地处理形状独特的坯件，某些经验是很必要的。小件的玻璃化雕塑瓷器特别难处理，最保险的装窑方法是用未煅烧的支架进行全面支撑[图 10.47(d)]。

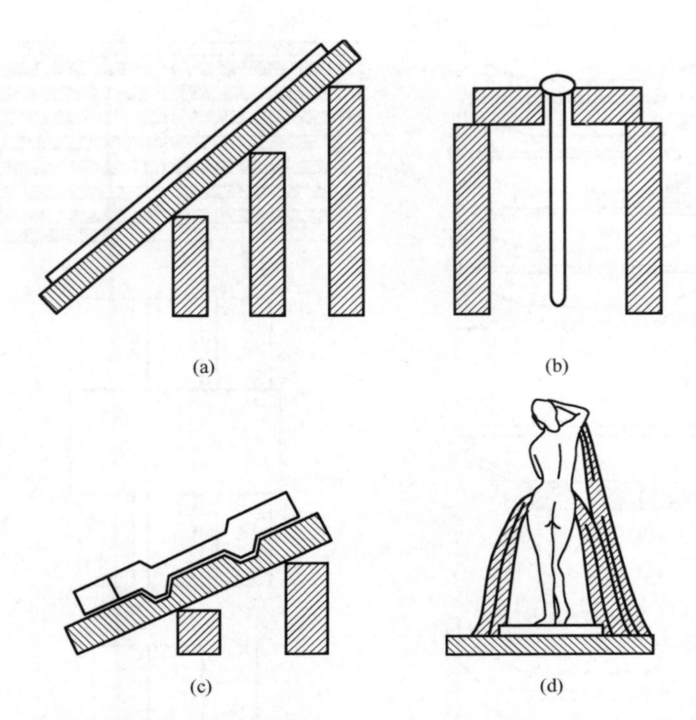

图 10.47　特殊形状坯体的装窑方法：（a）大块面砖安放一个休止角；（b）细棒用卡圈支撑；（c）特种形状；（d）雕塑件。F. H. Norton 提供

推 荐 读 物

1. G. C. Kuczyuski, N. A. Hooton, and C. F. Gibson, Eds., *Sintering and Related Phenomena*, Gordon and Breach, New York, 1967.
2. G. C. Kuczyuski, Ed., "Sintering and Related Phenomena", *Materials Science Research*, Vol. 6, Plenum Press, New York, 1973.
3. R. L. Coble and J. E. Burke, *Progress in Ceramic Science*, Vol. Ⅲ, J. E. Burke, Ed., Pergamon Press, 1963.
4. W. D. Kingery, Ed., *Ceramic Fabrication Process*, Part Ⅳ, Technology Press, Cambridge, Mass., and John Wiley & Sons, New York, 1958.
5. W. D. Kingery, Ed., *Kinetics of High-Temperature Process*, Part Ⅳ, Technology Press, Cambridge, Mass., and John Wiley & Sons, New York, 1959.
6. J. E. Burke and D. Turnbull, "Recrystallization and Grain Growth in Metals", *Prog. Met. Phys.*, **3**, 220(1952).
7. E. Schramm and F. P. Hall, "The Fluxing Effect of Feldspar in Whiteware Bodies", *J. Am.*

Ceram. Soc., **15**, 159(1936).
8. For additional papers on sintering see: R. L. Coble, *J. Appl. Phys.*, **41**, 4798 (1970); D. L. Johnson and I. B. Cutler, *J. Am. Ceram. Soc.*, **46**, 541(1963).

习　　题

10.1　试从① 驱动力的来源、② 驱动力的大小、③ 在陶瓷系统中的重要性等方面来区别初次再结晶、晶粒长大和二次再结晶。

10.2　说明为什么晶界迁移的激活能大致相当于晶界扩散的激活能，即使前一种情况不存在浓度梯度。

10.3　在烧结期间，晶粒长大能使陶瓷密实吗？试说明之。晶粒长大能影响烧结速率吗？试说明之。

10.4　下列过程中哪一个能增大烧结产物的强度而不引起密实？试说明之。
(a) 蒸发凝聚；
(b) 体积扩散；
(c) 黏性流动；
(d) 表面扩散；
(e) 溶液再淀析。

10.5　假定 $NiCr_2O_4$ 的表面能为 600 erg/cm^2，根据第六章中 Cr_2O_3 和 NiO 的数据估计扩散数据，对 1 μm 颗粒尺寸的压块来说，在 1400 ℃、1300 ℃和 1200 ℃时致密化的起始速率将分别是多少？

10.6　表面张力为 280 dyn/cm、相对密度为 0.85 的玻璃中封闭有直径为 5 μm 的气孔，气孔内含有氮气，压力为 0.8 atm。当气体压力正好和表面张力所产生的负压力平衡时，气孔的尺寸将是多大？此时的相对密度将是多少？

10.7　说明(如 Co－WC 组成中所发生的)活性液体烧结的机理。在具有这种特点的系统中，说明固－液相互作用的两个临界特性，并解释如何定量地测定出该特性。

10.8　在不同速率下对名义上纯的单相材料的粉料压块加热，收集了烧结期间的数据。对观测到的密度变化速率用阿伦尼乌斯曲线加以分析所给出的激活能数值常常比晶格自扩散的激活能数值要大。有 3 组假设可以合理地说明这种情况。试举出两个合适的假设例子，并根据机理说明相关情况。

10.9　在 1500 ℃下 MgO 晶粒正常长大期间观察到：晶体在 1 h 内从 1 μm 直径长大到 10 μm 直径。如已知晶界扩散能为 60 kcal/mol，请估计在 1600 ℃下 4 h 后晶粒的大小。你预测杂质对 MgO 晶粒生长速率会有什么影响？为什么？

10.10　假定为减小烧缩，你把直径 1 μm 的细颗粒(约 30%)和直径 50 μm 的粗颗粒充分混合以便所有粗粒间的孔隙都填满细颗粒。这个压块的收缩速率如何？绘出 $\log(\Delta L/L_0)$ 对 $\log t$ 的曲线图，将 1 μm 的粉料和 50 μm 粉料的收缩曲线绘入它们的相对位置；然后相对于 1 μm 和 50 μm 的曲线将复合材料的收缩曲线绘入它的适宜位置。验证你的答案。

10.11 某一磁性氧化物材料被认为遵循晶粒正常长大的方程。当颗粒平均尺寸超出 1 μm时，磁性 - 强度性质就恶化。未烧结前的原始晶粒大小为 0.1 μm。烧结 30 min后晶粒尺寸增大为原来的 3 倍。因为大坯件易翘曲，生产主管打算延长烧结时间。你建议的最长时间是多少？

10.12 在氢气中加 MgO 的氧化铝能烧结到接近理论密度，可见光透过率接近 100%。实际上，Lucalox 材料不是透明的而是半透明的，因为 α - 氧化铝的晶体结构属六方晶系。用它来装钠蒸气作为路灯(在超过大气压的压力下)。这种用途的另一个候选材料是 CaO，它是立方晶系，如果烧结到理论密度也可以透明。如果你试图通过烧结使 CaO 达到透明，请列出你的研究方案。

10.13 30 μm 玻璃球压块收缩 5% 所需要的时间，在 637 ℃时为 209.5 min，在 697 ℃时为 5.8 min。取表面能为 300 erg/cm^2，计算玻璃的激活能和黏度。

第十一章 陶瓷的显微结构

这本陶瓷导论所依据的主要原理之一是陶瓷制品的性质不仅取决于相的组成和结构，还取决于相的排列。成品的相分布或显微结构取决于初始的制造工艺、所采用的原料、相平衡关系以及相变动力学、晶粒长大和烧结。本章将讨论许多不同系统的最终结构。

11.1 显微结构的特征

在地质学、冶金学和陶瓷学中，显微结构的观察和解释有着很长的历史。关于陶瓷显微结构的许多最有成效的分析是在1910—1930年这一时期内完成的，所以这绝不是一个新课题。然而，技术手段的发展以及对于影响显微结构形成因素的理解提供了更为完整的实际结构的图像，并且对结构的成因提供了较好的解释。

能够测定的显微结构的特征是：① 所含的相(包括孔隙在内)的数目及其识别；② 每一个相的相对数量；③ 每一个相的特征，如相的大小、形状和取向。

研究显微结构的方法 研究显微结构采用过许多不同的方法，最广泛使用的两种光学方法是用透射光观察薄切片和用反射光观察抛光切片。薄切片法采用光线透过0.015~0.03 mm厚的切片。制备切片时，从材料上切下一个薄片，将薄片的一面抛光，把这个面粘在显微镜的载玻片上，然后将另一面研磨并抛光以得到所要求的均匀厚度的切片。这种方法的优点是能测定每一个相的光学性质，从而鉴定出所有的相。这个方法有两个主要缺点：① 样品制备困难；② 许多细晶陶瓷材料的个别晶粒的尺寸小于切片厚度，这将引起混乱，尤其对于一个不熟练的人更是如此。总之，需要有相当的经验才能最好地利用薄切片法。

制备抛光切片时，通常是把一块切下的样品镶在酚醛树脂或2-甲基丙烯酸塑料上，接着把一个面研磨并抛光。可采用一系列砂纸研磨，然后在蒙布的圆盘上用研磨粉抛光。在金相显微镜下用反射光能够直接观察抛光的表面，可辨认气孔结构，在一些陶瓷中还能够区分不同的相之间的高低起伏或反射率差异。经过化学腐蚀的切片通常能够更好地鉴别不同的相。样品经过化学试剂作用后，某些相比其他相腐蚀得更快些，晶界通常溶解得最快。所产生的高低起伏和表面粗糙度差异有助于区别不同的相。抛光切片的有利之处是切片相对容易制备并且解析也简单些，对于一个生手尤其如此。用相的光学特性不能鉴别的相，用相的腐蚀特征却能辨别出并且有时能鉴定这些相。对每种材料必须找出合适的腐蚀剂。如第十三章所述，透光材料的反射率取决于它的折射率；折射率为1.5的硅酸盐大约只有4%的法向入射光被反射。对这些材料，最好是选用氙光源或电弧光源；另一个可供选择的方法是使用钨丝向样品表面蒸镀一薄层强反射的金膜。

显微镜所能得到的分辨力受到所采用的光的波长的限制。实际上，光学显微镜放大倍率被限制在1000×左右。如果采用以Å度量波长的电子束，则分辨力能够改进到几十个Å(采用特别的方法还可更小)，很容易达到50000×的放大倍率。正如使用光学显微术一样，薄切片也可用透射电子来观察。采用这种方法时，样品厚度需要小于10000 Å(1 μm)左右，最好是小于1000 Å(0.1 μm)。这样薄的样品通常不能用研磨的方法制备，而需要进一步用化学方法或用氩离子轰击的方法制成薄膜。如果只是概括地研究，通常可以将样品粉碎然后选择所得到的颗粒的薄边缘进行透射电子显微分析。电子显微术的最大优点之一是可以用选区电子衍射花样直接辨别和鉴定显微结构中所观察到的相。

扫描电子显微术是用电子束扫描样品表面，从而激发出适于观察的二次电子。其放大倍数变化范围宽(可以从20×到50000×)，并且不要求样品有平滑的表面。为了防止陶瓷绝缘体表面聚积静电，需要用钨丝向陶瓷绝缘体试样表面蒸镀一薄层金膜。扫描电子显微术尤其适用于观察表面形貌和断裂表面，并且也广泛用于一般的显微结构观察。这种方法的特别有利之处是：通过对试样上某一个点的电子发射能谱的分析就可以定出该点的近似化学组成。

有许多其他方法可用于测定陶瓷材料的相分布、形貌及特征。相显微检查技术使深度分辨力大大增加。对抛光切片或薄切片采用偏振光有助于相的鉴别。立体显微术、X 射线显微术、暗视场电子显微术以及许多其他特殊方法都是有用的，应该根据每一个特定的问题考虑可行的方法。最适宜的方法因样品而异，而且任何一般规则都可能遇到许多例外。对大多数研究目的来说，制备抛光切片并用光学显微术或扫描电子显微术观察，再配合 X 射线衍射或显微相鉴定，构成一个良好的基本检测程序。

气孔　由粉料压实并经热处理制成的陶瓷中几乎总要出现的一个相是气孔。与其他相比较，可以用气孔体积分数及其大小、形状和分布来描述气孔的特征。气孔的数量可能变动在 0 和总体积的 90% 以上之间；这是必要的基本测量，但不是充分的。许多特性还强烈地取决于气孔的形状和分布。例如直流电导率以及热导率在很宽范围内随气孔率而变化(图 11.1)。该变化范围也许可以通过考虑如图 11.2 所示的一组理想状况的平行平板来最恰当地加以形象化。在此，低传导率(高电阻或高热阻)气孔与固体材料串联，相当于叠层平板与流动的电流或热流垂直，则有

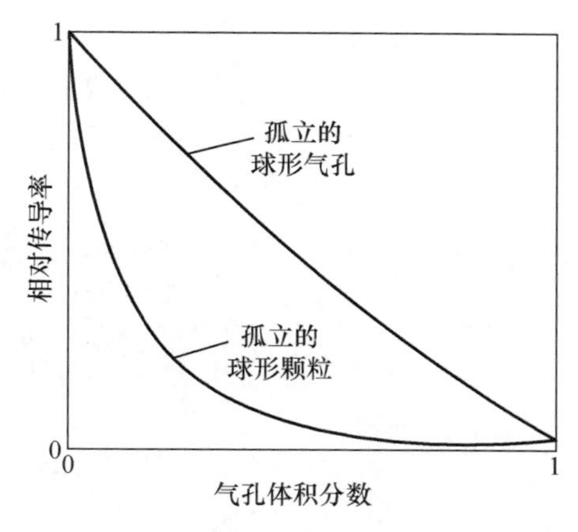

图 11.1　气孔率对直流电导率或热导率的影响。上部曲线：在连续的固体基质中的孤立的球形气孔；下部曲线：在连续的气孔基质中的孤立的固体颗粒

$$\frac{1}{k_t} = \frac{f_s}{k_s} + \frac{f_p}{k_p} \tag{11.1}$$

式中：k_p 和 k_s 分别是气孔和固相的传导率；f 是每一种相的体积分数。如果 k_p

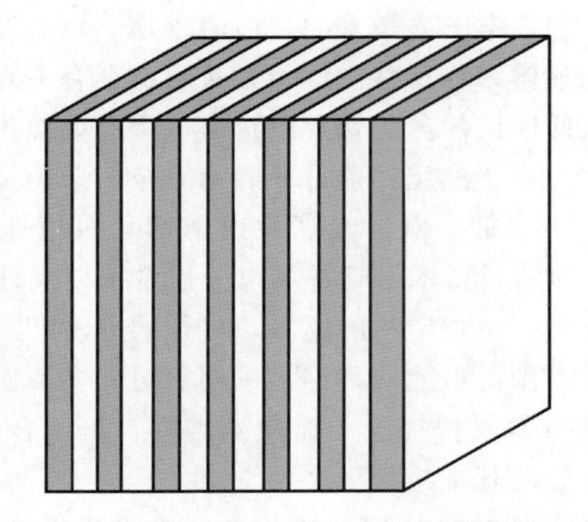

图 11.2　气孔空间和固体材料构成的平行平板

比 k_s 小得多，则 k_t 差不多等于 k_p/f_p。另一方面，对于平行于平板的热流或电流来说，平板和气孔各自在相同的温度梯度或电位梯度下导热或导电，则有

$$k_t = f_s k_s + f_p k_p \tag{11.2}$$

如果 k_p 比 k_s 小得多，则 k_t 差不多等于 $f_s k_s$。

通常，气孔率低的样品差不多接近于连续的固相，而气孔率高的样品有接近于连续气孔相的趋向，特性 - 变量曲线呈现 S 形（图 11.1）。然而也不总是如此。如图 11.3 所示，虽然高温烧制的瓷器非常接近于具有孤立的球形气孔，但图 5.15 所示的低气孔率大晶粒 Al_2O_3 样品沿许多晶界具有平直的裂纹，尽管气孔率比较低，还是非常接近于连续的气孔相。同样，尽管泡沫玻璃的气孔率比较高，但其本质上仍是一个连续固相 - 孤立气孔相结构。

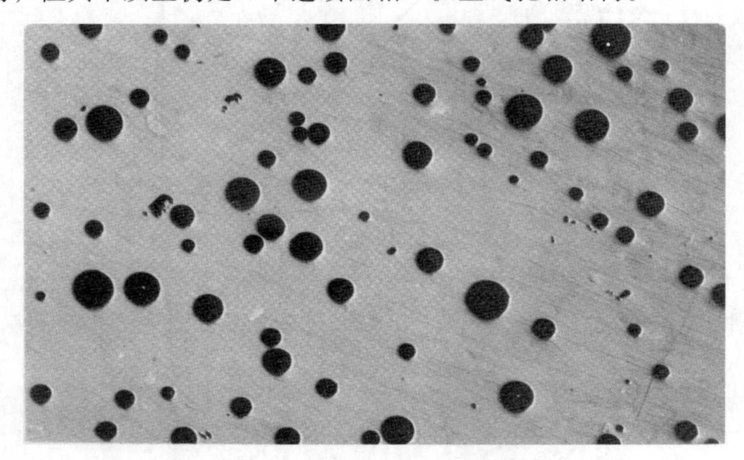

图 11.3　高温烧制的日本硬瓷中的气孔结构（95×，未腐蚀）

也可用气孔和其他相的关系来表示气孔的特征。在图 11.3 中的差不多呈球状的气孔显著地大于其他组分。可是，图 10.16(b)所示的再结晶氧化铝中的小气孔在形状上是相似的，但几乎全都位于各单个晶粒内部。在图 10.16(a)中，同样大小的气孔差不多全位于晶界上。这些区别对烧结、晶粒长大和高温形变性能有重大的影响。正如已经提过的，气孔的形状也对性能有影响。图 11.4 给出气孔与结晶取向、结晶面的一个有趣实例。

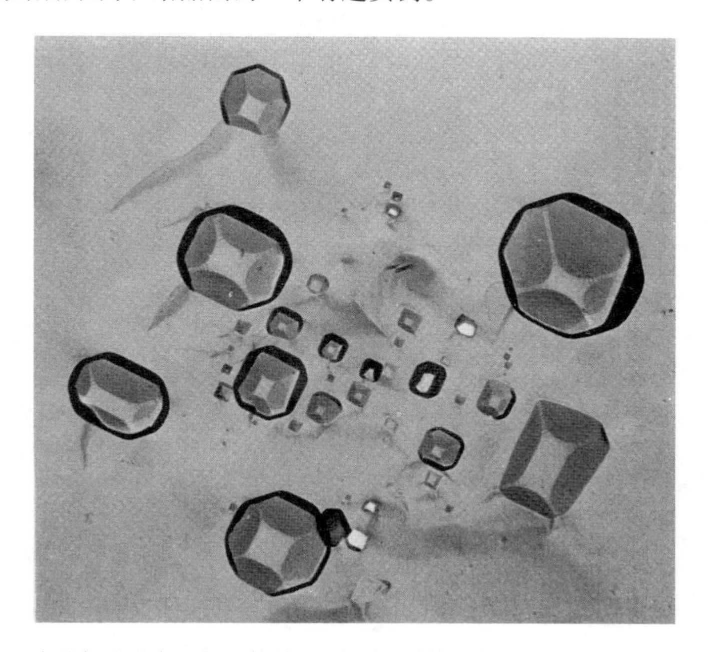

图 11.4　UO_2 中的气孔形成“负”结晶；(100)面平行于表面(18000 ×)。T. R. Padden 提供

表示多孔特征的常用方法之一是表征*显气孔*——即与表面连通的孔，或称为*开气孔*。与此相对应，*总气孔率*包括开气孔和*闭气孔*——与表面不连通的气孔。显然，开气孔直接影响到一些性能，如渗透性、真空密闭性，以及对催化反应和化学腐蚀有效的表面；而闭气孔对这些性能几乎没有影响。

在烧成之前，几乎所有气孔都以开气孔的形式存在。在烧成过程中，气孔体积分数下降，如第十章所述。虽然有一些开气孔会直接被排除，但许多气孔却变成闭气孔。因此，闭气孔的体积分数在开始时期是增加的，只在烧成过程接近结束时，闭气孔才减少。当气孔率下降到 5% 时，开气孔通常已被排除。这可用图 11.5 所示气流在陶瓷中的渗透性来说明。当达到理论密度的 95% 时，制品就不透气了。

单相多晶陶瓷　为了全面表征显微结构，除了气孔以外还必须测定出现的其他组分的数量、大小、形状和分布。最简单的情况是单相。多晶陶瓷的显微

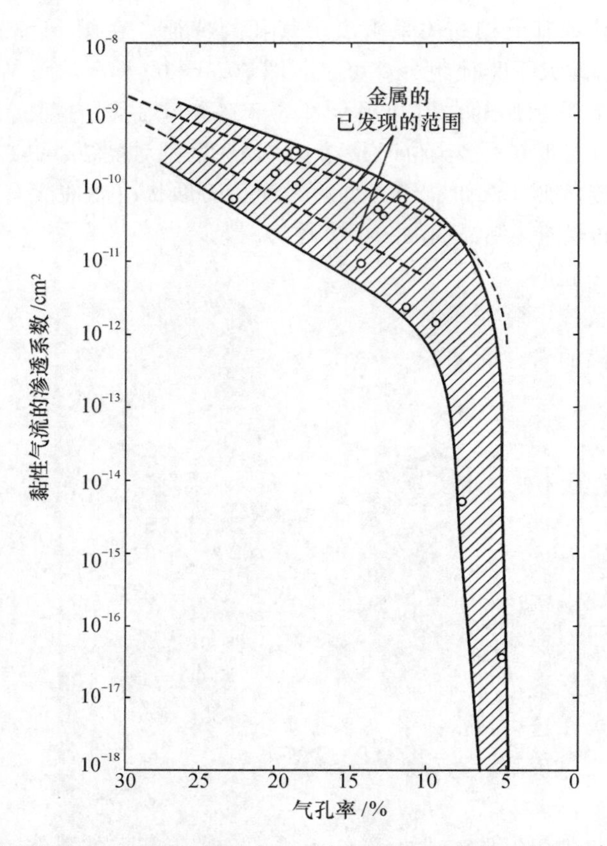

图 11.5 具有不同气孔率的氧化铍制品中黏性气流的渗透系数。当气孔率低于 5% ~8% 时，渗透率急剧下降。引自 J. S. O'Neil, A. W. Hey, and D. T. Livey, U. K. AERE - R3007

结构通常发展成为晶面相交呈 120°角的晶粒(第五章和第十章中已讨论过)。在观察抛光切片时看不到如图 5.15 所示的三维形状。但是要使 3 个晶粒交界处满足 120°交角的要求以形成共同晶界，则晶粒在外形上相互吻合在一起并填满空间的方式是非常有限的。已经发现许多不同材料的晶粒通常有 9 ~18 个面，每个面有 4 ~6 条棱边，这将在下节讨论。然而，在某些材料中，从细晶粒基质中生长出一些大晶粒，形成双重结构(见图 10.12、图 10.13 和图 10.15)。有时晶粒也成为圆柱状、棱柱状、立方状、球状或针状，或有其他特殊的生长习性，这些形状能导致特殊的性能，如定向铁氧体。

在单相陶瓷中，位错、亚晶界和晶界的本质和组成(图 4.23 和图 4.24)常常是重要的。它们经常具有确定的结构特征，如特定取向、浓度和杂质偏析。但是，研究这些问题比研究粗略的显微结构更困难些。

多相陶瓷 在多相组成中，我们也必须考虑各个相的数量、分布和取向之间的关系。也许最常见的结构是一个或更多个相分散在一个连续的基质内。这可能是分散在玻璃中的棱柱状晶体，例如图 7.33 所示的镁橄榄石玻璃，或者可能是从晶态基质上析出的晶体，如图 9.40～9.43 所示。结晶晶形可以是立方的、棱柱的、柱状的、树枝状的、针状的或是平行片状，或者形成其他特定形状。它们可能按照基质取向，并且在某些陶瓷中，发现它们沿着晶界、亚晶界或其他择优位置分布。另一种常见结构是由晶粒间形成的透镜形的黏结物把大颗粒连接在一起的。

在复杂的系统中可能存在的相关系的多样性使得陶瓷的显微结构成为非常吸引人且有价值的研究课题，它对于认识工艺过程或外界变量对性能的影响是必不可少的。

11.2 定量分析

空间填充 对显微结构的理解和解释大多是以第五章中讨论过的界面能关系及第八、九和十章讨论过的速率过程为依据的。然而，这些影响也受制于几何约束，也就是说要能够填满面积或体积。例如如果考虑一个平整的表面，能填满一块面积的正多边形仅限于三角形、矩形或六角形。各种不规则的多边形也能填满空位。在这种情况下，在多边形的个数 P、多边形所共有的棱边数 E 和角的数目 C 之间有固定的关系，由欧拉(Euler)定律给出：

$$C - E + P = 1 \tag{11.3}$$

这个定律同样适用于抛光切片中所看见的晶界和茶杯上的裂纹。如果一个平均多边形的边数 $n = 2E/P$，由式(11.3)得

$$n = 2\frac{C}{P} + 2 - \frac{2}{P} \tag{11.4}$$

最常见的角是由 3 条棱边交汇而成的角($C/P = 1/3n$)；很少见由 4 条棱边交汇而成的角($C/P = 1/4n$)。如果把结构限于 3 个晶粒交汇成的最简单的角的形状，那么这个平均多边形一定是六角形。

如第五章所述，在 3 个晶粒的角会合之处，晶界能的平衡要求界面交汇成 120°角。如果这个要求得到满足，则唯一的平衡形状是六角形。多边形的棱边少于或多于 6 时就会有曲面，在曲面两边有压差，因而晶界有迁移的趋势。少于六边的晶粒要缩小，多于六边的晶粒要长大(第十章)。

在三维空间中用规则的多面体填满空间时也有相似的几何约束。对任一系统来说，角、棱边、面和多面体的数目必须遵守下面的关系：

$$C - E + F - P = 1 \tag{11.5}$$

此外，如要满足界面能量关系，则 3 个晶粒沿一公共边界相交处的面间角

一定是120°，而4个面交汇处一定是109.5°。将切去顶角的八面体(十四面体)堆排在一起，就接近满足这些关系并能填满空间(图11.6)。这个十四面体具有6个正方形平面和8个六角形平面[1]，并有24个顶点，每个顶点处有两个120°角和一个90°角。通过使晶粒形状产生畸变，可使所有的顶点都交汇成109°，并使所有的棱边都交汇成120°，从而降低总界面能。严格地说，还没有观察到这种理想晶粒结构；用立体X射线显微照相法对肥皂泡沫、植物细胞和多晶金属进行的研究显示，三维晶粒中面的数目在9~18之间变动。每个面的棱边数最普遍是5，很少少于4或者多于6(图11.7)。

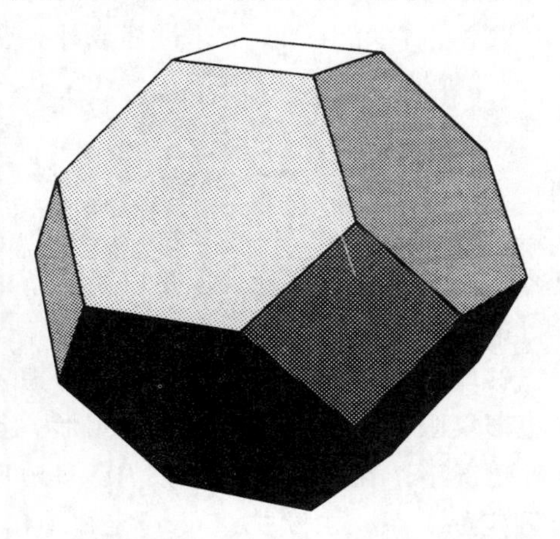

图11.6 切去顶角的八面体(十四面体)

正如图5.27中所说明的，当少量的第二相加入后，这一相或者分散成孤立的球状颗粒，或者成为特定结晶形状的夹杂物(图11.3和图11.4)，完全贯穿到主相的晶粒之间并把晶粒分隔开(图7.11)，或者在晶粒交汇处形成具有某种平衡的二面角(参看图7.18中ϕ角约为60°的三角形晶界相)。在透明的切片中，用体视显微镜技术或通过适当的样品取向可以测量出这些角的大小。采用平面切片(通常所能得到的都是平面截面)时，抛光截面的平面可以对界面线呈任何角度。因此，对于出现的任何一个真实的角来说，可以观察到许多表观角度。D. Harker和E. R. Parker[2]从几何学考虑推导出了观测角和真实角之间的关系。一个主要的结论是最经常观测到的角总是等于平均的真实角。为了定量测量，必须观测大量的角。从图11.8所示的这种直方图可以确定真实角；该二面角表示了相间特殊关系之一。

---

① 原文“hexahedron”(六面体)可能为“hexagon”(六角形)之误。——译者注

② *Trans. Am. Soc. Met.*, **34**, 156(1945)。

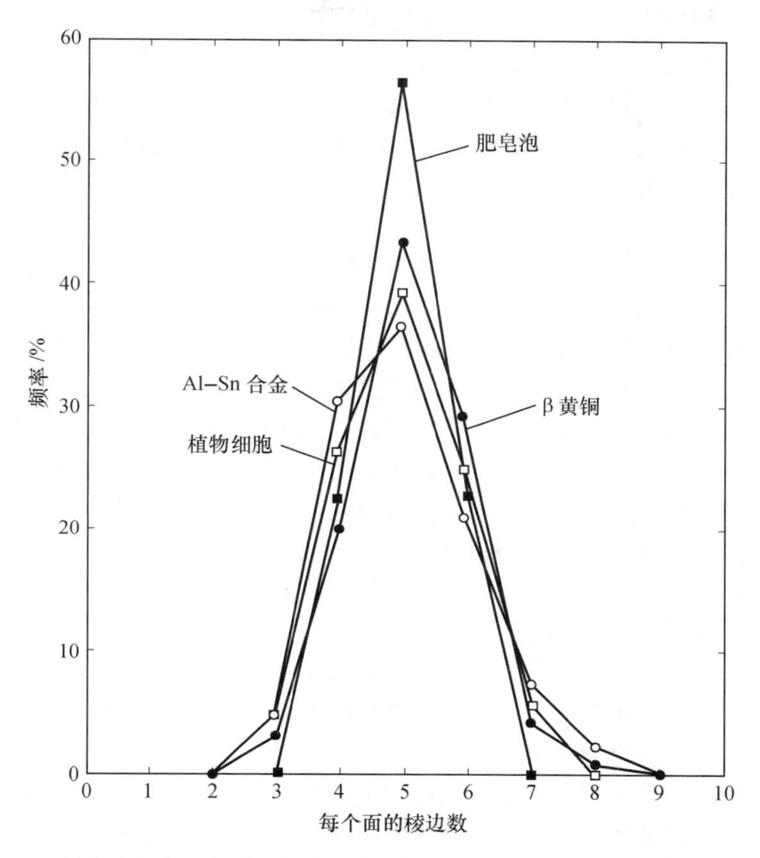

图 11.7　用实验方法观察到的各种系统中每个面的棱边数频率分布(推荐读物 7)

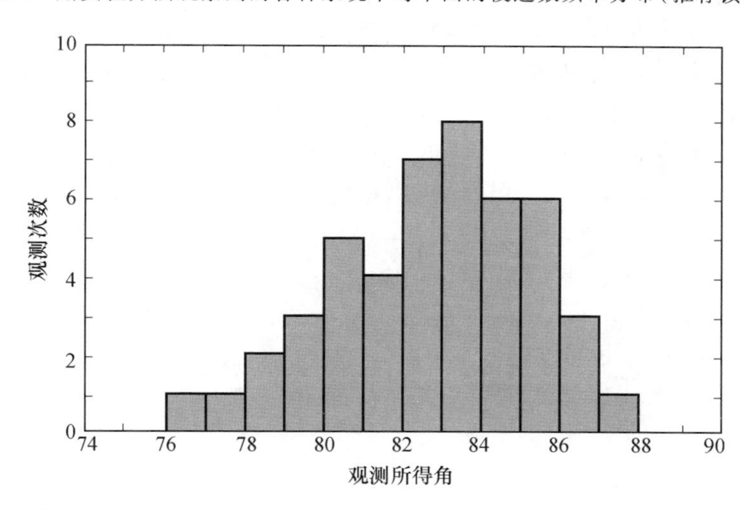

图 11.8　在 Ni − Al_2O_3 系统的抛光切片中观测到的界面角的分布

相的相对数量 最希望从显微镜分析中得到的数据往往是各种相的相对数量。对于一个随机样品来说，可以证明一个相的体积分数等于整个样品的一块随机横截面上这个相的面积分数。如通过该样品画一条随机直线，则该相的体积分数也等于相交于该随机直线的长度分数；又等于沿穿过相内的体积或经过横截面面积的一条直线上随机分布的点的分数。用表 11.1 中所规定的符号表示，有

$$V_V = A_A = L_L = P_P \tag{11.6}$$

通常应用面积、直线或点分析方法对陶相试样进行实验测量，这种试样是从三维样品上取出的一个薄切片(相对于颗粒大小而言)或一个抛光平面。计点法的做法是：在显微镜下的样品上或是在显微照片上随机放置一个点阵网格，或是随机移动显微镜十字线，然后计算落在给定的相中的点数占总点数的百分数 P_P，从而直接给出相的体积分数，如式(11.6)所示。在直线分析中，使用显微镜物镜中的一条直线或是在显微照片上画出的一条直线，测出在每一个相上截出的长度分数 L_L。这个测量工作可以用人工或是应用积分台式测微器来完成，用仪器更为方便。通常很少用面积分析来测定平面切片上每一个相的相对面积 A_A，因为这种方法比计点法或直线法慢些。用面积仪描迹，从显微照片上剪下不相连的相并称量之，或是在显微照片上放一网格计算落在相上的方格数都可以测定相的相对面积。现代电子扫描仪器的发展将会很好地使人们重新认识面积分析的重要性。

除了测定相的体积分数之外，比较简单的测量和统计学的分析方法能给出有关显微结构特征的一系列补充资料，这种资料对某些特殊目的来说是重要的。用一已知长度 L 的试验线进行基本测量时，必须知道试验线的放大倍数。这种基本测量包括测定和试验线相交的特定图像(如相界之类)的交点数目 P 以及和试验线相交的目的物(如颗粒之类)的数目 N_L。有关的测量可由已知的面积 A 中观察到的点数(例如三晶粒相交点的点数)P_A 做出，或者由已知面积 N_A 中的目的物数(例如晶粒数)做出。由这些测量结果可以直接算出单位体积的表面积 S_V、单位体积线要素长度 L_V 和单位体积点要素的数目 P_V：

$$S_V = \left(\frac{4}{\pi}\right)L_V = 2P_L \tag{11.7}$$

$$L_V = 2P_A \tag{11.8}$$

$$P_V = \left(\frac{1}{2}\right)L_V S_V = 2P_A P_L \tag{11.9}$$

表 11.1 显微结构分析所采用的基本符号及其定义

符号	量纲[1]	定　义
P		点要素或试验点数目
P_P		点分数。全部试验点中(在面积图像中)点的数目
P_L	mm^{-1}	试验线上每单位长度的相交点的数目
P_A	mm^{-2}	每单位试验面积上的点的数目
P_V	mm^{-3}	每单位试验体积中的点的数目
L	mm	线要素的长度，或试验线的长度
L_L	mm/mm	线分数。试验线每单位长度中的线段的长度
L_A	mm/mm^2	每单位试验面积中线要素长度
L_V	mm/mm^3	每单位试验体积中线要素长度
A	mm^2	截割图像的平面面积，或试验面积
S	mm^2	表面或界面面积(不一定是平面)
A_A	mm^2/mm^2	面积分数。每单位试验面积中截割图像的面积
S_V	mm^2/mm^3	每单位试验体积的表面面积
V	mm^3	三维图像的体积，或试验体积
V_V	mm^3/mm^3	体积分数。每单位试验体积中图像的体积
N		图像的数目(与点相反)
N_L	mm^{-1}	试验线每单位长度截割图像的数目
N_A	mm^{-2}	每单位试验面积截割图像的数目
N_V	mm^{-3}	每单位试验体积中图像的数目
$\bar{L}$	mm	平均线段，L_L/N_L
$\bar{A}$	mm^2	平均截面，A_A/N_A
$\bar{S}$	mm^2	平均表面积，S_V/N_V
$\bar{V}$	mm^3	平均体积，V_V/N_V

1) 任意以毫米表示。

引自：E. E. Underwood, *Quantitative Stereology*, Addison - Wesley Publishing Company, Inc., Reading, Mass., 1970。

结构组分的尺寸和间距　观察显微结构时经常发现有二级或更多级的结构层次。首先，有一种结构层次是比较大的气孔、熟料(预烧黏土)颗粒或其他晶粒分布在基质相中。其次，有一种结构层次是在大晶粒内部和在黏结相内部的相分布。另外，我们也常常涉及位错的分布和不同的结构组分之间的分离。常常需要采用不同的方法来逐个研究这些特征。例如，可以用薄切片或抛光切片研究较大尺度的结构，同时用扫描电子显微术研究细黏土基质。哪一级的结构层次主要取决于特定陶瓷和所关心的特定性能，并且对特定问题来说必须选择出关键性的结构层次。

作为颗粒的参数，平均线段长度 $\bar{L}=L_L/N_L$ 是表征颗粒尺寸的一种简单而方便的度量。对于大小均匀的球状颗粒或棒状颗粒来说，平均线段长度给出颗粒半径 r 的大小：

$$\bar{L} = \frac{4}{3}r(\text{球形颗粒}) \tag{11.10}$$

$$\bar{L} = 2r(\text{棒状颗粒}) \tag{11.11}$$

而对厚度为 t 的板状相，

$$\bar{L} = 2t(\text{板状颗粒}) \tag{11.12}$$

另外，对填充空间的晶粒来说，因为 $\bar{L}=1/N_L$ 和 $P_L=N_L$，所以单位体积的表面积由下式给出：

$$S_V = 2P_L = 2N_L = \frac{2}{\bar{L}} \tag{11.13}$$

对于分离的质点来说，$P_L=2N_L$，于是

$$S_V = 2P_L = 4N_L = \frac{4V_V}{\bar{L}} \tag{11.14}$$

确定空间分布的另一个重要参数是颗粒间的平均自由距离 λ，它是沿一条直线上的颗粒或相之间的棱边至棱边的平均距离，由下式给出：

$$\lambda = \frac{1 - V_V}{N_L} \tag{11.15}$$

这个值与平均线段长度有关：

$$\lambda = \frac{\bar{L}(1 - V_V)}{V_V} \tag{11.16}$$

如果颗粒中心间的平均距离是 S，则

$$S = \frac{1}{N_L} \tag{11.17}$$

$$\bar{L} = S - \lambda \tag{11.18}$$

因此，根据比较简单的计点法和直线分析法，不仅能测定各相的体积分数，而且能测定有关相的尺寸和空间分布的大量数据。根据平均线段长度的直方图可以进行颗粒尺寸分布的计算(推荐读物 1)。在计算非随机取向的和非等轴的样品时需要特别小心(推荐读物 1 和 2)。

气孔率　气孔率的定量测量是经由粉料压实和烧结而成的陶瓷的特点之一。气孔在尺寸、形状和分布方面可能出现非常大的差别，其定量表征并不总是那么容易。在很多情况下，最好的方法是采用抛光切片进行直线分析和面积分析。对于瓷釉、搪瓷、瓷器、耐火材料和磨料来说，这是一种有效的方法，并且也许应该比过去应用得更为广泛。这种方法的主要困难在于：

① 试样较松软，难以抛光；② 抛光时试样中的晶粒会脱落，因而得到会使人误解的过高的数值。抛光松软试样可以通过用树脂浸渍来得到满意的效果。个别颗粒的脱落主要是由于试样的组分具有不同的硬度或者由于在试样中已经出现显微裂纹或显微应力而引起的。硬度的差异会造成大的凹凸不平，助长颗粒的脱出；抛光时如采用硬度合适的磨料(例如金刚石粉料)和一个硬而平的抛光台面就可以克服上述弊病。显微应力或显微裂缝是沿着晶界的扁平直裂纹，在很小的外加应力作用下就能使晶粒脱落出来。如果采用精心的抛光工艺仍有晶粒脱落，这就是有显微应力和显微裂缝存在的最好迹象之一。

密度 从显微结构可以确定气孔的大小、形状、分布和总气孔率。通过测定样品的体积密度 ρ_b(总重量与包括气孔在内的总体积之比)并和真密度 ρ_t(总重量与固体体积之比)比较，也能得到总气孔率，即

$$f_p = \frac{\rho_t - \rho_b}{\rho_t} = 1 - \frac{\rho_b}{\rho_t} \tag{11.19}$$

有时，以理论密度的百分数来表示体积密度也比较方便：$\rho_b / \rho_t = 1 - f_p$。

单相材料的真密度很容易测定，但对于多相材料就不那么容易了。既然每个组分的原子量是已知的，那么晶态固体的密度就可以从晶体结构和点阵常数计算出来。这种计算方法已在第四章中说明。也可以将无气孔的试样和已知密度的液体相比较来测定真密度。对于玻璃和单晶来说，可以通过在空气中称量出材料的重量，然后把材料悬挂在液体中，用阿基米德(Archimedes)方法测定其体积，从而测出真密度；还可以测得更精确一些，方法是调整液柱组成或温度，使之恰好与固体密度相平衡，使得固体既不下沉也不浮起而是保持悬浮在液体中。对于复杂的混合物和多孔固体材料，必须将试样磨成细粉直至没有残余的闭口气孔为止，然后用比重瓶法测定其密度。此法将试样放入已知容积的比重瓶中称其重量；然后加入液体到所给定的液体与固体总容积再称其重量。为了确保液体能渗入到全部颗粒之间，样品与液体应煮沸或在真空中加热。已称得的两次重量之差给出液体体积；从比重瓶总容积中减去液体体积可得固体样品的体积，由此可算出密度。

多孔物体的体积密度需要测定固体和气孔的总容积。对于像砖这一类的试样，可以通过测量试样的尺寸并计算出体积的方法来进行。较小的试样的体积密度可用水银体积仪测出被试样排开的水银重量(或用任何别的不渗入气孔的非润湿性液体)，或是测出使试样淹没在液体中所需要的力(阿基米德方法)。对于小试样来说，用石蜡之类的不透水薄膜涂敷在试样上也能测定其体积密度。试样涂敷前后的重量差就是薄膜的重量，因此薄膜的体积就可求出。于是试样加薄膜的体积可用阿基米德方法测出，再通过差减法就得到试样体积。在

测定开口气孔体积的同时也能测定总气孔。开口气孔体积的测定方法是：先在空气中称量出试样重量 W_a，然后在沸水中煮 2 h，使水完全充满开口气孔；冷却后测定被水饱和的试样，① 悬挂在水中的重量 W_{sus} 和② 在空气中的重量 W_{sat}；最后从二值之差得出试样体积，从而可以算出体积密度。被水饱和的试样和干试样重量之差给出开口气孔的体积。

开口气孔率 曾设计出各种鉴定开口气孔的方法，这些方法都是把开口气孔看做毛细管，并且根据液体穿过开口气孔的流动速率或根据迫使液态水银进入开口气孔的程度来测定其当量直径。例如在水银法中，把试样放在容器中抽真空，然后加入水银并施加压力。迫使水银进入毛细管所需的压力取决于接触角和表面张力(在第七章中讨论过)，根据 L. Lecrivain① 的分析，压力可由下式给出：

$$P = \frac{4\gamma\cos\theta}{d} \approx \frac{14}{d} \tag{11.20}$$

式中：P 是压力($\mathrm{kg/cm^2}$)；d 是气孔直径(μm)；γ 是水银的表面张力；θ 是接触角(对大多数氧化物为 140°)。当压力增加时，尺寸较小的气孔也能渗进水银。根据水银加上试样的表观体积的减少可测量气孔的数量。所得结果是特定材料的开口气孔尺寸的特征分布。开口气孔的平均孔径尺寸从小于 1 μm(对黏土和其他细晶粒物体)变动到毫米范围(对某些粗织构耐火材料)。

11.3 三组分白瓷组成

作为大部分白瓷工业基础的传统陶瓷的范围宽广的组分是黏土、长石和燧石的混合物。这些制品包括艺术瓷、餐具、玻化卫生瓷、电瓷、半玻化餐具、饭店瓷器、牙瓷等瓷(表 11.2)。典型的组成可以认为是由瓷土、球土、长石和燧石以相等份量组成的。在这些组成中，黏土起双重作用：① 如第一章中所讨论过的，为成形提供细颗粒和良好的塑性；② 如第十章中所讨论过的，形成细小的气孔和或多或少的对烧成过程必不可少的黏性液体。长石作为一种助熔剂在烧成温度下能形成黏性液体，并且有助于玻璃化。燧石是一种廉价的填充材料，主要作用是在烧成期间在低温时不起反应而在高温下形成高黏度液体。

典型组成 各种类型瓷体的典型组成范围可用图 11.9 所示的二氧化硅 - 白榴石 - 莫来石相平衡图来说明(在相平衡图中画出长石 - 偏高岭石的连线，这些组成就可以很容易地看成燧石 - 黏土 - 长石的混合物)。在此平衡图上，

① *Trans. Brit. Ceram. Soc.*, **57**, 687(1958)。

表 11.2 三组分白瓷制品的成分

典型坯体	瓷土	球土	长石	燧石	其他
16 号塞克锥硬瓷	40	10	25	25	—
14 号塞克锥电绝缘瓷	27	14	26	33	—
12 号塞克锥玻化卫生瓷	30	20	34	18	—
12 号塞克锥电绝缘瓷	23	25	34	18	—
10 号塞克锥釉面砖	26	30	32	12	—
9 号塞克锥半玻化白瓷	23	30	25	21	—
10 号塞克锥骨灰瓷	25	—	15	22	38 骨灰
10 号塞克锥饭店用瓷	31	10	22	35	$2CaCO_3$
10 号塞克锥牙瓷	5	—	95	—	—
9 号塞克锥电绝缘瓷	28	10	35	25	2 滑石

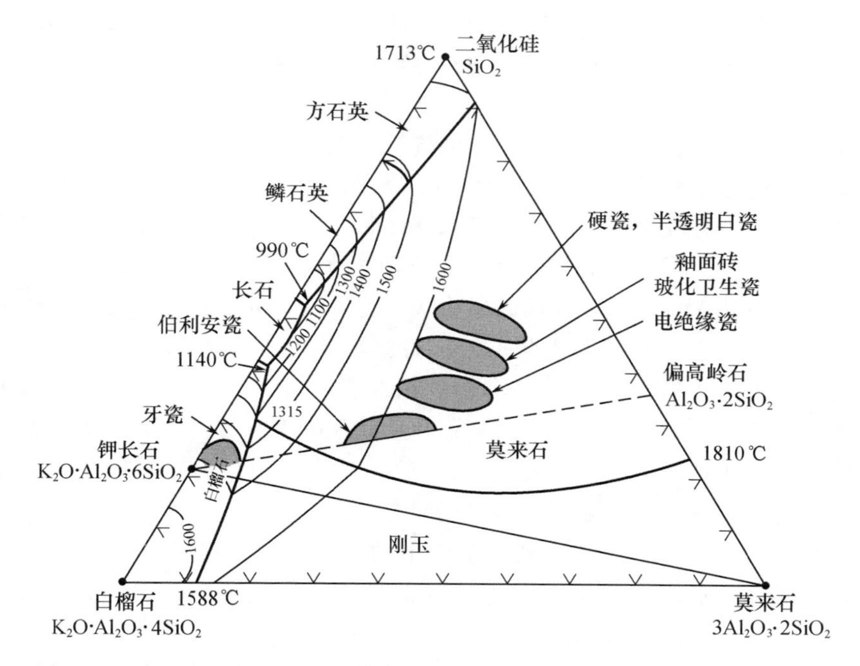

图 11.9 表示在二氧化硅－白榴石－莫来石相平衡图上的三组分白瓷组成区

黏土全都集中在一块。组成的主要区别在于所采用的长石和黏土的相对数量和种类。当加入的长石数量增加时，在低共熔温度所形成的液体数量也增加，玻璃化发生在较低的温度，有更多的液体出现，并且能得到更大的玻璃化程度和更高的半透明性。如果用黏土代替长石，则产生玻璃化需要较高的温度，并且烧成过程会变得更为困难和昂贵。但是成形过程却更容易，且所得到的瓷体的力学性能和电性能得到改善。所采用的黏土的数量和种类在很大程度上取决于成形的需要；当采用较难的成形工艺时，就需要更多的黏土含量。

就表 11.2 和图 11.9 所示的各种组成而言，牙瓷要求有较高的半透明性并且制成小而简单的形状，因此明显地需要高长石、低黏土的组成。相反，艺术硬瓷和餐具瓷必须用手工拉坯、旋坯成形和注浆成形等方法制成复杂的薄壁形状。为使成形的效果良好，组成中必须有相当高的黏土含量。瓷土有比较大的颗粒(中等的塑性、干燥收缩和干燥强度)，煅烧后呈白色；球土具有细颗粒(高的塑性、干燥收缩和干燥强度)并含有数量较大的杂质以致陶瓷件的半透明性下降，并且煅烧后通常不呈白色。正确的解决办法是在保证成形效果良好的前提下尽可能多用瓷土。对于自动成形机械(例如用来制造美国饭店用瓷和半玻化制品的机械)来说，可采用数量较多的球土。低压电瓷件这一类的组成对成形或烧成作业来说不是关键性的。需要综合考虑以生产出最为经济的陶瓷件。因为单件生产的最大成本是劳动力，所以使用的坯体要便于成形同时还要在烧结时没有困难。烧成并不进行到完全玻璃化，因而避免了高烧成温度、大的烧成收缩和变形等问题。

烧成过程中的变化 三组分瓷在烧成过程中发生的结构变化在很大程度上取决于特定的组成和烧成条件。如图 11.9 和图 7.24 所示，长石－黏土－燧石系统的三元共晶温度是 990 ℃，但是长石晶粒本身形成液相的温度是 1140 ℃。在更高的温度，所形成的液相数量增加，液相在平衡时会伴随有固相莫来石。在实际操作中，在正常的烧成期间因为扩散速率低，并且存在于各相之间的自由能差别也比较小，上述平衡状态不能达到。当温度在大约高于 1200 ℃时，一般的平衡条件并不改变(见图 7.26)，因此在该温度长时间烧成所得结果与在更高温度下短时间烧成的结果很相似(正如第九章中所述，所需要的相对时间可根据扩散和黏度与温度的关系来确定)。细磨原料以缩短扩散路程也能在缩短烧成时间或降低烧成温度方面得到同等效果。

起始配料由混合在细颗粒黏土基体中的比较粗的石英颗粒和长石颗粒组成。在烧成过程中，长石颗粒在约 1140 ℃熔化，但是由于它们的黏度高，所以直到超过 1200 ℃之前，形状并未改变。在 1250 ℃左右，约 10 μm 以下的长石颗粒由于和周围的黏土起反应而消失，较粗的长石颗粒也和黏土相互作用(碱金属从长石中扩散出来，莫来石晶体在玻璃中形成)。黏土相开始收缩并经常出现裂缝。如图 7.29 所示，在 1000 ℃左右出现莫来石的细针状晶体，但在温度至少达到 1250 ℃之前用光学显微镜不能分辨出这种晶体。随着温度的进一步提高，莫来石晶体继续长大。在 1400 ℃以上煅烧后，莫来石以棱柱状晶体出现，长度可达约 0.01 mm。在温度达到 1250 ℃左右之前观察不到石英相的变化，而在到达此温度之后可以看到小颗粒的棱边变圆。在更高的温度下，每个石英颗粒周围的高硅玻璃溶液边缘数量增加。接近 1350 ℃时，小于

20 μm 的颗粒全部溶解；在高于 1400 ℃时，几乎没有石英残留，而瓷体几乎全部由莫来石和玻璃组成。

图 11.10 说明了该产品的多相本质。在图中，被高硅玻璃溶液边缘所包围的石英颗粒、与起始时的长石颗粒相对应的玻璃－莫来石区域的轮廓以及与起始时的黏土相对应的未溶解的基体都可以很清楚地区别出来，也可看到有气孔存在。虽然在起始的长石颗粒中和黏土基体中的莫来石都是结晶相，但晶体大小及其形成过程却很不相同(图 11.11)。当碱金属的扩散使组成变化时，大的莫来石针状晶体从表面长入长石的残骸中。图 11.12 所示为一个石英颗粒和周围的富硅玻璃溶液边缘。莫来石针状晶体延伸进入溶液环的外圈，并且看到一种典型的微应力裂纹；这种裂纹的产生是由于石英颗粒的收缩大于周围基体的收缩而导致的。通常石英仅形成玻璃，但对于高温烧成的某些组成来说也有转变成方石英的现象，这种转变开始发生在石英颗粒的外表面(图 11.13)。石英颗粒、微裂纹、溶液边缘、玻璃和莫来石的长石残骸以及细的莫来石－玻璃基体的全部结构非常清楚地示于图 11.14 中。

烧成过程中所发生的变化的速率取决于时间、温度和颗粒尺寸。最慢的过程是石英溶解。在正常的烧成条件下，烧成温度下的平衡只有在 1400 ℃以上才能达到，并且其结构是由含硅液体和莫来石的混合物所组成。在所有情况下，烧成温度下的液体冷却后形成玻璃，因此在室温下所得到的相通常是玻璃、莫来石和石英，所含数量与初始组成和烧成条件有关。含有较多长石的组成比含有较多黏土的组成在较低温度能形成数量更多的含硅液体；相应地，在较低温度时就能玻璃化。

三组分瓷的优点　石英－黏土－长石瓷体最大的优点之一就是它们对组成、制造工艺和烧成温度的较小变化不敏感。这种适应性是由于所出现的相的相互作用能够连续不断地提高液相的黏度，而液相的数量则随着温度的升高而增多。我们研究一下图 11.9 所示的相平衡图，当长石残骸和黏土相互作用时，共晶液体不仅在数量上而且在黏度(二氧化硅含量)上都有所增加。在1300 ℃，黏土和长石间达到平衡从而在玻璃质的基体中形成莫来石(图 11.15)。和石英颗粒进一步相互作用则形成更多的液体，但是该液体的二氧化硅含量却在继续不断地增加，因而变得更黏稠。这些反应的结果使得坯体具有非常宽阔的烧成范围和对组成变化的较低的敏感性。

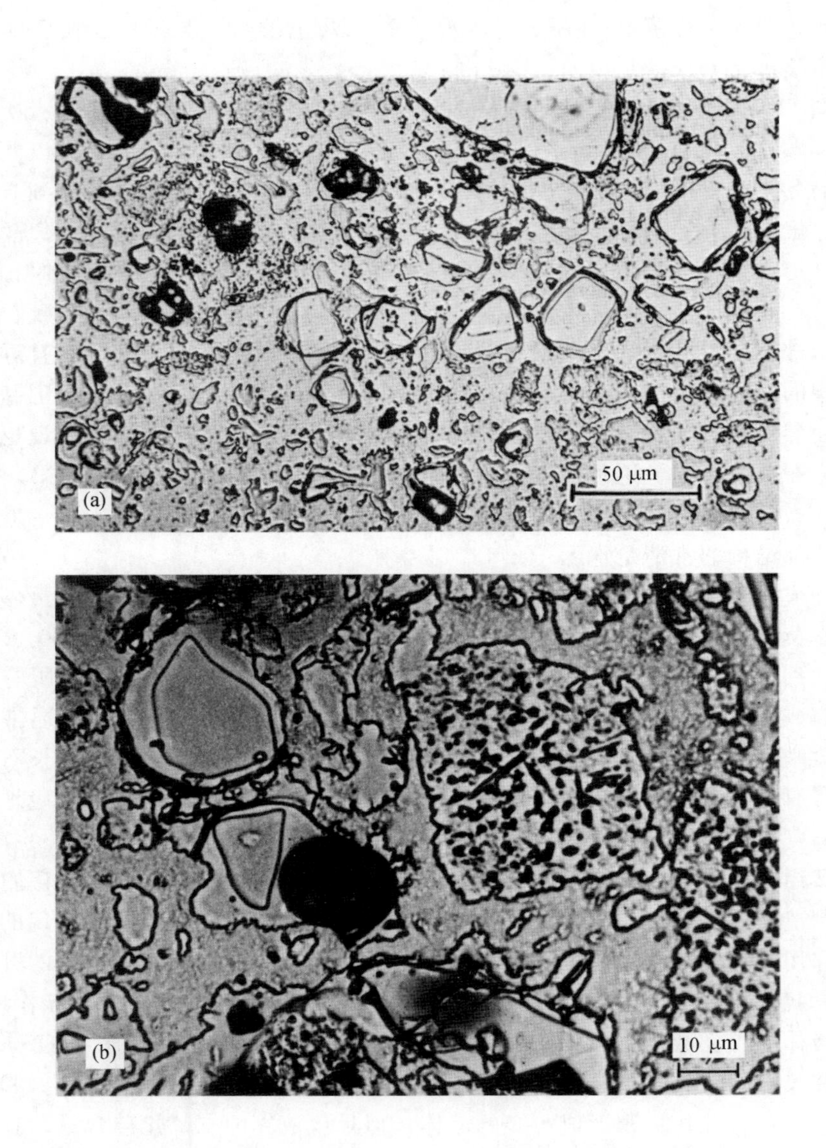

图 11.10　电绝缘瓷的显微照片(40%[①]HF 腐蚀 10 s，0 ℃)显示出具有溶液边缘的液态石英颗粒、带有不明显的莫来石的长石残骸、未溶解的黏土基体和黑色的气孔。S. T. Lundin 提供

① 原文为 4%，疑有误。——译者注

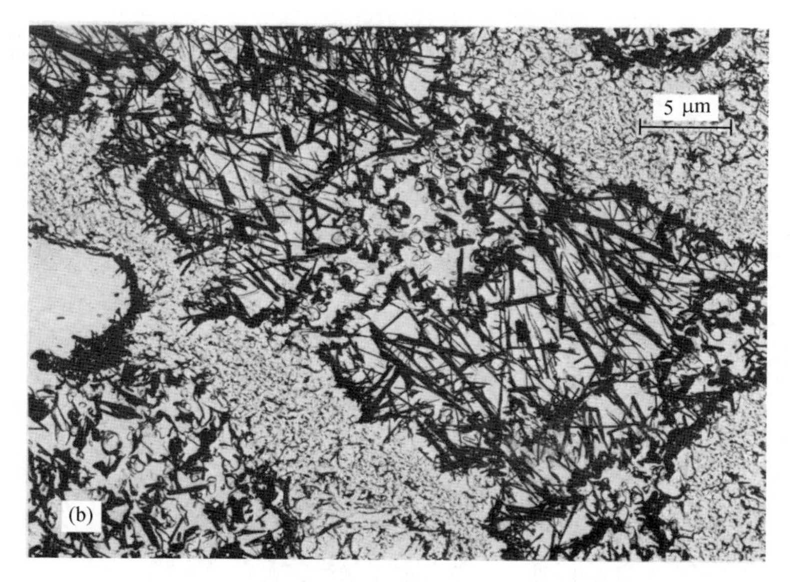

图 11.11　长入长石残骸中的莫来石针状晶体(40% HF 腐蚀 10 s，0 ℃)。S. T. Lundin 提供

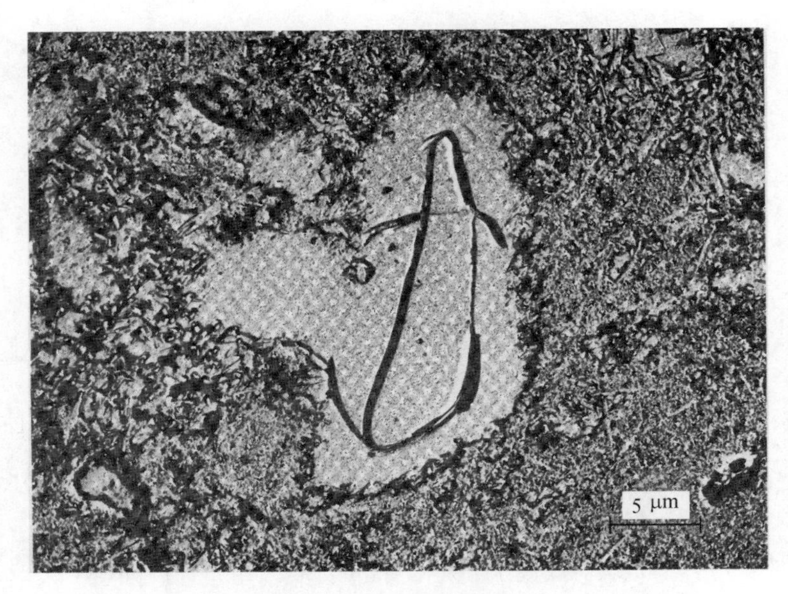

图 11.12　电绝缘瓷中部分溶解的石英颗粒(40% HF 腐蚀 10 s，0 ℃，铝复型，2750 ×)。S. T. Lundin 提供

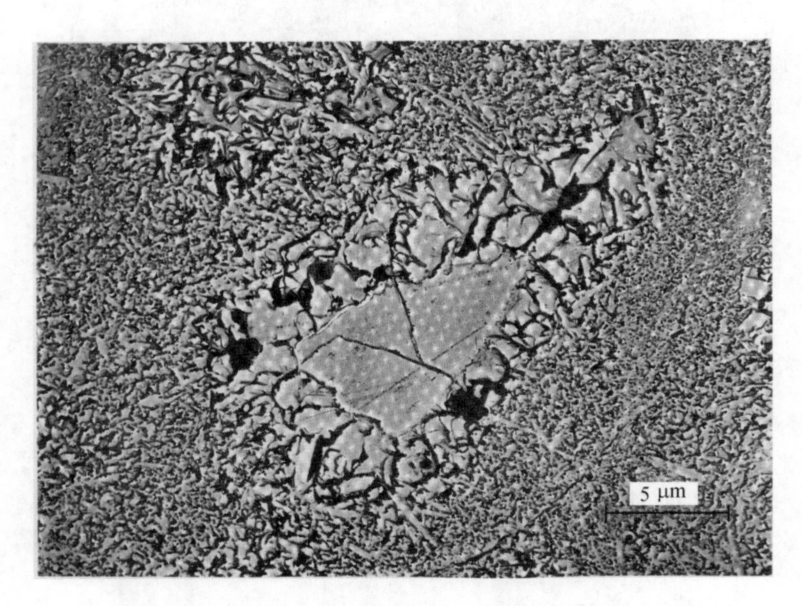

图 11.13　表面形成方石英的石英颗粒(100 ℃，50% NaOH 腐蚀 20 min，二氧化硅复型)。S. T. Lundin 提供

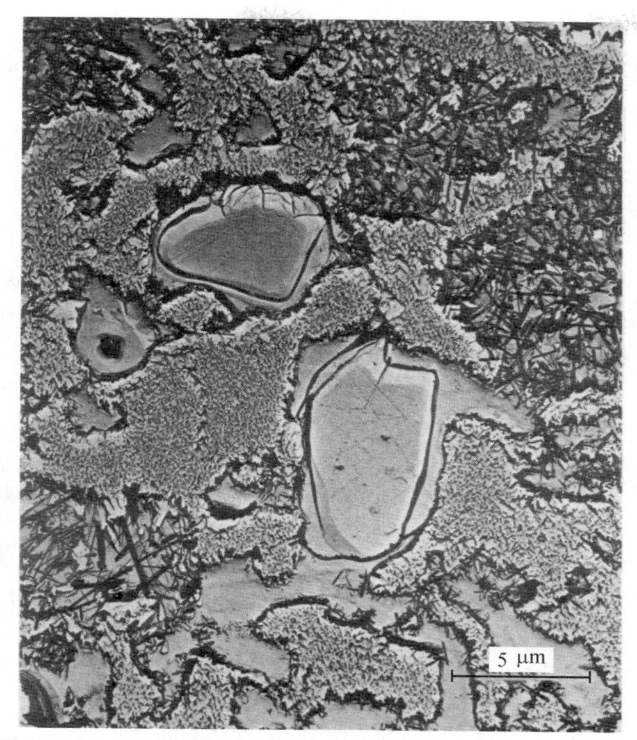

图 11.14　电绝缘瓷的电子显微照片(40% HF 腐蚀 10 s，0 ℃，二氧化硅复型)。S. T. Lundin 提供

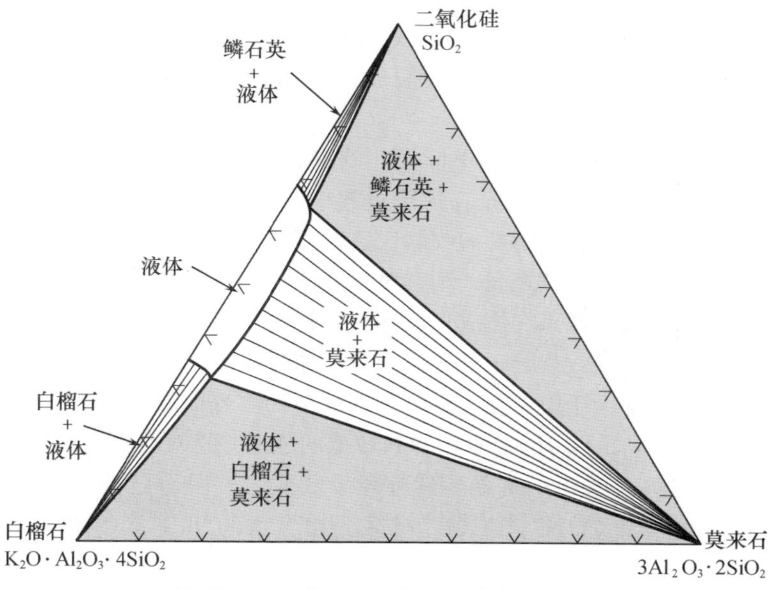

图 11.15　1300 ℃下二氧化硅 - 白榴石 - 莫来石相平衡的等温截面

11.4 耐火材料

耐火材料所包括的组成和组织结构范围宽阔，难以轻易地说明其特征，尤其是耐火材料的组织结构还经常受到使用条件和使用期间变化的影响。通常，耐火材料是由细粒的黏结料把粗颗粒熟料或难熔晶粒的颗粒黏结在一起而构成的。黏结材料和难熔晶粒都具有细粒结构，并且常常都是多相体。不同工厂用不同的原材料生产的砖有许多差别。表 11.3 列出了一些典型的组成。

黏土耐火材料 黏土耐火材料的最大一类是以塑性耐火黏土、硬质黏土和耐火黏土熟料的混合物为基础的。大量的耐火砖为了提高氧化铝含量也加入硅线石、蓝晶石、黄玉、硬水铝石或铁矾土。所有这些材料加热时都有形成莫来石的趋向。另外，石英在塑性耐火黏土中经常以杂质形式出现，有时候加入石英以减少烧结收缩和干燥收缩。熟料(预烧黏土)或硬质黏土颗粒以及塑性耐火黏土黏结物的微细结构用光学显微镜是难于分辨的，但这种微细结构是由硅质基体中细小的莫来石晶体组成的(图 7.29)。出现的碱金属、碱土金属、土、铁和类似的杂质大部分都和硅质基体化合后形成低熔点玻璃体，因而降低耐火砖的耐火度。

耐火砖的织构(即熟料或硬质黏土颗粒与黏土黏结材料和气孔率的关系)对于获得优良性能很重要。耐火度低的塑性黏土含量大时会降低耐火砖的耐火度。通常，粗的熟料颗粒形成的黏结颗粒的联结体中有许多裂纹，同时也有孔洞出现。这些孔洞能起到防止裂缝或裂纹扩展的作用，并且有助于阻止剥落(由于温度应力或机械应力使耐火砖裂成碎片而脱落)，即使表面微裂纹或裂缝比在致密结构中更容易形成。

如第一章所述，在用一系列不同尺寸的颗粒堆积成的密堆体中，气孔的体积分数约为 25% ~30%。这就是在成形过程中黏土黏结剂所能利用的空间。在烧成期间，塑性耐火黏土黏结剂的收缩比熟料或硬质黏土的收缩要大；如果耐火黏土的用量正好填充到颗粒之间，则它对总烧结收缩的影响不大；但当用量更多时，坯体的收缩增大。如果在烧成之前熟料颗粒就互相接触，那么在烧成期间黏土黏结剂的收缩常常导致裂缝张开，使应力增加并降低性能。同样，如果在烧成期间熟料颗粒的收缩大于塑性黏土黏结剂，就会产生界面应力(如第五章所述)，并且趋于形成裂缝(图 11.16)。这将导致较低的强度并且对热应力抵抗较差。

硅质耐火材料 硅砖在高温下具有高承载能力，因而已被广泛用做平炉、玻璃池炉、窑和炼焦炉的拱式炉顶。硅砖是由含大约 98% SiO_2 的磨细的结晶硅岩(石英岩)加上约 2% CaO 的石灰乳制成的。外加的石灰在烧成期间起着矿化剂的作用。烧成的硅砖由破碎的石英晶粒组成，它们已几乎全部转变成方

表 11.3　某些典型的耐火砖的组成

类　　型	组　　成								视气孔率/%	按正常出现的数量多少而排列的主相
	Al_2O_3	SiO_2	MgO	Cr_2O_3	Fe_2O_3	CaO	TiO_2	总计		
铬矿石	30.0	5.3	19.0	30.5	13.5	0.7	…	99.0	22	(MgFe)$(AlCr)_2O_4$，R_2O_3 固溶体，$MgFe_2O_4$
铬矿－方镁石	19.0	6.0	40.0	22.0	11.0	1.2	…	99.2	25	(MgFe)$(AlCr)_2O_4$，MgO，$MgFe_2O_4$，Mg_2SiO_4[1]
方镁石－铬矿	9.0	5.0	73.0	8.2	2.0	2.2	…	99.4	21	MgO，(MgFe)$(AlCr)_2O_4$，$MgFe_2O_4$，$MgCaSiO_4$
方镁石	1.0	3.0	90.0	0.3	3.0	2.5	…	99.8	22	MgO，$MgFe_2O_4$，$MgCaSiO_4$，Mg_2SiO_4[2]
沥青黏结的低助熔剂白云石	0.3	0.4	40.0	0.3	0.3	56.0	…	97.3	20	MgO，CaO，$MgCaSiO_4$，2.7% 残余碳
镁橄榄石	1.0	33.3	54.5	0.7	9.1	1.0	…	99.6	23	Mg_2SiO_4，$MgFe_2O_4$，MgO，$MgAl_2O_4$
二氧化硅	0.2	96.3	0.6	…	…	2.2	…	99.3	25	鳞石英，方石英
耐火黏土	25～45	70～50	0～1	…	0～1	0～1	1～2	…	10～25	莫来石，硅质相，石英
高铝耐火黏土	90～50	10～45	0～1	…	0～1	0～1	1～4	…	18～25	莫来石，硅质相

1)　原文为 Mg_3SiO_4，恐系印刷失误。——译者注。

2)　原文为 $MgSiO_4$，恐系印刷失误。——译者注。

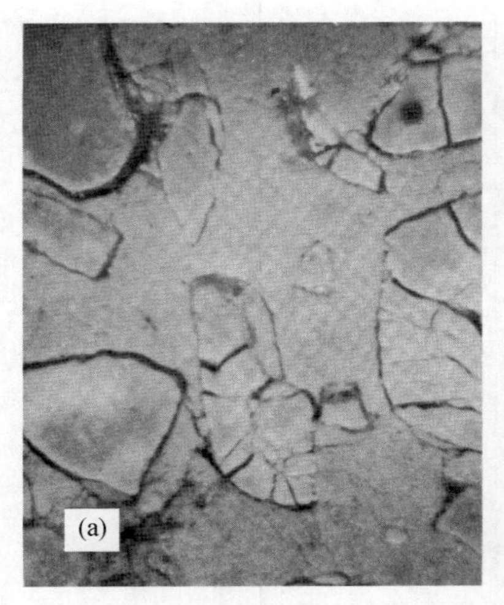

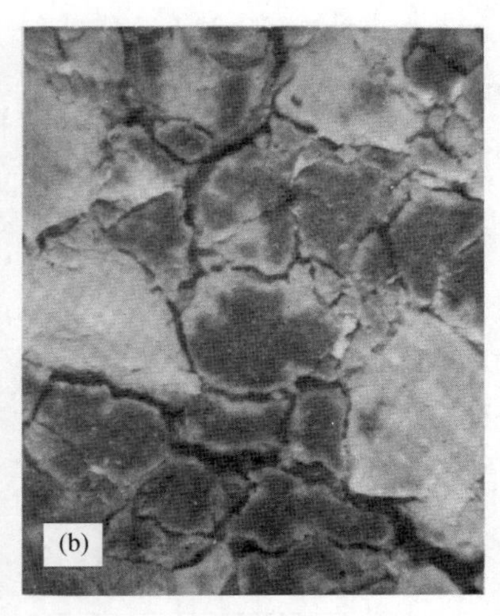

图 11.16　在对耐火黏土砖(50 颗粒，50 黏结剂)进行试验时观察到的裂缝：(a) 由于颗粒收缩比基质大，因而颗粒碎裂；(b) 由于基质有较大的收缩，因而基质开裂并和颗粒分离(8×)。C. Burton Clark 提供

石英(先从晶粒的边缘部分开始转变，如图 11.13 中所示)，并分散在细晶粒的鳞石英、方石英和玻璃体的基质中。少量未转变的石英(约 10%)通常和已形成的几乎等量的方石英和鳞石英一起保留下来。过量的石英(过去有一个时期在硅砖中经常出现)是有害的，因为在 573 ℃ α 转变为 β 型时有大的体积变化。

长烧成时间通常有利于鳞石英的形成。原来存在的石英转变成方石英，转变是由晶粒边缘开始的。方石英溶解于硅酸钙液相而淀析成鳞石英。在烧成期间，存在的石英的数量不断减少，方石英的数量开始时增加而后又减少，鳞石英的数量则不断增加。

碱性耐火材料　碱性耐火材料包括由铬矿石[$(MgFe)(AlCr)_2O_4$]、方镁石(MgO)、煅烧白云石(CaO、MgO)、橄榄石[$(MgFe)_2SiO_4$]和这些材料的混合物所制成的砖。

铬矿石含有蛇纹石及其他硅酸盐杂质，这些杂质具有低熔点，因而有害。如果加入足够的氧化镁，则它和杂质反应形成耐火的镁橄榄石，从而改善耐火砖的性质。这种砖是由大的铬铁矿晶粒组成的，通常其中含有$(Fe, Al, Cr)_2O_3$ 淀析物，该淀析物是在烧成期间由铁的氧化形成的；黏结相则由细粒的铬矿石、镁铁矿和镁橄榄石所组成。这种砖的典型结构如图 11.17 所示。加入的菱镁矿数量稍多一些时就进入铬矿石－方镁石组成的范围，此时通常在细晶粒的 MgO、$MgFe_2O_4$ 和 Mg_2SiO_4 基质中含有大晶粒的铬铁矿。

方镁石耐火砖主要由菱镁矿或海水氧化镁制成。在细晶粒 MgO 连同一些 Mg_2SiO_4 和 $MgAl_2O_4$ 的黏结相中分布着大的 MgO 颗粒。这些大的氧化镁晶粒通常是由较小的晶体构成的，这些小晶体由富铁和富硅的界面材料薄膜所隔开。在空气中加热时 FeO 被氧化而形成方镁石晶体中的镁铁矿淀析物(见图 9.44)。淀析物的形态取决于它的生成方式。有时加入铬矿石作为方镁石 - 铬矿砖中的黏结相。黏结物是 MgO、$(MgFe)(AlCr)_2O_4$ 和 Mg_2SiO_4 的复杂混合物。

较小的一类碱性耐火砖是由橄榄石 $(MgFe)_2SiO_4$ 制成的。主晶相是镁橄榄石。

近年来，原料组成和烧成程序得到了更好的控制，出现了一些更好的控制显微结构和改善性能的生产方法，此外适用于特殊目的的产品的范围也得到了扩大。因此，碱性耐火砖的组成和结构的范围比较宽。纯铬矿的基质通常含百分数很高的偏硅酸盐，主要是 $MgSiO_3$ 和 $CaMg(SiO_3)_2$，这些成分的熔点低，

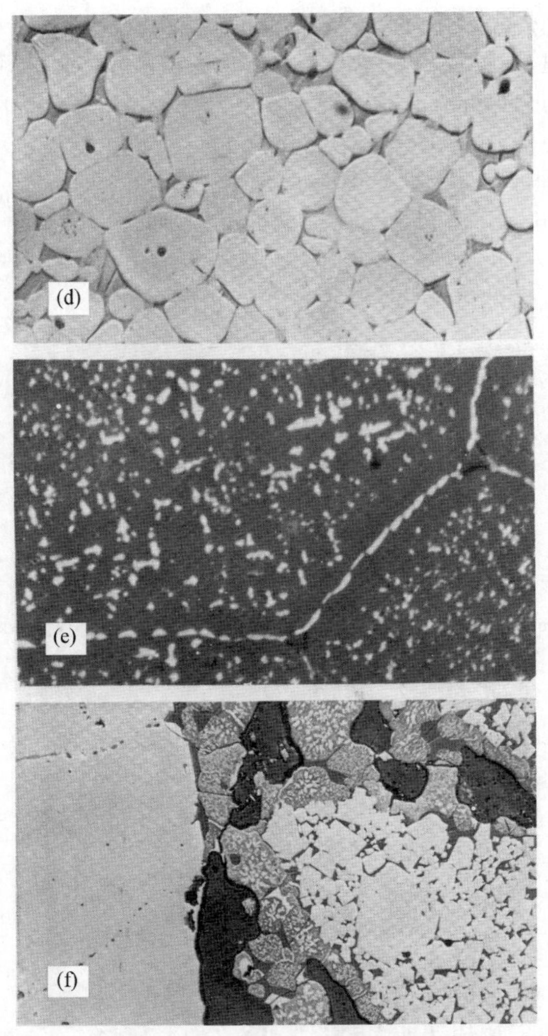

图 11.17　碱性耐火砖。(a) 低放大倍数下观察铬矿石 - 菱镁矿耐火砖。浅色晶粒是铬矿石，灰色相是方镁石，深灰色区域是气孔($5\frac{1}{4}\times$)。(b) 较高放大倍数下观察不同的铬矿石 - 菱镁矿耐火砖。有棱角的铬矿石晶粒和菱镁矿晶粒(在硅酸盐基体中圆形的方镁石颗粒)在细粒黏结剂中(150×)。(c) 较高放大倍数下观察铬铁矿晶粒中的与尖晶石(111)面平行的片状$(CrFe)_2O_3$淀析物(1380×)。(d) 菱镁矿晶粒结构，显示出有圆角的方镁石晶体在镁橄榄石(Mg_2SiO_4)和钙镁橄榄石($MgCaSiO_4$)形成的硅酸盐基质中(275×)。(e) 已氧化的方镁石晶体内部，显示出浅色的镁铁矿($MgFe_2O_4$)淀析物、暗色的三角形硅酸二钙晶粒(1180×)。(f) 铬镁砖的复合结构，左边为大的铬铁矿晶粒，右边为带角的尖晶石晶粒、带有镁铁矿淀析物的圆角形方镁石，以及灰色的镁橄榄石 - 钙镁橄榄石基质；深灰色为气孔(106×)。其中(b)由 G. R. Eusner 提供，其他均由 F. Trojer 提供

因而使得高温承载能力降低。与铬矿石－菱镁矿耐火砖一样，加入氧化镁可以弥补这个缺点，改善高温承载能力。使用前不烧结的化学结合砖在使用期间会发生这种反应。低硅铬矿石有较高的氧化铁含量，这导致用于平炉时在氧化－还原气氛中循环使用容易发生破碎，所以这种材料不宜用来制作化学结合砖。但是，如果这种低硅铬矿石先和氧化镁煅烧到足够高的温度以形成稳定的尖晶石结构，就能制出性能大为改善的产品。以足够高的温度在相与相之间形成扩散结合，并形成大的氧化镁晶粒，而在晶粒之间没有硅酸盐液体渗入，这样就能改善砖的性能。目前大部分在苛刻条件下使用的铬矿石－菱镁矿砖，或者是熔铸成砖，或者是用熔粒成形，或者是在高于预定使用温度下烧结生产出的直接结合砖，这类砖所具有的受到调控的显微结构使其具有优良的性能。

在用海水氧化镁制成的纯方镁石砖中，基质往往会包含像钙镁橄榄石 $CaMgSiO_4$ 和镁蔷薇辉石 $Ca_3Mg(SiO_4)_2$ 之类的低熔点钙镁正硅酸盐，它们使高温承载能力降低。杂质总量和 CaO 与 SiO_2 的比值都很重要，当氧化钙与氧化硅的重量比大于 1.86 时，硅酸二钙替代镁蔷薇辉石与钙镁橄榄石成为第二相，这时熔点大为提高，同时基质相的润湿性能降低，因此方镁石晶粒间的结合力增强。较高的烧成温度导致较大的晶粒生长，而且增大了 CaO 与 SiO_2 比值，降低了润湿作用，从而形成一种能显著改善性能的显微结构。

白云石($MgCO_3-CaCO_3$)是一种具有高耐火度、廉价、来源广的原料。煅烧白云石由 CaO 和 MgO 的固溶体(如图 7.16 所示)和少量硅酸盐相的混合物组成。为了在碱性平炉中作为大块砖使用和改善抗水化性能，这种耐火砖掺有 5%～8% 的沥青并采用热压成形，沥青在首次使用时分解而剩下 2%～3% 的碳。正如其他的耐火砖一样，显微结构的控制很关键。已经发现，成形砖在 200～500 ℃回火后，沥青相均匀地分布在颗粒间的空隙中，使性能得到很大改善。直到最近都一直在使用($Fe_2O_3+Al_2O_3+SiO_2$)含量高达 10% 的白云石，但是已经发现($Fe_2O_3+Al_2O_3+SiO_2$)含量少于 1% 且硅酸盐相含量比较少的低助熔剂原料能够大大改善性能。采用这种低助熔剂原料是有可能的，其方法是利用两段煅烧工艺，将轻烧过的材料加压制成高密度的坯体，然后在足够高的温度下烧成，从而获得足够大的晶粒尺寸和低的晶粒空隙，这样就无需起保护作用的硅酸盐或铁氧相，却有足够的抗水化能力，而过去认为这些保护剂是必不可少的。

几乎在所有的耐火砖中，气孔率的控制都是控制显微结构的一个重要方面。较低的气孔率可改善强度、承载能力和抗腐蚀能力，但较低的气孔率也会因热震而引起灾难性的破坏，因为气孔在多孔砖中起着阻止裂缝扩展的作用。因此控制气孔率是要综合考虑的，其最佳值取决于具体的使用条件。耐火砖的使用者(尤其是炼钢人员)非常注意每吨产品所消耗的耐火材料的费用。因此，耐火砖的初次投资要仔细地与使用寿命和更换费用相权衡。

特种耐火材料　许多特种耐火材料要比黏土耐火砖或碱性耐火砖贵得多；这些特种材料仅在必需的部位使用。为了对液态矿渣和玻璃具有优越的抗侵蚀能力，可采用各式各样组成的无孔熔铸耐火材料。99.5% Al_2O_3 加上 Na_2O 的熔融高铝砖由接近密堆的 $\beta-Al_2O_3$ 晶粒所组成，其中几乎没有黏结相。其他制品包括 α-氧化铝晶体、熔铸莫来石、熔铸碱性砖和用于玻璃池炉的一种含有 45～50 Al_2O_3、30～40ZrO_2、12～13SiO_2、2Fe_2O_3 和 2Na_2O 的特殊砌块。主晶相是刚玉和斜锆石 ZrO_2，还有玻璃相。所有这些制品都具有较低的气孔率和较大的晶粒尺寸。

碳化硅耐火材料用于要求高温承载能力和高热导性的地方，例如马弗炉炉膛、窑炉装备和热交换器等。主要的困难是高温时会氧化。为了耐火，要求碳化硅晶粒密堆。在烧成期间，通常每个碳化硅晶粒都形成薄的硅质覆盖层，而颗粒间由玻璃相或玻璃和晶体混合物相互结合在一起。

一类特殊材料是绝热耐火材料，它有各式各样的结构，这取决于特定的组成和用途。对于在较低温度使用的砖来说，可由石膏的混合物来获得气孔，这种混合物含有极细的气孔，烧成后气孔仍保留下来。在较低温度下也可使用硅藻土砖，砖中的气孔是从硅藻的硅质骨架中含量极高和细粒状的残余气孔得到的；这种砖能提供特别有效的隔热效果。对于较高温隔热耐火砖来说，通常在混合物中掺入像锯末这样一类的可燃物质来产生气孔；在烧成期间这类物质被烧掉而在耐火砖基质材料中形成大量的相互连通的气孔，这种基体材料与其他耐火砖的组成相似。为得到更高温度下的稳定性，就要增大气孔尺寸，相应地减少气孔数量。这就意味着对较高温耐火砖来说，它的实际的热导性是较高的，因此只有当温度条件需要这种砖时才采用它。

11.5　结构用黏土制品

结构用黏土制品包括像建筑用砖、污水管道、排水管道和各式各样的面砖等材料；这些材料的制造特点在于：廉价的原料、有效的材料处理方法、产品价格低廉。与其他构筑材料相竞争，这些特点都是必要的。主要原料是当地可以利用的黏土，组成和结构因为产地的不同而表现为多种多样。由于运输价格昂贵，所以要求使用当地的黏土。同样是因为运输价格昂贵，所以产品的销售范围通常不大。所用的黏土通常是冰积黏土、页岩或冲积黏土，其中含有相当数量的杂质。黏土矿物通常都混入石英、长石、云母及其他杂质。次要杂质还包括白云石、金红石和含铁的物质。

在正常烧成期间，较粗的石英颗粒和其他次要矿物通常不受影响。所使用的黏土都含有足够的杂质以致容易形成玻璃相。产物的结构通常是由镶嵌在细颗粒莫来石和玻璃基质中的次要成分的大颗粒组成的。在通常的显微镜观察中，基质材料中的小尺寸颗粒难于分辨。一种高温烧结陶器的典型结构如图 11.18 所示。相似组成的一种釉体界面已在图 5.25 中说明。

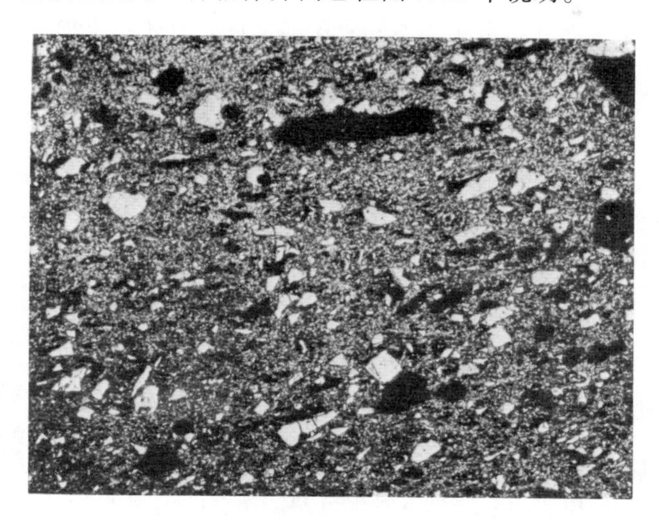

图 11.18　高温烧结陶器的显微结构。离子轰击腐蚀(100 ×)

产物结构的细节取决于黏土的特定组成和所采用的烧成程序，但是通常可以得到和图 11.18 相似的结构。在欠烧的材料中，黏土相含有许多小气孔，导致强度低、抗霜冻和抗冰冻能力差以及一般不能令人满意的性能。烧成温度过高的产物几乎全成为玻璃体。缺少气孔可导致高强度，但是机械应力和热应力会使整块砖破坏，并且砌砖时将不能与砂浆很好地黏结。着色的成分主要是铁和 TiO_2；随着杂质的不同，产品的颜色由黄变到橙红、浅黄、深灰或黑色。

11.6　釉和搪瓷釉

正如在第八章中所讨论过的，陶瓷制品用的釉和搪瓷(包括铁坯搪瓷、铝搪瓷及贵金属搪瓷)所用的釉通常是硅酸盐玻璃，它可以含有或不含有分散的晶体或气泡。当釉烧成时，其结构发生连续的变化。原有的物质分解和熔融，产生气泡并浮到表面，并且釉与下面的坯体发生反应。因为坯体组分的溶解度不同，釉和坯体间的界面是粗糙的(图 5.25)。高温烧成后的陶瓷体界面有莫来石晶体形成。

在透明而有光泽的釉中，玻璃相中没有分散的粒子或气孔，是理想完美的光滑表面。当气泡上浮到表面上破裂而形成喷口时，通常都失去光泽。虽然起初气泡含量高，但在烧成期间较大的气泡迅速消失；而较小的气泡只能缓慢地排除，除非采用能流动的流体釉。在无光泽釉中，表面纹理和低光泽度是由细晶体广泛形成而引起的(图 11.19)。对于不同的釉来说，这些晶体的组成也是不同的，最常见的是钙长石($CaO \cdot Al_2O_3 \cdot 2SiO_2$)，也经常观察到莫来石和硅灰石。如第八章中所述，对于美术陶瓷制品来说，有时希望釉中有大晶粒。

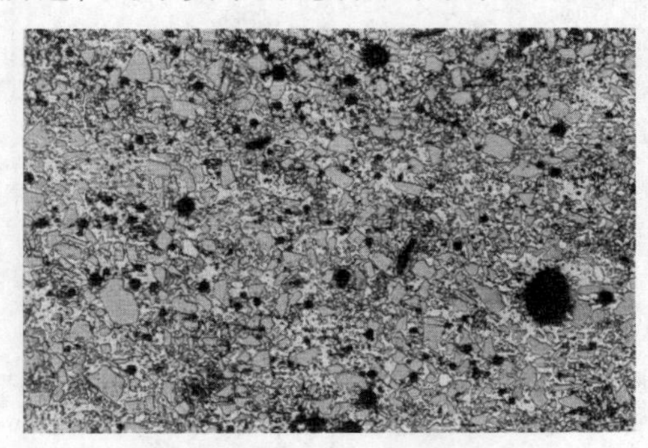

图 11.19　细晶体分散在无光泽釉中(抛光切片，H_3PO_4 腐蚀，78×)

最常见的釉层缺陷可能是龟裂。在冷却期间，当釉的收缩大于下面瓷体的收缩时，釉层产生拉应力，结果就发生龟裂。裂缝的出现如图 12.22 所示。为了消除龟裂，必须调整釉的组成以降低它的热膨胀系数，这将在第十二章中讨论。

金属表面的搪瓷釉与陶瓷釉的相似之处在于它们基本上都是硅酸盐玻璃涂层。但是，搪瓷釉通常在较低温度下以较短时间烧成，并且各式各样的缺陷是常见的。为了改善黏着条件，烧成时经常采用镍或钴的氧化物，或是采用镍浸涂(金属浸于硫酸镍溶液中)作底层。主要作用是对基底金属产生电腐蚀。某些晶粒比其他晶粒腐蚀得更快些，这样就形成一个粗糙的界面以改善黏着。这个界面与釉瓷结构中由于不同的溶解度而造成的粗糙界面相似。界面边界的典型横断面如图 11.20 所示。

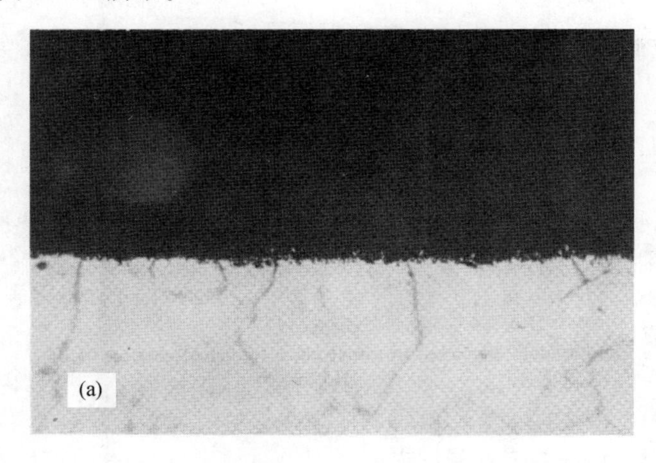

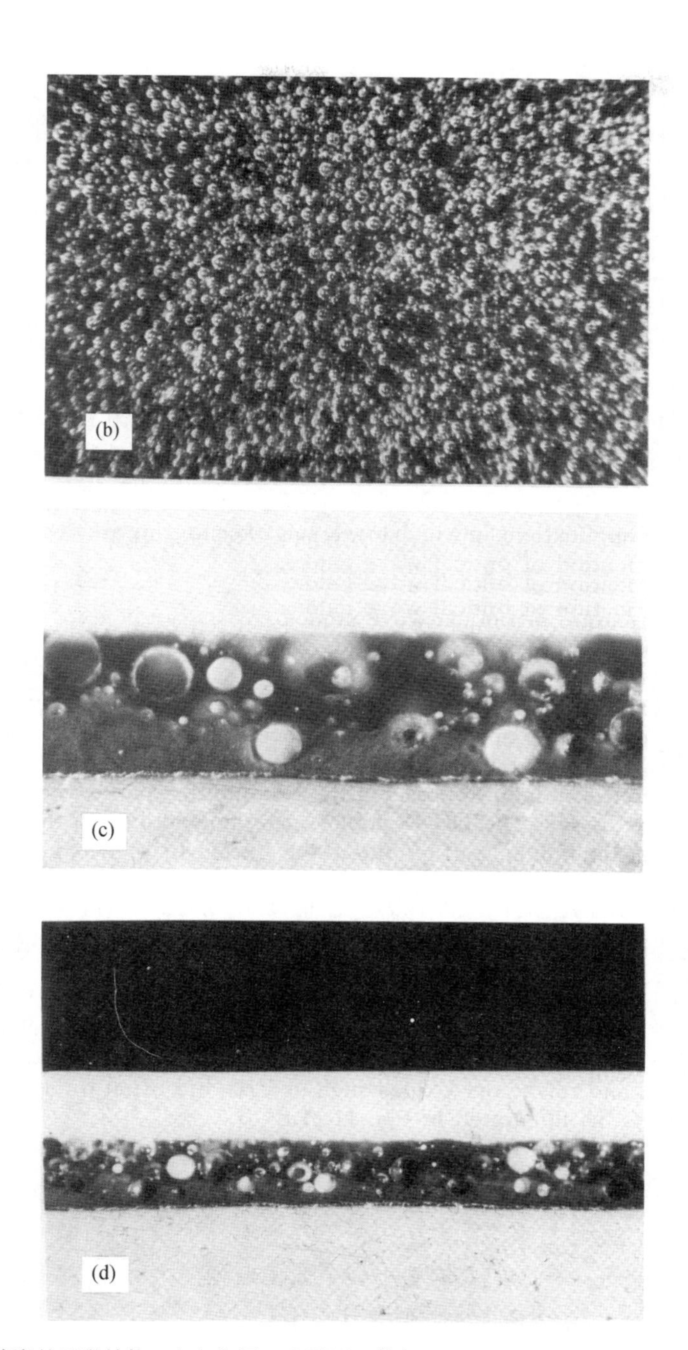

图 11.20　搪瓷的显微结构：（a）瓷层－金属界面横断面，显示粗糙的界面(525×)；（b）瓷层－金属界面上的气泡结构的俯视图，气泡为冷却时金属放出的气体提供了空间(38×)；（c）底釉横断面(192×)；（d）底釉和面釉的横断面(96×)。G. H. Spencer－Strong 提供

对搪瓷来说，要产生好的效果，气泡结构特别重要。含有某些有机杂质的黏土在邻近金属的表面形成细微气泡。当冷却时，金属表面放出氢气，这些气泡就成为氢气的储存器，能够防止鱼鳞状剥落(即冷却时涂层剥落成鳞片状)。使气泡结构消失的过烧是有害的。图 11.20 所示为一种典型的良好的气泡结构。搪瓷的许多缺陷是由所使用的金属的缺陷引起的。涂搪瓷用的钢片的叠层结构会导致烧成期间放出气体而引起起泡现象，正像矿渣或氧化物之类的表面杂质所起的作用一样。在烧成时形成的大气泡可能使下面的金属暴露出来以致迅速氧化，在釉面形成 Fe_2O_3 斑点，称为铜头。

搪瓷面釉和乳浊釉是用 TiO_2、SnO_2 或其他外加剂作为乳浊剂制成的。这些材料形成细晶粒的第二相分散相(第八章)。大多数彩色釉可用下述方法制得：或者用着色剂熔入并溶解在基础玻璃中形成带色的单相玻璃；或用不溶解的颜料作为第二相。陶瓷釉和搪瓷釉两者的光学性质将在第十三章中讨论。

11.7 玻璃

如在第三章中所述，液－液不相混溶性在形成玻璃的系统中是广泛存在的，许多看来是光学均匀的玻璃，在 30 ~ 50 Å 直到几百埃的尺度可能形成相分离。这一尺度上的特有结构形态在第三章和第八章中曾经说明过。这些结构特征对热经历的敏感性在第八章中也曾讨论过。通过不稳分解或通过离散颗粒的长大和聚结可以形成互相连通的结构，这些结构随时间延长而粗化，在一些情况下能保持高度的连通性，而在另一些情况下则发生颈缩和球化现象。这类两相亚显微结构可能发展到足够粗大的尺度，以致它们能强烈地散射光线，并且这种散射能导致乳光或不透明性。甚至单相玻璃也具有密度起伏和组成起伏的特征。这些起伏随着组成和熔制条件的不同而显著不同，在要求低水平散射的许多应用(例如光波导向器件的制造)中非常重要。

在微米到毫米以及更大的尺度上，发现玻璃中有许多种类型的缺陷。

灰泡　这类缺陷是熔制过程中没有排除的小气泡。从熔融的玻璃中除去气态杂质的过程称为澄清。澄清过程所需要的时间是玻璃熔制过程的限速部分。从熔体中消除大气泡是要在重力作用下使气泡上升到自由表面，而小气泡的消除则是通过溶解进入熔融的玻璃中。为了促使这种溶解，可以在炉中加入澄清剂(如 Sb_2O_3 或 As_2O_3 之类)，加入范围在 0.1% ~0.3% 之间。

结石　这是在玻璃中出现的小晶态缺陷。这些结石通常起因于熔制的时间太短以致不能全部溶解到熔融的玻璃中。玻璃熔池的耐火衬砌材料是这种晶态碎片的常见来源，常常发现结石成分是耐火氧化物如 ZrO_2 之类，如图 11.21(a)所示。

条痕及条纹　条痕是玻璃中变细的非晶态夹杂物，它的性质和周围的玻璃不同，特别是折射率不同[图 11.21(b)]。条痕是由于玻璃液态均化不完全(混合不充分)所引起的。条纹是低强度的条痕，在光学玻璃的制备中这种缺陷最令人关注。为了使条痕与条纹的出现率减到最低程度，常常在澄清之后和成形之前加入搅拌工序，通常用铂搅棒进行搅拌。

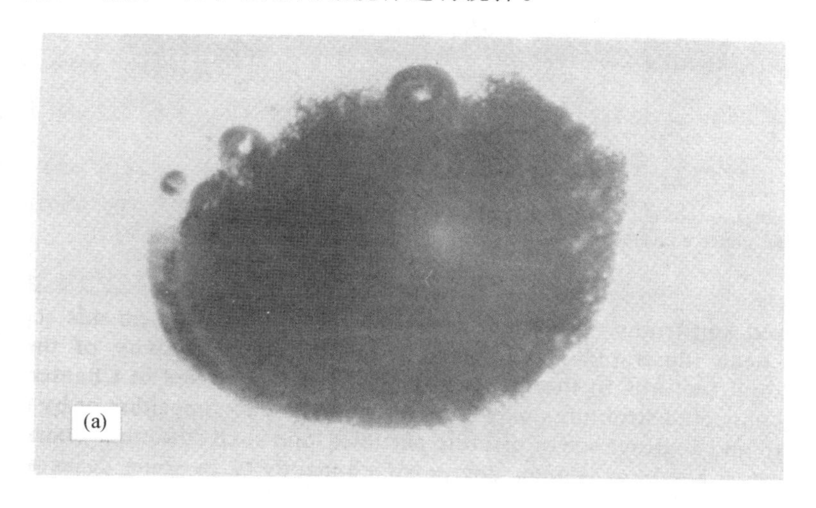

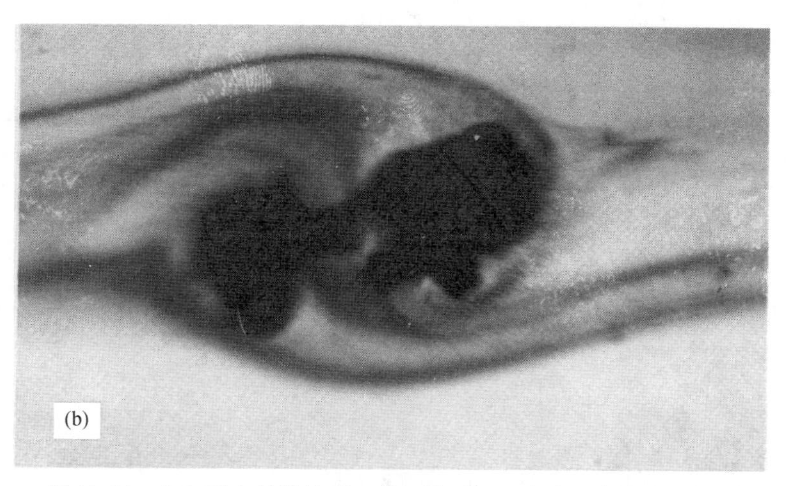

图 11.21 (a) 耐火材料结石；(b) 钠－钙－硅酸盐玻璃中的条痕

在商品玻璃器皿的大产量(相对于熔池容积而言的产量)生产(例如生产玻璃容器)过程中，像灰泡、结石和条痕这些显微缺陷是最常见的，尤其是在接近耐火材料龄期(使用寿命)末尾时更是如此。在光学玻璃中这些缺陷出现的频率最小，因为光学玻璃是采用相对高纯的原料，在生产量比较小的情况下生产的，通常在有铂内衬的熔槽中或坩埚中进行熔炼。

11.8 玻璃陶瓷

如第八章所述，玻璃陶瓷体常常伴随着相分离而形成。第一步分离成为两个非晶态相，随后是较少的富晶核相先结晶，成为一种或多种主晶相的先导物。最终相组合的数量和特性既取决于组成又取决于热处理。图 8.32 给出了相同的组成由于热处理不同而引起差别的一个实例。用控制热处理的方法

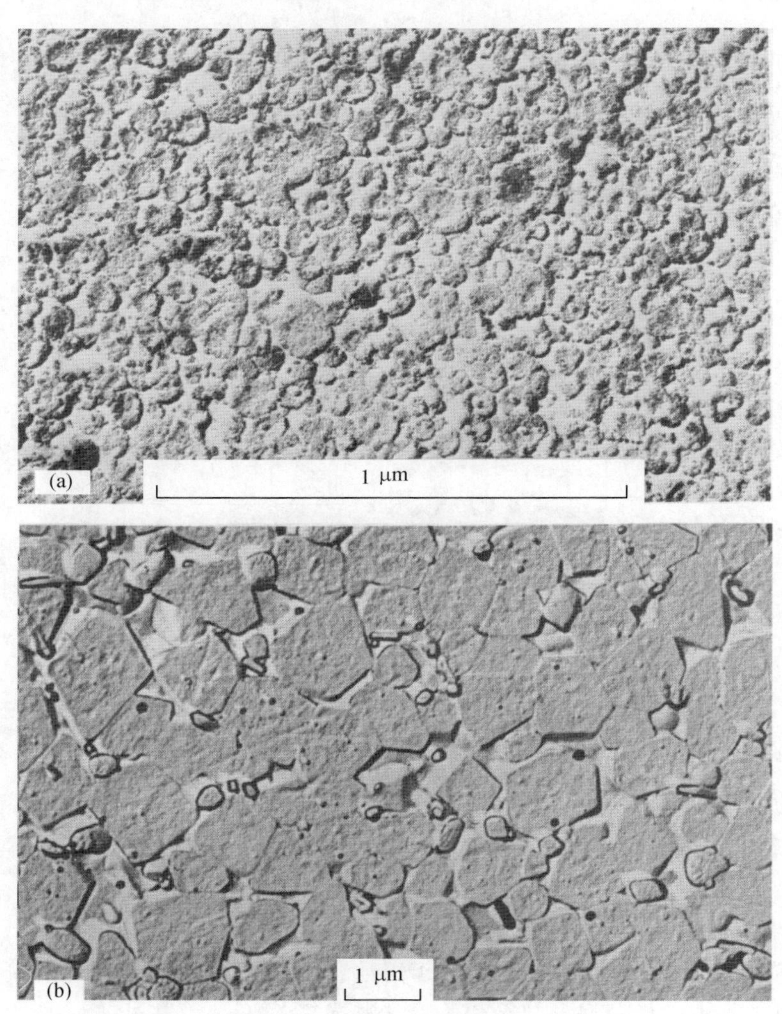

图 11.22 (a) 透明、低膨胀的 $Li_2O \cdot Al_2O_3 \cdot SiO_2$ 玻璃陶瓷体的显微结构；(b) 高度结晶的玻璃陶瓷体显微结构。引自 R. H. Redwine and M. A. Conrad in R. M. Fulrath and J. A. Pask, Eds., *Ceramic Microstructures*, John Wiley & Sons, Inc., New York, 1968, pp. 900 ~ 922

可把 $Li_2O \cdot Al_2O_3 \cdot SiO_2$ 玻璃陶瓷制成颗粒尺寸小到 0.05 μm 的高度结晶形式［图 11.22(a)］。因为这种颗粒尺寸比光波长的 1/10 还短，并且这些相都具有相似的折射率，所以这种材料是透明的。对同样材料通过改变热处理方法，可得到微米尺寸范围的颗粒［图 11.22(b)］，而这种产品是不透明的。如第八章所述，在比较低的温度下进行热处理，而在这个温度下成核速率与生长速率之比比较大时，则得到较小颗粒的产品。图 11.22 中所示的样品中，细颗粒产品的晶体含量约为 85 vol%，而较粗颗粒材料则约为 95 vol%。

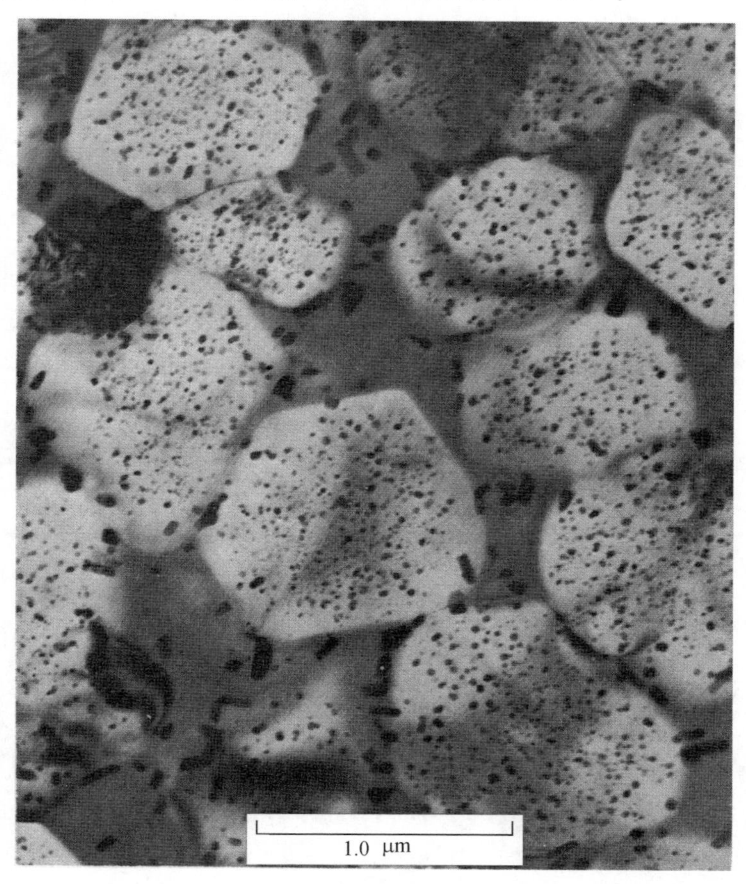

图 11.23　用 TiO_2 成核的 $Li_2O \cdot Al_2O_3 \cdot SiO_2$ 玻璃陶瓷的亚显微结构，约 80% 结晶体。显示在大的 β－锂辉石中有小的金红石晶体。引自 P. E. Doherty in R. M. Fulrath and J. A. Pask, Eds., *Ceramic Microstructures*, John Wiley & Sons, Inc., New York, 1968, pp. 161～185

许多玻璃陶瓷体都是由一种以上的相组成的。图 11.23 示出了用 TiO_2 成核的 $Li_2O \cdot Al_2O_3 \cdot SiO_2$ 玻璃陶瓷，其中可观察到直径为几百埃的金红石小晶体和 β－锂辉石晶粒。图 11.24(a)示出了用 ZrO_2 成核的 $MgO - Al_2O_3 - SiO_2$ 玻璃陶瓷，其中可观察到β－石英晶粒之间的界面区域内有ZrO_2晶体。在这种情况下，主相结晶过程中ZrO_2晶体被排斥到正在前进的晶体－熔液的界面上。对同样的组成延长热处理时间可引起固态的转变，在此转变中石英晶粒消耗而形成尖晶石[图11.24(b)]。在用来制造玻璃陶瓷的系统中，如果亚稳相首先结晶或开始在低温下结晶继而进行高温热处理，就常常遇到这种固态转变。

结晶相组成的变化是许多玻璃陶瓷的显微结构特征。正如第二章所述，锂霞石$LiAlSiO_4$是β－石英的填隙衍生物，这些相是玻璃陶瓷中经常出现的相。在氧化硅结构中，铝和其他离子置换数量的变化通常伴随着碱金属离子含量的变化。

当片状硅酸盐(主要是氟云母族)在玻璃陶瓷体中作为主晶相淀析出来时可导致玻璃陶瓷具有一些特殊的性质。如果晶体的纵横比大到足以使它们互相接触时，则这种云母含量多于65 vol%～70 vol%的玻璃陶瓷可以被切削到精细的公差。理想的可切削性与云母晶体的基面解理有关。因为基面层之间的结合比较薄弱，并且断裂面难以穿过基面进行扩展，所以断裂面沿着晶体界面进行，引起单个晶体或小群晶体脱离。图11.25示出了在玻璃陶瓷体中具有低和

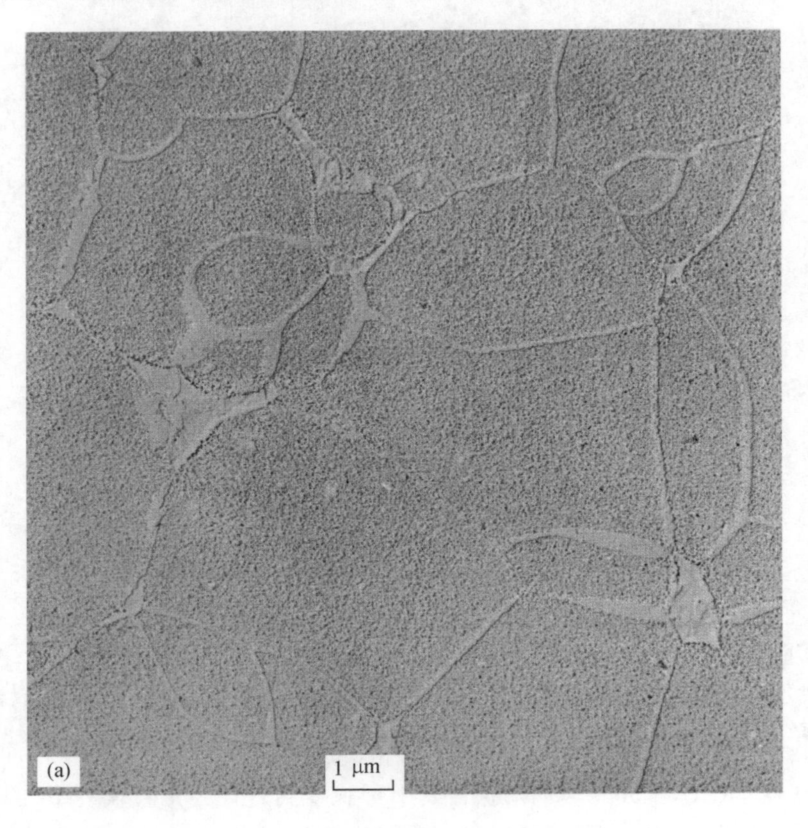

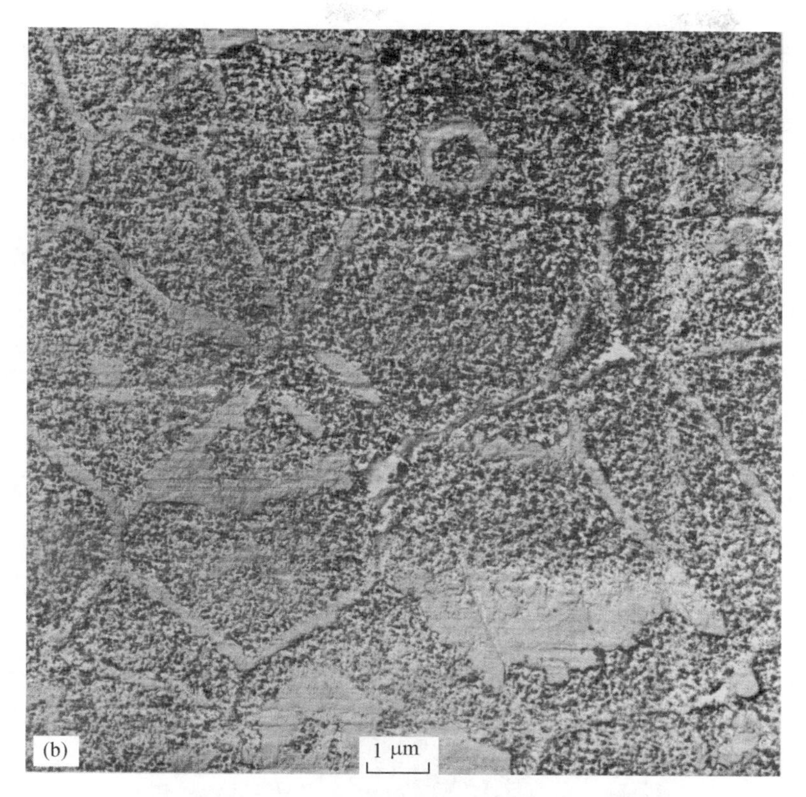

图 11.24 （a）用 ZrO_2 成核的 $MgO \cdot Al_2O_3 \cdot 3SiO_2$ 玻璃陶瓷亚显微结构。细小的氧化锆晶体在高温型石英晶体间的晶界面上。（b）相同的组成在 977 ℃保持 20 h。靠消耗已结晶的高温型石英相形成尖晶石。引自 R. H. Redwine and M. A. Conrad in R. M. Fulrath and J. A. Pask, Eds., *Ceramic Microstructures*, John Wiley & Sons, Inc., New York, 1968, pp. 900 ~ 922

高纵横比的云母晶体。纵横比高的显微结构称为互锁的卡片框架结构，具有更为理想的性能。

最后，离子交换强化工艺（在第八章中曾研究过）用于玻璃陶瓷时能在已进行过离子交换的近表面区引起相变。这类相变对机械强度有显著的影响。图 11.26 给出了这种类型的离子交换处理所得到的显微结构的一个例子。含有堇青石和方石英作为稳定晶相组合物的 $MgO - Al_2O_3 - SiO_2$ 系统的一种玻璃陶瓷体曾在 1000 ℃的 Li_2SO_4 盐浴中进行过离子交换。在 $2Li^+ \Leftrightarrow Mg^{2+}$ 交换中，随着 Li^+ 浓度的增加，在近表面区相组合物依次转变成 β - 石英固溶体，然后转变成 β - 锂辉石固溶体。

图 11.25 （a）在高硅质残余玻璃中低纵横比的饱和金云母固溶体晶体；（b）高纵横比的贫钾金云母固溶体晶体，显示出互锁的卡片框架结构。引自 G. H. Beall in L. L. Hench and S. W. Freiman, Eds., *Advances in Nucleation and Crystallization in Glasses*, American Ceramic Society, 1972, pp. 251 ~ 261

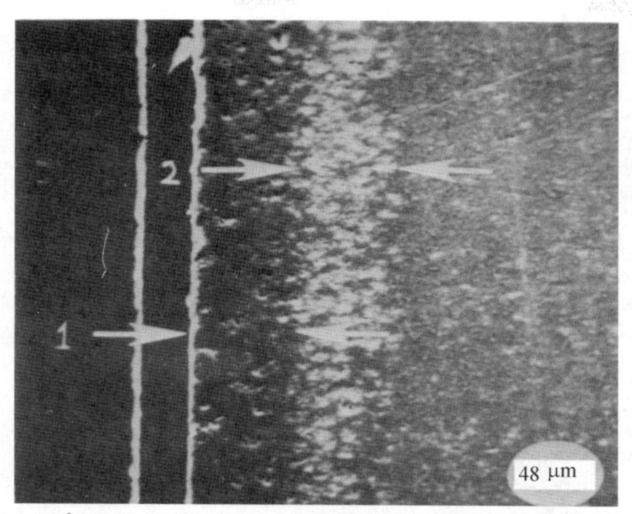

图 11.26 $2Li^{+} \Leftrightarrow Mg^{2+}$离子交换堇青石 + 方英石玻璃陶瓷体的扫描电镜显微照片，显示在近表面区内形成的石英与锂辉石固溶体。引自 G. H. Beall in L. L. Hench and S. W. Freiman, Eds., *Advances in Nucleation and Crystallization in Glasses*, American Ceramic Society, 1972, pp. 251～261

11.9 电瓷和磁性瓷

电瓷和磁性瓷的一般范畴包括广阔范围的组成和结构。大多数陶瓷材料都可用来作为电绝缘体或其他电工用途。最广泛地用做低压电绝缘体的组成是三组分瓷，这种三组分瓷已在 11.3 节中讨论过。玻璃也广泛地用于电绝缘目的。低损耗和高频率方面的应用通常采用块滑石瓷、镁橄榄石瓷和氧化铝瓷。这些材料烧成时发生的反应和相的组成曾在第七章中讨论过。

块滑石瓷是一类普通的电介质材料，它以块滑石或滑石作为主要成分。因为块滑石瓷具有优良的强度、比较高的介电常数和低的介电损耗，所以广泛用做高频电绝缘体。在烧成的瓷体中有两种主要相(图 11.27)。结晶相是顽辉石，它以分立的棱柱状的小晶体出现在玻璃基质中。高温平衡晶型是原顽辉石，它在冷却时转变为斜顽辉石。这种转变受到玻璃相的抑制，玻璃相把单个晶体隔开，大晶体的转变比小晶体快。大晶体的出现对性能是有害的，因为大晶体趋于开裂，这是由于晶体和玻璃基质之间的膨胀系数不同的缘故，参看图 10.44。

块滑石瓷的电性能在很大程度上取决于玻璃相的数量和组成。三组分瓷含有为数可观的碱金属，它来自作为助熔剂的长石。这会导致高电导和高介电损耗。加入长石作为烧成助剂的块滑石瓷也具有高的介电损耗。低介电损耗的组

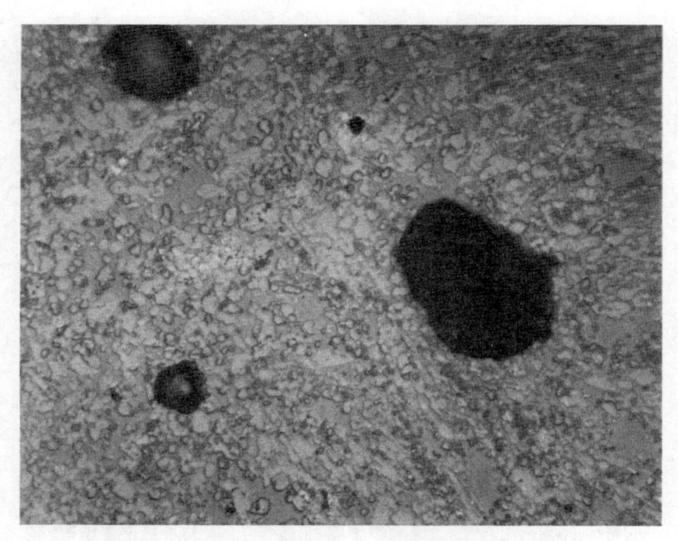

图 11.27 块滑石瓷的显微结构(500×)

成几乎没有碱金属，而是采用碱土金属氧化物作为助熔组分。

镁橄榄石瓷以 Mg_2SiO_4 作为主晶相，由玻璃基质黏结在一起。该晶体是棱柱状的，在尺寸上通常比块滑石瓷中出现的顽辉石晶体要大。图 7.33 已经给出过一个典型的结构。各种组成的差别在很大程度上取决于出现的玻璃相的数量。镁橄榄石瓷作为低损耗介电材料在设计上特别有用，此时热膨胀系数必须适合金属－陶瓷连接。

氧化铝瓷以 Al_2O_3 作为结晶相，由玻璃基质黏结在一起。在某些陶瓷体中，氧化铝具有棱柱状的晶型，而在另一些瓷体中颗粒却接近于球状。控制晶型的因素还不完全清楚。一种典型的显微结构如图 11.28 所示。所得性能大部分取决于玻璃相的数量和性能，这种玻璃相通常是无碱的，由黏土、滑石和碱土金属助熔剂混合物合成。氧化铝瓷的烧成温度比较高。为了得到满意的结果，必须仔细地合成瓷体。主要缺陷是气孔率太高；气孔尺寸通常大于所用原料的单颗粒尺寸，是由不良的成形工艺或烧成工艺引起的。氧化铝瓷通常具有的主要优点是比较高的介电常数和相当低的介电损耗。实际上这种材料的主要用途在很大程度上取决于它的高强度和抗热应力的性能。这些特性使得它能用在自动成形的机械上而无过多的破裂且不需要特殊操作。氧化铝瓷作为基片广泛用于电子器件中，在这些用途中表面电阻率和介电损耗要求材料含 99% 或更多的 Al_2O_3。表面光洁度在很大程度上取决于晶粒尺寸，图 11.29 所示的细晶材料最为合适。

如第七章所述，堇青石瓷是很有用的，它们因为具有很低的热膨胀因而具有高抗热震性。这种瓷是采用各式各样的助熔剂制成的；堇青石相形成棱柱状

图 11.28 抛光并经强腐蚀除去硅酸盐黏结相的高氧化铝瓷(2300×)

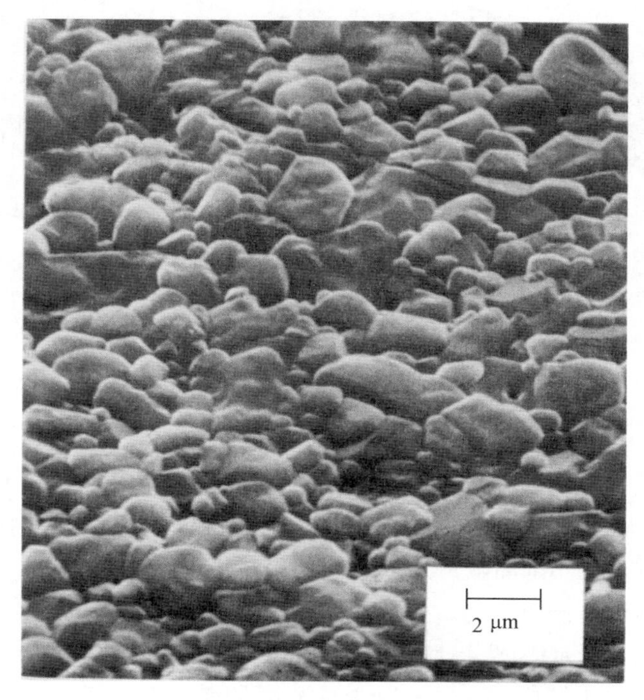

图 11.29 烧成后的细晶粒 99% Al_2O_3 基片表面复型。R. Mistler 提供

晶型的晶体，伴随着玻璃相，并且常常还有一些莫来石、刚玉、尖晶石、镁橄榄石或顽辉石。

对于超低损耗方面的应用，特别是对于需要通过陶瓷传递巨大能量的应用，如用于高功率电子管窗口，最好能够完全消除玻璃相。将细粒纯氧化铝材料在高温下进行固态烧结可以做到这一点，得到气孔率极小、理想的细晶粒结构[图10.27(e)]。采用高的烧成温度时常常会发生二次结晶，因而得到如图10.13所示的那种结构。晶粒尺寸增大的主要影响是降低强度，而对电性能的影响极微。

在要求很高介电常数的场合，可采用二氧化钛瓷(介电常数约100)或钛酸钡瓷(介电常数约1500)。二氧化钛瓷中TiO_2是主晶相，另外还加入少量助熔剂如氧化锌以便在烧成温度下形成液相，产物的结构与图7.11中的相似。钛酸钡陶瓷体通常完全由$BaTiO_3$晶体所组成。多晶样品中的各个晶体含有不同铁电取向的多个铁电畴(见第十八章)，用腐蚀方法可清晰地区别这些不同取向(图11.30)。在烧成期间常常发生某种程度的二次结晶(图10.12)。

图11.30　钛酸钡陶瓷的显微结构。腐蚀后显示出不同的铁电畴取向(500×)。R. C. DeVries 提供

磁性瓷是理想地由单一晶相组成的，这种单一晶相的组成由所要求的磁性能决定($FeNiFeO_4$、$BaFe_{12}O_{19}$、$FeMnFeO_4$等，见第十九章)，并且通常具有尽可能高的密度和细小的晶粒尺寸。图11.31给出了一种典型结构。采用固相烧结的其他材料，可能会发生二次再结晶(图10.15中说明)。

在如图7.9所示的Fe－O系统中，所需要的单相磁铁矿Fe_3O_4只有在一定的氧含量范围内才能形成，这一氧含量范围是和一定的氧气压力范围相对应的。对其他磁性铁氧体相也有同样的情况：在生产中，所有制造者在烧成期间

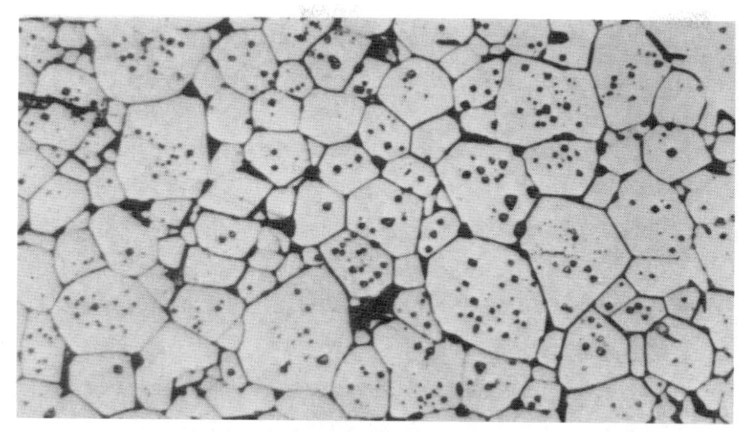

图 11.31　镍铁氧体的显微结构。在晶粒中可以看到的腐蚀凹坑是由硫酸－草酸腐蚀剂所造成的(638×)。S. L. Blum 提供

都控制氧压以确保得到所需要的特定组成的单相铁氧体和其通常所应有的磁性能。如果不这样做就会产生两种相，其结果一般类似于 R. E. Carter 所发现的情况：在 $NiFe_2O_4$ 中有(MgFe)O 相形成(图 11.32)。两种相的膨胀系数不同可导致铁氧体开裂，对所得磁性能有不利影响。

图 11.32　两相铁氧体陶瓷的显微结构。明亮的相是 $MgFe_2O_4$，较暗的相是(MgFe)O。由显微应力引起的裂缝显而易见(500×)。R. E. Carter 提供

11.10 磨料

磨料产品必不可少地含有一种坚硬的相作为主要组分(该相提供了许多具有锐利刃口的单体颗粒),一个以不同程度的黏着力将这些颗粒粘在一起的黏结相,以及一定数量的气孔作为气流或液流通过此种结构的通道。通常采用氧化铝或碳化硅作为坚硬的磨料颗粒。氧化铝颗粒比碳化硅颗粒更韧,因而磨损较慢,但不是那么硬。碳化硅颗粒则较硬,更适合于研磨硬质材料,但在使用中易于开裂,因而研磨寿命较短。这两种磨料的单个颗粒都可黏着在轮子上,或粘在纸上或布上,黏着力的大小随产品的使用目的而定。最理想的状况是颗粒一旦磨钝便从黏结材料上崩裂下来。黏结材料包括烧成的陶瓷黏结物和各种各样的有机树脂及橡胶。烧成的陶瓷黏结料比较坚硬,有较长的使用寿命,能够满意地在高速下使用,这就是这类材料在砂轮生产中占主要部分的原因。

不管用什么硬质颗粒和黏结材料,整体的结构都和图11.33所示类似。图11.33示出了碳化硅砂轮和氧化铝砂轮的断面。这两种砂轮中,磨料的颗粒都是用玻璃黏结料黏结在一起的,黏结材料决定了每种砂轮的相对硬度。图11.33(b)中所示的氧化铝产品的强度和硬度都比碳化硅砂轮高,而后者磨料颗粒和黏结料之比比较大。两种砂轮都有孔隙比例很大的开气孔以便在作业时用气流或用冷却液进行有效的冷却,也便于颗粒磨损后断裂和脱落。

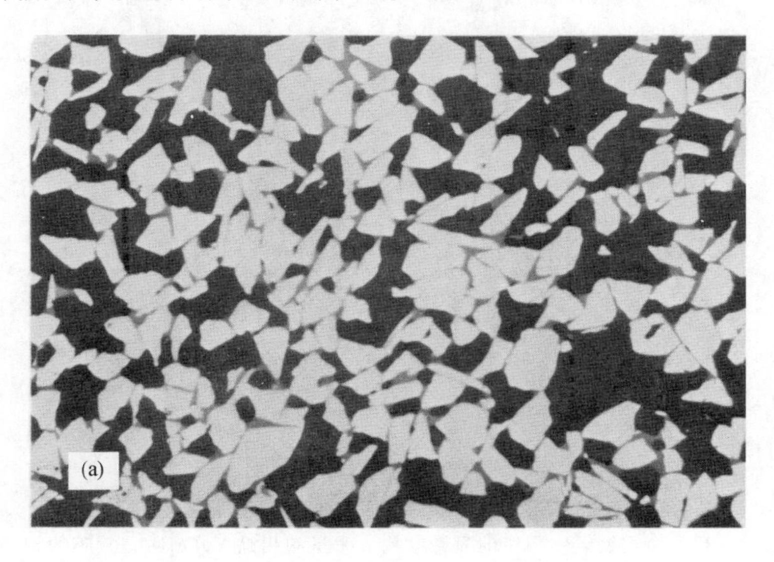

图 11.33　磨料产品。(a) 碳化硅砂轮断面，未腐蚀(50×)；(b) 氧化铝砂轮，未腐蚀(100×)。两个断面的明亮区域是颗粒，灰色区域是黏结材料，黑色区域是气孔。A. Sidhwa 提供

11.11　水泥和混凝土

用于不同用途的胶凝材料种类极其繁多。对其中大多数胶凝材料产品的结构组成至今尚未进行过详尽的研究。有重大经济意义且使用最广泛的一种胶凝材料是波特兰水泥；高铝水泥即矾土水泥用做耐火材料。波特兰水泥是在回转窑中制造的，采用各种原料以实现主成分为硅酸三钙 $3CaO \cdot SiO_2$ 和硅酸二钙 $2CaO \cdot SiO_2$ 的总组成。产品是在回转窑中制造的，在部分炉料变成液相的条件下烧结。当迅速冷却时，硅酸二钙中发生的相变所引起的体积变化足以导致粉化，使颗粒粉碎。波特兰水泥熟料的抛光切片如图 11.34 所示。除了作为基本构成材料的主要的硅酸二钙和硅酸三钙以外，还有少量的铝酸三钙($3CaO \cdot Al_2O_3$)、钙铁石(大约是 $4CaO \cdot Al_2O_3 \cdot Fe_2O_3$)、一些 CaO、一些 MgO 和玻璃体。存在的微量相的数量、组成和形态在很大程度上取决于所采用的原料和烧结条件。高铝水泥含有更多的氧化铝(大约 40 Al_2O_3、40CaO、$7SiO_2$、$7Fe_2O_3$、5FeO 和 5 种其他氧化物)，在烧成过程中形成更多量的易流动的液相，因此称之为熔融水泥。熟料中的主要组分是不稳定的 $5CaO \cdot 3Al_2O_3$、铝酸一钙($CaO \cdot Al_2O_3$)和二铝酸钙($CaO \cdot 2Al_2O_3$)。不稳定的 $5CaO \cdot 3Al_2O_3$ 的组成可能近似于 $6CaO \cdot 4Al_2O_3 \cdot FeO \cdot SiO_2$。

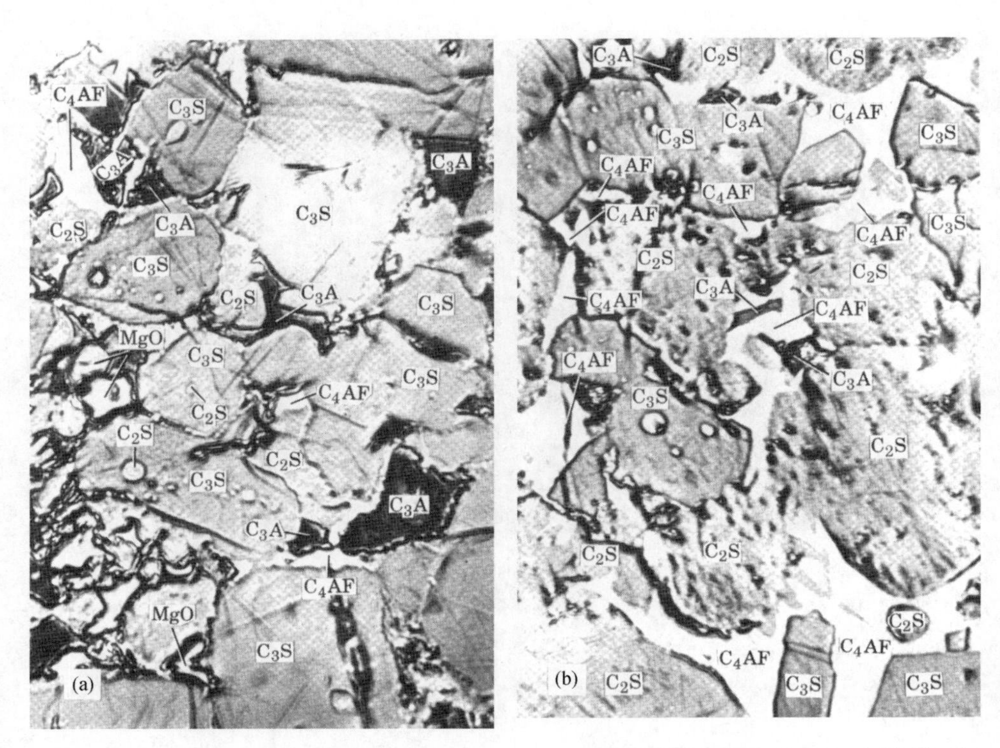

图 11.34 波特兰水泥熟料的显微照片(835 ×)。(a) 类型 I，高 $3CaO \cdot SiO_2$ 含量(主要的灰色相是 C_3S，深灰色相是 C_3A，浅灰色相是 C_2S，白色相主要是 C_4AF)；(b) 类型 II，$3CaO \cdot SiO_2$ 和 $2CaO \cdot SiO_2$ 的含量差不多相等(灰色相是 C_3S，浅灰色相是 C_2S，黑色相是 C_3A，白色相是 C_4AF)。Portland Cement Association 提供

熟料与水化合后形成复杂的水化产物，它是一种胶凝性材料。所形成的主要胶凝性产物是非晶态的硅酸钙凝胶，由熟料材料中的硅酸三钙和硅酸二钙形成。在硅酸钙水化物形成的同时，氢氧化钙作为副产品而形成，以六角形小片出现。氢氧化钙和空气中或水中存在的二氧化碳反应生成碳酸钙。化学反应后形成的凝胶结构以简化形式示于图 11.35。在凝胶相中，各个凝胶颗粒之间有气孔空间；此外还有大的残留毛细孔隙，这是由形成水泥浆并能满意地进行浇注所需的过多的用水量所遗留下来的。如要想得到水泥的最佳机械性能，那么这种过大的毛细气孔率应尽可能降低。除了水泥胶体以外，在混凝土中还有起填充材料作用的碎石料。波特兰水泥浆的作用是把碎石料颗粒黏结在一起，黏结的方式和耐火砖或砂轮中的黏结材料大致相同。制成的混凝土的性能取决于存在的孔隙(尤其是毛细气孔)的数量、碎石料的强度和水泥浆凝胶的性能。

波特兰水泥所形成的非晶态水泥浆具有良好的黏结性能，当水泥浆完全凝

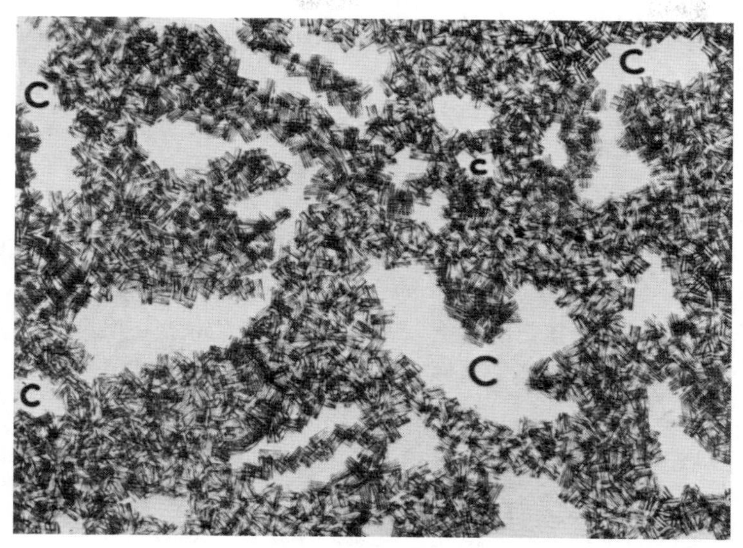

图 11.35　波特兰水泥浆结构的简化模型，显示针状或片状凝胶颗粒以及毛细孔腔 C。引自 T. C. Powers, *J. Am. Ceram. Soc.*, **41**, 1(1958)

固时能把碎石料黏结在一起；与此相反，在陶瓷中广泛用做黏结材料和模型材料的石膏却只有很低的强度和很差的黏结性能。凝固的石膏结构是一种高度结晶的反应产物，如图 11.36 所示。熟石膏是用生石膏焙烧制成的，然后在使用时发生再水化：

$$\text{焙烧过程：} CaSO_4 \cdot 2H_2O = CaSO_4 \cdot \frac{1}{2}H_2O + \frac{3}{2}H_2O$$

图 11.36　制陶用的石膏($CaSO_4 \cdot 2H_2O$)结构中互锁的细晶网络。W. Gourdin 提供

$$再水化过程：CaSO_4 \cdot \frac{1}{2}H_2O + \frac{3}{2}H_2O = CaSO_4 \cdot 2H_2O$$

所形成的单个晶体呈细针状，因此所形成的结构相当于毡状排列，其中有很细的气孔；针状晶体的互锁提供了足够的强度。残余的气孔数量取决于原始混合物中的含水量。当含水量增加时，石膏浆干燥后的气孔体积比增加，模型的吸水能力也有所提高，但与此同时其强度和耐用性都降低。

陶瓷的各种应用中涉及了各种各样的其他胶凝材料。这些材料包括从柏油和糖溶液到形成氧氯化物或磷酸盐的物质，还包括作为黏结剂的细粒黏土材料。在所有情况下，所得到的结构和图 11.33 所示的相似，其中黏结材料分布在晶粒的接触点处，把晶粒固结在一起。所需黏结材料的多少取决于所要求的强度和所采用的特定的黏结材料的性能。所有这些材料的普遍特点是倾向于形成非晶态产物。在许多情况下，这相当于为广泛形成氢键提供了机会，这为黏结提供了一种机理。然而许多应用并不特别需要很大的强度，只需要液相分布在固态晶粒之间的位置上然后固化，就能产生足够的黏着力从而得到满意的结果。关于黏着力，首先关心的是润湿，其次是像气体逸出、体积变化和界面上吸附杂质这样一类有害的作用产生的可能性；只要这些影响不存在，就可以得到足够的黏着力。

11.12 一些特殊化合物

到现在为止所讨论过的各类材料包括了全部陶瓷产品的绝大部分，但除此之外，还有许多材料难以归入这些特定产品的任何一类。虽然这些材料对陶瓷工业总量影响不大，但是它们常常能满足关键性的要求或提供其他材料不能获得的性能。因此，从研制新材料和了解材料性能的观点来看，这些材料是特别重要的。

金属陶瓷 属于耐火材料总类中的一组材料是金属与陶瓷的结合材料，称为金属陶瓷。在实际的或可能的应用中最重要的组成是各种碳化物，它们具有高温强度(Ni - TiC)，特别是具有很高的硬度。此外，以氧化物为基础的金属陶瓷作为在空气中相当稳定的高温、高强材料具有一些有价值的性能。曾经最广泛地研究过、并且能在市场上买到的仅有的一些金属陶瓷主要是由氧化铝和铬组成的混合料，经过适当的熔结使其具有有用的高温性能。碳化物 - 金属块材由金属相完全包裹着的球状或者棱柱状的碳化物晶粒所组成。在烧成温度下，黏结相通常是液体并且在碳化物颗粒间能完全润湿和流动形成金属薄膜。这些制品具有极好的高温强度，韧性也很好。所采用的碳化物是坚硬的，因此可用做切削刀具。与此不同的是，在氧化铝 - 铬系统中，氧化物和铬两者都是连续相，赋予其高温强度和抵抗热应力的能力。在冷却到室温的过程中有形成界面应力的趋势，因而室温下的强度和其他性能不如高温。这些化合物的显微结构如图 11.37 所示。

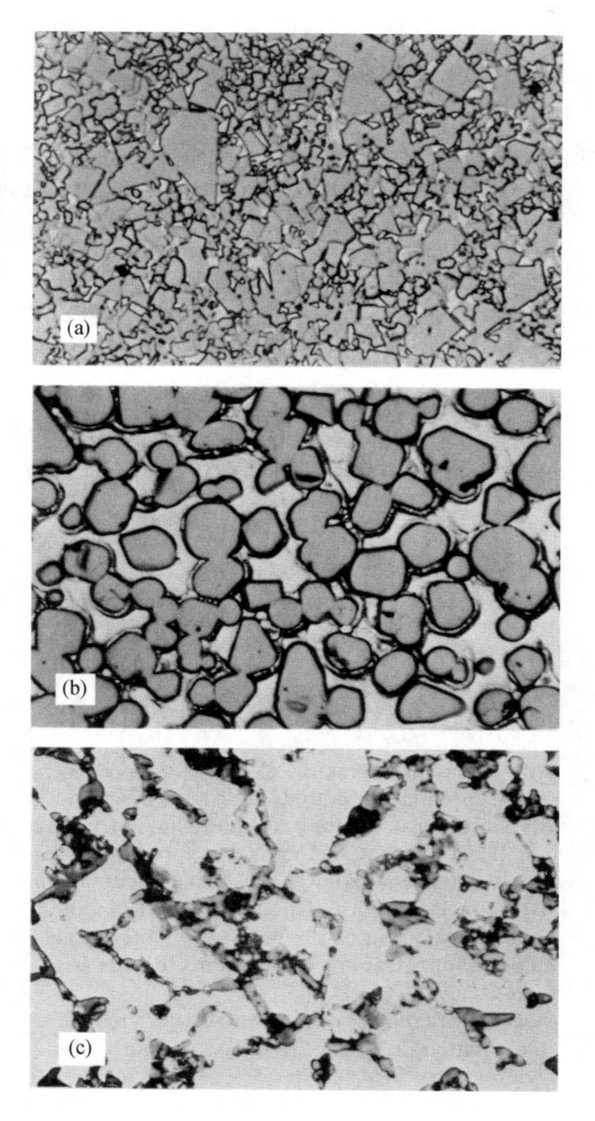

图 11.37　金属陶瓷制品。(a) 94WC－6Co①(1500×)，M. Humenik 提供；(b) 70TiC－30Ni(1580×)，M. Humenik 提供；(c) $30Al_2O_3$－70Cr(545×)，F. R. Charvat 提供

① 原文为“96WC－6Co”，疑有误。——译者注

涂层 到现在为止曾经讨论过的涂层品种只限于釉和搪瓷釉，它们主要是形成玻璃质液体，流过并覆盖在坯体表面。各种各样的组成都以大致相同的方式用做搪瓷或玻璃涂层。然而除此之外，非金属涂层的涂敷可由下述方式进行：通过气相反应使气相在表面上沉积成涂层；通过火焰喷射使氧化物材料经过一个很强烈的热源，氧化物材料在火焰中熔融而在碰到冷的表面时固化；或把一种悬浮体喷射到热表面上，在碰撞表面时形成细颗粒分散相，从而得到合适的涂层。不同类型涂层的显微结构有实质上的不同，这取决于涂敷的特定方法。火焰喷射涂层通常有7% ~10%的气孔率，在涂层增厚期间经常呈现一些层状结构的特征，虽然这种现象取决于所采用的特定工艺。经溶剂挥发而形成的薄层，所得到的涂层中含有很小的晶粒。相反，以反应的方式由气相形成的涂层常常呈现出大晶粒，这是由于新生晶体在表面形核然后在涂层中继续长大。涂层的结构常常平行于底层结构，这是由于新生晶体在底层材料晶体上原位成核并生长。例如，石墨涂层①可通过使热的 CH_4 气体经过一个热表面来形成。在此过程中，新生的热解石墨晶体形成沉积物，其 c 轴垂直于底层表面，呈平行的束状体，由取向几乎相同的单个微晶组成(图 11.38)。

图 11.38 用甲烷 - 氢气气相沉积在石墨棒(图中底部)上的热解石墨涂层(164 ×)。Avco Research and Advanced Development Division 提供

① 原文为“coolings”，疑为“coatings”之误。——译者注

烧结氧化物 我们已提到的另一种材料是纯的烧结单相氧化物，用于要求高强度、高温性能、优良的电性能或高硬度的场合。例如 Al_2O_3 已用做刀具材料，它的高硬度和与金属的低摩擦阻力以及它的高强度和高温性能一起使它特别有效。这些陶瓷化合物的结构已在第十章中联系固态烧结进行过讨论，在该章已用图解说明了一些结构。这类材料的最近的引人注目的应用之一是氧化铀在核反应堆燃料方面的应用。它的特别有用之处是可使大部分铀原子裂变而不破坏材料结构。已经作为特殊的或者耐火用途的其他氧化物包括 BeO、MgO、ThO_2、ZrO_2 和 $MgAl_2O_4$。

单晶 在许多特殊用途方面已经采用了氧化物单晶和其他陶瓷材料单晶。Al_2O_3 单晶已用做热阻窗和优良的红外透射窗、高亮度灯泡的封管以及电子器件的基片。Al_2O_3 单晶也已经以棒状和其他特殊形状用做高温耐火材料。金红石（TiO_2）、尖晶石（$MgAl_2O_4$）、钛酸锶（$SrTiO_4$）、红宝石（Al_2O_3 和少许 Cr_2O_3 形成的固溶体）等单晶已用做人造宝石材料。铌酸锂（$LiNbO_3$）用做激光器基材和基片。氧化镁单晶的光学性能是有潜在意义的；碱金属和碱土金属卤化物晶体用做光学设备中的棱镜和窗孔已经普及多年了。氟化钙、氟化锂、氯化钠以及许多其他单晶在市场上能够买得到。

晶须 从研究观点来看使人感兴趣的一个领域是陶瓷材料晶须的结构和性能。已观察到晶须具有极高的强度。在一定的生长条件下，晶体形成时在一个方向上生长迅速，发展成纤维状的晶体，这种晶须基本没有严重的缺陷，并且具有高达每平方英寸数百万磅的强度。在实验室中已经生长出的这类晶须有氧化铝、几种硫化物、几种碱金属卤化物、石墨以及其他材料。

石墨 一种广为使用但是从结构观点上尚未深入探讨的陶瓷材料是石墨。石墨通常是将焦炭和沥青的混合物成形并经热处理从而形成石墨晶体结构。所形成的石墨晶体是高度不等轴的，像晶体结构上所预料的那样形成片晶。石墨的显微结构一般表现为高度石墨化材料的晶粒分散在很细的晶态材料基质中，该基质材料或多或少地石墨化或多结晶化，而石墨化和结晶化的程度取决于特定的热处理方法。图 11.39 示出了一个样品的显微结构。结构的细节在很大程度上取决于原先焦炭的结构，而焦炭的结构又取决于用来生成焦炭的石油、煤或柏油以及在石墨化过程中焦炭的分布和热处理。所得到的石墨性能强烈地取决于结构的细节。事实表明石墨产品的性能是有强烈方向性的，并且取决于成形工艺的细节。但是，对于任何详细的体系，结构与性能之间的确切关系都未曾研究清楚。

高气孔率结构 另一组很早就提到过但未曾详细讨论的材料是作为各种隔热用途的高气孔率化合物。这包括像玻璃纤维之类的纤维制品、粉状隔热颗粒和高隔热耐火砖。所有这些材料的共同特性是高气孔率。一般而言，当气孔尺

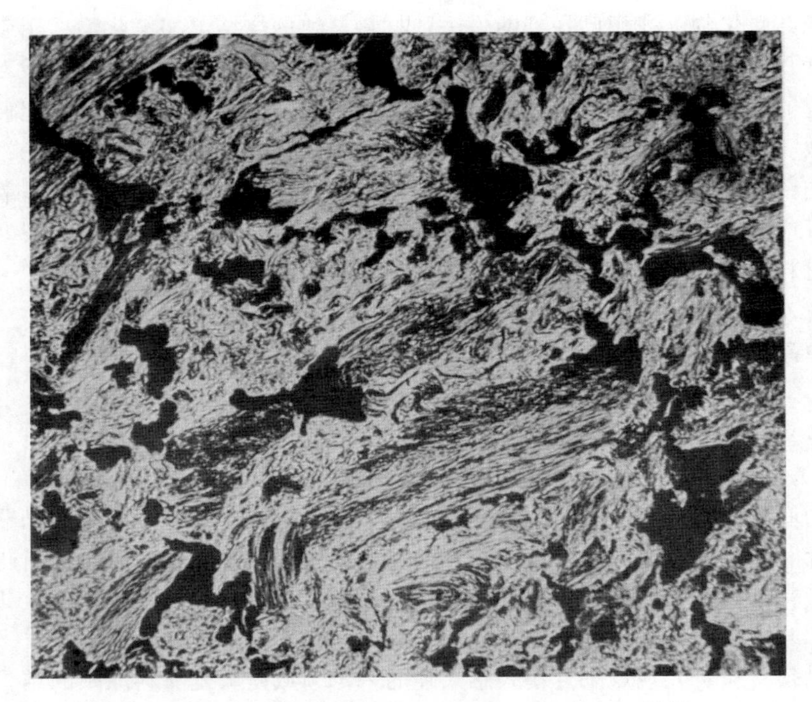

图 11.39　石墨的显微结构(104×)。A. Tarpinian 提供

寸减小而气孔数量增加时，作为隔热材料就更为有效。但是在高温下使用时，在不引起烧结和体积不稳定的前提下，允许出现的最小气孔尺寸是受限制的。因此，以砖的形式用于高温隔热的材料比用在低于烧结范围的温度下的材料具有更大的气孔尺寸。碳粉用做特高温隔热材料的主要原因也在于此，正如第八章所述，碳原子的迁移率很低，因此不会发生烧结，所以能够满意地使用颗粒尺寸很细的材料。

推 荐 读 物

1. E. E. Underwood, *Quantitative Stereology*, Addison-Wesley Publishing Company, Inc., Reading, Mass., 1970.
2. R. M. Fulrath and J. A. Pask, Eds., *Ceramic Microstructures*, John Wiley & Sons, Inc., New York, 1968.
3. H. Insley and Y. D. Fiechette, *Microscopy of Ceramics and Cements*, Academic Press, Inc., New York, 1955.
4. American Society Testing Materials, *Symposium on Light Microscopy*, *A. S. T. M. Spec. Publ.* 143, 1952.

5. G. R. Rigby, *Thin Section Mineralogy of Ceramic Materials*, 2d ed., British Ceramic Resin Association, Stoke-on-Trent, England, 1953.
6. A. A. Klein, "Constitution and Microstructure of Porcelain", *Natl. Bur. Std.*, *Tech. Pap.* 80, 1916 ~ 1917.
7. C. S. Smith, "The Shape of Things", *Sci. Am.*, **190**, 58(January, 1954).
8. S. T. Lundin, "Electron Microscopy of Whiteware Bodies", *Transactions of the IVth International Ceramic Congress*, Florence, Italy, 1954.

习　　题

11.1 一种典型瓷体的组成是 50 黏土 - 25 长石 - 25 石英。对应① 烧结至相平衡(1450 ℃,6 h)和② 在 1300 ℃下烧结 1 h 这两种情况，试绘出此瓷体预期的显微结构的草图，标出比例尺。说明这两种不同烧成制度怎样和为什么影响机械性能、光学性能、热性能以及电性能。

11.2 假定存在于烧结氧化铝瓷中的 10% 的气孔是由于在烧结过程中(晶界扩散或体积扩散)颗粒间隙处的封闭气孔均匀分布造成的。把起始的粉料压块看成是半径为 1 μm 的球体的理想密堆体，气孔以及球体都是六重配位(也就是每个颗粒有一个气孔)，则在显微断面上看到的气孔平均尺寸是多少微米？在显微断面中每平方厘米有多少气孔？假定理论密度为 4.00 g/cm^3，原子量为 102。

11.3 在 1200 ℃烧成的三组分瓷中，长石晶粒($K_2O \cdot Al_2O_3 \cdot 6SiO_2$)在烧成温度下熔融而形成黏性液体小滴，被加热黏土($Al_2O_3 \cdot 2SiO_2 \cdot 2H_2O$)形成的产物所包围。从烧成的瓷体的显微结构上看到莫来石($3Al_2O_3 \cdot 2SiO_2$)针状晶体延伸到长石假晶中。讨论莫来石晶体生长的动力学，包括：① 你所选定的最可能的限制速率的步骤；② 你做此选定时所根据的理由；③ 你如何通过试验或者分析来证实或者否定你的选择。

11.4 试将烧结典型氧化物(如 UO_2)期间控制显微结构的下列因素按重要性的次序列表。用每个变量的可控范围的适当数值近似值范围来说明所排列顺序的正当性：

表面能
温度
气氛
颗粒尺寸的分布
加热速率
体密度(烧成前)
体密度的不均匀性
时间

11.5 你如何着手制作大晶粒取向受控制的(即全部或大部分晶体取向相互平行的)多晶陶瓷？说明你提出的工艺程序所依据的原理。

11.6 对于下列情况绘出清楚的显微结构草图，标出气孔、固相和晶界，特别注意要清楚地标出气孔、各种不同的相和晶界之间的相互关系：

(a) 在气体不能以显著的速率在固体中扩散的气氛中烧结到最大密度的三组分瓷。

(b) 在低温(1500 ℃)烧结的、起始颗粒尺寸大(10 μm)的单相晶态耐火材料，如 MgO 之类。

(c) 在高真空烧结到高温的、起始颗粒尺寸小(0.5 μm)的单相晶态材料：

① 在上述条件下发生了不连续的晶粒长大。

② 在上述条件下烧成时间远长于不连续晶粒长大所需时间。

③ 在上述条件下不连续晶粒长大受到抑制。

11.7 叙述你如何通过实验确定在含有 3 个相(气孔、玻璃和 $MgSiO_3$ 晶体)的块滑石瓷中的气孔分数、玻璃含量分数和晶体含量分数。

11.8 用直线分析法估算图 11.3 中瓷体的气孔分数。真实的气孔半径是多少?

11.9 你如何确定烧成的陶瓷的外形轮廓。在平衡状态时，什么因素影响着外形轮廓?

11.10 当观察一个抛光切片时，哪些显微结构特性能使我们确定它是单相还是多相?

11.11① 安排你负责铁氧体加工线的生产控制。此生产线刚安装好，尚无质量控制(你生产的是中频变压器轭铁用软磁铁氧体)。工艺过程包括采用氧化铜作为外加剂加到炉料中，在高温下形成液相而使炉料容易烧结。绘出你认为能够得到的显微结构图，然后列举几种你认为会显著影响磁性的显微结构特征，并指出哪些性能受这些特征中哪个的影响最强烈。为了控制质量，你会指定测量哪些显微结构? 指出这些测量和重要的显微结构特征之间的关系。也请指出为了控制质量，你会测量哪些磁的或其他特征。

① 原文为“11.12”，疑有误。——译者注

第四篇

陶瓷的性能

陶瓷学家在选择或改进特定的组成、制造方法、烧成过程或热处理方法时，其目的在于获得具有某些有用性能的制品。这就要求对材料性能本身有很好的了解，当然这是很广泛的课题。在本书中，我们集中讨论与陶瓷材料性能有关的各个方面——如何通过正确选择组成、成形方法、烧成工艺及使用等来有效地控制或改进性能。同时为了避免本书过于冗长，我们并没有给出用以描述性能的各种参数的定量推导，也不试图列出材料各种性能的完整数据表。

本书中所考察的性能及其描述方法具有较大的测量随意性，我们并没有企图做到详尽无遗或完全一致。在总体上，我们考察晶体的性能、玻璃的性能以及这些相的混合物的性能。所提出的主题或者是根据它们总的重要性及当前发展状态，或者是根据在说明所涉及的陶瓷参数时它们的特殊意义。

第十二章
热性能

决定陶瓷材料许多用途的物理性能是那些和温度变化直接有关的性能。对于所有的陶瓷来说，不管其用途如何，这些性能都是重要的。例如对于作为隔热体或在要求有良好的抗热应力情况下的应用，这些性能则是关键性的。

12.1 引言

我们主要考察的热学性能是热容(改变温度水平所需的热量)、热膨胀系数(温度每变化 1 ℃时体积或线尺寸的相对变化)和热导率(每单位温度梯度通过物体所传导的热量)。在制造和使用过程中进行热处理时，热容和热导率决定了陶瓷体中温度变化的速率。这些性能是确定抗热应力的基础(见第十六章)，同时也决定操作温度和温度梯度。对于用做隔热体的材料来说，低的热导率是必需的性能。陶瓷体或陶瓷构件中的不同组分由于温度变化而产生的不均匀膨胀能够引起相当大的应力。在陶瓷配方的设计、合适涂层的研制、釉和搪瓷以及将陶瓷和其他材料结合使用时所遇到的许多最常见的困难都起因于温度所引起的尺寸变化。

热容 热容是使材料温度升高所需的能量的度量。从另一个观点来说，它是温度每升高一度所增加的能量。通常在给定压力下测定定压热容 c_p，但是在理论计算中常常用定容热容 c_V 来表示：

$$c_p = \left(\frac{\partial Q}{\partial T}\right)_p = \left(\frac{\partial H}{\partial T}\right)_p \qquad \text{cal/(mol} \cdot ℃) \tag{12.1}$$

$$c_V = \left(\frac{\partial Q}{\partial T}\right)_V = \left(\frac{\partial E}{\partial T}\right)_V \qquad \text{cal/(mol} \cdot ℃) \tag{12.2}$$

$$c_p - c_V = \frac{\alpha^2 V_0 T}{\beta} \tag{12.3}$$

式中：Q 为热交换量；E 为内能；H 为焓；$\alpha = \mathrm{d}V/(V\mathrm{d}T)$ 为体膨胀系数；$\beta = -\mathrm{d}V/(V\mathrm{d}p)$ 为压缩系数；V_0 为摩尔体积。通常热容的值以比热容的形式给出，即每 1 g 物质每升高 1 ℃ 所需的热量。对于凝聚相来说，在大多数情况下 c_p 和 c_V 的差别很小，可以忽略不计；但在高温时，这一差别可能变得非常显著。

热膨胀 长度和体积随温度的改变而发生的变化对许多应用来说是重要的。在任一特定的温度下，我们可以定义线膨胀系数为

$$a = \frac{\mathrm{d}l}{l\mathrm{d}T} \tag{12.4}$$

定义体膨胀系数为

$$\alpha = \frac{\mathrm{d}V}{V\mathrm{d}T} \tag{12.5}$$

一般来说，这两个量都是温度的函数，但对于有限的温度范围内，采用平均值就足够了。即

$$\bar{a} = \frac{\Delta l}{l\Delta T} \qquad \bar{\alpha} = \frac{\Delta V}{V\Delta T} \tag{12.6}$$

热导 陶瓷的主要用途常常是作为隔热体或作为热导体。这些应用的有效性在很大程度上由特定温度梯度下热量通过陶瓷体传递的速率决定。用于定义热导率的基本方程为

$$\frac{\mathrm{d}Q}{\mathrm{d}\theta} = -kA\frac{\mathrm{d}T}{\mathrm{d}x} \tag{12.7}$$

式中：$\mathrm{d}Q$ 为在 $\mathrm{d}\theta$ 时间内垂直于面积 A 流过的热量。热流正比于温度梯度 $-\mathrm{d}T/\mathrm{d}x$，比例系数是一种材料常数，称为热导率 k。

在每一点的热流量 $q = \mathrm{d}Q/\mathrm{d}\theta$ 以及温度均与时间无关的稳态条件下，式(12.7)的应用需要对所考虑的特定形状进行积分。通过一平板的热流量为

$$q = -kA\frac{T_2 - T_1}{x_2 - x_1} \tag{12.8}$$

通过一个长为 l、内径为 D_1、外径为 D_2 的圆筒流出的径向热流为

$$q = -k(2\pi l)\frac{T_2 - T_1}{\ln D_2 - \ln D_1} \tag{12.9}$$

对于许多其他的简单形状，可以导出类似的关系式。复杂的形状通常需要采用近似方法。

如果温度不恒定，那么其随时间的变化率取决于热导率对单位体积热容 ρc_p 之比。这个比值 $k/\rho c_p$ 称为热扩散率，具有和物质扩散率相同的单位，即 cm^2/s。从图 12.1 可以导出一个体积单元 $dxdydz$ 的温度变化的速率为

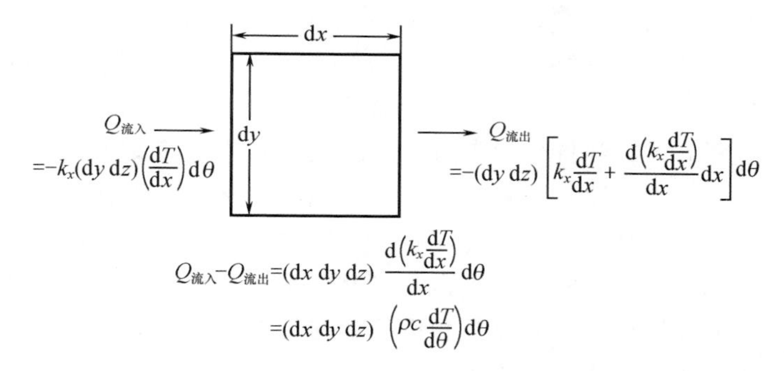

图 12.1　通过一个立方体单元 $dxdydz$ 的瞬时热流

$$\frac{dT}{d\theta} = \frac{d\left(\frac{k}{\rho c_p}\frac{dT}{dx}\right)}{dx} \tag{12.10}$$

式(12.10)和式(12.7)与第八章讨论过的物质扩散的等效方程之间的相似性是显而易见的。

12.2　热容

把材料从绝对零度下的最低能量状态提高温度所需的能量用于：① 使原子以一定的振幅和频率围绕其晶格位置振动(振幅和频率取决于温度)所需的振动能量；② 使气体分子、液体分子和具有转动自由度的晶体分子转动所需的转动能量；③ 提高结构中电子的能级；④ 改变原子位置(例如形成肖特基缺陷和弗仑克尔缺陷、无序化现象、磁性取向或者在转变范围内改变玻璃的结构)。所有这些变化都对应于内能的增加，同时伴随有构型熵的增加。

经典的热动力学理论要求每一个原子对于每一个自由度来说都有一个平均动能 $kT/2$ 和一个平均势能 $kT/2$。因此，对于具有 3 个自由度的一个原子，其总能量为 $3kT$，每克原子所具有的能量就是 $3NkT$，因而

$$c_V=\left(\frac{\mathrm{d}E}{\mathrm{d}T}\right)_V=3Nk=5.96\ \mathrm{cal/(mol\cdot ^\circ C)} \tag{12.11}$$

这和在高温下观测到的实际数值符合得很好。然而在低温下这个数值还必须乘上一个无量纲数 $h\nu/kT$ 的函数(其中 h 为普朗克常量，ν 为振动频率)。在德拜(Debye)的比热理论(推荐读物 1)中，对于晶格振动的最大频率 $\nu_{\max}$，有

$$\frac{c_V}{3Nk}=f\left(\frac{h\nu_{\max}/k}{T}\right)=f\left(\frac{\theta_D}{T}\right) \tag{12.12}$$

式中：$h\nu_{\max}/k$ 具有温度的量纲，称为德拜温度或特征温度 θ_D。在低温时热容和$(T/\theta_D)^3$ 成正比，但是在高温下 $f(\theta_D/T)$ 接近于 1，因此热容变得和温度无关，如式(12.11)所示。

在某一温度下，热容将变为常数或随温度只做微小的变化，这个温度取决于材料的结合强度、弹性常数和熔点，对于不同的材料这个温度大不相同。图 12.2 绘出了一些典型的数据和实验测得的热容曲线。如图所示，特征温度约为熔点的 1/5 ~ 1/2(以绝对温度计算)。实际上，特征温度通常是由热容的数值决定的。关于材料热容的更详细和更精确的讨论以及它们和振动频谱之间的关系已经由 de Launay(推荐读物 2)给出。

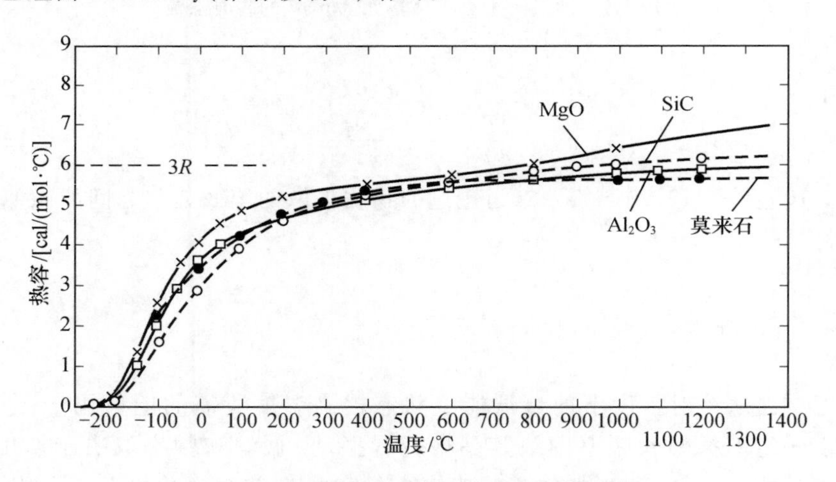

图 12.2 不同温度下某些陶瓷材料的热容

对陶瓷材料体系来说，热容理论的主要结果是：大多数氧化物和碳化物的热容量从低温时的低值随温度上升而增加，到 1000 ℃ 附近时达到 5.96 cal/(mol · ℃)左右；进一步提高温度并不能显著地影响这个数值，而且

此值和晶体结构关系也不大。图 12.3 可以说明这一点。图中给出了晶态石英(SiO_2)、CaO 和 $CaSiO_3$ 的数据。在石英发生 α—β 转变时热容发生突变。一般来说，在 1000 ℃附近的热容值可由式(12.11)和摩尔组成来估算。精确值及其与温度的关系必须用实验的方法确定，但它们对晶体结构或陶瓷的显微结构是不敏感的。

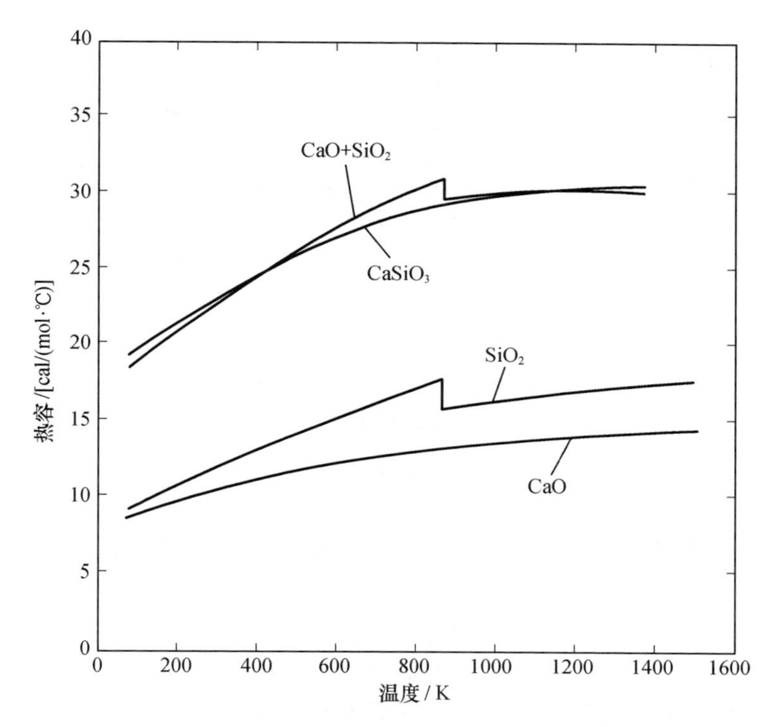

图 12.3　摩尔比为 1:1 的不同形式的 CaO + SiO_2 的热容

如图 12.2 所示，在温度超过特征温度 θ_D 时，热容以适中的速率继续增长。式(12.11)所给出的常数值相应于振动对热容的贡献，这种贡献在低温时是主要的因素。在较高温度时定压热容也增加较快，从而和定容热容发生较大程度的偏离。弗仑克尔缺陷和肖特基缺陷的形成、磁性无序性、电子能量影响等都对高温下热容的增值有贡献。这种贡献的总值取决于特定的结构和高温时形成较高能量形式所增加的能量。一般地说，在实验的量测精度范围内，高温时的定压热容可以近似地表示为随温度呈线性增加。

当出现在第四章讨论过的有序－无序转变那样的过程时，热容的数值增加得特别迅速。在这种过程中从有序结构到无序结构的大多数转变在有限的温度范围内快速地发生。图 12.4 显示了一种有序－无序转变时相应的热容。

在磁性和铁电转变时热容也发生类似的变化。这些转变的合作本质将在第十八章中进行更详细的讨论。原则上它们和已经讨论过的有序－无序转变是类似的。

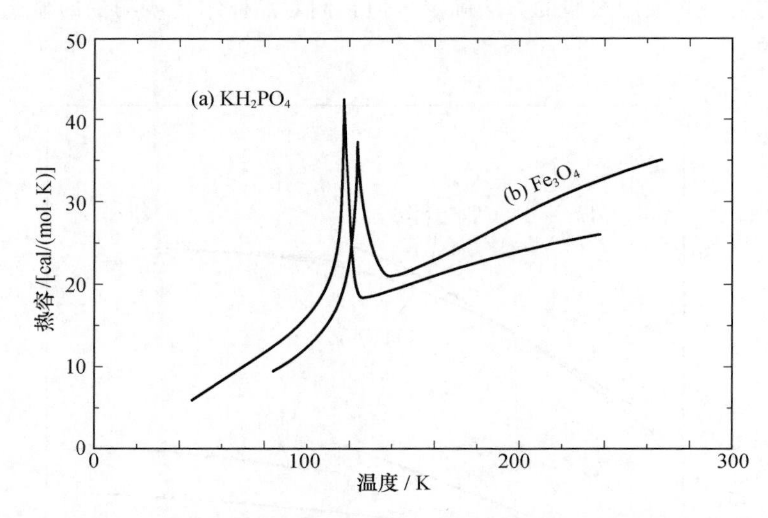

图 12.4 (a) KH_2PO_4 中氢键和(b) Fe_3O_4 中 Fe^{3+} 离子发生有序－无序转变时的热容

然而，在同质多晶转变中热量会发生不连续变化，热容的变化虽然也是不连续的，但变化通常并不大(见图 12.3)。

虽然晶态材料的摩尔热容对结构不敏感，但是报道的体积热容数值却受气孔率的影响，因为单位体积中材料的质量是随材料中气孔体积成正比减小的。因此提高隔热耐火砖的温度所需的热能要比提高致密的耐火砖所需的热能少得多。对于必须周期性地加热和冷却的炉子的建造来说，这是隔热材料宝贵而实用的性质之一。同样，对于必须迅速加热或冷却的实验室炉子，钼片辐射屏蔽或低密度的纤维状或粉状隔热材料具有较低的固体物质含量，因而具有较小的单位体积热容，这样就可以达到快速加热和冷却的目的。

大多数氧化物玻璃在玻璃转变的低温端，其热容接近 $3R$ 值的 0.7～0.95 倍。通过玻璃转变而进入液体状态时，热容一般增加 1.3～3 倍(图 12.5)。热容的增加反映了构型熵的增加，这种熵只是在液态时才变成可能，因为在液态下分子重新排列的时间相对于实验的时间尺度来说是短促的。

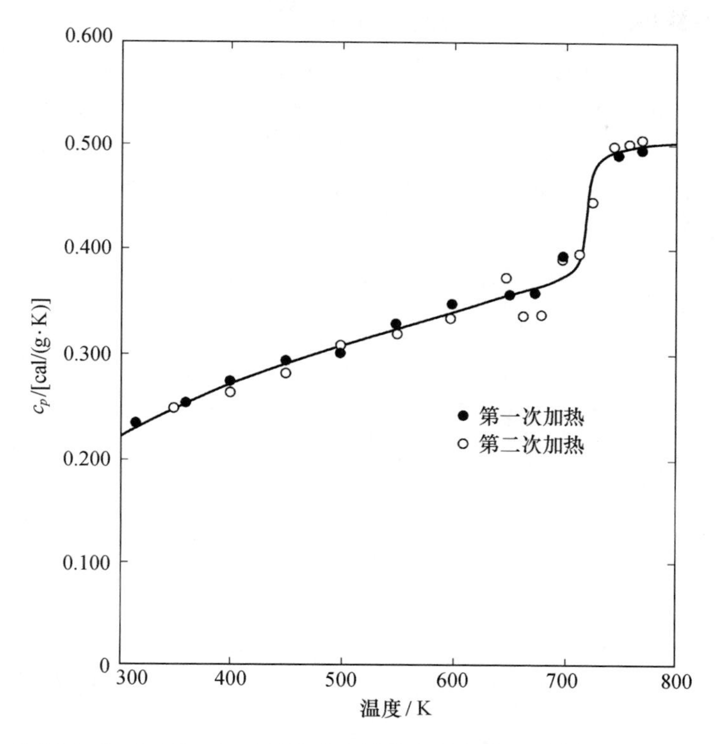

图 12.5　0.15Na_2O－0.85B_2O_3 玻璃的热容随温度的变化。引自 D. R. Uhlmann，A. G. Kolbeck，and. D. L. de Witte，*J. Non-Cryst. Solids*，**5**，426(1971)

12.3　晶体的密度和热膨胀

密度与晶体结构　晶体材料的体积以及体积随温度的变化都与第二章中讨论过的晶体结构密切相关。密度直接由晶体结构(也就是原子堆垛系数)所决定。2.6 节中所讨论过的那些氧化物可以看成是具有氧离子密排的基本结构，而阳离子则填满或部分填充其间隙位置。密堆的氧离子结构的原子堆积密度大，每立方厘米的原子数多。通常测定的密度(g/cm^3)取决于这个数值，并且取决于该成分的原子量。一些氧原子呈简单立方堆积结构(例如 UO_2)，每立方厘米的原子数比较少；但是结构中含有高原子量的阳离子(例如铀)，所以测得的比重高。

和以氧离子密堆为基础的结构相比，如在 2.7 节中所讨论过的那样，许多硅酸盐材料中原子堆积的密度低。铝与硅具有相近的原子量，但 Al_2O_3 的密度(氧离子六方密堆)是 3.96 g/cm^3，而二氧化硅的常见形态石英的密度只有

2.65 g/cm³。硅酸盐的这种低密度是由硅离子的低配位数和高电价所要求的网络结构决定的。更高温度下的二氧化硅形态甚至具有更低的密度(方石英 2.32 g/cm³，鳞石英 2.26 g/cm³)，正如2.10节所讨论过的，这对应于更开放的结构。如图12.6所示，这是一种普遍的情况，即高温下的同质多晶形态比低温形态具有较高的比体积(低密度)；相应地，同种物质在晶型转变温度处体积的增加是不连续的。

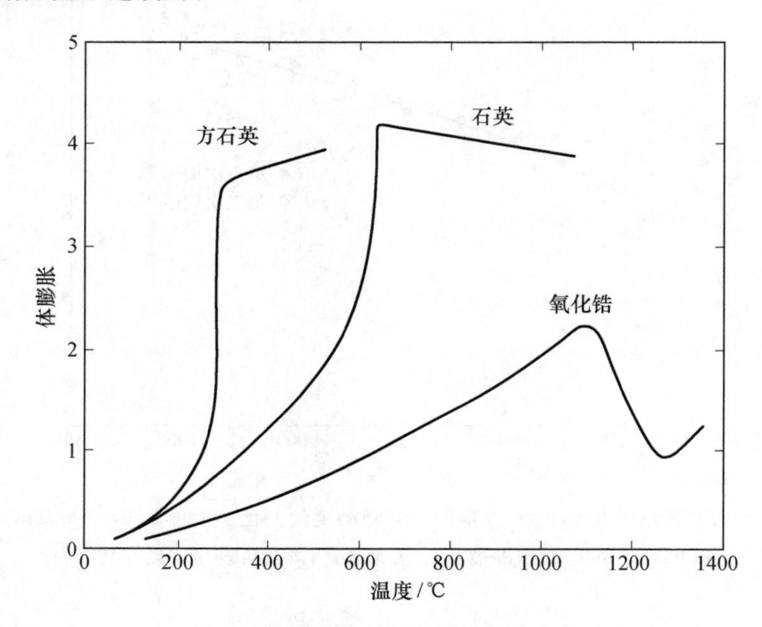

图12.6 同质多晶转变时的体积变化

密度与晶体结构之间的直接关系是清楚的。当然，这应该包括如第四章所讨论过的晶体中的缺陷。在一些系统中，这些缺陷在高温时变得很重要。

热膨胀 任何给定晶体的比体积随温度的增加而增加，并且晶体趋于变得更加对称。体积随温度的增加主要取决于原子围绕一平均位置振动时振幅的加大。原子之间的斥力项随着原子间距的变化比引力项的变化更快，因此最小能谷是非对称的(图12.7)。随着点阵能的增加，在平衡能量位置之间振动的振幅加大，导致原子间距变大，这就相应于点阵的膨胀。从热动力学上说，结构能增加了，但熵却减小了。

由于点阵振动而引起的体积变化与所含能量的增加密切相关。因此，热膨胀系数随温度的变化($\alpha = \mathrm{d}V/V\mathrm{d}T$)类似于热容的变化(图12.8)。热膨胀系数在低温时增加很快，但在德拜特征温度 θ_D 以上时则趋近于常数。高于此温度时所观察到的热膨胀系数持续增加通常是由于形成弗仑克尔缺陷或肖特基缺陷

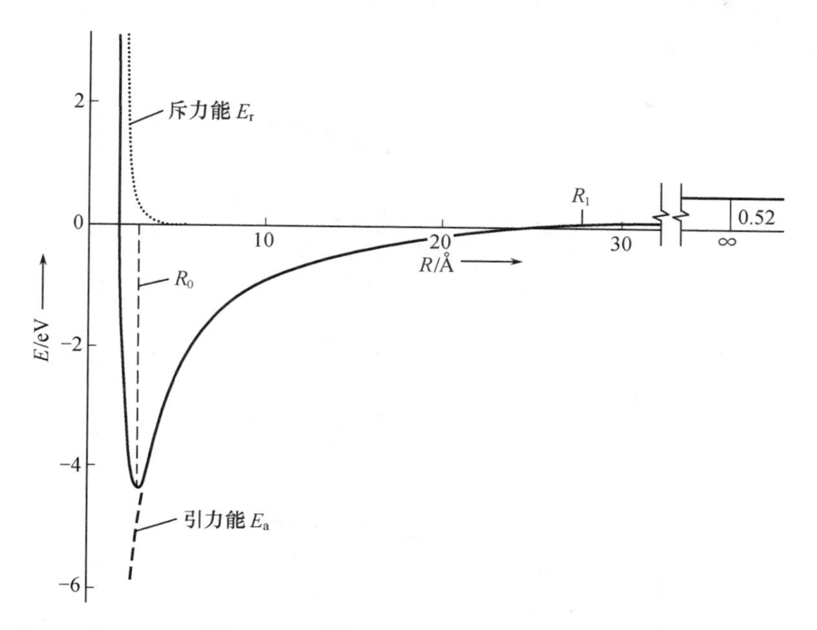

图 12.7 点阵能与原子间距的函数关系

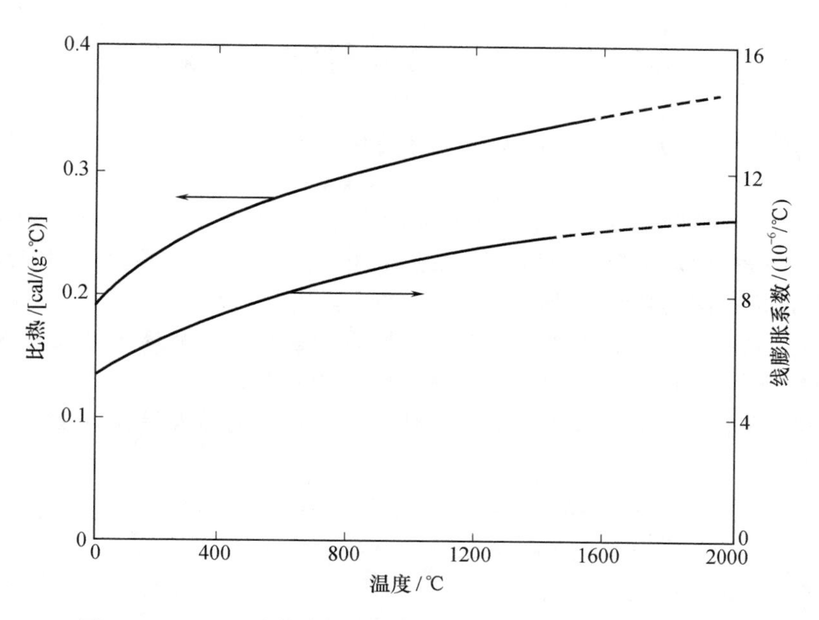

图 12.8 Al_2O_3 的热容与热膨胀系数在宽广的范围内平行变化

所致。如第四章所述，可以用这些缺陷的浓度来直接解释膨胀性能。一些典型的膨胀系数曲线如图 12.9 所示。

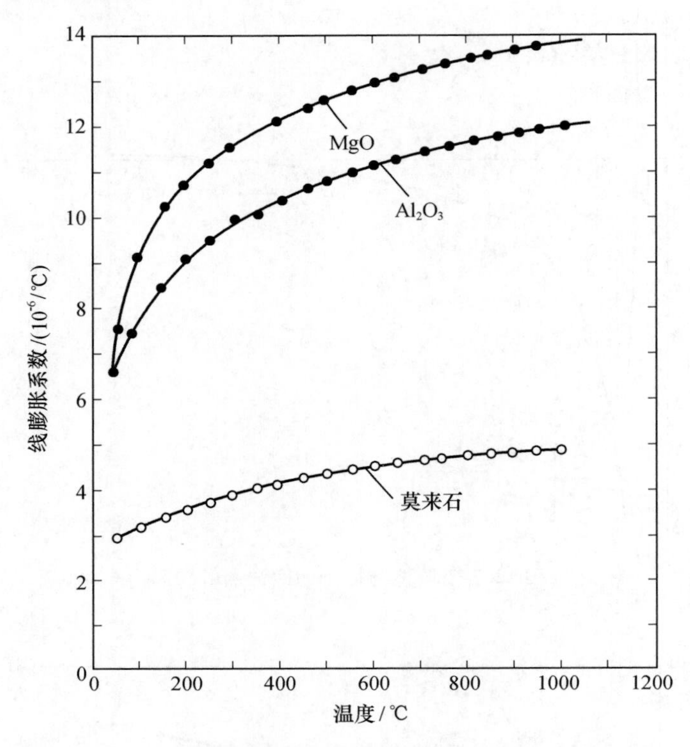

图 12.9　某些陶瓷氧化物的热膨胀系数随温度的变化关系

热膨胀系数随温度而变的一个重要的实际结论是：对许多氧化物来说，把最常见于表格内的室温下的热膨胀系数值用于一个很宽的温度范围内或应用于不同的温度范围内是错误的。这一错误常见于陶瓷文献中。

对立方晶体来说，沿不同晶轴的膨胀系数都相等，晶体尺寸随温度的变化是对称的。因此，在任何方向上测得的线膨胀系数 a 都一样。对于各向同性材料，在有限的温度范围内其平均体膨胀系数 $\bar{\alpha}$ 与线膨胀系数之间有如下关系：

$$\begin{aligned} 1 + \bar{\alpha}\Delta T &= 1 + 3\bar{a}\Delta T + 3\bar{a}^2\Delta T^2 + \bar{a}^3\Delta T^3 \\ \bar{\alpha} &= 3\bar{a} + 3\bar{a}^2\Delta T + \bar{a}^3\Delta T^2 \end{aligned} \tag{12.13}$$

对大多数情况，因为 $\bar{a}$ 很小，因此对有限的温度范围内下式给出了良好的近似：

$$\bar{\alpha} = 3\bar{a} \tag{12.14}$$

对于非等轴晶体，热膨胀系数沿不同晶轴有不同值。热膨胀系数的差异几乎总是导致晶体在高温下更为对称，其理由与 2.10 节中所讨论过的一样。这就是说，在四方晶体中，随着温度升高，c/a 比值减小。同时，当温度升高时膨胀系数的比值 a_c/a_a 也有减小的趋势。一些非等轴材料的数据如表 12.1 所示。非等轴膨胀最突出的例子也许是像石墨那样的层状晶体结构了。石墨的结合力有强烈的方向性，在层状平面内的膨胀比垂直于层面的膨胀小得多。对于具有很强的非等轴性的晶体，某一方向上的膨胀系数可能是负值，结果使得体膨胀可能非常低。这样的材料可用在受热震作用的地方。极端的例子是钛酸铝、堇青石以及各种锂铝硅酸盐。最有趣的是 β－锂霞石，总的体膨胀系数是负的。在这些材料中，很小的或负的体膨胀与高度各向异性结构有关。相应地，如在 5.5 节及 12.4 节中讨论的那样，多晶体中晶界处于如此高的应力状态下，将使得材料具有低的固有强度。

表 12.1　某些非等轴晶体的热膨胀系数($\bar{a}\times10^{-6}/℃$)①

晶体	垂直于 c 轴	平行于 c 轴
Al_2O_3	8.3	9.0
Al_2TiO_5	-2.6	+11.5
$3Al_2O_3\cdot2SiO_2$	4.5	5.7
TiO_2	6.8	8.3
$ZrSiO_4$	3.7	6.2
$CaCO_3$	-6	25
SiO_2(石英)	14	9
$NaAlSi_3O_8$(钠长石)	4	13
C(石墨)	1	27

热膨胀系数的绝对值与晶体结构和键合强度密切相关。键合强度高的材料(如钨、金刚石以及碳化硅)具有低的热膨胀系数。然而，这些材料具有高的特征温度，因此比较它们在室温下的膨胀系数值并不完全令人满意。当讨论结构效应时最好在材料的特征温度下进行比较。

具有氧离子密堆的氧化物结构，在室温下线膨胀系数的典型值在$(6\sim8)\times10^{-6}/℃$范围内，接近特征温度时增加到$(10\sim15)\times10^{-6}/℃$。许多硅酸盐的数值比这小得多，这是因为它们的开放结构能吸收由横向振动方式及调整键角所引起的振动能。一些典型的热膨胀系数值如表 12.2 所示。

---

① 原文为 $\bar{a}\times10^{6}/℃$，恐有误，应为 $\bar{a}\times10^{-6}/℃$。——译者注

表 12.2　一些材料的平均热膨胀系数

材料	线膨胀系数，0～1000 ℃ /（10^{-6}/℃）	材料	线膨胀系数，0～1000 ℃ /（10^{-6}/℃）
Al_2O_3	8.8	ZrO_2（稳定化的）	10.0
BeO	9.0	熔融氧化硅玻璃	0.5
MgO	13.5	钠－钙－硅酸盐玻璃	9.0
莫来石	5.3	TiC	7.4
尖晶石	7.6	瓷器	6.0
ThO_2	9.2	黏土耐火材料	5.5
UO_2	10.0	Y_2O_3	9.3
氧化锆	4.2	TiC 金属陶瓷	9.0
SiC	4.7	B_4C	4.5

12.4　玻璃的密度和热膨胀

正如第三章（特别是 3.3 节）所讨论过的那样，玻璃的体积在很大程度上取决于玻璃网络的本质。对于纯的网络形成体，密度达到最小值；当其中添加网络变体离子时，密度就增大，因为这些离子在不明显改变网络结构的情况下增加了存在的原子数。因此在结构中引进外加变体离子对密度的作用大于使网络松弛的影响。由于在第三章中讨论过的结构上的考虑，玻璃通常比相应的晶态组成具有较低的密度，但并不总是如此。Shaw 和 Uhlmann① 曾评论过二元氧化物玻璃系统的密度随组成的变化。硅酸盐玻璃系统的这种变化的一个典型例子如图 12.10 所示。对其他简单的硅酸盐系统也得到了类似的数据。

热处理的影响　除了组成以外，室温下玻璃的密度还取决于先期的热处理过程[图 3.1(b)]；快速冷却的玻璃，其比体积比同样组成但缓冷下来的玻璃高。热膨胀系数的常规测定清楚地说明了从过冷液体（其中由于温度的变化结构发生重排）到玻璃态固体（其中结构固定下来而与温度无关）的转变，热膨胀系数测试给出了如图 12.11 所示的结果。工业硅酸盐玻璃在 500～600 ℃的温度下膨胀系数突然增加；这一温度有时被称为转变温度，但更恰当地应该称为转变范围，因为此值取决于玻璃的加热速率及先期的处理过程（在大约 700 ℃时，长度的缩短对应于在测量装置施加的应力下试件发生黏性流动）。

---

① *J. Non-Cryst. Solids*, **1**, 474(1969)。

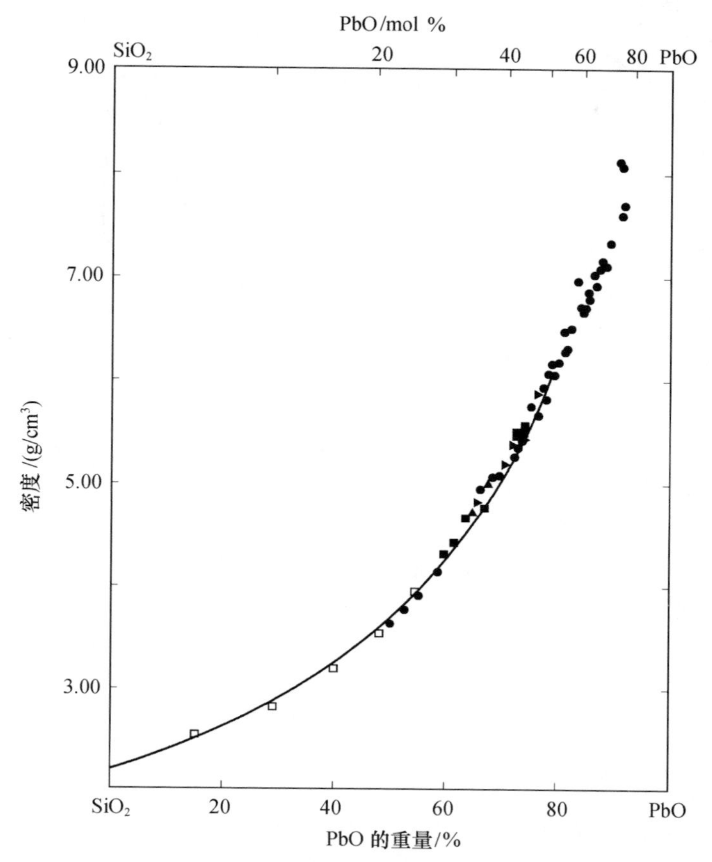

图 12.10　$PbO-SiO_2$ 系统中密度随组成的变化。引自 R. R. Shaw and D. R. Uhlmann, *J. Non-Cryst. Solids*, 1, **474**(1969)

先期的热处理对膨胀特性的影响如图 12.12 所示。曲线 a 对应于试件保持在一定温度下足够长的时间、温度达到平衡时观测到的长度。在较低温度下所需的时间要长一些。上部曲线 b 对应于经过快速冷却的同样成分的试件。在所用的加热速率下，发现大约在 400 ℃以下时膨胀系数(曲线的斜率)都相等，高于这个温度后，玻璃一直收缩到约 560 ℃时到达平衡结构，以后又继续膨胀。曲线 c 对应于在 500 ℃下长时期退火后又重新加热的试件，甚至超过 500 ℃后膨胀系数也仍保持不变，相应于建立结构平衡所需的时间滞后。在曲线 d 中，对于冷却速率较慢的试件，发现它处于上述两种情况的中间状态。这些变化相应于膨胀系数的变化(图 12.13)。所有试件都接近于常数，此值低温时对应于玻璃的膨胀系数而在高温时对应于过冷液体的膨胀系数。在转变范围内各试样的表现是不同的，取决于先期的热处理。

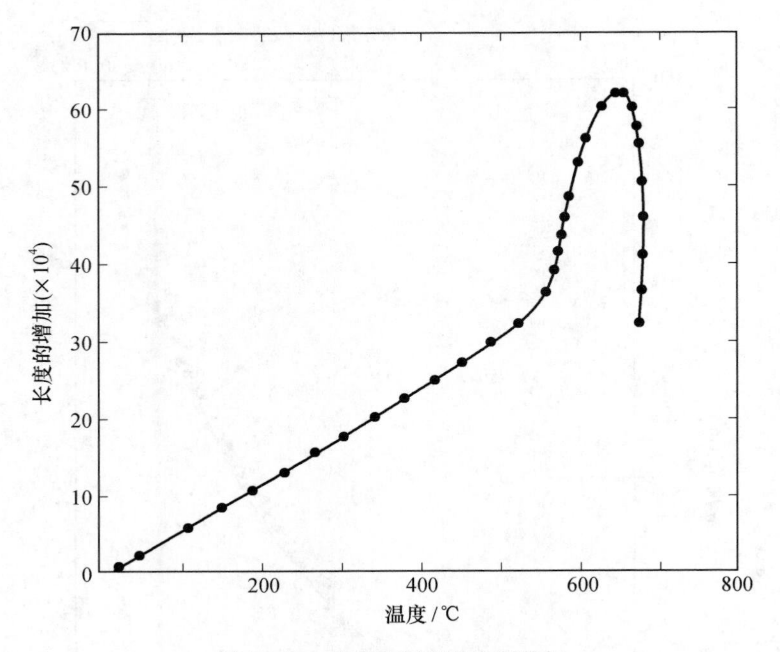

图 12.11　玻璃热膨胀的典型数据

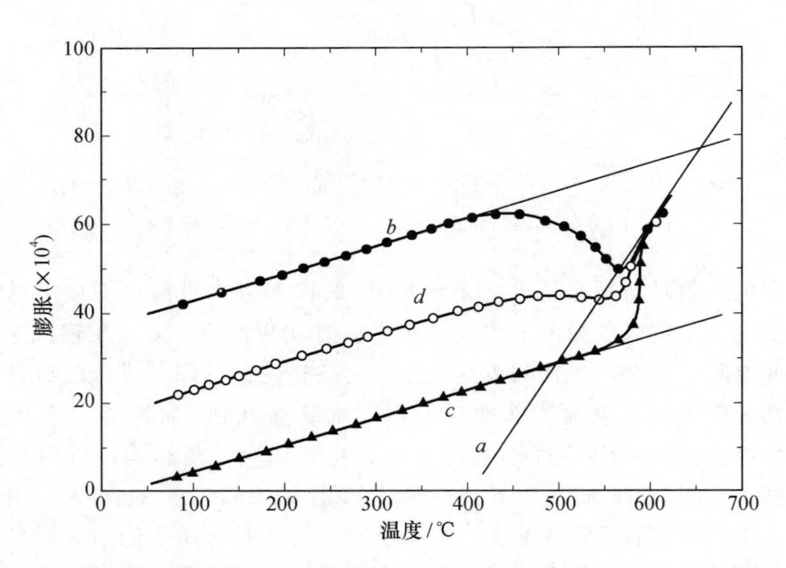

图 12.12　同一玻璃在不同热处理后的线尺寸变化：*a.* 在 400 ℃以上进行理想的缓慢加热而在每一温度都达到平衡；*b.* 快速冷却；*c.* 在 500 ℃长时间退火；*d.* 慢速冷却。试件 *b*、*c* 及 *d* 是在加热速率为 10 ℃/min 时量测的

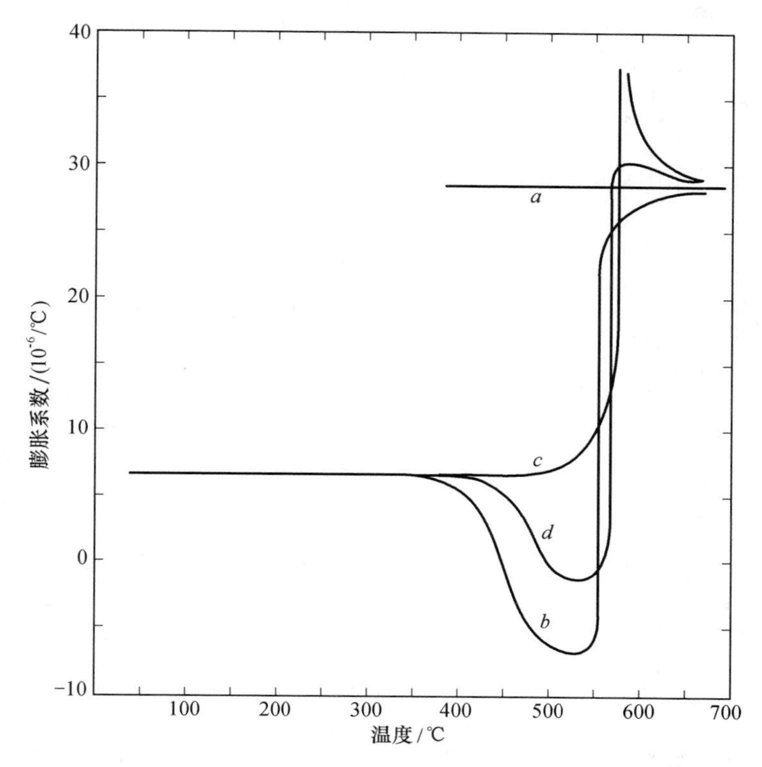

图 12.13　与图 12.12 中所示的长度变化相对应的膨胀系数的变化

在许多含有 B_2O_3 的玻璃中，曾经报道过某些性能对组成的关系中有显著的不同；这方面经典的例子是 $Na_2O-B_2O_3$ 系统玻璃。按最初报道，在约 15 mol% Na_2O 时其热膨胀系数达到明显的最小值，这被认为是氧化硼的反常现象。而最初被认为是由于碱浓度约小于 15% 时 BO_3 三角形转变成 BO_4 四面体，而当碱浓度较大时形成单键结合的氧（非桥氧）。然而，此后的 NMR（核磁共振）研究结果（见图 3.9）指出，四面体配位硼原子的分数随着碱金属氧化物含量的增加而增加，直到碱金属氧化物含量达（30 ~ 35）mol% 左右。虽然对 $Na_2O-B_2O_3$ 玻璃来说，有些工作者曾报道过热膨胀系数对组成的关系有最小值，但他们报道的最小值的位置常常是不一致的（图 12.14）。图 12.14 所看到的大部分差异可能与试验过程、样品的纯度、所选择的组成间隔以及量测的温度范围不同有关。

这个问题通过研究所有 5 种碱金属硼酸盐系统玻璃的热膨胀特性得到阐明，试验是在相同的温度区间（−196 ~ +25 ℃）并在很窄的（1 mol% 或 2 mol%）组成间隔下进行的。如图 12.15 所示，热膨胀系数与组成的关系中并

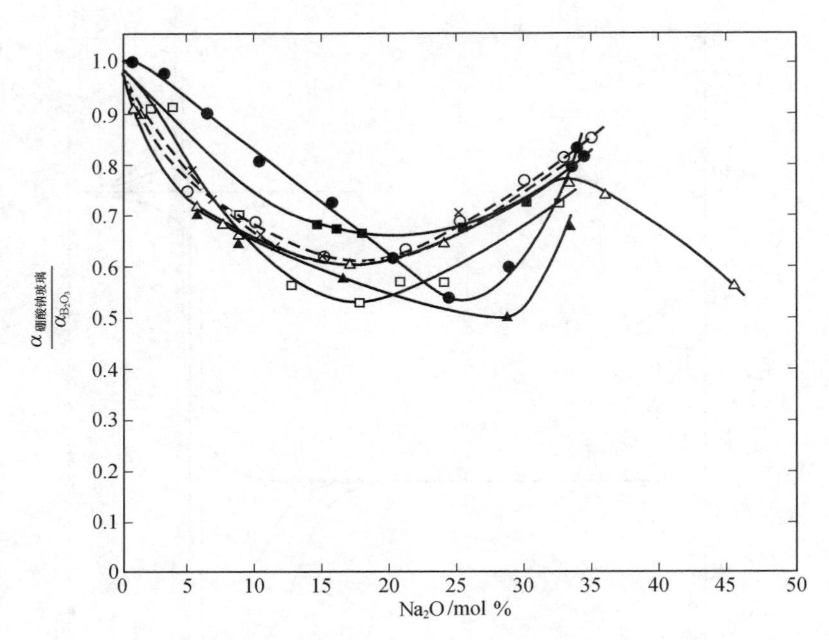

图 12.14 不同研究者发表的硼酸钠玻璃的归一化热膨胀系数。引自 R. R. Shaw and D. R. Uhlmann, *J. Non-Cryst. Solids*, **1**, 347(1969)

没有任何明显的最小值。更确切地说，上述关系的特征是有宽阔的、铺开的最小值，而没有一个唯一的、可以由最小值来识别的单一组成。热膨胀系数的显著增加出现在组成为 30 mol% 的碱金属氧化物附近。NMR 研究结果指出，在这一组成时，每一个增加的氧使两个硼原子由 BO_3 组态转变到 BO_4 组态的过程就停止了。超出上述范围，在可观的浓度下就可能形成单键合的氧，结果降低网络的内聚力，增加膨胀系数。图 12.15 所示的宽化的最小值反映两个过程之间的竞争：一方面形成 BO_4 四面体，企图降低膨胀系数；另一方面引进网络变体阳离子，又企图增加膨胀系数。阳离子的尺寸愈大，对膨胀系数的影响也愈大。

假想温度 在玻璃冷却以后以及在转变范围内退火期间，发生的密度及其他性能的改变与时间有关，此关系由试件的热历史和温度决定(图 12.16)。讨论这些结构变化的一个广泛采用的方法是由 Tool① 提出的，他引进了一个“假想温度”概念。假想温度是这样的温度，即如果以无限快的速度达到此温度，则在此温度下玻璃结构将处于平衡状态。比较图 12.16(b)与图 12.12 也许可以最好地说明这一点。在这个基础上，总的线膨胀可以表示为两项之和：一项

① *J. Am. Ceram. Soc.*, **29**, 240(1946)。

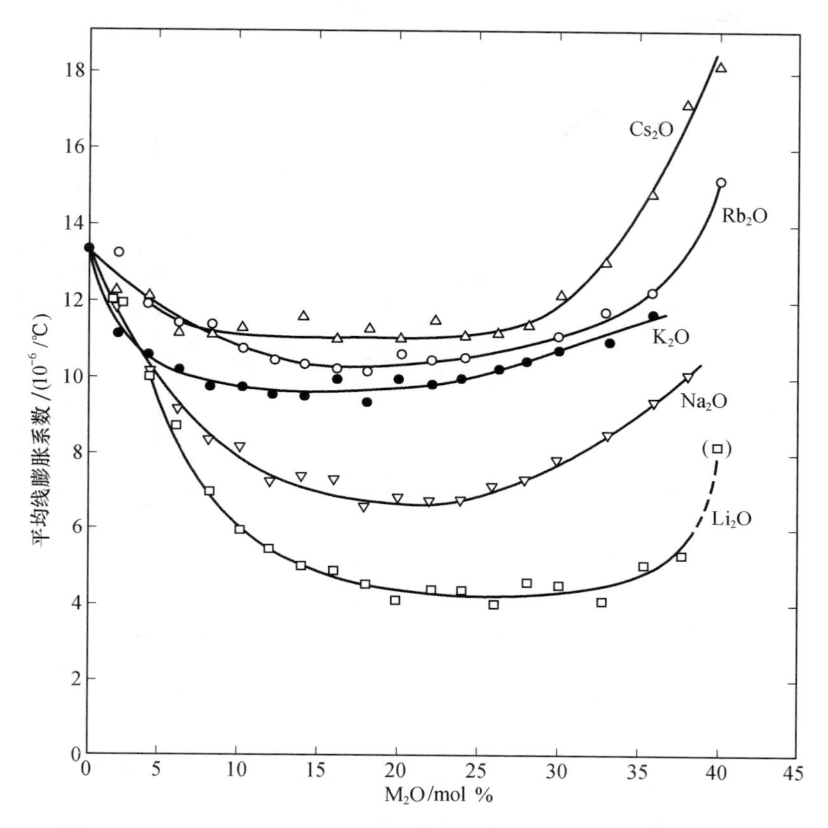

图 12.15　碱金属硼酸盐玻璃的热膨胀系数与组成的函数关系。引自 R. R. Shaw and D. R. Uhlmann, *J. Non-Cryst. Solids*, **1**, 347(1969)

是在结构不变的情况下与实际温度的变化有关；另一项是在温度不变的情况下由结构的变化引起。如果 a_1 是图 12.13 中的低温值，a_2 是高温值，则

$$\frac{\mathrm{d}l}{l} = a_1 \mathrm{d}T + a_2 \mathrm{d}\tau \tag{12.15}$$

假想温度的变化速率是驱动力项与代表原子重排的势垒项的乘积。驱动力项相应于实际材料的结构和平衡温度或假想温度下结构之间的自由能差。驱动力正比于($T-\tau$)。离子运动的活化能($\Delta G^{\dagger}$)和结构的关系还不太清楚，但 Tool 用试验方法发现他的结果可以用与 $\exp(T/A)\exp(\tau/B)$ 成比例的项来表示，也就是说

$$\frac{\mathrm{d}\tau}{\mathrm{d}\theta} = K(T-\tau)\exp\left(\frac{T}{A}\right)\exp\left(\frac{\tau}{B}\right) \tag{12.16}$$

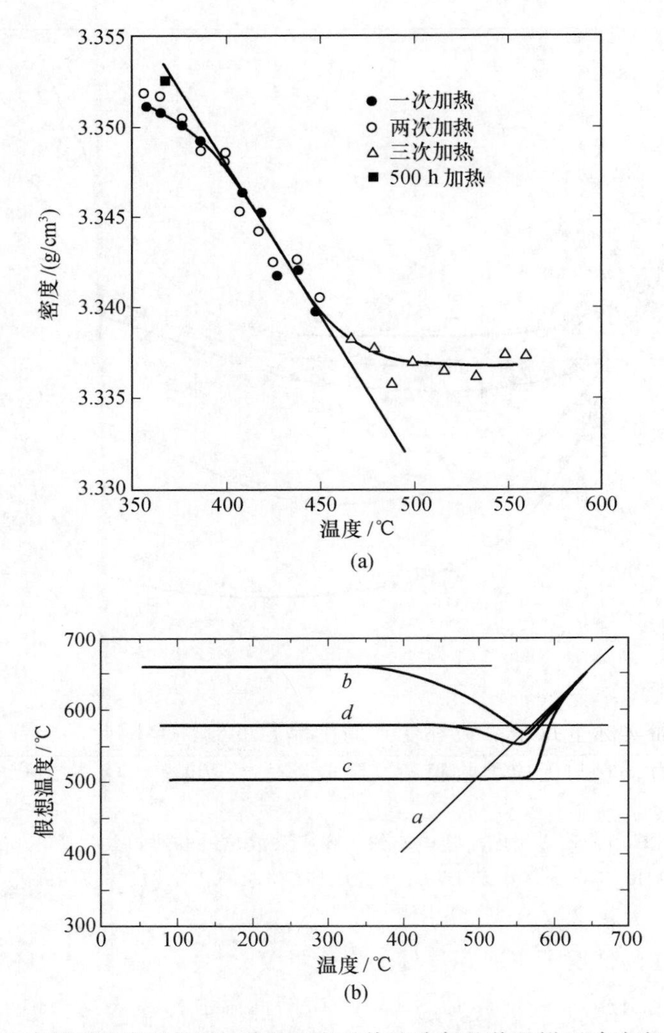

图 12.16 (a) 在图示温度下长时间热处理之后快速冷却的普通燧石玻璃在室温下的密度变化。引自 A. Q. Tool and E. E. Hill, *J. Soc. Glass Technol.*, **9**, 185(1925)。(b)图 12.12 及图 12.13 所示试件的假想温度变化

这相应于对弛豫的黏性阻力 η，它与 $\exp(-T/A)\exp(-\tau/B)$ 成正比。对于平衡的液体，$T=\tau$，平衡液体的温度改变 1 ℃，η^{-1} 改变为原来的 $\exp\left(\frac{1}{A}+\frac{1}{B}\right)$ 倍。$\exp\left(\frac{1}{A}\right)$ 部分代表仅由温度引起的变化，$\exp\left(\frac{1}{B}\right)$ 部分代表液体内部状态变化而引起的变化。因此 $\frac{1}{A}$ 及 $\frac{1}{B}$ 的相对值表明在同一单元中温度及结构的重要性。

Tool 关于硼硅酸盐冕牌玻璃的数据可由式(12.16)描述，此时$\frac{1}{A}=0.050$，$\frac{1}{B}=0.023$，可见温度的重要性约为 τ 的两倍。相反，由 Collyer① 得到的另一种硼硅酸盐玻璃的数据表明这两个参量几乎具有同等的重要性。而随后 Ritland② 的研究工作建议将式(12.16)修改为

$$\frac{\mathrm{d}\tau}{\mathrm{d}\theta}=K_0[\,|\tau-T|+K_1|\tau-T|^2]\exp\left(\frac{T}{A}\right)\exp\left(\frac{\tau}{B}\right) \tag{12.17}$$

括号内增加了二次项使得 Tool 提出的与驱动力呈线性的关系复杂化。此结果可以用时间频谱而不是用单一的弛豫时间来解释。关于这些观点的进一步的详细讨论见推荐读物 3。

12.5 复合体的热膨胀

当一个多晶体、几种晶相的混合体或晶体与玻璃体的混合体加热到烧成温度时，由于黏性流动、扩散或溶解以及淀析作用而形成致密共格的结构。如果在不同晶向上膨胀系数不同，或者如果不同的相有不同的热膨胀系数，则不同的晶粒在冷却时就会有不同的收缩量；如果发生无应力收缩就会在晶粒之间导致开裂。然而实际上每个晶粒都受到周围晶粒的制约，因此晶粒并不分开而是出现显微应力，它与无应力收缩和实际收缩之差成正比。

复合体的膨胀系数 在假设材料内不出现裂缝，每一个晶粒的收缩都与总的收缩一样，并且假设所有的显微应力都是纯静水拉应力和压应力(界面剪应力可忽略)的情况下，复合体的热膨胀系数是可以计算出来的。每个颗粒的应力由下式给出：

$$\sigma_i=K(\alpha_r-\alpha_i)\Delta T \tag{12.18}$$

式中：α_r 及 α_i 分别为平均体膨胀系数和颗粒 i 的体膨胀系数；ΔT 是从无应力状态算起的温度变化；K 是体积模量($K=-\frac{P}{\Delta V/V}=\frac{E}{3(1-2\mu)}$，其中 P 是各向同性的压力，V 是体积，E 是弹性模量，μ 是泊松比)。如果没有什么地方的应力大到足以使结构破坏，则在整个面积或体积内应力的总和等于零。因此，设 V_1 和 V_2 分别为混合材料的体积分数，则

$$K_1(\alpha_r-\alpha_1)V_1\Delta T+K_2(\alpha_r-\alpha_2)V_2\Delta T+\cdots=0 \tag{12.19}$$

$$V_1+V_2+\cdots=V_r \tag{12.20}$$

---

① *J. Am. Ceram. Soc.*, **30**, 338(1947)。

② *J. Am. Ceram. Soc.*, **37**, 370(1954)。

$$V_i = \frac{F_i \rho_r V_r}{\rho_i} \tag{12.21}$$

式中：F_i 是第 i 相的重量分数；ρ_r 及 ρ_i 分别是平均相密度及第 i 相的密度。代入式(12.19)并消去 ΔT、ρ_r 及 V_r，则给出最初由 Turner① 求得的聚集体体膨胀系数的表达式：

$$\alpha_r = \frac{\alpha_1 K_1 F_1/\rho_1 + \alpha_2 K_2 F_2/\rho_2 + \cdots}{K_1 F_1/\rho_1 + K_2 F_2/\rho_2 + \cdots} \tag{12.22}$$

描述复合材料膨胀特性的另外一个模型是考虑了晶界处或相界处的剪切效应。假设复合体的总膨胀量是 $\alpha_r \Delta T$(此处 α_r 是总膨胀系数，ΔT 是该物体最初无应力状态和最后有应力状态之间的温度差)，分析各单独成分的位移并且应用界面处的连续条件，则总膨胀系数可以用首先由 Kerner② 得到的关系式来表示：

$$\alpha_r = \alpha_1 + V_2(\alpha_2 - \alpha_1)\frac{K_1(3K_2 + 4G_1)^2 + (K_2 - K_1)(16G_1^2 + 12G_1K_2)}{(4G_1 + 3K_2)[4V_2G_1(K_2 - K_1) + 3K_1K_2 + 4G_1K_1]} \tag{12.23}$$

式中：G_i 是第 i 相的剪切模量。

作为对比，根据式(12.22)和式(12.23)对一个两相复合体进行预测所得到的结果绘于图 12.17 中。这两相自身的性质如下：

$$\alpha_1 = 12 \times 10^{-6}/℃, \quad K_1 = 1.5 \times 10^{11}\,\text{dyn/cm}^2,$$

$$G_1 = 0.8 \times 10^{11}\,\text{dyn/cm}^2, \rho_1 = 1.86\ \text{g/cm}^3$$

$$\alpha_2 = 4.5 \times 10^{-6}/℃, \quad K_2 = 3.6 \times 10^{11}\,\text{dyn/cm}^2,$$

$$G_2 = 2 \times 10^{11}\,\text{dyn/cm}^2, \quad \rho_2 = 2.09\ \text{g/cm}^3$$

这些数值是 $Li_2O - B_2O_3$ 系统中 Li_2O 含量小于 20 mol% 的玻璃的典型值。这类玻璃表现出相分离现象(见表 3.6)。图 12.17 表明对这个系统来说，Turner 关系式(12.22)的预测结果要比 Kerner 表达式(12.23)的预测结果大约低 12%。图中的两条 Kerner 曲线是通过颠倒基质和夹杂物的作用而得到的，随着这两个相的性质之间的差别减小，两条 Kerner 曲线的差距也减小。最后，可以看出，由 Kerner 关系式预期的曲线随体积分数变化的关系要比由 Turner 模型预期的更平缓一些。

Turner 关系在许多情况下可以很好地描述试验数据。作为例子，对两种金属基复合材料进行分析的结果如图 12.18 所示。然而，在另一些情况下，试验结果与由式(12.22)算得的曲线相比更接近于 Kerner 预测的曲线。还有一些情

---

① *J. Res. NBS*, **37**, 239(1946)。

② *Proc. Phys. Soc. (Lond.)*, **B69**, 808(1956)。

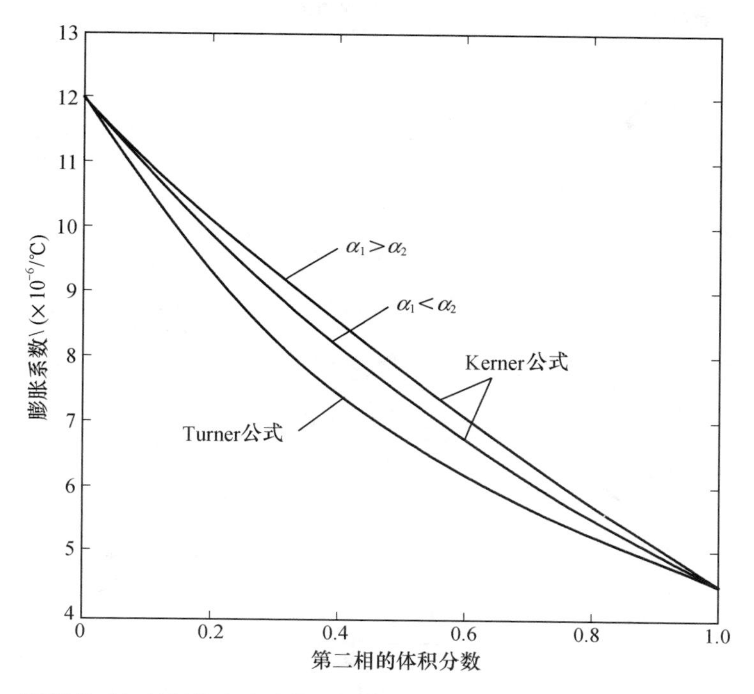

图 12.17　预期的两相材料热膨胀系数的比较。引自 R. R. Shaw, Ph. D. thesis, MIT, 1967

况，虽然试验数据一般落在两个模型预测的曲线之间，但与两者的一致性尚有不少差距。

同质多晶转变的影响　在复合体的组成中，一种成分存在着同质多晶转变时也可以推导出与式(12.22)及式(12.23)相似的关系式。例如含有石英或方石英为一种组分的陶瓷就是这种情况。在同质多晶转变时，这些组分要经受急剧的体积变化(图 12.6)。当这些组分结合在一个瓷体中时，在转换温度下瓷体的膨胀系数增大。图 12.19 表示两种瓷体组成的热膨胀。一种瓷体的组成主要是方石英；另外一种中有一些是方石英，也有一些石英(这两条膨胀曲线应与图 12.6 的曲线对比)。在所涉及的温度范围内，将$\left(\frac{\Delta V}{V_0}\Delta T\right)$代入每一相的 α 中去，就可以推导出式(12.22)及式(12.23)所表示的等价的膨胀系数。这就证实了在转换温度下预期会产生显著的应力，以及总膨胀系数的变化。

显微应力　在复合体中由于两种材料之间的热膨胀系数或结晶学方向有大的差别而形成的应力足以在复合体中产生微裂纹。这些裂纹对于理解实际陶瓷的应用性能是非常重要的。对于许多系统我们已经进行过说明。对其中形成大应力的多晶聚集体或复合体，这些裂纹的一个重要结果是测出的热膨胀系数出

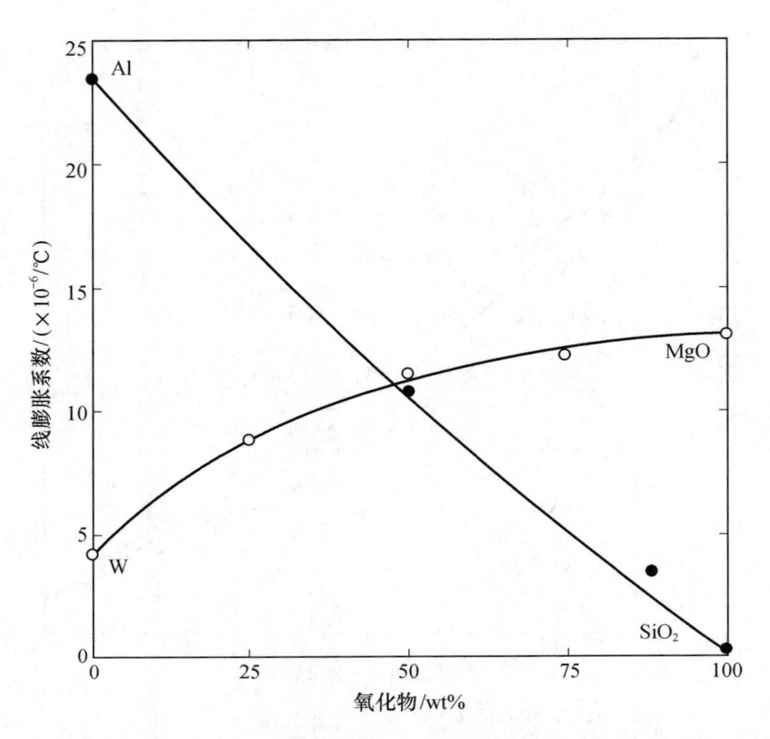

图 12.18　MgO－W 及 Al－SiO_2 系统玻璃的两端及中间组成的热膨胀系数，两实线是按照式(12.22)算得的。引自 W. D. Kingery，*J. Am. Ceram. Soc.*，**40**，351(1957)

现滞后现象。例如在一些 TiO_2 组成物中就发生了这种现象(图 12.20)。多晶二氧化钛从焙烧温度冷却时出现微裂纹；当这些微裂纹形成时，观测到的总膨胀系数就低于单个晶体的膨胀系数。在加热时，这些裂纹趋于闭合，从而在低温时观测到异常低的膨胀系数。这种膨胀滞后现象在不同结晶方向上热膨胀系数有明显区别的多晶材料中尤其容易发生，也经常发生在具有不同膨胀系数的材料的混合体中。

晶界断裂及其对热膨胀系数测量产生影响的一个非常突出的例子是石墨。垂直于 c 轴的热膨胀系数大约是 1×10^{-6}/℃；平行于 c 轴的膨胀系数大约是 27×10^{-6}/℃。而观测到的多晶石墨样品的线膨胀系数是在 $(1\sim3)\times10^{-6}$/℃范围内。

尽管显微应力引起的断裂可以发生在晶粒内部，也可以沿着晶界发生，但最常见的还是发生在晶界上。如第五章所述，形成的晶界应力与晶粒尺寸无关[式(5.53)]，但是，晶界开裂和热膨胀滞后现象主要发生在大晶粒样品中。

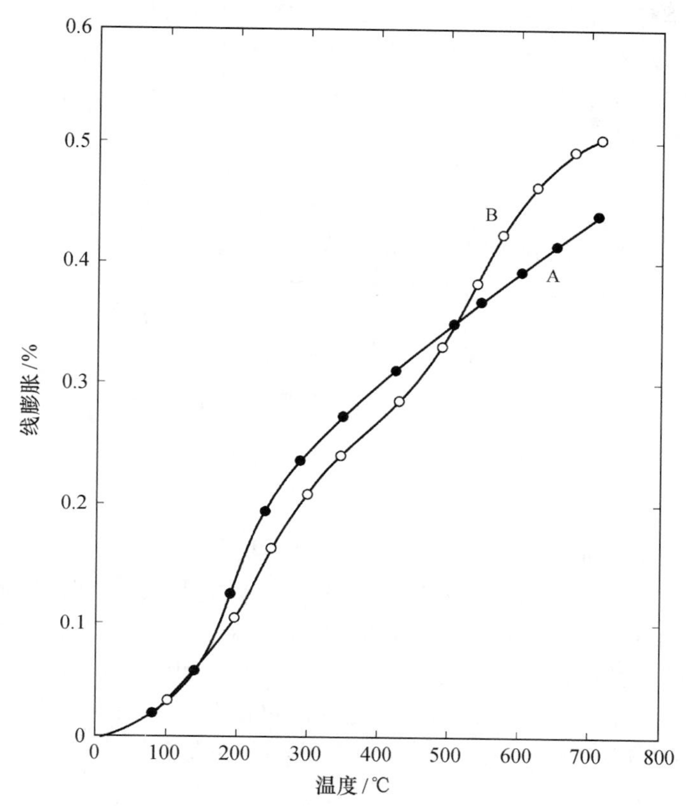

图 12.19　两种瓷体组成的热膨胀。瓷体 A 含有方石英作为二氧化硅相，瓷体 B 含有方石英和石英

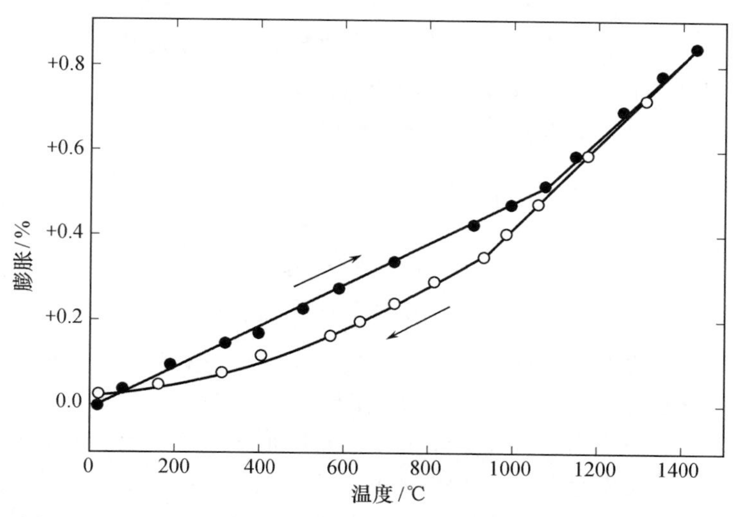

图 12.20　由于存在显微裂纹而引起的多晶 TiO_2 的热膨胀滞后现象

正像显微应力能导致显微裂纹及破坏一样，当物体固定在支座之间或固定在不同膨胀系数的材料上膨胀受到约束时，物体内就形成显微应力。假如某种材料的杆件完全受束缚而不能膨胀(图 12.21)，由于这种构造对杆件施加约束力，杆中应力则为

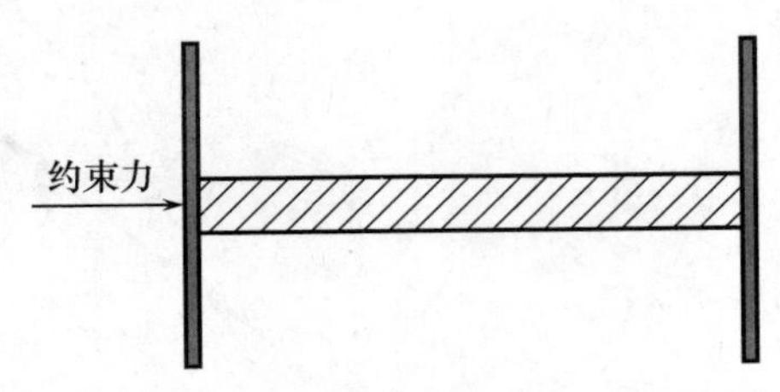

图 12.21　固定支座对膨胀的约束

$$\sigma = \frac{Ea\Delta T}{1-\mu} \tag{12.24}$$

式中：E 是杨氏模量；ΔT 是温度变化；μ 是泊松比。

釉的应力　釉或者搪瓷釉的热膨胀系数与基体陶瓷或金属的膨胀系数之间有差别时，同样也会产生应力。假如在 T_0 时无应力，则应力取决于新的温度 T'、材料的弹性性能以及两者的热膨胀系数。对于无限平板上的一层薄釉，假如釉和瓷体的弹性性能是一样的，在这种简单情况下，釉的应力 σ_{gl} 和瓷体的应力 σ_b 可根据式(12.25)及式(12.26)求得。对陶瓷上的釉来说，这常常是一种良好的近似。

$$\sigma_{gl} = E(T_0 - T')(a_{gl} - a_b)(1 - 3j + 6j^2) \tag{12.25}$$

$$\sigma_b = E(T_0 - T')(a_b - a_{gl})(j)(1 - 3j + 6j^2) \tag{12.26}$$

按照常规，式中正的应力表示张力，j 是釉与瓷体的厚度比。在通常情况下，T_0 取为釉的凝固温度，通常处于它的退火温度范围内。

对于圆柱形瓷体上的薄层釉来说，相应的表达式为

$$\sigma_{gl} = \frac{E}{1-\mu}(T_0 - T')(a_{gl} - a_b)\frac{A_b}{A} \tag{12.27}$$

$$\sigma_b = \frac{E}{1-\mu}(T_0 - T')(a_b - a_{gl})\frac{A_{gl}}{A} \tag{12.28}$$

式中：A、A_b 及 A_{gl} 分别是整个圆柱体、瓷体和釉的截面面积。为了在釉和瓷体或搪瓷釉和金属之间得到良好的配合，最好在冷却到室温以后使釉处于受压状态。这种情况是必要的，因为如果在釉中产生张应力，釉中会出现龟裂(图 12.22)。这时，张应力已发展到超过了釉的抗张强度的程度。如果使釉处于压应力状态，就不会发生这种类型的破坏，除非出现巨大的应力而发生相反情况，即挤裂或在压应力下发生破坏。在冷却下来的制品中釉应力及搪瓷釉应力

的典型值大约是 10000 psi，为压应力(图 12.23)。

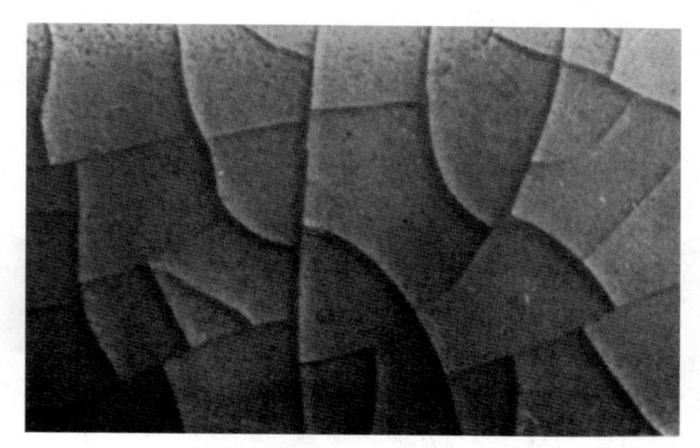

图 12.22　表明玻璃中的张拉裂纹的龟裂釉

即使在冷却过程中已经形成压应力，在使用时还会出现延迟的龟裂破坏。硅酸盐瓷体由于吸潮而增加其体积，坯体的膨胀会降低釉中的压应力，并将压应力转变成张应力，在足够的时间以后制品趋于龟裂。为了防止龟裂，最好有相当大的初始压应力。此外，还应调节组成使吸潮膨胀减至最小。这可以通过采用较多的玻璃质配方或者无碱配方来实现。例如块滑石瓷砖在这方面就比长石 - 黏土 - 燧石瓷砖优越得多。

釉或搪瓷釉在烧成温度时可以充分地流动以消除内应力，而从烧成温度冷却下来时产生应力，当通过转变范围以后，应力开始增加。如 12.2 节所指出的，应力开始增加的实际温度取决于冷却速率。冷却时应力随温度的变化取决于冷却曲线的细节(图 12.23)。然而在室温下所形成的总应力仅仅取决于在应力开始时的温度到室温之间釉及瓷体之间的总膨胀之差，而与冷却过程中应力的变化无关。图 12.23 对两种瓷体说明了这种情况，图中二者的应力随温度变化的情况很不相同，但最后形成的应力却是一样的。

许多世纪以来，釉被用做装饰并使陶瓷体不渗透液体。近年来，釉还被用来提供大的表面压应力，以强化陶瓷体。这方面一个值得一提的例子已在第八章讨论过，在 Na_2O - BaO - Al_2O_3 - SiO_2 系统中，用中等膨胀的釉来强化高膨胀的玻璃陶瓷体。这种情况下可以得到 25000 psi 左右的压应力，材料的总强度可达到 38000 psi 左右①。这样高的强度使得用上述材料为基础制成的餐具能使用 3 年而不破坏。

① 参考 D. A. Duke, J. E. Megles, J. F. MacDowell, and H. F. Bopp, *J. Am. Ceram. Soc.*, **51**, 98(1968)。

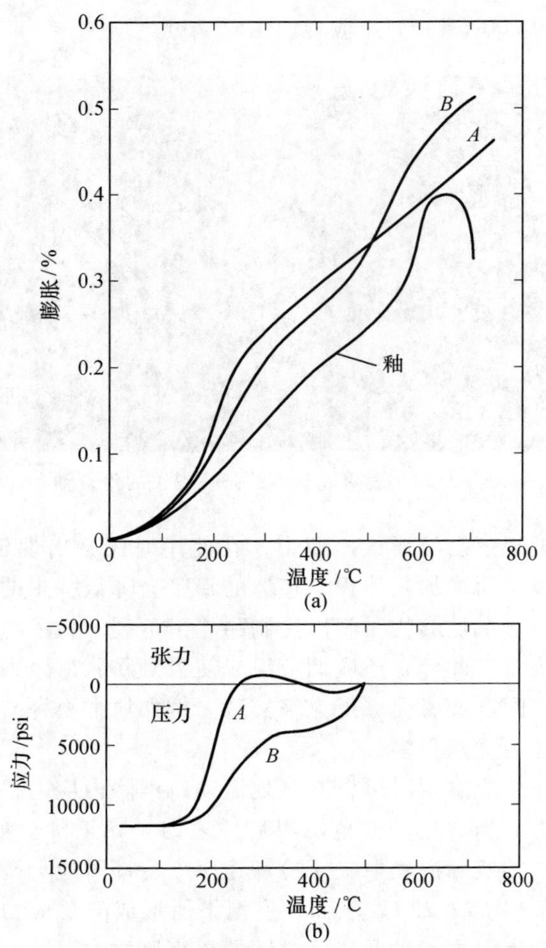

图 12.23 (a)釉及瓷体的膨胀；(b)冷却时形成的应力

12.6 导热过程

在温度梯度影响下，热能的传导过程取决于单位体积的能量浓度、热能的运动速度以及它向周围散逸的速率。预测总热导率需要了解上述每一个因素。例如在气体中，单个原子或分子通过相互碰撞而交换动能，所具有的热能简单地等于单位体积的热容；分子运动的速度可由动力学原理计算；而能量散失速率则取决于原子或分子间碰撞的速率。如果我们考虑一个温度梯度，在其间分子浓度为 N，分子的平均运动速度为 v，则在 x 方向上分子通过单位面积的平均速率等于$\frac{1}{3}Nv$。如果由于分子间的碰撞而达到能量平衡，两次碰撞之间的平均距离即平均自由程为 l，则平行于 x 轴方向运动的分子具有的能量为 $E_0 + \frac{l\partial E}{\partial x}$（其中 E_0 为 $x=0$ 时的平均能量，l 是平均自由程，$\frac{\partial E}{\partial x}$为 x 轴方向上的能量梯度）。把这些关系联系起来，则 x 轴方向上的净能通量为

$$\frac{q}{A} = k\frac{\partial T}{\partial x} = \frac{1}{3}Nvl\frac{\partial E}{\partial x} \tag{12.29}$$

由于

$$N\left(\frac{\partial E}{\partial x}\right) = N\left(\frac{\partial E}{\partial T}\right)\left(\frac{\partial T}{\partial x}\right) = c\left(\frac{\partial T}{\partial x}\right) \tag{12.30}$$

因此热导率必然为

$$k = \frac{1}{3}cvl \tag{12.31}$$

式中：c 为单位体积的热容。此关系式能够满意地描述理想气体的特性，并说明了不同的气体在不同的压力和温度下的特性。

声子热导率 介电固体的热传导可以看成是非谐振弹性波经过连续体进行的传播，或者是称为声子的热能量子之间的相互作用。这些格波的频率有一系列数值，而散射机制或波的相互作用取决于频率。热导率可以用与式(12.31)相当的一般形式来表示：

$$k = \frac{1}{3}\int c(\omega)vl(\omega)\mathrm{d}\omega \tag{12.32}$$

式中：$c(\omega)$是频率为 ω 的格波在每个频率间隔内对比热的贡献；$l(\omega)$为格波的衰减长度。

由于热弹性波而产生一定的热导率和能量散失的主要过程是声子与声子之间的相互作用，这相应于声子的散射过程，称为*倒逆过程*。声子的相互作用在一个宽阔的温度范围内都是重要的。除此之外，各种点阵缺陷引起的非谐振性也导致声子散射，这进一步使平均自由程减小而影响热导率。在足够高的温度下(一般超过室温)，对各种类型的缺陷来说，缺陷的散射作用与温度及振动频率无关。在低温时，由于点阵缺陷引起的各种散射机制产生了一些特殊的结果。如果起作用的过程超过一个，则可以发现 $1/l$ 的有效值为每个过程的 $1/l$ 之和；这近似地相当于把各种起作用的过程的相应热阻加在一起。曾经进行了关于杂质缺陷及微观结构对介电体热导率影响的试验研究，其结果一般与理论预计的结果相符合。介电固体中声子热传导的机理和随温度的变化规律已经相当清楚了。

光子传导 固体中除了振动能以外，还有小得多的一部分能量是由较高频率的电磁辐射能所引起的。因为这部分能量所占总能量的比例很小，在讨论热容及热导率时通常可以忽略不计。但在高温时它就显得重要了，这是因为这部分能量与温度的四次方成比例。温度为 T 时，黑体单位体积辐射的能量由下式给出：

$$E_{\mathrm{T}} = \frac{4\sigma n^3 T^4}{c} \tag{12.33}$$

与提高这种辐射的温度水平所需能量相对应的体积热容为

$$C_{\mathrm{R}} = \left(\frac{\partial E}{\partial T}\right) = \frac{16\sigma n^3 T^4}{c} \tag{12.34}$$

式中：σ 是斯特藩 - 玻尔兹曼（Stefan - Boltzmann）常量（1.37×10^{-12} cal/cm^2 · s · K^4）；c 是光速（3×10^{10} cm/s）；n 是折射率。因为该辐射的速度是 $v = c/n$，代入式(12.31)即得到辐射能传导率为

$$k_{\mathrm{r}} = \frac{16}{3}\sigma n^2 T^3 l_{\mathrm{r}} \tag{12.35}$$

式中：l_{r} 是辐射能的平均自由程。

如果考虑在部分吸收的介质中两个体积单元之间的能量交换，将很容易得到式(12.34)的结果。穿过等温介质的辐射强度依照朗伯 - 比尔（Lambert - Beer）定律 $I_x = I_0 \exp(-ax)$ 随距离而变，其中 a 是吸收系数。折射率为 n 的单位体积材料在各个方向上辐射的速率为

$$j = 4a\sigma n^2 T^4 \tag{12.36}$$

在稳态条件下，由体积单元辐射出的能量值必须等于吸收的能量值。而在某一温度梯度下，较高温度区域射出的能量值较大，导致辐射能的净通量。对于任何体积单元来说，净辐射能通量等于能量吸收值和能量辐射值之差。一些作者曾指出分析这个过程可以得出如式(12.31)给出的同样结果。对于光子传热来说，无论能量分布还是平均自由程都强烈地取决于波长，因此应该用式(12.32)那样的关系式来进行定量分析。

因为辐射能密度的数值比振动能来得小，所以这种能量传播过程的效率强烈取决于辐射能传播的平均自由程。对于不透明材料($l \approx 0$)，通过这种方法传播的能量可忽略不计。同样地，如果平均自由程比系统的尺寸还大，能量与材料的相互作用就可以忽略不计，此时辐射能的传播就是一种表面现象或边界现象，正如在传热学教科书中经典的叙述那样。只有在平均自由程达到比试件尺寸小的宏观尺寸时，材料中光子传导能量传播过程才是有意义的。对于许多硅酸盐玻璃以及单晶来说，在一个合适的温度水平下的实际情况就是如此。对于在较高温度水平下烧结的氧化物这一类半透明陶瓷材料来说，光子传导是重要的。只要传导的距离长，光子传导就是材料的一种特性，虽然平均自由程是大的，但由于其在天体物理学上的重要性而受到重视。

12.7 单相晶态陶瓷的声子传导

有很多种过程可能限制声子的平均自由程并影响热导率的确定。最基本的

过程是声子 - 声子之间的相互作用导致的声子散射(倒逆过程)。低温时，相应于此过程的平均自由程变大，以致其他各种作用的影响就变得重要了。然而，对于温度接近于室温及室温以上的大多数陶瓷材料来说，由点阵缺陷引起的声子 - 声子相互作用和散射作用是最重要的过程，也是我们唯一关心的问题。

温度关系　图 12.24 示出了氧化铝单晶介电晶体的声子传导与温度的关系。在非常低的温度下，声子平均自由程与试件的尺寸大小相等，边界效应占优势，在 0 K 时热导率减小到零。在某个低的温度时热导率达到最大值，声子 - 声子相互作用导致 $k \sim \exp(-\theta/\alpha T)$。当温度升高到超过德拜温度时，这

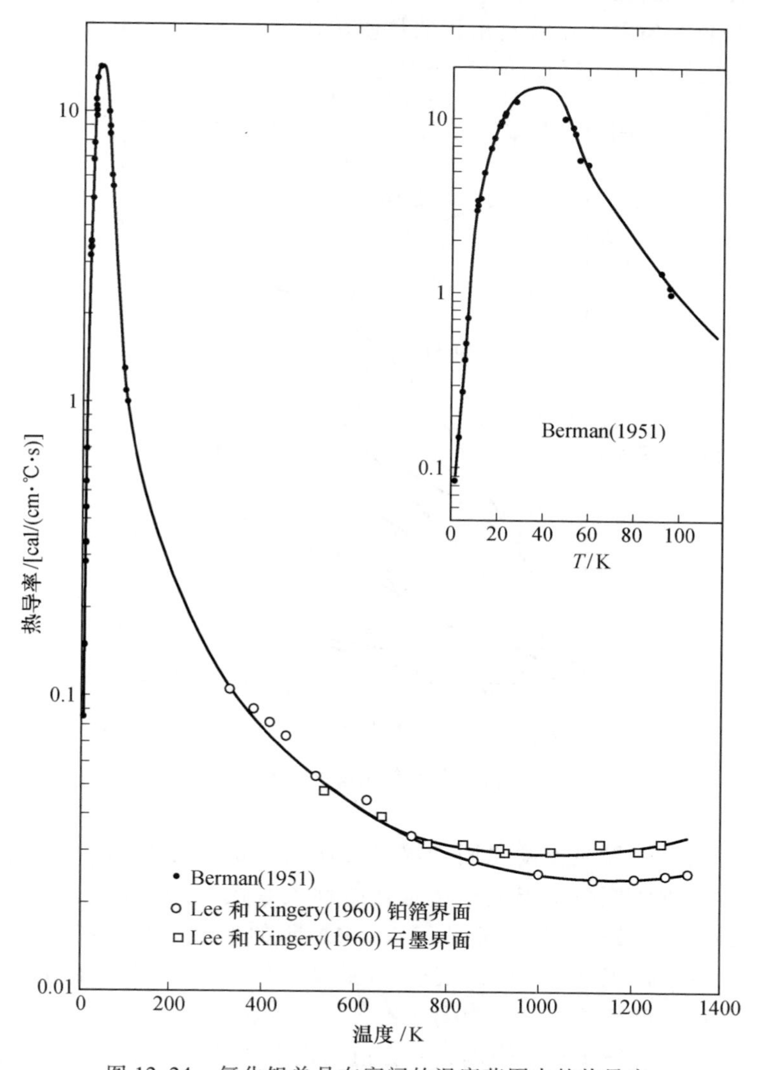

图 12.24　氧化铝单晶在宽阔的温度范围内的热导率

一指数温度关系变成 $k \sim 1/T$。如果温度升高到足够高的水平，平均自由程减小到接近点阵间距的数值，预计热导率将与温度无关。

图 12.25 所示的一些氧化物的热导率与温度的关系表明：超过德拜温度时，热导率与温度成反比。为了估计这些材料中声子平均自由程的大小，l 是作为温度的函数来计算的。波速值通过关系式 $v = \sqrt{E/\rho}$ 由弹性模量来决定；在对多晶氧化物进行静态测量时观察到在温度高于 700 ℃到 1000 ℃时，弹性模量急剧降低，我们假定这一现象是由于晶界的弛豫和蠕变所致；这与动态弹性模量测定的结果是一致的。因此，将 E 与 T 之间的低温线性关系外推以得到高温波速值。室温下平均自由程的数值从几个埃变动到 100 Å 以上。几种材料的 l 随温度变化的关系如图 12.26 所示。

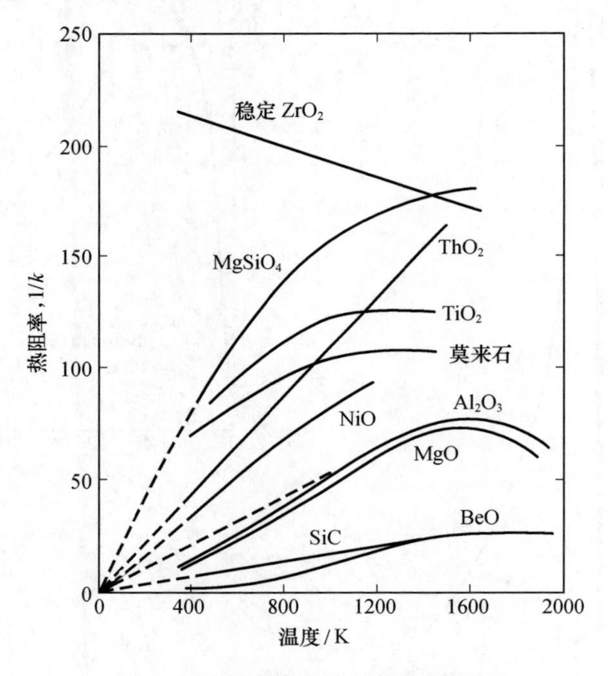

图 12.25　几种氧化物材料的热导率

声子平均自由程与温度之间观测到 3 种常见的变化行为。低于德拜温度时，平均自由程的倒数随温度的增加比线性关系快（如在 Al_2O_3、BeO 及 MgO 中所观察到的结果）；这相当于图 12.24 中所示的那种指数关系的增加，这对于几种氧化物来说正是在室温或超过室温时所预期的。在接近及超过德拜温度的一个宽阔的温度范围内，观测到平均自由程的倒数随温度呈线性增加。在高温时，平均自由程减小到几个埃，其数值固定不变且与温度无关，正如对 TiO_2

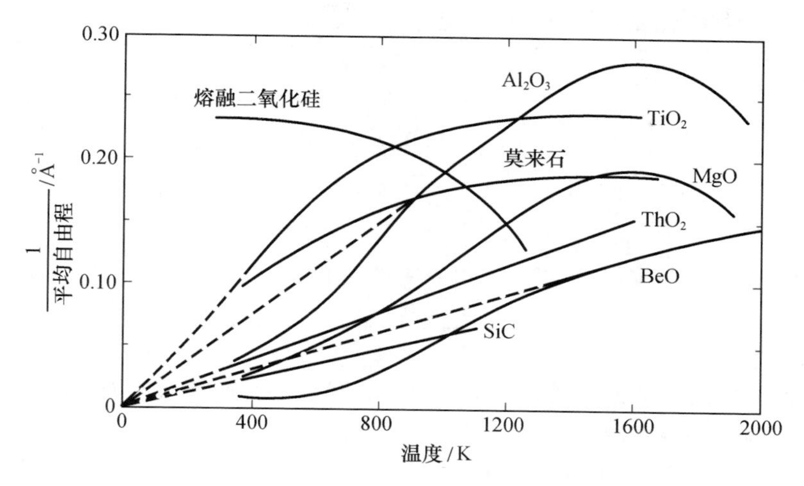

图 12.26　几种晶态氧化物及玻璃态二氧化硅声子平均自由程的倒数(Kingery, 1955)

及莫来石观测到的那样。对单晶来说温度高于 500 K 左右，对多晶试件来说温度高于 1600 K 左右时，观测到表观平均自由程有所增加，这是由于光子传导的结果。

纯材料的结构和组成的影响　虽然平均自由程以及由它所引起的热导率随温度的变化有坚实的理论基础，试验数据与理论预断也很一致，但是估算的平均自由程绝对值的可靠性或精确性却差得多。声子散射的程度和平均自由程的数值应和点阵振动的非谐振性有关。在这种情况下，与热膨胀系数的情况相类似，绝对数值的理论计算是很困难的。虽然一般的振动能谱已经很容易确定，可是偏离完全谐振振动的情况却还不完全清楚。

具有复杂结构的材料有较大的产生格波热散射的倾向，因此热导率较低。例如镁铝尖晶石的热导率比 Al_2O_3 或 MgO 都低，虽然这两者中每一种都具有相似的结构、相似的膨胀系数、相似的热容和弹性模量。同样，莫来石具有复杂结构，它的热导率比镁铝尖晶石的小得多。这些关系也影响热导率与温度的相关性，正如图 12.26 所示。这是因为在复杂结构的材料中，高温下其平均自由程有接近点阵尺寸的趋向。也发现各向异性晶体结构的热导率在不同晶体方向上有所不同(表 12.3)。在温度水平升高时，此差别有减小的趋向。这个结果正如所料，因为随着温度水平的升高，各向异性的晶体总是要成为更加对称的结构；对 SiO_2(石英)、TiO_2(金红石)及石墨来说，在热膨胀系数最小的方向上，其热导率最大。

表 12.3　石英(Birch and Clark，1940)及金红石(Charvat and Kingery，1957)的热导率

材料	温度/℃	热导率/[cal/(cm · ℃ · s)]		
		垂直于 c 轴	平行于 c 轴	比值
SiO_2	0	0.0016	0.0027	1.69
	100	0.0012	0.0019	1.58
	200	0.0010	0.0015	1.50
	300	0.0084	0.0012	1.43
	400	0.0074	0.0010	1.35
TiO_2	200	0.0240	0.0158	1.52

晶格振动的非谐振性随着其组分间原子量差别的增加而增加。因此，简单的基本结构的热导率最大，随着组分间原子量的差别加大，热导率减小。氧化物及碳化物的数据如图 12.27 所示。作为这种分析的一个结论，我们可以确信，预期具有最大热导率的氧化物陶瓷是氧化铍。在低于室温的低温下，这种影响导致可观察到的、由不同重量的同位素的存在而引起的散射现象。

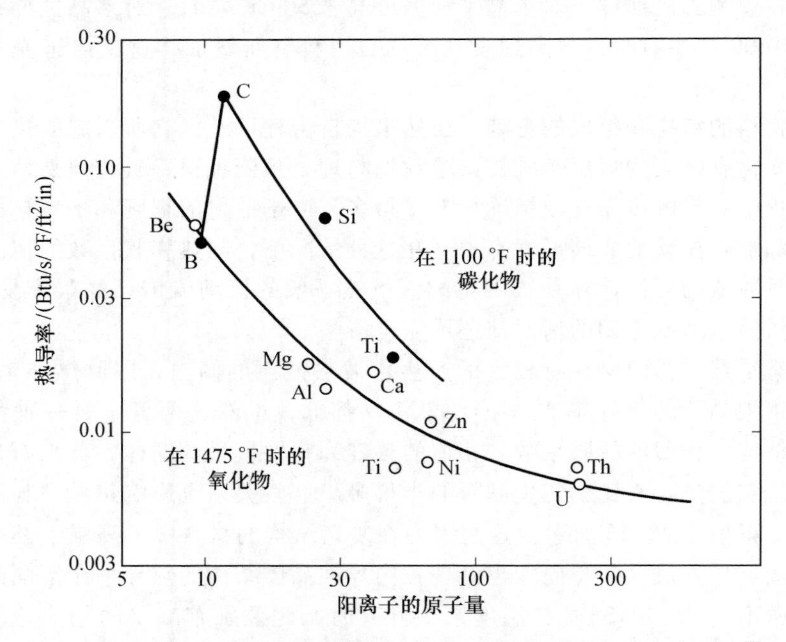

图 12.27　一些氧化物和碳化物中阳离子的原子序数对热导率的影响[①]

① 图 12.27 中纵坐标的单位与法定计量单位的换算关系如下：

1 Btu = 1.05506×10^3 J；°F 为华氏度单位，$\frac{5}{9}$(华氏度 − 32) = 摄氏度；1 ft^2 = 9.290304×10^{-2} m^2。——译者注

边界效应 如图 12.24 所示，在非常低的温度下，声子在晶界处的散射导致热导率最大。对于在室温下的材料来说，声子平均自由程将减小到稍低于 100 Å 的数值，如图 12.26 所示的几种材料。在较高的温度时，平均自由程的值甚至更小。要使声子在边界处的散射变得比其他散射过程更重要，则需要尺寸极小的微晶。对薄膜技术来说这也许是很重要的，但还没有进行过研究。图 12.28 在微米

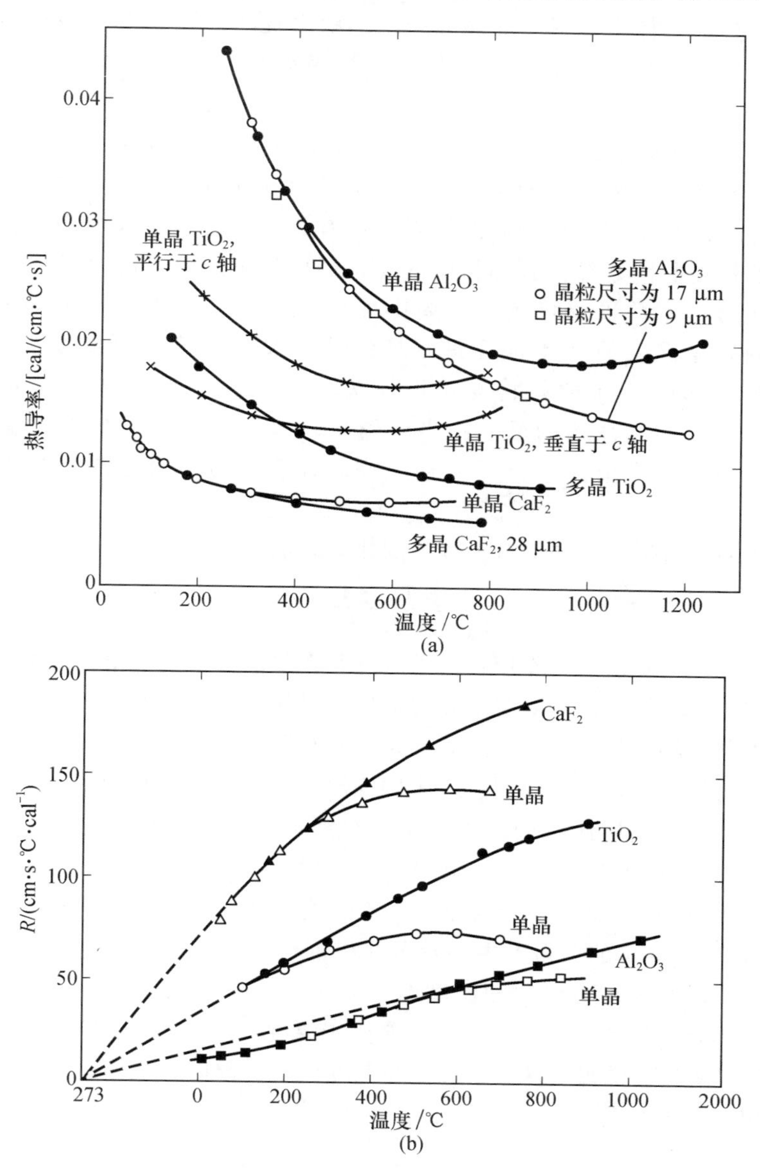

图 12.28 单晶和多晶 Al_2O_3、TiO_2 及 CaF_2 的(a)热导率和(b)热阻率。引自 Charvat and Kingery，1957

尺度范围($\gg l$)内对不同晶粒尺寸的氧化铝、氟化钙及氧化钛单晶及多晶试件进行了对比。对于这 3 种材料中的每一种，在温度低于 200 ℃左右时，其多晶和单晶试件的热导率数值是一样的。在更高的温度下，由于光子传导的结果，单晶的数值就和多晶样品的数值不一致了。

应该提到的一种边界效应是在高度各向异性的材料中或具有不同热膨胀系数的多相混合体中以扁平的晶界裂纹形状出现的气孔。在这些条件下，虽然总气孔率小，热流却受到严重的干扰，因而热导率强烈地依赖于加热的方式。

杂质及固溶体 复杂结构及不同尺寸的原子使非谐振性增加，因而热导率减小。存在于固溶体中的杂质原子也以大致相同的方式导致热导率降低。杂质效应可以利用与杂质中心的散射系数有关的平均自由程来研究。导致声子散射的作用起因于置换到晶格中的元素的质量不同、置换原子与原来结构相比其结合力不同以及置换原子周围的弹性形变场。在非常低的温度下，杂质散射随着温度的升高而增加，但在温度大约高于德拜温度的一半时，正如预期的那样杂质散射将与温度无关，这是因为对于这个温度范围来说，平均波长与点缺陷的尺寸相当或稍小一些。在陶瓷系统中定量地使用这个理论所需的数值因子还不十分清楚，其结果的不确定性大约达到一个数量级。

不同的散射过程的平均自由程的倒数具有加和性，即

$$\frac{1}{l_{总}} = \frac{1}{l_{热}} + \frac{1}{l_{杂}} + \cdots \tag{12.37}$$

因此，固溶体杂质散射的作用在简单点阵和在热散射平均自由程大的低温下最大。如图 12.29 所示，低浓度杂质的附加散射作用正比于其体积分数。图中不同温度下曲线斜率是不变的，这说明杂质对热阻率的作用与温度无关；也就是说杂质散射的平均自由程与温度无关。固溶体杂质在降低热导率方面的有效性取决于所加入的杂质质量的差别、杂质尺寸的差别以及结合能的差别。对于 Ni^{2+} 加入 MgO 中或是 Cr^{3+} 加入 Al_2O_3 中，每加入 1 vol% 杂质，相应的平均自由程为 80 ~ 100 Å。这相当于与原子尺寸同数量级的每一个点缺陷的散射截面面积。对于 NaCl 中的 F 散射中心及 KCl 中的钙，也已经发现这种结果。由于热散射所引起的平均自由程随温度增加而迅速减小(如图 12.26 所示)，所以杂质对总热导率作用的重要性极大地取决于温度水平。图 12.30 所示的 MgO - NiO 固溶体系统就说明了这种情况。在温度低于室温时，固溶体强烈降低热导率的作用甚至更为突出。

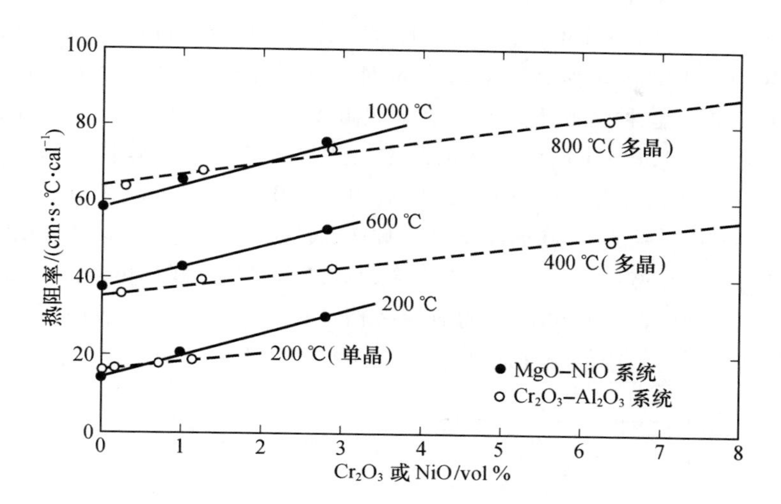

图 12.29 MgO - NiO 及 Cr_2O_3 - Al_2O_3 固溶体的热阻率

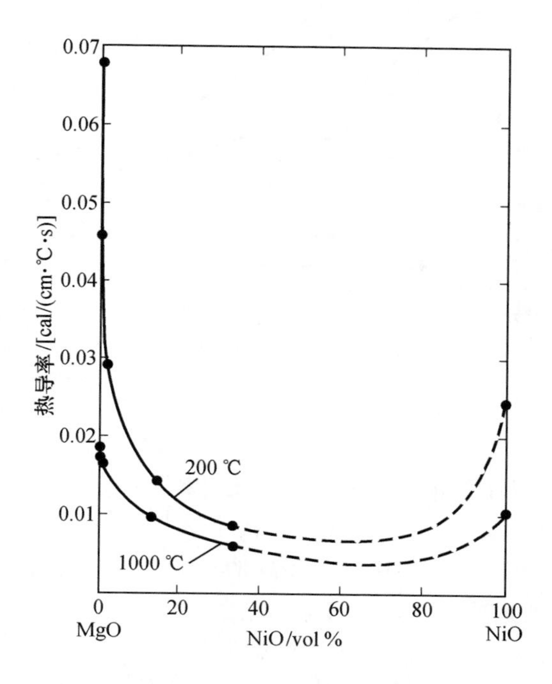

图 12.30 MgO - NiO 固溶体系统中的热导率

组成变化对形成固溶体的非化学计量比材料会有特别大的影响。曾经研究过的一个系统是 UO_2-ThO_2。图 12.31 示出了这个材料系统中许多不同组成的数据。当 UO_2 被氧化而提高了氧的含量时，热导率降低到约为化学计量比材料的 1/4(然而在这种情况下，由于在一些试件中有第二相淀析的可能性而使结果复杂化)。当以氧化钍代替氧化铀时，热导率会进一步降低。对于缺氧的钍－铀组成来说，观测到的热导率最低值约为 0.003 cal/(cm·℃·s)。在这个系统中比热的数量级为 0.66 cal/(cm^3·℃)，波速约为 4×10^5 cm/s。如果我们假设平均自由程被晶格尺寸限定在 4 Å 左右，则从上述数据我们可以计算出热导率的下限。根据这些假定得到最小的热导率估计值为 0.0035 cal/(cm·℃·s)；此值与实际观测到的最小值较好地吻合。

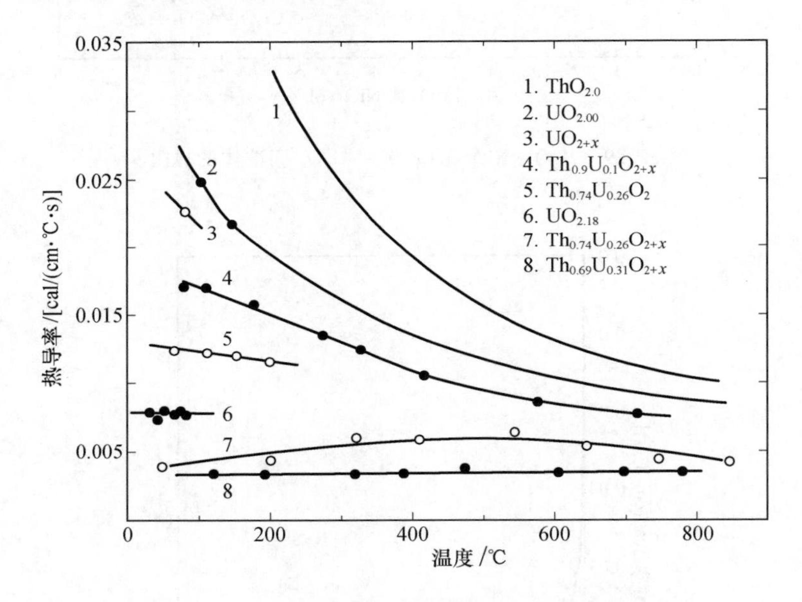

图 12.31　$UO_2-ThO_2-O_2$ 系统中不同组成的热导率数据

一种具有低热导率的最有用的高温耐火材料是稳定二氧化锆。这个材料形成立方相的固溶体，其中 Ca^{2+} 及 Hf^{4+} 置换了 Zr^{4+}，形成 O^{2-} 空位以平衡电荷的不足。对于接近 $92ZrO_2\cdot4HfO_2\cdot4CaO$ 的组成，计算出的声子平均自由程为 3.6 Å，大体上与所形成的复杂固溶体相符合。

中子辐照　当一个晶态材料被中子辐照时，造成结构中含有移位的原子和晶格应变，这相当于有杂质存在的情况但是具有较大的缔合应变能。因此，如图 12.32 所示，中子辐照导致热导率的降低，这在低温时特别重要。

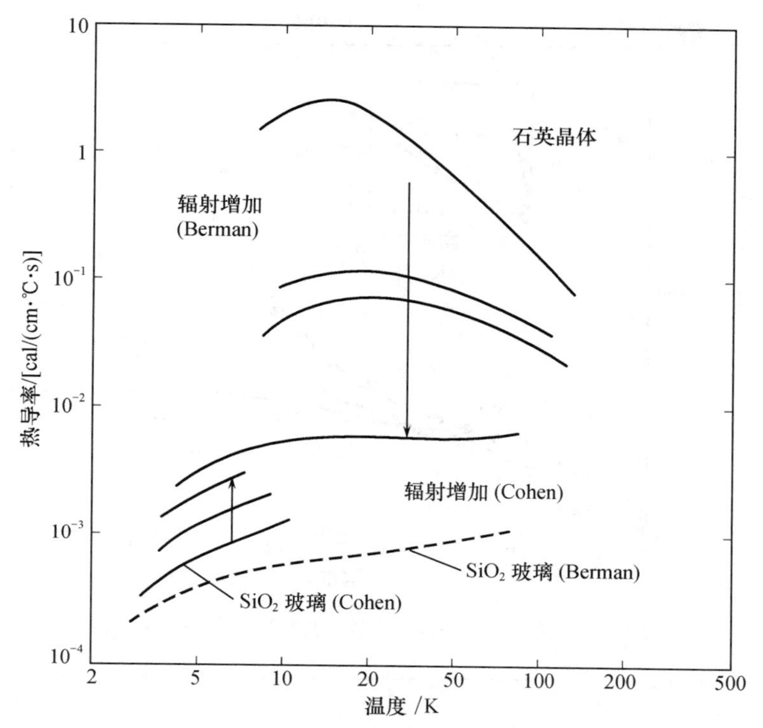

图 12.32　中子辐照对晶态石英和玻璃态二氧化硅的热导率的影响

12.8　单相玻璃的声子传导

就像图 12.31 所示的组成为(Th,U)O_{2+x}这样一类高度无序的晶体具有低的热导率一样，完全非晶结构的玻璃的声子平均自由程也由于无规结构而限制在原子间距的数量级上。这种由于结构而限定的平均自由程使得玻璃的热导率范围比起晶体来受到更多的限制。

玻璃热导率与温度的关系　在宽阔的温度范围内进行过大量可靠的热导率量测的玻璃是熔融二氧化硅(SiO_2)，其热导率随温度而变的情况如图 12.33 所示。因为无规网络结构使平均自由程限制在与温度无关的固定数值上，因此热导率和体积热容的情况相似。在低温下热导率(及热容)增加，但当温度超过摄氏几百度后，热导率将接近于常量。正如前面讨论过的单晶那样，高温下的量测通常表明热导率有所增加，这相应于光子传导。当把光子的贡献除去后，温度高于 800 K 左右时热导率仍然明显地保持常数。

在较宽的温度范围内测量过热导率的其他玻璃组成很少，但是总的说来，它们的热导率随温度变化的特性和熔融二氧化硅相似，如图 12.34 所示。

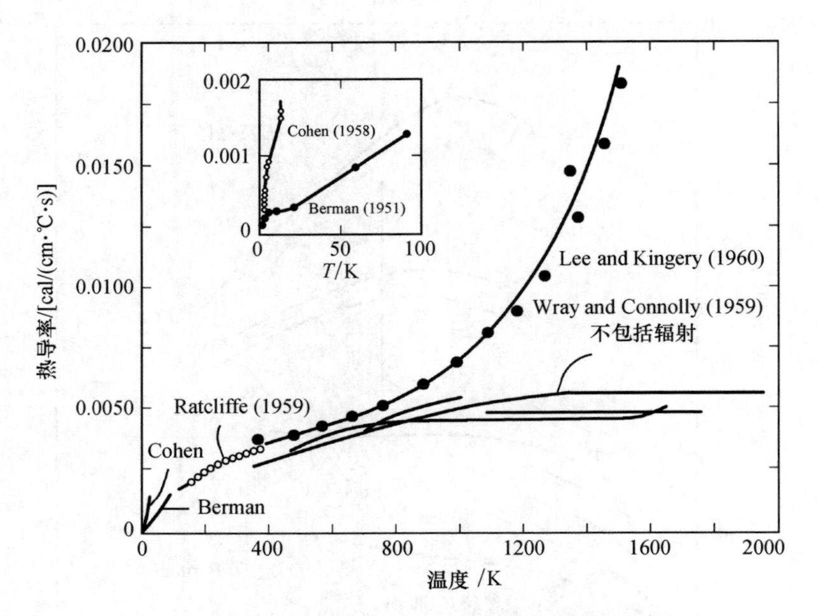

图 12.33　熔融二氧化硅在宽阔的温度范围内的热导率

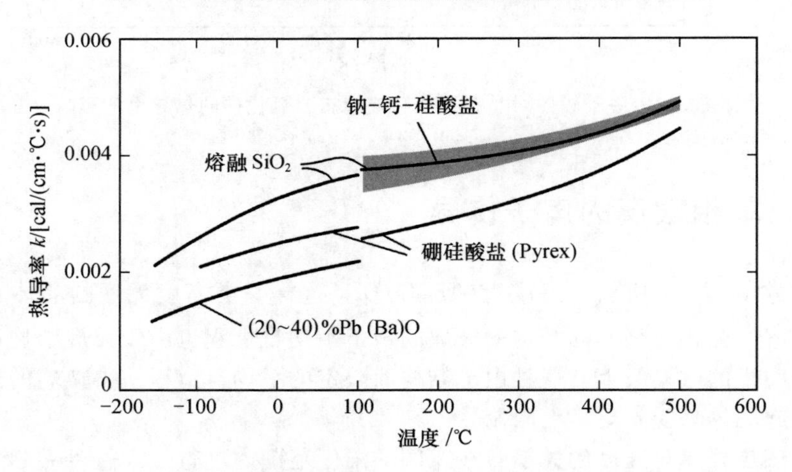

图 12.34　一些玻璃组成的热导率。引自 Kingery，1949；Ratcliff，1960

组成的影响　尽管组成对非晶态固体热导率的影响比在晶体中所观察到的小，但是由于平均自由程受无规结构的限制，在不同组成的玻璃之间，热导率确实存在明显差异。各种不同的试验数据(其中一些示于图 12.34)的范围从室温下熔融二氧化硅的约 0.0033 cal/(cm·℃·s)到含氧化铅 80% 玻璃的 0.0013 cal/(cm·℃·s)。通常熔融二氧化硅的热导率与钠-钙-硅酸盐玻璃相似。这些值又比从硼硅酸盐玻璃中观测到的要高，而后者比重金属离子含量大的高折射率光学玻璃的热导率高。

熔融二氧化硅、钠－钙－硅酸盐玻璃以及 Pyrex 玻璃①中的声子平均自由程已经根据弹性波速、体积热容及热导率数值估算出来，列于表 12.4。试验确认二氧化硅的平均自由程大于钠－钙－硅酸盐玻璃，更大于硼硅酸盐组成。这一结果是在除去试验误差的情况下确定的，因而认为硼硅酸盐玻璃及钠－钙－硅酸盐玻璃的更为复杂的结构更加严重地限制了平均自由程。

表 12.4　玻璃中声子平均自由程的计算值

玻璃	k /cal/(cm·℃·s)	ρ /(g/cm³)	c /[cal/(cm³·℃)]	$v=\sqrt{(E/\rho)}$ /(cm/s)	$l=k/\frac{1}{3}cv$ /Å
熔融二氧化硅	0.0037	2.20	0.39	5.5×10^5	5.2
康宁 0080	0.0037	2.47	0.50	5.2×10^5	4.3
Pyrex 牌 7740	0.0026	2.23	0.42	5.5×10^2	3.3

12.9　光子传导

如 12.6 节所述，当温度升高以及光子平均自由程相当大时，光子通过介电固体而传播能量的传导过程就变得重要了。如式(12.35)所指出的，光子传导率可以认为等于

$$k_r=\frac{16}{3}\frac{\sigma n^2T^3}{a}=\frac{16}{3}\sigma n^2T^3l_r \tag{12.38}$$

式中：a 是吸收系数；n 是折射率。均假设与温度及波长无关。但这些值特别是吸收系数会随着频率而变化。

通常，介电材料单晶在可见光谱范围内是十分透明的，在紫外区由于电子激发的结果而成为不透明体，在红外区由于原子振动现象而表示出一些吸收带。此外，像过渡元素这样一类离子在可见光谱范围由于电子跃迁而表现出强烈的吸收。大多数陶瓷更透明一点，这就是说，在可见光区及近红外区时所具有的平均自由程比在更长的波长范围内所具有的平均自由程更长一些。由于黑体发射光谱的峰值在 700～1500 ℃温度范围内处于 2～3 μm 之间，并且随着温度的升高此峰值向较短的波长处移动，因此在较高的温度下有效平均自由程增加。结果，光子传导随温度的增加比式(12.38)的简化分析所指出的 T^3 关系更为迅速。

① 硼硅酸盐玻璃。——译者注

光子平均自由程　光子在可见光谱区及近红外区的吸收及散射是确定光子传导的基本材料特性。对于吸收系数低的材料，光子传导在摄氏几百度的温度下就变得重要起来。对于吸收系数高或散射显著的材料，光子热导在非常高的温度下才具有重要性。在重要的波长范围内和不同温度下，一些有特点的材料的典型吸收系数如图 12.35 所示。该图表明，波长为 2 ~ 4 μm 以前吸收系数低，在波长为 2 ~ 4 μm 时吸收系数急剧增加。对于一些不同的玻璃来说，室温下在波长为 2 μm 时测得的平均自由程与总平均自由程近似地成正比。

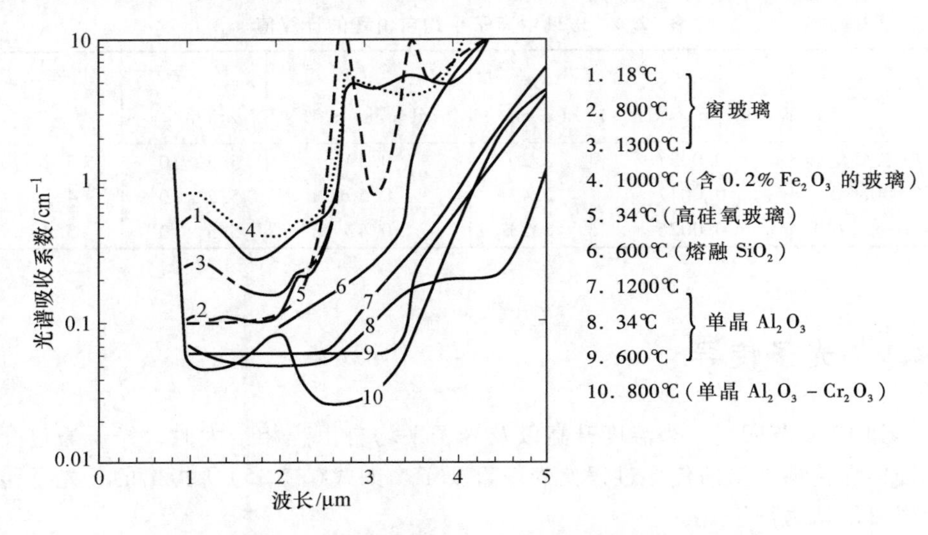

图 12.35　不同波长及温度下单晶及玻璃的吸收系数。引自 Lee and Kingery, 1960；Neuroth, 1952；Grove et al., 1960

总平均自由程随温度的变化取决于材料的特性。对于在可见光及近红外区有良好透射性的材料（清晰的玻璃及单晶体），其值较大。有两个重要因素：① 当温度升高时辐射能的分布向较短的波长方向移动；② 随着温度的升高，吸收端通常移向较短的波长。结果如图 12.36 所示，总平均自由程随温度的变化可能是相当大的。

除玻璃以外，很少有陶瓷像单晶那样以透明的形式使用。大多数陶瓷中光子衰减的主要形式起因于光散射。主要的散射过程是由于气孔作为散射中心而引起的。因为气孔和固体的折射率差别很大，又因为通常存在的粒状气孔尺寸小，所以当气孔率仅为 0.5% 时就使透射性显著下降。根据已确立的散射理论得到氧化铝的计算值和试验观测值，如图 12.37 所示。因为几乎所有的陶瓷都含有百分之几的气孔率，所以有效平均自由程显著地小于玻璃或单晶。对氧化

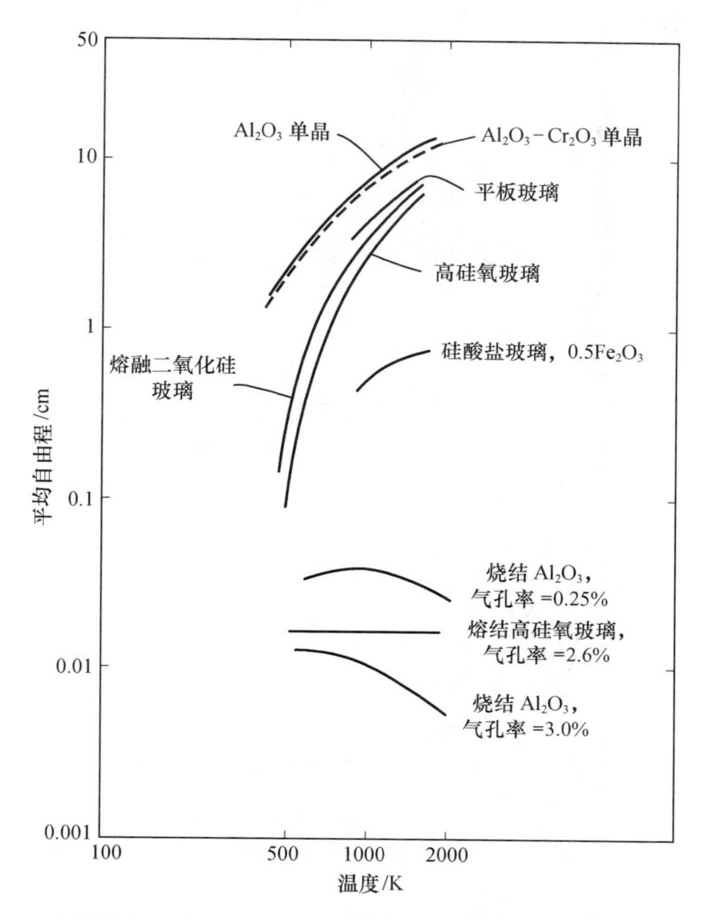

图 12.36　不同材料的总平均自由程与温度的关系。高数值的精度约为 ±100%

铝、烧结的 Vycor 玻璃①以及烧结氟化钙等进行的光子传导试验测定数据如图 12.38 所示②，所有这些材料与大多数陶瓷相比都是高度半透明的。这些数值比单晶或玻璃约小 1 ~3 个数量级。因此，光子传能过程对于烧结材料来说仅在很高的温度(高于 1500 ℃)时才变得重要起来。

温度关系　光子传导随温度的变化取决于总平均自由程，如图 12.36 所示。通常总平均自由程随温度呈某个低次幂增加，或者对于散射现象来说，平均自由程几乎不随温度而变。二者结合的结果使得光子传导率正比于 T^{3+x}。试验结果通常表明温度的指数是在 3.5 ~5 的范围内。

① 高硅氧玻璃。——译者注

② 原图没有标出烧结氟化钙的数据，疑有误。——译者注

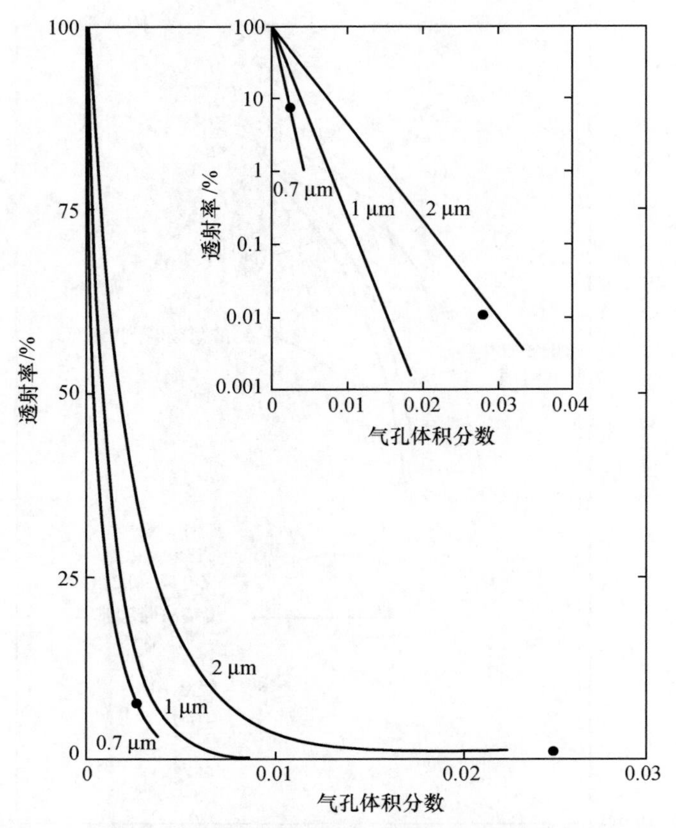

图 12.37　含有少量残余气孔的多晶氧化铝的透射率(等效厚度为 0.3 mm)

为了应用上述分析，平均自由程必须小于试件的尺寸。而单晶及对于大多数玻璃热导率的测量值并不是这样的情况。因此，测得的热导率实际上小于用较大试件测得的热导率。这种情况如图 12.38 所示，其中将单晶氧化铝及氧化硅玻璃的数据与计算值进行了比较。关于边界效应将在下文中讨论。

对于辐射传导明显的试件来说，总的传热随温度的变化范围是从负的指数到正的指数，因此在试验测得的热导率中出现最小值。

边界效应　当试件尺寸与声子平均自由程处于同一数量级时，晶体的热导率在低温时受到限制；而当分子平均自由程较大时，在低压下的气体传导中边界效应占优势；与此相同，当试件的尺寸与光子平均自由程相似时，发现边界效应对光子传导也占优势。这种边界效应使得一些作者强调把传导值归因于光子过程时的一些限制，并且把光子传导作为与其他传热过程十分不同的过程来对待。我们则不然，我们宁愿强调边界效应对所有传导机理都是重要的，并且强调光子传导理论的发展确实与其他能量传输的机理同步。

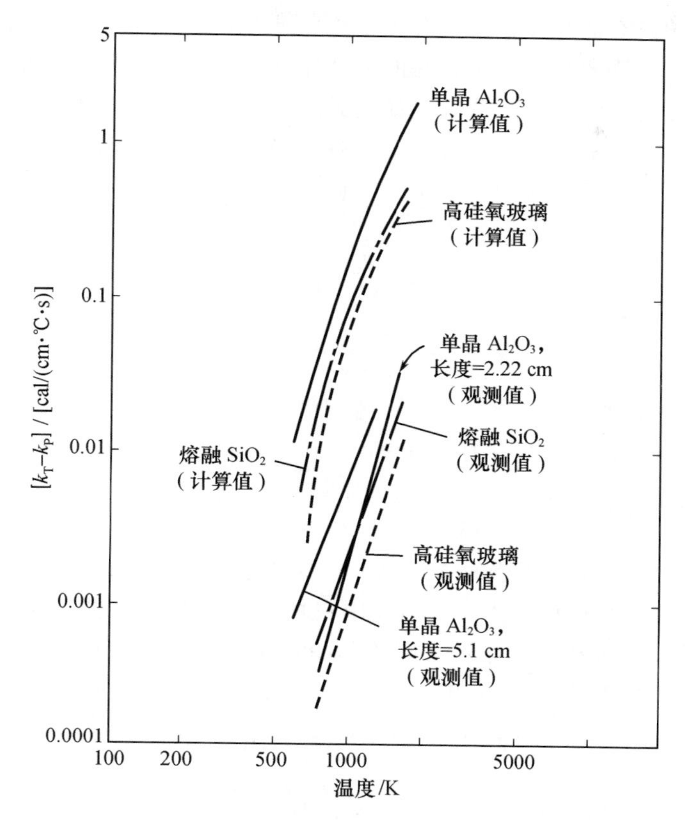

图 12.38　单晶 Al_2O_3、熔融 SiO_2 玻璃及高硅氧玻璃光子传导量计算值及观测值与温度的关系。在所有情况下，总平均自由程均大于试件尺寸。引自 Lee and Kingery，1960

对于以任何材料隔开的两个边界之间的能量传输来说，存在着 3 种不同的光子传能过程。① 能量可以被直接从一个边界传播到另一边界而不与其间的材料相互作用。在这种情况下，材料的唯一影响是改变光子速度从而改变传热速率，但其自身的温度并不受传热速率的影响，也不影响传热速率。② 能量可以由边界和材料之间的光子能量交换来传播。这种传播被限制在与光子平均自由程数量级相同的厚度区域内，能量交换的速率由边界的温度和材料内的温度梯度决定。③ 能量可以由材料内部的光子过程来传播，而与边界无关。这最后一项显然是可以描述为材料性能的唯一过程，已在上一节讨论过了。

边界效应作为一个实际问题来说是重要的，因为陶瓷材料的光子平均自由程通常是 0.1 ~ 10 cm，与一般试件尺寸的数量级相同。在实验上，这一点在试件尺寸的影响中以测得的表观光子传导率表现出来，这就是说包括了边界效应。

当辐射不与介质相互作用，且光子传导是唯一的传能过程时，在界面处出现温度的不连续现象，材料中存在的温度梯度与传热速率无关，而热导率作为材料性能就没有意义了。然而，假如边界之间的距离为 d，则对于由纯边界过程引起的传热，其有效热导率可以由有效发射率 $e/(2-e)$ 确定：

$$q = \left(\frac{e}{2-e}\right)4n^2\sigma T^3\Delta T \tag{12.39}$$

$$k_b = q\left(\frac{d}{\Delta T}\right) \tag{12.40}$$

$$k_b = \left(\frac{e}{2-e}\right)4\sigma n^2 T^3 d \tag{12.41}$$

当平均自由程比试件尺寸大时，所观测到的辐射能传播与对一无限大的试件来说最大光子传导率之比以一级近似表示，由下式给出：

$$\frac{k_b}{k_r} = P = \frac{4\sigma n^2 T^3[(e/(2-e)]}{(16/3)n^2T^3 l_r} = \frac{3}{4}\frac{e}{2-e}\frac{d}{l_r} \qquad (P<1) \tag{12.42}$$

此式仅当比值 P 比 1 小得多时才适用。在这些条件下，观测到的由于边界条件引起的热导率仅为根据试件尺寸为无限大所预期的热导率的一部分。对于不同的光学厚度及不同的边界发射率的单晶氧化铝、清晰的熔融氧化硅以及高硅氧玻璃，k_b 与 k_r 之比如图 12.39 所示。通过增加试件的厚度来增加比值

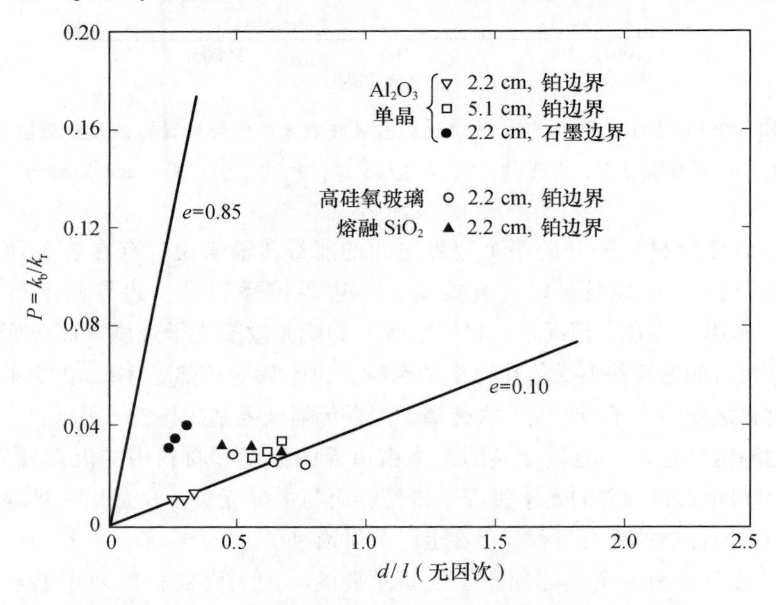

图 12.39　试件尺寸及边界材料对于由边界直接交换引起的传播分数的影响。引自 Lee and Kingery，1960

d/l_r，表观热导率也随之增加。边界发射率以及试件厚度的重要性可以从用石墨包裹的试件的表观热导率的增加看出来，而用铂包围的试件则看不出这种重要性。

在边界区域，辐射与材料在有限的平均自由程之内发生相互作用，从一个不透明的边界或像封闭的炉子那样的均匀温度区域内发射出来的能量由下式给出：

$$J = en^2\sigma T^4 \tag{12.43}$$

式中：e 是表面发射率。如果光子传能是重要的过程，则在界面处光学及晶格传导率性质的变化要求材料中靠近界面的区域有温度梯度的变化。这种温度梯度变化出现在与光子平均自由程同一数量级的距离内，而梯度是向着界面增加还是减小则取决于究竟是光子传导转变为声子传导还是相反而定。玻璃池炉的计算温度梯度如图 12.40 所示。

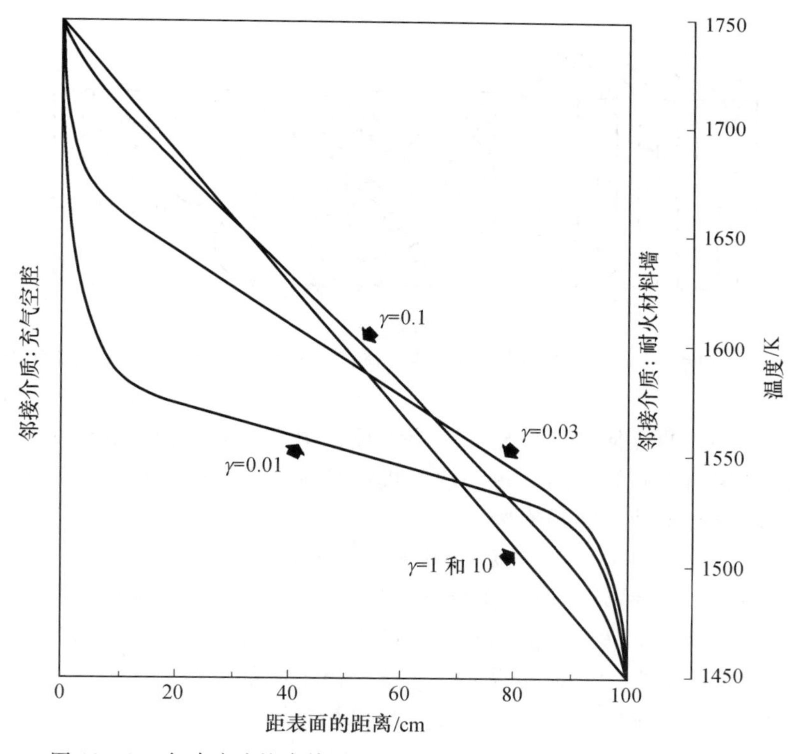

图 12.40　在玻璃池炉内接近边界处所计算得到的温度梯度的变化。按照 Walther et al., *Glastech. Ber.*, **26**, 193(1953)

12.10 复相陶瓷的热传导

大多数陶瓷材料是由一种或多种固相和一个气相的混合体组成的。物体的热导率取决于其中每一种相的数量、分布以及它们各自的热导率。

既然混合体的合成热导率取决于各相的分布，那么在解释热导率数据时就有必要了解其显微结构。图 12.41 显示了 3 种理想的相分布状态。其中平行板状排列[图 12.41(a)]在实际中并不常见，但是由连续的主相和不连续的数量较少的第二相构成的结构[图 12.41(b)]是许多显微结构的典型代表，它具有通常出现的气孔分布形式的特征。由不连续的主相和呈现为连续的边界材料的次相所构成的结构[图 12.41(c)]在下列材料中也是很典型的：由玻璃体结合的许多陶瓷中玻璃体的分布；由金属结合的碳化物中金属的分布；隔热用的粉料中的气孔。

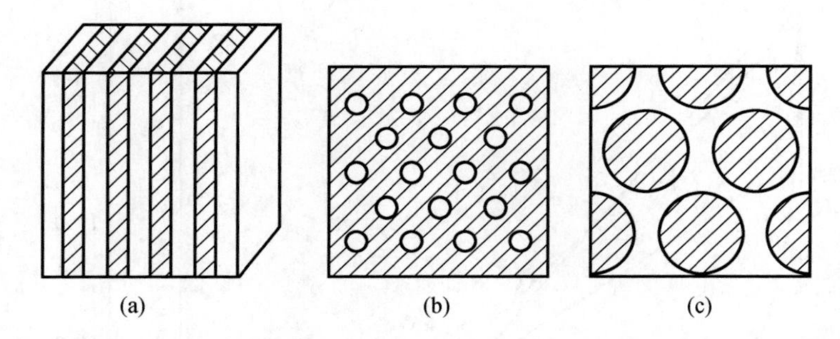

图 12.41　理想化的相排列：(a) 一组平行板；(b) 连续的主相；(c) 连续的次相

对于最简单的几何形状，比如一组平板，很容易看出如果热流平行于平板的板面，就相当于并联电路，每一块平板都具有同样的热梯度，大部分热流是通过较佳的导体流动。热导率为

$$k_m = v_1 k_1 + v_2 k_2 \tag{12.44}$$

式中：v_1 及 v_2 为每种成分的体积分数，等于每种成分截面面积的分数。在这些条件下，如果 $k_1 \gg k_2$，$k_m \approx v_1 k_1$，则热传导是由较佳的导体材料支配。与此相反，如果热流垂直于平板的板面，这就相当于串联电路，通过每一块平板的热流均相等，但是温度梯度对每种材料来说是不同的。总的热导率为

$$\frac{1}{k_m} = \frac{v_1}{k_1} + \frac{v_2}{k_2} \tag{12.45}$$

或

$$k_m = \frac{k_1 k_1}{v_1 k_2 + v_2 k_1} \tag{12.46}$$

这里，如果 $k_1 > k_2$，$k_m = k_2/v_2$，则热传导是由较差的导体所支配的。

比较真实地接近于实际陶瓷结构的是如图 12.41(b)和(c)所示的情况。对于这些结构，由麦克斯韦(Maxwell)推导出的合成传导率的关系式曾由 Eucken 借助于热导率进行过讨论。如果连续相的热导率为 k_c，分散相的热导率为 k_d，则混合体的合成热导率为

$$k_m = k_c \frac{1 + 2v_d(1 - k_c/k_d)(2k_c/k_d + 1)}{1 - v_d(1 - k_c/k_d)(k_c/k_d + 1)} \tag{12.47}$$

当 $k_c \gg k_d$ 时，合成热导率为 $k_m \approx k_c[(1 - v_d)/(1 + v_d)]$。反之，若 $k_d \gg k_c$，则 $k_m \approx k_c[(1 + 2v_d)/(1 - v_d)]$。

对于烧结的 MgO 与 BeO 的混合体及 MgO 与 $MgO - SiO_2$ 混合体来说，它们都有一个次相分散在连续的主相之中，热导率按 S 形曲线变化，如图 12.42 所示。图中细实线相应于两个端部组分是连续相的情况。大约超过 40% 的镁橄榄石含量时，镁橄榄石相成为连续相，MgO 晶粒分散于其中；在含有较少镁橄榄石的试件中，镁橄榄石作为分散的晶粒出现在连续 MgO 基质中。任何单独组成所在处的热导率取决于特定的系统、界面能关系以及烧结条件，这个组成用分散的或连续的端部组分表示。对于氧化铝瓷来说，当组成中玻璃相约为 9 vol% 时，无论是刚玉相还是玻璃相都是连续的，这就使得热导率位于这两种

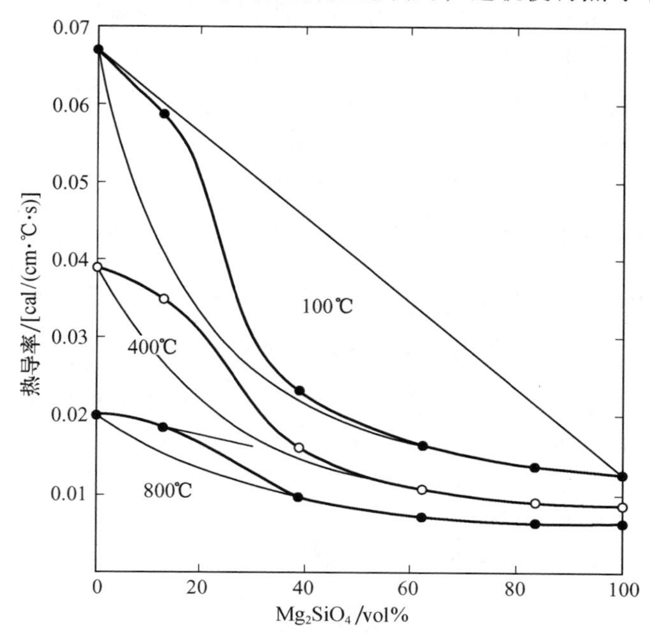

图 12.42 $MgO - Mg_2SiO_4$ 二相系统中的热导率

末端组织的计算值之间。对于用渗透法成形的硅－碳化硅混合体来说，虽然硅相含量只达 30 vol%，硅相却是连续的。通常在玻化陶瓷中玻璃相是连续的，因此瓷体及耐火黏土的热导率更接近所含玻璃相的热导率，而与结晶相的热导率差别较大。

大多数陶瓷系统中一种重要的组分是气孔，它几乎总是存在。气孔的一个作用，即作为光子散射中心的气孔影响已在上节中讨论过，并已经指出即使气孔只占小的分数，仍强烈地降低光子的平均自由程而严重地限制了光子传导机理。

气孔对陶瓷系统声子热导率的影响大致与式(12.47)一致，而用其他一些模型推导出的结果与式(12.47)则多少有些不同。但极为重要的是，所假设的具体模型对于气孔来说取其有效的热导率值。低温时，气孔的热导率比任何固相的热导率都低，对于分散在固体中的气孔来说，随着气孔率的增加，热导率近于线性降低。然而在高温时，除了真正的传导以外，通过气孔的辐射也对传热有贡献。

虽然对具有均匀散射中心的单晶或者不透明材料来说，光子传导和气孔率对光子传导的影响可以在前面讨论的基础上来处理，但对于其他情况，分析起来就要复杂得多。像隔热用耐火砖及粉状隔热材料这类例子就是这种情况，其中由具有分散的小气孔的固体区域包围着大气孔。虽然通过固体截面的传热可以并且已经通过声子传导和有效光子传导来讨论(后者取决于固体内的吸收、再发射及散射)，但是通过大气孔(即粉料颗粒之间的气孔，或者耐火砖中的宏观气孔)的传热则必须用其他方法来分析。

如果气孔周围的材料是不透明的，当温度梯度较小时，由于穿过气孔的辐射能传播正比于气孔两表面之间的温度差，可以确定气孔的有效辐射热导率为

$$q = n^2 \sigma e_{\mathrm{eff}} A (T_1^4 - T_2^4) \tag{12.48}$$

在这个方程中$(T_1^4 - T_2^4)$可以分解因式，即

$$q = 4n^2 \sigma e_{\mathrm{eff}} A T_{\mathrm{m}}^3 \Delta T \tag{12.49}$$

考虑到热量通过一扁平空腔来传播，空腔具有平行的腔壁且厚度为 d_{p}，其有效热导率定义为

$$q = -k_{\mathrm{eff}} A \frac{\Delta T}{d_{\mathrm{p}}} \tag{12.50}$$

这样就确定了有效热导率。将其代入通常的热导率关系式，给出适当的热流为

$$k_{\mathrm{eff}} = 4 d_{\mathrm{p}} n^2 \sigma e_{\mathrm{eff}} T_{\mathrm{m}}^3 \tag{12.51}$$

因此，辐射对气孔热导率的影响与气孔的尺寸及温度的三次方成正比。大尺寸的气孔在高温时有助于提高热导率，而小尺寸的气孔对热流仍然是良好的障碍。图 12.43 给出了在一个较宽的温度范围内计算的不同尺寸气孔的热导

率值。

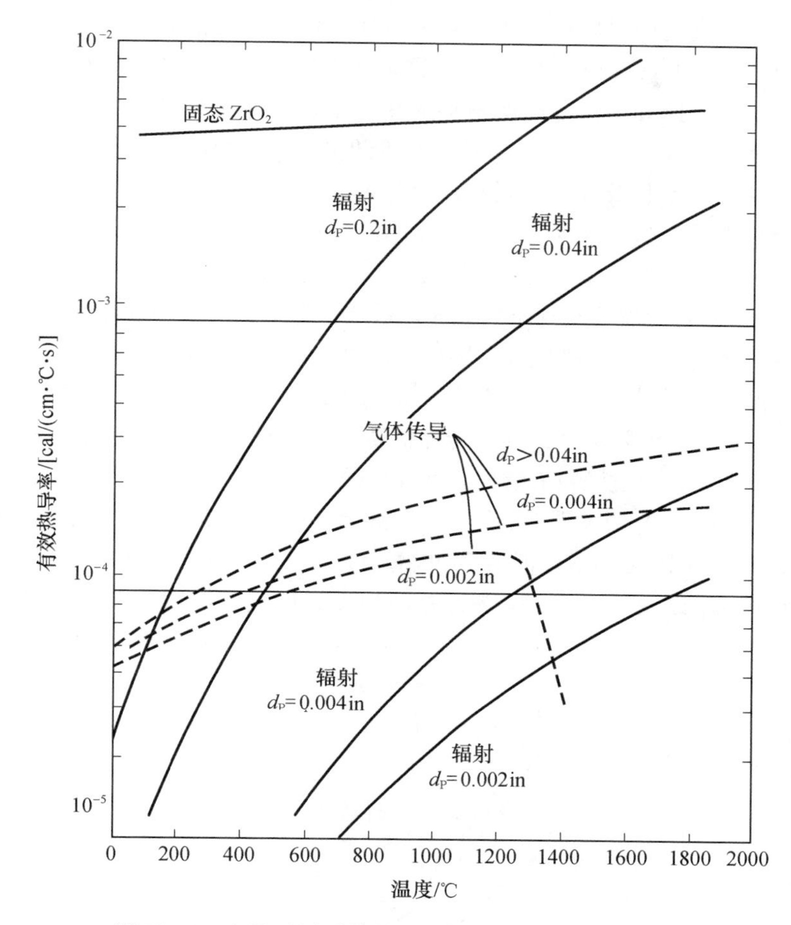

图 12.43　气孔壁厚对传导及辐射热传导的有效热导率

虽然上面的讨论对不透明材料是有效的，但是大多数陶瓷材料或多或少是半透明的，可以传递相当分数的入射辐射，特别是在薄的截面中，因此在实际情况中必须考虑这种影响。如果我们把气孔周围的材料想象作为辐射屏蔽，它使辐射传热减小，则可看出前面几节的物理意义：气孔尺寸越小，气孔率越大，将有越多的气孔或屏蔽隔断辐射流，因此使得辐射传热或有效光子热导率减小。另一方面，发射率越高，则两表面间的传热越大，有效热导率也越大。

半透明性的作用是降低这些辐射屏蔽的效率，从而提高有效热导率。此作用还随着层厚而定，因为较薄的层有较大的透射性能。为了处理半透明材料的有效热导率，必须在式(12.51)上增加另外一个因子；此因子是实际厚度与消光系数乘积的函数，称为光学厚度。这种光学厚度对不透明层等于 1；对半透明层来说更大一些；对非常透明的材料，它变成与光学厚度的倒数成正比。这就是说，在高度透明材料中，气孔对辐射能的传导只起很小的作用。虽然在保持其他因数不变时减小气孔尺寸增加了辐射屏蔽的数目，但这也使每一个屏蔽的效率减小，因此并不像不透明材料的热导率减小得那么多。

在固体中气孔存在的主要作用是降低热导率，此作用几乎与气孔率成比例。与此相比，粉状及纤维状材料的热导率要低得多，即使其中固体所占体积分数可能相当大。这是因为气孔相是连续的，在固体与固体之间的接触处并没有烧结。在这些条件下，合成热导率在很大程度上取决于气孔相的有效热导率(图 12.43)。对热导率与空气不同的气体系统，整个系统的有效热导率与存在的气相的热导率成正比，且随气体压强而变。当粉状材料内的辐射能传播相对于气体传导变得更重要时(例如在真空中或高温下的粉料)，其情况概述于图 12.43 中。通过粉料及纤维隔热体的辐射传播的更严格的处理需要更复杂的传热计算，这种计算要考虑到通过颗粒的透射以及在颗粒中的吸收、发射及散射等过程。

在研究多晶 TiO_2 时发现，热处理对其热导率有很大的影响，如图 12.44 所示，尽管热处理前后其气孔率及颗粒尺寸并无太大改变。同样，在 Al_2O_3 - ZrO_2、MgO - $MgAl_2O_4$ 以及 Al_2O_3 - 莫来石等两相系统中的一些组成材料的热导率比

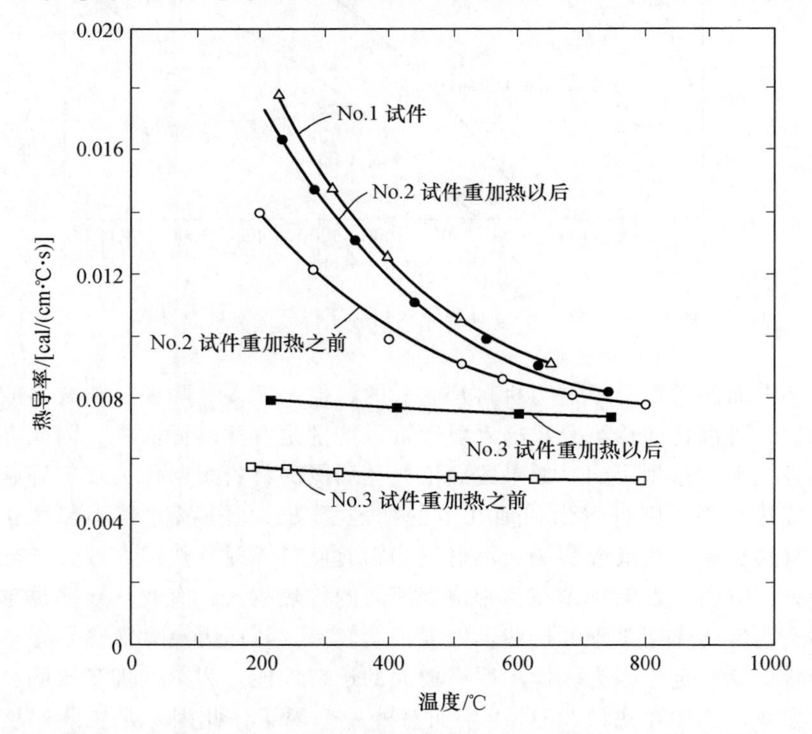

图 12.44 多晶二氧化钛试件在不同热处理后的热导率。引自 Charvat and Kingery，1957

没有固溶体或其他杂质影响的任何一个端部组分都小。这些结果出现在不同的结晶方向或在不同相体之间热膨胀系数不同的系统中。显微应力的产生导致扁平微裂纹沿着单个晶粒之间的晶界扩展。虽然由此引入的气孔率很小，但是它在系统中呈现为连续相，与热流路程串联，结果对合成热导率有大的影响。图 12.45 给出了 $MgO - MgAl_2O_4$ 系统及 $Al_2O_3 - ZrO_2$ 系统的数据。在这两种情况下，显微组织的研究证实了裂纹沿着晶界形成。

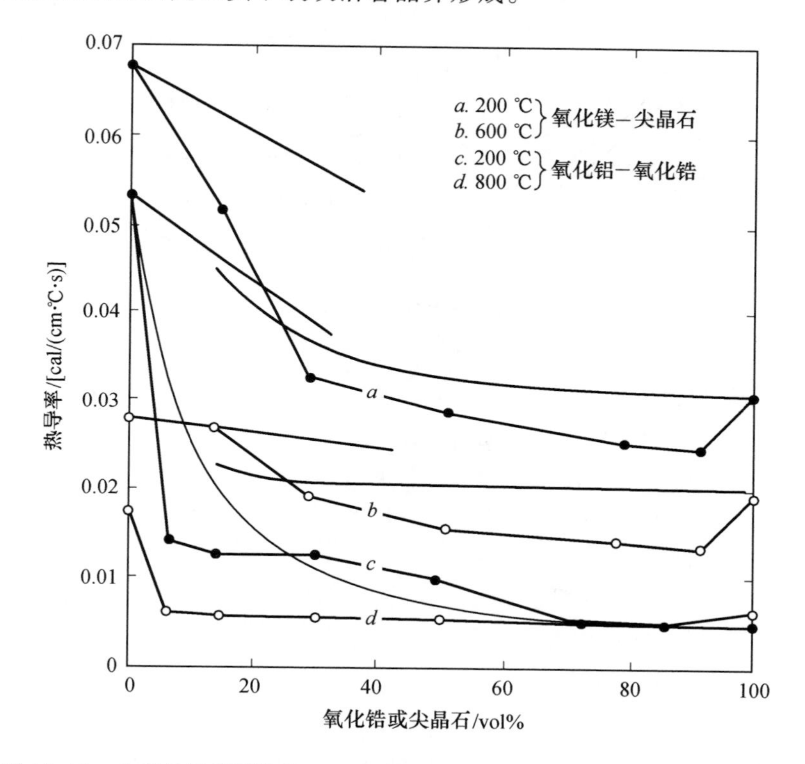

图 12.45　出现晶界微裂纹的 $MgO - MgAl_2O_4$ 及 $Al_2O_3 - ZrO_2$ 两相系统的热导率

加热及重加热的影响是由冷却时增加的裂缝或者由于已存在的裂缝的退火所引起的。在测量结果中，这种裂缝的张开和闭合表现为滞后回线，在铝钛酸盐及各向异性的金属的试验中也看到这种现象。大理石的热导率比单晶方解石的要低得多，也是这种现象造成的。

表 12.5 和图 12.46 列出了许多陶瓷系统的典型热导率数值。一般来说，低温时具有高热导率的材料具有大的负温度系数，低热导率的材料具有正的温度系数。因此，对不同材料所测得的热导率数值总的变化范围随温度的升高而减小。这就意味着除了显微组织的测定以外，在比较不同材料时必须考虑温度的影响。例如在室温下进行的比较对于了解材料在 1300 ~ 1400 ℃下的性质就可能不适用。

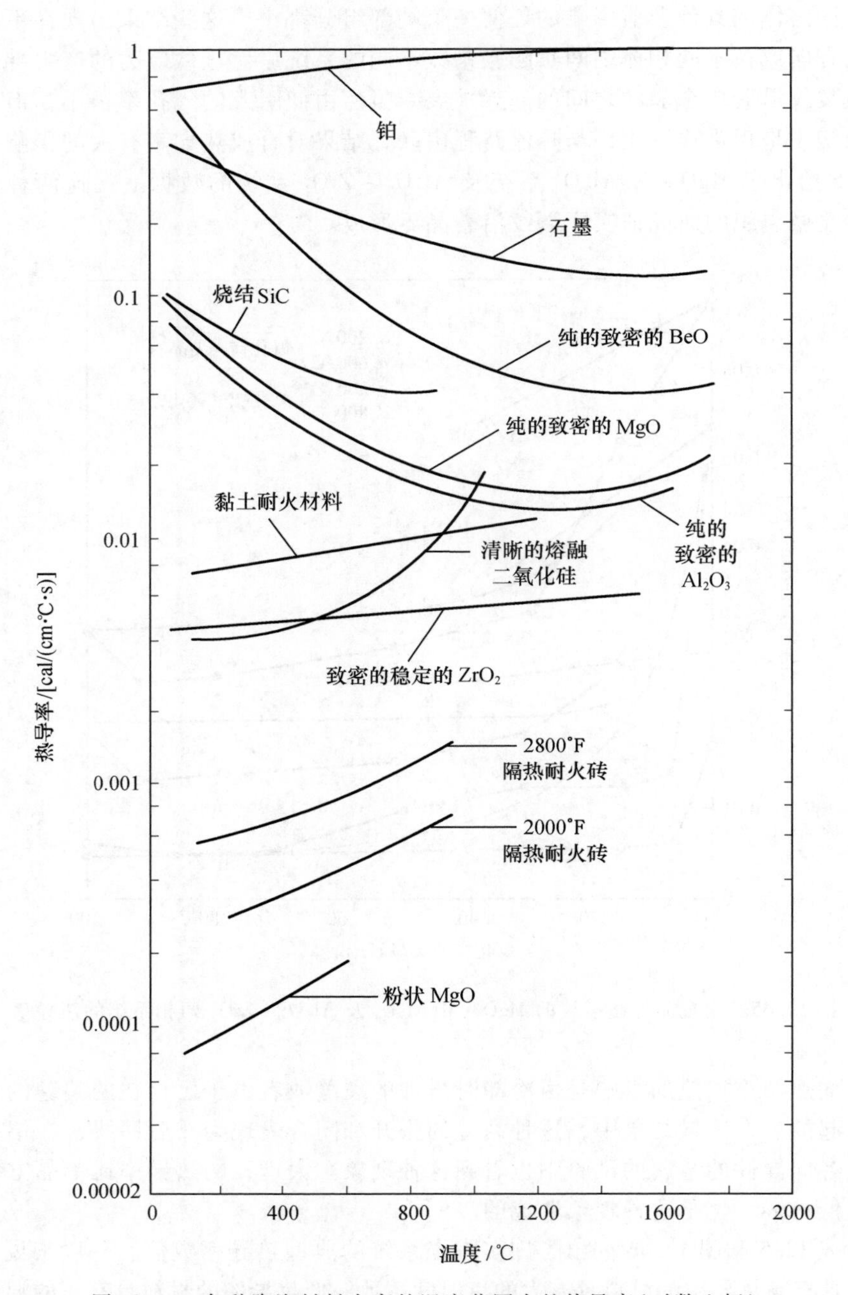

图 12.46　各种陶瓷材料在宽的温度范围内的热导率(对数坐标)

表 12.5　一些陶瓷材料的热导率

材　　料	在下列温度的热导率/[cal/(cm · ℃ · s)]	
	100 ℃	1000 ℃
Al_2O_3	0.072	0.015
BeO	0.525	0.049
MgO	0.090	0.017
$MgAl_2O_4$	0.036	0.014
ThO_2	0.025	0.007
莫来石	0.014	0.009
$UO_{2.00}$	0.024	0.008
石墨	0.43	0.15
ZrO_2(稳定的)	0.0047	0.0055
熔融二氧化硅玻璃	0.0048	0.006
钠-钙-硅酸盐玻璃	0.004	—
TiC	0.060	0.014
瓷	0.004	0.0045
黏土耐火材料	0.0027	0.0037
TiC 金属陶瓷	0.08	0.02

推 荐 读 物

1. C. Kittel, *Introduction to Solid State Physics*, 3d. ed., John Wiley & Sons, Inc., New York, 1968.
2. de Launay in F. Seitz and D. Turnbull, Eds., *Solid State Physics*, Vol. 2, Academic Press, Inc., New York, 1956.
3. J. D. Mackenzie, Ed., *Modern Aspects of the Vitreous State*, Vol. 3, Butterworth, London, 1965.
4. R. H. Doremus, *Glass Science*, John Wiley & Sons, Inc., New York, 1973.
5. W. D. Kingery, *J. Am. Ceram. Soc.*, **42**, 617(1959).
6. W. D. Kingery, "Thermal Conductivity of Ceramic Dielectrics", *Progress in Ceramic Science*, Vol. 2, J. E. Burke, Ed., Pergamon Press, New York, 1961.
7. *Engineering Properties of Selected Ceramic Materials*, The Am. Ceram. Soc., Columbus, Ohio, 1966.
8. I. E. Campbell and E. M. Sherwood, Eds., *High-Temperature Materials and Technology*, John Wiley & Sons, Inc., New York, 1967.

习　　题

12.1　陶瓷热膨胀的滞后通常是由于________。

12.2　试绘简图说明铁氧体在一个宽的温度范围内的热容变化。

12.3　试比较在 700 ℃时 NaCl 及 MgO 的摩尔比热。

12.4　黏土在 0 K 时热膨胀系数的优值为________。

12.5　试解释为什么玻璃的热导率常常低于晶态固体几个数量级。

12.6　对于组成范围为(0～50)% K_2O，(100～50)% SiO_2 的玻璃，推断其热膨胀变化。试通过 ① 各组成的熔点及 ② 玻璃的结构来解释所得的结果。

12.7　根据你对 $Al_2O_3-Cr_2O_3$系统的知识，推断单晶体及多晶体的热导率对组成的关系曲线的性质。

12.8　试绘一种玻璃及一种晶态材料在 10～2000 K 范围内典型的热导率对温度的关系曲线，并解释其相似之处及不同之处。

12.9　组成为25%石英(～200目)、25%钾长石(～325目)、15%球土(空气浮选)以及35%高岭土(水洗)的瓷料用注浆法制成试件并分为3组。每组在下述3个温度中的一个温度下煅烧了 1 h(1200 ℃，1300 ℃，1400 ℃)但是没有加上任何标志，而学生却遗失了他的记录。他可以利用记录膨胀仪测量热膨胀。他怎么能区别每一组是在哪一个温度下煅烧的？

12.10　如果根据 $MgO-Cr_2O_3$二元系中几个组成制成的致密的多晶体试件来研究热导率与组成的函数关系，试以适当的曲线描述它们预期的相对热导率。假设试件在1800 ℃时快速淬冷，而在 ① 室温下及 ② 400 ℃时测定其热导率。

12.11　试计算互相隔开的气孔的尺寸由直径为 0.2 in 改变到直径为 0.02 in 时，对1500 ℃时的 ThO_2(密实度达 90%)热导率的影响。

12.12　(a) 估计熔融二氧化硅在室温下的热导率。

(b) 一块厚度为 1 m 的玻璃的平均光学吸收系数为 7 cm，在什么温度时，它的辐射传热等于声子热导率？(弹性波速为5000 m/s，比热为 0.22 cal/g，密度为 2.2 g/cm^3，折射率为 1.5)

12.13　① 在晶格传导起主要作用的低温下以及② 在辐射传导起主要作用的高温下讨论纯 MgO 的气孔率对其热导率的影响。

第十三章 光性能

陶瓷制品许多不同的光学性质是与不同的用途相关的。也许最重要的是那些用作窗口、透镜、棱镜、滤光镜或者在其他方面需要的光性能作为材料的主要功能的光学玻璃和晶体。但是像瓷砖、陶瓷餐具、艺术瓷、搪瓷和卫生瓷之类的制品的价值和用途也在很大程度上取决于诸如颜色、半透明度和表面光泽等性质。因此，对大多数陶瓷来说光学性质有着这样或那样的重要性。

由于可能要考虑的光学性质的多样性和复杂性，我们必须把注意力限制在问题的几个主要方面，而不试图作包罗万象的论述。为此我们首先研究用于光学系统的重要性能——折射率和色散，这些性能构成光学玻璃广泛应用的基础；然后我们研究光的反射、散射、反射率、半透明性和光泽等问题；最后我们研究在陶瓷系统中光的吸收和颜色的形成与控制以及一些更新的应用。

13.1 引言

陶瓷中的电磁波 电介质材料对电磁辐射起的作用不同于自由

空间，这是因为电介质材料含有可以被位移的电荷，这点在第十八章中将进行较为详细的讨论。对于正弦电磁波，存在着波速和强度的变化，由复折射系数加以描述：

$$n^* = n - ik \tag{13.1}$$

式中：n 为折射率；k 为吸收率。折射系数和复介电常数有关(见第十八章)，$n^{*2} = \kappa^*$。由于 $\kappa^* = \kappa' - i\kappa''$，这里 κ'为相对介电常数，κ''为相对介质损耗因子，因此

$$n^{*2} = n^2 - k^2 - 2ink \tag{13.2}$$

以及

$$\kappa' = n^2 - k^2 \qquad \kappa'' = 2nk \tag{13.3}$$

电介质材料的光学性质通常是引人注意的，因为和其他类型的材料比较起来，它在电磁波频谱的光学部分有良好的透过性(图 13.1)。在短波区域，这种良好的透过性在紫外吸收限终止。与紫外吸收限相应的辐射能和频率为 $E = h\nu = hc/\lambda$，在这里能量吸收由电子从价带跃迁到导带中的未满态而引起(实际

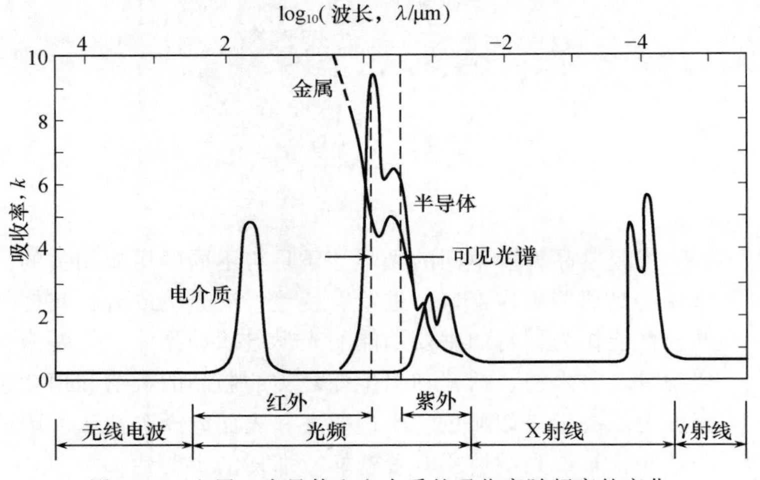

图 13.1　金属、半导体和电介质的吸收率随频率的变化

上，在紫外吸收限附近出现多峰，说明这个过程的细节是十分复杂的)。在长波区域，电介质比较好的透过性将由于粒子的弹性振动与外来辐射发生共振而终止。最大吸收频率为

$$\nu^2 = 2v\left(\frac{1}{M_c} + \frac{1}{M_a}\right) \tag{13.4}$$

式中：v 为力常数；M_c 和 M_a 分别为阳离子和阴离子的质量。为了有较宽的透明范围，最好有较大的禁带宽度(第二章和第四章)，同时要有弱的原子间结合和大的离子质量。对高原子量的一价碱金属化合物，这些条件都是最优的，如表 13.1 和图 13.2 所示。

表13.1　厚度为2 mm的各种材料的实用透过（超过10%）范围

紫外线 | 可见光 | 近红外 | 中红外 | 远红外 | 超红外

0.1　0.2　0.3　0.4　0.5　0.6　0.7　0.8　0.91　2　3　4　5　6　7　8　9　10　20　30　40　50　60　80　100 μm

材料	透过下限/μm	透过上限/μm
熔融二氧化硅（SiO_2）	0.16	4
熔融石英（SiO_2）	0.18	4.2
铝酸钙玻璃（$CaAl_2O_4$）	0.4	5.5
偏铌酸锂（$LiNbO_3$）	0.35	5.5
方解石（$CaCO_3$）	0.2	5.5
二氧化钛（TiO_2）	0.43	6.2
钛酸锶（$SrTiO_3$）	0.39	6.8
三氧化二铝（Al_2O_3）	0.2	7
蓝宝石（Al_2O_3）	0.15	7.5
氟化锂（LiF）	0.12	8.5
多晶氟化镁（MgF_2）	0.45	9
氧化钇（Y_2O_3）	0.26	9.2
单晶氧化镁（MgO）	0.25	9.5
多晶氧化镁（MgO）	0.3	9.5
单晶氟化镁（MgF_2）	0.15	9.6
多晶氟化钙（CaF_2）	0.13	11.8
单晶氟化钙（CaF_2）	0.13	12
氟化钡/氟化钙（BaF_2/CaF_2）	0.75	12
三硫化砷玻璃（As_2S_3）	0.6	13
硫化锌（ZnS）	0.6	14.5
氟化钠（NaF）	0.14	15
氟化钡（BaF_2）	0.13	15
硅（Si）	1.2	15
氟化铅（PbF_2）	0.29	15
硫化镉（CdS）	0.55	16
硒化锌（ZnSe）	0.48	22
锗（Ge）	1.8	23
碘化钠（NaI）	0.25	25
氯化钠（NaCl）	0.2	25
氯化钾（KCl）	0.21	25
氯化银（AgCl）	0.4	30
氯化铊（TlCl）	0.42	30
碲化镉（CdTe）	0.9	31
氯溴化铊[Tl（Cl, Br）]	0.4	35
溴化钾（KBr）	0.2	38
溴化银（AgBr）	0.45	40
溴化铊（TlBr）	0.38	40
碘化钾（KI）	0.25	47
溴碘化铊[Tl（Br, I）]	0.55	50
溴化铯（CsBr）	0.2	55
碘化铯（CsI）	0.25	70

折射率和色散　当光从真空进入较致密的材料时，其速度降低。这两种速度之比决定了折射率 n：

$$n = \frac{v_{真空}}{v_{材料}} \tag{13.5}$$

折射率是光频的函数，通常随波长的增加而减小(图 13.3)。这种折射率随波长的变化称为色散，并且已经有多种方法来定义。在所考虑的任何波长，可以直接给出色散：

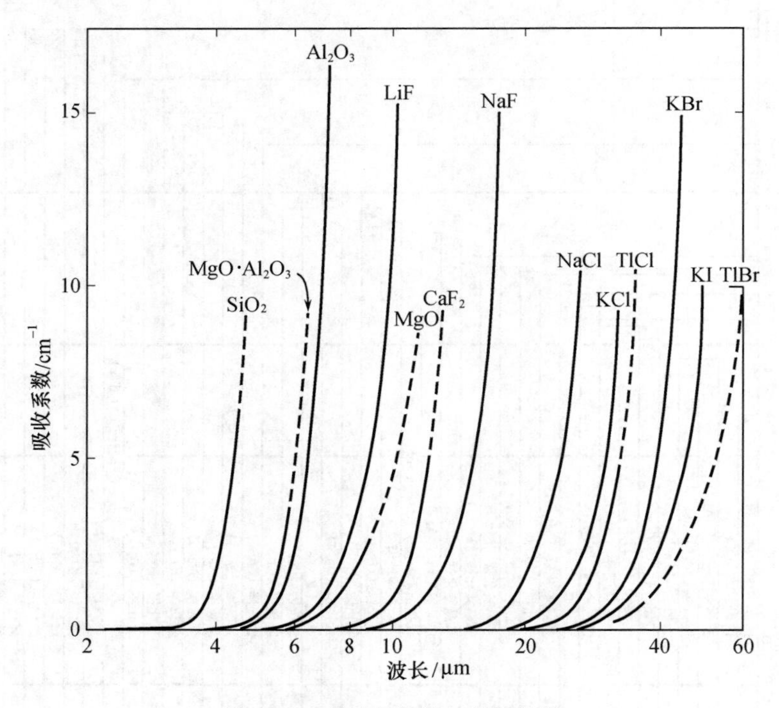

图 13.2　离子晶体的红外吸收限

$$色散 = \frac{dn}{d\lambda} \tag{13.6}$$

这个数值可以直接由图 13.3 确定，并且如图 13.4 所示。然而最实用的方法是用固定波长下的折射率来表达，而不是去确定完整的色散曲线。最通常报道的数值是倒数相对色散或 ν 值：

$$\nu = \frac{n_D - 1}{n_F - n_C} \tag{13.7}$$

式中：n_D、n_F 和 n_C 分别为用钠的 D 谱线、氢的 F 谱线和 C 谱线[5893 Å、4861 Å 和 6563 Å——均示于图 13.3(a)中]测得的折射率。折射率的典型数值

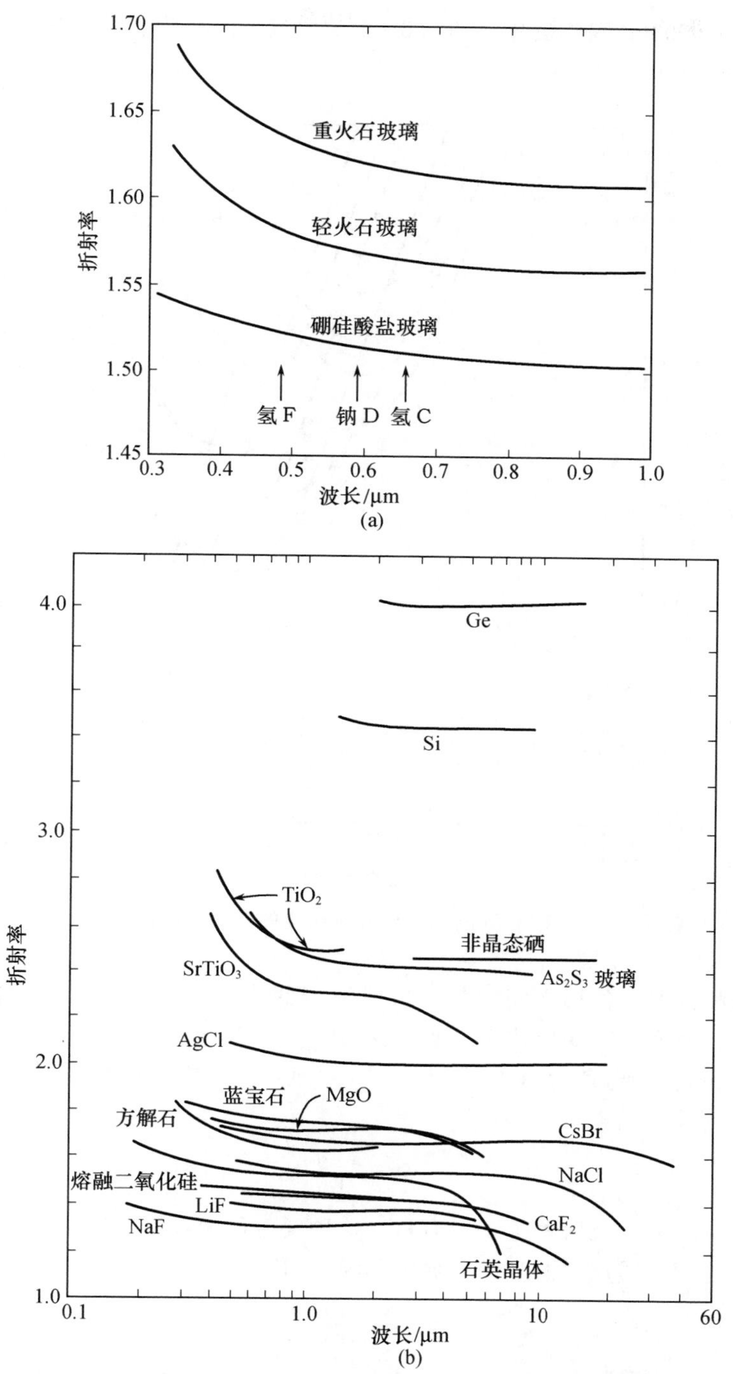

图 13.3 (a) 在可见光谱中几种典型的玻璃的折射率随波长的变化；(b) 几种晶体和玻璃的折射率随波长的变化

从空气的 1.0003 到固体氧化物的 1.3～2.7 的范围内变化。硅酸盐玻璃的折射率约为 1.5～1.9。

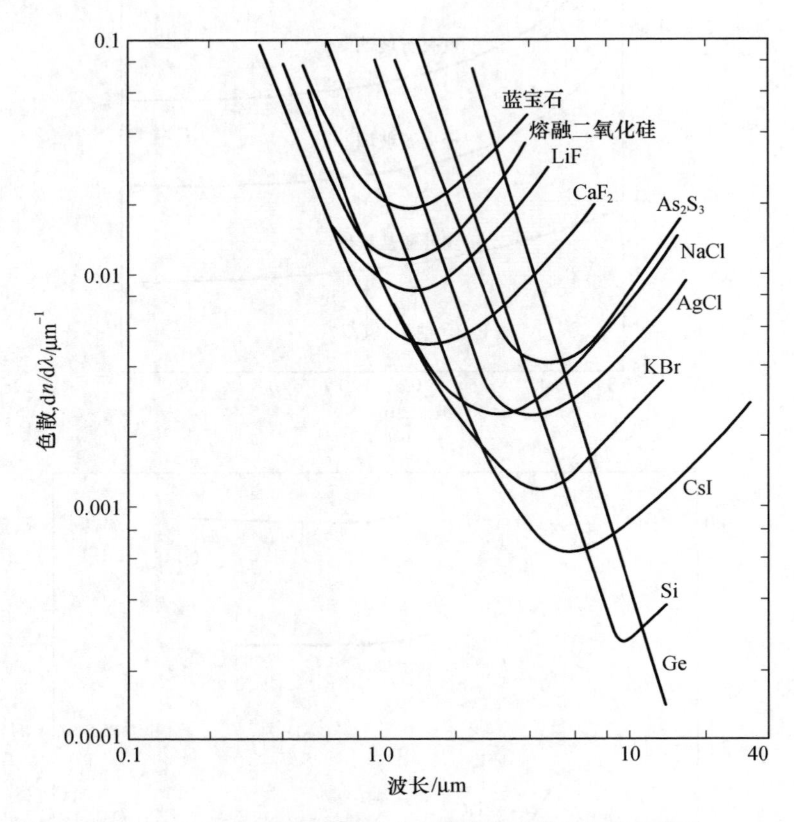

图 13.4　图 13.3(b)所示的几种陶瓷的色散与波长的关系

反射和折射　各相之间的相对折射率(折射率之比)决定了相界的反射与折射性能。速度的改变导致光线通过界面时发生弯折。如果入射线和表面的法线间夹角为 i，折射角为 r(图 13.5)，当一种介质为空气或真空时，这两个角存在下述关系：

$$n = \frac{\sin i}{\sin r} \tag{13.8}$$

一部分光被反射，反射角等于入射角，这种反射称为镜面反射。对于垂直入射来说，按这种方式反射的光的分数由菲涅耳(Fresnel)公式给出：

$$R = \frac{(n-1)^2 + k^2}{(n+1)^2 + k^2} \tag{13.9}$$

在频谱的光频区域内(图 13.1)，吸收率比折射率小得多，于是式(13.9)就简化成下述有用的形式：

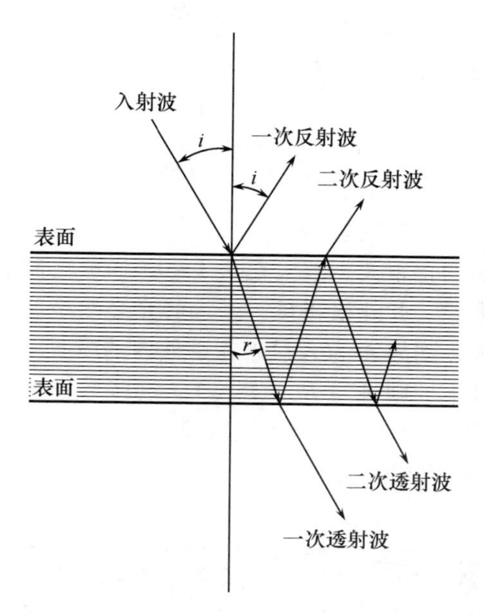

图 13.5　板状材料对光的反射与透过

$$R = \frac{(n-1)^2}{(n+1)^2} \tag{13.10}$$

在某些情况下，例如当观察显微镜下抛光切面或观赏雕花玻璃时，这种表面反射是合乎需要的，而在光学系统中却常常不希望有这种表面反射。对于垂直入射光，其值从 $n=1.5$ 时的 4% 左右增加到 $n=1.9$ 的 10% 左右。这意味着高折射率的试样易于进行抛光切面的显微镜观察，而在光学系统中则要求有特殊的预防措施来避免过多的反射损失。

吸收　如式(13.1)所示，吸收率和折射率两者对于描述陶瓷的光学性质都是必要的。吸收率是波长的函数(图 13.1)，而且与吸收系数 $\beta=\frac{4\pi k}{\lambda}$ 有最直接的关系。对于单相材料，光透过率可由吸收系数和试件厚度求得：

$$\frac{dI}{I_0} = -\beta dx \tag{13.11}$$

或

$$T = \frac{I}{I_0} = \exp(-\beta x) \tag{13.12}$$

$$\ln\left(\frac{I}{I_0}\right) = -\beta x \tag{13.13}$$

式中：I_0 为光的初始强度；I 为透射后的强度；x 为光程长；T 为透过率。吸收系数通常以 1/cm 为单位来测量。对于如图 13.5 所示的平板状材料，总透过率取决于反射损失和吸收这两方面。对于垂直入射的情况，总透过率可由下式给出：

$$T' = \frac{I_{\text{in}}}{I_{\text{out}}} = (1 - R)^2 \exp(-\beta x) \tag{13.14}$$

式中：R 为式(13.9)给出的反射率。

吸收系数随波长变化很大，波长在0.3～0.7 μm之间的可见光谱区的选择吸收当然是颜色的来源。此外很明显，进入的光必然是反射、透射和吸收三部分之总和。也就是说，如果 A'为入射光在试件内的吸收率，R'为从表面反射掉的反射率，T'为透射率，则 $A' + R' + T' = 1$。这些数值随频率或波长而变化，如图 13.6 所示。此图表示一块在可见光区呈绿色的玻璃在红外区 3 μm 附近和在紫外区约 0.3 μm 处均有吸收截断。

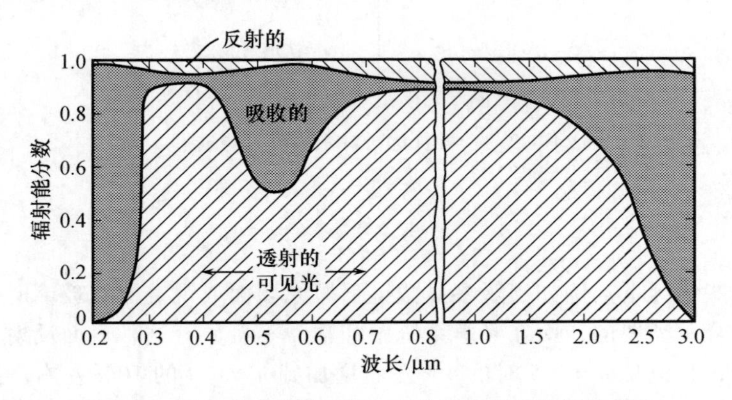

图 13.6　绿玻璃对光的反射、吸收和透射随波长的变化

图 13.6 所绘出的光吸收常常是由于溶液中特殊的离子或者由于发色团引起的，除了朗伯(Lambert)定律[式(13.12)]以外，吸收系数也正比于吸收离子的浓度，即 $\beta = \varepsilon c$。这里 ε 为消光系数或每单位浓度观测的吸收值。因此

$$\frac{I}{I_0} = \exp(-\varepsilon c x) \tag{13.15}$$

这个式子称为比尔(Beer)定律或者比尔 - 朗伯(Beer - Lambert)方程。

散射　对于光学不均匀的体系(例如含有小粒子的透明介质)，一部分光束被散射，从而光束强度减弱。对于投影面积为 πr^2 的单个粒子，光束强度损失的分数由下式给出：

$$\frac{\Delta I}{I} = -K \frac{\pi r^2}{A} \tag{13.16}$$

式中：r 为粒子半径；A 为光束面积；K 为散射因子，其值在 0～4 之间变化。

如果忽略多级散射，则

$$\frac{I}{I_0} = \exp(-Sx) = \exp(-KN\pi r^2 x) \tag{13.17}$$

式中：S 为散射系数，有时也称做浊度系数；N 为单位体积内的粒子数。如果该第二相粒子的体积分数为 V_p，则

$$V_p = \frac{4}{3}\pi r^3 \cdot N \tag{13.18}$$

$$S = \frac{3}{4}KV_p r^{-1} \tag{13.19}$$

$$\frac{I}{I_0} = \exp\left(-3KV_p \frac{x}{4r}\right) \tag{13.20}$$

具有初始强度 I_0 的光束衰减时的能量损失，是以离单个散射粒子距离为 r 处的散射光的强度 i 来衡量的，这里 r 大于辐射波长。由于散射强度作为 r^2 的函数而变化，$V_p = \frac{4}{3}\pi r^3 \cdot N$，所以能量分布是散射波和入射光束之间的散射角的函数。散射可以用瑞利(Rayleigh)比来衡量：

$$\mathbf{R} = \frac{i\mathbf{r}_\theta^2}{I} \tag{13.21}$$

式中：θ 是与入射光束之间的夹角。散射光的散射强度，在与入射光束平行的方向最大，垂直方向上最小。散射系数可以通过相对于入射光束的所有角度的散射强度的积分来确定。就垂直于光束方向的散射来说，可得下式：

$$S = \frac{16}{3}\pi R_{90^\circ} = \frac{8}{3}\pi R_0 \tag{13.22}$$

散射因子 K 的数值主要取决于：① 粒子直径与入射光波长的比值，通常用 $\alpha = 2\pi r/\lambda$ 来度量；② 粒子与介质的相对折射率($m = n_{粒子}/n_{介质}$)。此外，散射的能量还取决于入射光束所对应的立体角以及式(13.22)所示的测得的辐射值，也取决于粒子的形状和它在光束中的取向。在陶瓷体系中最大的散射效应和相对折射率有关，随着粒子和介质之间折射率差的增加，散射也增大。此外，散射也显著地受到粒子尺寸的影响，即最大的散射发生在粒子尺寸和辐射波长相等的时候。当粒子尺寸远小于入射波长时，散射因子 K 随粒子尺寸的增大而增加，并且与波长的四次方成反比。当粒子尺寸大约等于入射波长时，散射系数达到最大值，并随着颗粒尺寸的继续增大而减小。当粒子尺寸比入射波长大很多时，散射因子 K 趋于常值，因此当第二相浓度固定时，所测得的散射系数反比于粒子尺寸，如式(13.19)和式(13.20)所示。图 13.7 说明粒子尺寸和相对折射率的影响。

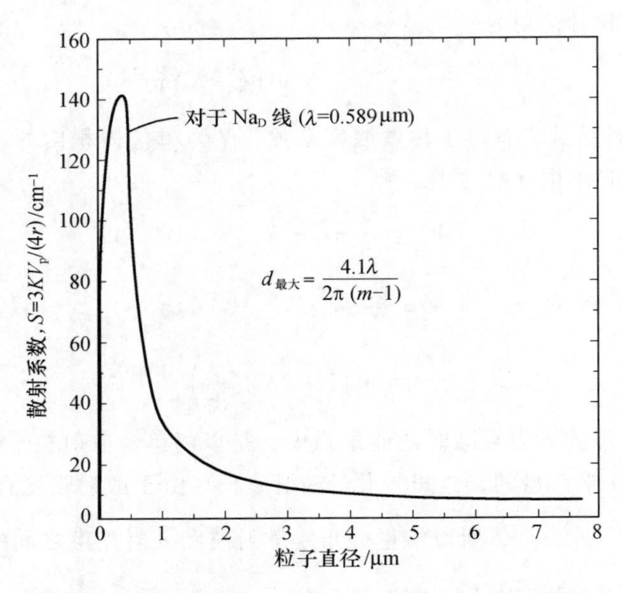

图 13.7　粒子尺寸对散射系数[$S=3KV_p/(4r)$]的影响。相对折射率为 1.8，粒子体积固定为 1.0 vol%（TiO_2 在玻璃中）

13.2　折射率和色散

电偶极矩　电介质材料能和电磁辐射起作用并影响它，因为电介质材料中含有可以位移的载荷子。由于电磁辐射和原子的电子体系相互作用，光波被减速了。外加电场和介质之间的关系可以认为是由于出现了具有平均偶极矩 $\bar{\mu}$ 的单元偶极子的结果。如果用两个相距为 d、极性相反的电荷 $+Q$ 和 $-Q$ 来表示偶极子，那么 $\bar{\mu}$ 就等于 Qd。在光频范围内，电介质的极化起因于原子核周围电子云的位移(图 13.8)。

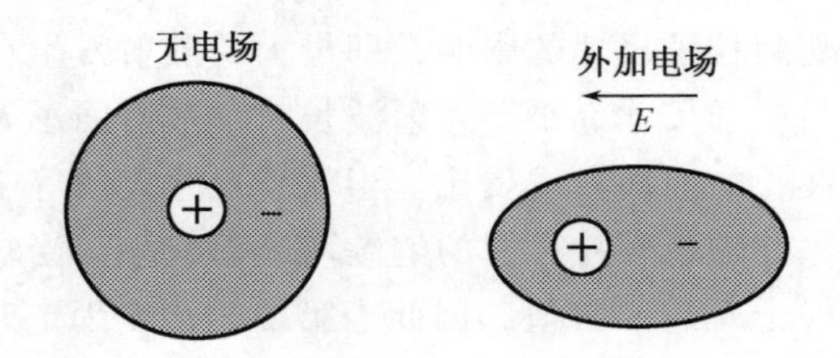

图 13.8　电子云位移引起的偶极矩和电子极化

平均偶极矩 $\bar{\mu}$ 正比于作用在质点上的局部电场强度；比例常数 α 称为极化

率，以每单位场强的平均偶极矩来表示，$\bar{\mu}=\alpha E$（极化率在 esu 制中以立方厘米为单位来衡量，在 mks 制中以 $s^2C^2/kg=\varepsilon m^3$ 为单位来衡量）。所有单元偶极子的总和就得出单位体积的总偶极矩，即极化强度 P；也就是说，如果单位体积内有 N 个粒子，则 $P=N\bar{\mu}=N\alpha E$。洛伦兹－洛伦茨（Lorentz－Lorenz）方程把基本的单原子气体的原子极化率 α 和波长为无穷大的波的折射率联系起来：

$$\alpha=\frac{3\varepsilon_0}{N_0}\frac{n^2-1}{n^2+2}\frac{M}{\rho}=\frac{3\varepsilon_0}{N_0}R_\infty \tag{13.23}$$

式中：ε_0 是真空的介电常数（在 esu 制中，$\varepsilon_0=1/4\pi$，在 mks 制中，$\varepsilon_0=8.854\times10^{-12}$ F/m）；N_0 为阿伏伽德罗常量；M 为分子量；ρ 为密度；R_∞ 为摩尔折射本领，与原子极化率成正比。

极化率 在最简单的单原子气体情况下，摩尔折射本领可以通过假定在原子半径 r_0 内电子密度是均匀的这一点直接而简单地使其有理化（当然这种说法是不正确的，如在第二章所讨论过的；但是对于现在的目的来说，这还是比较适当的简单近似）。如果我们考虑一个原子序数为 Z 的原子，其原子核具有正电荷 $+Ze$，被荷电为 $-Ze$ 的电子气所包围。外电场 E 对电子气有一个作用力 $F=-ZeE$，使电子气的中心位移一个距离 d。当发生位移后，这个作用力便与带正电 $+Ze$ 的原子核所产生的库仑引力相平衡。如果是以球形对称的方式产生位移（图 13.9），而中心的移动为 d，那么对非对称性起作用的那部分电荷 Q_d 由下式给出：

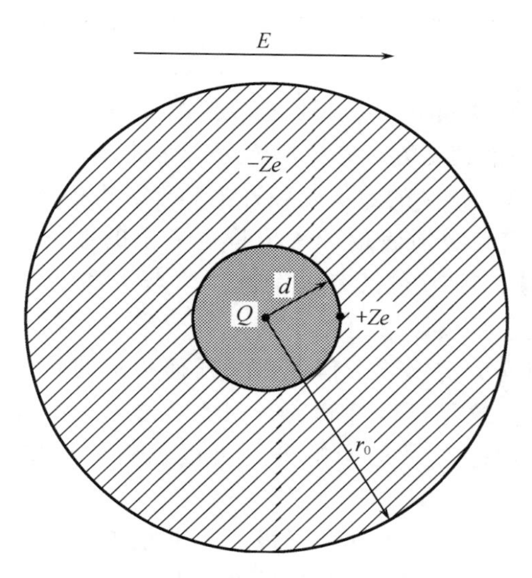

图 13.9　外加电场中球体电子云的位移

$$Q_{\mathrm{d}} = -Ze\frac{d^3}{r_0^3} \tag{13.24}$$

这个电荷可以看做集中在离原子核距离为 d 的地方起作用，因而原子核 $+Ze$ 和负电荷 Q_{d} 之间的库仑力是

$$F_{\mathrm{C}} = -(Ze)^2\frac{d^3/r_0^3}{4\pi\varepsilon_0 d^2} \tag{13.25}$$

在平衡时库仑力应和外电场的作用力相等，即 $F_{\mathrm{C}}=F$，于是，

$$-ZeE = -\frac{(Ze)^2 d^3/r_0^3}{4\pi\varepsilon_0 d^2} \tag{13.26}$$

由此可得

$$d = 4\pi\varepsilon_0 r_0^3 E/Ze \tag{13.27}$$

以及

$$\bar{\mu} = Zed = 4\pi\varepsilon_0 r_0^3 E \tag{13.28}$$

因此得到原子的电子极化率：

$$\alpha = 4\pi\varepsilon_0 r_0^3 \tag{13.29}$$

在非有理化的 esu 单位中，$4\pi\varepsilon_0$ 等于 1，于是电子极化率等于 r_0^3。对于氦来说，

$$\alpha_{\mathrm{He}} = r_0^3 = 0.74\times10^{-24}\ \mathrm{cm}^3 \tag{13.30}$$

如前所述，这个计算只是近似的，实际它所给出的数值太小，大约小 5 倍。从我们看来，它的主要意义在于说明原子体积和原子极化率之间的密切关系。

气体的摩尔折射本领 R_∞ 可以通过实验测定各种波长下的折射率(如图 13.3 所示)，然后外推到无穷大波长来确定。这种方法作某些修改也适用于溶液中的离子。但是这样得到的数值是各种不同离子折射本领的总和。为了得到单项离子的数值，我们必须假定某一个特定离子的数值。一个合理的假定是 H^+ 的摩尔本领为零，因为它只有一个质子。若干离子的摩尔折射本领如表 13.2 所示，表内离子是按照轨道电子的总数分类的。如前所述，对于摩尔本领，离子尺寸有相当大的影响；但是对于任何给定的轨道电子数，增加负电荷也有显著的影响。这是可以理解的，因为负离子中的外层电子不如离子中结合得牢固，所以除了尺寸的影响外，可以预料外层电子对极化率起主要作用。

因此，一般来说，我们预期离子极化率随粒子尺寸和等电位离子上负电荷的程度而增加。如式(13.23)所表明的，因为折射率和极化率是一道增加的，所以我们可以用大离子得到高折射率($n_{\mathrm{PBS}}=3.912$)，而用小离子得到

表 13.2 若干原子和离子的摩尔折射本领

电子数	电荷					
	-2	-1	0	+1	+2	+3
10	O	F	Ne	Na	Mg	—
	7.0	2.4	1.0	0.5	0.3	
18		Cl	A	K	Ca	Sc
		9.0	4.2	2.2	1.3	0.9
36		Br	Kr	Rb	Sr	—
		12.6	6.3	3.6	2.2	
54		I	Xe	Cs	Ba	La
		19.0	10.3	6.1	4.2	3.3

低折射率($n_{SiCl_4}=1.412$)。然而紧邻环境和紧邻离子的排列也影响折射率；只有在玻璃和立方晶体中，折射率才与结晶学方向无关。在其他的晶系中，结构中密堆积方向上的折射率高，这可从式(13.23)直接导出。同样，高温同质多晶型的较开敞的结构比低温型的折射率低，同样组成的玻璃比晶体的折射率低。例如，对于 SiO_2，$n_{玻璃}=1.46$，$n_{鳞石英}=1.47$，$n_{方石英}=1.49$，$n_{石英}=1.55$。

晶体中密堆方向具有最高折射率，同理对玻璃这样的各向同性材料施加张应力时，则在垂直于应力的方向折射率增加，而沿着应力方向的折射率减小。单向压缩具有相反的效果。由于光速(折射率)增量的变化直接和所施加的应力成比例，所以双折射(不同方向折射率的差别)可以用来作为测量应力的方法。

典型的钠-钙-硅酸盐玻璃的折射率约为1.51。在大多数实用玻璃中，对提高折射率具有最大效果的组分是铅(原子序数82)和钡(原子序数56)添加物。含90 wt% PbO玻璃的折射率约为2.1。在实际光学玻璃中能得到的总的数值范围大约是1.4~2.0(图13.10)。一些组成物和折射率汇总在表13.3中。

色散 折射率的色散是由于可见光谱接近于在紫外区电子振荡的自然频率引起的，与自然频率电磁辐射的强烈相互作用导致共振或自然振荡的加强以及在这个共振频率上的高吸收(对比第十八章)。在远离共振频率时，对于单个的电子来说，

$$n^2 = 1 + \frac{Ne^2/\pi m}{\nu_0^2 - \nu^2} \tag{13.31}$$

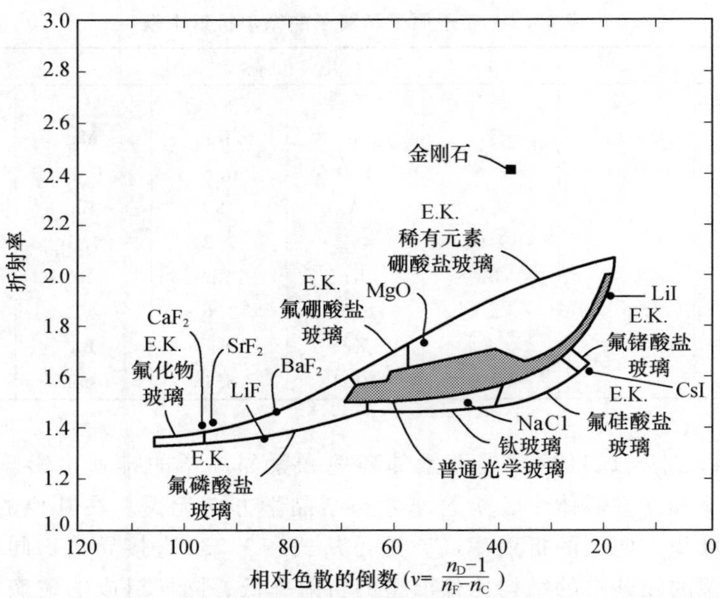

图 13.10 用晶体、普通光学玻璃以及 Eastman Kodak 公司的氟化物玻璃和稀土玻璃得到的光学性能范围

表 13.3 一些玻璃和晶体的折射率

	平均折射率	双折射
玻璃组成:		
由正长石($KAlSi_3O_8$)组成的	1.51	
由钠长石($NaAlSi_3O_8$)组成的	1.49	
由霞石正长岩组成的	1.50	
氧化硅玻璃 SiO_2	1.458	
高硅氧玻璃(96% SiO_2)	1.458	
钠-钙-硅酸盐玻璃	1.51~1.52	
硼硅酸盐(Pyrex)玻璃	1.47	
重火石光学玻璃	1.6~1.7	
硫化砷玻璃 As_2S_3	2.66	
晶体:		
四氯化硅 $SiCl_4$	1.412	
氟化锂 LiF	1.392	
氟化钠 NaF	1.326	
氟化钙 CaF_2	1.434	
刚玉 Al_2O_3	1.76	0.008
方镁石 MgO	1.74	
石英 SiO_2	1.55	0.009
尖晶石 $MgAl_2O_4$	1.72	

续表

	平均折射率	双折射
锆英石 $ZrSiO_4$	1.95	0.055
正长石 $KAlSi_3O_8$	1.525	0.007
钠长石 $NaAlSi_3O_8$	1.529	0.008
钙长石 $CaAl_2Si_2O_8$	1.585	0.008
硅线石 $Al_2O_3 \cdot SiO_2$	1.65	0.021
莫来石 $3Al_2O_3 \cdot 2SiO_2$	1.64	0.010
金红石 TiO_2	2.71	0.287
碳化硅 SiC	2.68	0.043
氧化铅 PbO	2.61	
方铅矿 PbS	3.912	
方解石 $CaCO_3$	1.65	0.17
硅 Si	3.49	
碲化镉 CdTe	2.74	
硫化镉 CdS	2.50	
钛酸锶 $SrTiO_3$	2.49	
铌酸锂 $LiNbO_3$	2.31	
氧化钇 Y_2O_3	1.92	
硒化锌 ZnSe	2.62	
钛酸钡 $BaTiO_3$	2.40	

式中：N 是单位体积内的原子数；e 为电子的电荷；m 为电子质量；ν_0 为自然频率；ν 为入射辐射频率。一般来说，应该是式(13.31)形式的许多项的总和，对于固体来说还必须考虑相邻离子之间的相互作用，但是仍得到相同的色散特征的一般形状(图13.11)。在可见光范围，折射率随波长的减小而增加，这称

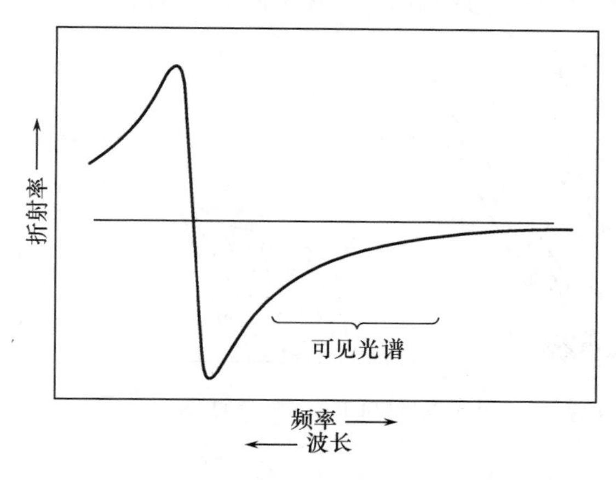

图 13.11　折射率的正常色散和反常色散

为正常色散。对于这种性状，一个常用的经验关系式是柯西(Cauchy)公式：

$$n = A + \frac{B}{\lambda^2} + \frac{C}{\lambda^4} \tag{13.32}$$

不难看出，如果 ν 远小于 ν_0，这个结果可由式(13.31)导出。在出现共振的自然频率范围内，折射率随波长的减小而减小，这称为反常色散。

13.3 界面反射和表面光泽

如式(13.10)所示，菲涅耳公式说明完全光滑表面上的镜面反射是由折射率决定的，$R=(n-1)^2/(n+1)^2$。这意味着在光学系统中，当折射率增大时反射损失增加。相反，对于雕花玻璃“晶体”，则在强折射的基础上企求高反射性能，这种玻璃含铅量高，折射率高，因而反射率约为普通钠－钙－硅酸盐玻璃的两倍。同样，宝石的高折射率使得它具有所需的强折射作用和高反射性能。用玻璃纤维作为照明和通信的光导管时，有赖于光束的总内反射。这是用一种具有可变折射率的玻璃或用涂层来实现的。

对于光学工程的应用，希望强折射和低反射相结合。这可以在镜片上涂一层中等折射率、厚度为光波长 1/4 的涂层，波长通常是采用可见光谱的中部波长，这样在图 13.5 所示的一次反射波刚好被大小相等、位相相反的二次反射波所抵消。大多数显微镜和许多其他的光学系统都采用这种涂层的物镜，同样的系统被用来制作“不可见”的窗户。

在陶瓷系统中大多数表面并不是完全光滑的，有相当大的漫反射。如果对一个不透明材料，测量单一入射光束在不同角度上的反射能量，则得如图 13.12 所示的结果。如图 13.13 所示，在不透明的材料中，漫反射是由于表面粗糙度引起的。对于非不透明材料，下节所讨论的材料表面下的反射是最重要的。

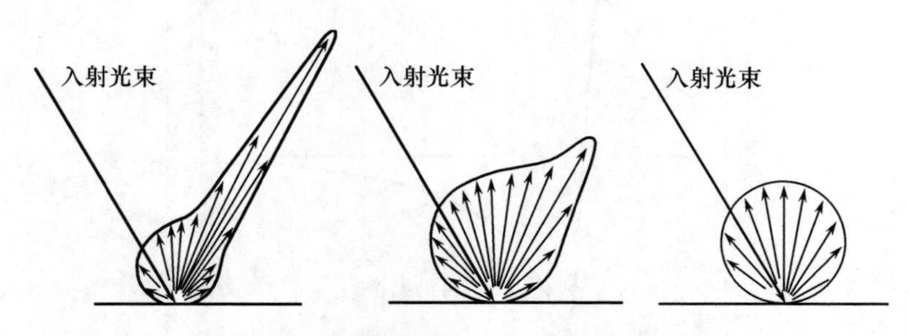

图 13.12　粗糙度增加的各表面上的抛光反射极坐标图

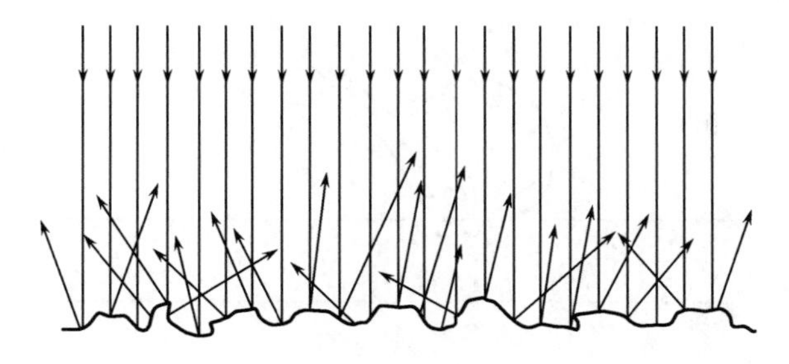

图 13.13　粗糙表面的反射

要对表面光泽下个精确的定义是困难的，但它与镜面反射与漫反射的相对量密切相关。已经发现，表面光泽与反射影像的清晰度和完整性(亦即与镜面反射光带的窄度和它的强度)有最密切的关系①。这些因素主要由折射率和表面平滑度决定。为了获得高的表面光泽，需要采用铅基的釉或搪瓷组分烧成到足够高的温度，使釉铺展而形成一个完整的光滑表面。采用低折射率玻璃相或增加表面粗糙度可以减小表面光泽。可以采用研磨或喷砂的方法、对原来光滑的表面进行化学腐蚀的方法以及由悬浮液、溶液或者气相沉积一层细粒材料的方法来产生表面粗糙度。用釉和搪瓷来获得高光泽的困难通常是由于晶体形成时造成的表面粗糙、表面起伏或者气泡爆裂而形成的凹坑等造成的。

13.4　不透明性和半透明性

釉、搪瓷、乳白玻璃和瓷器的外观和用途在很大程度上取决于它们的反射和透射性能。这些性能强烈地受到通常所使用的多相系统的光散射特性的影响。图 13.14 示出釉或搪瓷以及玻璃板或瓷体中小颗粒散射的总的效果。其重要的光学特性是：镜面反射光的分数决定了光泽、直接透射光的分数、入射光漫反射的分数以及入射光漫透射的分数。图 13.15 示出某些典型釉的极坐标反射图。要获得高度乳浊(不透明性)的覆盖能力，就要求光在达到具有不同光学特征的底层之前被漫反射。为了有高的半透明性，光应该被散射，以使透射的光是扩散开的，但是大部分入射光应当透射过去而不是被漫反射。

① 例如可看 A. Dinsdale and F. Malkin, *Trans. Brit. Ceram. Soc.*, **54**, 94(1955)。

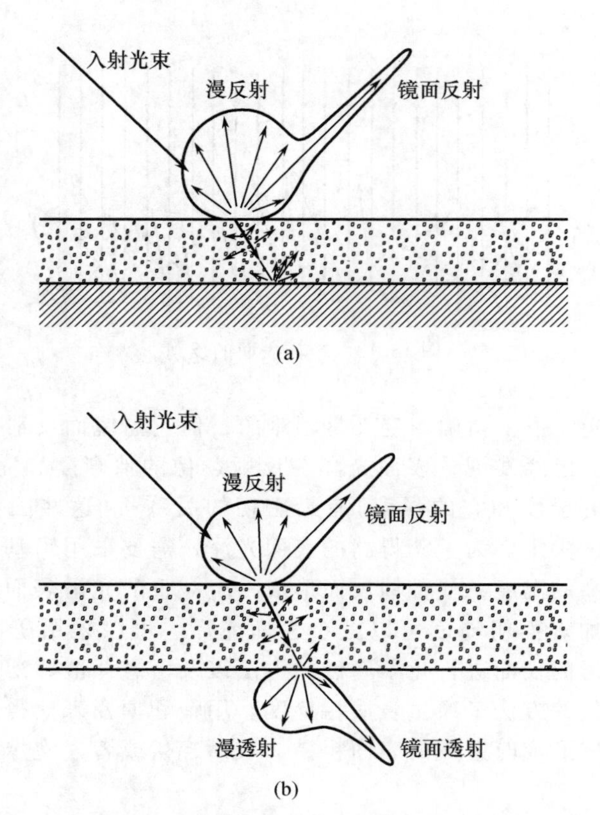

图 13.14 (a) 釉或搪瓷的表面涂层; (b) 半透明玻璃板或瓷体的镜面反射、漫反射和透射

乳浊化 如图 13.7 所示，决定总散射系数从而影响两相系统乳浊度的主要因素是颗粒尺寸、相对折射率以及第二相颗粒的体积。为了得到最大的散射能力，颗粒的折射率和基质材料的折射率应当具有较大差异，颗粒尺寸应当和入射波长约略相等，并且颗粒的体积分数要高。对于乳浊搪瓷釉和硅酸盐玻璃系统，所采用的玻璃的折射率限定在约 1.49 ~ 1.65 范围内。为了作为一种有效的散射剂，乳浊剂必须具有和上述数值显著不同的折射率，这就限制了可利用的材料的种类。此外，乳浊剂还必须能够在硅酸盐液态基质中形成小颗粒，这使能被采用的材料又受到了进一步的限制。

乳浊剂可以是与玻璃相完全不起反应的材料(和油漆中的颜料完全类似)，它们可以是熔制时形成的惰性产物，或者是在冷却或者再加热时从熔体中结晶出来，如第八章所述。后者是获得理想细颗粒尺寸的最有效方法，因此当需要高度乳浊化时，这也是最常用的方法。常用做乳浊剂或在玻璃和釉中的晶态相出现的若干材料汇集在表 13.4 中。由表可见，最有效的乳浊剂是二氧化钛。

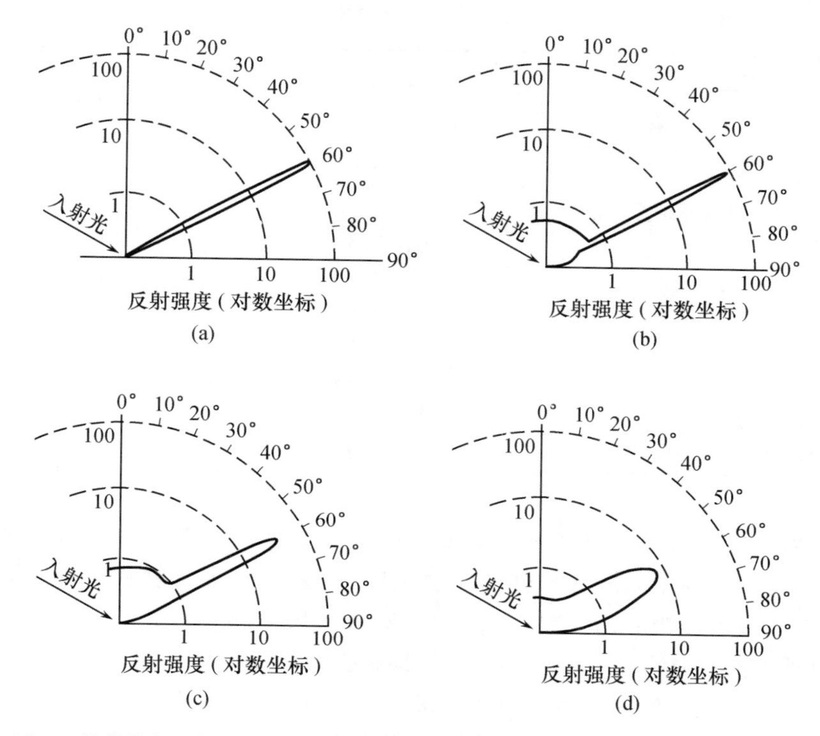

图 13.15　4 种釉的极坐标反射图。(a) 高光泽黑釉；(b) 高光泽瓷釉；(c) 中低级光泽卫生瓷釉；(d) 低光泽半褪光釉。引自 A. Dinsdale and F. Malkin, *Trans. Brit. Ceram. Soc.*, **54**, 94(1955)

由于它也是一种能够成核并结晶成非常细颗粒的材料，所以被广泛用做要求高乳浊度的搪瓷釉的乳浊剂。

表 13.4　适用于硅酸盐玻璃介质($n_{玻}=1.5$)的不透明剂分类

乳　浊　剂	n_D	$n_{晶}/n_{玻}$
惰性添加物		
SnO_2	2.0	1.33
$ZrSiO_4$	2.0	1.33
ZrO_2	2.2	1.47
ZnS	2.4	1.6
TiO_2(锐钛矿)	2.52	1.68
TiO_2(金红石)	2.76	1.84
熔制反应的惰性产物		
气孔	1.0	0.67

续表

乳浊剂	n_D	$n_晶/n_玻$
As_2O_5	2.2	1.47
$PbAs_2O_6$	2.2	1.47
$Ca_4Sb_4O_{13}F_2$	2.2	1.47
由玻璃中成核及结晶出的		
NaF	1.3	0.87
CaF_2	1.4	0.93
$CaTiSiO_5$	1.9	1.27
ZrO_2	2.2	1.47
$CaTiO_3$	2.35	1.57
TiO_2（锐钛矿）	2.52	1.68
TiO_2（金红石）	2.76	1.84

入射光被反射、吸收和透射的分数取决于试件的厚度以及散射和吸收特性。反射率 R_∞ 等于无限厚试件的反射系数（入射光被漫反射和镜面反射的分数）；对于没有光吸收的材料，$R_\infty=1$。吸收系数大的材料其反射率低，因此好的乳浊剂必须具有低的吸收系数，亦即在微观尺度上具有良好的透射特性。

对于乳浊剂的实际作用，涉及与某个反射率为 R' 的底材相接触的试件的光反射，例如搪瓷釉下面的金属表面或者陶瓷釉下的瓷体。如果定义 R_0 为与反射率为零的底材（一种完全吸收或者完全透过入射辐射的材料）相接触的试件的光反射率，那么与反射率为 R' 的底材相接触的试件的光反射率 R'_R 由 P. Kubelka 和 F. Munk① 给出：

$$R'_R=\frac{(1-R_\infty)(R'-R_\infty)-R_\infty(R'-1/R_\infty)\exp[Sx(1/R_\infty-R_\infty)]}{(R'-R_\infty)-(R'-1/R_\infty)\exp[Sx(1/R_\infty-R_\infty)]} \tag{13.33}$$

这个方程的分析求解是困难的，但是它表明，当底材的反射率 R'、散射系数、涂层厚度以及反射率 R_∞ 增加时，反射率也增加。

反射率 R_∞ 决定于吸收系数 β 和散射系数 S 之比，由下式给出：

$$R_\infty=1+\frac{\beta}{S}-\left(\frac{\beta^2}{S^2}+\frac{2\beta}{S}\right)^{1/2} \tag{13.34}$$

也就是说，厚涂层的反射同等程度地由吸收系数和散射特性所决定。

乳浊涂层的覆盖能力和从底材中相邻的两个面所反射的光的比例有关，一个是具有高底材反射 R' 的面，而另一个是具有低底材反射的面。这是通过对

① *Z. Tech. Phys.*, **12**, 593(1931)。

比度或乳浊能力 $C_{R'}=R_0/R_{R'}$ 来测定的。取 $R'=0.80$ 比较方便，这样 $C_{0.80}=R_0/R_{0.80}$，亦即具有完全吸收的底材的反射率和具有良好反射的底材的反射率的比值。由式(13.33)可以使这个比值和 $R'=0$ 的试件的反射率相联系。对于任何数值的反射率，式(13.33)可以用图13.16中的一族曲线来表示。由特定的对比度 R_∞、散射系数、涂层厚度和 R_0 值可以确定乳浊度或对比度。用高的反射率、厚的涂层和高的散射系数或它们的某些结合，可以得到良好的乳浊度。

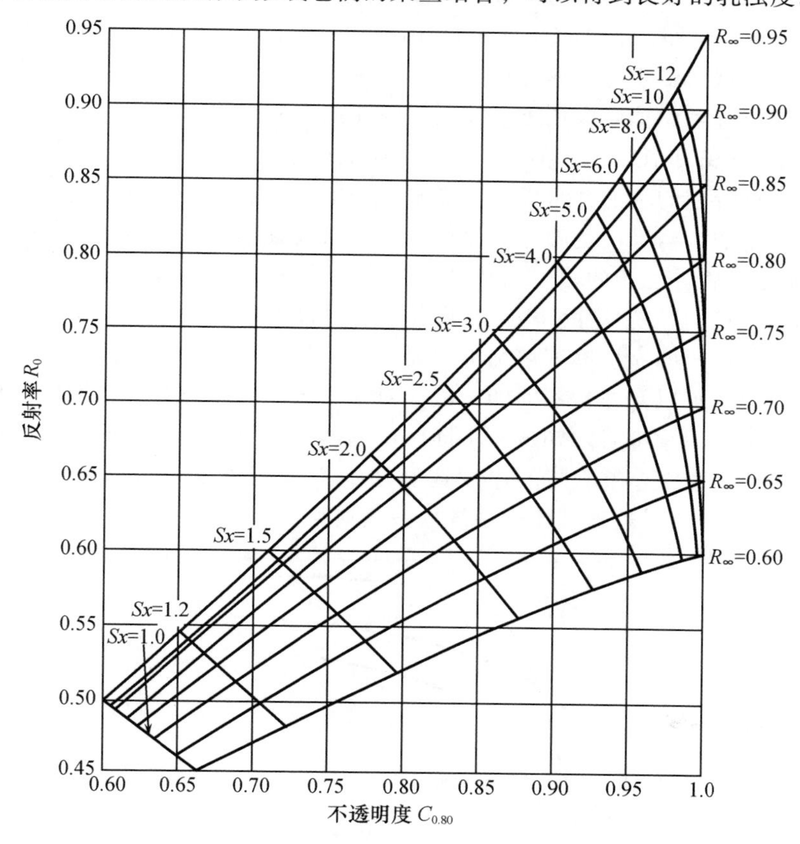

图 13.16　反射率－不透明度关系图。引自 D. B. Judd, W. N. Harrison, and B. J. Sweo, *J. Am. Ceram. Soc.*, **21**, 16(1938)

所采用的乳浊剂的具体配方取决于需要乳浊化的物系和制造方法。对于薄钢板搪瓷，喷上或刷上薄的涂层是符合要求的。坯体的反射低，由于乳浊剂对于低反射值的底材有良好的覆盖能力，必须使其散射系数尽可能高。为此目的，最好选择以二氧化钛为乳浊剂的搪瓷釉，这种搪瓷釉相对折射率高，而且能够通过成核和淀析得到和光的波长相等的颗粒尺寸。相反，铸铁搪瓷是用于绘施釉在重的金属部件上。此法以粉状的釉施加到热的金属上形成涂层。这种工艺和铸件的表面粗糙度要求采用厚的搪瓷涂层。涂层厚度约为0.070 in数量级，为薄钢板的0.007 in涂层厚度的10倍。因此与薄钢板搪瓷相比，在铸铁上可以令人满意地采用乳浊能力较低而比氧化钛更为经济的乳浊剂(此外，长的冷却周期随着铸件厚度而变化，这使得成核过程的控制非常困难)。已经发现锑基乳浊剂用于铸铁搪瓷是令人满意的。

陶瓷坯体需要相当厚的釉层，以便充分覆盖表面的缺陷。典型的涂层厚度是0.020 in。此外，通常采用的白色坯体的反射能力非常高，因此对遮盖力的要求不像薄钢搪瓷或铸铁搪瓷那样严格。由于釉的烧成需要较长的周期，所以釉中的淀析过程比搪瓷中更难于控制；因此向釉料中掺入惰性的不溶解的乳浊剂(例如氧化锆和氧化锡之类)通常是最为合适的。

在设计特定的乳浊釉组成时，无限厚涂层的反射率是由与光散射有关的吸收特性决定的。当采用足够厚的涂层时，如果吸收率是零，那么反射率必然是1。乳浊度随着乳浊相的浓度而增加的速率取决于散射系数，亦即取决于相对折射率和材料的颗粒尺寸。因此，即使两种乳浊剂的无限厚涂层反射率可能相等，但是在特定的涂层厚度情况下，要求达到规定的反射率所需加入的乳浊剂的体积分数也可以是非常不同的。因而对于具体的应用，为了合理地选择具体的物系，两个因素都必须知道。不同厚度的搪瓷釉层总反射率的典型变化如图13.17所示。通过选择不同的厚度或乳浊剂的不同浓度可以得到相同的乳浊性。表13.5介绍了玻璃乳浊剂系统的一些典型例子。

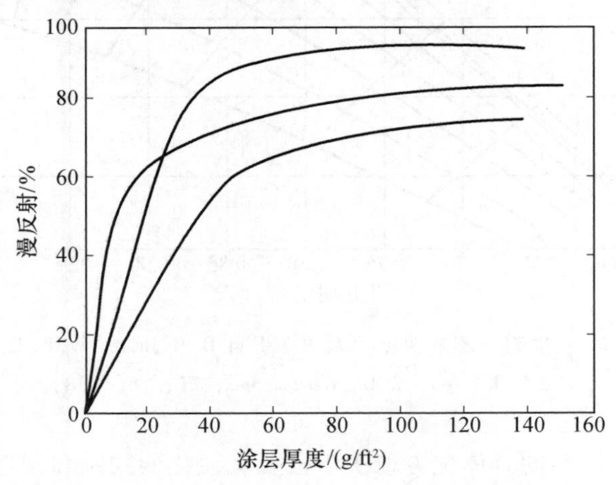

图13.17　3种不同涂层的漫反射与厚度的关系

半透明性　除了由内部散射引起的漫反射以外，入射光中漫透射的分数对于乳白玻璃和半透明瓷器也是重要的。对于乳白玻璃来说，最好是具有明显的散射而吸收最小，这样就会有最大的漫透射。在这种玻璃中具有和基质折射率相近的分散相是最令人满意的。通常使用氟化钠和氟化钙，如表 13.5 所示。

表 13.5　玻璃－乳浊剂系统的典型例子

玻璃组成	氟化物乳白玻璃	锆釉，耐火锥 11 号	氧化锡釉，耐火锥 11 号	锆釉，耐火锥 06 号	锑釉，铸铁搪瓷用	钛釉，薄钢板搪瓷用
SiO_2	71.7	73.1	61.1	43.0	48.3	64.1
Al_2O_3	5.3	14.6	12.1	3.1		4.7
Na_2O	4.7	0.8	1.0	4.2	16.4	9.1
K_2O	3.5	3.2	5.2	1.6		0.8
B_2O_3	6.4			8.5	5.1	16.2
CaO		2.0	12.1	2.5		1.3
ZnO	6.4		8.4			1.3
PbO	2.0			37.2	23.0	
MgO		6.3				2.5
TiO_2					7.2	
	100.0	100.0	99.9	100.1	100.0	100.0
组成						
乳浊剂（按重量）	7.7% NaF	13.6$ZrSiO_4$	4.1SnO_2	14.0$ZrSiO_4$	5.4NaF	11.9NaF
	8.7% CaF_2				16.5$Ca_4F_2Sb_4O_{13}$	17.0TiO_2
组成（按体积计）	88.2% 玻璃	92.8% 玻璃	98.4% 玻璃	90.8% 玻璃	87.4% 玻璃	82.1% 玻璃
	5.9% NaF 5.9% CaF_2	7.2% $ZrSiO_4$	1.6% SnO_2	9.2% $ZrSiO_4$	4.7% NaF 7.9% $Ca_4F_2Sb_4O_{13}$	8.2% NaF 9.7% TiO_2
折射率						
玻璃	1.5	1.5	1.5	1.6	1.6	1.5
乳浊剂	NaF = 1.3 CaF_2 = 1.4	$ZrSiO_4$ = 2.0	SnO_2 = 2.0	$ZrSiO_4$ = 2.0	NaF = 1.3 $Ca_4F_2Sb_4O_{13}$ = 2.2	NaF = 1.3 TiO_2 = 2.5

引自 W. W. Coffeen，*Ceram. Ind.*，**70**，77（May 1938）。

单相氧化物陶瓷的（半）透明度通常被用来作为其总的质量指标。这个质量指标行使得相当好，因为在不同的瓷体中气孔尺寸是类似的，（半）透明度几乎仅仅取决于气孔的浓度（强度和其他性能与气孔率有密切关系）。例如在氧化铝中，固体的折射率相对较高（n_D = 1.8），而气孔相的折射率接近于 1，从而得到 1.8 的高相对折射率。这些瓷体的气孔尺寸通常和原料的原始颗粒尺寸相当(通常为 0.5 ~2 μm)，并且接近于入射辐射的波长，所以散射最大。因此，如图13.18所指出的，气孔率增加到3%左右，透射率将降低到0.01%。

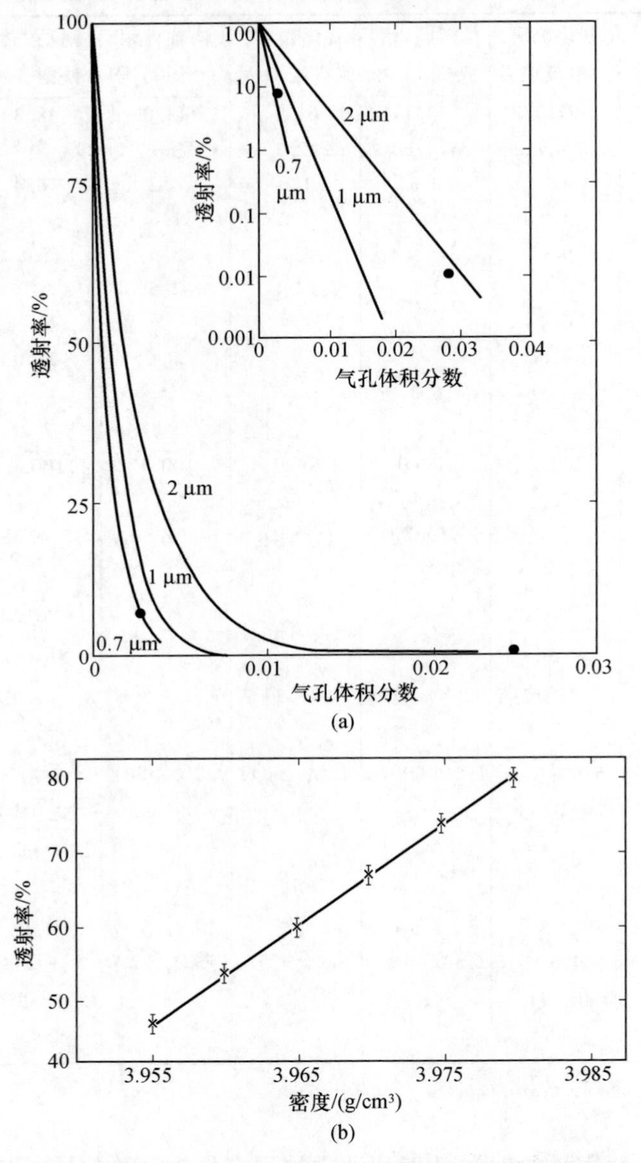

图 13.18 (a) 含有少量残余气孔的多晶氧化铝的透射率(等效厚度为 0.5 mm)。引自 D. W. Lee and W. D. Kingery, *J. Am. Ceram. Soc.*, **43**, 594(1960)。(b) Al_2O_3 的密度对辐射波长 4.5 μm 的透射率的影响，晶粒尺寸 27 ± 3 μm，厚度 0.5 mm，表明光洁度 <5 μin。引自 H. Grimm et al., *Bull. Am. Ceram. Soc.*, **50**, 962(1971)

甚至当气孔率降低到 0.3% 时，透射率仍然只有完全致密试件的 10% 左右。这就是说，对于含有小气孔率的高密度单相陶瓷，(半)透明度是衡量残留气孔率的一种敏感的指标，因而也是瓷品的一种良好的质量标志。

许多瓷器组成的美学价值是根据(半)透明度来鉴定的。它和良好的机械性能结合起来是骨灰瓷和硬瓷这一类具有高(半)透明度的制品的基础。对于瓷体来说，通常出现的相是折射率接近 1.5 的玻璃、莫来石($n_D=1.64$)和石英($n_D=1.55$)。如第十一章所述，在致密的玻化瓷的正常显微组织中，莫来石相以细针状结晶出现在带有较大的未溶解或部分溶解的石英晶体的玻璃基质中(见图 11.11)。因此虽然莫来石的晶粒尺寸是在微米级范围，但石英的晶粒尺寸要大得多。由于晶粒大小的不同以及折射率差别较大这两方面的原因，在陶瓷体内莫来石相对引起散射和降低(半)透明度起了主要的作用。提高(半)透明度的主要方法是增加玻璃含量和减少莫来石含量。例如这可以通过提高长石对黏土之比来实现，如第七章和第十一章中所述。一些熔块瓷和长石含量高的牙瓷之类的组成物是靠牺牲莫来石的形成来提高玻璃相数量从而得到高(半)透明度的。但是对于其他目的，这样做却有害，因为这样会降低由于莫来石的存在而附加给瓷体的强度。

和气孔率大大降低单相氧化铝的(半)透明度一样，在瓷体中气孔($n_D=1$)的出现也是有害的。只有把制品烧到足够高的温度，以使由黏土颗粒间的孔隙所形成的细孔完全排除，才能得到半透明的瓷件。这发生在制品中长石或熔块含量高因而形成大量玻璃相的情况下，或者发生在制品加热到足够高的温度因而致密化过程得以充分进行的情况下。典型情况是在高火半透明制品中，残余气孔只限于混合过程中不均匀性所引起的大尺寸气孔。甚至这些气孔也会对降低半透明度起显著的作用。发现 5% 这样大的气孔率起的作用就相当于 50% 的莫来石。

获得高度半透明的另一个方法是调整各相的折射率以便得到比正常情况下更好的匹配。但是在石英和莫来石两者都存在的典型瓷体中这是不可能实现的，因为石英和莫来石有着不同的折射率。为了获得最大的半透明度(散射最小)，玻璃的折射率必须最接近于细颗粒尺寸的莫来石。实际组成物中，英国骨灰瓷最好地实现了这一探索，这种骨灰瓷含有折射率约为 1.56 的液相，这几乎等于所出现的晶相的数值范围，和低的气孔率相结合，使得英国骨灰瓷具有特别好的半透明度。对于一系列的试验组成，改变液相折射率的效果如图 13.19 所示。

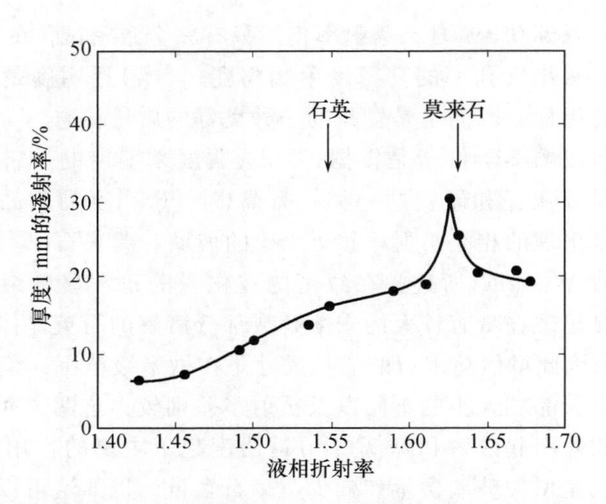

图 13.19 改变液相折射率对 20% 石英、20% 莫来石、60% 液相混合物半透明度的影响。引自 G. Goodman, *J. Am. Ceram. Soc.*, **33**, 66(1950)

13.5 吸收和颜色

吸收系数已由式(13.13)中的 $\ln(I/I_0) = -\beta x$ 关系予以确定。吸收系数的数值决定了光通过玻璃板的透过率，也决定了无限厚的两相体系的反射率，这在 13.4 节中已经讨论过。许多材料的吸收系数随波长不同而有差别，这种差别导致了材料的颜色。对于许多陶瓷制品，在提供使用及推销效果上强调颜色的重要性是不会过分的。

吸收带 吸收、反射和透射特征的物理描述最好借助于吸收系数或透射系数随波长的变化来进行。为了在可见光发生明显的吸收，在原子的电子结构中必须出现跃迁。回顾第二章中关于离子结构的叙述，在具有充满结构的惰性气体电子壳层的离子中，所有的电子能级都是充满的；因此这些材料是透明而无色的。只有当其他未充满的能级可以利用时(如在过渡元素和稀土元素中)，或者如在第四章所述当有杂质外加剂引起新的能级时，在光谱的可见光区才出现光的吸收。

对于气态原子，电子跃迁是和能级中的固定变化相对应的。当发生这种跃迁时，观察到的是很尖锐的谱线。在液体和固体中，离子彼此靠得较近且发生相互作用而形成允带，而不是不连续的分离的能级，因而所观察到的跃迁也就相当于一个能量范围，以致观察到的是有或多或少宽度的吸收带，而不是分离的谱线。

一旦有受主能级或是施主能级存在、允许电子发生跃迁时，通常就会观察到杂质的色心。这些色心中研究得最为深入的也许就是碱金属卤化物中的 F 心。这种色心是在碱蒸气中加热形成的；在镁蒸气中加热 MgO 也发现类似的吸收带，所得到的晶体具有特征性的蓝色，这和缔合的电子——阴离子空位杂质色心的出现相对应。色心也可由 X 射线或中子轰击产生。在氧化物材料中，杂质色心往往与缺氧的材料有关。清澈透明的 TiO_2、ZrO_2 和类似的材料，当它们变成非化学计量比时会迅速变为暗黑色。随着掺杂的加入或偏离化学计量比，这种颜色的变化通常是难于获得良好的白色和难于保持满意的颜色控制的原因。在陶瓷系统中难以充分控制这些因素来作为颜色的可靠来源。

颜色 陶瓷系统中最常用的着色组分是以不完全的 d 壳层为特征的过渡元素，特别是 V、Cr、Mn、Fe、Co、Ni、Cu，也在较小程度上采用以不完全的 f 壳层为特征的稀土元素。除了单个离子和它的氧化状态以外，光吸收现象还受到离子周围环境的显著影响。

当大多数氧化物晶体和玻璃受到电离辐射（X 射线、γ 射线、紫外光）时，在光谱的可见光区和紫外区便产生光的吸收带。在氧化物晶体中，阳离子空位和阳离子空位－溶质缔合位置捕获的空穴处形成吸收中心，对这些缺陷中心的特性进行研究是有用的。由于硅酸盐玻璃中的 3 种吸收带在可见光区引起吸收，所以在技术上有重要意义。在辐射场下变暗的现象称为负感现象。在诸如电视荧光屏和激光杆件的许多应用上是不希望有的。

J. S. Stroud① 最终证明了最大吸收波长约为 4400 Å 和 6200 Å 的可见光区产生的吸收带与俘获的空穴有关。俘获电子引起一个吸收带，其中心位于近紫外区并扩展到可见光区。这些吸收带的强度随着碱性硅酸盐玻璃中含碱量的增加而增加，这就使人设想到色心的形成和结构中单向键合的氧有关。而观察到的磷酸盐玻璃对负感作用的高抵抗能力加强了这个假设。

在大多数技术应用中，通过往玻璃中掺杂铈来防止辐照硅酸盐玻璃时形成色心。Stroud 指出 Ce^{3+} 通过俘获空穴抑制了在可见光区双空穴吸收带的形成 $[Ce^{3+}+h^{\cdot}\rightarrow(Ce^{3+}h^{\cdot})]$；$Ce^{4+}$ 通过俘获电子阻止了在近紫外区电子吸收带的形成 $[Ce^{4+}+e'\rightarrow(Ce^{4+}e')]$。

配位场化学 如上所述，具有不完全电子构形的离子（特别是像铁、钴、镍、铬和钼这类过渡金属以及像钕、铒和钬等这类稀土元素）在波长的特定范围内吸收光。在晶体或者玻璃中，每个离子都发生极化，这对外层电子的确切的能量分布有重大影响。这些就是有助于在过渡元素中形成颜色的电子能级，同时这些材料的颜色显著地受配位数的变化和相邻离子的性质的影响。这些变

① *J. Chem. Phys.*, **37**, 836(1962)。

化使得我们可以把颜色描述为是由产生特定吸收效果的特殊的生色团——复杂离子所引起的。相反，依靠内部 f 壳层中的电子跃迁而着色的稀土元素则很少受到环境变化的影响。

对这些环境影响的定量描述可以由晶体场和配位场化学给出。在原始的晶体场理论中，键合作用被看成是静电的(离子的)，同时根据作用在金属离子上的电场的对称性可以推导出能级的分裂。基于分子轨道角度(见下文)的另一种理论包括了像共价键、非球形离子以及由于周围电荷引起的畸变这样一些因素。对这些现象的静电和分子轨道的处理形成了配位场化学的基础。配位体这个词指的是任何离子或分子和一个金属离子直接相邻并且可以认为它和金属离子是键合的。最普通的配位体是像 Cl^- 和 O^{2-} 这样的单原子或多原子负离子或者像 NH_3、H_2O 和 CO 这样的中性极性分子。

要理解过渡金属离子的着色行为，最基本的是 d 轨道的形状(即 d 电子的电荷密度在空间的分布)。如图 13.20 所示，对应于 5 个磁量子数的容许值(5 个角动量矢量的方向)有 5 种 d 轨道。其中 3 种都有和主轴呈45°角的 4 条瓣叶形轨道(对于在 z 方向的磁场，它们将分别位于 xy、yz 和 xz 平面内)。一种 d 轨道的 4 条瓣叶是沿着 x、y 轴方向的，还有一种是围绕原点的电荷分布和沿着 z 轴的两个瓣叶轨道。

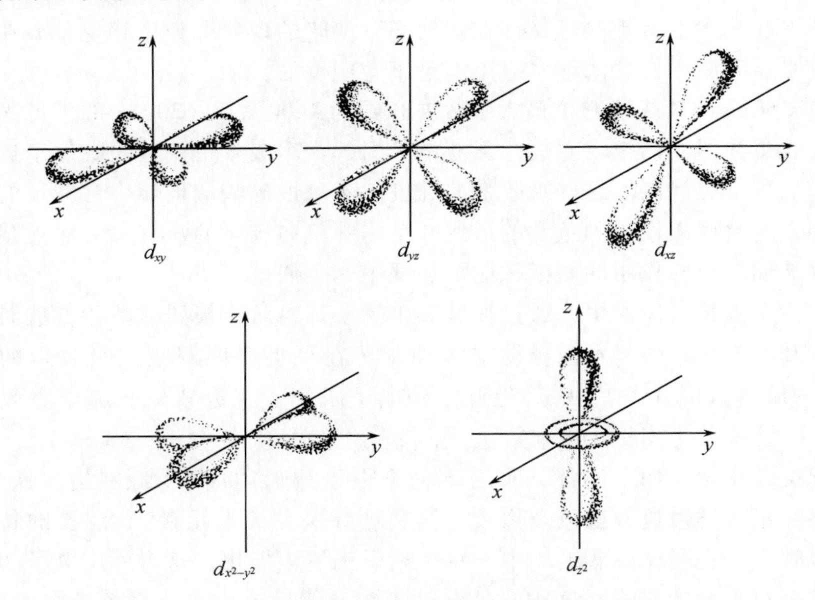

图 13.20　5 种 d 轨道

在没有场作用的环境中(自由离子)，5 种 d 轨道是简并的，亦即它们具有同样的能量。但是在有晶体场存在时(如在晶体中)，所有的 d 轨道不再具有相同的能量，而是被分裂成族。这可以由一个 Ti^{3+} 离子的简单情况加以说明：这个 Ti^{3+} 离子只有一个 d 电子，由排列在八面体的顶角上的 6 个负离子包围着。这样一种离子被看成是处于八面体场中，在存在这样一种晶体场的情况下，图 13.20 上沿轴向的两个轨道 d_{z^2} 和 $d_{x^2-y^2}$ 中，由于周围负离子的排斥力，和自由离子比较起来，其电子能量提高了；而不沿轴向的其他 3 种轨道，电子能量提高比较少。所以这种 d 能级的分裂反映了电子回避配位场最大区域的趋势。

如果 Ti^{3+} 被位于四面体顶角的 4 个负离子包围着(四面体场)，那么 d_{z^2} 和 $d_{x^2-y^2}$ 轨道上的电子能量要比 d_{xy}、d_{yz} 和 d_{xz} 轨道上的电子能量小，并且这种情况下分裂的程度要比八面体场的小。图 13.21 示意说明了这些能级分裂的情况。

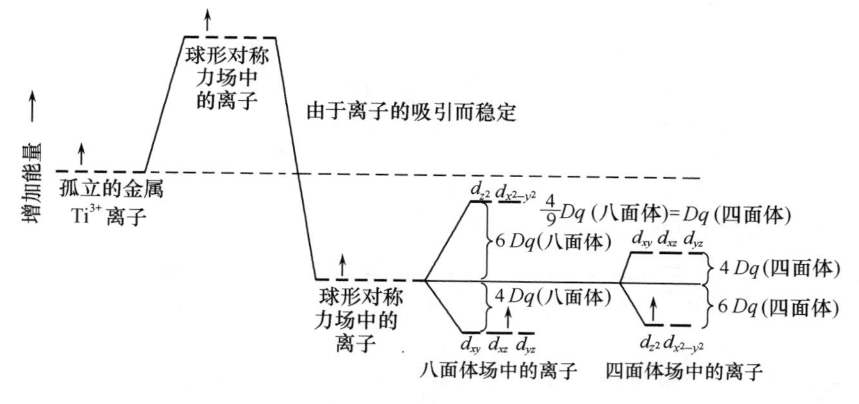

图 13.21　在八面体和四面体场中 Ti^{3+} 离子的晶体场能量关系

较高和较低能级之间的总能量差用 $10Dq$ 来表示。对于 d 轨道，此值通常在 1 ~ 2 eV 范围内，因此关联着较低与较高的 d 能级之间的电子跃迁的光吸收通常发生在光谱的可见光区或近红外区内。事实上这样的吸收被用来确定能级分裂 $10Dq$ 的数值。

对于超过一个 d 电子的过渡金属离子，在估计 d 电子在可利用的轨道之间的分布时必须考虑两个因素，即趋向于最大的平行自旋数以及在配位场中优先选择能量较低的轨道。在许多情况下这两种影响是相互抵触的(例如，对处于八面体场中的具有 4 ~ 7 个 d 电子的离子)。在这种情况下，当分裂能量 $10\ Dq$ 比引起平行自旋的相互作用小时，优先选择具有最大平行自旋数的状态；当 $10Dq$ 较大时，则优先选择在低能轨道上具有最大电子数的状态。配位体的性质对分裂有显著的影响。对于给定的过渡金属离子，$10Dq$ 按下列顺序增加：$I^- < Br^- < Cl^- < F^- < H_2O \sim O^{2-} < NH_3 < NO_2^- < CN^-$。表 13.6 给出了氢氧化

物和氧化物中各种过渡金属离子处于四面体场和八面体场时配位场分裂的大小。

表 13.6　过渡金属离子晶体场的数据

d 电子数	离子	氢氧化物		氧化物
		八面体 10 Dq/cm	四面体 10 Dq/cm	八面体 10 Dq/cm
1	Ti^{3+}	20300	9000	6000
2	V^{3+}	18000	8400	
3	V^{2+}	11800	5200	
	Cr^{3+}	17600	7800	16800
4	Cr^{2+}	14000	6200	
	Mn^{3+}	21000	9300	
5	Mn^{2+}	7500	3300	7300～9800
	Fe^{3+}	14000	6200	12200
6	Fe^{2+}	10000	4400	9520
	Co^{3+}	18100	7800	
7	Co^{2+}	10000	4400	
8	Ni^{2+}	8600	3800	8600
9	Cu^{2+}	13000	5800	
10	Zn^{2+}	0	0	

注：1 eV = 8066 cm = 23.06 kcal/mol。

着色剂　如上节所述，过渡金属离子周围的环境或配位场可能对离子的吸收特性从而对所产生的颜色有巨大的影响。通常，在有机染料中尤其如此，所得到的特定颜色可以用一定的离子组合体或发色团来验明。在玻璃中硫化镉的黄色就是这样。Cd^{3+} 和 S^{2-} 本身都无法单独地引起可见光的吸收，然而它们的结合给出了与 Cd－S 发色团相应的黄色。这类发色团的其他一些在技术上更重要的例子是人们熟知的琥珀玻璃。Douglas① 以及 Harding 和 Ryder② 已经证实了成为琥珀颜色来源的吸收中心包括一个在四面体配位中的 Fe^{3+}，四面体的一个氧离子被 S^{2-} 离子所置换。

正如所料，当在同一化合物中存在两种氧化状态时，特别有可能发生电子跃迁。这种材料通常是半导体，并且总是呈深色（Fe_3O_4 黑色，Fe_2O_3 红色，$TlCl_3 \cdot 3TlCl_3$ 红色，Au_2Cl_4 深红色，Ti_3O_5 深蓝色）。

对于在陶瓷中的应用，要求在高温时保持稳定性，这就限制了可利用的颜

① *Phys. Chem. Glasses*, **10**, 125(1969)。
② *J. Can. Ceram. Soc.*, **39**, 59(1970)。

色的调制。当温度提高时，稳定的颜色的数目减少，结果高温瓷（1400 ~ 1500 ℃）的釉下彩也受到限制，而且 1800 ℃的明显色尚未得到；釉上彩和低温釉和搪瓷的颜色是很多的。釉和搪瓷的颜色或是由于离子溶解于玻璃相来形成，或是类似于有色颗粒分散于油漆中的方式，由有色固体颗粒的分散系统来形成。

硅酸盐玻璃中离子的颜色主要取决于氧化状态和配位数。配位数相当于离子处于网络形成体或网络变体的位置。例如在普通的硅酸盐玻璃中 Cu^{2+} 置换网络变体位置中的 Na^{+}，而被 6 个或更多个氧离子包围；通常 Fe^{3+} 和 Co^{2+} 置换 Si^{4+}，在网络中形成 CoO_4 和 FeO_4 群。但是，当基质玻璃的碱度发生变化时，这些离子的作用也发生变化，这些离子通过结构上的合作而成为一般的中间体类型，同时氧化状态也常常有变化。因此同一元素的离子在不同的基质玻璃中可以产生范围宽广的颜色。W. A. Weyl① 论述过许多单独的颜色。一些离子的吸收特性如图 13.22 所示。

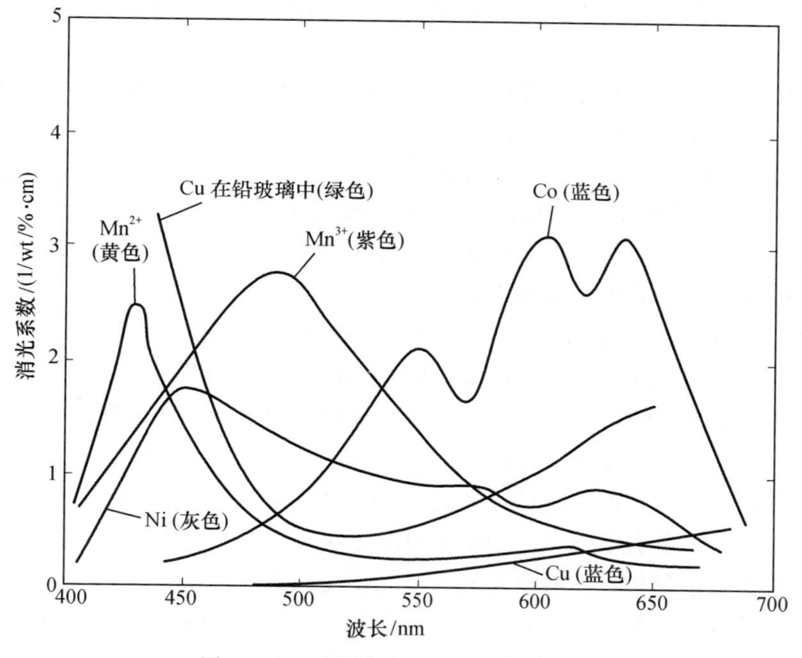

图 13.22　玻璃中若干离子的消光系数

玻璃中结构变化的另一原因是氧离子被其他阴离子（例如 S^{2-}、F^{-}、Cl^{-} 或 I^{-}）所置换。这种置换本身不能引起可见光区内的吸收，但对存在的其他离子

① *Colored Glasses*, Society of Glass Technology, Sheffield, England (1951)。

有显著的改性作用，从而导致特殊生色团的形成，例如已经讨论过的 Cd－S 和 Fe－S 组合物。另一个例子是把 K^+ 掺杂到含钴玻璃熔体中而形成的绿色钴玻璃。同样，当掺杂碳或其他还原剂来形成琥珀色玻璃时可产生一种多硫的 S－S－S 生色团。

陶瓷颜料 除了与吸收物质的存在有关的溶解彩色和与基质中淀析出的细颗粒的存在有关的散射彩色以外，在许多应用中陶瓷颜料是最适宜的。这种颜料的使用是指第二相颜料颗粒分散在基质材料中，该第二相是有色的而且在基质中不溶解。陶瓷颜料被广泛地应用在墙面砖和其他白瓷体的着色方面。

这种颜料必须是高温稳定的并且在硅酸盐系统中呈惰性的有色化合物。有多种不同的组成已被用做颜料。除 CdS－CdSe 红色颜料是明显的例外以外，大多数陶瓷颜料都是氧化物。有些晶体甚至在没有掺杂的情况下也是有颜色的。这类颜料的实例有 $CoAl_2O_4$（蓝色）、$3CaO \cdot Cr_2O_3 \cdot 3SiO_2$（绿色）和 $Pb_2Sb_2O_7$（黄色）。有另一些情况，在没有掺杂时颜料的基质晶体是无色的，但掺杂以后就能获得所需的颜色。这种类型的实例包括锆族颜料（见下）和掺 Cr 的 Al_2O_3。

能形成十分多样的稳定颜色的最成功的一种晶体结构是第二章所述的尖晶石结构。在这种稳定的、化学惰性的结构中，离子以不同价态并以四面体和八面体两种配位出现。此外，还有多种不同的方式来安排在四面体和八面体位置上的阳离子（反型和正型尖晶石）。这些特征导致许多不同的适于用做颜料的强烈且稳定的颜色，这可由铝酸钴和铬酸钴加以说明。这类色素广泛地应用于 750～850 ℃温度范围进行烧成的搪瓷中。

对于更高温度（如在 1000～1250 ℃）烧成的坯体，广泛应用 ZrO_2 和 $ZrSiO_4$（锆英石）作为基质晶体。这些颜料提供了抗玻璃相腐蚀的能力，并增加固溶体中接纳稀土离子的广泛适应性。在这些颜料中所采用的掺杂剂的实例包括钒（蓝色）、镨（黄色）和铁（粉红色）。

尖晶石和其他有色晶体可以通过共同磨细并在 1000～1400 ℃的温度范围内煅烧来制备。外加的 B_2O_3、$Na_2B_4O_7$、NaCl 或 NaF 通常作为助熔剂掺入，以便提高反应速率和允许采取较低的反应温度。颜色的浓度受到所采用的助熔剂的巨大影响。如果采用 B_2O_3 助熔剂，则经过 HCl 浸析之后，将产物磨细至 1～5 μm。颗粒尺寸的控制极重要。如图 13.7 所示，当颗粒尺寸接近光的波长时（0.4～0.7 μm）可得到最大的反射，对于乳浊剂来说这种尺寸较好。较小的颗粒尺寸将迅速降低其效能而且往往会较快地溶解在釉或搪瓷中。稍微大一点的颗粒将得到最大的颜色亮度，通常最优值约为 5 μm。

在彩色玻璃、色釉和彩色搪瓷的发展和应用中，迄今讨论过的所有的光学性质都起作用。也就是说，最后的结果取决于镜面反射和漫反射、直接透射和漫透射以及选择性吸收等特性。这些性质必须通过控制每一相的性质和它们的分布来进行调节，以给出所希望的效果。透明彩色玻璃中唯一要考虑的是折射率和吸收特性。带色的乳浊釉和搪瓷可以用一种吸光性玻璃相和一种透明的分散相乳浊剂，或者可以用带色的粒子使透明玻璃成为不透明，或者可以采用这些材料的某些混合物来形成。

一般说来，当以分散颗粒作为颜料用于透明釉时，可实现范围最宽的颜色并且颜色是可以控制的，此法常用于低温釉上彩和搪瓷。对于较高温度例如玻璃和搪瓷釉所需温度，适于用做颜料的稳定的不溶解晶体的种类是有限的，而通常采用溶解颜色。

颜色规范 在颜色形成方面有一个附加的困难，因为人的眼睛对颜色的匹配极端敏感。然而正如图 13.23 所示，对于有代表性的观察者来说，眼睛的敏感度随波长的变化有很大的不同。曲线表示在暗视场和明视场两种条件下眼睛的响应。对于照明的目的来说，和明视场条件相应的曲线 B 是首要的，因为在大多数人工照明的条件下，眼睛是适应于明视场的。由于眼睛的灵敏度随波长而不同，视觉效应不仅取决于吸收系数的光谱分布，而且也取决于人眼这个接收器的灵敏度。这种灵敏度是因人而异的，但图 13.23 是一种良好的平均值。

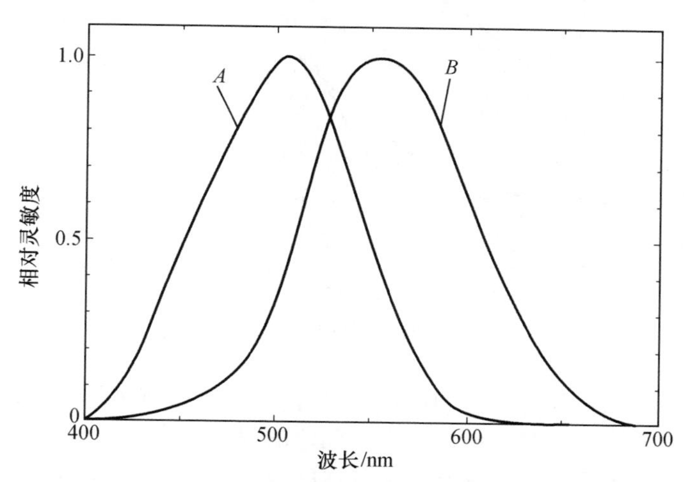

图 13.23 在暗视场(曲线 A)和明视场(曲线 B)中有代表性的观察者对颜色的灵敏度

眼睛对于颜色分布的适应性也意味着纯色也许不是最令人满意的。例如，我们对入射光中的浅红色部分是比较习惯的；当采用人工光线观察时更是如此。因此，不管什么波长都能完全透射的白色瓷器被有代表性的观察者看成是浅蓝色的；而对光谱的红光部分透射增大的样品，从物理的角度上看呈非白色，但相比之下，观察者却把这种样品看成白色。

除了眼睛的灵敏度和偏差以外，颜色在很大程度下取决于人们观察颜色时的光源。雪上的影子呈蓝色，这是因为从天空中来的入射光是蓝色的。同样，我们通常发现，在日光、白炽灯和荧光灯下颜色十分不同。这种现象的普遍性质也许不是那么普遍地被认识到。例如，通过一棵大树散射后进入房间的光线基本上是绿色的，反之在铺有红地毯的房间内反射到周围的阳光基本上是红色的。在这两种场合下观察带色的物体可能呈现很大差别。这会引起配色上的困难，因为在标准情况下或在特定的光源下看起来是相同的颜色，在另外一些环境下则可能完全不匹配。图 13.24 示出一些普通光源的光谱分布。

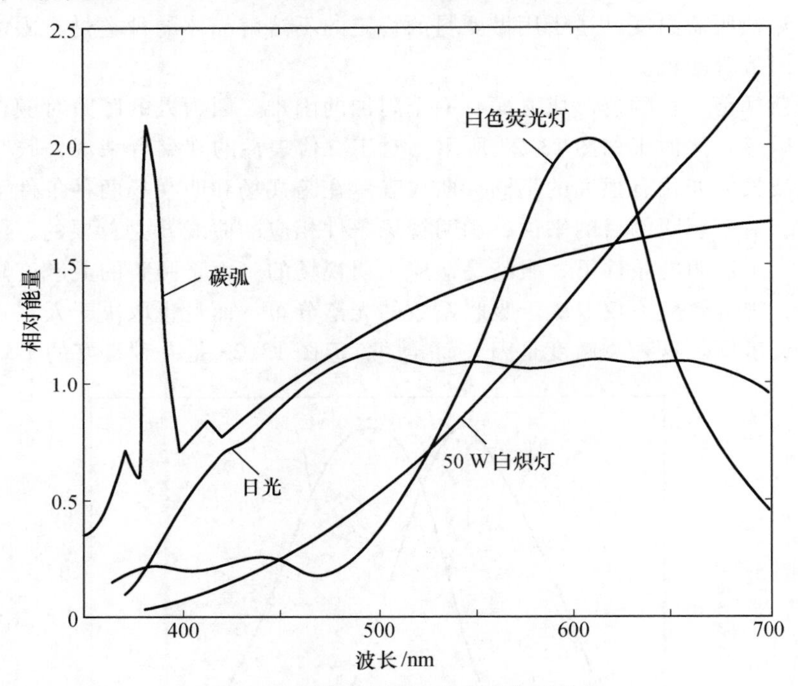

图 13.24　普通光源中的光谱能量分布

鉴于这些变量，显然，在如红的或绿的或蓝的以及这些颜色的浓淡深浅度的区别这样一些有一定含义的术语中，颜色的规范化是很不容易的。已经提出了各种各样的规范系统。通常有 3 种基本的颜色变量作为心理现象。对大多数用途来说最重要的是色调，可以把它看成是色彩中的主要质量因素。它是引导我们把一种颜色看成黄或蓝的基本要素，是随着光的波长改变时在光谱中变化的主要因素。根据这个道理，我们能够借助于单色光的波长来描述颜色的性质，这种单色光是和颜色相匹配的。在良好的条件下眼睛能够识别大约 200 种不同的色调。除了这个因素以外，饱和度（章度）可以定义为颜色中出现的色调百分数。这是和某种特定的色调相联系的、用诸如浅或淡、深或浓等词来表示的一种特征。饱和度和色调一起决定了颜色的定性方面。最后，亮度可以定义为颜色的定量情况，它用表观数量来说明颜色。在这3个变量之中，在没有某些辅助标准作参照时，观察者为亮度下精确的定义是最难的。例如众所周知的夜间视觉，此时可以观察到亮度灵敏度的明显的适应性。

色调、饱和度和亮度这3个变量可以按照不同的方式来定义和测量颜色。例如，可以认为所有的颜色都是通过固体内部分布的，在固体内亮度垂直变化，色调在一水平面上围绕中心的位置而发生变化，而饱和度则随着垂直于中心垂线向外的距离而变化。图13.25示出了这种颜色圆柱，同时提供了在Muncel颜色系统中颜色片排列的基础。

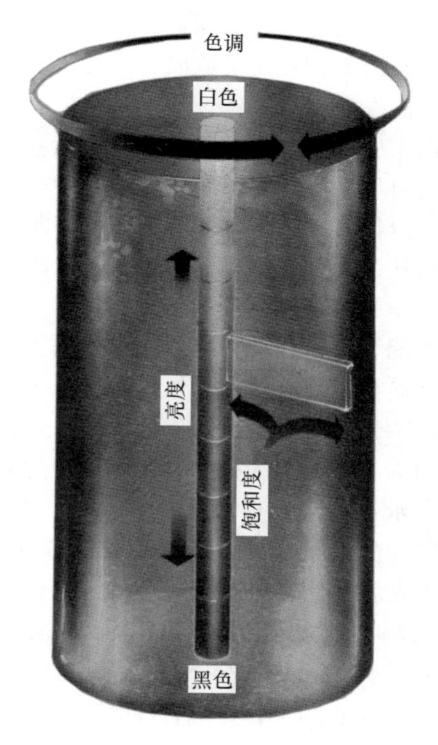

图13.25　颜色圆柱图。亮度沿轴向变化，色调沿圆周变化，饱和度沿半径变化

与其用标准试样来比较一种颜色（这种标准试样的表面特征各不相同，而且颜色会随时间而变化），不如借助于分光光谱仪曲线来测量颜色（图13.22）。在这个方法中每一种波长的吸收必须乘以和典型观察者的灵敏度相关的因素（图13.23）来确定波长对显示颜色的贡献。所得到的曲线可以作为颜色规范，它以主波长（色调）、与主波长的单色光混合的白光分数（饱和度）以及颜色的强度（亮度）来表示。进行这些比较的标准方法已经取得一致意见，并由国际照明委员会予以规定（ICI规则，在英国和欧洲则称为CIE制，Commission

International d'Eclairage)。

13.6 应用

除了像光学和眼科玻璃、釉和搪瓷这样一些大量应用以外，在用量较小的若干应用中，陶瓷的光学性质是很重要的。在这些应用中，新技术的发展取决于对材料化学和物理的深入认识。

荧光物质 电子从激发能级向较低能级的衰变可能伴随有热量向晶格传递，或者产生辐射。在这个过程中光的发射称为荧光或磷光，取决于激发和发射之间的时间。激发通常由电子或光子造成；但是在某些应用中，也可以利用化学反应或电场来引起激发。

荧光物质广泛应用于荧光灯、阴极射线管的荧光屏以及闪烁计数器中。普通荧光物质的光发射主要取决于存在的杂质，这些杂质甚至在低浓度时就可以产生重要作用，因而可以作为激活剂、共激活剂或抑制剂。在某些情况下光发射取决于杂质的电子跃迁，而在另外一些情况下则取决于杂质处电子和空穴的复合。激活剂杂质可以作为电子或空穴的陷阱；由于与近邻的共激活剂中心相互作用，激活剂杂质的能级发生移动，这种共激活剂中心通常用来提高激活剂杂质在晶体中的溶解度。抑制剂杂质是提供另外一些不希望出现的电子-空穴复合路线的中心。由于荧光物质对小量杂质的敏感性，所以制造它们的关键在于能否获得高纯材料和掺杂物受控的材料，这是不足为怪的。

荧光灯的工作依靠水银蒸气和惰性气体(通常是氩)的混合气体的放电作用，这使得大部分电能转变为水银谱线的单色光的辐射(波长为2537 Å)。这种在紫外区的水银辐射激发了涂在放电管壁上的荧光剂在可见光范围的宽频带发射。荧光剂先制备成粉状分散到液体中，然后涂成薄膜或涂层。早期的荧光灯(20世纪40年代)采用Mn激活的Zn_2SiO_4做荧光剂，后来用磷酸盐混合物代替，最后采用卤素磷酸盐$Ca_5(PO_4)_3(Cl, F): Sb^{3+}Mn^{2+}$。作为激活剂掺杂的锑和锰能提供两条在可见光区重叠的发射带。表13.7列出一些普通灯泡的荧光剂及其发射光的颜色和用途。

在阴极射线管工作时，荧光剂的激发是由电子束提供的。在彩色电视应用中，对应于每一种原色的频率范围的发射采用不同的荧光剂。在这些用途中荧光剂的衰减时间极为重要，相应的时间尺度来自电子束对管子表面扫描的时间。表13.8列出了若干用于阴极射线管的重要的荧光剂及其特点和用途。

表 13.7 灯用荧光剂

基质	激活剂	发射颜色	附注
钨酸钙，$CaWO_4$	…	深蓝	主要用于蓝色灯
	Pb	浅蓝	
二硅酸钡，$BaSi_2O_5$	Pb	350 nm 处的紫外峰	用于长紫外发射
正硅酸锌，Zn_2SiO_4[1)]	Mn	绿	主要用于绿灯
偏硅酸钙，$CaSiO_3$	Pb，Mn	黄到橙	用于高级彩色灯
硼酸镉，$Cd_2B_2O_5$	Mn	橙红	主要用于红灯
焦磷酸钡	Ti	蓝－白	
焦磷酸锶	Sn	蓝	
卤代磷酸钙，$Ca_5(PO_4)_3(Cl, F)$	Sb，Mn	蓝到橙和白	主要的一组灯用荧光剂，也可用卤代磷酸锶
正磷酸锶(含 Zn 或 Mg)，$(Sr, Zn)_3(PO_4)_2$	Sn	橙	用于高级彩色灯；也用于高效、高压灯，以校正颜色
砷酸镁，$Mg_6As_2O_{11}$	Mn	红	用于高级彩色灯，发射归因于 Mn^{4+}
氟锗酸镁，$3MgO \cdot MgF_2 \cdot GeO_2$	Mn	红	同正磷酸锶，发射归因于 Mn^{4+}
钒酸钇，YVO_4	Eu	红	用于高压灯，以校正颜色
镓酸镁，$MgGa_2O_4$(铝置换的)	Mn	绿	用于照相复印

引自：推荐读物 11。

1）原文为 Zr_2SiO_4。恐系 Zn_2SiO_4 之误。——译者注

表 13.8 阴极射线管用荧光剂

荧光剂材料	发射颜色	衰减时间(减至 10%)	用途
Zn_2SiO_4：Mn	YG，$\lambda_m = 530$ nm	$2 \cdot 45 \cdot 10^{-2}$ s	雷达，示波
$CaSiO_3$：Pb，Mn	O，$\lambda_m = 610$ nm	$4 \cdot 6 \cdot 10^{-2}$ s	由于长余辉而用于雷达
$(Zn, Be)SiO_4$：Mn	W，$\lambda_m = 543$ nm 和 610 nm	$1 \cdot 3 \cdot 10^{-2}$ s	投影式电视
$(Ca, Mg)SiO_4$：Ti	$\lambda_m = 427$ nm	$5 \cdot 5 \cdot 10^{-5}$ s	
Zn_2SiO_4：Mn，As	G，$\lambda_m = 525$ nm	$1 \cdot 5 \cdot 10^{-1}$ s	低重复频率显示用的积分荧光剂
$Ca_2MgSi_2O_7$：Ce	BP，$\lambda_m = 335$ nm	$1 \cdot 2 \cdot 10^{-7}$ s	飞点扫描管，摄影

续表

荧光剂材料	发射颜色	衰减时间(减至10%)	用　　途
$Zn_3(PO_4)_2$：Mn	R，$\lambda_m=640$ nm	$2\cdot7\cdot10^{-2}$ s	彩色电视用的老式标准红色
ZnO	UV，$\lambda_m=390$ nm G，$\lambda_m=500$ nm	$\leq5\cdot10^{-8}$ s $2\cdot8\cdot10^{-6}$ s	飞点扫描器，摄影
ZnO	G，$\lambda_m=510$ nm	$1\cdot5\cdot10^{-6}$ s	飞点扫描器
YVO_4：Eu	OR，$\lambda_m=618$ nm	$9\cdot10^{-3}$ s	彩色电视

R—红，O—橙，Y—黄，G—绿，B—蓝，P—紫，W—白，UV—紫外。

引自：推荐读物 11。

激光器　许多陶瓷材料已用做固体激光器的基质和气体激光器的窗口材料。固体激光物质是一种发光的固体，在其中一个激发中心的荧光发射激发其他中心作同位相的发射。这种受激发射和传统光源的光发射过程之间的区别在于激光体中的激光离子具有其他激发态能级，如图 13.26(a)所示，受激离子在受激而返回基态以前可以停留在这些能级中。这种中间态(荧光能级)的特性在激发过程中是很重要的，而且当原子从这个激发态返回基态时，所发射的光和激发它们离开这种状态的光具有同样的波长。当原子从荧光能级返回基态时所发射的光又能激发在激光能态中的其他原子进一步发射。

为了发生激光效应，必须使激光离子激发到较高的能级，使荧光能级中离子集居数超过基态离子的集居数。这种情况表示两种能级状态中通常具有的离子数目的不平衡反转变。激发通常借助于外部闪光灯来达到，闪光灯发射的光被激光离子吸收。为了发生激光效应，最低限度需要 3 个能级。如果只有两个能级，那么光激发至多能够在基态和激发态中产生相等的离子集居数。如图 13.26(a)所示的终态就是基态的激光器称为三能级系统；而在另外一种四能级系统中[图 13.26(b)]，激光跃迁发生在荧光能级和高于基态的某个较低能级之间。

红宝石激光器是由掺少量 Cr 的单晶蓝宝石(Al_2O_3)棒组成的，Cr 浓度的典型数值在 0.05% 范围内。端面是高度抛光的相互平行面。靠近端面安装上镜子，以便使一些自发发射的光通过激光棒来回反射。一个镜子几乎是完全反射的，另一个镜子只是部分反射。激光棒沿着它的长度方向被闪光灯激发。大部分闪光的能量以热的形式散失，但有一小部分被激光棒吸收而用来激发 Cr 离子到高能级。在宽频带内激发能量被吸收，而在 6943 Å 处三价 Cr 离子以窄的谱线进行发射，这与图 13.26(a) 中能级②与能级①之间的跃迁相对应。在受激发射中产生的输出辐射通过激光棒的部分反射端穿出。

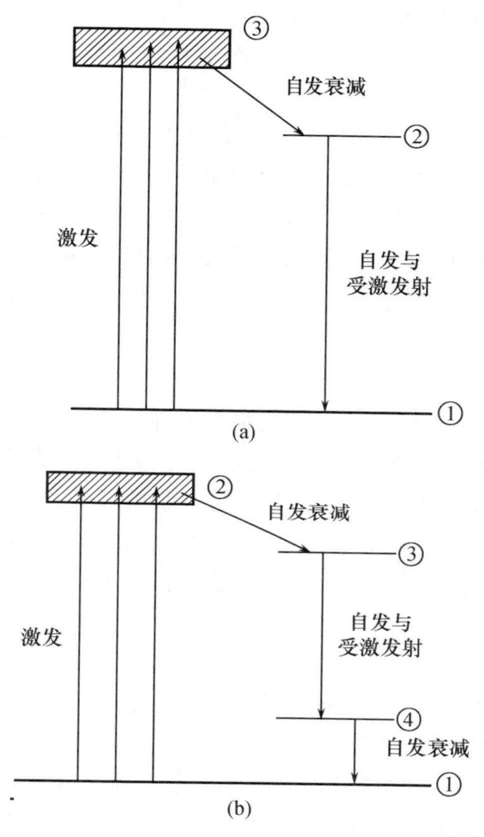

图 13.26　简化能级图：(a) 三能级激光系统；(b) 四能级激光系统

另一个重要的晶体激光物质是 Nd 掺杂的 YAG($Y_3Al_5O_{12}$)，它是一种四能级系统。红宝石激光器发出的辐射波长约为 0.69 μm；而 Nd－YAG 激光器的约为 1.06 μm。这两种适当掺杂的基质材料都制成单晶，以免能量的散射或吸收。已经制得另一种四能级的晶体激光物质掺 Nd 的 Y_2O_3，它是通过烧结法达到理论密度的多晶激光物质。

玻璃也广泛用做激光基质材料。和晶体激光物质比较起来，它在尺寸和形状方面有较好的适应性，而且可以较容易地获得具有高光学质量的大件的、均匀的各向同性制品。玻璃的折射率 n 约在 1.5～2.0 之间变动，而且折射率的温度系数和应力－光学系数都可以通过改变组成来调节，但是玻璃的热导率比 Al_2O_3 或 YAG 低，限制了其在连续和高重复频率方面的应用。

玻璃和晶体激光器性状之间的主要区别在于玻璃中的激光离子的环境有较大的不同，这导致玻璃中荧光能级的加宽。作为这种加宽的一个例子，在

YAG 中 Nd^{3+} 发射的宽度约为 10 Å，而在氧化物玻璃中的典型数值为 300 Å。与晶体基质中相同的激光离子比起来，在玻璃中加宽了的荧光谱线使得它更难于进行连续的激光工作。

玻璃中加宽了的荧光谱线被利用于所谓的 Q 开关工作。在这种情况下，当光泵作用时低反射率的反射器代替上述例子中的全反射镜。在荧光能级和较低能级中的离子数反转过来以后，反射器就迅速地提高其折射率，使激活离子储存的能量迅速转变成光脉冲，此光脉冲的峰值功率可以比在连续的或长脉冲运转中所达到的功率值大几个数量级。这种 Q 开关光脉冲的延续时间的典型数值在$(10\sim50)\times10^{-9}$ s 范围内。

已经可以使许多离子在玻璃中产生激光。这些离子包括 Nd^{3+}、Yb^{3+}、Er^{3+}、Ho^{3+}和 Tm^{3+}。最重要的是四能级系统中的钕，因为它能在室温下以高效率工作。不过，对三能级系统的铒玻璃激光器也重视起来了，因为比起钕激光器来，它在 1.54 μm 左右的发射更有利于眼睛的安全(在 1.5 μm 波长下光通过眼睛到达视网膜的透过率比在其他普通固体激光器的发射波长下的透过率要小几个数量级)。为了使掺铒激光器能够获得有用的效率，也在玻璃中掺镱。镱离子从闪光灯吸收光能，并将能量传给荧光离子，从而使 Er 的荧光性敏化。

虽然用玻璃激光器按 Q 开关方式操作可以获得高的功率密度，但在连续条件下希望高功率水平时它就不适用了。后一种应用可以使用气体激光器。许多气体激光器采用辉光放电来产生离子数反转，在光谱的可见部分(例如 He-Ne 在 6328 Å，Ar 在 4880 Å 及 5145 Å)进行发射，但是应用于非常高的功率时，在红外区有两个最重要的辐射波长(对 CO 激光大约是 5 μm，对 CO_2 激光大约是 10.6 μm)。

和在红外区发射的激光区一起应用的窗口材料在红外区必须是高度透射的。各种陶瓷材料在红外区的透射性已经在表 13.1 中给出。从表中所列的数据来看，在约 1~2 μm 之间工作的气体激光器(像 Al_2O_3 之类的氧化物材料)将适用于做窗口。在 5 μm 左右的区域内可以用 CaF_2 之类的碱土金属卤化物，在 10 μm 左右的区域可以用碱金属卤化物或各种Ⅱ~Ⅵ族化合物如 ZnSe 或 CdTe。应用于这种窗口的材料，除了要有非常好的光学性能以外，还必须有较好的机械强度。

纤维光学　正如图 13.5 及式(13.8)所示，当光线从玻璃中出射到空气中时，它就会离开垂直于表面的法线而弯折。因此，对于角 γ 为某一值时，角 i 可达到 90°，这就相当于出射光线平行于表面而传播。对于一任意更大的 γ 值，光线全部向内反射回玻璃内部。从式(13.8)可以知道，全部向内反射的临界角可以表示为

$$\sin\tau_{\text{cri.}} = \frac{1}{n} \tag{13.35}$$

对于 $n=1.50$ 的典型玻璃来说，临界角约为42°。

因为全部内反射，一玻璃棒能围绕各个拐角来传递光线。然而从棒的一端射入的图像，可以在另一端看到有一个近于均匀强度的面积，此强度表示入射到起始端的平均强度。如果以一束细纤维来代替单根棒，则每一根纤维只传递入射到它上面的光线，这样，一个图像就能以具有等于单独纤维直径那样的清晰度被传递过去。

尽管光导纤维装置有在传输图像方面应用的可能，但它多年来受到光损耗问题的限制。在各种损耗的来源中，一种是纤维束中各个纤维之间的接触点，在这些地方光线从一条纤维传至另一条纤维而不是被反射回来；一种是在纤维表面的划痕，它使得在表面处光线的入射角局部发生改变；一种是表面上的油污，它改变了全部内反射的临界角；还有一种是表面上的尘粒，它导致散射损耗，因为光线大约以一半的波长传入周围介质。这些问题可以通过在纤维上包覆一层折射率较低的玻璃来解决。在这种情况下，反射主要发生在由包覆层保护的两条纤维之间的界面上，而不是在纤维包覆体的最外表面发生反射。在制造这种有包皮(包覆层)的纤维时，必须注意芯和包皮的相对热膨胀、黏性流动性状以及各玻璃的相对软化点和光学性能。这种纤维的总直径一般为50 μm左右。用来避免损耗的包皮厚度大约为光波长的两倍左右。在有些情况下，纤维束内的包皮玻璃可在高温下熔融以提供真空密封的纤维光导组件。在所有的情况下，芯和包皮之间的界面质量是影响器件性能的重要参数。

除了利用包覆技术在芯和包皮之间产生折射率的台阶式改变外，在制造光导纤维器件时还可以采用折射率沿着纤维半径连续变化的方法。在后一种应用中，使用离子交换工艺在高折射率的芯轴和低折射率表面之间产生折射率梯度。典型的离子交换是在 $Na_2O-Tl_2O-PbO-SiO_2$ 玻璃中以 K^+ 离子代替 Tl^+ 离子，所得到的折射率沿半径方向近似地呈抛物线形状分布，并且这种分布对光线起着聚焦的作用。也就是说，光线不是在纤维表面被全部反射，而是以连续的正弦途径围绕纤维的轴线弯曲。

光学波导 研制激光装置的早期目的之一是用光线在通信系统中作为载波。因为激光产生的光线在可见光及近红外光区比现在广泛使用的微波辐射的频率高，所以激光可以提供较大的带宽，因而具有较高的信息传输率。例如曾经估算过，一个单一的光学系统可以同时传递五亿个电话通话。

激光通信系统的主要部件如图13.27所示。它由激光源、调制器、传输线及检测器组成。激光源、检测器及调制技术都曾是技术上给予过重大注意的课题。由于激光不能用于通过大气直接传输(在雨、雾或雪中激光会高度衰减)，所以传输线的研制迄今以光导纤维技术为基础，在这方向上作出了巨大努力。

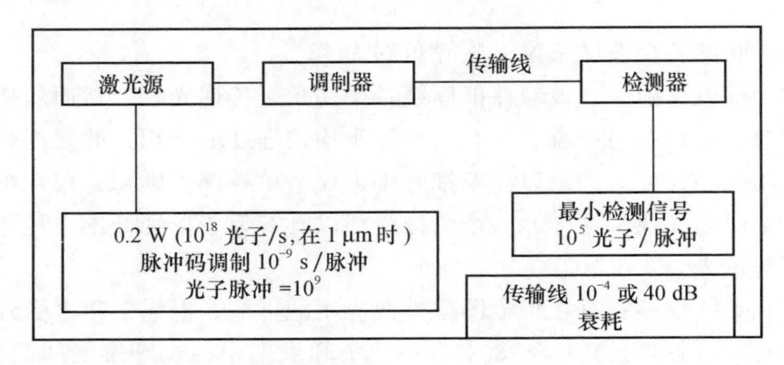

图 13.27　激光通信系统示意图。引自 E. Snitzer，*Bull. Am. Ceram. Soc.*，**52**，516(1973)

在讨论用在通信上的纤维光学波导时，常常要谈到单模式纤维及多模式纤维。这里所说的模式指的是穿过纤维孔径能传播的电场强度可能的离散分布情况。每一种模式可以以特定的相速度及群速度来表征。传统的光导纤维的构造具有足够大的芯直径(10 ~ 100 μm)以支持多种模式，折射率在芯和包皮之间作台阶式变化。采用这样的多模式纤维，传输信息的速率将被脉冲的扩展所限制，因为不同模式的传播速度不同。

对于单模式操作，要求芯的直径在几微米左右。因为大多数纤维的加工要求外圈(包覆层)直径至少在 100 μm 左右，所以单模式纤维包皮 - 芯直径比将在(20 ~ 30)∶1 的范围内；这样的纤维对制造技术和控制形状的能力是最为决定性的考验。

对于光学通信系统，则要求沿系统的长度上设立中继站，其间距离取决于传输线的衰减。E. Snitzer① 曾估计传输线的容许损耗如下：激光器的输出功率为 0.2 W，发射 1 μm 的波长，每秒产生 10^{18} 脉冲。假如每个脉冲持续 10^{-9} s②，对于电子检测器的有效限制时间，信息单位将要发射 10^{9} 光子的能量脉冲。对于可靠的检测，脉冲必须包含 10^{5} 数量级光子。这些数值说明传输线的衰减不能超过 10^{4}，也就是说，损耗不能超过 40 dB。

这样的容许损耗值对传输线给出了严格的限制。从远景来看，典型的高质量的光学玻璃将具有吸收系数 0.25%/cm 左右的特性，或者其损耗为 1000 dB/km。如果仅容许 40 dB 的损耗，中继站将要求间隔 40 m。所以实际的传输线如果采用光导纤维波导时，将要求特别低的损耗的纤维，例如在 20 dB/km 左右或更少。要得到这样低损耗的材料可以使用高纯度的原料，采用气相传输

① *Bull. Am. Ceram. Soc.*，**52**，516(1973)。

② 原文为“10^{9}”，疑有误。——译者注

工艺进行提纯，并且十分仔细地注意制造过程中的各个方面。波导损耗的主要来源是玻璃中组成和密度的波动以及芯子－包皮界面的不规则性所引起的散射，还有过渡金属离子(特别是 Fe、Cu、Co)及氢氧根离子的吸收。通常，过渡金属离子在玻璃中的浓度必须小于百万分之一。例如在有些情况下，在 1 μm波长范围传输时，Fe^{2+}浓度(即杂质含量)必须在十亿分之一的范围内。

杂质对光学波导衰减的重要性如图 13.28 所示。图中所有的峰值与玻璃中 OH^-离子的存在有关(图中所示大约为 10^{-4} atom%)。这种波导的全部损耗在一些波长范围内可以低至 4 dB/km。衰减的最终低限和玻璃中的密度及组成波动所引起的散射有关，估计在 1～2 dB/km 的范围内。

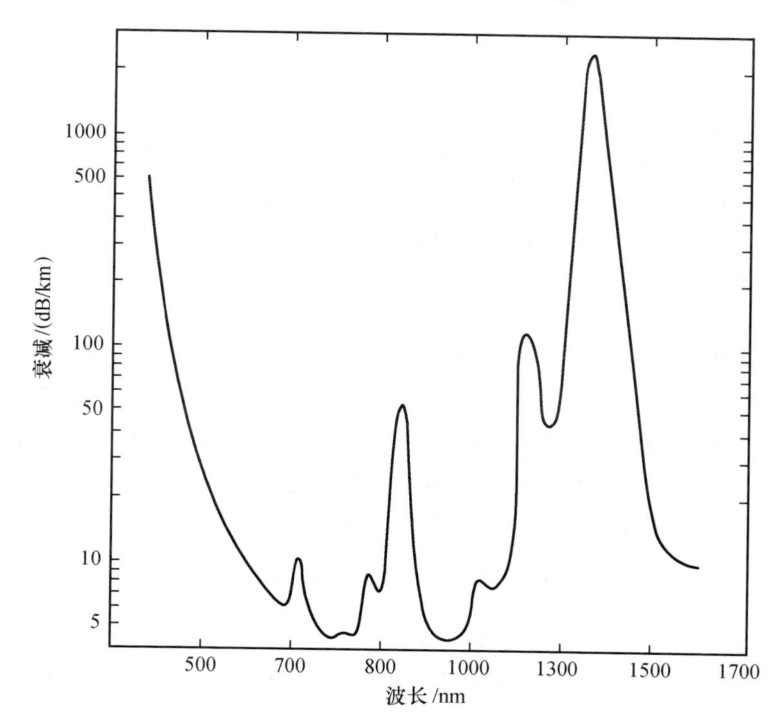

图 13.28　低损耗光学波导的总衰减与波长函数的关系。所有的峰值均与 OH^-离子的吸收有关。引自 R. D. Maurer, *Proc. IEEE*, **61**, 452(1973)

电光及声光材料　以激光技术为基础的系统除了激光器和波导以外还需要许多附加的硬件，例如在频率上将要求调制、开关、偏转和转换装置，或者按可预期的及可调控的方式来调整光学信号的装置。这个领域里的需求促进了材料的发展，这些材料能以低损耗来进行光传输，可以由电场、磁场或外加应力来调整这些材料的光学性能，而且这些材料的性能将按特定的方式与光学信号相互作用。在这些材料中占重要地位的是所谓的电光晶体及声光晶体。

当外加电场引起光学介电性能改变时就产生电光效应。外加电场可能是静电场、微波电场或者是光学电磁场。在某些晶体中，电光作用基本上来源于电子；在其他晶体中，电光作用主要与振荡模式有关。在有些情况下，电光效应随外加电场呈线性变化；在另外一些情况下，它却随场强呈二次方变化。

如用单一的电子振子来描述折射率，则低频电场 E 的作用是改变特征频率从 ν_0 到 ν：

$$\nu^2 - \nu_0^2 = \frac{2ve(\kappa_0 + 2)E}{3mv_0^2} \tag{13.36}$$

式中：v 是非谐力常数；e 是电子电荷；m 是一个电子的质量；κ_0 是低频介电常数。折射率 n 随着$(\nu^2 - {\nu_0}^2)^{-1}$而变化，因此式(13.36)直接表示折射率随电场呈线性变化。

外加电场的作用也可以用极化率来表示。在式(13.28)的推导中，曾假设偶极子极化强度 μ 是外加电场的线性函数，$\mu = \alpha E$；对于 N 个偶极子，极化强度是 $P = N\mu = N\alpha E$。对于有些缺少对称中心的晶体，极化强度并不是电场强度的线性函数，而是

$$P = \alpha' E + \beta' E^2 + \gamma' E^3 + \cdots \tag{13.37}$$

式中：$\alpha' = N\alpha$；β'及 γ'是与非线性项有关的材料常数。

主要的电光效应可以用半波的场强与距离的乘积 $[E \cdot l]_{\lambda/2}$ 来描述，其中 E 是电场强度，l 是光程长度。这个乘积表示几何形状 $l/d = 1$ 时产生半波延迟所需要的电压，这里 d 是晶体在外加电场方向的厚度。

光学相延迟 Γ 由下式给出(以弧度计)：

$$\Gamma = \frac{2\pi l}{\lambda_0}[n_1(E) - n_2(E)] \tag{13.38}$$

式中：λ_0是光线在真空中的波长；$n_1(E)$ 及 $n_2(E)$ 是与电场有关的折射率。$n_1(E) - n_2(E)$ 这一项取决于晶体的对称性和电场施加的方向以及光束的传播和极化方向。

重要的电光材料有 $LiNbO_3$、$LiTaO_3$、$Ca_2Nb_2O_7$、$Sr_xBa_{1-x}Nb_2O_6$、KH_2PO_4、$K(Ta_xNb_{1-x})O_3$ 及 $BaNaNb_5O_{15}$。在许多这类晶体中，其基本结构单元是 Nb 或 Ta 离子由氧八面体配位。由于折射率随电场而变，电光晶体可以应用在各式各样的电子应用方面，像光学振荡器、频率倍增器、激光频振腔中的电压控制开关以及光学通信系统中的调制器。

除了外加电场以外，晶体的折射率还可以由应变而引起变化(所谓声光效应)。应变的作用是改变晶格的内部势能，这就使得弱约束的电子轨道的形状和尺寸发生变化，从而引起极化率及折射率的变化。应变对晶体折射率的影响

取决于应变轴的方向以及光学极化相对于晶轴的方向。

在晶体中激发一平面弹性波时会产生一种周期性的应变模式，其间距等于声波长。应变模式引起折射率的声光变化，它相当于体积衍射光栅。声光设备就是基于光线以适当角度入射到声光光栅时发生部分衍射这一现象。在这类设备中晶体的应用一般取决于压电耦合性、超声衰减以及各种声光系数。重要的声光晶体有 $LiNbO_3$、$LiTaO_3$、$PbMoO_4$ 及 $PbMoO_5$。所有这些晶体的折射率都在 2.2 左右，而且在可见光区都是高度透明的。

未来的几十年将会看到愈加注重发展用于集成光学技术上的陶瓷材料。这种技术要求对用在激光器、波导、耦合器、调制器、衍射器及探测器的现有陶瓷材料作显著的改进(见推荐读物 14 ~ 17)。

推 荐 读 物

1. F. S. Sears, *Principles of Physics*, *III*, *Optics*, Addison-Wesley Publishing Company, Inc., Reading, Mass., 1946.
2. H. C. van de Hulst, *Light Scattering by Small Particles*, John Wiley & Sons, Inc., New York, 1957.
3. R. M. Evans, *An Introduction to Color*, John Wiley & Sons, Inc., New York, 1948.
4. W. A. Weyl, *Coloured Glasses*, Society of Glass Technology, Sheffield, England, 1951.
5. W. W. Coffeen, "How Enamels, Glasses and Glazes are Opacified", *Ceram. Ind.*, **70**, 120(April, 1958); 77(May, 1958).
6. G. Goodman, "Relation of Microstructure to Translucency of Porcelain Bodies", *J. Am. Ceram. Soc.*, **33**, 66(1950).
7. C. W. Parmelee, *Ceramic Glazes*, Industrial Publications, Chicago, 1948.
8. D. B. Judd, *Color in Business*, *Science*, *and Industry*, John Wiley & Sons, Inc., New York, 1952.
9. L. E. Orgel, *An Introduction to Transition-Metal Chemistry*, 2d. ed., Methuen & Co., Ltd., London, 1966.
10. B. A. Lengyel, *Introduction to Laser Physics*, John Wiley & Sons, Inc., New York, 1966.
11. B. Cockayne and D. W. Jones, Eds., *Modern Oxide Materials*, Academic Press, Inc., New York, 1972.
12. A. Smakula, "Synthetic Crystals and Polarizing Materials", *Opt. Acta*, **9**, 205(1962).
13. E. Snitzer, "Lasers and Glass Technology", *Bull. Am. Ceram. Soc.*, **52**, 516(1973).
14. R. D. Maurer, "Glass Fibers for Optical Communication", *Proc. IEEE*, **61**, 452(1973).
15. E. G. Spencer, P. V. Lenzo, and A. A. Ballman, "Dielectric Materials for Electrooptic, Elastooptic and Ultrasonic Device Applications", *Proc. IEEE*, **55**, 2074(1967).

16. S. E. Miller, "Integrated Optics: An Introduction", *Bell Syst. Tech. J.*, **48**, 2059(1969).
17. D. Marcuse, Ed., *Integrated Optics*, IEEE Press, New York, 1973.

习　题

13.1 CO_2 激光器(10.6 μm)及 CO 激光器(5 μm)的窗口材料要求吸收值低、强度高且易于制造。试对比氧化物和卤化物的性能及要求。

13.2 对于下列各种化合物，决定是否① $n^2 \gg K$，② $n^2 = K$，③ $n^2 \ll K$：

$MgAl_2O_4$	InP	Ge	FeO
SiC	GaAs	ZrO_2	NiO
CsCl	CdS	UO_2	
SiO_2(熔融)	$Na_2O-CaO-SiO_2$(玻璃)	Al_2O_3	

13.3 求在 10 kHz 时 MgO 的极化率及每摩尔的极化率以及在 $\lambda = 0.590$ μm 时的光线摩尔折射率。试比较这些值并评论之。如果采用复式介电常数，有何区别？

13.4 红外传输光学越来越重要。三硫化砷玻璃适用于此目的。试根据它们的吸收特性解释为什么不用硅酸盐玻璃。你认为在 As_2S_3 中何种常见的杂质是有害的？为什么？

13.5 你预料 LiF 及 PbS 之间的折射率及色散会有何不同？给出理由。

13.6 在瓷器生产上希望有高的半透明性，但这常常做不到。作为一种可测量的特性，你如何定义半透明性？讨论对瓷器的半透明性起作用的诸因素，并解释在① 组成选择；② 制造方法；③ 烧成制度上所采取的增强半透明性的技术。

13.7 什么材料传播最长波长的红外辐射，是 MgO、SrO，还是 BaO？

13.8 TiO_2 广泛地应用于不透明搪瓷釉。其中的光散射颗粒是什么？颗粒的什么特性使这些釉获得高度不透明的品质？解释折射率、颗粒尺寸、晶体结构、颜色、透明度等的相对及绝对重要性。解释光散射颗粒在搪瓷釉中是怎样形成的。

13.9 硫化锌是一种重要的荧光物质，对于立方结构(闪锌矿)其禁带宽度是 3.64 eV。在适当的激发下，掺杂 Cu^{2+} (0.01 atom%)的闪锌矿发射 6700 Å 的辐射。在闪锌矿晶格中由于掺杂 Cl^- 而产生锌的空位时，所发射的辐射核心在 4400 Å 左右。

(a) 假设激发与杂质能级无关，计算能够产生荧光的最长波长。

(b) 确定在禁带中杂质能级相对于价带的位置(以图说明)。

第十四章 塑性形变、黏滞流动和蠕变

本章讨论在应力作用下引起形状永久变化的各种形变方式。很早以前就已经粗略地知道了发生这些变化的原子机理，但发生这些变化的过程各种各样而且很复杂，从原子尺度或者即使从显微尺度来说，这些过程的细节还没有完全弄清楚。作为目前深入研究的课题，这方面肯定是迅速扩充知识的一个领域。

晶体的塑性形变和液体及玻璃的黏滞流动对陶瓷的制造过程和许多应用都是重要的。如下一章所讨论的，有越来越多的证据说明许多材料的断裂是由早先的塑性形变引起的。由于断裂是对陶瓷材料更加广泛应用的主要限制之一，这一领域中的新发展和新认知就显得特别重要。黏滞流动、塑性形变和蠕变都是高温下陶瓷作为结构使用的主要判据。对传统耐火材料和筑炉材料以及许多新的应用如宇宙飞行器的鼻锥、核燃料元件和高温燃气轮机中的陶瓷等都是如此。

14.1 引言

由于许多不同的工程和科学学科都与陶瓷材料的力学性能有

关，因此已提出了各种各样的试验方法、术语和观点。本章涉及引起形状永久变化的形变。根据形变过程的时间变化率，可以方便地把形变描述为由给定作用应力造成的总形变或由应力引起的形变速率①。在这个引言中我们描述宏观的观察结果；在后面几节中则讨论形变机理和一些重要变量的作用。

塑性形变 塑性形变最普通的测量方法是以恒定速率增加荷载同时观察形变。另一些测量则是在恒定应变速率下观察相应的应力。低温及低的加载速率下，测量结果对这些变量通常并不高度敏感，因而都得到相同的结果(但并不总是如此)。这种试验得到的结果是应力－应变曲线(图 14.1)。描述这种曲线以及将它和其他材料比较所需的特性是弹性模量 E、屈服强度 Y 及断裂应力 S。弹性模量是在起始伸长过程中应力对应变之比，$E=\sigma/\varepsilon$。在这个起始阶段内，当应力除去后，伸长会完全恢复。如第十五章中所要讨论的，陶瓷材料的弹性模量值通常为 $5\times10^6\sim90\times10^6$ psi。屈服强度 Y 为引起某一微小的永久形变所需的应力，通常在某个规定的应变(通常为 0.05%)处画一条平行于曲线的弹性部分的直线来决定屈服强度，如图 14.1 所示。断裂时的应力为 S，也如图 14.1 所示。

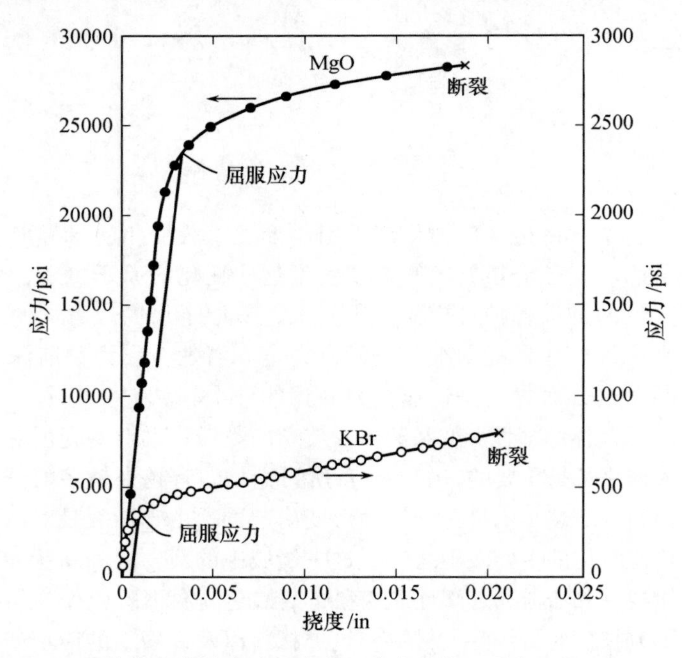

图 14.1 KBr 和 MgO 晶体弯曲试验时的应力－应变曲线。引自 A. E. Gorum, E. R. Parker, and J. A. Pask, *J. Am. Ceram. Soc.*, **41**, 161(1958)

① 应力的单位包括：1 MN/m^2 = 1450 psi = 10.1 kgf/cm^2 = 0.101 kgf/mm^2 = 10^6 bar。

有时也会采用其他一些描述塑性形变的方法。对于在金属中常用的拉伸试验来说，随着试验的进行，试样的横截面有相当大的减小，因此试样上的实际应力大于由原始尺寸算出的标称应力。通常报道的*抗拉强度*是在原始尺寸基础上算出的最大应力；这对工程人员是有用的但并没有与断裂判据联系起来。对大多数低延性的陶瓷材料采用弯曲试验，因而不出现面积减小的问题。有时也提到*比例极限*这个名词。比例极限定义为应力 - 应变曲线保持严格线性时所达到的最高应力。由于实际上没有一处是严格线性的，因而这一值主要取决于试验设备的灵敏度，最好避免使用。

*屈服点*这个术语的使用或多或少带有显然不同的意义。它最好专门用于这么一种形变：在形变发生以后应力立即下降，从而给出一确定的极大值(图 14.2)，叫做*上屈服点*；随后的继续形变所需的较低的应力值则叫做*下屈服点*。在低碳钢中经常观察到这种形变；在氟化锂以及高温下氧化铝和氧化镁的一些试样中也观察到了这种形变。

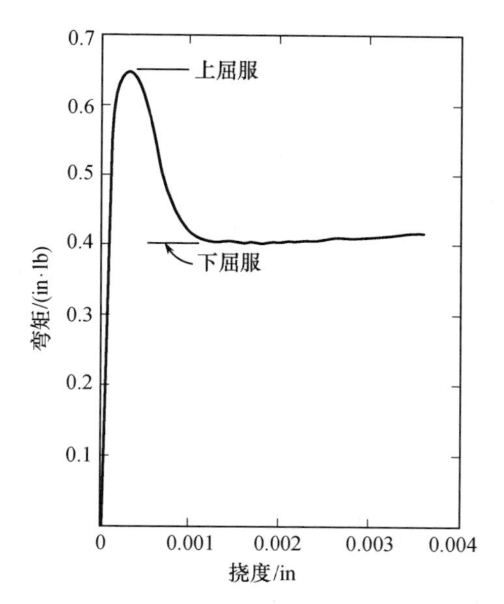

图 14.2　说明 LiF 晶体屈服点的应力 - 应变曲线。
引自 J. J. Gilman and W. G. Johnston，推荐读物 6[①]

蠕变形变　高温下在长时间恒定应力下进行测定时，会发生一种技术上的*蠕变曲线*：形变随时间的延长而持续变化(图 14.3)。在初始弹性伸长之后有一个形变率下降的阶段(过渡蠕变或第一阶段蠕变)；紧接着是一个蠕变速率

① 纵坐标中 lb(磅)为非法定计量单位，1 lb = 0.453592 kg，下同。——译者注

最小或蠕变速率恒定的或短或长的阶段(稳态蠕变或第二阶段蠕变)；最后常常有一个断裂即将来临之前形变速率增加的阶段(加速蠕变或第三阶段蠕变)。

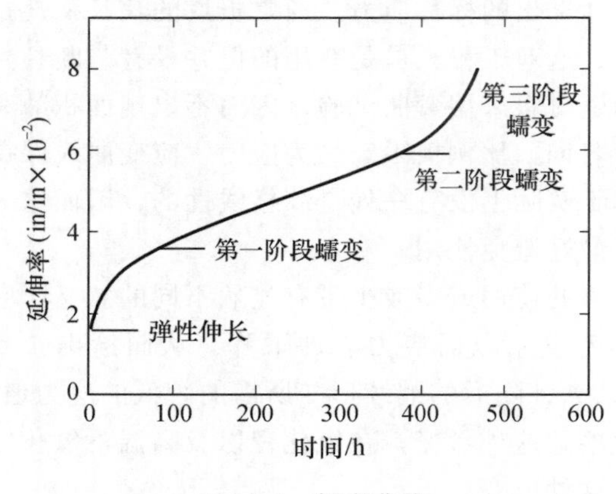

图 14.3　蠕变曲线

蠕变曲线(图 14.3)的形状随着具体的试验条件和被测试材料的不同而各不相同。通常曲线的起始部分可由下式表示：

$$\dot{\varepsilon} = (\text{常数})\theta^{-n} \tag{14.1}$$

低温时常用 $n=1$，$\dot{\varepsilon}=(\text{常数})\log\theta$ 描述所得数据。

温度和应力二者都影响恒温蠕变曲线的形状(图 14.4)。温度升高时形变加快，而稳态蠕变阶段缩短。增加应力时也观察到曲线形状的类似变化。形变率通常正比于作用应力的某次幂：

$$\dot{\varepsilon} = (\text{常数})\sigma^{n} \tag{14.2}$$

式中的 n 在 2～20 之间变化，其中 $n=4$ 最为常见。

恒定应力下的形变速率对温度的强烈依赖关系导致了各种耐火材料荷重试验的发展。这些试验使用固定的负荷、以恒定速率升高试样的温度。总形变是试样的热膨胀及蠕变之和，试样中通常有较大的温度梯度，总的结果和图 14.5 所示的类似。将固定的形变(常取 10%)或形变速率(常取温度每升高 10 ℃为 1%)作为终点温度用以表示荷载能力。虽然这些试验不能识别不同的形变机理，但能定性地说明同种材料不同试样之间以及不同材料之间的荷载能力的差别。

陶瓷在使用过程中所遇到的形变一般是复杂的而且与实验室试验情况相差很远，然而选择作为结构部件使用的材料时却根据实验室试验所得到的力学性能数据。和应变 ε 相对应的形变量不仅是应力 σ、时间 t 和温度 T 的函数(如上所述)，而且还是结构 S 的函数：

$$\varepsilon = f(\sigma, t, T, S) \tag{14.3}$$

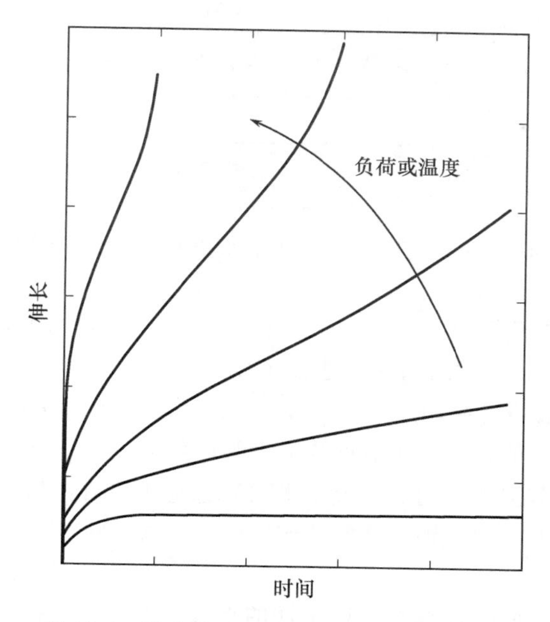

图 14.4　温度水平和应力对蠕变曲线的影响

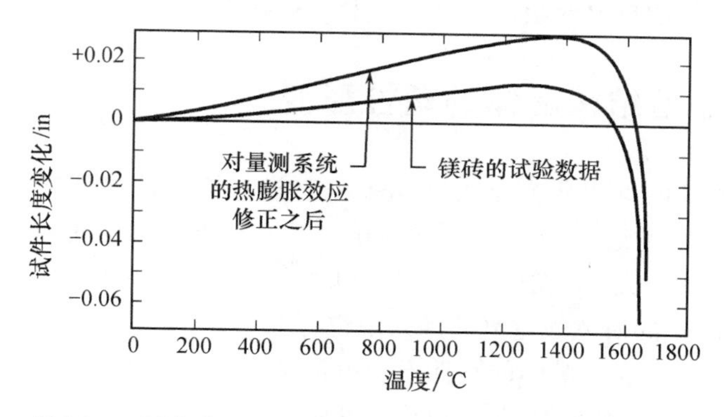

图 14.5　固定荷重下，恒定速率、增加温度时试样的形变

由于形变强烈依赖于材料的结构，因此需要一个表示结构的项，它包括宏观结构（即晶粒尺寸、气孔率、相分布）及微观结构（晶体结构、点缺陷、位错缠结、空位集团等）。本章大部分将论及结构对陶瓷形变行为的影响。

黏滞流动　简单液体的形变速率直接正比于剪应力。低速度下，液体沿平行线移动（图 14.6），黏度定义为剪应力与速度梯度之比：

$$\eta = \frac{\tau}{\mathrm{d}v/\mathrm{d}t} \tag{14.4}$$

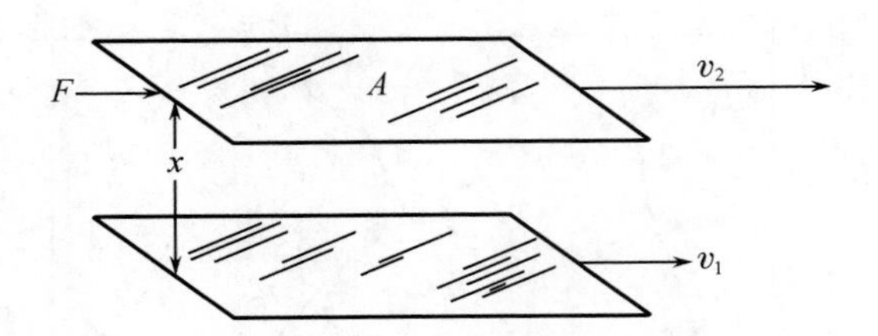

图 14.6 由黏度联系起来的单位面积上的力 τ 和速率梯度

式中：τ 是作用在平行于流动方向的平面上的单位面积的力，dv/dt 是法线方向的速度梯度。黏滞系数 η 以单位速度梯度的剪应力为单位[g/(cm · s)或泊，P①]。黏度的倒数叫做流动度($\phi = 1/\eta$)。有时用黏度与密度之比来讨论液体流动的性质是方便的，这一比值称为动力黏度($\nu = \eta/\rho$, cm^2/s)。

黏度在宽广范围内变动。室温下水和液态金属的值在 0.01 P(1 cP)这一量级上。液线温度下的钠－钙－硅酸盐玻璃的值约为 1000 P，退火范围的玻璃黏度约为 10^{14} P。

在较低温度、固定荷载下玻璃试样的形变曲线和图 14.3 所示的蠕变曲线类似。它区别于塑性流动的是图 14.3 所示的恒定速率阶段的形变直接与作用应力成正比，复杂材料的塑性形变和蠕变一般则并不是这样。

14.2 岩盐型结构晶体的塑性形变

对晶体塑性的首次研究是由 E. Reusch② 进行的，他发现并研究了氯化钠的塑性形变。20 世纪 30 年代，对氯化钠以及其他碱金属卤化物晶体的塑性形变进行了广泛的研究③。在位错理论发展的刺激下，这些研究以及对氧化物晶体(特别是 MgO)的研究被重复并深入地进行。

如第四章中所述，晶体的塑性形变由位错穿过晶体的运动而发生，这一点是清楚的(位错已经在 4.10 节中讨论过并示于图 4.14 ~ 4.24)。在这些过程中扩散的重要性将在 14.5 节中讨论。结晶学上的形变过程包括晶体单元彼此相互滑动(称为滑移)或受到均匀剪切(称为孪晶)。这些过程如图 14.7 所示。滑移机理比较简单且具有很广泛的重要性，我们的讨论几乎只限于这种过程。宏观上观察到的滑移趋于不连续地发生在滑移带中，如图 14.7 所示。此外，滑

---

① 原书为“ρ”，疑有误。——译者注

② *Prog. Ann.*, **132**, 441(1867)。

③ 例如参见 E. Schmidt and W. Boas, *Plasticity of Crystals*, Chapman & Hall, Ltd., London, 1968(初版 1935)。

移方向(通常还有滑移面)都有确定的结晶学取向。单晶塑性形变所需的应力是滑移面上沿滑移方向的分剪应力(图 14.8)。如果滑移面的法线与作用应力呈 ϕ 角，则滑移面上的应力为 $(F/A)\cos\phi$；如果滑移方向与荷载方向呈 ψ 角，则临界剪应力为

$$\tau_c = \frac{F}{A}\cos\phi\cos\psi \tag{14.5}$$

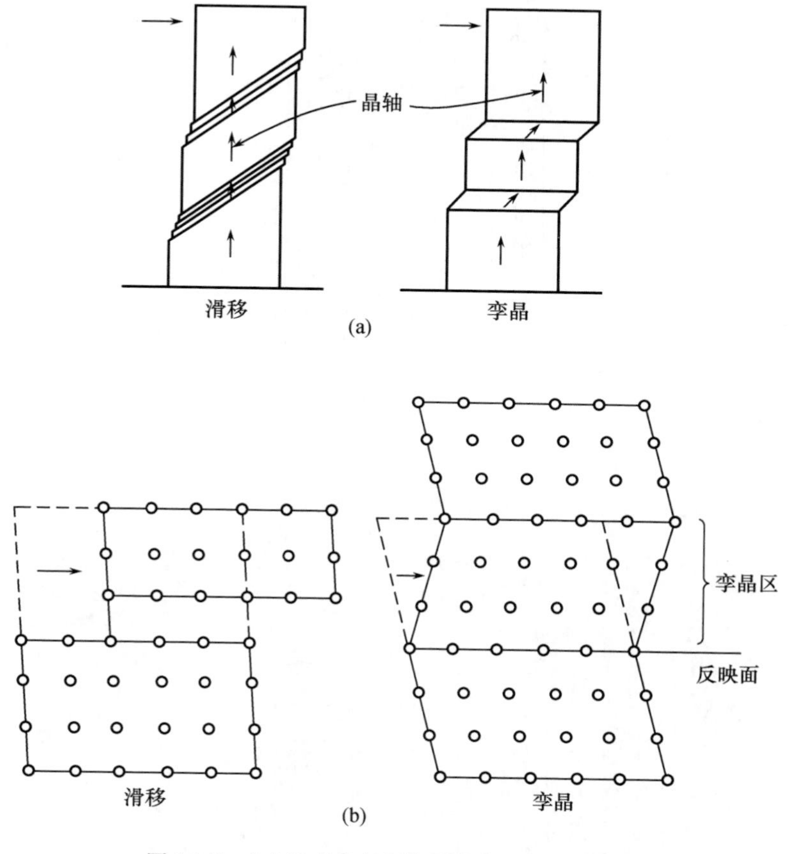

图 14.7　(a)宏观和(b)微观滑移及孪晶示意图

发生滑移的特殊平面及方位可以从结晶学角度确定。通常不同滑移系统的临界剪应力之间有很大的差别，常常只观察到一个滑移系统。在氯化钠结构型的离子晶体中，低温时滑移最容易发生在 {110} 面和 $[1\bar{1}0]$ 方向。图 14.9 示出了 MgO 中的滑移线。

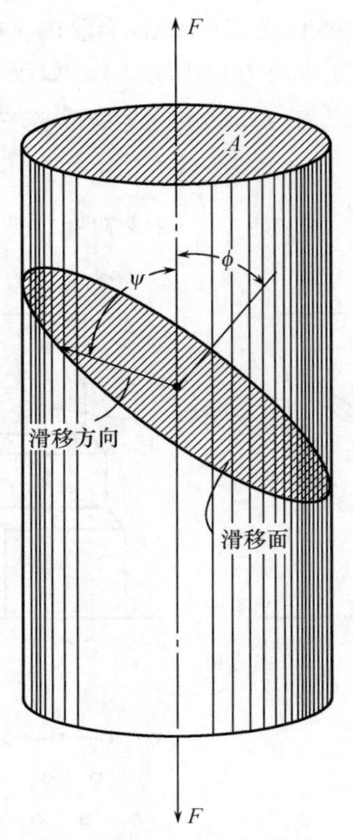

图 14.8　临界剪应力的确定

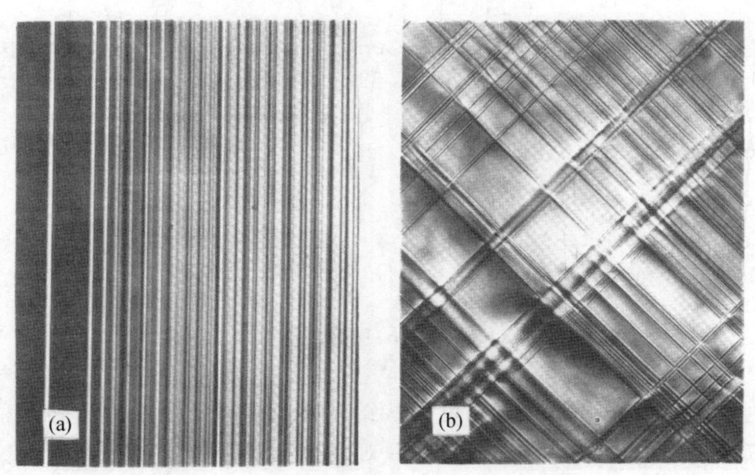

图 14.9　(a) 受弯的 MgO 晶体表面上的形变条纹，表示自左至右的形变增加的区域内一组(110)面形变的不均匀性(175 ×)。M. L. Kronberg, J. E. May, and J. H. Westbrook 提供。(b) 受弯的 MgO 晶体中腐蚀的(110)形变带的横截面(130 ×)。T. L. Johnston, R. J. Stokes, and C. H. Li 提供

几何及静电作用条件都使滑移系统及滑移方向受到限制。在氯化钠型结构晶体中，滑移方向〈110〉是晶体结构中最短的平移矢量方向，滑过滑动平面使结构复原所需的位移量最小(图 14.10)，而且在滑动过程中沿〈110〉方向平移不会使最近邻的同极性离子处于并列位置，因而没有大的静电斥力形成。像 NaCl 和 MgO 这类强离子晶体择优沿〈110〉方向滑动是由于沿{100}滑动时，在单位平移距离的一半处静电能较大。在这种地方同号的离子将进入最近邻的位置。高温下观察到这些强离子晶体的{100}〈110〉滑动。表 14.1 列出了一些陶瓷的滑移系统。图 14.11 说明即使在高温下，MgO 单晶在〈111〉方向的压缩也比在〈110〉或〈100〉方向的压缩更难引起滑移。在像 PbTe 和 PbS 这样的弱离子晶体中，由于离子的极化性降低了斥力，低温下在{100}面发生滑移。

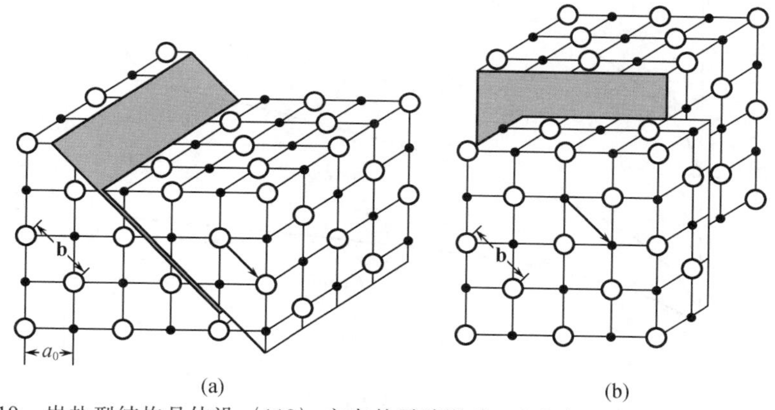

图 14.10　岩盐型结构晶体沿〈110〉方向的平移滑动：(a){110}面；(b){100}面。{110}〈110〉滑动最容易

表 14.1　一些陶瓷晶体中的滑移系统

晶　　体	滑移系统	独立系统数	附　　注
C(金刚石)，Si，Ge	{111}〈$1\bar{1}0$〉	5	$T>0.5T_m$
NaCl，LiF，MgO，NaF	{110}〈$1\bar{1}0$〉	2	低温
NaCl，LiF，MgO，NaF	{110}〈$1\bar{1}0$〉		高温
	{001}〈$1\bar{1}0$〉	5	
	{111}〈$1\bar{1}0$〉		
TiC，UC	{111}〈$1\bar{1}0$〉	5	高温
PbS，PbTe	{001}〈$1\bar{1}0$〉		
	{110}〈001〉	3	
CaF_2，UO_2	{001}〈$1\bar{1}0$〉	3	
CaF_2，UO_2	{001}〈$1\bar{1}0$〉		高温
	{110}	5	
	{111}		

续表

晶　体	滑移系统	独立系统数	附　注
C(石墨)，Al_2O_3，BeO	{0001} 〈11$\bar{2}$0〉	2	
TiO_2	{101} 〈10$\bar{1}$〉		
	{110} 〈001〉	4	
$MgAl_2O_4$	{111} 〈1$\bar{1}$0〉	5	
	{110}		

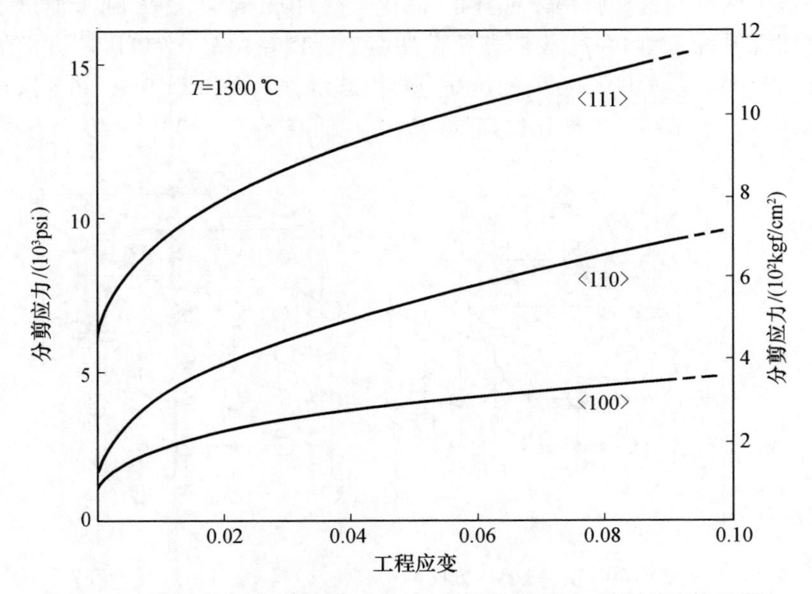

图 14.11　在单晶 MgO 中，沿〈111〉轴比沿〈100〉轴更难发生滑移。引自 S. M. Copley and J. A. Pask，in *Materials Science Research*，Vol. 13，W. W. Kriegel and H. Palmorr III，Eds.，Plenum Press，New York，1966，pp. 189 ~ 224

在离子晶体中，一个位错必须维持阳离子 - 阴离子位置的比例。因此，氧化镁中在(1$\bar{1}$0)面沿[1$\bar{1}$0]方向滑移的一个刃位错需要移去一个分子平面(两个原子平面)，其伯格斯矢量大于基本的 Mg - O 距离。如图 14.12 所示，为使晶体回到正确结构，必须移去原子对。

为使宏观形变(即实验上观察到的屈服现象)得以发生，就需要使位错开始运动。如果不存在位错，就必须产生一些；如果存在的位错被杂质钉住，就必须释放一些。一旦这些起始位置运动起来，它们就会加速并引起增殖和宏观屈服现象。塑性形变的特性与形成位错所需的能量或使位错开始运动所需的能量有关，还与以任一特定速度保持位错运动所需的力有关。两者中的任一个都能成为塑性形变的约束。已经发现对纤维状无位错的晶须需要很大的应力来产生塑性形变，但是一旦开始滑移，就可在低得多的应力水平下继续下去。

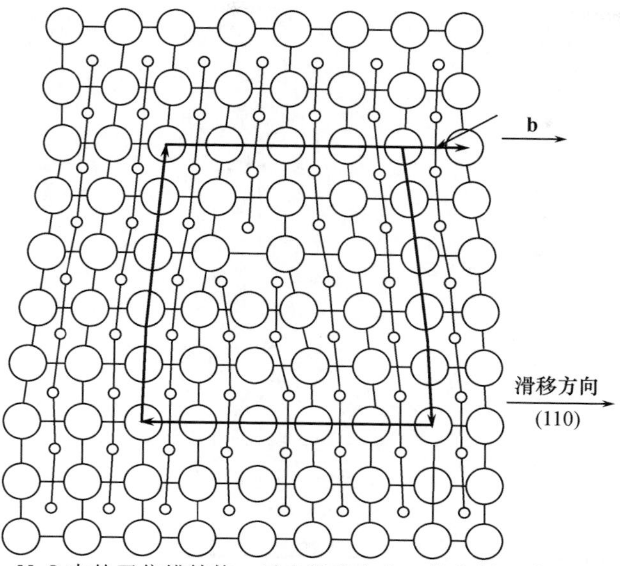

图 14.12　MgO 中的刃位错结构，示出滑移方向、伯格斯回路和伯格斯矢量 **b**

塑性形变的微观理论是由 Orowan 建立的。他第一个把塑性流动解释为一种动力过程，在这一过程中滑动的速率由可移动的位错密度 N_m 和其平均速度 $\bar{v}$ 给出。因此，塑性应变率由这两项和伯格斯矢量的大小的乘积给出：

$$\dot{\varepsilon} = \frac{d\varepsilon}{dt} = N_m \mathbf{b} \bar{v} \tag{14.6}$$

Gilman 和 Johnston①首先明确地验证了这一关系。他们各自算出 LiF 晶体中可移动位错的速度和数量。如图 14.13 所示，腐蚀坑技术可用来识别单独的位错环的运动。大的平底的腐蚀坑对应于位错的起始位置，而尖底的坑则表示作用应力使位错运动以后它们的位置。

同样的氟化锂晶体经不同表面处理后的应力－应变曲线如图 14.14 所示。在刚劈裂的晶体中，劈裂过程出现的机械应力导致位错形成并且容易滑移。化学抛光以后观察到高的屈服应力和明确的屈服点，这相应于消除了先前的操作所形成的可移动的位错并且需要形成新的位错。在抛光并用碳化硅粉喷洒之后，由于冲击而形成许多新的位错环，又容易重新引起塑性形变。这就表明，位错的产生和增殖比它们随后的运动需要更大的力，但这些应力之比很少超过 2，而且实际使用的晶体几乎总有表面不完整性存在。图 14.15 显示一个原始的单一位错环成长为含有许多位错的滑移带。位错增殖与形成滑移带（图 14.14）所需的应力在氟化锂晶体中约相当于 800 g/mm²。作为比较，扩大单一的、没有发生增殖的半位错

① 推荐读物 6。

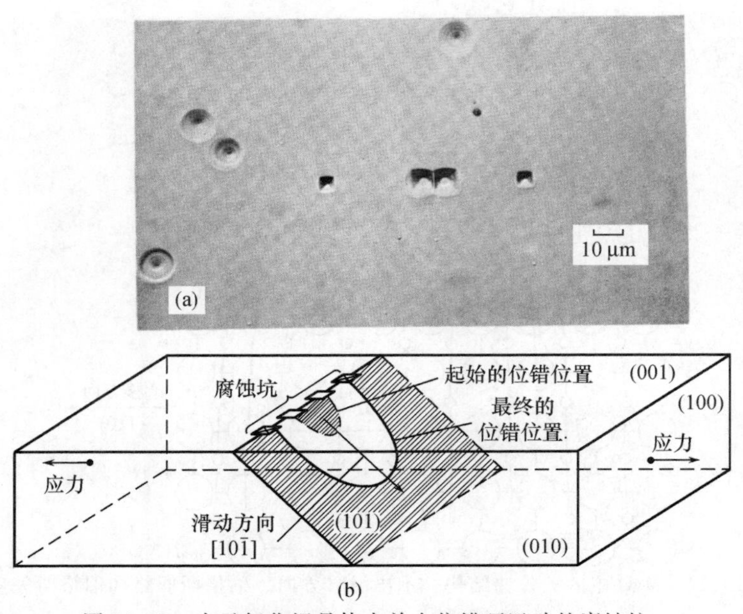

图 14.13 表示氟化锂晶体中单个位错环运动的腐蚀坑。

引自 J. J. Gilman and W. G. Johnston，推荐读物 6

环(图 14.13)所需的力约为 600 g/mm^2。在氯化钠型结构晶体中，小的半位错环的稳定性及其运动所需的应力和溶质硬化或对位错运动的黏滞阻尼相对应。

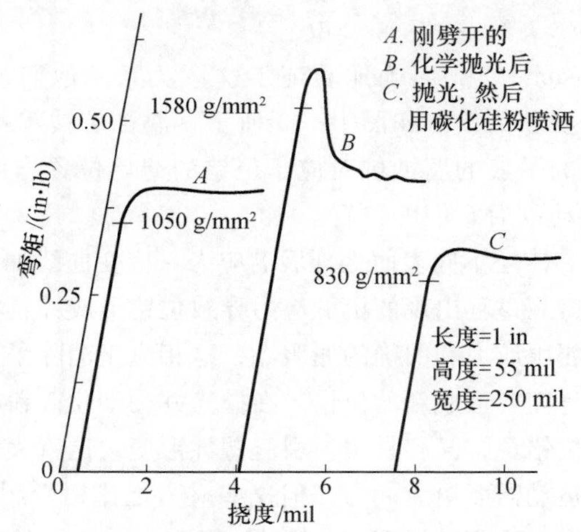

图 14.14 说明 LiF 晶体表面处理效应的应力 - 应变曲线。

引自 J. J. Gilman and W. G. Johnston，推荐读物 6[①]

① 图中的单位 mil(密耳)为长度的非法定计量单位，1 mil = 10^{-3} in = 2.54×10^{-5} m，下同。——译者注

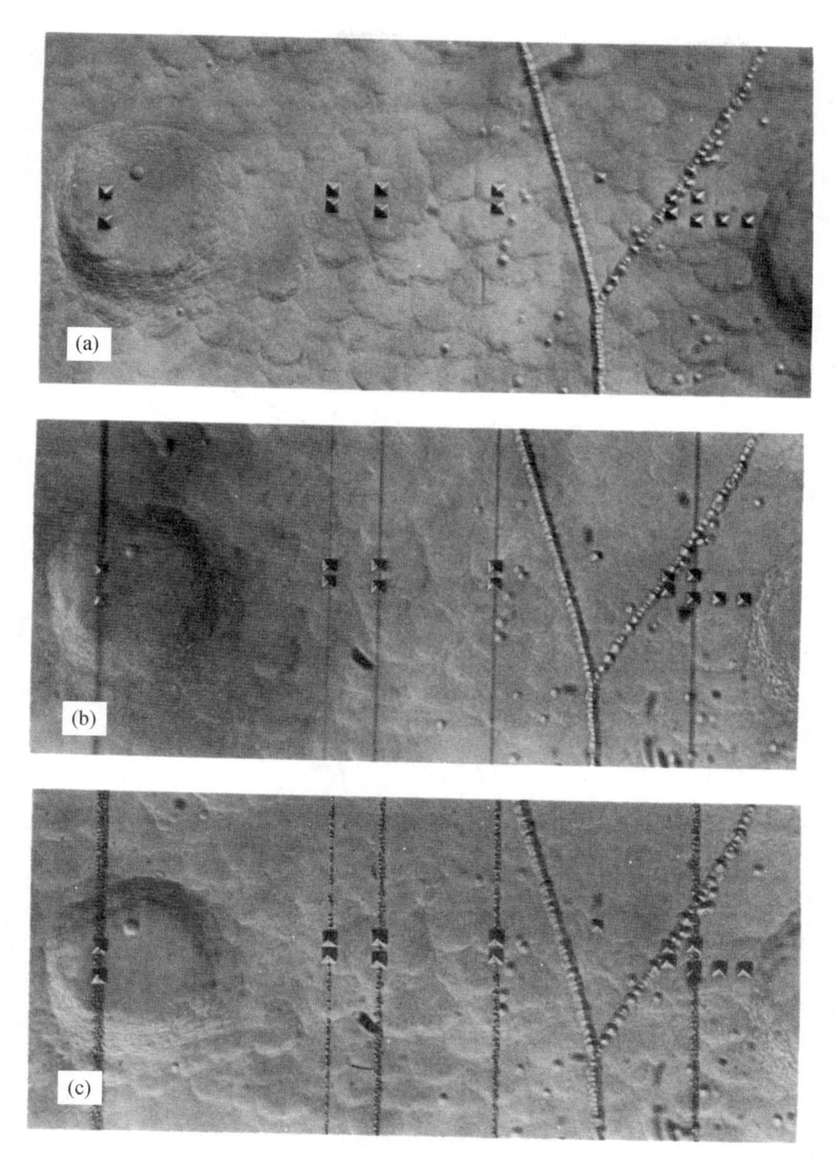

图 14.15　滑移带自半位错环生长。应变速率 $2\times10^{-5}\ s^{-1}$。(a) LiF 单晶表面上的单个半位错环；(b) 弯曲后同一晶体中出现穿过 5 个半位错环的滑移带；(c) 轻微腐蚀揭示出每一滑移带中的许多位错。引自 J. J. Gilman and W. G. Johnston，推荐读物 6

Johnston 和 Gilman① 对晶体加上应力脉冲后测得氟化锂中位错速度在每秒 $10\sim10^{12}$ 原子间距之间变动。他们发现：① 为使位错以可观察到的速度穿过晶

① *J. Appl. Phys.*，**30**，129(1959).

体运动，必须施加一定的剪应力；② 应力的少量增加使位错速度迅速增加；③ 刃位错成分比螺位错成分运动更快；④ 声速似乎是位错速度的极限。典型晶体的实验结果如图 14.16 所示。刚生长出来的晶体在低温下进行试验时需要较大的应力使位错运动；热处理退火后的试样只需要较小的应力就可使位错运动。在所有试样中都观察到位错速度随应力的增加而迅速增大。

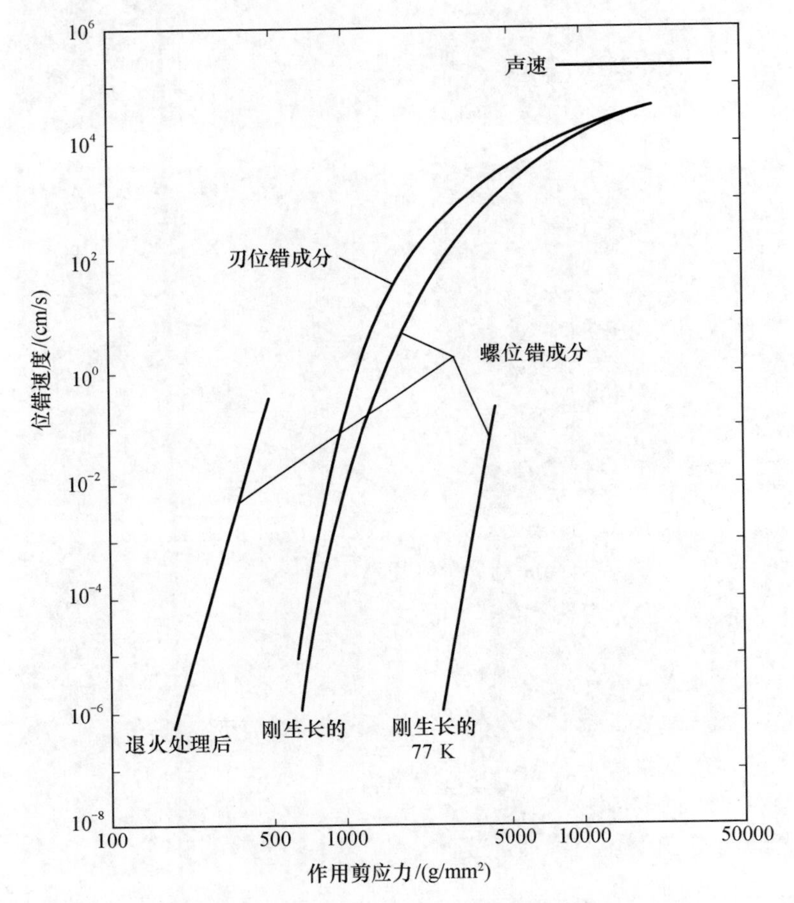

图 14.16　刚生长出来的、经过热处理的及在 77 K 试验的典型 LiF 晶体中的位错速度。引自 W. G. Johnston and J. J. Gilman，*J. Appl. Phys.*，**30**，192(1959)

晶体塑性形变的速率取决于有多少位错在运动及其运动速度[式(14.6)]。一旦开始形变，除少数位错外，所有位错都是通过再生增殖而形成。这种增殖的一般方式(即一段位错的两端被钉住时发生的过程)已在第四章中讨论过。该章中描述了这个过程的两种形式，Frank - Read 源和复交叉滑移源。两者是类似的，但后者对大多数碱金属卤化物型晶体可能更普遍。由于这些过程，平均位错密度随应变量的增加而增大(图 14.17)。

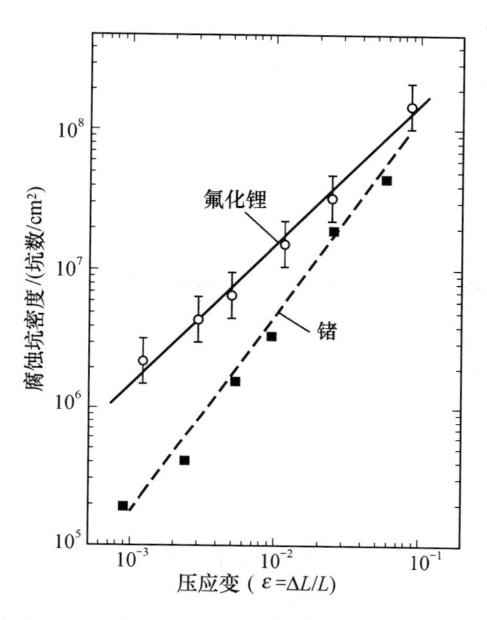

图 14.17 LiF 及锗中腐蚀坑平均密度与塑性应变的关系。引自 W. G. Johnston and J. J. Gilman，*J. Appl. Phys.*，**30**，192(1959)及 J. R. Patel and B. H. Alexander，*Acta Met.*，**4**，385(1956)

在屈服过程的开始阶段，应力 - 应变曲线通常可以有不同的形状(图 14.18)。曲线 A 表示原来就存在大量位错，在应力稍大于位错开始运动的应力时，位错浓度和速度的乘积足以使晶体按所增加的应变速率发生形变。曲线 C 表示原来的位错数量要低得多，需要足以使位错成核或足以使位错从钉住它们的杂质中拉出来的应力来产生形变。一旦有足够数量的位错运动起来，应力就下降。曲线 B 处于上述两种情况之间。

从这些过程的本质来看，显然许多变量都能影响氯化钠型结构晶体的塑性形变性能。除温度、以前的经历和应力水平外，应变速率也是重要的，这点在图 14.16 所示的位错速度中也有所暗示。大多数金属对应变速率不如离子晶体敏感，必然具有比 LiF 更陡的曲线。像 Al_2O_3 这样的部分离子性晶体显然对应变速率更敏感，必定具有比 LiF 更平缓的曲线(表 14.2)。

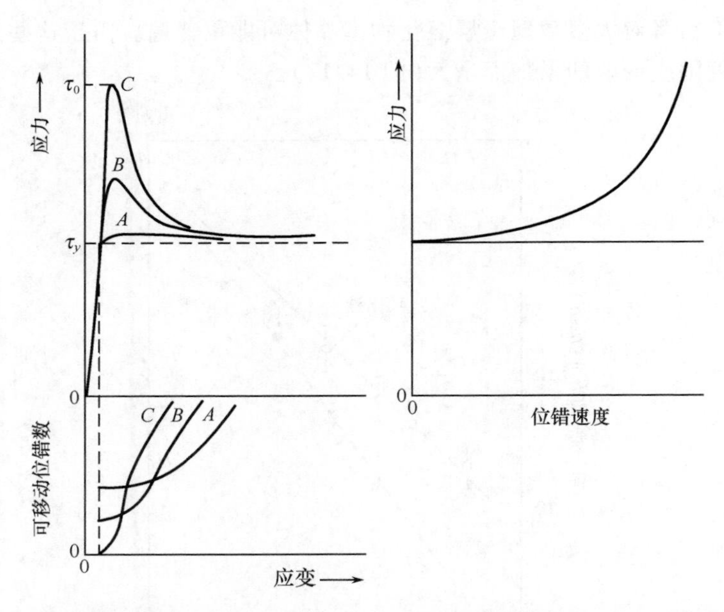

图 14.18　屈服过程的起始阶段应力－应变曲线的不同形状，用位错密度和速度说明。引自 J. J. Gilman，推荐读物 8

表 14.2　位错速度的应力敏感性指数($v \sim \tau_m$)

材　　料	晶体结构	m(室温)[1)]
LiF	岩　盐　型	13.5～21
NaCl	岩　盐　型	7.8～29.5
NaCl(超高纯)	岩　盐　型	3.9
KCl	岩　盐　型	20
KBr	岩　盐　型	65
MgO	岩　盐　型	2.5～6
CaF_2	萤　石　型	7.0
UO_2	萤　石　型	4.5～7.3
Ge	金刚石型	1.35～1.9[2)]
Si	金刚石型	1.4～1.5[2)]
GaSb	金刚石型	2.0[2)]
InSb	金刚石型	1.87[2)]

1）m 值可能对杂质和先前的热历史比对晶体结构更敏感。此外，均一的温度(这里是 298 ℃/T_{mp})是重要的。

2）室温以上。

当位错应变场开始互相作用时，位错滑动就更加困难。因此，屈服应力对总应变是敏感的，这种敏感性叫做应变硬化。G. I. Taylor① 首先指出使塑性应变递增变化的流动应力与位错密度 N 的平方根或塑性应变的平方根成正比：

$$\sigma_y \propto N^{1/2} \propto \varepsilon_p^{1/2} \tag{14.7}$$

图 14.11 所示的在 3 个方向压缩的 MgO 的应变硬化（σ 对 ε 的斜率）也是结晶学取向的函数。

位错运动也可能被晶格中的杂质阻止。具有相同电价而不同离子半径的置换式杂质由于其周围伴生的应变场而提高屈服强度［图 14.19(a)］。事实上，位错有被杂质钉住的倾向。由辐照引起的晶格缺陷（空位与填隙）同样增加屈服强度［图 14.19(b)］。电价不同的置换式杂质要求附加晶格缺陷来补偿；例如，$SrCl_2$ 在 KCl 中要求形成附加的 K 空位。缔合缺陷（$V'_K Sr^{\cdot}_K$）形成的偶极子能更有效地阻止滑动，因此强化效应通常较大。图 14.19(a) 表示 KCl – KBr 固溶体屈服强度的增加，图 14.20(a) 表示 KCl 中加入少量 $SrCl_2$ 后所引起的惊人的效应。0.084% 的锶离子对钾离子的取代提高屈服应力达 10 倍以上。

屈服应力取决于溶质浓度，通常是与浓度的平方根成正比：

$$\sigma_y \propto C^{1/2} \tag{14.8}$$

图 14.20(b) 所示的数据说明了一些碱金属卤化物晶体中的这种关系。但是还观察到了更复杂的性状（图 14.21 和图 14.22），这必定和杂质偏析、杂质氧化状态等有关。

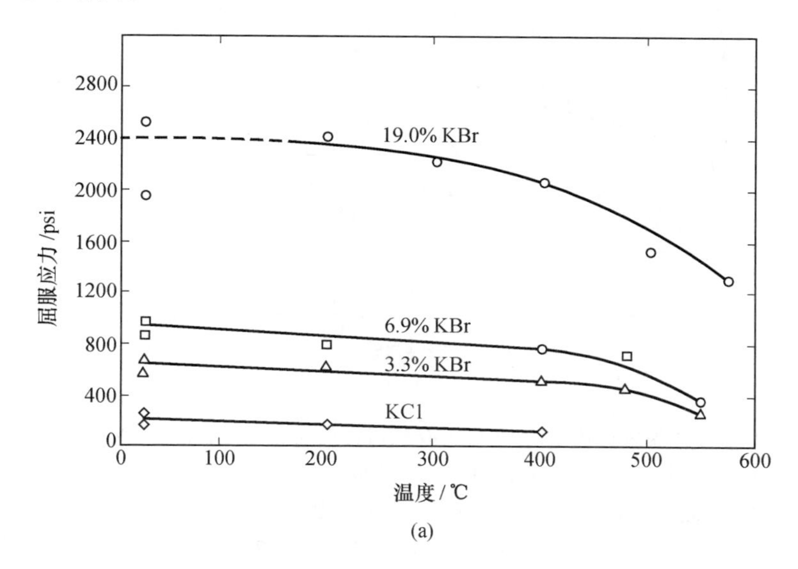

(a)

① *Proc. R. Soc.* (London), **A145**, 362 (1934)。

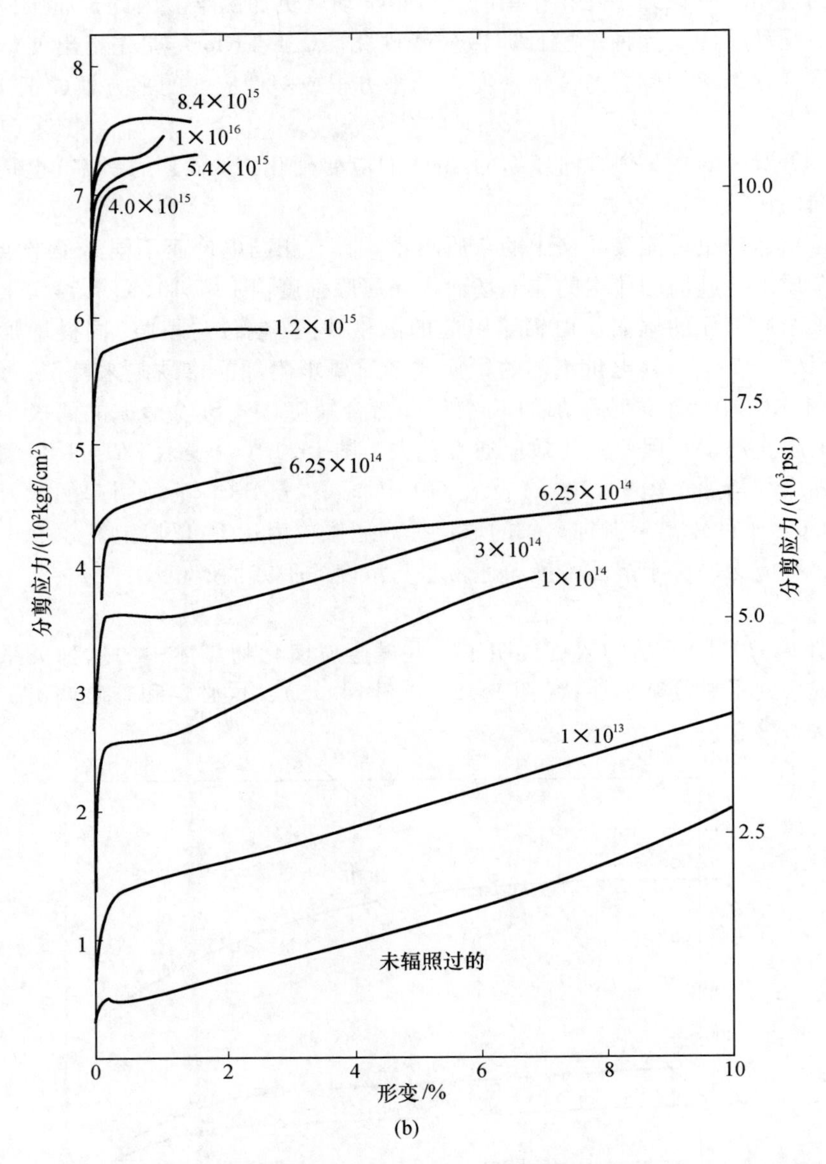

图 14.19 (a)作为温度的函数的 KCl - KBr 固溶体的屈服应力，沿〈100〉方向压缩。引自 N. S. Stoloff，et al.，*J. Appl. Phys.*，**34**，3315(1963)。(b)低温下，陶瓷材料的辐照硬化，图示室温下 LiF 的辐照硬化。辐照计量以电子数 / cm^2 表示。引自 A. D. Whapham and M. J. Makin，*Phil Mag.*，**5**，237 ~ 250(1960)

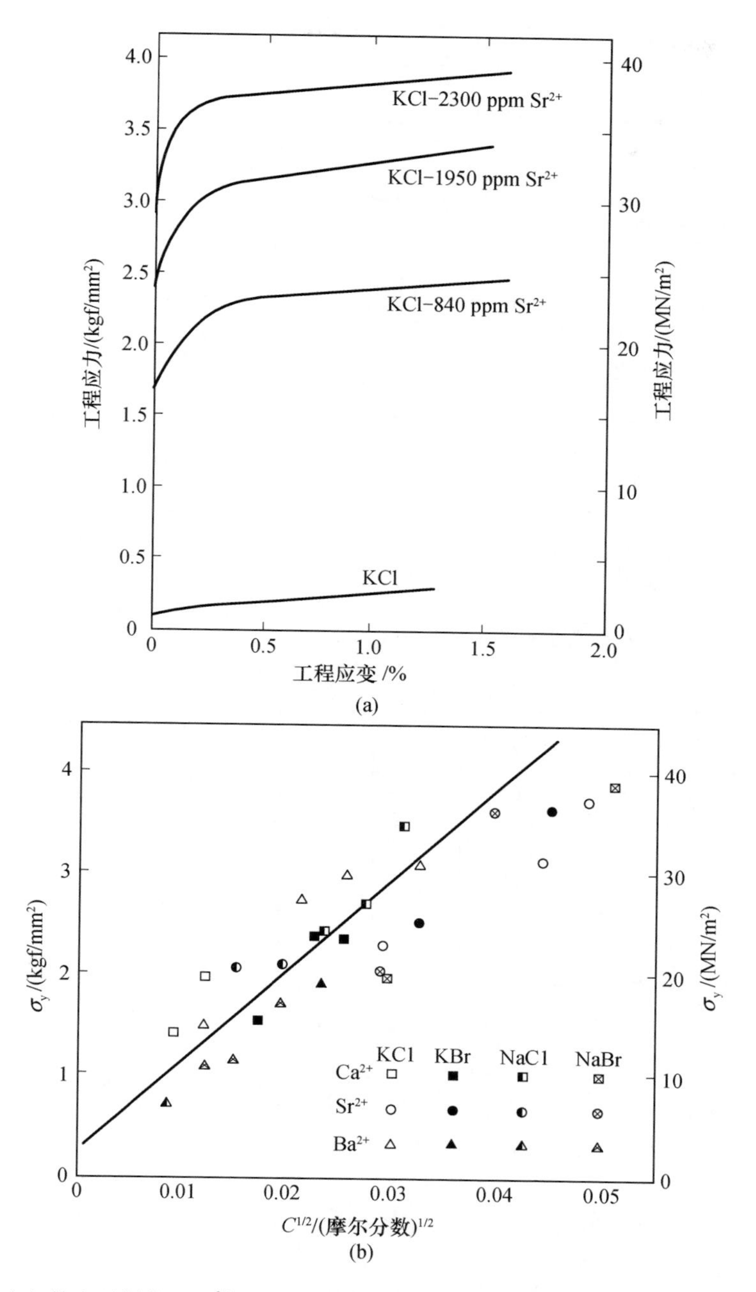

图 14.20 (a) 掺有不同数量 Sr^{2+} 的 KCl 晶体的工程应力 - 应变曲线。晶体在 725 ℃退火半小时、在空气中冷却后沿〈100〉方向进行压缩试验。(b) 碱金属卤化物中不同掺杂的屈服强度值和 Mg^{2+} 浓度平方根的关系。引自 G. Y. Chin, et al., *J. Am. Ceram. Soc.*, **56**, 369(1973)

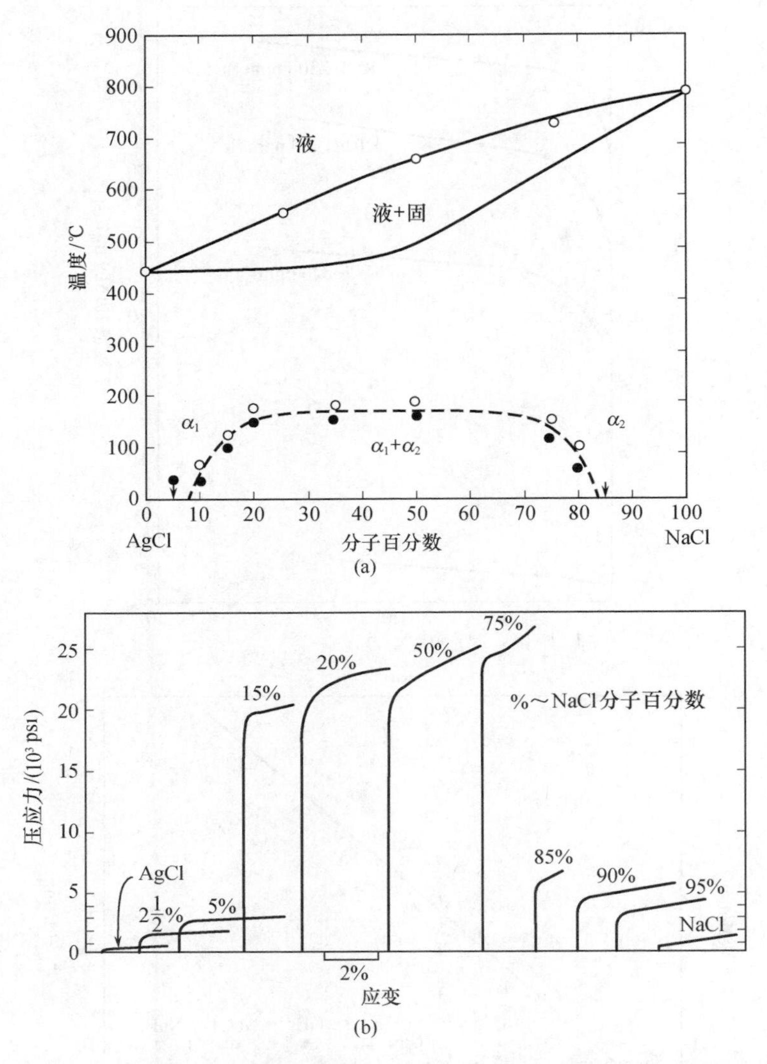

图 14.21　氯化银－氯化钠混合物系统中的(a) 固溶硬化和(b) 淀析硬化。引自 R. J. Stokes and C. H. Li, *Acta Met.*, **10**, 535(1962)

在许多情况下，溶质可能形成淀析物而对位错运动起阻碍作用。淀析硬化机理通常比固溶硬化机理更为有效。AgCl－NaCl 系统在 175°C 以下具有有限的固－固溶解度，导致单晶中的淀析，结果大大提高了压缩屈服强度，超过纯晶体和固溶强化晶体(图 14.21)。

提高形变试验时的温度就会降低所有这些强化技术(应变、溶解、淀析)的效果。由于吸收了使晶格振动的热能，晶格平面更加柔顺，因此这些障碍物

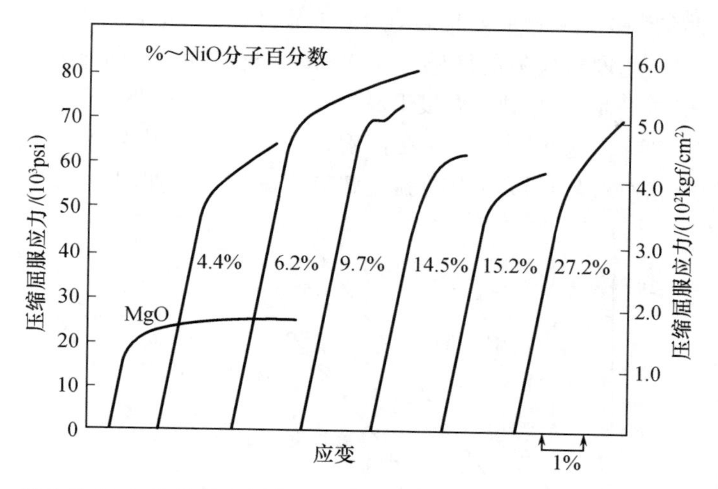

图 14.22　掺杂的 MgO 单晶产生硬化。此效应限于加 NiO。引自 T. S. Liu，R. J. Stokes，and C. H. Li，*J. Am. Ceram. Soc.*，**47**，276～279(1964)

的抑制作用就小。此外，在一个滑移系统上受阻的滑移有可能在另一个系统上获得适应。较高的温度也使可溶杂质的数量增加并使淀析物变粗(第九章)，这就减少了阻止位错运动的障碍物的数量。A. Joffe 等人①指出氯化钠在空气中是脆性的，但浸入水中以便不断形成新的表面时则保持延性。相信这是由于表面在水中溶解而除去表面微裂纹所致。最近，A. E. Gorum、E. R. Parker、J. A. Pask② 以及 A. Aerts 和 W. D. Dekeyser③ 已经发现如果存放在表面不受损伤的条件下，则刚劈裂的 NaCl、KCl 以及其他离子晶体能长期保持延性。表面污染有碍延性的几种机理尚未完全阐明。产生微裂纹的各种不同机理将在第十五章中讨论。A. R. C. Westwood④ 作了离子晶体表面 - 敏感的力学性能的评述。

14.3　氟化钙型结构晶体的塑性形变

对氟化钙型结构晶体中位错运动的大多数研究是用 CaF_2 进行的，虽然也有一些研究用其他氟化物和 UO_2 进行。氟化钙结构晶体的形变行为和岩盐型结构晶体的不同之处在于低温滑移发生于 {100}〈110〉形式的系统上。由于高温时有辅助系统 {111}〈110〉和 {110}〈110〉，故有 5 个独立的系统起作

① A. Joffe，M. W. Kupitschewa，and N. A. Levitsky，*Z. Phys.*，**22**，286(1924)。

② *J. Am. Ceram. Soc.*，**41**，161(1958)。

③ *Acta Met.*，**4**，557(1956)。

④ *Mater. Sci.*，**1**，114(1963)。

用(5 个独立的滑移系统的重要性将在 14.5 节讨论)。位错增殖的机理看来是一样的，但位错速度对应力的敏感性比岩盐小(比较图 14.16 和图 14.23)。一个有趣的观察结果是在相同的温度和应力下，CaF_2 中的螺位错速度高于刃位错速度(图 14.23)，这使交叉滑移在高温时易于进行(图 4.19)且使明晰的滑移带过渡到波状滑移。屈服应力随温度和应变率的变化如图 14.24 所示。

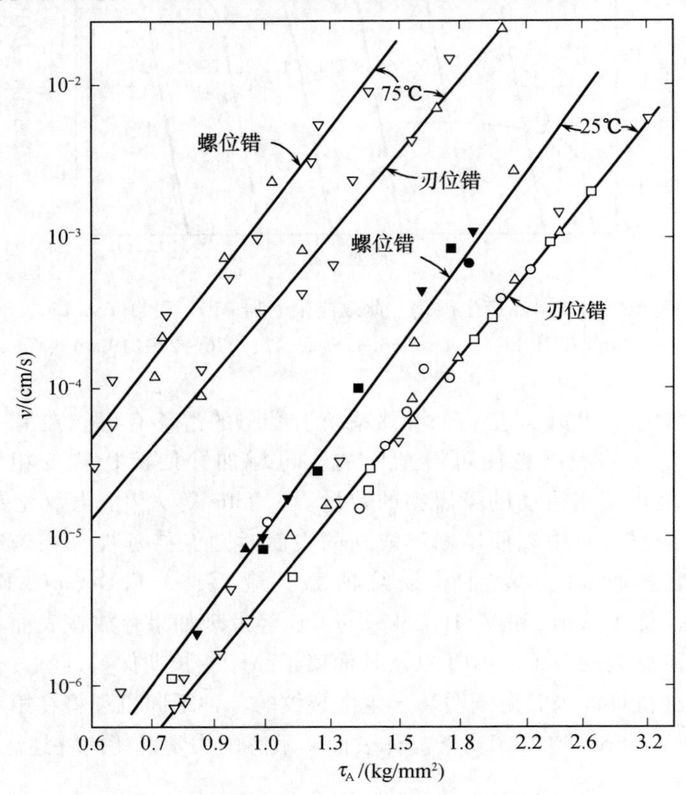

图 14.23　位错速度对应力的依赖关系①。引自 A. G. Evans and P. L. Pratt, *Phil. Mag.*, **20**, 1213(1969)

如对岩盐型结构所讨论过的那样，晶格的杂质导致硬化。NaF、YF_3 或 NdF_3 等掺杂物使杂质与晶格缺陷(空位或填隙)之间形成偶极子，对位错运动是一种很有效的障碍。CaF_2 中加入 0.002% Nb 的效应可从 160 ℃下的屈服特性看出来(图 14.25)，屈服值从 1.5 kg/mm² 提高到 3.5 kg/mm²②，为不掺杂的两倍多。

① 原文坐标单位为 cm/s² 及 kg/mm⁻²，疑有误。——译者注

② 原文为“1500 to 3500 kg/mm²”，疑有误。——译者注

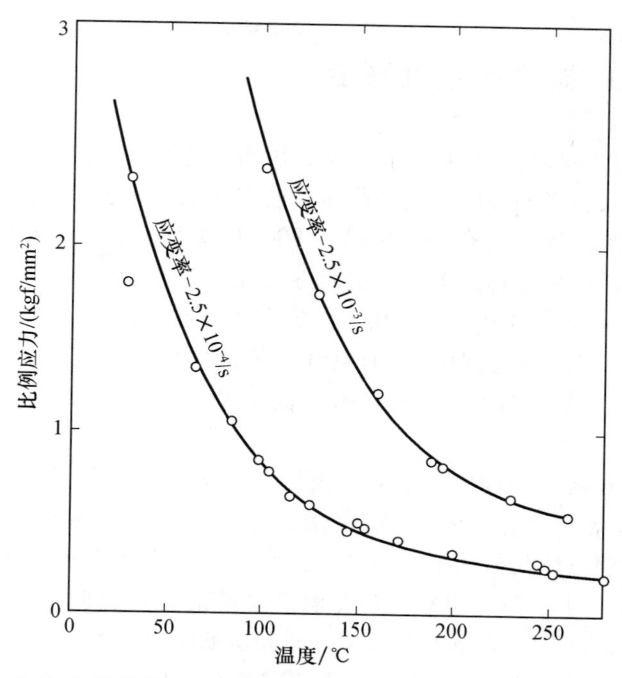

图 14.24　CaF_2 临界分剪应力对温度的依赖关系。引自 P. L. Pratt，C. Roy，and A. G. Evans，*Mat. Sci. Res.*，**3**，225(1966)

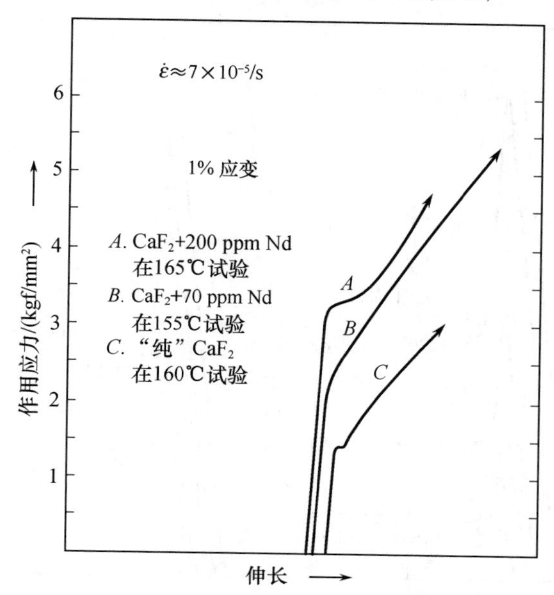

图 14.25　不同掺杂量的 CaF_2 单晶的应力—应变曲线，沿[$11\bar{2}$]方向进行压缩试验。引自 R. N. Katz and R. L. Coble

14.4 Al_2O_3 晶体的塑性形变

氧化铝的塑性形变特征特别有意义，因为氧化铝是一种广泛使用的材料且这种非立方晶系、强烈各向异性的晶体可能在性状上代表一种极端情况。这种形变特征直接和晶体结构有关。单晶在 900 ℃以上由于在(0001)〈$11\bar{2}0$〉系统上的基面滑移而发生塑性形变，引起各向异性形变。较高温度下，滑移可在棱柱面{$1\bar{2}10$}沿〈$10\bar{1}0$〉或〈$10\bar{1}1$〉方向以及在角锥面〈$01\bar{1}1$〉{$1\bar{1}02$}和〈$01\bar{1}1$〉{$\bar{1}011$}发生；这些非基面系统上的滑移也能在较低温度、很高应力下发生。但即使在 1700 ℃，产生非基面滑移的应力也是产生基面滑移的 10 倍。

温度在 900 ℃以上时的塑性形变特征如图 14.26 所示。可以概括为：① 强烈的温度依赖关系；② 大的应变速率依赖关系；③ 在恒定应变速率测试中有确定的屈服点或长时间低应力蠕变试验中等价的孕育过程(图 14.27)。在图 14.26(a)中，上、下屈服应力都是温度敏感的且随温度增加表现出金属的按指数下降的规律[图 14.26(b)]。在拉伸和压缩中都观察到尖锐的屈服点和屈服点下降，这可以由位错增殖的需要而不是释放位错的需要来解释。应变速率增加 10 倍将使屈服应力增加一倍。

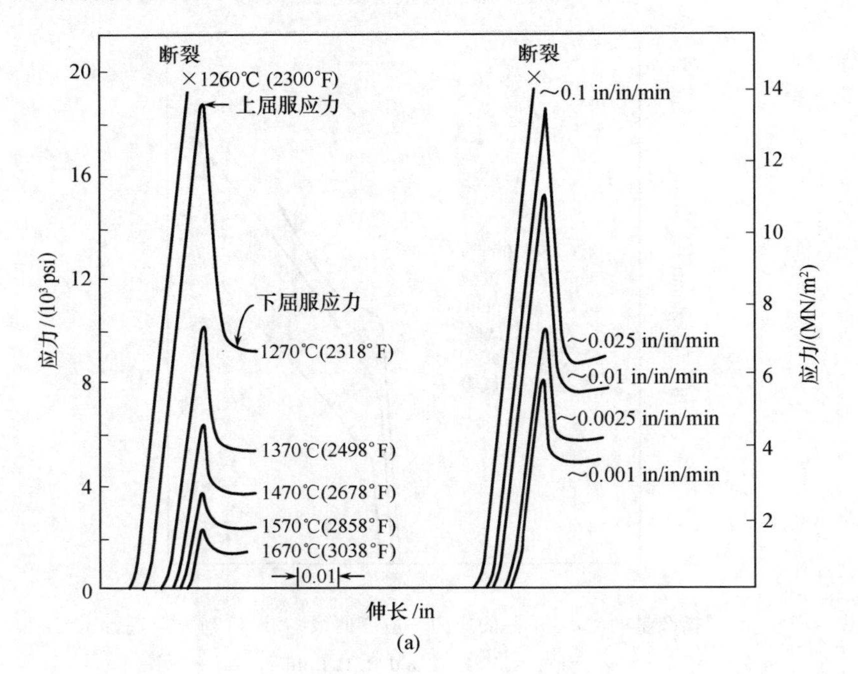

(a)

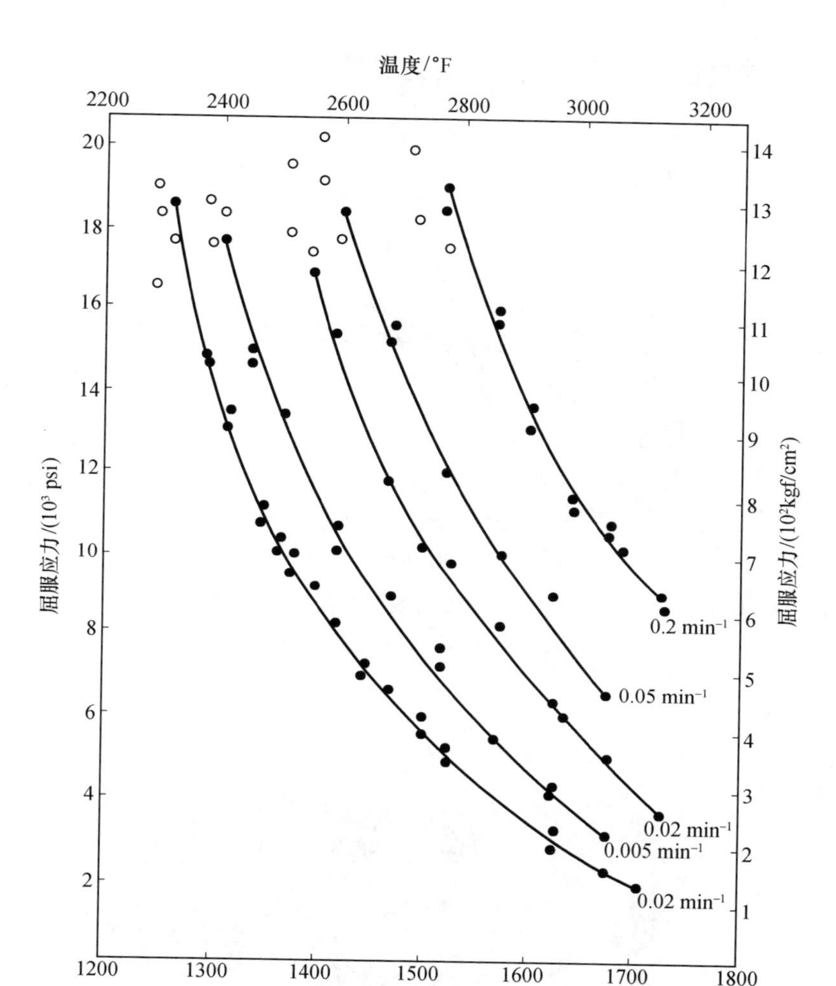

图 14.26 （a）单晶氧化铝的形变性状。图中左边部分是温度的影响，右边部分是应变速率的影响。明晰的屈服应力和大的屈服下降很明显。（b）单晶氧化铝的屈服应力强烈地依赖于温度和应变速率。引自 M. L. Kronberg，*J. Am. Ceram. Soc.*，**45**，274 ~ 279(1962)

如第二章所述，Al_2O_3 为具有密堆氧离子的菱形六方晶系结构，2/3 的八面体间隙由 Al^{3+} 离子填充。图 14.28 表示两层氧离子中间填充有铝离子。图中也表示出使结构复原所需的基础平面上的最小平移距离。这些最小平移就是这种结构中的滑移方向并且和基础平面滑移所需的位错的最小伯格斯矢量对应。这种伯格斯矢量远大于密堆六方金属的基面滑移所需要的值(图 14.28 中的氧 - 氧间距离)。

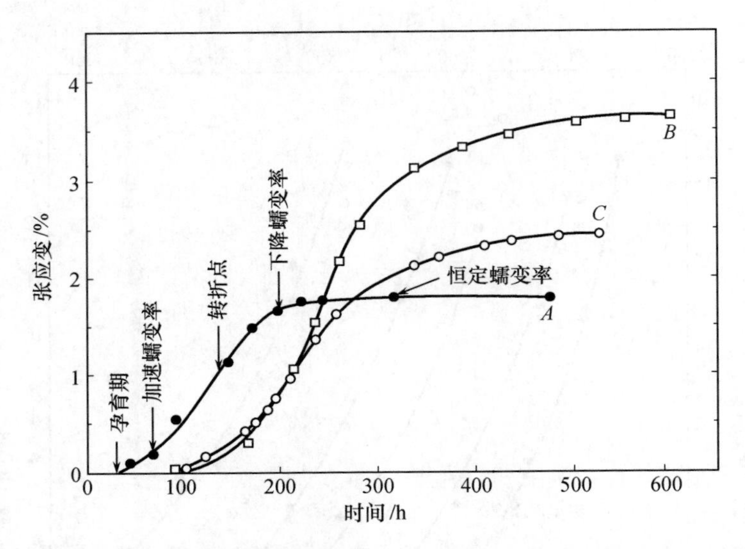

图 14.27　用单晶氧化铝测定的 S 形蠕变曲线。引自 J. B. Wachtman and L. M. Maxwell, *J. Am. Ceram. Soc.*, **40**, 377(1957)

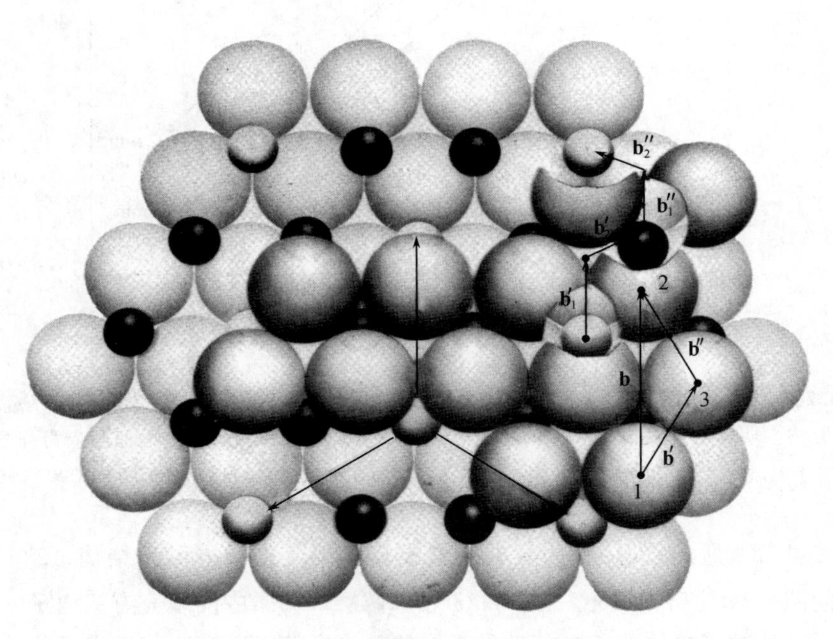

图 14.28　Al_2O_3 结构，示出两层大的氧离子并有六边形排列的 Al^{3+} 和八面体空隙。示出沿基础平面滑移的滑移方向和伯格斯矢量 **b**

大的伯格斯矢量以及相应于使位错穿过晶体而移动的离子运动是直接越过下一层的一个氧离子从位置 1 跳到位置 2 这一事实，就一定需要大的位错运动能量。因而位错滑移看来更像是由具有伯格斯矢量 **b** 和 **b**″的两个不全位错来完成。如第四章所述，位错的能量和 $\mathbf{b}^2$ 成正比，这意味着分成两个不全位错时位错总能量较小，但这两个不全位错之间的区域在结晶学上是不完整的；相反，这是一种堆垛层错，即一些原子层被加在基础平面上时的层次错误。在这种不全位错的特殊例子中，围绕一个不全位错的伯格斯回路可使氧离子满意地配准而不能使铝离子和阳离子空位配准。离子的运动使位错从位置 1 移到位置 3 然后再从位置 3 移到位置 2 可沿结构中的鞍点进行，和直接从位置 1 移到位置 2① 相比，这是一种能量低得多的过程。

也可通过铝离子的移动取路径 $\mathbf{b}_1'$—$\mathbf{b}_2'$—$\mathbf{b}_1''$—$\mathbf{b}_2''$ 穿过结构中的凹槽来进一步降低总的位错线能量和位错穿过晶格运动所需的能量。这相当于将总位错分为不全位错，它们就被 4 个堆垛层错面分开。这样，塑性形变过程就包括穿过结构移动这些结合起来的不全位错，如图 14.29 所示。

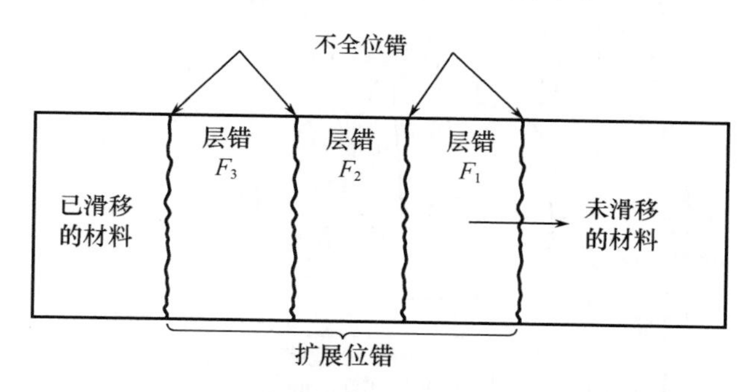

图 14.29　由层错材料带分开的 1/4 不全位错组成的扩展位错示意图

虽然这种复杂的位错结构相当于结晶学上的低能量排列，位错穿过结构所需的能量较小，但在位错核心内 Al^{3+} 的运动和 O^{2-} 的运动必须同步。当高温下迁移率高以及当应变速率低时，这些运动能够同步，且塑性形变所需的应力低。在较高的应变速率和较低的温度（较低的离子迁移率）下，同步就是一种难以达到的过程，因而滑移形变对温度和应变速率都是高度敏感的。观察到的高屈服点可能部分地由位错的自钉作用引起，这种自钉作用来自形成能穿过结构而运动的扩展位错所需的能量；观察到的高屈服点也可能和钉住位错的杂质有关；屈服点还可能和位错的增殖与加速所需的能量有关。为了使试样形变跟得上所加的应变速率，位错的速度和数量的某种必要的结合就必须得到满足。

① 原文为“位置 3”，疑有误。——译者注

和陶瓷材料的大多数力学性能一样，Al_2O_3 的塑性性能对表面处理是敏感的。图 14.30(a)示出火焰抛光和退火对单晶塑性屈服的影响。在 Verneuil 法(焰熔法)生长的晶体中，屈服应力(相同应变速率下)比应变更小的 Czochralski 晶体中的大。

加入不同尺寸的离子或者不同电价的杂质能引起固溶强化。图 14.30(b)指出 Fe、Ni、Cr、Ti 和 Mg 增加压缩屈服强度。由于除 Cr 外 Al_2O_3 中的所有阳离子的溶解度都低，图 14.30 所示的数据可能反映固溶强化与淀析硬化。例如，用 Ti 以固溶体的形式使 Al_2O_3 硬化，其效果大大低于使晶体发生时效的作用，这种时效作用引起针状淀析物沉积下来(精制蓝宝石)。

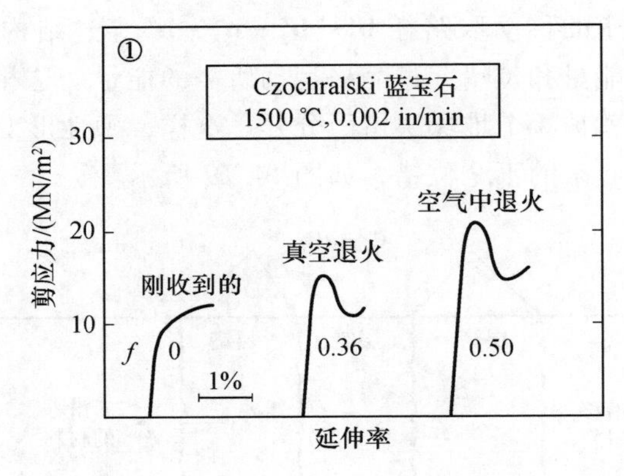

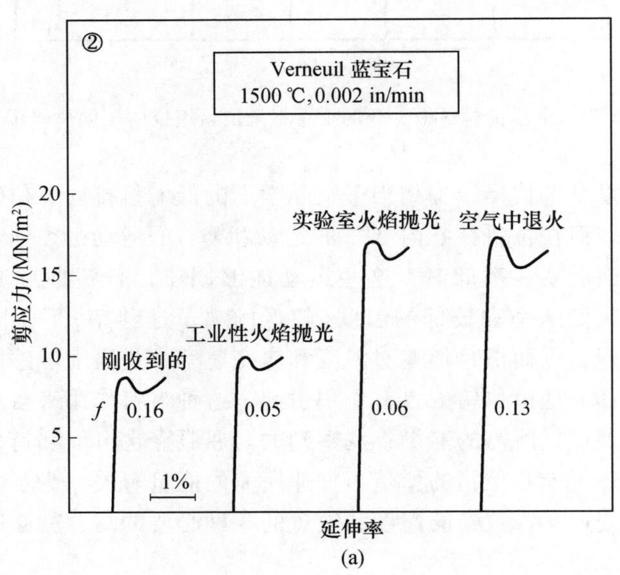

(a)

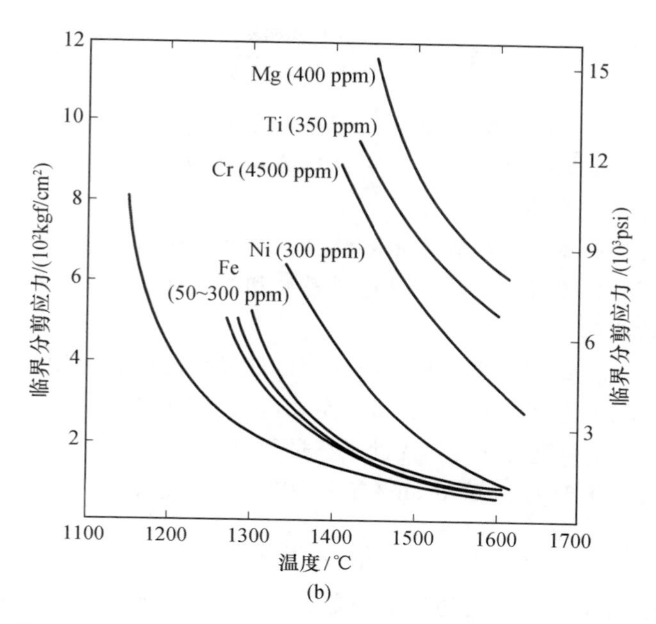

图 14.30 (a) 热处理对① Czochralski 蓝宝石和② Verneuil 蓝宝石晶体起始屈服的影响。f 为屈服下降因子。引自 R. F. Firestone and A. H. Heuer, *J. Am. Ceram. Soc.*, **56**, 136(1973)。(b) 掺杂的 Al_2O_3 单晶提高了强度(试验在空气中进行)。引自 K. C. Radford and P. L. Pratt, *Proc. Brit. Ceram. Soc.*, **15**, 185~202(1970)

14.5 单晶及多晶陶瓷的蠕变

蠕变曲线的一般形状及其随应力和温度的变化已在图 14.3、图 14.4 和图 14.27 中有所描述。随着温度的升高，依赖于时间的形变就愈加重要。耐火材料作为高温结构材料应用时，蠕变及蠕变断裂性能是其实用性的主要力学判据。由于蠕变对陶瓷的高温使用特别是在能量转换系统中的使用更加重要，因此对蠕变的了解也就更为重要。形变特性对制造陶瓷(热压、热加工、烧结等)也是重要的。

在不完整晶体中，塑性形变不是简单地由位错的滑动来进行。相反，为使滑动进行，必须克服位错运动所遇到的多种多样的障碍，这些障碍在上面讨论中已提到并可分为两类：① 具有长程应力场(大于 10 个原子直径)的障碍，如大的淀析物和位错。这些就是通常所说的非热障碍，因为它们大到这种程度，使热起伏不能直接协助应力去克服它们。② 具有短程应力场的障碍，叫做热障碍，因为热能可以协助应力去克服它们。这类障碍的例子是固溶离子和点缺陷。

塑性应变率通常可以拟合成类似式(14.2)的形式，但具有一个热激活项：

$$\dot{\varepsilon} = A\sigma^{n}\exp\left(-\frac{\Delta H}{RT}\right) \tag{14.9}$$

式中：A 为常数；ΔH 表示克服一个障碍的热激活焓。温度对 KCl - KBr、CaF_2、Al_2O_3 及掺杂的 Al_2O_3 等的塑性形变的影响如图 14.19、图 14.24、图 14.26(b)和图 14.30(b)所示。

动力学过程速率控制机理的重要性已在第九章中讨论过。描述广泛的陶瓷材料形变的两种速率控制的形变是位错攀移和扩散蠕变。在某些条件下晶界滑动也可能是重要的。

位错攀移 位错攀移指的是在滑移面以外发生的位错运动，要求位错线以上的一个原子跳入位错这样一种扩散类型。这等价于位错移入相邻的平面，正如体积扩散等价于空位迁移一样。因此攀移过程取决于晶格空位的扩散且形变速率受扩散控制(图 14.31)。Weertman① 导出小应力下稳定态应变速率由下式给出：

$$\dot{\varepsilon} \approx \frac{\pi^2 D\sigma^{4.5}}{\mathbf{b}^{0.5}G^{3.5}N^{0.5}kT} \tag{14.10}$$

式中：D 为限制速率的物质的扩散系数；G 为剪切模量；$\mathbf{b}$ 为伯格斯矢量；N 为位错源密度。这种过程发生的清楚而直观的证据如图 14.32 所示：经受塑性弯曲的氟化锂试样经腐蚀以显示出位错位置，退火后再次腐蚀则发现许多位错从某原始位置被取代而离开了滑移面。此过程的一个结果是第四章已经讨论过的多边形化。位错移出滑移面而沿小角度晶界排列成行的情况如图 4.24 所示。这一过程的强烈的温度依赖关系如图 14.33 所示。多边形化的速率具有一个明显的激活能 140 kcal/mol，这和氧离子体积扩散所见到的类似。

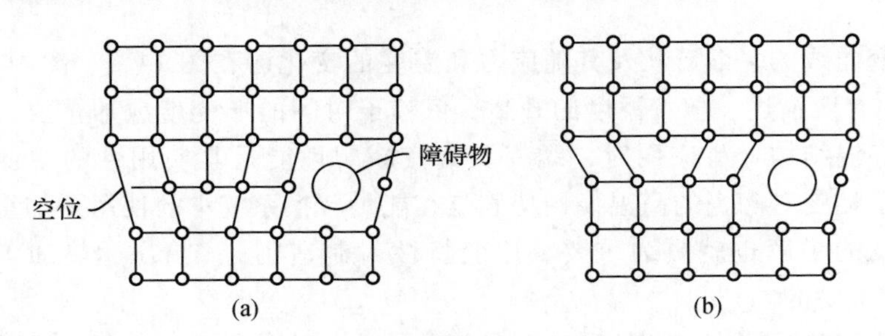

图 14.31 通过吸收空位，位错可攀移到滑移面以外其滑动不受障碍物阻止的地方

多晶陶瓷中，晶界起着阻止位错滑动的作用。有些晶粒对应力轴取向很差，阻止其他晶粒剪切，结果使得多晶体不表现出延性。Von Mises② 和 Taylor③

① *J. Appl. Phys.*, **26**, 1213(1955), and **28**, 362(1957)。

② *Z. Angew. Math. Mech.*, **62**, 307(1938)。

③ *J. Inst. Met.*, **62**, 307(1938)。

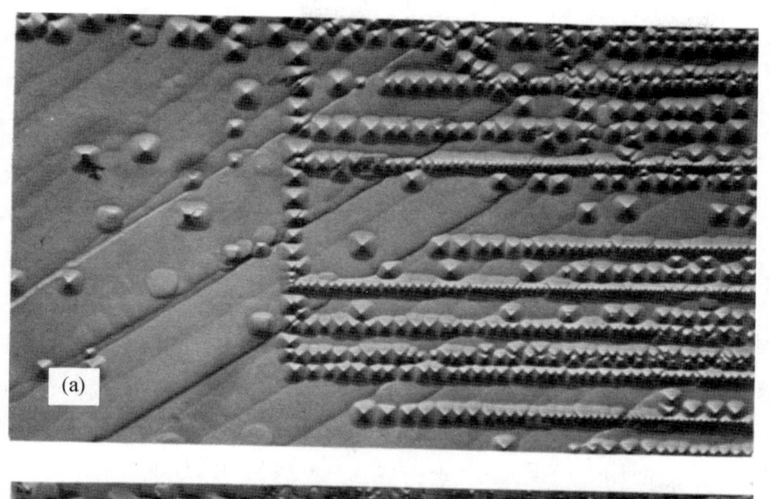

图 14.32　退火对经受塑性弯曲的 LiF 晶体中滑移带的影响(500 ×)：(a) 退火前腐蚀；(b) 400 ℃退火 16 h 后再腐蚀。大的平底坑为原始位置，小的尖底坑是退火后的位置。引自 J. J. Gilman and W. G. Johnston，*J. Appl. Phys.*，**7**，1018 ~ 1022(1956)

确定多晶材料需要 5 个独立的滑移系统才能具有延性。从表 14.1 可以看出为使陶瓷满足此准则，辅助(高温)滑移系统必须起作用。

晶粒尺寸对决定陶瓷的屈服强度和断裂强度是重要的。Petch 方程①表示由位错滑动而变形的材料的屈服强度 σ 和晶粒尺寸 d 之间的关系：

$$\sigma = \sigma_i + B/d^{1/2} \tag{14.11}$$

式中：B 为常数；σ_i 为摩擦应力，是晶格抵抗形变的一个量度。这种强化也可

① N. J. Petch，*Prog. Met. Phys.*，**5**，1 ~ 52(1954)。

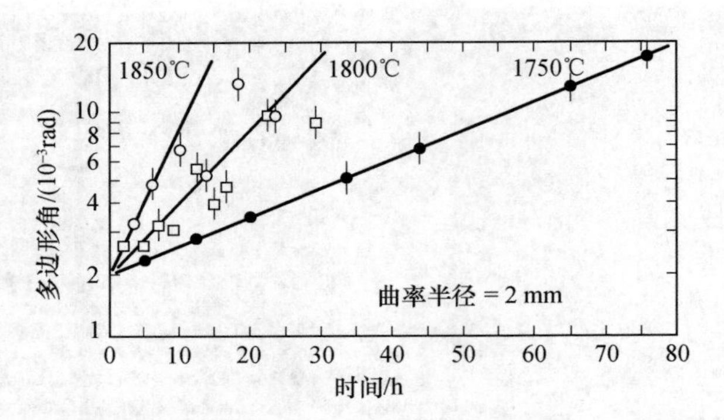

图 14.33　3 种不同温度下塑性形变的 Al_2O_3 的多边形化速率。引自 J. E. May, *Kinetics of High－Temperature Processes*, W. D. Kingery, Ed., Technology Press, Cambridge, Mass., and John Wiley & Sons, Inc., New York, 1959, p. 35

能起因于亚晶粒和小角度晶界。

图 14.34 表示热锻(具有高度织构的多晶)KCl 和掺 Sr 的 KCl 的这种关系。注意，在后一种情况下来自晶界的强化效应和来自溶质的强化效应是可叠加的。

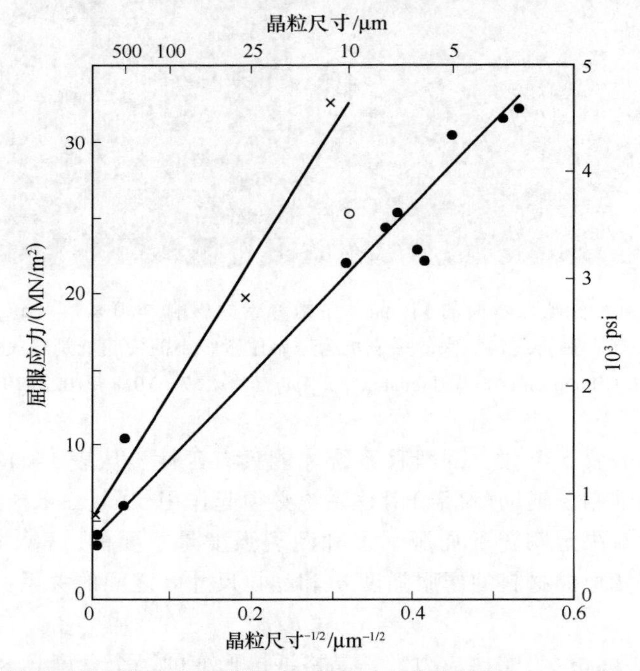

图 14.34　热锻的 KCl 材料中屈服强度对晶粒尺寸的依赖关系。●一纯的，〈100〉方向锻压；◎一纯的，〈111〉方向锻压；×一掺有 0.1 mol% $SrCl_2$，〈100〉方向锻压。引自 Roy Rice

扩散蠕变 扩散蠕变或 Nabarro – Herring 蠕变已在第十章中联系到晶态固体的烧结过程时讨论过。在扩散蠕变过程中，多晶固体晶粒内部的自扩散使固体在作用应力下屈服。形变起因于每个晶粒内部的扩散流动，这种流动是离开有法向压力（高化学势）的晶界而朝向有法向张力的晶界（图 14.35）。例如，晶界上的张应力使空位浓度增加到 $c = c_0\exp(\sigma\Omega/kT)$，其中 Ω 为空位体积，c_0 为平衡浓度；而压应力则使浓度降低到 $c = c_0\exp(-\sigma\Omega/kT)$。结果所得形变总是伴有晶界滑动。在稳定条件下，Nabarro① 和 Herring② 计算得到的蠕变速率为

$$\dot{\varepsilon} = \frac{13.3\Omega D\sigma}{kTd^2} \tag{14.12}$$

式中：D 为晶粒尺寸。

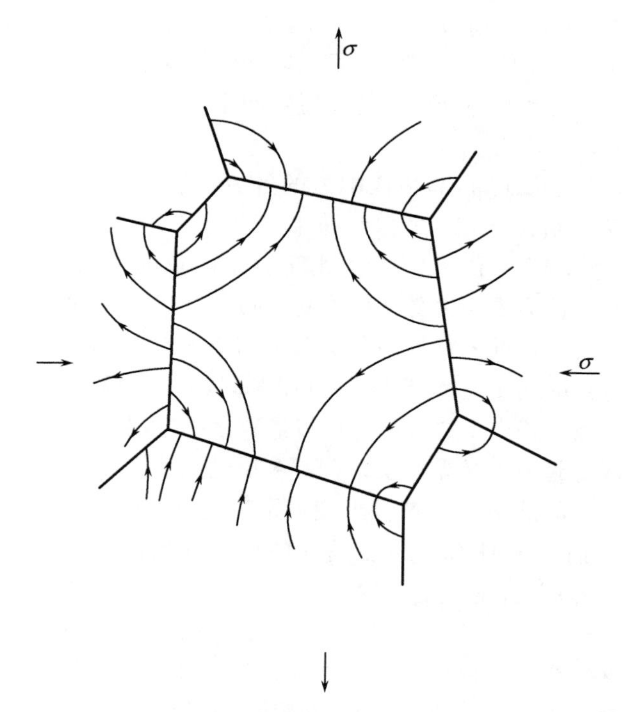

图 14.35　原子迁移到平行于压应力的晶界，导致晶粒伸长，因而引起应变

对于限制速率的扩散沿晶界发生的情况，Coble③ 曾计算出了这种关系：

① *Report of Conference on Strength of Solids*, University of Bristol, Bristol, England, 1947, pp. 75 ~ 90, and *Phys. Soc.*, *London*(1948)。

② *J. Appl. Phys.*, **21**, 437(1950)。

③ *J. Appl. Phys.*, **34**, 1679(1963)。

$$\dot{\varepsilon} = \frac{47\Omega\delta D_b\sigma}{kTd^3} \tag{14.13}$$

式中：δ 为晶界宽度（见 6.6 节）；D_b 为晶界中的扩散系数。

如第六章和第九章所述，由于电荷平衡的要求以及阳、阴离子常以不同的速率扩散，陶瓷扩散过程通常很复杂。在研究蠕变的控制机理时必须考虑双极性扩散效应以及化学计量比和杂质的影响。通常利用测得的应力关系和晶粒尺寸关系即式(14.10)、式(14.12)或式(14.13)来推断作用机理。如果在蠕变形变中发生晶粒长大，也必须考虑这一过程的时间关系。

晶界蠕变 晶界对蠕变速率有两种重要影响。首先，高温下晶界能彼此相对滑动，这使剪应力松弛但却增加晶粒内部滑动受到限制的那些地方（特别是 3 个晶粒相遇的三重点）的应力。其次，晶界本身可能就是位错源或者位错壑，所以在离晶界约为一个障碍物间距的距离内的位错就会湮灭，而不会对应变硬化有贡献；在晶粒尺寸减小到大约与障碍物间距相当的那些地方，稳定态蠕变速率就有显著的增加。

大角度晶界（第五章）是晶格匹配差的区域，作为一级近似，可以认为是晶粒之间的非晶态结构区域。T. S. Ke[①] 曾指出，在剪应力作用下，晶界表现出黏滞性（应变速率正比于应力）。但由于各个晶粒的形状变化，蠕变速率仍然是有限的。如这种形状变化受滑移限制，则只有在晶粒内部应力增加的情况下蠕变速率才会增加。近来对晶界滑动效应的研究[②]表明，如果由于扩散而得到调整，则所得到的蠕变速率与式(14.12)和式(14.13)给出的一样。事实上，如果蠕变是由扩散过程产生的，为了保持晶粒聚在一起，就要求晶界滑动；另一方面，如果蠕变起因于晶界滑动，就要求通过扩散过程来调整。

亚结构形成 借助于高温塑性形变（蠕变）过程中的位错攀移，位错能排列成低能量组态而形成具有小角度晶界的三维晶胞。图 14.36(a) 示出了在 1200 ℃ 变形的 MgO 晶体的应变速率、位错密度和亚晶粒（晶胞）尺寸随应变的变化关系。在大约 40% 应变处，晶界处（亚晶粒的壁）产生的和湮灭的位错之间建立了动力学平衡。这种平衡一旦形成，材料在随后的低温下发生应变时，这些晶界就能起阻止位错运动的作用（参看图 14.34）。

稳定态应变速率（蠕变速率）下实际的亚晶粒尺寸对许多材料来说是和稳定态蠕变应力成反比而变化的。图 14.36(b) 给出了 NaCl 和 KCl 的数据。不同材料的稳定态应力值通常与剪切模量和伯格斯矢量成正比（亚晶粒尺寸 $\propto G\mathbf{b}/\sigma$）。

---

① *Phys. Rev.*, **71**, 533(1947)。

② R. Raj and M. F. Ashby, *Met. Trans.*, **2**, 1113(1971)。

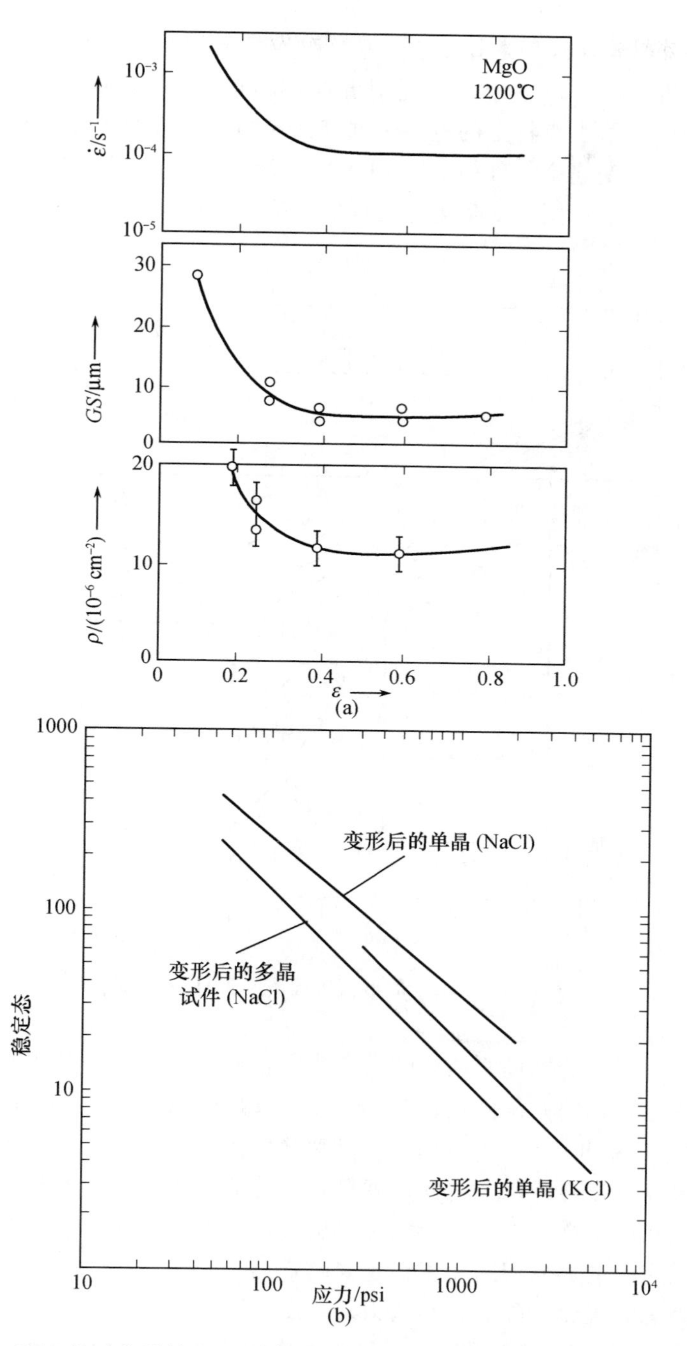

图 14.36 (a) 1200 ℃时变形的 MgO 晶体中蠕变亚结构的形成。应变速率 $\dot{\varepsilon}$、亚晶粒尺寸 *GS* 和位错密度 ρ 随应变的变化关系。引自 B. Illschner, *High Temperature Plasticity*, Springer-Verlag, Berlin, 1973。(b) NaCl 和 KCl 的稳定态亚晶粒直径和应力的关系。引自 M. F. Yan, et al., 推荐读物 2

形变图 M. Ashby① 提出形变机理图作为展示材料形变行为的方法。图解是以对比温度 T/T_m（T_m 为熔点，绝对温度）和归一化应力 σ/G（G 为剪切模量）为轴而绘制的；给出在特定的应力－温度区域内占优势的各种稳定态形变机理的范围。应用应变速率方程［如式(14.9)、式(14.12)和式(14.13)］以给定材料的数据绘制图形。图 14.37 为氧化镁的形变机理图。

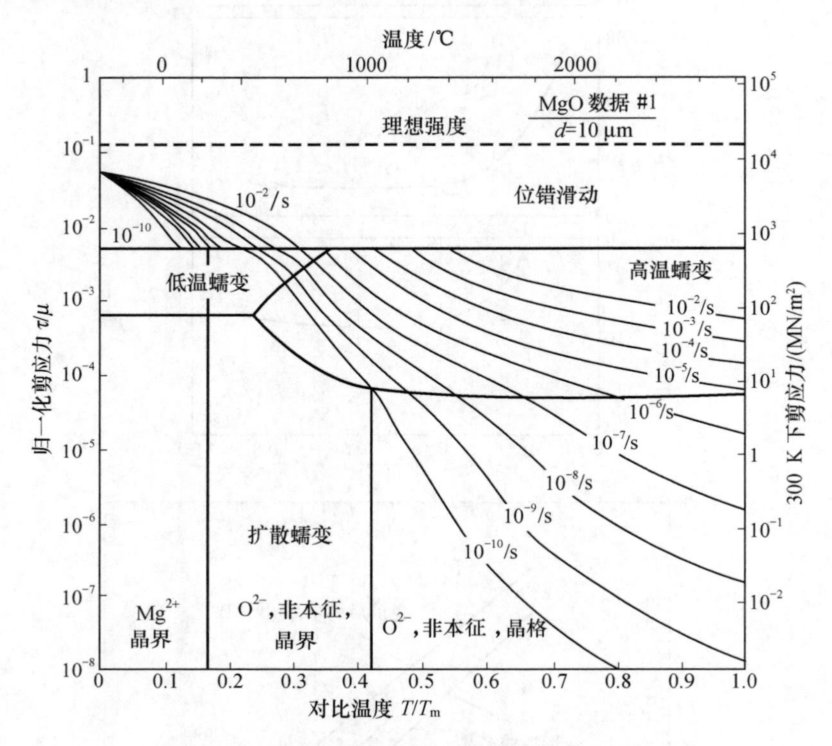

图 14.37 MgO 的形变机理图。引自 M. Ashby

使两种不同形变机理所预计的应变速率相等且计算不同温度下的应力就可算出范围的边界。例如，使式(14.10)和式(14.12)中的应变速率相等就可得出 Weertman 蠕变和 Nabarro－Herring 蠕变之间的应力边界。由于形变对结构性能如晶粒尺寸、障碍间距、位错密度等是敏感的，所以这些图既取决于好的实验数据，也取决于微观结构、杂质和热历史。随着资料的积累，作为预测材料过程实用性指南的形变图的使用会越来越普遍。

多晶陶瓷的蠕变 除温度和应力外，影响陶瓷蠕变行为的最重要的变量就是显微结构（晶粒尺寸和气孔率）、组成、化学计量、晶格完整性和周围环境。

① *Acta Met.*, **20**, 887(1972)。

一般说来，形变随着气孔率的增加有较大的增加。例如，12%气孔率的MgO的形变比2%的快5倍。图14.38示出了Al_2O_3的类似行为。一个建议的蠕变速率和气孔率之间的关系是以气孔率P减小了抵抗蠕变的有效横截面积为基础而导出的：

$$\dot{\varepsilon} \propto (1 - P^{2/3})^{-1} \tag{14.14}$$

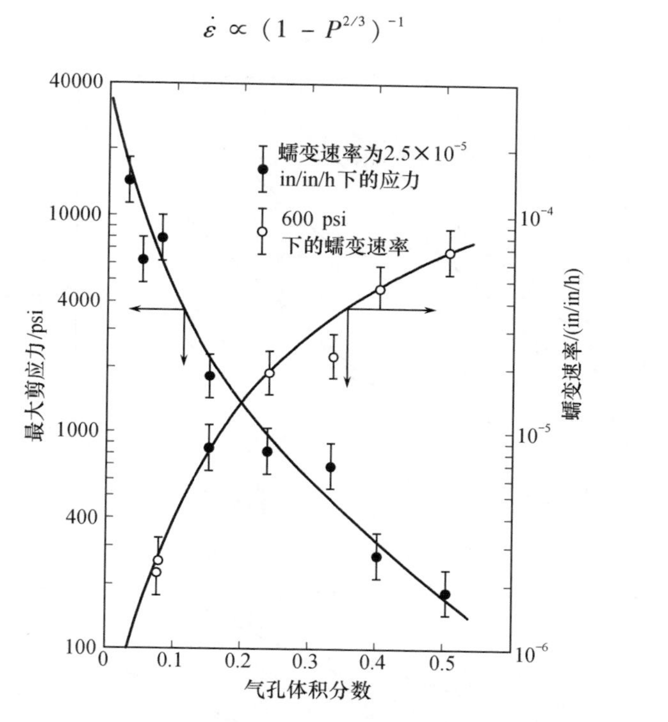

图14.38　气孔率对多晶氧化铝蠕变的影响

对氧化镁双晶的研究揭示出与晶界相交的位错难于穿入相邻晶粒，因此在细晶粒材料中控制速率的机理是不守恒的位错运动。由热压或者烧结制备的试样在晶界处可能有气孔或者第二相，晶界滑动时会引起裂纹并在明显地呈现塑性之前就破坏。由于掺加溶质会提高扩散率并阻止滑动，所以含有Fe^{3+}的MgO的蠕变在低应力(约4000 psi)下完全是扩散蠕变。这就得到Nabarro－Herring理论(图14.39)所预计的应变速率－应力直线以及应变速率－d^{-2}的直线关系。控制速率的扩散物质看来是镁离子，这和预测相反，因为在MgO晶格中氧离子扩散比镁离子慢得多(图6.11)。这暗示出氧沿晶界扩散比镁穿过体积扩散要快。P_{O_2}的影响和阳离子空位浓度降低相一致，这种浓度随氧分压的降低而下降，因此降低了镁的扩散和蠕变速率。在较高应力下，应力指数($\dot{\varepsilon} \propto \sigma^n$)增加，更符合位错攀移机理。

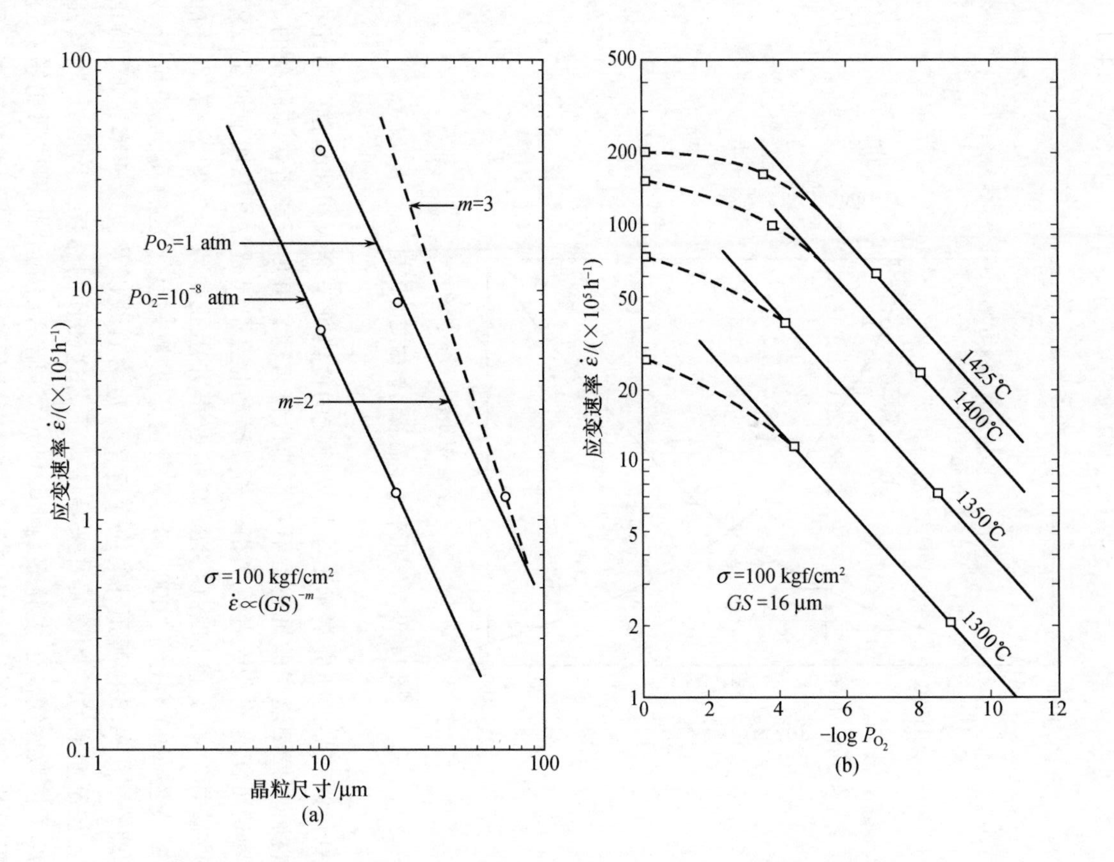

图14.39　(a) MgO–1.0 mol%Fe_2O_3蠕变速率和晶粒尺寸的关系；(b) MgO–10mol%Fe_2O_3蠕变速率和log P_{O_2}的关系。R.S. Gordon提供

只有当非基面滑移系统受激活时 Al_2O_3 才能满足 von Mises 判据，因此温度低于 2000 ℃、应力小于 20000 psi($\sigma/G<10^{-3}$)时必定是守恒的位错运动以外的其他机理影响并控制着蠕变行为。图 14.40(a)给出了在基面、棱柱和角锥系统上激活滑移所需的张应力。通常，多晶氧化铝在形成晶界裂缝和试样破坏之前，这些应力达不到滑移所需的应力。利用式(14.12)和式(14.13)从 Al_2O_3 的应变速率数据计算得到的限制速率的扩散系数如图 14.40(b)所示。对晶粒尺寸为 5 ~ 70 μm 的材料在 1400 ~ 2000 ℃范围内进行的试验指出，铝离子穿过晶格的扩散是控制速率的扩散(Nabarro - Herring 蠕变)。(至于 MgO，则要求氧沿晶界更快地迁移)

较低温度(<1400 ℃)下和较细晶粒尺寸(1 ~ 10 μm)时，图 14.40(c)所示的数据说明铝离子沿晶界扩散限制着速率(Coble 蠕变)。测得的很多蠕变速率数据对晶粒尺寸是敏感的，这一事实也说明是扩散蠕变。但是，大晶粒材料(<60 μm)看来像是由于位错机理所起的重大作用而变形。

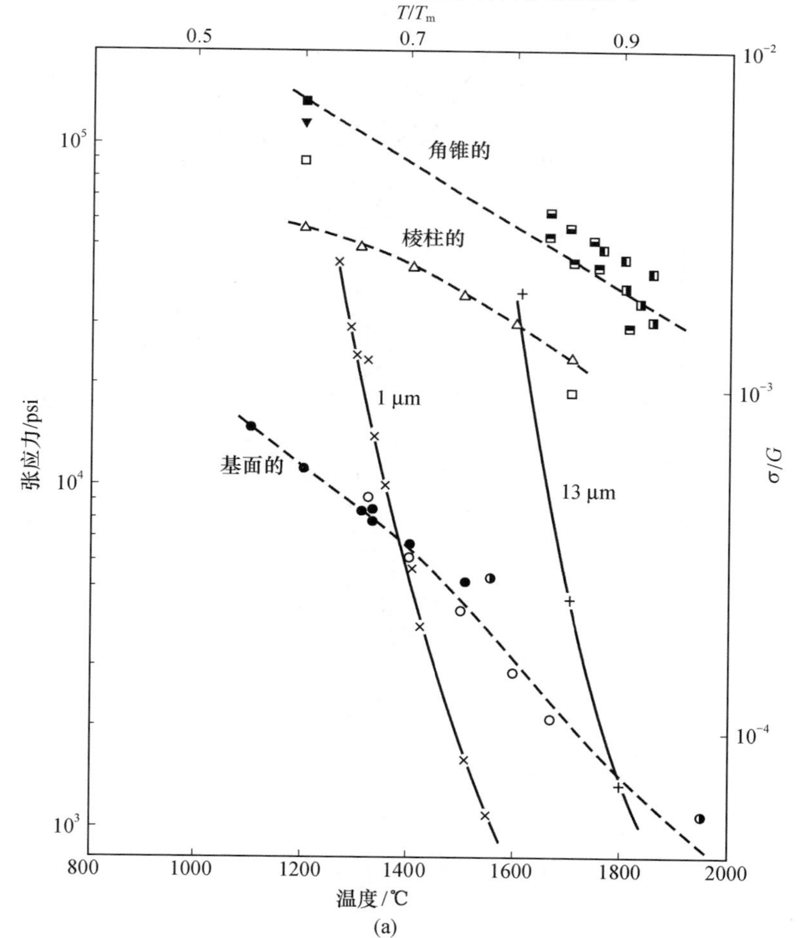

(a)

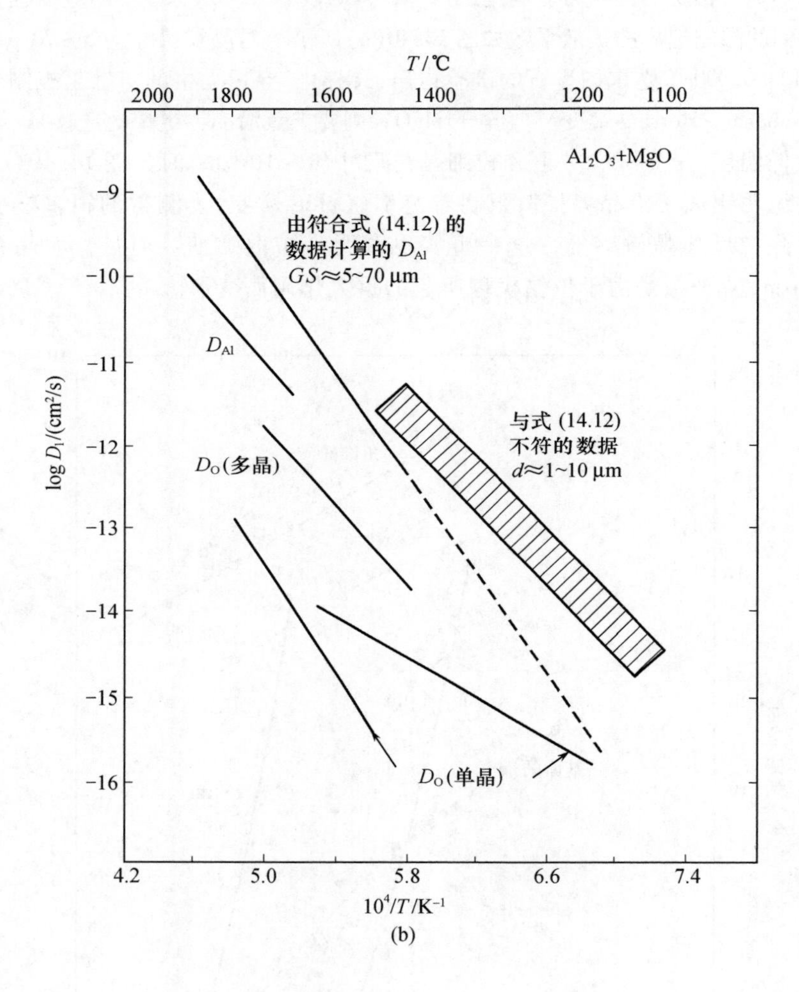

T/℃
2000
1800
1600
1400
1200
1100
Al2O3+MgO
由符合式 (14.12) 的
数据计算的 DAl
GS≈5~70 μm
DAl
与式 (14.12)
不符的数据
d≈1~10 μm
DO(多晶)
DO(单晶)
log Dl/(cm2/s)
−9
−10
−11
−12
−13
−14
−15
−16
4.2
5.0
5.8
6.6
7.4
10^4/T/K−1

(b)

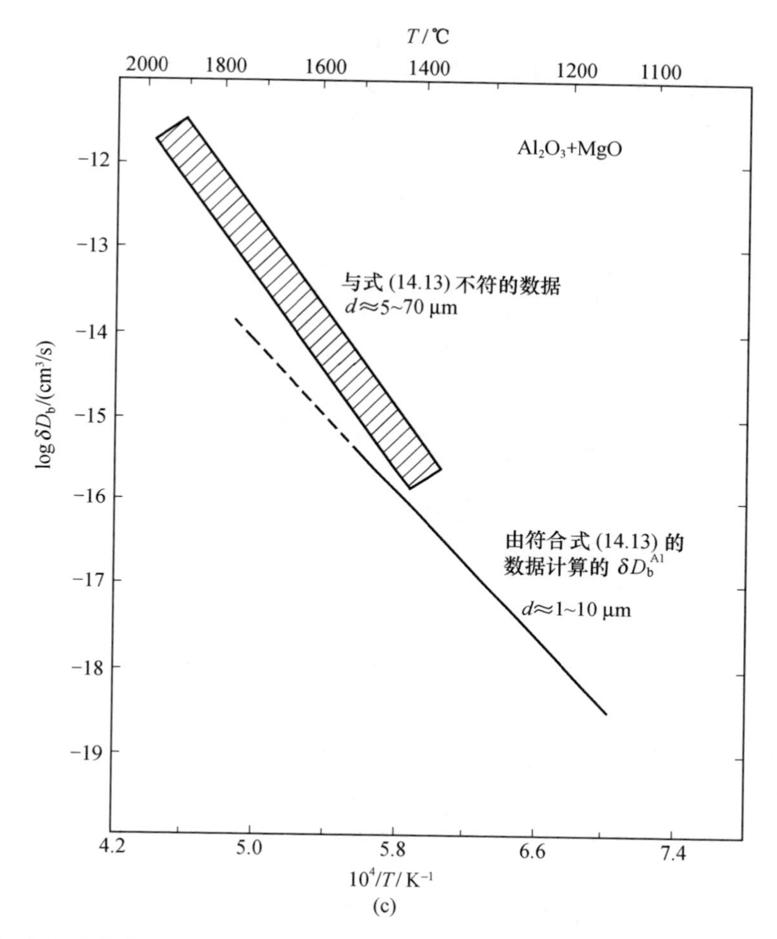

图 14.40 (a) 在单晶 Al_2O_3 中激活不同的滑移系统的张应力及说明是扩散蠕变而不是塑性流动的细晶氧化铝的流动应力；(b) 对 MgO 饱和的 Al_2O_3 算得的扩散系数，说明在 $T>1400$ ℃时 Al 离子晶格扩散控制着蠕变，也示出铝和氧的示踪扩散系数；(c) MgO 饱和的 Al_2O_3 中，$T<1500$ ℃时算得的晶界扩散(Al)控制着蠕变。引自 R. M. Cannon and R. L. Coble，推荐读物 2

对多晶 UO_2 所进行的大多数工作发现了稳定态蠕变的两个应力区域(图 14.41)。低应力下，应变速率正比于应力；高应力下，应力指数在 4 ~ 5 之间。

非化学计量的影响在 Nabarro – Herring 机理和位错攀移机理中都是重要的，因为它和扩散速率有关。理论上扩散较慢的铀离子通过铀空位的扩散速率应和非化学计量的配方成比例(在 UO_{2+x} 中 $D_U \propto x^2$)。在单晶中观察到这种性状，

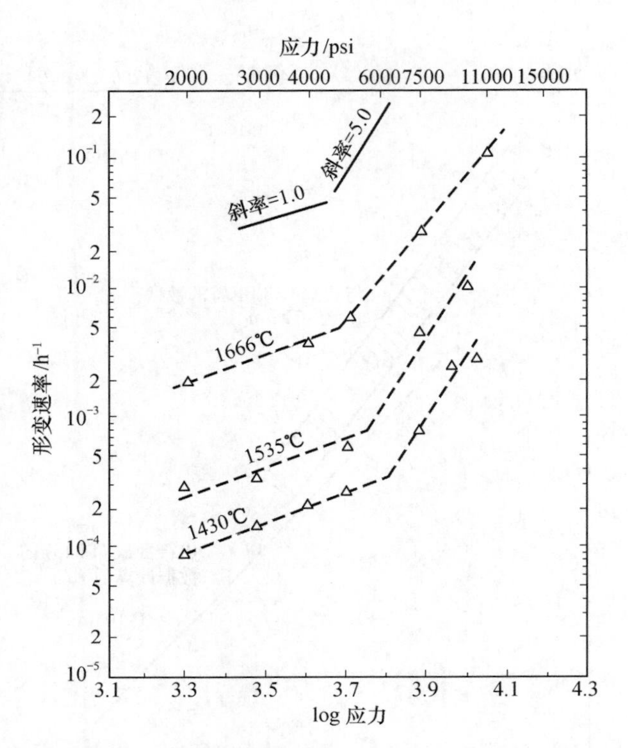

图 14.41 UO_2 的稳定态蠕变性状可分为两个具有不同应力指数的区域。两个区域之间的过渡随温度升高而下降。引自 L. E. Poteat and C. S. Yust, in *Ceramic Microstructures*, R. M. Fulrath and J. A. Pask, Eds., John Wiley & Sons, Inc., NewYork, 1968

但在多晶材料中却看到线性关系。随着化学计量比的增加，位错蠕变的滑移系统发生变化。对 UO_2 蠕变最重要的影响之一是裂变。在 1200 ℃以上裂变相对不重要，但在 200 ~ 1200 ℃，辐照下的蠕变速率总是比正常条件下的大。

14.6 耐火材料的蠕变

有许多因素对经典陶瓷的形变起作用并使得这些陶瓷的性状很难分析。许多相(特别是玻璃相和未完成反应的相)的存在使理论研究遇到困难。但从实践的观点出发，足以测定某些变量的一般影响从而对应力 - 响应性状作出一些改进。

大多数耐火材料中存在的玻璃相在决定形变性状中起着极为重要的作用(参看 14.7 节)。其影响决定于其润湿晶相的程度。如果玻璃不润湿晶相，则晶粒发生高度自结合作用；而玻璃穿入晶界越深，自结合的程度就越小。当玻璃完全穿入晶界，就没有自结合作用，这时玻璃完全润湿晶相，形成最弱的结构。对于高强耐火材料，需要完全消除玻璃相，但由于这通常行不通，因此第二种办法就是降低润湿特性。可能的办法是在只有很少润湿发生的温度下进行烧结或改进玻璃相组成使其不润湿晶相。这是不易做到的，因为正是这些晶界相使陶瓷能在较低温度烧结到高密度。强化耐火材料的另一方法是通过控制温度和改变组成来改变玻璃相的黏度。镁氧耐火材料(由于来自 $MgCO_3$，所以常常叫做菱镁矿)加入 Cr_2O_3 后更能抵抗形变，这是由于降低了硅酸盐相对晶粒的润湿，增加了晶态组合。Fe_2O_3 外加剂则提高了润湿性，因而降低了强度。

不同相之间的反应程度对形变性状也是重要的。不同的烧成温度导致不同相的形成。在许多情况下，使用温度超过制造温度，从而引起一些能显著影响形变性状的变化。例如，高温(约 1200 ℃)下保温的铝硅酸盐形成细长的莫来石($3Al_2O_3 \cdot 2SiO_2$)晶体，它形成高强的互锁网络。少量氧化钠(约 0.5%)的存在会增加莫来石形成的速率，导致较高的蠕变强度。由于陶瓷中的不完全反应，因此组成不是完全可靠的强度指示。高铝耐火材料(约 60% Al_2O_3)的强度通常随氧化铝含量的增加而增加，但试验过程中的反应可能改变这种性状，这已由氧化铝-氧化硅耐火材料的蠕变速率得到证明：在 1300 ℃，蠕变速率随 Al_2O_3 含量的提高而下降；在较高温度下，消耗 SiO_2 和 Al_2O_3 而形成的莫来石使抵抗形变的性能发生变化。另一方面，镁砖随着烧成温度的升高而表现出较高的强度，这是因为玻璃质结合的数量减少了。

玻璃相大量存在，将在很大程度上控制着形变性状。晶态材料的存在降低了形变速率，但对温度和应力的依赖关系类似于黏性介质：形变速率线性地随应力而变化并具有一个类似于玻璃黏度的激活能。较高的纯度有时导致较好的表现。耐火黏土砖的蠕变抵抗性比莫来石和氧化铝差。随着纯度的增加，除玻璃相剪切以外的机理将对蠕变起作用。对高铝耐火材料提出了晶界滑动机理，而对高镁(约 95% MgO)耐火材料则提出了位错塑性流动机理。

随着晶体结构共价性的增加，扩散和位错迁移率下降。因此对于碳化物和氟化物，纯的材料抗蠕变性能很强；但是，为了提高烧结性能而引入的晶界第二相也增加蠕变速率或降低屈服强度。图 14.42 表示温度对几种碳化物的屈服强度的影响。也应该注意非化学计量的影响。图 14.43 示出 SiAlON(一种 $Si_3N_4-Al_2O_3$ 合金)和 Si_3N_4 的蠕变数据。由于这些数据是工艺参数(即晶界相)的强函数，就碳化物和氮化物测得的这些速率来说，当掌握了新的工艺技术时，大批生产的材料的数据将会降低。

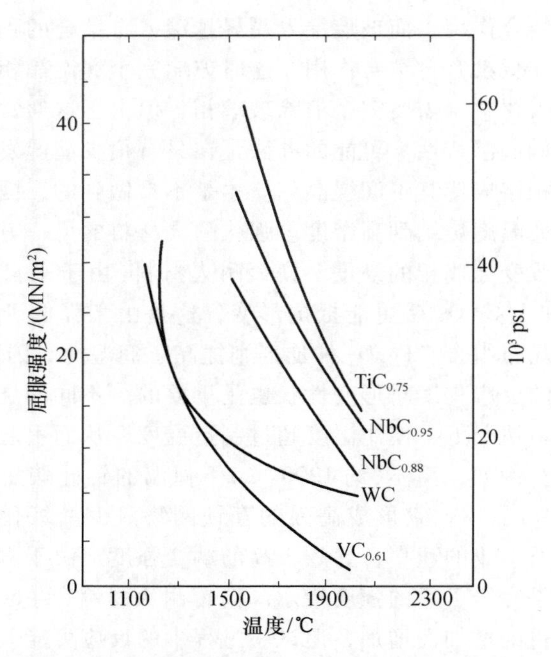

图 14.42　一些过渡金属碳化物的屈服强度对温度的依赖关系。塑性形变要求高温，化学配比对强度的影响很大。引自 G. E. Hollox，*NBS Special Publications* 303，1969，pp. 201～215

SiC 在很高温度下（1900～2200 ℃）的扩散蠕变已由 P. L. Farnsworth 和 R. L. Coble① 证明。但是，对许多一氧化物陶瓷和多相耐火材料的细致研究尚未完成。试样之间存在着很大差异而且确定其微观结构有很大困难。

表 14.3 比较了同一温度和同一应力下许多晶态和非晶态材料的蠕变速率。可以看出，这些材料可粗略地分为两组：非晶态玻璃比晶态氧化物材料更易变形。如果考虑图 14.38 中所示的由气孔率引起的差别及由晶粒尺寸不同引起的差别，可以得出一个结论：已经报道的不同材料之间的大部分差异可能和组成或晶体结构的变化无关，而是由显微组织的变化引起的。图 14.44 说明了这一结论，该图给出了许多多晶氧化物的高温、低应力蠕变速率。不同材料之间的差异都可包括在某一数值范围内；各多晶氧化物之间的差异与其显微组织的差异密切相关。

① *J. Am Ceram. Soc.*，**49**，264(1966)。

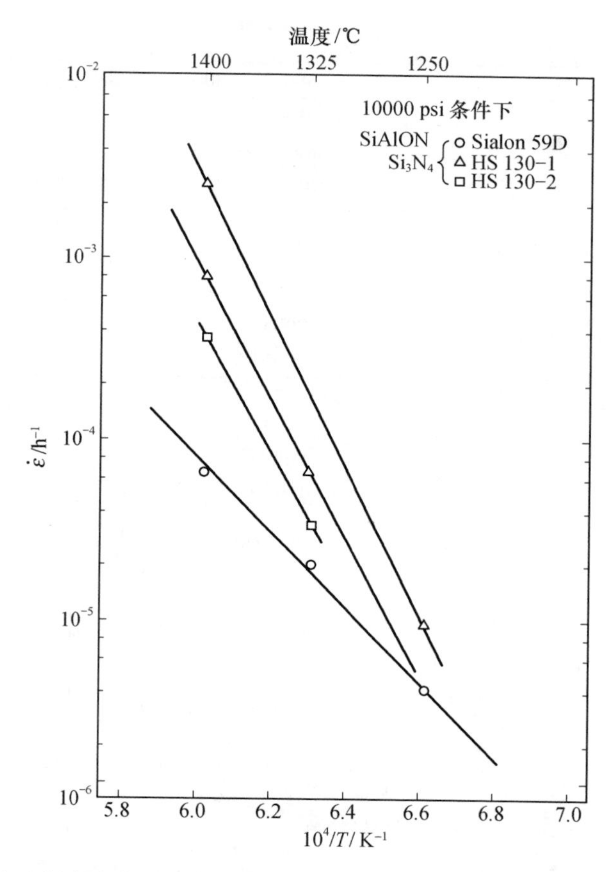

图 14.43　稳定态蠕变速率和绝对温度倒数的关系。对 SiAlON 59D 和 Si_3N_4HS130－1，试验在空气中进行；对 HS130－2，在氩气中试验。数据校正到 10 000 psi。引自 M. S. Seltzer，A. H. Clauer，and B. A. Wilcox，Battelle，Columbus，Ohio，1974

表 14.3　一些材料的扭转蠕变

材　　料	1300 ℃，800 psi 下蠕变速率/(in/in/h)
多晶 Al_2O_3	0.13×10^{-5}
多晶 BeO	(30×10^{-5}) 1)
多晶 MgO(注浆成形)	33×10^{-5}
多晶 MgO(等静压成形)	3.3×10^{-5}
多晶 $MgAl_2O_4$(2～5 μm)	26.3×10^{-5}
多晶 $MgAl_2O_4$(1～3 mm)	0.1×10^{-5}
多晶 ThO_2	(100×10^{-5}) 1)
多晶 ZrO_2(稳定化)	3×10^{-5}
石英玻璃	20000×10^{-5}

续表

材　　料	1300 ℃，800 psi 下蠕变速率/(in/in/h)
软 玻 璃	$1.9\times10^{9}\times10^{-5}$
隔热耐火砖	100000×10^{-5}
	1300 ℃，10 psi 下的蠕变速率/(in/in/h)
石英玻璃	0.001
软玻璃	8
隔热耐火砖	0.005
铬 镁 砖	0.0005
镁　　砖	0.00002

1）外推法得到。

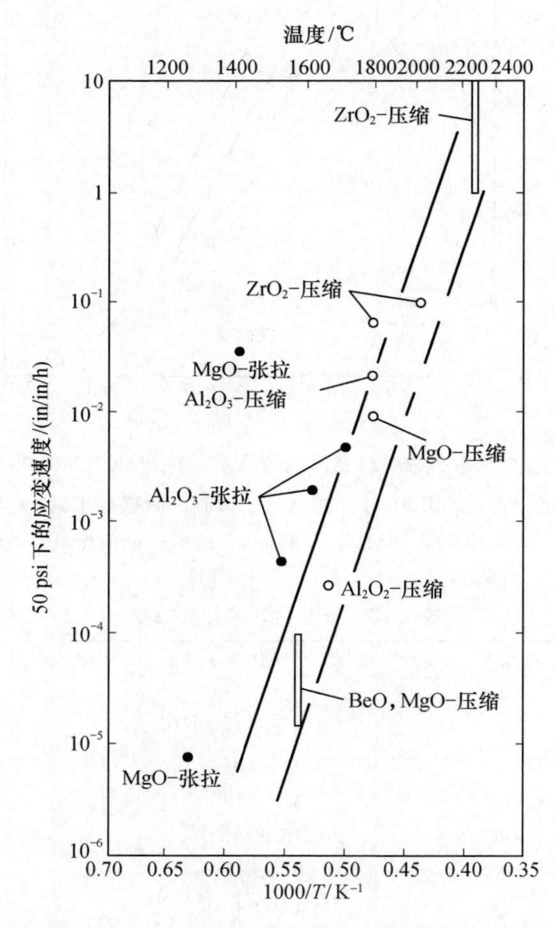

图 14.44　作用应力 50 psi 下一些多晶氧化物的蠕变速率

14.7 液体及玻璃中的黏滞流动

晶体中的塑性流动强烈地取决于其结晶学特征。与此形成鲜明对比的是，液体和玻璃的黏滞形变完全是各向同性的，只取决于作用应力，但这并不是说和液体或非晶态玻璃的原子结构和组成无关。

气体中黏滞阻力起因于气体分子及其动量从一个层流层转移到另一个层流层。因此，不同气体之间的黏度差别是很小的。气体的黏度随温度升高而增加，且密度的等温变化对黏度的影响微不足道。液体则恰好相反，不同液体具有广泛不同的黏度且黏度随温度升高而降低，密度变化的影响可能相当大。

大多数条件下，氧化物液体的流动可描述为牛顿型，即：应变速率是作用应力的线性函数。式(14.4)说明了这种类型的关系。从现象学上说，应力与应变速率之间的这种关系导致了一种抵抗颈缩的稳定性，这在许多成形操作中是重要的。为了说明这一点，可考虑在法向荷载 F 作用下试样的一个体积单元，其长度为 L，横截面面积为 A。从质量守恒得

$$\dot{\varepsilon} = \frac{\dot{L}}{L} = -\frac{\dot{A}}{A} \tag{14.15}$$

式中字母上的黑点表示这些量对时间的导数。因为对正应力 σ，

$$\sigma = 3\mu\dot{\varepsilon} \tag{14.16}$$

所以

$$\dot{A} = -A\dot{\varepsilon} = -\frac{\sigma A}{3\eta} = -\frac{F}{3\eta} \tag{14.17}$$

因此所有横截面面积都以同一速率减小，与面积无关而只取决于荷载与黏度。

在足够高的应力水平下，可预期黏度将随应力增加而降低。这种和应力有关的黏度，聚合物科学工作者是熟悉的，但对氧化物液体却不常见，这大概是由于非牛顿型性状的临界应力较高。对均匀的 Rb_2O-SiO_2 玻璃在低应力、黏度为 $10^{13.5}\sim10^{17.1}$ P之间的温度范围内进行试验，发现非牛顿型流动的临界应力水平约为 $10^{9.1}$ dyn/cm^{2}①。在较高应力下，黏度显著地随应力增加而降低。由于相分离过程而形成两相液体结构，明显地提高非牛顿型流动的临界应力并导致黏度在给定温度下长期增加。

当对液体施加高应力时，在任何给定温度下都发现黏度提高。在氧化物中，对 B_2O_3 的这种效应进行了最广泛的研究②。对这种材料施加 1000 atm 这

---

① J. H. Li and D. R. Uhlmann, *J. Non－Cryst. Solids*, **3**, 127(1970)。

② L. L. Sperry and J. D. Mackenzie, *Phys. Chem. Glasses*, **9**, 97(1968)。

样小的压力就可使其黏度增加 4 倍。在较低温度下，压力对黏度的影响更大。

流动模型 已经提出了许多模型来描述液体的流动性状。

（1）绝对速率理论。这一模型把黏滞流动看成是受高能量过渡状态控制的一种速率过程。越过势垒的传输受作用应力的影响而偏移。对这一模型的标准处理①得到黏度表达式如下：

$$\eta = \frac{\tau \exp(\Delta E/kT)}{2\nu_0 \sinh(\tau V_0/2kT)} \tag{14.18}$$

式中：τ 为剪应力；ΔE 为没有应力时的势垒高度；ν_0 为每秒钟越过势垒的次数；V_0 为流动体积。对于小应力（$\tau V_0 \ll 2kT$），此模型给出的黏度与应力无关；在大应力下，黏度应随温度提高而剧烈降低。对于和大多数实验相符的小应力情况，式(14.18)成为

$$\eta \approx \frac{kT}{\nu_0 V_0}\exp\left(\frac{\Delta E}{kT}\right) = \eta_0 \exp\left(\frac{\Delta E}{kT}\right) \tag{14.19}$$

此式与类似的扩散函数（参看第六章）和由绝对速率理论处理的其他过程的密切关系是明显的。

（2）自由体积理论。根据此模型，流动中的临界步骤是开启具有某种临界体积的空隙以容许分子运动。此空隙被认为是由系统中自由体积 V_f 的再分布形成的。自由体积定义为

$$V_f = V - V_0 \tag{14.20}$$

式中：V 为给定温度下分子的体积；V_0 为分子有效的硬核体积。在观察到的大多数条件下，平均自由体积为硬核体积的一小部分。

最为人们熟悉的自由体积分布分析②得出黏度的表达式为

$$\eta = B\exp\left(\frac{KV_0}{V_f}\right) \tag{14.21}$$

式中：B 为一常数；K 为约等于 1 的常数。黏度对温度的依赖性在这里由自由体积对温度的依赖性来表示。假定在玻璃转变点 T_g 附近 V_f 将为某一微小数值，就得到我们熟悉的 Williams－Landel－Ferry（WLF）关系。用于黏度时，此关系为

$$\eta = B\exp\left[\frac{b}{f_g + \Delta\alpha(T - T_g)}\right] \tag{14.22}$$

式中：f_g 为玻璃转变时的自由体积分数，对许多材料约取为 0.025；b 约为 1；$\Delta\alpha$ 为流体与玻璃之间的热膨胀系数之差（对许多有机材料约为 5×10^{-4}/K，但对氧化物通常较小）。

---

① S. K. Glasstone，K. J. Laidler，and H. Eyring，*The Theory of Rate Processes*，McGraw-Hill Book Company，New York，1941。

② D. Turnbull and M. H. Cohen，*J. Chem. Phys.*，**34**，120(1961)。

（3）过剩熵理论。根据这一模型，液体的位形熵随着温度下降而降低，增加了形变的困难。考虑系统最小区域的大小，此区域能变成一种新的组态而同时外部不发生组态变化，将此和位形熵联系起来，可得到黏度表达式①

$$\eta = C\exp\left(-\frac{D}{TS_c}\right) \tag{14.23}$$

式中：C 为常数；S_c 为试样的位形熵；D 与分子重新排列的势垒成比例，应接近于常数。在接近 T_g 的温度范围内，此式实际上和 WLF 关系没有区别。

自由体积和过剩熵模型的预测可用 Vogel - Fulcher 经验关系来表示：

$$\eta = E\exp\left(\frac{F}{T - T_0}\right) \tag{14.24}$$

式中，E 和 F 为常数。根据相应常数的大小，此式可和 WLF 关系等价。

温度关系 不同种类材料的黏度对温度的依赖关系差别很大。图 14.45 说明典型的钠 - 钙 - 硅酸盐玻璃的显著的温度依赖关系。这种随温度而发生的显著变化是玻璃成形技术如拉制、吹制、滚压的基础之一。在熔化范围，黏度为 50 ~ 500 P；在工作范围黏度较高，为 10^4 ~ 10^8 P；在退火范围，黏度更高，为 $10^{12.5}$ ~ $10^{13.5}$ P。由于黏度是决定玻璃成形和消除内应力的温度水平的首要性能，因此是玻璃制造和加工的主要因素。这些实际操作温度是在黏度基础上设计出并由测定黏度来确定的。最广泛使用的两个确定的温度之一是退火点，内应力在此温度下在 15 min 内消除，此温度相当于黏度为 $10^{13.4}$ P；另一个是

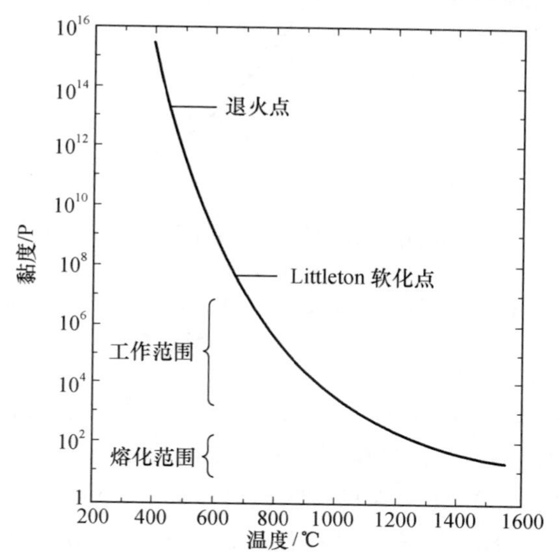

图 14.45 典型的钠 - 钙 - 硅酸盐玻璃的黏度随温度的变化关系曲线

① G. Adam and J. H. Gibbs, *J. Chem. Phys.*, **43**, 139(1965)。

Littleton 软化点，这是由规定的测试方法决定的温度，相当于 $10^{7.6}$ P 的黏度。

根据式(14.19)，对数黏度与 $1/T$ 的关系图应给出一条直线，其斜率决定激活能。图 14.46 给出了一种形成氧化物玻璃材料的强烈的温度依赖关系。流动的表观激活能在低温时比高温时要高。除去整个范围内都表现出阿伦尼乌斯(Arrhenius)性状的 SiO_2 和 GeO_2 外，大多数氧化物玻璃形成体的表观激活能在低温时为高温时的 2 倍或 3 倍。相反，大多数有机玻璃形成体的 $\Delta E_{低温}$ 超过 $\Delta E_{高温}$ 一个数量级或者更多。这种表观激活能随温度的变化以及由低温数据得到的 ΔE 值，合起来看说明不能把流动看成像绝对速率理论所假定的那种简单的激活过程，而是包含多于一个原子或分子的协同运动。

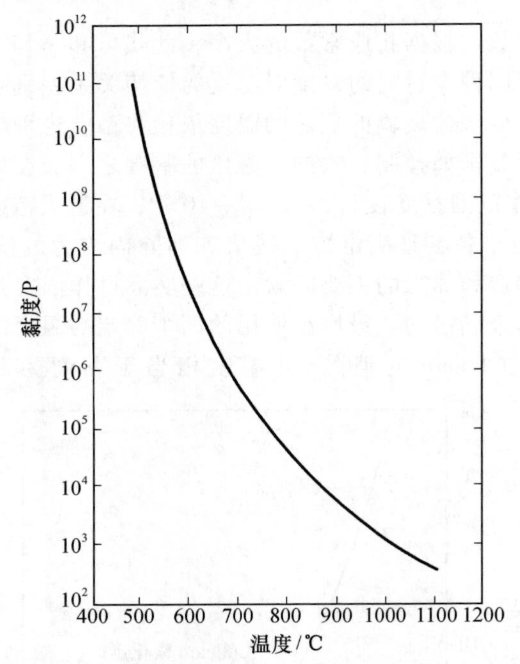

图 14.46　二硅酸钠的黏度 - 温度关系。引自 G. S. Meiling and D. R. Uhlmann, *Phys. Chem. Glasses*, **8**, 62(1967)

不同液体的黏度 - 温度曲线的详细形式中存在显著差别。某些材料如 SiO_2 和 GeO_2 在现有数据的整个温度范围内表现出阿伦尼乌斯或近于阿伦尼乌斯温度关系。某些材料(如 B_2O_3、水杨酸苯酸可能还有碱性硅酸盐)当接近玻璃转变点时，在低温下表现出阿伦尼乌斯性状，在中温区 $\log\eta$ 和 $1/T$ 的关系中发现有明显的弯曲现象；而在与流体对应的高温区域则曲率很小，在某些情况下可忽略。其他材料如钙长石($CaO \cdot Al_2O_3 \cdot 2SiO_2$)和 O - 联三苯在整个黏度范围内都观察到 $\log\eta$ 和 $1/T$ 曲线中的弯曲现象，在高温和低温时曲率小而中间温度曲率大。对另外一些材料如甘油，在整个温度范围内观察到更平缓的曲率。图 14.47 通过许多有机液体的数据说明了流动性状的这些差别。

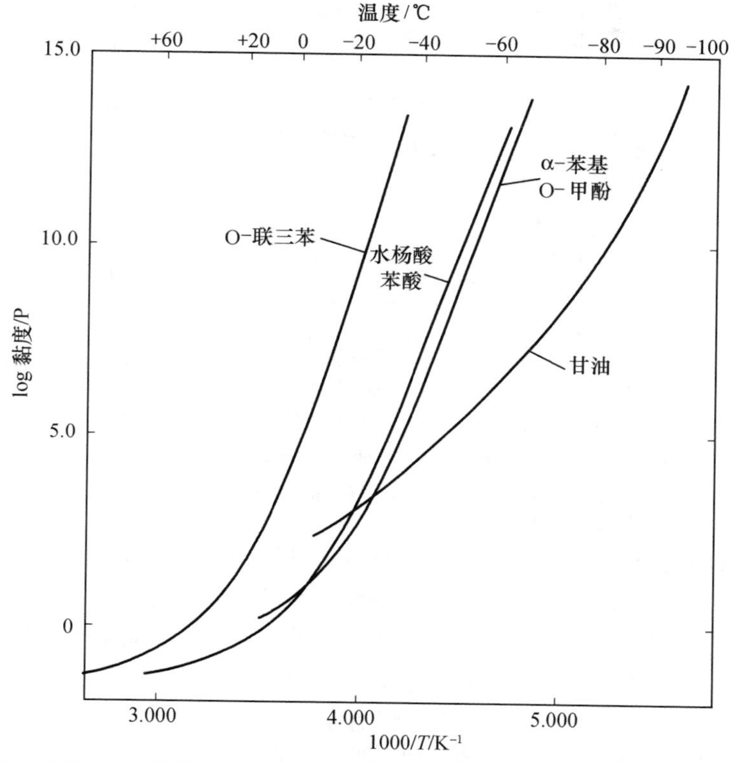

图 14.47　甘油、α－苯基、O－甲酚、水杨酸苯酸和 O－联三苯的黏度－温度关系。引自 W. T. Laughlin and D. R. Uhlmann，*J. Phys. Chem.*，**76**，2317(1972)

黏度与温度关系形式的这种复杂性超出了任何标准理论模型的描述范围，每种模型都是以比较简单的流动过程的图景为基础的。但是看来自由体积模型在流动范围内[$\eta < (10^{3.5} \sim 10^{4})$P]能提供流动性状的有用描述，建议将此模型用于上述范围但不要用于玻璃转变点附近，在转变点附近观察到显著的差异。

时间关系　在玻璃转变区域内，发现形成玻璃的液体的黏度与时间有关。这可由图 14.48 所示的数据说明：对于从高温冷却到退火温度的试样，其黏度随时间而增加；对于原先保持在退火温度的试样，其黏度随时间而下降。在这两种情况中，黏度都趋于一个平衡值，此值是退火温度的特征黏度值。

图 14.48 所示的差异可定性地与伴生的体积随时间的变化相联系。对于从高温冷却到保持温度的试样，体积随时间减小而趋于一个平衡值。这种体积减小(因而自由体积减小)是和黏度增加同时发生的。在细节上，图中数据的形式不是所预期的。上面的曲线是具有较高起始黏度的试样，它比下面的曲线所

代表的试样具有较小起始黏度，因而更快弛豫到平衡黏度。和此性状相比，弛豫过程的特征时间预期将随黏度的增加而增加。

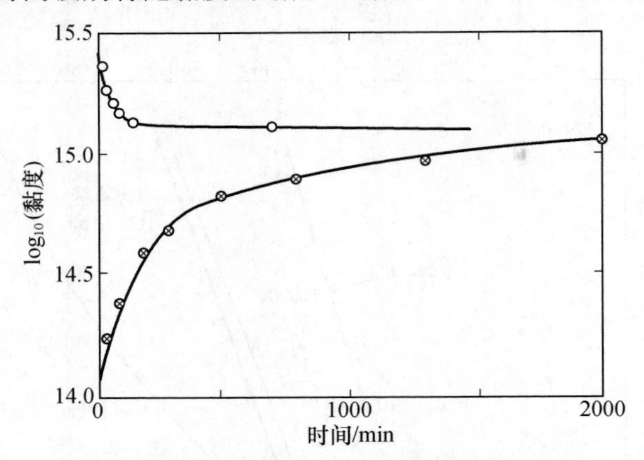

图 14.48　两个钠－钙－硅酸盐玻璃试样在 486.7 ℃时的黏度－时间关系曲线。上面曲线，试样事先在 477.8 ℃加热 64 h；下面曲线，新拉制的试样。引自 J. E. Stanworth, *Physcial Properties of Glasses*, Oxford University Press, 1953

在指定的测量时间内，不同熔融石英的黏度－温度曲线形式如图 14.49 所示。在玻璃转变区域内，$\log\eta$ 对 $1/T$ 的斜率显著下降，这反映黏度达到平衡值所需时间比测试所费时间长。按此方式测定的表观黏度随玻璃转变区域内退火时间的增加而增加，如图 14.48 中下面曲线所示。

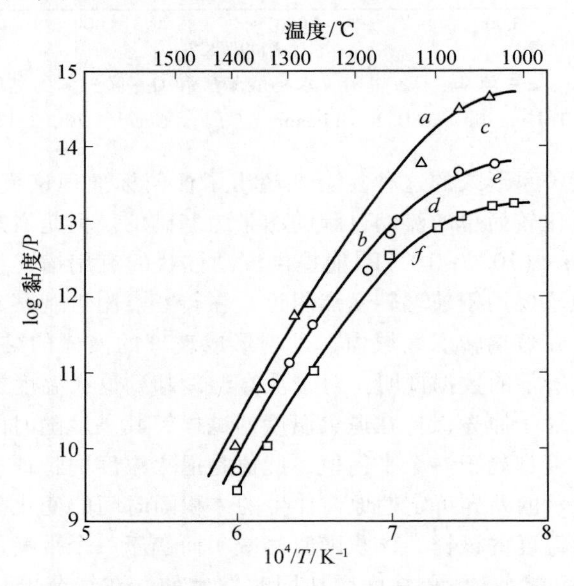

图 14.49　测得的不同熔融石英的黏度：△—I. R. Vitreosil；○—O. G. Vitreosil；□—Spectrosil。引自 G. Hetherington, K. H. Jack, and J. C. Kennedy, *Phys. Chem. Glasses*, **5**, 130 (1964)

组成关系 在无机氧化物材料中，常常发现黏度表现为组成及温度的强函数。硅酸盐的黏度几乎总是随网络变体阳离子浓度的增加而下降。在许多情况下，这种变化很显著。例如 1700 ℃时熔融石英的黏度由于掺加 2.5 mol% 这样少量的 K_2O 而下降约 4 个数量级。图 14.50 说明了网络变体的浓度较大时的影响。黏度对温度的依赖关系亦相应地随变体氧化物的加入而减弱。

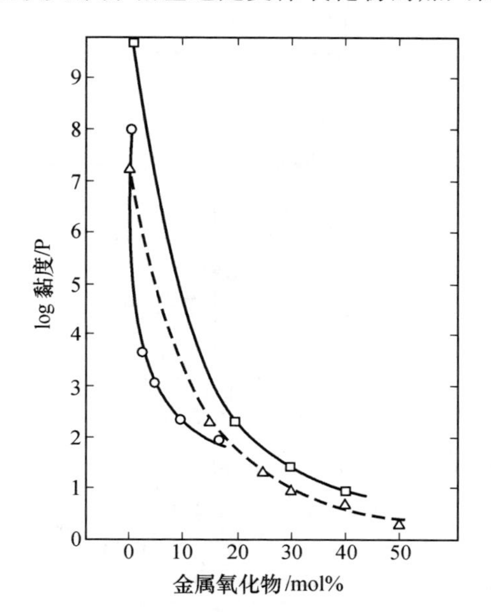

图 14.50 网络变体氧化物对熔融石英黏度的影响。□—Li_2O-SiO_2，1400 ℃；○—K_2O-SiO_2，1600 ℃；△—$BaO-SiO_2$，1700 ℃。引自 J. O'M. Bockris，J. D. Mackenzie，and J. A. Kitchener，*Faraday Soc.*，**51**，1734(1955)

在细节上，对于这些系统还没有将黏度和分子结构联系起来的好的形象化描绘。但看来清楚的是，加入网络变体的重要影响是单键结合的氧的引入，它在 Si—O 网络中起弱链接作用。对于高温下典型的钠－钙－硅酸盐玻璃，各种二价阳离子降低黏度的有效性看来和其离子半径有关。这由图 14.51 所示的数据说明。

在硼酸盐玻璃中，观察到高温时黏度随碱金属氧化物浓度的提高而下降。在中等温度，黏度随少量碱金属氧化物的加入而下降；随着变体浓度的提高，黏性增大到一最大值，然后再下降；低温下，黏度随碱金属氧化物的加入而增加。目前对这种性状还不很理解。

在复杂的氧化物玻璃中，在任何给定的温度下加入变体阳离子通常都降低黏度；加入氧化硅和氧化铝通常提高黏度。此外，还有一种一般的混合效应，加入一种以上的碱金属或碱土金属离子比加入总浓度相等的单一变体所得到的

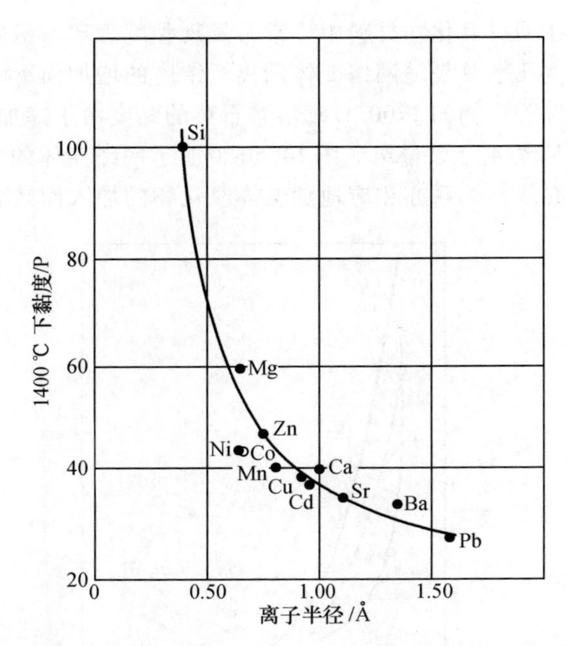

图 14.51 在阳离子置换阳离子的基础上，在 $74SiO_2-10CaO-16Na_2O$ 玻璃中，以其他二价氧化物置换 8% SiO_2 对黏度的影响。引自 A. F. G. Dingwall and H. Moore, *J. Soc. Glass Technol.*, **37**, 337(1953)

黏度要高。在低熔釉中通常用以获得高流动性的离子是 F^-（置换 O^{2-}）、Pb^{2+} 和 Ba^{2+}。

推荐读物

1. G. R. Terwilliger and K. C. Radford, "High Temperature Deformation of Ceramics", *Bull. Am. Ceram. Soc.*, **53**, 173 and 465(1974).
2. R. E. Tressler and R. C Bradt, Eds., *Plastic Deformation of Ceramic Materials*, Plenum Press, New York, 1975.
3. R. J. Stokes and C. H. Li, "Dislocations and the Strength of Polycrystalline Ceramics", in *Materials Science Research*, Vol. 1, H. H. Stadelmaier and W. W. Austin, Eds., Plenum Press, New York, 1963.
4. R. J. Stokes, "Basic Mechanisms of Strain - Hardening in Ceramics", in *Strengthening Mechanisms: Metals and Ceramics*, J. J. Burke, N. L. Reed, and V. Weiss, Eds., Syracuse University Press, Syracuse, N. Y., 1966.
5. E. Schmid and W. Boas, *Plasticity of Crystals*, Chapman & Hall, Ltd., London, 1968,

from the 1935 German version.

6. J. C. Fisher, W. G. Johnston, R. Thomson, and T. Vreeland, Eds., *Dislocations and Mechanical Properties of Crystals*, John Wiley & Sons, Inc., New York, 1957.
7. A. H. Cottrell, *Dislocations and Plastic Flow in Crystals*, Clarendon Press, Oxford, 1953.
8. J. J. Gilman, "Mechanical Behavior of Ionic Crystals", *Progress in Ceramic Science*, Vol. 1, J. E. Burke, Ed., Pergamon Press, New York, 1960.
9. D. Turnbull and M. H. Cohen, "Crystallization Kinetics and Glass Formation", in *Modern Aspects of the Vitreous State*, J. D. Mackenzie, Ed., Butterworth, Washington, 1960.
10. J. A. Stanworth, *The Physical Properties of Glass*, Clarendon Press, Oxford, 1950.
11. W. Eitel, *The Physical Chemistry of the Silicates*, The University of Chicago Press, Chicago, 1954.

习　题

14.1　试比较①玻璃、②单晶 Al_2O_3 和③细晶多晶 Al_2O_3 的高温蠕变性状，解释形变机理的任何差异。对每种材料用形变对时间和应力对形变率的曲线加以说明。晶粒尺寸将怎样影响多晶氧化铝的性状？

14.2　已观察到用压力（不必是等静压）能影响到一些预断为扩散控制的过程。给出几种压力影响自扩散系数的方式并对①空位扩散和②间隙扩散给出预期的 D 随压力增加而变化的方向。

14.3　很容易得到 c 轴与棒轴呈 30°角的蓝宝石棒。

(a) 对于塑性形变，临界分剪应力与作用应力的比值是多少？

(b) 为什么蓝宝石的塑性形变对温度有很大的依赖关系？

14.4　在 1750 ℃测试了氧化铝的稳定态蠕变速率，发现多晶材料以 3×10^{-6} in/in/s 的速率发生蠕变，而单晶的蠕变速率为 8×10^{-10} in/in/s。为什么有此差别？你推测这两种形式的 Al_2O_3 的激活能相同还是不相同？为什么？

14.5　SiO_2 玻璃的黏度在 1000 ℃时为 10^{15} P，在 1400 ℃时为 10^{8} P。SiO_2 玻璃黏滞流动的激活能是多少？上述数据是在恒压下取得的，如果数据在恒容下取得，你预期激活能会不同吗？为什么？

14.6　(a) 金属、离子型固体和共价型固体的塑性形变的主要相似点和不同点是什么？

(b) 假定硬度特性和塑性及键强度有关，你预料 SiC 的六边形变体比立方变体硬还是软？为什么？

14.7　对 CaF_2 给出① 晶体结构、② 解理面、③ 主要滑移面、④ 伯格斯矢量、⑤ 占优势的晶格缺陷类型和⑥ 1200 ℃时，加入 YF_3、CaO 和 NaF 对塑性流动的影响，并讨论每种情况的机理。

14.8　在相邻滑移面上一对平行位错线之间的互作用力由 $\gamma = G\mathbf{b}/l$ 给出，其中 l 为位错线之间的距离。如果滑移带由于复交叉滑移机理而加宽，不同晶体中滑移带内的位错密度将怎样随晶体的屈服应力而变化？

14.9 据报道多晶 UO_{2+x} 蠕变按 Nabarro – Herring 机理进行。控制速率的物质是什么？蠕变速率是怎样依赖于氧分压的？

14.10 拉制玻璃棒和玻璃纤维是可能的，但用同样方法来处理金属时则拉制棒材过程中发生颈缩，形成纤维过程中要发生起球现象。

(a) 说明为什么拉制玻璃棒不会产生颈缩现象。

(b) 解释纤维成形过程中表面张力不稳定性的本质和原因。

(c) 虽然有这种不稳定性，试说明为什么能制成玻璃纤维而不能制成金属纤维。

第十五章 弹性、滞弹性和强度

陶瓷未能得到更广泛应用的主要原因之一是由于它们呈“玻璃状”脆断而破坏。陶瓷通常不呈现出第十四章中所讨论的那种明显的塑性形变，而且它们的抗冲击能力很差。陶瓷在许多用途上受到这些比较差的力学性能的限制。例如氧化铝瓷广泛用做电介质材料，通常确定这一选择不是由于其优越的电性能，而是由于氧化铝陶瓷比其他现有材料的力学性能优越，因而它们可以用在自动机械中而不像其竞争者那样严重地散碎或破裂。同样，虽然陶瓷的高温蠕变强度和形变性能是最有利的，但低的抗冲击性能限制了它们在喷气发动机上的应用，因为在这种地方一次冲击破坏就是灾难性的。还可以举出许多类似的例子。

同时，通常能得到的实际强度水平和在一些情况下证实了的潜在理论强度之间的差别，对断裂特性来说与其他性能一样是巨大的或者说更大。因此，对将来的发展来说这是一个特别有吸引力的领域。

15.1 引言

本章涉及影响弹性和陶瓷材料的抗断裂性能的各种因素。陶瓷材料的抗断裂能力是由应力的某个临界值来定量地衡量的。对于所有的材料和条件，断裂并不是通过一种简单的过程发生，而是有许多十分不同的机理导致材料由于机械应力而破坏，这就使得对这些现象的分析和研究复杂化。此外，一种给定的材料可能由于不同的机理而发生破坏，这取决于应力水平、应变速率、先前的经历、环境条件和温度水平，所有这些又使分析和研究更加复杂。

断裂过程 大多数陶瓷以脆性方式破坏，也就是以很小或者没有塑性形变的过程发生断裂。像玻璃之类的非晶态材料是大多数陶瓷的主要成分，在软化温度以下总是脆性的，其断裂表面的性状称为*贝壳状*。对于晶态成分，脆性断裂通常沿特定的结晶学平面解理而发生。高温时晶态成分能在*晶粒间*破坏。当晶界发生剪切而裂纹在晶粒间张开导致局部应力集中而最终断裂时，就出现这种晶粒间破坏。

和大多数陶瓷的脆性断裂相反，延性金属和某些陶瓷的破坏起因于颈缩或一个截面连续变细。在极端情况中颈缩可以一直进行到沿一尖锐边缘或沿一点分离。对于这一过程，没有可以引用的临界断裂应力。通常，延性金属的断裂发生在颈内，留下杯类型和锥类型的断裂表面。在杯的底部，端口垂直于张应力，表面呈锯齿状，这种模式叫做*纤维状断口*；杯及锥的边沿着最大剪应力表面而形成，十分光滑，这种模式叫做*剪切断口*。

在张应力作用的过程中，面积局部减小(颈缩)使得由总荷载及初始试样尺寸计算得到的标称应力小于实际应力。因而，工程抗张强度以初始尺寸为基础表示的最大应力低于真正的断裂应力(图 15.1)。从试验过程中横截面积的变化可以决定真正的断裂应力。

在重复循环应力作用下，由于试样表面强烈经受冷加工的面积内裂纹的成核和扩展，金属会发生*疲劳断裂*；疲劳断裂在陶瓷中较为罕见。然而，*静态疲劳*或*延迟断裂*在陶瓷中却是常见的；在这种情况下，在静态应力作用下，应力腐蚀优先在裂纹端部出现，以至于在荷载作用一段时间后断裂发生。这种断裂对环境条件特别敏感。

对机械应力引起的以及在不同环境下发生的破坏进行分析，关键取决于所观测到的特定的断裂形式。陶瓷材料中脆性断裂是最为重要的，也是我们主要关注的。

弹性形变 陶瓷的许多重要应用是对作用应力下的弹性形变做出控制或操纵的结果。直到比例极限为止，应力直接正比于应变(胡克定律)：

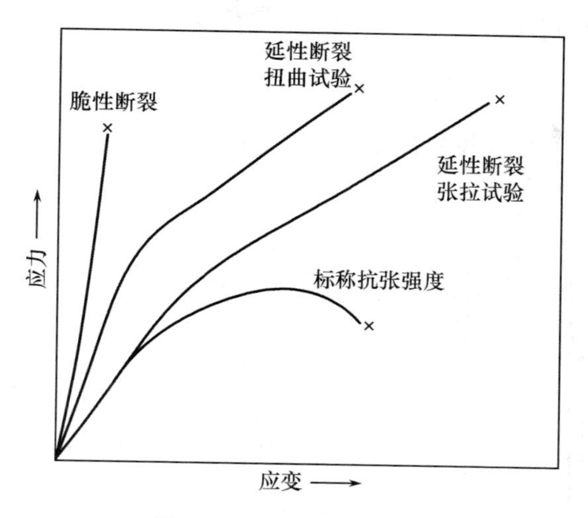

图 15.1　脆性和延性断裂

$$\sigma = E\varepsilon \tag{15.1}$$

式中：σ 为正(拉)应力；E 为杨氏模量；ε 为正应变。同样，剪应力 τ 直接正比于剪应变 γ：

$$\tau = G\gamma \tag{15.2}$$

式中：G 为刚性模量或剪切弹性模量。当试样在张力作用下伸长时，伴随着厚度的减小；厚度减小与长度增加之比为泊松比：

$$\mu = \frac{\Delta d/d}{\Delta l/l} \tag{15.3}$$

对于塑性流动、黏滞流动及蠕变，体积保持不变，所以 $\mu = 0.5$。对于弹性形变，泊松比在 0.2 ~ 0.3 之间变化，大多数材料约为 0.2 ~ 0.25。泊松比与弹性模量和刚性模量之间有如下关系：

$$\mu = \frac{E}{2G} - 1 \tag{15.4}$$

此关系只适用于各向同性物体，其弹性常数值仅有一个，与方向无关。通常单晶不是这种情况，但对玻璃和大多数多晶陶瓷材料是良好的近似。

在各向同性压力条件下，作用压力 P 等于在每个主方向上作用一个 $-P$ 的压力，在每个主方向上有一个相应的应变：

$$\varepsilon = -\frac{P}{E} + \mu\frac{P}{E} + \mu\frac{P}{E} = \frac{P}{E}(2\mu - 1) \tag{15.5}$$

相应的体积变化为

$$\frac{\Delta V}{V} = 3\varepsilon = \frac{3P}{E}(2\mu - 1) \tag{15.6}$$

体积模量 K 定义为各向同性压力除以相应的体积变化，即

$$K = -\frac{P}{\Delta V/V} = \frac{E}{3(1-2\mu)} \tag{15.7}$$

图 15.2 示出了与这些关系对应的应力和应变。

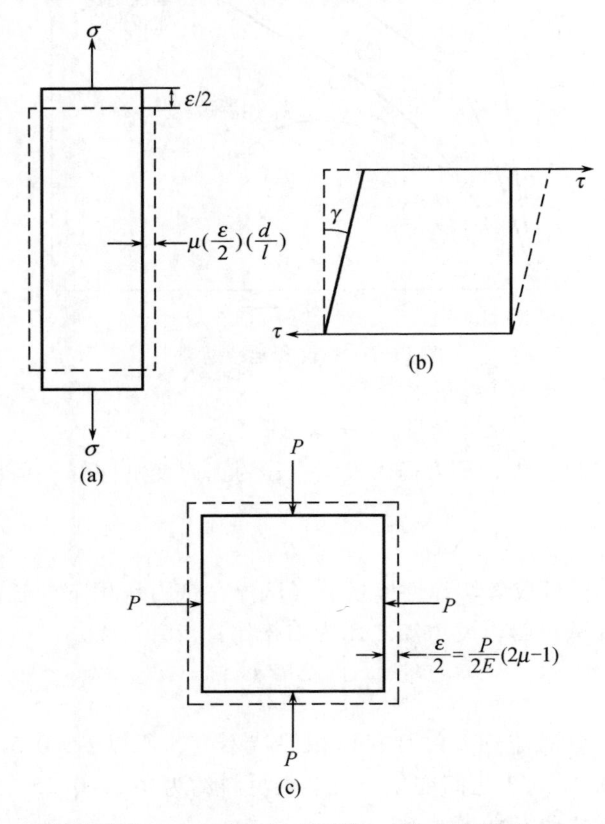

图 15.2　弹性常数的定义。(a) 杨氏模量；(b) 剪切模量；(c) 体积模量

滞弹性　在许多应用中，例如在玻璃转变点附近的玻璃形成液体及高温下的多晶材料中，弹性模量不能取做常数而明显地表现出和时间有关。这种性能称为滞弹性或黏弹性，它表征应力移去后能够恢复但不是立即恢复的形变。

滞弹性性状常常由弹簧及黏性缓冲器系统组成的力学模型表示，其一例如图 15.3(a)所示。这种模型对应力的响应表示为

$$\sigma + \tau_R \frac{d\sigma}{dt} = E_1\varepsilon + (E + E_1)\tau_R \frac{d\varepsilon}{dt} \tag{15.8}$$

式中弛豫时间 τ_R 由下式给出：

$$\tau_R = \frac{\eta}{E} \tag{15.9}$$

一个恒定应力 σ_0 作用一定时间 t_0 后释放，由此引起的应变应具有图 15.3(b) 所示的时间关系。

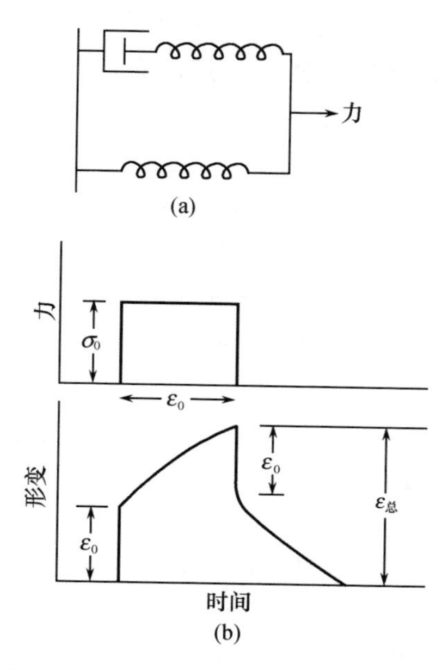

图 15.3　表示弛豫性状的标准线性固体。(a) 模型；(b) 力学性能

这种模型就是我们熟知的标准线性固体而且通常认为是由 Zener① 提出的。

对这样一种固体，弛豫模量为应力对长时间后的总形变之比；应力作用下的瞬时形变定义为未弛豫模量，$E_U = \sigma_0/\varepsilon_0$。如所用的时间短于弛豫时间，则由于两次循环之间没有足够的时间以发生弛豫，测得的是未弛豫模量。试验中所用时间比弛豫时间长，则测得的是较低的弛豫模量值。所用时间和弛豫时间同数量级时，测得的模量是中间数值。

15.2　弹性模量

物体的弹性伸长对应于原子间距离的均匀增加。因此，弹性伸长与原子间的力及结构能量有关。曾经提出了一些或多或少令人满意的点阵能和弹性模量之间的关系，能很好地用于具有同样结构和键型的材料。这种情况显然和第十二章中讨论的热膨胀系数相似。具有低的热膨胀系数的晶体常常有高的弹性模量。

---

① C. Zener, *Elasticity and Anelasticity of Metals*, The University of Chicago Press, Chicago, 1948。

在两相系统中，总的模量在高模量成分与低模量成分之间。在类似于第十二章所讨论的两相系统热膨胀系数的基础上，可导出这种关系的分析表达式。此问题的精确处理需要详细说明许多第二相夹杂物的相互作用。这种处理尚未实现，但曾估算过许多种弹性模量的上界和下界。通过假定材料由许多层组成，这些层平行或垂直于作用的单轴应力，找出最宽的可能的界限。第一种(Voigt)模型假定每种成分中应变相同，因此复合材料的杨氏模量 E_U 成为

$$E_U = V_2 E_2 + (1 - V_2) E_1 \tag{15.10}$$

式中：V_2 为具有模量 E_2 的相的体积分数；E_1 为另一相的模量。对其他模量可写出类似的关系。在这种情况下，大部分作用应力由高模量的相承担。

第二种(Reuss)模型假定每个相中的应力相同，因此复合材料的模量 E_L 为

$$\frac{1}{E_L} = \frac{V_2}{E_2} + \frac{1 - V_2}{E_1} \tag{15.11}$$[①]

对其他模量也可写出类似的关系。符号 E_U 和 E_L 分别表示弹性模量的上界和下界。

Z. Hashin 和 S. Shtrikman[②] 曾确定模量的上、下界，它们比上述两个端值范围窄得多，而且不包括关于相的几个形状的任何特殊假定。在考虑体积模量的情况下，已经证明只由体积分数和相模量给出的这些界限是最受限制的。这被解释为如果只有这种数据是可用的，就意味着体积模量不能精确地确定。因此，仅当估算出更多的因素诸如相分布的统计细节时才可能得到精确解。然而已认识到这种资料很少得到，即使得到其应用也常常是不可靠的。对于 $K_2 > K_1$ 及 $G_2 > G_1$，Hashin 和 Shtrikman 的表达式为

$$K_L = K_1 + \frac{V_2}{1/(K_2 - K_1) + 3(1 - V_2)/(3K_1 + 4G_1)} \tag{15.12}$$

$$K_U = K_2 + \frac{1 - V_2}{1/(K_1 - K_2) + 3V_2/(3K_2 + 4G_2)} \tag{15.13}$$

$$G_L = G_1 + \frac{V_2}{1(G_2 - G_1) + 6(K_1 + 2G_1)(1 - V_2)/[5G_1(3K_1 + 4G_1)]} \tag{15.14}$$

$$G_U = G_2 + \frac{1 - V_2}{1(G_1 - G_2) + 6(K_2 + 2G_2)V_2/[5G_2(3K_2 + 4G_2)]} \tag{15.15}$$

在这些关系中，K_U 和 G_U 分别为有关模量的上界，K_L 和 G_L 为下界。应注意，这些界限不是独立的，因为在分析中只要通过颠倒基质和夹杂物的作用就能得到它们。

---

① 原文为$\frac{1}{E_L} = \frac{V_2}{E_2} - \frac{1 - V_2}{E_1}$，疑有误。——译者注

② *J. Mech. Phys. Solids*, **11**, 127(1963)。

式(15.12)及式(15.14)的关系(即 K 和 G 的下界)首先曾由 Hashin 和 Kerner 以不同形式导出，作为球形的第二相粒子的特殊情况下的精确解。

杨氏模量可从计算得到的体积模量和剪切模量利用下式求出：

$$E = \frac{4KG}{3K + G} \tag{15.16}$$

通过代入 K 和 G 的上界和下界而得到 E 的上、下界。

图 15.4 将 Voigt 和 Reuss 表达式的预测及 Hashin 和 Shtrikman 的上、下界与收集到的 WC - Co 系统的实验数据进行了对比。图示的数据和分析表达式都是归一化的。从图中可以明显地看出 Hashin - Shtrikman 界限比 Voigt 及 Reuss 表达式更符合实验数据。

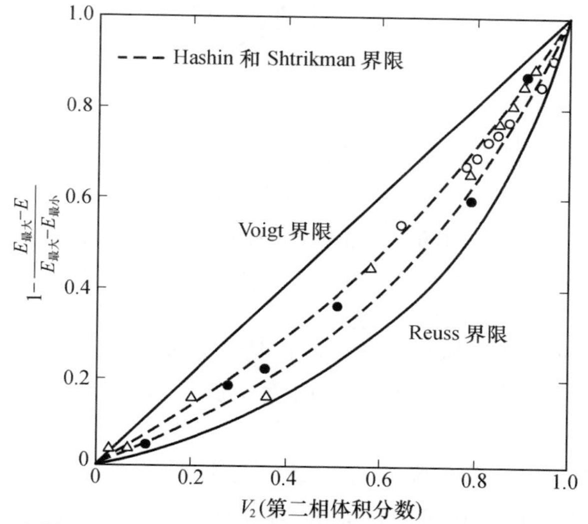

图 15.4　测得的和预测的弹性模量随第二相材料体积分数变化的比较。
引自 R. R. Shaw and D. R. Uhlmann，*J. Non-Cryst. Solids*，**5**，237(1971)

加入低模量材料作为第二相的极端情况是加入体积模量近似为零的气孔体积。在这种情况下，J. K. MacKenzie[①] 导出了气孔率约达 50% 的总弹性。对于典型的泊松比($\mu = 0.3$)、连续基质中存在密闭气孔的情况，弹性模量的变化能恰当地表示为

$$E = E_0(1 - 1.9P + 0.9P^2) \tag{15.17}$$

图 15.5 中将这一关系和具有均匀分布的气孔的氧化铝的实验数据进行了对比。如果多孔材料中的气孔相是连续的且气孔能压缩使固体颗粒得以互相移动，则气孔对弹性模量的影响比这些关系所指出的要大。表 15.1 收集了一些典型陶

① *Proc. Phys. Soc*。(London)，**B63**，2(1950)。

瓷材料的弹性模量。

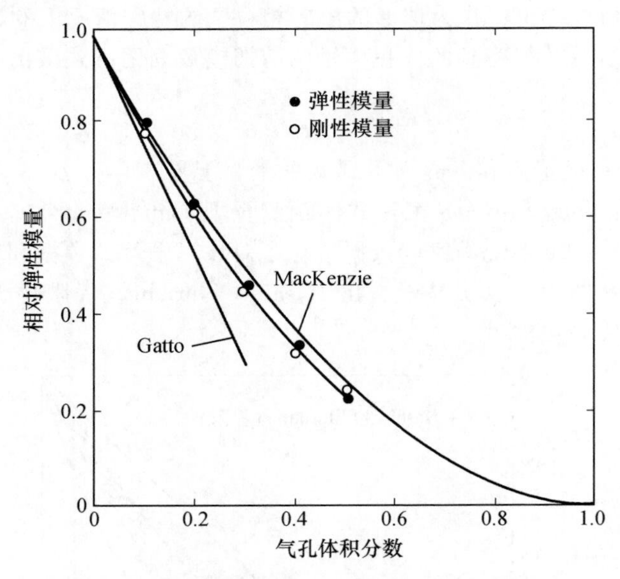

图 15.5　氧化铝的相对弹性模量随气孔率的变化。

引自 R. L. Coble and W. D. Kingery，*J. Am. Ceram. Soc.*，**29**，377(1956)

当温度升高时，热膨胀使原子间距离增大，使原子进一步分开所需的力稍有降低。但此效应很小，当温度升高时弹性模量只有微小的下降，如图 15.7 所示，直到某一温度下滞弹性弛豫成为重要的现象，此温度对应于未弛豫模量转入弛豫模量的变化。滞弹性弛豫应变还与频率有关，它对应于和作用应力(除简单地增大保持同样相对位置的原子间距离外)相适应的模式。

表 15.1　一些陶瓷材料的弹性模量

材　料	E/psi
氧化铝晶体	55×10^6
烧结氧化铝(约 5% 气孔率)	53×10^6
氧化铝瓷(90% ~95% Al_2O_3)	53×10^6
烧结氧化铍(约 5% 气孔率)	45×10^6
热压氮化硼(约 5% 气孔率)	12×10^6
热压碳化硼(约 5% 气孔率)	42×10^6
石　墨(约 20% 气孔率)	1.3×10^6
烧结氧化镁(约 5% 气孔率)	30.5×10^6
烧结硅化钼(约 5% 气孔率)	59×10^6

续表

材　　料	E/psi
烧结尖晶石(约 5% 气孔率)	34.5×10^6
致密碳化硅(约 5% 气孔率)	68×10^6
烧结碳化钛(约 5% 气孔率)	45×10^6
烧结稳定化氧化锆(约 5% 气孔率)	22×10^6
氧化硅玻璃	10.5×10^6
高硅氧玻璃(Vycor glass)	10.5×10^6
Pyrex 玻璃	10×10^6
莫来石瓷	10×10^6
滑 石 瓷	10×10^6
超级耐火黏土砖	14×10^6
镁　　砖	25×10^6
结合碳化硅(约 20% 气孔率)	50×10^6

15.3　滞弹性

对于滞弹性形变，弹性模量有两个范围。如果测量时间很短，和时间有关的形变还没有机会发生，测得的是应力和应变之间初始的比例，叫做未弛豫模量。但是，如果加上荷载并在很长时间后测量，则测得的是弛豫模量。由于长时间的应变大于瞬时应变，所以弛豫模量小于未弛豫模量。

用标准线性固体通常不能很好地描述力学弛豫的实验数据。除单一的弛豫时间 τ_R 外，需要用弛豫时间的分布来表示试验结果。例如，应力弛豫的分析通常由和时间有关的模量以下列形式来描述：

$$E(t) = E_{EQ} + \int_{-\infty}^{\infty} H(\tau_R)\exp\left(-\frac{t}{\tau_R}\right)\mathrm{d}\ln\tau_R \tag{15.18}$$

式中：E_{EQ}为平衡模量或弛豫模量；$H(\tau_R)$为表征弛豫过程的弛豫时间的分布。同样，恒定应力下形变的分析通过和时间有关的蠕变柔量 $D(t)=\varepsilon(t)/\sigma$ 以下式表示：

$$D(t) = D_U + \int_{-\infty}^{\infty} L(\tau_R)\left[1-\exp\left(-\frac{t}{\tau_R}\right)\right]\mathrm{d}\ln\tau_R \tag{15.19}$$

式中：D_U 为瞬时柔量或未弛豫柔量；$L(\tau_R)$称为延迟时间分布[$L(\tau_R)\ln\tau_R$ 为 $\ln\tau_R$ 和 $\ln\tau_R+\mathrm{d}\ln\tau_R$ 之间的延迟时间对蠕变柔量的贡献]。

从蠕变或应力弛豫的实验数据能得到有关的分布函数，并且对一种形式的研究结果可用来预测其他试验条件下的性状(参看推荐读物 1 中的论述)。弛豫数据也可以用激活能的分布来描述，且在许多情况下可使这些激活能谱与相应的弛豫时间的分布联系起来①。

除研究蠕变和应力弛豫外，滞弹性性状的研究常常在周期性应力或周期性应变下进行。在频率 ω 下的周期性试验定性地等价于在时间 $t=1/\omega$ 下的瞬时试验。当施加一周期性应力时，延迟了的伸长相当于应变以某一损耗角 δ 滞后于应力，即对于应力

$$\sigma = \sigma_0 \sin\omega t \tag{15.20}$$

应变为

$$\varepsilon = \frac{\sigma_0}{E}\sin(\omega t - \delta) \tag{15.21}$$

由于 $\sin(\omega t-\delta)=\sin\omega t\cos\delta-\cos\omega t\sin\delta$，可见应变由两个分量组成：一个大小为 $\sigma_0/E\cos\delta$，和应力同相；一个大小为 $\sigma_0/E\sin\delta$，和应力相位差 90°。采用复柔量

$$\frac{\varepsilon}{\sigma_0} = D^* = D_1 - \mathrm{i}D_2 \tag{15.22}$$

式中：$D_1=1/E\cos\delta$，$D_2=1/E\sin\delta$，且 $\tan\delta=D_2/D_1$。柔量的实部 D_1 与由于作用应力而存储于试样中的能量成正比，叫做存储柔量。柔量的虚部 D_2 叫做损耗柔量，因为它正比于能量损失。这可从每个循环的能量散失看出：

$$\Delta u = \oint \sigma \mathrm{d}\varepsilon = -\frac{\sigma_0^2}{E}\int_0^{2\pi}\cos(\omega t - \delta)\sin\omega t \mathrm{d}\omega t \tag{15.23}$$

或

$$\Delta u = \pi\frac{\sigma_0^2}{E}\sin\delta = \pi\sigma_0^2 D_2 \tag{15.24}$$

同样的处理可以用来定义复模量：

$$E^* = E_1 + \mathrm{i}E_2 \tag{15.25}$$

这直接与复柔量有关，因为

$$E^* = \frac{1}{D^*} \tag{15.26}$$

如图 15.6 所示，模量和柔量是频率的函数。在大多数情况下，正如瞬时试验中那样，需要弛豫分布或延迟时间分布来表示实验数据。存储模量和损耗模量于是可写成

$$E_1(\omega) = E_{\mathrm{EQ}} + \int_{-\infty}^{\infty}\frac{H(\tau_{\mathrm{R}})\omega^2\tau_{\mathrm{R}}^2}{1+\omega^2\tau_{\mathrm{R}}^2}\mathrm{d}\ln\tau_{\mathrm{R}} \tag{15.27}$$

---

① 例如，参看 R. M. Kimmel and D. R. Uhlmann，*J. Appl. Phys.*，**40**，4254(1969)。

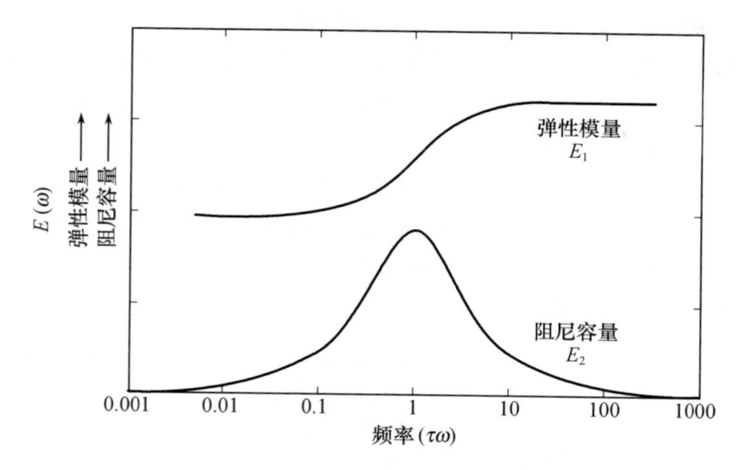

图 15.6 作为频率的函数的复模量 E^*

和

$$E_2(\omega) = \int_{-\infty}^{\infty} \frac{H(\tau_R)\omega\tau_R}{1+\omega^2\tau_R^2} \mathrm{d}\ln\tau_R \tag{15.28}$$

对存储柔量及损耗柔量可以写出类似的表达式(参看推荐读物1)。

在动力学试验中，tan δ 广泛用做每循环中能量散失的量度，因为

$$\frac{\Delta u}{u} = 2\pi\tan\delta \tag{15.29}$$

式中：u 为最大的存储能量。对 tan δ 很小的情况，另一个广泛应用的力学损耗的量度是对数减量 Δ。如果使一物体进行扭转振动并测定振幅的自由衰减，则定义 Δ 为

$$\Delta = \ln\left(\frac{A_n}{A_{n+1}}\right) \tag{15.30}$$

式中：A_n 和 A_{n+1} 为相继两次振动的振幅。对微小的 Δ，

$$\Delta \approx \frac{1}{2}\frac{\Delta u}{u} \tag{15.31a}$$

因此，

$$\Delta \approx \pi\tan\delta \tag{15.31b}$$

对于通过恒定振幅和可变频率的振动力使物体在共振频率 ω_0 区域内振动的试验，损耗由下式给出：

$$\frac{\Delta u}{u} = \frac{2\pi}{\sqrt{3}}\frac{\Delta\omega}{\omega_0} = 2\pi Q^{-1} \tag{15.32}$$

式中：$\Delta\omega$ 为共振峰的半宽；Q^{-1}称为系统的内耗①。

不同的工艺过程能导致滞弹性形变。在只含有一种碱金属的硅酸盐玻璃中，在低于玻璃转变范围的温度下观测到两个损耗峰。这可由图 15.7 中 $Na_2O\cdot3SiO_2$ 玻璃的数据说明。在 -32 ℃时的峰对应于应力引起的碱金属的运动，叫做碱峰。在 182 ℃时较小的损耗峰和非桥(单向键合)氧离子的存在有关，叫做 NBO 峰(非桥氧峰)。每个损耗峰都伴随着剪切模量的弛豫，且随着温度增加与总的模量降低相叠加。温度在 350 ℃以上时，损耗的大量增加反映了接近玻璃转变时的黏滞阻尼。

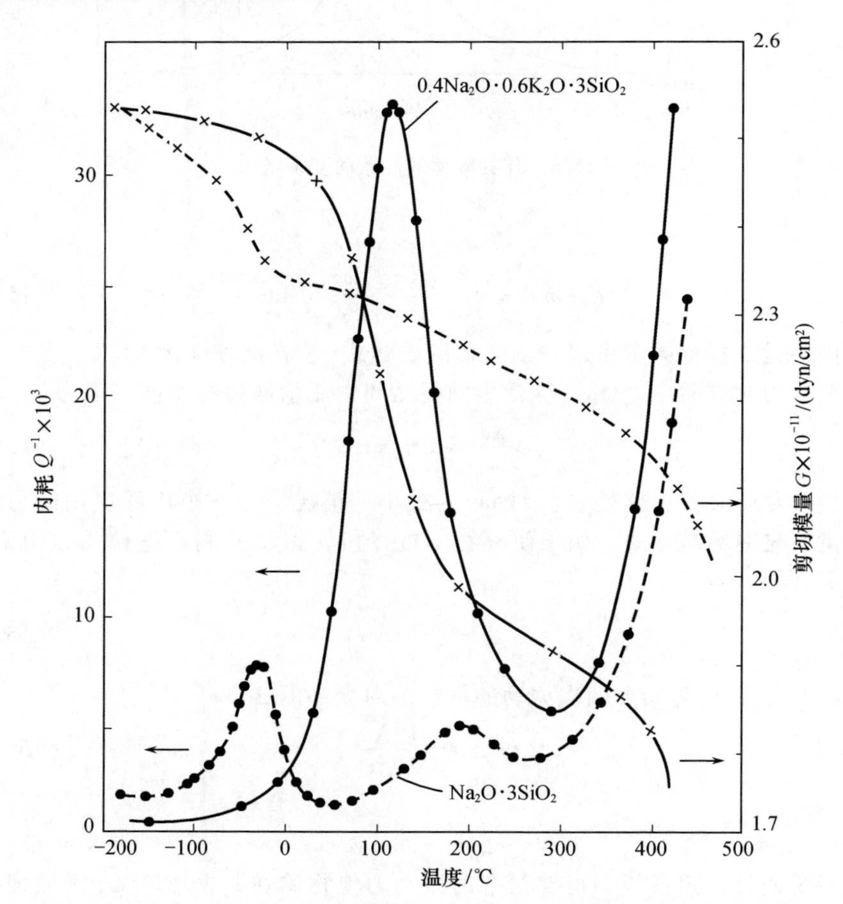

图 15.7 频率为 0.4 Hz 时，单碱及混合碱硅酸盐玻璃的力学损耗。

引自 D. E. Day，in *Amorphous Materials*，John Wiley & Sons，Inc.，New York，1972

① 原文为“Q^{-1}为系统的 Q”，疑有误。——译者注

在这种单碱硅酸盐玻璃中，随着碱含量的增加，碱峰以平行于碱金属离子扩散系数增加的方式而变大（图 15.8）。碱峰的激活能通常接近于电导或碱金属离子扩散的激活能。

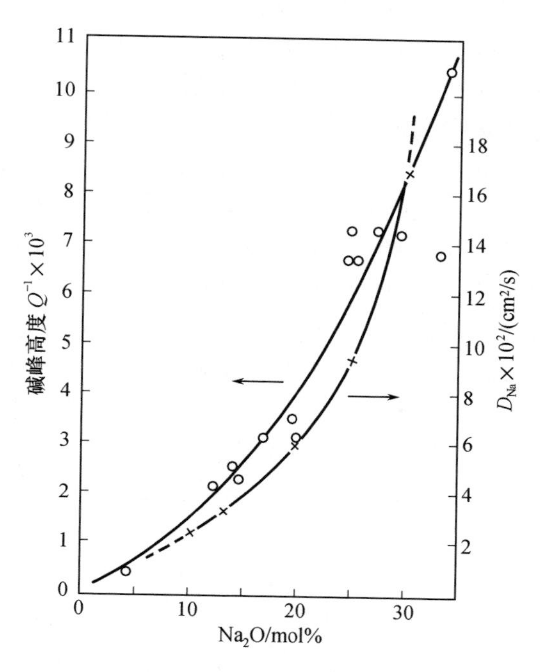

图 15.8　415 ℃时硅酸盐玻璃中碱质损耗峰的高度和 Na 扩散系数。
引自 D. E. Day, in *Amorphous Materials*, John Wiley & Sons, Inc., New York, 1972

加入第二种碱质，碱峰值就降低，在损耗曲线中出现一更大的新的峰值（在图 15.7 中峰的中心接近 100 ℃）。此峰的大小似乎和碱金属扩散系数有关，在两种碱金属扩散系数相等的组成处最大。混合的碱金属离子力学损耗的增加伴随着介电损耗的下降。目前对玻璃中混合碱效应的一般特性了解得很少①。总之，对于混合碱硅酸盐玻璃，在室温附近力学损耗显著提高，因而用单碱玻璃制造温度计是合理的。

在晶态陶瓷中，黏弹性弛豫最重要的来源是残余玻璃相，它们常常位于晶界上。当接近玻璃转变温度时，这些晶界玻璃的黏滞弛豫就变得重要起来，并且能显著地影响材料的总损耗。

---

① 参看 D. E. Day, in *Amorphous Materials*, John Wiley & Sons, Inc., New York, 1972。

15.4 脆性断裂与裂纹扩展

玻璃的脆性断裂和晶体的解理劈裂需要两个步骤：首先是裂纹的产生，然后是裂纹的扩展直到最后断裂。由于需要两个过程，所以可以设想其中任何一个都能控制总的破坏过程。本节中我们考察裂纹扩展问题，下节再讨论晶态和非晶态材料中裂纹产生的问题。断裂是复杂的过程，这里的论述是一般性的，目的在于提供对此问题的现象学和影响此过程的重要因素的总的了解。

各向同性的脆性材料在临界张应力下发生断裂。这一最大张应力是断裂的判据。同样，分剪应力是塑性形变的判据(第十四章)。在玻璃及某些晶体中断裂是非结晶学的，沿着随机的路径穿过试样。但是，在很多晶态材料中断裂表面沿着高原子密度的结晶学解理面发生。例如，在氯化钠及氧化镁中通常观测到(100)面为解理面。解理面常常就是晶体正常生长习性突出的同一平面。

理论强度　物体的理论强度 σ_{th} 是沿横截面将物体同时分为两部分所需的应力。为了估算 σ_{th}，考虑张拉一单位横截面积的圆杆。两个原子平面之间的内聚力随其间的距离而变化，如图 15.9 所示。此曲线的一部分可近似地由下面的关系表示：

$$\sigma = \sigma_{th}\sin\left(\frac{2\pi X}{\lambda}\right) \tag{15.33}$$

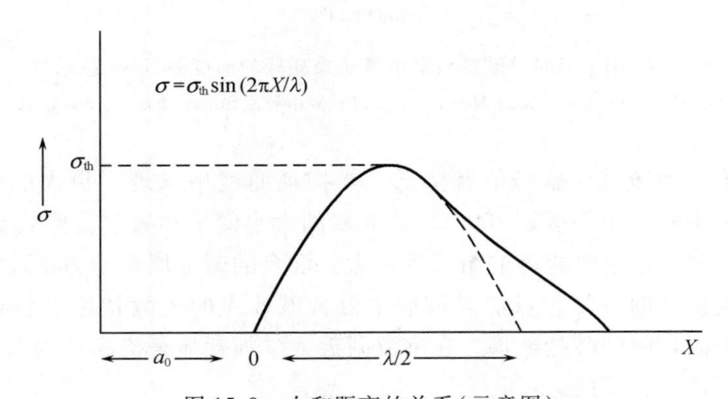

图 15.9　力和距离的关系(示意图)

分开两个原子的单位面积的功即为

$$\int_0^{\lambda/2}\sigma_{th}\sin\left(\frac{2\pi X}{\lambda}\right)\mathrm{d}X = \frac{\lambda\sigma_{th}}{\pi} \tag{15.34}$$

使这个功与两个新表面的表面能 2γ 相等，给出

$$\sigma_{th} = \frac{2\pi\gamma}{\lambda} \tag{15.35}$$

对于接近平衡距离 a_0 的曲线的起始部分，胡克定律可以表示为

$$\sigma = E\frac{X}{a_0} \tag{15.36}$$

式中：E 为杨氏模量。对曲线的这一微小部分，从式(15.33)可得

$$\frac{d\sigma}{dX} = \frac{2\pi\sigma_{th}}{\lambda}\cos\left(\frac{2\pi X}{\lambda}\right) \approx \frac{2\pi\sigma_{th}}{\lambda} \tag{15.37}$$

使此结果和得自式(15.36)的 $d\sigma/dX$ 相等，则

$$\frac{2\pi\sigma_{th}}{\lambda} = \frac{E}{a_0} \tag{15.38}$$

将式(15.38)代入式(15.35)，得

$$\sigma_{th} = \left(\frac{E\gamma}{a_0}\right)^{1/2} \tag{15.39}$$

对于典型值 $E = 3\times10^{11}$ dyn/cm^2，$\gamma = 10^3$ erg/cm^2，以及 $a_0 = 3\times10^{-8}$ cm，由式(15.39)推算的理论强度为 10^{11} dyn/cm^2，或约为 10^6 psi。假定 λ 的大小和 a_0 相似，从式(15.38)可得类似的推断结果，从而

$$\sigma_{th} \approx \frac{E}{5} \sim \frac{E}{10} \tag{15.40}$$

这种强度仅在石英玻璃纤维和像 Al_2O_3 这样的晶态氧化物的晶须中观察到。对于大规模生产的材料，通常发现强度在 $E/100$ 到 $E/1000$ 范围内或更低。例如，窗玻璃的强度通常在 10^4 psi(约为 $E/1000$)。

Griffith - Orowan - Irwin 分析　解释材料的理论强度和实际强度之间这种显著的差异时通常用 Griffith 的说法①，即：材料中的裂纹能成为应力集中的地方，且断裂过程中表面的分离是逐渐发生的而不是沿整个横截面同时断裂。

从这一概念出发，继而有两种探讨。第一种探讨首先由 Griffith 提出，假设当和裂缝的伸长有关的储存于材料中的弹性能的降低超过和新表面的形成有关的表面能的增加时，裂纹就扩展。对于薄板中主轴为 $2c$ 的椭圆裂纹，这一条件可表示为

$$\frac{d}{dc}\left(\frac{\pi c^2\sigma^2}{E}\right) = \frac{d}{dc}(4\gamma c) \tag{15.41}$$

或

$$\sigma_f = \left(\frac{2E\gamma}{\pi c}\right)^{1/2} \approx \left(\frac{E\gamma}{c}\right)^{1/2} \tag{15.42}$$

① *Philos. Trans. R. Soc.*, **A221**, 163(1920)。

第二种探讨是直接考察裂纹端部附近的应力集中。Inglis[1] 曾指出，对于上述类型的裂纹，裂纹端部附近的最大应力 σ_m 可表示为

$$\sigma_m = 2\sigma\left(\frac{c}{\rho}\right)^{1/2} \tag{15.43}$$

式中：ρ 为裂纹端部半径。在此基础上，当裂纹端部的应力超过材料的理论强度时，即当 $\sigma_m = \sigma_{th}$时，就会发生破坏。

Orowan[2] 注意到裂纹端部的最小曲率半径与原子间距 a_0 的大小同数量级。如果在式(15.43)中以 a_0 代替 ρ，破坏条件就成为

$$\sigma_f = \left(\frac{E\gamma}{4c}\right)^{1/2} \tag{15.44}$$

比较式(15.42)和式(15.44)可以看出，如果假定裂纹端部的曲率半径尽可能小(与原子间距同数量级)，则对于断裂强度，两种探讨得到类似的推断。

用具有人为引入的已知大小的裂纹对材料断裂的研究数据来计算式(15.42)中的表面能数值时，对于脆性的氧化物玻璃得到了预期的范围，但对于金属和玻璃态聚合物却得到大得不合理的数值(参看下面的论述)。Orowan[3] 指出通过引入一项使裂纹扩展单位面积所需的塑性功或黏性功 γ_p，Griffith 方程就能用来描述这些具有部分延性的材料的断裂，即

$$\sigma_f = \left[\frac{E(\gamma + \gamma_p)}{c}\right]^{1/2} \tag{15.45}$$

对于不是完全脆性或近乎脆性的材料，通常 γ_p 比 γ 大得多，从而控制着断裂过程。

Irwin[4] 研究了具有长度为 $2c$ 的裂纹的平板受负荷 P 的情况下的裂纹扩展力 G：

$$G = \frac{P^2}{2}\frac{\mathrm{d}(1/m)}{\mathrm{d}c} \tag{15.46}$$

式中：m 为荷载 - 伸长曲线的斜率。G 也可称为应变能释放率，就是裂纹扩展时从弹性应力场损耗能量的比率：

$$G = \frac{\pi c\sigma^2}{E} \tag{15.47}$$

测得的 G 值包括裂纹扩展所需的塑性或黏性形变能。对于给定的试样和试验条件，G 随裂纹长度的增加而增加，一直达到临界值 G_c，此时裂纹失稳并以脆性

---

① *Trans. Inst. Nav. Arch.*, **55**, 219(1913)。

② *Z. Krist.*, **A89**, 327(1934)。

③ *Rep. Prog. Phys.*, **12**, 185(1948)。

④ *Welding J.*, **31**, 450(1952)。

方式快速扩展。Griffith 关系[式(15.42)]可写成

$$\sigma_f = \left(\frac{EG_c}{\pi c}\right)^{1/2} \tag{15.48}$$

和 G 有关的一个因子是应力强度因子 K_I:

$$K_I = \sigma(Yc)^{1/2} \tag{15.49}$$

式中:Y 为取决于试样及裂纹几何形状的参数,对具有中心裂纹的无限大薄板,$Y=1$。式(15.49)反映了这么一个事实,即:裂纹端部的局部应力取决于名义应力 σ 及裂纹深度 c[①] 的平方根。对于平面应力状态,$K_I^2 = GE$。通常当 $G = G_c$ 时,$K_I = K_{Ic}$。K_{Ic}称为断裂韧性。

K_{Ic}除了表征材料中裂纹扩展的固有困难外,还用来估计裂纹端部前面塑性区的大小。根据 D. S. Dugdale[②] 的推导,该区的长度 R 为

$$R = \frac{\pi}{8}\left(\frac{K_{Ic}}{\sigma_y}\right)^2 \tag{15.50}$$

式中:σ_y 为材料的屈服应力。这一关系对大多数陶瓷应能提供有用的评价,因为它们的屈服应力通常都大于断裂所需的应力。

强度的统计本质 脆性断裂起源于 Griffith 裂纹这一理论的一个重要结果是脆性固体的断裂强度本质上是统计性的,取决于特定的外加应力作用下一个裂纹能引起断裂的几率。这是陶瓷材料强度试验数据通常具有分散性的主要解释。材料中存在的裂纹具有统计本质的一个必然结果是观测到的强度以某种方式和应力作用下的材料体积或者面积有关,因而观测到的强度随试验方式而变化。实践中发现,当用最大应力下具有大的表面积和体积的拉伸试样进行试验时,脆性材料的断裂应力不如弯曲试验的断裂应力高,在弯曲试验中应力在试样的表面最大而在中性轴处下降为零。在弯曲试样中承受最大应力的面积和承受应力的体积都比较小,因而观测到较高的强度值。

曾经进行了各种尝试来研究脆性材料强度的统计理论。这些理论都包括一个与试样体积或表面积有关的危险裂纹数的假定。对可能引起断裂的裂纹的直接观测表明,此关系随材料而不同,因此不可能期望一种对所有材料都适用的普遍性的统计强度理论。这些统计理论中最为人们熟知的是由 W. Weibull[③] 提出的。他假设破坏的几率正比于一个应力函数以及物体的体积,即

$$R = \int_v f(\sigma)\,\mathrm{d}v \tag{15.51}$$

为了得到 $f(\sigma)$ 的明确表达式,他假定积分应在张应力作用下的整个体积上进

---

① 原文为"$2c$",疑有误。——译者注

② *J. Mech. Phys. Solids*, **8**, 100(1960)。

③ *Ing. Vetensk. Akad.*, Proc. 151, No. 153(1939)。

行并对$f(\sigma)$采用下面形式：

$$f(\sigma) = \left(\frac{\sigma}{\sigma_0}\right)^m \tag{15.52}$$

式中：σ_0 为由最适于试验数据的分布函数所确定的特征强度；m 为与材料均匀性有关的常数。m 值越大，材料越均匀；因此，当 m 趋于零时$f(\sigma)$趋于 1，从而破坏的几率对所有的应力值都相等。当 m 趋于无穷大时，对所有 σ 小于 σ_0 的值，$f(\sigma)$都为零，仅当 $\sigma=\sigma_0$ 时，断裂的几率才为 1；即仅当 σ 等于特征强度时才发生断裂。测得的平均强度由下式给出：

$$\sigma_{R=1/2} = \left(\frac{1}{2}\right)^{1/m}\sigma_0 \tag{15.53}$$

这就是通常在文献中作为强度量度的数值；此值与 σ_0 的比值给出观测到的强度值分散度的指标。

这一理论和其他断裂统计理论①都预言较大的试样应该较弱，并且当中位强度增加时断裂应力值的分散就增加。这可由图 15.10 所示的计算所得断裂应力分布来说明。

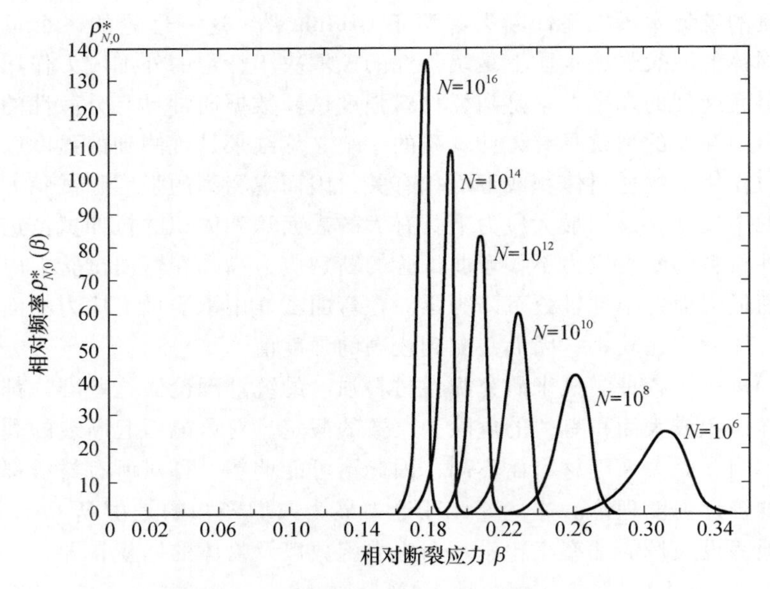

图 15.10　含有 N 个裂纹的试样的强度分布。

引自 J. C. Fisher and J. H. Hollomon，*Trans. AIME*，**171**，546(1947)

① 例如 J. C. Fisher and J. H. Hollomon，*Trans. AIME*，**171**，546(1947)。

测得的陶瓷材料强度的典型分布曲线如图 15.11 所示。观测值的范围使得利用平均强度数据及某种不变的安全因子成为该类材料的一种不能令人满意的设计方法。这主要是由于对于不同种类的材料，强度值的分散情况有实质性的不同；平均强度与最小强度之比可能从近于 1 变动到接近无穷大。当使用应力接近最大安全值时，如图 15.11 所示的强度值的分布曲线和平均强度与零强度之比，对于设计目的来说是必不可少的。

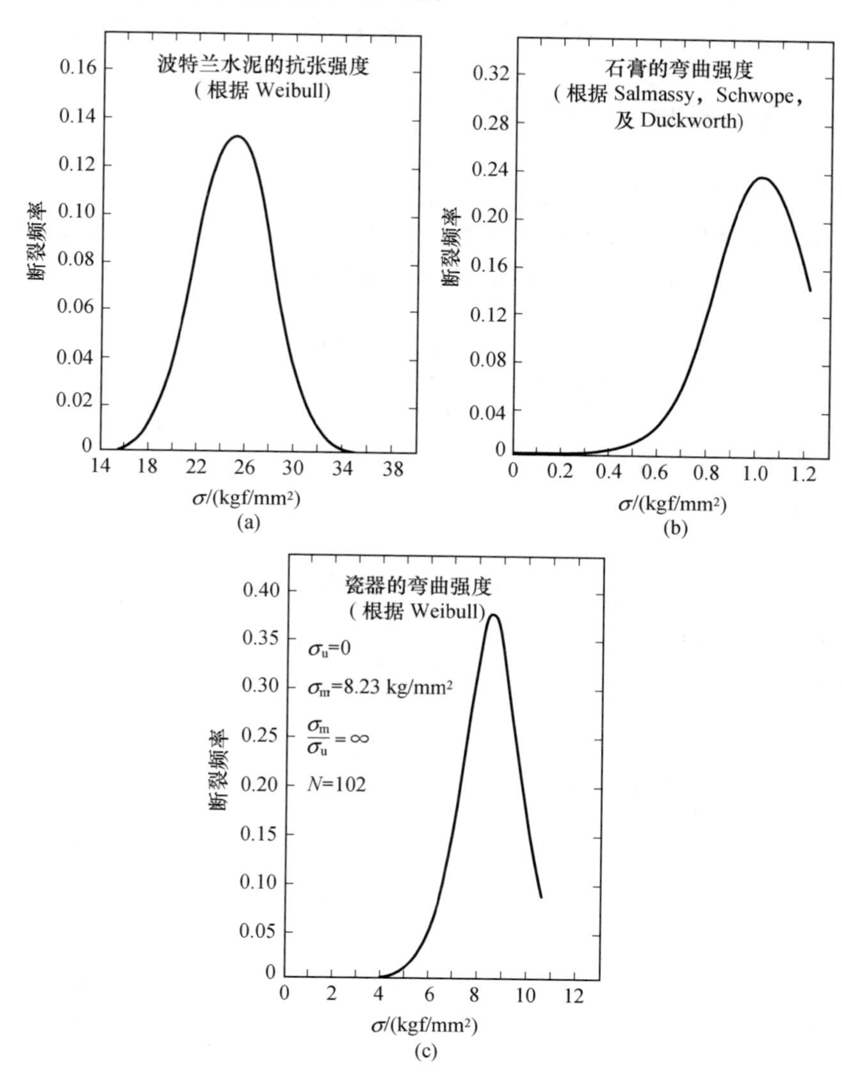

图 15.11　观察到的某些脆性材料强度的频率分布

在大多数商业产品破坏的普通强度范围内，体积理论的预测通常要用试验数据来验证。平均强度随试样尺寸的增加而降低，断裂强度的分散性随平均强度的增加而增加。但当强度高于 10^5 psi 时强度常常与试样尺寸无关，且分散性实际上可能也与平均强度无关。例如，W. H. Otto① 和 W. F. Thomas② 都发现玻璃纤维的抗张强度与 20 ~ 60 μm 范围内的直径无关。在他们各自的研究中平均强度为 4×10^5 psi 及 5.3×10^5 psi，并且两者的强度分散性小。这些结果可能反映出成形条件的影响，但是这些条件和强度之间的关系还有待阐明。

15.5 强度和断裂表面功

观察到的陶瓷强度范围宽广，从高度多孔的耐火砖小于 100 psi 的数值，到仔细控制的条件下制备及试验的 SiO_2 纤维和像 Al_2O_3 那样的晶态陶瓷晶须超过 10^6 psi 的数值。一些典型数值如表 15.2 所示。

表 15.2 一些陶瓷材料的强度值

材料	破坏模量/psi
氧化铝晶体	50000 ~ 150000
烧结氧化铝(约 5% 气孔率)	30000 ~ 50000
氧化铝瓷(90% ~ 95% Al_2O_3)	50000
烧结氧化铍(约 5% 气孔率)	20000 ~ 40000
热压氮化硼(约 5% 气孔率)	7000 ~ 15000
热压碳化硼(约 5% 气孔率)	50000
烧结氧化镁(约 5% 气孔率)	15000
烧结硅化钼(约 5% 气孔率)	100000
烧结尖晶石(约 5% 气孔率)	13000
致密碳化硅(约 5% 气孔率)	25000
烧结碳化钛(约 5% 气孔率)	160000
烧结稳定化氧化锆(约 5% 气孔率)	12000
硅 玻 璃	15550
高硅氧玻璃(Vycor glass)	10000
Pyrex 玻璃	10000
莫来石瓷	10000
滑 石 瓷	20000
超级耐火黏土砖	750

① *J. Am. Ceram. Soc.*, **38**, 122(1955)。

② *Phys. Chem. Glasses*, **1**, 4(1960)。

续表

材　　料	破坏模量/psi
镁　　砖	4000
结合碳化硅(约 20% 气孔率)	2000
2000 ℉隔热耐火砖(80% ~85% 气孔率)	40
2600 ℉隔热耐火砖(约 75% 气孔率)	170
3000 ℉隔热耐火砖(约 60% 气孔率)	290

在玻璃以及许多致密的晶态陶瓷中，导致物体的实际强度相对小的裂纹主要是表面裂纹。要使强度在 10^5 psi 范围内，通常就要保证表面清洁和不受损伤，或使表面处于受压的初始状态。对于没有这种压力的试样，甚至用手指触摸表面也会使强度从 10^5 psi 减少到 10^4psi 的范围。腐蚀受损伤物体的表面(如用 HF 腐蚀玻璃)通常可以恢复其原始强度。对于 0. 25 in 直径的棒，试验周期 60 min，强度的恢复情况如表 15. 3 所示。

表 15. 3　表面条件对强度的影响

表 面 处 理	强度/psi
刚从工厂收到	6500
强烈喷砂后	2000
用酸腐蚀，并使表面光洁	250000

引自 C. J. Phillips，*Am. Sci.*，**53**，20(1965)。

D. G. Holloway① 及 N. M. Cameron② 进行的工作曾集中注意黏结在表面的显微尘粒对玻璃强度的重要影响，发现断裂常常由这些微粒开始扩展；而在没有这些微粒的区域则测得了高的原始强度。微粒所以能影响强度，是由于玻璃和微粒间的模量差异或热膨胀系数的差异，或者更可能是由于微粒处局部的化学侵袭(腐蚀)。

在多晶陶瓷中，微裂纹的一个普遍来源是瓷体中存在的不同相之间的热膨胀系数不同而引起的边界应力，如第五章所述。这些应力通常足以产生微小裂纹。试样从烧成温度冷却时形成的应力也是微裂纹的一个来源，使用过程中形成的热应力能在表面引起高的应力而产生表面裂纹但不会导致最后断裂。在尺寸像砖那样大的试样中，小规模或大规模的这种表面微裂纹是普遍的现象。多相陶瓷中应力集中和裂缝产生的另一个来源是不同相之间或在一种相中沿晶界

① *Phys. Chem. Glasses*，**4**，69(1963)。

② *Glass Technol.*，**9**，14 and 121(1968)。

的热腐蚀，如第五章中所述。这些都能在表面形成缺口并导致应力集中。但是，表面的机械磨损和化学侵袭通常是裂纹形成的主要原因。这些引起裂纹的根源在实际应用中是很难避免的，所以一般必须假定试样都含有大量的裂纹。

通常呈延性或半脆性的晶态材料，在某些试验条件下可观察到解理断裂或脆性断裂。低温、冲击荷载及塑性形变受到约束的地方(如在缺口处)都促进了这种形式的破坏。在这些情况下通常发现在断裂开始之前总是出现一些塑性形变。塑性形变过程中产生的位错可聚集起来以引起微裂纹而导致脆性断裂。已经提出了关于这种断裂方式的各种详细的分析。像在滑移带、晶界或表面这些障碍的地方，位错通常趋于大量地堆积在一起。发生这种情况时就产生高的局部应力，足以迫使位错挤在一起形成裂纹核心。

一种特殊的裂纹来源是滑移带的相互作用致使位错堆积起来而引起解理裂纹(图 15.12)。已观察到位错聚集以形成微裂纹的多种类似的方式并对所需的应力进行了理论计算①。

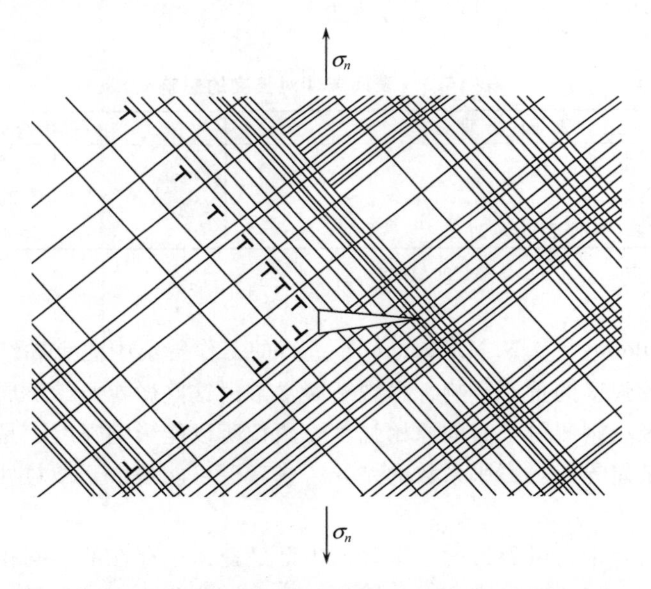

图 15.12　说明两个滑移带交截时的位错堆积和裂纹形成的示意图

如果材料是延性的，一旦微裂纹形成，裂纹端部的应力场就会在邻近的晶粒中引起塑性形变；由于应力场能被塑性流动解除，所以裂纹长大是缓慢的。对于半脆性材料，或一般地仅在高应力水平下才能发生流动时，应力在晶界上积累，直到超过固体强度而发生断裂。假定滑移带长度正比于晶粒尺寸 d，对

① 参看 A. N. Stroh, *Adv. Phys.*, **6**, 418(1957)。

于这种情况，断裂应力可表示为

$$\sigma_f = \sigma_0 + k_1 d^{-1/2} \tag{15.54}$$

式中

$$k_1 = \left(\frac{3\pi\gamma E}{1-\nu^2}\right)^{1/2} \tag{15.55}$$

式(15.54)具有 Petch 关系的形式并且预言强度随多晶阵列晶粒尺寸的减小而增大(按 $d^{-1/2}$)。在初始的裂纹尺寸受到晶粒限制和晶粒尺寸相仿的情况下，以及观察到脆性性状的情况下，强度随晶粒尺寸的变化应如下式：

$$\sigma_f = k_2 d^{-1/2} \tag{15.54a}$$

式(15.54a)称为 Orowan 关系。

多晶陶瓷中裂纹起源的另一种机理集中考虑了由各向异性热收缩引起的内应力。F. J. P. Clarke① 的分析假定断裂自晶界的气孔开始并沿晶界扩展，在气孔比晶粒尺寸小得多的情况下，当

$$\varepsilon = \left(\frac{48\gamma_b}{Ed}\right)^{1/2} \tag{15.56}$$

时，可望发生自发断裂。这里 ε 为晶界应变，γ_b 为晶界表面能。

S. C. Carniglia② 总结了多晶陶瓷强度的试验数据。在所考虑的 46 套数据中，6 套可以用 Orowan 关系[式(15.54a)]描述，10 套可用 Petch 关系[式(15.54)]描述，30 套可用该两种关系的结合来描述，大晶粒尺寸的数据符合 Orowan 关系。这种性状可由图 15.13 所示的 Al_2O_3 的数据来说明。

在评价这些结果时，必须认识到破坏是发生在瓷体中最严重的裂纹处，而不是发生在一般裂纹处。因此这些强度与平均晶粒尺寸的关系就必定反映试样生产时的工艺技术，试样中最严重的裂纹与平均晶粒尺寸相当。在工程技术实践中，瓷体内最严重的裂纹通常与气孔、表面损伤、异常晶粒或外来夹杂物结合在一起，常常要仔细地使最严重裂纹的尺寸减到最小并保证其接近平均裂纹尺寸。

不同类型的陶瓷材料之间强度性状的差异可从不同的侧重点来考察。在像玻璃及许多陶瓷单晶之类的脆性材料中，一旦裂纹已经发生，应力状态就会使裂纹开始扩展，没有可与延性材料的塑性形变相比的大的能量吸收过程。因此，没有限制作用应力的机理，于是裂纹在均匀的应力场中继续扩展直到完全破坏。这就是说，裂纹的发生是破坏过程的关键性阶段。

在多晶陶瓷中，像晶界这样的障碍可阻止裂纹扩展并防止瓷体断裂。

---

① *Acta Met.*, **12**, 139(1964)。

② *J. Am. Ceram. Soc.*, **55**, 243(1972)。

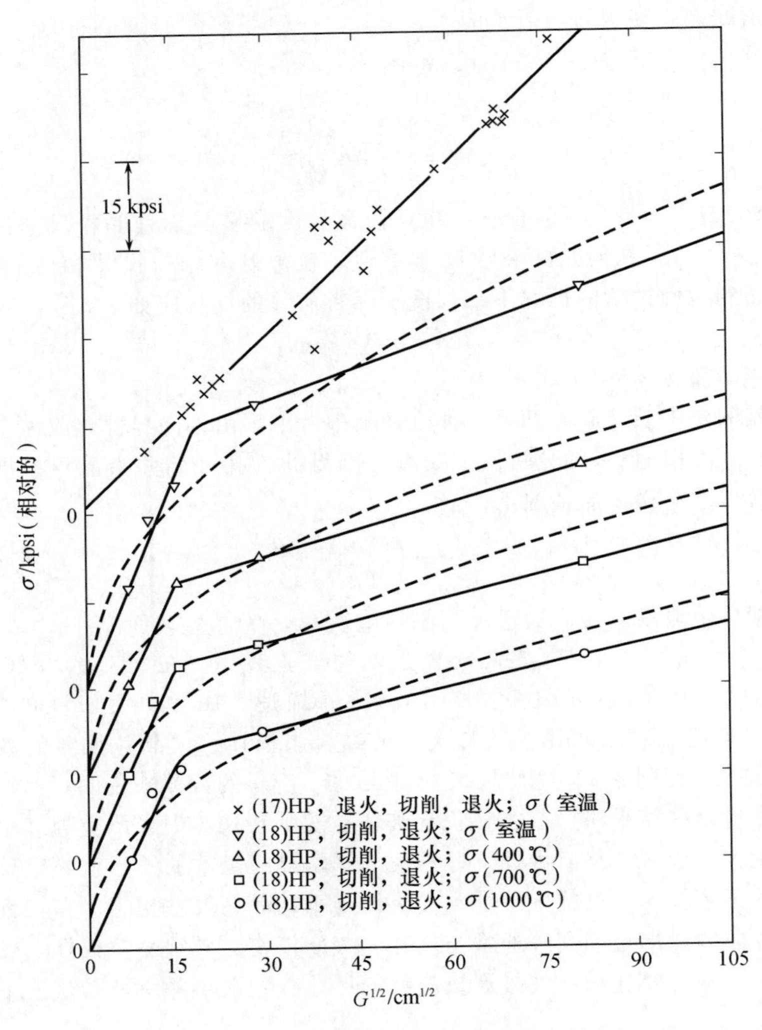

图 15.13　多晶 Al_2O_3 强度与晶粒尺寸的关系。

引自 S. C. Carniglia，*J. Am. Ceram. Soc.*，**55**，243(1972)

M. Gell 和 E. Smith① 对典型的多晶阵列分析了裂纹在晶界处改变扩展方向所需增加的应力，预期增加 1～3 倍。

对于高韧性材料如金属结合的碳化物切削工具，断裂经过每个相界时必然使一些新的裂纹成核；金属相的延性行为提供了一种能量吸收机理，以致需要增加应力才能保持裂纹运动。在这些情况下，即使应力超过裂纹成核的水平，

① *Acta Met.*，**15**，253(1967)。

材料也不断裂。在破坏之前，应力必须达到一个足以使裂纹扩展的高水平。

脆性和延性的概念也反映在从受控制的裂纹扩展的研究导出的断裂表面能[式(15.45)中的 $\gamma + \gamma_p$)中。S. M. Wiederhorn① 对许多硅酸盐玻璃进行了这方面的研究。在 300 K 进行的试验中发现表面能数值范围为 3500 ~ 4700 erg/cm^2；在 77 K 为 4100 ~ 5200 erg/cm^2。作为比较，形成新表面所需的能量估计为 1700 erg/cm^2。这些结果表明玻璃是近乎理想的脆性材料，测得的断裂能和估计的表面能之间的差异很可能反映裂纹端部附近发生的黏滞形变过程。即使对在玻璃转变温度以下进行试验的玻璃来说，由于在裂纹端部前面区域的应力会大大超过非牛顿型流动(参看 14.7 节)的临界应力，也预期会出现某种程度的黏滞形变。但是塑性(黏性)区域的范围很小，根据 Wiederhorn 的估计，在 6 ~ 26 Å 范围内。

在单晶的情况下，断裂过程取决于断裂平面的结晶学取向，并且优先沿着断裂表面能最低的平面发生。在许多情况下，这就导致在单一晶面发生的解理型断裂，这种晶面比晶体中其他晶面的断裂表面能低得多。各种单晶的断裂表面能如表 15.4 所示。除 Al_2O_3 外，所有数据都反映出解理断裂且说明断裂能超过预期的表面能，其倍数类似于或稍大于硅酸盐玻璃中所发现的。

表 15.4 单晶的断裂表面能

晶体	断裂表面能/(erg/cm^2)
云母，真空，298 K	4500
LiF，N_2(液)，77 K	400
MgO，N_2(液)，77 K	1500
CaF_2，N_2(液)，77 K	500
BaF_2，N_2(液)，77 K	300
$CaCO_3$，N_2(液)，77 K	300
Si，N_2(液)，77 K	1800
NaCl，N_2(液)，77 K	300
蓝宝石，$(10\bar{1}1)$面，298 K	6000
蓝宝石，$(10\bar{1}0)$面，298 K	7300
蓝宝石，$(11\bar{2}3)$面，77 K	32000
蓝宝石，$(10\bar{1}1)$面，77 K	24000
蓝宝石，$(22\bar{4}3)$面，77 K	16000
蓝宝石，$(11\bar{2}3)$面，293 K	24000

多晶陶瓷测得的断裂表面能为单晶断裂表面能的 5 ~ 10 倍。多晶体的大的

① *J. Am. Ceram. Soc.*, **52**, 99(1969)。

$(\gamma+\gamma_p)$与材料中不规则的裂纹扩展路径有关(见图 15.21 及图 15.22)。这也反映了裂纹运动过程中必须克服障碍，因而使得断裂功增加。

对于小尺寸的晶粒，多晶陶瓷的断裂表面能明显地随晶粒尺寸的增加而增加。由于单晶的强度通常好于多晶，且由于多晶陶瓷的强度随晶粒尺寸的减小而增加，所以多晶的强度可能主要取决于单晶或晶界的断裂表面能而不是取决于多晶的$(\gamma+\gamma_p)$值。

15.6　静态疲劳

除脆性断裂外，硅酸盐玻璃及晶态陶瓷的一个破坏特征是，测得的强度取决于荷载作用的时间或加载速率。这种现象称为疲劳，如图 15.14 所示。图中给出了不同试验条件下几种玻璃在不同荷载作用时间下表现出的断裂应力。这些数据可用下面形式的关系来描述：

$$\log t = \frac{A}{\sigma_f} + B \tag{15.57}$$

式中：t 为破坏前的时间；A 和 B 为常数。此关系对很短的荷载作用时间不适用，但对几乎所有的数据范围都提供一种有用的描述。

虽然如图 15.14 所引用的玻璃之类陶瓷材料短期可承受给定应力，但如果作用时间足够长，较低的应力就会最终导致断裂。因此在确定陶瓷强度并规定使用条件时，我们必须知道加载速率或应力作用的时间以及其他因素。

导致延迟断裂这一过程的本质可以从比较真空中、完全干燥的空气中和含有一定数量水蒸气的普通空气中的试验结果明显地看出来。当大气中有湿气时静态疲劳现象最为突出。这一过程的化学本质也可从它对温度的依赖关系(图 15.15)看出来。室温下短时间的强度接近于很低温度下水蒸气侵袭速率很小时的标准试验所得的数值，也接近于真空中试验所得到的数值。

温度降到室温以下之后，玻璃强度的增加很可能与原子迁移率的降低有关。在液氮温度以下，强度随温度的变化很微小。在 400 ~ 500 K 温度以上，强度随温度的增加而增加。这种增加可能是由于降低了大气水分的表面吸附，或由于夹附的污秽尘粒的影响较小，或由于裂纹端部的黏性功增加。在 +50 ℃和 -50 ℃温度之间，恒定应力(腐蚀速率的倒数)下断裂前时间的阿伦尼乌斯图对钠 - 钙 - 硅酸盐玻璃来说是一条激活能为 18.8 kcal/mol 的直线(图 15.16)；也就是说，引起断裂的过程是一种依赖于温度的激活过程，类似于化学反应或扩散过程。

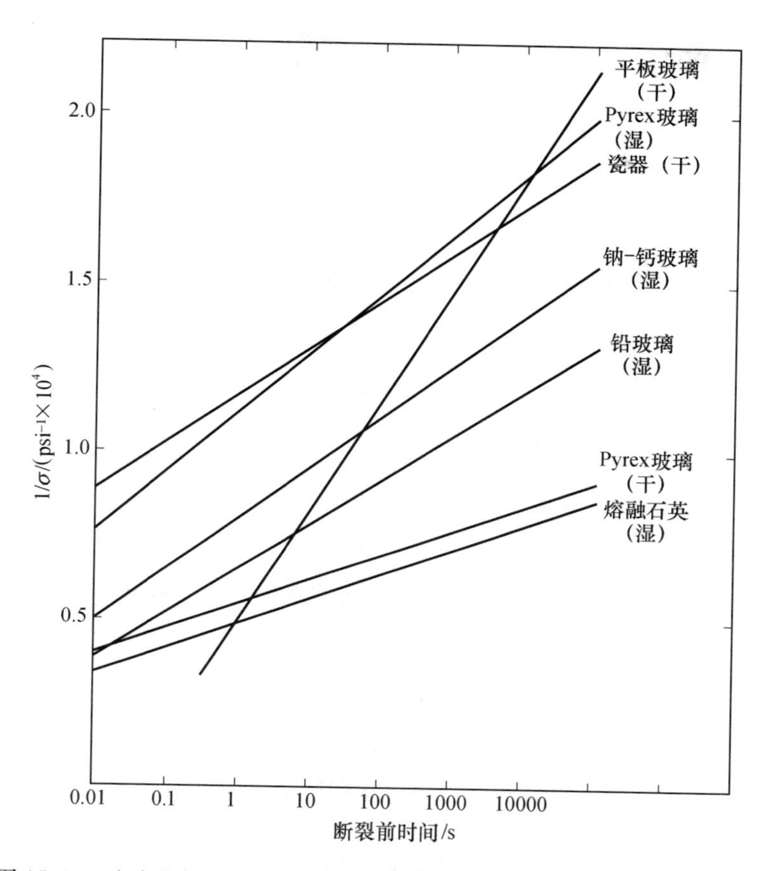

图 15.14　应力的倒数与破坏前时间的对数的关系。引自 J. L. Glathart and F. W. Preston，*J. Appl. Phys.*，**17**，189(1946)

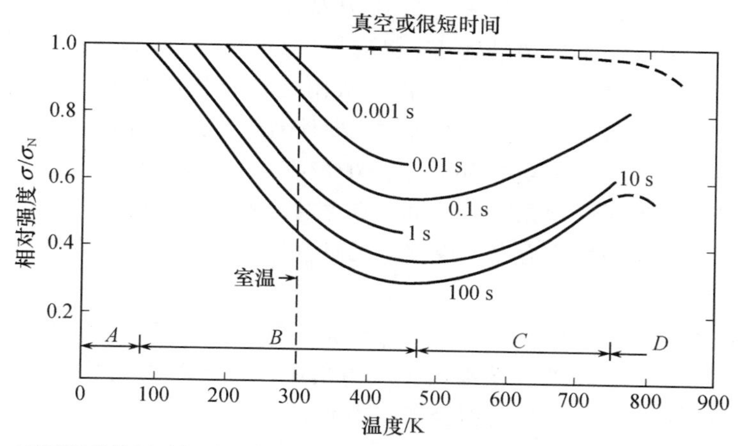

图 15.15　不同荷载作用时间下，在空气中进行试验的玻璃的相对强度与温度的关系。从不同研究者的结果得到的半定量的综合曲线。引自 R. E. Mould，*Glastech. Ber.*，**32**，18(1959)

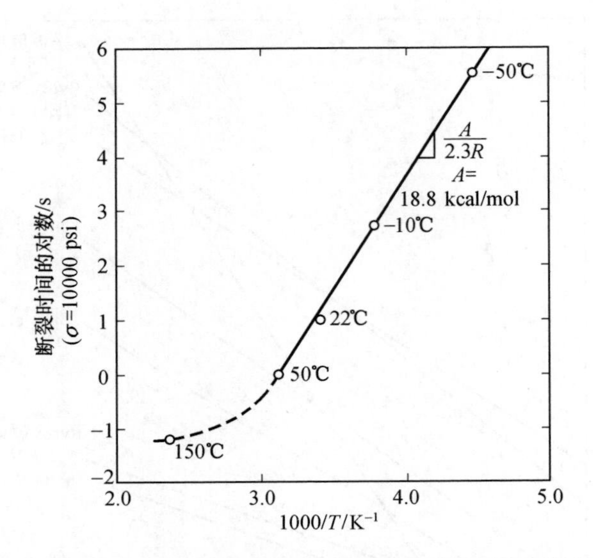

图 15.16 弯曲试验中钠-钙-硅酸盐玻璃棒的断裂前时间对温度的依赖关系。引自 R. J. Charles, in *Progress in Ceramic Science*, Vol. 1, Pergamon Press, New York, 1961

在对经过不同磨耗处理的钠-钙-硅酸盐玻璃所进行的试验中，R. E. Mould 和 R. D. Southwick① 发现室温下不同的磨耗给出不同的静态疲劳曲线(图 15.17)。但是，如果将每种磨耗处理的强度值除以该种处理下的低温强度而对折算的时间指标作图，则所有数据都符合一条普适性疲劳曲线。这种曲线如图 15.18 所示；它说明长时间强度约等于短时间强度或低温强度的 17%。化学组成不同的其他玻璃由不同的普适疲劳曲线来表征。

疲劳过程同两种现象有关系：① 应力腐蚀过程。在这种过程中，足够大的应力提高了裂纹端部的腐蚀速率(相当于裂纹边缘部分的腐蚀)，导致裂纹的锐化和深化，最终引起破坏；② 由于吸附活性物质而降低表面能，使得 γ 对断裂表面功的贡献减小。但如上所述，即使对最脆的材料硅酸盐玻璃，估计的 γ 也只不过约为总断裂功的 30%，γ 的变化不足以说明长期荷载作用下观察到的强度降低。由于这种原因以及由于应力腐蚀模型通常能满意地描述许多试验数据，所以宁愿采用应力腐蚀模型，虽然这种模型明显地不能描述所有观察到的性状(见下文)。

虽然静态疲劳似乎和腐蚀过程密切相关，但溶解必定是导致裂纹缓慢长大的一种特殊形式，它在裂纹端部增加应力集中，直到裂纹增长到由 Griffith 判据所要求的尺寸。腐蚀玻璃表面会消除表面裂纹以及使裂纹端部变圆，微裂纹

① *J. Am. Ceram. Soc.*, **42**, 582(1959)。

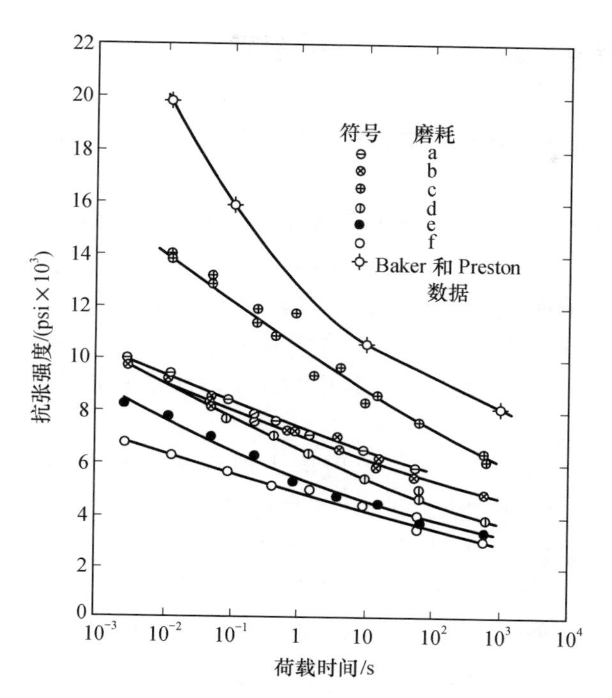

图 15.17　不同磨耗下钠 - 钙 - 硅酸盐玻璃试样的静态疲劳曲线，试验在蒸馏水中进行。引自 R. E. Mould and R. D. Southwick，*J. Am. Ceram. Soc.*，**42**，582(1959)

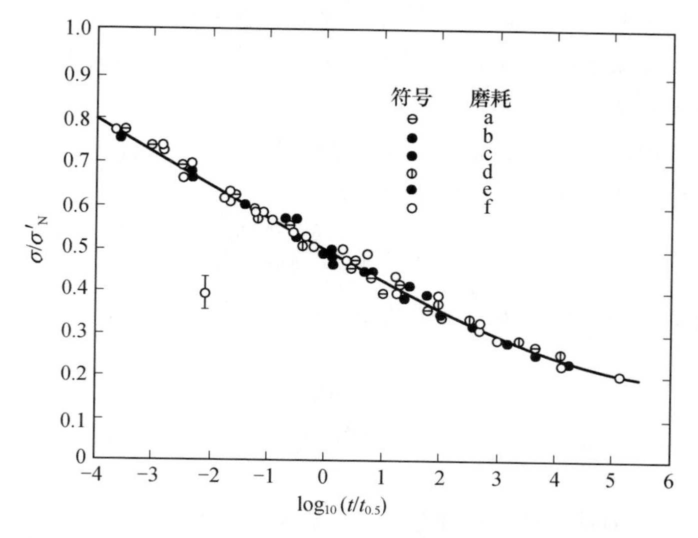

图 15.18　从图 15.17 的数据导出的钠 - 钙 - 硅酸盐玻璃的普适疲劳曲线。σ'_N 为 77 K 时的强度，$t_{0.5}$ 为一定磨耗处理下强度下降到 77 K 时的一半所需的时间

中的应力集中降低，从而使试样的强度增加。这一结果可从下列事实推断出来，即：小曲率半径的裂纹端部比平坦的裂纹边缘有较高的化学势和溶解度(关于这点，回顾一下第五章中讨论的溶解度及其与表面曲率的关系是有益的)。

如 R. J. Charles[①] 指出的，引起裂纹端部比边缘更加迅速溶解的因素(这是继续增加应力集中所需要的)是端部高的张应力使得端部的玻璃网络结构或晶格膨胀并提高腐蚀速率。已经知道结构疏松的淬冷玻璃(即比体积较大的玻璃)比结构密实的退火玻璃具有较高的腐蚀速率。同样，裂纹端部的弹性伸长被认为可能是由于膨胀了的网络结构中钠离子的迁移率增加而导致端部更迅速地溶解。

W. B. Hillig 和 R. J. Charles[②] 曾用应力腐蚀模型解释普适疲劳曲线(图 15.18)。应力腐蚀模型也曾成功地用来描述 Wiederhorn 的实验数据[③]。在这些试验中钠－钙－硅酸盐玻璃中的裂纹扩展速率是作为温度、环境和应力强度因子的函数来测量的。图 15.19 所示的典型结果指出裂纹扩展速率对应力强度因子(K_{I})关系存在 3 个区域。在区域 I，正如应力腐蚀模型所预期的，速率随应力强度因子按指数规律变化并对水蒸气压力有依赖关系。在此区域内，速率显然受到裂纹端部化学反应动力学的限制。在区域 II，裂纹扩展速率几乎与 K_{I} 无关，但显著地取决于水蒸气的压力。在此区域中，速率显然受到水蒸气向裂纹端部传输的限制。在区域 III，裂纹扩展速率强烈地取决于 K_{I}，但与环境无关。如图 15.19 所示，在恒定的 K_{I} 下，发现在此区域的裂纹扩展速率取决于温度和玻璃的组成。

图 15.19 中的曲线用来检验应力腐蚀模型的预测。这种模型指出裂纹扩展速率随应力强度因子按指数规律变化，如

$$V = V_0 \exp\left(\frac{-E^* + bK_{\mathrm{I}}}{RT}\right) \tag{15.58}$$

除此关系外，用下列经验关系来描述裂纹扩展速率与应力强度因子的关系常常是有用的：

$$V = AK_{\mathrm{I}}^n \tag{15.59}$$

按此方式测定的典型的 n 值在 30～40 的范围内，说明裂纹扩展速率突出地依赖于应力强度因子。

对于真空中的钠－钙－硅酸盐玻璃、铝硅酸盐玻璃、硼硅酸盐玻璃和高铅

---

① *J. Appl. Phys.*, **29**, 1549(1958)。

② *High Strength Materials*, John Wiley & Sons, Inc., New York, 1965。

③ *J. Am. Ceram. Soc.*, **50**, 407(1967)。

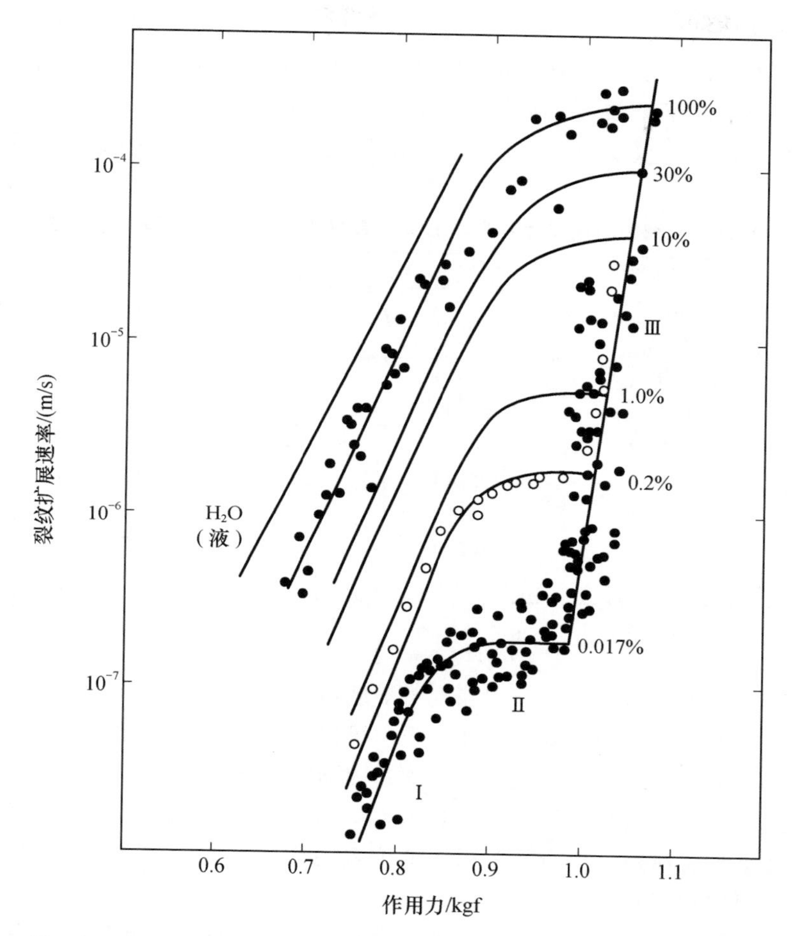

图 15.19　钠－钙－硅酸盐玻璃的裂纹扩展速率对作用力的依赖关系。图的右边给出相对湿度的百分数，罗马字表示裂纹扩展的三个区域。引自 S. M. Wiederhorn，*J. Am. Ceram. Soc.*，**50**，407(1967)

玻璃，已观测到类似图 15.19 所示的性状，其速率强烈取决于组成。另一方面，对熔融石英及低碱硼硅酸盐玻璃，在真空中破坏前没有看到缓慢的裂纹扩展。这些结果说明并非凡是随应力强度因子按指数规律变化的裂纹扩展都应当用应力腐蚀模型来解释。对于在真空中进行试验的玻璃，缓慢裂纹扩展的表观激活能比在水蒸气中观察到的要高得多，且很可能反映裂纹本身的激活长大。

大多数氧化物陶瓷都含有碱金属硅酸盐玻璃相，所以通常看到延迟断裂和强度依赖于荷载速率的现象。如上所述，对于基本上没有碱质的系统也观察到了缓慢裂纹扩展和延迟断裂。对许多其他陶瓷材料(参看推荐读物 8)，包括日用瓷、玻璃质碳、波特兰水泥、高铝瓷、氮化硅、锆钛酸铅和钛酸钡，也发现类似室温下在硅酸盐玻璃中观察到的结果。在多晶陶瓷中，高温下缓慢裂纹扩展似乎主要取决于杂质(特别是晶界相)而不是取决于环境，在这些条件下局部的塑性可能也是重要的。静态疲劳影响陶瓷强度的一些实例如表 15.5 所示。

表 15.5 机械加载速率为 0.005 in/min 条件下的压缩(c)及弯曲(tr)强度

材料	实验条件/psi			
	液氮	干燥氮气	饱和水蒸气	
	-195 ℃	240 ℃	240 ℃	25 ℃
钠-钙-硅酸盐玻璃(tr)	22000			11000
熔融石英玻璃(c)	65700	64500	36600	55600
花岗岩 (c)	37400	19700	6010	23500
锂辉石 (c)	95200	57300	45700	38500
巴西石英 (c)	81600	63800	35800	52200
MgO 晶体 (c)	30500	26600	8000	14200
Al_2O_3 晶体 (tr)	152000	116500	68300	110000

引自 R. J. Charles，推荐读物 7。

强度对荷载时间的依赖性和强度对加载速率的依赖性有密切的关系。观察到的强度随加载速率的降低而下降的现象可以简单地加以说明。荷载以缓慢速度增加，为缓慢裂纹扩展提供更多时间，因而在较低的作用应力下就可达到引起破坏的临界应力强度因子。已经导出大量的表达式将强度对加载速率的依赖关系和裂纹扩展速率对应力强度因子的依赖关系联系在一起①，现有的公认的有限试验数据和预测颇为一致。

除静荷载和可变荷载速率条件下的性状外，还直接注意到振动应力条件下的陶瓷性状。Gurney 和 Pearson 对钠-钙-硅酸盐玻璃的早期工作指出，在应力以阶函数在 $-\sigma$ 及 $+\sigma$ 之间变化的条件下，强度性状可用静态疲劳关系来描述，这时的时间参数是试样在张应力下所费去的时间之和。也就是说，循环应力条件下的性状可以用静态条件下起作用的裂纹扩展机理来说明，没有发现在金属中看到的与塑性相结合的那种疲劳裂纹扩展形式的证据。

对于按正弦规律随时间变化的应力，如 $\sigma(t)=\sigma_0+\sigma_1\sin 2\pi\nu t$，每一循环的平均裂纹扩展速率可用平均应力强度因子 $K_{\mathrm{I,av}}$ 来表示，根据式(15.59)，

$$V_{\mathrm{av}} = gAK_{\mathrm{I,av}}^{n} \tag{15.60}$$

① S. M. Wiederhorn, et al., *J. Am. Ceram. Soc.*, **57**, 336(1974)。

式中，

$$g = \nu \int_0^{1/\nu} \left[\frac{\sigma(t)}{\sigma_0} \right]^{-n} \mathrm{d}t \tag{15.61}$$

于是正弦应力条件下平均裂纹扩展速率可以表示为

$$V_{\mathrm{av}} = gV_{\mathrm{static}} \tag{15.62}$$

式中：V_{static}是在式(15.59)中将 K_{I} 取作 $K_{\mathrm{I,av}}$而得到的值。Evans 和 Fuller① 已给出不同 n 值时 g 的数值。电磁、钠－钙－硅酸盐玻璃和氮化硅在正弦应力条件下，发现预测的和实验的裂纹扩展速率之间的一致性较好。这种一致性暗示在这些条件下的裂纹扩展涉及和静态条件下相同的机理。但在出现塑性的温度下，仍可能发现陶瓷具有与塑性结合的疲劳裂纹生长(参看第十四章中的讨论)。

断裂力学用于陶瓷材料的最让人感兴趣的发展之一是保证试验的引入。例如，考虑一保证应力 σ_{p} 作用于试样，相当于一应力强度因子 $K_{\mathrm{I,p}}$。能承受此应力的试样必须满足[回忆式(15.49)]

$$K_{\mathrm{I,p}} = \sigma_{\mathrm{p}}(Yc)^{1/2} < K_{\mathrm{Ic}} \tag{15.63}$$

知道了能承受保证试验的试样中可能存在的裂纹尺寸的上限，并知道了作为材料的应力强度因子的函数的裂纹扩展速率，原则上就可以保证所有试样在给定应力条件下有一最短的工作寿命。这种方法的使用取决于许多因素，如保证：① 在随后的加工中对物体没有附加的损伤；② 保证试验的条件要接近使用条件；③ 能估计物体在使用中的应力条件；④ 裂纹扩展速率对 K_{I} 的关系要适于使用中所预期的类似的应力条件；⑤ 还要考虑到保证试验后卸载过程中的缓慢裂纹扩展等。虽然这些因素可能限制这一技术的广泛使用，但当有关材料及使用条件的资料足够时，这种技术还是很有希望保证陶瓷体的完整性的。

诸如此类的研究今后可能会更加受到注意，因为为了能经受苛刻的环境条件结构工程师们会更多求助于陶瓷材料。由于特别耐腐蚀和耐高温，陶瓷将被越来越多地用于结构荷重的应用中，在这些应用中破坏的几率是一个关键的设计参数。这些特殊的应用将会对那些以提供更好地了解了其破坏特性的材料为己任的陶瓷工程师施加巨大压力。

15.7 蠕变断裂

应该提到的另一种断裂是在高温下变形时多晶材料发生的蠕变破坏。在这些条件下，形变的主要部分来自晶界滑移。对小的形变，晶界滑移速率正比于剪应力。对较大的形变，晶界是不平整的，这种几何不整合性导致邻近晶粒间

① *Met. Trans.*, **5**, 27(1974)。

的咬合。当晶界发生迁移以调整这种不规则性时，晶界滑移速率就降低。随着应力的增加，就会不顾这种几何不整合性而迫使滑移沿晶界发生，因此在晶界区域形成高的张应力，这就使得裂纹及气孔成核。当拉伸继续下去时，这些小气孔就以一种和第十章中所讨论过的烧结现象正好相反的过程长大。在多晶材料中这种过程是一种体积扩散过程，在具有黏性晶界相(这在陶瓷中最普遍)的材料中，长大的机理可能是晶界相中的黏滞流动。

当气孔的尺寸增大时，横截面上固体的面积就减小，单位面积上的应力就增加，结果发生断裂。图 15.20 中示出了高温下受到拉伸的试样中存在的裂纹和气孔。由于蠕变断裂是晶界滑移的结果，因此就不能谈到确切的强度值。随

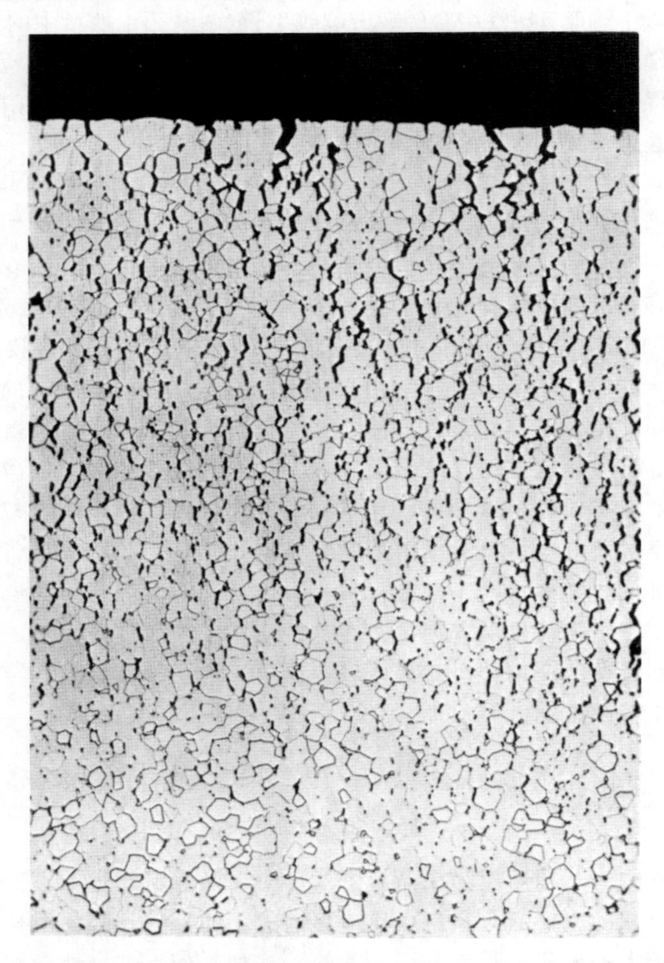

图 15.20　原来密实的 Al_2O_3 在高温下在弯曲试验中发生形变后的显微组织。气孔出现在试样张拉的一侧(上部)(100 ×)。R. L. Coble 提供

着应力和温度的降低，断裂所需的时间就增加。表示实验数据的最满意的方法是蠕变－断裂曲线。如果用断裂前时间的对数对作用应力作图，就得到一条直线，能恰当地表示这一过程发生的范围内的数据。

晶粒尺寸对强度的影响已经在15.5节中讨论过。如该节所述，多晶陶瓷中断裂路径常常是十分不规则的。这种断裂形式的实例如图15.21和图15.22所示。除了式(15.54)和式(15.54a)中所反映的晶粒尺寸对强度的直接影响外，也还有和式(15.56)有关的、由各向异性热收缩引起的晶界应力的影响。对1900 ℃烧成而形成直径为几毫米的晶粒的 Al_2O_3 进行的观察提供了后一种影响的一个突出例子。在这些情况下，晶界应力达到足以发生自发开裂，因而晶粒可用小刀个别剔出。在图5.15中可看出氧化铝试样中的晶界裂纹。

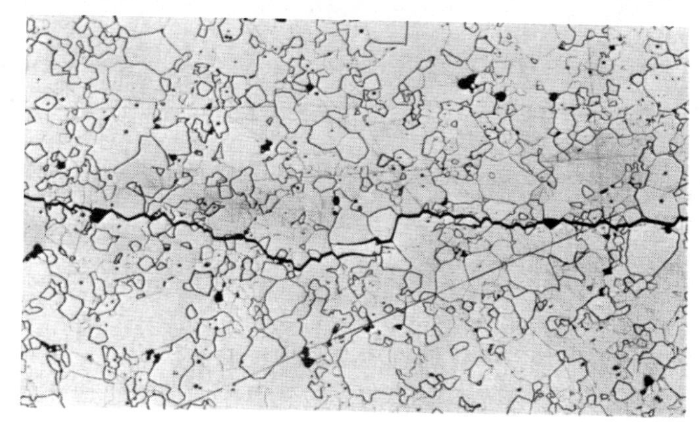

图15.21 热致开裂的多晶氧化铝中的断裂路径。R. L. Coble 提供

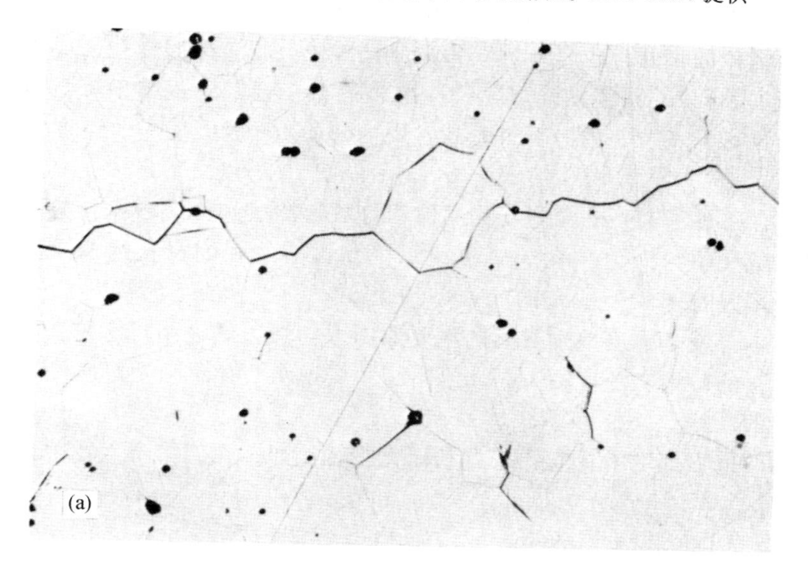

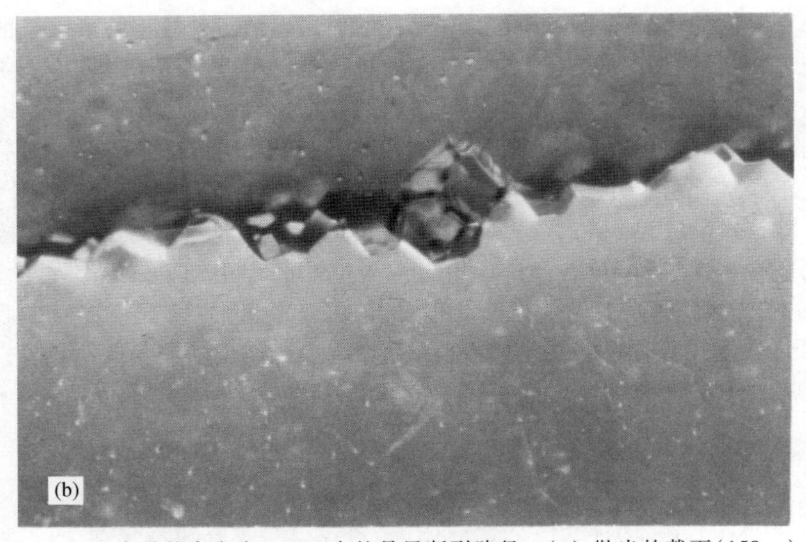

图 15.22　大晶粒高密度 Al_2O_3 中的晶界断裂路径。(a) 抛光的截面(158×)；(b) 透射光(150×)。R. L. Coble 提供

15.8　显微结构的影响

由于断裂现象本身是多样化的且对所有细节还不很清楚，所以即使对最简单的材料也显然不可能进行完全满意的、包罗万象的关于组成和显微结构的影响的鉴定。

大多数陶瓷材料中结构的主要影响是气孔所引起的。气孔明显地降低了荷载作用的横截面积并且也是应力集中的地方(对于孤立球形气孔，应力增加一倍)。实验发现多孔陶瓷的强度随气孔率以近似于指数的规律下降。对气孔率的影响提出了各种特定的分析关系式。Ryskewitsch① 提出了一个经验公式

$$\sigma = \sigma_0 \exp(-nP) \tag{15.64}$$

式中：n 的范围为 4～7；P 为气孔的体积分数。此式和许多数据比较接近。这就是说，气孔率约为 10% 时，强度就下降到没有气孔的材料的一半。这样大小的气孔率是普遍的。硬瓷的气孔率约为 3%，陶瓷的气孔率为 10%～15%。气孔率的差异就是强度差别甚大的主要原因。当然，硬瓷相对比较高的强度是我们所希望的特性之一。图 15.23 给出了一些说明气孔率强烈影响的、具有特色的材料的数据。

在高的应力梯度下，气孔将有利而无害。例如，在像第十六章中讨论的热

① *J. Am. Ceram. Soc.*, **36**, 65(1953)。

震引起的应力下，气孔趋于阻止裂纹扩展，结果得到表面微裂而不是完全断裂。这是因为应力从表面的高值很快下降到内部的低值。

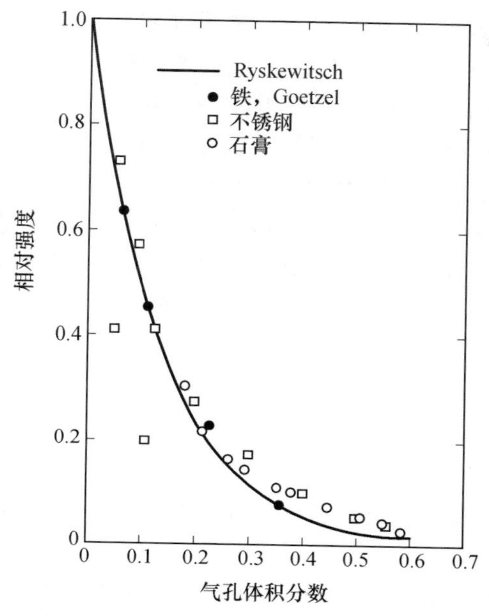

图 15.23 气孔率对陶瓷断裂强度的影响

最简单的两相系统是上釉的陶瓷。在这种情形下，釉常常比下面的瓷体弱，通常也看到断裂是从表面开始。因此，釉的热膨胀系数比瓷体小时强度较高。当这种上釉的复合体冷却时，釉层处于压应力状态，弯曲试样中初始的和最终的应力分布如图 15.24 所示。瓷体中的张应力比釉中的压应力小，所以按此方式通常能得到实质上的强化。在某些情况下，特别是当釉的膨胀使瓷体处于增大的张应力下，以及高的釉层压力阻止断裂从表面开始的情况下，断裂发生在釉和陶瓷体的界面上。因此，不希望过高的釉层压力。

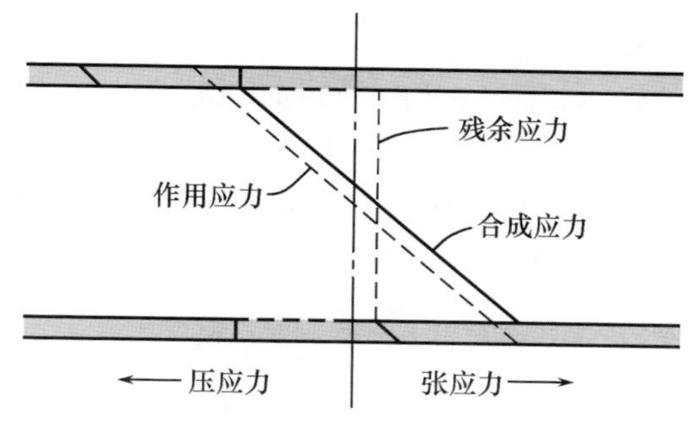

图 15.24 冷却后施加弯曲应力的釉层及瓷体中的应力

在多相系统中不同的因素都可能占优势，这要根据所观察的断裂类型而定。影响强度的最常起作用的特性是不同相之间由于热膨胀系数不同而引起的界面应力。这些应力能导致内部裂纹，就像经常在含有石英晶粒的三组分瓷体中所见到的那样(图 11.11 及图 11.13)。这种情况下，如第十二章中所述，第二相的影响也取决于颗粒的尺寸。实验中发现瓷的强度取决于其配方中所用的石英颗粒的尺寸。细颗粒的石英得出高强度的瓷。

将延性第二相作为阻止脆性相中裂纹起始的一种机理是引人注意的。特别是在碳化钨 - 钴和碳化钛 - 镍复合材料中更是这样。这些复合材料虽然也会发生脆性断裂，但具有高强度和高韧性。对断裂路径的观察指出，断裂起始于碳化物晶粒而终止于相界，在最终断裂发生前有相当大的金属塑性形变和应变硬化。

推荐读物

1. J. D. Ferry, *Viscoelastic Properties of Polymers*, 2*d. ed.*, John Wiley & Sons, Inc., New York, 1970.
2. N. G. McCrum, B. E. Read, and G. Williams, *Anelastic and Dielectric Effects in Polymeric Solids*, John Wiley & Sons, Inc., New York, 1967.
3. F. A . McClintock and A. S. Argon, *Mechanical Behavior of Materials*, Addison-Wesley Publishing Company, Inc., Reading, Mass., 1966.
4. R. Houwink and H. K. de Decker, Eds., *Elasticity*, *Plasticity and Structure of Matter*, 3*d. ed.*, Cambridge University Press, New York, 1971.
5. J. B. Wachtman, Ed., *Mechanical and Thermal Properties of Ceramics*, NBS Special Publication 303, U. S. Government Printing Office, 1969.
6. A. S. Tetelman and A. J. McEvily, *Fracture of Structural Materials*, John Wiley & Sons, Inc., New York, 1967.
7. B. L. Averbach, et al., Eds., *Fracture*, The M. I. T. Press, Cambridge, Mass., and John Wiley & Sons, Inc., New York, 1959.
8. R. C. Bradt, D. P. H. Hasselman, and F. F. Lange, Eds., *Fracture Mechanics of Ceramics*, Vols. 1 and 2, Plenum Publishing Corporation, New York, 1974.
9. J. B. Wachtman, Jr., "Highlights of Progress in the Science of Fracture of Ceramics and Glass", *J. Am. Ceram. Soc.*, **58**, (1975).

习　　题

15.1　根据低裂纹扩展速率下熔融石英的裂纹扩展试验，估计出表面能约为

500 erg/cm^2。相反，从快速运动的裂纹试验估计出的表面能约为 4000 erg/cm^2。

(a) 如何能使这些结果协调？

(b) 如何能使这些结果和从结合 - 破坏模型估计的表面能 2000 erg/cm^2 协调？

15.2 玻璃在实验前受化学腐蚀时其强度通常增加；玻璃浸泡在一种腐蚀溶液中进行试验时其强度通常降低。解释之。

15.3 多晶 MgO 中断裂发生在应力水平近似等于由单晶所测定的屈服应力。给出几种多晶 MgO 中可能出现的或已被提出的裂纹成核机理。晶界本质上比多晶体的单个晶粒弱还是强？试加以讨论，论及一适当的理论强度模型中的各项。

15.4 直径 20 μm、长 100 cm 的玻璃纤维，在实验室空气气氛中加上荷载 100 g。

(a) 玻璃黏度为 10^{15} P 时，预计其延伸率是多少。

(b) 如纤维在试验中断裂，指出 Griffith 裂纹尺寸有多大。

(c) 如试验在真空中进行，预计断裂应力有多大。(对同样“最不利”的裂纹)

(d) 如果你是一位工程师，你会在这种强度水平附近设计产品吗？为什么？

15.5 讨论 Petch 图($\sigma \propto d^{-1/2}$)与多晶① NaCl、② MgO、③ Al_2O_3 和④ AgBr 室温强度数据之间的关系。

15.6 讨论显微结构对下列物体的影响及其原因：

(a) 低温下的单相体；

(b) 高温下试验的、晶界上有 1% 第二相烧结助剂的物体。

给出具有代表性的强度水平及强度随晶粒尺寸和气孔率的典型变化而改变的情况。

15.7 描述控制大批生产的退火玻璃、回火玻璃、MgO 砖及玻璃陶瓷材料产品的强度的因素，并给出这些产品的典型强度水平。

15.8 玻璃瓶罐目前是由钠 - 钙 - 硅酸盐玻璃制造的。为什么采用这类组成？组成的典型范围如何？加入少量 Al_2O_3 的结构效应是什么？为什么要用它？如何使这些组成物强化？如何使钠 - 钙 - 硅酸盐玻璃较易强化？为什么？为什么钠 - 钙 - 硅酸盐玻璃用于做瓶罐是较为可取的？

15.9 定义断裂功。

15.10 一系列圆形截面玻璃棒(直径 1/4 in)受弯曲时在平均应力 10000 psi 下断裂。设弹性模量为 10^7 psi，泊松比为 0.3，表面张力为 300 erg/cm^2，假想温度为 625 ℃：

(a) Griffith 裂纹的平均深度是多少？

(b) 为使这些棒的平均强度加倍，想在棒上覆盖另一种热膨胀系数不同但物理性能基本相同的玻璃。这种新玻璃比原来的玻璃棒应具有较高的还是较低的热膨胀系数？此覆盖层是否有一最小厚度？如有，计算此厚度。

(c) 根据你推荐的最小厚度，计算使棒的强度加倍所需的热膨胀(线膨胀)系数之差。

(d) 在具有覆盖层的棒的不同部位，张应力和压应力将如何？

15.11 掺有 Cr_2O_3 的一套 Al_2O_3 试样的数据说明，Cr_2O_3 不影响强度而气孔率却影响强度(虽然数据有些分散)。

Cr_2O_3 含量/wt%	相对密度/%	破坏的棒数	平均破坏模量/psi
1.0	97.7	24	33.4
2.0	92.4	25	29.5
5.0	94.8	19	31.0
10.0	93.6	32	27.9
20.0	87.5	32	24.0
50.0	58.1	23	9.5

(a) 预测没有气孔的烧结 Al_2O_3 的强度。

(b) 你如何预测这些试样的弹性模量？即：此值从试样到试样将如何变化？

(c) 关于球形气孔有何可说？

15.12 在类似条件下由粉体制成一系列试样，分成若干组煅烧 1 h。各组煅烧温度依次递增到刚好低于熔点。破坏模量的测量结果揭示出高强度的最优煅烧温度。

(a) 解释这些结果，描述引起这一性状的效应。

(b) 对上述性状，从 $T=0.3T_m$ 到 $T=0.95T_m$ 描绘一预期中的强度对煅烧温度的曲线。

(c) 对较高压力下成形因而具有较高生坯密度的试样绘制同样的曲线。

15.13 多晶 Al_2O_3 的弹性模量为 6×10^6 psi，表面能假定约为 1000 erg/cm^2。烧结氧化铝的断裂应力从晶粒尺寸为 100 μm 时的 20000 psi 变到晶粒尺寸为 5 μm 时的 50000 psi。指出 Griffith 裂纹是否为晶界裂纹。

15.14 在一典型的陶瓷材料中发现观察到的平均断裂强度及强度值范围取决于试验条件。解释① 加载速率、② 试验方式(拉伸对弯曲)、③ 试样尺寸以及④ 试验气氛是如何以及为什么影响致密高铝瓷中观测到的平均强度值及强度值范围。在一张图上绘出① 大尺寸试样拉伸试验、② 小尺寸试样拉伸试验以及③ 小尺寸试样弯曲试验的预期的强度值分布。

第十六章
热应力与组成应力

陶瓷材料对热应力及热震破坏的敏感性是限制其应用的主要因素之一。例如对很多高温用途来说，结构性能符合结构在使用温度下的要求，但是破坏往往是在较低的温度下，发生在加热和冷却过程中。同样地，当突然加热或冷却时，玻璃杯或茶杯会开裂，这是我们都熟悉的现象。另外还有许多实例是当温度变化时产生合乎希望的应力，或者是温度变化所引起的应力消除可能是有害的。所有这些不同的场合常常是作为孤立的问题来讨论的。这里，我们先一般性地考虑温度变化及其引起的应力问题，然后再考虑具体应用的情况。

在这些应用中，两种有特定意义的应用与玻璃工艺有关。作为结构或光学用途的玻璃制品的退火以消除内应力为主要目的，可是有时却可以利用所期望的残余应力状态来改善玻璃的性能。两种应用都涉及讨论热震破坏时所采用的相同基础知识，这将在本章加以阐述。此外，本章还要讨论其他用来强化陶瓷体的工艺技术。

16.1 热膨胀和热应力

正如第十二章中所述，陶瓷材料的热膨胀系数在宽阔的温度范围内变化。典型地，长度为 10 in 的管子加热到 1000 ℃时其伸长约 0.1 in。如果瓷体均匀且各向同性，则不会由于这样的热膨胀而产生应力。可是，如果此样品的膨胀受到限制(例如受到刚性的冷支座的限制)，就会形成相当大的应力。在这种情况下所产生的应力与先让此样品自由膨胀然后通过外加约束力将样品压回到初始尺寸时产生的应力相等。所需应力与材料的弹性模量和弹性应变成正比，而弹性应变等于热膨胀系数和温度变化的乘积。对于仅在一个方向受到约束的完全弹性的杆件来说，

$$\sigma = -Ea(T' - T_0) \tag{16.1}$$

式中：E 为弹性模量；a 为线膨胀系数；T_0 为初始温度；T'为新的温度。如果此瓷管的 $a(T' - T_0) = 0.01$ in/in，$E = 20 \times 10^6$ psi，则所引起的应力约为 200000 psi。这样大的应力超过了大多数陶瓷正常的破坏强度。

加热时由抑制膨胀所产生的应力是压应力，因为物体有抵抗约束它的部件而膨胀的趋势。冷却时会产生相应的张应力。例如当煅烧带釉的瓷器时，如果釉下面瓷体的热膨胀系数小于釉的热膨胀系数，则冷却时在釉中形成张应力(在第十二章中已讨论过)。与釉和搪瓷中由于膨胀系数不同引起热应力一样，各向异性的多晶陶瓷中的各个晶体或者多相陶瓷中的不同相具有不同的热膨胀系数，但是都被约束在同一个物体内。这种对膨胀的约束也会引起应力(在第十二章中已讨论过)。

16.2 温度梯度和热应力

除了在限制自由膨胀的条件下因温度的变化引起应力之外，在一个物体内当每一个体积元都不能自由膨胀时，温度梯度的存在也会导致应力的产生。这里，导致应力的因素仍然是对物体自由膨胀的限制。例如，沿管式炉轴线的温度梯度并不引起热应力，因为炉管沿着轴线可以自由膨胀而没有不相容的应变。如果不是这样的话，则通常所用的管式炉按常规将会由于热应力而损坏。

然而，物体内的温度分布常常使得当每一个体积元都自由膨胀时，这些体积元会彼此分开，以致不能互相贴合在一起。因为实际上这些体积单元都被束缚在同一物体内，所以就产生了应力。对于理想弹性体，这些应力可根据弹性模量、膨胀系数及温度分布来计算。许多陶瓷很近似于理想弹性体。

让我们考察把一大块平板玻璃从 100 ℃ 的沸水中取出投入 0 ℃的冰浴中

时产生的应力。在这种情况下，表面的传热速率很高，玻璃表面立即降低到新的温度，而内部仍保持均匀值 $T_0 = 100$ ℃。如果表面是自由的，将会收缩 $a(T_0 - T') = 100\ a$；可是它受到保持在 $T_0 = 100$ ℃的主体的限制，因此表面产生张应力。由于应力平衡，表面的张应力必须与内部的压应力平衡。

试样的外形尺寸由它的平均温度 T_a 决定。任意一点的应力取决于该点温度与平均温度之差；此差值决定了该点的应变，从而决定了应力。对自由应变的约束与式(16.1)类似，由此导出的无限平板中的应力为

$$\sigma_y = \sigma_z = \frac{Ea}{1-\mu}(T_a - T) \tag{16.2}$$

对玻璃板投入冰水的情况，当 $T_a = 100$ ℃，$T_s = 0$ ℃时，在零时刻表面产生最大应力。对典型的软玻璃来说，$E = 10^7$ psi，$a = 10 \times 10^{-6}$ in/in · ℃，$\mu = 0.20$，则 $\sigma_x = \sigma_y = 12500$ psi。此值大大地超过了断裂应力(大约 10000 psi)，因此我们预料软玻璃在这种情况下会断裂。反之，Pyrex 玻璃的膨胀系数约为 3×10^{-6}/℃，因此上述处理一般并不导致断裂，而只是处于临界情况。熔融石英因 $a = 0.5 \times 10^{-6}$/℃，所以不会形成危险的应力。

除温度突变以外，温度以稳定速率变化也能引起温度梯度及热应力(图 16.1)。当一平板的两表面以恒定速率冷却时，产生的温度分布呈抛物线形。表面的温度低于平均温度，引起表面张应力；中心的温度高于平均温度，所以中心产生压应力。但是如果是在试样加热过程，则这些应力的符号恰好相反。如第十五章所述，因为陶瓷材料受拉伸比受压缩要弱得多，所以在冷却时表面发生破坏；但是在加热时则可能由于中心的张应力或者由于表面的压应力而破坏。对于各式各样简单形状的试件，在加热或冷却时所产生的应力可以用平均温度和两个极端温度值来描述。这两个极端温度值通常是在表面及中心处；不同形状构件的最大应力如表 16.1 所示。

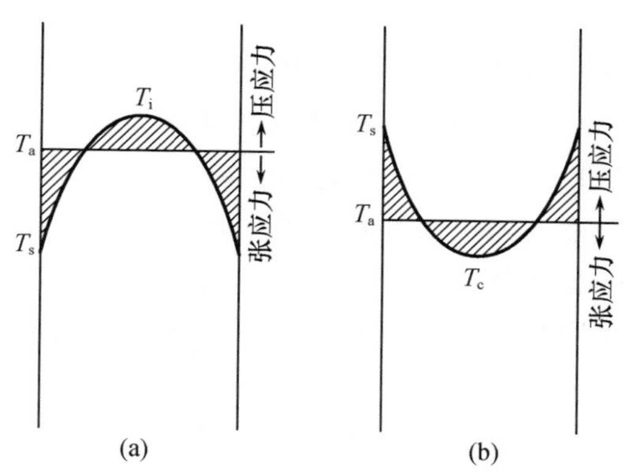

图 16.1　平板的温度分布及应力分布。(a) 从表面冷却；(b) 从表面加热

表 16.1　各种形状的构件中的表面应力及中心应力

形　状	表　面	中　心
无限平板	$\sigma_x=0$ $\sigma_y=\sigma_z=\dfrac{Ea}{1-\mu}(T_a-T_s)$	$\sigma_x=0$ $\sigma_y=\sigma_z=\dfrac{Ea}{1-\mu}(T_a-T_c)$
薄　板	$\sigma_y=\sigma_z=0$ $\sigma_x=aE(T_a-T_s)$	$\sigma_y=\sigma_z=0$ $\sigma_x=aE(T_a-T_c)$
薄圆盘	$\sigma_r=0$ $\sigma_\theta=\dfrac{(1-\mu)Ea}{1-2\mu}(T_a-T_s)$	$\sigma_r=\dfrac{(1-\mu)Ea}{2(1-2\mu)}(T_a-T_c)$ $\sigma_\theta=\dfrac{(1-\mu)Ea}{2(1-2\mu)}(T_a-T_c)$
长的实心圆柱体	$\sigma_r=0$ $\sigma_\theta=\sigma_z=\dfrac{Ea}{1-\mu}(T_a-T_s)$	$\sigma_r=\dfrac{Ea}{2(1-\mu)}(T_a-T_c)$ $\sigma_\theta=\sigma_z=\dfrac{Ea}{2(1-\mu)}(T_a-T_c)$
长的空心圆筒	$\sigma_r=0$ $\sigma_\theta=\sigma_z=\dfrac{Ea}{1-\mu}(T_a-T_s)$	$\sigma_r=0$ $\sigma_\theta=\sigma_z=\dfrac{Ea}{1-\mu}(T_a-T_c)$
实心球	$\sigma_r=0$ $\sigma_t=\dfrac{Ea}{1-\mu}(T_a-T_s)$	$\sigma_t=\sigma_r=\dfrac{2Ea}{3(1-\mu)}(T_a-T_c)$
空心球	$\sigma=0$ $\sigma_t=\dfrac{aE}{1-\mu}(T_a-T_s)$	$\sigma_r=0$ $\sigma_t=\dfrac{aE}{1-\mu}(T_a-T_c)$

在给定的传热条件下确定陶瓷材料内部的实际应力，首先要分析温度分布，然后由表 16.1 或类似的关系计算出产生的应力。当表面温度产生瞬间变化而不改变起始的平均温度时，会发生最简单的应力，这种情况前面已经讨论过。另一个有实际重要性的应力是在表面以恒定速率冷却或加热的时候产生的。这时，板状物体温度分布呈抛物线形，平均温度介于中心温度与表面温度之间。如果板的半厚度为 r_m，冷却速率为 ϕ(℃/s)，热扩散率为 $k/\rho c_p$，则

$$\sigma_s = \frac{Ea}{1-\mu}\frac{\phi r_m^2}{3k/\rho c_p} \tag{16.3}$$

对于其他几何形状，表 16.2 给出相似的表达式。

表 16.2　各种形状以恒定速率($\phi = dt/d\theta$)冷却时其表面与中心的温度差

形　　状	$T_c - T_s$
无限平板，半厚度 $= r_m$	$0.50 \dfrac{\phi r_m^2}{k/\rho c_p}$
无限长的圆柱体，半径 $= r_m$	$0.25 \dfrac{\phi r_m^2}{k/\rho c_p}$
圆柱体，半长度 = 半径 $= r_m$	$0.201 \dfrac{\phi r_m^2}{k/\rho c_p}$
立方体，半厚度 $= r_m$	$0.221 \dfrac{\phi r_m^2}{k/\rho c_p}$

当物体表面由于鼓风或由于浸渍在新的环境中而冷却，其平均温度随表面温度一起变化时，热应力的分析计算是相当困难的。应力由表面传热系数 h 与试样尺寸 r_m 的乘积对热导率 k 的比值决定。这一无量纲比值称为毕奥(Biot)模数：$\beta = r_m h/k$。采用无量纲应力可以简化分析工作，该无量纲应力等于表面无限快速冷却时产生的应力的分数。对于实际观测到的应力为 σ 的平板试件，其无量纲应力为

$$\sigma^* = \frac{\sigma}{Ea(T_0 - T')/(1-\mu)} \tag{16.4}$$

这一应力随时间而变化，如图 16.2 所示。如图所示，对 $\beta = \infty$ 来说，在时间为零时出现最大值。对表面传热系数的其他数值来说，应力在某个特定的时间达到最大(图 16.2)。各种情况下的表面传热系数值如表 16.3 所示。

表 16.3　表面传热系数 h 的值

条　　件	$h/(\mathrm{Btu/h/ft^2/°F})$	$h/(\mathrm{cal/s/cm^2/°C})$
空气流过圆柱体：		
流速 60 $\mathrm{lb/s/ft^2}$	190	0.026
流速 25 $\mathrm{lb/s/ft^2}$	90	0.012
流速 2.5 $\mathrm{lb/s/ft^2}$	20	0.0027
流速 0.025 $\mathrm{lb/s/ft^2}$	2	0.00027
从 1000 ℃向 0 ℃辐射	26.0	0.0035
从 500 ℃向 0 ℃辐射	7.0	0.00095
水　　淬	1000 ~ 10000	0.1 ~ 1.0
喷气涡轮机叶片	35 ~ 150	0.005 ~ 0.02

对于通常在对流及辐射传热条件下观察到的相对较低的表面传热系数，

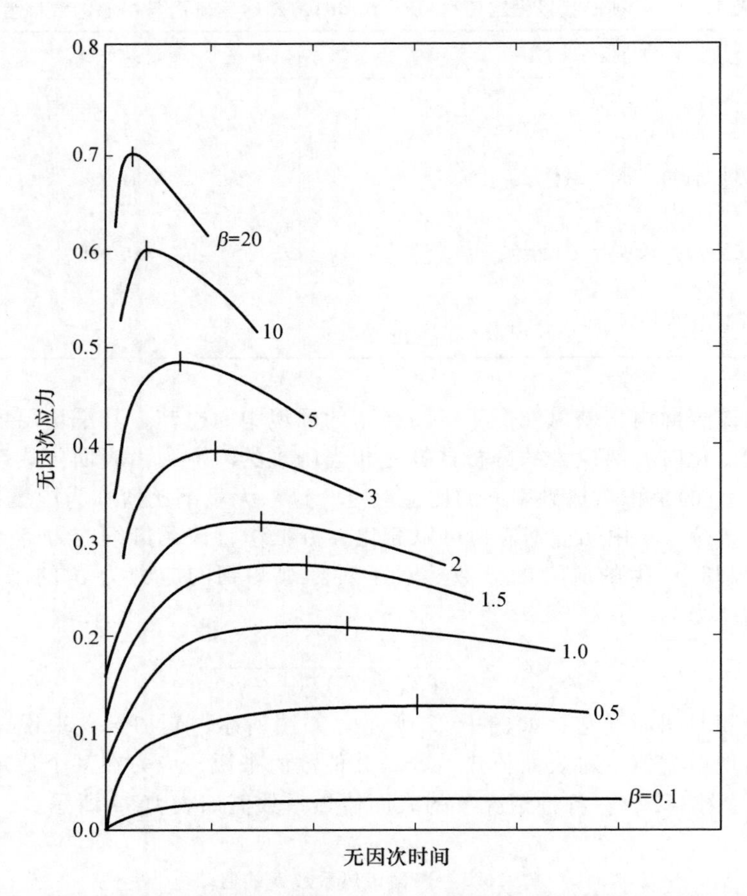

图 16.2　具有不同毕奥模数 β 的无限平板，其无因次表面应力随无因次时间的变化

S. S. Manson 发现①

$$\sigma_{\max}^{*} = 0.31\beta = 0.31\frac{r_{\mathrm{m}}h}{k} \tag{16.5}$$

这个关系式给出了用传热条件表示的最大无量纲应力。如图 16.2 所示，达到最大应力的时间随着无量纲传热系数(即毕奥模数)的降低而增加。

在不同的热流条件下对不同几何形状的试件的热应力的详细讨论，读者可查阅推荐读物 1。

① NACA Tech. Note 2933, July, 1937。

16.3 抗热震性和抗热爆裂性

如上一节所述，陶瓷材料经受快速的温度变化（热震）时会形成巨大的应力。在这种情况下抵抗材料变弱和断裂的性能称为热稳定性、抗热应力性或抗热震性。热应力对不同类型材料的影响不仅取决于应力水平、物体内的应力分布和应力持续时间，而且也取决于材料本身的特性，如延展性、均匀性、气孔率以及先前存在的裂纹之类。因此，不可能定义一个适合于所有情况的单一的热应力抵抗因子。

最简单而又相当重要的一个例子也许是当表面应力达到某个特定水平就断裂的理想弹性材料。玻璃、瓷器、白瓷以及特种电子陶瓷及磁性陶瓷就是这么一类材料，它们的抗热震性应该可以很好地用这个判据来表示。对于这些材料，断裂时的温度条件可以简单地计算出来。

对浸渍在液浴中快速传热的情况，我们已经计算出了这种表面应力。重新整理式(16.2)，称 $T_0 - T'$ 为断裂温差 ΔT_f，当温差引起的应力达到断裂应力时即发生断裂：

$$\Delta T_f = \frac{\sigma_f(1-\mu)}{Ea} \tag{16.6}$$

对于其他形状，如表 16.1 指出的，需要其他几何常数，因此一般式为

$$\Delta T_f = \frac{\sigma_f(1-\mu)}{Ea}S = RS \tag{16.7}$$

式中：S 是形状因子；σ_f 是断裂应力；$R = \dfrac{\sigma_f(1-\mu)}{Ea}$ 是材料常数，可以称为材料抵抗热应力的因子。根据这一断裂判据，高的断裂应力、低的弹性模量及低的热膨胀系数可以导致一个优良的抵抗热应力破坏性能。

值得注意的是，式(16.7)所示的关系只能直接应用于像淬冷这样快速的冷却，即在平均温度发生变化之前表面温度已经达到其最终值的情况。当 $\beta = r_m h/k$ 等于或大于 20 时就很接近上述情况。例如对于水淬玻璃来说，$k = 0.004$，$h = 0.4$，因此 r_m 必须等于或大于 0.2 cm 才能使用这个关系式。

在加热速率不是很大的情况下，可将式(16.4)和式(16.5)合并得到

$$(\sigma^*_{max})_f = \frac{\sigma_f}{Ea(T_0 - T')_f/(1-\mu)} = 0.31\frac{r_m h}{k} \tag{16.8}$$

通过重新组合，给出

$$\Delta T_f = \frac{k\sigma_f(1-\mu)}{Ea} = \frac{1}{0.31 r_m h} \tag{16.9}$$

一般情况下，如果我们定义一个第二热应力抵抗因子 $R' = \frac{k\sigma_f(1-\mu)}{Ea}$，同样根据当热应力到达断裂应力时就发生断裂这一破坏判据，就有

$$\Delta T_f = R'S\frac{1}{0.31r_m h} \tag{16.10}$$

这里所用的材料常数包括热导率和最大淬冷温差，而最大淬冷温差与试件的尺寸成反比；也就是说，情况变得更加复杂，要求更仔细地分析使用条件。

对于不同材料和不同传热条件，根据这种破坏判据得到的能够承受的最大淬冷温度如图 16.3 所示。图中的数据是对典型的烧结材料计算得到的，通常含有约 5% 的气孔率，平均温度约为 400 ℃。如图中的氧化铝，温度显著地改变了其曲线，但是并未改变曲线的形状。同样，性能的改变也有显著的影响。如在图 16.3 中对氧化铝的计算所采用的强度值大约为 20000 psi，这对于有少许气孔的烧结瓷件来说是有代表性的。然而，人们已经制成了强度约为 125000 psi的氧化铝瓷，它对热应力的抵抗约为图 16.3 所示的 6 倍，因此应当把图示数据看成是例证性的而不是确定性的。

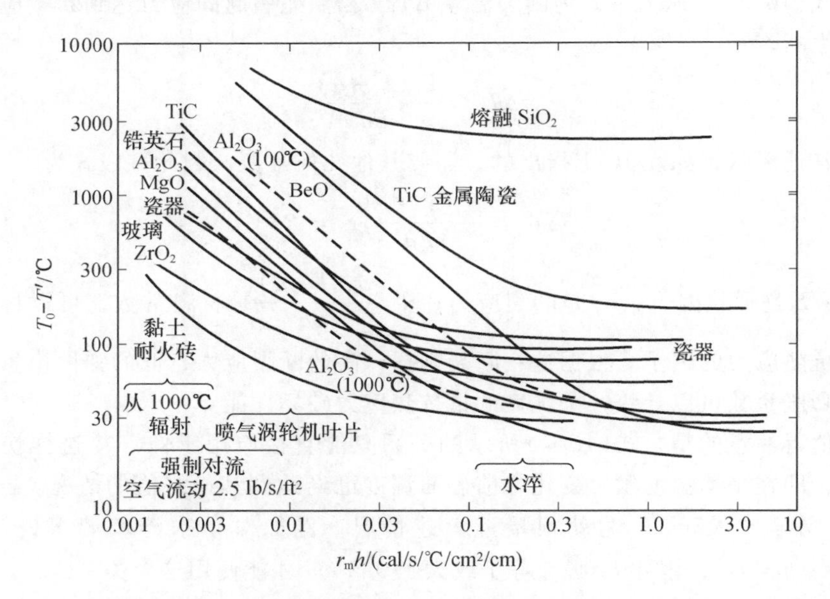

图 16.3　在不同传热条件下引起不同材料断裂的淬冷温度的差别。假设破坏发生的条件是热应力达到断裂应力。曲线是由 400 ℃下的材料性能计算出来的。Al_2O_3 的虚线是由 100 ℃及 1000 ℃下的材料性能计算出来的，用于说明作为温度的影响

图 16.3 所示出的一个重要特点是许多材料的曲线彼此相交。例如氧化镁和瓷器的曲线相交于 $r_m h = 0.03$ 处。对于中等的表面传热速率来说，氧化镁的

抗热应力性较好；对于更快的表面传热系数或较大的试件尺寸来说，瓷器则有较好的抗热应力性能。因此，即使破坏判据是给定的，我们也不能说就能够列出一张单纯按抗热应力性的顺序排列的材料表。

也常常遇到其他条件的传热方式，例如从一个空心圆筒壁流出的稳定态热流、从表面以固定速率放热以及从高温以辐射方式冷却。上述每一种情况都要求不同的材料常数，并导致不同材料具有一些不同的相对的优点。对于这些应用，必须知道传热的条件。

所有上述讨论都基于这样的假设，即：破坏是发生在热应力达到断裂应力之时。这样的研究方法直接把注意力引导到控制断裂成核的条件。可是对于多孔材料（例如大多数耐火材料）和非均质材料（例如金属陶瓷）来说，大的应力梯度和短的应力持续时间意味着尽管断裂自表面开始，也能在造成全部破坏之前被气孔或晶界或金属膜所阻止。“什么时候裂缝成为破坏?”这个问题不能明确地加以回答，要看具体的材料和应用情况而定。例如在主要作为高温抗腐蚀耐热容器的耐火材料中，表面裂缝并不造成麻烦，但是热剥落（即由热应力引起的砖块裂散脱落）却是人们期望避免的。对于这些材料，增加气孔率（使 R 及 R' 都降低，因为热导率下降以及强度降低的程度比弹性更大）导致更好的抗热剥落性。最优气孔率一般为 10% ~20% 。

这些考虑导致了探讨热震问题的第二途径，即研究控制裂纹扩展的条件而不是裂纹成核的条件。这种途径已经由 D. P. H. Hasselman① 进行了探讨，他指出使裂纹扩展的驱动力是由在断裂瞬间存储的弹性能提供的。进一步考虑到在热应力条件下裂纹的扩展通常是在没有外力时发生的，因而在固定形变或应变（固定夹持）条件下来处理裂纹扩展对这个问题能提供有用的深入理解。采用整个物体承受最大热应力值的最坏情况的模型，Hasselman 估算了裂纹不稳定性所需要的临界温差 ΔT_c 为

$$\Delta T_c = \left[\frac{\pi\gamma_{\text{eff}}(1-2\mu)^2}{2E_0a^2(1-\mu^2)}\right]^{1/2}\left[1+\frac{16(1-\mu^2)Nl^3}{9(1-2\mu)}\right]l^{-1/2} \tag{16.11}$$

此式假定裂纹扩展是在单位体积内有 N 条裂纹同时扩展，E_0 是无裂纹材料的杨氏模量，γ_{eff}是断裂表面功，l 是裂纹长度。这一关系由图 16.4 中的实线表示。如图所示，裂纹不稳定区通常是以两种裂纹长度值为界限。

对于最初的短裂纹（其长度在图 16.4 中最小温差的左侧）来说，当裂纹扩展开始之后，能量释放速率超过断裂表面能，多余的能量转化为运动着的裂纹的动能。当这种裂纹达到式（16.11）给出的长度时，它仍然还有动能并继续扩展，直到释放的应变能等于总的断裂表面能为止。在图 16.4 中以虚线表示的

① *J. Am. Ceram. Soc.*, **52**, 600(1969), and *Int. J. Fract. Mech.*, **7**, 157(1971)。

最终裂纹长度能满足这个条件。这些最终的裂纹长度值对它们起始扩展所需的临界温差来说是亚临界的；在这些裂纹重新成为不稳定之前要求温差有一定的增加。最后，与以显著的动能进行扩展的短裂纹相比，初始长度在图 16.4 中最低点右侧的裂纹预期是以准静态方式扩展。

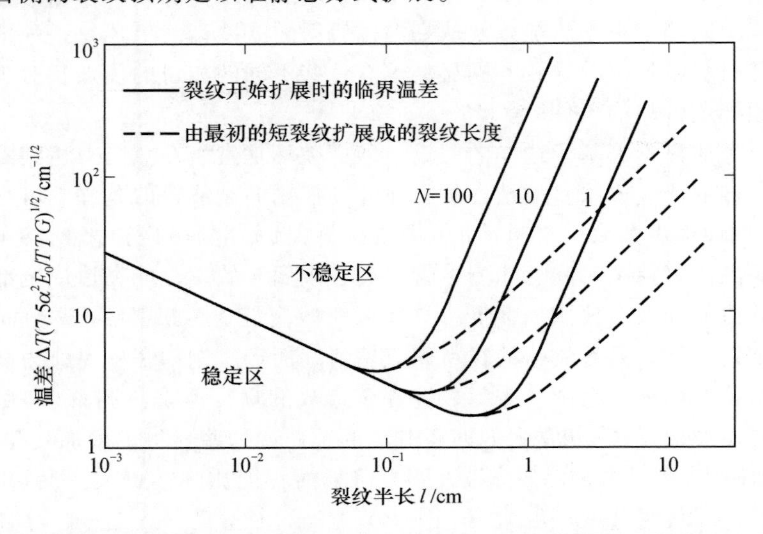

图 16.4　裂纹开始扩展所需要的热应变与裂纹长度及裂纹密度 N 的函数关系。泊松比采用 0.25。引自 D. P. H. Hasselman，*J. Am. Ceram. Soc.*，**52**，600(1969)

对于具有微小裂纹的材料，在断裂开始时裂纹的扩展具有动力学性质，可以预期裂纹长度随淬冷剧烈程度而变化，如图 16.5 的示意说明；相应的强度变化如图 16.6 所示。当热应力小于断裂开始所需的应力时，预料强度或裂纹长度没有变化。在断裂的临界应力下，裂纹动力地扩展，它的长度很快达到新的值，强度也表现出相应的突然降低。因为其后裂纹呈亚临界状态，在裂纹重新扩展以前必须增加温差，使其超过断裂开始所需的温差 ΔT_c。在 ΔT_c 与 $\Delta T_c'$ 之间的温度范围内，没有发生进一步的裂纹扩展，预期强度也没有变化。对于更剧烈的淬冷($\Delta T > \Delta T_c'$)来说，裂纹呈准静态增长，强度也相应降低。已经在一些热震破坏的研究中观测到了图 16.6 所示的曲线形状。例如图 16.7 给出了用不同晶粒尺寸的多晶 Al_2O_3 试样所获得的结果。

这样，在设计和选择抗热震材料时就有了两种主要方法。第一种方法考虑的是避免断裂的发生，适合于玻璃、瓷、白瓷、电子陶瓷等。对于这些材料，适当的抗热震参数随热流条件而变，它们包括

$$R = \frac{\sigma_f(1-\mu)}{Ea} \tag{16.12a}$$

或

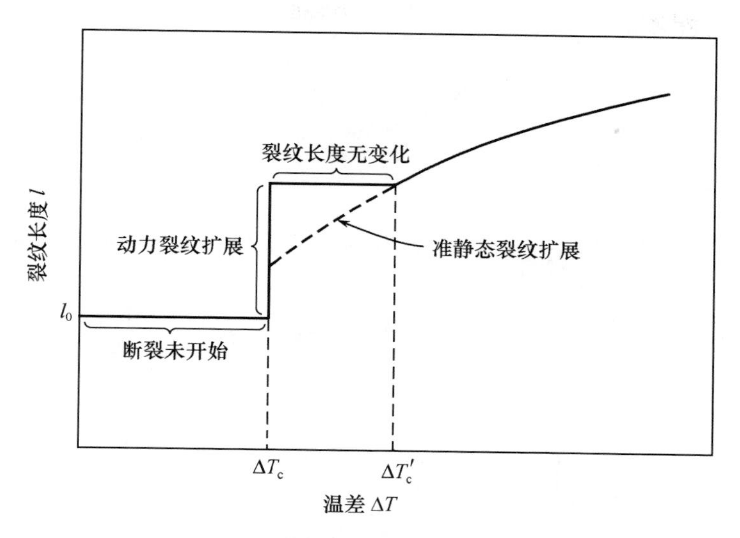

图 16.5　裂纹长度对温差的函数关系。

引自 D. P. H. Hasselman, *J. Am. Ceram. Soc.*, **52**, 600(1969)

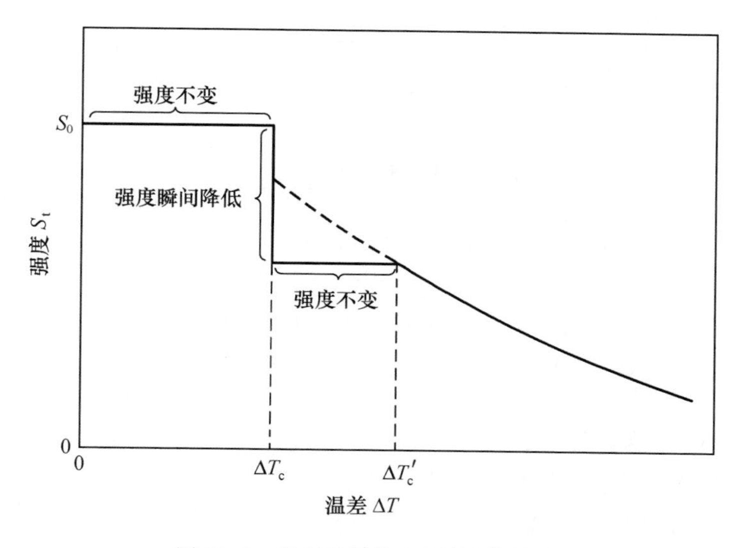

图 16.6　强度对温差 ΔT 的函数关系。

引自 D. P. H. Hasselman, *J. Am. Ceram. Soc.*, **52**, 600(1969)

$$R' = \frac{k\sigma_f(1-\mu)}{Ea} \tag{16.12b}$$

对避免因热震而出现断裂有利的材料特性，包括高强度和高的热导率以及低的

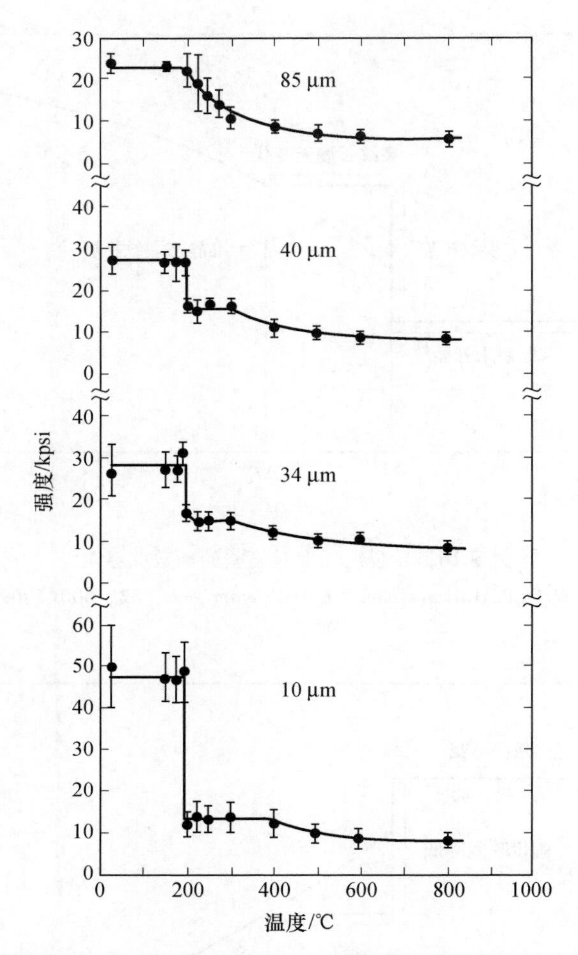

图 16.7　不同晶粒尺寸的 Al_2O_3 试件在室温下的断裂模量对淬冷温度的函数关系。引自 T. K. Gupta，*J. Am. Ceram. Soc.*，**55**，249(1972)

弹性模量和低的热膨胀系数。

第二种方法考虑的是避免灾难性的裂纹扩展，适合于像耐火砖之类的材料。这种方法所用的抗热震参数是在断裂时用于裂纹扩展的最小弹性能：

$$R''' = \frac{E}{\sigma_f^2(1-\mu)} \tag{16.13a}$$

以及当出现热应力破坏时裂纹扩展的最小距离：

$$R'''' = \frac{E\gamma_{eff}}{\sigma_f^2(1-\mu)} \tag{16.13b}$$

从这些参数可知，使裂纹的扩展降低到最小程度的有利的材料特性是高的弹性模量、高的断裂表面功以及低的强度值。这些对模量和强度的要求刚好与适合于避免断裂发生的方法的要求相反。因此，如果断裂确实发生，则当初为了避免断裂发生而选择的材料特性将对断裂引起的破坏产生有害的结果。

在可以容忍的情况下，通过引入尺寸足够大、数量足够多的裂纹以使裂纹以准静态方式扩展(裂纹尺寸接近图 16.4 所示的最低点较为理想)，或更通用的办法是通过引入任意形式的显微结构杂质，作为应力集中的地方，都能提高对灾难性裂纹扩展的抵抗能力。这样一来，断裂可能在材料中局部地发生，却避免了灾难性的破坏，因为在材料中仅有小的平均应力。

近期的工作证实了影响热震损害程度的显微结构的重要性。已经发现，特别是钝裂纹(例如晶粒间相互收缩引起的裂纹)对抵抗灾难性破坏有显著的作用；由表面撞击引起的比较尖锐的初始裂纹在不太严重的热应力作用下就会导致破坏。$Al_2O_3-TiO_2$ 陶瓷中晶粒间的收缩孔隙可使初始的尖锐裂纹变钝，从而阻止这些裂纹扩展，因此提供了显著地抵抗热震损害的性能。在抗张强度关系不大的用途中，利用各向异性热膨胀有意引入这种裂纹是一种避免灾难性热震破坏的有希望的途径。

16.4 淬火玻璃

当初始温度均匀、无应力的瓷体冷却到新的另一温度时，会产生应力，如第十二章所述的在冷却时釉或搪瓷中产生的应力。釉和瓷体的膨胀不同，引起不等的收缩而产生应力。16.3 节中叙述的热应力是指原来无应力且温度均匀的试样放入新的温度环境中时产生温度梯度而引起的应力。与此正好相反的过程是从无应力但温度不均匀的材料开始，然后将其冷却到一个新的均匀温度状态。此时物体的不同部分所承受的温度变化不同，因而产生了残余应力。

通过控制冷却作业可在玻璃的表面区域人为地引入残余压应力，此过程称为淬火，广泛地应用在生产窗用及眼镜用的安全玻璃方面。这一工艺包括将玻璃加热到高于玻璃转变区但低于软化点的温度，然后使表面快速冷却。最常用的冷却方法是冷空气喷射，有时也使用油浴。玻璃的外部开始冷却时比内部冷却更快，因此外部先变坚硬而内部仍呈熔融状态。淬冷以后几秒钟之内，玻璃表面与中间平面的温差通常达到最大值。继续冷却时，随着温度的降低，内部的收缩将比刚硬的外部收缩更快(回忆在通过玻璃转变区时热膨胀系数的变化)，直到在室温时重新到达等温状态为止。

与中间平面相比，表面早期较大的热收缩趋于使表面产生张应力，而中间平面产生压应力。在图 16.1 所示的那种弹性固体中就出现上述应力。在后来的冷却阶段，这些应力被反号的应力所抵消。然而对于玻璃来说，应力能在高温下弛豫；而在冷却的后阶段中产生的应力却保留下来。所得到的应力剖面图接近于抛物线形状，玻璃表面的压应力数值大约是内部最大张应力的两倍。对于平板来说，两边以等速冷却，最大张应力出现在平板的中心平面上。不同传热条件下，不同淬冷工艺阶段所观察到的压力剖面图如图 16. 8 所示。

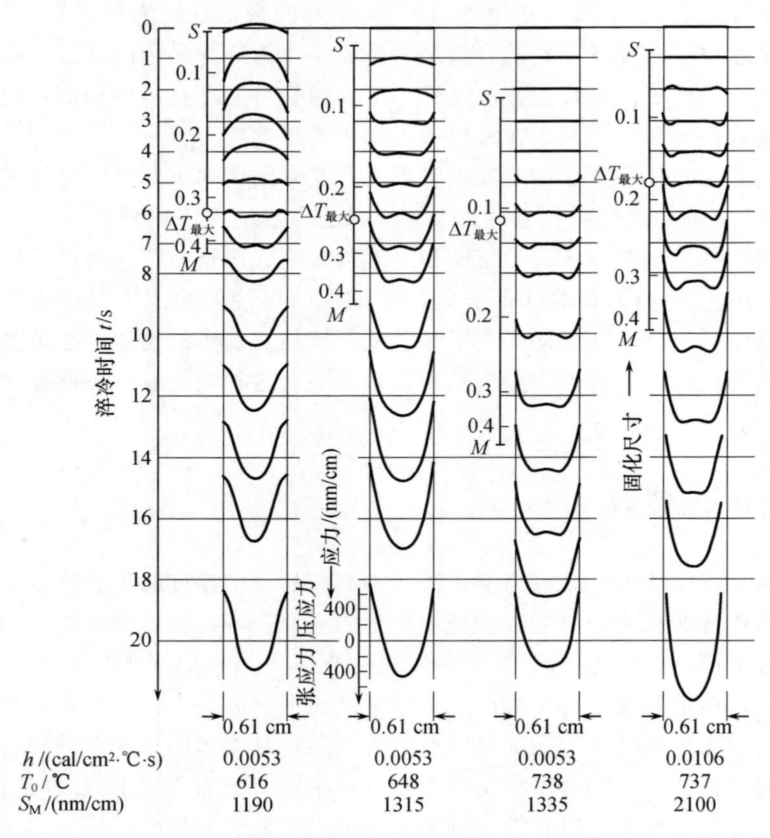

图 16. 8　平板玻璃在不同淬冷条件下进行淬冷时沿板厚度上的应力分布。引自 O. S. Narayanaswamy and R. Gardon，*J. Am. Ceram. Soc.*，**52**，554(1969)

一些作者曾经定量地描述过淬火过程(见推荐读物 2)。在淬火过程的各个变量中，两个最重要的参数是玻漓淬冷的起始温度 T_0 和热量从表面散失的速率，后一变量通常与传热系数 h 有关，它随着流过表面的冷却空气流速的提高而增大。如图 16. 9 所示，对于给定的传热系数，淬火度 S_M 随着起始温度的提高而增大，但在大的 T_0 值时最终接近于平稳状态。淬火度也随 h 的增大而增大，最高的淬火度是在大的 h 值和大的温差下进行冷却时达到的。

正如第十五章所述，淬火玻璃之所以有用是因为玻璃的破坏通常发生在张

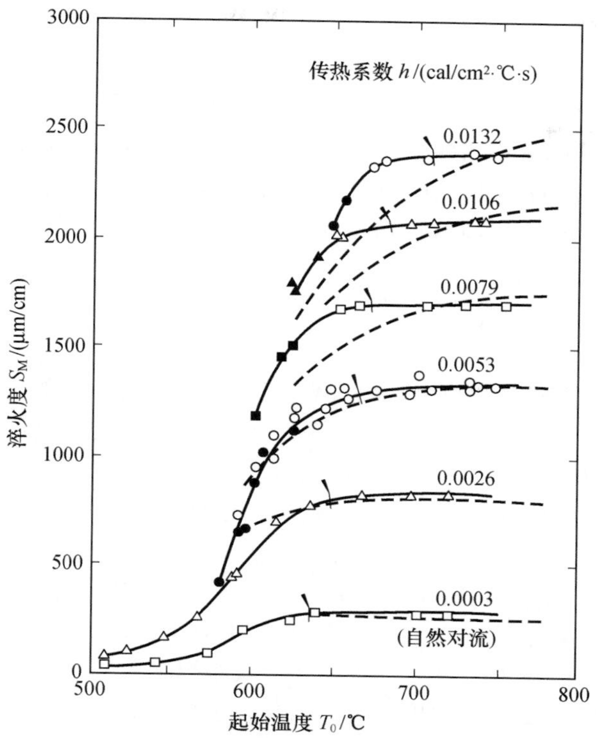

图 16.9　淬火度与起始温度及淬冷速度(传热系数)的函数关系。引自 R. Gardon, in: *Proceedings of VII International Congress on Glass*, ICG, Brussels, 1966, pp. 79 ~ 83

应力作用下，而且陶瓷的破坏几乎总是从表面开始。当表面存在残余压应力时，在表面上受到可以引起破坏的张应力之前，所施加的应力首先必须克服残余压应力。图 16.10 说明板形试件在弯曲试验中的残余应力、外加应力及合成

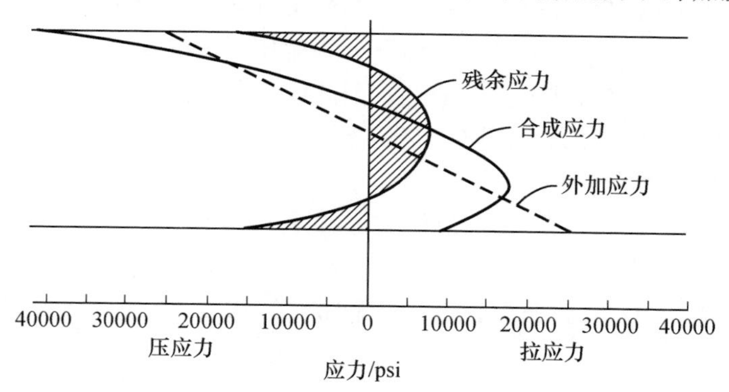

图 16.10　淬火玻璃在横向荷载作用下的残余应力、外加应力及合成应力分布图

应力分布情况，这一图示说明残余应力可以抵消外加应力的作用而提高强度水平。

采用淬火工艺可以使钠－钙－硅酸盐玻璃的长期平均强度提高到约20000 psi这一水平，这就足够允许它用在大的门和窗户以及安全透镜上。但其他一些用途仍要求更高的强度。在这些情况下，可以采用获得表面压应力的另一种叫做化学强化的方法，这将在16.6节中讨论。

16.5 退火

虽然有时希望有残余应力(比如淬火玻璃)，但更通常的情况下却是要避免残余应力。除非仔细地加以控制，否则材料中都将出现具有较大残余张应力的集中残余应力区域；这将导致性能的波动及过早的破坏。特别是在像拉制、吹制以及压制这些玻璃成形过程中，残余应力的分布很不一致。

残余应力也是引起光学应力双折射的原因，因此对光学用途来说，必须使内应力减小到比窗玻璃及瓶罐玻璃所要求的更低的数值。此外，应使光学玻璃的结构在低温下保持稳定，以避免其折射率在长期使用时发生变化。

光学玻璃的内应力一般通过所产生的双折射来度量，或者通过光线在作用应力平面偏振以及垂直作用应力方向偏振之间的折射率差别来度量。考虑一种典型玻璃，作用应力为1 psi时，应力光学系数约为每厘米通路长度的延迟差0.2 μm。对粗糙的光学退火来说，双折射率约为75 μm/cm是令人满意的，相应于残余应力约为375 psi。对精密退火来说，双折射率必须达到10 μm/cm或更小，相应的残余应力低于50 psi。几种玻璃的应力光学系数如表16.4所示。

退火除了可使应力及应力双折射减至最小以外，还用来稳定玻璃结构以避免性能差异。快速冷却的玻璃在室温下久置时比缓慢冷却的玻璃有较大的收缩趋势；此外，由于它的黏度异常地低，因此收缩速率较大。这一点对温度计玻璃以及光学玻璃是重要的。同样，当使光学玻璃的不同部位以不同的速率冷却时会产生不均匀的物理性质。

制定退火制度时涉及3个问题。① 必须消除成形(压制、吹制、拉制)时由于存在大的温度梯度而引起的大的残余应力；② 冷却时出现的残余应力必须限制在容许的水平内；③ 冷却时不许出现大到足以导致断裂的热应力。

表 16.4　不同玻璃的应力光学系数

玻璃种类	应力光学系数[1]	
	B/(nm/cm/psi)	B/brewster[2]
熔融二氧化硅	0.24	3.5
96%二氧化硅(Vycor)	0.26	3.65
钠－钙－硅	0.18	2.5
铅－钾－硅酸盐		
40% PbO	0.19	2.7
80% PbO	－0.07	－1.0
低膨胀系数硼硅酸盐	0.27	3.9

1）应力差

$$\sigma_y - \sigma_z = 10^{13}\ \frac{(n_z - n_y)/n}{B}\text{dyn/cm}^2$$
$$= r/B\ \text{psi}$$

式中：r 是延迟差（nm/cm）；$(n_z - n_y)/n$ 是延迟差的分数（cm/cm）。

2）1 brewster $= 10^{-7}\,\text{cm}^2/\text{kg}$，下同。

一种常用的退火方法是将试样加热到退火温度范围(接近转变温度)并使温度均匀，保持充分时间以便消除原先存在的任何应力。然后，将玻璃以足够慢的速率通过临界黏度区而冷却，以便使高于某一固定限值的残余应力不致形成。最后，在低于临界温度区后使玻璃快速冷却。广泛用于平板玻璃工业上的另一种常用的退火方法不包括将玻璃再加热以消除早先存在的应力，而是将所成形的基本上无应力的材料以一种可以避免过分大的永久应力的方式加以冷却。

退火期间，恒定温度下应力降低速率的分析是复杂的，这是由于这一速率取决于过去的热历史。在正常的操作下，玻璃的热历史随着制品部位的不同而不同。这种随热历史而发生差异的现象是由于在转变范围内玻璃的结构和黏度随过去的历史而变，如第三章和第十四章所述。

如果把应力消除的速率看成与应力成正比，

$$\frac{\mathrm{d}\sigma}{\mathrm{d}t} = -\frac{1}{\tau}\sigma \tag{16.14a}$$

并且假设弛豫时间 τ 与时间无关，可得

$$\sigma = \sigma_0 \exp\left(-\frac{t}{\tau}\right) \tag{16.14b}$$

式中：σ_0 是初始应力。与应力弛豫也可以用式(16.14a)来描述的麦克斯韦模型相似，弛豫时间 τ 通常处理为与黏度成正比：

$$\tau = \frac{\eta}{M} \tag{16.15}$$

式中：M 具有模量的量纲。

实验表明，玻璃中应力的退火并不能很好地用式(16.14b)来描述。要求用一系列弛豫时间的分布而不是一个单一的弛豫时间来描述实验数据，此时

$$\frac{\sigma}{\sigma_0} = \int_0^{\infty} H(\tau)\exp\left(-\frac{t}{\tau}\right)\mathrm{d}\tau \tag{16.16a}$$

式中：$H(\tau)$是弛豫时间的分布。另一方面，应力弛豫的实验数据可以用以下函数来描述：

$$\frac{\sigma}{\sigma_0} = \exp\left[-\left(\frac{t}{\tau}\right)^{1/n}\right] \tag{16.16b}$$

式中 n 随温度而变，在温度接近转变区域的上面部分时 n 约为 2，当温度接近转变区域的下面部分时 n 增加到约为 3。

要求用弛豫时间分布来描述实验数据是因为与下述两个现象有关：① 弛豫过程涉及分子过程的分布；② 在弛豫过程期间，玻璃的性质有变化。预期的分子过程分布与材料中结构的变化有关。玻璃退火时各种重要的性能变化当中最主要的是黏度随时间的变化。图 16.11(a)所示的数据说明了这种变化，相应的比体积变化则如图 16.11(b)所示。黏度随时间的变化把一个本质的非线性关系引入到弛豫过程中，即

$$\frac{\mathrm{d}\sigma}{\mathrm{d}t} = -\frac{1}{\tau(\sigma)}\sigma \tag{16.17a}$$

式中弛豫时间的变化(因而还有应力的变化)和黏度与时间的关系有关。O. S. Narayanaswamy① 研究了这种非线性关系的效应，并引入了一个对比的时间尺度来适应变化着的黏度。

对许多工业玻璃来说，退火时应力消除的速率可以用经验的 Adams - Williamson② 定律近似且有效地描述：

$$\frac{1}{\sigma} - \frac{1}{\sigma_0} = At \tag{16.17b}$$

对于典型玻璃，当黏度约为 10^{13} P 时，初始时较大的应力在大约 15 min 内减小到较小的数值，黏度到达此值时的温度称为退火点 T_a。在这一温度下，式(16.17b)中的退火常数 A_a 对典型的钠 - 钙 - 硅酸盐玻璃大约等于 3.28×10^{-6}/psi · ℃。这一退火常数随着黏度的降低迅速减小，因此它是温度的函数。对典型的钠 - 钙 - 硅酸盐玻璃来说，退火常数为

$$A = A_a \exp[-C(T - T_a)] = 3.28 \times 10^{-6} \exp[-0.7(T - T_a)] \tag{16.18}$$

为了对退火所需的时间有一个粗略的估计，假设 σ_0 比 σ 大很多是方便

① *J. Am. Ceram. Soc.*, **54**, 491(1971)。

② L. H. Adams and E. D. Williamson, *J. Franklin Inst.*, **190**, 835(1920)。

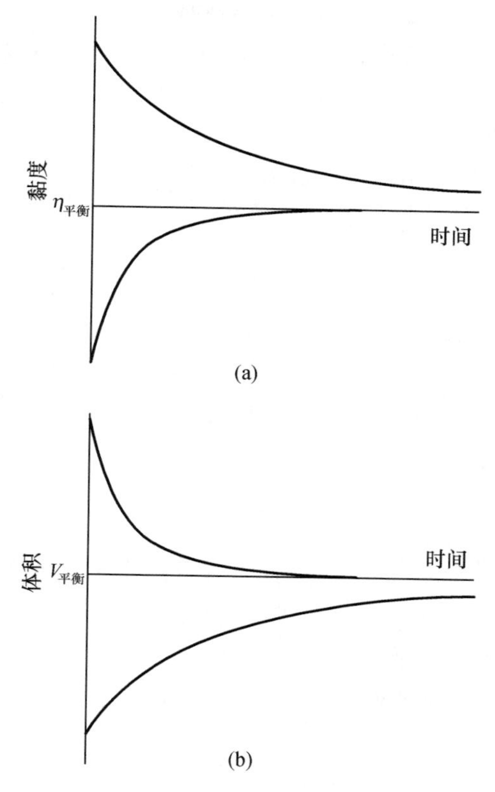

图 16.11　玻璃退火时(a)黏度及(b)比体积随时间而变化的示意图。图中示出平衡黏度($\eta_{平衡}$)及平衡体积($V_{平衡}$)

的。然后利用式(16.17b)及式(16.18)就可以估计典型钠-钙-硅酸盐玻璃的退火时间 t：

$$t \approx \frac{\exp[-0.7(T-T_a)]}{3.28\times10^{-6}\sigma}\ \mathrm{s} \qquad (16.19)$$

式中：σ 是应力，单位是 psi。在退火点，$\eta=10^{13}$ P，假设残余应力减小到 375 psi，则粗退火所需时间约为 14 min，精密退火($\sigma=50$ psi)所需时间则约为 204 min。

冷却后玻璃中的最后应力是冷却前存在的未解除应力及由冷却引起的残余应力之和，二者均对冷却过程中发生的一些应力消除作出修正。如果玻璃在恒速下冷却，则如本章前面所述，温度分布呈抛物线形。对于半厚度为 r_m 的厚板来说，T_c-T_a 等于 $1/3(T_c-T_s)$；因此根据表 16.2，冷却速率为 ϕ ℃/s 时，有

$$T_c - T_a = \frac{\phi r_m^2}{6k/\rho c_p} \qquad (16.20)$$

假如冷却速率为常数，则温度分布也是常数；而当 ΔT 没有变化时，在冷却过程中将不产生热应力。这就是说，假如玻璃从足够高的温度开始以恒速冷却，从而使当初建立的温度梯度下所有的残余应力均被退火而消失，则当玻璃通过转变区域而冷却时仍保持无应力状态。然而当接近室温时，ϕ 及 ΔT 减小，变化的温度分布就在玻璃中引起永久应力，因为这时玻璃已经变得坚硬。根据表 16.1，中间平面上的永久张应力为

$$\sigma_t = \frac{Ea'}{3(1-\nu)} \qquad \Delta T = \frac{Ea' r_m^2 \phi}{18(1-\mu)k/\rho c_p} \tag{16.21}$$

式中：a'是在退火范围内的膨胀系数。对于典型的玻璃来说，a'是在退火范围的低温处测得数值的 2 ~ 3 倍。一系列钠 - 钙 - 硅酸盐玻璃的典型数据为：$a'=2.5\ a$，$E=10^7$ psi，$k/\rho c_f=0.0013$ $\mathrm{in^2/s}$($0.0084\ \mathrm{cm^2/s}$)，$\mu=0.2$，则安全的冷却速率由下式给出：

$$\phi = 2.59\times 10^{-10}\,\frac{\sigma_t}{r_m^2 a^2}\ \mathrm{℃/s} \tag{16.22}$$

式中：r_m 是试样的半厚度(in)；a 是通常报道的线膨胀系数；σ_t 是最大允许张应力。例如对粗光学退火，如果 $r_m=0.25$ in，$a=9\times10^{-6}$ in/in · ℃，$\sigma_t=375$ psi，则最大冷却速率必须保持低于 5 ℃/min 左右；对于精密退火($\sigma_t=50$ psi)，最大允许冷却速率约为 0.7 ℃/min。

钠 - 钙 - 硅酸盐平板玻璃以接近于等速冷却时应力的变化如图 16.12 所示。在线性冷却的末期观察到应力的显著增加与由式(16.21)所预测的相符。在等速冷却的早期观察到的应力则另有不同的来源。特别是，这些应力与物理性能尤其是热膨胀系数的变化有关，这些变化表征了从液体到玻璃的转变。

冷却过程中，从液态到玻璃态的转变在接近表面处要比玻璃内部发生得早一些。由此引起的比体积的暂时差别产生了应力，其弛豫受到结构弛豫的影响。这种结构弛豫常常近似地以假想温度的变化来表示。当使玻璃冷却通过玻璃转变区域的时候，假想温度开始滞后于实际温度，而当临近转变区域的低温端时，假想温度趋近某个常数值。在此区域内趋于常量的假想温度对于应力的影响与在室温范围附近接近常量的实际温度对应力的影响应该类似。虽然通过试样厚度上的实际温差的消失而引起的全部应力仍然是永久应力，但由于假想温差的消失而引起的潜在应力在黏性弛豫之后只剩下 1/3 左右①。

玻璃温度一旦稍低于应变点(相应的黏度是 $10^{14.6}$ P)，则可以更快地冷却，此时冷却速度主要受 16.3 节中讨论过的热应力的限制。普通商业器皿的典型退火制度如图 16.13 所示。制订此制度时须留有余地，以便用在不规则形状制

① 对课题的进一步讨论见 R. Gardon and O. S. Narayanaswamy，*J. Am. Ceram. Soc.*，**53**，380(1970)。

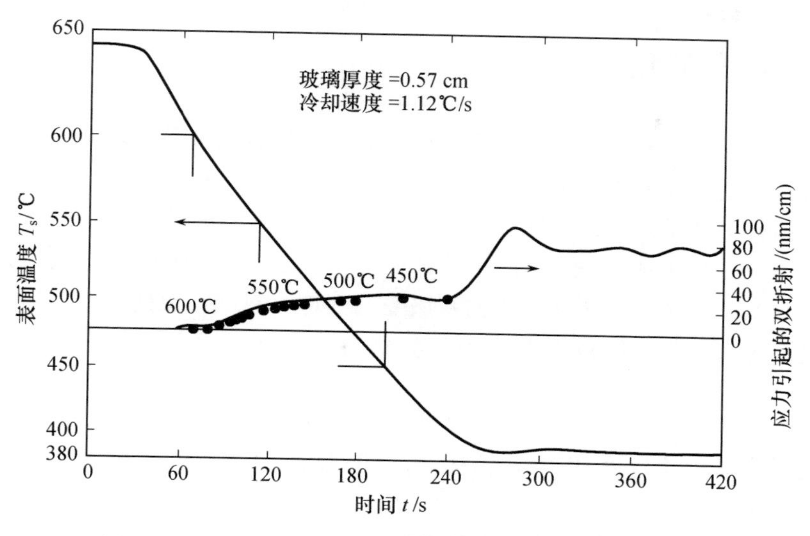

图 16.12　平板玻璃退火时温度及应力对时间的函数关系。
引自 R. Gardon and D. S. Narayanaswamy，*J. Am. Ceram. Soc.*，**53**，380(1970)

品的退火上。不规则形状制品要比形状简单的制品要求更完善的退火。

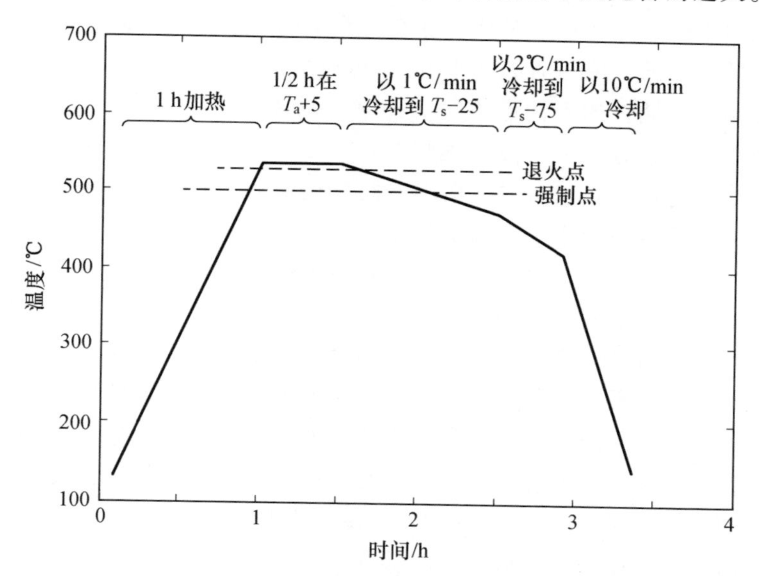

图 16.13　1/2 in 厚的钠－钙－硅酸盐普通玻璃器皿两面冷却的典型退火制度

16.6 化学强化

通过在材料的表面区域中形成受压状态可以使玻璃及晶态陶瓷强化。当要求具有结构钢那样的强度范围(屈服应力大约为 50000 psi)时，可以采用化学(离子交换)技术来获得所需要的表面压力。这类技术是通过改变表面的化学组成使表面的摩尔体积增大(大于内部的)。增大了的摩尔体积造成二维的表面受压状态，这是因为表面结构的膨胀受到内部材料的约束所致。

表面应力与摩尔体积改变的百分数 $\Delta V/V$ 之间的关系可近似地写为

$$\sigma = \frac{E}{3(1-2\mu)}\frac{\Delta V}{V} \tag{16.23}$$

因而，对于杨氏模量为 10^7 psi、泊松比为 0.25 的材料，当体积变化为 2% 时，预计将产生大约 90000 psi 的表面压应力。

如 16.4 节所述，表面受压的玻璃的有用强度大约等于表面压应力与退火强度之和。然而，把这一点应用到化学强化玻璃时，则必须考虑受压层的有效厚度，此厚度与制造时或使用时可能会出现的表面磨损层深度有关。原理上，化学强化玻璃的受压层深度是可控制的，但是实际上被限制在几百微米的范围之内。原因是化学强化通常是使施加在表面上的某些反应物通过扩散渗入而完成，而扩散渗入的深度与时间的平方根成正比。

化学强化玻璃板的断面应力分布通常显著不同于热强化(淬火)玻璃。在淬火玻璃中，应力分布很近似于抛物线形(例如图 16.8)，且最大表面压应力大约是玻璃内部最大张应力的二倍。然而在化学强化玻璃中，通常应力分布不呈抛物线形，而应力趋于重现离子分布的误差函数曲线，这种分布往往由于应力弛豫发生可观的畸变。次表面应力达到最大值并不是罕见的。应力分布图还强烈地随着相对于平板厚度的渗入深度而变。在应力分布图上有一个近似平坦的小张应力中心区，它突然变成压应力而进入化学强化区。受压深度用光学法从表面到应力转变平面的距离来测定。受压深度与离子交换的深度有关，但并不一定相同。表面压应力与内部张应力的比值可高达几百。如果内部张应力相当小，则化学强化的玻璃可以切割及钻孔。另一方面，如果表面受压层的厚度约为板厚的 10%，则中央张应力就大到足以使任何达到内部的裂纹都能自发地扩展，而材料就像淬火玻璃破坏时那样碎成小块。

商业制品的大多数化学强化是以大的离子置换小的离子。有两种方式实现这种置换：扩散法和电驱动离子迁移法。从实践观点出发，只有 Li、Na、K 及 Ag 离子具有可用的迁移率。原则上，其他碱金属离子、多价离子甚至阴离子都能产生填塞效应，但是试验结果较难令人满意。

这种技术在实际应用时，组成是一个重要的可变因素。碱金属离子在铝硅酸盐中比在硅酸盐中更易迁移，但在硼硅酸盐中则比较不易迁移。引进外来离子时的温度必须比玻璃的退火范围稍微低一点。所采用的温度通常要兼顾下述两方面：一方面希望增加迁移率；另一方面又不希望在接近转变区时伴随温度增加而发生应力弛豫。熔盐（通常是混合的硝酸盐）常被用来实现这种交换。

由于扩散物质带有电荷，因此可用电场来影响离子运动的方向及速率。在这种情况下，离子浓度的分布图与由扩散交换引起的分布图大不相同。因为通常用较大而不易移动的离子来置换较小的离子以获得填塞效应（如 K^+ 置换 Na^+），所以加入的离子所占据体积的电阻率大于原来玻璃的电阻率，而电场也相应地更强。这就引起前后离子之间的边界变尖锐，只要加上电场，就会保持方形波浓度分布图。因此，由给定的渗透深度产生的表面应力比扩散置换情况下产生的要高。

采用电场法还有其他一些潜在优点。由于可以在比扩散法所需温度更低的温度下引入外来的离子，因此应力弛豫的作用可降至最小。此外还可获得较厚的受压层，因为电渗透的深度应该倾向于与时间的一次方成正比，而不是与时间的平方根成正比。这个工艺的缺点在于玻璃通常具有正的电导温度系数，因而倾向于在平板形导体的任何稍微过热的区域发生电流沟槽作用，导致穿孔现象——此现象通过电阻率的增加而加重，对给定电流来说也相应地增加了电压及功率，因此穿透深度也增加了。电感应迁移的一维特性可通过下列操作而得到缓和：电解其一侧到要求深度的二倍，然后将极性逆反，在相反的方向上通入原来一半的电荷。

扩散及电迁移两种离子交换技术都受到高温下发生的弛豫过程的限制。随着离子交换时间的延长，就导致物体的抗拉强度要通过一个极大值。对给定的组成来说，温度越高，到达极大值也越早，以后抗拉强度下降得越陡。甚至对于离子交换温度低于玻璃的公称应变点时，仍然会以明显的速率发生黏性及黏弹性弛豫过程。特别是表面层，尤其会发生弛豫，该层的应力水平常常在 100000 psi 范围内。除上述应力弛豫以外，在高温下使用化学强化的物体时，会导致强度下降，这是与离子浓度梯度的下降联系在一起的。

除了用大的离子代替小的离子来产生表面填塞效应以外，还可以用较小的离子进行置换（温度高于转变范围）来达到强化，如 Li 置换 Na。含有较小离子的表面区的特点通常是膨胀系数比主体玻璃的小，因而产生表面压应力。然而以这种方式产生的压应力在数值上比填塞技术所得的压应力小得多。一个工艺上有意义的这方面的例子是用各种酸性反应物（如气态 SO_2 或 SO_3）进行高温处理而产生的玻璃表面脱碱作用。这样得到的表面薄层具有较低的热膨胀系数和较高的耐久性。遗憾的是这一工艺受到过程本身的限制，因为脱碱的表面往往会妨碍碱金属氧化物进一步扩散损耗。

表面结晶也能影响玻璃表面区域摩尔体积的改变。这种技术虽然在专利文献中充分报道过，但在工艺实践中却用得不多，而是常常与表面区的离子交换配合使用，以便为结晶过程提供较为有利的玻璃相。在许多情况下，结晶处理由于晶体的出现而引起散射损耗。

对于玻璃陶瓷材料，采用化学强化技术不仅改善少量剩余玻璃相的强度，而且更重要的是改善结晶相的强度。晶相强化的发生是通过固溶体的形成使表面区域内晶格拥挤，或者由于在表面区域内转变为具有较大比体积的相。前者的例子是 β - 锂辉石固溶体玻璃陶瓷中 Na^+ 置换 Li^+，致使磨光体的强度从 15000 psi 增至 50000 psi；还有在 β - 石英固溶体玻璃陶瓷中 $2Li^+$ 置换 Mg^{2+} 致使磨光体强度提高到 45000 psi 左右。包含表面相变而强化的例子是在霞石玻璃陶瓷中 K^+ 置换 Na^+ 导致霞石转变为六方钾霞石。再一个例子是在多相Mg - 铝硅酸盐玻璃陶瓷中 $2Li^+$ 置换 Mg^{2+} 导致相的聚集，如图 11.26 所示。以上所举这两种情况下已得到的磨光体强度达 200000 psi 左右。关于这些工艺的进一步细节可以参见推荐读物 3。

推荐读物

1. B. A. Boley and J. H. Weiner, *Theory of Thermal Stresses*, John Wiley & Sons, Inc., New York, 1960.
2. O. S. Narayanaswamy and R. Gardon, "Calculation of Residual Stresses in Glass", *J. Am. Ceram. Soc.*, **52**, 554 (1969).
3. G. H. Beall, in: *Advances in Nucleation and Crystallization*, L. L. Hench and S. W. Freiman, Eds., American Ceramic Society, Columbus, 1972.
4. D. P. H. Hasselman, "Unified Theory of Thermal Shock Fracture Initiation and Crack Propagation in Brittle Ceramics", *J. Am. Ceram. Soc.*, **52**, 600 (1969).
5. W. D. Kingery, "Factors Affecting Thermal Stress Resistance of Ceramics Materials", *J. Am. Ceram. Soc.*, **38**, 3 (1955).
6. J. White, "Some General Considerations in Thermal shock", *Trans. Brit. Ceram. Soc.*, **57**, 591 (1958).
7. H. R. Lillie, "Basic Problems in Glass Annealing", *Glass Ind.*, **31**, 355 (1950).

习　题

16.1 (a) 在一块无色的基底玻璃上覆盖带色玻璃，这一工艺称为玻璃套色。这两种玻璃基本组成相同，但在套色玻璃中添加着色物质，致使其转变温度大约比基底玻璃高 10 ℃。假设套色玻璃比基底玻璃薄，计算在套色玻璃中可望得到的最大应力。这两种玻璃的热膨胀系数无论在玻璃态还是在过冷液体范围内都可视为相等，因此仅有的性能差别就是转变温度的不同。

(b) 曾经提出在基底玻璃上覆盖热膨胀系数或转变温度不同的玻璃可以使玻璃制品强化，此法是否可行？哪一种玻璃应具有较高的转变温度？在转变温度下，玻璃的热膨胀系数约增大到 3 倍。

16.2 曾经建议的高强结构玻璃的制法是同时控制三层夹层玻璃，其两个外层的玻璃组成与内层不同。选择合理的各层性能及尺寸的组合以便使强度增加，并估计抗弯强度的增加。

16.3 在抗拉强度试验中，试件体积上承受均匀拉力；在抗弯强度(破坏模量)试验中存在应力梯度，在表面处具有最大的拉应力。在快速淬冷的热震试验中，应力梯度可能非常陡并且是瞬变的。根据裂纹的成核和生长，对①优质陶瓷例如 94% Al_2O_3 瓷、②特殊耐火材料例如含 80% 氧化铝、20% 空隙的物体，讨论上述 3 种不同应力类型断裂特性的预期不同点。对讨论中所需的数据(例如破坏模量等)的合理的数值给以明确的假设。

16.4 用离子交换比用淬火更能使玻璃强化。

(a) 什么函数关系是构成此事实的基础？

(b) 对离子交换强化试给出不同的“机理”。

(c) 在淬火过程中什么因素控制着允许淬冷速率的上限？

16.5 热压烧结氧化铝板气孔率为零，厚 0.25 in。在其上烧了一层厚度为 0.025 in、膨胀系数为 4×10^{-6}/℃的瓷釉($E=10^7$ psi)。假定温度为 825 ℃时，在室温下釉中的应力及坯体的应力有多大？假设釉和坯的泊松比都是 0.3。

16.6 (a) 将某钠-钙-硅酸盐玻璃精心地在 HF 溶液中处理，以便去掉所有的 Griffith 裂纹。此玻璃的杨氏模量为 7×10^3 kg/mm^2 ($E=10^7$ psi)(假设不随温度而变，但实际上不是这样)，泊松比为 0.35。线膨胀系数为 10^{-5}/℃。热导率为 2.5×10^{-3} cal/(cm^2·s·℃·cm)①。玻璃的表面张力估计为 300 dyn/cm。如果玻璃被投入冰水而淬冷，在淬冷前玻璃可能加热到不致因热震而断裂的最高温度是多少？

(b) 如果玻璃并未经过腐蚀，并已知在表面上存在 1 μm 的 Griffith 裂纹，则玻璃能淬冷的最高温度是多少？

16.7 (a) 用方程式来定义线膨胀系数 a 与体膨胀系数 α。

(b) 要求将 $a=80\times10^{-7}$/℃的晶态氧化物对接到 $a=90\times10^{-7}$/℃的玻璃上去。玻璃及晶体的弹性模量都是 10^7 psi。玻璃事先经过仔细的退火并在 500 ℃时基本上变坚硬。你相信这个焊接会失败吗？为什么？

(c) 试解释为什么陶瓷(例如鳞石英)在相变时如果发生 0.6% 这样小的体积变化

---

① 原文为“2.5×10^3 g cal/(cm^2·s·℃·cm)”，疑有误。——译者注

即可导致晶粒断裂？假定弹性模量为 10^7 psi。

16.8 描述釉龟裂时发生的情况。龟裂的原因是什么？如何改变三组分瓷体或釉的组成以避免龟裂？

16.9 成形后加以淬冷可以提高玻璃及多晶陶瓷的强度。试解释此效应，给出有关的物理性能和所需淬冷条件之间的函数关系。如果要达到相同的强度增长百分比，试比较熔融 SiO_2 和钠－钙－硅酸盐玻璃的热处理制度。

16.10 由 Pyrex－软玻璃－Pyrex 制成的三夹层经加热后使其粘在一起。计算在冷却到室温以后作用在两种玻璃的界面处的正应力及剪应力。Pyrex 的热膨胀系数为 $3.6\times10^{-6}/℃$，而软玻璃的热膨胀系数为 $8.4\times10^{-6}/℃$。假定在 500 ℃以下所有黏性流动或塑性流动都停止。此平板厚 0.01 in。Pyrex 的杨氏模量为 6×10^5 kg/cm^2，软玻璃为 7×10^5 kg/cm^2。

第十七章
电导

在陶瓷材料的许多应用中，导电性是重要的。半导体材料有许多特殊用途，如电阻发热元件，又如整流器、光电池、晶体管、热敏电阻、探测器以及调制器等半导体器件已成为现代电子学的一个重要组成部分。陶瓷作为电绝缘体应用具有同等的重要性，瓷和玻璃常被用于低压和高压绝缘。因此，我们对电导性能的所有内容都感兴趣。

对于这些材料的性质和特点的研究主要从两种观点出发。电气工程师们把它们视为电路中的主要元件，这些元件按照电测量的要求具有规定的性质和特点。物理学家则根据对电子和离子性状的定量了解来研究这些性能。而陶瓷工作者则必须两者兼顾，既考虑最终使用方面的问题，也要通过原子和电子性状来了解组成、结构和环境对性能的影响。

为了避免重复，在本章中我们仅限于讨论直流和低频的测量。在第十八章中讨论具有同等重要性的高频方面的测量。

17.1　电导现象

迁移率和电导率　当电场加到陶瓷试样上时，电流就或快或慢地达到一个平衡直流值。我们可以通过在电场存在下出现的带电粒子数和它们的迁移速度来表示平衡。电流密度 j 定义为单位时间内通过单位面积迁移的电荷量。如单位体积带电的粒子数为 n，它们的迁移速度为 v，每个粒子的电荷量为 ze(此处 z 为原子价，e 为电子电荷)，则第 i 种粒子的电流密度由下式给出：

$$j_i = n_i z_i ev \tag{17.1}$$

电导率 σ 由以下关系式来确定：

$$\sigma = j/E \tag{17.2}$$

式中：E 为考虑到任何场畸变的电场强度(电流密度、迁移速度和场强具有矢量性质，用矢量表示法有其优点。然而，对于我们的要求来说非矢量表达法是适用的，而且对一些读者也比较简单)。因此，

$$\sigma_i = (n_i z_i e)\frac{v}{E} \tag{17.3}$$

迁移速度正比于局部作用的电场强度，迁移率由以下比值确定：

$$\mu_i = v_i/E_i \tag{17.4}$$

因此，电导率是载流子浓度和迁移率的乘积：

$$\sigma_i = (n_i z_i e)\mu_i \tag{17.5}$$

有时希望使用绝对迁移率 B(参见第六章)，其定义为单位作用力下的迁移速度，由下式给出：

$$B_i = \frac{v_i}{F_i} = \frac{v_i}{z_i eE} \tag{17.6}$$

因此，根据绝对迁移率，电导率由下式给出：

$$\sigma_i = n_i z_i^2 e^2 B_i \tag{17.7}$$

$$\mu_i = z_i eB_i = \frac{z_i eD_i}{kT} \tag{17.8}$$

当我们考虑到像组成、结构和温度等变量对电导率的影响时，就涉及载流子浓度及其迁移率这两个独立起作用的因素(如第十八章中所述，内晶界和阻挡层通常也是极为重要的)。

大多数工程数据用伏特、安培、欧姆、秒等实用单位来表示。其他的测定或计算结果则用静电单位(esu)报道，其中基本单位是厘米、克、秒，而介电常数取为无量纲的数。表 17.1 列出了换算系数。

表 17.1　实用制和静电单位制的换算系数

参　　量	单位制		从实用单位转换为静电单位时乘以：
	静　　电	实　　用	
电导率，σ	秒$^{-1}$[(静电安培/静电伏特)/厘米]	欧姆$^{-1}$厘米$^{-1}$[(安培/伏特)/厘米]	9×10^{11}
电流密度，j	静电库仑秒$^{-1}$/厘米^2[静电安培/厘米^2]	库仑秒$^{-1}$/厘米^2[安培/厘米^2]	3×10^9
电场，E	静电伏特/厘米	伏特/厘米	1/300
载荷子浓度，n	载荷子数/厘米^3	载荷子数/厘米^3	—
漂移速度，v	厘米/秒	厘米/秒	—
迁移率，μ	(厘米/秒)/(静电伏特/厘米)	(厘米/秒)/(伏特/厘米)	300
电子电荷[1)]，e	4.803×10^{-10}静电库仑	1.601×10^{-19}库仑	3×10^9

1）原文为 Change，恐系 Charge 之误。——译者注

如果我们把载流子看成起初是随机运动的，其平均迁移速度为零，施加一个稳定的平均外力 $F = zeE$ 后，引起的运动方程则为

$$m\left(\frac{\mathrm{d}v}{\mathrm{d}t} + \frac{v}{\tau}\right) = F = zeE \tag{17.9}$$

式中：m 是粒子的质量。在无外力时，

$$\frac{\mathrm{d}v}{\mathrm{d}t} + \frac{v}{\tau} = 0 \tag{17.10}$$

积分后，得

$$v(t) = v_0 \exp\left(-\frac{t}{\tau}\right) \tag{17.11}$$

式中：τ 是特征弛豫时间，标志着达到平衡所需的时间。式(17.9)的第一项描述惯性效应，当 v 随时间而变时必须包括这一项。mv/τ 项具有摩擦阻力或阻尼的形式。一旦惯性作用消失($\mathrm{d}v/\mathrm{d}t = 0$)，则得到

$$v = \frac{ze\tau E}{m} \tag{17.12}$$

与式(17.3)比较，得

$$\sigma = (nze)\left(\frac{ze\tau}{m}\right) = \frac{nz^2e^2\tau}{m} \tag{17.13}$$

即被迁移的电荷与电荷密度(zen)、电荷在给定电场中的加速度(与 ze/m 成正比)以及 τ 成正比，τ 相当于电荷在随机运动中两次碰撞之间受这些力作用的时间。

载流子的种类　与移动的带电粒子有关的固体的一般特性已在第四章和第

六章中讨论过了。它们可以用电子能带结构来描述，如图 17.1 所示。对金属来说，导带中总有一定的电子浓度；半导体导带中的电子浓度取决于温度和组成；绝缘体的禁带足够大，以致通常没有电子能够通过晶体而运动，其电导率仅能借助于带电离子的运动而引起。这几类材料电阻率的典型值如表 17.2 所示。

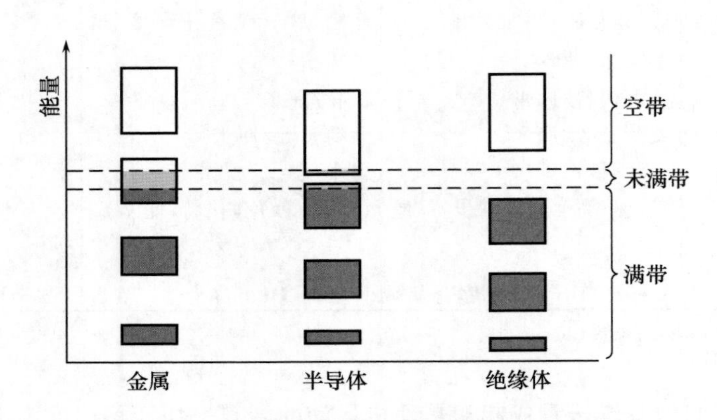

图 17.1　金属、半导体和绝缘体中的电子能带

表 17.2　室温下一些材料的电阻率

材　　料	电阻率/(Ω · cm)	材　　料	电阻率/(Ω · cm)
金属：		碳化硼	0.5
铜	1.7×10^{-6}	锗(纯)	40
铁	10×10^{-6}	Fe_3O_4	10^{-2}
钼	5.2×10^{-6}	绝缘体：	
钨	5.5×10^{-6}	SiO_2 玻璃	$>10^{14}$
ReO_3	2×10^{-6}	滑石瓷	$>10^{14}$
CrO_2	3×10^{-5}	黏土耐火砖	10^{8}
半导体：		低压瓷	$10^{12}\sim10^{14}$
致密碳化硅	10		

迁移数　一种材料中对电导有贡献的载流子常常不止一种。在这种情况下，我们可以利用前面所给出的关系来为每一种带电粒子定义部分电导率。即对第 i 种粒子，

$$\sigma_i = \mu_i(n_i z_i e) \tag{17.14}$$

等等。于是总的电导率可由下式给出：

$$\sigma = \sigma_1 + \sigma_2 + \cdots + \sigma_i + \cdots \tag{17.15}$$

每种载流子对总电导贡献的分数为

$$t_i = \frac{\sigma_i}{\sigma} \tag{17.16}$$

式中：t_i 称为迁移数。显然，各迁移数的总和必然等于1：

$$t_1 + t_2 + \cdots + t_i + \cdots = 1 \tag{17.17}$$

在这一关系式中，各种载流子可以是对电导过程有贡献的带电离子、电子或电子空穴。表17.3列出了几种材料的迁移数。

表17.3 几种化合物中阳离子迁移数 t_+、阴离子迁移数 t_- 和电子或空穴迁移数 $t_{e,h}$

化合物	温度/℃	t_+	t_-	$t_{e,h}$
NaCl	400	1.00	0.00	
	600	0.95	0.05	
KCl	435	0.96	0.04	
	600	0.88	0.12	
KCl + 0.02% $CaCl_2$	430	0.99	0.01	
	600	0.99	0.01	
AgCl	20 ~ 350	1.00		
AgBr	20 ~ 300	1.00		
BaF_2	500	…	1.00	
PbF_2	200	…	1.00	
CuCl	20	0.00	…	1.00
	366	1.00	…	0.00
ZrO_2 + 7% CaO	> 700 ℃	0	1.00	10^{-4}
$Na_2O \cdot 11Al_2O_3$	< 800 ℃	1.00(Na^+)	…	< 10^{-6}
FeO	800	10^{-4}	…	1.00
ZrO_2 + 18% CeO_2	1500	…	0.52	0.48
+ 50% CeO_2	1500	…	0.15	0.85
$Na_2O \cdot CaO \cdot SiO_2$ 玻璃	…	1.00(Na^+)		
15%($FeO \cdot Fe_2O_3$) · CaO · $SiO_2 \cdot Al_2O_3$ 玻璃	1500	0.1(Ca^{2+})	…	0.9

因此从本质上说，阐明并控制陶瓷中电导的问题就包括描述每种可能的载流子的浓度和迁移率，然后把这些贡献加起来得到总电导率。

17.2 晶体中的离子电导

一种始终存在并对电导有贡献的载流子是氧化物和卤化物这类晶体材料中的离子。如表17.3中所说明的，由离子迁移引起的电导在许多陶瓷材料中是重要的。对这种电导的分析要求确定载流子的浓度和迁移率，这已在式

(17.3)～(17.7)中概要指出，而第四章和第六章中也进行过一些详细的讨论。实际上，在离子型材料中电导率测定的一个主要成果就是结构缺陷的阐明和离子迁移率的确定。

在电场驱动力的作用下，一个离子要穿过晶格而移动，就必须具有足够的热能以越过势垒，此势垒处于晶格结点之间。对于一维情况(图 17.2)，在正方向由电场偏压引起的电流密度是

$$j_{i正} = z_i e n_i a i \exp\left(\frac{-\Delta G^{\dagger} + z_i eEa/2}{kT}\right) \tag{17.18}$$

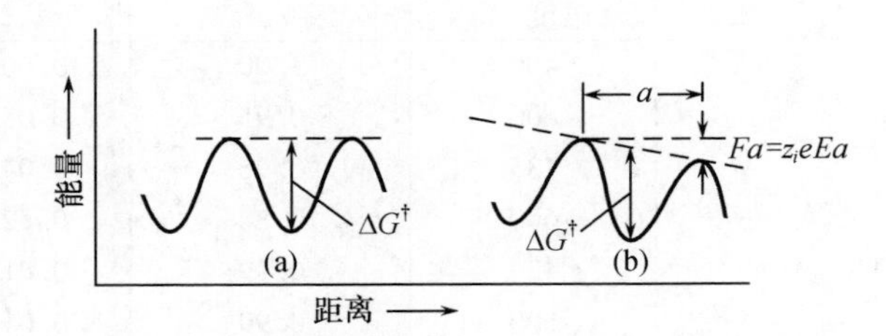

图 17.2　带电荷为 z_ie 及原子间距为 a 的离子在(a) 没有外加电场及(b) 有外加电场 E 时的势垒

反向电流为

$$j_{i反} = z_i e n_i a\nu \exp\left(\frac{-\Delta G^{\dagger} - z_i eEa/2}{kT}\right) \tag{17.19}$$

式中：a 为跳跃距离；ν 是晶格振动频率(大约为 10^{13}/s)；$\Delta G^{\dagger}$是离子运动的吉布斯自由能，即激活能。净电流通量为

$$j_{i净} = j_{i正} - j_{i反} = 2z_i e n_i a\nu \exp\left(-\frac{\Delta G^{\dagger}}{kT}\right)\sinh\left(\frac{z_i eEa}{2kT}\right) \tag{17.20}$$

在括号中的 E、a 和 T 项的典型值是很小的(近似为 10^{-5})，因此方程可以很好地近似为

$$j_{i净} = 2(z_i e n_i)a\nu\left(\frac{z_i eaE}{2kT}\right)\exp\left(-\frac{\Delta G^{\dagger}}{kT}\right) = \left[\frac{n_i e^2 z_i^2 a^2 \nu}{kT}\exp\left(-\frac{\Delta G^{\dagger}}{kT}\right)\right]E = \sigma_i E \tag{17.21}$$

与式(17.5)相比较，离子迁移率可以表示为

$$\mu_i = \frac{e z_i a^2 \nu}{kT}\exp\left(-\frac{\Delta G^{\dagger}}{kT}\right) \tag{17.22}$$

式(17.7)所定义的绝对迁移率为

$$B_i = \frac{a^2 \nu}{kT}\exp\left(-\frac{\Delta G^{\dagger}}{kT}\right) = \frac{D_i}{kT} \tag{17.23}$$

这就是 Nernst – Einstein 关系式。在晶体中对一种具有迁移数 t_i 的特定离子，

$$\sigma_i = t_i\sigma = f(n_i e z_i)(e z_i)\left(\frac{D_i}{kT}\right) = \frac{fD_i n_i z_i^2 e^2}{kT} \tag{17.24}$$

此处 f 是度量特定的晶体结构中可以和该类离子结合的等价结点数（对于岩盐结构中的离子型空位，$f=4$）。

如表 17.3 所示及第六章所述，在氯化钠中钠离子的迁移率远大于氯离子。作为一级近似，我们可以认为在这一材料中，钠离子迁移是造成离子电导的唯一原因，并规定两个一般性的区域，如图 17.3 所示。在高温本征区，钠离子空位浓度[式(17.24)中的 n_i]属于热力学性质，电导率作为空位浓度和扩散系数的乘积随温度而变化，空位浓度和扩散系数都是温度的指数函数。在低温下，钠离子的浓度不处于热平衡状态而是由少数溶质和以前的历史决定，如第四章中所述。因此，在非本征区内，温度与电导率的关系仅取决于扩散系数。根据图 17.3 所示数据，迁移激活能可以由非本征区的数据来决定，迁移激活能及晶格缺陷形成激活能之和可以由本征区的温度关系来决定。

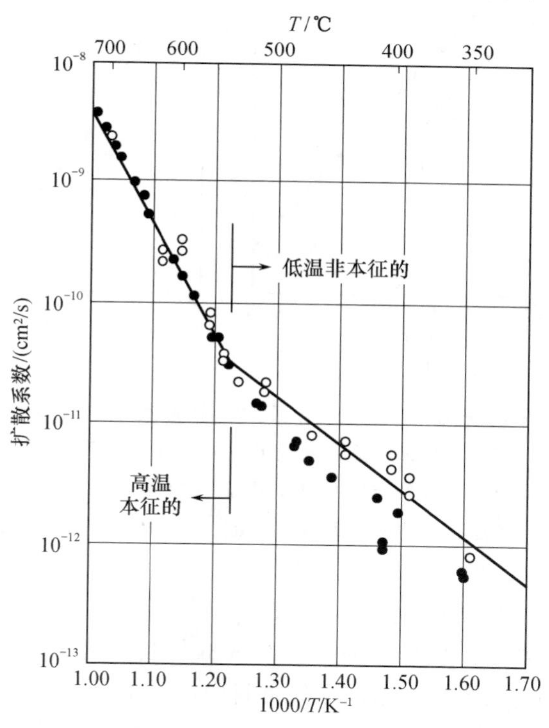

图 17.3　对氯化钠中的 Na^+ 直接测定得到的扩散系数（圆圈）和从电导率数据算得的扩散系数（黑点）。引自 D. Mapother, H. N. Crooks, and R. Maurer, *J. Chem. Phys.*, **18**, 1231(1950)

然而，在一个宽阔的温度范围内对一些精心制备的试样进行测量所得到的结果表明，其性状比上述简单的图像稍为复杂一些。如图 17.4 所示，对高纯度和重掺杂的氯化钠样品，电导率对温度的依赖关系可以分为几个区域。在足够高的温度(阶段Ⅰ′)下可以看到氯离子迁移的附加贡献。在低于简单非本征区(阶段Ⅱ)的温度下有一些附加的区域，这些区域对应于杂质与阳离子空位的缔合，使载流子浓度降低(阶段Ⅲ)。含有大量溶质的样品中将发生淀析，使离子型载流子的浓度进一步减小(阶段 Ⅳ)；在更低的温度下，缔合与淀析的共同作用将进一步改变电导的性状(阶段Ⅲ′)。参阅第四章特别是 4.7 节，应能澄清这些不同温度范围的本质。

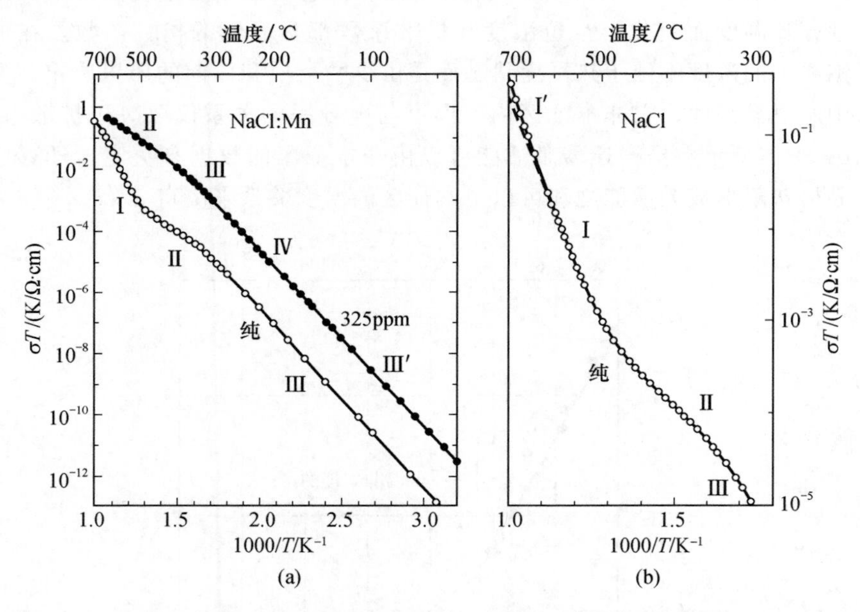

图 17.4　NaCl 中的阳离子电导率。在(a) 中纯晶体曲线表示阶段Ⅰ(本征)、Ⅱ(非本征)、Ⅲ(缔合)，重掺杂晶体曲线表示阶段Ⅱ、Ⅲ、Ⅳ(淀析)及Ⅲ′(与淀析凝结相缔合)，(b) 纯晶体曲线表示由于阴离子对电导率的贡献而引起阶段Ⅰ′出现附加的增长。电导率以($\Omega^{-1}\cdot cm^{-1}$)表示。引自 Kirk and Pratt，*Proc. Brit. Ceram. Soc.*，**9**，215(1967)

当材料中对电导过程有贡献的缺陷不止一种时，引入迁移率比例 $\theta = B_1/B_2$作为一个变量是方便的。对不同组成的材料，使用相对电导率 σ/σ_0 这个概念也是方便的，此处 σ_0 指的是纯材料的电导率。

图 17.5 给出了以 $CdBr_2$ 和 Ag_2S 作为溶质的 AgBr 的电导率。在这种材料中主要的热缺陷为弗仑克尔缺陷，填隙银离子比银空位更容易移动，即 $\theta = B_{Ag_i^{\cdot}}/B_{V'_{Ag}} > 1$，在固溶体中增加 $CdBr_2$，则增加银离子空位的浓度而减少填隙银

离子的浓度(由于弗仑克尔平衡的结果，参见第四章)。当 $CdBr_2$ 的浓度增加时，只要主要电导过程是填隙迁移，则电导率就会减小。然而，在等温电导率曲线中出现一个电导率最小的组成。如果进一步添加 $CdBr_2$，由于空位浓度增加，结果使电导率增加，这时空位浓度对总电导率起主要作用。应用讨论各种缺陷浓度及其相对迁移率时用过的概念，相对电导率曲线的最小值可以用来度量迁移率的比值。将 Ag_2S 加入 AgBr 时会形成更多的银填隙离子，根据类似的原因，我们可以理解为什么电导率增加而没有最小值。

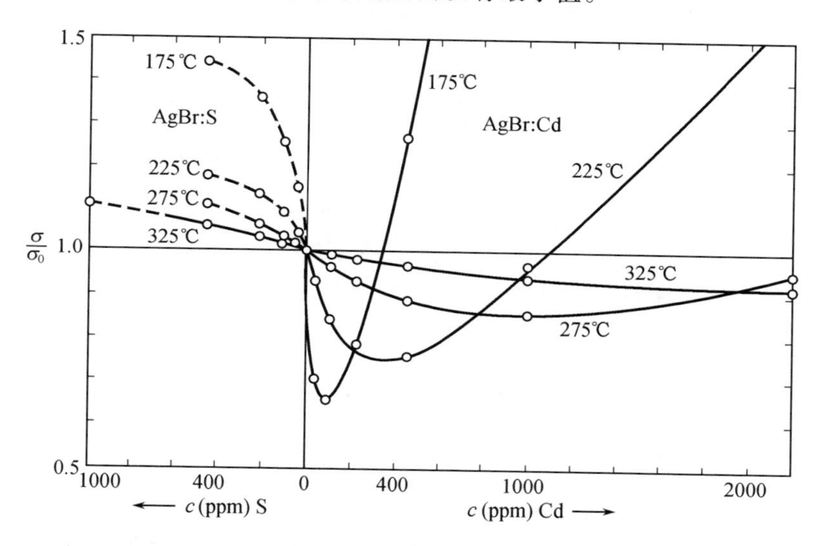

图 17.5　Cd^{2+} 和 S^{2+} 掺杂的 AgBr 的等温电导率，虚线表示 AgBr：S 在平衡溶解度极限以外。引自 J. Telfow，*Ann. Phys.*，**5**，63(1950)，and *Z. Phys. Chem.*，**195**，213(1950)

这些关系的精确性多少会受到化学效应的影响。如图 17.6 所示，不同的溶质会影响迁移率。在同样温度下，在增加氯化钾的电导率方面，钙比锶或钡有效得多。这可能反映运动着的空位与溶质周围的应变场之间的相互作用，通过这种相互作用，较大的钡离子可在它的应变场中容纳更多的空位以利于调整弹性畸变。另一种看法是把弹性应变场看成有助于空位－溶质缔合的稳定性，在 Ba 的情况下空位和溶质离子间产生更大的缔合作用。

示踪扩散的测量结果与低温下由电导率测量结果计算出的扩散系数之间存在偏差(如图 17.3 所示)，该偏差反映了带电空位和溶质离子缔合而形成电中性的空位－溶质对，它对电导过程不起作用，即不受外加电场的影响。这类缔合体的形成已经在第四章中讨论过，它们对扩散现象的影响已在第六章和第九章中描述过。

每个缺陷都有被一层异号电荷的扩散云包围的趋势，这种趋势干扰了缺陷

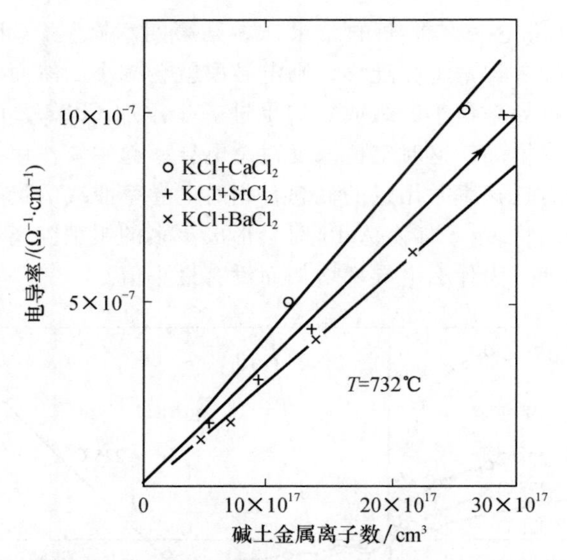

图 17.6　掺有各种混合物的 KCl 的电导率。外来阳离子的浓度以每立方厘米的数目给出，此数除以每立方厘米 K^+ 离子数即 1.62×10^{22}[①] 可转换为摩尔分数。引自推荐读物 2

的均匀分布。德拜 - 休克尔屏蔽常数由下式确定：

$$l^2 = \frac{8\pi n_{\mathrm{d}}(z_i e)^2}{\kappa kT} \tag{17.25}$$

式中：n_{d} 为每立方厘米中带电缺陷的浓度；l 的量纲为 cm^{-1}，长度 $1/l$ 表示屏蔽距离，在此距离内，缺陷的过剩电荷被有效地中和。由于非均匀电荷分布，每对缺陷的能量变化为

$$H_{\mathrm{DH}} = -\frac{(z_i e)^2 l}{\kappa(1+lR)} \tag{17.26}$$

式中：R 是带电缺陷间最靠近的距离（因为 $lR\ll1$，选择 R 有一定任意性时，影响不大）；κ 是介电常数。这种能量变化相当于“缺陷对”生成焓的降低，这样在给定温度下比其他情况下会有更多的缺陷形成。换言之，缺陷的活度 a 降低，活度系数 γ 由下式给出：

$$\gamma = \frac{a}{[c]} = \exp\left[-\frac{z^2e^2l}{kT(1+lR)}\right] = \exp\left(\frac{H_{\mathrm{DH}}}{2kT}\right) \tag{17.27}$$

如图 17.7 所示，对于缺陷浓度低于约 1000 ppm 时，其影响是小的，在第四章中讨论过的简单缔合关系完全适合。在更高的溶质浓度范围，简单的缔合理论对缔合形成程度估计过高，此时不应该用缺陷浓度而应该用具有式(17.27)所确定的活度系数的缺陷活度。

① 原文为“1.62×10^{23}”，疑有误。——译者注

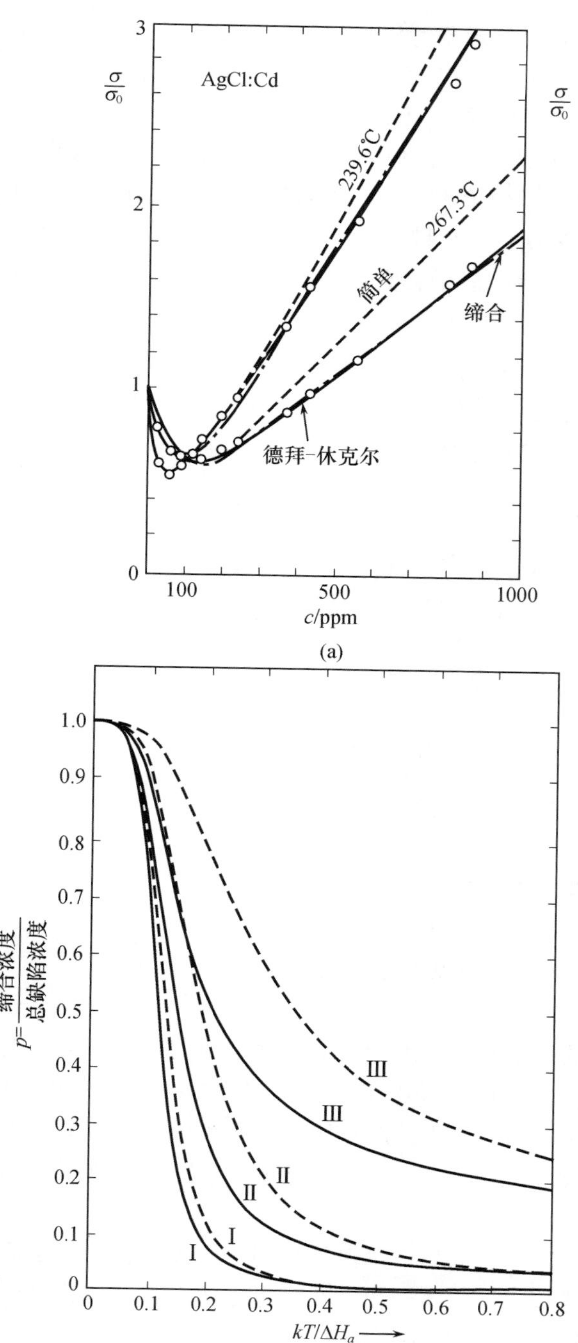

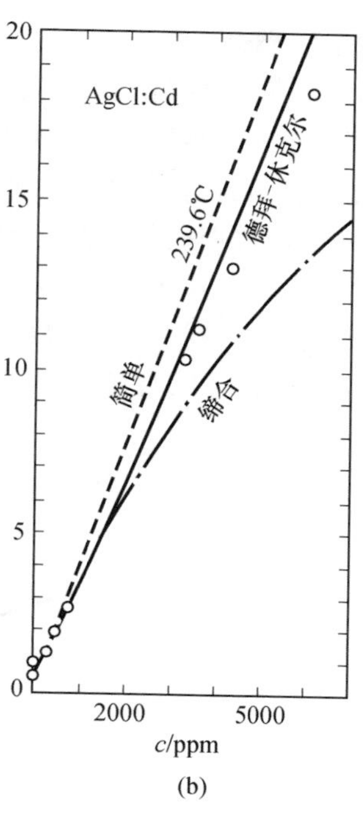

图 17.7　AgCl：Cd 的电导率等温曲线(a)和(b)，实验点及由缔合作用计算的以及由包含缔合作用在内的德拜－休克尔相互作用计算的曲线，直接取自参考文献。为了比较 239.6 ℃ 时 $K_F^{1/2}=21.7$ ppm，$\theta=B_{Ag_i^{\bullet}}/B_{V'_{Ag}}=11.13$ 和 267.3 ℃ 时，$K_F^{1/2}=45.9$ ppm，$\theta=8.63$，计算了无缔合作用的简单理论的结果。引自 H. C. Abbink and D. S. Martin, Jr., *J. Phys. Chem. Solids*, **27**, 205 (1966)。(c) 表示 Ⅰ，$c=10^{-4}$；Ⅱ，$c=10^{-3}$；Ⅲ，$c=10^{-2}$ 三种不同浓度下，缔合度 p 作为折算温度 $kT/\Delta H_a$ 的函数。虚线为从简单缔合作用算得的。实线表示用德拜－休克尔理论得出的更精细的计算结果。引自推荐读物 2

快离子迁移 几种类型的化合物显示出特别高的离子电导率，最近成为人们在技术上感兴趣的化合物。这些化合物主要分为 3 族：① 银和铜的卤化物和硫化物，其中金属原子在几种不同的位置范围内是无序的；② 具有 β - 氧化铝结构的氧化物，其中的一价阳离子是可以移动的；③ 具有大的缺陷浓度的氟化钙结构类型的氧化物，起因于变价阳离子或固溶体中有低价的第二种阳离子(例如 $CaO - ZrO_2$ 或 $Y_2O_3 - ZrO_2$)。图 17.8 示出一些具有高电导率的代表性材料的电导率数据。这些数据比标准离子化合物大许多个数量级(例如与图 17.4 相比较)，可以与稀硫酸溶液这样的液体电解质的电导率相匹敌。

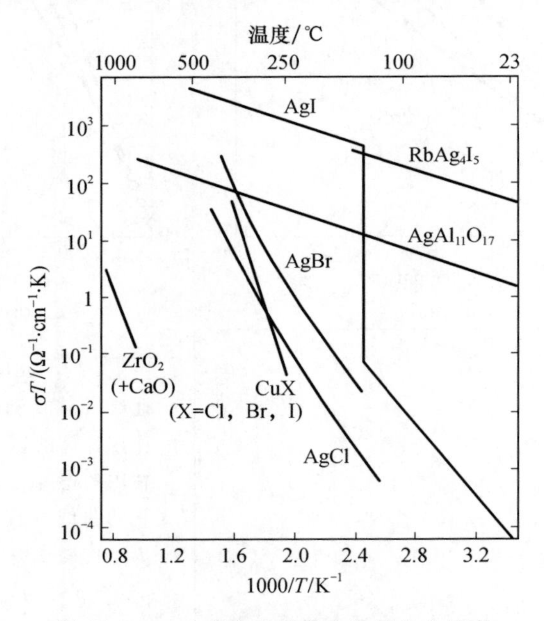

图 17.8 一些高电导固体电解质的电导率

在氟化钙型固溶体中，高的掺杂水平导致大的浓度缺陷和空位有序化。在这些材料中发生快速的氧迁移。这被认为是由于高空位浓度(约为 15% 量级)所致，同时也与由于缺陷有序化的结果使离子跃迁距离大于离子间隔有关。图 17.9 示出测得的氧示踪扩散系数，它与由 Nernst - Einstein 方程从电导率得到的数值非常一致。

银和铜的卤化物和硫化物通常具有简单的阴离子排列。阳离子在阴离子间隙中是无序的，可以利用的位置数大于阳离子数，在高电导相中相邻位置之间的势垒非常小，因此，这些位置的连通性提供了一些通道，阳离子可沿着这些通道作自由运动。已经从理论上计算出了 α - AgI 中在 I^- 离子的体心立方阵列中移动的银离子所经受的势能与单位晶胞中位置之间的函数关系。这个计算不

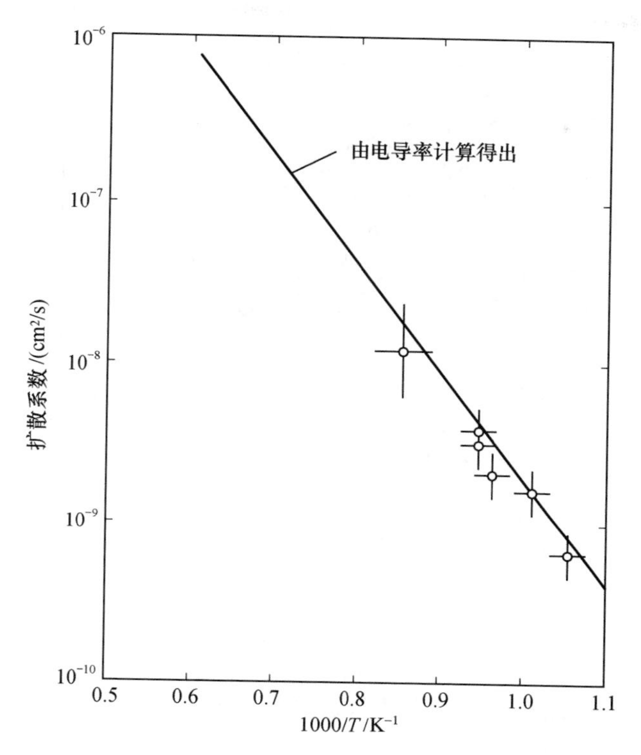

图 17.9 在 $Zr_{0.85}Ca_{0.15}O_{1.85}$ 中与电导率有关的氧离子扩散系数。实线是由电导率数据计算出来的，实验点是直接测定的

仅证实了对银离子迁移具有非常低的激活势垒的通道的存在，而且表明当迁移离子的尺寸稍微增加或减小时势垒的高度就迅速增加。

β－氧化铝是六方晶系结构，其组成近似于 $AM_{11}O_{17}$。容易移动的离子 A 是一价物质如 Na、K、Rb、Ag、Te 或 Li，而 M 是三价离子 A1、Fe 或 Ga。也出现了具有近似式 AM_7O_{11}(β′)和 AM_5O_8(β″)的一些相关相，后者具有极高的电导率。几种 β－氧化铝的电导率和温度的函数关系如图 17.10 所示。

晶体结构由平行于基面的原子平面组成。在立方密堆的序列中氧组成的 4 个面构成板块，其中铝原子占据八面体和四面体的间隙位置，如同在尖晶石中一样。尖晶石晶格层由比较开放的、单价离子和氧所形成的层连接在一起。这一疏松的连接层被认为是无序的，它对大于单一跳跃距离的原子运动提供了二维通路。

如参与电导的一价离子变大，它们的迁移性就受到阻碍，σ(Na β－Al_2O_3)＞σ(K β－Al_2O_3)。如离子变得非常小，例如 Li β－Al_2O_3，在电导通道中离子作“旋涡式迅速移动”也阻碍了它的运动。正如所料，β－Al_2O_3 的电导率是极端各向异性的，$\sigma_{\perp c} >> \sigma_{//c}$。然而，多晶材料的电导率比平行于高

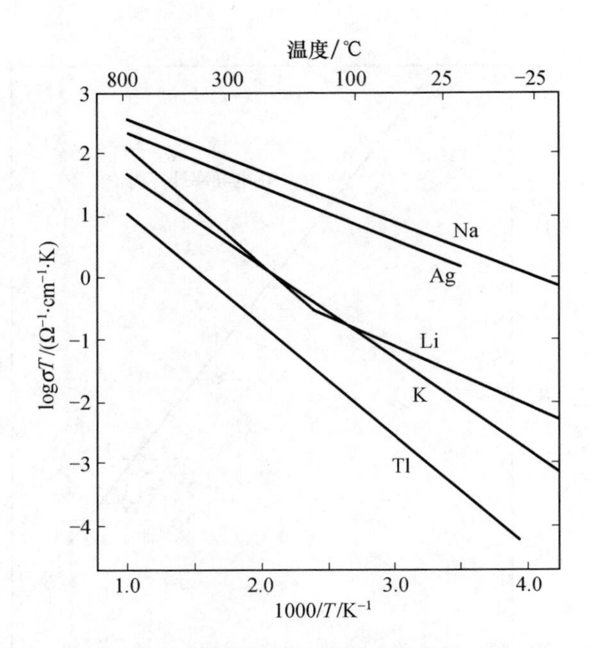

图 17.10　几种不同 β－氧化铝化合物的电导率。引自 R. A. Huggins

电导基面测出的单晶材料小一个数量级以上。这也许是高电导通路经过晶界的一种迹象。

完全离子型导体的一些应用　具有完全离子型电导($t_i=1$)的稳定陶瓷可以用做固体电解质。因为电解质两端的电压和化学势梯度之间有精确的关系[式(17.28)]，这种电解质可用于电池和燃料电池以及作为离子泵或离子活度探针。

对于由化学势梯度(离子浓度梯度)和电压梯度 $E=\mathrm{d}\phi/\mathrm{d}x$ 而引起的离子流量，我们可以由式(9.11)开始来推导这些关系：

$$j_i=-c_iB_i\left[\frac{\partial\mu_i}{\partial x}+z_iF\frac{\mathrm{d}\phi}{\mathrm{d}x}\right]$$

如果我们在一个 $t_i=1$ 的试样两边建立一个化学势梯度，但同时加上一个反向的电压梯度使离子不能流动，那么式(9.11)中通过材料的电压 ϕ 和化学势之间的关系为

$$\mu_i(\text{I 端})-\mu_i(\text{II 端})=-\int z_i F\left(\frac{\mathrm{d}\phi}{\mathrm{d}x}\right)\mathrm{d}x=-z_iF\phi \qquad (17.28)$$

例如，让我们考虑掺氧化钙稳定的二氧化锆，其中 $t_{O^{2-}}=1.0$。如果我们加氧压 $P_{O_2}^{\mathrm{I}}$ 于一端，而将 $P_{O_2}^{\mathrm{II}}$ 加于另一端，那么式(17.28)[①]则变成

① 原文为“式(17.25)”，疑有误。——译者注

$$\phi = \frac{RT}{4F}\ln\frac{P_{O_2}^{\mathrm{I}}}{P_{O_2}^{\mathrm{II}}} \tag{17.29}$$

推导上式时氧的化学势采用 $\mu = \mu_0 + RT\ln P_{O_2}$，且 $z_{O^{2-}} = -2$。如果我们允许电流通过(离子迁移)，这个电压会稍微减小，因为不再存在热力学平衡了。

式(17.28)是 Nernst 方程的一种形式，在平衡状态时使虚过程(无电流)的标准自由能变化 $\Delta G°$ 与电压的关系为 $\Delta G° = -z_i F\phi$。例如对于反应

$$\begin{array}{ll} CO + O^{2-} = 2e' + CO_2 & \text{在 } ZrO_2 \text{ I 端} \\ 1/2O_2(\text{在空气中}) + 2e' \rightarrow O^{2-} & \text{在 } ZrO_2 \text{ II 端} \\ \hline CO + \frac{1}{2}O_2 \rightarrow CO_2 & \Delta G° \end{array} \tag{17.30}$$

电压是

$$\phi = \frac{RT}{2F}\ln\left[\frac{P_{O_2}^{\mathrm{I}}(CO_2/CO)}{P_{O_2}^{\mathrm{II}}(\text{空气})}\right]$$

这样，如果一氧化碳流过二氧化锆电池的一边并被氧离子流氧化为二氧化碳，则通过外电路的电子流可以做有用的功。在 700 ℃附近工作可实现电转换效率达 80% 左右。

很清楚，电压和电流两者对于产生动力来说都是关键性的。电压取决于总的化学反应，例如式(17.30)所示的反应；电流输送则取决于载流离子的扩散速率。因此，除了完全离子电导($t_i = 1$)以外，高电导率也是重要的。如果电解质中有电子流传导，测出的电压 ϕ_m 就比式(17.28)给出的 ϕ 小：

$$\phi_m = \phi - \frac{1}{z_i F}\int_{\mu_i^{\mathrm{II}}}^{\mu_i^{\mathrm{I}}} t_e \mathrm{d}\mu_i \tag{17.31}$$

式中：t_e 是电子迁移数，在通过电解质时其数值会发生变化。

β-氧化铝快离子电导体已经打算用做钠-硫蓄电池的电解质。在这种情况下，钠离子是导电离子。在 300 ℃以上总反应是

$$Na + \frac{1}{2}S = \frac{1}{2}Na_2S \tag{17.32}$$

电压为

$$\phi = -\frac{RT}{F}\ln\frac{a_{Na}(Na_2S/S)}{a_{Na}(Na)}$$

通过使用过剩电压，可以将离子从电解质的低浓度(活度)端泵送到高活度端，此时蓄电池就被充电。在另一种应用中，可使一端的离子活度固定于一个已知值，而另一端的活度则由不同的未知情况决定。

17.3 晶体中的电子电导

当存在着可以移动的电子或电子空穴时，即使浓度很小，它们较高的迁移率(比离子的迁移率大几个数量级)也将对电导有显著贡献。如图 17.11 所示，在某些情况下可达到金属的电导率水平，而在另一些情况下电子电导的贡献变得很小，几乎趋近于零。在所有情况下，电导率都可以用载流子浓度和载流子迁移率来解释，如式(17.1)~(17.7)所概述。

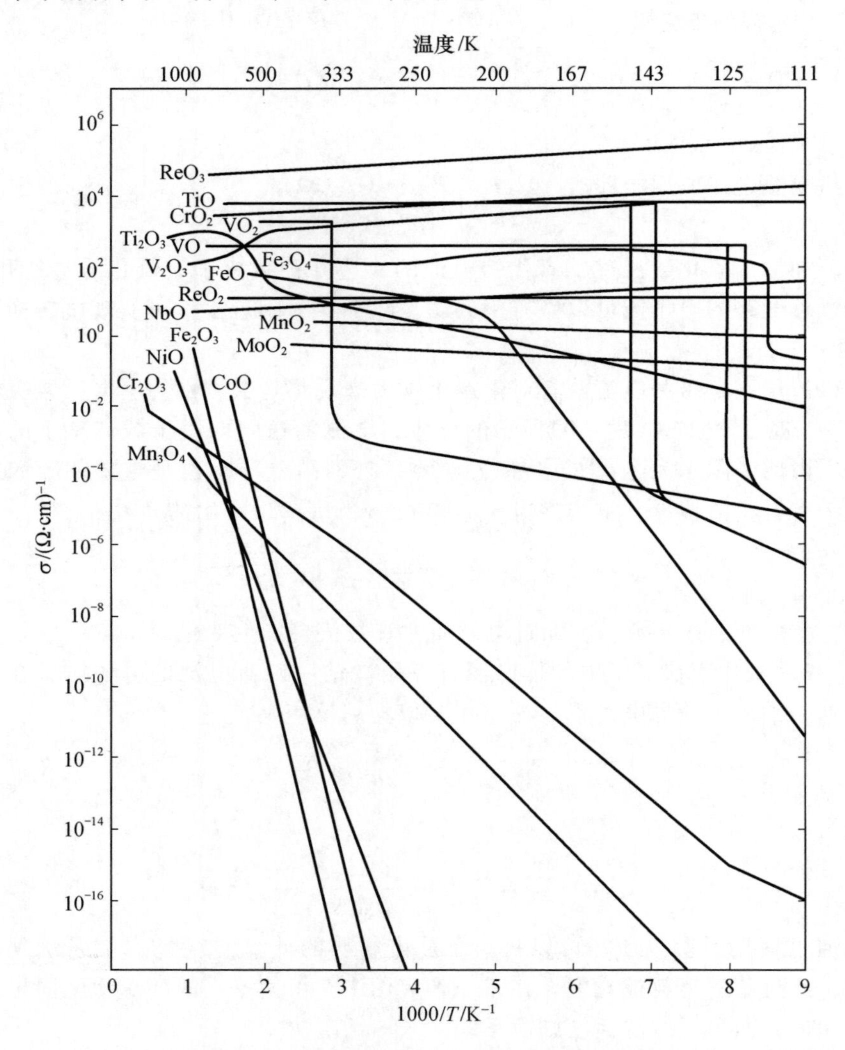

图 17.11　几种电子电导氧化物的电导率对温度的依赖关系。由 D. Adler 提供

电子和电子空穴浓度 在某些过渡金属氧化物如 ReO_3、CrO_2、VO、TiO 和 ReO_2 中，电子轨道的重叠产生宽的未填满的 d 或 f 能带，如图 17.1 所示。这导致 $10^{22} \sim 10^{23}/cm^3$ 的准自由电子浓度和本质上是金属性的电导性质。

更常见的情况是在满带和空带间有一个禁带 E_g，E_g 显著地大于 kT。在纯化学计量比的材料中导电电子的浓度等于电子空穴的浓度，由下式给出：

$$n = p = 2\left(\frac{2\pi kT}{h^2}\right)^{3/2}(m_e^* m_h^*)^{3/4}\exp\left(-\frac{E_g}{2kT}\right) \qquad (17.33)$$

式中：h 是普朗克常量；m_e^* 和 m_h^* 是电子和空穴的有效质量，它取决于电子和空穴与晶格间相互作用的强度，并可能大于或小于电子的静质量。

考虑反应达到平衡，可以直接得到这种关系的普遍形式：

$$\text{基态} \Leftrightarrow \text{自由电子} + \text{自由空穴} - E_g \qquad (17.34)$$

将质量作用定律应用于此方程，我们得到

$$n = p = K_i = C_i\exp\left(-\frac{E_g}{2kT}\right) \qquad (17.35)$$

从式(17.33)得

$$C_i = 2\left(\frac{2\pi m_e^{*\,1/2} m_h^{*\,1/2} kT}{h^2}\right)^{3/2} \qquad (17.36)$$

因为

$$\sigma = |e|(n\mu_e + p\mu_h) \qquad (17.37)$$

故

$$\sigma_i = \left[2|e|\left(\frac{2\pi kT}{h^2}\right)^{3/2}(m_e^* m_h^*)^{3/4}\exp\left(-\frac{E_g}{2kT}\right)\right] \times (\mu_e + \mu_h) \qquad (17.38)$$

表 17.4 给出室温下几种材料禁带能量的数值[电子和空穴的浓度由式(17.33)计算得到并列于表 4.4]。

电子和电子空穴的附加浓度可以存在于化学计量比的化合物中或通过溶质的引入而形成。这些已经在第四章中讨论过，将在 17.6 节中再次研究。

电子和空穴的迁移率 在理想的共价半导体中，导带中的电子和价带中的空穴可以看成准自由粒子。周期性晶格的环境和它的周期性势能可以通过电子和空穴的有效质量 m_e^* 和 m_h^* 来解释。在这种情况下载流子在室温时具有 $10 \sim 10^4\ cm^2/V \cdot s$ 范围内的高漂移迁移率(表 17.5)。在室温下，金属氧化物和共价半导体都是这种情况(例如 Ge、Se、GaP、GaAs、CdS、CdTe 等)。

表 17.4　本征半导体在室温时的禁带能量值

晶　体	E_g/eV	晶　体	E_g/eV
$BaTiO_3$	2.5 ~ 3.2	TiO_2	3.05 ~ 3.8
C(金刚石)	5.2 ~ 5.6	CaF_2	12
Si	1.1	BN	4.8
α - SiC	2.8 ~ 3	CdO	2.1
PbS	0.35	LiF	12
PbSe	0.27 ~ 0.5	Ga_2O_3	4.6
PbTe	0.25 ~ 0.30	CoO	4
Cu_2O	2.1	GaP	2.25
Fe_2O_3	3.1	Cu_2O	2.1
AgI	2.8	CdS	2.42
KCl	7	GaAs	1.4
MgO	> 7.8	ZnSe	2.6
Al_2O_3	> 8	CdTe	1.45

表 17.5　室温时载流子的近似迁移率

晶　体	迁移率/(cm²/V · s)		晶　体	迁移率/(cm²/V · s)	
	电子	空穴		电子	空穴
金刚石	1800	1200	PbS	600	200
Si	1600	400	PbSe	900	700
Ge	3800	1800	PbTe	1700	930
InSb	10^5	1700	AgCl	50	
InAs	23000	200	KBr(100 K)	100	
InP	3400	650	CdTe	600	
GaP	150	120	GaAs	8000	3000
AlN	…	10	SnO_2	160	
FeO, MnO, CoO, NiO	…	~ 0.1	$SrTiO_3$	6	
			Fe_2O_3	0.1	
			TiO_2	0.2	
			Fe_3O_4	…	0.1
GaSb	2500 ~ 4000	650	$CoFe_2O_4$	10^{-4}	10^{-5}

有两种类型的散射影响着电子和空穴的运动。晶格的散射由于晶格的热振动而引起，它随着高温时振动振幅的增加而增加。式(17.13)中的漂移迁移率由下式给出：

$$\mu_e = \frac{e\tau_e}{m_e^*} \qquad \mu_h = \frac{e\tau_h}{m_h^*} \tag{17.39}$$

式中：τ 是载流子和声子(晶格振动)之间碰撞的特征弛豫时间。散射的第二个来源是杂质的存在，它使晶格的周期性发生畸变。τ 对温度的依赖关系决定了迁移率对温度的依赖关系。因为迁移率正比于散射过程之间的平均自由程，总迁移率由下式给出：

$$\mu = \left(\frac{1}{\mu_{\mathrm{T}}} + \frac{1}{\mu_{\mathrm{I}}}\right)^{-1} \tag{17.40}$$

$$\mu_{\mathrm{T}} = \mu_{\mathrm{T}}^{0} T^{-3/2} \qquad \mu_{\mathrm{I}} = \mu_{\mathrm{I}}^{0} T^{+3/5} \tag{17.41}$$

μ_{T}^{0} 和 μ_{I}^{0} 均是常数。这样，对准自由电子和空穴来说，迁移率的温度关系项远小于它们的浓度关系项。因此，电导率[式(17.37)]对温度的依赖关系主要取决于浓度项。

在离子型基质晶格中，相邻离子的轨道间存在有相互作用，因此会出现晶格极化，这种极化与电子型载流子的存在有关。由电子型载流子及其极化电场组成的缔合体称为*极化子*。当缔合作用弱时(大极化子)，电导率类似于具有小的有效质量的准自由电子所产生的效果。当电子型载流子加晶格畸变具有的线性尺寸小于晶格参量时(小极化子)，则迁移率强烈地受晶格畸变的影响，这种畸变必须与电子型载流子共同运动：这一过程通常称为电子跳动机理。在这种情况下迁移率大大降低，并变成对温度有强烈依赖关系，这是因为必须克服电子型载流子与极化的晶格之间的结合能 E_{p}。迁移率随温度按指数规律变化：

$$\mu_{极化子} \propto \exp\left(-\frac{E_{\mathrm{p}}}{2kT}\right) \tag{17.42}$$

式中：$E_{\mathrm{p}} = e^2/\kappa_{\mathrm{eff}} r_{\mathrm{p}}$($1/\kappa_{\mathrm{eff}}$是光频介电常数倒数与静介电常数倒数之差，$r_{\mathrm{p}}$ 是晶格畸变的尺寸)。

对于主要由小极化子的迁移率引起的电导来说，电导率与温度的关系为[根据式(17.42)]

$$\sigma \propto n\mu \propto \exp\left[\left(-\frac{E_{\mathrm{g}}}{2kT}\right) - \left(\frac{E_{\mathrm{p}}}{2kT}\right)\right] \tag{17.43}$$

图 17.11 示出了一些半导体氧化物的这种温度依赖关系。在中等程度库仑引力和非常低的温度条件下，可能得到其他范围的电导率(推荐读物 3)。小极化子的迁移率通常小于 1 $\mathrm{cm}^2/\mathrm{V}\cdot\mathrm{s}$，而且可能比这一数值低得多。

为了用原子过程来说明电导率的测量结果，电子和空穴的迁移率和浓度必须分别确定，因为电导率仅给出浓度和迁移率乘积的总结果。电子载流子浓度和迁移率可以通过霍尔效应或泽贝克(Seebeck)效应的测定与电导率测定相结合来确定。

考虑图 17.12 所示的矩形样品中有电流通过时的情形。我们外加一个电压，使得右手一边是正的，而按习惯电流则从右方流至左方，但如果电子都是载流子，则它们从左向右流动，这就是正 z 方向。现在让我们在正 y 方向施加磁场，磁场在一个电子上产生一个力(即洛仑兹力)$e(\mathbf{v}\times\mathbf{B})$。于是以速度为 $\mathbf{v}$ 流动的电子向上偏转，这使电子聚集在板的顶部而有效正电荷则聚集在板的底部。在稳定状态下 x 方向上的电压梯度 E_{H} 阻止在磁场内运动的电子的任何进一步聚集：

$$E_{\mathrm{H}} = vB \tag{17.44}$$

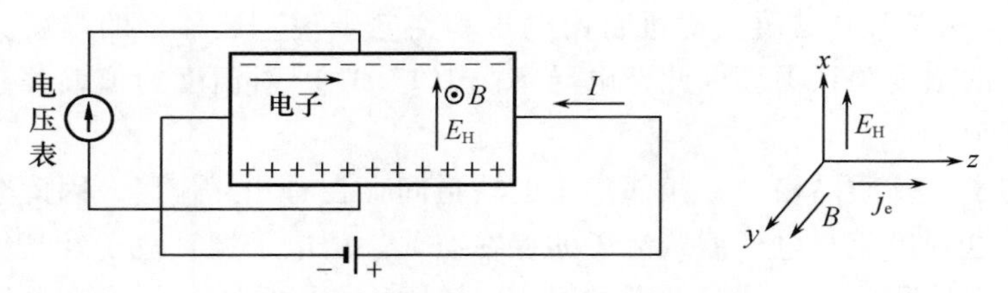

图 17.12　霍尔(Hall)效应测量的示意图

或用电流密度 j_e 表示，

$$E_{\mathrm{H}} = R_{\mathrm{H}} j_e B \tag{17.45}$$

式中：R_{H} 称为霍尔系数，对于电子，$R_{\mathrm{H}} = -1/ne$；对于空穴，我们用相反的电压符号，$R_{\mathrm{H}} = -1/pe$。由于已经知道了浓度 n 或 p，就可以确定霍尔迁移率：

$$\mu_{\mathrm{H}} = R_{\mathrm{H}}\sigma \tag{17.46}$$

如果电子与空穴同时导电，则霍尔系数为

$$R_{\mathrm{H}} = \frac{1}{|e|}\frac{(p\mu_{\mathrm{H,h}}^2 - n\mu_{\mathrm{H,e}}^2)}{(p\mu_{\mathrm{H,h}} + n\mu_{\mathrm{H,e}})^2} \tag{17.47}$$

对具有准自由电子的材料，其霍尔迁移率[式(17.46)]与漂移迁移率[式(17.11)]相同。对极性化合物，其中电子缺陷在特殊的位置上被捕获或定域化(小极化子)，其漂移迁移率和霍尔迁移率是不相同的。

另一种独立地测量载流子浓度的方法是根据热电效应或泽贝克效应，当温度梯度加于半导体上时(图 17.13)，在较高的温度有更多的电子被激发到导带中去，但热电子趋于扩散到较冷的区域。当这两种效应引起的化学势梯度和电场梯度相等但符号相反时就达到稳定状态。除了声子(晶格振动)引起的热流以外，传递的热量 H^* 还与热梯度下的质点迁移有关。因此，如果我们写出一个与式(9.11)类似但也包括热梯度效应的电子－电流－流量方程式，则有

$$j_e = |e| D_e\left[\frac{\partial n}{\partial x} + \frac{en}{kT}\frac{\partial \phi}{\partial x} - \frac{nH^*}{kT^2}\frac{\partial T}{\partial x}\right] \tag{17.48}$$

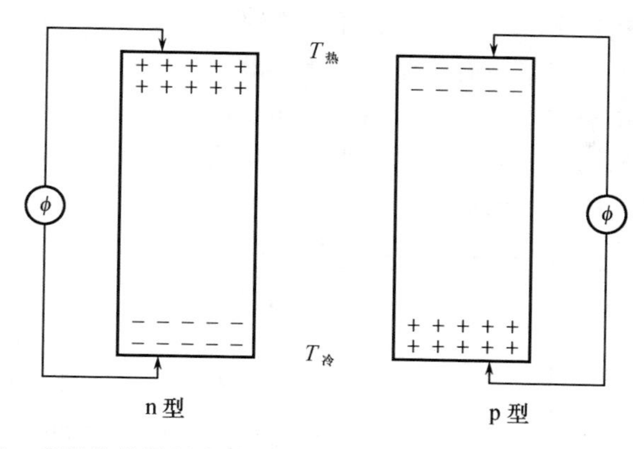

图 17.13　半导体的泽贝克效应。多数载流子扩散到冷端，产生 $\Delta\phi/\Delta T$

稳态条件下 $j_e = 0$，重新整理上式可得到泽贝克系数 Q(V/℃)，

$$Q = \frac{\partial\phi}{\partial T} = \frac{\partial\phi/\partial x}{\partial T/\partial x} = \left[-\frac{k\partial \ln n}{\partial(1/T)} + H^*\right]\frac{1}{eT} \tag{17.49}$$

方括号中的第一项可以从式(4.50)得到[对于电子空穴我们可用式(4.51)]。于是泽贝克效应与载流子浓度的关系是

$$Q_e = \frac{1}{eT}[(E_F - E_c) + H_e^*] = \frac{k}{e}\left[\ln\frac{N_v}{n} + \frac{H_e^*}{kT}\right] \tag{17.50}$$

式中：N_v 是态密度，$k/e = 86\times10^{-6}$ V/℃。多数载流子因而聚集在冷端。当电子是多数载流子时，冷端相对于热端来说是负的。假如空穴是多数载流子，则电压的符号相反，但其数值可以由一个相似的表达式给出：

$$Q_h = \frac{k}{e}\left[\ln\frac{N_v}{p} + \frac{H_h^*}{kT}\right] \tag{17.51}$$

当电子和空穴都对电导有贡献时，泽贝克电压是

$$Q = \frac{n\mu_e Q_e + p\mu_h Q_h}{n\mu_e + p\mu_h} \tag{17.52}$$

于是泽贝克测量结果给了我们有关载流子浓度的独立数据，与电导测量结合起来，我们就可以分别描述迁移率成分和浓度成分。

17.4　玻璃中的离子电导

在含有相当大浓度的碱金属(尤其是钠)氧化物的玻璃中，电流几乎完全由碱金属离子传导。在所有温度范围内这些离子的迁移率远大于网络形成体离子的迁移率，而且在玻璃转变温度以下，它们的迁移率增大几个数量级。

当电流完全由碱金属离子传导时，它们的迁移数是 1，其电导特性由碱金

属离子的浓度和迁移率决定。玻璃和晶体之间一个主要区别是在玻璃中钠离子位置之间的势垒不存在单一的数值。相反，沿着钠穿过玻璃而迁移的路程在对应的坐标上能量组态类似于图 17.14 所示的情况。通常有一些相邻的低能位置，其间只有小的能垒，而大的能垒则发生于偶然出现的相邻位置之间，这与玻璃结构的随机性质是一致的。

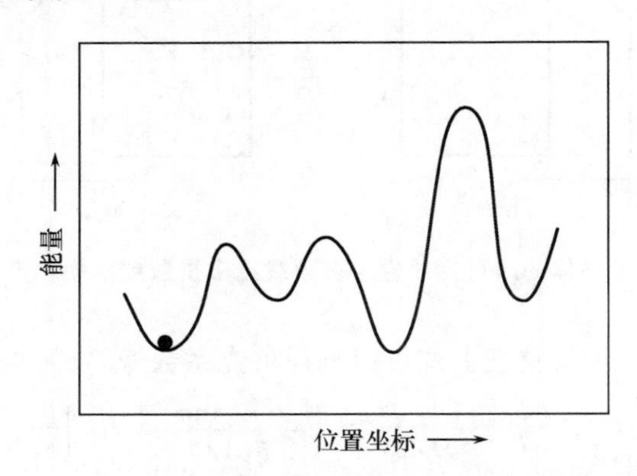

图 17.14　在玻璃网络中沿钠离子迁移路程的势垒

吸收电流　在具有外电阻 R 的电路中，对电容量为 C 的简单电容器施加电势 ϕ，则理想电介质的电流 I 为

$$I = \frac{\phi}{R}\exp\left(-\frac{t}{RC}\right) \tag{17.53}$$

式中：t 是时间。此电流称为位移电流或极化电流。

包括玻璃在内许多陶瓷绝缘体除了由式(17.53)给出的一个大的、快速的充电电流和一个与本身的有限电阻有关的小的稳定传导电流外，还有一个中值电流。在室温下这一电流在几秒到几分或更长时间内衰减。这个中值电流称为吸收电流。图 17.15 示出了钠－钙－硅酸盐玻璃的吸收电流。如图所示，当电容器通过短路放电时也可以观察到上述电流。放电曲线在形式上和数值上都与充电时观察到的曲线非常相似。

吸收电流随时间的变化，采用一个简单的指数函数并不能很好地表达，而要用一系列指数函数：

$$I = A_1\exp\left(-\frac{t}{\tau_1}\right) + A_2\exp\left(-\frac{t}{\tau_2}\right) + A_3\exp\left(-\frac{t}{\tau_3}\right) + \cdots \tag{17.54}$$

在玻璃中描述试验数据所需的弛豫时间 τ 的数目与局部结构的变化以及相应局部势垒的变化有关。随着温度上升及离子迁移率增加，吸收电流随时间的变化过程缩短，这种现象在大约 300 ℃以上的直流测量中是不常见的。在快速冷却的玻璃中，吸收电流约为同种玻璃经过良好退火的样品的 4 倍左右。

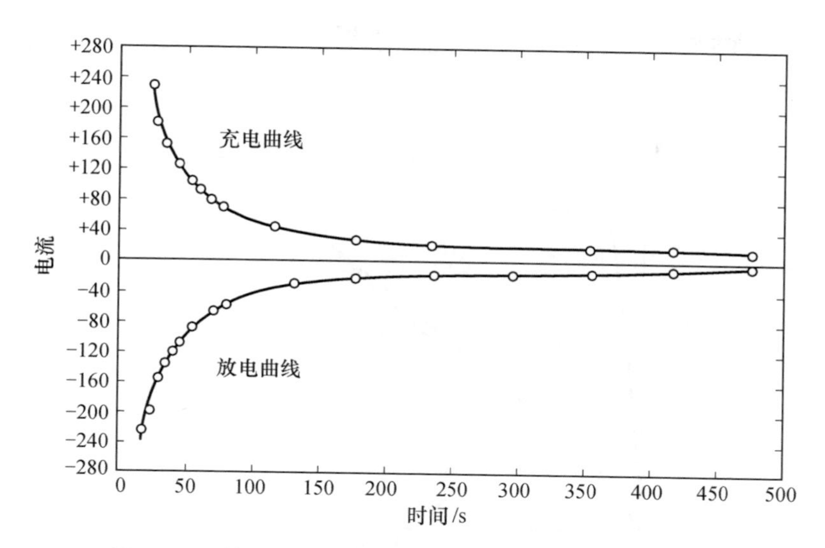

图 17.15 钠－钙－硅酸盐玻璃充电和放电时的吸收电流。
引自 E. M. Guyer，*J. Am. Ceram. Soc.*，**16**，607(1933)

电极极化 在电解质导电中，离子从一个电极移向另一个电极。如果在这个电极处没有一个离子的补充源，则离子立即就会用光，而测出来的电导率就减小。如果要测量的是材料性质而不是电极效应，那么这种电极极化就要求使用合适的条件和电极。甚至在这种情况下，足够大的电流－电极面积的比值也会使电极反应的速率成为电流量的限制因素。为了避免在玻璃电导率的直流测量中的极化效应，必须使用一种能够补充通过玻璃迁移的钠离子的阳极材料。这些材料中以钠汞合金和熔融的硝酸钠最为适合。在较高的温度下，电导率增加而观察不到吸收电流。此时，为防止电极极化，采用交流测量是合适的，或者可以在直流测量中使用屏蔽电极①。

图 17.16 给出了直流电场作用下玻璃中的电势分布的例子。图中所示含碱金属玻璃的结果表现出明显的空间电荷极化。绝大部分电位降发生在阴极附近，这正如我们对带正电的迁移离子所预料到的。相反，在无碱玻璃中几乎没有空间电荷区形成，而在样品的整个厚度范围内电位降接近于线性。

温度的影响 玻璃电导率随着温度上升而迅速增加，在相当大的范围里电导率可以表示为

$$\sigma = \sigma_0 \exp\left(-\frac{E}{RT}\right) \tag{17.55}$$

① 原文为“guardring electrodes”，疑有误。——译者注

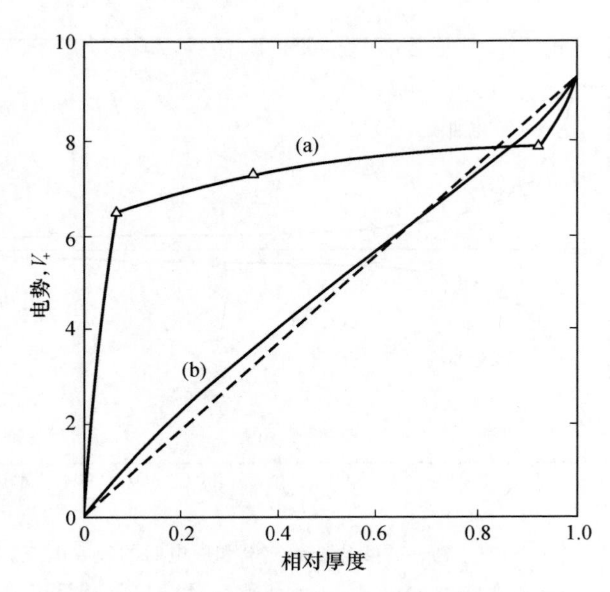

图 17.16　玻璃中的电势分布。(a) 在 383 ℃, 10 h 以后的碱－铅－硅酸盐玻璃; (b) 在 460 ℃, 18 h 以后的无碱玻璃。场强为 160～180 V/cm。引自 T. M. Proctor and P. M. Sutton, *J. Am. Ceram. Soc.*, **43**, 173(1960)

式中: E 为电导的实验激活能。激活能和电导率的温度关系在转变范围表现出不连续性，这与该温度下玻璃结构的冻结相对应。关于这点，注意到淬冷玻璃(开放的网络结构)比退火玻璃(致密的网络结构)的电导率大是有意义的。在熔融范围内，玻璃的电导率有时表现出随温度而变化，可以表示为

$$\sigma = \sigma_0 \exp(-AT + BT^2 + \cdots) \tag{17.56}$$

组成的影响　组成对玻璃电导的主要影响与存在的网络变形体离子(特别是碱金属离子)的类型和数量有关。在硅酸钠玻璃中电导率的增加正比于钠离子浓度(见图 17.17)。然而，在同样的钠离子浓度条件下，当 CaO、MgO、BaO 或 PbO 取代一部分二氧化硅而形成三元系统时，其电导率却减小。这是由于较大的变体离子嵌入结构以致堵住了迁移通道而引起的。它们的尺寸较大且电荷较高，因此它们自己不容易移动。在含有 20 mol% Na_2O 和 20 mol% RO(图 17.18)的 $Na_2O-RO-SiO_2$ 玻璃中对这种效应进行系统研究的结果表明，氧化物在增加电阻率方面的有效性随着金属离子半径的增加而平稳地增大。然而，这些结果与 M. Fulda 早期的工作不一致。如图 17.19 所示，Fulda 的工作表明在提高 0.18 Na_2O－0.82 SiO_2 玻璃的电阻率方面，CaO 的作用最显著。

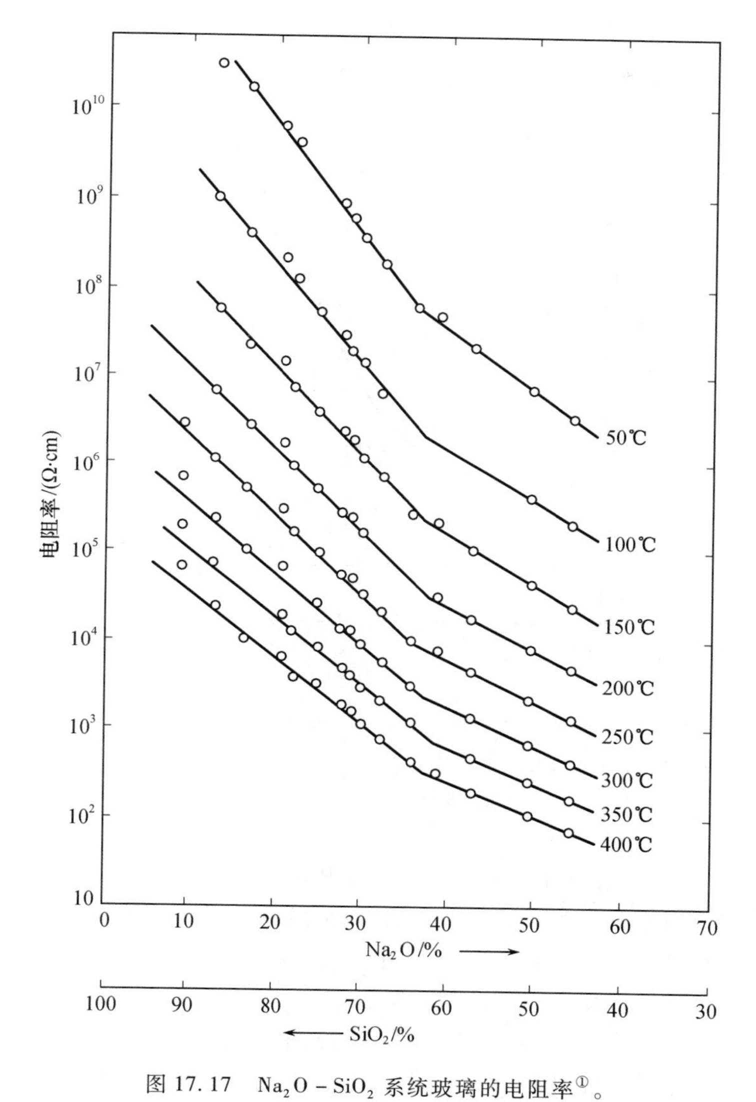

图 17.17 Na_2O-SiO_2 系统玻璃的电阻率①。

引自 E. Seddon, E. J. Tippett, and W. E. S. Turner, *J. Soc. Glass Technol*, **16**, 950(1932)

---

① 原文图题中为“电导率”，而纵坐标中则为“电阻率”。为统一起见，图题中改为“电阻率”。——译者注

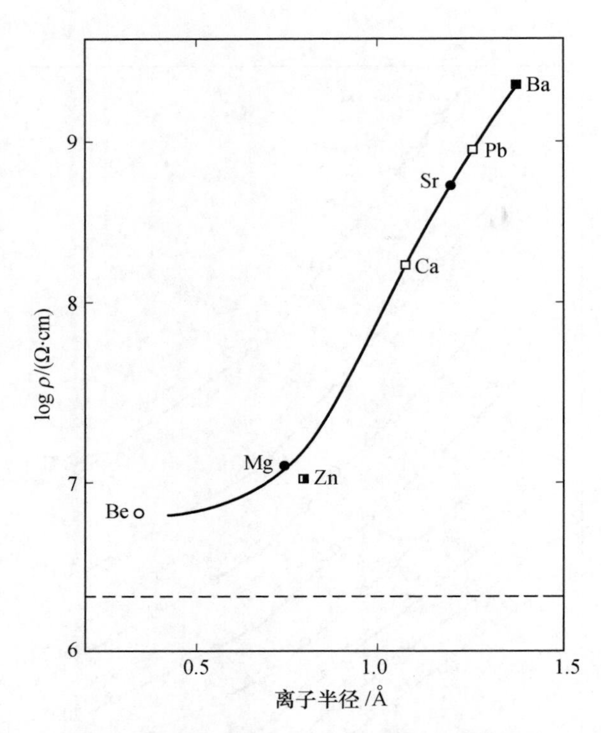

图 17.18　0.20Na_2O – 0.20RO – 0.60SiO_2 玻璃的电阻率随二价离子半径的变化。虚线为 0.20Na_2O – 0.80SiO_2 玻璃的电阻率。引自 O. V. Mazurin and R. V. Brailovskii, *Soviet Phys. Solid State*, **2**, 213(1960)

在 Na_2O – SiO_2 玻璃中，Al_2O_3 对提高电阻率起到引人注目的作用。Al_2O_3 取代 SiO_2 时使电导率显著增加，与此同时激活能明显下降。组成为 $Na_2O/Al_2O_3 = 1$ 处，激活能出现最小值。图 17.20 给出的 $Na_2O \cdot xAl_2O_3 \cdot 2(4 - x)SiO_2$ 系统玻璃的数据说明了这种情况。

A. E. Owen 和 R. W. Douglas① 对熔融二氧化硅、碱硅酸盐和碱 – 钙 – 硅酸盐玻璃的激活能进行了比较，这个数值的范围从含有约 $4 \times 10^{-7}\%$ Na 的合成熔融二氧化硅的 34 kcal/mol 变化到含有约 50% Na_2O 的 Na_2O – SiO_2 玻璃中的 12 kcal/mol。在 350 ℃ 时电阻率相应从熔融二氧化硅的约为 $10^{12}\ \Omega \cdot cm$ 变化到硅酸钠玻璃的约为 $10^2\ \Omega \cdot cm$。

① *J. Soc. Glass Technol.*, **43**, 159(1959)。

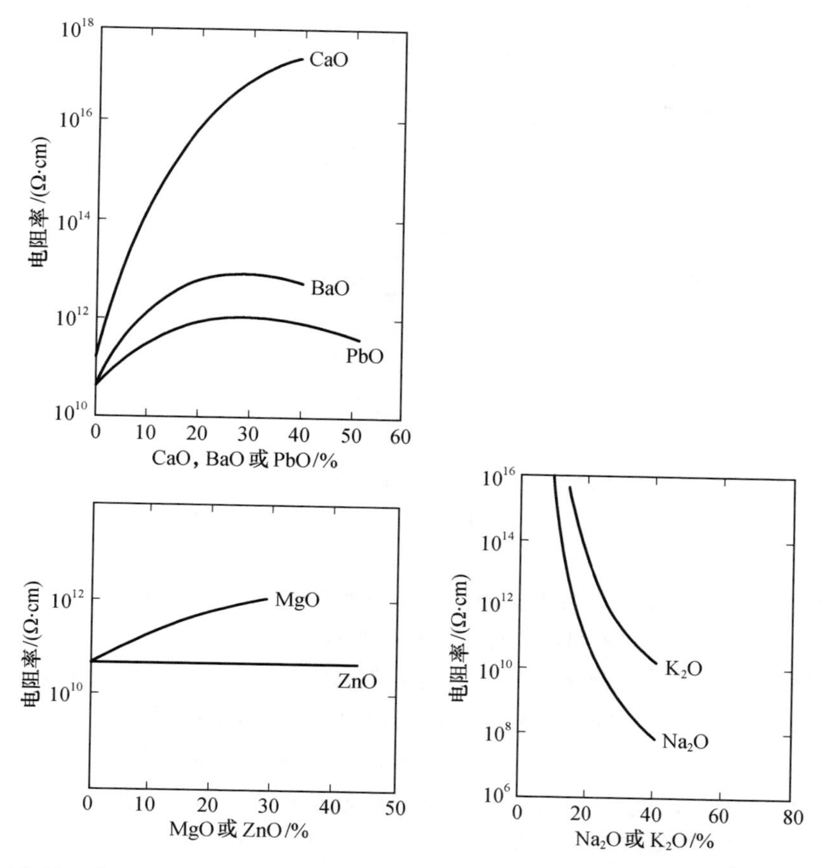

图 17.19　在 $0.18Na_2O-0.82SiO_2$ 玻璃中，其他氧化物以重量百分数为基础对 SiO_2 的置换效应。引自 M. Fulda，*Sprechsaal*，**60**，769，789，810(1927)

在碱硅酸盐或碱－钙－硅酸盐玻璃中，给定温度下通常观察到电导率按 Li > Na > K 顺序而减小。激活能随着碱金属氧化物含量的增加而减小，如图 17.21 所示的 Na_2O-SiO_2、K_2O-SiO_2 和 Cs_2O-SiO_2 玻璃。不同研究者得到的结果显示出的差别多半与所研究的玻璃样品的化学或结构状态不同有关。这些差别在 Na_2O-SiO_2 系统玻璃中特别显著。在这类玻璃中，亚稳的混溶性间断带从 SiO_2 开始延伸到大约 20% Na_2O 处(见图 3.15)。

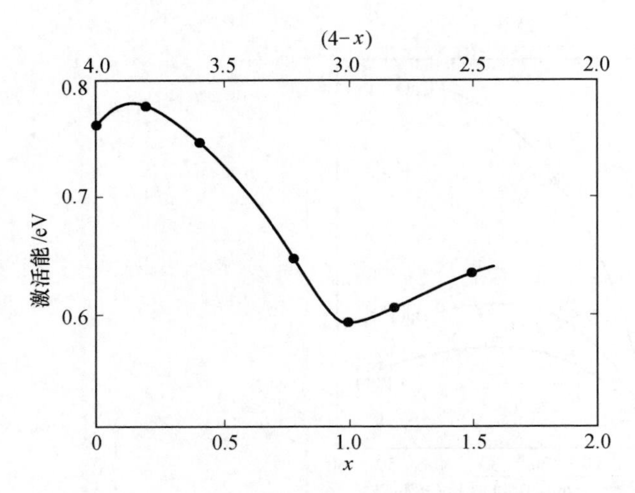

图 17.20　在 $Na_2O \cdot xAl_2O_3 \cdot 2(4-x)SiO_2$ 系统中直流电导的激活能随组成的变化。引自 J. O. Isard，*J. Soc. Glass Technol.*，**43**，113(1959)

许多工作曾经研究了热历史的影响。在典型情况下，发现充分退火的玻璃的电导率比未退火的同样组成的玻璃约小一个数量级。

混合碱效应　当一种碱金属氧化物逐渐取代另一种时，观察到电阻率并不随取代率线性变化。相反，经常(但不是总是)在两种碱金属的摩尔数接近相等的组成范围内电阻率出现一个明显的最大值。$Li_2O-Na_2O-SiO_2$ 玻璃的这种性状如图 17.22 所示。电导激活能也随两种碱金属浓度比而表现出类似的变化规律，如图 17.23 数据所示。在该图所描述的玻璃中，Cs – Li 和 Cs – Na 系统中那些玻璃呈现精细尺度的相分离；Cs – K 和 Cs – Rb 系统的那些玻璃在电子显微镜尺度下观察则是均匀的。

在一些情况下，同一系统中一些玻璃的碱金属离子扩散系数已经测出，玻璃的电导率以及力学弛豫的数据也已得到。结果表明混合碱峰最大值发生在两种碱金属离子的扩散系数相等的组成范围内。

在力学弛豫和介电弛豫以及在直流电导中表现出来的混合碱效应与玻璃中不同类型离子的相互作用有关。这种效应的大小(因而还有相互作用)似乎是随离子间尺寸差别的增加而增加，而随总碱含量的减小而减小。足够稀的溶液中，离子间距离足够大，其相互作用很小，因而这种效应是观察不到的。

无碱玻璃的电导　对无碱氧化物玻璃电导的研究进行得比较少，因而所得到的结论还很不明确。例如对于组成为 $PbO \cdot SiO_2$ 的玻璃，Pb^{2+} 离子扩散率和电

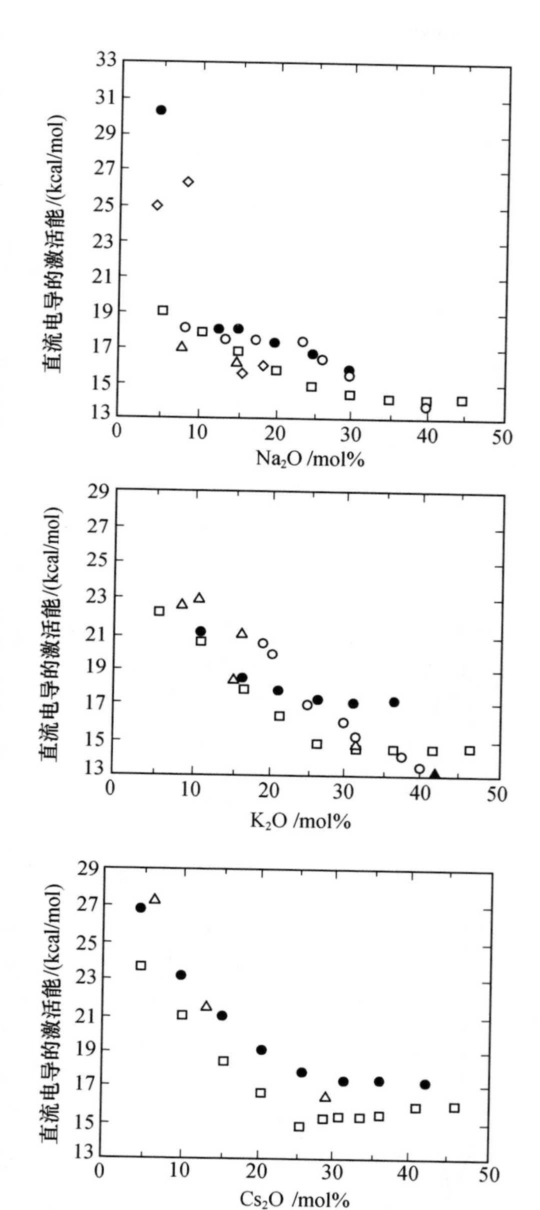

图 17.21　Na_2O-SiO_2、K_2O-SiO_2 和 Cs_2O-SiO_2 玻璃激活能随组成的变化。各图中不同的符号表示不同研究者的结果。引自 R. M. Hakim and D. R. Uhlmann, *Phys. Chem. Glasses*. **12**, 132(1971)

导率的数据在一定范围内是可用的。这些结果[①]表明，实测的电阻率和用 Nernst - Einstein 关系式[式(17.23)]从扩散数据算出的数值非常一致。这就暗示在这种玻璃中电导是由于Pb^{2+}离子的运动而发生的，估计其他的$PbO-SiO_2$

① 见 G. C. Milnes and J. O. Isard, *Phys. Chem. Glasses*, **3**, 157(1962)。

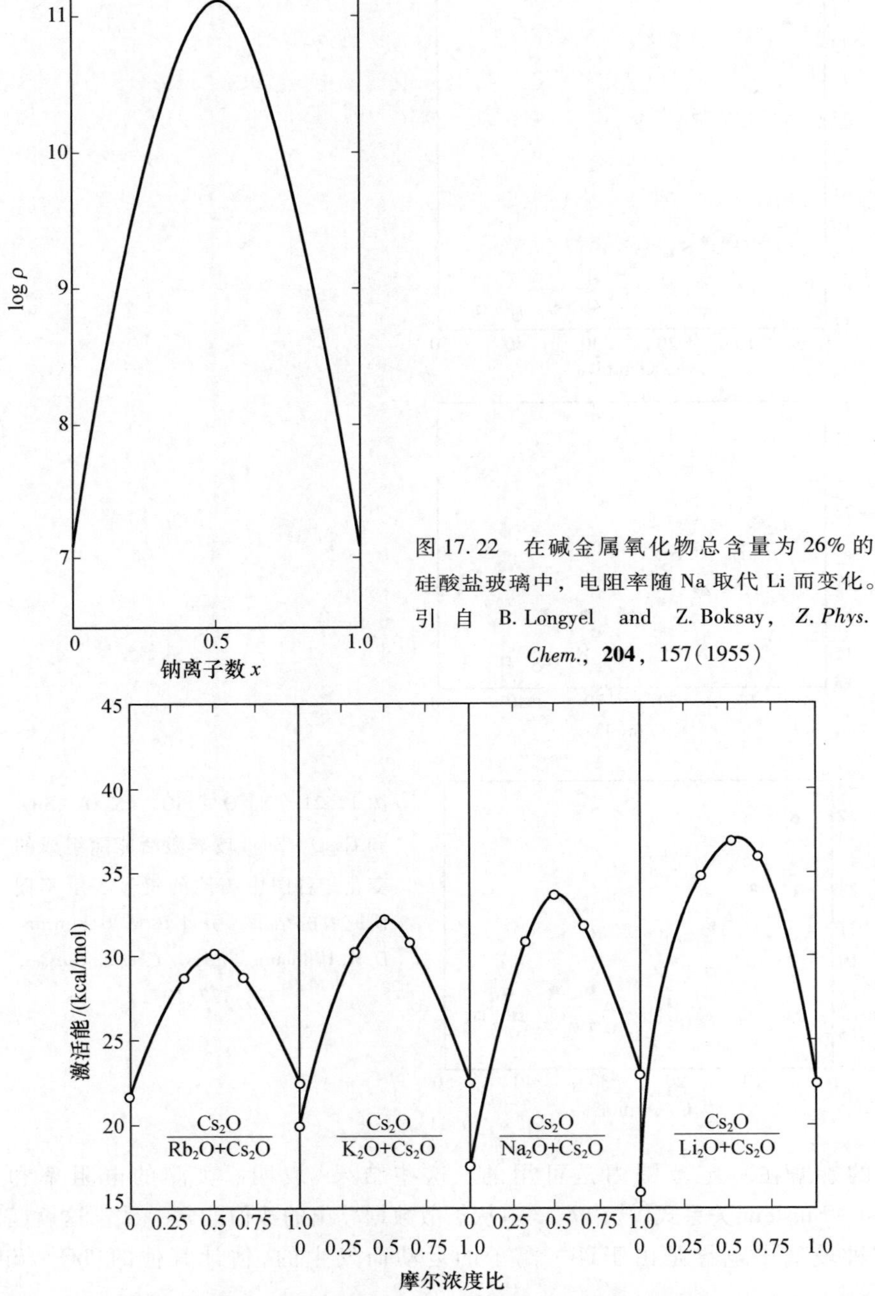

图 17.22 在碱金属氧化物总含量为 26% 的硅酸盐玻璃中，电阻率随 Na 取代 Li 而变化。引自 B. Longyel and Z. Boksay, *Z. Phys. Chem.*, **204**, 157(1955)

图 17.23 在含 15% 碱金属氧化物的二元硅酸盐玻璃中，直流电导激活能随其他碱金属离子置换 Cs 而变化。引自 R. M. Hakim and D. R. Uhlmann, *Phys. Chem. Glasses*, **8**, 174(1967)

玻璃也一样。相反，后来的电解法测量结果①则可解释为电流是由 H^+ 离子或电子而不是由于 Pb^{2+} 离子传导的，并且有人认为测量出来的和从扩散数据计算出来的电阻率之间的符合是偶然的。然而，更晚一些的工作②已经表明 $PbO \cdot SiO_2$ 玻璃中氧化还原状态的变化对其电性能没有显著影响，因而倾向于支持原来的说法。已经对几种 $MO - B_2O_3 - Al_2O_3$ 玻璃进行过研究，组成大约为 $2MO \cdot xB_2O_3 \cdot Al_2O_3$ 的玻璃的研究结果如图 17.24 所示。这些结果表明电导率与碱土金属的性质如果有关系的话也是很小的，这类玻璃中有一些是以电阻率比现有的最纯级熔融二氧化硅高而著称的。

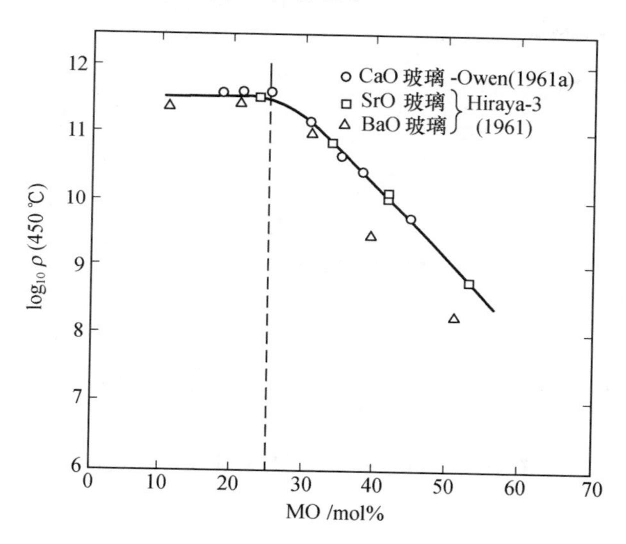

图 17.24 在 450 ℃，$MO - B_2O_3 - Al_2O_3$ 玻璃的电阻率随组成的变化。引自 O. V. Mazurin, G. A. Pavlova, E. I. Lev, and E. K. Leko, *Soviety Phys. Tech. Phys.*, **2**, 2511(1957)

在需要高电阻率的玻璃时，碱金属含量应当保持最小值，并且应当用铅、钡这类二价离子作为变体离子。这些玻璃兼有高电阻率、良好的工作特性(黏度与温度关系)、合理的工作温度等优点，且没有反玻璃化的问题。可以制成电阻率更高的钙-铝-硅玻璃，但它们很难工作并有反玻璃化的倾向。一些商品玻璃的电阻率如图 17.25 所示。

① K. Hughes, J. O. Isard, and G. C. Milnes, *Phys. Chem. Glasses*, **9**, 43(1968)。

② B. M. Cohen, D. R. Uhlmann, and R. S. Shaw, *J. Non-Cryst. Solids*, **12**, 177(1973)。

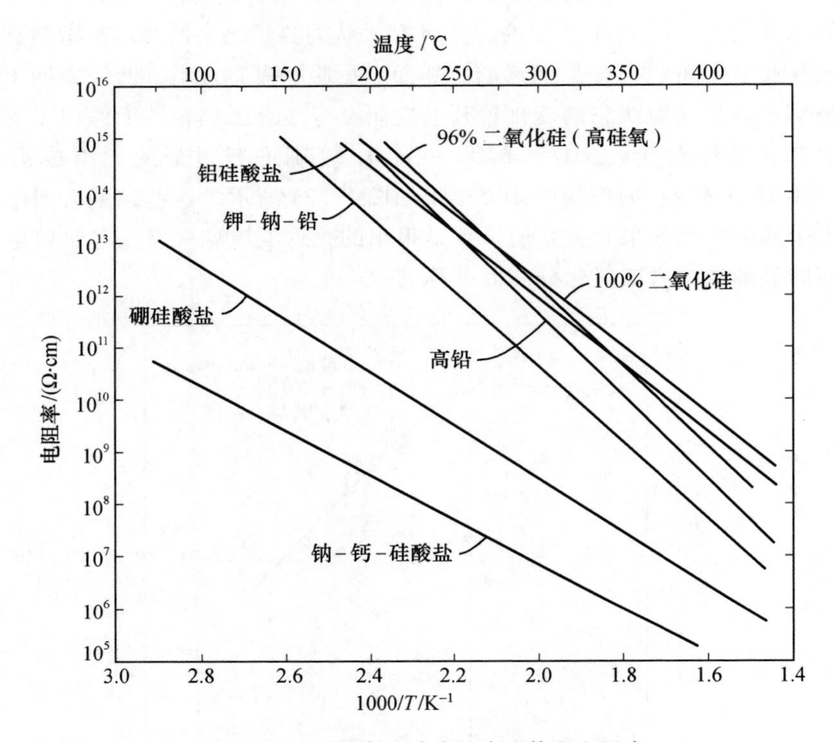

图 17.25　几种商品玻璃的直流体积电阻率

17.5　玻璃中的电子电导

某些含有多价过渡金属离子的氧化物玻璃表现出电子电导性质。最著名的是磷酸钒和磷酸铁玻璃。然而，在磷酸盐、硼酸盐或硅酸盐基质中加入钒、铁、钴或锰都可以制备出电子电导玻璃。近来已经研究出了具有半导体性质的硫族化物玻璃，这些玻璃或单独以硫、硒和碲为基础，或与磷、砷、锑或铋相结合。已有许多资料证明了非晶态的锗、硅和碳化硅中的电子电导性。

非晶态材料的电子电导率与温度的关系和晶态材料是相似的。在磷酸钒和磷酸铁玻璃中电导率随着过渡金属氧化物的浓度增加而增加(图 17.26)。在过渡金属离子浓度较低的情况下，电导率对邻近不同价的离子数是非常敏感的，但当浓度约在 10% 以上时，平均说来，每个离子有一个相邻的过渡金属离子。在更高的浓度下，电导率的变化更是过渡金属离子价态的函数。例如，在磷酸钒玻璃中，电导率与 5 价和 4 价（V^{5+} 和 V^{4+}）离子的相对数量有关。电导率最大值发生在摩尔比 $V^{4+}/V_{总}$ 约为 0.1～0.2 时。在磷酸铁玻璃中，不论同时存在的第三种成分如何，当 $Fe^{3+}/Fe_{总}$ 的比值约为 0.4～0.6 时电导率达到最大值。图 17.27 表明当三价铁含量增加时出现电导率最大值（电阻率最小值），而且也出现从 p 型电导到 n 型电导的变化。对电导有用的电子数或空穴数是高的，但它们的迁移率是低的（$\ll$ 0.1 $cm^2/V\cdot s$）。一种磷酸盐玻璃（80% V_2O_5，20% P_2O_5）的电导激活能随温度增加而增加①。对这一玻璃进行电子自旋共振测量所得到的结果表明，随着温度升高 V^{4+}/V^{5+} 比没有明显的变化。这说明载流子数并不是温度的函数。因此，激活能随温度的增加是由于迁移率项而不是由于浓度项②。

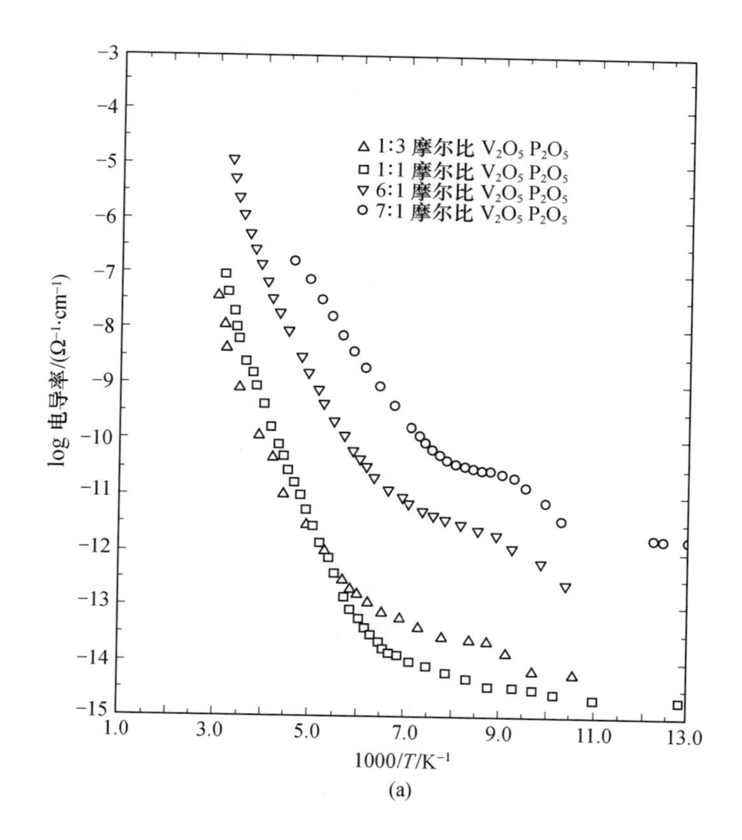

(a)

① A. P. Schmid，*J. Appl. Phys.*，**39**，3140（1968）。

② 讨论见 N. F. Mott，*J. Non-Cryst. Solids*，**1**，1（1968）。

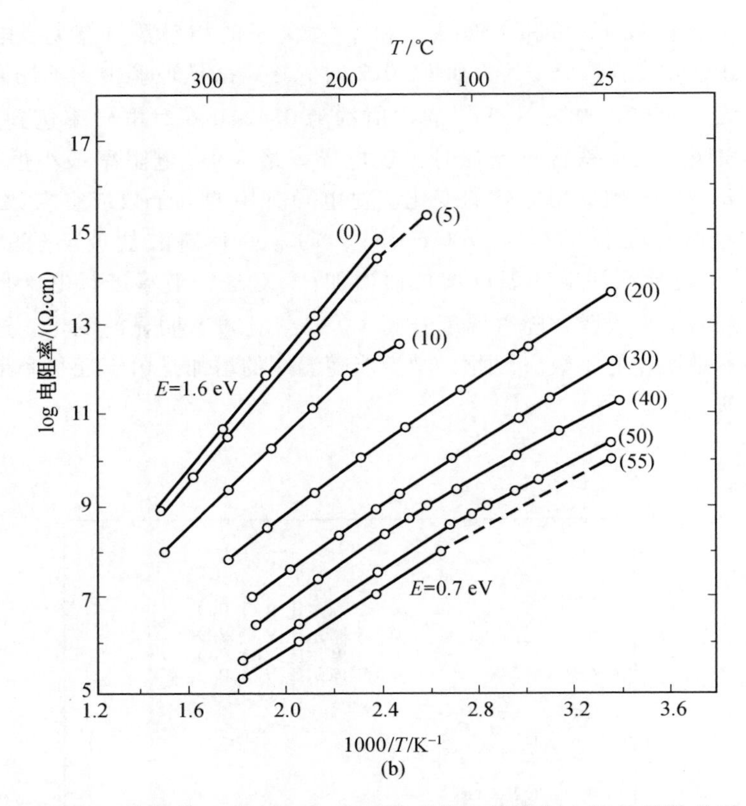

图 17.26 (a) 4 种典型 $V_2O_5-P_2O_5$ 玻璃的对数电导率与 $1/T$ 的函数关系。引自 A. B. Schmid, *J. Appl. Phys.*, **39**, 3140(1988)。(b) 含 55%(FeO + MgO) − 45% P_2O_5 的玻璃的对数电阻率和 $1/T$ 的函数关系。括号中的数字是FeO的百分数。引自 K. W. Hansen, *J. Electrochem. Soc.*, **112**, 994(1965)

大多数硫属化物玻璃的电导也是热激活的，并与本征半导体的电导相似(图 17.28)。从熔体淬冷的或从气相沉积成膜(硅、锗)的硫属化物的最显著的特性是它们的电导率对杂质不敏感。在晶态半导体中，外来原子微小的浓度会引起电导率和载流子类型大的变化，但玻璃态半导体的非晶态本质产生足够的悬空键和定域化的电荷位置，因此对杂质不敏感。非晶态半导体的禁带稍微小于其晶态对应物(图 17.29)，但大多数情况下晶态材料的本征电导率高于非晶体材料。通常，非晶态电导性状比起前面讨论过的小极化子氧化物来更像元素半导体。然而，载流子的迁移率通常较低($<0.1\ cm^2/V\cdot s$)。关于硫属化物型玻璃的更详细的理论和机理的论述已由 N. F. Mott 和 E. A. Davis① 给出。

---

① *Electronic Processes in Non-Crystalline Materials*, Oxford University Press, London, 1971。

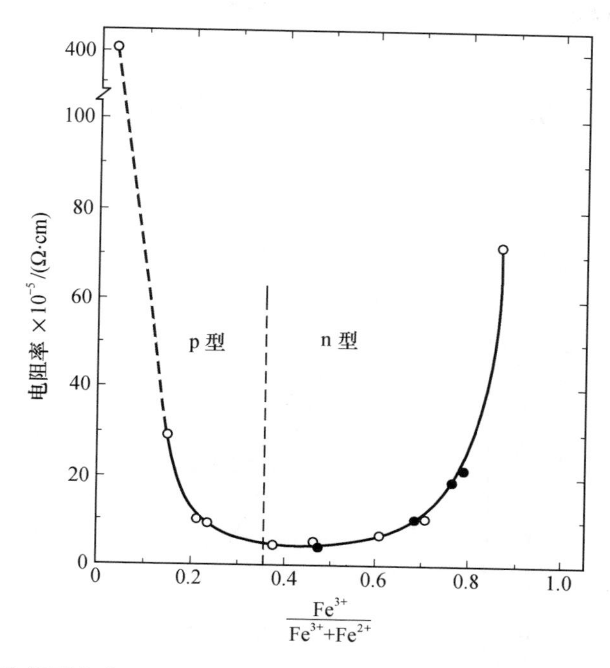

图 17.27 200 ℃下含有 55% FeO – 45% P_2O_5 的玻璃中 $Fe^{3+}/Fe_{总}$ 对电阻率的影响。引自 K. W. Hansen, *J. Electrochem. Soc.*, **112**, 994(1965)

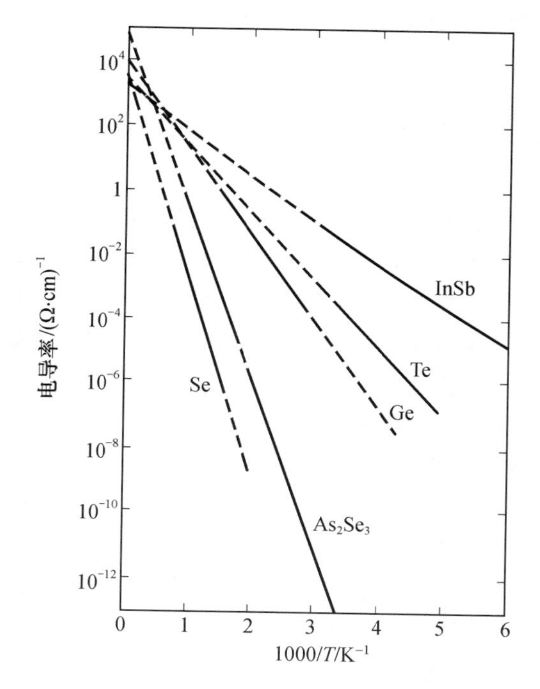

图 17.28 各种非晶态半导体的本征电导率与 $1/T$ 的函数关系。虚线是用外推法求得的。引自 C. C. Sartain et al., *J. Non-Crystalline Solids*, **5**, 55(1970)

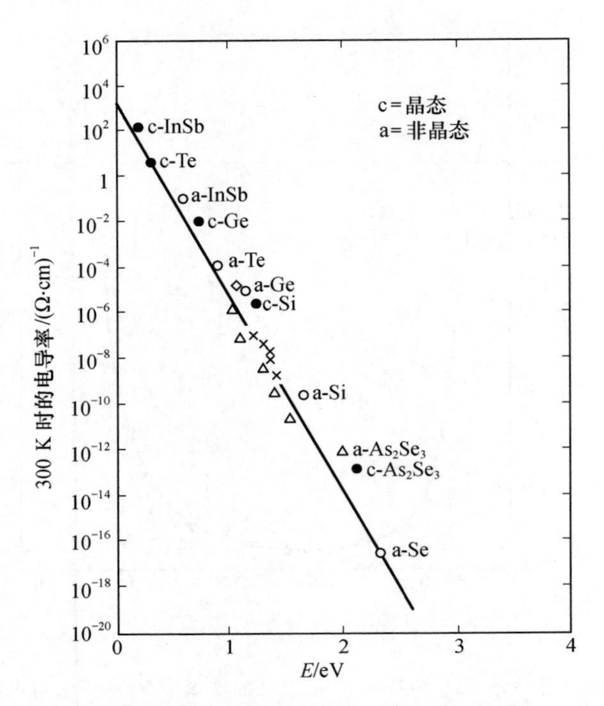

图 17.29 各种晶态和非晶态半导体的电导率与电导激活能 E 的关系。引自 J. Stuke，*J. Non-Cryst. Solids*，**4**，1(1970)

17.6 非化学计量比电子电导和溶质控制的电子电导

大多数氧化物半导体要么掺杂以产生非本征的缺陷，要么在使它们在成为非化学计量比的条件下退火。这些效应在许多氧化物中已经仔细研究过，但低迁移率值的确切本质通常难以判断。报道的电导率通常是不一致的，这是因为不同的杂质效应和过去的热历史压倒了其他效应。在本节中我们要研究几种电子电导陶瓷，以指出它们性状上的重要特点。表 17.6 给出杂质半导体的部分目录。杂质对半导体性质的强烈影响是由于杂质原子引进了新的局部能级，使电子得以处在价带和导带之间。如果新的能级是空着的并靠近价带能级的顶部，则易于将电子从满带激发出来进入这些新的受主能级，这样在价带中就留下电子空穴，有助于电导。正载流子(p 型)氧化物导体最常具有金属含量不足的非化学计量比组成($Cu_{2-x}O$ 是一个例子)，有时称为*缺位型半导体*。如果杂质添加物已经充满了导带能级附近的电子能级，就可以使电子从杂质原子激发到导带中去，这些能级称为*施主能级*。被激发到导带中去的电子会有助于电导。负载流子(n 型)氧化物导体最常具有金属含量过剩的非化学计量比组成($Zn_{1+x}O$ 是一个例子)，有时称为过剩型半导体。

表 17.6　杂质半导体的部分目录

n 型					
TiO_2	Nb_2O_5	CdS	Cs_2Se	$BaTiO_3$	Hg_2S
V_2O_5	MoO_2	CdSe	BaO	$PbCrO_4$	ZnF_2
U_3O_8	CdO	SnO_2	Ta_2O_5	Fe_3O_4	
ZnO	Ag_2S	Cs_2S	WO_3		
p 型					
Ag_2O	CoO	Cu_2O	SnS	Bi_2Te_3	MoO_2
Cr_2O_3	SnO	Cu_2S	Sb_2S_3	Te	Hg_2O
MnO	NiO	Pr_2O_3	CuI	Se	
两性的					
Al_2O_3	SiC	PbTe	Si	Ti_2S	
Mn_3O_4	PbS	UO_2	Ge		
Co_3O_4	PbSe	IrO_2	Sn		

钛酸锶　$SrTiO_{3-x}$的密度、点阵参数和电导率数据已经证明第四章中讨论过的质量作用关系是有效的①。单晶在气体混合物中($P_{O_2}=10^{-7}\sim10^{-12}$ atm)在 1200 ~ 1400 ℃被还原，可假定按下列还原反应进行：

$$O_O = 1/2O_2(g) + V_O^{\cdot\cdot} + 2e' \tag{17.57}$$

反应平衡常数是

$$\frac{[e']^2[V_O^{\cdot\cdot}]P_{O_2}^{1/2}}{[O_O]} = K(T) \tag{17.58}$$

由此，电导的自由电子的浓度由下式给出：

$$[e'] = [2K(T)]^{1/3}P_{O_2}^{-1/6} = 2^{1/3}P_{O_2}^{-1/6}\exp\left(-\frac{\Delta G}{3RT}\right) \tag{17.59}$$

对式(17.59)的实验验证如图 17.30(a)所示。图中电子密度的数据由霍尔测量[式(17.45)]得出。式(17.59)所示的温度关系[图 17.30(b)]表明产生一个氧空位和两个导带电子的焓为 5.76 eV(133 kcal/mol)。式(17.57)给出的缺陷模型已通过晶体淬火样品的实测密度和计算密度的对比所证实[图 17.30(c)]。在这种情况下，氧空位变为双重电离电子施主进入导带。在室温下电子的迁移率为 6 $cm^2/V\cdot s$。

① H. Yamada and G. R. Miller, *J. Solid State Chem.*, **6**, 169(1973)。

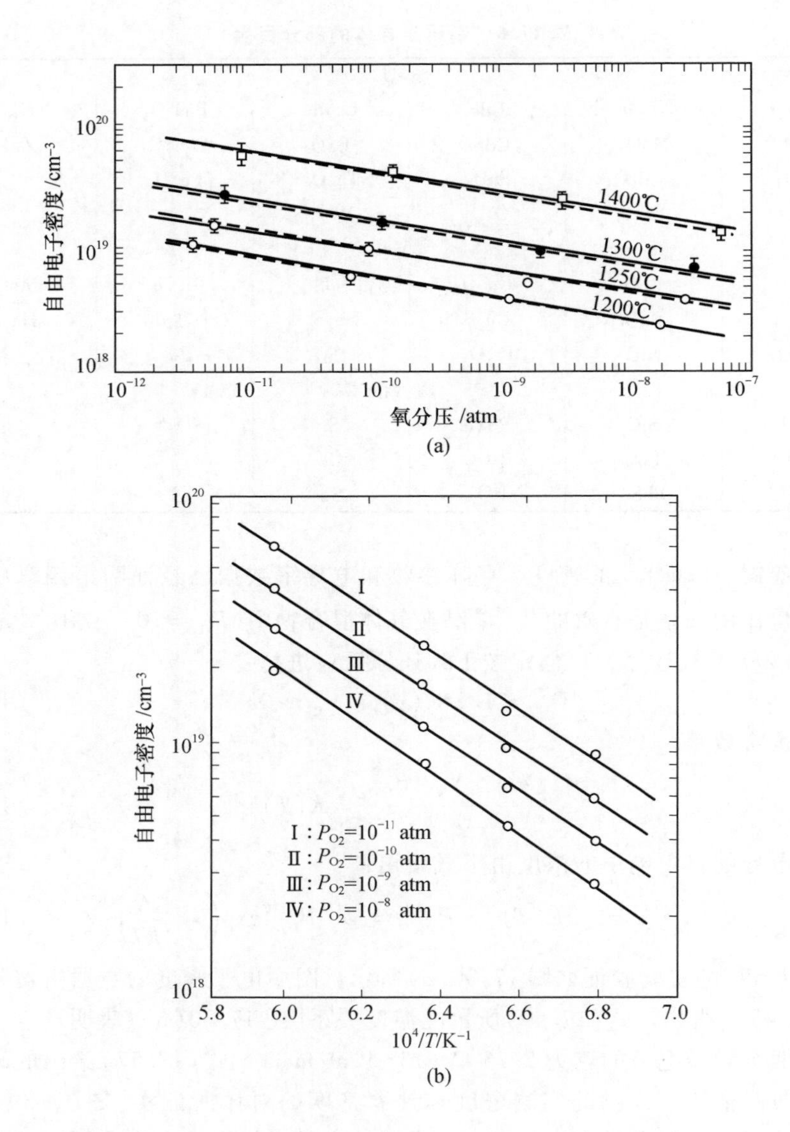
自由电子密度 /cm^{-3}
10^{20}
10^{19}
10^{18}
1400℃
1300℃
1250℃
1200℃
10^{-12}
10^{-11}
10^{-10}
10^{-9}
10^{-8}
10^{-7}
氧分压 /atm
(a)
自由电子密度 /cm^{-3}
Ⅰ
Ⅱ
Ⅲ
Ⅳ
Ⅰ: $P_{O_2}=10^{-11}$ atm
Ⅱ: $P_{O_2}=10^{-10}$ atm
Ⅲ: $P_{O_2}=10^{-9}$ atm
Ⅳ: $P_{O_2}=10^{-8}$ atm
5.8
6.0
6.2
6.4
6.6
6.8
7.0
$10^4/T/K^{-1}$
(b)

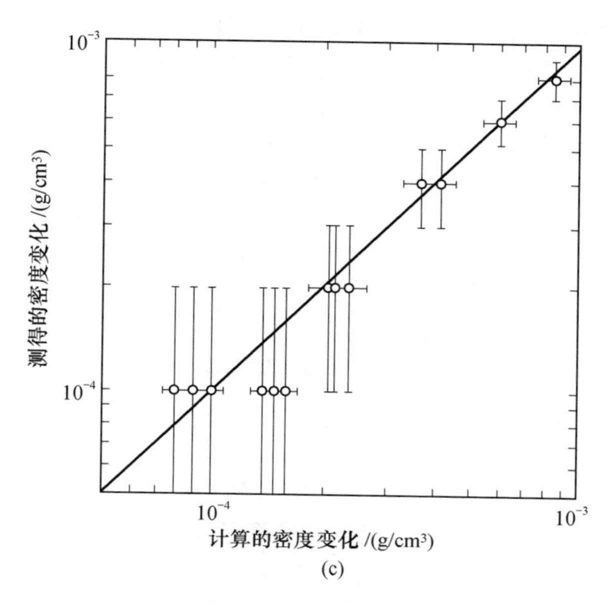

图 17.30 (a) $SrTiO_3$ 中自由电子的浓度与氧压的函数关系。虚线表示与 $P_{O_2}^{-1/6}$ 的关系；(b) 在固定氧压下自由电子浓度对温度的依赖关系[式(17.59)]；(c) 测得的密度和从包含氧空位形成的缺陷反应算出的密度的对比。引自 H. Yamada and G. R. Miller, *J. Solid State Chem.*, **6**, 169(1973)

氧化锌 当 ZnO 在含有锌气体的还原气氛中加热时，氧化物中锌的含量增加而形成一种过剩型半导体。与气相的反应保持电中性，我们可以写出

$$x\,Zn(g) + ZnO(c) = Zn_{1+x}O(c) \tag{17.60}$$

因为我们知道锌原子适合于进入结构的间隙位置(见第四章)，这一关系可以同样写成

$$Zn(g) = Zn_i(\text{在 ZnO 中}) \tag{17.61}$$

这些填隙锌原子在结构中相当于杂质能级，可以预料它们通过下列反应而电离：

$$Zn_i = Zn_i^{\cdot} + e' \qquad K(T) \propto e^{-E_1/kT} \tag{17.62}$$

也可能通过第二次反应而双重电离：

$$Zn_i^{\cdot} = Zn_i^{\cdot\cdot} + e' \qquad K'(T) \propto e^{-E_2/kT} \tag{17.63}$$

式中：E_1 和 E_2 是电离能。为了保持电中性，在晶体中电子浓度和杂质浓度必须相等。但是，因为晶体的介电常数通常很高，按照式(17.62)离解的电子的位置与正电核心(Zn_i^+)之间有相当大的平均距离。

对于每一个对应于填隙原子的形成和电离的反应，我们可以写出反应的质量作用表示式以给出各种浓度比。何种产物占优势取决于所包含的能量变化。

如式(17.61)所述，填隙原子的总浓度由蒸气压力决定，离解为电子和正填隙离子的程度由它们的相对能量决定。这可以用如图17.31所示的能带示意图说明。填隙电离的程度也取决于温度。在足够低的温度下，电子处在与充满的杂质能带相当的最低能级。随着温度水平的提高，这些原子被激发到导带中去的分数也增加。在足够高的温度下这个比例很高，以致实质上所有杂质原子都被电离了。

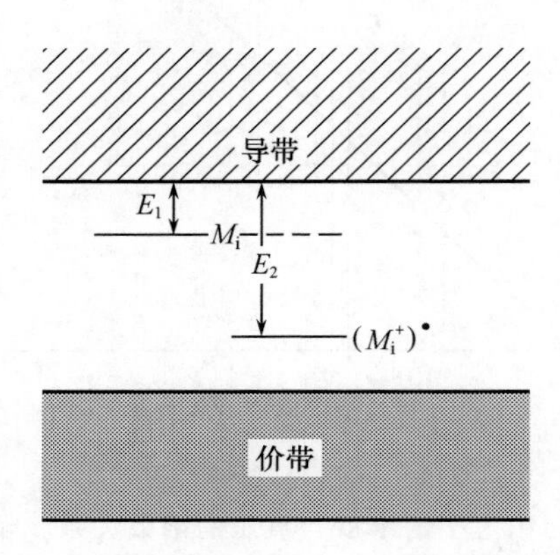

图17.31　过剩型半导体(如$Zn_{1+x}O$)中的能带示意图

因此，杂质半导体的性质取决于周围气体的压力(它在高温时是平衡的，但可以淬冷到相应于非平衡条件的低温)，同时也取决于温度(它决定有多少杂质原子可以离解出移动电子)。如对氧化锌来说，已经清楚电离能是在室温或稍高温度下全部填隙原子都具有+1价时的能量，因此与气相平衡的总反应可以写成

$$Zn(g) = Zn_i^{\bullet} + e' \tag{17.64}$$

此式是式(17.61)和式(17.62)的结合，这种关系的质量作用表达式为

$$K = \frac{[Zn_i^{\bullet}][e']}{P_{Zn(g)}} \tag{17.65}$$

如果材料在非本征范围内式(17.64)成为电导电子的主要来源，则其浓度与填隙锌离子浓度相等，即$[Zn_i^{\bullet}] = n$，因此电子浓度与锌压力平方根或$P_{O_2}^{-1/4}$成正比：

$$[e'] = K^{1/2}P_{Zn(g)}^{1/2} = K^{1/2}K_{O_2}^{1/2}P_{O_2}^{-1/4} \tag{17.66}$$

式中：K_{O_2}是$Zn(s) + \frac{1}{2}O_2(g) = ZnO(s)$的平衡常数。

如图17.32所示，实验证明上式是正确的。在这些条件下，电离能E_1与式(17.61)的能量变化相比很小。因此，恒定锌压力下的温度关系基本上取决于反应热，并遵循指数关系$\log\sigma \sim 1/T$。这种关系取决于杂质浓度，因为杂质离解接近完全而且电子迁移率随温度的变化不大。

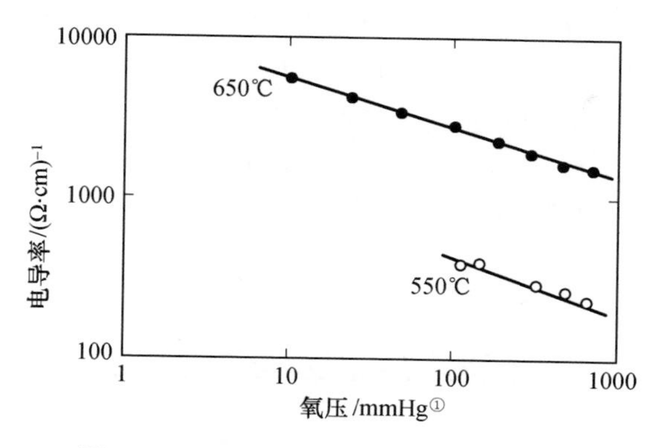

图 17.32　氧压对氧化锌电导率的影响。

引自 H. H. V. Baumbach and C. Wagner, *Z. Phys. Chem.*, **B22**, 199(1933)

低温时平衡冻结，因此杂质浓度是固定的，电导率与温度的关系取决于电子迁移率，与温度几乎无关。在更低的温度下，杂质的电离作用或杂质的离解作用是不完全的，因此很低的温度区可能又是一个电导率随温度迅速下降的区域。半导体材料在宽阔温度内的这些关系的细节还没有完全研究清楚，因为难于控制的较小的浓度具有显著的效应。上述情况的主要例外是硅和锗，这两种材料的非常纯的单晶已经有效地用做溶剂，因而可以进行受控杂质效应的详细研究。

氧化铜　如果我们考虑的是缺位型或 p 型氧化物半导体，其结果本质上是相似的。例如，对氧化铜我们可以写出

$$Cu_2O = Cu_{2-x}O + xCu(g) \tag{17.67}$$

这相当于铜含量减少。这可以用平衡时形成氧化亚铜的氧含量来说明：

$$xCu(g) + \frac{x}{4}O_2(g) = \frac{x}{2}Cu_2O(s) \tag{17.68}$$

上两式相加得出

$$\left(1 - \frac{x}{2}\right)Cu_2O = Cu_{2-x}O - \frac{x}{4}O_2(g) \tag{17.69}$$

此式与式(17.67)等效，只是它采用了不同的变量。如果我们从化学计量比的 Cu_2O 着手并移去一个铜原子，则按电荷平衡的要求，当从晶格移出一个铜离子时应同时从相邻的一个氧离子处移去一个电子。杂质中心的形成[与式(17.67)等效]相当于

① 1 mmHg = 1.33322 × 10^2 Pa，下同。——译者注

$$Cu_{Cu} + Cu(g) + V_{Cu} \tag{17.70}$$

在杂质中心处从价带中失去的电子由相当于空位处的有效负电荷来代替：

$$V_{Cu} = V'_{Cu} + h^{\bullet} \qquad K(T) \propto e^{-E_1/kT} \tag{17.71}$$

如果我们考虑到二次电离状态的可能性，就得到

$$V'_{Cu} = V''_{Cu} + h^{\bullet} \qquad K(T) \propto e^{-E_2/kT} \tag{17.72}$$

受主状态如图 17.33 所示。

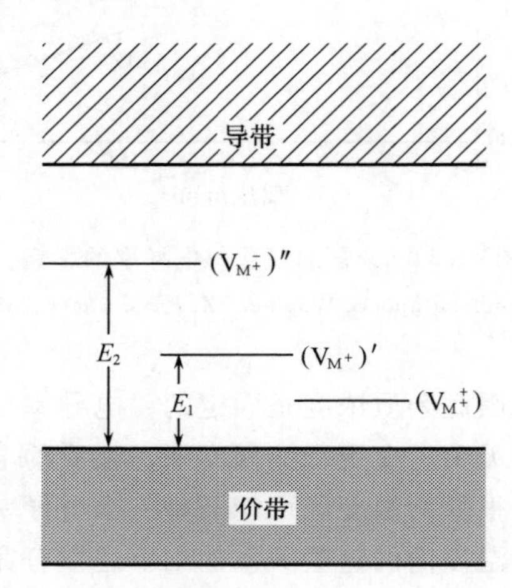

图 17.33 缺位型半导体(如 $Cu_{2-x}O$)中的能级示意图

当氧分压增加时，对阳离子晶格中有空位形成的缺位型半导体可以推导出与式(17.60)～(17.66)相似的关系式。空位和电子空穴形成的总反应相当于

$$\frac{1}{2}O_2(g) = O_O + 2V'_{Cu} + 2h^{\bullet} \tag{17.73}$$

我们可以写出质量作用常数：

$$K(T) = \frac{[V'_{Cu}]^2[h^{\bullet}]^2}{P_{O_2}^{1/2}} \tag{17.73a}$$

如果空位浓度基本上取决于与大气的反应，我们可以得到氧分压和电导率之间的关系：

$$\sigma \propto [h^{\bullet}] = K(T)^{1/4}P_{O_2}^{1/8} \tag{17.74}$$

如图 17.34 所示，实验表明，电导率与 $P_{O_2}^{1/7}$ 成比例，这与式(17.74)的预测比较吻合。

附加能级 有时靠近杂质中心的自由电子不能被释放到导带中去，而是被具有电子亲和性的其他离子所俘获，使其能量水平低于自由电子的能级。例如，部分还原的 TiO_2 中就发生这种情况，在氧离子晶格中形成空位，并按下面的反应电离而形成自由电子：

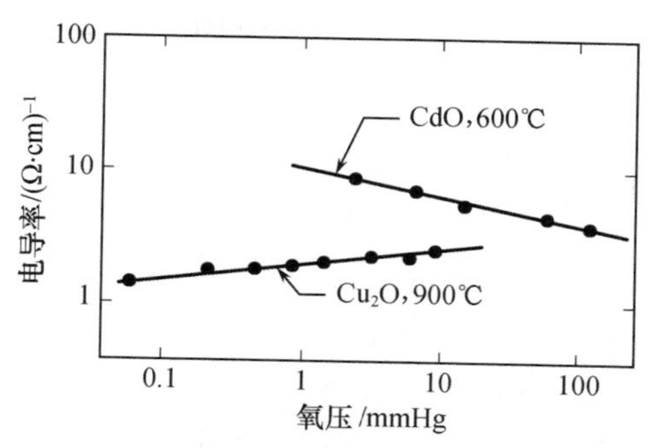

图 17.34　氧化亚铜和氧化镉的电导率与氧压的函数关系

$$O_O = V_O^{\cdot\cdot} + 2e' + \frac{1}{2}O_2(g) \tag{17.75}$$

然而，存在的 Ti^{4+} 离子具有电子亲和性，因此电导电子与晶格离子反应给出

$$2e' + 2Ti_{Ti} = 2Ti'_{Ti} \tag{17.76}$$

自由电导电子和 Ti^{3+} 离子(即 Ti'_{Ti})的相对浓度取决于导带的相对能级和 Ti^{4+} 受主能级。可以写出与式(17.75)和式(17.76)相应的反应式的质量作用方程。在这种特殊情况下，发现大多数电子与特定的 Ti^{4+} 离子缔合，因此与电子处在导带中的情况相比较，迁移率要低得多。

通常，在杂质控制的区域中，半导体陶瓷材料的性能在很大程度上取决于气氛、化学性状、温度以及所研究的各个材料中的能级。图 17.35 示出碳化硅在宽阔的温度范围可以观察到的这些效应的范围。在这种材料中，试验所涉及的范围没有到达本征区，当温度降低而接近恒定的载流子浓度时，电导率起始增加然后达到最大值，这相应于电子迁移率的增加。在较低的温度下，在 n 型和 p 型两种 SiC 中有两个直线部分。电导率以两种不同的激活能随温度按 $T^{3/4}\exp(-E/2kT)$ 而变化。绿色晶体的激活能典型值为 0.2 eV 和 0.1 eV，黑色晶体为 0.31 eV 和 0.054 eV。较高的激活能在高温时是主要的，较低的激活能在低温时是主要的。这被认为是与每种晶体的两组载流子相对应。在较低温度下重要的载流子在较高温度时变为不重要，这是由于较大的载流子形成能或较高的迁移能或二者同时存在的缘故。在比图 17.35 所示更高的温度下，对应于电导率－温度倒数曲线中另一段直线部分的本征迁移率预期会重要起来。

因此，对半导体陶瓷来说在杂质范围内通常有多种因素是重要的，但对大多数材料，这些因素尚未被详细研究过。为了确切地分析各种具体影响，必须了解系统的化学性状和系统中的电子能级。对许多氧化物系统如氧化锌和氧化铜来说，主要影响为化学组成随温度和氧压的变化。对这些材料能满意地分析出温度关系和组成关系。对其他材料(如 TiO_2)，由于正常价带和导带之间存在着附加能级，情况就比较复杂。对于碳化硅之类的材料，杂质浓度和影响还

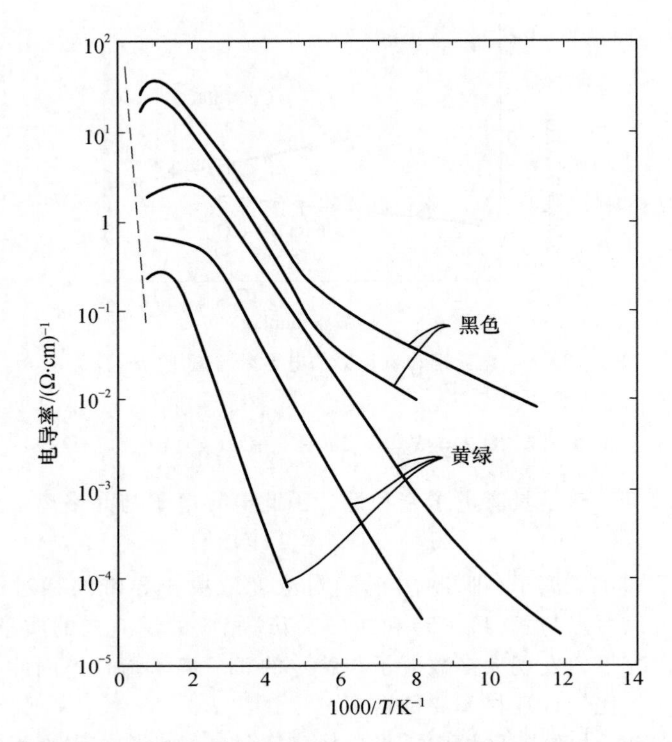

图 17.35 黄绿色 n 型碳化硅与黑色 p 型碳化硅的半导体性质。引自 G. Busch, *Helv. Phys. Act.*, **19**, 189(1946)

没有从化学上满意地分析出来，因此要详细地说明是困难的。

17.7 电价控制的半导体

非化学计量比氧化物半导体对气氛和少量杂质浓度的强烈依赖关系使得性能上具有重复性的制品难以制出。冷却速率、所用气氛、制造技术上的微小变化都对电性能有可观的影响。因此宁愿采用含有相当数量第二种成分的组成，最好是加入具有高电离势因而是电价固定的成分，以获得较为均匀的性质。对形成混合价离子固溶体的基本要求已经在第四章中讨论过了。

氧化镍 作为一个例子，氧化镍形成缺位型半导体，其中空位发生在阳离子位置上，与讨论过的氧化亚铜相类似。对于每个阳离子空位必须有两个电子空穴形成，但空位通常与晶格阳离子缔合，因此反应可描述为

$$\frac{1}{2}O_2(g) = O_O + V''_{Ni} + 2Ni^{\cdot}_{Ni} \tag{17.77}$$

半导电性是由于正电荷通过晶格从这个阳离子迁移到另外一个阳离子的结果。

这种电荷迁移过程对应于低的迁移率。

如果将少量氧化锂加入氧化镍中，混合物在同一温度下在空气中烧成，就得到一种电阻率低得多的制品。纯氧化镍在空气中烧成以后的电阻率约为 $10^8\ \Omega\cdot cm$；添加 10 atom% 的锂所得到的制品电阻率约为 $1\ \Omega\cdot cm$。大量的锂溶于氧化镍晶格中，结果形成与加入溶体中的锂数量相等的 Ni^{3+}。X 射线研究指出得到的是与初始氧化镍有相同结构的均匀晶体，但晶胞稍小一些。导致这种制品的反应可以表示为

$$\frac{x}{2}Li_2O + (1-x)NiO + \frac{x}{4}O_2 = (Li_x^+Ni_{1-2x}^{2+}Ni_x^{3+})O \qquad (17.78)$$

在正常的阳离子位置上引入较低价的离子，对于形成增价离子 Ni^{3+} 起促进作用。

为了获得这种结果，引入的离子必须具有和被置换的离子几乎相同的尺寸，而且必须有固定的电价。锂的第二电离势比镍的第三电离势大两倍多，因此这种条件在 Li_2O-NiO 系统中可以满意地实现。

用同样方法，氧化镍的绝缘性能可以通过在固溶体中加入像 Cr^{3+} 这样的稳定的三价离子而得到改善。将三价离子加入晶格的作用是减少所形成的 Ni^{3+} 离子的分数，因为在 Ni^{2+} 与 Cr^{3+} 之间不发生电子迁移，因而总的电导率大大减小。

赤铁矿　n 型和 p 型两种半导体的许多其他系统中可以得到同样的结果。例如，Fe_2O_3 是一种 n 型半导体，其中氧离子空位与电子一起形成，电子趋于与特定的阳离子缔合。这等于形成一定分数的 Fe^{2+} 离子。如 Ti^{4+} 加入到 Fe_2O_3 中所形成的固溶体，一部分 Fe^{3+} 被强迫进入 Fe^{2+} 状态，其数量与添加的 Ti^{4+} 相等，结果制品的电导率大大增加，这主要取决于添加的氧化钛的浓度，而与纯材料比较起来它对氧压和烧成条件的依赖关系小得多。在 NiO 中添加 Li_2O 和 Fe_2O_3 中添加 TiO_2 时，电导率随添加剂而变化的情况如图 17.36 所示。

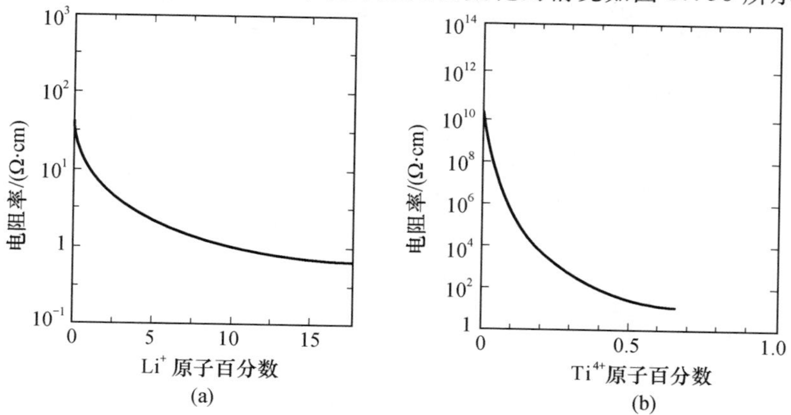

图 17.36　(a) 添加 Li_2O 对 NiO 电导率的影响；(b) 添加 TiO_2 对 Fe_2O_3 电导率的影响。引自 K. Lark-Horowitz，*Elec. Eng.*，**68**，1087(1949)

尖晶石 获得具有受控电阻率的半导体而又避免由于偏离化学计量比而引起困难的另一种办法是采用两种或两种以上电导率大不相同的化合物以形成固溶体。特别是发现具有电阻率约为 $10^{-2}\ \Omega \cdot cm$ 的磁铁矿 Fe_3O_4，与大多数化学计量比的过渡元素氧化物的 $10^{10}\ \Omega \cdot cm$ 数量级的电阻率相比，是一种优越的半导体。如第二章所述，Fe_3O_4 具有尖晶石型晶体结构。在这种结构中氧离子在近似密堆的立方晶格上；阳离子一部分在八面体间隙位置，另一部分在四面体间隙位置。磁铁矿的结构可用如下的符号表示：

$$Fe^{3+}(Fe^{2+}Fe^{3+})O_4 \tag{17.79}$$

这表示铁离子(都是 +3 价的)1/3 在四面体间隙位置上，而 2/3(2 价和 3 价两种离子)在八面体间隙位置上。磁铁矿的良好电导性与 Fe^{2+} 和 Fe^{3+} 离子在这些八面体间隙位置上的随机配置有关，因此能够发生从一个阳离子到另一个阳离子的电子迁移。这通过在 120 K 左右产生的有序 - 无序转变得到最好的说明。低于这个温度，Fe^{2+} 和 Fe^{3+} 离子有序地分布在八面体间隙位置上；超过这个温度，Fe^{2+} 和 Fe^{3+} 的位置是随机分布的(有序 - 无序转变已在第六章中讨论过)。这种效应使电导率大大增加(图 17.37)。

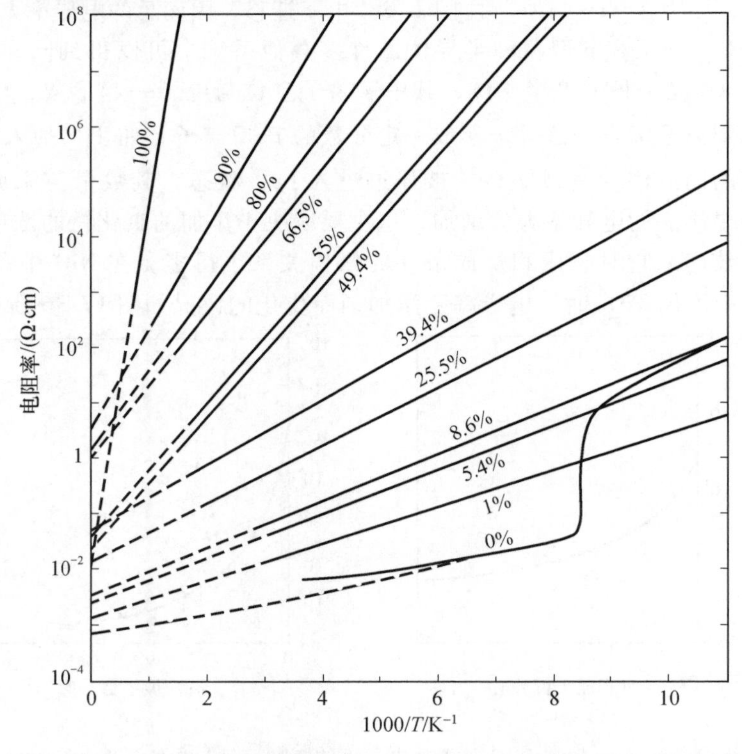

图 17.37 $Fe_3O_4 - MgCr_2O_4$ 固溶体的电阻率。$MgCr_2O_4$ 的摩尔百分比标在曲线上。引自 E. J. Verwey, P. W. Haagman, and F. C. Romeijn, *J. Chem. Phys.*, **15**, 18(1947)

一般说来，尖晶石结构表现出明显电导率的条件是在等同的结晶学位置上存在着多价态的离子。在 Fe_3O_4 中，这些离子的数量可以通过其他不参与电子交换的离子来稀释固溶体中 Fe^{2+} 或 Fe^{3+} 而加以控制。这种情形用图 17.37 中 $Fe_3O_4-MgCr_2O_4$ 固溶体的数据来说明。随着电阻率的增加，温度系数或激活能增加。以 $MgAl_2O_4$、$MgCr_2O_4$ 和 Zn_2TiO_4 之类的材料作为非导电成分，可以制成上述类型的半导体材料，具有可控温度系数的电阻率。用这种方法制成的半导体可以用做热敏电阻。

17.8 不良导体中的混合电导

对电导率低于 $10^{-5}(\Omega\cdot cm)^{-1}$左右的陶瓷，其载流子浓度和迁移率的乘积显然很小，因此组成、杂质含量、热处理、化学计量比和其他变量的微小变化都可能对测量结果有重要的影响。此外，实验测量技术变得更加困难。因此，如图 17.38 所示，其特点是对单一材料所报道的数据可以出现几个数量级

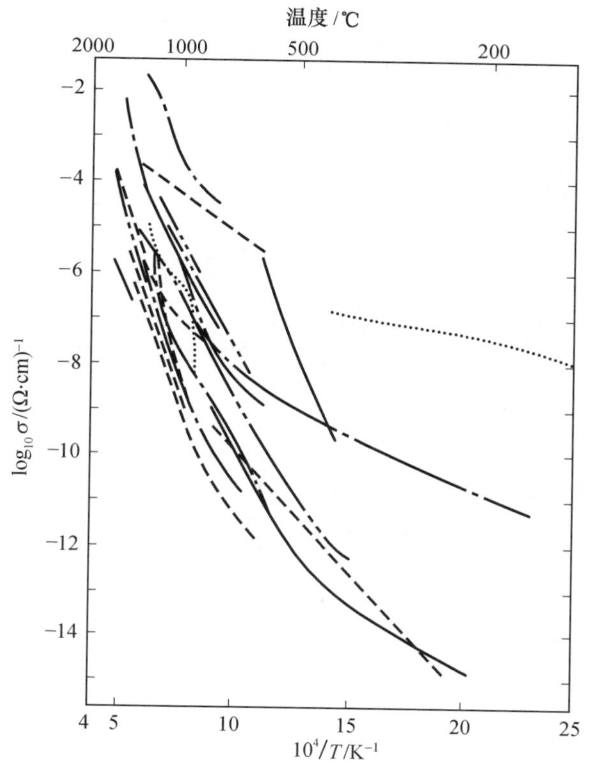

图 17.38 氧化铝电导率的文献报道数据。

引自 A. A. Bauer and J. L. Bates, *Battelle Mem. Inst. Rept.*, 1930, July 31, 1974

的差别。很明显对这些结果进行解释时我们必然会极为勉强，除非有关于纯度和溶质浓度、非化学计量比、实验技术、可能存在的高迁移通道(如晶界和位错之类)、先前的热处理以及类似的数据等可利用的完整资料，但这些资料很少充分地描述。在电导率低于 $10^{-12}(\Omega\cdot cm)^{-1}$①范围的低温下，由于表面电导率、晶界以及其他高电导通道导致的测量上的困难使得精确的测量很棘手。

在电导率约为 $10^{-8}(\Omega\cdot cm)^{-1}$以上的较高温度下，发现电导率的特点是与氧压呈强函数关系，甚至在化学计量比范围非常小的氧化镁和氧化铝这类化合物中也是如此。实验的结果通常是以测得的 $\log\sigma-\log P_{O_2}$ 曲线的斜率为基础，用杂质控制和非化学计量比的电导过程来解释。然而，经常发现这些斜率偏离简单的关系，而测定这些斜率时只有一个比较小的氧分压范围可以利用。这些困难与作为溶质或淀析物而存在的杂质的多样性一道导致了文献中的矛盾并使得最终解释不确定。图 17.39 给出了可利用的最优数据的典型结果。

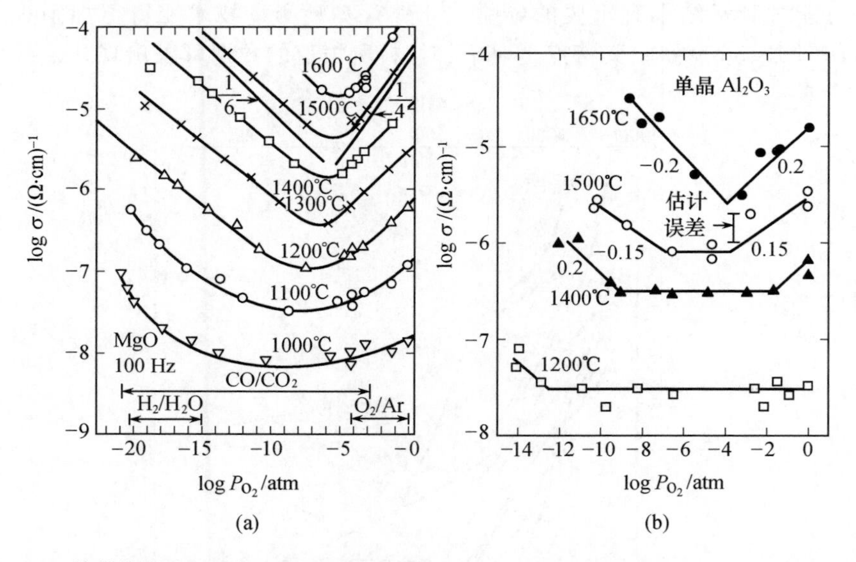

图 17.39 单晶的等温电导率：(a) MgO，引自 C. M. Osburn and R. W. Vest，*J. Am. Ceram. Soc.*，**54**，428(1971)；(b) Al_2O_3，引自 K. Kitazawa and R. L. Coble，*J. Am. Ceram. Soc*，**57**，250(1974)

17.9 多晶陶瓷

陶瓷系统的电导特性通常是几个存在的相共同贡献的结果。这些相包括气

① 原文为“ohm/cm”，疑有误。——译者注

孔率(低电导率)、半导体(可观的电导率)、玻璃(高温时可观的电导率)和绝缘晶体(低电导率)。许多良好的绝缘体的电导率范围随温度的变化如图 17.40 所示;应该记得(图 17.38)对这些组成的每一种所报告的数据可能跨越一个宽广的范围。一些良好的氧化物导体的电导率随温度变化的范围如图 17.41 所示,范围宽广的商用耐火材料的电阻率如图 17.42 所示。在后面这类材料中,相组成及其分布是最重要的。相分布的影响与第十二章中讨论过的热导率相似,主要差别在于各个相变动范围对电性能来说要比热性能大得多。有关高频测量的影响将在第十八章中讨论。

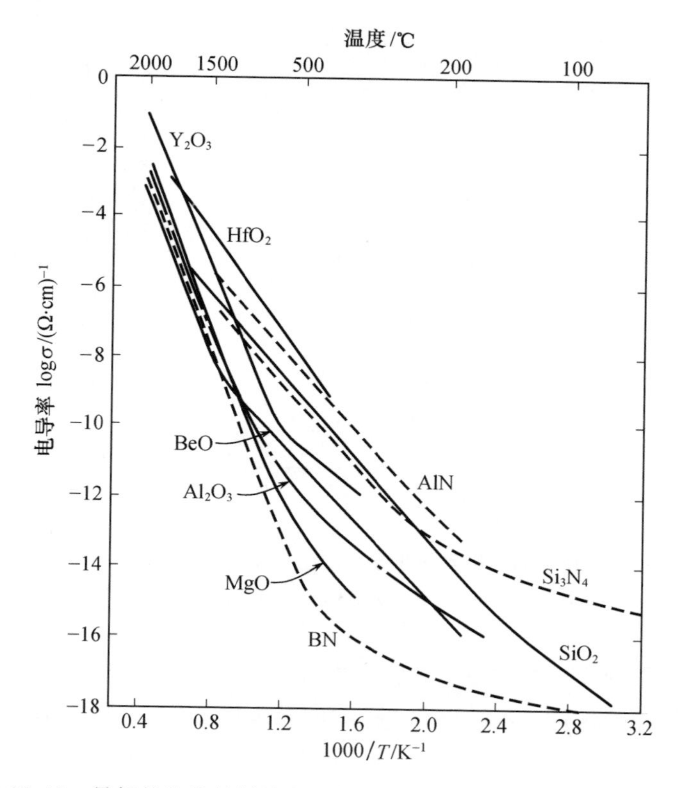

图 17.40　最好的绝缘材料的电导率。引自 A. A. Bauer and J. L. Bates, *Battelle Mem. Inst. Rept.*, 1930, July 31, 1974

气孔率对电导率的影响与第十二章中讨论过的热导率类似。对等体积均匀分布的低气孔率(像通常存在的那样)来说,电导率随着气孔率的增加几乎按比例减小。气孔率大时气孔的影响更显著,其结论与第十二章中讨论过的情况类似。

在多晶材料中晶界的影响与离子或电子在两次碰撞之间的平均自由程有

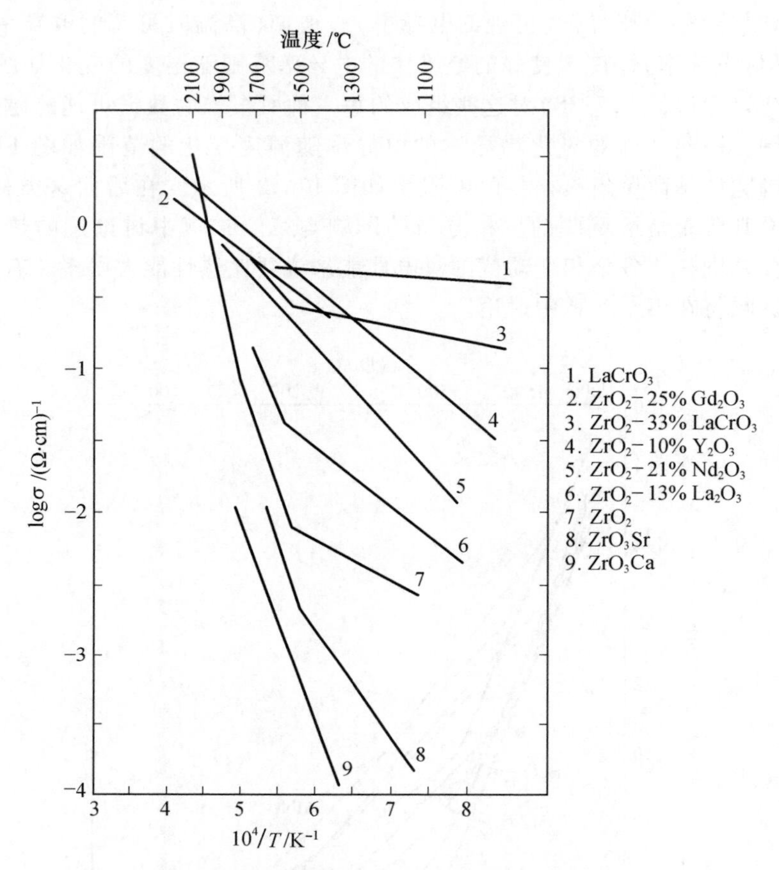

图 17.41　良好的高温氧化物导体的电导率。引自 A. M. Anthony and D. Yerouchalmi, *Phil. Trans. R . Soc.* (*London*), **261**, 504(1966)

关，对离子电导来说约为原子间距的数量级，对电子电导则通常小于 100 ~ 150 Å。这意味着除了非常薄的膜或极细的晶粒样品(小于 0.1 μm)以外，晶界散射作用与晶格散射作用相比是小的。因此，在组成均匀的材料中晶粒尺寸几乎没有影响。

然而，显著的影响可能由杂质浓度和晶界中组成的变化引起，特别是氧化物材料在颗粒间的边界有形成硅酸盐玻璃的趋势。第十章所给出的许多显微结构清楚地说明了这种情况。这种结构相当于两相系统，数量较少的相为连续相。合成的电导率取决于各相电导率的相对值。在室温时两相的电导率都比较低。随着温度的升高，玻璃相电导率增加，而且在低得多的温度下，它就变得比氧化物晶相显著；结果电导率随温度增加得更为迅速。图 17.43 给出的一些不同的绝缘体制品的数据说明了这种情况。在适中的温度下电导率显著增加的组成都含有可观的玻璃相。

冷却时在边界上达到低温平衡的半导体材料则表现出完全相反的效果。因此，晶界通常具有一种比晶粒内部的电阻高的趋势。因为每一个晶粒都被较高电阻的边界包围着，所以材料总的直流电阻可以很高。具有氧化物涂层并在低温下被压成具有高密度的胚体的粉末金属也具有同样类型的结构。连续的氧化物相意味着保持低的总直流电导率，即使其主要部分是金属导体。同样的过程也发生在碳化硅加热元件中，在它的半导体颗粒间形成二氧化硅层。随着氧化物相数量的增加，电阻率逐渐增加。已经测定了显微结构和相分布的一些系统的数据如图 17.44 所示。

特别对于氧化物半导体之类的材料，非化学计量比组成和气氛的平衡在很大程度上决定着电导率，其性质上的重大变化可能起因于不同的烧成条件和冷却时高温组成被保存的程度。快速的冷却速率趋于保存高温时的高电导结构。同样，冷却对致密样品的作用往往比对多孔样品的作用小。因此，电性能通常与气孔率有关，虽然气孔的作用在于控制组成变化的动力学而不是其他任何直接的作用。

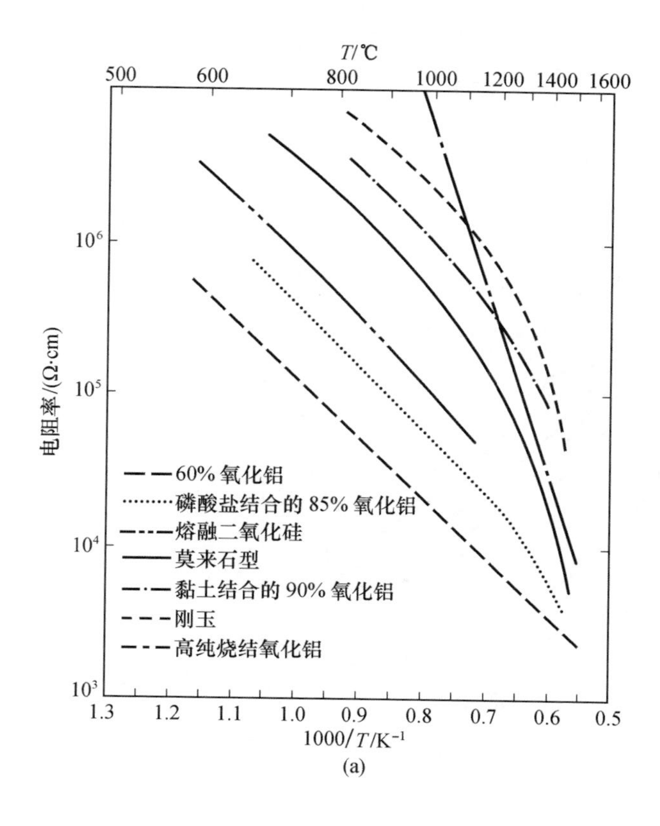

(a)

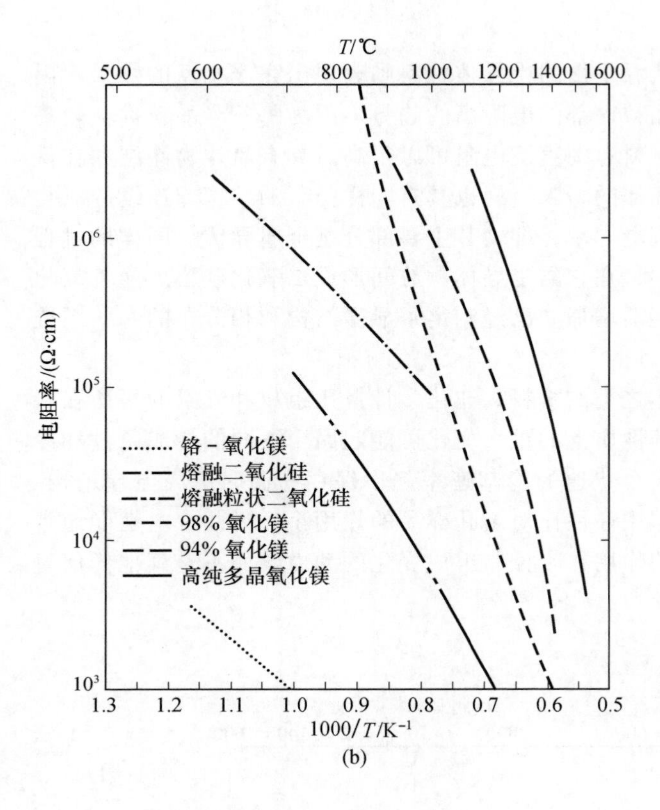

图 17.42　几种耐火材料的电阻率。引自 R. W. Wallace and E. Ruh, *J. Am. Ceram. Soc.*, **50**, 358(1967)

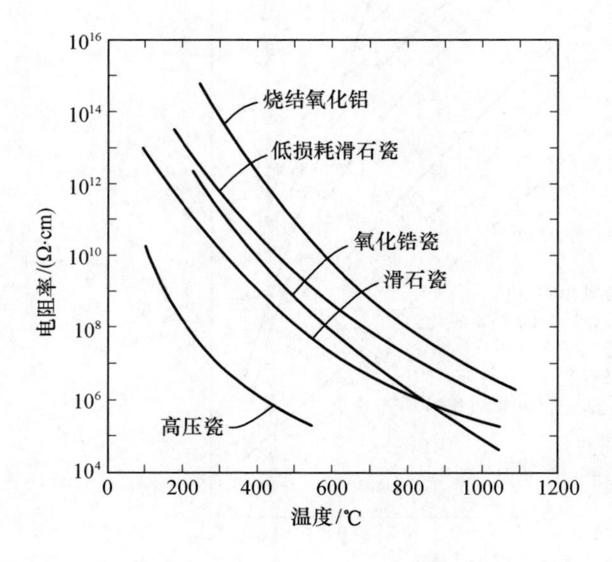

图 17.43　一些典型氧化物陶瓷(大多数是由玻璃相黏结的)的电阻率随温度而减小

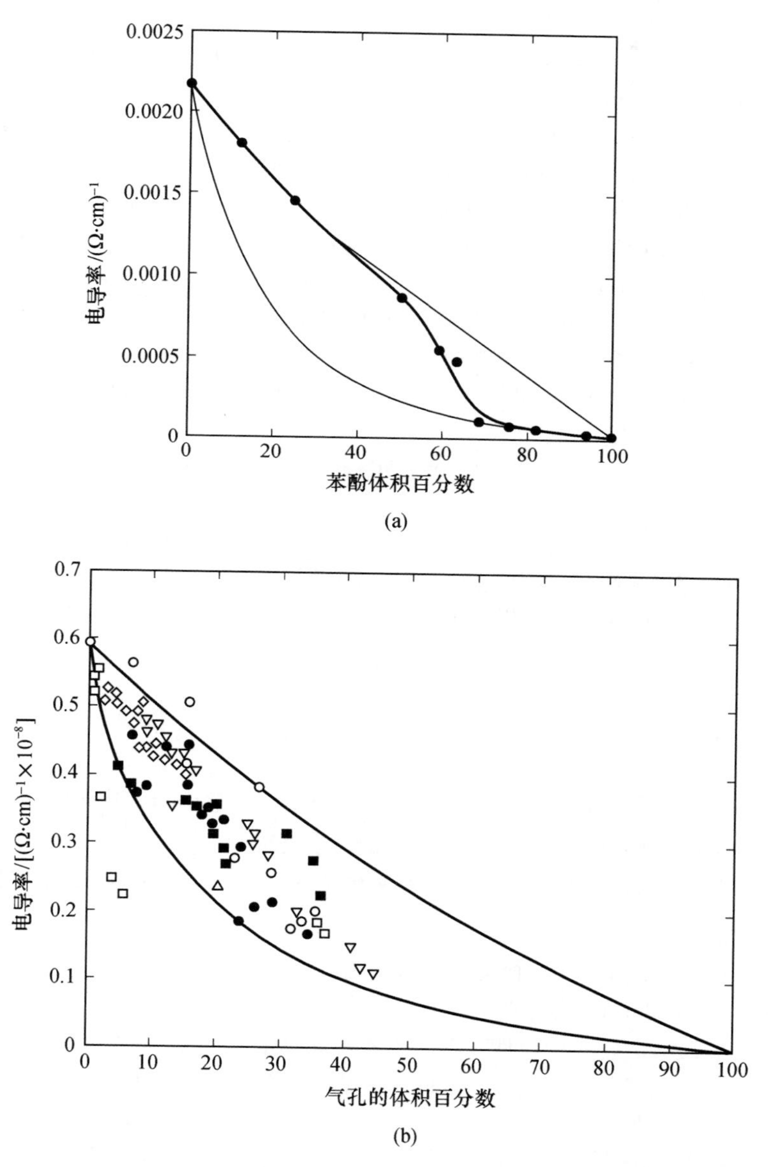

图 17.44 电导率随组成的变化。(a) 苯酚 - KI 乳胶；(b) 压缩铜粉。引自 P. Grootenhuis, et al., *Proc. Phys. Soc.* (*London*), **B65**, 502(1952)

推 荐 读 物

1. N. F. Mott and R. W. Gurney, *Electronic Processes in Ionic Crystals*, Dover Publications, Inc., New York, 1964.
2. A. B. Lidiard, "Ionic Conductivity", in *Encyclopedia of Physics* (Handbuch der Physik), S. Flugge, Ed., Vol. 20, Springer-Verlag, Berlin, 1957.
3. R. J. Friauf, "Basic Theory of Ionic Transport Processes," in *Physics of Electrolytes*, *Vol.* 1, J. Hladik, Ed., Academic Press, Inc., New York, 1972.
4. K. Hughes and J. O. Isard, "Ionic Transport in Glasses", same as reference 3.
5. I. G. Austin and N. F. Mott, "Polarons in Crystalline and Noncrystalline Materials", *Adv. Phys.*, **18**, 41 (1969).
6. N. F. Mott and E. A. Davis, *Electronic Processes in Non-crystalline Materials*, Clarendon Press, Oxford, 1971.
7. N. M. Tallen, Ed., *Electrical Conductivity in Ceramics and Glasses*, Marcel Dekker, Inc., New York, 1974.
8. P. Kofstad, *Nonstoichiometry*, *Electrical Conductivity*, *and Diffusion in Binary Metal Oxides*, John Wiley & Sons, Inc., New York, 1972.
9. L. L. Hench and D. B. Dove, *Physics of Electronic Ceramics*, Marcel Dekker, Inc., New York, 1971.

习 题

17.1 Rigdon 和 Grace① 测量了 $CaWO_4$ 单晶的电导率。假定 $t_e \approx 1$，从他们给定的数据：

(a) 对电导机理给出一个可能的合理的缺陷模型。

(b) 对于 P_{H_2O}/P_{H_2} 的分段变化，说明由瞬时直流电导率如何得出化学扩散系数 $\tilde{D}$。

(c) 在 $t_e \approx 1$ 时，你如何使 ΔH(电导率) = 136 kcal/mol 和 ΔH(化学扩散) = 6.3 kcal/mol取得一致？

17.2 虽然用钙稳定的二氧化锆(CSZ)是离子型导体[$t_0 = 1$，在 1000 ℃时 $\sigma = 0.4/(\Omega \cdot cm)$]，但当采用它作为氧的探测器时必须小心，因为从高分压一边到低分压一边有氧的渗透作用。对这种渗透作用已经假定限制速率的缺陷是在 1000 ℃时迁移率为10^{-4} $cm^2/V \cdot s$、迁移数为 10^{-3} 的电子空穴。在 1000 ℃时，厚度为 0.1 cm 的样品中氧的渗透率是多少($mol/cm^2 \cdot s$)？在 1000 ℃时，$D_O \approx 3 \times 10^{-8}$ cm^2/s，$D_{Zr} \approx 10^{-17} cm^2/s$。

---

① *J. Am. Ceram. Soc.*, **56**, 475(1973)。

17.3 (a) 推导 NiO 中电导率对氧压力的依赖关系。

(b) 讨论添加 Cr_2O_3 对 NiO 电导率的影响，并给出方程式用以描述与杂质浓度有关的电导率从本征到非本征变化时的温度。

17.4 氯化钠晶体在温度够高的钠蒸气中进行热处理时有额外的钠结合到晶体中而偏离化学计量比。过剩的钠可以通过形成氯离子空位来补偿，这种空位捕获了一个电子(F 心或 V_{Cl}^{x})。F 心在晶体中引起显色作用。在一个特定的试验中只有高纯晶体端部在 Na 蒸气中热处理，因此显色作用也只限制在晶体端部。在足够高的温度下，当对晶体施加直流电场时，则显色区向阳极迁移，晶体显色部分的迁移速度已经找到，其经验公式为

$$v = \varepsilon v_0 \exp\left(-\frac{Q}{kT}\right)$$

式中：ε 是施加的电场；Q 为激活能，在整个实验范围内 v_0 基本上与温度无关。

(a) 简要地解释为什么化学计量比的 NaCl 是无色的，而晶体在 Na 蒸气中加热则显色。

(b) 解释在外电场影响下晶体显色区的运动。

(c) 在你解释(b)的基础上写一公式来表示迁移速度 v，并用有意义的物理参数来表示 v_0 和 Q。

17.5 氯化钠晶体的塑性形变导致晶体具有比未形变晶体低得多的电阻。此外，形变的晶体可以用 X 射线照射而使其变成黄色。这是由位错或是由位错运动而产生的其他缺陷引起的吗？

17.6 在 723 K 时，UO_2 的电导率为 0.1$(\Omega\cdot cm)^{-1}$，在此温度下测得的 O^{2-} 的扩散系数为 $1.0\times10^{-13} cm^2/s$。计算 O^{2-} 离子的迁移率及其迁移数(UO_2 的密度 = 10.5)。如何解释这个结果？

17.7 (a) 已知在 673 ℃ 时 40 mol% Na_2O – 60 mol% SiO_2 玻璃的电导率为 5×10^{-3} $(\Omega\cdot cm)^{-1}$，计算钠离子的扩散系数。

(b) 在这个系统中，改变 Na_2O-SiO_2 比例对电导率将有何影响？为什么？

17.8 计算一固体的温度，在此温度下固体中一个电子具有比 5 eV 的费米能量高 0.5 eV的能量的几率为 1% 。

17.9 锑化铟的 E_g = 0.18 eV，介电常数 = 17，m_e = 0.014 m。计算：

(a) 施主电离能。

(b) 基态轨道半径。

(c) 在轨道之间或相邻杂质原子之间出现显著重叠效应的最小施主浓度是多少？

(d) 如果某一具体试样的 $N_d = 1\times10^{14}/cm^3$，利用下式计算 4 K 时电导电子的浓度：

$$n = (2N_d)^{1/2}\left(\frac{2\pi kT}{h^2}m_e\right)^{3/4} e^{-E_d/2kT}$$

第十八章 介电性能

由于固态电子学领域持续迅速的扩展，陶瓷材料的介电(以非导电性为基点)和磁学特性日趋重要。在这个领域中，可用材料的局限性往往成为阻碍设计改进的瓶颈。另外，元件的可靠性对许多应用来说关系重大。例如，一个元件的失效会造成价值数百万美元的整个导弹的失灵。同时，人们通过大量的努力来减小所有通信设备的尺寸。所有这些因素都导致对陶瓷绝缘体和半导体(第十七章)、电介质和磁性材料(第十九章)的兴趣日益增长。

陶瓷电介质主要在电子电路中用做电容元件和电绝缘体。在这些应用中，人们最关心的性能是介电常数、介电损耗因子和介电强度。我们的讨论主要限于这些性能。新型器件和新的应用在不断提高频率范围和扩大环境条件(特别是温度)的范围，这些都是很有实际意义的问题。因此，我们用比目前技术所要求的更为广泛的观点来探讨这些变量。本章还包括了绝缘体和半导体这两者的电阻率对频率的依赖关系。大多数与电性能有关的高频应用都涉及电介质，因此电导率方面的问题很自然地适于在本章讨论。

对作为电容器介质和电绝缘体的应用来说，有机塑料是一种合适的材料，它们通常比陶瓷材料更便宜，便于制成更精确的尺寸。陶瓷的优点往往也说明了它的用途，主要是具有优良的电性能、室温时在应力作用下无蠕变或形变、有较强的抵抗环境变化的能力(特别是在高温下，塑料常常会发生氧化、气化或分解)，以及能够与金属进行气密封接而成为电子器件不可缺少的部分。应该指出，具体电介质的选择往往取决于其制成的气密部件在不寻常环境条件下运作的效能，取决于适宜的热膨胀特性，取决于令人满意的抗热应力和抗冲击性能，取决于具有制成精确尺寸和复杂形状的性能，以及取决于虽然与电特性完全无关但对构成切合实用的器件来说却是很重要的其他特性。

18.1 电现象

我们在本节中要详细说明陶瓷应用中令人感兴趣的一些介电性能，包括介电常数、磁导率，介质损耗因子、电介质电阻率和介电强度。至关重要的是，陶瓷学家要理解为什么电气工程师(作为他们的用户)会觉得这些特定的成套性质及其表达式有用。这里将讨论这方面的问题，但不涉及实际用于电路设计所需要的数学表示式。由于篇幅所限，仅保留为了解释现象方面所必需的那些数学推导。稍后几节中将通过玻璃结构、晶体结构和微观结构来阐明和评价材料性能。

电容 与电路中的电容器有关的电介质材料最为电气工程师所关心。电容器的主要特性是能够贮存电荷 Q。电容器上的电荷是

$$Q = CV \tag{18.1}$$

式中：V 是外加电压；C 是电容量。电压与贮存电荷量成正比，而通过电容器的电流则为

$$V = \frac{Q}{C} = \frac{\int I \mathrm{d}t}{C} \qquad I = C\frac{\mathrm{d}V}{\mathrm{d}t} \tag{18.2}$$

像在交流电路中一样，采用一个正弦电压

$$V = V_0 \exp(\mathrm{i}\omega t) \tag{18.3}$$

则得到充电电流

$$I_{\mathrm{c}} = \mathrm{i}\omega CV \tag{18.4}$$

相对于外加电压，电流在相位上正好超前 90°。在式(18.3)和式(18.4)中，i 等于 $\sqrt{-1}$，ω 等于 $2\pi f$，此处 f 是频率，以 cyc/s(周/秒)表示。

电容 C 包含几何和材料两种因素。面积为 A、厚度为 d 的大平板电容器在真空中的几何电容量为

$$C_0 = \frac{A}{d}\varepsilon_0 \tag{18.5}$$

式中：ε_0 是真空的电容率（介电常数）。如果在电容器两平板之间填入电容率为 ε' 的陶瓷材料，则

$$C = C_0 \frac{\varepsilon'}{\varepsilon_0} = C_0 \kappa' \tag{18.6}$$

式中：κ' 是相对电容率或相对介电常数。它是决定电路元件电容量的材料性能，也正是陶瓷学家最关心的。

电感 电气工程师所用的电路元件中，电感 L 是与电容并列的。电感可以认为是一种贮存电流的器件。一个线圈能够贮存电流是由于在线圈中运动的电荷建立了一个平行于线圈轴线的磁场。电感中电流的变化产生反向电压，因此必须通过补偿电压来维持：

$$V = L\frac{\mathrm{d}I}{\mathrm{d}t} \tag{18.7}$$

当一个正弦电压加到电感上时，产生相对于电压相位滞后 90°的磁化电流：

$$I_{\mathrm{m}} = \frac{V}{\mathrm{i}\omega L} \tag{18.8}$$

这和电容的情况正好相反：在电容中，充电电流超前外加电压 90°。与电容的相似点是：电感也包含了几何和材料两个因素，可以写成

$$L = L_0 \frac{\mu'}{\mu_0} = L_0 \kappa'_{\mathrm{m}} \tag{18.9}$$

式中：L_0 是匝数为 N 的长线圈的几何电感，$L_0 = N^2 A/d\mu_0$。与式（18.9）联立可以得到实际材料长线圈的电感：

$$L = N^2 \frac{A}{d}\mu' \tag{18.10}$$

以上两式中：μ' 为介质的磁导率；μ_0 为真空的磁导率；κ'_{m} 为相对磁导率。

计量单位 在介电性质和磁性质中采用了很多种计量单位，有时会造成混乱。采用 3 种基本单位制。在静电单位制（esu）中，电能由描写电荷间作用力的库仑定律与 cgs[①] 制中的机械能和热能相联系。介电常数被任意地当作纯数。在电磁单位制（emu）中，磁导率取为纯数。这些表达方法导致在有量纲的方程式中出现某些不一致和分数式，这些问题可以通过取电荷量为第四种量纲单位的办法来解决。这是在以实用单位米（m）、千克（kg）、秒（s）和库仑（C）为基本单位的有理化单位制中实现的。这种单位制称为 mks 制或 Georgi 制。为方便起见，采用几个导出单位如安培和欧姆等。在这种单位制中，真空介电常数

① 原文为“cge”，疑有误。——译者注

$\varepsilon_0 = (36\pi)^{-1} \times 10^{-9} = 8.854 \times 10^{-12}$ F/m(法拉/米)，真空的磁导率 $\mu_0 = 4\pi \times 10^{-7} = 1.257 \times 10^{-6}$ H/m(亨利/米)。表 18.1 中汇集和比较了一系列有意义的参量的单位。

表 18.1 电学和磁学单位的换算系数

参数	符号	mks 制单位		换算比	
		基本的	导出的	由有理化 mks 单位变为静电单位应乘以：	由静电单位变为电磁单位应乘以：
电容	$C = \frac{Q}{V}$	秒^2·库仑^2/千克米^2	法拉	9×10^{11}	c^2($c = 3 \times 10^{10}$厘米/秒)
介电常数	$\varepsilon' = \frac{D}{E}$	秒^2·库仑^2/千克米^3	法拉/米	$4\pi \times 9 \times 10^9$	c^2
电导率	$\sigma = \frac{j}{E}$	秒·库仑^2/千克米^3	1/欧姆·米[1)]	9×10^9	c^2
电流密度	j	库仑/秒·米^2	安培/米^2	3×10^5	c
电荷	Q	库仑	库仑	3×10^9	c
电偶极矩	$\mu = Qd$	库仑·米	安培·秒·米	3×10^{11}	c
电场强度	E	千克·米/秒^2·库仑	伏特/米	$\frac{1}{3} \times 10^{-4}$	$1/c$
电通量密度	D	库仑/米^2	法拉·伏特/米^2	$12\pi \times 10^5$	c
电损耗因子	ε''	秒^2·库仑^2/千克·米^3	法拉/米	$36\pi \times 10^9$	c^2
电极化强度	P	库仑/米^2	法拉·伏特/米^2	$12\pi \times 10^5$	c
电位	ϕ	千克·米^2/秒^2·库仑	伏特	$\frac{1}{300}$	$1/c$
电感	$L = \frac{V}{\mathrm{d}I_m/\mathrm{d}t}$	千克·米^2/库仑^2	亨利	$\frac{1}{9} \times 10^{-11}$	$1/c^2$
电极化率	$\chi = \kappa' - 1$	比值	比值	—	—
损耗角正切	$\tan\delta = \frac{\varepsilon''}{\varepsilon'}$	比值	比值	—	—
磁偶矩	m	库仑·米^2/秒	安培·米^2	3×10^{13}	—
磁场强度	H	库仑/米·秒	安培·匝/米	$12\pi \times 10^7$	c
磁通密度(磁感强度)	B	千克/秒·库仑	伏特·秒/米^2 = 韦伯/米^2	$\frac{1}{3} \times 10^{-6}$	$1/c$

续表

参数	符号	mks 制单位		换算比	
		基本的	导出的	由有理化 mks 单位变为静电单位应乘以：	由静电单位变为电磁单位应乘以：
磁导率	$\mu' = \frac{B}{H}$	千克·米/库仑^2	亨利/米	$\frac{1}{36\pi} \times 10^{-13}$	$1/c^2$
磁化率	$\chi_m = \kappa'_m - 1$	比值	比值	—	—
磁化强度	$M = \frac{B}{\mu_0} - H$	库仑/米·秒	安培·匝/米	3×10^7	c
品质因子 Q	$Q = \frac{1}{\tan\delta}$	比值	比值	—	—
相对介电常数	$\kappa' = \frac{\varepsilon'}{\varepsilon_0}$	比值	比值	—	—
电阻	$R = \frac{V}{I}$	千克·米^2/秒·库仑^2	欧姆	$\frac{1}{9} \times 10^{-11}$	$1/c^2$
电阻率	$\rho = \frac{1}{\sigma}$	千克·米^3/秒·库仑^2	欧姆·米	$\frac{1}{9} \times 10^{-9}$	$1/c^2$
相对磁导率	$\kappa'_m = \frac{\mu'}{\mu_0}$	比值	比值	—	—

1）原文误为欧姆/米。——译者注

极化 电介质材料对电场的作用不同于真空，因为它含有能够移动的载流子，电介质内电荷的位移会抵消一部分外加电场。因为 $V = Q/C$ 和 $C = \kappa' C_0$，所以对具有电介质的电容器可以写出

$$V = \frac{Q/\kappa'}{C_0} \tag{18.11}$$

即总电荷中只有一部分（即自由电荷 Q/κ'）建立一个指向外部的电场和电压，其余的束缚电荷通过电介质的极化而抵消。如图 18.1 所示，我们可以把总电通量密度 D 表示为电场 E 和偶极子电荷 P 之和，即

$$D = \varepsilon_0 E + P = \varepsilon' E \tag{18.12}$$

式中极化强度是束缚电荷的表面电荷密度，它等于材料单位体积中的电偶极矩：

$$P = N\mu \tag{18.13}$$

式中：N 是单位体积中的偶极子数；μ 是平均偶极矩。电偶极矩相当于两个异

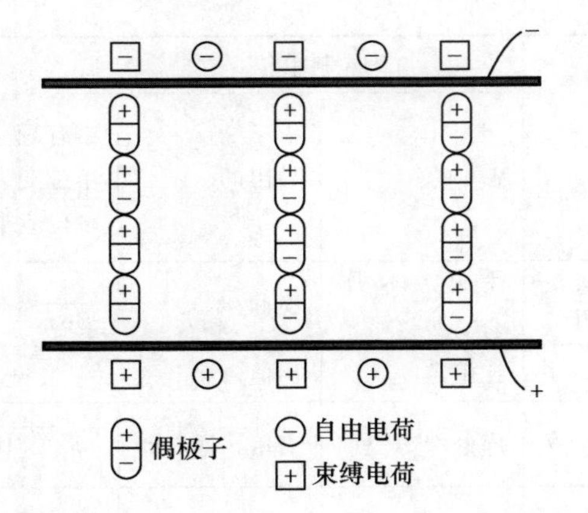

图 18.1　具有一系列偶极子和束缚电荷的极化现象示意图。
引自 A. R. von Hippel，推荐读物 1

号电荷 $\pm Q$ 乘以其间距 d：

$$\mu = Qd \tag{18.14}$$

因此，极化强度既表明束缚电荷密度的大小，也等效地表明单位体积的电偶极矩(图 18.2)。由式(18.12)得

$$P = \varepsilon' E - \varepsilon_0 E = \varepsilon_0(\kappa' - 1)E \tag{18.15}$$

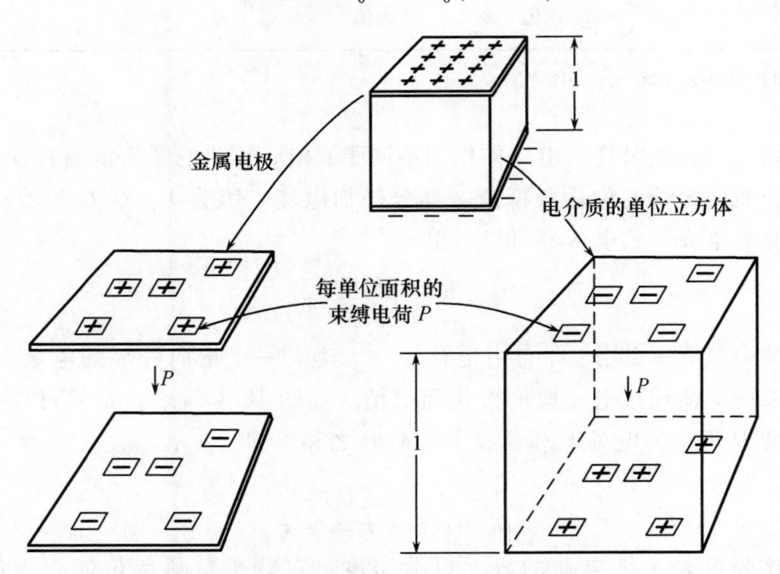

图 18.2　极化强度 P 既表示束缚电荷密度，也表示单位体积的平均偶极矩。
引自 A. R. von Hippel，推荐读物 1

极化强度与外加电场之比的另一种量度是电极化率

$$\chi = \kappa' - 1 = \frac{P}{\varepsilon_0 E} \tag{18.16}$$

电极化率是束缚电荷密度与自由电荷密度的比值。

单元粒子的平均偶极矩 $\bar{\mu}$ 与作用于粒子上的局部电场 E'成正比：

$$\bar{\mu} = \alpha E' \tag{18.17}$$

比例系数 α 即极化率，是单位局部电场强度的平均偶极矩的量度。其量纲在 mks 制中是立方米，在静电单位制中是立方厘米。这样，由式(18.13)和式(18.17)可知极化强度的另一表达式是

$$P = N\alpha E' \tag{18.18}$$

在低压下气体分子之间的相互作用可以忽略，所以局部作用电场 E'与外电场相同。但是，对于固体来说，周围介质的极化对作用于特定分子上的局部电场会有显著的影响。当一个特定分子被一个假想的足够大的球体所包围，而球外的电介质可看成连续介质时，则该分子处的局部电场可以计算出来(图 18.3)。如果把球体从固体中切割出来，球外的极化强度保持不变，那么作用于圆球中心处的特定分子的电场由 3 部分组成——由电极上的自由电荷产生的电场 E；位于圆球空腔壁处所有偶极自由端产生的电场 E_1；以及圆球内的那些分子(彼此靠得很近以致必须考虑它们各自的位置)对电场的贡献 E_2。因此可

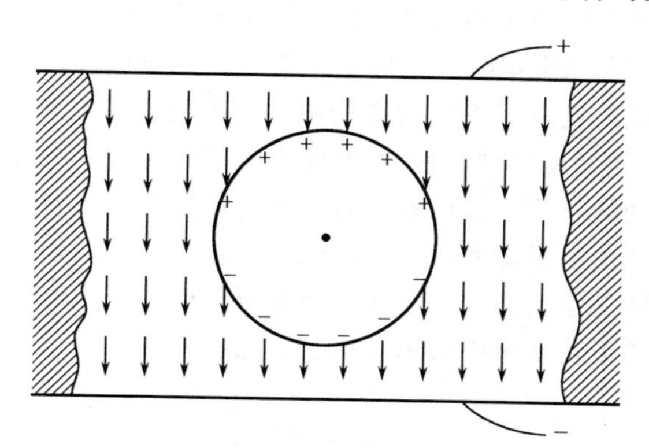

图 18.3　内电场的计算模型

以写出

$$E' = E + E_1 + E_2 \tag{18.19}$$

式中的 E 根据定义是外电场强度。极化强度 E_1 这部分贡献由圆球空腔壁整个表面积分而得的极化强度矢量的法线分量决定，即

$$E_1 = \frac{P}{3\varepsilon_0} = \frac{(\kappa' - 1)E}{3} \tag{18.20}$$

如果分子是完全无序或者对称排列的，那么由各分子相互作用所产生的电场可以认为等于零。利用 Mosotti 首先提出的这一假设，就得到局部电场

$$E' = E + \frac{P}{3\varepsilon_0} = \frac{E}{3}(\kappa' + 2) \tag{18.21}$$

将此局部 Mosotti 场代入式(18.16)和式(18.18)，得到单位体积的极化率 $N\alpha$ 和相对介电常数 κ'之间的关系式为

$$\frac{N\alpha}{3\varepsilon_0} = \frac{\kappa' - 1}{\kappa' + 2} \tag{18.22}$$

式中：N 是单位体积的分子数，它通过阿伏伽德罗常量与单位体积的摩尔数[①]联系起来，即 $N = N_0\rho/M$，此处 M 是分子量，ρ 是密度。代入式(18.22)得

$$\alpha = \frac{3\varepsilon_0}{N_0}\frac{\kappa' - 1}{\kappa' + 2}\frac{M}{\rho} = \frac{3\varepsilon_0}{N_0}P_m \tag{18.23}$$

式中：P_m 是摩尔极化率，它与原子极化率成正比。此关系式与表达摩尔折射性质的式(13.23)相似。

电介质材料中有各种可能的极化机制(图 18.4)。一种普遍存在于所有材料中的极化过程是电子极化，它是在电场作用下带负电的电子云重心相对于带正电的原子核而偏移所引起的。这在第十三章中已经联系光性能进行过讨论。第二种极化机制是正负离子的相对位移，称为离子或原子极化。第三种极化在陶瓷中不常见，它与永久电偶极子的存在有关，这种永久偶极子即使在无外加电场作用时也存在。在分子或复杂离子中的配偶之间往往分布有不均匀电荷，当施加外电场时，它们就会按偶极沿外场方向排列起来，引起取向极化。最后一种极化源自运动的电荷，这种电荷的出现或者是由于它们受到界面阻碍，或者是由于它们不是由电极供给或不在电极放出，或者是由于它们被截留在材料之中。就所考虑的外电路而言，由这些现象所形成的空间电荷表现为电容量的增加。电介质的总极化率可以表示为这些项之和，即

$$\alpha = \alpha_e + \alpha_i + \alpha_o + \alpha_s \tag{18.24}$$

式中：α_e 是电子极化率；α_i 是离子极化率；α_o 是取向极化率；α_s 是空间电荷极化率。

可以预期的一种特殊类型的行为是自发极化现象，亦即电偶极子或磁偶极子在无任何外场作用时的自发排列。如果由相邻偶极子得到的极化施加一个足够大的力，这种现象就能发生。这就是在铁磁体或铁电体中可以观察到的过程。具有这方面特性的材料将在 18.6 节和 18.7 节中讨论。

---

① 原文为“每摩尔分子数”，疑有误。——译者注

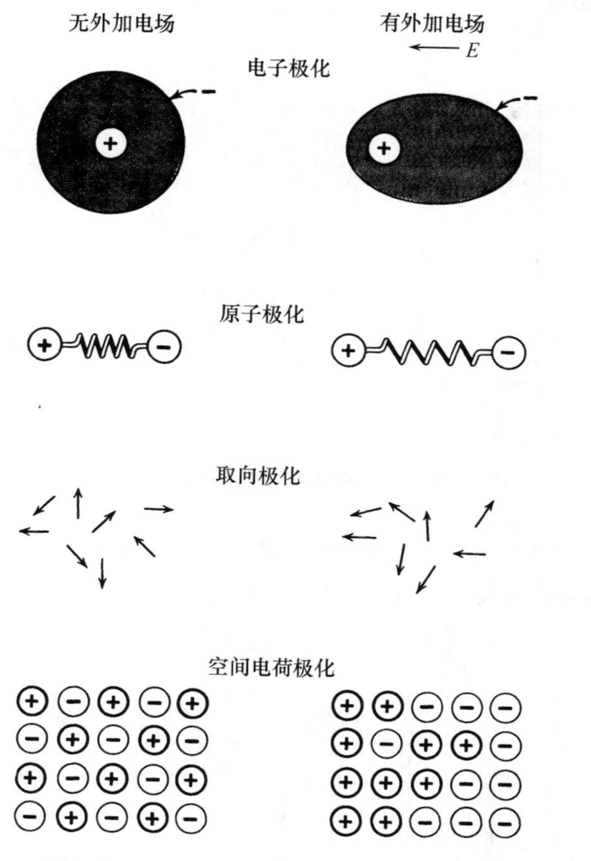

图 18.4　不同极化机制示意图。引自 A. R. von Hippel，推荐读物 1

一个理想的电容器中，电荷可在瞬间自行调整以应对电压的任何变化。但实际上电荷运动的惯性作用会使电荷传输表现出一个弛豫时间。这完全相似于第十五章讨论过的情况：弹性应变需要一段时间来跟随作用应力的变化。正如我们有弛豫和非弛豫的弹性模量一样，我们也有介电常数对频率的依赖关系(图 18.5)。电子极化是唯一能足够快地跟上可见光频率交变场的过程，因此就像第十三章所讨论过的那样，折射率只取决于这种极化过程。离子极化过程能跟上外加高频电场，并在高达红外频率范围对介电常数有贡献。取向极化和空间电荷极化有弛豫时间，此时间对应于特定的体系和过程，但是一般说来只是在较低频率下才有这种极化过程。

在电介质中发热速率正比于电压和电流的乘积，理想电介质的发热率等于零，但具有一定响应时间的任何电介质都会有某些明显的发热率。

就图 18.6 描述的情况来说，极化强度随时间的变化与电荷量随时间的变

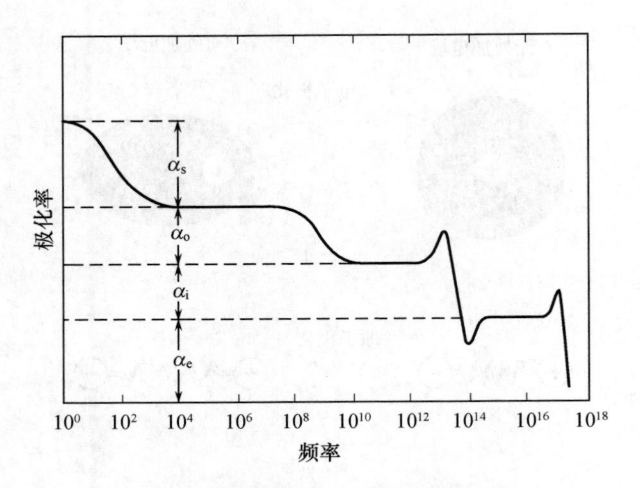

图 18.5　几种极化率与频率的关系（示意图）

化相似。这些变化可用简单的物理模型来表示。例如在充电过程中，如果假设极化强度随时间的变化率与其最终数值和某时刻实际值之差成正比，即

$$\frac{\mathrm{d}(P_t - P_\infty)}{\mathrm{d}t} = \frac{1}{\tau}[(P_s - P_\infty) - (P_t - P_\infty)] \tag{18.25}$$

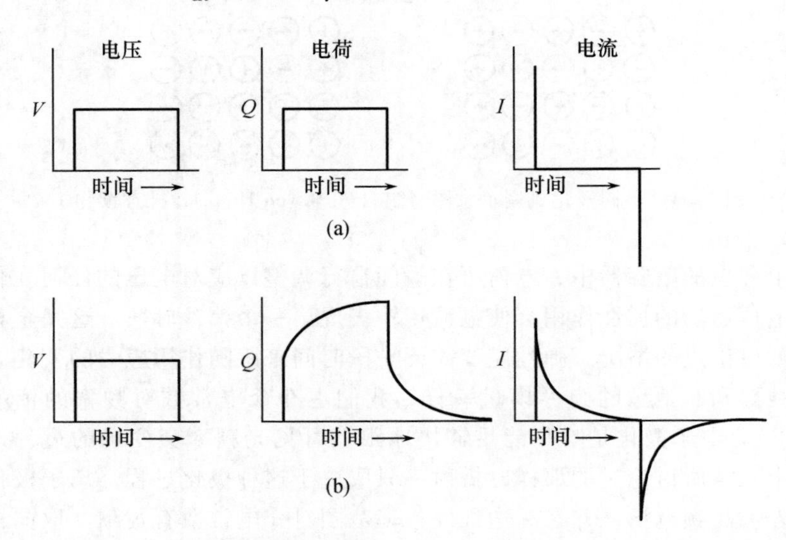

图 18.6　电荷累积与电流特性示意图。(a) 理想电介质；(b) 实际电介质

则

$$P_t - P_\infty = (P_s - P_\infty)(1 - e^{-t/\tau}) \tag{18.26}$$

式中：P_t 是在时间 t 时的极化强度；P_∞ 是施加外电场时的瞬间极化强度；P_s

是最终极化强度值；τ 是一个具有时间量纲的常数，此常数称为弛豫时间，也是系统滞后时间的一种量度。大多数实际电介质材料对外加电场的响应不能很好地由单一的弛豫时间来描述，而要用弛豫时间的分布来描述实验数据。这个问题在以下几节中将作进一步的讨论。

损耗因子 在交流电场中，极化所需时间表现为充电电流的相位滞后。因此要用超前某一角度($90-\delta$)来代替替式(18.4)中的超前 90°；这里的损耗角 δ 正好相当于第十五章中所讨论过的机械应变损耗角。电场强度和电位移(电通量密度)用复数表示为

$$E = E_0 e^{i\omega t} \tag{18.27}$$

$$D = D_0 e^{i(\omega t-\delta)} \tag{18.28}$$

利用关系式

$$D = \kappa^* E \tag{18.29}$$

得到

$$\kappa^* = \kappa_s e^{-i\delta} = \kappa_s(\cos\delta - i\sin\delta) \tag{18.30}$$

式中：$\kappa_s = D_0/E_0$ 是静态介电常数。利用复介电常数

$$\kappa^* = \kappa' - i\kappa'' = \frac{\varepsilon^*}{\varepsilon_0} = \frac{1}{\varepsilon_0}(\varepsilon' - i\varepsilon'') \tag{18.31}$$

由式(18.30)可得

$$\kappa' = \kappa_s \cos\delta \tag{18.32}$$

$$\kappa'' = \kappa_s \sin\delta \tag{18.33}$$

再由式(18.32)和式(18.33)得到损耗角正切为

$$\tan\delta = \kappa''/\kappa' = \varepsilon''/\varepsilon' \tag{18.34}$$

这一相移相当于所加电压和感应电流之间的时间滞后，它引起交流电路中的损耗电流和能量耗散，在交流电路中不需要像第十七章所讨论过的载流子迁移。对加有正弦电压的简单平板电容器，其充电电流为 $I_c = i\omega\varepsilon' E$，而损耗电流 $I_l = \omega\varepsilon'' E = \sigma E$，此处 σ 是电介质的电导率。这些电流分量如图 18.7 所示。其合成总电流为

$$I = (i\omega\varepsilon' + \omega\varepsilon'')\frac{C_0}{\varepsilon_0}V = i\omega C_0 \kappa^* V \tag{18.35}$$

每周期相应的能量损耗为

$$W = 2\pi\varepsilon' \frac{V_0^2}{2}\tan\delta \tag{18.36}$$

而每秒的能量损耗为

$$P = \sigma\frac{V_0^2}{2} = \omega\varepsilon''\frac{V_0^2}{2} = \omega\varepsilon'\frac{V_0^2}{2}\tan\delta = 2\pi f\varepsilon'\frac{V_0^2}{2}\tan\delta \tag{18.37}$$

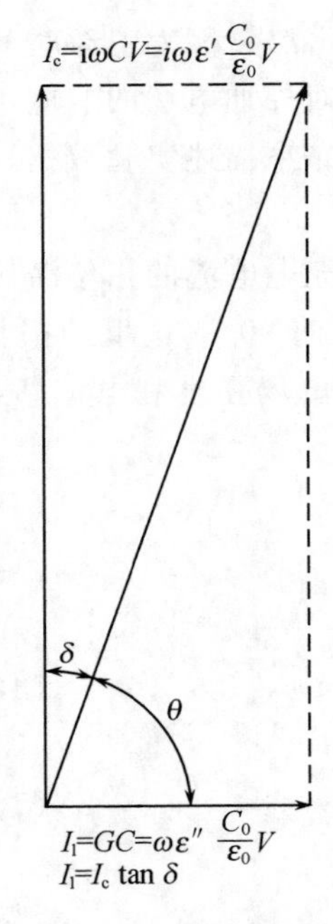

图 18.7　电容器的充电电流和损耗电流

式中：V_0 是最大电压值。

如式(18.36)和式(18.37)所表明的，电介质材料的介电常数和损耗角正切的乘积是决定能量损耗的材料因子。这就是式(18.34)中所表示的损耗因子或相对损耗因子。

损耗因子是电介质作为绝缘材料是否有用的基本判据。为此，最好是有低的介电常数，特别是很小的损耗角。要求在最小的物理空间中获得高电容量的场合必须用高介电常数的材料。不过，对这些应用来说，具有低的损耗因子 $\tan\delta$ 也是同样重要的。

作为另一种表示方法，图 18.7 所示情况等效于一个电容和电阻的并联电路，因而可用介质电容率 ε'和介质电导率 σ 来表示。在此，与分析力学滞弹性一样，我们也可以有几种等效方法来描述电荷运动的惯性引起电流在时间上滞后于外加电场而导致能量损耗这一事实。

哪一种描述这种现象的方法比较方便要根据用途而定。电气工程师们所关心的是功率的产生，因而常常对介电常数 ε'和介质损耗因子 $\varepsilon'\tan\delta$ 有兴趣。涉及无线电、电视和高频电路方面的工程师常与介电常数和损耗角正切 $\tan\delta$ 打交道。在高频方面常常以损耗角正切的倒数 $Q=1/\tan\delta$ 作为品质因子，即 Q 因子。关心电介质发热的工程师们会选择适合于他们目的的介电常数和介质电导率 $\sigma=\omega\varepsilon''$。工程师们使用材料时根据方便与否来选择不同的表达方法，但就材料研究和材料性质而言，所涉及的都是同一现象。

如图 18.5 所示，电介质使用时所处的频率对不同弛豫现象的重要性有关键性的影响。和机械损耗一样，介电损耗的最大值出现在弛豫过程的周期(不论其大小如何)等于外加电场的周期的时候。当弛豫时间比外加电场的周期大时，损耗较小。同样，当弛豫过程比外加电场频率快时，损耗也小。图 18.8 示出介质损耗因子、介电常数和介质电导率的相对变化情况。介电常数从它在低频时的弛豫数值减小到高频时的非弛豫数值，而介质电导率则和它呈镜像关系，即从低频时的零增加到高频时的非弛豫值。

根据相应于瞬间极化强度 P_∞ 的介电常数 ε_∞(频率远远高于 $1/\tau$ 时的介电常数)，复介电常数可表示为

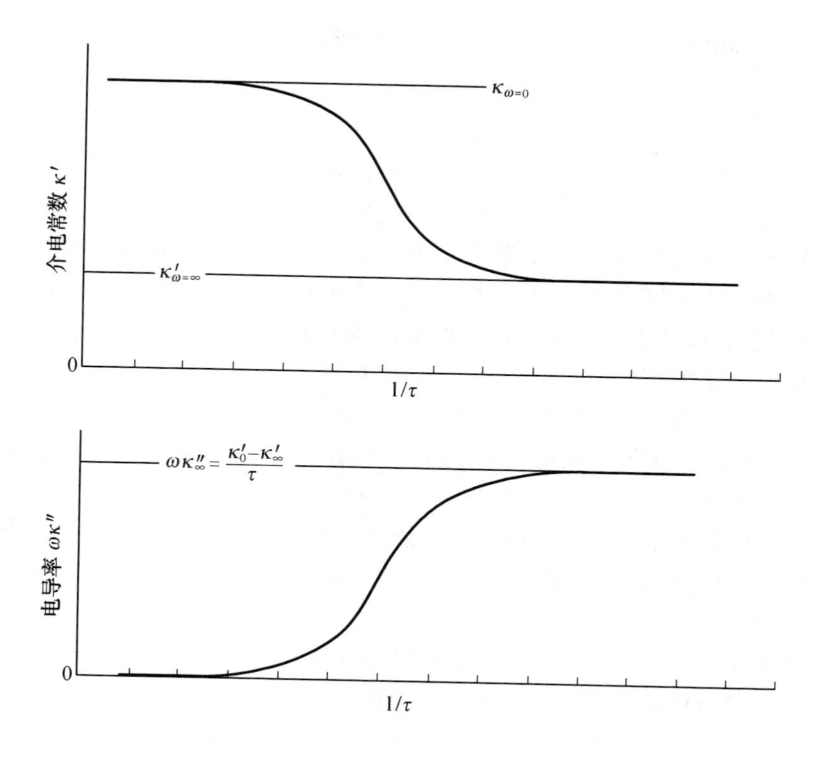

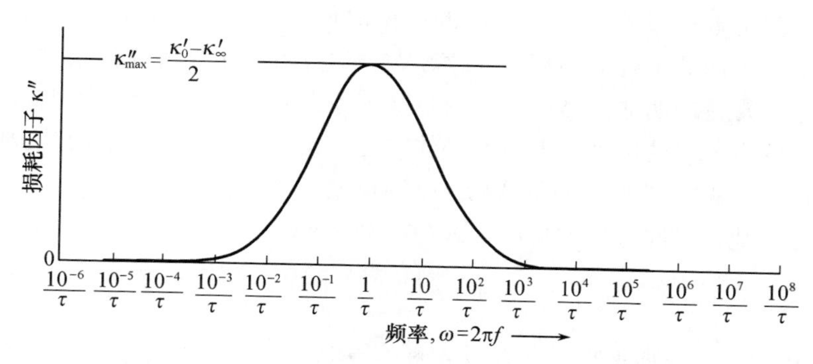

图 18.8　具有单一弛豫时间的简单弛豫过程的相对介电常数、电导率和损耗因子的弛豫频谱

$$\varepsilon^* = \varepsilon_\infty + \frac{\varepsilon_s - \varepsilon_\infty}{1 + i\omega\tau} \tag{18.38}$$

如式(18.31)那样，复介电常数可分为实部和虚部，即

$$\varepsilon' = \varepsilon_\infty + \frac{\varepsilon_s - \varepsilon_\infty}{1 + \omega^2\tau^2} \tag{18.39a}$$

$$\varepsilon'' = \frac{(\varepsilon_s - \varepsilon_\infty)\omega\tau}{1 + \omega^2\tau^2} \tag{18.39b}$$

而

$$\tan\delta = \frac{\varepsilon''}{\varepsilon'} = \frac{(\varepsilon_s - \varepsilon_\infty)\omega\tau}{\varepsilon_s + \varepsilon_\infty \omega^2\tau^2} \tag{18.40}$$

式(18.38)~(18.40)通常称为德拜方程。ε'及ε''对频率的依赖关系可以用图18.8所示的κ'及κ''的曲线表示。电介质色散ε'和吸收ε''的德拜曲线在频率$\omega = 1/\tau$处对称。吸收曲线的最大值和色散曲线的中点出现在频率$\omega_{max} = 1/\tau$处，吸收曲线的半宽度$\Delta\log\omega\tau$大约在频率$\omega\tau = 1.14$范围内。

德拜方程是基于这样的假设，即：瞬时极化可以用单一弛豫时间的简单指数来表示。因此，一加上电场即预示着极化强度简单指数上升的任何模型在交流电场中将产生如式(18.39)和式(18.40)所给出的电介质色散和吸收曲线。但是对大多数材料来说，实验数据并不能很好地由德拜方程来描述，而是介电常数色散出现的频率范围比图18.8所示的要宽些，吸收曲线比图18.8所示的要宽而平缓些。

这些不同于单一弛豫时间的性状通常与这样一个事实有关，即：凝聚相中不同离子的周围环境并不完全相同。即使在晶体中，离子间相互作用的大小和热波动的大小也不是在所有地方、所有时候都相同，因此实验中观察到在最可几弛豫时间附近分布着一系列发散的弛豫时间似乎是合理的。相对于晶体而言，玻璃中不同离子的周围环境变化较大，这点可以用来解释弛豫时间的更宽分布，这通常是阐明非晶体材料中的弛豫现象所必需的。但是，不能认为晶体和玻璃之间有截然的区别，即使在晶体中也会出现一个有限宽度的弛豫时间分布。在流体中观察到的行为和单弛豫时间模型的预测很相似。

对存在弛豫时间分布的情况，式(18.38)变为

$$\varepsilon^* = \varepsilon_\infty + (\varepsilon_s - \varepsilon_\infty)\int_0^\infty \frac{G(\tau)\,d\tau}{1 + i\omega\tau} \tag{18.41}$$

式中：$G(\tau)$是弛豫时间的分布函数，即$G(\tau)d\tau$是与τ到$\tau + d\tau$之间的弛豫时间相联系的一个给定时间下弛豫种类的分数。通常假设$G(\tau)$是一个对称高斯(Gaussian)函数，如

$$G(\tau)\,d\tau = \frac{b}{\sqrt{\pi}} e^{-b^2 z^2}\,dz \tag{18.42}$$

式中：b是常数；$z = \ln(\tau/\tau_0)$，τ_0是最可几弛豫时间。分布宽度的变化(b的变化)对介电损耗曲线的影响已经得到了研究[①]。

---

① W. A. Yager, *Physics*, **7**, 434(1936)。

虽然大多数材料的介电损耗曲线比德拜方程所预期的有更宽的频率范围，但它们通常并不显示出弛豫时间的高斯分布所预期的对称性。实验数据表明介电损耗曲线在最大损耗值高频侧是不对称的，在频率为 $100\omega_{max}$ 时的损耗大于频率为 $\omega_{max}/100$ 时的损耗。这个结果的意义将在 18.3 节中讨论。

介电强度 介电材料的另一个重要性质是能承受大的电场强度而不发生电击穿。在低电场强度下有一定的直流导电性，这相当于与电子或离子缺陷有关的有限数量的载流子的可移动性。随着电场强度的增加，直流导电也增加，而且当电位到达足够大的数值时，来源于电极的场发射使得足够多的有效电子形成电流脉冲，产生跨越电介质的击穿通道、空穴缺口或金属化树枝状通路，贯穿电介质，使之失效。造成电介质击穿现象可以有各种不同的过程，然而不同的测量技术使得结果有相当大的分散性，因而详细的解释仍有某些疑义。采用精心设计的电极和适当措施对单晶进行测试，观察到耐电压值达 10000 V/mil（大约 4×10^6 V/cm）。如果没有采取特别措施而只采用通常的技术对多晶多相陶瓷材料进行测试，在室温时观测到的耐压值低达 100 V/mil，在高温下则明显更低。对许多应用来说，特别是在较高温度范周内，低的介电强度对绝缘体的普遍应用是一个主要的限制。

规范 不同用途对陶瓷介电材料的要求是多种多样的。作为一些使用值范围的指南，表 18.2 列出了陆军和海军联合规范中对陶瓷在电子器件中用做绝缘体的一些最低要求。必须指出，多数陶瓷的机械强度和介电强度远超过最低要求值。

表 18.2 Jan－I－10[1] 对绝缘陶瓷的一些最低要求（无线电，分类 L）

气孔率：
在 10000 psi 压力下，无液体渗透
抗热应力性：
A 型—由 100 ℃放进 0 ℃水中，承受 20 次循环
B 型—由 100 ℃放进 0 ℃水中，承受 5 次循环
抗弯强度：
大于 3000 psi
介电强度：
大于 180 V/mil
介电常数：
水浸泡 48 h 后，小于 12
损耗因子（$\kappa'\tan\delta$）：
L－1 级 <0.150
L－2 级 <0.070

续表

L－3 级 <0.035
L－4 级 <0.016
L－5 级 <0.008
L－6 级 <0.004

1）陆军和海军联合规范。——译者注

18.2　晶体和玻璃的介电常数

单晶体或玻璃样品的介电常数是由电子、离子和偶极子取向对极化率的贡献引起的。在光频范围内，电子对极化的贡献总是存在的，而且是主要的，如图 18.5 所示。比较洛伦兹－洛伦茨方程（13.23）和 Mosotti 方程（18.23）可以看出，在这一范围内相对介电常数等于折射率的平方：

$$\kappa'_{e} = n^{2} \tag{18.43}$$

电子极化及其影响因素已在第十三章中讨论过。对典型的硅酸盐晶体或玻璃，$n=1.5$，因而 κ'_e 等于 2.25。作为比较，κ' 在射频和较低频率范围内的典型测定值在 5～10 的范围内，这表明在上述频率范围内，硅酸盐结构中电子极化过程通常只相当于极化率的 1/3 左右。高折射率的材料其电子极化率也高。例如氧化钡的 κ'_e 等于 n^2，其值等于 4，而实际测量的介电常数约为 34；即对这类高介电常数的材料来说，离子极化的贡献大大超过了电子极化的贡献。与离子型晶体相反，完全共价型结构却没有离子极化的机制。例如在锗中就出现这种情况，它的 $\kappa'_e = n^2 = 16$。同样，在低频下介电测量结果得到 $\kappa' = 16$。

离子极化率　离子极化是由异号离子在外电场作用下从其正常的晶格位置上位移而引起的，同时也由于离子相对位移所导致的电子壳层的形变而引起。

对可视做硬球的离子来说，每个分子的偶极矩是 $ze(\delta_+ - \delta_-)$。此处 ze 是离子的电荷，δ_+ 和 δ_- 是离开平衡位置的位移。对于氯化钠结构，每个分子的体积为 $2a^3$，此处 a 是最邻近离子间距。可以证明，氯化钠晶格在均匀外场 E 作用下，其离子位移为

$$\delta'_{+} - \delta'_{-} = \frac{zeE}{\nu_0^2}\left(\frac{1}{m} - \frac{1}{M}\right) \tag{18.44}$$

式中：ν_0 是晶格红外振动吸收频率；m 和 M 分别是钠离子和氯离子的质量。利用这一关系式可以计算出离子位移和每个分子所产生的偶极矩，由此式和式（18.13）还可计算出极化率，由式（18.16）可计算出电极化率。对氯化钠进行计算所得到的离子介电常数 $\kappa'_i \approx 3$，与实验值 $\kappa'_i = \kappa' - \kappa'_e = 5.62 - 2.25 = 3.37$ 较好地吻合。这种一致性表明，对氯化钠来说，根据硬球模型可以满意地推测介电常数的主要贡献。这对陶瓷中所关注的大多数硅酸盐和铝酸

盐来说确是如此，它们的介电常数在 5~15 范围内，而且是由这种类型的离子位移引起的。

对于高度可极化的离子来说，由于离子位移而产生的电子壳层的形变对介电常数有一个附加的贡献。这种贡献难以计算，但可以定性地看出它对于可极化离子及对于有显著离子形变的结构是很重要的。人们发现，低频介电常数和光频介电常数之比随着这些离子数值的增加而增加。氯化钠的 κ'/κ'_e 比值约 2.5，氧化钡约为 8.5。陶瓷中受关注的一系列单晶和玻璃的室温介电常数如表 18.3 所示。

表 18.3　某些晶体和玻璃在 25 ℃、10^6 Hz 下的介电常数

材　　料	κ'	$\tan\delta = \frac{\kappa''}{\kappa'}$
LiF	9.00	0.0002
MgO	9.65	0.0003
KBr	4.90	0.0002
NaCl	5.90	0.0002
TiO_2（∥c 轴）	170	0.0016
TiO_2（⊥c 轴）	85.8	0.0002
Al_2O_3（∥c 轴）	10.55	0.0010
Al_2O_3（⊥c 轴）	8.6	0.0010
BaO	34	0.001
KCl	4.75	0.0001
金刚石	5.68	0.0002
莫来石	6.60	—
Mg_2SiO_4（镁橄榄石）	6.22	0.0003
熔融石英玻璃	3.78	0.0001
高硅氧（$96SiO_4 4B_2O_3$）玻璃	3.85	0.0008
钠-钙-硅酸盐玻璃	6.90	0.01
高铅玻璃	19.0	0.0057

离子跃迁极化　取向极化效应在像水这样的液体、分子型固体以及气体中具有决定性意义，但对陶瓷系统而言并不是人们主要关心的。当一个离子有两个或更多的等效位置存在时，取向极化效应才出现于玻璃和晶体中。对于晶态固体，通过这样的晶格空位和电价比晶格中正常出现的离子高的离子之间的缔合也许能最清楚地说明这种情况。例如第四章所述，在 KCl 晶体中加入少量 $CaCl_2$ 导致阳离子空位浓度的增加。Ca^{2+} 在这种晶体中有和正离子空位相缔合的趋势，这种缔合对具有偶极矩。当加上电场时，Ca^{2+} 和空位能通过阳离子简单跃迁到相邻位置而交换位置。这一过程如图 18.9 所示。由这种过程所引起

的每个粒子的平均极化率为

$$\alpha_{j}=\frac{1}{1+i\omega\tau}\frac{(zed)^{2}}{kT} \tag{18.45}$$

式中：d 是两个原子位置间的距离；ze 是离子电荷；τ 是跃迁过程的弛豫时间。对复介电常数 $\kappa^{*}=\kappa'-i\kappa''$，我们有

$$\frac{\kappa^{*}-1}{\kappa^{*}+2}=\frac{N}{3\varepsilon_{0}}\left(\alpha_{e}+\alpha_{i}+\frac{n}{N}\alpha_{j}\right) \tag{18.46}$$

式中：n 是离子对的数目；N 是单位体积的离子数；$\varepsilon_{0}=8.85\times10^{-12}$ F/m。

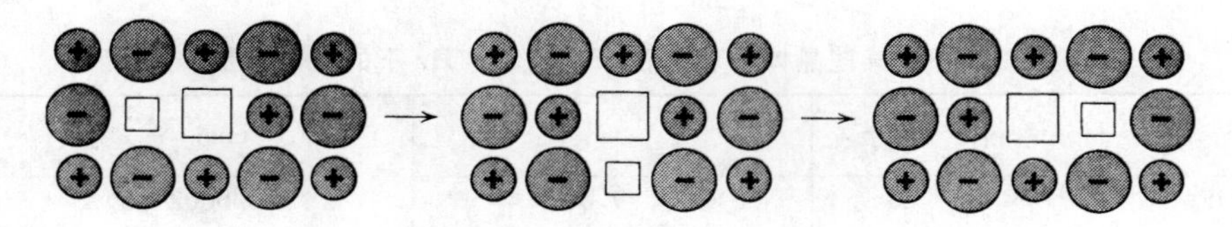

图 18.9　晶格空位对的重新取向(其他晶体缺陷对也有类似的结果)

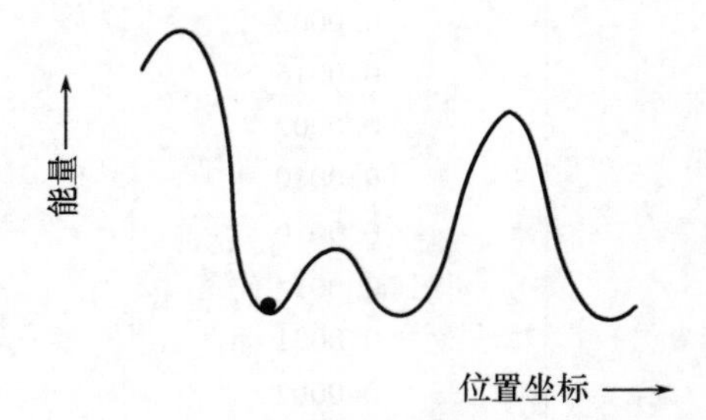

图 18.10　玻璃结构中的势阱

当对观察到的直流电导率没有贡献的网络变体离子有多种位置可利用时，玻璃中也会产生类似的效应。图 18.10 说明了这种情况，该图表示变体离子可以停留的两种等效位置，电荷位移的产生是通过原子跃迁而不是通过在平衡位置附近的运动。

晶体中的这些效应在室温下并不能经常观察到，但正如 R. G. Breckenridge① 所指出的那样，可作为研究弛豫现象的一种灵敏的工具，这种过程造成钠－钙－硅酸盐玻璃在低频时介电常数有所增加，而纯的熔融石英玻璃中则没有这一效应。例如，一种典型的钠－钙－硅酸盐玻璃的介电常数由 1 MHz 时的6.9 增加到 100 Hz 时的 8.3，而熔融石英玻璃在 $10^{2}\sim10^{10}$ Hz 的频率范围内介电常数与频率无关，保持为 3.78。这种效应在硅酸钠玻璃中更为显著，组成为 $30Na_2O-70SiO_2$ 的硅酸钠玻璃其介电常数由 10^{6} Hz 时的 8.5 增至10^{2} Hz时的 18。正如从离子尺寸所预期的，在相同摩尔比的条件下，这一效应按 $Li^{+}>Na^{+}>K^{+}>Rb^{+}$ 的顺序递减。但是在所有这些玻璃中，这种过程导致的损耗因子的变化要大得多，下节将从这个观点进行讨论。

① “Relaxation Effects in Ionic Crystals”, *Imperfections in Nearly Perfect Crystals*, W. Shockley, J. H. Holloman, R. Maurer, and F. Seitz, Eds., John Wiley & Sons, Inc., New York, 1952, pp. 219 ~245。

关于这点，我们可以说，室温下玻璃中离子运动的跃迁频率即使和低频介电性能的测量结果相比也是缓慢的。因此，静态介电常数可以比低达 100 Hz 的频率下所测出的要大得多。这点已在第十七章中联系反常充电电流进行了讨论：在室温时玻璃的这种电流有几分到几小时的时间常数。这种长充电时间特性对工程师来说，不如通常在较高频下的测量结果有用。

频率和温度效应 频率效应和温度效应相互关联。对电子极化和离子极化来说，当频率在 10^{10} Hz 左右以内时，频率效应可以忽略。这一频率是常用的极限。同样，温度对电子和离子极化的影响也小。但是在高温下，来自离子迁移和晶体缺陷迁移的贡献就增加(图 18.9 及图 18.10)，而且在较高温度下随温度呈指数上升的直流电导效应变得重要起来。在低频时，随着温度的升高，这种综合效应使表观介电常数急剧上升，这相当于由载流子浓度增加而引起的离子跃迁取向效应和空间电荷效应两方面的结果。在单晶和玻璃中，载流子提高介电常数的效力强烈地依赖于电极材料、电极的极化效应和所产生的空间电荷。对离子电导要求在电极表面有电极反应，为载流子提供来源和去路。如果这种反应在任意半周期内跟不上到达电极或离开电极的载流子的巨大数量，就会导致极化并使表观介电常数增大。通常，在水溶液中发现介电常数的测量必须在约 1000 Hz 以上的频率下进行，以避免这种电极的极化效应。

氧化铝中温度和频率的综合效应如图 18.11 所示，钠－钙－硅酸盐玻璃的这种效应如图 18.12 所示。将高温时的介电常数数据对频率作图时，给出在低频时增加的表观介电常数，这是由于电极极化的结果。因此，介电常数不仅是材料本身的性质，而且与测量及应用时所用的电极有关。

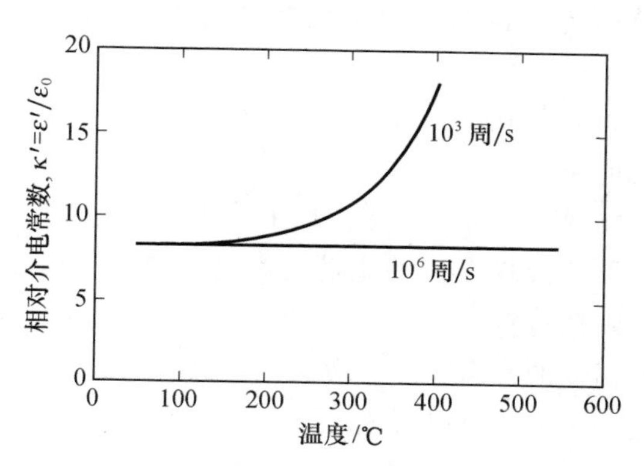

图 18.11 电场垂直于 c 轴时，频率和温度对氧化铝晶体介电常数的影响

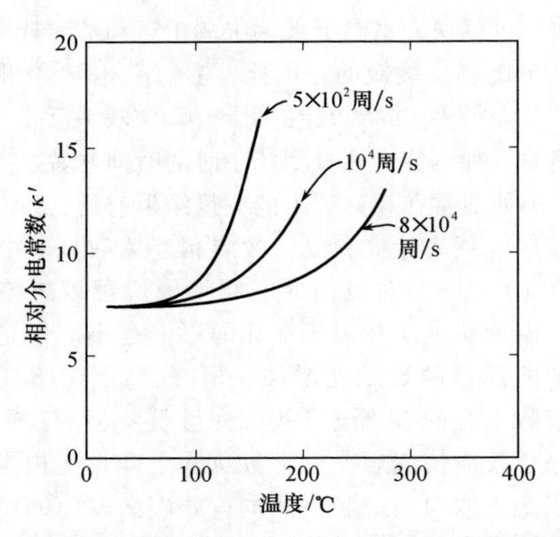

图 18.12 频率和温度对钠 - 钙 - 硅酸盐玻璃介电常数的影响。引自 M. J. O. Strutt, *Arch. Elektrotech.*, **25**, 715(1931)

18.3 晶体和玻璃的介质损耗因子

如 18.1 节所述，绝缘体或电容器的功率损耗直接正比于介质损耗因子 $\varepsilon'\tan\delta$，因此这个因子对陶瓷材料的许多应用极为重要。实际上陶瓷作为电介质的主要优点之一是：与其他可利用的材料(如塑料)相比其损耗因子小。在电介质中，能量损耗主要由 3 种过程导致：

(1) 离子迁移损耗，包括①直流电导损耗和②离子跃迁和偶极子弛豫损耗。

(2) 离子振动和形变损耗。

(3) 电子极化损耗。

其中，电子极化损耗在可见光谱中产生吸收和颜色，这已经在第十三章讨论过。离子振动和形变损耗在红外频谱范围是重要的，但在频率低于 10^{10} Hz 时关系不大。影响陶瓷材料应用的一个重要得多的因素是离子迁移损耗，这种损耗在低频时随着温度的升高往往会增加。

损耗因子用电导率表示可以写成

$$\omega\varepsilon'' = \sigma = \omega\varepsilon'\tan\delta \tag{18.47}$$

或

$$\tan\delta = \frac{\sigma}{2\pi f\kappa'\varepsilon_0} = \frac{\sigma}{(8.85\times10^{-14})(2\pi f)\kappa'} \tag{18.48}$$

式中，电导率的单位是 $\Omega^{-1}\cdot cm^{-1}$。这种电导迁移损耗通常是小的。对 $\sigma = 10^{-12}/\Omega\cdot cm$、在频率 1000 Hz 下 $\kappa' = 9$ 的商用钠－钙－硅酸盐玻璃计算得到 $\tan\delta$ 为 20×10^{-4}，相应的实验值约为 250×10^{-4}。因此，一般说来，即使对钠－钙－硅酸盐玻璃来说，在室温下频率大于 100 Hz 时，其电导损耗也是小的，但是在①低频和②高温下，它们可能是重要的。

如式(18.48)所示，在低频时功率因子增大而且反比于频率。一般来说，中等频率下晶体和玻璃的介质损耗因子的绝大部分来自两个等效离子位置之间的离子跃迁弛豫。如果原子跃迁的弛豫时间是 τ，那么在频率等于跃迁频率 $1/\tau$ 时会发生最大能量损耗。当外加交变电场频率比跃迁频率小得多时，原子跟得上电场，因而能量损耗就小。同样，如果外场频率比跃迁频率大很多，则原子根本没有跃迁的机会，损耗也小。ε'、ε'' 和 $\tan\delta$ 的最后表达式由式(18.38)～(18.40)给出。

对于离子跃迁(图 18.10)，如第六章所述，跃迁频率与两个离子位置之间的能垒有关。为简便起见，如果我们假定只有一个弛豫时间，则

$$\tau = \tau_0 \exp\left(\frac{U}{kT}\right) \tag{18.49}$$

式中：τ_0 是原子振动周期，为 10^{-13} s 数量级。激活能数值可能变化较大，但是，如果它与离子迁移过程的激活能类似时则为 0.7 eV 数量级，这样，在相应于 $10^3 \sim 10^6$ Hz 频谱范围内有一损耗最大值，这一频谱范围对许多介电应用特别重要。

离子振动和形变损耗在室温时只是在相当于 $10^{12} \sim 10^{14}$ Hz 这一红外频率范围内才是主要的。此频率范围通常在与电子应用有关的频率范围之外。这些过程在 10^{10} Hz 的较高频率测量中才变得明显起来。

$\tan\delta$ 的总数值是已经讨论过的几种贡献的总和。对含有大量杂质或缺陷的玻璃或晶体，在室温时得到的曲线如图 18.13 所示。在较低频率时，电导损耗变得重要起来；在中等频率时，离子跃迁和偶极子损耗最重要；在中间频率下，介电损耗是小的；在足够高的频率下，离子极化效应产生能量吸收。

较好的绝缘体(第十七章)其电导率随温度按指数规律上升。因此，我们预期这一过程中 $\tan\delta$ 也随温度呈指数上升，如式(18.48)所示。

图 18.14 所示的钠－钙－硅酸盐玻璃的 $\tan\delta$ 增加的一个重要部分是与电导损耗相对应的。这类损耗直接与玻璃的直流电导有关。这种电导产生的电流在交流电场中与外加电压同相位，因此引起的介质损耗与任何其他吸收机制无关。对玻璃介质电容器，如用一个电阻 R(等效于直流电阻)和一个电容 C 并联表示，则在交流电路中 $\tan\delta$ 与频率成反比，即

$$\tan\delta = \frac{1}{\omega RC} \tag{18.50}$$

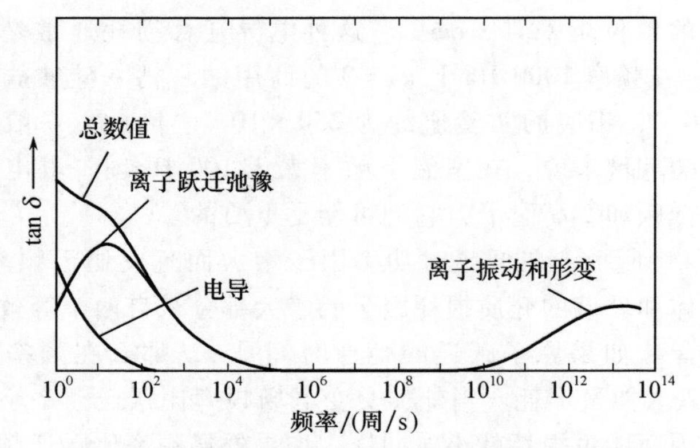

图 18.13　室温下不同介质损耗机制对 tan δ 的影响

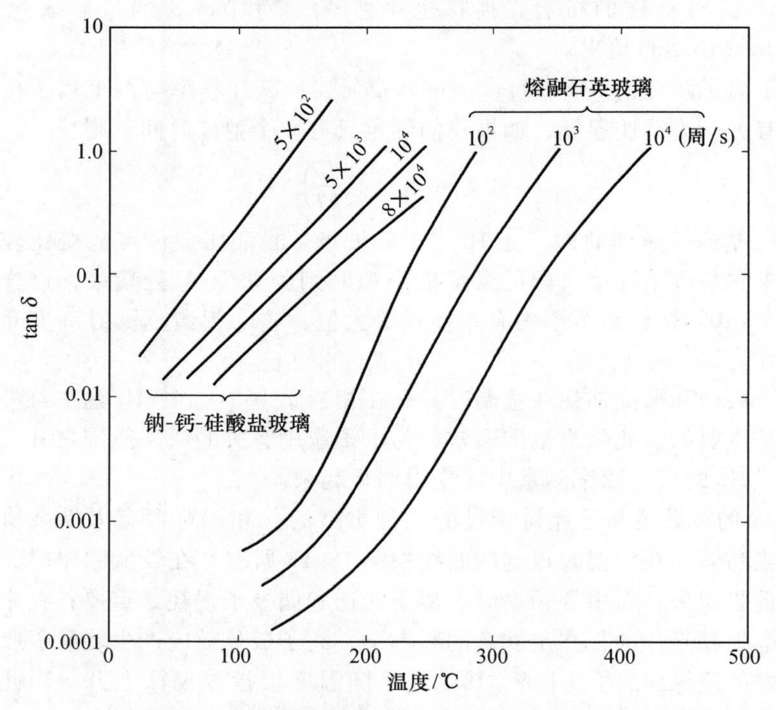

图 18.14　钠 - 钙 - 硅酸盐玻璃和熔融石英玻璃的 tan δ 随温度升高而增加

在室温时这种电导损耗与其他损耗相比是小的，至少在频率为 50 ~ 100 Hz 或更高时是这样。举一个例子，室温下电阻率为 10^{12} Ω · cm、频率为 10^3 Hz 时介电常数为 9 的钠 - 钙 - 硅酸盐玻璃的 tan δ 约为 2×10^{-5}，比测得的 tan δ 小得多；而温度为 200 ℃时，电阻率约为 2×10^7 Ω · cm，直流电导损耗引起的 tan δ 约为 1，这和材料中其他损耗不相上下或更大些。一般说来，温度升高时，玻璃的电导损耗会因为直流电阻率的下降而在低频下变得更加重要。

对于具有单一激活能的离子跃迁过程，利用式(18.40)和式(18.49)同时确定 tan δ 与温度和频率的关系之后就可导出激活能。J. van Keymeullen 和 W. D. Dekeyser[①]对高岭土的介质损耗进行了这样的研究。他们在不同温度下在一定频率范围内确定了 tan δ 数值。在不同频率时，其 tan δ 最大值对应于 $\omega\tau=1$，由此，式(18.49)中的激活能可以通过 log $\omega_{\max}$对 $1/T$ 作图来确定，其结果如图 18.15 所示。这两个作者得到了一个约为 0.69 eV 的激活能，并将其归因于二价阳离子对铝离子的取代，同时在正常被氢氧离子占据的位置上形成空位，从而造成离子－空位对。对于氯化钠也进行了类似的实验，用各种二价离子掺杂以形成 M^{2+}－空位对。

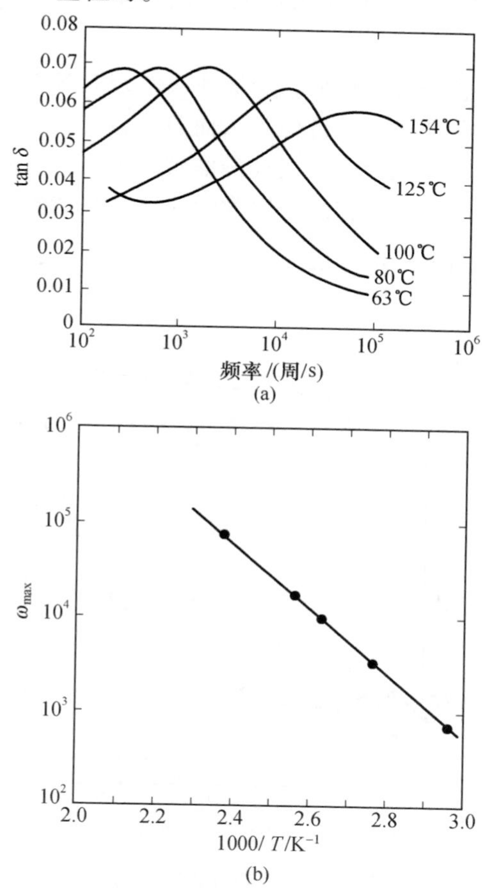

图 18.15 (a) 不同温度下 Georgia 高岭土的 tan δ 随频率的变化关系曲线；(b) log $\omega_{\max}$对 $1/T$ 的关系曲线。引自 J. van Keymeulan and W. D. Dekeyser，*J. Chem. Phys.*，**27**，172(1957)

① *J. Chem. Phys.*，**27**，172(1957)。

单晶的介质损耗小，而且主要由少量杂质决定。除特殊情况外，对这些杂质还没有进行广泛的或令人满意的研究。相反，玻璃的介质损耗在一个宽阔的范围内变动，而且表现为与玻璃结构及组成密切相关。网络变形阳离子的性质对氧化物玻璃的介质损耗有重要影响。例如，碱金属离子迁移率的顺序是 $Li^+ > Na^+ > K^+ > Rb^+$，而介质损耗也遵循同样的顺序。例如组成为 53.3% SiO_2、32% M_2O、10.2% PbO 和 4.5% CaF_2 的玻璃，M 为锂时 $\tan\delta$ 为 0.0132（1.5×10^6 Hz），M 为钠时 $\tan\delta$ 为 0.0106，M 为钾时 $\tan\delta$ 为 0.0052。通常，用大的二价离子如氧化钡或氧化铅取代碱金属则能形成熔点相当低的具有低 $\tan\delta$ 值的玻璃。含有 20%~30% BaO 或 30%~50% PbO 的玻璃其 $\tan\delta$ 值低达 0.0005。

二价离子除了仅仅作为变体外，少量加入作为阻挡离子也是有效的；它们堵塞碱金属离子通常要通过的关键位置从而阻止碱金属离子的迁移。图 18.16 示出了用氧化镁取代氧化钠时碱金属硅酸盐玻璃 $\tan\delta$ 的变化。添加少量氧化钠对提高损耗因子只有很小的作用，因为钠的迁移被镁离子所阻挡。

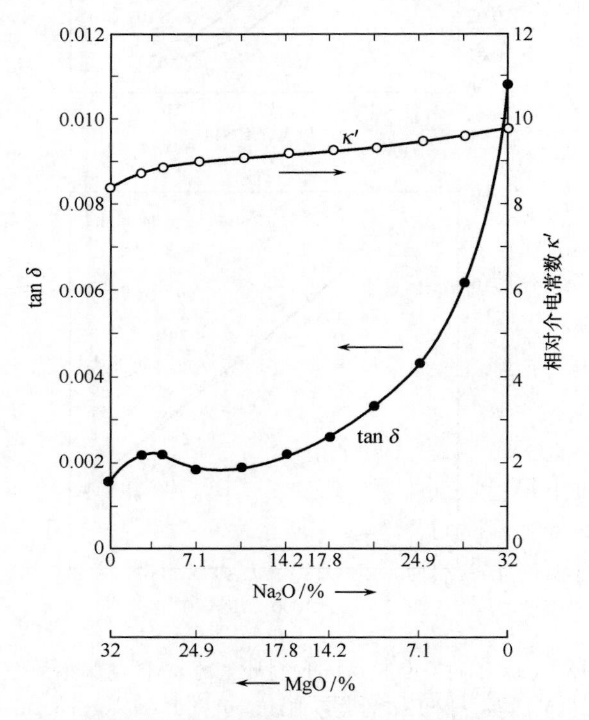

图 18.16　在硅酸盐玻璃中 MgO 取代 Na_2O 对 $\tan\delta$ 和 κ' 的影响。

引自 J. M. Stevels，推荐读物 5

在单晶和玻璃中观测到的介质损耗因子的一些典型数值如表 18.3 所示。如前面讨论中所指出的，损耗因子通常与电导率成反比。某些具有代表性的玻璃的 tan δ 对频率的依赖关系如图 18.17 所示。

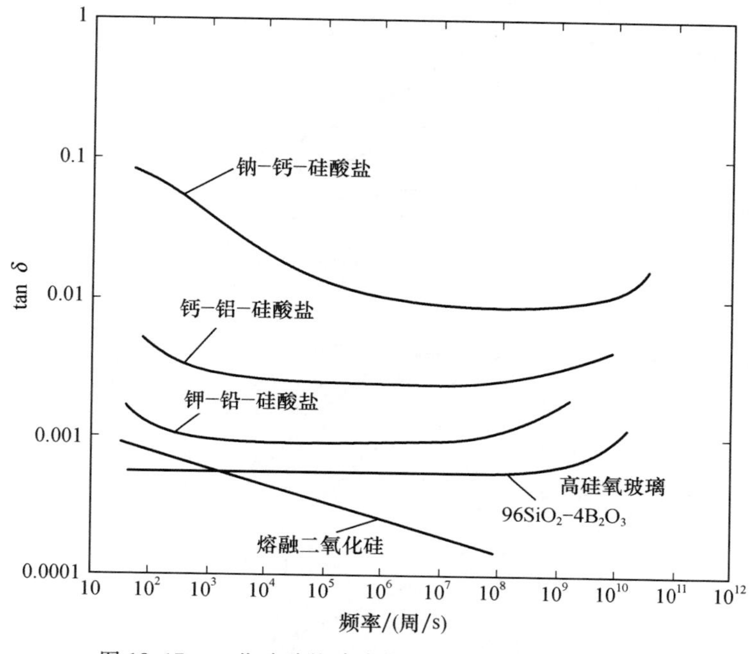

图 18.17 一些硅酸盐玻璃的 tan δ 对频率的依赖关系

已经对一些氧化物玻璃系统的介电常数进行了详细研究。H. E. Taylor① 对一些硅酸钠玻璃以及典型的钠 - 钙 - 硅酸盐玻璃在一定频率和温度范围内进行了研究。减去电导损耗之后，Taylor 得到了色散和吸收曲线(图 18.18)，这些曲线比用单一弛豫时间模型[式(18.39)和式(18.40)]所预料的要宽得多。Taylor 还发现通过将曲线沿频率轴移动一定数值(此值由激活能与温度算出)，可以使不同温度下得到的数据重合。这一结果表明，用同样的激活能可以表征相差几个数量级的弛豫时间。这一激活能和同一玻璃中的直流电导激活能非常相似。同时发现所有玻璃的介质损耗曲线在一个折算比例尺度下是重合的，这种比例尺度以频率除以最大损耗频率 ω_{max} 及损耗除以 $\varepsilon_s - \varepsilon_\infty$ 为坐标。这样的曲线如图 18.19 所示，它表明弛豫时间的分布在所有玻璃中是相同的。图 18.19 中的数据还表明一个宽的高频尾部，其范围延伸到峰值以外频率 $f/f_{max} = 10^8$ 还远一些。即使考虑到高频时其他损耗机制的贡献，这种结果也表明离子

① *J. Soc. Glass Technol.*, **43**, 124(1959)。

弛豫损耗涉及一个扩展的频率范围。

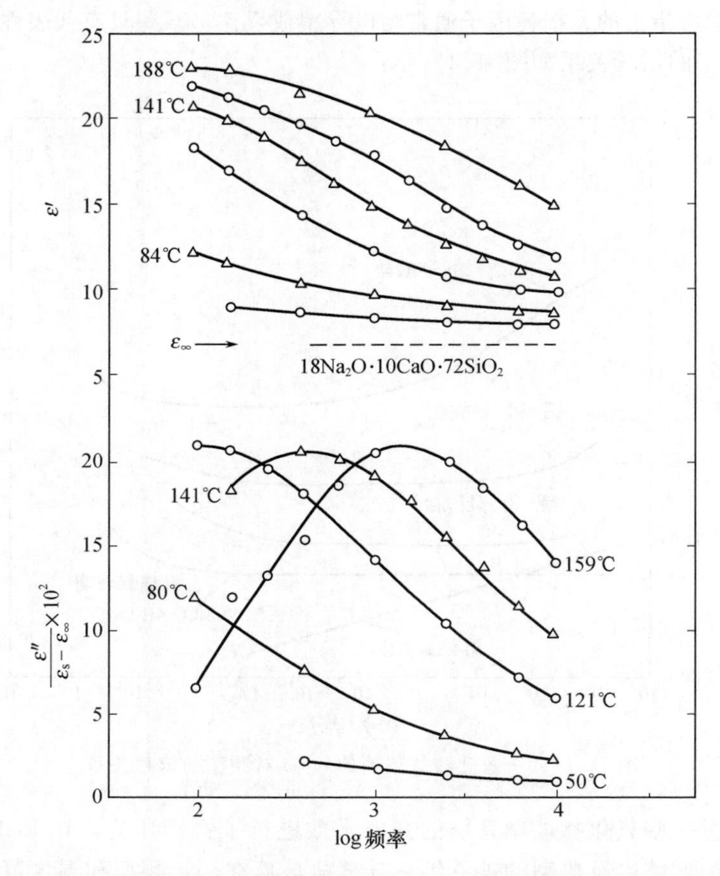

图 18.18　对直流电导进行修正后，典型钠－钙－硅酸盐玻璃的介质色散和吸收曲线。引自 H. E. Taylor, *J. Soc. Glass Technol.*, **43**, 124(1959)

Taylor 所研究的几种组成随即显示具有极明显的相分离，但在许多均质的和有相分离的其他玻璃中也得到了类似的结果。R. J. Charles① 研究了 Li_2O－SiO_2 系统玻璃相分离对介质损耗的影响。对含 6.7mol% Li_2O 的玻璃(其特点是具有分散的孤立的第二相亚微组织)，介质损耗和频率的关系曲线中有两个峰值。对研究过的其他组成(有一些是以具有连通结构的第二相形态为特征，另一些则具有均匀的没有特征的亚微组织)则只观察到一个损耗峰。

通过经验性修正式(18.38)可以得到一个不对称的介电常数，它为导出的弛豫时间分布函数给出了最满意的描述：

① *J. Am. Ceram. Soc.*, **46**, 235(1963)。

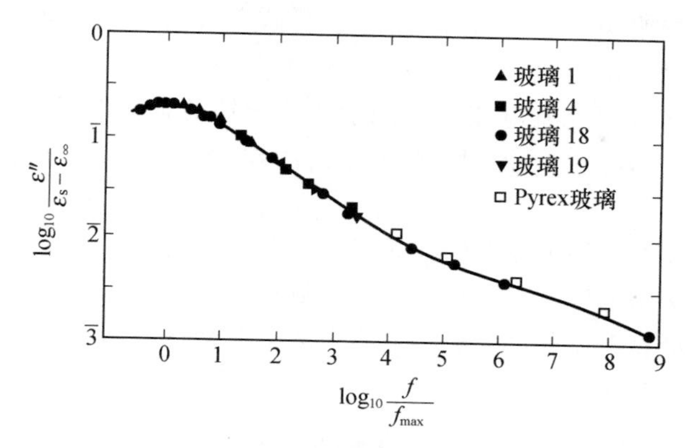

图 18.19 几种玻璃的折算的介质损耗曲线。玻璃 1—$0.12Na_2O \cdot 0.88SiO_2$；玻璃 4—$0.24Na_2O \cdot 0.76SiO_2$；玻璃 18—$0.10Na_2O \cdot 0.20CaO \cdot 0.70SiO_2$；玻璃 19—$0.18Na_2O \cdot 0.10CaO \cdot 0.72SiO_2$。引自 H. E. Taylor，*J. Soc. Glass Technol.*，**43**，124(1959)

$$\varepsilon^* = \varepsilon_\infty + \frac{\varepsilon_s - \varepsilon_\infty}{(1 + i\omega\tau)^\beta} \tag{18.51}$$

研究过的碱金属硅酸盐玻璃的 β 值在 0.21 ~ 0.29 范围内。这种形式的关系过去曾经由 K. S. Cole 和 R. H. Cole① 根据经验提出用于描述各种材料的介电弛豫数据。类似的关系曾由 S. H. Glarum② 从理论上得到，他考虑了包括缺陷向弛豫物质扩散在内的弛豫过程。虽然这种模型不能直接用于氧化物玻璃的损耗过程(这一过程似乎包含有网络变形阳离子的局部运动)，但看来合理的是给定离子的弛豫取决于相邻空位的可利用性；当邻近位置由于另一个扩散或弛豫过程而成为空位时，该离子弛豫的几率增加，这样就将一种适当形式的协同特性引入弛豫过程。在任何情况下，必须强调所观察到的弛豫时间分布可能不反映相应的分子过程的分布。

18.4 介质电导

上节讨论过的介质损耗现象也可以描述成固体中的交流电导，这是因为式(18.47)定义了介质电导率为 $\sigma = \omega\varepsilon''$。如图 18.8 所示，当频率提高时，这部分电导率增加。事实上，材料特性的另一种完全不同的数学表达式可以根据实电导率(引起功率损耗)和虚电导率(充电电流)来写出。

---

① *J. Chem. Phys.*，**9**，341(1941)。

② *J. Chem. Phys.*，**33**，639(1960)。

在陶瓷的应用中，这种充电电流对于确定低温下玻璃的电导率特别重要。接近室温时，由对直流电导率没有什么作用的一个离子跃迁或几个离子跃迁所产生的异常的充电电流导致几秒或几分钟的弛豫时间，因此测得的电导率与使用频率有关；交流测量所得到的电导率高于直流测量所得的电导率。

在较高温度下，如果在电极处无阻挡层存在的话，对直流电导率有贡献的离子分数和对交流电导率有贡献的离子分数几乎相等，因此温度约在 250 ℃以上时，交流测量和直流测量一般是差不多的。典型钠－钙－硅酸盐玻璃中的这些效应如图 18.20 所示。

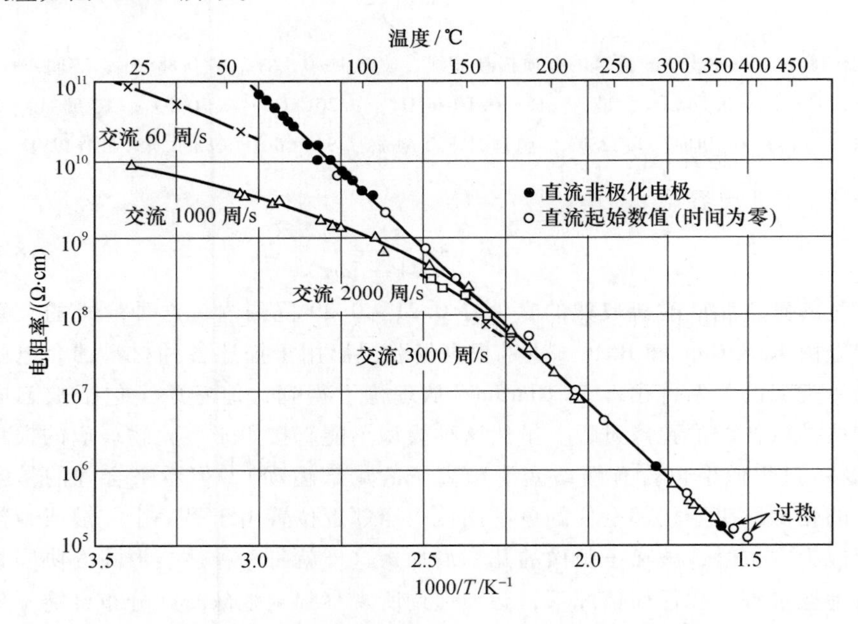

图 18.20 用不同方法测定的钠－钙－硅酸盐玻璃的电阻率。引自 D. M. Robinson，*Physics*，**2**，52(1932)

18.5 多晶和多相陶瓷

为了研究大多数陶瓷材料(多晶和多相)的性状，我们必须把考虑问题的范围从单晶和玻璃扩大到包括晶界、气孔和多相混合物的作用。这就要求我们首先必须考虑这些混合物的介电性能，其次考虑空间电荷极化作用，这种极化会在具有不同电阻率特性成分的混合物中形成。

混合物法则 理想电介质的混合物可以最简单地按多层材料来考虑，各层与所加电场平行或垂直(图 18.21)。当各层平行于电容器平板时，这种结构相

当于许多电容元件的串联，总电容的倒数等于各层电容倒数之和，正如电导率

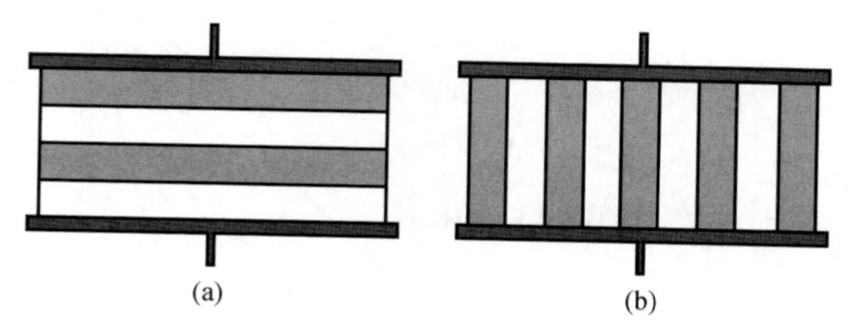

图 18.21　电介质中具有不同特征的各层的可能排列

($\sigma=\omega\kappa''$)的倒数可以相加一样。于是

$$\frac{1}{\kappa'}=\frac{v_1}{\kappa_1'}+\frac{v_2}{\kappa_2'}\qquad\frac{1}{\kappa''}=\frac{v_1}{\kappa_1''}+\frac{v_2}{\kappa_2''}\tag{18.52}$$

式中：v_1 和 v_2 是各相的体积分数，等于各板的相对厚度。相反，当各片元件的排列垂直于电容器平板时，外加电场对每一个元件来说都相同，所以电容可直接相加：

$$\kappa'=v_1\kappa_1'+v_2\kappa_2'\qquad\kappa''=v_1\kappa_1''+v_2\kappa_2''\tag{18.53}$$

式(18.52)和式(18.53)是下面一般经验关系式的特例：

$$\kappa^n=\sum_i v_i\kappa_i^n\tag{18.54}$$

式中：n 是常数[对式(18.52)来说 $n=-1$，对式(18.53)来说 $n=+1$]；v_i 是第 i 相的体积分数。当 n 趋近于 0 时，$\kappa^n=1+n\log\kappa$，我们得到

$$\log\kappa=\sum_i v_i\log\kappa_i\tag{18.55}$$

这就是所谓的对数混合法则。它给出的数值介于式(18.52)和式(18.53)所给出的极值之间。

如果我们考虑一个介电常数为 κ_{m}' 的基质中分散有介电常数为 κ_{d}' 的圆形粒子，Maxwell 对此混合物推导出一个关系式：

$$\kappa'=\frac{v_{\mathrm{m}}\kappa_{\mathrm{m}}'\left(\frac{2}{3}+\frac{\kappa_{\mathrm{d}}'}{3\kappa_{\mathrm{m}}'}\right)+v_{\mathrm{d}}\kappa_{\mathrm{d}}'}{v_{\mathrm{m}}\left(\frac{2}{3}+\frac{\kappa_{\mathrm{d}}'}{3\kappa_{\mathrm{m}}'}\right)+v_{\mathrm{d}}}\tag{18.56}$$

如图 18.22 所示，当分散相具有比基质材料更高的介电常数时，这一关系式非常接近于对数表达式(18.55)。

A. Buchner①所报道的具有高介电常数的 TiO_2 与不同基质材料混合后的一

① *Wiss. Veröf. Siemens – Werken*, **18**, 84(1939)。

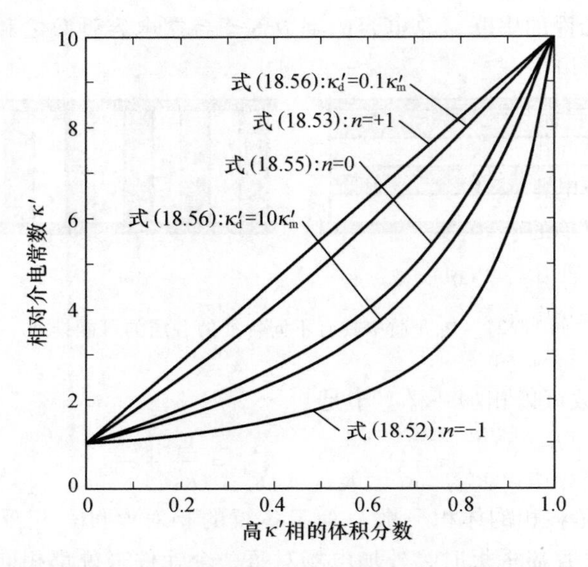

图 18.22　两种电介质的不同混合的总介电常数表达式

些数据为这些关系式提供了良好的验证。如图 18.23 所示，在连续的基质中，TiO_2 颗粒的几何形态是一个明显的控制因素。对于这些混合物，对数关系式和式(18.56)给出了非常相似的结果，甚至当介电常数相差较小时更是如此。

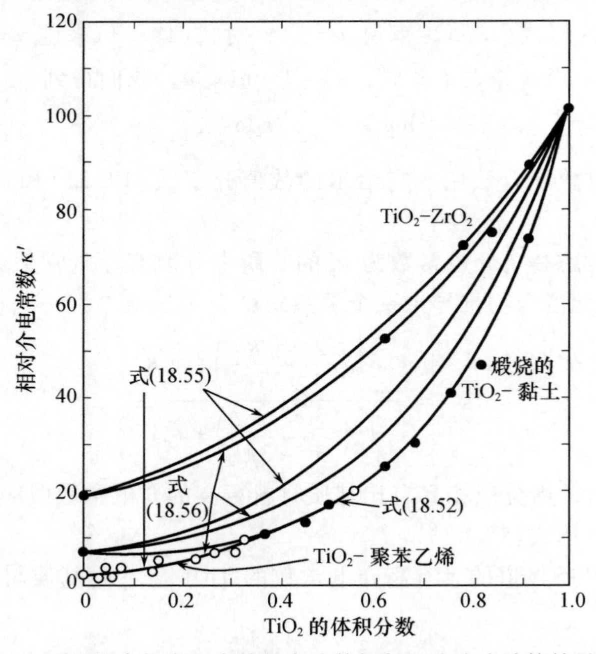

图 18.23　两相混合物介电常数的实验数据与理论公式计算结果的比较

对其中两种混合物，这些关系式的任意一种都是令人满意的。对于 TiO_2 - 高岭土混合物，显然由于显微结构和气孔率的关系（文献对这一资料未加描述），式(18.52)最恰当地描述了实验结果。如果拥有显微结构数据，最好用所观测到的结构来解释介电常数，即采用式(18.56)。实际上，高介电常数材料几乎总是分散于低介电常数基质中的结晶相。在这些条件下，式(18.55)所示的对数混合法则是简单的，并且对实验结果的描述是充分的。然而，这种充分仅仅是偶然的，因此使用时必须注意。

气孔率是低介电常数相分散于高介电常数基质中的一个有实际重要性的例子。式(18.53)或式(18.56)适用于通常遇到的少量气孔的情况。对大多数用途来说，已经发现采用较简单的式(18.53)是令人满意的。如果已知各个固相及其分布以及各相的介电常数，那么就可以用适当的方法加以组合，然后对存在的气孔体积分数加以修正。图 18.24 表明多晶 TiO_2 的介电常数随着气孔率的增加而减小。在这类样品中观测到有一些样品的气孔率随烧成时间的增加而减小，表明了第五章及第十二章中讨论过的晶界应力所引起的扁平晶界裂纹是开放的。所发现的任何特定气孔率的数值范围清楚地反映了样品之间的显微结构的差别。

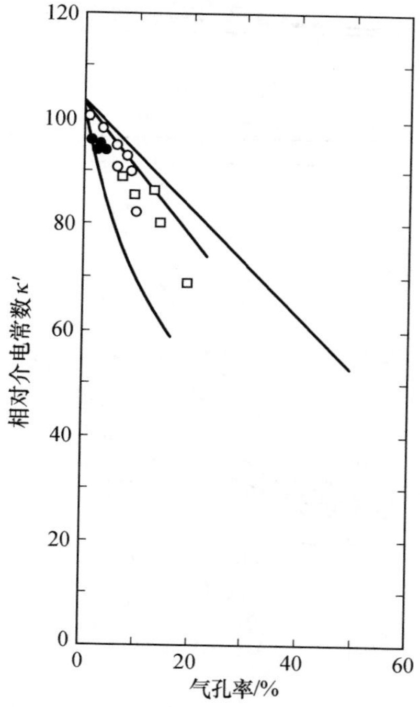

图 18.24　气孔率对多晶 TiO_2 介电常数的影响。引自 G. Economos, in *Ceramic Fabrication Processes*, W. D. Kingery, Ed., John Wiley & Sons, N. Y., 1958, p. 201

尽管所给出的实验数据并不充分，但图 18.23 中 TiO_2 - 黏土的数据偏离式(18.56)所对应的曲线却可能是因为存在一定的气孔率而导致的。15% ~20% 的气孔分数(这是完全可能的)会给出比较一致的结果。这种不确定性是一个很好的例子，它说明，为了恰当地解释陶瓷材料的最终性质，对样品进行完整的描述和对显微组织进行完整的鉴定是必要的。

如第十一章所述，大多数陶瓷化合物都是由分散于玻璃基质中的晶相或由玻璃质晶界层隔开的晶相组成。因此，陶瓷的性质介于单晶和玻璃的性质之间。一般说来，测得的介电常数和损耗因子是随温度而增加的，特别是在低频时更是如此。图 18.25 和图 18.26 分别给出了滑石瓷和氧化铝瓷的典型数据。玻璃质部分对介电损耗起主要作用，为得到低损耗陶瓷，必须仔细地控制玻璃相组成。为此，通常避免用长石和其他含碱金属的助熔剂，而代之以黏土、滑石和碱土金属氧化物等的混合物。

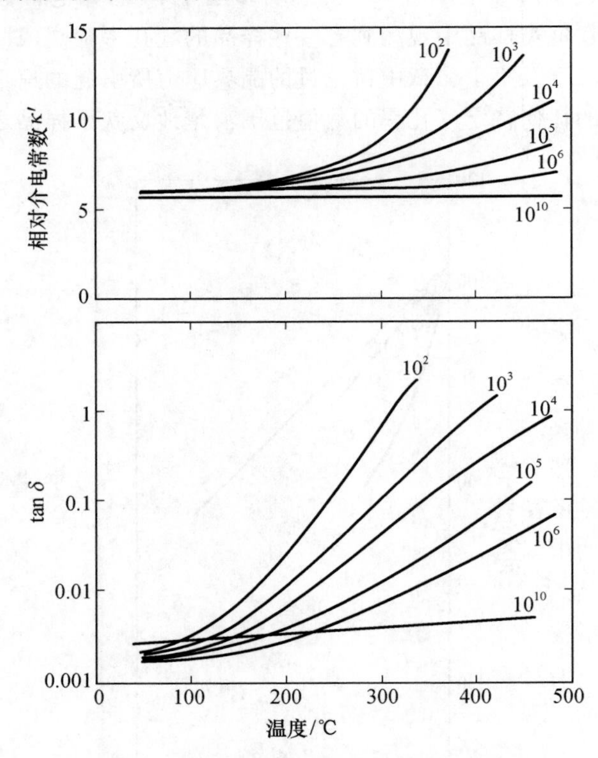

图 18.25　滑石瓷在一定温度和频率范围内的介电常数及 tan δ

电介质的分类　大多数陶瓷电介质可以分为：① 介电常数小于 12 的绝缘材料；② 介电常数大于 12 的电容器介质材料；③ 铁电和铁磁陶瓷。第一类中的大部分是低压和高压电绝缘瓷，主要是由黏土、石英和长石组成的三组分瓷

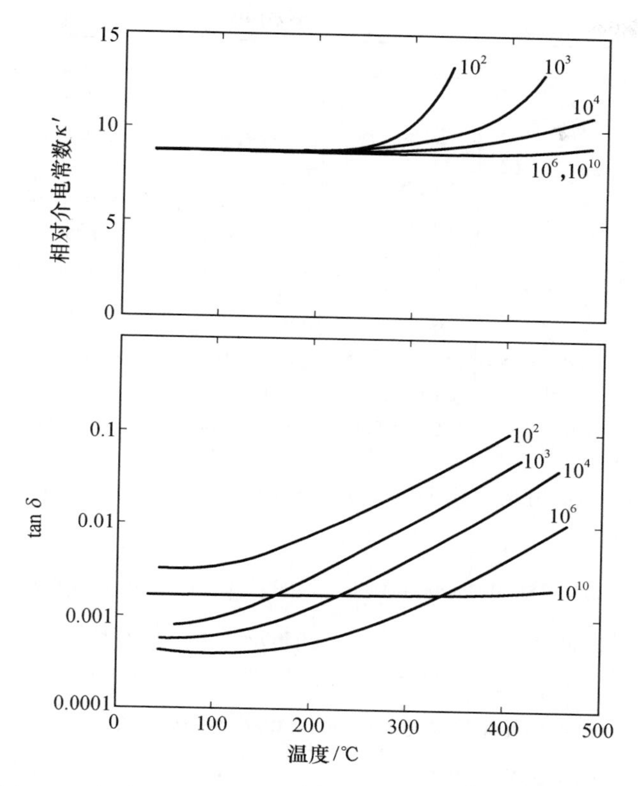

图 18.26　氧化铝瓷在一定温度和频率范围内的介电常数及 tan δ

混合料。这些绝缘瓷比较便宜并且容易制造，用在高压场合时吸水必须为零，以保证有高的介电强度和高的机械强度。这点对用于低压来说比较次要，虽然提高玻璃化程度一般表明质量较好，但造价也比较高。这种材料的第二类是用做电热元件支承物的高温瓷，这类瓷在机械负荷下必须无形变，并且在高的使用温度下具有高的电阻率，为此玻璃相必须保持到最小值，而通常采用具有或多或少气孔的产品。一种特殊而重要的用途是做汽车和飞机高压缩发动机的火花塞。这些瓷能抵抗高的热应力和电负荷，并能在近 1100 ℃下工作。高铝瓷已被证明为最适宜的材料。

在高频绝缘的应用中，要求具有尺寸稳定、好的机械强度以及低损耗因子的玻璃化制品。对这些材料的要求及其分类如表 18.2 所示。对不同的用途采用各种不同的组成物。低损耗滑石瓷应用最为广泛，它在经济核算上是最优越的，因其原料中大部分是滑石。滑石质软且易于成形，而且不致对模具造成过大的磨损。所得制品是由斜顽辉石或它的一种同质多晶体分布在玻璃基体中组成的。滑石瓷体通常具有与分类L－3到L－5相当的损耗因子。为了得到较

表 18.4 陶瓷介质的

性能＼典型用途＼材料	1 高压瓷	2 氧化铝瓷（玻璃化）	3 滑石瓷（玻璃化）	4 镁橄榄石瓷（玻璃化）	5 锆英石瓷（玻璃化）
典型用途	动力线绝缘	火花塞瓷芯，热电偶绝缘，保护套管	高频绝缘，电气设备绝缘	高频绝缘，陶瓷金属封接	火花塞瓷芯，高压高温绝缘
比重/(g/cm^3)	2.3~2.5	3.1~3.9	2.5~2.7	2.7~2.9	3.5~3.8
吸水/%	0.0	0.0	0.0	0.0	0.0
线热膨胀系数/$℃^{-1}$(20~700)	$(5.0 \sim 6.8) \times 10^{-6}$	$(5.5 \sim 8.1) \times 10^{-6}$	$(8.6 \sim 10.5) \times 10^{-6}$	11×10^{-6}	$(3.5 \sim 5.5) \times 10^{-6}$
安全工作温度/℃	1000	1350~1500	1000~1100	1000~1100	1000~1200
热导率/($cal/cm^2/cm/s/℃$)	0.002~0.005	0.007~0.05	0.005~0.006	0.005~0.010	0.010~0.015
抗张强度/psi	3000~8000	8000~30000	8000~10000	8000~10000	10000~15000
抗压强度/psi	25000~50000	80000~250000	65000~130000	60000~100000	80000~150000
抗弯强度/psi	9000~15000	20000~45000	16000~24000	18000~20000	20000~35000
撞击强度/(ft·lb)($\frac{1}{2}$in,圆棍)	0.2~0.3	0.5~0.7	0.3~0.4	0.03~0.04	0.4~0.5
弹性模量/psi	$(7 \sim 14) \times 10^6$	$(15 \sim 52) \times 10^6$	$(13 \sim 15) \times 10^6$	$(13 \sim 15) \times 10^6$	$(20 \sim 30) \times 10^6$
抗热冲击性	尚好	很好	中等	差	好
介电强度/(V/mil)($\frac{1}{4}$in 厚样品)	250~400	250~400	200~350	200~300	250~350
室温电阻率/(Ω·cm)[2]	$10^{12} \sim 10^{14}$	$10^{14} \sim 10^{15}$	$10^{13} \sim 10^{15}$	$10^{13} \sim 10^{15}$	$10^{13} \sim 10^{15}$
T_e 值/℃	200~500	500~800	450~1000	>1000	700~900
功率因子(1 MHz)	0.006~0.010	0.001~0.002	0.0008~0.0035	0.0003	0.0006~0.0020
介电常数	6.0~7.0	8~9	5.5~7.5	6.2	8.0~9.0
L 级(日本规格,T-10)	L-2	L-2~L-5	L-3~L-5	L-6	L-4

1) 引自 H. Thurnaur,推荐读物 2。

2) 原文为($Ω \cdot cm^3$),恐系(Ω·cm)之误。——译者注

一些典型物理性能[1)]

制品		半玻璃化制品及耐火制品			
6 氧化锂瓷	7 二氧化钛，钛酸盐瓷	8 低压瓷	9 堇青石耐火材料	10 氧化铝，铝硅酸盐耐火材料	11 块烧滑石，叶蜡石
热稳定电感，耐热绝缘	陶瓷电容器，压电陶瓷	开关基板，低压电线夹具，电灯插座	电阻支座，燃烧器端部，热绝缘，电弧炉体	真空衬垫，高温绝缘	高频绝缘子，真空管垫片，陶瓷模具
2.34	3.5～5.5	2.2～2.4	1.6～2.1	2.2～2.4	2.3～2.8
0.0	0.0	0.5～2.0	5.0～15.0	10.0～20.0	1.0～3.0
1×10^{-6}	$(7.0\sim10.0)\times10^{-6}$	$(5.0\sim6.5)\times10^{-6}$	$(2.5\sim3.0)\times10^{-6}$	$(5.0\sim7.0)\times10^{-6}$	11.5×10^{-6}
1000	—	900	1250	1300～1700	1200
—	0.008～0.01	0.004～0.005	0.003～0.004	0.004～0.005	0.003～0.005
—	4000～10000	1500～2500	1000～3500	700～3000	2500
60000	40000～120000	25000～50000	20000～45000	15000～60000	20000～30000
8000	10000～22000	3500～6000	1500～7000	1500～6000	7000～9000
0.3	0.3～0.5	0.2～0.3	0.2～0.25	0.17～0.25	0.2～0.3
—	$(10\sim15)\times10^{6}$	$(7\sim10)\times10^{6}$	$(2\sim5)\times10^{6}$	$(2\sim5)\times10^{6}$	$(4\sim5)\times10^{6}$
很好	差	中等	很好	很好	好
200～300	50～300	40～100	40～100	40～100	80～100
—	$10^{8}\sim10^{15}$	$10^{12}\sim10^{14}$	$10^{12}\sim10^{14}$	$10^{12}\sim10^{14}$	$10^{12}\sim10^{15}$
—	200～400	300～400	400～700	400～700	600～900
0.05	0.0002～0.050	0.010～0.020	0.004～0.010	0.0002～0.010	0.0008～0.010
5.6	15～10000	6.0～7.0	4.5～5.5	4.5～6.5	5.0～6.0
L-3	—	—	—	—	—

低的介电损耗，常常采用以 Mg_2SiO_4 为主晶相的镁橄榄石瓷。用碱土金属氧化物作为助熔剂可获得优良的介电性能。其高膨胀系数对抗热冲击来说是不利的，但对构成金属和陶瓷的封接却是个优点，因为它对某些镍－铁合金可提供良好的匹配。用于低损耗的其他晶相是锆英石 $ZrSiO_4$ 和堇青石。这两种材料都有低的膨胀系数，因而抗热冲击性特别好。

表 18.4 列出了许多陶瓷电介质材料的一些典型用途及其性能指标。表 18.5 则通过典型例子说明这些材料的一些配方。

表 18.5　某些陶瓷介质的配方

	滑石瓷	镁橄榄石瓷	锆－滑石瓷	氧化铝瓷
滑　　石	84	71.3	32	4
BaF_2	10	—	5	1
球　　土	3	2.6	7	—
膨 润 土	3	—	3	—
$BaCO_3$	—	6.8	—	—
$Mg(OH)_2$	—	19.5	—	—
锆 英 石	—	—	53	—
Al_2O_3	—	—	—	95
烧成温度/℃	1330	1250	1325	1600
相对介电常数，κ'	6.5	6.6	7.51	8.5

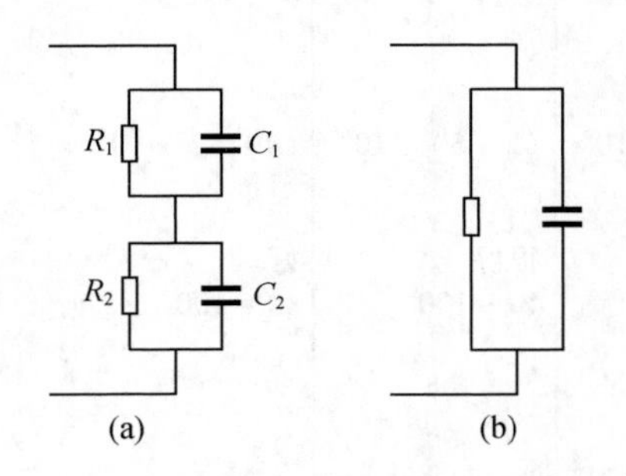

图 18.27　(a) 两层电容器；(b) 宏观上的等效电路

空间电荷极化　多晶多相聚集体呈现界面电荷极化或空间电荷极化，这是由于不同相的电导率之间存在差别所致。由于材料的多相性引起的这种极化对于像铁氧体和半导体之类具有明显电导性的组成物来说特别重要，对处在较高温度下的多晶多相材料也很重要。这种极化本身表现为高的介电常数，并使得损耗因子出现峰值。

如图 18.27(a)所示，假设有两层不同电导率的材料，载流子在一个相内容易运动，但当它到达相界处就被挡住。这就在界面处产生电荷的累积。对外界观察者来说，相当于一个大的极化作用及高的介电常数。从电学上看，实际的体系类似于图 18.27(a)所示的两层串联的等效电路，但宏观介电性能却和图 18.27(b)所示的等效电路有关。

两相的几何形状和分布是重要的，如 R. W. Sillars① 所论述。出现这种现象的最重要的场合也许是半导体多晶材料，因为这种材料中晶界或晶界相具有高的电阻。于是，这种结构就相当于晶界材料的许多薄层。如果考虑图 18.27 中的各个电容元件，每个元件的电流时间常数可表示为 $\tau_1 = C_1R_1$ 和 $\tau_2 = C_2R_2$。可以用电阻和电容的相对值将上面两个关系式联系起来，即用常数 a 和 b 使 $\tau_2 = aR_1bC_1 = ab\tau_1$。这种组合电路的总电阻率和介电常数随频率而变化（图 18.28），电导率是介电常数的镜像。如图 18.28 所示，由界面极化产生的低频

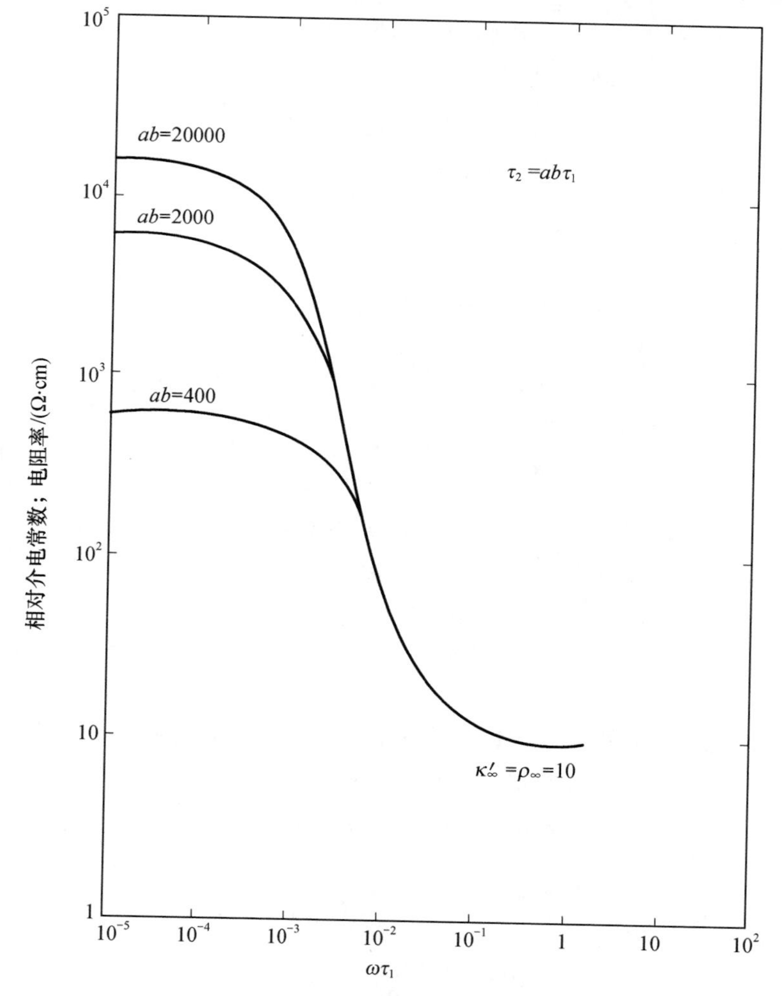

图 18.28　界面极化随边界层特性的相对值而变化

① *J. Inst. Elec. Eng.* (*London*), **80**, 378(1937)。

介电常数或电阻率可以比高频时观察到的高几个数量级。当存在这种情况时，它就是这类介质材料电容的最大来源。

如果 ρ_1 和 ρ_2 是层 1 和层 2 的电阻率，κ_1'和 κ_2'是层 1 和层 2 的介电常数，两者厚度比为 x，使 $x \ll 1$(相当于边界层中材料的分数)，则可写出电阻率

$$\begin{aligned}
\rho &= \rho_0 + \frac{\rho_0 - \rho_\infty}{1 + \tau_\rho^2 \omega^2} \\
\rho_\infty &= \frac{\rho_1 \rho_2 (\kappa_1' + x_1 \kappa_2')^2}{\rho_1 \kappa_1'^2 + x_1 \rho_2 \kappa_2'^2} \\
\rho_0 &= x_1 \rho_1 + \rho_2 \\
\tau_\rho &= \varepsilon_0 \left[\frac{\rho_1 \rho_2 (\rho_1 \kappa_1'^2 + x_1 \rho_2 \kappa_2'^2)}{x_1 \rho_1 + \rho_2} \right]^{1/2} \\
x &<< 1
\end{aligned} \tag{18.57}$$

以及介电常数

$$\begin{aligned}
\kappa' &= \kappa_\infty' + \frac{\kappa_0' - \kappa'}{1 + \tau_{\kappa'}^2 \omega^2} \\
\kappa_\infty' &= \frac{\kappa_1' \kappa_2'}{\kappa_1' + x_1 \kappa_2'} \\
\kappa_0' &= \frac{x_1 \rho_1^2 \kappa_1' + \rho_2^2 \kappa_2'}{(x_1 \rho_1 + \rho_2)^2} \\
\tau_{\kappa'} &= \varepsilon_0 \frac{\rho_1 \rho_2 (\kappa_1' + x_1 \kappa_2')}{x_1 \rho_1 + \rho_2} \\
\tau_{\kappa'}' &= \left(\frac{\rho_\infty}{\rho_0} \right)^{1/2} \\
x &<< 1
\end{aligned} \tag{18.58}$$

对最有实际意义的结构来说，边界层的电阻率比晶粒的电阻率大得多：

$$\begin{aligned}
&\kappa_1' = \kappa_2' \qquad x_1 << 1 \qquad \rho_1 >> \rho_2 \\
&\rho_\infty = \rho_2 \qquad \rho_0 = x_1 \rho_1 + \rho_2 \\
&\kappa_\infty' = \kappa_2' \qquad \kappa_0' = \kappa_2' \frac{x_1 \rho_1^2 + \rho_2^2}{(x_1 \rho_1 + \rho_2)^2} \\
&\tau_{\kappa'} = \varepsilon_0 \kappa_2' \frac{\rho_1 \rho_2}{x \rho_1 + \rho_2}
\end{aligned} \tag{18.59}$$

对镍锌铁氧体 $Ni_{0.4}Zn_{0.6}Fe_2O_4$ 这种典型材料，C. G. Koops[①] 发现取 $\kappa_1' =$

---

① *Phys. Rev.*, **83**, 121(1951)。

$\kappa_2' = 17$、$\rho_1 = 3.3 \times 10^6\ \Omega \cdot m$、$\rho_2 = 5.0 \times 10^3 \Omega \cdot m$ 和 $x = 0.45 \times 10^{-2}$，则其介电常数和电阻率特性可满意地用式(18.59)表示。实验结果以及由式(18.59)计算得到的数值一并示于图 18.29。

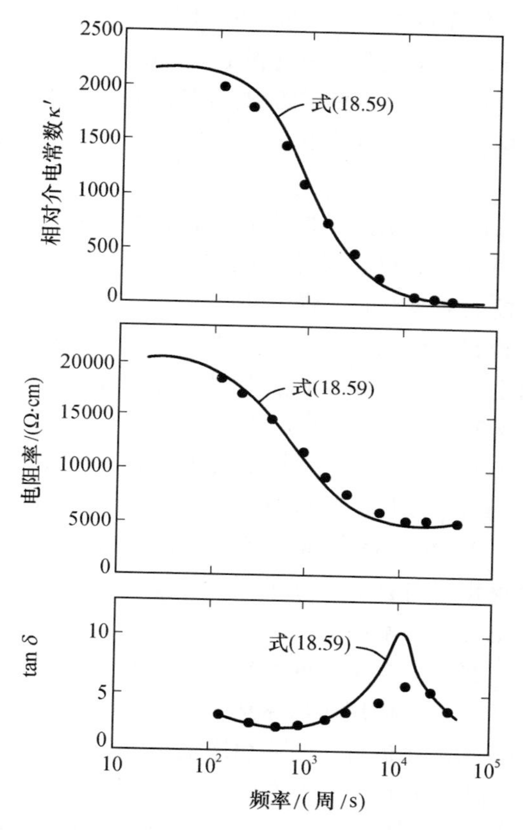

图 18.29 $Ni_{0.4}Zn_{0.6}Fe_2O_4$ 的介电常数、电阻率和 tan δ。
引自 C. G. Koops, *Phys. Rev.*, **83**, 121(1951)

如式(18.57)~(18.59)所示，这种界面极化的时间常数和这种极化变得重要时的频率与两种材料的电阻率乘积成比例。对室温下的大多数电介质来说，这个乘积是如此之大以致在低频时界面极化也可以忽略不计。对半导体及半导性铁氧体来说，这种电阻率的乘积并不很大，其作用在室温时是重要的。对其他电介质，这种因素随温度上升而增加，同时电导损耗和离子跃迁损耗也增加(在一定意义上可以认为是由于迁移势垒引起的局部空间电荷极化，如图 18.10 所示)。综合的结果是，在较高温度下随着电导率的增加，表观介电常数也增加，介电损耗甚至增加得更快些，而绝缘性能就降低。为使这种增加减至最小，应当采用电导率尽可能小的组成。

18.6 介电强度

绝缘材料在外电场作用下发生介电击穿有两种方式。第一种来源于电子击穿，有时称为本征介电强度。第二种过程是由于电导产生的局部过热而引起的击穿，局部电导率增加到出现不稳定的数值时就会产生冲击电流，造成熔化而破坏，这叫做热击穿。在较高温度下和当施加电压时间较长时，产生热击穿的趋势就增大。

由于测试方法给出相差很大的结果，使得击穿强度(作为材料的性质)理论复杂化。在进行测试时难以避免不均匀电场，即使平均测得电场尚在低值时，也往往会在电极上某些点的位置上开始击穿。边缘效应也很重要，正如样品厚度一样。一般说来，随着样品厚度的减小，测得的介电强度就增加。同样，球形电极在油中或在半导电性液体中测试时可以给出较高的介电强度(介电强度是以 V/cm 或 V/mil 来计算的)。

在采用精心设计的电极和薄片状样品的条件下，测得的本征击穿强度大约为 10×10^6 V/cm。相反，用标准电极对厚度为 1/4 in 的样品进行测试时，所得击穿强度大约只有该值的 1/150；对半玻璃化的陶瓷，发现有时低达该值的 1/1000。虽然已经提出了许多详细的理论，但由于测试时对所有变量缺乏控制，还是造成了理论方面的不确定性。

在电子击穿中，当局部电压梯度达到与本征电击穿相当的某一值时即产生破坏。结构内的电子受电场作用而加速到一定的速度，以致通过碰撞而释放出附加电子。此过程持续加速进行，最终引起电子雪崩，相当于击穿，从而使样品破坏。在低温(室温以下)时，晶体材料的本征击穿强度随温度升高而增大——温度的升高相当于晶格振动增强，这又引起电子散射的增加。为加速到使电子开始雪崩的速度就要求有一个较高的电场强度。相反，玻璃的本征介电强度在低温时与温度无关——玻璃相当于一种无规则的晶格结构，其中的电子散射保持与温度无关。玻璃结构的这个特性类似于第十二章中所讨论过的热导率性状(和声子散射有关)。在低温时，晶态材料中的固溶体使电子散射增加，因而也使介电强度提高。随着温度的升高，本征击穿强度在室温附近经过一个最大值，此时大多数绝缘材料有足够多的电子可用来改变雪崩形成的特性。在低温时，电子击穿的介电强度(即玻璃和陶瓷本征电子击穿强度)为 $(1 \sim 10) \times 10^6$ V/cm 量级。

热击穿行为不同于本征击穿之处在于它和产生局部发热的长时间作用的电负荷有关，并且发生在使电导率增加的足够高的温度下。而电能损耗使温度进一步上升并使局部电导率增加。这样就产生电流通道、局部不稳定和击穿，造成大电流通过，结果产生熔融和气化，使绝缘作用破坏。

作用时间和温度对玻璃击穿性状的影响关键地取决于传导特性，因而也取决于组成。一般说来，本征击穿通常约在 −50 ℃以下产生，而热击穿通常发生在 150 ℃以上。在这两种温度之间，击穿特性决定于工作电压、电压作用时间以及测试条件，如图 18.30 所示。表 18.6 比较了不同氧化钠含量的某些玻璃的结果。可以看出，本征低温行为几乎和组成无关，而热击穿开始出现的温度则强烈地取决于玻璃的电阻率和碱质含量。J. J. Chapman 和 L. J. Frisco① 发现，玻璃的介电击穿强度随频率(因而也随介电损耗和介质发热)的增加而减小。对一种研究过的玻璃，虽然介电强度在 60 Hz 时约为 1000 V/mil，但在兆周范围内却已减小到约为该值的 1/10。

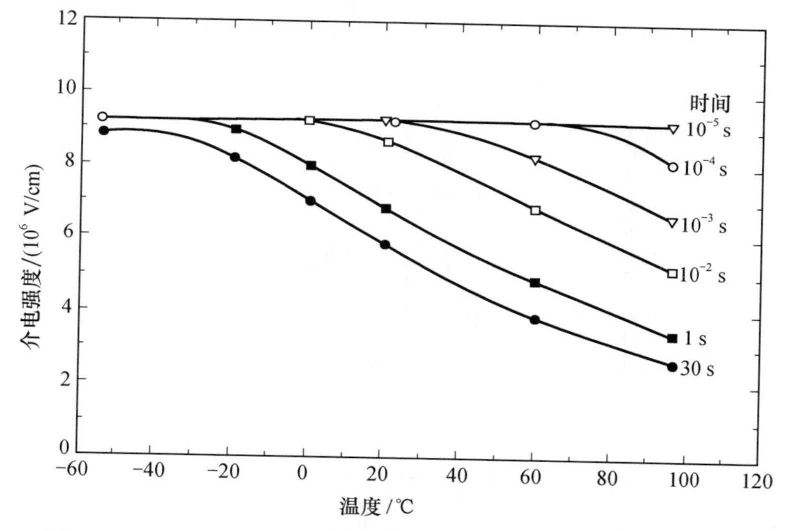

图 18.30　测试温度和测试持续时间对 Pyrex 玻璃击穿强度的影响。
引自 J. Vermeer, *Physica*, **20**, 313(1954)

表 18.6　热击穿和电阻率的关系[1)]

	玻璃编号			
	1	2	3	4
本征击穿强度，E_b/(V/cm)	9×10^6	11.2×10^6	9.2×10^6	9.9×10^6
临界温度/℃	−150	−125	−60	+150
玻璃中 Na_2O 百分数	12.8	5.1	3.5	0.9
200 ℃时电阻率/(Ω · cm)	2×10^8	6×10^8	1.25×10^9	2.5×10^{14}

1) 引自 J. Vermeer, *Physica*, **22**, 1247(1956)。

① *Elec. Manuf.*, **53**, 136(May, 1954)。

同样，测试条件和电极设计对使测得的介电强度保持不变来说是重要的。一般陶瓷组成中的少量杂质会引起介电强度的显著减小。这些杂质中最常见的是气孔，它往往会引起局部电场的变化并导致较低的介电强度测定值。这种情况可用图 18.31 所示的二氧化钛陶瓷的数据来说明。含有大约 14% 气孔率的样品的介电强度约为含 5% 气孔率的样品的一半。同样如表 18.4 所示，半玻璃化的瓷质制品的介电强度通常只有致密的玻璃化制品的 1/3。除了气孔的影响之外，由介电损耗或电导引起的热击穿也是影响大多数陶瓷组成的介电强度的主要因素。能提高电导率及介电损耗的一些因素已经讨论过了。高密度低损耗陶瓷通常具有的击穿强度适于做电介质，并且大大超过规定的最低标准值。

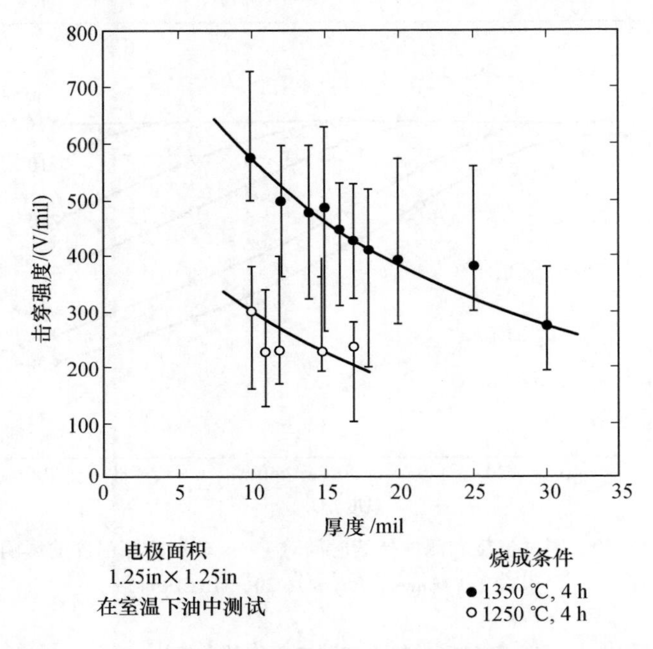

图 18.31 用 1.25 in × 1.25 in 电极在油中测试的两种不同烧结密度的二氧化钛瓷体的介电强度。引自 G. Economos, in *Ceramic Fabrication Processes*, W. D. Kingery, Ed., John Wiley and Sons, N. Y., 1950, p. 205

18.7 铁电陶瓷

铁电性定义为电偶极子相互作用而产生自发平行排列的现象。这种过程与铁磁性中所看到的磁偶极子的自发排列类似。由于这种现象及其许多特征都可与铁磁性相比拟，铁电性由此得名。铁电现象的起因是局部电场 E' 的增加与极化强度的增加成正比。对含有电偶极子的材料，提高其极化强度则局部电场增大，因而可以预期在某一低温时由热能所造成的偶极子混乱排列被局部电场所克服，从而产生自发极化，这时所有电偶极子都排成平行阵列。这是与第四章讨论过的有序－无序转变相似的协同现象。

从极化强度的定义式(18.15)来看，自发极化的一般来源是明显的，

$$P=(\kappa'-1)\varepsilon_0 E=N\alpha E' \tag{18.60}$$

对局部电场引进 Mosotti 场［式(18.21)］：

$$E'=E+\frac{P}{3\varepsilon_0} \tag{18.61}$$

得到极化强度和电极化率为

$$P=\frac{N\alpha E}{1-N\alpha/3\varepsilon_0} \tag{18.62}$$

$$\chi=\kappa'-1=\frac{P}{\varepsilon_0 E}=\frac{N\alpha/\varepsilon_0}{1-N\alpha/3\varepsilon_0} \tag{18.63}$$

当分母中极化率项 $N\alpha/3\varepsilon_0$ 趋近于 1 时，极化率和电极化率必将趋近于无穷大。

偶极子的取向极化率和温度成反比，见下面关系式：

$$\alpha_0=\frac{C}{kT} \tag{18.64}$$

如果我们考虑的系统中取向极化率比电子或离子极化部分大得多，就会达到某一临界温度，这时

$$\frac{N\alpha}{3\varepsilon_0}=\frac{N}{3\varepsilon_0}\left(\frac{C}{kT_C}\right)=1 \tag{18.65}$$

由此确定临界温度为

$$T_C=\frac{NC}{3k\varepsilon_0}=\frac{N\alpha_0 T}{3\varepsilon_0} \tag{18.66}$$ [①]

在此温度［即居里(Curie)温度］以下产生自发极化，所有基本偶极子都有同一取向。

将式(18.64)、式(18.65)与式(18.66)联立得到电极化率(及介电常数和极化强度)

$$\chi=\kappa'-1=\frac{P}{\varepsilon_0 E}=\frac{3T_C}{T-T_C} \tag{18.67}$$

电极化率的倒数与 $T-T_C$ 的这种线性关系称为居里－外斯(Curie－Weiss)定

① 原文为 $T_C=\frac{NC}{3\varepsilon_0}=\frac{N\alpha_0 T}{3\varepsilon_0}$，疑有误。——译者注

律，T_C 是居里温度。虽然这一关系式可以满意地描述远远高于居里温度(在此温度下，偶极子的取向或多或少是随机的)时的实验结果，但在接近或低于居里温度时，这种一致性不再存在，此时各个偶极子将取向排列。在这些条件下，假定内场［式(18.19)中的 E_2］等于零这个条件不再满足，因而式(18.21)以及其后的计算就不再适用。L. Onsager① 设计的一种更好一些的模型在数学上更复杂，但对晶态固体却仍不适用。

在某个临界温度下自发极化的结果是出现很高的介电常数，与此同时在交流电场中出现极化的电滞回线(图 18.32)。这和在铁磁材料中所观测到的磁滞回线相似，而这是由于存在不同电畴所引起的，这些电畴中所有偶极子完全平行排列。铁电畴之间的边界称为畴壁。在钛酸钡中有 90°和 180°取向的畴壁。多晶钛酸钡陶瓷中的电畴如图 11.30 所示，其中各畴的不同取向是通过腐蚀显示出来的。

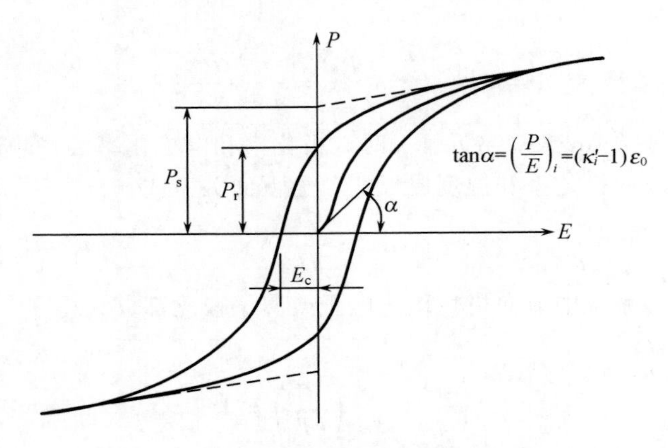

图 18.32　典型的电滞回线

未经极化的材料处在低电场强度时，极化开始是可逆的且与外加电场近似呈线性关系，曲线的斜率给出起始的介电常数。在较高的电场强度时，铁电畴的转向(即畴中的极化方向改变 90°或 180°)使极化作用增加得更快；这是通过畴壁在晶体中的移动来实现的。在最高电场强度时，对给定的电场强度增量，极化强度的增加又变小，这相当于饱和极化。此时，所有电畴均按外电场方向定向排列。将此曲线外推回 $E=0$ 就得到 P_s，这一饱和极化强度 P_s 相当于所有偶极子都平行排列时的自发极化强度。

在撤除电场时，极化强度并不为零而是保持为一个有限值，称为剩余极化强度 P_r。这是由于已定向排列的电畴在没有反向电场输入附加能量时不能回

① *J. Am. Chem. Soc.*, **58**, 1486(1936)。

到它们原来的随机状态；这就是说需要能量来改变电畴的取向。使极化强度恢复到零所需的反向电场强度称为矫顽电场 E_c。

低温时，电滞回线变得比较平坦，矫顽电场变得较大，相应于畴壁重新取向需要较大的能量，即电畴的排列冻结了。在较高温度下，矫顽力减小，直到居里温度无滞后现象为止，而只有单一的介电常数值。钛酸钡的居里温度约为 125 ℃，其电滞回线如图 18.33 所示。图 18.34 给出了钛酸锶钡陶瓷介质电极化率和温度的关系，与居里－外斯定律[式(18.67)]符合。

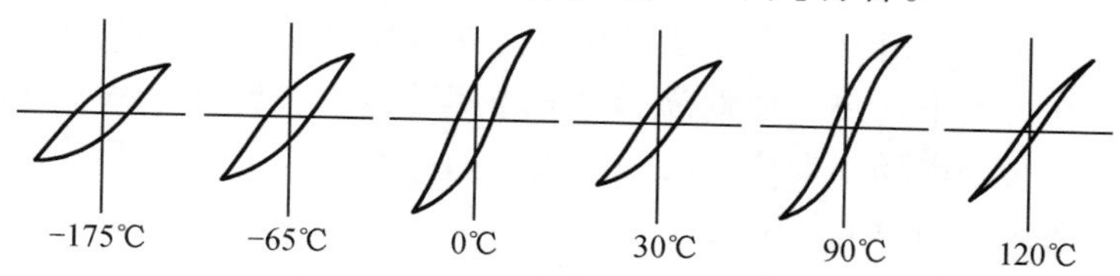

图 18.33　钛酸钡电滞回线形状随温度的变化

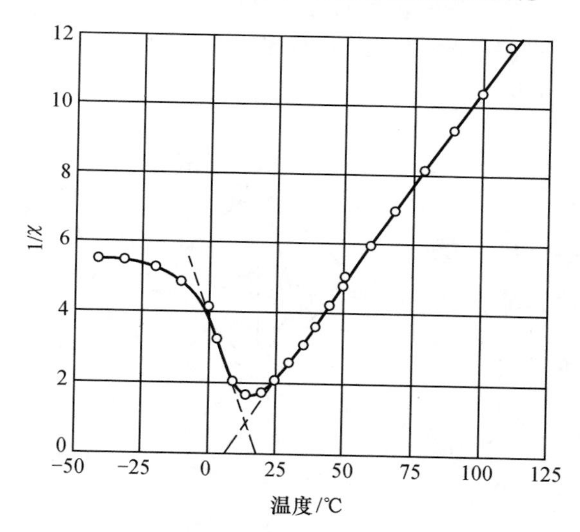

图 18.34　在钛酸锶钡组成物中居里－外斯定律的证明。
引自 S. Roberts, *Phys. Rev.*, **71**, 890(1947)

陆续发现了越来越多的材料具有自发极化作用。钛酸钡是研究得最广泛的一种。钛酸铅具有和钛酸钡相同的钙钛矿结构，也是一种铁电体。其他的铁电体包括：Rochelle 盐（酒石酸钾钠），磷酸二氢钾（KH_2PO_4），砷酸二氢钾（KH_2AsO_4），其他钙钛矿型化合物 $NaNbO_3$[①]、$KNbO_3$[②]、$NaTaO_3$ 和 $KTaO_3$，钛

① 原文误为 $NaCbO_3$。——译者注

② 原文误为 $KCbO_3$。——译者注

铁矿结构 $LiTaO_3$ 和 $LiNbO_3$[①] 以及氧化钨(WO_3)。

图 18.35 示出了钛酸钡的晶体结构(即钙钛矿结构，以天然矿物钙钛矿 $CaTiO_3$ 命名)，每一个大的钡离子为 12 个最邻近氧离子包围，每一个钛离子具有 6 个氧离子的八面体配位。如第二章所述，钡离子和氧离子共同组成面心立方点阵，钛离子配入在八面体间隙中。和其他钙钛矿结构不同，钛酸钡和钛酸铅共有的结构特征看来是大尺寸的钡离子和铅离子增大了面心立方 BaO_3 结构的晶胞尺寸，因此钛离子在八面体间隙中处于稳定性的下限状态。钛离子扰动的假设认为钛离子有一些最小能量位置，这些位置是偏离中心的，因而产生电偶极子。在高温下，热能使钛离子没有固定的非对称位置，但宽敞的八面体间隙使钛离子在外电场中形成大的偶极矩。当冷却至居里温度以下时，钛离子的位置和八面体结构由立方对称变为四方对称，此时钛离子处于离开中心的位置，相当于一个永久电偶极子。如已讨论过的，这些偶极子是有序的，形成畴结构。这种由顺电状态到铁电状态的变化可以通过结晶学的变化和相应的介电常数的变化来说明(图 18.36)。图 18.37 给出了用 X 射线分析测定的钛酸钡四方相中离子的相对位移。

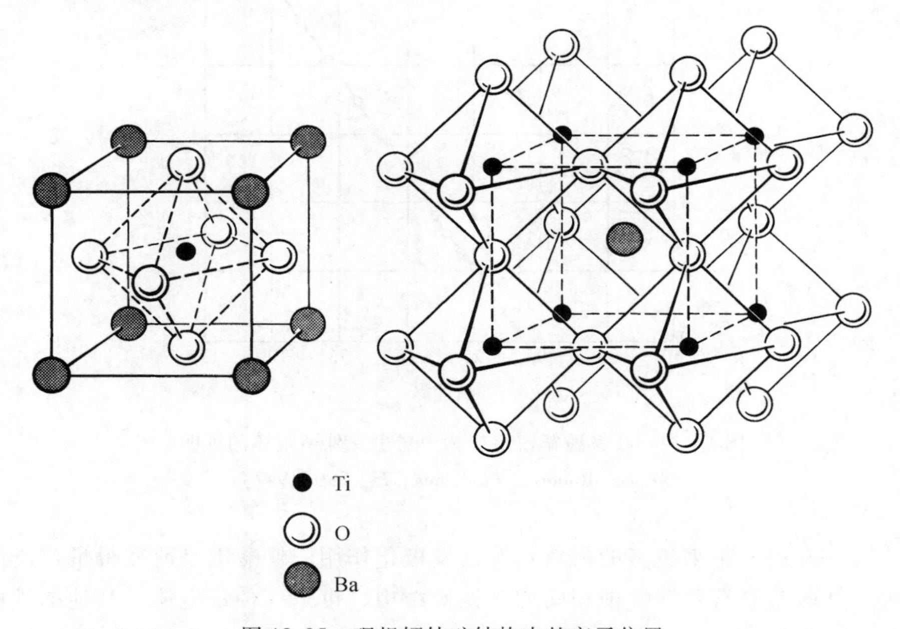

图 18.35　理想钙钛矿结构中的离子位置

① 原文误为 $LiCbO_3$。——译者注

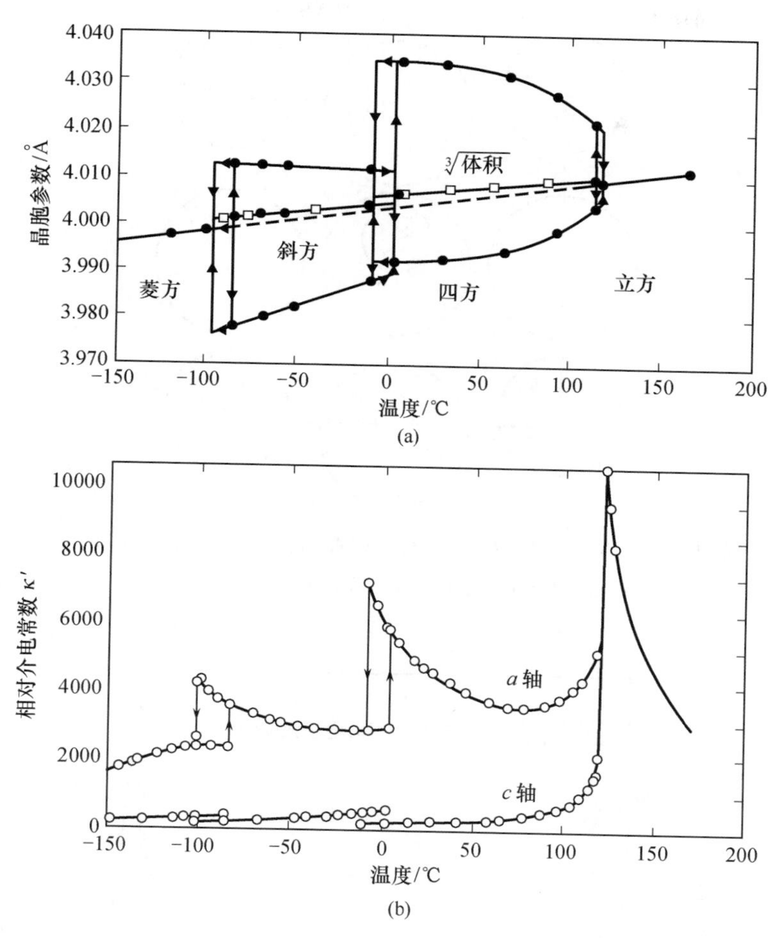

图 18.36 (a) $BaTiO_3$ 的假立方单胞尺寸。引自 H. F. Kay and P. Vousdan, *Phil. Mag.*, **7**, 40, 1019(1949)。(b) 介电常数对温度的依赖关系。引自 W. J. Merz, *Phys. Rev.*, **76**, 1221(1949)

虽然钛酸钡和其他铁电材料的介电常数很高，从而为制造小尺寸高容量电容器提供了可能性，但也存在一系列和它们的应用有关的问题。极化强度随外加电场的变化要求电畴取向，而且如图 18.38① 所示，测得的介电常数取决于外加电场。对高的场强，电畴可更有效地取向，从而产生较高的介电常数。同时，介电常数对温度有强烈的依赖关系，而且即使在适当的温度范围内，电路特性也有变化。幸好，这种对温度的依赖关系以及如介电常数等其他性质可以

① 原文为“图 18.33”，疑有误。——译者注

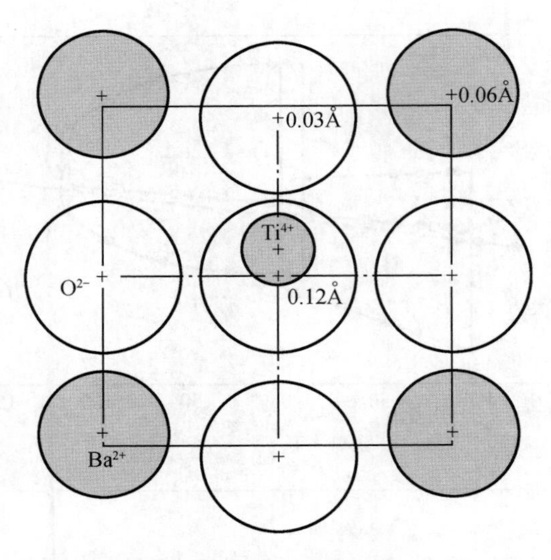

图 18.37　四方相 $BaTiO_3$ 中的离子位置。引自 G. Shirane, F. Jona, and R. Pepinsky, *Proc. I. R. E.*, **42**, 1738(1955)

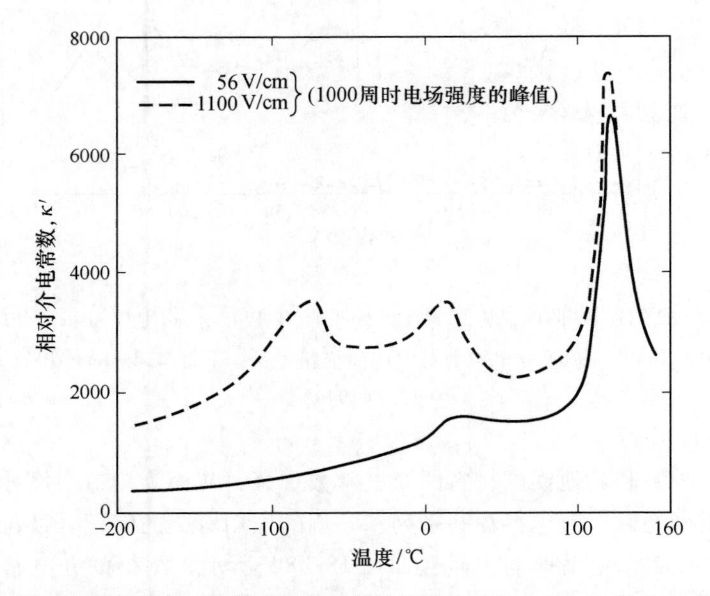

图 18.38　钛酸钡陶瓷的介电常数和温度的函数关系。引自 A. R. von Hippel, 推荐读物 1

通过在宽广的组成范围内形成固溶体的办法来调整。在钙钛矿晶格中可用 Pb^{2+}、Sr^{2+}、Ca^{2+} 和 Cd^{2+} 等离子置换一部分 Ba^{2+} 而仍保持铁电特性。同样，也可以用 Sn^{4+}、Hf^{4+}、Zr^{4+}、Ce^{4+} 和 Th^{4+} 部分地取代 Ti^{4+} 离子。此外，铌酸盐和钽酸盐也可作为铁电体。在所有这些结构中形成固溶体的可能性为组成、介电常数、温度关系和其他特性提供了很宽广的范围，已经进行了很多的努力来研究各种用途所需的具体组成。

铁电体中电畴的移动使生产均匀和一致的材料发生困难。当冷却通过并低于居里温度时引进了应变能（这时某些电畴相对于其他电畴改变方向）。这种应变能导致介电常数对时间的依赖关系，即所谓老化。介电常数作为时间的函数遵从关系式 $\kappa' = \kappa_0' - m\log t$，此处 κ'是时间 t 时的介电常数，κ_0'是起始介电常数，m 是衰减速率。变化速率随着起始介电常数的增加而增加。老化机理的详情尚不够清楚，但像组成和热处理之类的变量对所得结果有强烈影响，而且这些变量也影响所测得的介电常数。电畴运动是否容易取决于周围晶体所施加的应变以及晶体本身的尺寸。在多晶陶瓷中，电畴的重新取向的影响因素包括各个晶粒的尺寸、阻碍畴壁运动的杂质及气孔的存在、周围晶粒所施加的应力、晶界性质以及第二相颗粒的存在等。因此，显微结构的细节、原材料的纯度以及制造和烧成过程对最终性质都有很大影响。还没有对这些影响因素进行仔细分析，因此用同样工艺过程生产的制品在某一固定外加电压测试下所得介电常数的差异可大到 15% ~20%。

对于电子器件，相对损耗因子 $\kappa'\tan\delta$ 由于高介电常数而增大。因此，像玻璃相这种会增加损耗的第二相的存在是很不理想的。为了避免这种困难，钛酸钡和其他铁电陶瓷是通过固相烧结工艺作为单相组成来制造的。

钛酸钡由于具有较强的压电特性而得到了最广泛的应用。像其他非对称晶体一样，当沿着特定结晶学方向被压缩时，钛酸钡呈现电位差。同样，当施加电压时会产生机械畸变。这是由于介电特性各向异性所引起的[图 18.36(b)]。事实上，多晶钛酸钡压电体的制造是在很强的电场中冷却通过居里温度，使偶极子在陶瓷中永久取向，而不是其他情况下发生的随机排列。压电效率用耦合系数来评价，它表示所加机械力转换为电压的百分率。经过极化的钛酸钡陶瓷的优点是耦合系数高（约为 0.5，而石英或其他常用压电体约为 0.1）；同时，它们在力学和热学上是稳定的。其他具有高耦合系数的铁电体（像 Rochelle 盐）的力学和热学性质均较差。为了得到最优效率的压电元件，钛酸钡可以制成各种形状并进行极化。由于钛酸钡的居里温度比较高，所以可在高达 70 ℃的温度下用做压电元件而仍保持其压电性。具有更高居里温度的钛酸铅，其使用温度范围可提高到 100 ℃以上。

钛酸钡换能器广泛用于超声技术如液体的乳化、粉末和油漆的搅拌以及牛奶的均匀化，还用于麦克风、唱机拾音器、加速度计、应变传感器和声纳器件。

推荐读物

1. A. R. von Hippel, *Dielectrics and Waves*, John Wiley & Sons, Inc., New York, 1954.
2. A. R. von Hippel, Ed., *Dielectric Materials and Applications*, Technology Press, Cambridge, Mass., and John Wiley & Sons, Inc., New York, 1954.
3. *Encyclopedia of Physics* (*Handbuch der Physik*), S. Flügge, Ed., Vol. 17, Dielectrics, Springer, Berlin, 1956: (a) W. F. Brown, "Dielectrics", pp. 1 ~ 154; (b) W. Franz, "Dielectrischer Durchschlag" ("Dielectric Breakdown"), pp. 155 ~ 263; (c) P. W. Forsbergh, Jr., "Piezoelectricity, Electrostriction and Ferroelectricity", pp. 264 ~ 392.
4. E. J. Murphy and S. O. Morgan, "The Dielectric Properties of Insulating Materials", *Bell Sys. Tech. J.*, **16**, 493(1937); **17**, 640(1938).
5. J. M. Stevels, "The Electrical Properties of Glass", *Handbuch der Physik*, S. Flügge, Ed., Vol. 20, Electrical Conductivity II, Springer-Verlag, Berlin, 1957, pp. 350 ~ 391.
6. W. Kanzig, "Ferroelectrics and Anti-ferroelectrics", *Solid*, *State Physics*, F. Seitz and D. Turnbull, Eds., Vol. 4, Academic Press, Inc., New York, 1957, pp. 5 ~ 199.
7. *Progress in Dielectrics*, Academic Press, Inc., New York, 1957 ~ 1967.
8. J. C. Burfoot, *Ferroelectrics: An Introduction to Physical Principles*, D. Van Nostrand Company, Inc., Princeton, N. J., 1967.
9. F. Jona and G. Shirane, *Ferroelectric Crystals*, The MacMillan Company, New York, 1962.
10. W. G. Cady, *Piezoelectricity*, Vols. 1 and 2, Dover Publications, Inc., New York, 1964.
11. L. L. Hench and D. B. Dove, *Physics of Electronic Ceramics*, Marcel Dekker, Inc., New York, 1971.

习　题

18.1 用做介电绝缘体的玻璃通常含碱金属量低，而含碱土金属或铅量高。

(a) 介电绝缘体所要求的性能是什么？

(b) 为什么作为介电绝缘体玻璃时以低碱玻璃更为可取？

(c) 从结构上解释为什么含碱土金属的玻璃适合用于介电绝缘体。

(d) 熔融石英的缺点是什么？

18.2 画出①锗(高纯)和②CaF_2 中介电常数和损耗因子在频率为 1 ~ 10^{18} Hz 范围内的变化关系曲线：

(a) 用适当的极化机制标出色散区域。

(b) 对 CaF_2，给出每种机制中产生色散的频率变化和温度的关系。

18.3 如果 A 原子半径为 B 原子的两倍，那么在其他条件相同的情况下，A 原子的电子极化率大约是 B 原子的多少倍？

18.4　将下列晶态材料按其预期的折射率的顺序 $\kappa \approx n^2$（由小到大）排列：

LiF	MgO
NaI	KF
PbO	NaBr
CaS	RbF
NaF	NaCl
CaO	CsF

18.5　一种细晶金红石（TiO_2）陶瓷样品在 20 ℃、100 Hz 下 κ' 为 100。这种高 κ' 的原因是什么？你如何用实验区别各种起作用的机制？

18.6　希望制得的电容器具有高容量和小尺寸。讨论如何制造作为电介质的陶瓷材料以满足此要求。哪些性质很重要？哪些因素必须加以控制？

18.7　一个厚 0.025 cm、直径 2 cm 的滑石瓷圆片，测得其电容为 7.2 μF，损耗因子为 72。试确定① 介电常数；② 电损耗因子；③ 电极化率。

18.8　当振荡器设定在 1 Hz 时，如在 300 ℃下观测到偶极子弛豫引起的损耗峰极大值，求当振荡器设定为 100 Hz 时，在什么温度下可以观测到损耗峰。假定激活能为 1.0 eV。

18.9　叙述像 $BaTiO_3$ 这种典型的电介质在居里温度以下存在的 4 种极化机制。画出介电常数和损耗在频率为 $10 \sim 10^{20}$ Hz 范围内的变化关系曲线。

18.10　(a) 试解释为什么碳化硅的介电常数和其折射率的平方 n^2 相同。

(b) 对于 KBr，预期会有 $\kappa = n^2$ 这一规律吗？为什么？

(c) 所有物质在频率足够高的情况下折射率都等于 1，试解释之。

18.11　画出纯的铁电体的电滞回线，并用有关的机制解释引起非线性关系的原因。如果材料是反铁电体，该曲线如何变化？

第十九章
磁性能

陶瓷的许多磁特性类似于其介电特性。磁极化和介电极化、永久电偶极子和永久磁偶极子、自发磁化和自发电矩以及磁现象和介电现象之间的其他相似性也很明显。然而存在单独的正电荷和负电荷(单极)，却并不存在相应的磁单极，这是因为磁场起因于自旋电子或通电线圈。

随着固体电子学领域的日益扩展，陶瓷材料的磁特性显得愈加重要。虽然人们早已知道天然磁铁(Fe_3O_4)的磁性是有用的，而且在 13 世纪开始用于指南针[①]，但是直到 1946 年 J. L. Snoeck 才在荷

① 我国在 2000 多年前已发现磁石的相互吸引和磁石吸铁的磁现象(见《管子·地数篇》，管仲，公元前？—公元前 645 年)，并已有用天然磁铁矿琢磨成“司南”(指南针)的记载(见《韩非子·有度篇》，韩非子，公元前 280—前 233 年)。古称“磁”做“慈”，据说是取“磁石吸铁”有如“母之招子”之意(见东汉《高诱·磁石注》)。11 世纪末，我国已有指南针用于航海的记载(公元 1119 年朱彧在《萍洲可谈》称“舟师识地理，夜则观星，昼则观日，阴晦观指南针”)。西方关于磁石和磁石吸铁的最早记载为希腊的 Thales(约公元前 624—前 547 年)，迟于管仲的时代。公元 12 世纪英国的 Neckam(公元 1157—1217 年)记载了航海时使用罗盘(见弓场重泰《物理学史》1950 年再版本)。——译者注

兰 Philips 实验室研究出强磁性、高电阻率、低弛豫损耗的氧化物陶瓷。磁性陶瓷常用作高频器件，由于陶瓷中的亚铁磁氧化物有较高的电阻率，使它比金属优越得多；近 30 年来，随着这种技术的发展，磁性陶瓷在收音机、电视和电子器件方面的应用日益增加。磁性陶瓷在数字计算机中用做开关时间快的记忆元件，这是导致计算机技术蓬勃发展的主要原因。在一些微波器件和依靠永磁的器件中，磁性陶瓷作为各种专用的电路元件而起重要的作用。

推荐读物 1 ~3 提供了磁性材料和磁性能方面广泛和详尽的论述。读者要想深入了解，可参阅上述著作。

19.1 磁现象

当磁场和实际材料相交时，磁化场 H 导致磁偶极子的形成，或者是磁偶极子像电偶极子链(图 18.1)那样排列起来。结果，类似于总电流密度 D，总磁通密度 B 是磁化场和全部磁偶极子效应的总和，即

$$B = \mu_0 H + \mu_0 M = \mu' H \tag{19.1}$$

式中：M 为材料的磁化强度；μ_0 为自由空间(真空)的磁导率；μ'是材料的有效磁导率。

在有理化的 mks 单位制中，场强 H 用 A/m 为单位来度量。对于真空，

$$E = \sqrt{\frac{\mu_0}{\varepsilon_0}} H = 120\pi H \quad (\mathrm{V/m}) \tag{19.2}$$

真空中磁通密度为

$$B = \mu_0 H = 4\pi \times 10^{-7} \mathrm{H} \cdot \mathrm{V/(s \cdot m^2)} = \mathrm{Wb/m^2} \tag{19.3}$$

于是

$$\frac{E}{B} = \frac{1}{\sqrt{\varepsilon_0 \mu_0}} = \text{光速} = 3 \times 10^8 \ \mathrm{m/s} \tag{19.4}$$

通常，磁场强度和磁通强度是用 Oe(奥斯特)和 G(高斯)为单位来度量的。变换系数为

$$\begin{aligned} H(\mathrm{A/m}) &= \frac{4\pi}{10^3} H(\mathrm{Oe}) \\ 1(\mathrm{Oe}) &= 79.7(\mathrm{A/m}) \\ B(\mathrm{Wb/m^2}) &= 10^4 B(\mathrm{G}) \\ \frac{B}{H} &= \mu_0 = 4\pi \times 10^{-7} \ \mathrm{H/m} = 1 \ \mathrm{G/Oe} \end{aligned} \tag{19.5}$$

表 18.1 列出几种单位制的换算。

单位体积的磁偶极矩是单位体积的单元磁偶极子数 n 与磁矩 P_{m} 的乘积：

$$M = nP_m = n\alpha_m H \tag{19.6}$$

式中：α_m 为单元组分的磁化强度。磁矩与磁场强度成正比。磁性能与介电性能类似，也可用磁化强度与外场的比值来度量，称为磁化率：

$$\chi_m = \frac{M}{H} = n\alpha_m = \frac{\mu'}{\mu_0} - 1 \tag{19.7}$$

这是另外一种表示相对磁导率的方法。

当电流 i 包围面积 a 时就产生磁偶极矩 $m = ia$，其中 m 是电流所包围面积的法向矢量。这样，当电子沿半径为 r 的轨道以每秒 ν 次的频率围绕质子运动时，它导致一个磁矩 $e\nu\pi r^2$；同时它有一个量子化的角动量。由玻尔的原子理论可知，当角量子数 l 等于 1 时，磁矩和角动量所形成的单元磁矩为

$$P_m = \mu_B = \frac{eh}{4\pi m} \cong 9.27 \times 10^{-24}\ \mathrm{A \cdot m^2/electron} = 9.27 \times 10^{-21}\ \mathrm{erg/G} \tag{19.8}$$

式中：h 是普朗克常量；μ_B 定义为一个玻尔磁子，它是 $l = 1$ 时一个电子所贡献的原子轨道磁矩。当然这不是对原子轨道磁矩贡献的唯一机理。由电子本身的本征角动量引起的电子自旋的贡献约为 $2s$ 玻尔磁子，s 为自旋量子数（$\pm 1/2$）。在陶瓷材料中，轨道基本上被晶格固定并受化学键约束，以致轨道磁矩相互抵消（轨道的淬灭）；所以对这类材料磁矩的主要贡献来源于电子的自旋，这种自旋可自由地对磁场取向。但是轨道磁矩和电子自旋磁矩之间的耦合还是会影响观察结果，因此原子或离子磁矩与自旋磁矩①的比例常数只是近似等于 2②。

根据泡利不相容原理，每个能级只能由两个电子填满；它们具有相反的自旋方向（$s = +1/2$，$s = -1/2$），其磁矩相互抵消。永久磁矩来源于系统中的不成对电子。这些系统包括电子导电的金属、含有奇数电子的原子和分子以及内部电子壳层部分填满的原子和离子，如大多数过渡元素以及稀土元素和锕系元素等。这些元素的电子结构已在第二章中讨论过。

抗磁性材料　凡是与第十八章讨论的感生介电效应相当的磁效应称为抗磁性。感生磁化强度 M 是磁场强度 H 的线性函数；χ_m 是常数而且与磁场无关。由于磁化方向与磁场方向相反，所以 χ_m 是负值。抗磁性效应是微弱的，相对磁导率 μ'/μ_0 仅略小于 1。

如果把原子的经典图像看成是电子电荷在确定的轨道上环绕原子核运行，就能得到抗磁性起源的物理模型。以类似于导出式（19.8）的方法，如果缓慢

---

① 原文误为“自旋量子数”。——译者注

② 此处所述比例常数系朗德（Landé）因子 g：$g = 2\,\dfrac{\text{总磁矩}(m)}{\text{自旋磁矩}(s\mu_B)}$。对纯自旋磁矩 $g = 2$；纯轨道磁矩 $g = 1$；如有部分轨道磁矩存在，朗德因子就会出现一定的偏离现象。详见推荐读物 3 的第 3 节和第 6 节。——译者注

地施加磁场，假定电子轨道半径不变，就可设想电子的角速度如何变化。由于角速度改变所引起的净磁矩 μ_D 的大小为

$$\mu_D = -\frac{e^2}{4m}\mu_0 r^2 H \tag{19.9}$$

式中：e 是电子电荷；m 是质量；r 是轨道半径；外加磁场 H 垂直于轨道平面。由于电子轨道半径约为 1 Å，所以因子 $e^2\mu_0 r^2/(4m)$ 约为 $10^{-28}\ cm^3$。每立方厘米约有 $10^{22} \sim 10^{23}$ 个原子，因而单位体积抗磁性材料的磁化率 χ_m 的数量级应为 $10^{-5} \sim 10^{-6}$，这接近固体的实测值。类似于感生电子极化率，抗磁性的磁化率与温度无关。

凡是离子具有填满的电子壳层或者说没有不成对电子的陶瓷材料几乎都呈现抗磁性。这通常就意味着不含过渡金属离子或稀土离子的陶瓷是抗磁性的。

顺磁性材料 过渡族和稀土族离子都有净磁矩，因为离子包含奇数个电子(表 19.1)。无磁场时，这些磁矩通常取向混乱，不显示宏观磁性。然而在外磁场作用下，这些磁矩就会沿外磁场方向择优排列而产生净磁化强度。当不成对的电子各自行动而其间没有相互作用时，这种效应称为顺磁性。由于磁矩是沿外磁场方向排列的，顺磁磁化率 χ_m 是正值，以致提高了磁通密度。

表 19.1 若干尖晶石型结构形成离子的外壳层的电子组态和未成对的电子数

离子	电子组态	未成对的电子数
Mg^{2+}	$2p^6$	0
Al^{3+}	$2p^6$	0
O^{2-}	$2p^6$	0
Sc^{3+}	$3p^6$	0
$Ti^{4+}(Ti^{3+})$	$3p^6(3d^1)$	0(1)
$V^{3+}(V^{5+})$	$3d^2(3p^6)$	2(0)
$Cr^{3+}(Cr^{2+})$	$3d^3(3d^4)$	3(4)
$Mn^{2+}(Mn^{3+})(Mn^{4+})$	$3d^5(3d^4)(3d^3)$	5(4)(3)
Fe^{2+}	$3d^6$	4
Fe^{3+}	$3d^5$	5
$Co^{2+}(Co^{3+})$	$3d^7(3d^6)$	3(4)
Ni^{2+}	$3d^8$	2
$Cu^{2+}(Cu^{+})$	$3d^9(3d^{10})$	1(0)
Zn^{2+}	$3d^{10}$	0
Cd^{2+}	$4d^{10}$	0

例如 Mn^{2+} 的 $3d$ 壳层是半满的，有 5 个电子；根据洪德(Hund)定则，这 5 个电子是不成对的，即具有相同的自旋方向，结果是每个离子有 5 个玻尔磁子，即 $5\mu_B$ 的净磁矩。含有 n 个不相互作用的 Mn^{2+} 的离子固体，其顺磁磁化

率与 n 和 $5\mu_B$ 成正比。大多数顺磁材料的吸引力是微弱的，$\chi_m \approx 10^{-5} \sim 10^{-6}$。虽然各个磁矩都趋向于沿外磁场排列，但也有一种因热运动使自旋取向混乱的相反趋势。

铁磁材料和亚铁磁材料 在某些材料中，各离子的磁矩为强耦合，因此，即使在无磁场时固体中也有一些电子自旋平行排列的区域。这样，即使处于宏观的退磁状态，也会导致这些小区域出现较大的微观磁矩，称为外斯(Weiss)磁畴。铁磁材料的外斯磁畴中，由于所有电子的自旋呈平行排列，系统的能量降低。

铁磁材料中，电子自旋之间的交换作用为正，即所有自旋都按相同方向排列。然而，在某些固体中，未成对电子之间的交换引起自旋的反平行排列。某些过渡金属的一氧化物(MnO、FeO、NiO 和 CoO)就有这种特性。在 FeO 中，相邻铁离子的 d 电子的自旋是按相反方向排列的。我们称这种特性为*反铁磁性*。FeO 晶体是岩盐型结构，在任何(111)平面上的离子都是平行自旋，而相邻(111)平面上的离子却是反平行自旋。由于两个方向的离子磁矩相互抵消，就整体而言 FeO 晶体没有磁矩。这种没有净磁矩的反铁磁性是一种特殊情况，其中相反方向排列的自旋磁矩的数值恰好相等。通常，具有未成对电子的离子在两个次晶格上是按反平行自旋排列的，所以我们必须总计每个次晶格的净磁矩。亚铁磁材料是一种两个次晶格净磁矩不相等的材料，这就导致净宏观磁矩的产生。也就是说，按反铁磁性排列的自旋没有完全抵消。这类材料是最重要的磁性氧化物族。

磁畴 铁磁材料或亚铁磁材料内部可以分成许多已经完全磁化的微区或畴；也就是说，每个磁畴内部所有磁矩都按相同方向排列。当块状材料未被磁化时，这些磁畴的净磁矩等于零。这些磁化矢量总和(也就是净磁矩)为零的方式对了解磁性氧化物是重要的。图 19.1(a)中两个反向磁畴的磁矩总和为零；然而图 19.1(b)和(c)所示的磁畴逐步分裂，使材料的能量降低。在后两种情况下，磁化强度总和仍等于零。材料端部的线圈型磁畴称为封闭畴，与固体内磁通路径相通；当磁通量几乎都保持在固体内时[如图 19.1 (b)和(c)]，该系统的能量较低。

如第十三章所述，由于配位场的各向异性，自发磁化取最低能量的结晶学方向。磁畴间的边界区域由取向逐渐改变的自旋所组成，如图 19.2 所示。此过渡区(即畴壁)的厚度是相邻的不同取向磁畴平衡的结果：当相邻磁畴间的自旋取向趋向于形成小夹角时，要求畴壁厚；当自旋趋向于特定结晶学取向时，要求畴壁薄。典型的畴壁厚度约为 1000 Å，畴壁能约为 2×10^{-8} cal/cm^2 (约 1 erg/cm^2)。

正如电介质在极化后会改变长度一样，磁性材料在磁化后也发生长度变

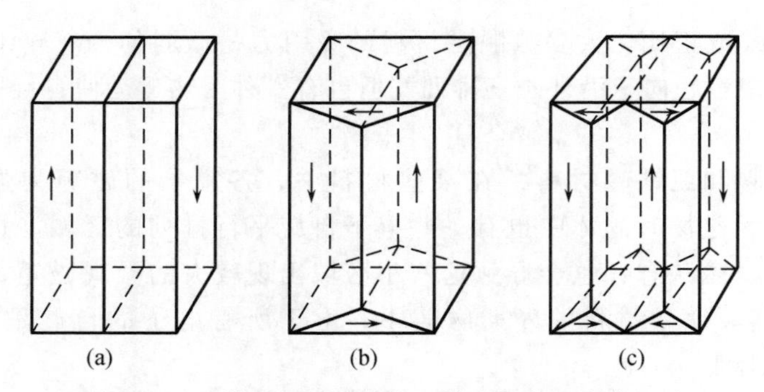

图 19.1　固体的几种畴结构，其净磁化强度等于零

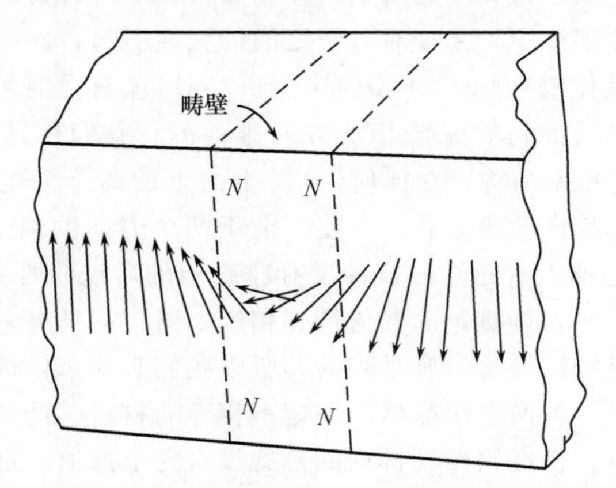

图 19.2　畴壁中原子 - 偶极子取向的变化（各磁矩位于畴壁平面，N 表示材料表面形成的磁极）

化。当磁化强度从零至饱和（各自旋排列整齐）时相应的长度变化率（dl/l）就是*磁致伸缩*。例如 $NiFe_2O_4$ 饱和磁化时，沿磁化方向缩短百万分之四十五。观察到的尺寸变化的大小不仅是磁场强度也是结晶学取向的函数。

磁滞回线　固体的磁化状态是磁化场强和磁化方向的函数。如果设想亚铁磁材料具有许多微小磁畴而没有净磁化强度，我们就可以探讨磁畴在场强增大时所发生的变化（图 19.3）。当磁场从零增加时，对固体的影响是使畴壁以可逆的方式位移。如果撤去磁场，畴壁就回复到起始位置。这样，$B-H$ 曲线的起始部分起因于畴壁的可逆位移，其斜率称为起始磁导率 μ_i。随着磁场增加，就有非可逆的畴壁位移产生，开始使磁感应强度的增加快于场强，得出最大斜率 μ_{max}。最后，在磁化曲线上部所有磁畴壁都已位移，进一步增加磁场强度就使磁畴转向外场方向。此时，材料达到饱和，更高的场强并不能导致更大的磁化强度。

当磁场减小至零时，磁感应强度并不降到零，而由磁化时大多数磁畴的整

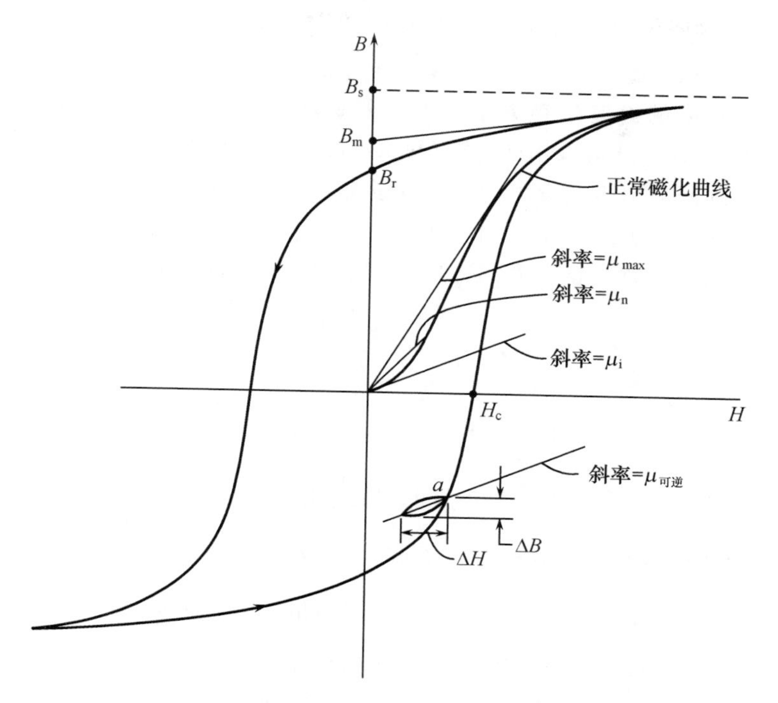

图 19.3　由磁畴运动引起的磁化特性和磁滞回线

齐排列导致剩余磁化强度 M_r 或剩余磁感应强度 B_r。当磁场方向相反时，磁感应强度逐渐减小，最后变成零值时的磁场强度为矫顽力 H_c。当在此相反方向上进一步增加磁场强度时，导致在此反方向达到磁饱和，产生与第一象限内等值的饱和磁感应强度 B_s 和剩磁感应强度 B_r。倘若从一个方向至另一个方向循环地加上磁场，就得到磁滞回线。因为磁滞回线的面积表征磁畴结构状态变化的能量或功，所以 $B \cdot H$ 的乘积称为磁能积，表示系统内的净损耗，通常以热的形式产生。在实际应用中磁性材料沿磁化曲线每秒循环多次，磁滞损耗就显得非常重要，所以要用软磁材料（低 B_r）。

材料中除由磁滞回线所导致的能量损耗外，还有由电流（即涡流）引起的损耗。系统内由磁通量变化引起的功率损耗与 ϕ^2/R 成比例，其中 ϕ 为局部感生电压（正比于磁通量的时间变化率），R 为材料的电阻。实际上，具有高电阻率的磁性氧化物，其涡流损耗低，因而远优于金属。

永磁体则要求硬磁材料（高 B_r）。永磁体要求高矫顽力，因此这种材料不容易退磁。磁能积是通常用来表征永磁材料质量的单一指标，一般以 $B \cdot H$ 乘积的最大值表示。高质量永磁材料的磁能积约为 1 cal/cm^{3}①。从图 19.3 所示的磁滞回线可见，高的$(BH)_{\max}$要求剩余磁化强度和矫顽力都有高值。

顺磁磁化率的温度依赖关系 设顺磁材料内部有 n 个大小为 P_m 的磁矩[式(19.6)]，我们就可以用朗之万(Langevin)导出的经典磁学理论来确定磁矩排列与温度的函数关系。设想在每个分子都具有净磁矩 P_m 的理想气体中，除了分子碰撞外，分子之间没有相互作用，所以在无磁场时磁矩矢量取向混乱。在外磁场作用下，磁矩转向磁场方向排列。图 19.4 为其示意图，图中使磁矩

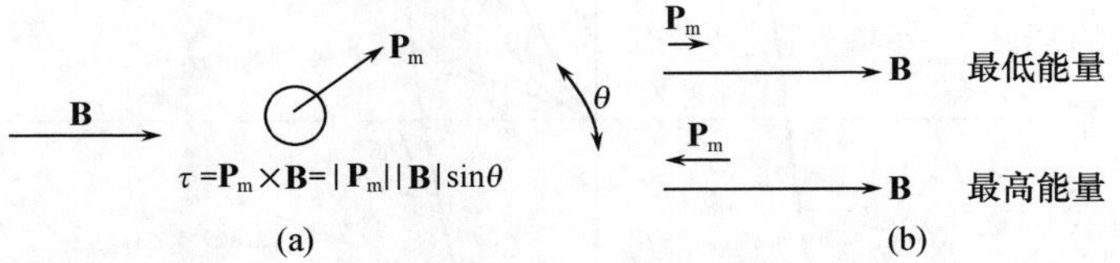

$\mathbf{P}_m$ $\mathbf{B}$ $\tau=\mathbf{P}_m\times\mathbf{B}=|\mathbf{P}_m||\mathbf{B}|\sin\theta$ (a)

θ $\mathbf{P}_m$ $\mathbf{B}$ 最低能量 $\mathbf{P}_m$ $\mathbf{B}$ 最高能量 (b)

图 19.4 (a) 阴离子磁矩沿外磁场 B 排列的力矩；(b) 最低和最高能量组态排列

转至平行于外磁场方向的力矩为 $P_m B\sin\theta$。作为 θ 函数的能量分布为

$$E(\theta) = \int_0^{\theta}\tau d\theta = \int_0^{\theta}P_m B\sin\theta d\theta = -P_m B\cos\theta \tag{19.10}$$

在特定能量 $E(\theta)$时具有净磁矩的分子数由玻尔兹曼分布的动力学理论得出：

$$N(\theta)d\theta = A2\pi\exp\left[\frac{P_m B\cos\theta}{kT}\right]\sin\theta d\theta \tag{19.11}$$

式中：$N(\theta)$ 为与外场呈 θ 角的单位体积磁偶极子数；$A = n/\left\{2\pi\int_0^{\pi}\sin\theta\exp[P_m B\cos\theta/(kT)]d\theta\right\}$，其中 n 是单位体积偶极子总数。最后可得磁化强度

$$M = \int N(\theta)P_m\cos\theta d\theta = nP_m\left(\coth L - \frac{1}{L}\right) \tag{19.12}$$

式中：$L = mB/(kT)$。圆括号内的项称为朗之万函数。对温度在 10 K 以上的大部分场强来说，磁化强度为

$$M = nP_m\left(\frac{P_m B}{3kT}\right) = nP_m\left(\frac{P_m\mu_0 H}{3kT}\right) = \chi H \tag{19.13}$$

式中顺磁物质的磁化率由居里定律给出：

$$\chi = \frac{nP_m^2\mu_0}{3kT} = \frac{C}{T} \tag{19.14}$$

① 这是一个很大的能量单位，一般在 CGS 制和 MKSA 制中场以(MG · Oe)或(kJ/m^3)表示。铁氧体硬磁材料磁能积最大值的理论值约为 5.8MG · Oe，或 45kJ/m^3。但 1 cal/cm^3 ≈523.5 MG · Oe 或 1 cal/cm^3 ≈4183 kJ/m^3，所以此值偏大。——译者注

以磁化率的倒数对温度作图，曲线的斜率就给出磁偶极矩 P_m 的数值。对凝聚相顺磁材料可用同样的表示法，通常以倒数的形式给出：

$$\frac{1}{\chi}=\frac{3k}{nP_m^2\mu_0}T=\frac{T}{C} \tag{19.15}$$

高于居里温度 T_C 时，由于热运动足以使磁偶极子取向混乱，所以铁磁、亚铁磁和反铁磁材料都变成顺磁材料。因此，在无磁场时高于 T_C 就没有净磁矩。有效场 $H_{有效}=H_{外场}+\lambda M$ 的作用是使自旋排列；因此式(19.15)必须予以修正。尤其是对铁磁材料来说，在 T_C 以上的顺磁区域，我们可以采用磁化率随温度变化的居里－外斯定律。磁化率为

$$\frac{M}{H_{外场}}=\chi=\frac{C}{T-C\lambda}=\frac{C}{T-T_C} \tag{19.16}$$

式中的 C 由式(19.14)确定，而 $T_C=C\lambda$ 包括交换场效应。

对反铁磁材料，我们假定电子自旋相反，因此两个次晶格的磁偶极子大小相等、方向相反。然而在称为奈耳(Neel)温度 $T_N=\lambda C/2$ 的转变温度以上，自旋取向混乱，这时磁化率为

$$\frac{M}{H_{外场}}=\chi=\frac{C}{T+\lambda C/2}=\frac{C}{T+T_N} \tag{19.17}$$

亚铁磁类是重要的磁性陶瓷，我们必须考虑两个次晶格上反平行自旋的分布，例如尖晶石结构中的四面体和八面体位置。根据奈耳的简单模型，我们考虑特定的磁性离子(例如 Fe^{3+})在两个次晶格上的分布。设铁离子在 a 位(四面体)上的分数为 x，在 b 位(八面体)上的分数为 y，且 $x+y=1$，由于 a 位和 b 位上的自旋是反平行的，所以最大净磁矩为

$$\mu_m=2(x-y)P_m \tag{19.18}$$

对 Fe^{3+}，上式为 $2(x-y)5\mu_B$。然而，假定亚铁磁材料在顺磁区域内性状为居里定律型，则磁化率与温度关系为

$$\frac{1}{\chi}=\frac{T}{C}+\frac{1}{\chi_0}-\frac{\xi}{T-\theta} \tag{19.19}$$

式中：

$$\frac{1}{\chi_0}=\lambda_{AB}(2xy-x^2\alpha-y^2\beta)$$

$$\theta=\lambda_{AB}xyC(2+\alpha+\beta)$$

$$\xi=\lambda_{AB}^2xyC[x(1+\alpha)-y(1+\beta)]^2$$

其中：λ_{AB} 为 a 位和 b 位离子相互作用的交换常数，是负项；α 定义为 $\lambda_{AA}/\lambda_{AB}$，$\beta$ 定义为 $\lambda_{BB}/\lambda_{AB}$，这后两项也是负值。亚铁磁材料交换常数(外斯或分子场常数)的由来将在下一节中讨论。温度和磁化率关系的 4 种情况如图 19.5 所示。

饱和磁化强度的温度依赖关系 临近居里温度时，磁化强度 M 的变化类似

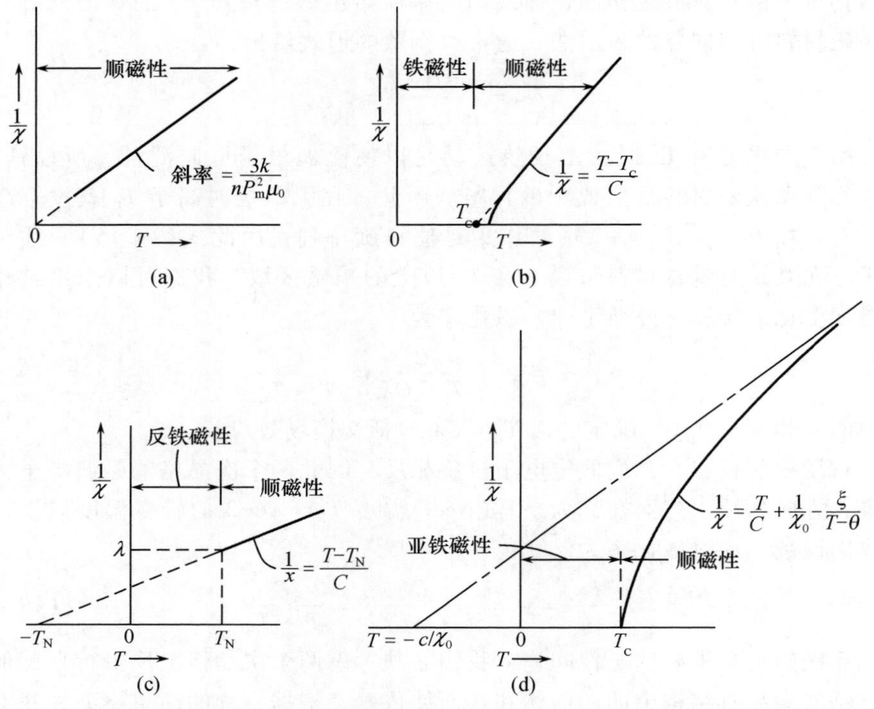

图 19.5 顺磁状态时磁化率倒数对温度的依赖关系。(a) 顺磁材料；(b) 铁磁材料；(c) 反铁磁材料；(d) 亚铁磁材料

于第四章所述的有序－无序转变现象。整齐排列的自旋磁矩开始混乱，在接近居里温度时混乱程度显著增大。对铁磁材料可按布洛赫(Bloch)的 $T^{3/2}$ 定律：

$$M(T) = M(T=0)\left[1 - FT^{3/2} + \cdots\right] \tag{19.20}$$

式中：F 是与电子自旋相互作用有关的常数。这种特性如图 19.6 所示。

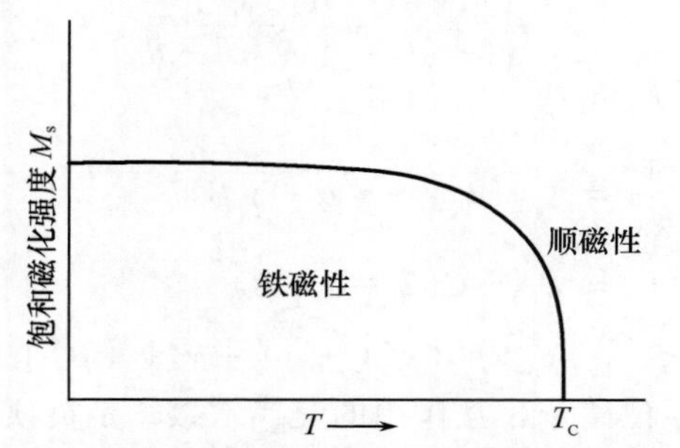

图 19.6 铁磁材料的饱和磁化强度对温度的依赖关系

对反铁磁材料来说，无论外场是平行还是垂直于磁偶极子方向或者是作用

在如多晶一样的无序偶极子群列，磁化强度都取决于外场的取向。这种特性如图 19.7 所示。

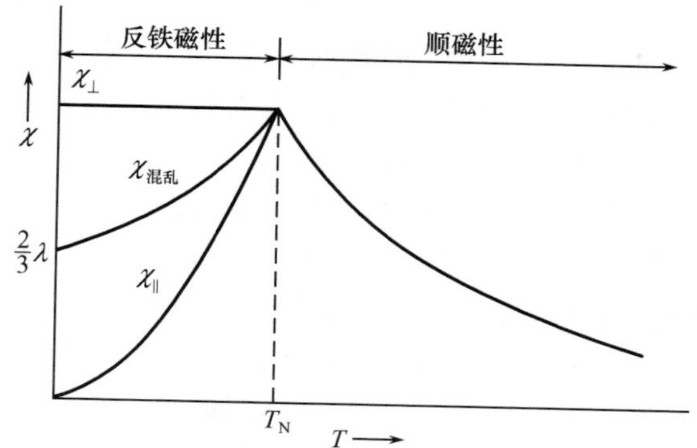

图 19.7　当外场垂直($\chi_\perp$)和平行($\chi_\parallel$)于磁偶极子以及作用于多晶，即作用于混乱的磁偶极子($\chi_{混乱}$)时，反铁磁材料的磁化率

对亚铁磁材料来说，根据推导式(19.18)的假定，奈耳曾预测磁化强度对温度的依赖关系的 6 种特性类型。由于必要条件为

$$\left(\frac{\partial M}{\partial T}\right)_{T\to 0} = 0$$

因此，其中 3 种类型在热力学上是不可能的。两个次晶格上磁偶极子随温度的变化就只有 3 种可能状态的净磁化强度 - 温度曲线，如图 19.8 所示。自从奈耳预测以来，亚铁磁材料中都已经观测到这几种磁化强度 - 温度曲线。各种具体磁性材料将在后面讨论，并给出各种数据。

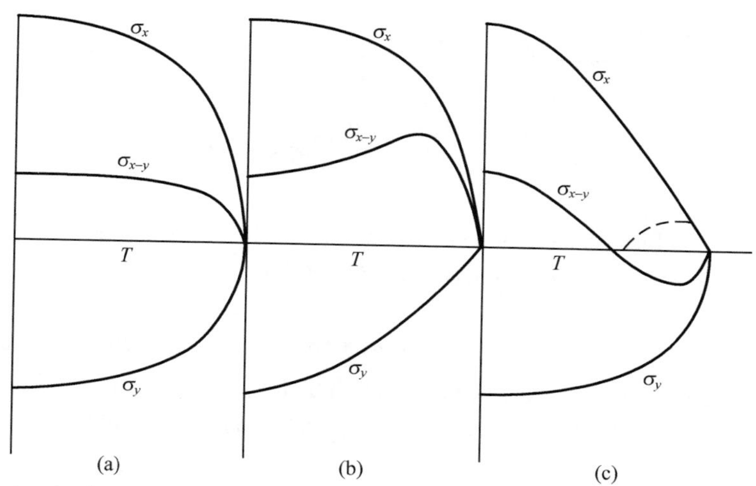

图 19.8　奈耳预测的亚铁磁材料的磁化强度 σ_{x-y} 与温度的关系。x 和 y 表示次晶格

19.2 亚铁磁材料交换作用的起因

我们在 17.3 节中确定氧化物电特性时讨论了外层电子的相互作用和重叠的重要性。固体的磁性能也由外层电子特别是过渡族金属离子以及这些外层电子和近邻离子的电子相互作用而引起。

直接交换作用 铁磁材料(例如 Fe、Ni)内的磁偶极子是自发取向的，因此可以观察到净宏观磁矩。即使在多晶材料中，除了临近居里温度外，磁偶极子也是彼此平行的。导致平行性的电子自旋之间的耦合并不是磁性的起源。磁偶极子之间的相互作用太小，要乘以 10^3 才能用来说明所观察到的居里温度(Ni 为 350 ℃，Fe 为 770 ℃)。对这种相互作用的唯一充分的解释建立在量子力学基础上①。这种直接交换作用可正可负(图 19.9)，可由交换积分给出。交换积分的大小和符号取决于 D/d 的比值，其中 D 为相互作用的原子(或离子)间距，d 为所研究的电子轨道直径(过渡金属的 3d 或 4f 轨道)。从图 19.9 可见，$D/d<1.5$ 时得出负的交换作用；高于该比值交换作用就变为正值，在 $D/d=1.8$时达到最大值，然后逐渐递减至很小，但仍然为正值。在亚铁磁性尖晶石中，D/d 值通常为 2.5 数量级；这就是说，从直接交换作用预期会有相当微弱的正相互作用，但是实验表明在 a 位(四面体)和 b 位(八面体)之间具有很强的负相互作用。

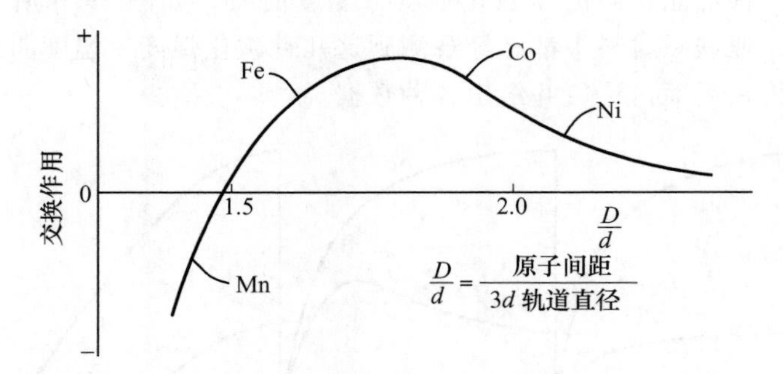

图 19.9 Slater - Bethe 曲线，表示交换积分的大小与符号为 D/d 的函数关系。引自推荐读物 2

我们必然得出这样的结论：由于氧离子将外层轨道部分填满的金属离子隔开，在氧化物中发生的情况与铁磁性金属明显不同；这就是说，由于插入氧离子，金属离子之间的直接交换作用被部分地或完全地屏蔽。已经提出可以得到负

① R. M. Bozorth, *Ferromagnetism*, D. Van Nostrand Company, Inc., Princeton, N. J., 1951。

交换作用并且氧离子起重要作用的两种机制，称为超交换作用和双重交换作用。

超交换作用　由于氧化物中的键合主要是离子键，$2p$ 壳层填满的氧离子具有类似于惰性气体的电子组态，处于这种基态时它与金属离子的相互作用不大。超交换作用被认为是基态激发的机制。

可能的激发机制涉及氧离子的一个 $2p$ 电子暂时前移到毗邻的金属离子上。我们下面以氧化物中的三价铁离子为例来定性描述超交换作用。我们从这些三价铁离子的基态出发。按照洪德定则，5 个 $3d$ 电子都是平行排列的。氧离子的 6 个 $2p$ 电子组成三对，每对的自旋磁矩相互抵消。前已述及 p 轨道形似哑铃(图 2.5)，我们考虑激发态时由一个 p 电子暂时变为铁离子的 d 电子的交换作用。在氧离子一侧的三价铁离子与另一侧的三价铁离子的迁移过程如下：

$Fe^{3+}(3d^5)$	$O^{2-}(2p^6)$	$Fe^{3+}(3d^5)$	→	$Fe^{3+}(3d^5)$	$O^{1-}(2p^5)$	$Fe^{2+}(3d^6)$
↓↓↓↓↓	↑↓	↓↓↓↓↓		↓↓↓↓↓	↑↓	↓↓↓↓↓
	↑↓				↑↓	↑
	↑↓				↓	

这样，一个三价铁离子就变成一个亚铁(Fe^{2+})离子。指向三价铁离子的氧离子 p 轨道上的未成对电子可以与另一侧未成对的铁离子电子产生负的相互作用。如果金属离子的 $3d$ 壳层少于半满，则超交换作用将是正的相互作用；如 $3d$ 壳层为半满或多于半满(例如我们所举的三价铁离子)，则可能是一种具有反平行自旋的负的相互作用。一般认为，超交换作用随离子间距离的增加而迅速减小。$2p$ 轨道的哑铃形状使我们有理由假定在一定的离子间距、金属 - 氧 - 金属之间夹角为 180°时，相互作用最大；当夹角为 90°时相互作用最小。于是我们可以断定在尖晶石晶格中 $a-b$ 相互作用较强，$a-a$ 相互作用较弱，而 $b-b$ 相互作用居中。

双重交换作用　另一种机理用于说明平行自旋的相邻离子之间通过毗邻氧离子而产生的相互作用。这种模型比超交换作用的限制更加严格，它只适用于同一元素以不同价态离子出现的情况，例如在磁铁矿中的三价和二价铁离子。双重交换作用涉及亚铁离子的一个 d 电子迁移到毗邻的氧离子；同时氧离子的具有相同自旋的 s 电子又迁移到毗邻的铁离子。这种过程类似于第十七章所讨论的过渡金属氧化物中电子电导跳跃传导模型。这种双重交换作用机制只有助于正的相互作用(即近邻离子上的平行自旋)。它不能说明铁氧体中负的 $a-b$ 相互作用，但是对于在某些亚锰酸盐和亚钴酸盐中所观察到的铁氧体(正值)相互作用来说则可能是一种起作用的因素。

19.3 尖晶石型铁氧体

结晶学和磁结构 铁氧体亚铁磁性氧化物的通式为 $M^{2+}O \cdot Fe_2^{3+}O_3$，其中 M^{2+} 是二价金属离子如 Fe^{2+}、Ni^{2+}、Cu^{2+}、Mg^{2+} 等。可以制成复合铁氧体，其中二价阳离子可以是几种离子的混合物（如 $Mg_{1-x}Mn_xFe_2O_4$），因此它在组成和磁性能上具有很广的范围。它们的结构属于尖晶石型（第二章），其中氧离子近乎按密堆立方排列。在含有 32 个氧离子的晶胞中，有 32 个八面体位置和 64 个四面体位置；其中 16 个八面体位置（b 位）和 8 个四面体位置（a 位）是填满的（如图 19.10 所示），阳离子在各种位置上的分布必须由实验确定，这种分布对离子种类和温度是敏感的。

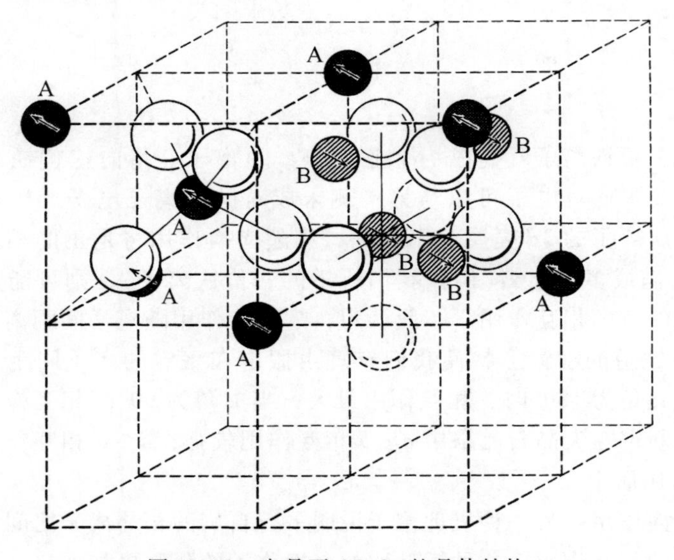

图 19.10 尖晶石 AB_2O_4 的晶体结构

有两种理想的结构。在正型尖晶石中，所有二价离子都处于四面体 a 位，如 $(Zn^{2+})(Fe^{3+})_2O_4$。在反型尖晶石中，8 个四面体位置都被三价离子填满，16 个八面体位置则由二价和三价离子平分，如 $Fe(Fe^{3+}Fe^{2+})O_4$。在某些系统中，特别在高温时，阳离子分布可以是无序的，近乎随机地分布于 b 位和 a、b 位之间，但是各个离子通常趋向于占据某些特殊位置，以致不是选择正型就是选择反型分布。

所有的亚铁磁性尖晶石几乎都是反型的；也就是说某些三价离子占据八面体的 b 位，并由等量的三价离子占据四面体的 a 位。这可能是由于较大的二价离子趋向于占据较大的八面体位置。a 位离子与反平行态的 b 位离子之间借助于电子自旋耦合而形成二价离子的净磁矩，即

$$Fe_a^{+3}\uparrow 5\mu_B \quad Fe_b^{+3}\downarrow 5\mu_B \quad M_b^{+2}\downarrow \tag{19.21}$$

例如，若二价离子 M 为 d 壳层有 n 个电子的过渡族，其磁矩为 $n\mu_B$ 或$(10-n)\mu_B$，取决于 d 壳层是少于还是超过半满。如果尖晶石中离子转换并不完全，只有 x 分数二价离子 M 处于 b 位，则磁矩分布为

$$(1-x)M_a\uparrow xFe_a\uparrow(1-x)Fe_b\downarrow Fe_b\downarrow xM_b\downarrow \tag{19.22}$$

净磁矩为

$$\begin{aligned}\mu_m &= \{n[(1-x)-x]-5[1+(1-x)-x]\}\mu_B\\ &= [n(1-2x)-10(1-x)]\mu_B\end{aligned} \tag{19.23}$$

在完全正型尖晶石($x=0$)中，净磁矩将是 $\mu_m=(n-10)\mu_B$。

阳离子出现于反型的程度取决于热处理条件，但是一般来说，提高正型尖晶石的热处理温度会使离子激发到反型位置。所以在制备类似于 $CuFe_2O_4$ 的铁氧体时，必须将反型结构高温淬火才能得到存在于低温的反型结构。表 19.2 汇总了几种铁氧体的性能，包括测得的每分子的玻尔磁子数 μ_B 以及按式(19.23)计算得到的玻尔磁子数，此外还包括了居里温度、室温电阻率、每克和每立方厘米的饱和磁化强度 σ_s 和 M_s、磁致伸缩常数 λ 和磁晶各向异性常数 K_1。最后一项基本上就是使磁化强度旋转出择优(易磁化)方向所需的能量。温度对磁化强度的影响如图 19.11 所示。

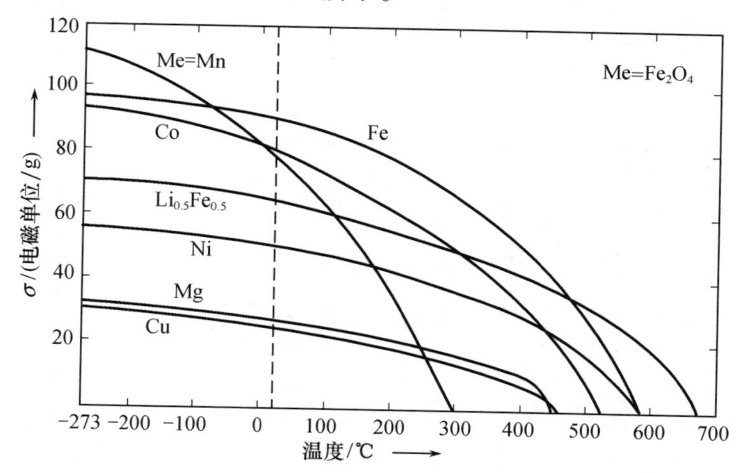

图 19.11　具有尖晶石结构的单组分铁氧体每克饱和磁化强度 σ 与温度 T 的函数关系。引自推荐读物 3

表 19.2　几种铁氧体性能一览表

	分子量	密度	$a_0/\text{Å}$	ρ /(Ω·cm)（室温）	μ_m（计算）	μ_m	σ_0	M_0 (0 K)	B_0	σ_s（室温）	M_s	B_s	T_C/℃	K_1 ($\times 10^{-3}$)	λ_s ($\times 10^6$)
$ZnFe_2O_4$	241.1	5.33	8.44	10^2			反铁磁性			$T_N = 9.5$ K			$M = 5\mu_B$		
$MnFe_2O_4$	230.6	5.00	8.51	10^4	5	4.55	112	560	7000	80	400	5000		−40	−5
$FeFe_2O_4$	231.6	5.24	8.39	4×10^{-3}	4	4.1	98	510	6400	92	480	6000	585	−130	+40
(Fe_3O_4)															
$CoFe_2O_4$	234.6	5.29	8.38	10^7	3	3.94	93.9	496	6230	80	425	5300	520	+2000	−110
$NiFe_2O_4$	234.4	5.38	8.337	$10^3 \sim 10^4$	2	2.3	56	300	3800	50	270	3400	585	−69	−17
$CuFe_2O_4$															
淬火	239.2	5.42	8.37	10^5	1	2.3							455	−63	−10
缓冷		5.35	8.70			1.3	30	160	2000	25	135	1700		−60	
			8.22												
$MgFe_2O_4$	200.0	4.52	8.36	10^7	0	1.1	31	140	1800	27	110	1500	440	−40	−6
$Li_{0.5}Fe_{2.5}O_4$	207.1	4.75	8.33	10^2	2.5	2.6	69	330	4200	65	310	3900	670	−83	−8
γFe_2O_3	159.7		8.34		2.5	2.3	81			73.5	417		575		
			体心四方晶格												
$MnMn_2O_4$	228.8	4.84	$a_0 = 5.75$			1.85		218			185		42 K	-10^7	
(Mn_3O_4)			$c_0 = 9.42$												
$MgMn_2O_4$	198.2							25			85				

σ_s 为单位重量的饱和磁化强度，电磁单位/g；M_s 为单位体积的饱和磁化强度，电磁单位/cm^3；σ_0、M_0、B_0 为 $T=0$ K 时的数值；K_1 为磁晶各向异性常数，erg/cm^3；λ_s 为多晶（混乱）材料饱和磁致伸缩常数，$\lambda_s = \delta l/l$。引自推荐读物 1。

锰铁氧体约为80%正型尖晶石，这种离子分布随热处理的变化不大。因为Mn^{2+}具有$5\mu_B$的磁矩，式(19.23)说明离子换位并不影响$MnFe_2O_4$的净磁矩。这一结论可从表19.3所列经淬火和缓冷处理的多晶和单晶的锰铁氧体数据得出。镍铁氧体具有类似性能，为80%～90%正型尖晶石。

表19.3 $MnFe_2O_4$的两种多晶试样和单晶的居里温度T_C、4.2 K时每克饱和磁化强度σ_0以及相应的每个分子式单位的磁矩μ_m（ε=Mn处于b位的数量）

试样	热处理	T_C/K	σ_0(4.2K) /(G·cm^3/g)	n_B(4.1K) (μ_B)	ε
多晶	1150 ℃淬火	610	108.5 ±0.2	4.49 ±0.01	0.11～0.12
	1150 ℃缓冷且在1000 ℃、900 ℃和700 ℃退火	555	111.8 ±0.2	4.61 ±0.01	0.05～0.08
	从熔点快冷	585	110.4 ±0.2	4.56 ±0.01	
单晶	1100～1200 ℃时在60000 bar压力下快冷	620	106.8 ±0.2	4.42 ±0.01	

引自推荐读物1。

镁铁氧体在高温时转变为正型尖晶石结构，二价镁离子受热激发进入四面体a位。这时磁化强度剧烈地受冷却速度的影响。淬火可以保持正型尖晶石结构；缓冷却导致反型尖晶石结构，因为有充足的热能和时间可以用来使镁离子迁移至择优的八面体b位。快速淬火试样的饱和磁矩是$2.23\mu_B$；随炉缓冷则为$1.28\mu_B$。Mg^{2+}没有净磁矩，所以反型尖晶石的饱和磁化强度为零，而正型尖晶石为$10\mu_B$。镁铁氧体具有高的电阻率与低的磁损和介电损耗，其派生物在微波技术中有广泛应用。

复合铁氧体 表19.2列举了几种纯铁氧体的性能幅度；各种磁常数不仅数值上有差异，而且经常具有不同符号，因此两种铁氧体的固溶体其参数会有很大的变化。例如在锰铁氧体中二价锰离子逐渐被亚铁离子置换，可使磁各向异性值(λ_s和K_1)减小至零，从而产生高磁导率材料。Fe^{2+}浓度足够高时可以改变磁各向异性和磁致伸缩的符号。亚铁离子也有降低电阻率的作用，但这通常是不希望的。

以少量钴铁氧体(约1%)与大多数其他铁氧体混合，可以降低常见的负各向异性的大小或改变它的符号。从表19.2中的数据可以预见到这些组合。

商用铁氧体通常要求高磁导率。由磁畴旋转导致的起始磁导率正比于B_s^2/K_1，所以高磁导率可能起因于高饱和磁化强度或低各向异性。各向异性常

数 K_1 随温度升高而迅速降低，实际上在奈耳温度附近磁导率达最大值。这样，高磁导率铁氧体可归纳为高 B_s 值或低居里温度，有的居里温度恰好在工作温度(一般为室温)以上。

掺加钴铁氧体会影响大多数铁氧体的磁晶各向异性，但却可以生成对磁性退火敏感的复合铁氧体，在需要特殊形状磁滞回线的磁性材料的一些应用场合(例如做开关的矩磁铁氧体等)，这点尤为重要。磁退火(在磁场中退火)促使单轴各向异性叠加于晶体的任何各向异性，其机制可能是电子迁移(跃迁)、空位扩散或离子扩散(互换)，它表现为一种热激活过程；倘若各向异性起因于电子跃迁(如 Fe^{2+} 和 Fe^{3+} 离子之间的电子交换)，则由于激活能较低，可以在室温下感生。离子扩散或空位扩散要求较高的激活能，因此只能在高温下引入各向异性，然后借冷却至室温使其冻结。

大多数亚铁磁性尖晶石是反型的，而锌铁氧体却是正型尖晶石(不到 5% 反型)。复合铁氧体 $M_{1-x}Zn_xFe_2O_4$(其中 M 为二价离子)是一种固溶体，它的磁矩随 Zn 含量而变，如图 19.12 所示。锌含量低于 40% 时磁化强度增大，然后逐渐减小，到纯锌铁氧体时磁化强度为零。这种效应不能只用 Zn^{2+} 离子置换 M 离子来解释，因为这种置换只是降低总磁矩。锌离子进入 a 位(正型尖晶石)使被置换的铁离子进入 b 位以占据 M 离子空出的位置。对包含有 n 个 d 电子的 M 离子的铁氧体来说，磁化强度为 $[n(1-x)+5(1+x)-5(1-x)]\mu_B = [n(1-x)+10x]\mu_B$。如将正型尖晶石继续置换，理应产生 $10\mu_B$ 的净磁矩，但是当置换量在 40% ~50% 以上时，Fe_a 离子和 Fe_b 离子的递减数之间的反平行不能继续阻止 b 离子次晶格上反平行交换作用的增加，因此磁化强度开始下降。然而起始磁化曲线的斜率仍能给出 10 μ_B 的截距值(图 19.12)。

我们已经强调指出陶瓷的许多性能对热处理和组成是敏感的。百分之几的铁离子过剩或不足都可能使磁性陶瓷的电阻率改变几个数量级。在镍铁氧体中掺加 2% 的钴使电阻率从 $10^6\ \Omega\cdot cm$ 增至 $10^{11}\ \Omega\cdot cm$；在镁铁氧体中掺加 2% 的锰将使电阻率由 $10^4\ \Omega\cdot cm$ 增至 $10^{11}\ \Omega\cdot cm$。含锌复合铁氧体可以做成高饱和磁化强度和低居里点的材料。特别是锰锌铁氧体具有高饱和磁化强度，是良好的软磁体，但是由于电阻率较低(在 $x=0.5$ 时，约为 $10^2\ \Omega\cdot cm$)而限用于低频。然而镍锌铁氧体中锌铁氧体含量占 70% 时具有最大磁导率(最大起始磁导率约为 4000)和高电阻率($10^5 \sim 10^9\ \Omega\cdot cm$)，允许用于高频。

我们已经讨论了许多重要的铁氧体并给出了各种磁性能的可能范围。还有一些尖晶石型结构的化合物具有半导体特性，如硫属化合物($CdCr_2S_4$、$CdCr_2Se_4$)和大范围的过渡金属氧化物(铬酸盐、钒酸盐和锰酸盐)。这些化合物之间存在不同程度的转换，可以是亚铁磁性或反铁磁性。在现代技术中其重要性不如铁氧体。

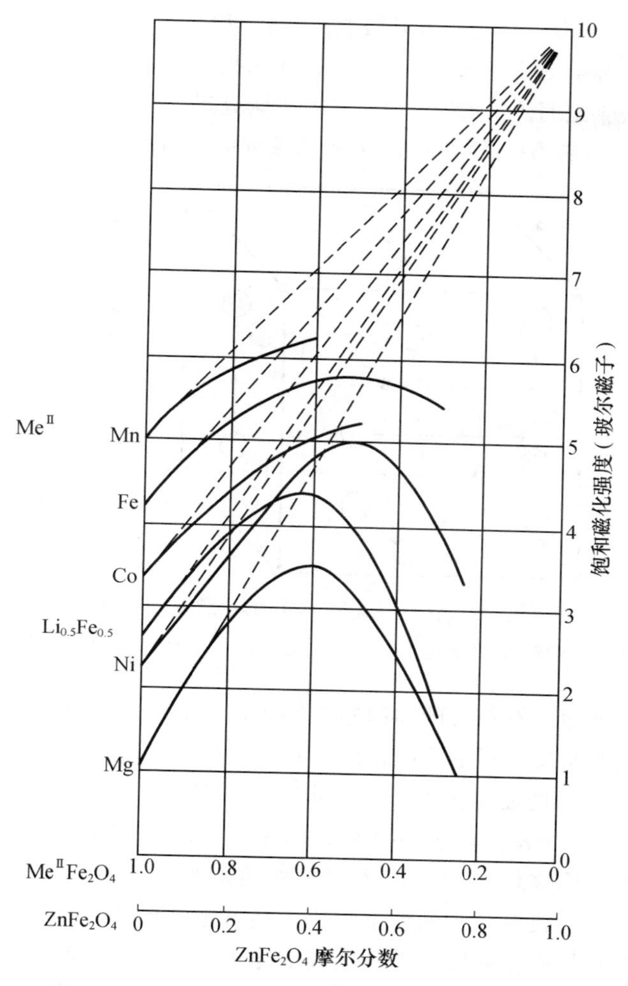

图 19.12　几种铁氧体的饱和磁化强度随固溶体中锌铁氧体含量而变化。
引自 E. W. Gorter, *Nature*(*London*), **165**, 798(1950)

19.4　稀土石榴石、正铁氧体和钛铁矿

除尖晶石结构外，有几种含过渡族或稀土金属离子的晶体结构也具有重要的磁性能，特别是石榴石、钙钛矿、赝钙钛矿和钛铁矿结构。这些化合物只是近年来才得到广泛的研究，并且开始获得了新的应用。

稀土石榴石　稀土石榴石的通式为 $M_3^cFe_2^aFe_3^dO_{12}$ 或 $(3M_2O_3)^c(2Fe_2O_3)^a(3Fe_2O_3)^d$，其中 M 为稀土离子或钇离子，上标 *c*、*a*、*d* 表示该离子所占晶格位置的类型。金属离子都是三价。晶体是立方结构，每个晶胞包括 8 个化学式单元共

160 个原子，a 离子位于体心立方晶格上，c 离子和 d 离子位于立方体的各个面(图 19.13)。每个晶胞有 8 个子单元。每个 a 离子占据一个八面体位置，每个 c 离子被 8 个氧离子围成十二面体位置，而每个 d 离子则处于一个四面体位置。这些多面体都是不规则的以致氧晶格严重畸变。石榴石系列的物理性能如表 19.4 所示。

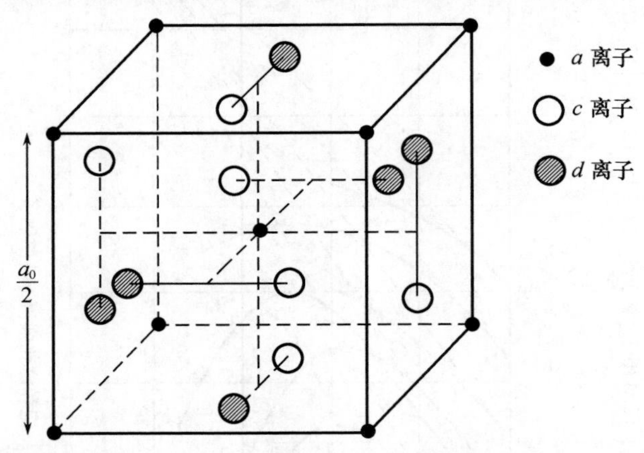

图 19.13　石榴石结构单元$(Fe_2)_A(Fe_3)_B(M_3)_CO_{12}$的示意图(没有画出氧离子)。晶胞边长为 a_0，由 8 个这种单元组成。a 离子位于体心立方晶格上，c 离子和 d 离子分别位于立方体各个面

与尖晶石类似，石榴石的净磁矩起因于反平行自旋的不规则贡献；a 离子和 d 离子的磁矩是反平行的，c 离子和 d 离子的磁矩也是反平行排列的。如果我们假设每个 Fe^{3+} 的磁矩为 $5\mu_B$，则对于 $M_3^cFe_2^aFe_3^dO_{12}$，有

$$\mu_{净} = 3\mu_c - (3\mu_d - 2\mu_a) = 3\mu_c - 5\mu_B \tag{19.24}$$

对石榴石结构来说，除了电子自旋的贡献外，还有自旋 - 轨道耦合的贡献，因此每个化学式单元的预期磁矩比尖晶石更难估计。

几种石榴石的磁化强度 - 温度曲线如图 19.14 所示。首先我们看到奈耳预测的无补偿反铁磁性状态(图 19.8)，在补偿温度下磁化强度降至零；其次反向磁矩有所增加，然后在临近奈耳温度时又有所降低。这起因于一种次晶格上的磁矩相对于其他次晶格更迅速地混乱排列。因此，符号相反的磁化强度经过补偿温度时引起晶格中磁化强度方向的改变，但在外磁场下仍有正的相互作用。在图 19.14 中，以每个化学式单元的 μ_B 表示的自发磁化强度只是按正值绘制的。

开放的石榴石结构具有几种类型的阳离子位置，允许进行广泛的置换、在稀土石榴石之间进行混合以及各类过渡族金属离子和其他离子(Al、Ga、Ca、Si)的置换。这也将导致最终组分之间晶格常数的连续变化。

磁性石榴石的某种应用不仅涉及磁特性，而且与选择适当组成来准确控制晶格常数有关。在非磁性基片上沉积外延薄膜(约 5 μm)，当它冷却到室温时，热收缩上的细微差异导致磁化强度择优取向垂直于薄膜的平面。具有上自旋的

表 19.4　石榴石的磁学和结晶学性能

μ_m 为每单元化学式 $M_3Fe_5O_{12}$ 磁矩的玻尔磁子数；如果以单元化学式 $(3M_2O_3)(2Fe_2O_3)(3Fe_2O_3)$，即 $M_6Fe_{10}O_{24}$ 给出，则应为 μ_m 的两倍

离子 M	Y	La	Pr	Nd	Sm	Eu	Gd	Tb	Dy	Ho	Er	Tm	Yb	Lu
α_0/Å	12.376	[12.767]	[12.646]	[12.600]	12.529	12.498	12.471	12.436	12.405	12.375	12.347	12.323	12.302	12.283
密度	5.17	[5.67]	[5.87]	6.00	6.23	6.31	6.46	6.55	6.61	6.77	6.87	6.94	7.06	7.14
4f 电子数	0	0	2	3	5	6	7	8	9	10	11	12	13	14
μ_m(0 K)	5.01	[5.0]	[9.8]	[8.7]	5.43	2.78	16.0	18.2	16.9	15.2	10.2	1.2	0.0	5.07
B_s/(电磁单位/cm^3)(20 ℃)	139	—	—	—	135	93	135	4	43	78	103	110	130	140
补偿温度/K	—	—	—	—	—	—	286	246	226	137	83	无	0 ~ 6	
居里温度/K	553	—	—	—	578	566	564	568	563	567	556	549	548	549

括号[　]表示外推值。

引自推荐读物 1。

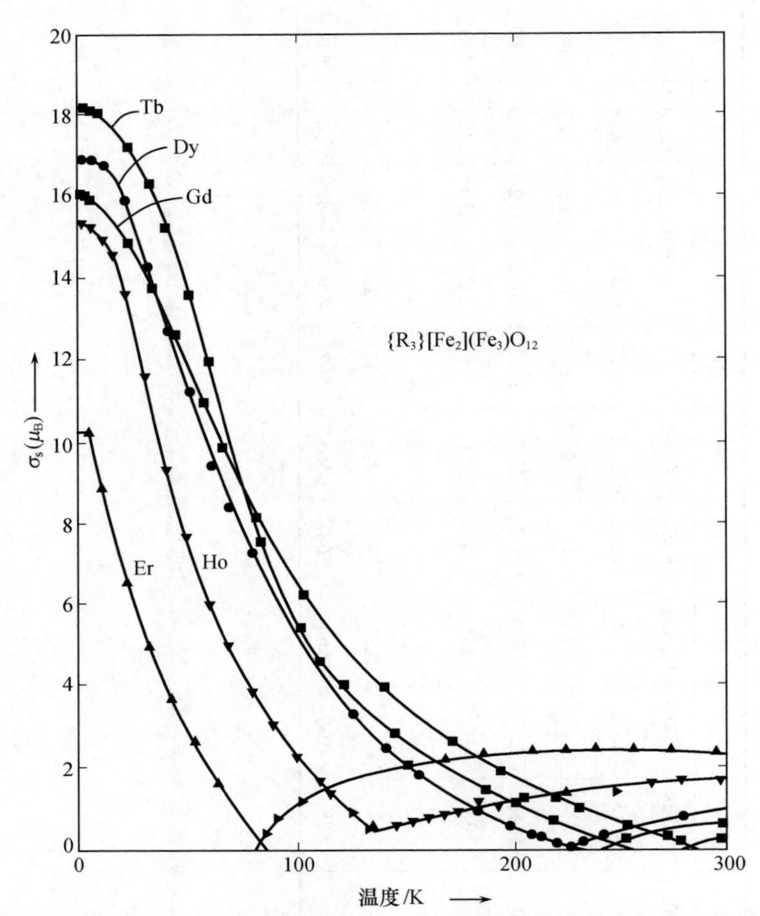

图 19.14　Gd、Tb、Dy、Ho 和 Er 铁石榴石的自发磁化强度(用每化学式单元的玻尔磁子数表示)与温度的关系。引自推荐读物 1

小磁畴被下自旋区域隔开，在偏光显微镜中就出现磁泡。上自旋和下自旋的排列可以用做数字计算机的二进制输入，所以我们称之为磁泡存储材料。必须注意，这种现象的根源是热应力感生的各向异性，而不是本征各向异性。

正铁氧体　正铁氧体的晶体结构属于钙钛矿型(图 2.28)，其通式为 $MFeO_3$、$MCoO_3$ 和 $MMnO_3$，其中 M 是 La^{3+}、Ca^{2+}、Sr^{2+}、Ba^{2+}、Y^{3+} 或稀土离子；Fe、Co 或 Mn 离子是三价还是四价则取决于 M 的电价。$LaMnO_3$、$LaFeO_3$ 和 $LaCrO_3$ 等化合物是反铁磁性的，其奈耳温度分别是 100 K、750 K 和 320 K。某些复合氧化物(如以钙、锶或钡掺杂的 $LaMnO_3$)在有限的组成范围内显示铁磁性。纯氧化物 $RFeO_3$(其中 R 为钇或稀土金属)也显示弱铁磁性，两个以反铁磁性耦合的晶格具有些微差别(倾斜)，这种倾斜的数量级为 10^{-2} rad，足以产生微弱的净磁矩。

钛铁矿　一些具有钛铁矿($FeTiO_3$)和刚玉型结构的氧化物是铁磁性的或显示

顺磁性，例如 $\alpha-Fe_2O_3$、$MnTiO_3$、$CoTiO_3$ 和 $NiTiO_3$。$CoMnO_3$ 和 $NiMnO_3$ 氧化物虽然和上述氧化物具有相同的结构，但在室温下却是亚铁磁性的。

目前，这些磁性陶瓷的应用尽管还不如铁氧体广泛，但它们各种各样的磁特性无疑将有更多的用途。

19.5 六角晶系铁氧体

六角晶系铁氧体的结构与尖晶石结构有一定联系，但是它具有六方密堆的氧离子，并且每个晶胞由两个化学式 $AB_{12}O_{19}$组成，其中 A 为二价(Ba、Sr 或 Pb)，B 为三价(Al、Ga、Cr 或 Fe)，相应的分子式为 $A^{2+}O\cdot B_2^{3+}O_3$。最常见的例子是磁铅石(化学式为 $PbFe_{12}O_{19}$)和钡铁氧体(化学式为 $BaFe_{12}O_{19}$)。

钡铁氧体结构是由立方尖晶石晶格的块(记作 S)和包含 Ba 离子的六角密堆积块(记作 R)所组成，相互交替排列。每个 S 块包含两层共 4 个氧离子，平行于六角基面或(111)尖晶石平面，每层之间有 3 个阳离子。R 块则包含三层六角晶格，中间层内 4 个氧离子之一被 Ba 离子置换。晶胞是按 R、S、R^*、S^*、R、S 等顺序组成的，其中 * 表示围绕六角形 c 轴或者相应于尖晶石晶格的 <111> 方向旋转 180°。所以每个晶胞包含十个氧层，每隔五层有一个氧离子被 Ba 取代。晶胞中每个 S 块的化学式为 Fe_6O_8，每个 R 块为 $BaFe_6O_{11}$。全化学式为 $BaFe_{12}O_{19}$，或者说晶胞 RSR^*S^* 为 $2(BaFe_{12}O_{19})$。Fe 位于四面体或八面体，有一个 Fe 位置是由 5 个氧离子围绕形成三方的双锥体。

磁化起因于铁离子的磁矩，每个铁离子有 $5\mu_B\uparrow$ 自旋，每个单元化学式 $BaFe_{12}O_{19}$排列如下：在 S 块中，两个 Fe 离子处于尖晶石的四面体位置形成$2\times5\mu_B\uparrow$；9 个 Fe 离子处于八面体位置形成 $2\times5\mu_B\uparrow$ 和 $7\times5\mu_B\downarrow$。在 R 块中，一个五重对称的铁离子给出磁矩 $1\times5\mu_B\downarrow$①。对含铁离子的氧化物来说，净磁矩为 $4\times5\mu_B=20\mu_B$。尖晶石 S 块和 R 块中自旋取向是

S 块：	2↑四面体	4↓ 八面体
R 块：	1↓五重对称	2↑3↓ 八面体

由于六角晶系铁氧体具有高的磁晶各向异性，适宜做永磁铁，所以是重要的。它们具有高矫顽力，对纯畴转而言其值接近 $2K/B_s$。这些化合物中最著名的是钡铁氧体，也称钡横磁或六角形 M 化合物。文献中还报道过一些其他较复杂的衍生物，称为六角晶系的 X、W、Y 和 Z 等化合物。这些六角晶系化合物系列的磁特性和组成如表 19.5② 所示。

---

① 原文中箭头向上，疑有误。——译者注

② 原文为“表 19.4”，疑有误。——译者注

表 19.5 六角晶系 M、X、W、

	C_0/Å	α_0	密度 d	分子量	B_s	20 ℃，K_1 或 (K_1+2K_2) /(10^6 erg/cm^3)	H_K 1) /kOe	σ_0	0 K，$\mu_m(\mu_B)$	T_C/℃
BaM	23.18	5.889	5.28	1112	380	3.3	17.0	100	20	450
PbM	23.02	5.877	5.65	1181	320	2.2	13.7	80	18.6	452
SrM	23.03	5.864	5.11	1062	370	3.5	20	108	20.6	460
Mg_2W	—	—	5.10	1512						
Mn_2W	—	—	5.31	1573	310	—	—	97	27.4	415
Fe_2W	32.84	5.88	5.31	1575	320	3.0	19.0	98	27.4	455
Co_2W	—	—	5.31	1581	340	-5				
Ni_2W	—	—	5.32	1580	330	2.1	12.7			
Cu_2W	—	—	5.36	1590						
Zn_2W	—	—	5.37	1594	340					
NiFeW	—	—	—	1577	273	—	—	79	22.3	520
ZnFeW	—	—	—	1584	380	2.4	12.5	108	30.7	430
MnZnW	—	—	—	1583	370	1.9	10.2			
$Fe_{0.5}Zn_{1.5}W$	—	—	—	1589	380	2.1	11.1			
$Fe_{0.5}Ni_{0.5}ZnW$	—	—	—	1586	350	1.6	9.1			
$Fe_{0.5}CO_{0.75}Zn_{0.75}W$	—	—	—	1584	360	(-0.4)	2.2			
$FeNi_{0.5}Zn_{0.5}W$	—	—	—	1581	360	—	—	104	29.5	45

$BaM = BaFe_{12}O_{19}$　　$Me_2Z = Me_2Ba_3Fe_{24}O_{41}$

$Me_2Y = Me_2Ba_2Fe_{12}O_{22}$　　$Me_2U = Me_2Ba_4Fe_{36}O_{60}$

$Me_2W = Me_2BaFe_{16}O_{27}$　　$Me_2X = Me_2Ba_2Fe_{28}O_{46}$

1) H_K 为各向异性场，约为 $2K/B_s$，引自推荐读物 1。

Y 和 Z 化合物的磁性能

	C_0/Å	α_0	密度 d	分子量	B_s	20 ℃，K_1 或 (K_1+2K_2) /(10^6 erg/cm^3)	H_K[1] /kOe	σ_0	0 K，μ_m(μ_B)	T_C/℃
Mg_2Y	—	—	5.14	1346	119	(−0.6)	10	29	6.9	280
Mn_2Y	—	—	5.38	1406	167	—	—	42	10.6	290
Fe_2Y	43.6	5.9	5.39	1408						
Co_2Y	—	—	5.40	1414	185	(−2.6)	28	39	9.8	340
Ni_2Y	—	—	5.40	1414	127	(−0.9)	14	25	6.3	390
Cu_2Y	—	—	5.45	1424	—	—	—	28	7.1	
Zn_2Y	43.56	5.88	5.46	1428	227	(−1.0)	9.0	72	18.4	130
$Fe_{0.5}Zn_{1.5}Y$	—	—	—	1423	191	(−0.9)	9.5			
Mg_2Z	—	—	5.20	2457	—	—	—	55	24	
Mn_2Z	—	—	5.33	2518						
Fe_2Z	—	—	5.33	2520						
Co_2Z	52.30	5.88	5.35	2526	267	(−1.8)	13	69	31.2	410
Ni_2Z	—	—	5.35	2526	—	—	—	54	24.6	
Cu_2Z	—	—	5.37	2536	247	—	—	60	27.2	440
Zn_2Z	—	—	5.37	2539	310	0.6	—	—	—	360
Fe_2X	84.11	5.88	5.29	2386	—	1.4	9.6	92.5	60.5	400
Zn_2U	113.2	5.88	5.36	3651	295	—				

这些化合物是用适当配比的氧化物在1300 ℃左右烧结而成的。通过在成形和烧结时施加磁场可以制备各向异性的样品。这将导致各颗粒旋转，使易磁化方向按外磁场方向平行排列，从而使各向异性场($2K/B_s$)的效果增至最大。对特定的磁化方向来说，它是择优取向度的一种指标(在表19.5中，钡铁氧体的各向异性场为17000 Oe)。这样处理虽然会减小矫顽力(一般从3000 Oe减至1500 Oe)，但却能增加剩磁 B_r(从2000 G增至4000 G)。矫顽力也取决于颗粒尺寸，如晶粒尺寸小于单畴尺寸，晶界和磁畴的相互作用将使矫顽力提高，一般晶粒平均直径从10 μm变至1 μm时，矫顽力将从100 Oe增至2000 Oe。

19.6 多晶铁氧体

由于生产过程不同，批量生产的多晶铁氧体所形成的显微结构对实测性能具有重要影响。

按器件使用时的磁场频率，尖晶石型铁氧体的应用主要分为3类：① 低频高磁导率方面的应用；② 高频低损耗方面的应用；③ 微波方面的应用。立方尖晶石铁氧体或石榴石铁氧体的低频磁性能远逊于磁性金属或合金，通常其磁导率仅为磁性金属或合金的1/10～1/100，但其矫顽力却高10倍。除了受低饱和磁化强度的有限影响外，其低频性能较差是由于制备铁氧体时难于达到像金属一样的化学均匀性和结构完整性。然而对用于高频来说，铁氧体的高电阻率弥补了它的不足，从而氧化物陶瓷代替了金属。

锰锌铁氧体是用于低频高磁导率的代表性材料。批量生产材料的低频起始磁导率为1000，最大磁导率为4000①，矫顽力一般为0.1 Oe，损耗较高。由于弛豫效应，常用频率极限约为500 kHz。

低损耗高频铁氧体的组成中通常含有镍和锌，其低频性能不如锰锌铁氧体；即它具有较高的磁滞损耗，但其电阻率较高且与频率有关的损耗较低。特别是剩余损耗较低，其低频磁导率值可保持至10 MHz。

常用的微波材料是镍锌铁氧体、石榴石和一些六角晶系化合物。正如低损耗高频铁氧体一样，损耗起因于磁矩力图跟随外场而产生的共振，但除振荡场外，还有和外加直流场有关的损耗。应用上可借测量共振峰来表征材料的特性。峰的宽度和位置(频率)是重要的参数。峰宽表示集中于特

---

① 据报道批量生产的锰锌铁氧体的起始磁导率已达20000，研制水平已达40000以上。见E. Röss and I. Hanke, *Z. Angew. Physik*, Vol 29, pp. 225～229(1970)；H. P. Peloschek and D. J. Perduijn, *IEEE Trans. Magn.*, MAG-4, pp. 453～455(1968)；A. Beer and J. Schwartz, *IEEE Trans. Magn.*, MAG-3, pp. 470(1967)。——译者注

定的共振场周围的损耗程度，并给出完善的定性指标。石榴石具有最小的线宽。

下面讨论中，我们将考虑生产过程的一些变化因素对磁性能的影响。组成、晶粒大小、杂质的作用、烧结气氛以及气孔的大小和分布对磁性能都有重要的影响。

组成的影响 性能的可变性可由很多方面造成，显微组成的变化是重要的。精心关注粉末制备(球磨、煅烧、共沉淀等)非常重要。假定各种离子均以正确的比例存在于配料中，烧结工艺将影响显微结构(晶粒大小、气孔率)，也影响晶格内、晶界上和第二相中的离子分布。烧结时间和温度、烧结气氛中的氧分压以及冷却速度必须予以控制。氧分压应按照相平衡进行选择。第四章、第六章和第十七章已述及氧化学计量比影响到过渡金属离子的化合价，而亚铁离子和铁离子含量之比将决定电导率。为了保持高电阻率，需要弱氧化气氛以使铁保持 Fe^{3+} 状态。

对锰铁氧体来说，在空气中煅烧会使一些锰氧化形成三价离子而使磁性能显著变坏。表 19.6 说明了不同烧结气氛对锰铁氧体电阻率、磁导率和矫顽力的影响。氧气氛的另一个重要影响是由于形成阳离子空位而引起的；晶格位置上的不等价阳离子分布导致感生各向异性，这可以稳定畴壁的位置和降低磁导率。

表 19.6 烧结气氛对锰铁氧体某些性能的影响

烧结气氛	空气	CO_2	氮气
电阻率/(Ω·cm)	10^5	6×10^3	10^3
起始磁导率	50	228	232
最大磁导率	138	3200	3220
矫顽力/Oe	1.67	0.50	0.89

引自推荐读物 5。

冷却速度的选择如不保持八面体和四面体位置之间离子的随机分布(空气淬火)，就将允许产生有序化(缓慢冷却)。对锰铁氧体来说，从 1400 ℃后淬火每个化学式单元的磁化强度为 0.76 μ_B；在 1400 ℃淬火则可提高至 2.68 μ_B。

已经讨论过组成对复合铁氧体宏观磁性能的重要性。表 19.7 进一步阐明了锰锌铁氧体和镍锌铁氧体性能随组成的变化。锰锌铁氧体的低频磁导率较高；镍锌铁氧体则具有很高的电阻率。然而随着测量频率的提高，磁导率的差异不大突出。以锌替代锰对饱和磁化强度和各向异性都有影响，但以各向异性对磁导率的影响为最大。低温时以 Zn^{2+} 替代 a 位的 Mn^{2+} 可以提高两个次晶格的磁化强度。锌的存在还会减弱 $a-b$ 相互作用的强度和降低居里温度。

表 19.7　锰锌铁氧体和镍锌铁氧体的某些可比性能

组成/mol%		饱和磁感强度/G	居里温度/℃	起始磁导率/(G/Oe)[1)]	密度/(g/cm^3)	矫顽力/Oe	电阻率/(Ω·cm)
$MnFe_2O_4$	$ZnFe_2O_4$						
48	52	3300	100	1400	4.9	0.2	20
58	42	4500	150	900	4.9	0.3	50
62	38	4700	150	1100	4.9	0.4	80
79	21	5100	210	700	4.8	0.5	80
$NiFe_2O_4$	$ZnFe_2O_4$						
36	64	3600	125	650	4.9	0.4	10^5
50	50	4200	250	230	4.5	0.7	10^5
64	36	4100	350	90	4.2	2.1	10^5
80	20	3600	400	45	4.1	4.2	10^5
100	–	2300	500	17	4.0	11.0	10^5

引自推荐读物 1。

1) 原书误为(g/Oe)。——译者注

晶粒尺寸和气孔　如果其他因素保持不变，多晶铁氧体的磁导率将随晶粒的增大而提高。图 19.15 所示的锰锌铁氧体的起始磁导率就是一个例子。所有试样的组成、晶体各向异性和磁滞伸缩都相同，但气孔的分布有变化。对粒径大于 20 μm 的晶粒来说，气孔在晶粒内(粒内气孔)而不在晶界上。

如图 19.16 所示，在镍锌铁氧体中晶粒大小对 μ_i 的影响更复杂。当平均粒径大约 15 μm、含有气孔的晶粒占 50% 时，起始磁导率达最大值，然后即开始降低。由此可以看出控制铁氧体显微结构在技术上的重要性。晶粒大小和气孔率及其分布都决定着起始磁导率。最近对富镍的镍锌铁氧体的试验表明，气孔率对起始磁导率的影响不如晶粒大小重要。图 19.17 示出了在这些受控研究中起始磁导率对温度的依赖关系，图中列出了每条曲线所对应的材料的密度 ρ 和粒径 D_m。

虽然晶粒尺寸的经验效应已被充分确认，但是对其物理现象的理解还并不完全。如果我们假定晶粒很小，则在晶粒内部就没有畴壁，那么磁导率就只与畴转过程有关。此时，磁导率为

$$\mu - 1 = \frac{2\pi B_s^2}{K_1} \qquad K_1 < 0$$
$$\mu - 1 = \frac{4\pi B_s^2}{3K_1} \qquad K_1 > 0 \tag{19.25}$$

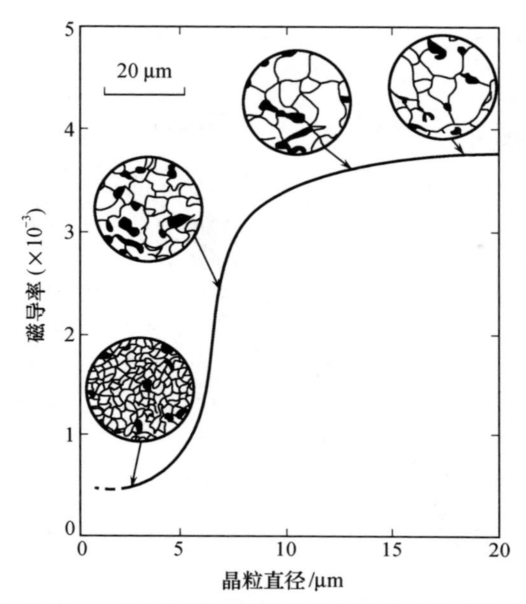

图 19. 15　未控制气孔率的锰锌铁氧体的磁导率随平均粒径的变化①。引自推荐读物 1

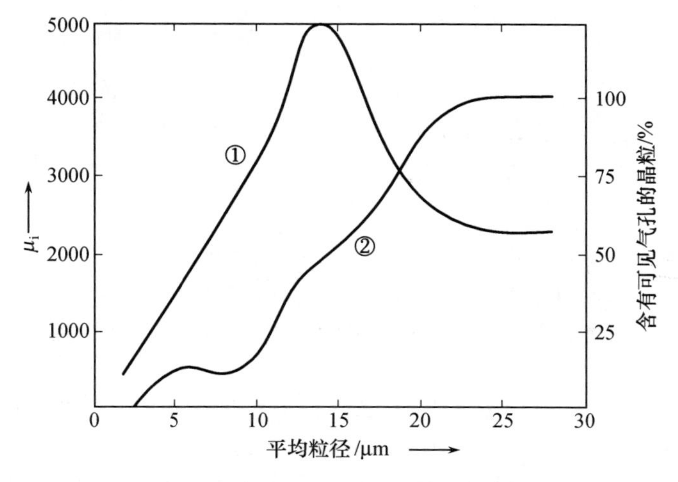

图 19. 16　镍锌铁氧体的起始磁导率与平均粒径的函数关系①；同时标出含有可见气孔的晶粒百分数②。引自 Guilland 和 Paulus，推荐读物 1

① 这是 Guilland 和 Paulus 在 1956 年发表的早期成果，晶粒大于 10 μm 后，起始磁导率即不再增加。如果采取措施消除粒内空隙，起始磁导率 μ_i 即与平均粒径 ϕ 呈线性关系。当 $\phi \approx 80$ μm 时，$\mu_i \approx$ 40000。可参见 D. J. Craik，Magnetic Oxides，p. 89(1975)。——译者注

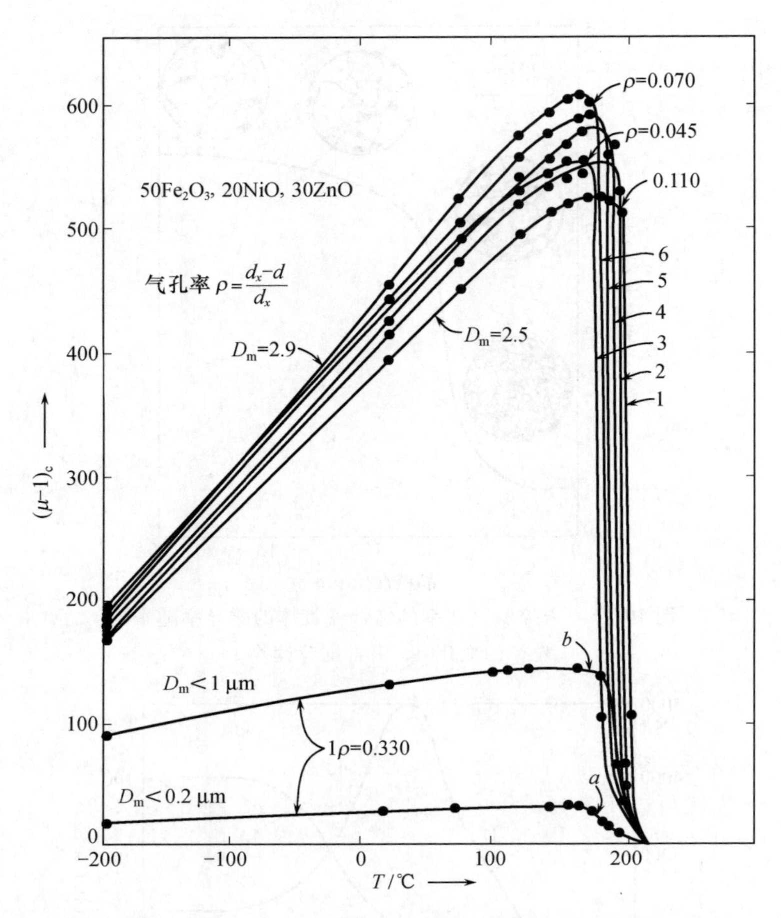

图 19.17　镍锌铁氧体($50Fe_2O_3$，20NiO，30ZnO)起始磁导率对温度的依赖关系。上部曲线族表示晶粒大小相近时，对气孔率的非敏感性；下部两条曲线为气孔率一定时，对试样晶粒大小的敏感性。磁导率数据对应于单晶密度进行了修正。引自推荐读物 1

随着晶粒的增大，晶粒内部出现畴壁，它们可能钉扎在晶界或晶粒间的气孔上，所以它们的运动对晶粒大小和气孔的分布将是敏感的。

晶粒内部和晶界上的气孔除了对 μ_i 有强烈影响外，对最大磁导率、矫顽力和磁滞回线也有影响。图 19.18 示出了气孔率对镍锌铁氧体磁滞回线的影响。镁铁氧体更清晰地证明了这一点：随着密度的增加，其起始磁导率作规律上升而矫顽力作规律下降(图 19.19)。与图 19.18 相比，镁铁氧体的数据表明，最大磁感应强度随密度增加而上升，但剩磁却下降。如果把剩余磁化强度理解为每个晶粒保持饱和状态时磁化矢量旋转至最近邻易磁化方向，则剩余磁化强度与饱和磁化强度应保持同样比例。空隙会引起退磁场，这将使磁化矢量旋转偏离易磁化方向，或者使反向畴成核。这时，意外的是多孔材料的剩磁感应强度与饱和磁化强度的比值应较大。由于气孔阻碍畴壁运动，晶粒间气孔也影响磁导率和矫顽力。

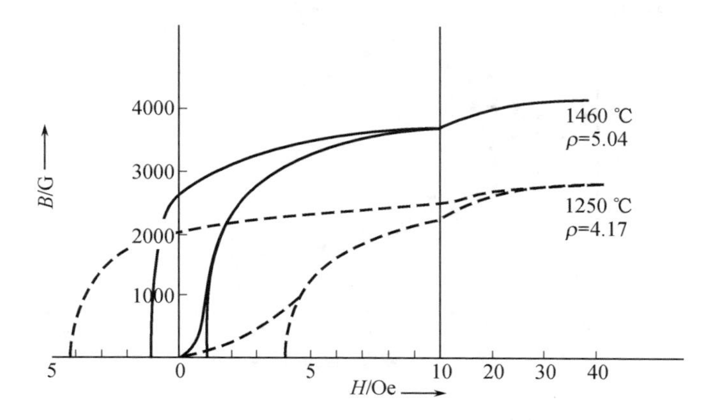

图 19.18 镍锌铁氧体(33NiO，17ZnO，余量为 Fe_2O_3 和 FeO)的气孔率对 B/H 回线的影响(图中所示的密度是在两种不同温度下煅烧而成的)。引自推荐读物 3

不同的结构因素在不同损耗类型方面是很重要的。例如，可以用控制低频磁导率和矫顽力同样的因素(气孔率、晶粒大小和杂质等)来控制磁滞损耗。最低的磁滞损耗与最小各向异性、最低磁致伸缩、大晶粒和较少的晶粒间气孔有关。涡流损耗可以由铁氧体的电阻率来控制。用于高频时一般要求较高的电阻率和减少涡流损耗，重要的是避免亚铁离子的存在。这可以通过在铁氧体中加锰或钴来实现。

作为显微结构对立方尖晶石磁性能影响的最后一个例子，让我们设想将铁氧体组成物通过反应溅射到冷的基片上而制成镍铁氧体薄膜。如果薄膜在 0 ℃以下沉积，材料将是非晶态的，所测得的磁化率表明它的性状如顺磁体。如果镍铁氧体在较高温度(低于 400 ℃)下沉积，则得到微多晶薄膜，其晶粒尺寸小于 150 Å，这时它的磁特性为超顺磁性。在超顺磁性材料中，对起因于微晶而不是起因于各个偶极子的材料的净磁矩应按朗之万公式(19.12)计算。结果这类材料具有较大粒子磁矩，因而采用超顺磁性这个名词。在 400 ℃以上沉积的较大晶粒薄膜(150 Å)表现出类似于块状镍铁氧体的亚铁磁性。

六角晶系铁氧体 立方铁氧体的显微结构特征的重要性也适用于六角晶系铁氧体。然而，由于六角晶系铁氧体通常用做硬磁材料，所以还必须评价制备过程对矫顽力的影响。当钡铁氧体的晶粒直径从 10 μm 减至 1 μm 时，其矫顽力从 100 Oe 增大至 2000 Oe。磁畴成核和生长使矫顽力降低到某一个值以下，

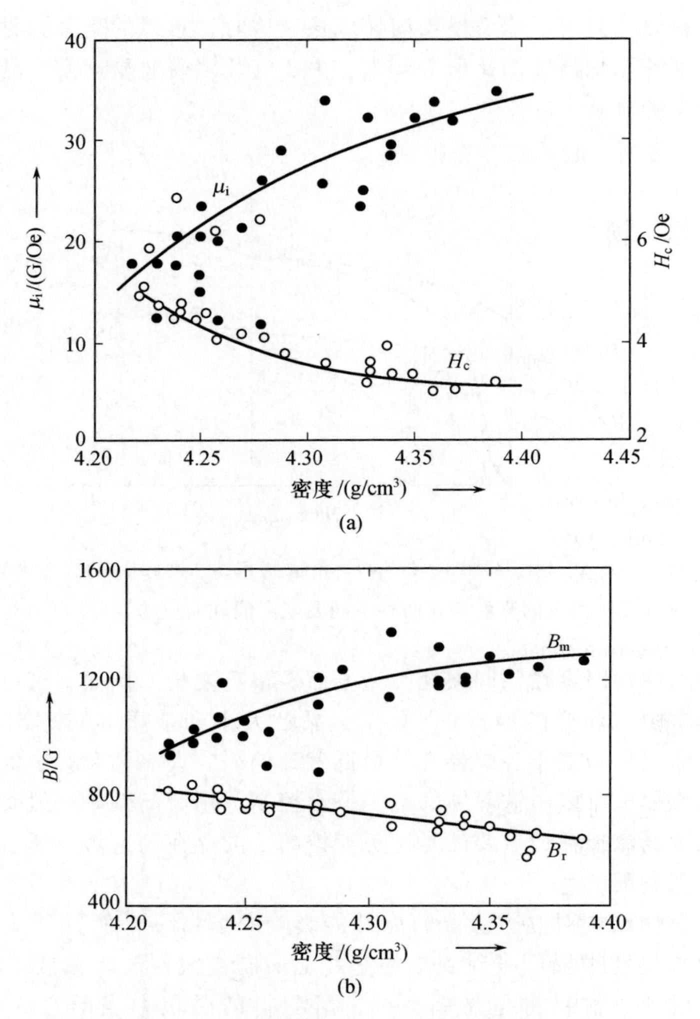

图 19.19 (a) $MgFe_2O_4$ 试样的起始磁导率(10 kHz)和矫顽力随密度的变化；(b) $MgFe_2O_4$ 的最大磁感应强度与剩磁感应强度随密度的变化。引自推荐读物 5

此值为假定只有旋转磁化时所能达到的值。这可以设想为具有可观的晶体各向异性和形状各向异性。产生高矫顽力有 3 条途径：① 磁畴的成核可能要求高磁场。如果成核场大于畴壁位移出整个试样所需要的场强，则要求有一个转换场或反向场使产生矩形磁滞回线的磁化强度反转。② 可能有一些势垒阻止畴壁运动，这些势垒只有用高反向场才能克服。③ 材料可能处于磁畴不能形成的条件下(即极细的粒子)。这种场合只有旋转过程才是可能的。总之在几乎所有永磁材料中，细分界结构(细晶粒)已被证明会提高矫顽力。这是一个重要的特征。

在强磁场下压制或注浆成形以使微晶排列起来可以进一步改善性能。这样，在钡铁氧体中六角轴是择优排列的，使多晶体具有各向异性的磁特性。通过颗粒定向排列，起始磁导率提高约3倍。

推 荐 读 物

1. R. S. Tebble and D. J. Craik, *Magnetic Materials*, Wiley-Interscience, New York, 1969.
2. K. J. Standley, *Oxide Magnetic Materials*, Clarendon Press, Oxford, 1962.
3. J. Smit and H. P. J. Wijn, *Ferrites*, John Wiley & Sons, Inc., New York, 1959.
4. C. A. Wert and R. M. Thomson, *Physics of Solids*, McGraw-Hill Book Company, New York, 1964.
5. G. Economos, in *Ceramic Fabrication Processes*, W. D. Kingery, Ed., John Wiley & Sons, Inc., New York, 1958.
6. B. D. Cullity, *Introduction to Magnetic Materials*, Addison-Wesley, Reading, Mass., 1972.
7. C. Heck, *Magnetic Materials and Their Applications*, Crane-Russak Co., New York, 1974.

习 题

19.1 列出确定下列各项的主要因素：

(a) 布洛赫畴壁能的大小；

(b) 磁畴的尺寸；

(c) 亚铁磁材料的居里温度；

(d) 铁电材料的居里温度；

(e) 磁滞回线上最大磁能积 BH。

19.2 磁重晶石(常称钡铁氧体)是一种硬磁材料，具有六角结构和很高的磁各向异性，其磁化轴与基面垂直。列举烧结钡铁氧体获得高磁能积($B\times H$)的两种不同方法，并阐明有关过程中应该控制哪些因素。

19.3 当正型尖晶石 $CdFe_2O_4$ 掺入反型尖晶石如磁铁矿 Fe_3O_4 时，Cd 离子仍保持正型分布。试计算当① $x=0$、② $x=0.1$ 以及③ $x=0.5$ 时 $Cd_xFe_{3-x}O_4$ 的磁矩。

19.4 试描述气孔和晶粒尺寸对 $MgFe_2O_4$ 这类软磁铁氧体性能的影响，并与 $BaFe_{12}O_{19}$ 这类硬磁铁氧体作比较。晶粒尺寸和气孔在烧结过程形成。硬磁铁氧体与软磁铁氧体相比，生产中哪些因素是重要参数？

19.5 试描述下列反型尖晶石结构的单位体积饱和磁矩，以玻尔磁子数表示：① $MgFe_2O_4$；② $CoFe_2O_4$；③ $Zn_{0.2}Mn_{0.8}Fe_2O_4$；④ $LiFe_5O_8$；⑤ $\gamma-Fe_2O_3$。如各组成物在 1200 ℃淬火急冷，对 μ_B 有什么影响？

19.6 磁畴的研究对理解磁性能有兴趣的人们是极其有益的。

(a) 即使在运动中也可观察到的布洛赫(畴)壁的本质是什么?

(b) 杂质(特别是气孔)是如何改变布洛赫壁的运动的?

19.7 已经测得 $Li_{0.5}Fe_{2.5}O_4$ 铁氧体的磁矩为每个化学式单元 2.6 个玻尔磁子数。如何从有关离子的已知净自旋证明这一结果的正确性?在晶体晶格中,Li^+ 和 Fe^{3+} 各占什么位置?

19.8 金属铁的畴壁能(180°)为 10^{-3} J/m^2 (1 erg/cm^2)。下列各项能量各占多少?净磁能________,磁滞伸缩能________,交换能________,结晶各向异性能________,核-电子相互作用能________,其他________(举例说明)。

19.9 铁磁性和亚铁磁性只在含过渡族和稀土类离子的化合物中才能观察到。导致这种类型磁特性的离子结构的唯一性是什么,为什么这些离子的化合物中只有某些是铁磁性的,而其他一些却不是?

19.10 (a) MnF_2 晶体是反铁磁性的,居里温度为 92 K。在 150 K 时每摩尔磁化率 χ 为 1.8×10^{-2}。

① 如温度下降至 150 K 以下,磁化率将怎样变化?

② 磁化率达最大值时是什么温度?

③ 磁化率达最小值时是什么温度?

(b) 镁铁氧体的组成为 $(Mg_{0.8}Fe^{3+}_{0.2})(Mg_{0.1}Fe^{2+}_{0.9})_2O_4$,晶格常数为 8.40 Å。$Fe^{3+}$ 的磁矩为 5 个玻尔磁子。试计算这种材料具有的饱和磁化强度。

(c) 将上述铁氧体用做固体器件需要有高的起始磁导率和低矫顽力。在制造材料时应以怎样的显微结构特征为目标?

索引

H

J

K

L

M

N

O

P

Q

R

S

T

U

V

W

X

Y

Z

郑重声明

图字：01－2007－3412 号

图书在版编目(CIP)数据

陶瓷导论：第 2 版/(美)金格瑞(Kingery, W. D.)，(美)鲍恩(Bowen, H. K.)，(美)乌尔曼(Uhlmann, D. R.)著；清华大学新型陶瓷与精细工艺国家重点实验室译．—北京：高等教育出版社，2010.6(2021.8 重印)

书名原文：Introduction to Ceramics (second edition)

ISBN 978－7－04－025600－0

Ⅰ.①陶… Ⅱ.①金… ②鲍… ③乌… ④清… Ⅲ.①陶瓷－理论 Ⅳ.①TQ174.1

中国版本图书馆 CIP 数据核字(2010)第 001458 号

策划编辑	刘剑波	责任编辑	刘剑波	封面设计	刘晓翔
责任绘图	尹　莉	版式设计	张　岚	责任校对	殷　然
责任印制	韩　刚				

出版发行	高等教育出版社	咨询电话	400－810－0598
社　　址	北京市西城区德外大街 4 号	网　　址	http://www.hep.edu.cn
邮政编码	100120		http://www.hep.com.cn
印　　刷	涿州市星河印刷有限公司	网上订购	http://www.landraco.com
开　　本	787×1092　1/16		http://www.landraco.com.cn
印　　张	55	版　　次	2010 年 6 月第 1 版
字　　数	1 040 000	印　　次	2021 年 8 月第 4 次印刷
购书热线	010－58581118	定　　价	129.00 元

本书如有缺页、倒页、脱页等质量问题，请到所购图书销售部门联系调换

物 料 号　25600－A0

材料科学经典著作选译

已经出版

非线性光学晶体手册（第三版，修订版）
V. G. Dmitriev, G. G. Gurzadyan, D. N. Nikogosyan
王继扬　译，吴以成　校

非线性光学晶体：一份完整的总结
David N. Nikogosyan
王继扬　译，吴以成　校

脆性固体断裂力学（第二版）
Brian Lawn
龚江宏　译

凝固原理（第四版，修订版）
W. Kurz, D. J. Fisher
李建国　胡侨丹　译

陶瓷导论（第二版）
W. D. Kingery, H. K. Bowen, D. R. Uhlmann
清华大学新型陶瓷与精细工艺国家重点实验室　译

晶体结构精修：晶体学者的SHELXL软件指南（附光盘）
P. Müller, R. Herbst-Irmer, A. L. Spek, T. R. Schneider, M. R. Sawaya
陈昊鸿　译，赵景泰　校

金属塑性成形导论
Reiner Kopp, Herbert Wiegels
康永林　洪慧平　译，鹿守理　审校

金属高温氧化导论（第二版）
Neil Birks, Gerald H. Meier, Frederick S. Pettit
辛丽　王文　译，吴维岁　审校

金属和合金中的相变（第三版）
David A.Porter, Kenneth E. Easterling, Mohamed Y. Sherif
陈冷　余永宁　译

电子显微镜中的电子能量损失谱学（第二版）
R. F. Egerton
段晓峰　高尚鹏　张志华　谢琳　王自强　译

纳米结构和纳米材料：合成、性能及应用（第二版）
Guozhong Cao, Ying Wang
董星龙　译